中国林业产业与林产品年鉴

YEARBOOK OF CHINA FOREST INDUSTRY

2022

国家林业和草原局 编

NATIONAL FORESTRY AND GRASSLAND ADMINISTRATION

中国林业出版社
China Forestry Publishing House

图书在版编目(CIP)数据

中国林业产业与林产品年鉴. 2022 / 国家林业和草原局编. -- 北京：中国林业出版社, 2024.9. -- ISBN 978-7-5219-2903-4

Ⅰ. F326.2-54；F426.88-54

中国国家版本馆CIP数据核字第2024UV4541号

责任编辑：许　凯
封面设计：北京睿宸弘文文化传播有限公司

出版发行	中国林业出版社
	（100009，北京市西城区刘海胡同7号，电话010-83143582）
电子邮箱	cfphzbs@163.com
网　　址	https://www.cfph.net
印　　刷	北京中科印刷有限公司
版　　次	2024年9月第1版
印　　次	2024年9月第1次印刷
开　　本	889mm×1194mm　1/16
印　　张	41
字　　数	1400千字
定　　价	400.00元

《中国林业产业与林产品年鉴》(2022)
特 约 编 委

高大伟	北京市园林绿化局	蔡中平	广西壮族自治区林业局
刘　捷	天津市规划和自然资源局	邓建华	广西壮族自治区林业局
许　朝	天津市规划和自然资源局	刘钊军	海南省林业局
王　忠	河北省林业和草原局	高述超	海南省林业局
王　宇	河北省林业和草原局	曹春华	重庆市林业局
袁同锁	山西省林业和草原局	王声斌	重庆市林业局
岳奎庆	山西省林业和草原局	李天满	四川省林业和草原局
王肇晟	内蒙古自治区林业和草原局	宾军宜	四川省林业和草原局
娄伯君	内蒙古自治区林业和草原局	胡洪成	贵州省林业局
张晓伟	辽宁省林业和草原局	万　勇	云南省林业和草原局
崔　巍	辽宁省林业和草原局	吴　维	西藏自治区林业和草原局
祁永辉	吉林省林业和草原局	郑　重	陕西省林业局
王东旭	黑龙江省林业和草原局	张旭晨	甘肃省林业和草原局
邓建平	上海市林业局	刘天波	甘肃省林业和草原局
王国臣	江苏省林业局	杜平贵	青海省林业和草原局
胡　侠	浙江省林业局	王自新	宁夏回族自治区林业和草原局
陆献峰	浙江省林业局	姜晓龙	新疆维吾尔自治区林业和草原局
周　密	安徽省林业局	托乎提·热合曼	新疆维吾尔自治区林业和草原局
王智桢	福建省林业局	贾寿珍	新疆生产建设兵团林业和草原局
邱水文	江西省林业局	陈佰山	中国内蒙古森林工业集团有限责任公司
赵晓晖	山东省自然资源厅(山东省林业局)	闫宏光	中国内蒙古森林工业集团有限责任公司
原永胜	河南省林业局	王树平	中国吉林森林工业集团有限责任公司
王昌友	湖北省林业局	张冠武	中国龙江森林工业集团有限公司
胡长清	湖南省林业局	于　辉	大兴安岭林业集团公司
陈俊光	广东省林业局	李会平	大兴安岭林业集团公司
王华接	广东省林业局		

《中国林业产业与林产品年鉴》(2022)编辑部

总 编 辑： 李淑新
执行总编辑： 巴连柱
副总编辑： 毛炎新　李秋娟
成　　　员： 张英豪　常宁京　王　丽　管易文
　　　　　　　文彩云　张　宁　王伊煊　余　涛
　　　　　　　刘　鹏　马龙波　刘易友　谢　忠

《中国林业产业与林产品年鉴》(2022)
分 支 主 编

单宏臣	北京市园林绿化局	韩宏伟	河南省林业局
尹鸿刚	天津市规划和自然资源局	熊艳平	湖北省林业局
郝梁丞	河北省林业和草原局	邓绍宏	湖南省林业局
杜艳敏	河北省林业和草原局	林东红	广东省林业局
邢俊华	山西省林业和草原局	李巧玉	广西壮族自治区林业局
边 芳	山西省林业和草原局	慕立忠	海南省林业局
鲍春生	内蒙古自治区林业和草原局	高树坤	重庆市林业局
汪礼波	辽宁省林业和草原局	蔡 颖	重庆市林业局
王德增	辽宁省林业和草原局	陈红权	四川省林业和草原局
谭国庆	吉林省林业和草原局	胡志伟	贵州省林业局
苑景淇	吉林省林业和草原局	查贵生	云南省林业和草原局
雷成浩	黑龙江省林业和草原局	江永贵	西藏自治区林业和草原局
苏 俊	黑龙江省林业和草原局	杜 军	陕西省林业局
徐志平	上海市林业局	李高峰	甘肃省林业和草原局
杨 艳	江苏省林业局	李 麒	青海省林业和草原局
李长涛	浙江省林业局	李 国	宁夏回族自治区林业和草原局
何小东	安徽省林业局	梁 中	新疆维吾尔自治区林业和草原局
章 纯	安徽省林业局	肖琳清	新疆维吾尔自治区林业和草原局
吴良锋	福建省林业局	轩娅萍	新疆生产建设兵团林业和草原局
蔡德毓	江西省林业局	刘 炜	中国内蒙古森林工业集团有限责任公司
谌晓辉	江西省林业局	张继程	中国吉林森林工业集团有限责任公司
张文用	山东省自然资源厅(山东省林业局)	王齐丰	中国龙江森林工业集团有限公司
江 帆	河南省林业局	苗元庆	中国龙江森林工业集团有限公司
李向东	河南省林业局	文 平	大兴安岭林业集团公司

《中国林业产业与林产品年鉴》(2022)
特 约 编 辑

钟　翡	北京市园林绿化局	张　贝	广东省林业局
卢乾军	天津市规划和自然资源局	黄少辉	广东省林业局
王　琳	河北省林业和草原局	罗小三	广西壮族自治区林业局
张　茹	山西省林业和草原局	李明真	广西壮族自治区林业局
陈小强	山西省林业和草原局	慕立忠	海南省林业局
王　虹	山西省林业和草原局	左顺天	重庆市林业局
刘艳鹏	山西省林业和草原局	李大明	四川省林业和草原局
韩　英	内蒙古自治区林业和草原局	沈永生	贵州省林业局
严晶晶	上海市林业局	刘健伟	云南省林业和草原局
朱广技	江苏省林业局	杨　卿	云南省林业和草原局
包　杰	浙江省林业局	杨璇玺	云南省林业和草原局
白卫萍	安徽省林业局	田　婧	西藏自治区林业和草原局
伍清亮	福建省林业局	次典布	西藏自治区林业和草原局
杨　磊	江西省林业局	郝媛媛	陕西省林业局
吴神州	江西省林业局	魏至岳	甘肃省林业和草原局
周　鹏	江西省林业局	逯　亚	青海省林业和草原局
杨　涛	山东省自然资源厅(山东省林业局)	孙　婷	宁夏回族自治区林业和草原局
胡旭东	河南省林业局	张宗华	新疆维吾尔自治区林业和草原局
王东风	河南省林业局	李　庚	新疆生产建设兵团林业和草原局
范玉莲	河南省林业局	黄起岭	中国内蒙古森林工业集团有限责任公司
张伟伟	河南省林业局	沙德军	中国内蒙古森林工业集团有限责任公司
杨　腾	湖北省林业局	刘　迪	中国吉林森林工业集团有限责任公司
李清伟	湖北省林业局	闫　杨	中国龙江森林工业集团有限公司
谢　娴	湖南省林业局	高　晗	中国龙江森林工业集团有限公司
吴灿军	广东省林业局	刘中华	大兴安岭林业集团公司
杨沅志	广东省林业局		

编 辑 说 明

一、《中国林业产业与林产品年鉴》是一部全面、系统、准确反映我国林业产业体系建设成就、机制、经验及其发展动态的大型资料性工具书。每年一卷，限收录上一年度信息与资料。

二、《中国林业产业与林产品年鉴》的基本任务是，为林业行业广大生产经营单位、企业，各级行政机关，广大国内外投资者、经济科学研究工作者，提供国家有关政策法规，全国林业行业各支柱产业发展成就与水平，各省（自治区、直辖市）、新疆生产建设兵团、国有森工企业林业产业发展动态、先进经验与重点企业经营状况，主要县（旗、市、区）林产品产销信息，以及林产品进出口贸易等资料。

三、第十四卷（2022卷）以2021年资料为主。

四、本卷编纂内容分五大部分：（一）特辑，收录国家林业和草原局有关重要文件等；（二）行业篇，包括木材、人造板、造纸、苗木、茶、家具、花卉等林业重要产业；（三）各省（自治区、直辖市）林业产业，龙头企业及其品牌产品；（四）林产品主产地及产量；（五）林产品进出口贸易资料。

五、本卷内容资料来源。《中国林业和草原统计年鉴》《中国农业统计资料》及国家统计资料等。年鉴编撰及资料收集，分别由各省（自治区、直辖市）林业（和草原）局、四大国有林区森工集团、新疆生产建设兵团、国家林业和草原局有关司（局）及有关协会承担。县级资料由各省组织下属各县（旗、市、区、局）林业部门根据相关统计调查资料收集整理，并经省、地、县三级审核，通过中国林业产业与林产品信息网络平台填写上报。

六、本卷所录资料，均不含台湾省及香港、澳门特别行政区。

七、年鉴文字部分实行条目编辑。条头设【】。条目标题力求简明、规范。长条设黑体和楷体两级层次标题。全卷编排按内容分类。

八、年鉴计量单位、文字撰稿、资料选用均执行国家现行规定。

九、全书表号按照其所在栏目或类目分别编排。

《中国林业产业与林产品年鉴》编辑部

《中国林业产业与林产品年鉴》编纂流程简图

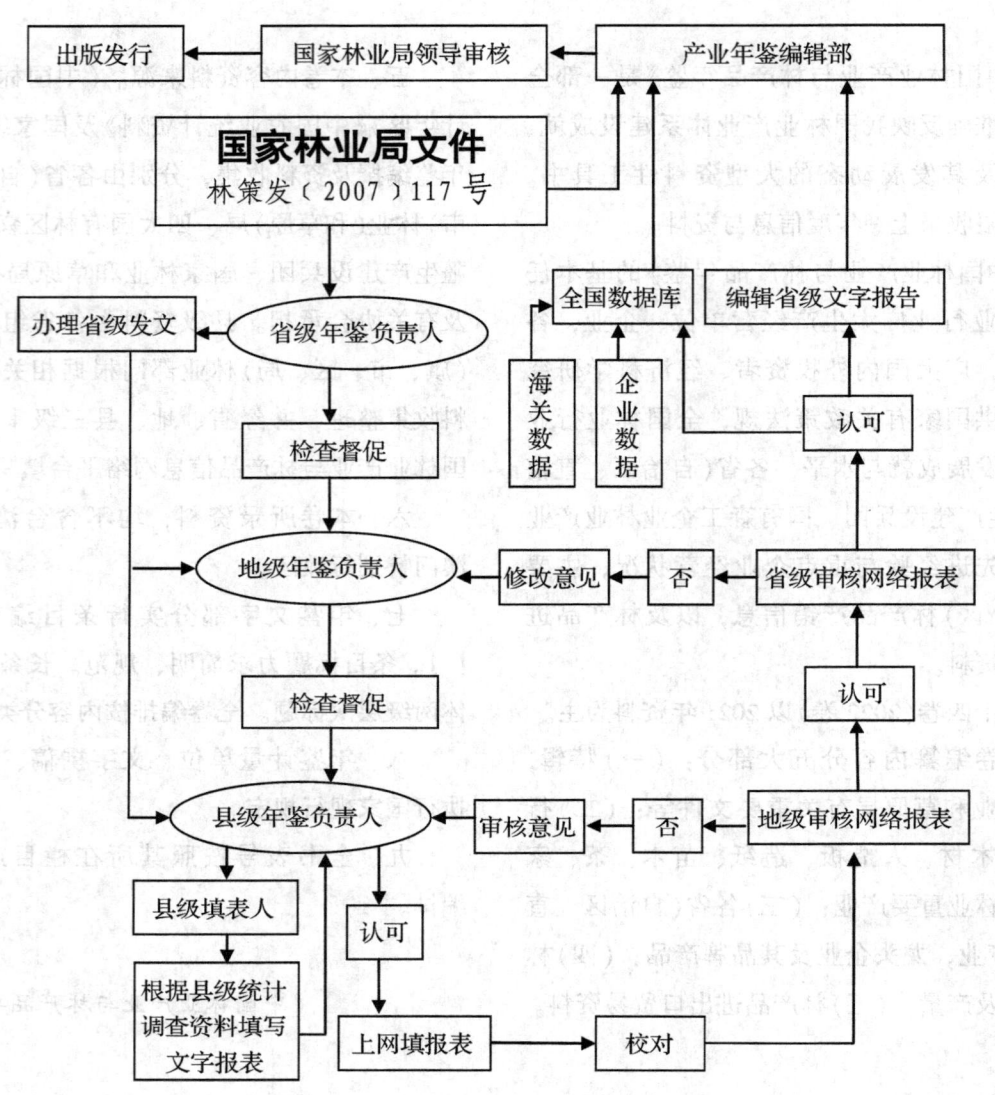

目 录

特 辑

国家林业和草原局办公室关于开展2021年林产品质量监测工作的通知 ·········· 2
国家林业和草原局　科学技术部关于印发《国家林草科普基地管理办法》的通知 ·········· 2
国家林业和草原局关于印发《乡村护林(草)员管理办法》的通知 ·········· 5
国家林业和草原局关于规范林木采挖移植管理的通知 ·········· 8
国家林业和草原局关于印发修订后的《国有林场管理办法》的通知 ·········· 9
关于加快推进竹产业创新发展的意见 ·········· 12
关于严格耕地用途管制有关问题的通知 ·········· 15

行业篇

中国木材与人造板产业 ·········· 20
　　木材与木制品进出口 ·········· 20
　　人造板行业现状 ·········· 20

中国造纸工业 ·········· 25
　　概　述 ·········· 25
　　纸及纸板生产和消费情况 ·········· 25
　　纸及纸板生产企业经济指标完成情况 ·········· 26
　　纸浆生产和消耗情况 ·········· 26
　　纸制品生产和消费情况 ·········· 27
　　纸及纸板、纸浆、废纸及纸制品进出口情况 ·········· 27
　　纸及纸板生产布局与集中度 ·········· 29

中国苗木产业 ·········· 31
　　概　述 ·········· 31

中国茶产业 ·········· 33
　　概　述 ·········· 33
　　茶叶种植生产 ·········· 33
　　运行情况 ·········· 34
　　国产茶叶内销市场 ·········· 35
　　茶叶进出口贸易 ·········· 36

中国家具产业 ·········· 38
　　概　述 ·········· 38
　　家具行业市场现状分析 ·········· 38

家具行业未来发展趋势 ………………………………………………………………………………… 39
中国花卉产业 ………………………………………………………………………………………………… 41
　　概　述 …………………………………………………………………………………………………… 41
　　产销情况 ………………………………………………………………………………………………… 41
　　主要成就 ………………………………………………………………………………………………… 41
　　机遇与挑战 ……………………………………………………………………………………………… 42

各省(自治区、直辖市)林业产业

北京市林业产业 ……………………………………………………………………………………………… 46
　　概　述 …………………………………………………………………………………………………… 46
　　重大活动筹备、参展工作 ………………………………………………………………………………… 46
　　健全产业政策体系 ……………………………………………………………………………………… 47
　　发掘、保护、传承和振兴老北京水果资源 ……………………………………………………………… 47
　　促进产业提质增效和转型升级 ………………………………………………………………………… 48
　　示范基地建设和产业示范 ……………………………………………………………………………… 50
　　促进园林绿化产业产销对接 …………………………………………………………………………… 51
　　市级系列消费宣传、文化节庆活动 ……………………………………………………………………… 51
　　加强行业管理 …………………………………………………………………………………………… 53
　　食用林产品安全监管 …………………………………………………………………………………… 53
　　北京市果树产业发展基金 ……………………………………………………………………………… 54
天津市林业和草原产业 ……………………………………………………………………………………… 55
　　概　述 …………………………………………………………………………………………………… 55
　　产业发展 ………………………………………………………………………………………………… 55
河北省林业和草原产业 ……………………………………………………………………………………… 57
　　概　述 …………………………………………………………………………………………………… 57
　　经济林产业 ……………………………………………………………………………………………… 57
　　花卉产业 ………………………………………………………………………………………………… 57
　　林下经济 ………………………………………………………………………………………………… 57
　　木材加工 ………………………………………………………………………………………………… 57
　　生态旅游和森林康养 …………………………………………………………………………………… 58
　　种苗产业 ………………………………………………………………………………………………… 58
　　草资源利用与草产业 …………………………………………………………………………………… 58
山西省林业和草原产业 ……………………………………………………………………………………… 59
　　概　述 …………………………………………………………………………………………………… 59
　　经济林 …………………………………………………………………………………………………… 59
　　种苗产业 ………………………………………………………………………………………………… 60
　　花卉产业 ………………………………………………………………………………………………… 60
　　森林旅游 ………………………………………………………………………………………………… 61
　　森林康养 ………………………………………………………………………………………………… 62

林下经济	62
草产业	63
沙产业	64

内蒙古自治区林业和草原产业 65
  概　述 65
  重点产业发展情况 65
  工作举措 67

辽宁省林业和草原产业 69
  概　述 69
  桓仁山参 69
  丹东"中国红豆杉之乡" 69
  林场产业改革典型 69
  铁岭创新发展榛子产业 70
  发展森林康养典型 70

吉林省林业和草原产业 71
  概　述 71
  主要工作 71

黑龙江省林业和草原产业 73
  概　述 73
  发展情况 73

上海市林业产业 75
  概　述 75
  主要工作 75
  闵行区林果业 76
  嘉定区林果业 77
  宝山区林果业 77
  松江区林果业 78
  金山区林果业 78
  青浦区林果业 79
  浦东新区林果业 79
  奉贤区林果业 81
  崇明区林果业 81

江苏省林业产业 83
  概　述 83

浙江省林业产业 85
  概　述 85
  经济林产业规模稳步扩增 85
  林下经济发展迅猛 86
  笋竹产业生机勃勃 86

森林生态旅游、康养业态兴旺 …………………………………………………………………… 87
　　经营质量提升显著 …………………………………………………………………………… 88
　　综合效益提高 ………………………………………………………………………………… 88
安徽省林业产业 ………………………………………………………………………………… 89
　　概　述 ………………………………………………………………………………………… 89
　　发展条件 ……………………………………………………………………………………… 89
　　发展现状 ……………………………………………………………………………………… 89
　　主要经验做法 ………………………………………………………………………………… 89
　　林下经济和森林康养产业 …………………………………………………………………… 90
　　竹产业 ………………………………………………………………………………………… 92
福建省林业产业 ………………………………………………………………………………… 94
　　概　述 ………………………………………………………………………………………… 94
　　主要做法和成效 ……………………………………………………………………………… 94
　　竹产业 ………………………………………………………………………………………… 95
　　花卉苗木产业 ………………………………………………………………………………… 95
　　森林旅游产业 ………………………………………………………………………………… 96
　　林业碳汇 ……………………………………………………………………………………… 97
江西省林业产业 ………………………………………………………………………………… 98
　　概　述 ………………………………………………………………………………………… 98
　　油茶产业 ……………………………………………………………………………………… 98
　　竹产业 ………………………………………………………………………………………… 99
　　木材加工及家具产业 ………………………………………………………………………… 99
　　森林药材产业 ………………………………………………………………………………… 99
　　天然香精香料产业 …………………………………………………………………………… 100
　　苗木花卉产业 ………………………………………………………………………………… 100
　　森林康养旅游产业 …………………………………………………………………………… 100
　　建立林业生态产品价值实现机制 …………………………………………………………… 100
　　林业产业重大活动 …………………………………………………………………………… 101
　　林业产业助力脱贫攻坚 ……………………………………………………………………… 102
　　林业行业协会 ………………………………………………………………………………… 102
山东省林业产业 ………………………………………………………………………………… 103
　　概　述 ………………………………………………………………………………………… 103
　　产业发展 ……………………………………………………………………………………… 103
河南省林业产业 ………………………………………………………………………………… 105
　　概　述 ………………………………………………………………………………………… 105
　　油茶产业 ……………………………………………………………………………………… 105
　　特色产业 ……………………………………………………………………………………… 105
　　森林旅游康养 ………………………………………………………………………………… 106
　　产业集群和产业示范园区 …………………………………………………………………… 106

沿黄河流域生态保护 …… 106
　　国际合作和国家储备林 …… 106
　　乡村振兴 …… 107
湖北省林业产业 …… 108
　　概　述 …… 108
　　产业发展 …… 108
　　"两山"试点 …… 108
　　油茶产业 …… 108
　　经济林产业 …… 109
　　竹产业 …… 109
　　林产加工 …… 109
　　森林旅游 …… 109
　　林业龙头企业 …… 109
　　林业生态扶贫 …… 109
　　林业产业基地 …… 110
　　林业精品名牌 …… 110
　　森林保险 …… 110
湖南省林业产业 …… 111
　　概　述 …… 111
　　油茶产业 …… 111
　　竹产业 …… 111
　　林下经济 …… 111
　　花卉产业 …… 112
　　森林公园建设与生态旅游 …… 112
广东省林业产业 …… 114
　　概　述 …… 114
广西壮族自治区林业产业 …… 116
　　概　述 …… 116
　　林业产业园区建设 …… 116
　　现代特色林业示范区建设 …… 116
　　林业龙头企业培育 …… 117
　　森林旅游产业 …… 118
　　花卉产业 …… 118
　　林业产业招商及对外交流 …… 118
海南省林业产业 …… 120
　　概　述 …… 120
　　花卉产业 …… 120
　　油茶产业 …… 120
　　椰子产业 …… 120

黄花梨产业 …………………………………………………………………………… 120
　　沉香产业 ……………………………………………………………………………… 121
　　苗木产业 ……………………………………………………………………………… 121
　　木材加工业 …………………………………………………………………………… 121
　　林下经济 ……………………………………………………………………………… 121
　　生态旅游及森林康养 ………………………………………………………………… 121
　　国家储备林建设 ……………………………………………………………………… 121
重庆市林业产业 ……………………………………………………………………… 122
　　概　述 ………………………………………………………………………………… 122
　　主要做法 ……………………………………………………………………………… 122
四川省林业和草原产业 ……………………………………………………………… 123
　　概　述 ………………………………………………………………………………… 123
　　产业发展 ……………………………………………………………………………… 123
　　现代林业园区 ………………………………………………………………………… 123
　　木材产业 ……………………………………………………………………………… 123
　　木本油料产业 ………………………………………………………………………… 123
　　花卉产业 ……………………………………………………………………………… 123
　　森林康养产业 ………………………………………………………………………… 123
　　生态旅游产业 ………………………………………………………………………… 124
　　草资源综合利用 ……………………………………………………………………… 124
贵州省林业产业 ……………………………………………………………………… 125
　　概　述 ………………………………………………………………………………… 125
　　林下经济 ……………………………………………………………………………… 125
　　特色林业产业 ………………………………………………………………………… 125
　　发展新兴产业 ………………………………………………………………………… 126
　　加强品牌建设 ………………………………………………………………………… 126
　　林业龙头企业 ………………………………………………………………………… 126
　　国家林下经济示范基地 ……………………………………………………………… 126
云南省林业和草原产业 ……………………………………………………………… 128
　　概　述 ………………………………………………………………………………… 128
　　木本油料 ……………………………………………………………………………… 128
　　特色经济林 …………………………………………………………………………… 128
　　林下经济 ……………………………………………………………………………… 129
　　生态旅游 ……………………………………………………………………………… 129
　　地方优势林产业与林产品 …………………………………………………………… 129
　　国家林业重点龙头企业 ……………………………………………………………… 130

西藏自治区林业和草原产业 ………………………………………………………… 132
　　概　述 ………………………………………………………………………………… 132

特色经济林产业	132
林下资源产业	132
苗木产业	132
草产业	132
木材生产	133
森林旅游业	133

陕西省林业产业 … 134
概　述	134
特色经济林	134
产业示范区	134
森林旅游	134
种苗花卉	135
林下经济	135
林业龙头企业	135
野生动物繁育	135
特色产业	136

甘肃省林业和草原产业 … 137
经济林果产业	137
其他林业产业	138

青海省林业和草原产业 … 139
概　述	139
特色种植业	139
枸杞产业	139
道地中藏药材种植业	139
林业特色养殖业	139
林业生态旅游业	139
草产业	140
冬虫夏草产业	140

宁夏回族自治区林业和草原产业 … 141
概　述	141
林果产业	141
枸杞产业	142
花卉产业	142
林下经济	142
草产业	142

新疆维吾尔自治区林业和草原产业 … 143
特色林果业	143
林木种苗业	143
花卉业	143

森林旅游业 ··· 143
　　沙产业 ··· 143
　　草产业 ··· 143
内蒙古森工集团林业产业 ··· 145
　　概　述 ··· 145
吉林森工集团林业产业 ··· 147
　　概　述 ··· 147
　　森林资源经营产业 ··· 147
　　矿泉水产业 ··· 147
　　蓝莓产业 ··· 147
　　北药产业 ··· 147
　　二氢槲皮素产业 ··· 147
　　森林文旅康养产业 ··· 147
　　产业扶贫助困工作 ··· 148
龙江森工集团林业产业 ··· 149
　　概　述 ··· 149
　　营林产业 ··· 149
　　森林食品产业 ·· 149
　　种植养殖产业 ·· 149
　　旅游康养产业 ·· 150
大兴安岭林业集团公司林业产业 ··· 151
　　概　述 ··· 151
　　产业规划 ··· 151
　　产业政策 ··· 151
　　森林旅游康养 ·· 151
　　中药材产业 ··· 151
　　林产工业 ··· 152
　　市场营销 ··· 152
　　品牌管理 ··· 152
　　科技创新 ··· 152
新疆生产建设兵团林业和草原产业 ··· 153
　　概　述 ··· 153
　　产业发展现状 ·· 153
　　重点领域发展情况 ··· 153
　　主要做法和经验 ·· 153

林产品主产地及产量

　　表1-1　原木主产地产量 ·· 156
　　表1-2　锯材主产地产量 ·· 163

表 1-3	木片主产地产量	168
表 1-4	薪材（非标准原木）主产地产量	170
表 1-5	烧材主产地产量	172
表 2-1	胶合板主产地产量	172
表 2-2	纤维板主产地产量	177
表 2-3	刨花板主产地产量	178
表 2-4	细木工板（大芯板）主产地产量	180
表 2-5	其他人造板主产地产量	181
表 3-1	胶合木（集成材、重组木、指接木）主产地产量	183
表 3-2	木地板主产地产量	184
表 3-3	单板（刨切、旋切、微薄板）主产地产量	186
表 3-4	木质家具主产地产量	187
表 3-5	卫生筷子主产地产量	190
表 3-6	软木主产地产量	191
表 4-1	木浆主产地产量	191
表 4-2	木浆纸主产地产量	192
表 4-3	竹浆主产地产量	192
表 4-4	竹浆纸主产地产量	192
表 4-5	其他浆主产地产量	192
表 4-6	其他纸主产地产量	192
表 5-1	毛竹主产地产量	193
表 5-2	其他竹类主产地产量	197
表 5-3	藤类主产地产量	198
表 6-1	树种资源面积	198
表 6-2	籽主产地产量	216
表 6-3	木本粮食与食用油料（核桃）主产地产量	233
表 6-4	木本粮食与食用油料（油茶）主产地产量	233
表 6-5	木本粮食与食用油料主产地产量	236
表 7-1	主要木本工业用油料（油桐）主产地产量	237
表 7-2	主要木本工业用油料主产地产量	237
表 8-1	苹果主产地产量	238
表 8-2	梨主产地产量	242
表 8-3	桃主产地产量	248
表 8-4	杏主产地产量	253
表 8-5	李主产地产量	256
表 8-6	樱桃主产地产量	258
表 8-7	猕猴桃主产地产量	260
表 8-8	鲜葡萄主产地产量	262
表 8-9	山楂主产地产量	263

表 8-10	柚主产地产量	263
表 8-11	柑橘主产地产量	264
表 8-12	枇杷主产地产量	267
表 8-13	杧果主产地产量	268
表 8-14	荔枝主产地产量	269
表 8-15	龙眼主产地产量	269
表 8-16	香蕉主产地产量	270
表 8-17	无花果主产地产量	271
表 8-18	草莓主产地产量	271
表 8-19	核桃主产地产量	272
表 8-20	鲜红枣主产地产量	273
表 8-21	石榴主产地产量	274
表 8-22	枸杞主产地产量	275
表 8-23	蓝莓主产地产量	275
表 8-24	板栗主产地产量	276
表 8-25	冬枣主产地产量	278
表 8-26	鲜柿子主产地产量	278
表 8-27	脐橙主产地产量	279
表 8-28	笋用竹主产地产量	280
表 8-29	榛子主产地产量	280
表 8-30	其他果品主产地产量	280
表 9-1	母树林种子(红松)主产地产量	283
表 9-2	其他母树林种子主产地产量	283
表 10-1	种子园种子(杉木)主产地产量	284
表 10-2	其他种子园种子主产地产量	285
表 11-1	马尾松苗圃苗木主产地产量	286
表 11-2	落叶松苗圃苗木主产地产量	286
表 11-3	红松苗圃苗木主产地产量	287
表 11-4	黑松苗圃苗木主产地产量	287
表 11-5	华山松苗圃苗木主产地产量	288
表 11-6	湿地松苗圃苗木主产地产量	288
表 11-7	白皮松苗圃苗木主产地产量	289
表 11-8	油松苗圃苗木主产地产量	290
表 11-9	樟子松苗圃苗木主产地产量	291
表 11-10	杉木苗圃苗木主产地产量	292
表 11-11	云杉苗圃苗木主产地产量	293
表 11-12	柏苗圃苗木主产地产量	295
表 11-13	刺槐苗圃苗木主产地产量	296
表 11-14	泡桐苗圃苗木主产地产量	296

表 11-15	柳树苗圃苗木主产地产量	297
表 11-16	杨树苗圃苗木主产地产量	298
表 11-17	白蜡苗圃苗木主产地产量	300
表 11-18	水曲柳苗圃苗木主产地产量	302
表 11-19	榆苗圃苗木主产地产量	303
表 11-20	楠苗圃苗木主产地产量	303
表 11-21	桉树苗圃苗木主产地产量	304
表 11-22	香樟苗圃苗木主产地产量	304
表 11-23	女贞苗圃苗木主产地产量	305
表 11-24	杜英苗圃苗木主产地产量	306
表 11-25	桂花苗圃苗木主产地产量	307
表 11-26	广玉兰苗圃苗木主产地产量	309
表 11-27	雪松苗圃苗木主产地产量	309
表 11-28	杏苗圃苗木主产地产量	310
表 11-29	核桃苗圃苗木主产地产量	310
表 11-30	葡萄苗圃苗木主产地产量	311
表 11-31	石榴苗圃苗木主产地产量	311
表 11-32	苹果苗圃苗木主产地产量	312
表 11-33	沙枣苗圃苗木主产地产量	312
表 11-34	槐树苗圃苗木主产地产量	313
表 11-35	枫香树苗圃苗木主产地产量	313
表 11-36	栾树苗圃苗木主产地产量	314
表 11-37	银杏苗圃苗木主产地产量	315
表 11-38	沙棘苗圃苗木主产地产量	316
表 11-39	油茶苗圃苗木主产地产量	317
表 11-40	元宝枫苗圃苗木主产地产量	318
表 11-41	文冠果苗圃苗木主产地产量	318
表 11-42	荷木苗圃苗木主产地产量	318
表 11-43	南方红豆杉苗圃苗木主产地产量	319
表 11-44	其他主要苗圃苗木主产地产量	319
表 12-1	松香主产地产量	323
表 12-2	松节油主产地产量	324
表 12-3	松脂主产地产量	324
表 12-4	木炭主产地产量	325
表 12-5	其他主要林化产品主产地产量	325
表 13-1	野菜主产地产量	326
表 13-2	食用菌类主产地产量	327
表 13-3	竹笋主产地产量	330
表 13-4	蕨菜主产地产量	332

表 13-5	香椿主产地产量	334
表 13-6	其他主要森林蔬菜主产地产量	334
表 14-1	茶叶主产地产量	335
表 14-2	矿泉水主产地产量	338
表 14-3	其他主要森林饮料主产地产量	339
表 15-1	桑树主产地产量	340
表 15-2	其他主要森林饲料主产地产量	341
表 16-1	波斯菊主产地产量	341
表 16-2	万寿菊主产地产量	341
表 16-3	雏菊主产地产量	342
表 16-4	紫叶李主产地产量	342
表 16-5	月季类主产地产量	343
表 16-6	玫瑰主产地产量	344
表 16-7	榆叶梅主产地产量	346
表 16-8	樱花主产地产量	346
表 16-9	海棠花主产地产量	347
表 16-10	杜鹃花主产地产量	348
表 16-11	丁香主产地产量	348
表 16-12	桂花主产地产量	349
表 16-13	黄杨类主产地产量	351
表 16-14	牡丹主产地产量	351
表 16-15	矮牵牛主产地产量	351
表 16-16	一串红主产地产量	352
表 16-17	非洲菊主产地产量	353
表 16-18	百合主产地产量	353
表 16-19	菊花主产地产量	354
表 16-20	红花檵木主产地产量	356
表 16-21	红掌主产地产量	357
表 16-22	草花主产地产量	357
表 16-23	吊兰主产地产量	357
表 16-24	法桐主产地产量	358
表 16-25	蝴蝶兰主产地产量	358
表 16-26	君子兰主产地产量	359
表 16-27	芍药主产地产量	359
表 16-28	茶花主产地产量	360
表 16-29	红叶石楠主产地产量	361
表 16-30	罗汉松主产地产量	362
表 16-31	红枫主产地产量	362
表 16-32	紫薇主产地产量	363

表 16-33	其他主要花卉主产地产量	364
表 17	草坪主产地产量	379
表 18-1	木雕工艺品主产地产值	380
表 18-2	竹雕工艺品主产地产值	381
表 18-3	竹编工艺品主产地产值	382
表 18-4	藤编工艺品主产地产值	383
表 18-5	棕编工艺品主产地产值	384
表 19	驯化野生动物与利用	385
表 20-1	黄柏主产地产量	436
表 20-2	柴胡主产地产量	436
表 20-3	菊花主产地产量	436
表 20-4	蜂蜜主产地产量	436
表 20-5	金银花主产地产量	437
表 20-6	板兰根主产地产量	438
表 20-7	艾叶主产地产量	438
表 20-8	苍术主产地产量	438
表 20-9	茯苓主产地产量	439
表 20-10	厚朴主产地产量	439
表 20-11	白及主产地产量	439
表 20-12	天麻主产地产量	440
表 20-13	黄芪主产地产量	440
表 20-14	黄精主产地产量	441
表 20-15	石斛主产地产量	442
表 20-16	杜仲主产地产量	442
表 20-17	五味子主产地产量	443
表 20-18	灵芝主产地产量	443
表 20-19	其他中药材主产地产量	444
表 21	主要生态旅游资源与利用	454
表 22	狩猎资源与利用	504
表 23	蜂产业及蜂产品生产情况	505

林产品进出口

表 1	原木出口量值表	514
表 2	原木进口量值表	514
表 3	锯材出口量值表	517
表 4	锯材进口量值表	520
表 5	人造板出口量值表	525
表 6	人造板进口量值表	549
表 7	木质家具出口量值表	559

表8	木质家具进口量值表	570
表9	木制品出口量值表	574
表10	木制品进口量值表	593
表11	木片出口量值表	600
表12	木片进口量值表	600
表13	木炭出口量值表	600
表14	木炭进口量值表	601
表15	木浆出口量值表	601
表16	木浆进口量值表	603
表17	竹藤出口量值表	605
表18	竹藤进口量值表	629

特 辑

SPECIAL

国家林业和草原局办公室关于开展 2021 年林产品质量监测工作的通知

办科字〔2021〕36 号

各省、自治区、直辖市、新疆生产建设兵团林业和草原主管部门，各有关林产品质检机构：

为贯彻落实《中共中央 国务院关于深化改革加强食品安全工作的意见》和国务院食品安全委员会相关要求，进一步加强林产品质量监管工作，提高产品质量，保障消费安全，根据《国家林业和草原局关于印发〈2021 年工作要点〉的通知》（林办发〔2021〕1 号）和《国家林业和草原局关于加强食用林产品质量安全监管工作的通知》（林科发〔2018〕129 号），我局决定开展 2021 年林产品质量监测工作，并制定了具体监测方案（见附件）。现将有关事项通知如下：

一、高度重视监测工作。各地林业和草原主管部门要坚持问题导向，及时发现问题，做好风险防控，落实食用林产品质量安全监管责任，认真组织开展林产品质量监测工作。加强农药等投入品监测，指导食用林产品生产经营者规范用药，鼓励具有相关监测条件的地区对方案中选测项目进行监测。针对监测抽查发现的质量问题，要组织相关人员开展分析研究，督促和指导生产经营者解决相关问题，确保产品安全。

二、加强行业监测管理。各地林业和草原主管部门要加强对监测工作的监督和管理，规范监测工作程序，提高检验检测能力，确保监测任务按时完成。要在抽样、检测等方面给予大力支持，督促各受检单位切实履行生产经营者的产品质量安全主体责任，积极配合抽样和监测工作。

三、确保监测工作质量。承担监测任务的质检机构要严格按照监测方案要求，依据相关规定和标准，规范从业人员行为，认真做好抽样、检测工作，确保监测工作的科学性、公正性、真实性、准确性。要主动与被监测地区林业和草原主管部门沟通、协调，确保监测工作顺利进行。抽样、检测所需费用从我局专项经费中列支，不得向受检单位收取任何费用。各承担监测任务的质检机构要对监测工作进行全面分析总结，按监测方案要求将有关监测数据、分析报告、监测工作总结等报送我局。

各省级林业和草原主管部门要根据本地区实际情况，组织开展 2021 年林产品质量监测工作，及时将本地区监测工作总体情况报送我局。监测工作中如有问题和建议，请及时反馈我局。

特此通知。

附件：2021 年林产品质量监测方案（略）

国家林业和草原局办公室
2021 年 5 月 18 日

国家林业和草原局 科学技术部关于印发《国家林草科普基地管理办法》的通知

林科规〔2021〕2 号

各省、自治区、直辖市、新疆生产建设兵团林业和草原主管部门、科技厅（委、局），国家林业和草原局各司局、各派出机构、各直属单位、大兴安岭林业集团，科技部直属单位：

为贯彻落实习近平生态文明思想和习近平总书记关于科普工作重要指示精神，提升全民生态意识和科学素质，根据《国家林业和草原局 科学技术部关于加强林业和草原科普工作的意见》（林科发〔2020〕29号）要求，切实加强国家林草科普基地建设和管理，提高科普基地服务能力，推动林草科普工作高质量发展，我们研究制定了《国家林草科普基地管理办法》（见附件），现印发给你们，请遵照执行。

特此通知。

附件：国家林草科普基地管理办法

国家林业和草原局
科学技术部
2021年6月21日

附件

国家林草科普基地管理办法

第一章 总 则

第一条 根据《中华人民共和国科学技术普及法》和《国家林业和草原局 科学技术部关于加强林业和草原科普工作的意见》要求，为加强和规范国家林草科普基地建设和运行管理，充分发挥其科普功能和作用，制定本办法。

第二条 本办法适用于国家林草科普基地的申报、评审、命名、运行与管理等工作。

第三条 国家林草科普基地是依托森林、草原、湿地、荒漠、野生动植物等林草资源开展自然教育和生态体验活动、展示林草科技成果和生态文明实践成就、进行科普作品创作的重要场所，是面向社会公众传播林草科学知识和生态文化、宣传林草生态治理成果和美丽中国建设成就的重要阵地，是国家特色科普基地的重要组成部分。

第四条 国家林草科普基地应以习近平生态文明思想为指导，认真贯彻落实国家关于科学普及的工作部署和要求，坚持群众性、经常性和公益性的原则，在实施创新驱动发展战略、提高全民生态意识和科学素质的科普实践中发挥示范引领作用，为推进生态文明和美丽中国建设、实现碳达峰碳中和中国承诺作出应有贡献。

第五条 国家林草科普基地由国家林业和草原局会同科学技术部共同负责管理，具体工作由国家林业和草原局科学技术司和科学技术部科技人才与科学普及司共同承担。各省级林草主管部门会同科技主管部门负责本行政区域内国家林草科普基地的审核、推荐和日常管理工作。

第六条 国家林业和草原局联合科学技术部成立国家林草科普基地管理办公室（以下简称"管理办公室"），负责国家林草科普基地的申报、评审、命名、运行与管理等日常工作。管理办公室设在国家林业和草原局科学技术司。

第二章 申报条件

第七条 国家林草科普基地申报单位应具备以下基本条件：

（一）中国大陆境内注册，具有独立法人资格或受法人单位授权，能够独立开展科普工作的单位；

（二）具备鲜明的林草行业科普特色，开展主题明确、内容丰富、形式多样的科普活动，并拥有相关支撑保障资源；

（三）具备一定规模的专门用于林草科学知识和科学技术传播、普及、教育的固定场所、平台及技术手段；

（四）具有负责科普工作的部门，并配备开展科普活动的专（兼）职人员队伍和科普志愿者，定期对科普工作人员开展专业培训；

（五）具有稳定持续的科普工作经费，确保科普活动制度性开展和科普场馆（场所）等常态化运行；

（六）面向公众开放，具备一定规模的接待能力，符合相关公共场馆、设施或场所的安全、卫生、消防标准；

（七）具备策划、创作、开发林草科普作品的能力，并具有对外宣传渠道；

（八）管理制度健全，制定科普工作的规划和年度计划。

第三章 申报程序

第八条 国家林草科普基地申报工作原则上每两年开展1次。

第九条 符合申报条件的单位按要求提供《国家林草科普基地申报表》（见附表）以及相关证明材料，向所在地省级林草主管部门提出申请。

第十条 各省级林草主管部门会同本级科技主管部门审核、推荐。申报材料由两部门盖章后报送管理办公室。

第十一条 国家林业和草原局、科学技术部直属单位和中央直属的科研院所及高校可直接向管理办公室推荐申报。

第四章 评审与命名

第十二条 评审程序分为资格审查、现场核验和组织审定。

（一）资格审查。由管理办公室依据本办法对申报资格及相关材料进行核查，提出初核意见。通过资格审查后方可进入下一个评审阶段。

（二）现场核验。组织专家重点核查申报材料的真实性和实效性，由专家核验组形成书面意见。

（三）组织审定。由管理办公室根据核验意见组织评审后提出拟命名基地名单，按程序报批公示。

第十三条 国家林草科普基地评审工作实行公示制度。拟命名国家林草科普基地名单向社会公示，公示期为7个工作日。有异议者，应在公示期内提出实名书面材料，并提供必要的证明文件，逾期和匿名异议不予受理。

第十四条 公示无异议或异议消除的申报单位，由国家林业和草原局、科学技术部联合命名为"国家林草科普基地"，向社会公布并颁发证书和牌匾。

第五章 运行与管理

第十五条 国家林草科普基地须每年向管理办公室提交上一年度工作总结和本年度工作计划。

第十六条 管理办公室对已命名的国家林草科普基地给予一定的支持。科普基地可优先承担国家级科普项目、参加全国性科普活动、提供专业人才培训等。

第十七条 国家林业和草原局会同科学技术部对已命名的国家林草科普基地实行动态管理，命名有效期限为5年。有效期结束前，依据有关规定对已命名国家林草科普基地进行综合评估。评估结果分为优秀、合格、不合格3个等级。对评估为优秀的，予以通报表扬。对评估为不合格的提出整改意见，给予一年的整改期。对评估为优秀、合格或整改后达到要求的，命名继续有效。

第十八条 已命名国家林草科普基地有下列情况之一的，撤销授予称号：

（一）整改后仍达不到合格标准的；

（二）已丧失科普功能的；

（三）发生重大责任事故的或从事违法活动的。

第十九条 已命名国家林草科普基地如果遇到名称或法人等重要信息变更，需及时向管理办公室提交变更报告，经批准后方可办理相关变更手续。

第六章 附则

第二十条 本办法由国家林业和草原局、科学技术部负责解释。

第二十一条 本办法自印发之日起30天后施行。

附表：国家林草科普基地申报表（略）

国家林业和草原局关于印发《乡村护林（草）员管理办法》的通知

林站规〔2021〕3号

各省、自治区、直辖市、新疆生产建设兵团林业和草原主管部门，国家林业和草原局各司局、各派出机构、各直属单位、大兴安岭林业集团：

《乡村护林（草）员管理办法》（见附件）已经国家林业和草原局2021年第2次局务会议审议通过，现印发给你们，请遵照执行。

特此通知。

附件：乡村护林（草）员管理办法

国家林业和草原局
2021年8月20日

附件

乡村护林（草）员管理办法

第一章 总 则

第一条 为贯彻习近平总书记重要指示精神，夯实全面推行林长制、建设生态文明的基层基础，根据《中华人民共和国森林法》《中华人民共和国草原法》《中华人民共和国防沙治沙法》《森林防火条例》《湿地保护管理规定》《林业工作站管理办法》等有关法律、法规和规章，制定本办法。

第二条 加强全国乡村护林（草）队伍建设，建立健全乡村护林（草）网络，规范乡村护林（草）员管理工作，保障乡村护林（草）员合法权益，充分发挥乡村护林（草）员在保护森林、草原、湿地、荒漠等生态系统和生物多样性方面的作用，实现森林、草原、湿地、沙化土地植被等资源（以下简称"林草资源"）管护网格化、全覆盖。

第三条 本办法所称乡村护林（草）员（以下统称"乡村护林员"），是指由县级或者乡镇人民政府（以下简称"聘用方"）从农村集体经济组织成员中聘用的，就近对集体所有和国家所有依法确定由农民集体使用的林草资源进行管护的专职或者兼职人员。

第四条 国家林业和草原局负责指导全国乡村护林员队伍建设与管理工作，国家林业和草原局林业工作站管理总站承担具体工作。

县级以上地方各级林业和草原主管部门负责指导本行政区域的乡村护林员队伍建设与管理工作，并由其设立或者确定的林业工作站管理机构承担具体工作。

乡镇林业工作站或者乡镇负责林业工作的机构（以下简称"乡镇林业工作站"）在乡镇人民政府领导或者指导下加强乡村护林员的组织、管理、培训、监督和考核等工作，指导村民委员会成立护林小组，对乡村护林员进行日常管理。

第五条 乡村护林员在完成规定护林（草）任务的情况下，可以依法依规参与林业生态建设和林下经济等林草绿色富民产业发展，增加个人收入。

第二章 选 聘

第六条 乡村护林员选聘工作坚持自愿、公开、公正、持续和统一管理的原则，实行一年一聘制。

第七条 选聘条件：

（一）热爱祖国，遵纪守法，责任心强；

（二）热爱护林（草）工作，熟悉周边林情、山情、村情、民情；

（三）年满十八周岁，身体条件能胜任野外巡护工作。

同等条件下，低收入人口、林草相关专业毕业生、从事过林业和草原相关工作的人员以及复退军人可以优先聘用。

第八条 选聘程序：

乡村护林员选聘工作应当按照公告、申报、审核、公示、聘用等程序进行。

（一）公告。

聘用方应当在乡（镇）和行政村办事场所醒目位置张贴选聘公告。公告内容应当包括：

1. 选聘对象、条件、名额；
2. 选聘原则、程序；
3. 岗位类别、管护任务、劳务报酬标准；
4. 报名时间、地点、方式和需要提交的相关材料；
5. 其他相关事宜。

公告时间不少于五个工作日。

（二）申报。

应聘人员向村民委员会提交申请，村民委员会根据选聘条件进行核实，出具推荐意见，并将申请材料以及核实、推荐意见等材料提交乡镇林业工作站。

（三）审核。

乡镇林业工作站对公告情况、申报材料和村民委员会推荐意见等进行初审，提出拟聘人员建议名单，按程序报聘用方。聘用方根据相关规定审查确定拟聘人员名单。

（四）公示。

聘用方在乡（镇）和行政村办事场所醒目位置对拟聘人员名单进行张榜公示，公示期不少于五个工作日。

在公示期内对拟聘人员提出异议的，由乡镇林业工作站对拟聘人员进行复查，并将复查结果按程序报聘用方做出是否聘用的决定。

（五）聘用。

公示期满后，聘用方与受聘人员签订管护劳务协议，并将管护劳务协议交由乡镇林业工作站报县级林业和草原主管部门备案。

管护劳务协议应当明确管护劳务关系、管护责任、管护区域、管护面积、管护期限、劳务报酬、人身意外伤害保险购买、考核奖惩等内容。

第九条 符合选聘条件，认真履行管护责任，年度考核合格的乡村护林员，本人申请续聘的，经聘用方公示和确认后，可以续聘。

第十条 乡村护林员因以下原因不适合履行管护责任的，应当予以解聘并解除管护劳务协议：

（一）本人提出解除管护劳务协议的；

（二）身体条件不能履行管护责任的；

（三）违反管护劳务协议或者考核不合格的；

（四）受到司法机关刑事处罚的；

（五）因移民搬迁等原因远离管护区域，不能继续承担管护任务的；

（六）其他原因不能承担管护任务的。

本人提出解除管护劳务协议的，应当由本人提前三十日向聘用方提出书面申请。

对解聘的人员，应当明确原因，办理解聘手续，由聘用方书面通知本人，并报县级林业和草原主管部门备案。

第十一条 乡村护林员岗位出现空缺时，应当按照选聘程序进行补聘。

第三章 责任和权利

第十二条 在管护劳务协议中应当明确乡村护林员的责任，主要包括：

（一）了解管护区域内林草资源状况，开展日常巡护，做好巡护记录，报告管护区域内的生产经营活动；

（二）协助管理野外用火，及时发现、处理火灾隐患和报告火情，并协助有关机关调查森林草原火灾案件；

（三）及时发现和报告管护区域内发生的有害生物危害情况；

（四）及时记录、保存和报告管护区域内破坏林草资源的情况，对正在发生的破坏林草资源的行为，进行劝阻；

（五）及时发现和报告管护区域内乱捕滥猎野生动物以及野生动物异常死亡等情况，对正在发生的乱捕滥猎野生动物的行为，进行劝阻；

（六）宣传林草资源保护的有关法律、法规、政策；

（七）完成管护劳务协议约定的其他林草资源管护工作。

第十三条 乡村护林员享有以下权利：

（一）按照管护劳务协议获取劳务报酬；
（二）提出解除管护劳务协议；
（三）接受并参加相关技能和安全教育培训；
（四）对林草资源管护提出合理化意见与建议；
（五）聘用期间被无故扣发劳务报酬或者解聘的，有权依法提起诉讼；
（六）管护劳务协议约定的其他权利。

第四章 劳务报酬和工作保障

第十四条 乡村护林员劳务报酬由中央与地方的相关资金和乡村自有资金等组成，并按各自资金渠道发放。

乡村护林员劳务报酬标准由各地根据本地经济社会发展情况统筹确定并在管护劳务协议中予以明确。劳务报酬标准保持相对稳定，原则上不得随意降低。

第十五条 县级以上地方人民政府林业和草原主管部门应当为乡村护林员提供必要的专业指导和技术支持。

第十六条 县级林业和草原主管部门在县级人民政府领导下可以根据实际工作需要安排必要的经费，用于为乡村护林员购置巡护装备、建立巡护信息系统和开展培训等支出。

鼓励有条件的地方为乡村护林员购买人身意外伤害保险。

第十七条 乡镇林业工作站应当在乡镇人民政府领导或者指导下为乡村护林员配备巡护标识、巡护手册、宣传品等必要的工作用品。

第十八条 鼓励各地建立巡护系统，应用无人机、卫星定位系统等新技术，实行巡护网络化管理和乡村护林员管理动态监控。

第五章 管理职责

第十九条 县级林业和草原主管部门应当在县级人民政府领导下加强对乡村护林员队伍建设与管理工作的组织领导，建立统一的乡村护林员管理制度。

第二十条 县级林业和草原主管部门应当加强对乡村护林员工作的指导和监督检查，逐步加大乡村护林员队伍标准化、规范化建设力度。

第二十一条 县级林业和草原主管部门应当编制乡村护林员培训方案。乡镇林业工作站应当组织对乡村护林员进行上岗前培训和定期培训，培训内容包括相关法律、法规、规章、政策、岗位职责、业务知识、基本技能、安全防护等，提升乡村护林员的管护能力和责任意识。

第二十二条 乡镇林业工作站应当在乡镇人民政府领导或者指导下统筹划定乡村护林员的管护责任区，统筹安排，实行网格化管理。

第二十三条 县级林业和草原主管部门应当指导乡镇林业工作站建立健全乡村护林员管理档案，档案内容包括乡村护林员的申请材料、审核表、管护劳务协议、考核表、解聘通知书等。

乡镇林业工作站应当进行乡村护林员有关数据统计和更新，定期上报县级林业和草原主管部门。

第二十四条 有乡村护林员三人以上的行政村，应当在村民委员会组织下成立村护林小组，指定负责人，制订巡护计划和方案，落实巡护责任。

乡村护林员不足三人的行政村，可以由乡镇林业工作站在乡镇人民政府领导或者指导下组织相邻行政村成立联合护林小组，指定责任人，制订巡护计划和方案，落实巡护责任。

第二十五条 乡镇林业工作站在乡镇人民政府领导或者指导下对乡村护林员进行考核，并将考核结果报县级林业和草原主管部门备案。

乡村护林员考核结果应当与奖惩、续聘挂钩。

第二十六条 乡村护林员有下列突出贡献的，按照国家有关规定给予表彰、奖励：

（一）模范履行巡护责任，管护区内连续两年未发生破坏林草资源情况，成绩显著的；
（二）严格执行森林草原防火法规制度，及时发现并报告森林草原火情，避免造成重大损失的；
（三）及时发现并报告有害生物危害，为主管部门有效防控提供信息的；
（四）劝阻、制止破坏林草资源的行为，使林草资源免遭重大损失的；
（五）为侦破破坏林草资源重特大案件提供关键线索的；
（六）在其他方面有突出贡献的。

第六章 附 则

第二十七条 国家对承担生态工程任务或者政策性任务的乡村护林员管理有特殊规定的，从其规定。村民委员会聘用的乡村护林员管理，可以参照本办法执行。

第二十八条 各省、自治区、直辖市和新疆生产建设兵团林业和草原主管部门可以根据本办法结合实际制定相应细则或者补充规定。

第二十九条 本办法由国家林业和草原局负责解释。

第三十条 本办法自2021年10月1日起施行。

国家林业和草原局关于规范林木采挖移植管理的通知

林资规〔2021〕4号

各省、自治区、直辖市、新疆生产建设兵团林业和草原主管部门，国家林业和草原局各司局、各派出机构、各直属单位、大兴安岭林业集团：

为深入贯彻习近平生态文明思想，牢固树立绿水青山就是金山银山理念，坚决反对"大树进城"等急功近利行为，根据《森林法》第五十六条"采挖移植林木按照采伐林木管理"的规定，现就林木采挖移植管理有关事项通知如下：

一、从严控制林木采挖移植

各级林草主管部门要充分认识依法保护森林资源、严格管理林木采挖移植的重要意义，坚持以自然恢复为主、人工修复和自然恢复相结合，采取多种形式，加大宣传力度，引导全社会科学、生态、节俭绿化，坚持以苗木绿化为主，严禁采挖移植天然大树、古树名木搞绿化，切实减少城乡绿化对林木采挖移植的依赖。

二、明确禁止和限制采挖的区域和类型

除开展林业有害生物防治、森林防火、生态保护和修复重大工程、科学研究、公共安全隐患整治等特殊需要，以及经依法批准使用林地外，禁止采挖以下区域或类型的林木：古树名木；国家一级重点保护野生树木；名胜古迹和革命纪念地的林木；一级国家级公益林；省级以上林草主管部门设立的林木种质资源保存库和良种基地内的林木；坡度35度以上林地上的林木。法律法规和国务院林草主管部门规定禁止采挖的其他情形。

郁闭度低于0.6的森林、坡度25度以上的林地以及划入生态保护红线范围内的林木，要在保障生态安全的前提下，从严控制采挖移植。天然林仅允许结合经依法批准使用林地的清理和森林抚育进行合理采挖。结合森林抚育采挖林木的，要符合抚育的相关政策和技术规程。

三、规范林地上林木采挖的行政许可

采挖林地上的林木，应当依法办理采伐许可证，按照采伐许可证的规定进行采挖，依照《森林法》不需要申请采伐许可证的除外。采挖应当符合林木采伐技术规程中关于面积、蓄积、强度、坡度、生态区位等的相关规定，并严格控制单位面积的采挖株数和采挖间距。采挖胸径5厘米以上林木的，要纳入采伐限额管理。

采挖林木由林权权利人向相应的采伐许可证核发部门提出申请，提供包括采挖林木的地点、树种、面积、蓄积、株数、权属、更新措施和移植方案等内容的材料。采伐许可证核发部门应在采伐许可证上标注"林木采挖"。首次采挖后进行假植的林木，可凭原采伐许可证再次进行移植，不再重新申请办理采挖手续。

对林农个人申请采挖人工商品林，可按照《国家林业和草原局关于深入推进林木采伐"放管服"改革工作的通知》（林资规〔2019〕3号）要求，实行告知承诺方式审批。

四、加强采挖移植作业管理

采挖移植林木的单位和个人，必须采取有效措施保护好其他林木及周边植被，符合水土保持等的相关规定。采挖后要及时采取回填土壤等有效措施，防止水土流失，最大程度降低对原生地环境的影响。移植要讲究科学，切实提高移植成活率。

五、强化采挖移植的监督管理

各级林草主管部门要建立健全采挖移植管理制度，依法依规严格审批，切实维护采挖移植的管理秩序。要加强山林管护巡护，及时制止非法采挖行为。对未经批准擅自采挖移植的，或者运输、收购明知是非法采挖林木的，要按照《森林法》第七十六条、第七十八条等规定依法查处。对违规批准采挖林木的，要依法追究有关人员责任。

六、特殊情形的管理

采挖移植非林地上的农田防护林、防风固沙林、护路林、护岸护堤林和城镇林木，由有关主管部门按照《公路法》《防洪法》《城市绿化条例》等规定进行管理。

采挖移植国家重点保护野生植物、古树名木的，要同时按照《野生植物保护条例》和古树名木的相关规定执行。

苗圃中培育繁殖的苗木按《种子法》的相关规定管理。

各省级林草主管部门要结合本地实际，明确允许采挖移植林木的最高年龄和最大胸径，细化林木采挖移植的相关标准，纳入本省（自治区、直辖市）的林木采伐技术规程，进一步完善林木采挖移植管理措施。

本通知所称采挖，是指将林木从生长地连根（裸根或带土团）挖出的作业措施。移植，是指将采挖的林木移至他处栽植的作业措施。假植，是指当采挖的林木暂不具备定植条件时，将林木根系用湿润土壤等进行临时埋植的作业措施。

特此通知。

国家林业和草原局
2021 年 9 月 13 日

国家林业和草原局关于印发修订后的《国有林场管理办法》的通知

林场规〔2021〕6 号

各省、自治区、直辖市林业和草原主管部门，国家林业和草原局各司局、各派出机构、各直属单位、大兴安岭林业集团：

为进一步规范和加强国有林场管理，促进国有林场高质量发展，我局组织修订了《国有林场管理办法》（见附件），现印发给你们，请遵照执行。

特此通知。

附件：国有林场管理办法

国家林业和草原局
2021 年 10 月 9 日

附件

国有林场管理办法

第一章 总 则

第一条 为规范和加强国有林场管理，促进国有林场高质量发展，根据《中华人民共和国森林法》和有关法律法规、规章制度，制定本办法。

第二条 国有林场的建设和管理，适用本办法。

本办法所称国有林场是指依法设立的从事森

林资源保护、培育、利用的具有独立法人资格的公益性事业、企业单位。

第三条 国有林场应当坚持生态优先、绿色发展，严格保护森林资源，大力培育森林资源，科学利用森林资源，切实维护国家生态安全和木材安全，不断满足人民日益增长的对良好生态环境和优质生态产品的需要。

第四条 国有林场应当根据生态区位、资源禀赋、生态建设需要等因素，科学确定发展目标和任务，因地制宜、分类施策，积极创新经营管理体制，增强发展动力。

第五条 县级以上林业主管部门按照管理权限，负责本行政区域内的国有林场管理工作。

跨地(市)、县(市、区)的国有林场，由所跨地区共同上一级林业主管部门负责管理。

第六条 国有林场依法取得的国有林地使用权和林地上的森林、林木使用权，任何组织和个人不得侵犯。

第七条 国有林场应当依法对经营管理范围内的森林等自然资源资产进行统一经营管理，主要职责包括：

（一）按照科学绿化的要求和山水林田湖草沙系统治理的理念，组织开展造林绿化和生态修复工作；

（二）按照严格保护和科学保护的要求，组织开展森林资源管护、森林防火和林业有害生物防治工作；

（三）按照科学利用和永续利用的原则，组织开展国家储备林建设、森林资源经营利用工作；

（四）组织开展科学研究、技术推广、试点示范、生态文化、科普宣传工作；

（五）法律、法规规定的其他职责。

第八条 国有林场应当在经营管理范围的边界设置界桩或者其他界线标识，任何单位和个人不得破坏或者擅自移动。

第二章 设立与管理

第九条 设立国有林场，除具备法律、法规规定设立法人的基本条件外，还应当具有一定规模、权属明确、"四至"清楚的林地。

新设立的国有林场，应当自成立之日起30日内，将批准设立的文件逐级上报到国家林业和草原局。

第十条 鼓励在重点生态功能区、生态脆弱地区、生态移民迁出区等设立国有林场。

第十一条 国有林场隶属关系应当保持长期稳定，不得擅自撤销、分立或者变更。

第十二条 国有林场应当建立健全森林资源保护、培育、利用和人、财、物等各项管理制度，提升经营管理水平。

第十三条 实行岗位管理制度。国有林场应当按照《关于国有林场岗位设置管理的指导意见》要求，科学合理设置管理、专业技术、林业技能、工勤技能等岗位，制定岗位工作职责和管理措施。

第十四条 实行财务管理制度。国有林场应当按照《国有林场（苗圃）财务制度》规定，制定财务管理办法，完善财务管理措施。

第十五条 实行职工绩效考核制度。国有林场应当按照《国有林场职工绩效考核办法》规定，因地制宜制定职工绩效考核具体办法。

鼓励国有林场建立职工绩效考核结果与薪酬分配挂钩制度，探索经营收入、社会服务收入在扣除成本和按规定提取各项基金后用于职工奖励的措施。

第十六条 实行档案管理制度。国有林场应当按照《国有林场档案管理办法》规定，完善综合管理类、森林资源类和森林经营类等档案材料，确保国有林场档案真实、完整、规范、安全。

第三章 森林资源保护与监管

第十七条 国有林场森林资源实行国家、省、市三级林业主管部门分级监管制度，对林地性质、森林面积、森林蓄积等进行重点监管。

第十八条 保持国有林场林地范围和用途长期稳定，严格控制林地转为非林地。

经批准占用国有林场林地的，应当按规定足额支付林地林木补偿费、安置补助费、植被恢复费和职工社会保障费用。

第十九条 国有林场应当合理设立管护站，配备必要的管护人员和管护设施设备，加强森林资源管护能力建设。

第二十条 国有林场应当认真履行森林防火

职责，建立完善森林防火责任制度，制定防火预案，组织防扑火队伍，配备必要的防火设施设备，提高防火和早期火情处置能力。

第二十一条 国有林场应当根据国家林业有害生物防治的有关要求，配备必要的技术人员和设施设备，提高林业有害生物监测和防治能力。

第二十二条 国有林场应当严格保护经营管理范围内的野生动物和野生植物。对国家或者地方立法保护的野生动植物应当采取必要的措施，保护其栖息地和生长环境。

第二十三条 符合法定条件的国有林场，可以受县级以上林业主管部门委托，在经营管理范围内开展行政执法活动。

县级以上林业主管部门可以根据需要协调当地公安机关在国有林场设立执法站点。

第四章 森林资源培育与经营

第二十四条 实行以森林经营方案为核心的国有林场森林经营管理制度，建立健全以森林经营方案为基础的内部决策管理和外部支持保障机制。国有林场应当编制森林经营方案，原则上由省级林业主管部门批准后实施。

第二十五条 国有林场应当按照采伐许可证和相关技术规程的规定进行林木采伐和更新造林。

第二十六条 国有林场应当采用良种良法，开展造林绿化，采取中幼林抚育、退化林修复、低质低效林改造等措施，提高森林资源质量。

第二十七条 鼓励国有林场采取多种形式开展场外营造林，发挥国有林场在国土绿化中的带动作用。

第二十八条 鼓励国有林场建设速生丰产、珍贵树种和大径级用材林，增加木材储备，发挥国有林场在维护国家木材安全中的骨干作用。

第二十九条 鼓励国有林场和林木种苗融合发展，发挥国有林场生产和提供公益性种苗的主体作用。

第三十条 国有林场可以合理利用经营管理的林地资源和森林景观资源，开展林下经济、森林旅游和自然教育等活动，引导支持社会资本与国有林场合作利用森林资源。

第三十一条 国有林场的森林资源资产未经批准不得转让、不得为其他单位和个人提供任何形式的担保。

第五章 保障措施

第三十二条 各级林业主管部门应当将国有林场的森林资源保护培育、基础设施、人才队伍建设和财政支持政策等纳入林长制实施内容，发挥林长制对巩固扩大国有林场改革成果、推动国有林场绿色发展的作用。

第三十三条 省级林业主管部门应当根据实际需要，编制国有林场中长期发展规划，推动制定国有林场地方性法规、规章，争取出台各类支持政策。

第三十四条 国有林场经营管理范围内的道路、供电、供水、通讯、管护用房等基础设施和配套服务设施等，应当纳入同级人民政府国民经济和社会发展规划。

第三十五条 鼓励金融保险机构开发适合国有林场特点的金融保险产品，筹集国有林场改革发展所需资金，提高国有林场抵御自然灾害能力。鼓励社会资本参与国有林场建设。

第三十六条 各级林业主管部门应当积极派遣业务骨干到国有林场任职、挂职。鼓励采取定向招生、定向培养、定向就业等方式补充国有林场专业技术人员。

第三十七条 各级林业主管部门应当加强对国有林场干部职工的教育培训，提升干部职工素质能力。

第三十八条 县级以上林业主管部门应当对在国有林场建设管理工作中作出突出成绩的国有林场或者职工给予表彰奖励，并提请县级以上人民政府按照有关规定给予表彰奖励。

第六章 附则

第三十九条 本办法由国家林业和草原局负责解释。

第四十条 本办法自公布之日起实施，原国家林业局于2011年11月11日印发的《国有林场管理办法》同时废止。

关于加快推进竹产业创新发展的意见

林改发〔2021〕104号

各省、自治区、直辖市、新疆生产建设兵团有关部门：

我国是竹资源品种最丰富、竹产品生产历史最悠久、竹文化底蕴最深厚的国家。为深入贯彻落实习近平总书记关于因地制宜发展竹产业、让竹林成为美丽乡村风景线的重要指示精神，加快推进竹产业创新发展，现提出如下意见。

一、总体要求

（一）指导思想。以习近平新时代中国特色社会主义思想为指导，全面贯彻落实党的十九大和十九届二中、三中、四中、五中、六中全会精神，深入践行绿水青山就是金山银山理念，立足新发展阶段，贯彻新发展理念，构建新发展格局，聚焦服务生态文明建设、全面推进乡村振兴、碳达峰碳中和等国家重大战略，大力保护和培育优质竹林资源，构建完备的现代竹产业体系，构筑美丽乡村竹林风景线，促进国内国际双循环，更好满足人民日益增长的美好生活需要，为全面建设社会主义现代化国家作出新贡献。

（二）基本原则。坚持生态优先，绿色发展。严守生态保护红线，坚决维护国家生态安全，正确处理保护与发展的关系，在保护中发展，以发展促保护。落实产业生态化与生态产业化要求，统筹推进竹资源培育和开发利用，实现产业发展和生态保护协调统一。

坚持创新驱动，科技引领。集聚创新资源，优化创新环境，完善创新体系，提升自主创新能力，抢占全球竹产业科技制高点，推广新技术、新产品、新业态，全面塑造发展新优势。

坚持综合利用，集约融合。全面深度开发竹资源多种功能，打造竹产业全产业链，推动产业链上中下游有机衔接、一二三产融合发展，促进资源集约、节约、高效、循环利用。

坚持规划先行，规范用地。根据第三次全国国土调查结果和有关规划，综合考虑土地利用结构、土地适宜性等因素，落实最严格的耕地保护制度，科学规范安排用地。

坚持市场主导，政府引导。充分发挥市场配置资源的决定性作用，更好发挥地方政府作用，加强宏观指导，强化政策扶持，营造良好发展环境，充分激发市场主体活力。

（三）发展目标。到2025年，全国竹产业总产值突破7000亿元，现代竹产业体系基本建成，竹产业规模、质量、效益显著提升，优质竹产品和服务供给能力明显改善，建成一批具有国际竞争力的创新型龙头企业、产业园区、产业集群，竹产业发展保持世界领先地位。

到2035年，全国竹产业总产值超过1万亿元，现代竹产业体系更加完善，美丽乡村竹林风景线基本建成，主要竹产品进入全球价值链高端，我国成为世界竹产业强国。

二、构建现代竹产业体系

（四）加强优良竹种保护培育。加大珍稀濒危、重要乡土竹种质资源收集保存力度，引进国外优良竹种质资源，支持有条件的竹种质资源库建设国家林木种质资源库。开展竹种质资源重要性状精准鉴定和重要功能基因挖掘。加强材用竹、笋用竹、纸浆用竹、纤维用竹等竹类良种定向选育和推广应用。推进规范化母竹繁育基地建设。加强竹种、竹苗质量监管。

（五）培育优质竹林资源。充分利用荒山荒地、江河两岸、道路两旁、农村居民房前屋后和不能实现水土保持的25度以上坡耕地等培育竹林资源。在江河两岸、道路两旁培育竹林资源的，还要符合《国务院办公厅关于坚决制止耕地"非农化"行为的通知》（国办发明电〔2020〕24号）的相关规定。推广竹木混交种植。加快低产低效竹林复壮改造，将退化竹林修复更新纳入森林质量精准提升工程。全面精准实施竹林分类经营，提升竹林林地产出率。

（六）做大做强特色主导产业。做优竹笋产业，大力发展竹笋绿色食品加工。加快发展竹材加工、竹家居、竹装饰、竹工艺品、竹炭等特色优势产业。重点推动竹纤维加工转型升级，扩大竹纤维纸制品、建材装饰品、纺织品、餐具和容器制品生产及市场推广。选育种植竹源饲料林，推动竹源饲料加工产业规模化发展。积极发展竹下种植、养殖等复合经营，各地可将符合条件的竹林复合经营基地优先纳入林下经济示范和林业科技推广示范项目。

（七）聚力发展新产品新业态。全面推进竹材建材化，推动竹纤维复合材料、竹纤维异型材料、定向重组竹集成材、竹缠绕复合材料、竹展平材等新型竹质材料研发生产，因地制宜扩大其在园林景观、市政设施、装饰装潢和交通基建等领域的应用。在国家公园、国有林区、国有林场等区域内符合规定的地方，在满足质量安全的条件下，逐步推广竹结构建筑和竹质建材。加快推动竹饮料、竹食品、竹纤维、生物活性产品、竹医药化工制品、竹生物质能源制品、竹木质素产品等新兴产业发展。构建竹业循环经济复合产业链，打造全竹利用体系，推进笋、竹加工废弃物利用技术产业化。研究推动竹碳汇产业发展，探索推进竹林碳汇机制创新、技术研发和市场建设。

（八）推进竹材仓储基地建设。鼓励有条件的地方及企业在竹产区就地就近建设竹材原料、半成品、成品仓储基地，强化竹材采伐、收储、加工、流通等环节衔接，有效打通产业链供应链。建立健全竹材质控体系和标准体系。

（九）加快机械装备提档升级。鼓励企业开展竹产业机械装备改造更新和创新研发，重点推进竹产品初加工和精深加工技术装备研发推广，提高竹产品生产连续化、自动化、智能化水平。加强新型高效节能竹材采伐机具、竹机装备专用传感器、高性能竹机运输装备等高端机械装备的研发推广。鼓励竹产业机械装备制造企业创新发展，引导大型企业由单机制造为主向成套装备集成为主转变、中小企业向"专精特新"方向发展。

三、提升自主创新能力

（十）集聚高端创新资源。坚持产业发展需求导向，强化竹产业科技创新资源开放共享。鼓励有条件的企业联合高校、科研机构组建竹产业创新基地、竹产业科技创新联盟。推进科技服务机构建设，提升专业化服务能力。对符合条件纳入国家和省部级重点实验室的，优先给予支持。加强竹产业专业人才培养和引进，采取技术入股等多种方式吸引高端领军人才，鼓励专业人才到竹产业重点地区挂职。

（十一）加强科技创新和成果转化。加强竹产业关键共性技术、前沿引领技术、现代工程技术、颠覆性技术联合攻关，突破一批产业化前景良好的关键核心技术。重点开展竹种质创新、竹产品深加工与高值化利用等研究。加快推动竹资源精准培育、新型竹质工程材料、竹建筑结构材料、竹浆造纸生态环保工艺、一次性可降解竹纤维餐具和容器注模加工、竹纤维多维编织、竹资源全组分化学高效利用等新技术新工艺研发。加强标准体系建设，推动科技研发、标准研制与产业发展一体化。完善科研成果转化机制，提高科研成果转化率。鼓励各类科技研发主体建设专业化众创空间和科技企业孵化器，建设科技成果中试工程化服务平台，探索建立风险分担机制。

（十二）发挥企业创新主体作用。引导竹产业高新技术企业发展壮大，积极培育科技型中小企业，打造创新型企业集群。引导企业在核心技术攻关、科技人才培养、科技成果转化等方面加大投入力度。鼓励科技人员到企业创新创业。

四、优化发展环境

（十三）促进集约经营和集群发展。支持主要竹产区培育家庭林场、合作经济组织等规模经营主体，支持组建专业化培育、经营、采伐技术服务队伍。支持造林合作社承担竹资源培育任务。引导竹农以承包经营竹林资产或货币出资入股的方式，组建股份制合作组织。加强规划引领，布局全国竹产业集群。在国家林业重点龙头企业、国家林业产业示范园区建设中，优先支持竹产业企业和园区。

（十四）促进竹产业与竹文化深度融合。充分发挥中国竹文化节等平台作用，传承和弘扬竹文化，以产业传文化、以文化促产业。大力发展以竹文化元素为主题的生态旅游和康养产业，打造一批富有竹文化底蕴的特色旅游目的地。鼓励各地结合实际培育生态科普、文化创意、工业设计、影视文化等竹文化展示利用空间，推动竹文化产品设计生产。传承发展竹刻、竹编、竹纸制作等非物质文化遗产。

（十五）改善生产经营基础设施。鼓励地方建设高标准竹林基地，加快推动主要竹产区生产作业道路、灌溉、用电、信息网络等基础设施建设维护和升级改造。支持有条件的地方在丘陵山区开展竹林基地宜机化改造，扩展大中型竹业机械应用空间。合理布局建设竹林培育、经营、采伐、产品初加工、存储和运输等配套服务设施。在林地上修筑直接为竹林及竹产品生产经营服务的工程设施，符合《森林法》有关规定的，不需要办理建设用地审批手续。竹产业相关用地涉及农用地转为建设用地的，应依法办理农用地转用审批手续。

（十六）夯实国际合作平台。充分发挥国际竹藤组织（INBAR）、国际标准化组织竹藤技术委员会（ISO/TC296）等国际组织东道国优势，推动竹产业深度融入国际创新体系和全球产业链、供应链、价值链。以共建"一带一路"国家为重点，通过南南合作等多种渠道，输出优势产能和技术服务。深耕欧美日韩市场，积极开拓新市场。推动竹产品、竹技术、竹装备走出去。推进中非竹子中心建设运营、亚洲和拉美竹子中心联合共建，组建区域合作研究中心、联合研究机构、技术转移中心、技术创新联盟。培育大型跨国竹产品企业，鼓励符合条件的企业规范有序在境外组织竹产业展览、论坛、贸易投资促进活动。引导推动竹产品国际贸易规则制定。

五、强化政策保障

（十七）健全工作机制。各有关地方和部门要高度重视竹产业发展，建立健全协调推进机制，加强政策指导和支持，形成工作合力。各主要竹产区相关部门要将竹产业发展列入重要议事日程，编制专项实施方案，出台配套政策措施。林业和草原主管部门要会同相关部门，研究和协调解决竹产业发展中遇到的新情况新问题，加强督促检查，确保各项任务落实到位。

（十八）完善投入机制。各地落实乡村振兴等有关政策，按规定支持符合条件的竹产业新型经营主体、龙头企业和产业园区建设。鼓励各地创新建立多元化投入机制，完善财政支持政策，重点支持竹产业科技创新、基础设施建设、企业技术装备改造、新型经营主体培育、龙头企业和产业园区建设等领域。鼓励符合条件的社会资本规范有序设立竹产业发展基金。将符合条件的竹产业关键技术研发纳入国家科技计划。落实好企业研发费用加计扣除、高新技术企业所得税优惠、小微企业普惠性税收减免等政策。地方可将符合条件的竹林培育，按规定纳入造林补助、森林抚育补助等范围。

（十九）加大金融支持。完善金融服务机制，引导金融机构开发符合竹产业特色的金融产品。将符合条件的竹产业贷款纳入政府性融资担保服务范围。落实支持中小微企业、个体工商户和农户的金融服务优惠政策。鼓励地方建立竹产业投融资项目储备库，助推竹产品企业与金融机构对接。拓展直接融资渠道，支持符合条件的竹产品企业在境内外上市和发行债券。鼓励各类创业投资、私募基金投资竹产业。

（二十）优化管理服务。将竹产业作为集体林业改革发展的重点领域，完善各项管理服务措施。健全竹产业及产品、全竹利用及竹建材标准体系和质量管理体系，完善竹产品质量评价和追溯制度。加快推进标准化生产，大力推进产地标识管理、产地条形码制度和竹林认证标识应用。建立主要竹产品质量安全抽检机制，指导和监督竹企业落实产品质量及安全生产责任。优先支持优质竹产品进入森林生态标志产品名录。在不破坏生态、保护耕地和依法依规的前提下，保障重大竹产业项目、竹林生产经营配套设施建设等用地需要。盘活土地存量，鼓励利用收储农村"四荒"地及闲置建设用地发展竹产业。鼓励地方搭建林竹碳汇交易平台，开展碳汇交易试点。

（二十一）扩大宣传推广。运用各类媒体平台，加大竹产业和创新优质竹产品的宣传力度，引导消费观念转变，提高市场认可度。加强品牌建设，以"中国竹藤品牌集群"为平台，打造竹产业区域品牌和企业名牌。在国家林业重点展会中，重点推介特色竹产品和知名竹品牌，鼓励各地开展竹产品展销活动。对于符合政府绿色采购政策要求的竹质建材、竹家具、竹制品、竹纸浆等产品，加大政府采购力度。

国家林业和草原局
国家发展改革委
科技部
工业和信息化部
财政部
自然资源部
住房和城乡建设部
农业农村部
中国银保监会
中国证监会
2021年11月11日

关于严格耕地用途管制有关问题的通知

自然资发〔2021〕166号

各省、自治区、直辖市及新疆生产建设兵团自然资源主管部门、农业农村主管部门、林业和草原主管部门：

去年以来，党中央、国务院连续作出了坚决制止耕地"非农化"、防止耕地"非粮化"的决策部署，但从第三次全国国土调查（以下简称"三调"）、2020年度国土变更调查和督察执法情况看，一些地方违规占用耕地植树造绿、挖湖造景，占用永久基本农田发展林果业和挖塘养鱼，一些工商资本大规模流转耕地改变用途造成耕作层破坏，违法违规建设占用耕地等问题依然十分突出，严重冲击耕地保护红线。为贯彻落实党中央、国务院决策部署，切实落实《土地管理法》及其实施条例有关规定，严格耕地用途管制，现就有关问题通知如下：

一、严格落实永久基本农田特殊保护制度。各地要结合遥感监测和国土变更调查，全面掌握本区域内永久基本农田利用状况。

1. 永久基本农田现状种植粮食作物的，继续保持不变；按照《土地管理法》第三十三条明确的永久基本农田划定范围，现状种植棉、油、糖、蔬菜等非粮食作物的，可以维持不变，也可以结合国家和地方种粮补贴有关政策引导向种植粮食作物调整。种植粮食作物的情形包括在耕地上每年至少种植一季粮食作物和符合国土调查的耕地认定标准，采取粮食与非粮食作物间作、轮作、套种的土地利用方式。

2. 永久基本农田不得转为林地、草地、园地等其他农用地及农业设施建设用地。严禁占用永久基本农田发展林果业和挖塘养鱼；严禁占用永久基本农田种植苗木、草皮等用于绿化装饰以及其他破坏耕作层的植物；严禁占用永久基本农田挖湖造景、建设绿化带；严禁新增占用永久基本农田建设畜禽养殖设施、水产养殖设施和破坏耕作层的种植业设施。

二、严格管控一般耕地转为其他农用地。永久基本农田以外的耕地为一般耕地。各地要认真执行新修订的《土地管理法实施条例》第十二条关于"严格控制耕地转为林地、草地、园地等其他农用地"的规定。一般耕地主要用于粮食和棉、油、糖、蔬菜等农产品及饲草饲料生产；在不破坏耕地耕作层且不造成耕地地类改变的前提下，可以适度种植其他农作物。

1. 不得在一般耕地上挖湖造景、种植草皮。

2. 不得在国家批准的生态退耕规划和计划外擅自扩大退耕还林还草还湿还湖规模。经批准实施的，应当在"三调"底图和年度国土变更调查结果上，明确实施位置，带位置下达退耕任务。

3. 不得违规超标准在铁路、公路等用地红线外，以及河渠两侧、水库周边占用一般耕地种树建设绿化带。

4. 未经批准不得占用一般耕地实施国土绿化。经批准实施的，应当在"三调"底图和年度国土变更调查结果上明确实施位置。

5. 未经批准工商企业等社会资本不得将通过流转获得土地经营权的一般耕地转为林地、园地等其他农用地。

6. 确需在耕地上建设农田防护林的，应当符合农田防护林建设相关标准。建成后，达到国土调查分类标准并变更为林地的，应当从耕地面积中扣除。

7. 严格控制新增农村道路、畜禽养殖设施、水产养殖设施和破坏耕作层的种植业设施等农业设施建设用地使用一般耕地。确需使用的，应经批准并符合相关标准。

考虑到今后生态退耕还要占用一部分耕地，自然灾害损毁还会导致部分耕地不能恢复，河湖水面自然扩大造成耕地永久淹没等因素，不可避免会造成现有耕地减少。为守住18亿亩耕地红线，确保可以长期稳定利用的耕地不再减少，有必要根据本级政府承担的耕地保有量目标，对耕地转为其他农用地及农业设施建设用地实行年度"进出平衡"，即除国家安排的生态退耕、自然灾害损毁难以复耕、河湖水面自然扩大造成耕地永久淹没外，耕地转为林地、草地、园地等其他农用地及农业设施建设用地的，应当通过统筹林地、草地、园地等其他农用地及农业设施建设用地整治为耕地等方式，补足同等数量、质量的可以长期稳定利用的耕地。"进出平衡"首先在县域范围内落实，县域范围内无法落实的，在市域范围内落实；市域范围内仍无法落实的，在省域范围内统筹落实。

省级自然资源主管部门要会同有关部门加强指导，严格耕地用途转用监督。县级人民政府要强化县域范围内一般耕地转为其他农用地和农业设施建设用地的统筹安排和日常监管，确保完成本行政区域内规划确定的耕地保有量和永久基本农田保护面积目标。县级人民政府应组织编制年度耕地"进出平衡"总体方案，明确耕地转为林地、草地、园地等其他农用地及农业设施建设用地的规模、布局、时序和年度内落实"进出平衡"的安排，并组织实施。方案编制实施中，要充分考虑养殖用地合理需求；涉及林地、草地整治为耕地的，需经依法依规核定后纳入方案；涉及承包耕地转为林地等其他地类的，经批准后，乡镇人民政府应当指导发包方依法与承包农户重新签订或变更土地承包合同，以及变更权属证书等。自然资源部将通过卫片执法监督等方式定期开展耕地的动态监测监管，及时发现和处理问题；每年末利用年度国土变更调查结果，对各省（区、市）耕地"进出平衡"落实情况进行检查，检查结果纳入省级政府耕地保护责任目标检查考核内容。未按规定落实的，自然资源部将会同有关部门督促整改；整改不力的，将公开通报，并按规定移交相关部门追究相关责任人责任。

三、严格永久基本农田占用与补划。已划定的永久基本农田，任何单位和个人不得擅自占用或者改变用途。非农业建设不得"未批先建"。能源、交通、水利、军事设施等重大建设项目选址确实难以避让永久基本农田的，经依法批准，应在落实耕地占补平衡基础上，按照数量不减、质量不降原则，在可以长期稳定利用的耕地上落实永久基本农田补划任务。

1. 建立健全永久基本农田储备区制度。各地要在永久基本农田之外的优质耕地中，划定永久基本农田储备区并上图入库。土地整理复垦开发和新建高标准农田增加的优质耕地应当优先划入永久基本农田储备区。

2. 建设项目经依法批准占用永久基本农田的，应当从永久基本农田储备区耕地中补划，储备区中难以补足的，在县域范围内其他优质耕地中补划；县域范围内无法补足的，可在市域范围内补划；个别市域范围内仍无法补足的，可在省域范围内补划。

3. 在土地整理复垦开发和高标准农田建设中，开展必要的灌溉及排水设施、田间道路、农田防护林等配套建设涉及少量占用或优化永久基本农田布局的，要在项目区内予以补足；难以补足的，县级自然资源主管部门要在县域范围内同步落实补划任务。

四、改进和规范建设占用耕地占补平衡。非农业建设占用耕地，必须严格落实先补后占和占一补一、占优补优、占水田补水田，积极拓宽补充耕地途径，补充可以长期稳定利用的耕地。

1. 在符合生态保护要求的前提下，通过组织实施土地整理复垦开发及高标准农田建设等，经验收能长期稳定利用的新增耕地可用于占补平衡。

2. 积极支持在可以垦造耕地的荒山荒坡上种植果树、林木，发展林果业，同时，将在平原地区原地类为耕地上种植果树、植树造林的地块，逐步退出，恢复耕地属性。其中，第二次全国土地调查不是耕地的，新增耕地可用于占补平衡。

3. 除少数特殊紧急的国家重点项目并经自然资源部同意外，一律不得以先占后补承诺方式落实耕地占补平衡责任。经同意以承诺方式落实耕地占补平衡的，必须按期兑现承诺。到期未兑现承诺的，直接从补充耕地储备库中扣减。

4. 垦造的林地、园地等非耕地不得作为补充耕地用于占补平衡。城乡建设用地增减挂钩实施中，必须做到复垦补充耕地与建新占用耕地数量相等、质量相当。

5. 对违法违规占用耕地从事非农业建设，先冻结储备库中违法用地所在地的补充耕地指标，拆除复耕后解除冻结；经查处后，符合条件可以补办用地手续的，直接扣减储备库内同等数量、质量的补充耕地指标，用于占补平衡。

6. 县域范围内难以落实耕地占补平衡的，省级自然资源主管部门要加大补充耕地指标省域内统筹力度，保障重点建设项目及时落地。

国家建立统一的补充耕地监管平台，严格补充耕地监管。所有补充耕地项目和跨区域指标交易全部纳入监管平台，实行所有补充耕地项目报部备案并逐项目复核，实施补充耕地立项、验收、管护等全程监管，并主动公开补充耕地信息，接受社会监督。

五、严肃处置违法违规占用耕地问题。各地要按照坚决止住新增、稳妥处置存量的原则，对于2020年9月10日《国务院办公厅关于坚决制止耕地"非农化"行为的通知》（国办发明电〔2020〕24号）和2020年11月4日《国务院办公厅关于防止耕地"非粮化"稳定粮食生产的意见》（国办发〔2020〕44号）印发之前，将耕地转为林地、草地、园地等其他农用地的，应根据实际情况，稳妥审慎处理，不允许"简单化""一刀切"，统一强行简单恢复为耕地。两"通知"印发后，违反"通知"精神，未经批准改变永久基本农田耕地地类的，应稳妥处置并整改恢复为耕地；未经批准改变一般耕地地类的，原则上整改恢复为耕地，确实难以恢复的，由县级人民政府统一组织落实耕地"进出平衡"，省级自然资源主管部门会同有关部门督促检查。对于违法违规占用耕地行为，要依法依规严肃查处，涉嫌犯罪的，及时移送司法机关追究刑事责任。对实质性违法建设行为，要从重严处。

本通知印发后，各地应进一步细化耕地转为林地、草地、园地等其他农用地及农业设施建设用地的管制措施，全面实施耕地用途管制。占用耕地实施国土绿化（含绿化带），将耕地转为农业设施建设用地，将流转给工商企业等社会资本的耕地转为林地、园地等其他农用地的，涉及农村集体土地的，经承包农户书面同意，由发包方向乡镇人民政府申报，其他土地由实施单位或经营者向乡镇人民政府申报，乡镇人民政府提出落实耕地"进出平衡"的意见，并报县级人民政府纳入年度耕地"进出平衡"总体方案后实施。具体办法由省、自治区、直辖市规定。

部（局）以往文件规定与本通知不一致的，以本通知为准。

自然资源部
农业农村部
国家林业和草原局
2021年11月27日

行业篇

IMPORTANT FOREST INDUSTRIES

中国木材与人造板产业

【木材与木制品进出口】 2021年，我国木材市场总体情况需求不旺，经营和使用部门都以稳为主。影响木材需求的两个重要因素是固定资产投资和商品房（家具和装修）销售，现在这两个因素都很不景气，影响对木材的需求。

木材进口 2021年，我国进口原木和锯材合计10452.1万立方米（原木材积），同比下降2.8%。其中，进口原木6357.6万立方米，增长6.9%，针叶树原木4984.3万立方米，增长6.4%；阔叶树原木1373.3万立方米，增长8.7%。进口锯材2882.8万立方米，同比下降14.9%，针叶树锯材1960.2万立方米，下降21%；阔叶树锯材922.6万立方米，增长2.1%。进口金额为194.45亿美元，平均口岸单价每立方米186美元，同比分别增长21.2%和24.8%，是继2020年后第二个木材进口总体下降的年度。我国进口木材主要货源地是俄罗斯（占25.3%）、欧洲（23.3%）和新西兰（19.8%），北美木材份额正逐年缩小，2016年占21.2%，2017年占19.2%，2018年占16.7%，2019年占13.2%，2020年占10.4%，2021年占9.4%。由于欧洲森林虫害木材出口到我国的数量比过去增长10倍以上，我国木材供应格局发生了一定变化。2021年，我国进口欧洲木材数量已超过了新西兰，但欧洲虫害木材不可能长期大量供应，将会逐步减少。新西兰人工林资源稳定，俄罗斯资源丰富，是长远可靠的货源地。目前，进口拉丁美洲木材数量和占比不大，但2021年增幅很大，达到40.7%，拉丁美洲森林资源丰富，发展前景较好。澳大利亚木材2021年基本退出了我国市场。2021年，我国进口锯材数量减少，国内人工林木材加工板材在家具、装修等方面应用量增加，木材可替代性强，国产木材虽强度较差但成本低，随着国产人工林木材产量增长，使用国产木材将是今后的发展趋势（表1）。

表1　2021年我国木材进口货源地情况

国家和地区	2021年进口量（万立方米）	2020年进口量（万立方米）	同比增幅（%）
拉丁美洲	677.97	481.81	40.7
欧洲	2420.30	2510.15	-3.6
非洲	392.19	375.30	4.5
亚洲	836.14	801.55	4.3
巴布亚新几内亚、所罗门群岛	392.53	461.64	-15.0
俄罗斯	2629.24	2861.00	-8.1
新西兰	2066.31	1665.93	24.0
美国	600.39	567.36	5.8

主要木制品出口 木家具、坐具出口占木制品出口金额的近60%，人造板约占15%，这两大品类占了出口金额的75%以上，举足轻重。2021年木家具、木框架坐具出口增幅较大，出口家具、坐具一般用针叶树木材多，因此针叶树木材需求增长较多；内销家具及装修市场较2020年有所好转，因此2021年阔叶树木材进口数量增幅较大，价格相对较平稳（表2）。

表2　2021年我国主要木制品出口情况

木制品	2021年	2020年	同比增幅（%）
木质家具/亿美元	144.56	118.36	22.1
木框架坐具/亿美元	86.38	81.87	5.5
胶合板/亿美元	54.62	42.27	29.2
纤维板、刨花板/万吨	281.76	189.21	48.9
木门窗木地板/万吨	36.52	32.42	12.6
竹木地板/万吨	16.05	20.35	-21.18

【人造板行业现状】

生产能力总体回落，产量消费量持续增长 2021年，中国人造板生产能力在连续两年增长后，总体呈现回落，其中胶合板类产品总生产能力约2.22亿立方米/年，同比降低13.3%，是人造板总生产能力降低的主要因素；纤维板类产品总生产能力约5355万立方米/年,同比增长3.5%;刨花板类产品总生产能力约3895万立方米/年,同比增长5.5%。

2021年,中国人造板产量为3.3673亿立方米,同比增长8.3%,连续四年增长,再创历史新高。刨花板类产品产量同比大幅增长32.0%,是推动中国人造板产量增长的主要因素。过去10年中国人造板产量年均增速接近4.9%,增速继续放缓。

2021年,中国人造板产品消费量约3.1834亿立方米,同比增长7.5%,连续三年增长,过去10年全国人造板消费量年均增速接近5.1%,消费量平均增速高于产量增速。刨花板类产品消费量连续三年增长,是推动中国人造板消费量增长的主要因素,纤维板类产品消费量在上一年回升后再次出现下滑,胶合板类产品消费量同比大幅回升。2021年,人造板产品库存继续承压,保持高位。

胶合板类产品仍然是中国人造板产品消费量最大的品种,2021年占全部人造板产品消费量的62.3%,同比降低0.4个百分点;纤维板类产品位居第二位,占全部人造板产品消费量的18.6%,同比降低1.5个百分点;刨花板类产品位居第三位,占全部人造板产品消费量的12.5%,同比增长2个百分点;其他人造板产品占全部人造板产品消费量的6.6%,与上一年持平。

2021年,受疫情和新房开工面积下滑的影响,建筑模板市场需求低迷,也是造成胶合板市场消费量下降的主要原因。纤维板在定制家具和板式家具领域的应用部分被刨花板所取代,是造成纤维板类产品消费市场萎缩的主要原因之一,部分纤维板生产企业结合市场需求的转变,开始谋划改造成刨花板生产线或生产纤维销售给制浆造纸企业,以期突破困局。随着刨花板生产技术水平和优质产品比例的提升,刨花板类产品在定制家具、板式家具等下游市场应用市场近期需求还将增长,未来一段时间内仍具有较好的发展前景。

2021年,中国人造板进出口总量为1790.96万立方米(折算),同比增长33.1%;进出口总额81.33亿美元,同比大幅增长42.4%。

中国共出口人造板类产品1646.36万立方米(折算),同比大幅上涨37.8%,出口额为72.25亿美元,同比大幅上涨44.2%,出口量与出口额在连续两年下降后呈强势反弹,创下近10年来新高。胶合板类产品、纤维板类产品,特别是刨花板类产品的出口量及出口额均同比大幅上涨。受疫情影响,海外企业生产尚未完全恢复,而中国人造板产业链运行相对稳定,产能投放及时,在海外市场形成竞争优势。

中国共进口人造板类产品144.60万立方米(折算),同比下降4.5%,进口额为6.08亿美元,同比大幅增长22.6%,连续三年增长。整体来看,中国人造板进口虽然在数量上有小幅下降,但在进口金额和平均单价上却增长显著。受新冠肺炎疫情影响,原辅材料价格上涨、国际物流成本增高、汇率波动等因素导致人造板进口价格上升。

落后产能淘汰加速,技术创新层出不穷 2021年,人造板行业供给侧改革持续推进,落后产能加速淘汰。截止到2021年年底,全国累计注销、吊销或停产胶合板类产品生产企业约20520家,中国胶合板产业呈现企业数量和总生产能力双下降、企业平均生产能力微增长态势;全国累计关闭、拆除或停产纤维板生产线814条,淘汰落后生产能力3772万立方米/年,中国纤维板产业总体呈现企业数量及生产线数量下降而总生产能力及平均单线生产能力增长的态势。全国累计关闭、拆除或停产刨花板生产线1095条,淘汰落后生产能力约2973万立方米/年,中国刨花板产业总体呈现企业数量及生产线数量下降但总生产能力及平均单线生产能力增长的态势。

截止到2021年年底,全国保有142条连续平压纤维板生产线,总生产能力为3037万立方米/年,占全国纤维板总生产能力的比例进一步提升到56.7%,同比提高4.7个百分点;全国保有79条连续平压刨花板生产线,总生产能力达到2010万立方米/年,占刨花板总生产能力的51.6%,同比提高了3.8个百分点。

2021年,人造板行业坚持以科技创新为支撑,引领产业高质量发展,技术和装备创新能力进一步提升,新技术新装备得到应用。国产连续压机装备进一步优化,局部核心技术达到国际领先水平,纤维板和刨花板连续压机生产线产能占比均突破50%;国产连续压机超薄纤维板生产线运行速度突破了3.0米/秒，处于世界领先水平；0.8mm厚的超薄纤维板生产装备研发成功，并得到应用；胶合板生产线自动化率逐步提高，连续平压胶合板生产线即将投产。刨花/纤维复合胶合板产品实现规模化生产，进一步解决胶合板覆面质量问题；无醛系胶黏剂研发种类进一步丰富，低醛/无醛人造板产品生产和消费量稳步增长。

"双碳"战略持续推进，绿色发展成效显著

随着"碳达峰、碳中和"发展战略的持续推进，中国加速建设健全绿色低碳循环发展的经济体系，提高资源、能源利用效率，绿色低碳技术研发和推广取得进展，绿色消费产品的市场接受度持续提升。

在"双碳"目标和"双控"制度的推动下，人造板清洁生产水平持续提高，企业环保设施升级改造加速推进，主要污染物排放总量持续减少，经济发达地区人造板行业向环境承载力更高以及木材资源更丰富的地区转移，低甲醛释放和无醛人造板产品比例显著提升，品种结构不断优化，市场导向的绿色技术创新体系更加完善。政府积极推行大宗固废综合利用和清洁能源利用技术，使行业发展继续建立在高效利用资源、严格保护生态环境、有效控制温室气体排放的基础上，统筹推进高质量发展，为"碳达峰、碳中和"做出贡献，推动中国绿色发展迈上新台阶。企业利用技术优势，全方位推行人造板行业全产业链绿色发展，通过打造智能化、信息化、多元化的绿色共享经济平台提升人造板及其制品环保等级，推动企业健康升级。人造板行业继续紧跟"绿色发展、低碳发展"这一国家产业大方向和大趋势进行数字化转型、智能化升级，在绿色工厂、绿色产品、绿色技术等方面实现多维突破，在绿色低碳高质量发展中取得长足进步。

大宗原料供应趋紧，行业压力与机遇并存

国际贸易市场环境依然严峻，世界经济增长乏力，宏观经济压力凸显，短期内港口货物积压、下游市场压力加大。受国际物流成本增高、原料成本提升、大宗化工原料价格持续性上涨等多因素叠加影响，中国人造板行业短期面临成本激增、供求关系失衡的巨大挑战。可以预见人造板产业链价格的不确定性、非理性的巨幅波动，必对上下游产业损害巨大，加之房地产市场的低迷，短期内可能进一步催化，波及产业链和供应链的稳定性。但从中长期来看，中国经济向好的大趋势没有变，面对众多挑战，中国人造板企业积极响应绿色低碳发展要求，紧抓供给侧结构性深化改革的契机，依托市场对于定制化、个性化、多样化市场需求加速发展，持续探索新原料，作为木质原料的有效补充，深入开展新工艺及功能化产品的研发，扩大绿色消费品供给，及时作出调整应对市场变化，化"危"为"机"，在精益管理、提质增产、产品创新等方面均取得较好成效。

生产集中度高位稳定，产业布局持续优化

2021年，除北京、天津、西藏、宁夏外，其余27个省（区、市）均有人造板生产，其中8个省（区）生产量超过千万立方米，比上年增加一个千万立方米人造板生产省。

中国人造板生产量前十省（区）基本稳定。山东人造板产量，继续稳居第一，达到7738万立方米，较上年小幅增长0.3%，占全国人造板总量的23.0%，同比降低1.9个百分点；广西人造板产量同比大幅增长27.4%，达到6412万立方米，占全国人造板总量的19.0%，同比增加2.8个百分点，超过连续多年保持第二位的江苏省，除纤维板产量同比降低外，其他类别产品均有一定幅度上涨，胶合板类产品增幅尤为突出；江苏人造板产量为6083万立方米，同比增长3.7%，占全国人造板总量的18.1%，同比降低0.8个百分点，排位由第二位降至第三位；安徽人造板产量为3233万立方米，同比增长6.9%，占全国人造板总量的9.6%，同比降低0.1个百分点，排位保持第四；河北人造板产量同比增长2.4%，达到1884万立方米，占全国人造板总量的5.6%，同比降低0.3个百分点，排位继续保持第五；河南人造板产量同比增长1.1%，为1482万立方米，占全国人造板总量的4.4%，同比降低0.3个百分点，排位继续保持第六；福建人造板产量大幅增长16.1%，达到1135万立方米，产量回升至千万立方米以上，排位由上年的第八上升至第七，其中胶合板类产品大幅增长是主要因素；广东人造板产量为1047万立方米，同比降低1.2%，排位由上年的第七降至第八，纤维板类产品产量下降是主因；湖北人造板产量为770万立方米，同比大幅增长13.0%，排位保持第九，纤维板类产品是主要增长板种；四川造板产量为653万立方米，同比大幅增比增长9.9%，以刨花板类产品增长为主，排位保持第十。前十省（区）产量占中国人造板总产量的90.4%，集中度保持高位稳定。

华东区（山东省、江苏省、上海市、浙江省、福建省、安徽省、江西省）人造板产量达19505万立方米，同比增长4.5%，占全国人造板产量份额由上年的60.0%降为57.9%，仍保持中国人造板生产主要区域的地位。区域内各省人造板产量均有不同程度的增长，其中浙江省、福建省产量增幅较大。

华南区（广东省、广西壮族自治区、海南省）人造板产量为7542万立方米，同比大幅增长22.5%，连续6年实现增长，占全国人造板产量份额由上年的19.8%增长为22.4%，仍稳居中国人造板第二大生产区域。区域内广西胶合板及刨花板产量均有较大幅度增长，是该区域人造板产量大幅增长的主要因素。

华中区（河南省、湖北省、湖南省）人造板产量为2867万立方米，同比增长4.9%，产量有所回升，但占全国人造板产量份额由上年的8.8%降到8.5%，连续4年下降。区域内各省人造板产量均有不同程度的增长。

华北区（北京市、天津市、河北省、内蒙古自治区、山西省）人造板产量为1915万立方米，同比增长2.1%，占全国人造板产量份额由上年的6.0%降到5.7%。

西南区（四川省、重庆市、云南省、贵州省、西藏自治区）人造板产量为1311万立方米，同比大幅增长12.6%，占全国人造板产量份额由上年的3.7%上升为3.9%。

东北区（黑龙江省、吉林省、辽宁省）人造板产量为390万立方米，同比下降12.4%，占全国人造板产量份额由上年的1.4%降为1.2%，产量及份额均持续下降。

西北区（陕西省、甘肃省、青海省、宁夏回族自治区、新疆维吾尔自治区）人造板产量翻一番，达到144万立方米，同比大幅增长122%。该区域份额较小，占全国人造板产量份额由上年的0.2%增长为0.4%。

生产企业 2021年年底，全国保有人造板生产企业13200余家，同比大幅下降17.5%，胶合板、纤维板、刨花板企业数量均有不同程度的下降。其中大型生产企业及企业集团近190家，合计生产能力约5700万立方米/年，占总生产能力的18.1%（表3）。

随着中国人造板产业的快速发展，一批大型人造板骨干企业或企业集团不断涌现。2021年，总生产能力超过百万立方米的人造板生产企业数量有9家，其中5家企业生产能力已达或超过150万立方米/年。宁丰集团股份有限公司8条生产线合计生产能力177万立方米/年，山东佰世达木业有限公司9条生产线合计生产能力175万立方米/年，万华禾香生态科技股份有限公司、深圳盛屯集团有限公司、大亚圣象家居股份有限公司生产能力均达到150万立方米/年。

大型人造板企业或企业集团数量不断增加，部分骨干企业在做大做强单一人造板品种的同时，不断拓展新品种，发展成为多品种人造板产品生产企业集团，在行业内的影响力持续提升，引领行业的创新发展方向，树立了行业良好社会责任形象，推动了行业的发展和进步。

表3 人造板产品生产能力超过百万立方米的生产企业及企业集团

序号	名称	生产能力（万立方米/年）	生产线数量（条）	品牌	产品种类
1	宁丰集团股份有限公司	177	8	宁丰	纤维板、超薄纤维板、刨花板、定向刨花板
2	山东佰世达木业有限公司	175	9	佰世达	纤维板、超薄纤维板
3	万华禾香生态科技股份有限公司	150	6	禾香	刨花板
4	深圳盛屯集团有限公司	150	6	威利邦	纤维板、刨花板

(续表)

序号	名称	生产能力（万立方米/年）	生产线数量（条）	品牌	产品种类
5	大亚圣象家居股份有限公司	150	5	大亚	纤维板、刨花板
6	广西森工集团股份有限公司	137	6	高林	纤维板、超薄纤维板、刨花板、胶合板
7	文安县天华密度板有限公司	136	8	天华	纤维板
8	广西丰林木业集团股份有限公司	128	5	丰林	纤维板、刨花板
9	广西三威家居新材股份有限公司	104	5	三威	纤维板、刨花板

(中国林产工业协会)

中国造纸工业

【概　述】 据统计，制浆造纸及纸制品全行业2021年完成纸浆、纸及纸板和纸制品合计28021万吨，同比增长9.89%。其中，纸及纸板产量为12105万吨，较上年增长7.50%；纸浆产量8177万吨，较上年增长10.83%；纸制品产量7739万吨，较上年增长12.81%。全行业营业收入完成1.50万亿元，同比增长14.74%；实现利润总额885亿元，同比增长6.92%。

【纸及纸板生产和消费情况】

纸及纸板生产量和消费量　据中国造纸协会调查资料，2021年全国纸及纸板生产企业约2500家，全国纸及纸板生产量为12105万吨，较上年增长7.50%。消费量为12648万吨，较上年增长6.94%，人均年消费量为89.51千克。2012—2021年，纸及纸板生产量年均增长率1.87%，消费量年均增长率2.59%（表1）。

表1　2021年纸及纸板生产和消费情况

品　种	生产量			消费量		
	2020年（万吨）	2021年（万吨）	同比增长率（%）	2020年（万吨）	2021年（万吨）	同比增长率（%）
总量	11260	12105	7.50	11827	12648	6.94
1. 新闻纸	110	90	-18.18	175	160	-8.57
2. 未涂布印刷书写纸	1730	1720	-0.58	1783	1793	0.56
3. 涂布印刷纸	640	635	-0.78	571	583	2.10
其中：铜版纸	600	605	0.83	556	579	4.14
4. 生活用纸	1080	1105	2.31	996	1046	5.02
5. 包装用纸	705	715	1.42	718	722	0.56
6. 白纸板	1490	1525	2.35	1373	1427	3.93
其中：涂布白纸板	1410	1445	2.48	1292	1346	4.18
7. 箱纸板	2440	2805	14.96	2837	3196	12.65
8. 瓦楞原纸	2390	2685	12.34	2776	2977	7.24
9. 特种纸及纸板	405	395	-2.47	330	312	-5.45
10. 其他纸及纸板	270	430	59.26	268	432	61.20

纸及纸板主要产品生产和消费情况　（1）新闻纸。2021年新闻纸生产量90万吨，较上年增长-18.18%；消费量160万吨，较上年增长-8.57%。2012—2021年，生产量年均增长率-14.79%，消费量年均增长率-9.50%。

（2）未涂布印刷书写纸。2021年未涂布印刷书写纸生产量1720万吨，较上年增长-0.58%；消费量1793万吨，较上年增长0.56%。2012—2021年，生产量年均增长率-0.19%，消费量年均增长率0.70%。

（3）涂布印刷纸。2021年涂布印刷纸生产量为635万吨，较上年增长-0.78%；消费量583万吨，较上年增长2.10%。2012—2021年，生产量年均增长率-2.26%，消费量年均增长率-1%。其中，铜版纸生产量605万吨，较上年增长0.83%；消费量579万吨，较上年增长4.14%。2012—2021年，生产量年均增长率-1.53%，消费量年均增长率-0.04%。

（4）生活用纸。2021年生活用纸生产量为1105万吨，较上年增长2.31%；消费量为1046万吨，较上年增长5.02%。2012—2021年，生产量年均增长率3.95%，消费量年均增长率4.06%。

（5）包装用纸。2021年包装用纸生产量715万吨，较上年增长1.42%；消费量722万吨，较上年增长0.56%。2012—2021年，生产量年均增长率1.24%，消费量年均增长率1.09%。

（6）白纸板。2021年白纸板生产量为1525万吨，较上年增长2.35%；消费量1427万吨，较上年增长3.93%。2012—2021年，生产量年均增长率1.04%，消费量年均增长率0.38%。其中，涂布白纸板生产量1445万吨，较上年增长2.48%；消费量1346万吨，较上年增长4.18%。2012—2021年，生产量年均增长率0.84%，消费量年均增长率0.14%。

（7）箱纸板。2021年箱纸板生产量2805万吨，较上年增长14.96%；消费量3196万吨，较上年增长12.65%。2012—2021年，生产量年均增长率3.38%，消费量年均增长率4.47%。

（8）瓦楞原纸。2021年瓦楞原纸生产量为2685万吨，较上年增长12.34%；消费量2977万吨，较上年增长7.24%。2012—2021年，生产量年均增长率3.21%，消费量年均增长率4.36%。

（9）特种纸及纸板。2021年特种纸及纸板生产量为395万吨，较上年增长-2.47%；消费量312万吨，较上年增长-5.45%。2012—2021年，生产量年均增长率6.72%，消费量年均增长率6.11%。

【纸及纸板生产企业经济指标完成情况】 据统计，全国有2426家造纸生产企业，2021年1—12月，营业收入8551亿元；工业增加值增速8.00%；产成品存货418亿元，同比增长33.33%；利润总额541亿元，同比增长17.01%；资产总计10748亿元，同比增长5.37%；资产负债率58.88%；负债总额6328亿元，同比增长5.59%；在统计的2426家造纸生产企业中，亏损企业有452家，占18.63%。

【纸浆生产和消耗情况】

纸浆生产情况 据中国造纸协会调查资料，2021年全国纸浆生产总量8177万吨，较上年增长10.83%。其中，木浆1809万吨，较上年增长21.41%；废纸浆5814万吨，较上年增长8.41%；非木浆554万吨，较上年增长5.52%（表2）。

表2 2012—2021年纸浆生产情况

单位：万吨

品种	2012年	2013年	2014年	2015年	2016年	2017年	2018年	2019年	2020年	2021年
纸浆合计	7867	7651	7906	7984	7925	7949	7201	7207	7378	8177
其中：1. 木浆	810	882	962	966	1005	1050	1147	1268	1490	1890
2. 废纸浆	5983	5940	6189	6338	6329	6302	5444	5351	5363	5814
3. 非木浆	1074	829	755	680	591	597	610	588	525	554
苇浆	143	126	113	100	68	69	49	51	54	41
蔗渣浆	90	97	111	96	90	86	90	70	97	72
竹浆	175	137	154	143	157	165	191	209	219	242
稻麦草浆	592	401	336	303	244	246	250	222	117	159
其他浆	74	68	41	38	32	31	30	36	38	408

纸浆消耗情况 2021年全国纸浆消耗总量11010万吨，较上年增长7.94%。木浆4151万吨，占纸浆消耗总量38%，其中进口木浆占22%、国产木浆占16%；废纸浆6311万吨，占纸浆消耗总量的57%，其中进口废纸浆占3%、国内废纸制浆占54%；非木浆548万吨，占纸浆消耗总量的5%（表3）。

表3 2021年纸浆消耗情况

品　种	2020年(万吨)	占比(%)	2021年(万吨)	占比(%)	同比增长率(%)
总　量	10200	100	11010	100	7.94
木　浆	4046	40	4151	38	2.60
1. 进口木浆	2556①	25	2357②	22	-7.79
2. 国产木浆	1490	15	1794	16	20.40
废纸浆	5632	55	6311	57	12.06
1. 进口废纸浆	249	2	327	3	31.33
2. 国产废纸浆	5383	53	5984	54	11.16
其中：进口废纸制浆	620	6	48	—	-92.26
国内废纸制浆	4763	47	5936	54	24.63
非木浆	522	5	548	5	4.99

注：①2020年进口纸浆3063万吨，扣除非造纸用浆和非木浆，实际进口木浆消耗量2556万吨。②2021年进口纸浆2969万吨，扣除非造纸用浆和非木浆，实际进口木浆消耗量2357万吨。

废纸利用情况 2021年利用国内回收废纸总量6491万吨，较上年增长18.17%，废纸回收率51.3%，废纸利用率54.2%，2012—2021年，国内废纸回收量年均增长率4.22%(表4)。

表4 2012—2021年国内废纸利用情况

年份	国内废纸回收量(万吨)	废纸净进口量(万吨)	废纸浆消费量(万吨)	废纸回收率(%)	废纸利用率(%)
2012	4473	3007	5983	44.5	73.0
2013	4377	2924	5940	44.7	72.2
2014	4841	2752	6189	48.1	72.5
2015	4832	2928	6338	46.7	72.5
2016	4963	2850	6329	47.6	72.0
2017	5285	2572	6303	48.5	70.6
2018	4964	1703	5474	47.6	63.9
2019	5244	1036	5443	49.0	58.3
2020	5493	689	5632	46.5	54.9
2021	6491	54	6311	51.3	54.2

【**纸制品生产和消费情况**】 据统计，2021年全国规模以上纸制品生产企业有4278家，生产量7739万吨，较上年增长12.81%；消费量7383万吨，较上年增长12.68%；进口量19万吨，出口量375万吨。2012—2021年，纸制品生产量年均增长率5.44%，消费量年均增长率5.47%。

【**纸及纸板、纸浆、废纸及纸制品进出口情况**】

纸及纸板、纸浆、废纸及纸制品进口情况 2021年纸及纸板进口1090万吨，较上年增长-5.55%；纸浆进口3052万吨，较上年增长-2.65%；废纸进口54万吨，较上年增长-92.16%；纸制品进口19万吨，较上年增长18.75%。

2021年，进口纸及纸板、纸浆、废纸、纸制品合计4215万吨，较上年增长-15.60%，用外汇290.17亿美元，较上年增长19.93%。进口纸及纸板平均价格为695.54美元/吨，较上年平均价格增长26.94%；进口纸浆平均价格为675.49美元/吨，较上年平均价格增长31.78%；进口废纸平均价格为 246.2 美元/吨，较上年平均价格增长 40.51%（表5）。

表5　2021年中国纸浆、废纸、纸及纸板、纸制品进口情况

品　种	2020年进口量（万吨）	2021年进口量（万吨）	同比增长率（％）
一、纸浆	3135①	3052③	-2.65
二、废纸	689	54	-92.16
三、纸及纸板	1154	1090	-5.55
1. 新闻纸	65	71	9.23
2. 未涂布印刷书写纸	119	133	11.76
3. 涂布印刷纸	36	44	22.22
其中：铜版纸	25	30	20.00
4. 包装用纸	31	24	-22.58
5. 箱纸板	404	399	-1.24
6. 白纸板	53	58	9.43
其中：涂布白纸板	52	57	9.62
7. 生活用纸	3	5	66.67
8. 瓦楞原纸	389	294	-24.42
9. 特种纸及纸板	22	23	4.55
10. 其他纸及纸板	32②	39④	21.88
四、纸制品	16	19	18.75
总　计	4994	4215	-15.61

注：数据来源于海关总署。①2020年进口纸浆3063万吨，另有72万吨"进口废纸浆"计入"其他纸及纸板"相关税号，实际进口纸浆3135万吨。②2020年进口"其他纸及纸板"104万吨，其中有72万吨为"进口废纸浆"，实际进口"其他纸及纸板"32万吨。③2021年进口纸浆2969万吨，另有83万吨"进口废纸浆"计入"其他纸及纸板"相关税号，实际进口纸浆3052万吨。④2021年进口"其他纸及纸板"122万吨，其中有83万吨为"进口废纸浆"，实际进口"其他纸及纸板"39万吨。

纸及纸板、纸浆、废纸及纸制品出口情况

2021年，纸及纸板出口547万吨，较上年增长-6.81%；纸浆出口15.42万吨，较上年增长46.16%；废纸出口0.12万吨，与上年持平；纸制品出口375万吨，较上年增长15.74%。

2021年，出口纸及纸板、纸浆、废纸、纸制品合计937.54万吨，较上年增长1.72%，创汇243.59亿美元，较上年增长14.97%。出口纸及纸板平均价格为1647.32美元/吨，较上年平均价格增长3.95%；出口纸浆平均价格为1224.51美元/吨，较上年平均价格增长12.82%（表6）。

表6　2021年中国纸浆、废纸、纸及纸板、纸制品出口情况

品　种	2020年出口量（万吨）	2021年出口量（万吨）	同比增长率（％）
一、纸浆	10.55	15.42	46.16
二、废纸	0.12	0.12	0.00
三、纸及纸板	587	547	-6.81
1. 新闻纸	0	1	—
2. 未涂布印刷书写纸	66	60	-9.09
3. 涂布印刷纸	105	96	-8.57
其中：铜版纸	69	56	-18.84
4. 包装用纸	18	17	-5.56
5. 箱纸板	7	8	14.29
6. 白纸板	170	156	-8.24
其中：涂布白纸板	170	156	-8.24
7. 生活用纸	87	64	-26.44
8. 瓦楞原纸	3	2	-33.33
9. 特种纸及纸板	97	106	9.28
10. 其他纸及纸板	34	37	8.82
四、纸制品	324	375	15.74
总　计	921.67	937.54	1.73

注：数据来源于海关总署。

纸及纸板各品种进出口量比重　2021年，纸及纸板各品种进口量比重：箱纸板占36.6%；白纸板占5.3%；瓦楞原纸占27.0%；特种纸及纸板占2.1%；包装用纸占2.2%；涂布印刷纸占4%；未涂布印刷书写纸占12.2%；生活用纸占0.5%；新闻纸占6.5%；其他纸占3.6%。

2021年，纸及纸板各品种出口量比重：箱纸板占1.5%；白纸板占28.5%；瓦楞原纸占0.4%；特种纸及纸板占19.4%；包装用纸占3.1%；涂布印刷纸占17.6%；未涂布印刷书写纸占11%；生活用纸占11.7%；新闻纸占0.2%；其他纸占6.8%。

纸及纸板主要产品进出口情况　①新闻纸：2021年进口量大于出口量，净进口量70万吨。②未涂布印刷书写纸：2021年进口量大于出口量，净进口量73万吨。③涂布印刷纸：2021年进口量小于出口量，净出口量52万吨。其中，铜版纸：2021年进口量小于出口量，净出口量26万吨。④生活用纸：2021年进口量小于出口量，净出口量

59万吨。⑤包装用纸：2021年进口量大于出口量，净进口量7万吨。⑥白纸板：2021年进口量小于出口量，净出口量98万吨。其中，涂布白纸板：2021年进口量小于出口量，净出口量99万吨。⑦箱纸板：2021年进口量大于出口量，净进口量391万吨。⑧瓦楞原纸：2021年进口量大于出口量，净进口量292万吨。⑨特种纸及纸板：2021年进口量小于出口量，净出口量83万吨。

纸制品进出口情况 2021年，纸制品进口量19万吨，较上年增加3万吨，同比增长18.75%。2021年，纸制品出口量375万吨，较上年增加51万吨，同比增长15.74%。

【纸及纸板生产布局与集中度】

根据中国造纸协会调查资料，2021年我国东部地区11个省（区、市），纸及纸板产量占全国纸及纸板产量比例为69.6%；中部地区8个省（区）比例占18.5%；西部地区12个省（区、市）比例占11.9%（表7）。

表7 2021年纸及纸板生产量区域布局变化

地区	2020年		2021年	
	产量（万吨）	占比（%）	产量（万吨）	占比（%）
纸及纸板产量	11260	100	12105	100
其中：东部地区	8243	73.2	8424	69.60
其中：中部地区	1889	16.8	2238	18.50
其中：西部地区	1128	10.0	1443	11.98

注：据中国造纸协会调查资料。

2021年山东省、广东省、江苏省、浙江省、福建省、河南省、湖北省、重庆市、河北省、四川省、广西壮族自治区、安徽省、天津市、江西省、湖南省、辽宁省和海南省17个省（区、市）纸及纸板产量超过100万吨，产量合计11606万吨，占全国纸及纸板总产量的95.88%（表8）。

表8 2021年纸及纸板产量100万吨以上的省（区、市）

省（区、市）	产量（万吨）		同比增长率（%）
	2020年	2021年	
广东省	2012	1970	-2.09
山东省	1920	2035	5.99
江苏省	1402	1415	0.93
浙江省	1149	1050	-8.62
福建省	777	845	8.75
河南省	532	672	26.32
湖北省	427	570	33.49
重庆市	352	423	20.17
安徽省	321	335	4.36
河北省	317	408	28.71
四川省	313	389	24.28
天津市	265	280	5.66
广西壮族自治区	255	337	32.16
江西省	250	269	7.60
湖南省	212	230	8.49
辽宁省	184	200	8.70
海南省	171	178	4.09
合计	10859	11606	6.89

注：据中国造纸协会调查资料。

2021年，全国排名前30名的重点造纸企业，如表9所示。

表9 2021年重点造纸企业产量前30名企业

序号	单位名称	产量（万吨）		同比增长率（%）
		2020年	2021年	
1	玖龙纸业（控股）有限公司	1615.00	1734.00	7.37
2	山东太阳控股集团有限公司	547.77	711.66	29.92
3	理文造纸有限公司	630.21	643.72	2.14
4	山鹰国际控股股份公司	510.17	602.13	18.03
5	山东晨鸣纸业集团股份有限公司	577.00	550.00	-4.68
6	山东博汇集团有限公司	306.91	313.52	2.15
7	江苏荣成环保科技股份有限公司	253.59	312.00	23.03
8	华泰集团有限公司	314.10	301.70	-3.95

(续表)

序号	单位名称	产量(万吨)		同比增长率(%)
		2020年	2021年	
9	中国纸业投资有限公司	270.00	274.00	1.48
10	联盛纸业(龙海)有限公司	230.00	274.00	19.13
11	宁波亚洲浆纸业有限公司	262.60	194.90	-25.78
12	金东纸业(江苏)股份有限公司	190.00	184.00	-3.16
13	金红叶纸业集团有限公司	177.00	178.00	0.56
14	武汉金凤凰纸业有限公司	132.45	173.00	30.62
15	山东世纪阳光纸业集团有限公司	155.92	171.07	9.72
16	东莞建晖纸业有限公司	148.00	161.00	8.78
17	亚太森博中国控股有限公司	163.40	158.00	-3.30
18	海南金海浆纸业有限公司	148.48	154.43	4.01
19	浙江景兴纸业股份有限公司	134.86	153.78	14.03
20	维达国际控股有限公司	125.00	139.00	11.20
21	广西金桂浆纸业有限公司	134.03	133.89	-0.10
22	新乡新亚纸业集团股份有限公司	101.25	123.39	21.87
23	东莞金田纸业有限公司	95.41	122.72	28.62
24	东莞金洲纸业有限公司	107.35	117.17	9.15
25	芬欧汇川(中国)有限公司	92.00	108.00	17.39
26	泰盛科技(集团)股份有限公司	61.58	101.80	65.31
27	大河纸业有限公司	62.73	95.26	51.86
28	恒安国际集团有限公司	109.40	93.70	-14.35
29	河南省龙源纸业股份有限公司	82.98	93.64	12.85
30	东莞顺裕纸业有限公司	68.60	74.00	7.88

(中国造纸协会)

中国苗木产业

【概　述】自"十四五"规划实施以来，全国苗木生产供应基本充足，但因受耕地保护等相关政策的影响，2021年全国育苗面积124.7万公顷，其中新育10万公顷，可供造林用苗量532亿株，苗木实际使用量116亿株，苗木总量过剩，但结构性供给不足现象仍然存在。各地区苗木生产情况如下：

东北地区　该地区包括黑龙江省（包括伊春森工）、吉林省（包括吉林森工、长白森工）、辽宁省以及内蒙古森工集团、大兴安岭林业集团、黑龙江森工集团所在区域。东北地区拥有大森林、大草原、大湿地、大冰雪等优质自然资源和国家最重要的商品粮基地，在保障国家北部地区生态安全、国家粮食主产区产能安全、水资源安全、木材等战略资源安全、能源安全、界江（河）国土安全等方面发挥着十分重要的战略作用。2021年，全国育苗面积为4.7万公顷，其中新育0.6万公顷，可供造林用苗量57亿株，相比2020年，2021年东北地区的育苗面积和可供造林用苗量与上年基本持平，苗木实际使用量有所下降，2021年降至9亿株左右，总体过剩趋势依然明显。

华北地区　该地区包括北京市、天津市、河北省、山西省、内蒙古自治区（除内蒙古森工集团外）所在区域。华北地区主要为温带大陆性季风气候，四季分明，全年降水量少。2021年，华北地区的育苗面积为22.5万公顷，其中新育3万公顷，可供造林用苗量107亿株，苗木实际使用量25亿株，相比2020年，2021年华北地区的育苗面积略有减少，可供造林用苗量和苗木实际使用量有所下降，总体过剩趋势有所缓解。

西北地区　该地区包括陕西省、甘肃省、青海省、宁夏回族自治区、新疆维吾尔自治区、新疆生产建设兵团所在区域。由于西北地区的气候较为恶劣、地形较为复杂多变，该地区总体生态环境易受到影响，且该地区的森林资源较为匮乏，林木资源的地区性分布差异较大。作为我国重要的生态屏障之一，西北地区的林草资源发挥着涵养水源、保持水土、防风固沙、防灾减灾以及保护生物多样性等多种生态功能。2021年，西北地区的育苗面积为18.9万公顷，其中新育1.3万公顷，可供造林用苗量100亿株，苗木实际使用量20亿株，相比2020年，2021年西北地区的苗木新育面积和苗木产量减少较大，可供造林用苗量有一定减少，苗木实际使用量也有所下降，总体过剩趋势有所缓解。

华中地区　该地区包括河南省、湖北省、湖南省所在区域。华中地区地形以平原、丘陵、盆地和河湖为主，林业资源种类繁多、类型丰富。2021年华中地区的育苗面积10.1万公顷，其中新育1.6万公顷，可供造林用苗量42亿株，苗木实际使用量17亿株，相比2020年，2021年华中地区的育苗面积有所下降，新育面积呈稳步下降趋势，可供造林用苗量基本持平，实际使用量有所上升，总体过剩与结构性不足依然存在。

华东地区　该地区包括上海市、江苏省、浙江省、安徽省、福建省、江西省、山东省所在区域。华东地区属亚热带湿润性季风气候和温带季风气候，地貌多样，水系发达，动植物种类繁多，其丰富的林草资源为我国实现碳中和目标、维护生态安全做出重要贡献。2021年，华东地区的育苗面积为62.1万公顷，其中新育2.7万公顷，可供造林用苗量169亿株，苗木实际使用量25亿株，相比2020年，2021年华东地区的育苗面积下降，新育面积平稳减少，苗木产量降低较大，可供造林用苗量有所上升，苗木实际使用量略有降低，总体过剩趋势明显。

华南地区　该地区包括广东省、海南省、广西壮族自治区所在区域。华南地区大多属于亚热带季风气候和热带季风气候，孕育了中国连片面积最大的热带雨林，生物种类密集，堪称中国生物保护的一艘雨林方舟。2021年，华东地区的育苗面积为1.2万公顷，其中新育0.2万公顷，可供造林用苗量15亿株，苗木实际使用量8亿株，华南地区2021年的育苗面积与2020年基本持平，新育面积略有减少，可供造林用苗量与苗木实际使用量均有所上升并趋于合理，总体供需呈平衡趋势。

西南地区 该地区包括重庆市、四川省、贵州省、云南省、西藏自治区所在区域。西南地区多山多雨，是我国降水局部差异最大、变化最复杂的地区之一，其地形复杂，自然生态环境脆弱，处于我国许多河流的上游地带，当地的林业生态环境建设需要重点关注。2021年，西南地区的育苗面积为5.2万公顷，其中新育0.6万公顷，可供造林用苗量40亿株，苗木实际使用量12亿株，相比2020年，2021年西南地区的育苗面积与往年持平，苗木产量明显下降，可供造林用苗量、苗木实际使用量总体呈下降趋势。

（国家林业和草原局国有林场和种苗管理司）

中国茶产业

【概　述】 2021年，全球经济快速复苏，作为全球第二大经济体的中国再次成为了全球经济复苏的引领者。年内，中国经济围绕"稳中有进"和"高质量发展"两大主题交出了靓丽的答卷。2022年1月17日，国家统计局发布数据，初步核算，2021年中国经济总量达1143670亿元，按不变价格计算，同比增长8.1%，两年平均增长5.1%。在宏观经济向好的大背景下，中国茶产业主动融入与服务构建新经济格局，通过持续创新保持了稳定发展，在传统产品与业态持续发力的同时，新茶饮、新袋泡、花草茶、混搭风味茶等新产品崛起，线上线下消费繁荣，茶叶总产量、总产值、内销量、内销额、出口量、出口额等多项经济指标实现历史性突破，在从脱贫攻坚的支柱产业向乡村振兴的支柱产业转化的道路上稳步前行。

【茶叶种植生产】

茶园面积持续微增 据统计，2021年，全国18个主要产茶省（区、市）的茶园总面积为4896.09万亩，同比增加148.40万亩，增幅3.13%。其中，可采摘面积4374.58万亩，同比增加228.40万亩，增长率5.51%。可采摘面积超过300万亩的省份有5个，分别是云南省（658.44万亩）、贵州省（643.37万亩）、四川省（487.3万亩）、湖北省（421.01万亩）、福建省（325.00万亩）。未开采面积超过100万亩的省份有2个，分别是四川省（108.9万亩）、湖北省（124万亩）（表1）。

表1　2021年中国各主要产茶省份茶园面积

省份	2021年（万亩）	2020年（万亩）	增减数（万亩）	增减率（%）
江苏	51.45	50.80	0.65	1.28
浙江	307.70	307.50	0.20	0.07
安徽	295.73	286.32	9.41	3.29
福建	341.22	335.40	5.82	1.73

（续表）

省份	2021年（万亩）	2020年（万亩）	增减数（万亩）	增减率（%）
江西	171.80	169.00	2.80	1.66
山东	40.83	39.00	1.83	4.69
河南	208.60	205.20	3.40	1.66
湖北	545.01	513.71	31.30	6.09
湖南	298.10	274.00	24.10	8.80
广东	123.13	104.08	19.05	18.30
广西	142.44	118.23	24.21	20.48
海南	3.35	3.32	0.03	0.98
重庆	84.62	78.20	6.42	8.21
四川	596.20	586.00	10.20	1.74
贵州	714.60	716.31	-1.71	-0.24
云南	720.25	709.70	10.55	1.49
陕西	233.66	233.00	0.66	0.28
甘肃	17.40	17.92	-0.52	-2.91

茶叶产量增速放缓 2021年，全国干毛茶总产量306.32万吨，比上年增加7.71万吨，增幅2.6%。产量超过30万吨的省份有福建省（45.05万吨）、湖北省（38.40万吨）、云南省（38.00万吨）、四川省（35.00万吨）、贵州省（34.50万吨）。增产万吨以上的省份有四川省（3.47万吨）、湖北省（3.34万吨）、福建省（3.23万吨）、广西壮族自治区（1.81万吨）（表2）。

表2　2021年中国各主要产茶省干毛茶产量

省份	2021年（吨）	2020年（吨）	增减数（吨）	增减率（%）
江苏	10703	12000	-1297	-10.8
浙江	195300	188100	7200	3.8
安徽	142413	138900	3513	2.5
福建	450470	418131	32339	7.7
江西	78888	78076	812	1.0
山东	27262	29600	-2338	-7.9
河南	89190	81000	8190	10.1

（续表）

省份	2021年（吨）	2020年（吨）	增减数（吨）	增减率（%）
湖北	384000	350571	33429	9.5
湖南	250253	240826	9427	3.9
广东	108443	116000	-7557	-6.5
广西	102800	84696	18104	21.4
海南	800	600	200	33.3
重庆	48700	43300	5400	12.5
四川	350000	315343	34657	11.0
贵州	345017	385636	-40619	-10.5
云南	380023	408824	-28801	-7.0
陕西	97297	92996	4301	4.6
甘肃	1592	1418	174	12.4

农业产值显著增长 2021年，全国干毛茶总产值为2928.14亿元，增长301.56亿元，增幅11.48%。干毛茶产值超过200亿元的省份有6个，分别是贵州省（414.6亿元）、四川省（335亿元）、福建省（298.12亿元）、浙江省（259.14亿元）、湖北省（221.91亿元）、云南省（202.12亿元）；产值增长超过30亿元的省份有4个，依次是四川省（49.93亿元）、山东省（44.85亿元）、湖北省（33.91亿元）、陕西省（33.11亿元）（表3）。

表3　2021年中国各主要产茶省份干毛茶产值表

省份	2021年（亿元）	2020年（亿元）	增减数（亿元）	增减率（%）
江苏	33.09	29.24	3.85	13.17
浙江	259.14	238.6	20.54	8.61
安徽	175.73	146.17	29.56	20.22
福建	298.12	290.42	7.70	2.65
江西	80.84	71.15	9.69	13.62
山东	74.85	30	44.85	149.50
河南	160.21	137.4	22.81	16.60
湖北	221.91	188	33.91	18.04
湖南	171.57	158.27	13.30	8.40
广东	156.80	153.79	3.01	1.96
广西	98.30	82.76	15.54	18.78
海南	2.16	1.59	0.57	35.85
重庆	44.53	37.5	7.03	18.75
四川	335.00	285.07	49.93	17.51
贵州	414.60	405.84	8.76	2.16

（续表）

省份	2021年（亿元）	2020年（亿元）	增减数（亿元）	增减率（%）
云南	202.12	204.85	-2.73	-1.33
陕西	196.32	163.21	33.11	20.29
甘肃	2.85	2.71	0.14	5.18

茶类结构持续优化 2021年，中国传统茶类中，除黄茶之外，其余五大茶类的产量均有不同幅度增长。其中，绿茶184.94万吨，微增0.67万吨，0.36%；红茶43.45万吨，增长3.02万吨，增长率为7.47%；黑茶39.68万吨，增长2.35万吨，增长率为6.3%；乌龙茶28.72万吨，增长0.94万吨，增长率为3.38%；白茶8.19万吨，增长0.84万吨，增长率为11.43%；黄茶1.33万吨，减少0.12万吨，降幅为8.28%。绿茶、红茶、黑茶、乌龙茶、白茶、黄茶的产量比为60.3∶14.2∶13.0∶9.4∶2.7∶0.4；红茶、黑茶、白茶在总产量中的占比出现攀升（表4）。

表4　2021年中国六大茶类产量统计表

茶类	2021年（万吨）	2020年（万吨）	增长量（万吨）	增长率%
绿茶	184.94	184.27	0.67	0.36
红茶	43.45	40.43	3.02	7.47
黑茶	39.68	37.33	2.35	6.30
乌龙茶	28.72	27.78	0.94	3.38
白茶	8.19	7.35	0.84	11.43
黄茶	1.33	1.45	-0.12	-8.29

【运行情况】

有效应对不利因素，各地生产井然有序 2021年，中国气候暖湿特征明显，涝重于旱，气候年景偏差。降水方面，全国年平均降水量672.1毫米，较常年偏多6.7%。除华南地区降水量偏少外，东北、华北、西北、长江中下游和西南地区降水均偏多，河南受特大暴雨灾害影响严重，黄河流域秋汛明显。气温方面，2021年全国平均气温为10.5℃，为1951年以来最高；高温过程多，夏秋季南方高温持续时间长；区域性、阶段性气象干旱明显，华南地区干旱影响较大。但根据应急管理部的统计数据，与近10年平均值相比，气象灾害造成的直接经济损失略偏少。

总体来看，天气对2021年全国茶叶生产影响不大。年初的两次全国范围寒潮虽致江北茶区、江南茶区北部、西北茶区西北部等地的部分幼龄茶园和高山茶园出现轻度到中度茶树冻害，但由于寒潮发生时间早、持续时间短，因此整体影响有限。2021年2-4月，云南、广西地区出现区域性干旱，在一定程度上影响了春茶生产进程，但较往年为轻。夏秋季节多地涝灾，云南、四川、河南等省部分茶园受灾，但因已至产制中后期，加之受灾地区及时响应、生产自救，最大限度地减少了损失。在抗击疫情方面，为最大程度地降低疫情对生产的不利影响，2021年，各茶叶主产区政府纷纷出台相关政策，采取了积极应对措施。主要做法：一是做好茶园养护指导；二是提升加工企业生产加工能力；三是加强技术指导培训；四是做好采茶工招收和培训；五是积极协调融资贷款，做好企业流动资金筹措工作。这些举措有力地维护了茶叶生产秩序，保障了产业的持续增收。

规划得当落地见效，三茶统筹稳步推进 2021年，农业农村部、市场监管总局、供销总社正式出台《关于促进茶产业健康发展的指导意见》；中国茶叶流通协会在部委指导下发布了《中国茶产业发展"十四五"规划建议》，并提出"国茶振兴五年计划"。各地积极响应，认真筹谋。科技兴茶、绿色兴茶、质量兴茶、品牌兴茶、文化兴茶再次成为热点。茶产业成为各茶区实施乡村振兴战略的重要抓手。在农业农村部的指导下，根据适区适种原则，茶产业调整优化布局，目前已形成了长江中下游名优绿茶、东南沿海优质乌龙茶、长江上中游特色和出口绿茶、西南红茶和特种茶等四大优势区域，生产集中度达到80%以上。同时，各地深入开展化肥农药使用量零增长行动，大力推广物理防治、生物防治等绿色防控及配方施肥、水肥一体化等关键技术，使茶叶主产区的生态环境明显改善，产品质量明显提高。全国茶叶病虫害绿色防控覆盖率达57.5%。

以"统筹茶文化、茶产业、茶科技"为指导，各地不断拓展茶产业的多种功能，延伸产业链，提升价值链。结合乡村振兴战略，打造了一批茶业特色小镇、茶庄园、茶叶田园综合体。各地还在继续推进实施品牌战略，在打造区域公用品牌的同时，注重培养与扶持品牌企业。2021年，茶叶类国家级农业产业化龙头企业数量达86家。科技赋能茶产业的力度也在加大。据测算，2021年茶叶生产科技贡献率突破60%，无性系茶树良种面积达到64.27%，重点产茶县茶园管理机械化水平达37%，大宗茶加工基本实现机械化，名优茶机制率达90%以上。物联网、大数据、生物科技等新技术在茶产业中广泛应用。

既有难题尚难破解，市场风险逐步加大 在全国茶叶生产形势稳定向好的局面下，制约产业发展的一些突出问题仍亟待解决。一是茶园面积较大，老茶园占比过高。目前，全国30年以上老茶园面积有1500万亩左右，占总面积的31%。据调查，老茶园平均单产低，病虫害发生率高且偏重，严重影响茶叶生产质量和效益。二是生产成本持续上升。春茶采摘主要依靠人工。伴随着农村空心化，劳动力不断减少且老龄化，人工成本持续攀升且效率不高。此外，绿色有机已成为产业发展趋势，茶园管护成本提高、生产环节技术升级改造等因素使非劳动力成本也在不断增加。三是产品供需结构失衡的问题仍未缓解。伴随着2018年之后的新增茶园进入丰采期，每年的新增量产势必进一步加大市场销售压力。以营销破解"卖难"将是今后一个时期茶产业的主要命题。

【国产茶叶内销市场】

内销市场保持平稳，数据指标持续上行 据统计，2021年，中国茶叶的内销总量为230.19万吨，增长10.03万吨，增长率为4.56%；内销总额为3120亿元，增长231亿元，增长率为8%；内销均价为135.5元/千克，同比增长3.3%。

消费格局基本稳定，白茶发展势头强劲 2021年，中国绿茶内销量为130.92万吨，同比增长2.35%，占总销量的56.9%；红茶33.88万吨，同比增长7.97%，占总销量的14.7%；黑茶34.41万吨，同比增长9.31%，占总销量的14.7%；乌龙茶22.79万吨，同比增长3.97%，占总销量的9.9%；白茶7.05万吨，同比增长12.80%，占总销量的3.1%；黄茶1.14万吨，同比减少7.32%，占总销量的0.5%。中国绿茶内销额为1994.3亿元,同比增长17.4%,占内销总额的63.9%;红茶503亿元,同比增长0.4%,占总额的16.2%;黑茶258.2亿元,同比减少14.4%,占总额的10.4%;乌龙茶259.3亿元,同比减少7.7%,占总额的8.3%;白茶91.4亿元,同比增长2.1%,占总额的2.9%;黄茶13.9亿元,同比减少18.2%,占总额的0.4%。各茶类中,绿茶均价152.3元/千克,红茶146.2元/千克,乌龙茶113.8元/千克,黑茶76.2元/千克,白茶129.8元/千克,黄茶122.2元/千克。

【茶叶进出口贸易】

2021年,中国进口茶叶总体呈增长态势,进口量创近年新高。据海关数据,2021年,中国进口茶叶4.67万吨,同比增长7.81%;进口额1.84亿美元,同比增长2.49%;均价4.15美元/千克,同比下降4.93%。2021年,中国茶叶出口保持平稳,出口量明显提升,量价额创历史新高。据中国海关数据,2021年,中国茶叶出口总量36.94万吨,比2020年增长2.05万吨,增长率为5.89%;出口总额22.99亿美元,比2020年增加2.61亿美元,增长率为12.82%;出口均价为6.22美元/千克,同比上涨0.38美元/千克,涨幅为6.55%。自2013年以来,中国茶叶出口额与出口均价呈现持续增长态势,年复合增长率分别为7.95%和6.28%。

从茶类看进口情况 2021年,红茶进口量3.89万吨,比增9.8%,占总量的83%;绿茶0.43万吨,比增1.6%,占比9.2%;乌龙茶0.33万吨,比增13%,占比7%;花茶224吨,比减63.8%,占比0.5%;普洱茶3.9吨,比减97.3%;新增类目黑茶进口量为0.7吨。

2021年,红茶进口额为1.39亿美元,比增9.8%,占总额的75%;乌龙茶0.31亿美元,比增9%,占比16.9%;绿茶0.11亿美元,比减39.6%,占比6%;花茶303.7万美元,比增2.5%,占比1.6%;普洱茶13.2万美元,比减86.4%;新增类目黑茶进口额为1.5万美元。

2021年,红茶进口均价为3.57美元/千克,比减2.0%;绿茶均价2.5美元/千克,比减40.5%;乌龙茶均价9.6美元/千克,比减3.5%;花茶均价13.5美元/千克,比增183%;普洱茶均价34.2美元/千克,比增400.2%;新增类目黑茶进口均价为22.8美元/千克。

从省份看进口情况 2021年,中国进口茶叶逾千吨的省(区、市)共计8个,依次是福建省(1.22万吨)、浙江省(0.89万吨)、广东省(0.60万吨)、北京市(0.44万吨)、上海市(0.43万吨)、江苏省(0.40万吨)、云南省(0.31万吨)、广西壮族自治区(0.17万吨)。

2021年,中国进口茶叶金额过百万美元的省(区、市)共计11个,分别是福建省(4431万美元)、上海市(4389万美元)、广东省(2591万美元)、浙江省(2223万美元)、北京市(1511万美元)、江苏省(1247万美元)、广西壮族自治区(646万美元)、云南省(441万美元)、安徽省(382万美元)、山东省(253万美元)、陕西省(115万美元)。

从国别和地区看进口情况 在中国进口茶叶的来源地中,排名前六位的分别是斯里兰卡、印度、越南、肯尼亚、印度尼西亚、中国台湾。从进口茶类来看,印度、斯里兰卡、肯尼亚、印度尼西亚主要供应红茶,其中茶叶进口价格最高的为斯里兰卡5.0美元/千克,印度为2.7美元/千克,肯尼亚为1.9美元/千克,印度尼西亚为1.2美元/千克,越南主要供应绿茶,而中国台湾则主要供应乌龙茶。从近三年的进口量变化情况来看。从印度进口的茶叶逐年递减,2021年的降幅达23%;从中国台湾地区进口的茶叶量也在逐年递减,中国台湾从2019年第三大进口供应地降到2021年的第六。而斯里兰卡、越南、肯尼亚、印度尼西亚的茶叶供应量均在逐年提升,肯尼亚在2021年的增幅更是高达80.3%。

从茶类看出口情况 从出口量看,绿茶出口量为31.23万吨,增长1.89万吨,增幅为6.43%,占总出口量的84.5%;红茶出口量为2.96万吨,增长788吨,增幅2.74%,占总出口量的8%;乌龙茶出口量为1.91万吨,增长2202吨,增幅13%,占总出口量的5.2%;花茶出口量为5835吨,减少295吨,降幅4.8%,占总出口量的1.6%;普洱茶出口量为2176吨,减少1369吨,降幅达38.6%；新增类目黑茶出口量为344吨，占总出口量的0.6%。

从出口额看，绿茶出口额为14.88亿美元，同比增长13.96%，占总额的64.7%；红茶为4.15亿美元，同比增长20.47%，占总额的18.0%；乌龙茶2.82亿美元，同比增长30.46%，占总额的12.3%；花茶0.58亿美元，同比增长4.9%，占总额的2.5%；普洱茶0.53亿美元，同比增长52.98%，占总额的2.3%；新增类目黑茶出口额为489万美元。

从均价看，绿茶出口均价为4.8美元/千克，同比上涨7.08%；红茶均价14美元/千克，同比上涨17.26%；乌龙茶均价14.7美元/千克，同比上涨15.45%；花茶均价9.9美元/千克，与上一年基本持平；普洱茶均价24.1美元/千克，同比降低23.4%；新增类目黑茶出口均价为14.2美元/千克。

从省份看出口情况 从出口量看，2021年，中国茶叶出口量万吨以上的省份有6个，依次是：浙江省，15.08万吨，比增3.18%，占总量的40.8%；安徽省，6.77万吨，比增1.99%，占总量的18.3%；湖南省，4.16万吨，比增17.08%，占总量的11.3%；福建省，2.61万吨，比增18.83%，占总量的7.1%；湖北省，2.35万吨，比增28.16%，占总量的6.4%；江西省，1.41万吨，比减2.03%，占总量的3.8%。从出口额看，2021年，中国茶叶出口额达到1亿美元以上的省份有8个，依次是：福建省5.13亿美元，比增22.84%，占总额的22.3%；浙江省4.86亿美元，比增8.64%，占总额的21.1%；安徽省2.87亿美元，比增2.62%，占总额的12.5%；贵州省2.22亿美元，同比增长114.58%，占总额的9.7%；湖北省1.90亿美元，比增5.71%，占总额的8.2%；湖南省1.24亿美元，比增25.93%，占总额的5.4%；江西省1.21亿美元，比增43.17%，占总额的5.3%；云南省1.08亿美元，比减1.82%，占总额的4.7%。从均价看，2021年，中国茶叶出口量排名前10的省份中，贵州茶叶的出口均价最高，达到37.4美元/千克；均价第二高的省份为云南省（22.2美元/千克）；福建省居第三（19.6美元/千克）；其余依次为广东省（12.5美元/千克）、江西省（8.6美元/千克）、湖北省（8.1美元/千克）、河南省（4.5美元/千克）、安徽省（4.2美元/千克）、浙江省（3.2美元/千克）、湖南省（3.0美元/千克）。

（中国茶叶流通协会）

中国家具产业

【概　述】 2021年，家具行业全面回暖，市场复苏，大部分品牌与经销商实现了业绩的明显增长。

【家具行业市场现状分析】

根据中国家具协会数据显示，2021年，我国家具产量达到111993.72万件，与2020年家具产量98228.04万件相比，增长了14.01%。2021年我国家具行业规模以上企业营业收入达到8004.58亿元，与2020年家具制造业7052.37亿元相比，增长了13.50%。2021年我国家具行业规模以上企业出口交货值达到1826.30亿元，与2020年家具及其零件出口额540.9亿美元相比，增长了8%（表1~表3）。

表1　2021年规模以上企业主要家具产品产量表

产品名称	2021年产量（万件）	2020年产量（万件）	增速（%）
家具	111993.72	98228.04	14.01
其中：木质家具	38002.12	33311.56	14.08
金属家具	48566.48	41253.44	17.73
软体家具	8566.44	8071.33	6.138

表2　2021年家具行业规模以上企业营业收入表

行业名称	2021年营业收入（亿元）	2020年营业收入（亿元）	增速（%）
家具制造业	8004.58	7052.37	13.50
其中：木质家具制造业	4621.31	4115.95	12.28
竹、藤家具制造业	99.25	90.32	9.89
金属家具制造业	1784.27	1547.31	15.31
塑料家具制造业	108.22	87.14	24.19
其他家具制造业	1391.53	1211.65	14.858

表3　2021年家具行业规模以上企业出口交货值表

行业名称	2021年营业收入（亿元）	2020年营业收入（亿元）	增速（%）
家具制造业	1826.30	1626.00	12.32
其中：木质家具制造业	655.49	601.17	9.03
竹、藤家具制造业	31.97	25.76	24.10
金属家具制造业	660.25	573.07	15.21
塑料家具制造业	44.19	34.13	29.48
其他家具制造业	434.42	391.87	10.86

2021年，在25个省市中，河北、黑龙江、江苏等21个省份家具产量相比于2020年是增加的，浙江省、广东省和福建省家具产量规模排名前三，2021年浙江省、广东省和福建省家具产量占比达61.5%（表4）。

表4　2021年家具行业规模以上企业家具产量表

地区	2021年产量（万件）	2020年产量（万件）	增速（%）
全国	111993.72	98228.04	14.01
北京市	402.04	389.05	3.34
天津市	957.94	840.36	13.99
河北省	7908.32	6982.73	13.26
山西省	6.57	6.39	2.73
辽宁省	1819.04	1583.41	14.88
吉林省	74.44	69.18	7.61
黑龙江省	252.16	236.88	6.45
上海市	1485.00	1479.11	0.40
江苏省	6283.68	4957.90	26.74
浙江省	29385.47	26034.08	12.87
安徽省	1376.48	1283.43	7.25
福建省	16855.81	14564.70	15.73
江西省	6131.19	4718.73	29.93
山东省	5341.09	4760.90	12.19
河南省	4309.78	4111.82	4.81
湖北省	919.71	902.53	1.90
湖南省	1049.66	961.66	9.15

（续表）

地区	2021年产量（万件）	2020年产量（万件）	增速(%)
广东省	22661.35	19756.21	14.70
广西壮族自治区	189.60	209.59	-9.53
重庆市	1040.93	808.80	28.70
四川省	2939.20	2995.94	-1.89
贵州省	209.67	247.40	-15.25
云南省	80.73	54.73	47.52
陕西省	280.15	228.73	22.48
新疆维吾尔自治区	33.73	43.79	-22.97

【家具行业未来发展趋势】

全球化 第一，供应多元化。2021年，美国由于大量新建房屋，出现了木材的短缺，美国作为一个传统的木材出口大国，开始大量进口木材。由于供应紧张，美国木材出口价格不断创下新高。在最严重的时候，联邦储蓄银行发布的木材价格指数一路飙升至125，是近30年来最高水平。这对依赖美国木材的中国家具企业产生了很大的影响。对于其他生产材料和需要国外进口的设计、技术等生产要素，都存在类似问题。这就需要企业在供应链布局时，放眼全球，利用不同国家各自的优势，实现供应多元化，提高抗风险能力。第二，全球化方向是开展海外经营。企业经营全球化呈现三个方面优势：降低成本、减少风险、扩大市场，向海外输出产能和品牌，就可以实现这些目标。目前，我国已实现了资本净输出，这说明国外的生产和市场优势吸引了国内企业纷纷走出去。

近年来，我国家具行业也有很多对外投资的案例，其中有的企业能在疫情下逆势增长，正是得益于在海外的布局。中国家具协会会员企业梦百合从2013年已经开始全球布局，通过五大工厂、海外仓储等投资项目，建立海外产业链，保持了高增长态势。顾家、永艺、敏华等副理事长企业，都选择了在越南投资，越南近年来经济发展态势比较好，在地理位置、国际贸易协议等方面利好明显。同时，如果把视野放在全球家具产业，波兰、土耳其、墨西哥，都是具有极大潜力的地方。这些快速发展的国家，在地区市场、生产成本、贸易政策等方面都具有优势。全球化将是中国制造业的大趋势，无论是从成本、风险，还是市场的角度来看，制定一个合理有效的全球化发展规划，都有助于企业的长期发展。

工业4.0 在中国家具行业，有一些企业已经开始了工业4.0的探索：尚品宅配把车间机器人和来自客户、自动化物流系统的实时数据融合到一起，只增加1倍人力，而将产量增加3倍，生产率提高了40%。喜临门开发了具有完全自主知识产权的精益制造系统，建设了基于5G的工业物联网。还有很多定制企业进行了多方向的建设。

在这个过程中，"人"的转型是基础。德勤曾采访了全球40家成功转型的企业，提出他们的一个重要的共通点是把人放在工业4.0时代的中心位置。主要包括三个方面：一是制定转型战略，考虑一线工作实际需求，实现有效的人机协作；二是统一各部门思想和行动，达成转型共识，充分发挥员工能动性；三是紧抓专业技术人才，通过校企合作、支持研发、定期培训等方式，形成稳定的人才输血机制，长期保持企业的转型优势。

工业4.0之所以可以大幅提升企业竞争力，就在于它形成了一种新的组织模式，更好地发挥出人的价值。新一代工业正在形成，提早布局才能抓住先发优势，中国家具行业需要在这一轮变革中实现弯道超车，引领全球家具制造业的发展。

数字经济 2021年7月16日，习近平总书记在亚太经合组织领导人非正式会议上强调"全球数字经济是开放和紧密相连的整体"，并指出"要加强数字基础设施建设，努力构建开放、公平、非歧视的数字营商环境"。从20世纪起，信息产业取得了长足发展，极大地改变了人们的生产和生活方式。互联网的出现就是这方面的典型业态；治理数字化，主要是政府利用数字技术不断提高公共服务供给能力以及构建新型智慧城市；数据价值化，是在数据管理和数据应用方面形成产业，通过非实体的数据资源创造价值。近年来，数字经济通过数字产业化和数据价值化为促进消费发挥了明显作用，这也是与家具行业息息相关的两个方面。

首先，数据创造了增值空间。作为重要的新生产要素，数据的有效开发可以提高产品附加值，增强企业在市场上的竞争力。电商平台和企业自建商城通过数据研究进行趋势分析，指导商品开发和广告营销的策略，从而改善了供需匹配的问题。其次，技术提升了消费体验。数字产业的技术日益成熟，开始融合到实体行业，尤其是虚拟现实、视觉搜索、3D打印等有了广泛应用。在家具行业，酷家乐、三维家等设计软件，就是融合虚拟技术，让消费者更直观地看到产品在家中的效果，加快购买决策，包括服务机器人、人工智能（AI）、自动配送等，在其他行业已经开始了尝试，家具企业应予以关注。还有，社交颠覆了品牌渠道。随着各大社交媒体的兴起，这些平台大众特点使其成为最有潜力的商业渠道，麦肯锡的一项调查显示，社交电商创造的市场在五年内出现三位数增长。品牌影响力对广告的依赖有所下降，内容输出成为一个重要趋势。例如，视频博主李子柒，她在线上平台上创作出很多大火的美食制作视频，吸引大量粉丝，从而带动同名产品热销不止。面向未来，人们生产和生活的数字化程度不断加深，数字经济也将成为企业要长期研究的课题，积极拥抱数字化，才能抓住下一个时代的机遇。

可持续发展 经过几十年的探索，2015年世界各国在联合国大会上共同提出可持续发展倡议，制定了17项全球可持续发展目标。中国一直是践行2030可持续发展目标的先锋，为世界和平与繁荣做出了重要贡献，并且承诺将继续在这一方向上努力。同时，消费者、投资者对企业的可持续效益越来越重视，在资源、就业、教育、城镇化、能源、减贫等方面，家具行业将在社会约束、法律法规等框架下面临更高要求。对环境有破坏、对社会有影响、对人类发展有威胁的企业将难以为继，满足可持续发展目标是企业未来成功的必要条件。针对企业如何实现可持续转型，联合国提出了系统性的指导战略，主要分为五个部分，其中评估、量化、实施是核心环节。该战略旨在根据企业自身特点，将17项可持续发展目标与公司运作相融合，从而制定合适的行动方案。需要指出，对不同的企业，17项目标所占的比重或有不同，需要长期的探索与调整。

在我国家具行业，已经有可持续发展转型的先锋取得了初步效益。例如，曲美在2019年发布的《家居社会责任报告》中，系统性制定了可持续转型发展目标，从公司治理到合作伙伴，再到社会公益，都有明确指标，并通过外界反馈不断完善可持续进程，在品牌和国际影响力方面有显著提升。可持续发展是面向未来的全球战略，为创造人类共同福祉提供了明确指引。在这个充满挑战的时代，生存问题比以往更加紧迫和深刻，作为全球家具行业的重要贡献者，今天的每一位企业家，都应以超越国界、打破行业的魄力，推动世界家具业系统性的变革。

（中国家具协会）

中国花卉产业

【概 述】 2021年，我国花卉种植面积159万多公顷，花卉销售额超过2160亿元，花卉进出口贸易额突破7亿美元。花卉业在产品供应、生产布局、市场流通体系建设、科技创新、花文化弘扬、国际合作等方面跃上新的台阶，在全面推进乡村振兴、建设生态文明和美丽中国进程中的作用日益凸显。

【产销情况】

2021年，全国盆栽植物产销量及市场行情已恢复到2019年总体水平；全国鲜切花种植面积稳中略增，设施水平明显提升；苗木产销整体下滑；直播带货发展迅猛，花店仍是花卉零售主战场。

盆栽植物 2021年，盆栽植物在经历了迎春年宵花展前期大甩卖，后期大涨价后，山东、广东、福建、四川、云南等盆花主产区市场摆脱2020年的低迷，2021年春天开始呈现产销两旺态势。

鲜切花 2021年，鲜切花种植面积稳中略增，设施水平提升明显，延续了自2020年第二季度开始呈现的交易均价上涨势头。

绿化观赏苗木 从全年情况看，2021年苗木产销整体严重下滑，全年苗木销售量同比减少30%以上，价格下跌20%~40%。但2021年上半年与下半年市场需求和价格行情截然不同，呈高开低走态势。

花店零售业 2021年，花店零售业的表现可圈可点。评估年度花卉零售市场规模，2021年全国销售额2205亿元，包含盆花和鲜切花两部分，较2020年1876.6亿元上涨17.5%。

花卉市场 2021年，疫情加速了花卉电商的大规模兴起。这种兴起不是由于资本加持而是自发性的，表现在B2B、B2B2C、B2C等模式全面发展，淘宝、京东、美团、抖音等平台百花齐放，特别是"直播带货""一件直发"发展迅速。

【主要成就】

产品供应能力大幅提升 自2011年以来，我国花卉生产规模持续扩大，花卉产品不断丰富，市场销售量与销售额稳步提升，一、二、三产业融合发展态势初步形成，产业链不断延伸，价值链增值明显。百合、康乃馨、月季、菊花等主要鲜切花产量居世界前列，观赏苗木种植面积和产量居世界首位，花卉产品供应能力明显提升。

生产布局不断优化 经过近10年调整，我国花卉生产格局不断优化，形成了以云南、广东、福建、江苏、海南、辽宁等省为主的鲜切花（含切叶、切枝）产区；以广东、云南、江苏、山东、福建等省为主的盆栽植物产区；以浙江、江苏、河南、四川、福建、湖南、江西等省为主的观赏苗木产区；以广东、福建、四川、浙江、江苏等省为主的盆景产区；以广东、湖南、广西、上海等省（区、市）为主的花卉种苗产区；以甘肃、内蒙古、湖南等省（区）为主的花卉种子产区；以云南、山东、四川、湖南、江苏等省为主的食药用花卉产区；以云南、四川、黑龙江等省为主的工业用花卉产区。鲜切花发展势头强劲，种植区域不断扩大，交易额稳步上升；盆栽植物生产规模稳步增长，小型化、精致化、功能化和平价化成为趋势；绿化观赏苗木保持良好发展态势；各地特色花卉得到充分发展。

市场流通体系基本建立 2021年，全国有各类花卉市场3354个。花卉超市、花园中心、花卉租摆服务站不断涌现，一批集生产、科研、交易、休闲、培训等功能于一体的大型花卉市场综合体开始出现，花卉市场管理水平不断提高。"互联网+""智能+"稳步推进，花卉交易流通新业态、新模式及花卉零售和物流创新形式不断涌现，智慧物流、远程交易广为应用。网络花店、直播带货等线上交易催生花卉供应链、消费链的重构，扩大了花卉消费。网络花卉交易平台与大型物流公司更加重视花卉产品保鲜运输，花卉供应链"第一公里"和"最后一公里"的仓储物流设施建设进一步加强，花卉保鲜储存和冷链运输能力不断提升。

科技创新能力持续增强 花卉科研创新不断深化，取得了一系列科技创新成果。自 2011 年以来，我国花卉科研新技术和新成果获国家科技进步奖 6 项、国家技术发明奖 1 项。国家花卉种质资源保存体系建设稳步推进，建立国家草本花卉资源圃 1 个，确定国家花卉种质资源库 67 处，认定花卉苗木产业示范基地 2 处。建立国家观赏园艺工程技术研究中心 1 个、国家花卉改良中心 1 个。植物新品种授权和专利数量明显增加，2011—2021 年获得林业和农业植物新品种授权的观赏植物品种 2626 个。梅花、茶花、桂花、海棠等一批花卉新品种通过国际登录，月季、菊花、百合、牡丹、兰花、荷花等一批名优花卉良种通过国家或省级良种审（认）定。花卉专业技术人才占从业人员比例明显增加。花卉标准体系建设持续加强，"十三五"期间制（修）订花卉国家和行业标准 54 项。

花文化进一步弘扬 花文化内涵挖掘、传承创新和宣传推广持续推进，广大人民群众对中华优秀传统花文化的认识不断提高，花文化得到繁荣发展。自 2011 年以来，分别在江苏常州、宁夏银川、上海崇明举办中国花卉博览会；先后举办 3 届中国杯插花花艺大赛、3 届中国杯盆景大赛和 1 届中国杯组合盆栽大赛等重大花事活动；中国花卉协会分支机构和各地成功举办丰富多彩的花卉节庆展会活动；以花店和花艺培训机构为主的花艺交流和培训活动广泛开展；认定国家重点花文化基地 20 处，引领花文化繁荣发展；建设了一批花卉主题公园、花卉专类园等，赏花经济迅速崛起，花旅、苗旅融合成为新时尚。

国际贸易与合作交流不断加强 我国生产的花卉产品销往 90 多个国家和地区，进口花卉来自 60 多个国家和地区，花卉进出口贸易额持续保持增长态势。我国已成为国际花事活动的主要参与国和重要承办国。自 2011 年以来，成功举办 A1 类的北京世界园艺博览会和 A2+B1 类（现为 B 类）的西安、青岛、唐山、扬州世界园艺博览会，以及世界花卉大会、世界花艺大赛等多项重大国际花事活动；成功参展 A1 类的 2012 荷兰芬洛世界园艺博览会、2016 土耳其安塔利亚世界园艺博览会和 2022 荷兰阿尔梅勒世界园艺博览会。在国际主要花卉园艺组织中都有中国花卉代表担任重要领导职务，10 多种栽培植物国际登录权落户中国，17 家中国花卉企业在国际种植者评选中获奖。我国花卉领域国际话语权和影响力不断提升，花卉已成为美丽和友好的使者，在宣传生态文明思想，传播绿色发展理念，加强国际合作，促进东西方文化交流，推动构建人类命运共同体等方面发挥了重要作用。花卉业的发展，为绿化美化环境，提高人民生活质量，扩大社会就业，促进居民增收，引导文明消费，释放内需潜力，推进乡村振兴，助力生态文明和美丽中国建设做出了重要贡献。

【机遇与挑战】

发展机遇 从全球看，全球花卉种植面积与产值趋于稳定，花卉贸易呈小幅波动式增长态势，消费需求总体呈现增长态势。花卉业发达国家的花卉生产、消费处于相对稳定、缓慢增长态势，花卉生产由发达国家向发展中国家转移的趋势依然存在，涌现了一批新兴花卉生产国，发展中国家的花卉消费增长不断加快。欧美花卉发达国家仍掌握着花卉种子、种苗、种球和新品种研发等高附加值的产业链前端，拥有先进的生产技术和管理水平。中国作为新兴经济体，将成为花卉发达国家品种、技术、产品、服务转移和输出的目的地。一些对我国花卉产品市场依赖性较大的周边国家经济快速发展，成为我国花卉产品的潜在输出国。中欧班列的开通，为我国拓展国际花卉贸易合作提供了有利条件。全球新冠病毒疫情改变了人们的生活方式，提高了人们对花卉在提高生活质量，特别是在缓解压力、愉悦身心方面重要作用的认识，一定程度上刺激了花卉消费需求增长。从国内看，我国实现了第一个百年奋斗目标，在中华大地上全面建成小康社会，正在意气风发向着全面建成社会主义现代化强国的第二个百年奋斗目标迈进。生态文明和美丽中国建设不断向纵深推进，人民对美好生活的需求日益增加，为花卉业发展提供了重大机遇。

2019—2021 年，我国人均国内生产总值连续三年突破1万美元，中等收入群体达4亿人，人均可支配收入增长明显，花卉消费潜力巨大。互联网交易平台的广泛应用，使花卉消费渠道更加通畅，人们的花卉消费观念与时俱进，个人和家庭花卉消费快速增长。随着花卉产业与文化、休闲、旅游、康养、数字等产业的深度融合，各类经济组织和社会资本投入花卉产业的积极性提高，为花卉业高质量发展提供了重要保障。

问题和挑战 ①花卉种质资源保护利用和品种创新亟待加强。花卉种质资源家底不清，保护意识不强，监管不力，破坏和流失严重；花卉种质资源开发利用不够，新品种创制不足，主流花卉品种的种子、种苗、种球依然依赖进口，花卉植物品种权保护体制机制尚不健全。②科技支撑能力急需提升。科研与生产、市场结合不紧密，花卉科技成果转化率较低，科研人才队伍不稳定，花卉产业发展的科技支撑力较弱。③花卉产品质量有待提高。我国花卉产品质量参差不齐，标准化体系不健全，生产技术和生产设施设备现代化程度与国际先进水平存在差距，管理措施落实不够精准。④市场流通体系不健全。花卉市场未列入国土空间规划，重区域性市场建设，轻社区体验式、便民花卉销售场所设立，市场配套服务体系有待进一步完善。花卉信息化建设滞后。⑤花卉产业数字化程度不高，信息采集、数据统计和发布体系、机制不健全，标准不统一，准确性和时效性不够。⑥花文化的潜力尚待挖掘。花文化系统研究和深度挖掘相对滞后，对花卉业发展的文化支撑和引领作用亟待开发。⑦政策扶持和金融支持力度偏弱。花卉产业的政策支持力度不够，花卉企业特别是中小型花卉企业融资难、融资贵的问题尚未得到根本解决。

（中国花卉协会）

各省（自治区、直辖市）林业产业

PROVINCIAL FOREST INDUSTRY

北京市林业产业

【概　述】　2021年是"十四五"开局之年，北京市按照"新阶段、新理念、新格局"的要求，扎实推进园林绿化产业各项工作落实，以谋划和启动"十四五"期间园林绿化中心工作，布局绿色产业发展为契机，积极构建"绿色、优质、安全、高效"的都市型现代园林绿化产业体系，从重大活动筹办、政策体系制定、科技支撑引领、产业提质增效、促进产销对接、示范基地建设等方面推进全市园林绿化产业高质量发展。

【重大活动筹备、参展工作】

2022年冬奥会冬残奥会水果干果供应保障　高标准完成了第一批水果干果基地遴选。按照《北京冬奥组运动服务部专题会议纪要》（〔2020〕30号）的要求，在各区推荐和市级考核的基础上，组织行业领域专家对备选基地进行遴选评审，结合北京市公安局安全风险排查意见，综合考虑备选基地资质条件、生产基地管理、产品质量和认证及仓储能力等方面，推荐了北京三仁梨园有机农产品有限责任公司等3家果园为第一批水果干果备选供应基地。

全面启动第二批水果干果基地遴选。根据《北京冬奥组委运动会服务部关于联合印发〈北京2022年冬奥会和冬残奥会餐饮原材料备选供应基地遴选工作方案〉的函》和相关工作会议精神，全面启动第二批水果干果基地遴选工作，已初步确定第二批基地初选名单。

制订印发供应服务和质量安全保障工作方案。按照北京市运行保障指挥部赛事综合保障组《2022年冬奥会和冬残奥会北京市运行保障指挥部赛事综合保障组组成人员及主要职责》、冬奥村保障组《2022年冬奥会和冬残奥会北京市运行保障指挥部冬奥村保障组工作方案》、《北京市园林绿化局关于印发〈北京市园林绿化局服务保障北京冬奥会冬残奥会筹办决战决胜关键时期工作方案〉的通知》的部署要求，制订印发《北京2022年冬奥会和冬残奥会水果干果供应服务和质量安全保障工作方案》，保障现阶段到赛事结束水果干果供应服务和质量安全。

第十届中国花卉博览会北京参展　由国家林业和草原局、中国花卉协会、上海市人民政府主办的第十届中国花卉博览会于2021年5月21日至7月2日在上海市崇明区隆重举行。北京市园林绿化局会同北京花卉协会代表北京高标准参展第十届中国花卉博览会，以独具北京文化特色的室内外展园展区精彩亮相上海，充分展现首都花卉园艺科技成就，为党的百年华诞献礼。北京展团奋战43天超长展期，经过组委会专家团综合评定，共荣获490个奖项，占全国等级奖项的7.2%。其中金奖43个，占总数的10.5%；银奖116个，占总数的8.7%；铜奖220个，占总数的7.6%；室外展园和室内展区设计布置分别获特等奖；荣获组织特等奖和全国唯一团体特等奖。圆满完成了各项参展任务，载誉而归，得到国家部委领导、组委会的高度评价和参观市民的一致好评。

室内外展园展区方案主题突出、布展精益求精。北京室外展园占地4500平方米，以"山水京韵、花样生活"为主题，模拟"北枕燕山，西倚太行，东临渤海"的山川形态，架构北京内城的空间格局，重塑千年积淀的京韵文化，展现建党百年北京之山水人居环境建设成果。室内展区占地面积680平方米，设计主题为"花样·京味生活"，以胡同与四合院为元素，使用现代艺术手法和制作工艺，将传统元素进行创新性表达，描绘了"四水归堂""胡同串巷"老北京幸福生活图景。本届花博会举办地点、举办时间特殊，时间紧、任务重、要求高，北京市园林绿化局精心组织，施工队伍克服重重困难，圆满完成北京室外展园建设和室内展区布置任务，经过3次展品大规模、长途运输，4次换展，结合展期展品精细管护，北京展园展区在43天展期中始终保持最佳状态迎接评委和游客，创历届花博会之最，充分展现了首都花卉园艺科技实力、文化底蕴和独特魅力。

广泛征集特色展品，综合评定优中选优，体现北京科技优势。根据四部委通知和组委会《关于开展第十届中国花卉博览会评奖工作的通知》要求，北京市园林绿化局自2020年起向全市广泛征集展品，在严格落实疫情防控要求下针对性制定征集方案，实地考察13个区100余家科研院校、花卉企业和个人，并于2021年3-4月开展现场综合评价，遴选出11个大类、671项展品。结合4次评审结果推荐550项展品代表北京角逐全国评比，既有应用于城市园林绿化花卉新优品种，又有家庭园艺精品，充分呈现生物多样性、科技创新性及首都文化特色。展区共展出90多个科1000多个品种，包含72个北京自主研发新优品种、30余个北京优良乡土植物、3种北京特色花期调控树木和40余个反季节独本菊品种，还有体现本市保育技术的珍稀植物。北京展区的花期调控梅花、斑马海芋、锦屏藤等展品成为本届花博会上的"网红打卡"植物，达到了突出首都科技创新中心地位、展示城市形象的目的。

第九届国际樱桃大会筹备 市区联动推进"一带、五园、一中心"建设，在全市打造独具特色的樱桃产业创新示范区，扩大果树产业影响力。一是以顺义环舞彩浅山和潮白河沿岸樱桃产业带为中心，带动海淀、昌平、通州、门头沟、大兴等樱桃主产区发展，形成环六环樱桃观光采摘带，全市樱桃种植面积4.94万亩，产值超3亿元，采摘游客量59万人次，采摘收入超1.2亿元。二是顺义区投资1000万元，对顺丽鑫樱桃园、双河果园等五大樱桃园进行科普文化、特色景观营造和樱桃管理技术提升；投资2000万元，建造1万平方米大型果品保鲜库，用于果品保鲜和设施樱桃树提前休眠，可将樱桃上市时间提前到春节期间；引进、推广樱桃新优品种30余种，新成果、新技术10余项，开启大规模设施樱桃建设，建立高效密植示范园区。三是申报创建国家现代樱桃产业创新工程技术研究中心。建立第九届国际樱桃大会官方（2021.cherries.org.cn）和网络视频会议系统，全面筹备大会学术会议，组织召开第九届国际樱桃大会学术会议论文征集工作研讨会议，并向国内外发送500余份论文征集函，征集国内外樱桃专家、学者大会交流材料。

【**健全产业政策体系**】 开展经济林生态效益补偿政策和机制研究，已完成经济林现状调查、生态价值评估、古老果树调查，以集中座谈、实地调研走访相结合，讨论、访谈、问卷调查相结合的方式，深入平谷、房山、延庆、密云、怀柔、门头沟、昌平7个生态涵养区调研，深入了解各区经济林经营现状，沟通经济林生态补偿政策需求和意愿，重点围绕补给谁、补多少、怎么补、如何监管等听取区、乡镇、村、果农等基层意见建议，研究形成调研报告，为制定出台全市经济林生态效益补偿政策易操作、可落地奠定基础。

果园、设施花卉辅助设施用地政策取得突破性进展，会同市规划自然资源委、市农业农村局印发《关于加强和规范设施农业用地管理的通知》，首次明确规模化果园、设施花卉辅助设施用地政策，编制完成果树、花卉《设施用地导则》，力争政策界定更清晰、举措更有力、导向更明确。

编写园林绿化产业高质量发展意见。组织编写北京市"十四五"时期果树产业发展规划，回顾"十三五"时期发展成就和面临的问题，从发展形势、机遇与挑战分析等方面编制了"十四五"时期果树产业发展规划。结合"十四五"期间全市园林绿化产业规划，编制《关于促进首都都市型现代园林绿化产业高质量发展的意见》初稿，推进全市园林绿化产业高质量发展。

优化完善产业政策。提升现代果园机械化水平，将7大类88类品目的机型纳入了国家级、市级农业补贴机具范围，后续将根据果园生产实际需求补充和调整；提出完善农业政策性保险中关于支持果树的政策建议，下一步将逐步提高果树保费补贴比例，鼓励和支持保险公司开发新险种，逐步扩大覆盖范围；组织北京市园林绿化局等单位共同参与研究制定《北京市集体土地地上附着物和青苗补偿标准》中果树、花卉补偿标准，指导征用集体土地时，地上物、果树、花卉的占地补偿意见。

【**发掘、保护、传承和振兴老北京水果资源**】 按照市委、市政府领导对园林绿化产业工作批示精神，落实市委、市政府对传承保护"京字号"果品历史文脉、加强资源保护与复兴作出的部署要求，积极发掘、保护、传承和振兴老北京水果资源。

全面调查摸底资源情况 了解发展现状，分析发展过程中存在的问题，会同市农业农村局专项研究，形成《全市老北京水果品牌建设情况的报告》，上报市政府。系统统计并梳理形成《老北京水果资源名录》，据统计，全市共有老北京果品45种，其中鲜果37种、干果8种。全市16个区均有分布，成片有8万余亩、散生有45万余株。成片老北京水果主要分布在门头沟区和房山区（京白梨）、延庆区（国光苹果）、密云区（黄土坎鸭梨）、平谷区（蜜梨、北寨红杏）等，并初步掌握了其生产现状、营销情况和品牌建设情况。系统梳理北京林果类系统性农业文化遗产目录，北京市50项系统性农业文化遗产中林果类有36项，占比达72%。

制订品牌建设工作方案 按照卢彦副市长"联动服务、联动推介"的批示，会同市农业农村局就如何在老北京水果政策支持、产业发展、品牌建设、质量安全、宣传推介等方面实现联动服务、联动推介进行了深入交流，联合制订了《联动服务、联动推介助力老北京水果品牌建设工作方案》，并分别征求了市发展改革委、市科委、中关村管委会、市规划自然资源委、市财政局等单位的意见后进行了完善，拟联合上报市政府，计划通过16条措施在老北京水果品牌建设、质量安全、宣传营销等方面共同推动发展，抓示范基地建设、抓科技服务落地、抓数字林果建设，构建现代产业体系，促进园林绿化产业链、供应链协同、高效发展。

推进"国家地理标识农产品（果品）"保护和发展 按照市有关领导就"强化四个赋能，做优北京地理标识农产品"的批示要求，对全市"国家地理标识农产品（果品）"现状情况、开展的相关工作进行了梳理分析，全市共有35个在农业农村部、国家知识产权局登记注册的地理标识农产品品牌，其中果品、花卉、蜂蜜27个（果品20个、花卉6个、蜂蜜1个），分布在全市11个区。从联动机制、产业政策、示范基地建设、品牌打造、宣传推介五个方面提出了"国家地理标识农产品（果品）"保护和发展建议。

在复耕复垦工作中做好保护工作 在耕地保护空间划定工作中，市园林绿化局与市规化和自然资源委员会共同进行调研，对比分析了全市耕地保护空间和全市园林绿化现状资源情况，形成了工作指导意见，印发了《关于切实做好耕地保护空间划定和园林绿化资源保护工作的函》，明确各区政府应建立有各区园林绿化部门参与的协同选址机制；建立园林绿化资源保护的"黑""白"名单制度，明确北京"名特优"果品基地、林果类系统性农业文化遗产资源、"京字号"古老果树资源不应纳入耕地补划范围。

讲好"北京故事" 立足市民日益增长的美好生活需求，发挥首都园林绿化产业特色优势，围绕"风土""振兴""展望"主题，将图鉴、故事、专访、知识延展相结合，发行了《春华秋实——京·果花蜜发现之旅》专刊12万册，分别发放于北京出租车、酒店、用户家庭等场所，使更多的市民深入了解京果、京花、京蜜知识，扩大园林绿化产业影响力，为"十四五"时期全面推进乡村振兴战略实施，促进京果、京花、京蜜资源发掘、保护与传承、利用开好篇。

【促进产业提质增效和转型升级】

果树产业 2021年，全市春季新发展果树11403亩、72.6万株。充分利用"改品种、改树形、改土壤、减密度、减化肥、减农药"等技术，新植果树2430亩、27.1万株，更新6422亩、34.1万株，高接换优2604亩、11.8万株。立足区域主导优势产业，在平谷区发展桃树4600亩，密云区发展板栗2522亩，房山区发展核桃1034亩，着力提高产业质量与效益。实施品种优化、土壤改良、节水灌溉、果园机械化、果园物联网等技术试验示范推广，推进全市果树产业由规模型向安全生产、优质高效转型升级。

推进"两田一园"果园高效节水灌溉示范。以转移支付方式将新建和维保补助资金下达至各区，同时加强行业监管，摸底各区"两田一园"高效节水灌溉建设情况，起草《北京市"两田一园"果园高效节水灌溉建设管理办法（试行）（征求意见稿）》，并两轮征求意见。朝阳区、怀柔区实施果园田间管网节水灌溉设施建设0.75万亩。

推动产业向绿色生产方式转变。组织实施果园有机肥替代化肥试点示范，减少农业面源污染，推进土壤改良。市级层面预算资金5600万元集中采购有机肥10万吨，对5万亩鲜果园进行土壤改良。开展绿色生物防控，平谷区实施桃树绿色防控项目，投放低毒药剂5.11万亩；推广果园综合管理技术，包括果园自然生草、花期放蜂、果实套袋、疏花疏果等技术应用，全市实施果园生草面积70万亩。

全面落实园地土壤分类管控工作。落实土壤污染防治行动计划任务清单要求，加强园地分类管理，完善园地分类管理清单。制定受污染园地安全利用计划并落实。一是做好协调交接。与北京市生态环境局、市农业农村局座谈交流园地分类管理具体任务及耕地工作经验。二是建立园地经营台账。组织平谷区果树产业管理部门建立严格管控地类信息台账。根据BSM（标识码）对平谷区涉及的7个图斑进行逐一详查，形成了"平谷区严格管控类地块果园情况基本调查表"，统计信息具体到村、果园名称、果园面积、经营主体姓名、联系方式、主要果树种类等。经统计，现阶段已核实的平谷区划为严格管控的种植果树面积为127.8亩（图斑面积为549亩）。三是组织业务培训。组织各区果树行业管理部门参加"北京市土壤污染与防治"专题培训，学习了《土壤污染防治法》政策解读、受污染土壤安全利用专题解析等内容，指导平谷、密云、大兴等区做好安全利用类、严格管控类土壤的综合利用。四是启动土壤协同监测工作。按照果品无公害认证标准，会同平谷区对严格管控类地块上桃产品进行抽样检测，共抽取样品7个，检测结果均符合国家标准，并有序推进协同监测土壤部分，已采集土壤样品。

加强园林绿化产业安全应急管理。组织各区园林绿化产业管理部门积极应对突遇寒潮、大风及极端雨雪天气，市区联动保护果花蜂等园林绿化产业。一是提前预报，积极防范。自2021年4月起，联合市气象局建立极端天气预报预警机制，如遇大风、暴雨、雹灾、暴雪等极端天气情况，及时向各区产业管理部门发送预报信息，提醒园林绿化产业生产经营主体提前采取防范措施。二是分类施策，防灾减灾。提醒果农及时采收苹果、柿子等果品，避免冻害；对果品、花卉生产设施及防鸟网等及时除雪，避免棚顶压塌。提醒蜂农检查蜂群、蜂箱、蜂产品原料存储等是否受损，做好蜂群病虫害监测和防治工作，及时处理死蜂，并作无害化处理，检查蜂群保温、饲料饲喂等情况，保证养蜂生产正常运转；采取人工铲雪等方式挖掘并转移蜂箱和蜂机具，加强蜂箱保温、增喂饲料和越冬管理，做好生产资料储备等工作。三是灾后第一时间组织灾情统计，指导相关区积极协调保险公司等部门，加快理赔服务，组织果树专家深入田间地头开展技术培训和咨询服务。

花卉产业 推进北京花卉科技创新成果研发与转化。搭建北京自主知识产权新优品种、新技术和新应用转化平台，促进花卉科技创新成果转化，以转化促研发，推动北京花卉产业高端高效发展，让越来越多的北京花卉应用到美丽中国建设中。

成功举办2021年北京秋季花卉新优品种展示推介会。本次推介会由北京市园林绿化局、北京市公园管理中心、北京花卉协会主办，北京市园林绿化产业促进中心、北京花乡花木集团有限公司承办，28家参展单位支持，于2021年9月15日至10月7日在世界花卉大观园成功举办。这是北京市首次以推介会形式集中展示十余年来的北京花卉科技创新成果。首先，展示品种丰富，突出北京科技创新优势。通过全市征集、遴选，共展出具有北京自主知识产权、秋季景观效果好、乡土抗逆性突出、市场推广潜力大的新优花卉、乡土植物380个品种，其中北京自育新品种200余个，乡土植物70余个，其他花卉100多个。其次，展示形式新颖，突出"京花"之美。推介会分室内和室外展区两部分，总面积1000余平方米。室内主要展示鲜切花、家庭园艺盆花品种等；室外根据展品观赏性及应用特性结合花园、地景融合布展。除展出新优品种，首次面向公众集中展示北京花期调控技术的梅花、西府海棠。再次，树立典型，促进北京花卉科技成果转化。为巩固花卉产学研协作发展成果，激励更多北京园林企业重视花卉科技创新，发挥示范带动作用，在启动仪式上特别推出近年产学研协作发展、科技成果转化、试验示范表现突出的典型单位，进行授牌，分别授予北京市花木公司等 5 家单位"北京花卉产学研成果转化示范基地"称号、北京市园林绿化科学研究院"北京花卉科研成果推广平台"称号、世界花卉大观园"北京新优花卉品种展示基地"称号。最后，举办专业交流日活动，促进业界交流。来自各有关区园林绿化局、5 个行业协会的园林绿化企业、花卉生产企业、相关单位管理人员、技术人员以及京津冀风景园林设计师等 400 余人参加了现场交流。以"北京市花卉育种研发与推广应用""北京乡土花卉应用"为主题的讲座线上、线下同步进行，参与人数超过 2000 人，促成北京花卉企业与花卉育种研发团队共达成合作转化花卉成果 20 余项，拟定 2022 年合作示范推广自主知识产权市花月季、菊花和花坛花境植物新优品种以及主要乡土花卉等。

加强北京自育品种研发与乡土植物筛选应用。充分利用北京花卉育种研发团队力量，继续开展市花月季、菊花等北京地区八大类优势花卉的育种研发工作，培育北京自育新优品种。同时，根据北京建设节约型园林城市要求，重视北京乡土植物的开发利用，研究其繁殖和产品质量控制技术，建立适宜北京应用的"良种+良法"。

重视花卉种质资源圃建设。鼓励北京科研院所建设保护育种资源并积极申报国家种质资源库。组织申报并获批观赏桃花、荷花和芳香植物等 3 个国家级资源库。截至目前，北京共有 13 个国家种质资源库，为北京花卉科技创新提供资源保障。

【示范基地建设和产业示范】

桃种质创制及品种选育联合攻关　开展平谷大桃种业创新，在种质创新、绿色生产、采后销售等全产业链环节突出示范引领，集中产学研优势力量，着力解决种质创新、绿色生产、采后销售等关键环节问题。3 年内将建成年产 50 万株桃优质种苗基地 300 亩、桃种质资源圃 200 亩、示范园 600 亩，现已建成 150 亩"新品种、新技术、新模式"应用场景展示示范基地。栽植 10 个新品种共计 7000 余棵，为后续新品种示范推广、苗木繁育采集接穗和品种选育提供保障。采用"1+1+5"模式，带动大华山镇、刘家店镇等 5 个规模化示范基地建设，共计 1040 亩，形成"一园带多园"的发展格局。

果品综合示范基地建设　鼓励引导各区建立果品示范基地，开展新品种、新技术的引进、试验、示范与推广，助力林果产业高质量发展。顺义区对顺丽鑫樱桃园、双河果园等五大樱桃园进行科普文化、特色景观营造和樱桃管理技术提升，开启大规模设施樱桃建设，建立高效密植示范园区，组织实施"樱桃新优良种引进与设施高效栽培技术示范"科技示范推广项目；密云区出台《密云区精品果园建设标准及奖励扶持办法（试行）》，在果树发展、果品安全基地建设、精品果园建设、板栗提质增效等方面进行扶持；大兴区在魏善庄、北臧村、榆垡等镇建立桃树、苹果、梨等名优品种示范基地 4 个；平谷区强化"国桃"生产示范建设，建立 8 个"国桃"示范园；海淀区围绕樱桃和玉巴达杏等特色果品，在温泉、苏家坨镇建设高效栽培樱桃、桃、玉巴达杏示范园；延庆区实施果品示范基地建设项目，改造提升葡萄园 400 亩、国光苹果基地 200 亩、繁育微型葡萄、苹果大果树盆景 8000 余盆。

北京花卉高端高效生产示范　结合北京科技中心功能定位和北京市花卉生产实际，启动国家花坛花卉种苗高效生产标准化试点示范项目。从效率提升、质量提高、成本降低和单位面积产值增加等方面出发，进行标准化体系要素分析，得出优化操作流程、应用机械设备、加强产品质量控制以及高附加值产品生产技术研发等关键要素，建立了关于 40 余种花坛花卉生产技术和生产管理的标准体系，完成标准编写 20 项，创新 6 项应用技术；年生产种苗能力达到 8000 余万苗，销往全国各地；一级种苗出圃率达到 95%，特别是国庆节天安门广场花坛布置首次使用了 15 个北京自主研发花卉新品种 5 万余盆；个别难生根花卉品种生根率由 60% 提升到 70%；年培训企业技术人员和花农 500 余人次。通过项目实施，新成果在花卉生产、花坛布置应用等方面，起到了良好的示范作用。

蜂产业示范区建设　全面支持推进以白龙潭蜜蜂大世界为中心的蜜蜂示范区建设；新建 10 个村集体蜂场，实施"公司+村集体+低收入户"的养蜂全托管模式和半托管模式；推动新建10个500群以上的规模化蜂场，推广多箱体养蜂，开展机械化和标准化养殖模式示范。

【促进园林绿化产业产销对接】

组织善融"北京林特产品馆" 依托建行善融商务平台，联合国家林草局、建行搭建集产品展示、销售及配套产业服务为一体的线上平台"北京林特产品馆"。积极推荐富有北京特色、符合标准、具有潜力的经营主体入驻平台，向全国消费者展示推介富有北京特色的林果、花卉、蜂产品等优质林特产品。其中果品突出北京地方特色，首选平谷大桃、北寨红杏、黄金蟠桃等"京字号"及地理标志果品，花卉凸显科技与文化引领，精选龙头企业具有自主知识产权的优新品种等；蜂产品以专业合作社带动农户创建自有品牌，重点推荐经绿色食品认证的荆花蜜、巢蜜、蜂王浆等。首批组织了果树、花卉、蜂产品代表性企业共3家经营主体开展了进驻平台的前期准备工作，完成了3类25种产品的上线。目前"北京林特产品馆"已于2021年7月正式开馆试运营。在2021中国国际服务贸易交易会金融服务专题展区宣传展示善融商务平台北京林特产品，推荐上线商户北京世纪京纯蜂蜜参与金融论坛环节宣传，并针对林特商品积极开展营销活动。

吸引社会资金创新发展模式 通过果树产业发展基金引导，吸引本来生活集团等龙头企业开创了"政府机构+产业基金+渠道龙头"合作模式，设立京果专柜，打造京果品牌，拓展销售渠道，老北京水果平谷大桃、佛见喜梨等18种果品已上线销售，解决果品卖难问题，实现优质优价，服务果花蜂农、林业企业，服务市民。

推进全市花卉场景化交易服务平台建设 已完成需求清单制定和管理模块搭建，开发了为会员消费者和花店商家提供交易服务的"北京花卉"客户端和为供应商和花店商家提供店铺管理的"北京花商荟"商家荟。目前，多家企业陆续入驻平台，上线测试运营。启动以质量控制为核心的花卉实时供应链管理平台建设，研究主要花卉可视化质量标准体系。北京花卉数字交易服务平台将进一步提升北京花卉交易服务体系的现代化水平，推动京津冀地区花卉产业升级发展。

蜂业加大新媒体宣传营销力度 开设"蜂盛蜜匀"官方网站和微信公众号加强品牌宣传；依托抖音平台，以话题搭建、抖音种草、达人直播、有奖活动等方式向用户精准推送蜂业特色短视频，开辟蜂产品在新媒体领域的宣传和营销。年内，蜂产业各类直播带货，有5000多万人次观看代购，累计销售额超过1亿元；依托100个园艺驿站，开展蜂产品常态化展销活动。

【市级系列消费宣传、文化节庆活动】

2021年园林绿化产业消费季系列活动 采取"政府搭台、企业唱戏、全民参与"的模式，市区联动，部门协同，全方位宣传、推介京产优质林产品，释放消费活力，促进农民增收。

组织"2021北京花果蜜乐享季"系列活动。助力北京国际消费中心城市建设，组织实施"百万市民观光采摘京郊行"、"北京花果蜜乐享季"等系列活动，市、区、乡镇联动组织果品观光采摘、花卉文化节、蜂产品展销等特色活动近百场，推广"京字号"花果蜜品牌，打造林业产业新业态。开展北京花果蜜乐享季主题日、北京精品梨大赛、北京新优花卉品种展示推介会、北京花果蜜文化遗产展示推介四大主题活动，突出"京字号"特色，深度融合京韵文化，吸引游客参与观光消费，拓展新消费渠道，推介品牌文化，带动果园观光采摘、乡村旅游超1000万人次。大兴古桑葚、金把黄鸭梨、海淀玉八达杏、北寨红杏、平谷大桃、延怀河谷葡萄节等文化消费节活动初步形成品牌效应。开展花卉文化创意服务，带动北京花卉经济。鼓励全市公园、花卉企业等举办月季、菊花等"五节一展"传统花事品牌活动，展示首都花卉新品种、新技术和新应用，每年吸引2500万人次市民游园赏花，培养市民赏花、爱花、懂花、用花意识，促进花卉消费，提升首都居民生活质量；结合文化活动打造顺义鲜花港郁金香、大兴月季主题公园等一批有特色"北京花田"，为北京花卉文化品牌打下基础。推动蜜旅深度融合，在密云区举办了华北区"世界蜜蜂日"主题活动暨密云区第四届蜂产业发展高峰论坛，打造了中华蜜蜂授粉果蔬采摘基地、建设了中华蜜蜂崖壁蜂场、举办了"中华蜜蜂割蜜节"等文化活动,推介北京市高端优质蜂产品,加强蜂业科研合作交流,打造了"蜂盛蜜匀"品牌。

加大信息宣传力度。全方位宣传北京花果蜜产业,通过线上线下相结合、传统媒体与新媒体相结合、重点活动宣传与定期信息发布相结合的形式,发布各类新闻通稿、信息短讯近百篇,其中产业惠民方面4篇信息被《昨日市情》《北京信息》分别采纳刊发;通过局官网、微博、公众号的新媒体面向市民公布通过安全认证的樱桃、小果类、桃、葡萄、苹果、梨、板栗、杏采摘园520家15.67万亩;在《中国花卉园艺》杂志刊发以北京百合、花坛化境类植物育种研发与产业发展主题的宣传报道;编写9期《北京花讯》,在北京市园林绿化局官网、官方微博等媒体刊登转载,宣传北京花卉、即时花讯及相关花卉知识;借助北京广播电台,通过组织行业专家专题访谈节目,深度宣传北京花卉科技与北京菊花文化两次,扩大公众参与度。

多项花卉文化宣传创意活动 为充分弘扬花卉文化,精准打造"京花"品牌,更好地服务首都市民,落实新冠疫情常态化防控要求,市园林绿化局联合市公园管理中心、北京花卉协会等单位,升级传统花卉文化宣传活动,创新花卉文化服务形式,圆满完成2021年迎春年宵花展、郁金香文化节、牡丹文化节、月季文化节和菊花文化节等传统花事活动。

举办2021年迎春年宵花展活动。1—2月组织世纪奥桥花卉园艺中心、东风国际花卉市场等13家花卉市场开展年宵花营销活动。受新冠病毒疫情影响取消了线下宣传活动,通过北京花卉协会实地考察了本市主要花卉市场和生产企业备货情况,制订相关应急预案,强化市场疫情防控措施。通过新媒体宣传各市场年宵花特色,促进花卉消费。创新以消费补贴的形式在部分市场设置优惠年宵花卉区供外地留京人员选购。2021年全市年宵花市场备货量达1000万盆以上,其中本地产850万盆,包括蝴蝶兰、大花蕙兰、多肉植物、仙客来、蟹爪兰等广受市民喜爱的品种。

举办2021年北京郁金香文化节。2021年,北京郁金香文化节于4月3日在北京国际鲜花港、北京植物园、中山公园和世界花卉大观园同时开幕,系列活动持续到5月中旬。组织各大展区精心准备,郁金香及时令花卉总种植面积达12.64万平方米,展示品种达150多种。以花为媒,各展区组织了多种形式的文化体验与科普推介活动,市民既可以欣赏到鲜花港美轮美奂的大地花海和北京植物园的郁金香拼图,中山公园千年辽柏与郁金香的交相辉映,还可以体验花卉大观园花朝节汉服展示、鲜花港非遗文化表演等活动。

举办2021年北京牡丹文化节。2021年,北京牡丹文化节于4月23日开幕。首次将北京西山国家森林公园、景山公园、颐和园等全市7个大面积牡丹种植景区、基地整合起来联合举办文化节,打造了一个北京花卉文化新名片。各大展区精心筹划,牡丹、芍药及时令花卉总种植面积达1900亩,展示品种达600多种。市民可在欣赏牡丹之余,体验景山、颐和园和北京植物园的非遗、文创产品,参加西山无名英雄纪念广场的红色教育活动。活动持续到5月中旬。

举办2021年北京月季文化节。2021年,北京月季文化节于5月18日在大兴区魏善庄镇世界月季主题园正式开幕,由世界月季主题园等全市11个展区共同承办。为庆祝建党100周年,本次月季文化节主题为"百年伟业显峥嵘,盛世花开别样红"。由北京纳波湾园艺有限公司自育的红色系月季新品种'初心'在开幕式上向党的百年华诞献礼;宣布月季产业国家创新联盟产业基地落户大兴。密云巨各庄镇蔡家洼村和大兴魏善庄镇半壁店村跨越北京城南北,以月季为媒,开展合作,共同为美丽乡村建设并肩前行。文化节期间举办京津冀月季产业论坛,促进业内交流。本届月季节活动持续至6月18日,京城大地3000余亩月季、玫瑰景观,200多万株/盆月季、玫瑰争奇斗艳,吸引广大市民参观游览。在弘扬月季文化的同时,特别搭建月季育种研发创新、地区协同发展、业界学术交流平台,推动北京月季产业升级发展。

举办2021年北京菊花文化节。2021年,北京菊花文化节于9月18日正式开幕,持续到11月底。由北京市园林绿化局、市公园管理中心、中国风景园林学会菊花分会和北京花卉协会主办,北京国际鲜花港、北海公园、天坛公园、北京植物园和北京花乡世界花卉大观园等五大展区承办。近15万株/盆菊花在各展区亮相，陪伴首都市民喜迎中秋佳节，共庆祖国72周年华诞。2021年菊花文化节创新多项活动形式，拓宽原有京津冀地区企业参与的菊花擂台赛，首次在世界花卉大观园举办主题为"匠心独运显初心，荣耀秋菊露芳华"的中国菊花精品展（北京）暨全国菊花擂台赛（北京），展现新时代我国菊艺的传承与发展，让丰富多彩的菊艺作品更多地走进百姓生活。北京国际鲜花港融合菊花传统文化，使用79种菊科和亚菊科的秋季花卉，打造五彩斑斓的菊花大地景观。北京植物园在月季园打造3000平方米标本菊展示区与现代月季集中展出，突出市花主题。北海公园将插花作品与北京宫廷文化相结合，突出宫廷插花特色。升级活动内容和形式，将进一步扩大菊花文化品牌影响力。

【加强行业管理】

食用林产品质量安全重大科技攻关 市园林绿化局会同市科委，研究2021年食品安全重大课题支持方向，涵盖日常监管、重大活动及应急保障及疫情常态化下食品安全保障三个方面。会同北京林业大学、北京市林业果树科学研究院等单位，聚焦食用林产品生产、仓储等环节中可能涉及食品安全的问题形成4个研究课题，经专家审核，待市科委批复。

第五批国家林业重点龙头企业申报推荐 按照国家林业和草原局《关于做好第五批国家林业重点龙头企业推荐工作的通知》和《国家林业重点龙头企业推选和管理工作实施方案（试行）》规定的标准和要求，遵循"属地管理、自愿申报"的原则，组织开展第五批国家林业重点龙头企业申报推荐工作。2021年，经市、区两级共同研究，共有6家企业推荐至国家林业和草原局。

北京市地方标准制（修）定 其中花卉修订1项，新制定3项，参与《北京市仁果类果品采后处理技术规范》等编制。

产业信息化管理 组织开展果树、花卉产业年报数据统计分析工作。完善"北京市果树大数据管理系统"。通过"果树产业基础数据档案电子化管理项目"完成了果树大数据平台基础数据与二类清查的对比、更新和完善，补充增加了151个村7.85万亩果树资源，全市具有生产性果园的村达2553个180万亩；调查了13个区1320个果品营销网点，对网点的分布特点、销售量进行分析与补充；创新性地构建了北京市果树史板块，包括自新中国成立以来72年相关历史数据及近30年的果业发展重大事项、重大会议、重要活动和具有里程碑意义的历史节点；完成了市、区两级果树大数据系统使用与维护的培训。目前，"基于大数据的果树产业管理系统"已正式登录局门户网站，形成了233万条果树产业数据库，为北京果树产业发展、产销对接提供了可靠的数据基础、规划支撑和决策依据。

行业管理及技术培训 果树方面，各区围绕生物防控、食品安全、修剪技术、生产管理技术、新品种推广等，区级开展培训368次，覆盖果农16.6万人次，乡镇级开展培训1170次，覆盖果农6.9万人次。花卉方面，开展从业人员培训，加强技能人才培养，培训内容涵盖高端高效生产示范、北京市花卉育种研发与推广应用、北京乡土花卉应用等，线上线下培训企业技术人员和花农2500余人次。蜂业方面，加大蜂业关键技术的研究与推广，涵盖主要蜜种品质鉴定方法、华北地区露地果树蜂授粉效益评估与示范、安全有效养蜂药物的评估与筛选、蜜蜂多箱体饲养与高浓度成熟蜂蜜生产技术等，培训蜂农超5000余人次。食品安全方面，重点针对产业发展趋势、生产技术、营销手段、质量安全监管、无公害认证内检员、生态建设等方面，以线下线下形式举办培训班15期，培训规模达3万余人次。

【食用林产品安全监管】

无公害认证 新申报和加扩项认定无公害生产主体98家，产品146个；复查换证168家，产品304个。

合格证制度试点 在13个区的100家规模化生产果园试点推进合格证制度，开出30多万张食用农产品合格证。

食用林产品质量安全检验检测 累计完成食用林产品监测任务4001批次，其中，风险监测1801批次，监督检查200批次，快速检测2000批次，检测合格率达99.98%。

【北京市果树产业发展基金】

总体投资情况 按照坚持创新投融资机制，发挥市场在资源配置中的决定性作用，北京市果树产业发展基金在专业团队的支持下，整体工作有序推进，截至目前，总投资77137.2万元，共支持高效节水果园18864.32亩，其中，累计投资果园项目39个，金额15837万元；投资产业链项目5个，金额19150万元；投资子基金4个，金额42150.2万元。

子基金设立推进情况 分别与北京农投、澳德集团、寿光蔬菜集团、本来生活、永定河投资等龙头企业设立北农果品、京保果品等5支子基金，已出资3.7亿元，从全产业链角度出发，分别涵盖果园提质增效、果品加工、果蔬生产基地及种业、品牌打造和销售渠道、京津冀果业合作等方面，推动北京市果树产业高质量发展。

果树产业专业化、社会化服务 为了解决北京市果树产业"小、散、低"的现状，同时为全市低产低效果园改造提供专业化的服务，果树产业基金正在整合果树产业产前（苗木、农事投入品、节水灌溉等），产中（生产技术管理服务），产后（果品采收、果品商品化处理、品牌和营销等）有关资源，已组建果园服务公司，采用托管和专项服务模式，解决目前生产者、农户缺技术、缺资金、缺市场、人口老龄化等瓶颈问题，助力农民增收致富。截至目前，一是果树基金与中农富源集团通过合作发起成立北京中果绿园科技有限公司，整合政策资源、产业资源和人才资源，已形成公司整体架构。二是联合森标科技服务平谷梯子峪村建设百亩示范智慧桃园，并在一、二、三产业融合方面进行初试。三是与门头沟区樱桃沟果园提供社会化服务达成意向。

（北京市园林绿化局）

天津市林业和草原产业

【概　述】 天津市切实贯彻习近平生态文明思想，坚持"两山理论"，坚持生态立市，在打造人与自然和谐共生宜居城市的同时，推进林业产业发展，取得了显著的成效。

【产业发展】

完善顶层设计　2021年，天津市大力发展林业产业，助力乡村振兴战略，印发了《天津市科学利用林地资源促进木本粮油和林下经济高质量发展的实施意见》和《关于加快林下经济发展的实施意见》，采取"公司+农户"的联营模式，大力发展木本粮油和林下经济。本年度发展木本粮油6.6万亩，其中油用牡丹2万亩、核桃4万亩、文冠果0.6万亩。利用69万亩林地发展林下经济，经济林59万亩，林业合作社180家，其中国家级示范合作社6家，市级示范合作社30家，带动农户2500户、社员5000人。为规范林木产业发展，根据《天津市人民政府关于下达"十四五"期间年森林采伐限额的通知》，2021年，编制《林木采伐行政许可事项监管方案》，加强林木采伐许可事项的审批、采伐和交易的监管管理，在加强发展林木产业的同时保护了森林资源。

强化科技支撑　为推动林下经济的发展，天津市成立了《林下经济产业技术服务组》，下设林禽、林蚓、林菜、林药、林粮、林油、林草等7个技术服务小组，组织食用菌、林果等12个科技特派员团队，采取"科技+项目""科技+人才""科技+服务"的模式，为涉农区发展林业产业提供全方位技术支撑。科技团队深入林间地头开展科技服务，引进新品种168个，推广新技术181项，提高了经济林发展质量。2021年，北辰区优质果树面积10100亩，果品产量达到1184.56万千克；蓟州区新品种示范种植面积15亩，辐射带动周边相关林业项目2000亩，示范种植板栗45亩，平均每亩增产80千克，新增产值6万元。东丽区主要果品种植面积5639亩，果品产量728万公斤，新建41个设施化玫瑰香葡萄大棚2000亩。

立足区域优势　天津市充分发挥空气清新、生态良好优势，利用京津冀一体化地域优势，合理利用森林资源，采取"产业+名胜+乡村旅游+地标产品"模式，因地制宜加大林业产业发展。一是利用九龙山3A景区国家森林公园、盘山5A风景名胜区、梨木台、八仙山国家自然保护区，发展"名胜+森林生态景观"旅游业。二是依托乡村田园综合体，发展采摘、垂钓、休闲观光、康养等乡村生态旅游业，构建"产业+生活+景观+休闲+服务"五大功能融合发展的新格局。三是因地制宜充分发挥各区的郊野公园、绿屏等生态景观打造休闲旅游，目前，森林生态景观利用林地达33.73万亩。四是注重地标产品的发展。利用北部山区发展"盘山磨盘柿""酸梨"等地标产品，并针对"酸梨"的药用功效，与天津中医药大学合作，推进"酸梨"的种植发展，2021年增加"酸梨"种植面积1000亩。利用滨海新区汉沽、宁河西北部、东丽、津南东北部等地下水位低，盐碱重的特点，大力发展"茶淀玫瑰香葡萄""王朝葡萄酒"等产品，种植葡萄7万亩。天津市冬枣（贡枣），久负盛名，皮薄、核小、肉厚，肉质酥脆甘甜，已有百年的历史，适合在中盐碱地质地区生长，天津市结合冬枣生长特点在滨海新区、静海区增加冬枣面积，加大冬枣产业发展。

坚持市场主导　坚持政策引导，市场导向，积极推动花卉、林木种苗产业发展。2021年，天津市有苗圃811个，育苗总面积16.75万亩，林草生产总量为2.2亿株。花卉产业，在东丽区天津市东信国际花卉有限公司的引领下，形成花卉种植、种苗繁育、新品种研发、线上线下销售、智能温室加工、制造、安装工程等花卉产业链发展模式。一是突出西青区兰花、杜鹃等重点花卉产业区发展。2021年西青区花卉种植面积1032亩，销售盆栽植物 1973.5 万盆，销售额达 17758.6 万元，组织农户 74 户，从业人员 205 人。二是突出特色花卉培育发展。2021 年突出蓟州区油用牡丹嫁接观赏牡丹的发展，全年共嫁接牡丹 150 万株，发展林下芍药鲜切花种植 2000 亩，累计实现鲜切花销售收入 1050 万元，带动周边村庄 500 户农民就业，推动了乡村振兴发展。

（天津市林业局）

河北省林业和草原产业

【概　述】　2021年，河北省深入践行习近平生态文明思想，牢固树立"绿水青山就是金山银山"理念，坚持走生态产业化、产业生态化发展之路，科学合理开发利用林草资源，完善林草产业发展长效机制，促进一、二、三产业深度融合，推动林草产业转型升级和提质增效，实现脱贫攻坚成果和乡村振兴有效衔接，带动农业增收农民致富。2021年，全省林业产业总产值达1455亿元，与上年相比增长4%，其中，第一产业产值664亿元，同比下降2%；第二产业产值690亿元，同比增长10%；第三产业产值101亿元，同比增长1%，林业三次产业结构比重为46∶47∶7。产业结构布局持续优化，初步形成特色经济林、种苗花卉、林下经济、生态旅游、森林康养、木材加工、草产业为主的林草产业体系。

【经济林产业】　2021年，全省经济林种植面积2191万亩，产量1074万吨，其中水果种植面积630万亩，产量958万吨；干果种植面积731万亩，产量90万吨；木本油料面积221万亩，产量18万吨。河北省主要干果经济林树种中，核桃种植面积217万亩，产量18.2万吨；板栗种植面积399万亩，产量40.9万吨；枣种植面积144万亩，产量28.7万吨，核桃、板栗、枣、仁用杏等传统产业优势突出，花椒、榛子、沙棘等新兴产业渐成规模。培育壮大龙头企业、专业合作社等新型经营主体，推荐河北养元智汇等企业评选国家林业重点龙头企业。积极开展特色产业创建工作，推荐河北安国中药材产业园区、定州苗木花卉产业园区为国家林业产业示范园区。

【花卉产业】　截止到2021年年底，全省花卉种植面积62.24万亩，其中设施花卉面积220.06万平方米，花卉总产值35.51亿元。年产观赏苗木3.24亿株，盆栽植物22119万盆，鲜切花2835万支。年产特色盆花红掌40万盆，凤梨30万盆，仙客来100万盆，蝴蝶兰50万盆。河北省花卉产业基本形成了以果树盆景、观叶植物等优质盆花和特色观赏苗木为主的环京津主产区，以仙客来、红掌、蝴蝶兰等优质盆花为主的环省会主产区，以精品月季为主的邯郸肥乡主产区，以金银花为主的邢台巨鹿主产区，以特色观赏苗木为主的定州主产区，以金莲花、万寿菊等野生及多用途花卉为主的张承地区主产区，以宿根花卉为主的秦皇岛昌黎主产区，以彩叶苗木为主的衡水地区主产区。全省现有花卉企业1124家，其中大中型企业250家，包括保定金萨、三河燕赵园林、邯郸七彩园林、石家庄雅美园艺、石家庄大自然等国内具有较高知名度的花卉企业。全省建有规模以上花卉市场129家，花店1100多家，初步形成以市场为龙头、零售花店为网点的花卉销售体系。

【林下经济】　在保障森林生态系统功能的前提下，河北省紧密结合市场需求，大力发展林下经济，引导各地根据森林资源状况和农民种养传统，积极探索森林复合经营模式，因地制宜发展林药、林菌、林禽、林畜、林蜂等林下种养殖，谋划了"冀中南平原林下兼作和林下绿色养殖区""燕山—太行山区特色林菌林药种植区""张承冀北山区林下特种养殖区""环京津生态旅游观光区"四大区域产业布局。2021年，全省林下经济产值17亿元，邢台大地园林有限公司（林下中药材）、承德宽城天润秋野种植专业合作社（林下中药材）、保定桃木疙瘩农业科技股份有限公司（林下养殖）等3家单位被认定为第五批国家林下经济示范基地。

【木材加工】　以石家庄、保定、廊坊、衡水、邢台等市为主，巩固提升人造板、木制家具等传统产业，鼓励发展定制家具、木结构和木质建材、高性能木质重组材等新兴产业。2021年，全省锯材产量 265 万立方米；人造板产量 1884 万立方米，其中，胶合板产量 723 万立方米，纤维板产量 617 万立方米，刨花板产量 311 万立方米，其他人造板产量 233 万立方米，分别占人造板总产量的 38%、33%、17% 和 12%；木竹地板产量 20 万平方米。全省现有木材加工类国家林业重点龙头企业 6 家，分别是蓝鸟家具、河北鑫鑫木业、唐山曹妃甸木业、文安县天华密度板、唐县汇银木业和衡水巴迈隆木业；木材加工类国家林业产业示范园区 2 家，分别是唐山曹妃甸林业产业示范园区和廊坊文安人造板产业示范园区。

【生态旅游和森林康养】 充分发挥河北省森林、草原、湿地及野生动植物资源优势，发掘生态景观和特色文化价值，科学发展生态旅游、森林康养、休闲观光等新兴产业，全年接待游客超过 2700 万人次。全省共建立森林公园 105 处（国家级 28 处）、风景名胜区 51 处（国家级 10 处）、全国森林旅游示范市县 4 个、森林养生基地 4 处、国家级森林康养基地 5 处、森林体验基地 4 处、国家森林小镇 1 个、冰雪旅游典型单位 1 个。为加强全省生态旅游工作的组织领导和统筹协调，全面推进生态旅游产业高质量发展，河北省成立了生态旅游工作领导小组，进一步优化调整了全省各级森林公园，其中塞罕坝国家森林公园等 12 家单位被确定为全国林草系统生态旅游游客量数据采集单位。2021 年，全年接待游客人数约 2000 万人次，全省生态旅游收入约 15 亿元。

【种苗产业】 强化重点采种基地和保障性苗圃建设，加大优新品种推广力度，积极构建布局合理、结构优化的良种壮苗生产格局，提高良种壮苗供应能力。全省现有面积大于 5 亩的苗圃 8195 个，其中国有苗圃 182 个，面积共 133 万亩。2021 年共采收林木种子 158 万千克（其中良种种子 27.6 万千克），林木良种穗条 12256 万条，采收草种 2.23 万千克，种苗供给能力不断提升。全年应用林木种子 74.76 万千克（良种种子 10.46 万千克），林木良种穗条 304195 万条，草种种子 58800 千克（良种种子 300 千克）。2021 年全年实际用苗 102594 万株，其中防护林 29641 万株、用材林 6024 万株、经济林 51341 万株、其他林种 15588 万株。

【草资源利用与草产业】 河北省草原资源丰富，草地主要分布在张家口、承德、保定 3 市，占全省的 84%。全省现有草地面积 2920.89 万亩，其中，天然牧草地 629.97 万亩，占 21.57%；人工牧草地 16.45 万亩，占 0.56%；其他草地 2274.48 万亩，占 77.87%，草原综合植被盖度达 73.5%，高于全国平均水平 17 个百分点。河北省注重加强草原生态保护修复，不断提升草原生态质量，促进草原生态功能、生产价值和服务价值相统一，有序推进草原绿色产业发展。2021 年，全省草业总产值 3.3 亿元，其中第一产业 2.38 亿元，第二产业 0.26 亿元，第三产业 0.67 亿元。草牧业稳步发展，利用张承坝上地区水肥条件较好的草原，种植紫花苜蓿、青贮玉米、饲草燕麦及其他商品草，建设优质打草场，全省现有牧草种植面积 53.94 万亩，年干草产量约 430 万吨，牧草产品加工企业 14 个，加工牧草产品总产量 13 万吨。积极开展草种繁育，提高紫花苜蓿、披碱草、老芒麦、燕麦等乡土草种自给率，现有草种繁育基地 1.5 万亩，草种产量 4127 吨。积极开展草原生态旅游，全省现有张家口草原天路等草原旅游景点 176 个，年接待游客数量超 19 万人。

（河北省林业和草原局）

山西省林业和草原产业

【概　述】　2021年，全省林草系统围绕"绿色丰起来、山川美起来、群众富起来"，保护寸土增绿，千方百计扩绿，依法依规护绿，推进全省林草事业高质量发展取得历史性成就。全省森林面积5542.93万亩，森林覆盖率23.57%，同比增长0.39个百分点，顺利完成了"十三五"森林覆盖率、森林蓄积量约束性指标和国土绿化"十三五"规划任务。立足山西林草产业特色和发展现状，以提高发展质量和效益为核心，以优化供给侧结构改革为主线，大力发展以干果经济林、种苗产业、花卉产业、森林旅游、森林康养、林下经济等为重点的林业产业，全年林业产值达到600亿元。

【经济林】　在山西省各级政府的正确引导下，干果经济林发展势头强劲，基地面积和产量逐年增加。据统计，2021年全省干果经济林面积达到1087905.4公顷，产量1572665.9吨（其中，红枣面积211294.4公顷，产量1176016.4吨；核桃561862.8公顷，产量207331.3吨；花椒面积29600.1公顷，产量14413.7吨；柿子面积12466.7公顷，产量90335.9吨；仁用杏面积59160.3公顷，产量24884.7吨；连翘面积203154.3公顷，产量20008吨；其他面积10366.8公顷，产量39675.9吨），产值398141.2万元。2021年山西省干果经济林新建面积83947.1公顷，改造面积289988.1公顷。

基地建设　"十三五"以来，依托退耕还林等国土绿化工程，稳步推进经济林基地建设，每年新发展面积在100万亩左右，全省干果经济林总面积达到1950万亩，逐步形成了吕梁山、太行山低山丘陵区的核桃基地，黄河沿岸、汾河中下游的红枣基地，晋西北的仁用杏基地，运城的柿子基地，太行山中南部丘陵区的花椒基地，晋西北高寒地区沙棘基地和太行山腹地连翘基地。汾州核桃、稷山板枣、临猗冬枣、运城甜柿、平顺、芮城花椒等都具有一定规模，在省内外市场具有较高的知名度。

提质增效　2013年，山西省启动实施干果经济林提质增效工程，自2016年项目纳入山西林业生态扶贫"五大"项目以来，不断加大投入力度，扩大经营规模。2020年通过PPP模式落实资金4亿元，实施200万亩；2021年通过PPP模式落实资金2亿元，实施100万亩。项目实施后干果经济林增产效果显著，项目区核桃亩产量由50千克提高到100千克以上，红枣亩产量由180千克提高到300千克。同时带动全省干果经济林管理水平上了新台阶，晋中林沃丰发展"林核1号"品种核桃，最高亩产达到400千克；稷山板枣产量创历史新高，优质枣最高价格每千克能卖到80元；芮城屯屯枣示范园亩产鲜枣达到2000千克；平顺、芮城花椒发展势头强劲，市场均价最高时每千克120元；运城甜柿十分走俏，亩产在3000千克以上。

小灌木大产业　实施"小灌木大产业"战略，把晋西北地区和高寒山区沙棘、连翘林改造纳入干果经济林提质增效项目实施范围，共完成沙棘、连翘等灌木经济林改造40多万亩，为农民增收致富找到了新的出路。在项目实施中，采取托管、转让、资源量化入股等方式将沙棘、连翘林经营权流转到合作社、经营大户、家庭林场、龙头企业等新型经营主体，实行统一经营期管理，实现了"有主经营有主管护"，杜绝了掠夺性采摘，通过深加工延长了产业链，促进了产业化发展，小灌木逐步形成大产业。

新型经营主体　积极落实产业政策，培育农民专业合作社、经营大户、家庭林场、龙头企业等新型经营主体。一大批新型经营主体参与经济林种植管理、储藏加工和产品营销，主导作用逐步凸显。潞安集团大力发展油用牡丹，振东药业在平顺建立连翘生产基地，汇源果汁进驻右玉，晋煤集团在左权建立核桃综合加工基地，湖南九九慢城在闻喜建设杜仲基地，吕梁"野山坡"、岢岚"山地阳光"、广灵"白老大"等加工企业强势带动了产业发展。

产销对接 一是干果商贸平台建设取得进展。积极协调吕梁市重点从调整建设地点、建立组织机构、协调土地征用、筹措建设资金、编制建设方案等方面入手，全面推进山西（吕梁）干果商贸平台建设。二是搭建林特产品馆。主动对接建行山西省分行，共同搭建善融商务平台山西林特产品馆，全国第六家上线。积极推荐全省特色优质林特产品上线销售，打响游表里山河、品三晋味道品牌战略，共有23家林业龙头企业30余种林特生态产品入驻，截止目前，交易额突破2000万元，销售额全国第三。三是推出品牌节庆活动。组织各地做好稷山板枣节、临猗冬枣节、柳林红枣节、芮城花椒节等经济林节庆活动，稷山在国家会议中心举办中国山西·稷山后稷论坛，推广稷山四宝，进一步扩大山西省经济林产品品牌影响力。

【**种苗产业**】 2021年按照《关于加快推进林草第一产业高质量发展工作方案》的要求，扎实开展工作，林草种苗产业年度100万亩育苗任务全部完成。

制定产业发展实施方案 制定《推进林草种苗高质量发展实施方案》，提出了推进林草种苗产业的发展规划、年度任务目标、主要工作措施，并明确了市（县）推进林草种苗产业发展的责任。《方案》的制订为推进林草种苗产业发展起到了定调指路的作用，压实了市（县）发展种苗产业的责任，推进了山西省林草种苗产业发展。

种子调剂 为保障育苗任务完成，依托林木种苗协会组织苗木经济人，及时发布种子供需信息，并联系国家省级林木良种基地调剂调运油松、连翘等种子，保障山西省新育苗的及时播种。

种苗项目实施 为保障育苗任务及时完成，发挥好育苗项目的支撑带动作用，对2021年林草种苗项目实施实行全程跟踪管理，推进项目早开工、早播种，不误农时，保障育苗任务早实施。目前，林草种苗项目已全部实施完毕。项目的实施提高了山西省苗圃、良种基地的生产条件，推进了树种结构调整和良种培育。

组织参加合肥苗木博览会 为提升种苗产业活力，积极组织山西省苗木龙头企业山西碧秀农林有限公司、山西绿美园林绿化有限公司和黑茶山国有林管理局赴安徽参加合肥苗木国家级交易博览会。参会期间，展销了山西省栎类容器苗、"棋子"白皮松和毛健茶、沙棘茶等山西药茶产品，展示了山西省种苗产业的发展成果，得到了全国同行及知名园林绿化企业的关注。

【**花卉产业**】 深入贯彻落实省委、省政府关于加快推进第一产业高质量高速度发展的部署，全面推进乡村产业振兴，完成新发展花卉面积1500亩，鲜切花年产量2400万支，盆栽花4000万盆，观赏苗木1500万株，花卉第一产业达9.6亿元，超额完成2.2亿元。通过业务培训和技术服务，大力推进现代花卉业建设，从而提升花卉质量效益。

项目建设 2021年度全省新增木本花卉栽植面积1500亩，重点扶持太原的晋源、清徐，运城的临猗、万荣、夏县、芮城、永济，晋中的太谷、寿阳、左权以及临汾的洪洞、古县12个县（区）开展木本花卉基地建设。今年以来，为进一步提升鹳雀楼景区旅游环境，永济市全面启动旅游景区的提升改造，实施鹳雀楼景区花海工程。通过在鹳雀楼西南区域打造300余亩的花海等景观类型，合理调整景区布局、优化游览线路和方式、扩展游客游览空间。在项目区，以40余种不同色系的地被花卉植物、适当的地势造型，合理布置亲水平台、水岸花丛，打造300余亩的平原花海、缓丘花带、多彩花境等多种风格迥异的花海景观区。通过木栈道、彩色沥青路，打造两种游览线路，让游客欣赏不同的花海景象，体验不一样的风情。登上鹳雀楼，望到的是"壮丽黄河延绵中条、茫茫湿地、万亩花海"的壮观景色。

实用技术调研指导 组织技术人员对全省花卉生产开展实地调研，坚持项目实施与技术培训紧密结合的思路，组织召开技术培训会，培训花卉技术人员，着力提高花农的管理技能，提高科学经营、继续增收的管理意识。

花卉产业发展现状调研 按照山西省乡村生态振兴及储备林PPP项目现代花卉产业建设要求，明确了项目建设的布局和重点，对大同、晋中、太原、临汾、长治等地进行了重点调研，通过了解适宜发展花卉示范基地的土地情况，适宜当地发展的花卉种类、用途、成长期，预计建设规模和投资额，现有花卉引种、繁育、种植、销售等产业链及花卉市场情况，是否已有成规模的花卉企业及经营情况，同时按照市、县逐级申报的方式，初步拟定了大同市灵丘县和桦林背林场，晋中市灵石县、太谷县，太原市晋源区和清徐县，临汾市襄汾县作为山西省现代花卉产业示范基地建设项目备选承接地。为花卉一产产值增加奠定了基础。

【森林旅游】 自然保护地是发展森林旅游和自然生态旅游的重要场所，山西旅游景区的重要组成部分。迄今为止，山西省共批准设立森林公园144处（包括国家级26处，省级57处，县级城郊森林公园61处），批建湿地公园63处（其中国家级19处，省级44处），批准设立湿地类型自然保护区3处，全省湿地保护率达到47.55%，授牌的国家级品牌基地"两地一区"33处；保护了全省重要的森林和湿地生态系统、自然遗迹、自然景观、生物多样性，开发建设和打造著名自然景观2000多处，有力地促进了山西省旅游业的健康可持续发展。2021年全省森林旅游846万人次，旅游总收入达5.5亿元。

完善配套优惠政策 一是适应"放管服"改革需要，修改完善《山西省森林公园条例》。将原定编制或者修编森林公园总体规划的设计（咨询）单位资质要达到乙级的要求，改为具有相应资质即可，放宽服务单位进入门槛，支持社会旅游服务业发展。按照国家发展改革委关于森林公园门票的相关政策要求，及时将原定的森林公园门票财政收支管理的规定，改为门票收入纳入国有资源（资产）有偿使用管理，统筹用于森林公园的建设、保护和管理。有力增进社会资本投资开发森林公园景区的积极性，增强森林旅游景区发展后劲。二是制定《山西省湿地保护条例》时坚持全面保护合理利用相结合，兼顾生态旅游。在条例中将自然景观独特，适宜开展生态展示、科普教育、生态旅游等活动的湿地区域，推荐优先设立湿地公园，并在加以有效保护的前提下，进行合理利用，并根据保护利用规划，开展相关的基础和服务设施建设，补齐湿地景观观赏的短板。三是优化使用林地预审，支持森林旅游景区设施建设。对于进入自然保护地修筑设施不涉及土地预审的事项，不再接受事前咨询，不需要再出具事前咨询类的回复函件。优化流程。对于符合自然保护地总体规划且处于申报立项阶段的项目，也可以提前介入进行预审，解决项目审批环节多、周期长、长时间难于立项的难题。简化程序。对于符合自然保护地总体规划经专家现地踏查，能够做出研判的项目，可以不再进行专家组评审。

补齐基础设施短板 积极推进森林旅游景区保护利用设施建设，补齐发展短板。按照国家发改委启动"十四五"时期文化保护传承利用项目储备库编制、省财政补助项目储备库建设的要求，及时通知全省各级森林旅游景区积极申报。经对申报项目进行严格审核筛选，突出了项目投资重点和方向的需要，确保了项目申报质量，使9个上报项目通过了省发改委审核，顺利入库，超额完成入库限额指标。完成2022年中央财政湿地保护修复10个项目入库，2022年省财政湿地保护项目11个项目入库。在项目建设内容安排上，突出黄河流域生态保护和文化传承及高质量发展需要，适应国家重点推进的太行山旅游发展需要，支持三大板块的建设区域及阳城县申办"山西首届森林旅游节"，支持环京、津、冀生态旅游发展和旅游基础服务设施短板补齐补全建设。

森林旅游景区提档升级 一是夯实前期筹备细节，稳步推进首届山西森林旅游节举办。森林旅游节是深入贯彻习近平生态文明思想，践行"绿水青山就是金山银山"理念，弘扬生态文化，展示和交流美丽山西生态建设成果，营造氛围、凝聚共识、推动森林旅游业可持续发展的重要节庆活动。遵照省领导批示精神，各单位各部门联合发力，积极筹备，完成了办节的前期准备，为首届山西森林旅游节（拟定举办地阳城县）举办打下了坚实基础。二是树立品牌意识，做好"两地一区"申报创建。组织对10处森林公园和10处"两地一区"开展实地调研。对森林风景资源条件较好的申报单位，积极组织考察申报森林公园；对建设森林养生基地、森林体验基地和慢生活休闲区（即两地一区）较为积极的单位，推荐申报，丰富森林旅游目的地；重点对2017—2018两个年度命名授牌的"两地一区"单位开展督查指导，确保如期通过国家验收。

【森林康养】 一年来，我们根据林草资源禀赋，围绕全省大康养战略重心，积极推动森林康养产业发展。

森林康养基地 经中国林业产业联合会森林康养分会批准，到2020年年底，山西省有82家单位成为国家森林康养试点建设单位；2021年，中国林业产业联合会又认定公示了16家森林康养试点建设单位。至此，山西省国家级试点单位已达到98家。中国林场协会评选出的2021森林康养林场，山西省大同市桦林背林场、管涔林业局马家庄林场、中条林业局十河林场3个国有林场入选。至此，山西省国家级森林康养林场已达到7家。

森林康养模式创新 谋篇布局PPP森林康养产业发展模式。初步确定了4处集科普宣教、生态旅游和森林康养为一体的PPP模式森林康养建设项目，即翼城历山大河森林旅游康养基地、霍州七里峪森林旅游康养基地、太行林业局东山实验林场自然教育研学基地、五台林业局金岗库林场佛教文化禅养基地。PPP森林康养模式的启动，将推动省直林区森林旅游康养产业发展步入快车道。晋城市森林康养试点工作走在全省前列，以康养产业为核心，以美丽乡村为载体，创新开展了"百村百院"工程，各项工程稳步推进。阳城县蟒河镇、沁水县太行洪谷、陵川县王莽岭等森林康养基地通过农林、文旅、康养融合发展，着力打造中医养身、康复疗养、避暑养生为一体的森林康养基地，以森林康养县、森林康养镇、森林康养基地、森林康养人家为基础的森林康养体系逐步形成。

产学研深度融合 2021年6月上旬，北京林业大学"森林康养基地和企业运行现状及盈利模式研究"课题组专家一行6人在山西省开展了森林康养产业调研。先后深入晋城市阳城县、沁水县、陵川县和太岳林局七里峪、石膏山等11个森林康养基地，进行了实地考察，并对山西省森林康养工作作出高度评价。下一步，山西省将加强与北京林业大学的交流合作，重点围绕自然教育、休闲养生、运动健身各种森林康养基地类型开展深入研究，着力打造富有山西特色的森林康养产业发展模式，努力为全国森林康养产业发展开拓一条可复制、可推广的新路径。省林学会森林康养分会举办了"历山杯"森林康养征文大赛和"关帝山杯"森林康养摄影大赛，进一步宣传了森林康养，弘扬了森林文化。

森林康养试点建设 山西省利用中央财政衔接推进乡村振兴支持欠发达国有林场补助资金，支持省直7个林业局9个国有林场开展森林康养项目建设，其中改造自然教育场所6处、建设森林康养体验中心5处，拟投资541万元，为到访者提供全方位的自然生态教育、享受愉悦的自然环境，提高人们热爱自然、崇尚自然、亲近自然、回归自然的意识；2021年晋城市安排250万元，用于各县（市、区）管护步道建设，兼顾森林康养用途，增强了公众的绿色获得感和生态幸福感；太原市在"创森"行动中，计划投资4800万元，用于补助4个森林康养基地建设，让广大市民随时、随地感受绿色发展的魅力，享受生态建设的红利。

【林下经济】 近年来，山西省充分学习外地经验，积极探索出了"以林为主，多种经营，林牧结合，以短养长"的发展道路，确定了林下经济发展模式，引导各地完善政策、筹集资金、争取项目，扩大全省林下经济发展规模，提升林下经济产值。印发《山西省林业和草原局关于做好省级林下经济（中药材）示范基地建设的通知》，确定全省第一批20家省级林下经济（中药材）示范基地名单。同时，积极协调国新晋药公司等龙头企业发挥技术优势和龙头效应，为省级林下中药材种植基地提供林下中药材种植标准、优质种子/种苗供应、基地规划、技术培训咨询及药材回收等社会化服务。全省林下经济面积近600万亩，产值近13亿元，创建国家级林下经济示范基地11家，进一步优化了林区生态建设，拉动了当地经济增长，增加了农民收入，为林权改革注入了新的活力，为林区社会和谐稳定及全省经济社会发展做出了贡献。

林下种植 林下种植主要有林药、林菌、林粮、林草等模式。山西是传统中药材主产区，有连翘、黄芩、黄芪、柴胡、党参等道地药材。通过多年的发展，全省林下中药材种植均有分布，已形成以连翘、党参、柴胡、黄芪为主的近30余种林药模式；中部吕梁市近几年大力发展林药、林粮、林草模式，在核桃等经济林下套种豆类、土豆、红薯、谷子等粮食作物和苜蓿等饲草，降低了经济林受冻灾等气象灾害导致绝收的影响，增加了群众收入，取得了良好的经济效益和社会效益；南部临汾、运城在经济林下套种辣椒、油用牡丹、菊花等，进一步提高了经济林地的复合收入。全省逐步形成了以林药为主，林菌、林粮、林菜、林花、林苗多种模式共同发展的良好局面。

林下养殖 林下养殖主要有林禽、林畜、林蜂等模式。林禽模式以林下养鸡为主，还有少量鸭、鹅；林畜模式为林下养羊、牛、猪为主，还有少量梅花鹿、驴、林麝等品种；全省林下养殖蜜蜂10万箱。

林产品采集加工 林产品采集加工主要有野生食用菌采集加工、野生中药材采集加工、山野菜采集加工、森林泉水加工、松针粉加工、松花粉加工等模式。特别是山西省拥有大量野生的连翘资源，农户采摘连翘果销售入药，人均年收入可达3000元左右。目前，山西省大力发展药茶产业，农户采集红枣叶、连翘叶、沙棘叶等销售给药茶企业，也成为林产品采集的一部分重要收入。

【草产业】2021年，按照林草融合发展的总要求，加强草原资源管理，依法保护草原，着力抓好草原生态保护修复工作，工作的重点逐步由生产服务功能向生态服务功能转变，草原工作纳入了林草大生态体系之中，草原管理工作取得了明显成效。

省政府出台《关于加强草原保护修复的实施意见》 《意见》的出台，标志着山西省草原保护修复真正进入大生态建设的方阵，同时，也成为山西省加强草原保护修复治理第一个政策性、方向性的指导意见，在山西草原发展史上具有划时代、里程碑式的重大意义。

全省草原资源清查 2020年山西省的草原植被统合盖度达到73%。

退化草原生态保护修复治理 2021年圆满完成了退化草原生态保护修复7.42万亩，巩固完成草种繁育基地建设0.2万亩，完成草地改良任务10万亩，完成有害生物灾害防治390万亩。

编辑出版《山西省草原管理工作丛书》 为充分运用法治力量来守护绿色山西，维护草原生态，山西省将有关草原法律法规、制度规定、政策解读等主要内容进行了系统梳理，分类编辑成册，完成政策法规篇、标准系统篇、魅力草原篇、乡土草种篇等编辑工作，为基层干部职工提供了一套草原工作的完整工具书，为扎实有效地做好草原生态保护修复这篇大文章奠定了政策依据。

草原普法宣传 借助"草原普法宣传月"活动，精心制作草原科普知识展板、悬挂有专业特色的草原宣传标语、发放草原宣传图文资料、展示草原生态保护修复成效、讲解草原违法典型案例、接受群众草原法律咨询等多种形式，在城乡受众面广的地点宣传草原，营造了浓厚的宣传氛围，收到了非常好的社会效果，先后在《中国绿色时报》《山西日报》《山西经济报》等省内外主流媒体刊登各类新闻稿件和信息160多篇，较好地利用了媒体的传播之力为宣传草原、保护草原发声。

评选山西省十大最美草原 为了集中展示山西草原的独特魅力和自然风光，山西省林业和草原局组织开展了"山西十大最美草原"评选活动，经过自下而上的推荐、社会公众的评选以及专家组的综合考量，最终评选出了"山西十大最美草原"，分别是：历山舜王坪亚高山草甸、阳城析城山圣王坪亚高山草甸、沁水示范牧场国家草原自然公园、沁源花坡国家草原自然公园、五台山高山草甸、五寨荷叶坪草原、芦芽山马仑草原、黑茶山饮马池亚高山草甸、塞外绿洲右玉草原和灵丘空中草原。目前，山西十大最美草原，已成为山西省草原一张亮丽的绿色名片，已成为社会民众休闲旅游观光的好地方，已成为人民群众共享生态红利的生态福祉。

草原公园试点建设 沁源花坡草原和沁水示范牧场被确定为首批国家草原自然公园建设试点，力求把沁源花坡草原、沁水示范牧场国家草原自然公园打造成全省乃至全国一流的草原生态休闲旅游新胜地。

【沙产业】 山西省通过国家评审批准，开展试点建设的国家沙漠公园共12处，规划总面积3.68万公顷。沙区各县根据《国家沙漠公园管理办法》的规定，统筹考虑区域内沙化土地、荒漠化现状以及自然人文景观、生态建设和经济发展需求，借助国家、省、市、县生态建设工程，开展了沙漠公园植被恢复和病虫害防治、护林防火、人工巡护等治理与保护工作。科学布局沙漠公园配套设施，开展了部分游览步道、观景台、牌示标志等基本设施建设，积极推进国家沙漠公园试点建设工作。

（山西省林业和草原局）

内蒙古自治区林业和草原产业

【概　述】 2021年，在自治区党委、政府的正确领导下，全区各地积极践行"绿水青山就是金山银山"发展理念，加强资源培育，科学合理利用林草资源，积极推进生态产业化、产业生态化，努力将生态优势转化为经济优势，全区林草产业呈现"稳中有进、特色突出"的发展态势。2021年，全区林草总产值达588.7亿元。其中，林业产业产值429.4亿元，草产业产值159.3亿元。特色林果，木本油料，林草生态旅游，林下经济，灌木型材、饲料、燃料，中草药材等特色产业发展已经形成一定规模、品牌、市场和效益，草种业、人工种草、割草等草产业成为自治区建设农畜产品生产基地的重要支撑。以锯材为主的木材加工产业、林草旅游与休闲服务、干鲜果品种植、林木种苗等产业产值规模均达30亿元以上。阿鲁科尔沁旗、宁城县、克什克腾旗、扎兰屯市、牙克石市、杭锦旗、乌审旗等旗（县、区）产值均在10亿元以上。林草产业在促进农牧民、特别是贫困人口就业增收、繁荣地方经济、增进民生福祉和逆向拉动生态建设等方面发挥着重要作用。

【重点产业发展情况】
经济特果产业　内蒙古经济林果树种植栽培历史悠久，区域特色鲜明，主要有苹果、杏、梨、葡萄等水果，杏、榛子、枣等干果。宁城蒙富、通辽塞外红、兴安盟沙果、清水河海棠果、巴彦淖尔梨、乌海葡萄等区域特色林果品牌已经形成了一定的规模和品牌知名度，产销两旺。通辽市"塞外红"种植面积达26万亩，结果面积达到6万亩，年产量达到6万吨，总产值达6亿元，集约化经营基地亩均收入超万元，带动全市农牧民人均年增收353元。宁城县农牧民来自林果业收入占总收入比重达20%以上。果品精深加工主要以沙棘、仁用杏、葡萄、枣等产品研发生产为主。全区特色林果产业自治区级重点龙头企业共有22家，其中，种植培育类14家，产品加工类8家。22家龙头企业总资产达24亿元，其中，资产1亿元以上的龙头企业9家，实现销售收入7亿元。22家龙头企业共注册特色林果产品商标50余个，其中，"宇航人""汉森"被评为"中国驰名商标"。宇航人、汉森、高原杏仁露、沙漠之花、吉奥尼等龙头企业的发展壮大，不断推动全区果品资源优势向经济优势转化。林果业逐步发展成为部分地区繁荣农村经济、促进农民增收的重要途径。

木本油料产业　内蒙古沙地、丘陵、山地面积较大，以文冠果、仁用杏、榛子、元宝枫、长柄扁桃等为主的木本油料资源分布较广，主要集中在赤峰市、兴安盟、通辽市、呼伦贝尔市、呼和浩特市、鄂尔多斯市等地。木本油料加工利用产业集中在赤峰、呼和浩特和鄂尔多斯等地，主要以沙棘果（籽）油、文冠果油生产为主。近年来，自治区财政共投入产业发展资金2000余万元，对巩固和加强沙棘、文冠果、仁用杏、榛子等木本油料产业基地建设，文冠果、沙棘等产品的研发中试和精深加工等方面给予扶持。通过项目的实施，调动了市场主体投入、发展木本油料产业的积极性，对木本油料基地建设规模的扩大、产业链的延伸等方面发挥了重要作用。全区各地积极建设文冠果、沙棘等木本油料产业基地，并对部分退化林分进行改造、提升，不断提高木本油料基地建设质量。兴安盟已建设文冠果10万亩。赤峰市依托国家林业和草原局文冠果工程研究中心，在赤峰市敖汉旗建立"文冠果生态产业发展核心示范基地"，已建成油料原料林示范区5000亩。同时，依托国家重点工程、项目对山杏林进行改造、提升。在引领产业高质量发展方面，积极培育具有一定规模和发展实力的龙头企业，宇航人、沙漠之花、天骄资源、高原杏仁露等龙头企业在示范、引领、带动地区木本油料产业基地建设规模日益扩大，质量逐步提升，深加工产品种类更加丰富，效益不断增长方面发挥重要作用。在科技创新、产品研发方面，依托科研院所、龙头企业，积极开展专项技术研究、产品研发和推广示范。赤峰市依托赤峰市林业科学研究院，组建了国家林业和草原局文冠果工程技术研究中心。重点开展了中央财政林业科技推广示范项目《文冠果优系推广示范》《文冠果蒙冠良种繁育与集约栽培示范》、内蒙古自治区科技重大专项《文冠果优系选育快繁与集约经营关键技术研究》、内蒙古自治区科技成果转化引导项目《文冠果金冠霞帔和蒙冠良种中试示范》、赤峰市绿化基金项目《文冠果新食品原料认证》等，并开展了文冠果系列标准的研制工作。

林草中药材产业　内蒙古是林草资源大区，全区有药用植物1000余种，具有发展林草中药材种植的独特资源优势。近年来，全区各地因地制宜，选择适宜的药材种类，采用合理的培育模式，大力开展林草中药材种植。发挥资源优势，扩大种植规模。根据林草资源的区域性气候、土壤和水资源条件，充分挖掘林间、林下空间潜力，发挥生境优势，不断扩大林草中药材种植规模。截至2021年年底，全区肉苁蓉、锁阳、黄芪、黄芩、板蓝根、苍术、赤芍、防风等以林药模式为主的林草中药材种植面积达162.7万亩。加强示范引领，延伸产业链条。打破"一家一户"的生产模式，逐步形成了"企业+合作社+基地+农户"利益联结机制，林草中药材从种植到初级加工、精深化、产业化发展的链条不断延伸，价值不断提升。涌现出亿利资源集团、苁蓉集团、游牧一族、王爷地、曼德拉等一批林草中药材生产加工企业和示范基地，有力地促进了区域经济发展和农牧民增收。强化科技支撑，打造林药特色品牌。积极探索林下中药材（蒙药材）种植、抚育、栽培等技术，强化科技支撑能力，提高中药材（蒙药材）产量。组织实施"荒漠肉苁蓉优质稳产新品种选育与示范""梭梭良种育苗造林及肉苁蓉接种技术推广示范""荒漠肉苁蓉优质高产种子繁育技术推广与示范"等国家和自治区科技推广示范项目，大力培育肉苁蓉良种，大范围推广示范肉苁蓉嫁接技术。同时，建立"阿拉善荒漠肉苁蓉标准体系"，开展林草中药材品种、品牌申报和国家级品牌认定，"内蒙古肉苁蓉"获得国家地理标志保护产品认证，"肉苁蓉、锁阳"获得中国森林认证。

生态旅游与康养产业　内蒙古生态旅游资源丰富，全区已建成森林公园58处，已批建国家湿地公园53处，自治区湿地公园3处，共有国家级自然保护区29处，国家沙漠公园13处。2021年，全区林业和草原旅游、休闲与服务实现产值143.54亿元。呼伦贝尔市的牙克石森林康养基地、乌兰察布市林胡古塞森林康养基地被国家林草局、卫健委、民政部、中医药管理局等四部委认定为首批国家森林康养基地。全区共有37个单位被中国林业产业联合会评为"全国森林康养基地试点建设单位""中国森林养生基地""中国森林体验基地"和"中国慢生活休闲体验区、村（镇）"。赤峰市克什克腾旗、喀喇沁旗、鄂尔多斯市东胜区被评为"全国森林旅游示范县"，喇嘛山、红花尔基樟子松国家森林公园被评为"全国100家森林体验和森林养生国家重点建设基地"。2021年，牙克石市牙克石林场、兴安盟五岔沟林业局好森沟林场、喀喇沁旗旺业甸实验林场被中国林场协会授予"森林康养林场"称号。阿拉善盟额济纳旗大漠胡杨林自驾车房车生态露营基地、阿拉善盟阿拉善左旗阿拉善英雄会被中国林业产业联合会认定为全国首批生态露营基地（试点）建设单位。

全区各地以森林资源禀赋为依托，积极探索发展森林康养产业，努力构建一体化发展森林康养产业带。呼伦贝尔市、兴安盟围绕岭南丰富的资源条件和已经具备的基础设施条件，集中打造精品森林康养旅游线路。赤峰市、通辽市等，依托森林资源环境，积极开发丰富多样的森林生态服务、森林旅游服务，林业生态旅游效益日益凸显，有效带动了林区及周边农户增收。乌兰察布市、呼和浩特市、包头市、鄂尔多斯市等中西部地区，在推动森林旅游康养产业发展的同时，积极开展果品采摘园、林家乐建设，举办具有地方特色的森林节庆活动，树立森林旅游品牌，培育良好的森林旅游市场，森林旅游休闲产业不断兴起，成为促进农牧民增收的新亮点。

林下经济产业　全区各地立足本地区林地资源优势和地域特点，因地制宜发展林下经济。在东部地区，开展黑木耳、猴头菇、黄芩等食用菌、中药材林下种植，以及梅花鹿、马鹿、野鸡等特种畜禽林下养殖，依托大兴安岭和呼伦贝尔、科尔沁两大草原，大力发展森林景观旅游和森林草原旅游。在中部地区，积极发展牧草、中草药等林下种植，结合灌木平茬复壮建设，开展灌木饲料加工，依托阴山山脉森林资源、滦河源、浑善达克沙地发展森林沙地旅游。在西部地区，围绕肉苁蓉、锁阳形成比较完整的中草药种植、加工、科研、销售产业链，利用巴丹吉林、乌兰布和、腾格里三大沙漠、贺兰山以及周边草原，形成响沙湾、恩格贝、月亮湖、额济纳旗胡杨林等精品沙漠生态旅游区。据统计，全区林下经济总面积1564.13万亩，参与的经营主体711家，从事林下经济的农牧民23.61万人。

草产业 全区饲草产量、草种数量、产业产值均居全国前列。以草种植及割草、饲草加工、草原旅游与休闲服务为主的草产业产值达160亿元。全区草种品类繁多，是全国最大的草种质基因库，天然草原可食牧草居全国第一。生态修复草种以羊草、驼绒藜、披碱草、冰草和无芒雀麦草等为主，饲草品种以苜蓿、羊草、燕麦草等为主。已基本形成东部羊草、西部黄河流域草种产业聚集区和浑善达克沙地生态草种生产区。全区有饲草加工企业（合作社）402家，草产业精深加工及收储能力持续增强。

【工作举措】

强化宏观引导和政策资金支持 编制印发《内蒙古自治区"十四五"林业和草原保护发展规划》，将林草产业建设作为重大工程，从扩面增量，增强林草生态产品供给能力，提质增效，构建现代林草产业体系等方面予以全面谋划。持续争取自治区财政1000余万元资金对林业产业化项目进行扶持。2021年共下达林业产业化项目16个，带动林果产品加工能力预计达到2.2万吨，销售收入达1.42亿元；果品保鲜储藏能力预计将达3000吨，销售收入达1000万元；带动2200余户农牧民增加收入，户均增收3万元。全区各地根据地区产业发展特点，积极出台地方林业产业发展规划、意见或办法等文件，指导林业产业发展。赤峰市政府高度重视林果业的发展，每年拿出1000万元，推进高效节水经济林建设。巴彦淖尔市出台了《巴彦淖尔市经济林产业发展规划（2018—2022）年》《关于加快推进全市经济林产业发展的十条意见》，每年安排3000万元资金用于发展经济林；兴安盟印发了《关于推进绿色有机食品产业基地建设实施意见》《兴安盟实施林果业产能递增三年行动计划指导意见》及《兴安盟林果业补贴办法》等，对发展林果业给予资金扶持。各地在落实各项扶持政策过程中，认真做好有关政策、资金的落实，使市场主体、农牧民群众发展林业产业、保护森林生态积极性得到有效的保护和提高，进一步优化了投资生态保护和产业发展的营商环境，增强了发展后劲。

加强金融对接 全面梳理林草行业市场经营主体金融贷款支持及需求情况，向有关金融部门、单位进行推荐。与农业银行、邮政储蓄银行内蒙古分行就进一步加强合作、加大金融对林草生态建设与产业发展的支持进行对接。与中国邮政储蓄银行内蒙古分行续签了《协同推进林业和草原产业发展战略合作协议》，围绕特色经济林、木本粮油、森林食品、林下经济、生态旅游与康养等林业特色产业、草产业和饲草种业培育、产业集群建设、市场主体发展等，在创新投融资模式，加大信贷支持，完善对接服务机制等方面进行了细化，助力推动全区林草规模总量不断增加，供给能力有效提升。充分利用国家林草局和中国建设银行联合推出的"林特产品馆"电商展销公益平台，将名优林特产品进行线上展示、销售，积极服务民营经济发展林业产业，扩大林产品宣传与产销规模，创新推动林草产业高质量发展，助力乡村振兴与脱贫攻坚有效衔接。与建设银行内蒙古分行共同努力，搭建内蒙古林特产品馆，上线食用菌、果汁饮料、花卉、木本粮油等林特产品24种。

培育龙头企业 根据国家林草局发改司《关于开展第五批国家林业重点龙头企业申报工作的通知》要求，组织开展第五批国家林业重点龙头企业推荐工作，推荐内蒙古阿拉善苁蓉集团有限责任公司、内蒙古国华园林绿化有限责任公司、巴彦淖尔市锦泰源现代农牧业科技有限公司、内蒙古曼德拉生物科技有限公司4家企业参加2021年第五批国家林业重点龙头企业评选。组织开展第五批自治区林业产业化重点龙头企业评选认定，并对第四批已评定龙头企业进行监测。

总结推广典型示范　由自治区农牧厅、发改委、财政厅三部门联合开展了第三批内蒙古特色农畜产品优势区认定工作。经盟市组织申报、自治区专家组评审，阿拉善盟阿拉善锁阳、巴彦淖尔市河套梨、巴彦淖尔市磴口县肉苁蓉、呼伦贝尔市鄂伦春自治区鄂伦春黑木耳等4个林特产品区域被认定为第三批内蒙古特色农畜产品优势区。截至目前，共有涉林草行业特色农产品优势区国家级1个（乌海葡萄），自治区级6个（同上4个以及阿拉善荒漠肉苁蓉、扎兰屯沙果）。近年来，全区各地努力践行"绿水青山就是金山银山"发展理念，形成了一批区域特色明显的村镇、旗县、盟市产业典型，涌现出一批优势突出、示范带动作用强的龙头企业、合作组织。为全区各地更好的学习、交流林草产业发展的典型经验，组织编写了《内蒙古林草产业典型实践30例》，在全区林草行业进行宣传、交流。

积极服务民营经济　利用自治区全国工商联十二届七次常委会议、2021年全国工商联主席高端峰会暨全国优强民营企业助推内蒙古高质量发展大会，广泛征集林草行业招商引资项目。支持主办了2021年内蒙古二十八届农博会暨第五届林产品博览会，组织区内外50余家涉林企事业单位、80余家涉林合作社参展、参会，集中展示了榛子、蓝莓、山杏、肉松蓉、枸杞等各具代表性的50余种林产品。

（内蒙古自治区林业和草原局）

辽宁省林业和草原产业

【概　述】 2021年，辽宁省林业和草原产业实现总产值871亿元，其中，以林业特色种养业为主的第一产业实现产值506亿元，以林产品加工为主的第二产业实现产值243亿元，以林业旅游与休闲服务业为主的第三产业实现产值115亿元，草原产业实现产值5.6亿元，全省林下经济实现产值23亿元。

【桓仁山参】 一是搭建技术研发平台。成立了桓仁满族自治县野山参研究院，聘请专家教授33人为学术委员会委员，致力于人参领域科研开发工作；为林下山参产业发展储备人才；联合县域相关企事业单位及省内外科研机构21家，共同组建林下山参（野山参）产业创新技术联盟，开展技术合作，重点研究攻克产业发展的关键性技术和难题，项目总投资3000多万元，科研成果将为林下山参纳入保健食品原料目录提供依据。二是成立了辽宁省林下参标准化技术委员会。先后制定《林下山参生产技术规程》等地方标准6项，为桓仁山参生产加工提供标准依据。三是建设山参交易中心和桓仁山参产品质量安全追溯体系。全力推动桓仁山参产业转型升级。四是引进国家参茸产品质量监督检验中心的技术标准，定期对全县野山参产品进行鉴定颁证。五是加强科技在桓仁山参终端产品的科技研发上发力，对桓仁林下山参毒理安全性评价与功能性评价，由省内相关高校院所开展基础研究，形成一套山参种植、炮制、成药等相关理论、方法和技术。为桓仁山参产业赓续发展提供技术支撑。六是继续加大专项资金扶持力度。七是围绕桓仁山参一、二、三产业融合发展提供保障措施。指导创建国家级山参示范产业园，围绕"兴农、务农、为农、富农"的建园宗旨，推进桓仁山参产业"生产+加工+科技"一体化，进一步统筹功能布局，聚焦重点区域和关键环节，推进桓仁山参全产业链开发、提升，形成桓仁山参产业融合发展新格局。

【丹东"中国红豆杉之乡"】 红豆杉，属濒危珍稀植物，国家一级重点保护野生植物，并具有观赏价值。另外，红豆杉具有较高的药用价值，提取的紫杉醇，可用于生产抗癌防癌药物，市场需求量大价高。目前，全省红豆杉种植面积达到3.2万亩，5亿~6亿株，主要品种有5个，以东北红豆杉为主。种植模式以大户规模和散户庭院为主，年产值在3亿~5亿元。发挥丹东"红豆杉之乡"引领作用，促进红豆杉产业的发展。第一，积极开展东北红豆杉科学研究等工作。重新估算东北红豆杉碳汇价值和生态价值，更好地发挥红豆杉生态效益。第二，积极推广红豆杉在城乡绿化中的栽植，现已作为辽宁城市绿化、美化和生态恢复的优选品种。第三，充分发挥行业协会作用，成立了东北红豆杉龙头企业、专业合作社。支持东北红豆杉产业持续健康发展，防止盲目发展、无序竞争。引导支持社会资本进入东北红豆杉产业，更好地促进丹东红豆杉的发展。第四，打造丹东地区"中国红豆杉之乡"辐射、溢出品牌效应。以丹东市红豆杉产业为抓手，促进丹东红豆杉产业发展，2021年，省林草局为丹东市红豆杉协会划拨专项资金15万元，专门用于宣传丹东红豆杉。同时，以中国林业科学研究院为战略联盟，让丹东红豆杉大量走进京、津、冀，美化绿化首都北京，为丹东红豆杉向大城市推广提供信息和支持。

【林场产业改革典型】 辽宁本溪市桓仁县两山林场深入践行习近平总书记"绿水青山就是金山银山"的生态理念，林场产业务实改革，使村集体经济增收，取得了显著成效。依托国有林场森林资源、技术及经营管理等优势，采取6家国有林场及32个行政村入股的方式，注册资本6531万元，组建了桓仁满族自治县两山林场有限公司。其中6家国有林场以进入盛果期的 2279 亩红松果材林资源入股，评估资源资产总值为 3713 万元，实际按 3331 万元入股，占股份的 51%。32 个入股行政村，每个村投入乡村振兴衔接资金 100 万元，共计 3200 万元，占股份的 49%，每个村占股份 1.53%。县自然资源局为主管部门，性质为国有控股企业，实行独立核算，自负盈亏。2021 年实现经营收入 246.85 万元，其中 96 万元用于 32 个入股村分红，每个村分红 3 万元。

【铁岭创新发展榛子产业】 辽宁省铁岭县李千户镇花豹冲村，2011 年杨富安创建了铁岭县首个榛子专业合作社，2015 年 11 月由铁岭市扬帆食品有限公司牵头，联合铁岭县野生贡榛专业合作社、铁岭县马侍郎桥村众合榛子专业合作社、铁岭县李千户镇"深山里"榛子专业合作社等，成立了"铁岭千户榛子合作社联合社"。2020 年由铁岭市扬帆食品有限公司牵头，再联合 7 家合作社、两家家庭农场成立了"辽宁铁岭扬帆平榛产业化联合体"。联合体拥有农户社员 619 名。该组织 2022 年被评为铁岭市市级示范联合体。合作社实行统一采购、统一施肥、统一加工、统一销售的生产经营模式。现已拥有标准化榛子园 18000 亩，直接受益的榛子农户 2000 余户，实现年销售收入 4000 余万元。联合体榛子产业有生产基地，收购加工基地，形成较为稳固的市场产业链，使榛农的收入由原来年人均 2500 元提高到年人均 11000 元，产量由原来的亩产 25 千克提高到现在的亩产近 100 千克。国家质监总局批准"深山乡"牌榛子使用国家地理标志，中国绿色食品发展中心认定"深山乡榛子"为绿色食品。

【发展森林康养典型】 本溪市大冰沟国家森林康养基地，坐落在本溪市东南郊 35 千米的南芬区思山岭街道办事处境内，距丹阜高速公路桥头出口 27 千米。公园景区总面积 2.1 万亩，森林覆盖率 97%，森林蓄积量 17 万立方米，大冰沟景区地处长白山山脉千山余脉，属辽宁东部山地区，海拔在 400~1200 米，景区内有峡谷两处，冰沟峡谷深达 1550 米，小冰沟峡谷深达 750 米。沟内的景观为冰瀑，瀑布在冬天形成的冰瀑直到翌年的夏天才逐渐消融，拥有"一景两季看，两季一景中"的独特景观。是集"冰瀑奇观、生态游乐、乡土休闲、户外运动、生态养生"为一体的生态康养休闲旅游景区，于 2019 年 8 月正式面向全国接待游客，并于 2020 年 1 月晋升为国家 AAAA 级景区。大冰沟景区得天独厚的自然地理环境，复杂的地形地貌，为森林植物生长创造了优越条件，森林公园内森林资源丰富，植物种类达 500 余种，其中红松、刺楸、黄菠萝、水曲柳、核桃楸、柞树和紫椴享有盛名；药用植物中有人参、五味子、黄芪等珍贵药材；食用植物有蕨菜、大叶芹及菌类植物蘑菇、木耳等；食品、化工原料植物中有天女木兰等。

大冰沟景区森林拥有有氧临泉栈道 3000 米，在建 2000 米，在建部分预计于 2022 年 9 月底完工。沿途拥有 6000 平方米森林牧场，元憩·森林营地 17000 平方米，可容纳百余人同时露宿。有 1600 平方米青龙阁商务中心。有 3200 平方米游客中心在建。红色抗联基地一处，其中拥有抗联纪念馆一座，抗联历史文化栈道 500 米，密营遗址 2 处等其他抗联遗迹。景区自然景观 72 处。有漫水桥 7 座，海拔 1000 米以上山峰 15 座。

全年向游客提供森林康养服务。景区与本钢集团签订了"职工康养合作协议"和"普惠协议"，为本钢职工提供优惠的康养服务。2020 年 8 月 15 日，时值习总书记提出"两山"理论纪念日，中央电视台《美丽中国新画卷》栏目在大冰沟直播，讲述大冰沟从连年亏损的林场到众所周知的康养胜地的羽化蝶变，当时全国共选出 5 个点位进行直播，东三省仅大冰沟一家。

（辽宁省林业和草原局）

吉林省林业和草原产业

【概　述】 2021年，全省林草总产值达到946亿元，同比上年增长10%。三次产业结构由2016年的25.8∶60.6∶13.6调整到2021年的33∶45.3∶21.7，产业结构逐渐趋于合理，基本实现了由木材生产为主向一、二、三产业全面融合发展的转变。

【主要工作】

制定出台产业发展政策 2021年，省政府印发《关于引导社会资本进入林草行业助推绿色经济发展的意见》（以下简称《意见》），围绕活化林草资源资产、促进民营企业和广大农民群众利用森林、林地、林木等资源发展特色产业提出了16条具体意见。《意见》颁布后，省林草局适时召开新闻发布会、举办全省林草产业工作培训会和参加"服务企业周"等活动，加大宣传解读力度，营造了良好的政策环境。省林草局印发了《关于贯彻落实省政府引导社会资本进入林草行业助推绿色经济发展意见的通知》，组织各级林草主管部门和林草企业积极宣传落实《意见》精神，引导和服务社会资本投资林草行业助推林草产业发展。

坚持规划先行服务发展 围绕全省林草产业转型发展，深化供给侧结构性改革，编制印发了《吉林省林草产业转型发展"十四五"规划》，作为《吉林省林业和草原发展"十四五"规划》的子规划，形成了指导未来一个时期的林草产业发展规划体系。确定了"十四五"时期重点实施红松果（材）林改造培育、特色经济林基地、林草种苗花卉、林草源中药材、绿色菌菜、特色经济动物养殖、林草资源精细加工、森林休闲旅游康养、万里国家生态步道九大工程建设，全面加快林草经济转型发展，积极助力全省乡村振兴。

加大资金的扶持力度 利用中央财政资金2002万元，支持林草科技示范项目37项，推动20余个技术成熟、实用性强、对产业增产和农民增收效果明显的林草科技成果转化。利用省级林业产业发展补助资金1713万元，扶持经济林、林下经济、林草特色资源加工、森林旅游康养等产业项目31项。

积极探索特色产业发展 扎实推进《关于促进红松特色资源产业高质量发展的意见》落实，以红松特色产业发展试点为抓手，谋划全省林草经济转型发展。指导12家试点单位完成试点方案编制工作，并组织省林业科学院等单位，起草吉林省红松林经营抚育的系列标准，为全面推进红松产业发展打下坚实基础。全力推进全国试点市之一的通化市林业改革发展综合试点建设，指导通化市编制《通化全国林业改革发展综合试点市实施方案》，并获国家林草局批准。

突出发展森林旅游康养产业 围绕建设生态强省、旅游大省和林草经济强省，更加科学有效利用丰富的林草资源发展旅游产业，省林草局编制印发《吉林省森林（草原、湿地）休闲旅游康养产业发展规划（2021—2035年）》，认定了全省第二批森林康养基地（13个）和森林人家（2户），指导推动全省森林旅游产业发展，2021年，森林旅游及休闲服务业产值达到91.65亿元，同比增长30%。启动《长白山国家森林步道（吉林段）总体规划》编制工作。组织参加林草产业展览会，积极宣传吉林省林草发展成果，获"中国（西安）国际林业博览会暨林业产业峰会优秀组织奖"，进一步提高吉林省林产品知名度和社会影响力。

积极探索林草碳汇交易 省林草局成立碳汇工作专班，为有效开展工作提供组织保障。成立"林草碳汇"专题调研组，先后两次到福建、北京、湖北等省（市）考察调研。通过调研学习相关经验后，围绕在"碳达峰，碳中和"大背景下发挥林草优势、抓住发展机遇、加快绿色发展进行深入思考和研究，初步形成推进吉林省林草碳汇交易工作思路和任务，起草了《吉林省林草碳汇交易试点工作方案》。

开展科技产业技术培训 组织开展"全省林草产业技能提升暨产业统计工作培训会",围绕全省林草产业发展形势及在乡村振兴中的作用等进行培训,共计170余名全省各级林草主管部门产业工作负责人参会,进一步增强林业职工服务产业发展的能力,提高产业统计工作水平。组织省级林业科技特派员到田间地头送科技产业技术,采取点面结合指导,线上线下跟踪服务,帮助林农提升生产技术,深入一线基层指导工作。开展技术推广与示范培训46场次,共计培训2200余人;发放科技资料2万余册(份),受惠林业职工和林农5000余人。

食用林产品监测工作有序开展 以"食用林产品"安全为根本落脚点,加强国民食品安全保障工作,结合国家林草局下达吉林省的920批次监测任务,积极争取财政资金100万元用于开展监测、培训和宣传等项工作。下达了吉林省林下参、红松籽、榛子、食用菌等食用林产品监测任务,为搭建和完善食用林产品消费安全体系提供了有力保证。

(吉林省林业和草原局)

黑龙江省林业和草原产业

【概　述】　一年来，黑龙江省林业产业发展势头良好，各地充分发掘林地资源、林下空间和林草生态环境优势，大力发展林下种植和养殖，发展山产品采集加工和森林景观利用等为主要内容的林草产业，积极探索扩大产业规模、优化产业布局、延伸产业链条，不断推动林草经济向集约化、规模化、标准化、数字化方向发展。

【发展情况】

　　林菌产业　黑龙江省有着全国最大的食用菌生产基地，重点发展的有黑木耳、香菇、花菇、双孢菇、猴头菇、灵芝、松茸、羊肚菌等20多个品种。全省已建立以苇河林业局、绥阳林业局、伊春伊林集团等为代表的大型木耳产业基地，培育了黑尊、北货郎、佰盛等龙头企业，形成了从菌包生产、挂袋种植、集中采购，到成品加工、现货交易、仓储物流成套的产业链条。

　　林药产业　按照黑龙江省委、省政府北药开发战略，各林区大力开展中药种植，大幅提升道地中药材种植面积，加强中药材基地建设。省林草局直属的尚志、庆安林管局和鸡西绿海林业公司总种植面积已超过30万亩。哈尔滨、牡丹江、鸡西、黑河等林业大市种植面积均达到10万亩左右，重点药材品种有平贝、五味子、刺五加、穿山龙、满山红、黄芪、防风、板蓝根等。

　　林果产业　全省现有林果规模以上加工企业27家，生产的果酒、饮料产品销往国内大中城市，速冻果、花青素部分产品出口到日本、美国、韩国等国家。

　　森林养殖产业　黑龙江省动物饲料资源丰富，气候寒冷，适合各类寒地动物养殖，特别是林下养殖肉类产品深受市场欢迎。随着人们对健康食品需求的不断增加，森林猪、森林鸡、林蛙、鹿茸的市场需求不断增长。全省养殖龙头企业扩容，提质增效较快，养殖量不断增加，构建了集养殖、毛皮加工、销售于一体的产业链条，北方高档森林特色肉食品生产和加工基地正在形成。

　　山野菜产业　黑龙江省林区山野菜储量丰富，目前已开发利用的有蕨菜、桔梗、猴腿菜、黄瓜香、薇菜、龙牙楤木、黄花菜、刺五加、老山芹、柳蒿芽等10余种，产量和知名度较高的区域是伊春、黑河和七台河市。

　　生态旅游产业　森林生态休憩旅游和康养已成为新时尚、新追求，黑龙江省利用整合后的100处森林公园（其中国家级62处）、79处湿地公园（其中国家级54处）、14处地质公园（其中国家级5处），建立完善了一批森林旅游康养基础设施、服务设施，产业培育初具成效。凤凰山、亚布力、雪乡、小北湖、汤旺河、五营、帽儿山、南瓮河、珍宝岛等一大批旅游产品逐渐被世界认可。

　　木材加工产业　随着"天保工程"的实施，木材禁伐范围扩大和俄罗斯进口木材政策调整，木材原材料供应紧张，木材加工行业面临着环保整治、贸易竞争、成本上升三个方面挑战，加之近两年受新冠病毒疫情影响，家装市场消费低迷，家具制造企业材料成本、环保成本、物流成本、人工成本持续上涨，对木材加工业中的中小企业冲击较大，黑龙江省木业总体呈下滑趋势。但国林木业城等重点产业园区和神州北极木业等龙头企业努力破解发展难题，取得了一定成效。

　　绥芬河国林木业城以木材贸易、物业出租、木材干燥、现代物流、企业融资等全要素服务为主营业务，搭建对俄木业产业平台。目前一、二、三、四期项目已全部竣工，占地67.5万平方米，园区入驻企业60余家，打造了"境内外、上下游、产供销"一体化林业产业发展新业态，承接了1000多名工人转岗就业。牡丹江已建成木材加工园区十余个，其中穆棱木业产业园区以家具地板、建筑建材、装饰装潢三大板块为主攻方向，已初步打造成产业链条完整的木家居产业专业园区，全市木业企业已达400余家。大兴安岭神州北极木业克服疫情和木结构建筑市场低迷等困难，向技改要效益，努力提档升级。与国家林草局竹子研发中心合作的"木质材料耐候性增强关键技术"项目、生产线技术升级数字化改造项目已经启动，2021年签订木结构建筑订单23306平方米，预计全年销售收入8000万元，实现利润160万元。公司荣膺"中国家居综合实力100强品牌"和"中国环保家居创新力十强品牌"。七台河双叶木业提速智能制造，将产品从选材、生产、仓储、物流及安装等环节进行自动连接管理，建立竞争优势，三年来陆续投资近1.5亿元，将公司的78条生产线的56条变成自动线，生产制造车间全部实现精益化、标准化、数字化和智能化，大大缩短了交货周期，降低了生产成本。针对消费市场变化，增加服务内涵，推进家装个性化定制，满足不同层次顾客需求，通过产品提升、服务增值、品牌溢价实现利润增长。

（黑龙江省林业和草原局）

上海市林业产业

【概　述】 截至2021年年底，上海市有果树面积18.61万亩，其中投产面积16.73万亩，占总面积的89.9%，桃、葡萄、柑橘、梨四大主栽树种面积占果树总面积的92.43%，全年果品总产量18.79万吨，总产值17.72亿元（表1）。

面积消长情况　2021年果树生产面积依然持续减少，较2020年减少了0.96万亩，减幅为4.91%，四大主栽树种面积：柑橘减少了0.34万亩，桃减少0.41万亩，葡萄减少0.35万亩，梨增加0.10万亩。其他树种面积增加0.04万亩（表1）。

表1　2019—2021年上海市果树生产情况

项目	年份	合计	柑橘	桃	葡萄	梨	其他
面积（万亩）	2019	20.29	5.30	6.30	4.55	2.74	1.40
	2020	19.57	5.53	6.04	3.84	2.80	1.36
	2021	18.61	5.19	5.63	3.49	2.90	1.40
产量（万吨）	2019	27.73	10.35	6.52	6.26	3.75	0.85
	2020	24.94	10.59	5.14	4.77	3.60	0.84
	2021	18.79	6.26	4.73	3.97	3.03	0.80
产值（亿元）	2019	21.22	2.66	6.40	7.15	3.10	1.91
	2020	17.64	1.61	5.00	5.98	3.06	1.99
	2021	17.72	1.90	5.14	6.18	2.70	1.80

据调查，2021年果树生产面积减少的主要原因：一是土地属性变更，土地租赁续期困难，果园面积骤减；二是树龄老化衰亡淘汰，果农改种其他经济作物；三是极端天气影响，导致果树死亡。2021年年初寒潮和夏季台风等极端天气导致橘树、桃树等树体大面积死亡。

产量产值情况　产量方面，2021年，上海市果树总产量18.79万吨，较2020年减少6.15万吨。柑橘、桃、梨、葡萄均有所减产，其中柑橘因年初遭遇冻害，比2020年减产4.33万吨，减幅40.89%；桃总产量4.73万吨，比2020年减产0.41万吨，减幅7.98%；葡萄因种植面积减少，比2020年减产0.35万吨，减幅16.77%；梨因夏季台风天气导致部分区落果严重，比2020年减产0.57万吨，减幅15.83%。

产值方面，2021年，上海市果树总产值17.72亿元，较2020年17.64亿元略有上升。从数据来看，除梨的产值有所下降外，柑橘、桃、葡萄的产值均有所上升，其中柑橘产值1.90亿元，桃产值5.14亿元，葡萄产值6.18亿元，梨产值2.7亿元，葡萄产值依然最高，占总产值的34.9%。从价格来看，四大树种的单位售价均有所提高，其中桃平均每千克从9.71元上升至10.87元；梨每千克从8.51元上升至8.91元；葡萄每千克从12.53元上升至15.57元；柑橘的单位售价几乎翻了一番，每千克从1.52元上升至3.03元。柑橘的单位售价上升最为明显，主要与年初冻害导致产量明显减少，改变了市场供求关系，供不应求，同时，与"红美人"等高价新优柑橘品种的栽培面积增加有关。

【主要工作】

果树相关技术研究　根据上海目前果树结构，联合各果树研究所，重点开展经济果林新品种引进、筛选与示范工作，包括桃优良新品种筛选与中试、蟠桃新品种引种观察及技术推广、蓝莓新优品种优瑞卡系列引种试验；开展果树栽培技术研究与示范工作，包括上海地区"阳光玫瑰"葡萄花果管理技术研究、枇杷栽培技术研究与示范、"四化"应用蓝莓品种筛选与探索；果树病虫害防治技术研究与示范，如柑橘黑点病、蚜虫防治与肥料筛选试验项目。针对当前果树发展面临的痛点和难点，开展广泛调研，持续研究，推进技术服务和技术推广工作，为生产一线提供技术指导。

"安全优质信得过果园"创建 年初组织召开2020年"安全优质信得过果园"创建活动评审总结会，11家果园入选上海市2020年度"安全优质信得过果园"。

启动新一轮安全优质信得过果园创建评选活动，共收到全市15家果园的申报材料。2021年3-10月，完成了所有新申报果园资料的审核以及果园产前、产中、产后三轮现场检查。同时开展了15家新申报果园的17份果品的农残检测；22家信得过果园的22份土壤检测。

对13家果园开展复审检查工作。对15家创建信得过果园的田间电子档案全程监管。组织13名新创建安全优质信得过果园的安全监督员进行培训和上岗考试，确保安全监督员业精技湛、全部持证上岗。

林果品牌建设与宣传 2021年"乡土有约"系列活动在各级领导和相关部门的支持下，各大媒体对口宣传报道42次，浏览量超过25万。

对外发布九大"上海市安全优质信得过果园"采摘路线，为市民提供更多便捷休闲去处，进一步宣传地产优质果园。组织两次"乡土有约"亲子采摘之旅活动，录制宣传视频，让市民体验地产果园建设和品尝新鲜果品。

组织举办第十届"乡土有约"——夏季优质果品推介活动启动仪式，仪式分为"真情十年、美丽绽放、林果飘香、主题报告"四个篇章，会议同时表彰了2020年果树条线各类先进集体和个人，发布了新入选"安全优质信得过果园"11家。联合相关单位开发了"安全优质信得过果园"商城，并在"乡土有约"启动仪式上正式发布，订单额超过10万元。

联合农业部门组织举办夏季优质果品进公园推介，15家公园帮助果农销售果品23万千克。组织柑橘合作社进驻市区13家公园开展推介。截至2021年11月17日，13家公园累计销售柑橘49万千克。

乡土专家队伍建设 按照国家林草局要求，组织区林果管理单位推荐4位全国林草乡土专家，并完成材料上报。收到来自浦东新区、松江区、金山区、青浦区和崇明区共6份上海市林果乡土专家申报表，按照乡土专家遴选规定审核选拔。编印《乡土专家谈农事》技术信息，全年共编制4期。编制《乡土专家谈农事》2016—2020年合集，并结集印制成册。

"2021年上海林业行业技能比武——葡萄整穗疏粒比赛"在上海施泉葡萄园举办。来自金山、嘉定和浦东等7个郊区的31名葡萄植培专业人员参赛。赛前请乡土专家进行培训讲解，对疏粒技巧进行重点推介。比赛后评选出一、二、三等奖，并请乡土专家进行点评，同时总结疏粒技术要点，帮助果农提高疏粒技术。

林业产业专业委员会在关键农时，及时组织开展田间课堂，为果农提供全年技术服务。2021年3月，针对柑橘遭受严重冻害情况，组织乡土专家在长兴岛橘园开展田间课堂，重点讲解冻害后果园管理和树体恢复技术，为柑橘果农及时进行补救提供技术保障；9月，针对果园秋季管理技术，召集乡土专家在浦东新区果园开展秋季田间管理培训课堂，全市近60位果农前来听课；11月，在嘉定区组织举办葡萄冬季管理技术田间课堂，邀请乡土专家为全市近50名果农进行讲课。全市各郊区举办乡土专家田间课堂活动37场，果农累计参加1000人次以上。

【闵行区林果业】 2021年，闵行区有果树面积2404.4亩，总面积与上年相比增加257.3亩。其中已投产面积2017.1亩；果品总产量1462.3吨，总产值2351.2万元。

面积分布：在2404.4亩果树面积中，桃面积为714.5亩，占29.7%；梨面积为556.9亩，占23.2%；葡萄面积为536.1亩，占22.3%；柑橘面积为218.1亩，占9.1%；火龙果面积为152.5，占6.3%；猕猴桃面积为55亩，占2.3%；小水果面积为171.3亩，占7.1%。

产量：在1462.3吨果品产量中，桃产量为379

吨，占25.9%；梨产量为470.1吨，占32.1%；葡萄产量为332.5吨，占22.7%；火龙果产量为170.7吨，占11.7%；柑橘产量为69.5吨，占4.8%；猕猴桃产量为20吨，占1.4%，其他小水果产量为20.5吨，占1.4%。

产值：在2351.2万元果品产值中，桃产值为412.7万元，占17.6%；梨产值为470.6万元，占20%；葡萄产值为872.3万元，占37.1%；火龙果产值为266.6万元，占11.3%，柑橘产值为253万元，占10.8%；猕猴桃产值为40万元，占1.7%，其他小水果产值36万元，占1.5%。从主栽水果平均单价来看，葡萄单价为26.24元/千克，梨为10.01元/千克，桃10.9元/千克，火龙果为15.62元/千克，猕猴桃单价为19.98元/千克，柑橘单价为36.36元/千克。

(闵行区林业站)

【嘉定区林果业】 截至2021年年底，嘉定全区有经济果林面积10674亩，其中已投产面积10281亩，年内新增果林面积142亩，全年果实总产量为10670吨，果品总产值为20185万元。较2020年同期调查数据，总面积减少了394亩，总产量减少2228吨，但通过果农的科学安排精细培植，总产值增加了1796万元。

在嘉定区现有经济果林中，仍以葡萄为主栽品种，其次是桃和梨。2021年嘉定区葡萄种植面积为8638亩，占全区果树总面积的80.92%；桃树为1038亩，占全区果树总面积的9.7%；梨树为398亩，占全区果树总面积的3.7%。较上年，新增了果桑和柿两个品种，减少了银杏品种，其余一些小面积的品种，如猕猴桃和火龙果等有小幅度的变动(表2)。

表2 嘉定区2020年、2021年果树生产情况

	年份	合计	桃	梨	柑橘	葡萄	小水果
总面积（亩）	2021	10674	1038	398	224	8638	376
	2020	11068	1300	388	151	8836	393
已投产面积（亩）	2021	10281	1038	383.3	144	8423.9	292
	2020	10747	1281.5	366	116	8618.9	364.6
新增面积（亩）	2021	142	0	15	80	42	5
	2020	24	0	0	15	0	9
总产量（吨）	2021	10670	893.6	314.8	210	10136.5	114.95
	2020	12897.7	1078.4	278.1	279.9	11091.1	170.23
总产值（万元）	2021	20185	1518.8	448.8	227.7	17703.5	286.2
	2020	18389.3	1861.4	416.8	127.5	15645.7	337.9
亩产量(按投产面积来折算)	2021	1135	861	821	1458	1203	393.7
	2020	1200.1	841.5	759.8	2412.5	1286.8	467
亩产值（万元）	2021	19634	14638	11709	15813	21016	9801.4
	2020	17111.1	14525	11388	10987.1	18152.8	9267.7

(嘉定区林业站)

【宝山区林果业】 宝山区现有果树总面积3174亩，投产面积2965亩；果品总产量3150.8吨，比2020年减少398吨；总产值5583.1万元，比2020年减少460.6万元。全区葡萄、梨、桃、柑橘、其它小水果面积分别为1670.8亩、707.3亩、397.5亩、273亩和125.4亩。全区水果平均亩产量为1062.6千克/亩，与上年持平；平均亩产值为18829.4元，比2020年减少了1376元；平均单价为17.72元/千克，比2020年增加0.69元。全区3174亩果树主要分布在罗店、月浦、杨行、罗泾和顾村5个乡镇，面积主要集中在罗店镇和月浦镇，面积分别为2150.7亩和606.8亩，两镇占全区果树生产总面积的86.8%；其次为罗泾镇、杨行镇，面积分别为264.5亩、140亩，两镇总面积

占全区果树生产总面积的12.7%。全区共有水果专业合作社13家，其中一家为市级水果标准园。通过绿色认证的有一家合作社，种植大户7家，农户105家，果农200位。水果面积基本与上年持平，总产量和总产值比上年略减，主要原因是受不良天气影响(表3)。

表3 宝山区2021年果树生产情况

品种	面积(亩)	比上年(%)	总产量(吨)	比上年(%)	总产值(万元)	比上年(%)
桃	397.5	0.16	299.7	0.12	677.5	0.32
梨	707.3	0.03	676.3	-0.24	1118.7	-0.21
葡萄	1670.8	-0.05	2006.1	-0.1	3501.3	-0.09
柑橘	273	0.17	89.3	0.25	150.6	0.01
其他	125.4	-0.08	79.4	-0.49	135	-0.06
合计	3174	0.001	3150.8	-0.11	5583.1	-0.07

(宝山区林业站)

【松江区林果业】 截至2021年年底，松江区有果树总面积为4585亩，其中已投产面积3742.3亩，新增面积148.4亩；果树总产量为2769.6吨，总产值为3947.6万元。桃、梨、葡萄三大主栽树种的面积分别为1402亩、1496.6亩、847.6亩，分别占果树总面积的30.58%、32.64%、18.49%，蓝莓等其他水果面积为838.8亩，占18.29%(表4)。

表4 2021年松江区主要果树生产情况

果树品称	面积(亩)	比上年(%)	总产量(吨)	比上年(%)	总产值(万元)	比上年(%)
桃	1402	6.49	648.4	-29.12	773.5	-33.39
梨	1496.6	-5.74	1255.7	-2.74	1324.9	5.83
葡萄	847.6	-12.25	597.8	-26.4	784.7	-23.24
其他	838.8	-11.32	308.1	-13.11	1064.5	-11.92
合计	4585	-4.8	2769.6	-16.47	3947.6	-14.99

果树面积继续减少 2021年果树总面积为4585亩，比上年的4816.1亩减少231.1亩，减幅为4.8%。其中面积减少最多的是葡萄，比上年减少了118.3亩，主要是外来承包人员种植的葡萄合同到期清退。还有些街镇对部分管理不善的果园业主要求种植结构调整，种植其他作物，导致业主种植积极性不高，退包或改植其他。

遭受严重自然灾害影响 桃树开花期遇暗霜、多雨等因素，坐果率低，水蜜桃产量较往年减少；又因为去冬今春积温充足，水蜜桃上市时间明显提前，品质好于往年。受台风"烟花"影响，造成锦绣黄桃等晚熟桃大量落果、烂果，产量明显减少，兼之桃树植地地势低、排水困难、树体弱的桃树因受水泡时间过长而死亡。同时，此次台风对梨树同样造成很大的伤害，造成大量落果。气象灾害叠加，地域条件不善，对果品生产带来不可抗力的影响，减产降质势在必然。

病虫害发生较往年有所增长 湿度大有利于病菌的繁殖和传播，因此梨黑斑病发生较重，导致提前落叶，很多管理差的梨园在2021年9月底至10月上旬出现梨花提前频开试花。这将影响翌年的梨果生产。

(松江区林业站)

【金山区林果业】

果树生产 2021年，金山区果树生产总面积为22827.2亩，已投产20759.1亩，总面积相比上年减少近2000亩，受2021年7月底"烟花"台风、暴雨、高潮位严重影响，部分镇桃树大面积死亡，果园受损严重。同时受到用地政策影响，新增经济果林受到限制，全区经济果林面积呈现逐年下降趋势。金山区果树主栽品种有桃、梨、柑橘、葡萄等，种植面积最大的乡镇集中在枫泾、吕巷、廊下3个乡镇。蟠桃以传统玉露蟠桃为主；黄桃主要以锦绣黄桃为主；梨品种以翠玉、翠冠、早生新水等为主；柑橘以红美人、宫川为主；葡萄以巨峰、醉金香、夏黑、阳光玫瑰等为主。

新模式与新技术　根据生产实际适时加大了避雨栽培在蟠桃生产中的研究应用，并开展了控水、施肥、修剪和不同架式的综合性试验。果园选择了紫云英、毛叶苕子、草头等几种草籽作为桃园生草栽培试验材料。

葡萄重点推广双膜覆盖技术，双膜覆盖能有效防治灰霉病的发生。葡萄双膜覆盖大棚内萌芽后不再浇水，减少大棚内湿度，在不影响新梢生长的情况下，白天中午前后通风降湿，降低灰霉病发病条件，低温连阴雨时减少通风时间或不通风，以保持大棚内温度。葡萄双膜覆盖后，再浇一次大水，整个大棚内全部浇透，然后封棚升温，萌芽前最高温度控制在32℃以内，萌芽后到花前温度控制在30℃以内，防止高温热害，花期最适温度26~28℃。葡萄萌芽后停止浇水，部分新芽展叶2片时开始铺设反光膜，降低大棚内湿度，晴天的中午进行通风降湿降温。

黄桃重点推广生产省力化、机械化模式。采购多功能施肥车、履带式运输车、履带风送式植保机、除草车、枝条粉碎机等小型机械设备，助力于田间操作，提高生产效率，减少劳动力投入，增进合作社生产效益。

（金山区林业站）

【青浦区林果业】　截至2021年年底，青浦区现有果树面积10751.1亩，其中已投产面积9964.8亩，新增果树面积244.1亩；果树总产量10849.4吨，总产值11771.1万元。桃、梨、葡萄、柑橘、枇杷、蓝莓六大主栽树种的面积分别为2355.2亩、1571.6亩、2999.9亩、1077.2亩、884.5亩、686亩（表5）。

表5　2020年、2021年青浦区果树生产情况

项目	年份	桃	梨	葡萄	柑橘	枇杷	蓝莓	火龙果	其他	合计
总面积（亩）	2021	2355.2	1571.6	2999.9	1077.2	884.5	686.0	92.7	1084.0	10751.1
	2020	2361.0	1727.9	3222.7	1086.6	902.8	579.0	70.9	1082.2	11033.1
	增减	-5.80	-156.3	-222.8	-9.4	-18.3	107.0	21.80	1.8	-282.0
投产面积（亩）	2021	2019.3	1411.7	2996.9	1062.4	803.5	686.0	53.7	931.4	9964.8
	2020	2013.4	1588.0	3222.5	961.6	892.4	557.0	62.4	528.5	9825.8
	增减	5.8	-176.3	-225.6	100.8	-88.9	129.0	-8.7	402.9	139.0
总产量（吨）	2021	3657.0	1925.2	3579.6	915.0	194.1	189.1	12.9	376.6	10849.4
	2020	3736	2204.4	4202.3	987.1	190.7	251.8	29.8	317.6	11919.4
	增减	-79.0	-279.2	-622.7	-72.1	3.4	-62.7	-16.9	58.9	-1070.4
总产值（万元）	2021	2251.9	1712.9	3430.8	1353.7	700.7	1222.6	25.8	1073.0	11771.1
	2020	2452.3	2101.3	4349.2	1376.5	585.5	1478.2	60.9	833.1	13237
	增减	-200.4	-388.4	-918.4	-22.8	115.0	-255.6	-35.1	239.9	-1465.9

果树总面积虽然比上年少了282亩，梨、葡萄、枇杷减少面积比较大，分别减少了156.3亩、222.8亩、18.3亩，但其他果树面积基本不变。

从投产面积来看，总量增加了139亩，其中柑橘、蓝莓分别增加了100.8亩、129亩，主要是柑橘中"红美人"品种开始进入投产期。但梨、葡萄、枇杷减少面积比较大，分别减少了176.3亩、225.6亩、88.9亩。从总产量来看，除枇杷等少数品种略微增加外，大部分品种都呈现减少趋势，减少主要原因是年初持续低温冻害和夏秋季节台风。从产值上来看，基本上都减少。

（青浦区林业站）

【浦东新区林果业】

面积情况　截至2021年11月，浦东果树总面

积为45996亩，连续12年减少，同比上年减少3.62%。果树树种面积表现为"三增二减"："三增"是梨7525亩，比上年增421亩，增幅5.93%；葡萄7704亩，比上年增295亩，增幅3.98%；小水果3138亩，比上年增621亩，增幅24.66%，主要由于近年来新种了软枣、猕猴桃、火龙果和无花果等树种。"二减"是桃树24655亩，比上年减1741亩，减幅6.60%，主要是土地被征用、桃树老龄化和台风死树等叠加影响；柑橘2975亩，比上年减1325亩，减幅30.82%，主要是年初严重冻害造成较大面积死树（表6）。

表6 2020年、2021年浦东新区果树生产情况

年份	项目		合计	桃	梨	葡萄	柑橘	其他
2020		总面积（亩）	47726	26396	7104	7409	4300	2517
	其中	已投产面积（亩）	44063	25567	6203	6942	3382	1969
		新增面积（亩）	2356	615	143	467	799	332
		总产量（吨）	41436	17119	6640	7790	8199	1689
		总产值（万元）	44830	18408	6007	12161	2915	5339
	投产面积	亩产量（千克）	940	670	1070	1122	2424	—
		亩产值（元）	10174	7200	9683	17517	8620	—
		单价（元/千克）	10.82	10.75	9.05	15.61	3.56	—
2021		总面积（亩）	45996	24655	7525	7704	2975	3138
	其中	已投产面积（亩）	41406	23089	5642	7122	2062	2328
		新增面积（亩）	3433	1376	1172	549	241	94
		设施栽培面积（亩）	8672	227		6864	331	1250
		总产量（吨）	33093	15848	4262	7602	3488	1774
		总产值（万元）	46310	19605	4402	14517	2261	5049
	投产面积	亩产量（千克）	799	686	755	1067	1691	—
		亩产值（元）	11184	8491	7801	20383	10965	—
		单价（元/千克）	13.99	12.37	10.33	19.10	6.48	—

气候及产量情况 2021年，主要果树生长期内气候较为异常，受台风"烟花"影响，桃树受淹，造成叶片早落甚至树体死亡，同时受到梨小食心虫中度为害、落果烂果较重，平均亩产量686千克，为近12年来仅略高于2016年、2020年的次低年份。梨成熟前期，受台风"烟花"影响，导致大量落果，平均亩产量为755千克，比上年减产29.4%，为近12年来最低。葡萄推行控产栽培，也受台风影响，平均亩产1067千克，比上年减产4.86%。

2021年1月7~10日，浦东出现连续48小时低于零度，极端最低温为零下7.4度的寒潮，造成露地柑橘大面积冻死冻伤，亩产量低至1691千克，比上年减产30.24%。

品质及效益情况 2021年出梅早于上年，桃果品质总体上好于上年，加上产量较低，至7月中旬桃果供不应求，价格跳升明显，平均单价达12.37元/千克，比上年高15%；桃亩产值仅为8491元，虽较上年高18%，但仍明显低于常年水平。2021年，梨果平均单价达10.33元/千克，比上年高14%，但因台风大减产，平均亩产值为7801元，比上年减收19%。由于"阳光玫瑰"种植面积大幅增加，葡萄平均单价上升至19.1元/千克，比上年高22%，葡萄平均亩产值也上升至20383元，比上年增加16.36%。柑橘生育中后期连续晴天、光照足，品质总体较好，加上"红美人"的比例明显提高，单价明显提升，平均亩产值达10965元，比上年高27%。由于果树总面积有所减少，再加上梨、柑橘等大幅减产，全区果品总产量仅为32974吨，比上年减少20%；但受葡萄、

柑橘等品种结构调整和桃、梨单价回升，全区果树总产值为4.58亿元，反比上年增加2%。小水果方面，以火龙果、软枣、猕猴桃等为代表的树种继续表现出较好的效益和发展趋势。

(浦东新区农业技术推广中心)

【奉贤区林果业】

林果面积 2021年，全区果树面积1.98万亩，比上年减少10.05%，其中，桃面积10339亩，比上年减少6.28%；梨面积4873.2亩，比上年减少2.80%；葡萄面积2974.4亩，比上年减少37.49%；柑橘面积652.5亩，比上年增加24.45%；其他水果面积922.3亩，比上年增加44.02%。葡萄连续3年面积大幅度减少，而柑橘和小水果连续两年面积增加。

产量产值 林果总产量比上年减少25.98%；总产值比上年度减少15.88%，平均单价比上年增加15.1%。受到2021年年初低温影响，全区柑橘受严重冻害。受台风"烟花"影响，全区桃亩产减少2.75%，梨亩产减少28.27%，葡萄亩产减少22.65%；桃平均单价上涨10.78%，梨平均单价上涨4.85%，葡萄平均单价上涨38.18%；桃总产值保持基本不变，梨总产值减少28.11%，葡萄总产值减少35.40%。

柑橘和小水果 近两年奉贤区柑橘和小水果面积增加较快，但因天气原因，2021年柑橘和樱桃有死树情况。气象局预测受"拉尼娜"影响，2021年年底至2022年年初上海冷冬可能性较大，因此柑橘和小水果的种植面积及产量仍可能出现小幅波动(表7)。

表7 2020年、2021年奉贤区果树生产情况

分类		总面积(亩)	投产面积(亩)	总产量(吨)	总产值(万元)	亩产量(千克)	亩产值(元)	平均单价(元)
果树	2020年	21968.8	20637.5	27252.4	28716.8	1320.5	13914.9	10.5
	2021年	19761.4	17942.2	20173.0	24156.7	1124.3	13463.6	12.0
	增减%	-10.05	-13.06	-25.98	-15.88	-14.86	-3.24	14.29
桃	2020年	11032.3	10248.3	11987.8	12176.3	1169.7	11881.4	10.2
	2021年	10339.0	9557.7	10871.4	12292.8	1137.5	12861.0	11.3
	增减%	-6.28	-6.74	-9.31	0.95	-2.75	8.24	10.78
梨	2020年	5013.5	5005.5	7435.7	7632.5	1485.2	15248.2	10.3
	2021年	4873.2	4763.2	5075.9	5487.3	1065.6	11520.2	10.8
	增减%	-2.80	-4.84	-31.74	-28.11	-28.27	-24.45	4.85
葡萄	2020年	4758.4	4587.6	6840.4	7491.8	1491.1	16330.7	11.0
	2021年	2974.4	2758.6	3181.6	4839.6	1153.4	17543.8	15.2
	增减%	-37.49	-39.87	-53.49	-35.40	-22.65	7.43	38.18
柑橘	2020年	524.3	195.8	245.2	135.3	1252.1	6907.6	5.5
	2021年	652.5	245.5	356.9	361.0	1453.9	14705.1	10.1
	增减%	24.45	25.38	45.55	166.81	16.12	112.88	83.64
小水果	2020年	640.00	600.30	743.40	1281.00	1160.80	20003.90	17.23
	2021年	922.3	617.2	687.2	1176.6	1113.4	19063.5	17.1
	增减%	44.11	2.82	-7.56	-8.15	-4.08	-4.70	-0.75

(奉贤区林业站)

【崇明区林果业】

果树生产基本情况 近年来，崇明区紧紧围绕"优化果树品种结构，提升绿色生产水平，筑牢产品品质基础"这一目标，大力开展新优品种引试和省力化生态果园理念的推广，全区林果产业向品种多元化、模式省力化、生产绿色化的方向发

展,以柑橘、蜜梨等为主的果树新优品种逐渐丰富,一批省力化生态果园陆续建成,老果园更新换代持续开展,林果产业呈现出较好的发展势头。

截至2021年年底,全区果树种植总面积为65971.64亩,其中蜜梨7543.7亩,柑橘45035亩,桃6178.1亩,葡萄3711.2亩,其他3503.64亩,较上年减少2689.76亩,主要原因是上年冬季的极端低温天气对柑橘造成严重冻害,导致果农种植柑橘积极性下降。蜜梨面积稳中有升,主要是由于翠冠梨区域公共品牌建设,提振了种植户对翠冠梨产业发展的信心;桃、葡萄面积有所减少,主要原因是老桃园改造,桃、葡萄生产用工量较大,投入成本高,部分农户转而种植其他作物。30亩以上规模化主体439家40347亩,规模化率达61.1%。为了调整林果产业结构,增加收益,部分合作社和种植大户积极引种了柑橘、桃、梨等新优品种,自发调整品种结构,以适应市场和不同客户群体需要。为了提高林果产业现代化生产水平,提升机械化程度,在老果园改造和新果园建设中,大力推广省力化栽培,以降低劳动力用工量,缓解用工矛盾。通过对生草栽培、设施栽培、有害生物绿色防控技术的示范、推广及施用有机肥面积的进一步扩大,结合各类技术培训,本区果农的种植理念和技术水平及果品品质将会有进一步提高。

(崇明区农业技术推广中心)

江苏省林业产业

【概　述】 2021年，江苏省林业产业工作按照国家林草局部署，贴近基层，主动作为，大力推动林业产业提档升级，加快产业一、二、三产融合发展，积极推动乡村振兴。

大力推进林下种植业发展 江苏省林业局会同省发改委等10个厅局（单位）印发《关于进一步加快木本粮油和林下经济高质量发展的通知》，从用地、科技、财税、金融等多方面进一步完善加快木本粮油和林下经济产业发展的政策保障。组织召开林下种植工作座谈会，组织省林业科学院等5家科研教学单位编制印发《林下种植作物品种推荐名录》，印发《江苏省林业局关于推进林下种植业发展的通知》。引导扶持市县级林下经济示范基地遴选建设，截止到2021年年底，全省共遴选建设林下经济示范基地190家，其中省级林下经济示范基地70家、市县级林下经济示范基地120家。2021年12月16日，省林业局、常州市林业局和常州市武进区人民政府联合签订《林木种苗和林下经济产业高质量发展战略合作协议》，加快全省林木种苗和林下经济产业工程建设，推进林木种苗和林下经济产业高质量融合创新发展。组织完成2020年度全省经济林数据统计上报工作，组织完成第五批国家林下经济示范基地的推荐上报工作。做好省政协关于林下经济发展助推乡村振兴的提案起草工作；着力加强市场信息和产销对接服务，会同省建设银行赴宜兴等地开展调研，依托善融平台筹建江苏林特馆，2021年11月26日，实现江苏林特产品馆上线，对符合资质要求的商户实现第一期入驻平台，帮助林农林企通过电商平台销售碧根果、牡丹花蕊茶、木耳等林产品。

据统计，2021年，全省林下经济产业发展面积661万亩、产值469亿元，均超额完成年度目标任务。南京、无锡、徐州、常州、苏州、南通、连云港、盐城、镇江、泰州、宿迁等11个设区市较好地完成了分解的年度目标任务。其中，徐州市林下经济年度产值超额31%，常州市林下经济年度产值超额12%。

推动竹木加工业提档升级 通过科技项目、政策资金支持，促进产学研结合，加快竹木加工企业提档升级进程。与省林业局规划与资金管理处共同向省财政争取林业产业发展资金，大力推动林产品综合开发加工及林下经济基地、特色林业产业升级、国家重点林业龙头企业等项目创新发展与提档升级，引导推动有关企业加快设备与技术升级改造步伐，释放绿色发展动力。向国家林草局推荐徐州宁兴食品有限公司等5个单位参与第五批国家林业重点龙头企业申报工作。

组织参加重点展会节庆 组织江苏省部分林业企业参展2021广州国际森林食品交易博览会。通过积极参与国家林草局重点展会，展示江苏省食用林产品产业发展水平，提升林业企业品牌形象，助力林企解危纾困，推进乡村振兴发挥了重要作用，取得了良好效益。指导宜兴、泗洪等地举办农民丰收节经济林节庆活动。

提升林业科技保障能力 2021年，江苏省林业科技工作始终与江苏省生态保护、产业发展、林农增收等工作紧密结合，认真组织做好知识产权保护国家考核林业领域迎考工作，积极搭建各类科技创新平台，加快成果转化推广，努力为传统林业向现代高质量林业转型升级提供支撑保障。推进林草科技创新有新进展。积极推进省部共建林产化学与材料国际创新高地建设，协调省财政连续5年每年支持100万元。2个国家林业和草原局重点实验室、1家国家长期科研基地获批建设；已建成的生态定位观测站继续开展长期稳定监测，工程中心、长期科研基地不断深入技术研发，开展技术服务，促进成果转化；推荐5家国家林草科技推广转化基地待批复；有1人入选第三批林业和草原青年拔尖人才，1个创新团队入选科技创新团队，7位受聘为国家林草局第二批林草乡土专家，

6位获得国家林草局第一批"最美林草科技推广员"荣誉。启动江苏省林业科技进步贡献率测算工作。开展获行政许可的转基因株系中间试验省级监督管理工作。林草成果转化与推广有新进展。江苏省林业局向国家林草局推荐各类林草科技成果，入选科技司成果库47项，1项入选国家林草局2021年重点推广林草科技百项成果，1个项目受邀参加"林草高新技术进青海"活动，3个项目获省部级奖励。组织推荐国家林草科技推广转化基地5家（待批）。林业科技推广项目新增碳汇和山水林田湖草综合治理等重点支持方向，2021年中央财政林业科技示范推广项目共立项12项，补助资金951万元，省林业科技创新与推广项目共立项63项，补助资金3000万元。进一步完善省林业科技创新与推广项目管理机制，试点推行红黑名单管理制度。新设立"研发与创新类项目"，按照有关规定给予项目承担单位技术路线决策权、预算调剂权，激发科技人员的创造性和创新动力。

林草标准化工作 新立项地方标准项目2项。联合申报长三角区域地方标准多项。连续两年拿到年度食用林产品质量安全监测国家考核工作满分，在2020年省食品安全综合评议中获优秀。组织制订2021年食用林产品质量安全监测计划，开展专题培训，落实省级监测1257批次，监测对象新增竹笋及产地环境（土壤），超额完成国家林草局下达的年度监测任务，监测抽样的食用林产品批次全部合格。继续加强检测能力建设，开展食用林产品和产地农药残留检测技术研究，组织省农产品质量检验测试中心和省农业科学研究院两家检测机构参加国家林草局科技司组织的2021年食用林产品检验检测能力验证，全部验证项均以"满意"的结果通过。

（江苏省林业局）

浙江省林业产业

【概　述】 2021年，在国家林业和草原局的大力支持下，浙江省认真践行"绿水青山就是金山银山"发展理念，加强政策引导，依靠科技进步，创新经营机制，推进融合发展，不断做大做强木本粮油、干鲜果以及花卉苗木等区域特色优势经济林产业，呈现"产业发展，结构优化，水平提升，效益提高"的良好态势，为山区经济发展和农民增收发挥了重要作用。努力打造林业"两山"转化样板区，各项工作均取得了显著成效，先后4次得到国家林业和草原局的表扬。

【经济林产业规模稳步扩增】 截至2021年年底，全省经济林总面积达到1811.09万亩。毛茶、油茶、柑橘、山核桃、板栗、柿子合计占经济林面积的43.4%。木本油料总面积已达348.94万亩，其中油茶面积242.98万亩。全省99个县（市、区）都有经济林种植，从事经济林种植的农民超过100万人。

按照打造林业"五大千亿"主导产业发展目标，编制发布《浙江省林下经济产业发展"十四五"规划》《浙江省林区道路建设中长期规划（2021—2030）》，制订《浙江省木本油料全产业链实施方案（2021—2025年）》，从产业布局、政策扶持、重点任务等方面进一步明确目标方向，为推进山区跨越式发展赋能蓄力。

组织编制并印发了《浙江省深化林业综合改革实施方案（2021—2025）》《2021年全省深化综合林业改革任务清单》，将各项改革任务明确到单位，责任落实到人，促进林业综合改革向纵深发展。

结合"新增百万亩国土绿化行动"，全力推进年度7万亩油料生产保供任务落实，全省各地完成2021年年度新种油茶任务70521.21万亩，完成率100.7%。

成功举办第14届中国义乌国际森林产品博览会。森博会以"绿色低碳 共同富裕"为主题，创新办展模式、融合线上线下，有效凸显了共同富裕引领作用，经贸合作成效显著。展会设展馆7个，特色展区10个，展览面积7万平方米，国际标准展位3009个，吸引23个国家和地区的1878家企业参展。线上森博会首次设立"优质林产品展示交易中心"平台，组织340家企业入驻，上线产品3652个，线上流量达132万人次；首次引入森博会团队直播，共组织专业团队直播24场，平均每场直播观看人数在3万以上，百余万网友通过线上平台观看了森博会。第14届森博会到会客商10.2万人次，累计实现成交额18.5亿元，成为该年度唯一成功举办的国家级林业展会。

做好国家级林业产业示范园创建。根据国家林草局第二批国家林业产业示范园区审核委托，完成5个申报地区的实地审核评估工作，临安、常山、庆元、龙泉被列入第二批国家林业产业示范园区。组织开展年度现代林业经济示范区命名。下发年度现代林业经济示范区的申报文件，组织发动各地申报创建省级现代林业经济示范区，年度命名省级特色产业示范县2个，省级特色产业强镇8个，森林休闲养生城市2个，康养名镇7个，省级森林人家75个。认定省级森林氧吧95个，省级康养基地19个。强化生产主体和林业品牌建设。强化林业重点龙头企业认定的管理，组织开展2021年度省级林业重点龙头企业申报和监测工作，年度新认定省级林业重点龙头企业19家，监测47家。加强新型经营主体建设，培育家庭林场、林业合作社等新型经营主体216家，组织开展省级示范性家庭林场创建，年度新认定省示范性家庭林场52家。

成功注册"浙山珍""浙山至品"两个省级区域公共品牌，并初步制订公共品牌使用管理办法。科学谋划林道建设发展。组织修订浙江省林区公路建设技术指南，积极开展林区道路建设，目前已完成省级林道建设任务586千米，超额完成年度重点任务指标。

【林下经济发展迅猛】 浙江"七山一水二分田",森林面积607.56万公顷,森林覆盖率61.15%,拥有长三角区域最大的森林,植被资源在3000种以上,丰富的林地资源和良好的生态环境,使浙江发展林下经济具有得天独厚的区位优势和资源优势。截至2021年年末,全省林下经济发展面积约1042万亩,其中林下种植和林下养殖基地面积289万亩,林产品采集加工基地面积283万亩,森林景观利用972万亩;拥有国家级林下经济示范基地7个,省级林下经济示范基地60个,"千村万元"林下经济示范村110个,示范基地面积35430亩,总产值达1162亿元。

政策引导不断加强。2021年中央一号文件中明确要求,促进木本粮油和林下经济发展。4月,省林业局联合省发改委等12部门联合印发了《关于科学利用林地资源促进木本粮油和林下经济高质量发展的实施意见》,明确重点推进"千村万元"林下经济增收帮扶工程。省委、省政府下发了《浙江省山区26县跨越式高质量发展实施方案(2021—2025年)》,把"千村万元"林下经济增收帮扶工程作为重点工程,支持山区26个县大力发展林下道地中药材和珍贵食用菌。近几年来,各级财政先后投入资金2.5亿元(其中省级财政4000万元),银行金融机构提供信贷扶持7亿多元。

产业规模不断壮大。截至2021年,全省林下经济利用林地总面积1042万亩,从事林下经济的企业(合作社)7656家,农户16万户,位居全国前列。按地域统计,杭州市林下经济产业发展面积最大,达428万亩,其次为温州市195万亩,金华市89万亩。按模式统计,林下种植模式中,利用林地面积最大的为林茶、林果和林药模式。目前,林药种植规模发展最快,已达36万亩。种植面积较大的品种主要有前胡、铁皮石斛、多花黄精、三叶青、白芨、重楼以及"浙八味"中的浙贝母、元胡等,初步形成了浙东、浙南、浙西、浙北、浙中五大特色优势中药材产区,分布在全省43个中药材重点县。

富民作用日益凸显。据统计,2021年,全省林下经济总产值1162亿元,其中杭州最高,达346亿元。浙西丘陵及浙南山地林下经济发展区产值较高,湖州、温州产值分别达280亿元和230亿元。其林下经济正成为林农增收致富的重要途径。如武义县大力发展林下经济产业,全县经济薄弱村白姆乡松树下村是典型的山地村,自2015年以来,村委会通过林地流转入股的方式,建立了中草药产业园,发展林下套种三叶青,年年有收成,人人有股份。村民通过"分红+工资",一年能有4万元以上的收入。

科技支撑能力不断增强。全省各地以建设高效生态林业、加快林农增收致富为目标,创新林业科技成果转化机制,加大科技推广度,织好推广队伍、技术服务、科技示范"三张网",着力构建林下经济产业科技支撑体系。建立和完善以省级专家和县级首席推广专家为龙头,以林技指导员和责任林技员为骨干,以林技推广能手和社会化林技推广人员为补充的新型林技推广网络。组织林下经济专家研发推广林药、林菌、林产品采集加工等各类林下经济模式50余种,编印《浙江省林下中药材种植技术汇编》,组织开展林下中药材高质量发展论坛,组织开展林下经济技术培训。组织相关人员赴省中医药大学、省中医药研究院、省健康产业集团和林下经济产业重点县开展林下经济产业调研活动并召开座谈会。

【笋竹产业生机勃勃】 全省笋竹产业门类较为齐全,产业体系较为完整,产业基础深厚。笋、竹加工产品类别涉及十几大类、上千个品种,几乎涵盖竹建筑、竹胶板、竹地板、竹集成材、竹家居、竹装饰、竹编制品、竹厨具、竹工艺品、竹纤维制品、竹炭、竹醋液、竹笋、竹保健品、竹生物质能源、竹林旅游等各个领域。2021年,全省竹业总产值541.95亿元,约占全省林业产业产值的10%。产品出口美国、欧洲、日本、韩国等几十个国家和地区,年出口创汇额7亿多美元。全省有46个县的竹业产值超亿元,其中有12个县超过10亿元,面积0.67万公顷以上的县有43个。安吉县是全省竹林面积最大的县,数量超过7万公顷,其中毛竹林约6万公顷,竹业产值为154.233亿元,为全省最高。临安区是全省最大的菜竹笋基地,竹林面积为5.62万公顷,其中以雷竹为主的菜竹笋面积3.53万公顷。全省年采伐大径竹材2.21亿根,其中毛竹材2.11亿根;小径竹材年采伐量49.43万吨,年产鲜竹笋200余万吨。竹产业横跨一、二、三产业,产业链条长、就业容量大,全省约有300万农民从竹林培育和采伐中得到收益,有10万多人从事笋竹加工产业,其中与竹有密切关系的人员有130多万人。竹产业对促进农民增收、助力乡村振兴和美丽浙江建设,发挥了重要作用。

2021年,重点建设实施好千年舟竹材定向刨花板项目、永裕竹产业总部项目、万宝竹木家居电商港项目、浙江佶竹生物科技有限公司项目、美尚竹家具及竹装饰生产线项目,园区年产值突破100亿元,建成集竹材及新材料高效加工制造、竹工机械及装备制造、笋竹健康食品加工、高新技术集聚示范、会展贸易以及产城融合示范于一体的全国竹加工产业集聚区。

2021年,全省省级林业龙头企业新增竹业企业5家,使全省省级林业龙头企业中的竹业企业增加至53家;推荐了省级林业龙头企业中的4家竹业企业参评国家林草局组织的国家林业重点龙头企业评选。

2021年8月5日,双枪科技股份有限公司(股票代码001211)在深交所上市,成为浙江省首家在主板上市的竹业企业,企业总股本7200万股,发行数量1800万股,占25%。

2021年,国家庆元竹木产业园区和国家龙泉竹木产业园区获国家林草局第二批国家林业产业示范园区认定,使浙江省以竹业企业为主的国家级林业示范园区增加至3个。

2021年,为贯彻落实省林业局等八部门《关于加快推进竹产业高质量发展的意见》和竹产业高质量发展座谈会精神,加强竹产业发展土地要素保障,开展重点县(市、区)竹产业高质量发展建设用地需求情况调查,省林业局印发了《关于印发推进竹产业发展若干政策措施的通知》,要求各地编制《竹产业高质量发展实施方案》,重点是加快建设竹产业三级加工体系。

2021年,省林业局在安吉县主持召开了浙江省竹产业发展座谈会,邀请中国林业科学研究院顶尖专家和浙江省优秀竹业企业家,共商浙江竹产业未来发展,推进浙江省优秀企业融合发展,讨论了"国家竹产业研究院项目筹建方案"。会后,省林业局向国家林草局转报了由安吉县人民政府《关于请求同意并上报在安吉县设立"国家竹产业研究院"的请示》。

【森林生态旅游、康养业态兴旺】 截止到2021年,浙江省已建省级以上风景名胜区59个、森林公园128个、湿地公园67个、地质公园15个、自然保护区27个、世界自然遗产1处。2021年,全省生态旅游和森林康养产值达到981.1亿元,直接带动的相关产业产值1045亿元,是浙江省林业第一大产业。

2021年起草了《浙江省古道管理办法》。联合浙、沪、苏、皖林业和文旅部门,建立了长三角生态旅游协作机制,建立长三角森林康养和生态旅游区域一体化发展合作机制,搭建跨区域共商、共建、共享平台。积极打造以森林氧吧、森林人家为基础,森林康养基地为亮点,森林休闲养生城市、森林康养名镇为集群,森林古道为"串珠成链"纽带的产业协调发展的森林康养体系。目前,全省已培育森林休闲养生城市4个、森林康养名镇40个、森林人家467个、森林康养基地51个、森林氧吧310个,修复森林古道近100条,全省森林康养体系已初具规模。通过这些载体的打造,积极培育林业+旅游+文化+健康+教育+体育等新型业态模式,不断提升全民共享美丽森林的幸福指数。开展"浙江最美森林""最美山峰峡谷""最美湿地""最美赏花胜地""最美森林古道""最美森林氧吧"等最美系列评选,精心组织林业主题旅游节、文化节、推介会等森林康养和生态旅游活动,创新传播方式,塑造特色品牌,扩大对外影响。特别是2020年以来,面对疫情影响,省林业局联合相关部门相继举办了"浙江十大名山公园走进神仙居暨'五百'森林康养目的地"宣传推介、首届长三角森林康养和生态旅游宣传推介等多项活动,推出一系列类型丰富的旅游产品,形成一连串名山胜水一线牵的精品线路,着力营造优质发展环境、市场环境、消费环境,扎实推进康养旅游产业复工复产和高质量发展。自2015年以来,共安排森林康养名镇、森林人家建设,吸引社会投资超过

200亿元；全省"十大名山公园"完成项目总投资额约110.70亿元，完成了生态质量提升、基础设施优化、文化资源挖掘、生态产业发展等几十个重点项目的建设。其中2021年"十大名山公园"实际投资额30.85亿元，完成了计划投资额的123%。

【经营质量提升显著】

建设速度、品味提升明显 持续开展以推广先进实用技术、加强基础设施建设、提升经营管理水平和提高综合经济效益为重点的现代林业园区以及林区道路建设工程、兴林富民示范工程、高效生态林业基地等建设。全省已建成现代林业园区269个，建设规模348.3万亩，总投资超过130亿元。加强路、水、电等基础设施建设，累计建设林道超过3万千米，水池1100多个，堆晒场5.6万平方米，生产管理用房1.7万平方米，基地和示范区基础设施、生产装备明显改善，浙江省毛竹、油茶、山桃和香榧等产业经营维度得到显著提升，同时也推进了产品量质双赢。

【综合效益提高】

2021年，浙江省林业产业总产值为6207亿元，其中各类经济林总产值为632.72亿元。常山县成为浙江省重要油茶加工集散中心，其中年产值2000万元以上的规模企业5家，省级林业重点龙头企业3家，"常山山茶油"被国家市场监督管理总局授予"地理标志保护产品"，2022年被评为国家级油茶产业示范园区。绍兴市柯桥区、诸暨市、嵊州市成为中国特色农产品优势区，临安、常山、诸暨、奉化4个县被确定为全国经济林产业区域特色品牌建设试点单位。浙江省涌现出一批规模大、效益好、影响力强的林业龙头企业和专业合作社，一批亩产值万元以上的竹笋、珍稀干鲜果和花卉苗木的基地和一批高产高效的专业村、专业户经济效益不断得到提高。

（浙江省林业局）

安徽省林业产业

【概　述】　近年来，依靠省委、省政府的坚强领导及国家林业和草原局的有力支持，安徽省推深做实林长制，实施林业增绿增效行动，持续推动林业产业转型升级、提质增效，全省林业产业经济发展呈现良好态势。

【发展条件】

森林资源丰富　全省林地面积为449.33万公顷，约占省国土总面积的1/3；森林面积为417.53万公顷，森林覆盖率30.22%；林木总蓄积量2.7亿立方米。"十四五"期间，安徽省年森林采伐限额为821.45万立方米。2021年全年共使用采伐限额282.22万立方米。

立地条件适宜　安徽省地处暖温带与亚热带过渡地区，气候温和，雨量适中，光照充足，有木本植物约1390种，其中经济价值较高的树木400余种，国家一级重点保护野生植物6种、国家二级重点保护野生植物25种，发展林业特色优势产业具有得天独厚的条件。

产业特色明显　全省已初步形成了木本油料、特色经济林、苗木花卉、竹藤、生态旅游、森林康养、林下经济、木质资源综合利用等八大支柱产业，皖东、皖北林产工业，皖南、皖西木本油料和生态旅游业，皖中、沿江苗木花卉业等产业特色明显。2021年全省林业总产值达5092亿元。

【发展现状】

经营主体快速发展　加强对林业合作组织、家庭林场、专业大户、林业龙头企业等新型经营主体的培育引导，现有国家林业产业示范园区9家，国家级林业龙头企业33家，省级林业龙头企业875家，20家国家林业标准化示范企业，规模以上省级林业产业化龙头企业121家，有57家跻身省级高新技术企业，成为全国拥有国家级、省级林业产业化龙头企业最多的省份之一。

产业集群初具规模　特色产业区域化和专业化特征日益显现，逐步形成了"一群、一区、两带"林业产业发展格局，"一群"，即皖北用材林生产及木材精加工集群；"一区"，即沿江江淮木本油料及花卉苗木基地建设提升区；"两带"，即皖西大别山区森林旅游及特色经济林发展带、皖南山区森林旅游及特色林产品高效发展带。

传统产业加快升级　全省现有经济林加工企业430多家，其中木本油料加工企业150余家，含有国家级林业重点龙头企业4家，省级林业产业化龙头企业32家，安徽詹氏食品科技股份有限公司、安徽山里仁食品股份有限公司等较具规模的加工企业年加工量4000吨以上，产值近3亿元；香榧、油用牡丹、杞柳等加工企业正稳步发展，其中阜阳黄岗镇被命名为"中国杞柳之乡"、黄岗柳编产品获得国家"地理标志产品认证"。

新兴产业方兴未艾　通过全面实施林下经济发展"5211工程"，全省沿淮淮北林下中药材与蔬果种植、沿江苗木种植与生态旅游休闲、江淮丘陵种植养殖、大别山中药材种植与采集加工、皖南山区采集加工与森林旅游五大特色林下经济示范片初步形成，林下经济面积达98.67万公顷。

苗木花卉发展迅猛　安徽省苗木花卉产业迅速发展，以合肥、芜湖苗木花卉市场为主的苗木花卉基地基本形成，在华东乃至全国都具有一定影响。中国合肥苗木花卉交易大会已成为全国四大苗木花卉交易平台之一。2020年年末全省实有花卉种植面积2.66万公顷。切花切叶产量9248.43万支，盆栽植物产量4893.82万盆，观赏苗木种植面积4.13万公顷，花卉从业人员19.12万人，花卉及其他观赏植物种植的产值达到163.93亿元。

【主要经验做法】

深化林业改革　结合推深做实林长制改革，实行绿化造林行政领导负责制，省、市、县、乡（镇）、村五级林长各负其责，坚持因地制宜，适地适树，合理布局，按照特色产业扶贫以及林业增绿增效行动等工作部署，采取新造与低产低效林改造并举，把发展高效特色优势产业工作落实到位。宜城市坚持把特色优势产业发展置于实现林业经济可持续发展的战略高度，采取政府发动、政策驱动、产业引导、龙头带动的办法，依托退耕还林、世行贷款项目林、增绿增效等林业重点建设项目，大力发展林业特色优势产业。

加大政策扶持 随着脱贫攻坚工作进入决胜阶段，各地充分重视特色优势产业在扶贫中的重要作用，省财政设立现代农业发展木本油料专项资金，每年拿出3000万元专项用于支持油茶、薄壳山核桃等木本油料发展。经济林示范项目每年财政投入资金保持在3000万~3500万元，各级各类扶持政策纷纷出台。六安市印发了《全面推进"江淮果岭"建设的意见》，金寨县政府出台政策，对油茶造林每亩补助5000元，山核桃每亩补助4000元，分5年连续支持。舒城县设立油茶专项资金，支持油茶基地建设，每年实施7000亩，每亩补助200元，连续补助3年。

完善创新机制 全省继续深化集体林权制度改革，巩固和扩大改革成果，进一步完善财政奖补、项目建设、金融服务等扶持政策。同时，为推深做实林长制改革，创新林长制改革"护绿、增绿、管绿、用绿、活绿"的"五绿"兴林发展新机制，与省农业信贷担保有限公司开展合作，引入"劝耕贷"政银担合作模式，创新推出"五绿兴林（劝耕）贷"林业金融产品，打通林业经营主体融资"最后一公里"。宣城市各县（市、区）成立了林权收储中心，林权贷款由单一的林权抵押贷款，逐步发展到林权担保、第三方担保等多种业态和类型。抵押的林权以经济林、竹林、苗木等为主，贷款的用途从单一的基地建设向现有林培育、低产林改造、林产品收购、加工、营销等方面延伸。

注重示范带动 积极推广"公司+合作组织+基地+农户"等经营方式，着力培育新型林业经营主体，重点扶持省市林业龙头企业、专业合作组织、家庭林场、专业大户做大做强，科学指导各经营主体按照市场需求，培育集产果、育苗、采摘、观光、休闲、农庄等一体的林业产业化典型，形成一批有一定发展规模的特色优势产业，提高优势产业的综合效益。安庆市积极引导规模型、带动型、科技型加工企业实行产业化经营，完善"公司+基地+农户"合作模式，形成利益共享、风险共担的生产经营机制，引导特色经济林产业向标准化、规范化方向发展。目前已建设怀宁蓝莓、宿松油茶、岳西香榧等示范基地，有力地带动了全市林业特色优势产业发展。

强化科技支撑 结合林长制工作，不断深化"一林一技"和"112"科技服务活动，突出因地制宜、适地适树的原则，加强特色优势产业基地的良种选育及高效栽培技术研究，深入基层开展技术培训和现场跟踪指导，不断提高特色优势产业发展的科技含量。安庆市政府与中国林科院亚林所等单位合作，建立林业科技服务平台。市财政每年安排资金400万元，用于中心基本运行和研发设备购置，7县（市）围绕林业特色产业，建立科技服务平台。

突出品牌建设 以示范园为依托，抓好品种筛选和良种繁育体系建设，严格实行果苗"三证"制度，确保品种的纯正性、适应性，提升产品质量。同时，加强特色林产品质量监测管理，积极引导企业参与国家森林生态产品创建工作，加强经济林产品品牌建设和"三品一标"品牌认证，不断提升产品附加值。六安市通过发展木本油料等特色经济林产业，涌现出"野岭""江淮果岭""启航""上悦谷""俏俏果"等省内外知名茶油、山核桃品牌，其中"野岭"牌精制茶油荣获第五届全国食品博览会金奖，"江淮果岭"牌油茶获第十一届中国森博会金奖。

【**林下经济和森林康养产业**】 安徽省林业局坚持以习近平生态文明思想为指导，以深化建设全国林长制改革示范区为抓手，紧紧围绕林下经济及森林康养产业高质量发展，在政策保障、资金扶持、协同配合等方面持续发力、壮大合力，将发展林下经济及森林康养产业作为高效"增绿"的重要手段、科学"用绿"的重要途径、有效"活绿"的重要载体，努力将安徽省林下经济及森林康养产业打造成为"绿水青山就是金山银山"的示范样板。

基本情况 安徽地跨长江、淮河、新安江三大流域，拥有皖南、皖西两大重点林区，森林面积6260余万亩，气候条件良好，土壤类型丰富，地形复杂多样，环境优美，适宜多种林下经济品种种植养殖和森林康养产业发展，林下经济及森林康养产业既是安徽林业产业的一大亮点，也是安徽省广大林区群众重要的经济来源。

一是林下经济发展布局日趋完善。现阶段发展林下经济主要包括林下种植、林下养殖、林间采集加工和森林景观利用四个方面。安徽省现有林下经济发展面积1480万亩，从事林下经济的农民年人均收入达1.55万元。全省林下种植面积407万亩，主要模式有林药、林菌、林菜、林农、林果和林茶等模式；林下养殖面积216万亩，主要模式有林禽、林畜、林蜂等模式；林间采集面积412万亩，主要模式有中药材、竹笋、食用菌、山野菜、果实采集加工以及野生中药材采集加工等模式。目前已形成了沿淮淮北林下中药材与蔬果种植示范片、江淮丘陵种植养殖示范片、沿江苗木种植与生态旅游休闲示范片、大别山中药材种植与林产品采集加工示范片、皖南山区林产品采集加工与森林康养旅游示范片。

二是林下经济区域特色逐渐明显。安徽省重点发展以林下中药材种植加工为主的林下经济产业。通过典型示范，充分发挥林下中药材专业合作组织以及龙头企业的资金、技术和管理优势，建立林下种植中药材示范基地，激发和辐射带动广大林农发展林下中药材种植，涌现出一批以旌德、广德、青阳、岳西、金寨、亳州谯城区等为代表的林下经济示范县和示范典型。目前已初步形成霍山石斛，金寨西洋参，歙县、滁州贡菊，亳州贡菊、牡丹、白芍、白术，旌德、广德白芨和灵芝，池州黄精，岳西天麻、茯苓、结香，南陵、怀宁蓝莓，铜陵牡丹，亳州药用牡丹、芍药，宁国前胡等林下中药材种植特色品牌。安徽省各地在主要发展林下种植的基础上，积极结合地域特点和维护森林资源安全前提下，合理发展林禽、林畜、林野和林蜂等林下养殖业，利用林下空间形成良性生物循环，既实现了立体经营，又发展了循环经济，同时改善了生态环境。

三是林下经济品质品牌意识全面提升。全省林业经济产业的生产加工业发展逐步由数量扩张向质量提升转变，产业链条不断延伸，产品系列化、品牌化发展加快，资本密集型、技术密集型、规模以上企业不断涌现。全省已有国家林下经济示范基地33家。其中"旌德灵芝""宣城铁皮石斛"获得国家农产品地理标志认证；肥西老母鸡养殖基地获得"国家标准化养殖示范项目区"称号，"肥西老母鸡"获得"中国驰名商标"和"中国地理标志"称号，形成了林下养殖品牌。潜山市九牧鹿业的鹿场基地已经形成集种植、养殖、生产、销售、休闲娱乐、文化旅游等为一体的全产业链的国家林下经济示范基地，为华东地区最大的养鹿基地，也是全国最大的竹林散养基地，该公司产品鹿茸片获得第六届中国创意林业产品大赛银奖。

四是森林康养产业发展积极推进。安徽省林业局结合林长制改革，深入践行"绿水青山就是金山银山"发展理念，加强组织领导和统筹协调，积极发展培育森林康养产业。省林业局积极对接长三角一体化发展战略，联合省民政厅、省卫健委、省中医药管理局、省体育局出台了加快推进森林康养产业发展实施意见，按照"环境优良、服务优质、管理完善、特色鲜明、效益明显"的要求，建立健全森林康养基地认定标准，开展森林康养基地认定工作。目前已完成第一批19家省级森林康养基地的认定工作，推荐4家国家级森林康养基地申报并获批。与沪、苏、浙先后签署了《长三角森林旅游和康养产业区域一体化发展战略合作协议》《关于加强皖-沪森林湿地旅游康养业合作发展框架协议》等，共同推进长三角地区森林康养产业联合发展。

经验做法 安徽省林下经济和森林康养产业发展以全国林长制改革示范区建设为重要抓手，千方百计整合资源，加强政策、项目和资金扶持；深化创新驱动发展战略，强化林业科技创新体系建设，不断提升产品质量，积极开展品牌培育。

一是加强发展政策扶持力度。安徽省人民政府办公厅出台《关于加快林下经济发展的实施意见》和《安徽省林下经济实施纲要（2019—2025）》，发展林下种植业、养殖业和采集业，支持开展林下特色森林食品示范基地建设。研究制定了安徽省贯彻落实国家发改委和国家林草局等十部委《关于科学利用林地资源 促进木本粮油和林下经济高质量发展意见》具体意见措施等，推动优质林下经济产品基地建设和高质量发展。

二是加强金融政策支持力度。围绕良种培育、配套基础设施建设、种养殖基地建设和生产加工等关键环节，积极争取财政资金扶持。"十三五"期间，共投入9305万元用于优质林木良种选育、良种基地建设、种质资源保护等，投入1690万元和1亿元资金分别支持林下经济和省级现代林业示范区发展壮大，争取了中央财政8500万元扶持木本中药材产业。出台《安徽省林业厅 安徽省财政厅关于进一步做好中央财政林业贴息贷款计划与贴息申报工作的通知》，印发了《"五绿兴林·劝耕贷"工作实施方案》等，统筹利用林业、财政、人行、银监、各相关金融机构等管理资源，加强部门间的协同配合，建立多方参与、分工协作的监管机制。"十三五"期间，全省共落实林业贴息贷款85.3亿元，申请林业贷款中央财政贴息资金16030.55万元，撬动社会资本3.26亿元。开展多种经营项目150个，创产值510295万元，创利税57344.90万元，年新增木本油料加工能力7.48万吨，龙头企业带动基地1.58万亩。发挥保险兜底作用。积极推进林业经营主体参加政策性森林保险，提高了林业产业经营主体抵御自然灾害能力。

三是加强科技政策引领带动。省林业局出台《关于深化林业科技创新支撑全国林长制改革示范区建设的实施意见》，实施"标准+"行动，会同高校、企业搭建产学研地方标准"孵化"平台，凸显"安徽"特色。积极与国家林草局亚林所、华东林业调查规划设计院和安徽农业大学等建立科技合作关系，加快林业新技术推广应用，定期开展培训，为林下经济发展提供技术支撑。2020年创立"一日一技"在线服务平台，向基层一线累计推介林业先进适用技术180余项。全省落实"一林一技"科技服务人员6719名，启动林业科技特派员创新创业行动，组建61名科技特派员队伍，组织实施中央财政科技推广项目15个，建立科技示范林3000多亩。"十三五"期间，组织实施国家、省林业科技推广项目260余个，建立示范林面积11万余亩，用科技为林下经济发展护航领跑。目前，全省研究制定13个国家行业标准、96个安徽省地方标准，创建了20多个全国林业标准化示范基地，省林业地方标准达201个。

四是积极发挥基地引领示范作用。创新林下经济和森林康养发展模式，积极培育壮大经营主体，拓宽发展路径。大力推广"香榧+黄精""香榧+茶叶""山核桃+黄精""宣木瓜+茶叶""阔叶树+灵芝"等林下复合种植模式，改进生产方式和栽培模式，向林下空间要效益，实现长短结合，以短养长，促进林业产业的可持续发展。推行"公司（龙头企业）+合作社+农户+基地"产业化经营模式，建立健全与林农利益联结机制，调动社会资金投入林下经济建设，培育壮大经营主体，发挥辐射带动效应。建立健全森林康养产业的标准体系，严格森林康养基地推荐和认定工作，加强森林康养基地监管工作，实行动态管理，对已认定的森林康养基地适时开展检查抽查和质量评定工作，违法违规建设或服务质量长期不达标的，将被取消认定资格，确保森林康养产业健康发展。通过林下经济示范基地和森林康养基地的龙头企业引领作用，将林下经济与乡村振兴、生态旅游康养有机结合，积极拓展林业产业发展空间。

【竹产业】

基本情况 安徽省是全国重点产竹省份之一，竹林种类多、分布广，共有13属57种，包括变种在内有100多个品种，主要竹种为毛竹。

全省现有竹林606万亩，其中，毛竹（含刚竹）林519万亩、元杂竹（雷竹、红壳竹、桂竹、刚竹、淡竹等）87万亩，集中分布在皖南和大别山两大山区。全省有21个县（市、区）竹林面积超过10万亩，其中30万亩以上的县（市、区）6个。竹培育、竹加工企业1170余家，拥有广德森泰、宣州博亚、贵池鸿叶、舒城华竹等一批国家级林业产业化龙头企业。全省年产竹材2.1亿根、元杂竹45万吨、竹笋及其他制品21.7万吨，累计建设各类竹子基地877个、竹文化场馆5个，2021年竹业总产值达到262亿元。

做法成效 压实林长责任，强化政策扶持。2021年，各地积极贯彻省委、省政府决策部署，将竹产业发展作为推深做实林长制改革的一个重要抓手稳步推进。池州市政府印发《关于加快推进竹产业高质量发展的意见》，按照"山上建基地，山下搞加工，山外拓市场，山中兴旅游"的发展思路，着力打造"以二促一带三"的竹产业发展模式；六安市金寨县将毛竹作为当地四大特色产业之一列入"5+1"项目进行总体规划与扶持，印发《金寨县2021年毛竹产业发展奖补办法的通知》，明确奖补政策和标准；霍山县2021年出台《推进竹产业发展实施意见》，每年统筹资金1000万元设立竹产业发展专项引导资金，用于支持高效笋材两用林培育、竹林运材道建设、新型主体培育及企业加工转型和三产融合发展等奖补。

三产融合发展，完善产业链条。一是加强示范基地建设。自2009年以来，全省累计建设各类竹子科技示范园40余处，园区亩均效益提高到1000余元。2021年4月，"竹资源高效培育关键技术"试验基地在安徽广德揭牌，力求培育先进技术提升竹林经营水平和综合效益，改善当地竹笋的产量和品质，实现笋材两用林增产增收。二是抓好龙头企业带动。全省现有国家级龙头企业8家，省级林业产业化龙头企业36家，年产值500万元以上的112家，年产值2亿元以上的3家。宣城市培强森泰木塑、尧龙竹木、博亚竹业、志云笋业等一批竹产业骨干企业，招引惊石农业、墨钻环境科技等一批精深加工企业，带动竹木由初加工向精深加工转变。其中"森泰木塑"不仅应用于北京奥运会鸟巢、上海世博会中国馆、广州亚运会主场馆等重大工程，还远销海外80多个国家和地区。池州市贵池区鸿叶集团生产的竹筷、卫生筷、竹牙签、竹吸管等远销美洲、欧洲、非洲和东南亚110多个国家和地区，该公司于2020年启动年产10万吨竹制品深加工项目，一期工程投资5亿元用于开发建设竹制吸管、竹制雪糕棒和竹纤维餐盒等竹制品深加工，目前即将投产。三是推进文旅融合发展。黄山竹艺轩雕刻公司为安徽省唯一入选第二批国家级非遗生产性示范基地。黟县的木坑竹海连续举办了16届全国山地车赛，多部电影到黄山市取景，带动了竹林旅游业的发展。宣城市依托广德笋山竹海、宁国青龙湾竹海、泾县蔡村竹林漂流等旅游景点，重点围绕阳岱山竹文化公园、四合红壳竹示范园景区、天子湖—石佛山竹海和月亮湾竹海景区等竹资源丰富的区域，着力打造成皖东南特色竹文化休闲旅游片区。

强化科技支撑，推动机制创新。一是技术标准不断完善。通过多年积累，全省已经发布了《毛竹笋材两用林》《红壳竹笋材两用林丰产栽培技术规程》《雷竹笋用林栽培技术规程》《中小径散生竹笋用林丰产栽培技术规程》《毛竹笋早出培育技术规程》《竹子科技示范园建设规程》等十多项地方标准。安徽鸿叶集团与国际竹藤中心等机构建立协同创新合作关系，牵头制定竹吸管等新产品团体标准。二是科技支撑强劲有力。各地以竹子科技示范园和竹农示范户建设为抓手，通过示范带动、以点促面，大力推广垦抚施肥、竹子钩梢、留笋养竹、稻壳覆盖雷竹、测土配方等先进实用技术。广德市与国际竹藤中心合作开展"竹林高效培育和利用关键技术研究"和"笋用竹林高质培育技术"推广；黄山市林业科学研究所建立了拥有11属57个竹种的品种园，黄山区建立了500亩115个竹种的国际竹藤网络中心太平资源保存库，对保护竹类种质资源和开展竹子引种驯化发挥重要作用。三是技术指导不断深入。各竹子重点县与浙江农林大学、安徽省农业大学、安徽省林业科学院等科研院所建立了稳定的技术合作关系。宁国市构建了完善的竹产业发展技术服务体系，成立了由各级专家组成的竹业科技服务网络；并以竹子科技示范园为载体，通过"技术专家—农民科技辅导员—示范户"的模式，形成了全方位、多层次的技术推广体系。泾县林业局分年度制订《竹业科技推广工作要点》，每名林业科技人员与1~2个竹林示范村、示范户结成联系点制度。四是经营机制不断创新。以竹扇工艺品加工为主的广德市东亭乡高峰村13家竹加工企业联合竹农成立了广德高峰竹产业专业合作社，合作社统一经营、统一管理、统一采伐、统一销售。目前已流转变更的竹林林地林权证1300余亩，涉及100余林农。宣城市积极吸引社会资本投资林业，科大讯飞股份有限公司与泾县人民政府签订《产业项目资金捐赠协议书》，无偿捐赠1000万元支持蔡村镇小康村等地发展竹产业，该地编制《蔡村镇关于科大讯飞乡村振兴产业发展项目实施方案》，明确"毛竹下山"、林下养殖、竹林沙滩车、林下露营基地等实施项目，并启动小康河河道整治和小康道路拓宽改造等项目建设，逐步探索出一条"企业投资、政府配合"的竹乡振兴新模式。

（安徽省林业局）

福建省林业产业

【概　述】 2021年，福建省林业产业认真贯彻落实中央和省委的决策部署，牢固树立"五大发展理念"，着力培育提升后备森林资源，大力扶持木材加工、竹业、花卉苗木、森林旅游、林下经济等五大千亿元产业发展，深化林业产业供给侧结构性改革，加快转型升级，林业产业取得较好发展。

【主要做法和成效】

产业实力不断壮大 持续实施"以二促一带三"发展战略，林业产业不断壮大。2021年，全省林业产业总产值达7021亿元，同比增长5.4%。木材加工、种苗花卉产业产值超1000亿元，森林旅游、竹产业等产业年产值超800亿元。全省规模以上林产加工企业近3000家，其中，省级以上龙头企业222家、境内外上市企业23家，产值超10亿元企业超过15家。三明市实现林业产业总产值1206亿元，森林康养发展有声有色；南平市168家规模以上笋竹加工企业全产业链产值314亿元，上千种竹产品畅销国内外，并利用竹废料建成国内综合实力最强的活性炭生产基地，省级林业产业化龙头企业数量占全省的40%；漳州木材加工和花卉苗木种植面积及全产业链产值多年稳居全省首位，抖音电商直播基地、京东(漳州)花卉数字经济总部等相继落地漳州，盆栽花卉出口连续10年全国第一。

林产加工业逐步转型升级 通过规模经营、集群发展，培育形成了一批产业链条完整、辐射带动力强、具有全球竞争力的林产加工业集群，如漳州木材及家居产业集群、漳州市花卉苗木产业集群、南平、三明木竹制品产业集群等。培育了青松化工、松霖科技等一批产值超10亿元的上市龙头企业，这些龙头企业有效引领了福建省林产加工转型升级。林产加工业实现了从粗加工到二次加工和精深加工的转变，形成了以笋食品、林浆纸、人造板、家具、木竹制品为主体、门类齐全的产业框架体系，上下游关联度和综合利用率显著提高，新模式新业态不断涌现。漳州以建设平和西蝉木业产业园为载体，通过集群式分工协作发展，引进了国际先进的德国迪芬巴赫连续压机主线、德国帕尔曼刨光机、面料打磨机等设备，建成具有国际领先水平的自动化生产线，2021年实现产值4.8亿元，纳税0.32亿元。南平市立足竹资源禀赋，聚焦做深"一根竹"，全力打造笋百亿、林产工业千亿产业集群，推动全链条、全业态、全方位发展，2021年竹产业产值已突破400亿元。龙竹科技抢抓禁塑商机，强化科研，其竹吸管知识产权保护体系已形成，成为在北交所上市的第一家闽企。

新业态新模式与时俱进 互联网、大数据、人工智能等信息技术与林业各细分行业的结合愈加紧密。爱伯特家居、和其昌等企业，已基本吻合网络销售、数字化营销、个性化定制、全屋定制，智能设计、智能制造、智能管理等新兴商业模式和制造方式。八一永庆、升升木业等产业龙头企业，通过设备更新改造投资，部分实现自动化、智能化、绿色化、低碳化生产，推进"机器换人"成效显著。杜氏家居、双羿竹木等企业通过"代工+代创新"模式实现制造业服务化转型，为下游客户提供"一站式"的终端服务，成为宜家的核心供应商。部分初创企业和小微企业通过自我发展、外包、政府整体推进等途径，有效利用京东、淘宝、天猫、亚马逊等电商平台以及直播、微信公众号、小红书等营销平台和工具，实现销售规模扩张和品牌知名度提升，南靖县与抖音直播团队合作，助力当地特色林产品的网络销售与品牌营销。

支撑平台日趋完善 坚持以产业合作平台带动聚合力，先后完善永安笋竹等国家林业产业示范园区和延平三元循环经济产业园等专业园区建设，大力推进县域间产业差异化发展。搭建项目合作和展示展销平台，健全经贸合作平台。通过举办"政和杯"国际竹产品设计大赛、"张三丰杯"竹产业国际工业设计大赛等设计赛项，完善以竹为主的工业创新体系。同时，已建成国家林业局竹家居工程技术研究中心福建分中心（永安）、省竹加工产业技术创新重点战略联盟、国家林业局森林公园工程技术研究中心和杉木工程技术研究中心等一批科研平台，为新产品、新材料、新技术、新工艺、新模式等研究与试验、监测和质保等提供很好的融通渠道。

【竹产业】 2021年，全省毛竹林面积（1686万亩）、竹业从业人员数量（23万人）、出口创汇金额（超过8亿美元）等3项指标继续居全国首位，竹产业总产值（831.4亿元，较上年增长5.7%）位居全国第二。全省现有各类笋竹加工企业2300多家，其中规模以上笋竹加工企业超过300家，2021年产值超过10亿元的企业有5家，分别是福建华宇集团有限公司、福建和其昌股份有限公司、福建八一永庆竹业有限公司、福建双棱竹业有限公司、福建和普新材料有限公司，解决工人就业20多万人，带动150多万名竹农增收致富。据福建省税务局提供的数据，2021年，28个竹业重点县253家规模以上笋竹加工企业纳税达4.14亿元，竹产业在巩固脱贫成果、推进乡村振兴中发挥了越来越重要的作用。

在生态效益方面，2021年全省消耗竹材9.62亿根，相当于替代了930万立方米木材，少砍伐156.3万亩森林，有效实现了"以竹代木，保护生态"的目标。同时，竹材也是替代塑料的生态环保材料。在经济效益方面，竹子3年成材，每年出笋、产竹，且不受砍伐限制，经营周期短、经济效益高，亩年均收益达1000~2000元，竹业成为广大林农增收致富的优选项目。在社会效益方面，促进了农民就业增收，增加了地方财政收入。以永安、邵武、政和3个山区县（市）为例，2021年竹产业加工、商贸、物流从业人数分别为2.29万、2.1万、2.4万人，分别占当地未外出务工劳动力的16.7%、13.4%、28.3%；竹业税收分别为8465万元、3000万元、3006万元，占全县（市）工业税收的16%、12.7%、34.7%。

从区域分布看，全省竹产业重点区域与竹林分布区域基本一致，通常竹林面积大的区域，竹产业较为集中，产业水平也比较高。建瓯、永安、邵武、政和等县（市）是福建省竹产业发展重点地域，竹产业类别最齐全，企业数量、竹业产值和出口额等指标也是最大的。政和竹茶具占全国市场份额的70%。全国60%的精品竹筷胚、60%的一次性竹筷、90%的手工艺竹刀、叉、勺出自邵武，邵武已成为全省乃至全国竹原料集散地和竹材加工核心生产基地。

【花卉苗木产业】 2021年，福建花卉苗木产业继续保持较好的发展态势，全产业链总产值突破1150亿元，完成了首批两个省级花卉苗木种质资源库（圃）认定，花卉苗木植物新品种权授权品种数稳居全国前列，实现了"十四五"花卉工作的"开门红"。

持续做大做强花卉苗木产业。一是2021年全省花卉种植面积达139.3万亩，全产业链总产值1164.8亿元，实现出口额20218.8万美元。其中，花卉苗木种植产值636.6亿元，园林应用和花卉加工等产值290.7亿元，市场销售、花店零售、电商、花卉服务等产值237.5亿元。全产业链总产值较2020年的1062.5亿元增长了9.6%，如期完成了省委扶贫开发成果巩固与乡村振兴工作领导小组办公室下达的2021年，全省花卉苗木全产业链总产值1150亿元的目标任务。2021年花卉出口额继2019年后再次跃居全国第一，其中，盆栽花卉出口额连续10年位列全国第一。二是统筹做好疫情防控的同时，加强花卉苗木产业服务指导，积极推进棠潮园艺暨班纳利中国育种中心、多肉植物引种保育及仙人掌王国建设（仙人掌世界）、珍稀苏铁引种保育及开发利用、华东球根研发及育种现代农业项目等重大项目建设，稳步推进龙海、漳浦、漳平等传统优势花卉重点县（市）发展，大力扶持清流、屏南、延平、周宁等新兴县（区）发展，加快形成"一县一业、一村一品"的产业发展格局。

有序推进省级财政花卉产业发展项目建设。2021年，省级财政共安排花卉产业发展资金5500万元。其中，市县转移支付5280万元（含花卉苗木种植及设施设备贷款贴息 279 万元)。主要支持建设用于花卉苗木生产的薄膜型智能温室(含温室物联网控制系统)、连拱大棚和拱形大棚,奖励获得国家植物新品种权且推广种植效益显著的花卉苗木优良品种和花卉苗木种植及设施设备贷款贴息。截至 2021 年年底,2021 年共有 7 个设区市 25 个县 43 个项目单位参与实施省级花卉产业发展项目,完成新建温室大棚 20.9 万平方米。

加强花卉苗木科技支撑体系建设。将花卉苗木品种创新和花卉苗木种质资源库(圃)建设列入"十四五"重要工作内容,组织开展省级特色优势花卉种质资源库建设和重要商品花卉品种创新攻关,首批认定命名了三角梅和中国兰花两个省级花卉种质资源库。继续实行"以奖代补"花卉新品种奖励政策,鼓励育种者培育具有自主知识产权的品种,2021 年共有非洲菊"宁馨红"等 88 个花卉品种获得国家植物新品种权,累计 204 个花卉品种获得国家植物新品种权,授权品种数位居全国前列。

积极协调有关部门解决困扰产业发展问题。以办理省政协重点提案为契机,主动与省自然资源厅、省发改委、省商务厅、省文旅厅等部门协商沟通,争取各方支持,协力推进花卉苗木产业发展。目前,省自然资源厅已明确花卉种植设施用地属于设施农业用地的种植设施用地范畴;省发改委已将花卉交易市场(中心)建设项目列入"十四五"规划予以支持,将延平区华东球根研发及育种现代农业项目列入优先支持项目等。

圆满完成第十届中国花卉博览会参展工作,福建室外展园、室内展区双双以高分获得特等奖;参展的 11 类 550 件展品,有 240 件展品分获金奖、银奖、铜奖,获奖率达 43.6%;蝴蝶兰新品种"金叶咖啡"还荣获展品类五个特别大奖之一,这也是"金叶咖啡"新品种类唯一的特别大奖。

【森林旅游产业】 福建是习近平生态文明思想的重要孕育地和实践地,森林覆盖率达 66.8%,连续 43 年位居全国首位,植被生态质量全国第一,生态文明指数全国第一,具有发展森林旅游得天独厚的禀赋。

一是发挥资源优势,森林旅游发展势头良好。福建是南方重点集体林区,植被生态质量全国第一,依山傍海,峰岭叠翠,境内山清水秀,森林景观资源类型多样。经过多年的建设发展,全省目前拥有世界自然遗产(含双遗产)2 处,世界地质公园 2 处,是世界遗产类型最齐全的两个省份之一。建立各级各类自然保护地 358 处,其中,国家公园 1 处、自然保护区 111 处、风景名胜区 53 处、森林公园 154 处、地质公园 24 处、湿地公园 8 处、海洋公园 7 处。全省 9 个设区市、平潭综合实验区全部获评国家森林城市,54 个县(市)全部获评省级森林城市,在全国率先实现了"两个全覆盖"。福州、龙岩、泰宁、建宁、武平和武夷山等市(县)荣获全国森林旅游示范市(县)称号;武夷山国家森林步道是国家林草局首批发布的国家森林步道之一。福州旗山国家森林公园、武平梁野山国家级自然保护区、将乐金溪省级森林公园被确定为全国森林养生国家重点基地;福州国家森林公园、龙岩梅花山国家级自然保护区被确定为全国森林体验国家重点建设基地;匡山国家森林公园双同村获得国家森林旅游示范村。

二是坚持市场导向,打造森林旅游精品。全省林业主管部门坚持以市场为导向,积极开展森林旅游品牌建设,推动森林旅游转型升级,不断满足人民群众对美好生活的向往。近年来,会同省卫健委、民政厅、总工会、医保局等单位,打造森林旅游升级版,取得了明显成效。截至 2021 年年底,全省已授牌森林人家 766 个,其中三星级 221 家、四星级 43 家、五星级 15 家;现有三元格氏栲等 9 个国家森林康养基地、泰宁等 4 个省级森林养生城市、尤溪县汤川乡等 10 个省级森林康养小镇、将乐龙栖山等 42 个省级森林康养基地,森林旅游呈现出蓬勃向上的发展态势。精心制作福建森林康养 LOGO,并在近期举办了福建省森林康养 LOGO 发布暨授牌仪式,在全社会引起积极反响和广泛关注。

三是创新旅游产品,共享林业生态建设成果。全省各级林业主管部门把森林步道、森林康养等作为深化供给侧结构性改革和实施乡村振兴战略的重要抓手,结合全国森林旅游示范市(县)、国家森林城市、省级森林养生城市、森林康养小镇和森林康养基地、森林人家建设,全力推进"百园千道""一场一景""百城千村"、武夷山国家森林步道等生态共享工程建设，串联国家公园、风景名胜区、森林公园及古村落，并完成配套自然教育设施，初步形成森林旅游生态共享产品体系。2021年，已创建省级森林城镇49个、省级森林村庄1100个，完成森林公园改造提升项目82个，森林步道建设830千米，森林景观带1770千米。

【林业碳汇】 福建省各级党委政府均高度重视林业碳汇工作，党政主要领导均亲自研究、推动林业碳汇工作。2021年4月，省生态环境厅、林业局、金融监管局牵头建立了碳交易工作联系会议制度，进一步完善了福建省碳交易、碳汇金融工作机制。2020年，顺昌县国有林场顺利通过FSC生态系统服务认证，成为国内首家通过该认证的国有林场，具备了开发国际林业碳汇的条件。2021年完成实施VCS标准的国际林业碳汇项目，碳汇林面积5.5万亩，截止到2021年年底，全省累计完成备案申请的林业碳汇项目达129.9万亩，项目活动期20年总减排量70万吨，首期5年14万吨，目前已完成项目的计量、监测和公示，待国际机构审定核准后即可上线交易，推动福建林业碳汇走出国门、进入国际碳汇市场。

制度建设超前。创新提出福建林业碳汇（FFCER）；明确使用FFCER进行抵消纳入企业的碳排放，最多可以抵消控排企业10%的碳排放，其他行业最多只能抵消5%；放宽申报业主的限制，FFCER放宽到独立法人；简化了FFCER项目申报流程；建设福建林业碳汇项目申报平台，实现项目在线申报、网上公示；创新方法学研究，组织开发"森林停止商业性采伐"碳汇项目方法学（待发布），力争填补国内空白。三明市委、市政府出台了《关于进一步推进集体林权制度创新加快生态产品价值实现的若干措施》《三明林业碳票管理办法（试行）》《三明林业碳票（SMCER）碳减排量计量方法》，初步形成林业碳票项目监测核算、申请登记、备案签发、碳票制发、交易流转、抵押注销等服务体系。

交易模式多样。一是推进碳汇市场交易。自2016年以来，全省累计完成林业碳汇交易283.9万吨，成交额4182.9万元，成交量和成交额均居全国前列。二是实施会议碳中和。推动第四十四届世界遗产大会、第四届数字中国建设峰会、2021中国资产管理武夷峰会等国际性、全国性会议，通过购买林业碳汇、营造碳汇中和林等方式，实现会议碳中和，并由海峡股权交易中心颁发碳中和证书。三是创新生态司法实践。2020年3月，全国首个"碳汇+"生态司法案件在顺昌开庭审理，该案是以被告人自愿认购"碳汇"的方式替代性修复受损的生态环境，通过司法案例向社会传递"保护者受益，破坏者担责"的价值导向。武夷山市也采取了此类做法，取得了明显成效。四是探索发展碳汇金融。2021年，三明、南平等地积极探索林业碳汇收益权质押贷款新模式，以未来碳汇收入支持当前绿色投资，拓宽林业融资渠道，助力更多生态资源转化为生态资产。将乐、顺昌等县市在林业碳汇抵质押贷款方面实现了零的突破。

人才支持有力。成立项目评审专家库，专家主要来自国家林业和草原局、中国林业科学研究院、中国质量认证中心、北京中创碳投公司、福建农林大学、福建师范大学、省经济信息中心、省林业科学研究院、省林业规划院等。

（福建省林业局）

江西省林业产业

【概　述】　2021年，全省实现林业总产值5747亿元，较上年增长8%。其中第一产业1306亿元，较上年增长4%；第二产业2682亿元，较上年增长9%；第三产业1758亿元，较上年增长7%。全省林下经济六大产业（油茶、竹类、森林药材、香精香料、苗木花卉、森林景观利用）总规模达4002.5万亩，总产值达2229.7亿元，产业和产值规模均居全国前列。第九次全国森林资源清查成果显示：全省林地面积1079.9万公顷，占全省国土面积的64.69%；森林面积1021.02万公顷，占林地面积的94.55%；森林覆盖率63.1%，活立木总蓄积量57564.29万立方米；乔木林单位面积蓄积量62.67立方米/公顷，毛竹林公顷立竹3114株。

目前，全省现有林业企业2万余家，其中国家级林业重点龙头企业39家、省级林业龙头企业361家，2021年向国家林草局推荐上报第五批国家级重点林业龙头企业18家。国家级林业产业示范园区2家，分别为南康家具产业示范园区、瑞昌华中国际木业家居产业示范园区。国家级林下经济示范基地34家，省级林下经济示范基地132家。省内现有上市企业9家，其中在国内主板上市企业1家：美克国际家居用品股份有限公司，2021年1月其注册地由新疆乌鲁木齐市经开区变更为江西省赣州市南康区；在香港上市企业1家：汇森家居国际集团有限公司，在赣州市南康区、龙南市建立了5个生产基地；"新三板"上市企业7家：江西远泉林业股份有限公司、抚州苍源中药材种植股份有限公司、江西友尼宝农业科技股份有限公司、江西源森油茶科技股份有限公司、江西飞宇竹材股份有限公司、江西绿洲源木业股份有限公司、江西润心科技股份有限公司；2021年江西省地方金融监管局将23家林业企业列入江西省重点拟上市后备企业名单。

全省主要林产品包括人造板、家具、茶油、木竹制品、林化产品、苗木花卉等，其中竹地板、家具、竹制品、茶油、松香、松节油、香料香精、天然冰片、茶皂素等产品产量居全国前列，全省林业企业创建了"得尔乐""登仙桥""远泉牌""诺文斯""仙客来""梦竹""普正""森冠"等中国驰名商标，"甘露福欣""奔步科技""佳汇""绿洲"等中国名牌产品。

【油茶产业】　深入贯彻落实《江西省人民政府办公厅关于推动油茶产业高质量发展的意见》，大力实施千家油茶种植大户、千万亩高产油茶、千亿元油茶产值的油茶产业"三千工程"，2021年完成油茶营造林面积69.8万亩，目前，全省油茶林总面积达到1500万亩，总产值达416亿元。2020—2021年中央、省级财政安排油茶资金达5亿元。油茶重点市、县财政安排专项资金对油茶后期管护、示范基地建设、经营主体奖补等方面给予配套补助，据统计，市、县财政2020—2021年安排资金达3亿元。在精选"赣无""长林""赣州油"三个系列15个油茶良种的基础上，全省建立了14家油茶良种专用采穗圃，油茶良种生产经营单位达80家，生产油茶良种苗木约1.5亿株，其中三年生大苗约1800万株，油茶良种使用率达100%。整合油茶科研资源设立油茶科研专项，对油茶资源培育、机械化和精深加工等技术集中力量科研攻关，并在茶果剥壳、烘干机械设备纳入农机补贴的基础上，加快茶果剥壳、烘干成套设备研发，促进茶果剥壳机械设备标准化、规模化生产。安排油茶成效监测资金，在全省布设了362个油茶资源培育成效监测点，通过监测点样地调查，连续监测油茶产量，为油茶良种配置、科学经营提供科学依据。指导江西省油茶产业协会制定出台《江西山茶油团体标准》《江西山茶油公用品牌标识管理办法》，初步构建了以"江西山茶油"公用品牌为引领，地方区域特色品牌、企业知名品牌为一体的品牌体系。

【竹产业】 2021年9月,江西省人民政府办公厅印发《关于加快推进竹产业高质量发展的意见》,提出实施竹产业"千亿工程",到2025年实现全省竹产业综合产值1000亿元,并在南昌召开了《关于加快推进竹产业高质量发展的意见》贯彻实施新闻发布会。2021年,全省安排竹产业发展项目资源培育资金5389万元,竹产业创新发展项目资金1550万元,完成毛竹低产林改造25.28万亩,笋用林(笋材两用林)基地建设6.17万亩,目前全省竹林面积达到1765万亩,总量居全国第二位。全省毛竹林面积超过10万亩的县(市、区)有47个,宜丰、崇义、奉新、安福县被评为"中国竹子之乡",资溪县被评为"中国特色竹乡"。雷竹是江西省引进最早、栽植面积最大的中型笋用竹种,目前全省雷竹种植面积达15万亩,主要分布在弋阳、万年等赣东北地区,弋阳县被评为"中国雷竹之乡"。通过多年发展,江西省竹产业已由过去生产竹地板、竹胶板、竹筷等为主,逐渐发展为竹建筑用材、竹装配房、竹键盘制品、竹纤维制品、竹家具、竹餐具、竹工艺品、竹炭、竹文化用品、竹浆纸产品、竹笋产品等多门类的新产品。全省有1400余家竹加工企业,涵盖种植、加工、销售、科研等各环节,其中国家级重点林业龙头企业4家,省级林业龙头企业34家,形成了以奉新、宜丰、资溪等为代表的毛竹产业集群,以弋阳、贵溪等为代表的雷竹产业集群。资溪县建成全省首个竹科技产业园,全省重组竹生产线20多条,位居全国前三,生产工艺和技术均处于国内领先水平。

【木材加工及家具产业】 近年来,通过外引内联、兼并重组,江西省逐步形成了以抚州大亚、吉安绿洲源、赣州华亿、南丰振宇、九江久木、铜鼓华辉、婺源百源等企业为龙头的人造板加工制造业,产品从最初的纤维板、细木工板、胶合板,逐步发展到能生产整体橱柜、移门木门、装饰建材等终端产品,基本形成了以南康实木家具、南城凉亭古建筑及校具、瑞昌华中木业为主的家具产业集群。华中木业产业园现已建成一个5000吨级泊位的专用码头和一条铁路专用线,已建成标准厂房100万平方米,园区已落户各类企业105家,其中规模以上企业40家,2021年获评"国家瑞昌华中国际木业家居产业示范园区"。南城县现有校具加工相关企业270余家、主营业务收入上亿元企业13家、拥有自主品牌企业31家、规模以上企业19家,占全国市场份额35%以上;现有凉亭及仿古工艺家具企业23家,其中入驻第三工业园区16家、小微企业创业园7家,拥有生产基地500亩,技术工人1200余人,产品远销伊朗、阿联酋、日本、俄罗斯、柬埔寨、缅甸、越南等国家,年产值6.9亿元,创利税1500万元。南康家具产业目前从业人员40余万人,拥有汇明集团、美克美家2家上市公司,中国驰名商标"吉祥·百得""嘉美瑞""李氏王朝""维平""大澳"5个,专业家具市场面积达220万平方米,被评为"全国优秀家具产业集群",相继获评"中国实木家居之都""国家南康家具产业示范园区""全国知名品牌示范区""国家家具产品质量提升示范区"。南康家具以中国(赣州)家具产业博览会为载体,以赣州港为依托,紧密联系"一带一路",形成了"木材买全球、家具卖全球"新格局,已成为中国中部最具影响力的家具产业集群。

【森林药材产业】 江西森林资源丰富,自然条件优越,蕴藏了丰富的森林中药材资源。据普查资料,全省森林中分布的野生植物药资源达3800余种,其中赣产道地药材"三子一壳"(吴萸子、黄栀子、车前子、枳壳)生产历史悠久,公认质量好,市场竞争力强。2021年全省森林药材新增种植面积23.60万亩,其中木本药材10.56万亩,草本药材13.04万亩,森林药材种植规模已达125.2万亩。不断加大财政资金扶持力度,将森林药材重点发展品种从42种扩大到52种,多年生草本每亩200元的补助标准提高至每亩400元,一年生草本每亩80元的补助标准提高至每亩200元,全力推进全省森林药材产业发展。强化示范引领,开展了省级以上林下经济示范基地动态监测工作,全省现有国家级林下经济示范基地34家,省级林下经济示范基地132家。加强技术培训,常年举办森林药材种植技术培训班,2021年,累计培训各类技术人员1万多人次。

【天然香精香料产业】 江西省共有香精香料植物近300种，大部分为林产香料。依靠政策引导和财政资金支持，全省天然香精香料产业得到了稳步发展，形成了独具特色的优势产业链。2021年新增香精香料种植面积2.14万亩。金溪县成为我国重要的香精香料产业基地，吸引相关企业80余家，樟科天然香料产量占全球产量的80%以上，天然芳樟醇、天然樟脑粉等4个产品产量居全球第一，成为了享誉全球的"世界香都"，兴建了全国唯一的香精香料产业园——香谷小镇。吉水县素有"香料油不到吉水不香，香料不到吉水不全"的美誉，主要产品为林产化工、药用香料两大系列、200多个品种，是全国主要的蒎烯加工基地和药用香料油集散地。药用香料品种占全国30%以上、产量位居全国第一，蒎烯加工份额占全国70%以上、产量位居世界第一，产品畅销世界各地。全省现有松香、松节油等深加工企业30多家，江西飞尚、金安林产等公司的年设计生产能力均超过1万吨/年，松香、松节油、萜烯树脂等主要产品在全国处于领头雁地位。

【苗木花卉产业】 江西省结合森林绿化、美化、彩化、珍贵化"四化"建设，以省会南昌及周边地区为苗木花卉产业中心，以320国道、105国道沿线为两带，以苗木花卉生产重点县、重点乡镇以及林业龙头企业为点，建设各具特色的苗木花卉生产基地，大力发展乡土树种和珍贵树种苗木品种，在芦溪、金溪、安义等地开展"苗-旅"一体化建设，建设了"丰城中国爱情花卉小镇""石城通天寨花海民宿"等一批高品质的花卉主题小镇和乡村田园综合体，重点打造了奉新和安义，芦溪和袁州，丰城和高安，兴国、大余、寻乌和全南等4个苗木花卉产业集群。目前，全省苗木花卉培育面积达167万亩，培育绿化苗木12.3亿株，有大中型苗木花卉企业365家，其中国家级林业重点龙头企业4家，省级林业龙头企业93家，获得中国名牌产品、江西省名牌产品称号的企业有7家，上市公司1家。

【森林康养旅游产业】 2021年6月，江西省林业局、江西省民政厅、江西省卫生健康委员会、江西省中医药管理局联合印发了《江西省森林康养产业发展规划(2021—2025年)》，提出到2025年，创建200个省级森林康养基地，全省森林康养年服务人数达2000万人次、森林康养年综合收入达250亿元。2021年，江西省新增29家省级森林康养基地，省级森林康养基地数量已达到99家；成功举办了"第二届鄱阳湖国际观鸟周""2021江西森林旅游节"，向全社会展示了江西省丰富而又独具魅力的生态资源，在国际国内引起巨大反响，赢得了各方赞誉；推荐上饶市申报国家级中医药健康旅游示范区；成立了全省首家热敏灸小镇——资溪高阜热敏灸小镇；宜春市利用当地文化旅游资源，创建了灸养结合的明月山热敏灸小镇。赣州、德兴、鄱阳等地积极筹备建设了一批集健康、旅游、养老服务体系融合的热敏灸小镇(健康示范村)。目前，全省有6家单位列入第一批国家森林康养基地，5处森林公园列入国家重点森林体验(养生)基地，鹰潭、武宁、资溪、大余、婺源、湾里等被认定为全国森林旅游示范市县，创建了省级示范森林公园13处、省级森林体验(养生)基地27家、省级森林康养基地99家。

【建立林业生态产品价值实现机制】 2021年6月，江西省委、省政府印发了《关于建立健全生态产品价值实现机制的实施方案》。2021年10月，江西省林业局印发了《关于贯彻落实〈关于建立健全生态产品价值实现机制的实施方案〉的通知》，就建立健全林业生态产品调查监测机制、价值核算评估体系、保护补偿机制，以及加大优质林业生态产品供给、畅通产业化路径、开展碳中和林业行动、培育市场交易体系、完善投融资机制等制订了具体举措。江西省林业局依托南方林业产权交易所建设了林权流转交易、要素交易服务平台及生态产品、湿地资源、油茶运营平台，开展油茶林、药材林、香料林等细分林种林权，林业碳汇及湿地占补平衡指标，木材、茶油、茶叶等大宗林产品交易；分别成立了生态产品(抚州)、油茶(赣州)、湿地资源(万年、崇义等)运营中心。继续健全省林权管理服务体系，完善林权管理服务系统，做实340万林农和2.3万家林企大数据，探索生态产品资源高分遥感数据应用。建立健全林业金融服务平台，与建设银行、农信联社、九江银行等9家银行建立了协同机制，创新推出"林农快贷""网商林贷"信用贷款，"百福公益林收益贷""湿地运营贷""林业碳汇收益贷"质押贷款，创设"油茶、中药材特色险""碳汇林价值、指数险"保险；推动林权收储担保体系建设，联合省金融监管部门出台《关于建立林权收储担保体系建设的通知》，资溪、崇义、宜黄、乐安挂牌成立"两山"转化收储运营机构。据统计，2021年，江西省公共资源交易网成交林权交易项目307宗，标的749宗，成交面积26.63万亩，成交金额4.52亿元；南方林业产权交易所林业要素交易平台正式挂牌交易大叶爽手筑茯砖、江西天玉茶油、福建阅闲十二章纹手珠、刺猬紫檀（方料）、微凹黄檀（方料）、油茶籽、油茶籽粕、普洱茶、金茯花茶等品种，2021年实现交易额近1.46亿元，累计实现交易额5.32亿元；全省新增林权贷款37.19亿元，同比增长5.5%，全省累计发放林权贷款289.98亿元，现有余额115.99亿元；下达中央林业贷款贴息3526.12万元，综合贴息率达1.51%；全省政策性森林保险参保面积1.31亿亩，油茶、中药材等地方特色农业保险参保面积539.7万亩、保额882.61亿元，其中公益林保险参保面积5137.24亿亩、保额25.69亿元、参保率达100%，商品林参保面积8019.65万亩、保额52.25亿元、参保率达73.4%。

【林业产业重大活动】

第二届鄱阳湖国际观鸟周影响大反响好 2021年12月11—13日，由江西省政府和中国野生动物保护协会主办，江西省林业局、江西省文化和旅游厅、南昌市政府、九江市政府、上饶市政府共同承办的第二届鄱阳湖国际观鸟周活动在南昌、九江、上饶市举办。时任江西省委副书记、代省长叶建春，国家林草局副局长李春良，江西省人大常委会党组书记、副主任赵力平，江西省政府副省长陈小平，江西省政协副主席陈俊卿，新西兰驻华大使傅恩莱，联合国粮农组织驻华代表文康农，阿拉善SEE生态协会第四任会长、万通集团创始人、御风集团董事长冯仑出席开幕式。本届活动以"鹤舞鄱湖、牵手世界"为主题，除开幕式外，还举办了碳达峰碳中和企业家论坛、东亚—澳大利西亚迁飞区候鸟及栖息地保护国际论坛、第三届国际白鹤论坛、全国鸟类保护管理培训班、嘉宾观鸟活动暨鄱阳湖国际观鸟赛、公众自然教育、"鄱湖卫士"推选等一系列精彩活动，向全世界展示了江西省深入贯彻落实习近平生态文明思想、纵深推进国家生态文明试验区建设、高标准打造美丽中国"江西样板"所取得的成就，充分展示了江西的山水之美、人文之美、发展之美，进一步加深了江西与海内外朋友的山水之缘、友谊之缘、合作之缘，扩大了江西省全面建设社会主义现代化道路上的"交往圈""朋友圈""合作圈"，实现了"办得更好、更精致、更有影响力"的目标要求。据不完全统计，"第二届鄱阳湖国际观鸟周活动"相关资讯浏览总量超过5.4亿次。

2021江西森林旅游节精彩纷呈 2021年7月25日，由江西省林业局、省文化和旅游厅、宜春市人民政府共同主办的2021江西森林旅游节主会场活动在江西省宜春市靖安县开幕，本届森林旅游节主会场设在靖安，在南昌湾里、铅山县葛仙村、庐山西海、萍乡湘东区、大余县设立5个分会场，以"走进森林，山歌颂党"为主题，举行了"2021中国森林歌会"总决赛、"走进森林"短视频大赛、"寻找最美乡村森林公园"摄影大赛颁奖仪式、2021江西森林旅游精品线路展暨靖安森林旅游趣享生活推广季、江西省森林康养高峰论坛、江西森林旅游项目招商推介会等4个大类10项活动。活动期间，全国50多家主流媒体争先宣传报道，全网浏览超过3.5亿人次；赣云、风直播等平台分别对"2021江西森林旅游节"新闻发布会、中国森林歌会等进行现场直播，2021中国森林歌会直播观看近1.5亿人次，大批省内外游客受森林旅游节宣传影响，来到江西森林旅游景区景点旅游。

举办中国（赣州）第八届家具产业博览会 2021年4月28日，中国（赣州）第八届家具产业博览会在南康家居小镇开幕。本届家博会以"实木之都、家具之都、家居之都"为主题，会期7天，举行了首届国际进口木材贸易博览会、南康家具产业发展十大突出贡献奖评选、"南康家具品牌影响力二十强企业"评选、木工技能大赛、第十届江西·南康智能木工机械及家具原辅料博览会、中国(南康)重点林产品质量与品牌发展高峰论坛等13场精彩活动,展示从原材料到研发设计、智能设备、生产制造、家具产品、销售流通等全产业链发展成果。家博会期间,签约重大项目13个,总金额达375亿元;观展人数超过18万人,线上线下交易额突破150亿元。

江西山茶油公用品牌正式实施 2021年9月14日,由江西省林业局指导省油茶产业协会制定的《江西山茶油团体标准》经全国团体标准信息发布平台审核后正式发布。12月6日,江西山茶油团标新闻发布暨江西山茶油产品宣传推介会在南昌市举行。会议介绍了江西山茶油团体标准出台背景、产品包装设计思路和团体标准管理办法,颁发了江西山茶油公用品牌标识使用授权证书,举行了江西山茶油采购签约仪式。江西山茶油团体标准确定以低温压榨加工工艺生产方式,充分保留茶油中的油酸含量和角鲨烯、维生素E等活性成分,并严格控制酸价和过氧化值等指标,根据产品质量指标划分为"特级、一级和二级"三个等级,并对检验规则、标签标识、包装储运、追溯信息等进行了规范。江西省油茶产业协会根据《江西山茶油公用品牌标识管理办法》,确定了江西绿源油脂实业有限公司、江西源森油茶科技股份有限公司、江西星火生物科技有限公司、江西省德义源生态农业发展有限公司、江西健达食品有限公司为首批5家公用品牌标识授权使用企业,采取统一标准、统一包装、统一定价、统一营销、统一管理的"五统"经营管理模式,并建立每批次产品抽检机制,为保证江西山茶油产品质量、树立公用品牌的公信力和影响力提供了保障。

【**林业产业助力脱贫攻坚**】 江西省林业系统深入贯彻落实习近平生态文明思想和习近平总书记视察江西重要讲话精神,深入践行"绿水青山就是金山银山"理念,坚持把林业发展与山区脱贫攻坚紧密结合,巩固拓展林业生态保护、建设与产业发展利益联结机制,向脱贫地区倾斜林业项目资金和提供政策支持,引导扶持山区有劳动能力的贫困人口积极参与油茶、竹类、香精香料、森林药材、苗木花卉、森林景观利用等林业生态产业,推动贫困地区脱贫致富与生态建设相互促进、相互发展,助力乡村生态宜居和产业兴旺。推进脱贫攻坚成果巩固与乡村振兴有效衔接、总结林业生态在建设"扶贫攻坚战"过程中积累的宝贵经验,出版了《脱贫路上的绿色担当——江西生态扶贫实践探索》一书,省人大、省政协代表纷纷点赞。2021年,全省向24个脱贫县倾斜安排林业资金16.4亿元,中央财政衔接推进乡村振兴补助资金4474万元,比上年增加1674万元,增幅达60%。

【**林业行业协会**】 近年来,江西省相继组建了江西省林学会、林业产业联合会、林场协会、森林旅游协会、花木产业协会、速生丰产林协会、森林病虫害防治协会、野生动植物保护协会、林业调查规划设计协会、生态板协会、油茶产业协会、活性炭协会、纤维板协会、林产香料香精行业协会、香榧产业协会、食用菌产业协会、竹产业协会、松香协会、根石艺美术学会、林业老科技工作者协会、林业经济学会等21个省级林业行业协会(学会)。行业协会坚持做好连接政府与企业、群众的桥梁纽带,在服务全省林业工作上尽心尽责,在推动本行业发展上可圈可点,在维护行业利益上行动积极,在行业管理上依法合规,开展了学术研究线上线下活动、反映诉求、资源整合、参展研讨、建设品牌、制定标准、政策建议等大量工作和有益探索,积极帮助行业和企业应对疫情影响及时复工复产,对促进江西省林业产业高质量发展发挥了积极作用。

(江西省林业局)

山东省林业产业

【概　述】 2021年，在省委、省政府的领导下，在国家林业和草原局的大力支持下，山东全省林业系统坚持政府引导、市场运作、社会参与，走"生态产业化，产业生态化"之路，大力发展木本粮油、林下经济、森林康养等特色产业，健全政策体系，积极推进产业融合发展、品牌发展、开放发展，克服疫情影响，纾困克难，全省林业产业总产值达到6049亿元，林业产业发展保持稳定。

【产业发展】

林业产业政策体系进一步完善 抓住实施乡村振兴战略等重大机遇，创新经营机制，完善政策措施，引领产业化经营深入发展。省自然资源厅、省发展改革委等14个部门联合印发了《关于科学利用林地资源促进全省木本粮油和林下经济高质量发展的实施意见》，在基础设施、用地审批、财政扶持、贷款贴息等方面支持木本粮油和林下经济发展。在全国率先编制了《山东省"十四五"林业产业发展规划》，提出了发展目标，明确了工作任务和保障措施；在省政府印发的《山东省"十四五"自然资源保护和利用规划》中，也将发展林业产业纳入其中。各地也都结合实际，制定出台发展规划，引导地方特色产业发展。发挥山东省林业产业联合会、经济林协会、林木种苗协会等社团组织纽带桥梁作用，支持林业企业和经营组织建立产业创新发展联盟，指导和帮助企业了解政策、共享信息、交流合作，实现合作共赢、共同发展。

特色产业优势更加突出 全省各地立足传统优势，因地制宜，发展特色产业，做到人无我有、人有我强、人强我特。一是发挥历史名产优势。贯彻现代化经营理念，发展历史名特产品，扩大生产规模，着力精深加工，形成特色优势产业。平阴玫瑰在平阴种植面积6万余亩，深度加工品种达到100多个，年产值50亿元，被业内评为"中国玫瑰之都"。二是发挥林木资源优势。菏泽市发扬杨树、梧桐等用材林种植传统，木材蓄积量达2000多万立方米。全市大力发展木材加工产业，规模以上木业企业680家，产值达1700亿元，曹县成为"中国木艺之都"，木材加工业成为当地支柱产业。三是发挥生产优势。临沂市依托物流和木业生产的良好基础，建成了年交易额120亿元全国最大的板材专业批发交易市场"中国装饰板材城"，构建起木业产业"前店后厂"的发展模式，全市规模以上企业人造板材产量达2500万立方米，成为全国最大的板材生产、交易和出口基地，荣膺"中国板材之都"称号。四是发挥区位优势。通过政府引导、社会参与，全省林木种苗面积发展到200万亩，年产各类苗木4亿多株，在充分满足当地值种需要的同时，销往西北、东北等10多个省份，年贸易额达到500亿元。

融合发展成效更加明显 一是拉长产业链，推进生产、加工、销售融合。大力实施"强链、补链、建链"工程，通过市场、资源引导，引导扶持林业龙头企业向下游精深加工方向拓展，实现主导产品从初级产品向终端产品、从传统产品向精新产品转变，提高产品附加值和市场竞争力。全省林业企业达到1万家，其中国家林业重点龙头企业44家，省级林业龙头企业94家。二是建设产业园区，推进产业集聚融合。全省建立各类林产品生产加工园区30多个，园区内企业实行专业化分工、集群式发展，形成各具特色、优势互补、结构合理、协同高效的产业集群体系。创建平阴玫瑰产业示范园区等6个国家级林业产业示范园区。三是推进一、二、三产业融合。山东省把资源培育、产品加工、市场营销与旅游观光相结合，培育发展集生产基地、文化体验、旅游观光为一体的观光果园、观光苗圃、森林公园和林园综合体，实现一、二、三产业互促共进、融合发展，让林区变景区、基地变公园、生态变商品。四是利用

"互联网+"，推进线上线下融合。通过建立电商产业园、对销售人员免费培训、电商企业政策扶持等方式，实现线下体验与线上销售相结合、网络直销与传统营销相结合，拓展产品销售渠道。

品牌影响力不断提升 通过建立院士工作站、专家顾问团、技术创新联盟、开展送科技下乡以及建立标准化示范园、示范企业、示范基地等多种方式，推进企业产品研发、技术创新和标准化生产。全省拥有国家林业标准化生产企业11家，制定生产技术标准150多个。通过注册商标、产品认证、品牌认定等多种途径，打造企业品牌、产品品牌和区域公用品牌。目前，有32个林产品获得中国驰名商标，86个获得山东名牌、97个获得山东著名商标，18个获得山东省区域公用品牌，74个获得企业产品品牌。沾化冬枣等8个地标产品入围"中国品牌价值评价区域品牌榜"。通过国内外专业展会、新闻媒体、信息网络、体验店，开展多途径、多形式、立体化宣传推介。山东省举办的世界人造板大会、世界牡丹大会、中国林产品交易会、中国玫瑰产品博览会等业界盛会，打造了一批知名企业品牌和产品品牌，进一步提升了山东林产品的知名度和影响力。

［山东省自然资源厅（山东省林业局）］

河南省林业产业

【概述】 2021年，河南林业产业坚持以习近平新时代生态文明思想为统领，践行"绿水青山就是金山银山"发展理念，认真贯彻落实省委、省政府决策部署，持续推进国土绿化，建设森林河南，坚持资源支撑、市场主导、政府引导，创新驱动、示范带动、品牌拉动的发展思路，以《森林河南生态建设规划（2018—2027年）》为标的，对标对表，以市场需求为导向，大力推进绿色富民产业高质量发展，全面打造林业产业特色品牌、积极完善林业产业服务体系，着力推进林业一、二、三产业融合发展，实现产业化集群规模持续壮大，林业产值稳步增长，加快林业产业绿色化、优质化、特色化、品牌化建设步伐，推动脱贫攻坚成果同乡村振兴进一步衔接。

2021年，河南林业产业克服新冠病毒疫情等影响，年产值实现正增长，达到2246.81亿元，比上年增长81.41亿元，增幅3.8%。其中，第一产业产值1058亿元，占林业产业总产值的47.1%，较上年增加30.13亿元，增幅为2.9%；第二产业产值825.09亿元，占林业产业总产值的36.7%，较上年增加49.29亿元，增幅为6.4%；第三产业产值362.43亿元，占林业产业总产值的16.13%，较上年增加0.77亿元，增幅为0.2%。林业产业产值逐步提升，结构进一步优化，以林业旅游休闲康养为主的三产比重稳步提升。

【油茶产业】 河南桐柏—大别山区地处油茶种植区的北缘，是油茶适宜栽培区。我们坚持以习近平总书记生态文明思想为指引，牢固树立"绿水青山就是金山银山"理念，认真贯彻落实河南省委、省政府和国家林草局决策部署，出台了相应措施，后发快进，增量提质，实现了油茶产业持续健康发展。2021年，积极争取中央、省级财政资金9380万元支持油茶产业发展，信阳市委、信阳市人民政府印发了《关于加快油茶产业高质量发展的实施方案》，桐柏县人民政府下发了《桐柏县油茶产业"十四五"发展意见》，明确了支持措施。全省已发展油茶种植面积近110万亩，茶籽年产量4万吨，茶油年产量9500吨，产值达20亿元。

【特色产业】 特色产业优势突出，推动林业产业发展效果明显。卢氏县是全国著名的核桃产业老区，核桃栽植已经有1000多年历史。2019年，"卢氏核桃"成功注册国家地理标志证明商标。目前，全县核桃分布面积已经超过100万亩，核桃基地100个，其中精品基地5个、示范基地45个、标准基地57个。栽植的品种主要有辽核、香玲、中林等。在确保每个核桃产业园有授粉树的前提下，按照"一个园子一个品种"的改良原则，建设了8处核桃高接换头示范园，加上其余乡镇群众自发实施的部分核桃高接换头，全县核桃高接换头3万余株，加快了品种改良。在政府支持和引导下，吸纳核桃良种育苗、种植、购销、加工、电商等类型的9个专业合作社，组成了卢林核桃专业合作社联合社。联合社注册了"卢林"和"党家山庄"2个核桃类商标。同时，卢林联合社在东明党家山流转土地2000余亩，打造的核桃科技扶贫示范园已初具规模。近年来，该县先后建起了3家核桃深加工企业。三门峡华阳食品有限公司拥有100多套核桃仁、休闲食品等生产设备，年生产加工核桃仁制品2000余吨，产品除供应国内大型食品厂外，还远销德国、英国、法国等十几个国家和地区，是省级核桃产业化集群之一。

2021年6月18日，郑州市成功获得2025年第十一届中国花卉博览会举办权，展会将在花卉界的"奥林匹克"中展示河南形象。在花博会申办的政府承诺中，郑州市将依托现有花卉产业发展成果，设立10亿元产业发展资金，规划建设10万亩花卉苗木产业基地。借助承办"花博会"的东风，郑州市部分花卉企业已经行动起来，锚定产业提质增效目标，超前谋划、全面布局，在园区规划、品种选择、科技支撑、人才培养、营销模式等环节开始发力，表现出很强的积极性和极大决心。此举，将有力促进郑州市花卉产业转型升级，推进郑州建设成全国性花卉集散中心。

【森林旅游康养】 森林旅游康养成为第三产业发展新动力，新的经济增长点。河南新增全国森林康养基地试点单位16个、省级森林康养基地22个。以优化森林康养环境、建设康养基地为重点，坚持生态优先、科学开发、布局合理、市场主导的原则，不断拓展"森林康养+"产业模式，大力推动森林康养产业规范有序健康发展。洛阳市全域森林康养试点建设取得新突破，栾川县入选全国森林康养试点建设县，2021年度新获批国家级森林康养试点建设基地3家，分别是嵩县龙王森林康养基地、嵩县天池山森林康养基地、洛宁神灵寨森林康养基地。新获批省级森林康养基地2家，分别是新安县黛眉山森林康养基地、嵩县天池山森林康养基地，2021年，全市省级以上森林康养基地达到24家。

【产业集群和产业示范园区】 近年来，河南省积极引导各地培育林业主导产业，本着"一县一业"的发展思路，大力培育省级以上林业重点龙头企业，推广"龙头企业+专业合作组织+基地+农户"经营模式，推动产品加工增值链、资源循环利用链、质量全程调控链有机融合，打造一批"全链条、全循环、高质量、高效益"的现代林业产业集群，构建林业产业新发展格局。信阳油茶、信阳茶叶、南阳月季、洛阳牡丹、洛阳森林旅游康养、开封菊花、南阳淅川石榴、三门峡杜仲产业、兰考桐木加工等9个产业化集群，基本实现了各集群内的产业融合发展和"产业链、价值链、供应链"三链同构同发互联互促。

坚持高质量发展，形成规模集聚效应，推动企业生产规模化标准化，提高生产能力和产品质量，积极创建国家级林业产业示范园区。2021年，按照《国家林草局发改司关于委托开展第二批国家林业产业示范园区现场审核工作的通知》和中国林产工业协会《关于请予配合开展第二批国家林业产业示范园区现场审核工作的函》要求，完成了对夏邑县林业产业示范园区、濮阳市木业产业示范园区现场实地审核工作。河南省夏邑林业产业示范园区和濮阳木业示范园区被认定命名为国家夏邑林业产业示范园区和国家濮阳木业示范园区。

【沿黄河流域生态保护】 近年来，河南省聚焦黄河流域生态保护和高质量发展，充分利用森林资源，着力培育突出黄河背景、黄河特色的森林生态旅游、森林康养品牌，推动特色林业、旅游与生态一体化发展，积极引导社会资金流向黄河流域生态保护和林草产业高质量发展领域。着力加大湿地保护修复力度，快速推进示范段建设，发挥湿地系统生态效益，构建"一轴两带六区多点"的林草产业发展空间格局，形成以优势产业带为联结、带区结合、多点互动、城乡一体、龙头带动、集聚发展的产业布局，推动林草产业与区域经济协同发展，实现了生态效益、经济效益、社会效益共赢。沿黄生态廊道已绿化10.7万亩，干流右岸基本贯通，种植菌草5万亩，建设省级湿地公园15个，建成兰考堌阳镇等森林特色小镇78个，灵宝东寨村等森林乡村示范村488个。济源全年完成森林河南营造林9.41万亩、沿黄生态涵养带营造林4.6万亩、下冶煤铝土开采区矿山地质环境治理2.28万亩、沿黄生态廊道0.23万亩，义务植树150余万株，黄河湿地生态恢复0.075万亩；完成各类苗木栽植10.9万株，新增乡村绿化面积1073亩，新建、改建游园20余处，建成森林康养基地2个，沿黄干流森林特色小镇4个，森林乡村15个，打通了群众生态需求的"最后一公里"；以实现乡村林果化为建设目标，创新开展"万株果树进农村"送绿活动，为45个行政村提供苹果、石榴、梨树、山楂、桃树等果树3.3万余株。

【国际合作和国家储备林】 国家储备林项目是河南省和国际间同业合作的力作，项目实施以来，建设稳步推进。围绕河南国家储备林项目建设实际，不断完善规章制度，编制了《河南省利用贷款建设国家储备林项目检查验收办法（试行）》和《河南省利用贷款建设国家储备林项目作业设计编制办法（试行）》，印发了《关于实施河南省贷款国家储备林项目变更调整建设内容的指导意见》,积极组织各地灾后重建和投保理赔工作。2021年,组织实施了2020年中央预算内投资木材战略储备基地建设项目建设任务3万亩;贷款项目落地12个,发放贷款41.401亿元,完成营造林面积84.148万亩。截至2021年年底,河南已批复建设方案26个,建设规模1751万亩,有48个项目纳入全国PPP综合信息平台项目管理库,已落地43个项目,累计发放贷款109.116亿元,累计完成营造林面积220.078万亩。

【乡村振兴】 巩固拓展脱贫攻坚成果同乡村振兴有效衔接。河南省林业局围绕实施乡村振兴战略的目标任务,按照产业兴旺、生态宜居、乡风文明、治理有效、生活富裕的总要求,推动各县积极实现"一村一品",发展当地特色林果,扩大宣传销售途径,推动林产品提质增收。绿色富民产业稳步发展。全省新发展优质林果20万亩、花卉苗木19.6万亩、林下种养殖141.74万亩。汝州市林业局经过深入调研,根据各乡镇立地条件和发展基础,坚持因地制宜,"一村一品",发展优质林果、特色经济林、种苗花卉,积极探索乡村绿化、彩化、果化、财化的实现路径方法。安阳县辛村"五边"绿化,利用国储林,栽植2.5米高的全冠苗,每棵都有二维码,景象喜人。河南省林业局正在总结推广安阳经验,各地也积极与政策性金融机构沟通,助力乡村生态振兴。

(河南省林业局)

湖北省林业产业

【概　述】 2021年，湖北省林业克服新冠肺炎疫情等不利影响，扎实推进林业各项工作，大力支持竹木精深加工、木本粮油、特色经济林、林下经济、森林旅游康养等林业产业发展，扶持龙头企业，做强产业链条，打造精品名牌，以林业产业高质量发展，助推全省社会经济高质量发展。

【产业发展】

林业资源　全年共完成营造林196.6万亩，占年度计划的101.2%，长江防护林、退耕还林、战略储备林等国家林草重点工程年度任务如期完成；共创建省级森林城市3个、森林城镇34个、森林乡村216个。全省现有林地890.21万公顷，占全省国土面积的47.89%；森林面积777.78万公顷，森林覆盖率42%。统筹林地林木资源保护利用，征占用林地和采伐林木均控制在年度限额内，严格依规调整公益林，有效保护全省9616万亩天然林和公益林；强化湿地保护修复，完成湿地"三退"4万亩，全省现有湿地145.02万公顷，占全省国土面积的7.8%。编制完成全省保护地整合优化预案，全省保护地总数322个，总面积2832万亩，占全省国土面积的10.16%。

林业产值　2021年，湖北省林业产业高质量发展，全省林业草原产业总产值达到4558.2亿元，比上年增长18.63%。比疫情前的2019年增长11.29%。其中，第一产业产值1603.17亿元，同比增长16.93，比2019年增长17.9%；第二产业产值1452.77亿元，同比增长21.22%，比2019年增长10.36%；第三产业1502.25亿元，同比增长18.01%，比2019年增长5.82%。在林业草原全部产业总产值中，涉林产业产值为4307.73亿元，比上年增长19.11%，占林草产业总产值的94.51%。

林业科技　全年审定林木新品种4个、良种8个，获国家授权专利10余项，获省部级科技奖励4项，承办全国林草科技大讲堂。2021年运用新的先进育种育苗技术，培育林木优质种苗，产值实现114.01亿元，同比增长23.79%。林业科技服务于林业产业效果明显，全省林业生产服务产值221.66亿元，同比增长22.2；林业专业技术服务实现产值41.72亿元，同比增长11.98%。

林业投资　2021年，全年完成林业投资196.52亿元，比上年增加3.48亿元，增长1.8%。其中，中央财政资金31.63亿元，比上年增加1.28亿元；地方财政资金34.76亿元，比上年增加1.27亿元；其他社会资金52.21亿元，比上年增加22.79亿元，增长77.46%。在全部林业投资中，林业产业发展投入102.27亿元，占比52.04%，比上年增加了4.37亿元，占比提高了1.67个百分点。稳定的资金投入，支撑了全省林业生态建设和产业建设顺利发展。

【"两山"试点】 印发了《"绿水青山就是金山银山"试点县建设实施方案》，组建了14个专家服务队，跟踪服务"两山"转化途径并作科学的探索，统筹下拨试点县建设补助资金4900万元，组织各试点县结合本地实际申报相关项目用于"两山"建设。14个试点县完成新建油茶示范林3.66万亩、改造低产低效林8.38万亩，新建经济林3.83万亩，发展林下经济1.83万亩，新建森林康养基地26个。涌现了通城"五药"并举、保康"一果一养"等特色典型，基本实现了"生态美、产业优、机制活、百姓富"。

【油茶产业】 2021年，争取油茶低产低效林改造中央资金1.07亿元，改造油茶低产低效林21万亩，新造油茶林面积6.9万亩，全省现有油茶种植面积439万亩，总面积位居全国第四。全省有13个市（州）的67个县（区）均有种植，主要产区为黄冈市、咸宁市、襄阳市，3个市油茶种植面积占全省的57.6%。全省油茶面积超10万亩的县市有麻城市、通城县、阳新县、谷城县、大悟县、通山县、崇阳县、随县、广水市、红安县、蕲春县、咸丰县等12个，其中麻城市42.9万亩、通城县37.5万亩、阳新县31.6万亩位居全省前三名。全省现有油茶加工企业61家，培育了黄袍山绿色产品有限公司、四季春茶油有限公司等一批茶油加工龙头企业。2021年全省干茶籽总产量25.76万吨，茶油产量达到4.46万吨，年产值89亿元。

【经济林产业】 湖北省优化调整特色经济林品种结构，不断提升林产品品质价值。2021年，全省新造经济林面积1.64万公顷，重点打造木本油料基地，木本油料种植面积比上年增加了1.07万公顷，核桃年末实有面积15.5万公顷，比上年增加2.04%，除油茶、核桃种植稳步增长外，山桐子产业在鄂西地区迅速发展。2021年，全省各类经济林产品总产量915.05万吨，比上年增产8.04%；经济林产品产值为1048.84亿元，比上年增长21.21%。2021年，全省林下经济产值739.81亿元，同比增长29.98%，比2019年增长25.01%。经济林产业和林下经济并驾齐驱，在助力乡村振兴和林业高质量发展中发挥着重要作用。

【竹产业】 全省现有竹林面积430万亩，主要竹种为楠竹(毛竹)、麻竹、淡竹、水竹、雷竹、箬竹等。各类竹种21属171种，其中以楠竹(毛竹)为主的散生竹集中分布在鄂东南、鄂西及鄂北，以慈竹为代表的丛生竹自然分布于鄂西，咸宁市是全国"楠竹之乡"。现有竹产业生产加工企业279家，其中龙头企业11家(国家级1家，省级10家)；2021年，全省竹产业产值81.46亿元，比上年增长19.86%。

【林产加工】 2021年，湖北省林业第二产业产值1452.77亿元，比上年增长21.22%。其中，木材加工产值75.23亿元，比上年增长28.64%，生产锯材284.1万立方米，比上年增长13.0%；木竹藤家具制造产值258.76亿元，比上年增长26.02%；人造板制造产值177.22亿元，比上年增长16.63%，人造板产量770.34万立方米，比上年增产12.99%；木制品制造产值121.79亿元，比上年增长26.41%，木竹地板产量3590万平方米，比上年增产28.62%。

非木质林产品加工制造业产值378.24亿元，比上年增长23.42%，其中，木本油料、果蔬、茶饮料等加工制造产值272.94亿元，比上年增长22.79%；森林药材加工制造产值57.21亿元，比上年增长27.89%；以森林食品为主的其他非木质林产品加工制造业产值48.08亿元，比上年增长21.87%。

【森林旅游】 2021年，湖北省继续加大森林城市、森林城镇和美丽乡村建设投入力度，大力改善城市乡村的宜居环境。2021年，全省投入9720万元开展4个城市、34个城镇、216个乡村森林城市和美丽乡村建设，为湖北的绿水青山强基增力添彩。开展"富美国有林场"创建，推进国有林场道路和视频监控系统建设，完成林间道路建设259千米，罗田薄刀峰林场等5个林场入选2021年"全国十佳林场"和"全国森林康养林场"。全省实现林业生态服务产值150.99亿元，同比增长了8.98%。全省森林旅游与休闲服务业产值968.05亿元，同比增长19.18%；各森林旅游景区总接待游客1.95亿人次，同比增加8.94%，实现收入870.73亿元，同比增长5.62%；森林旅游与休闲服务业直接带动其他产业产值1292.69亿元，同比增长29.18%。森林旅游休闲康养人均每次花费446元，同比下降了13元，这主要是受疫情影响，游客因经济收入减少理性选择出游目标。

【林业龙头企业】 开展国家级和省级林业龙头企业推荐申报，共推荐7家企业申报国家林业重点龙头企业；新评定64家省级林业龙头企业，省级以上林业产业化龙头企业479家。总资产5亿元以上的企业有28家，其中10亿元以上的有5家。2021年营业额过亿元的企业有98家，其中康欣新材料、黄袍山绿色食品、中兴食品等龙头企业发挥着重要引领作用。

【林业生态扶贫】 全年安排37个重点县中央和省级林业投资33.43亿元，占全省林业投资的57.89%，其中落实天然林和公益林、退耕还林等林业惠民资金 22.87 亿元,选聘脱贫群众担任生态护林员 66877 名,每人每年管护补助 4000 元,巩固了脱贫成果,助推了乡村振兴。

【林业产业基地】 联合省发改委等 10 个部门出台了《湖北省关于科学利用林地资源 促进林下经济和木本粮油高质量发展的意见》,印发了《湖北省木本油料"十四五"发展规划》《推进竹产业高质量发展的意见》。落实中央专项资金 10665 万元,改造油茶低产低效林 21 万亩,新造油茶林 9.2 万亩。指导各地加强现有的核桃、油橄榄、山桐子等抚育管护,提升基地建设管理水平。2021 年,全省新造经济林面积 24.6 万亩,重点打造木本油料基地,木本油料现已发展成为湖北省种植面积最大的经济林,2021 年木本油料种植面积比上年增加了 16.05 万亩,总面积达 708.6 万亩。除油茶、核桃种植稳步增长外,山桐子产业在鄂西地区迅速发展。对钟祥市、咸安区、罗田县、谷城县、恩施市等 5 个深化集体林权制度改革示范县进行了评估验收。组织申报国家级林下经济示范基地,共有 5 家单位纳入第五批国家林下经济示范基地名单。

【林业精品名牌】 持续打造林业特色品牌。组织林业龙头企业参与第十七届中国林产品交易会、义乌森博会、合肥苗博会、武汉"互联网+产业"电子博览会等;支持企业申报创建地理标志产品、森林生态标志产品等区域公用品牌和企业品牌,提升品牌和产品的知名度、美誉度。荆门市东宝区绿色家居产业示范园区被国家林草局认定为第二批国家林业产业示范园区。

【森林保险】 规范开展政策性森林保险工作,指导 31 个试点县(市)签订了森林保险合同,防灾减损、勘察理赔等工作顺利开展。2021 年,全省森林保险承保面积 2383.46 万亩(其中,公益林 2159.45 万亩,商品林 224.01 万亩),保费 3269.91 万元,理赔总面积 156.613 万亩,理赔金额 214.86 万元。积极推动林业特色保险试点工作,"核桃险"在保康县试点落地,中国人寿承保了保康县环艺核桃种植专业合作社 780 亩的核桃树和核桃果;联合中华财险、太平洋保险赴麻城市、通城县等地开展油茶特色保险专题调研。

(湖北省林业局)

湖南省林业产业

【概 述】 2021年，湖南省林业产业围绕"生态惠民"主题，扎实推进林业产业高质量发展，为巩固脱贫成果和助力乡村振兴做出了贡献。全省林业产业积极有效应对新冠病毒疫情、罕见的高温晴热天气、短缺的煤电供用等困难，奋力实现有序前进，恢复增长态势，各项经济指标达到或超过预期目标。油茶推出了政策、资金、技术、管理等方面的"组合拳"，收获了历史上最好产量。竹木产业呈上扬态势，很多产品产销皆旺。林下经济中不少"特精"产品广受市场青睐。全年林业产业总产值达5409亿元，同比增长7%。

【油茶产业】 一是扎实推进油茶"两个三年行动"工作。充分发挥中央财政油茶低产林改造项目资金杠杆作用，2021年度已下达中央财政林业改革资金项目"低改"油茶低产低效林资金13500万元，下达省级林业生态保护与修复油茶项目资金6519万元，整合中央预算内投资用于油茶低产林改造7200万元。2021年，全省完成油茶低产林改造100万亩。2021年度完成茶油小作坊升级改造160家。①开展油茶"两个三年行动"督导与绩效评价工作。全面完成全省油茶"两个三年行动"督导检查，并组织相关单位及专家召开"两个三年行动"推进会。委托省林业设计院开展2020年度中央（省级）油茶产业发展项目绩效评价工作，及时通报评价情况并限期整改。②编制相关细则。配合省财政厅制订《湖南省油茶高质量发展若干财政政策措施》和《湖南油茶产业基金实施方案》，配合省市场监管局编制了《茶油小作坊发证审查细则》《油茶果初加工与茶籽仓储交易中心建设指导手册（试行）》，提请省人大将《湖南省促进油茶产业发展条例》列入2022年立法调研计划。③加强科技支撑。一是组织编制地方标准《茶油小作坊生产卫生规范》《油茶低产林改造技术规程》（DB43/T 1991—2021）2项，并在怀化、衡阳举办两期全省油茶实用技术培训班。二是持续打造"湖南茶油"公用品牌。加快推进"湖南茶油"公用品牌宣传。与步步高集团开展战略合作，利用步步高营销渠道，推广销售"湖南茶油"；举办"湖南茶油"湘菜美食品鉴活动，将地铁5号线板塘冲站打造为"湖南茶油"主题站，并在地铁五一广场站设立湖南茶油宣传画栏；打造"湖南茶油"抖音号并发布短视频102条，粉丝量达10.1万人，获赞26.6万人次；组织"湖南茶油"授权企业参加2021第24届北京·中国国际高端健康食用油产业展览、推介会，"湖南茶油"获"中国木本油料影响力区域公共品牌"称号，组织参加第十九届中国国际农产品交易会（深圳），提升湖南茶油公用品牌的市场影响力。三是支持"惠农担-油茶贷"项目。目前保额度达9.68亿元，2021年贴息贴保1027.3万元。

【竹产业】 一是创新竹产业重点建议提案办理，省人大黄关春副主任率部分省人大代表及省政协委员下竹产企业调研、现场座谈交流，真正把实事办实办好，以推动湖南省竹产业高质量发展。二是召开全省楠竹千亿产业高质量发展现场推进会，梳理当前竹产业发展动态，践行"两山"理念，为湖南省竹产业一、二、三产业融合发展的新格局指明方向。三是下达2021年竹木产业项目资金3008万元，支持建林业特色产业园10个，支持建竹林道示范路433千米，支持开展26个竹产业加工项目。四是开展"潇湘竹品"品牌建设工作，完成"潇湘竹品"品牌宣传视频制作；湖南省竹产业协会对竹炭、竹笋团体标准进行研究；赴湖南自由贸易试验区（长沙片区）进行考察，深入研究湖南"潇湘竹品"运营服务中心运营模式。

【林下经济】 一是持续打造林下经济特色品牌，在资金、项目安排上支持"新化黄精""慈利杜仲"等5个特色区域品牌建设。二是落实了林下经济科技支撑行动方案，支持省环境生物学院等科研院所开展黑老虎、三叶青种质资源库资源调查及资源库建设，加强红汁乳菇高质量菌根苗培育、迷迭香抗氧化剂、蓝莓良种选育与繁殖技术研究。三是加强了林下经济示范基地建设工作。支持19个国家级、省级林下经济示范基地开展产业链转型升级、优质种苗培育，重点培育林药、林菌、林果、资源昆虫等产业模式，持续推广"企业+合作社+基地+农户"的经营发展模式。四是完成了《湖南省林下经济示范基地认定管理办法》制定，完成第五批国家级林下经济示范基地申报工作，桑植康华棕叶林等4家林下经济示范基地获批第五批国家级林下经济示范基地。

龙头企业 对全省612家省级林业产业龙头企业进行信息更新完善，并深入企业进行调研，了解企业发展困难。

林区道路 完成2021年林路养护项目资金下达工作，维护林区道路约1100千米（含油茶林路改扩建200千米）。

行业服务 林业安全工作扎实规范有序，维持了全行业的平安稳定；完成了31件建议提案的办理，办结率、满意率达100%；对全省14个市（州）1180批次湖南茶油、竹笋、油茶籽、花椒、板栗、核桃、鲜枣七大食用林产品及产地土壤中理化性能、农药残留、重金属指标进行了监测。

【花卉产业】 一是做好花木产业规划设计。编制了《湖南省花木产业"十四五"发展规划》和《湖南省花木产业2021年发展工作方案》，完成了以长株潭为重点的花木产业"五区"总体布局，明确建设高质量花木产业、市场流通、花木文化与旅游、科技支撑四大体系。二是成功参展了第十届中国花卉博览会。湖南省荣获组织奖金奖、室外展园金奖、室内展区金奖。本届花博会期间，湖南省先后7次选送展品362件参赛，共获奖254项，获奖率超过70%，其中金奖13项、银奖59项、铜奖101项、优秀奖81项，在奖项种类、获奖总数、获奖比例和奖励等级等方面均创湖南省历史最好成绩，为湖南争得了荣誉。三是成功举办了2021年湖南省花木博览会。经省人民政府同意，省商务厅批准，在长沙市雨花区石燕湖景区成功举办了2021年湖南省花木博览会。本届花木博览会以"礼赞建党百年 共建大美湖南"为主题，组织了全省14个市州、6个县（市、区）、300余家花木企业积极参加，完成了6个室外展园、27个室内展区的组织参展工作。本届花木博览会，共有300多个花木品种、2万多件盆景、盆花、插花、赏石等展品登台亮相，集中展示了全省花木产业的新品种、新技术和新成果，是湖南省花木发展史上展区规模最大、展园数量最多、展陈质量最高的一次展会活动。3天时间里有5万多观众走进花木博览会现场观展，花木博览会还邀请相关领导、专家举行了以"发展花木产业 助力乡村振兴"为主题的花木产业发展论坛，省林业局局长胡长清作了报告，推动省内外相关企事业单位签订了《湖南省杜鹃花产学研战略联盟合作协议》和《湖南省兰花战略合作框架协议》，打造了资源共享、合作共赢的示范平台，扩大了花木产业影响，营造了湖南省花木产业高质量发展的良好氛围。

【森林公园建设与生态旅游】

优化体系，推动生态旅游与文旅产业深度融合 湖南省多地聚焦景区品牌建设，充分挖掘资源特点，加强与当地文化地标的同频共振，实现自然之美与文化之美共美。岳阳楼—洞庭湖风景名胜区围绕"忧乐文化、生态文化、爱情文化"三大主题，积极宣传推广景区独有文化，先后举办了岳阳楼洞庭湖风景名胜区摄影、征文、绘画比赛，成功打造了汨罗江龙舟节、君山爱情文化节、团湖荷花节、洞庭湖观鸟节、草地音乐节、屈子书院国学讲堂等节会。央视一套《寻宝》栏目"走进岳阳楼"开展宣传活动，全面丰富了景区文化内涵，全年共接待游客799万人次，旅游综合收入29.1亿元。岳麓山风景名胜区通过积极打造经典生态文化旅游线路，开通连接湖南省博物馆、橘子洲、洋湖湿地公园、谢子龙、李自健美术馆等热门景点的"红遍岳麓"文旅专线，升级打造"伟人求学路""长沙精品游""岳麓生态游""麓山红色游""岳麓研学之旅""历史文化之旅"6条长沙文旅深度体验线路，每逢节假日游人如织，全年共接待游客1595.32万人次，较上年度增加了568.32万人次。

创新思维，构建生态旅游融媒体多平台传播体系 以桃花源风景名胜区为拍摄地的《向往的生活5》桃花源篇于2021年正式在湖南卫视开播，节目开播直播关注度达1.25%、市场占有率达12.83%，位居同时段卫视第一。节目结束后，桃花源的自然风光成功"破次元"，吸引众多观众前往实地"打卡"，借助节目传播影响，2021年桃花源风景名胜区接待游客282.66万人次，较2020年增加了86.66万人次。天门山国家森林公园春游天门、夏日云海、醉人秋色、南方"北国风光"四季美景为央视各台轮番播报，蜘蛛人环洁、千米高空索道检修、穿行云端保安全等不断被央视展示景区形象，2021年接待游客235.4万人次，较2020年增加了33.4万人次。

丰富内涵，打造多元化生态旅游体验 全省各生态旅游景区精心策划全年活动，多地推出适景、适节主题活动，云山国家森林公园景区举办了"武冈市首届美好生活节"、岳阳楼景区《岳阳楼记》背诵免门票、情景夜游主题活动等。韶山风景名胜区推出大型实景演出《最忆韶山冲》，以创新的"诗音光影画卷"形式，生动演绎乡音与乡情的亘古不变，吸引大量游客，2021年韶山风景名胜区接待游客1335万人次，较2020年增加了372.1万人次。

（湖南省林业局）

广东省林业产业

【概　述】　2021年,面对新冠肺炎疫情严重冲击,全省各级林业部门坚持以习近平新时代中国特色社会主义思想为指导,深入践行"绿水青山就是金山银山"理念,紧紧围绕省委、省政府决策部署,坚持一手抓疫情防控,一手抓林业重点工作(国土绿化、生态修复、自然保护地建设管理、森林资源保护监管和林业生态惠民等),不断强化生态修复和森林资源保护管理,着力发展绿色惠民产业,深化林权制度改革,有效增加优质生态林产品供给。持续推进林业改革和产业发展,大力发展油茶产业,着力推进省级森林生态综合示范园建设,倾力打造广东林业产业知名品牌,积极培育发展林业龙头企业、林业专业合作社、家庭林场等新型林业经营主体,广东省林业产业发展稳步前进。受疫情影响,林业第三产业发展趋缓。截至2021年年底,全省森林覆盖率达58.74%,森林蓄积量达6.24亿立方米。

木材工业规模稳步增长　木材工业是绿色低碳的产业,木材和木制品生产过程中能源消耗量小,碳排放水平低,与钢材、玻璃和水泥等传统建材相比,节能降碳优势明显。生产和使用木材及其制品可以固定大气中的二氧化碳,抵消我国部分温室气体排放,也是应对气候变化的有效方法之一。木结构建筑是低碳节能型建筑,降低建筑领域的碳排放是落实国家"双碳"目标的必然要求,与轻钢结构和钢筋混凝土结构等常见建筑相比,木结构建筑节能降碳优势显著。广东省2021年原木产量856.43万立方米,锯材产量188.51万立方米,木片产量80万实积立方米,薪材产量2396.09万立方米,烧材产量32.78万吨。另外,广东省的木材工业企业逐步建立原料林基地,实现"林板"一体化发展,既可解决原材料来源问题,又可增加森林碳汇,部分抵消生产过程中的碳排放。部分企业采取多元化的进口模式,积极开拓木材进口市场,降低木材进口市场集中度,以规避贸易壁垒。

油茶产业发展保障粮油安全　油茶是我国重要的木本油料树种,具有不与农争地、不与人争粮的独特优势和发展潜力。充分利用荒山荒地种植油茶,加强现有低产低效油茶林改造,能有效缓解油料供需矛盾和进口压力,增强我国粮食保障能力。广东省以油茶产业化经营为纽带,按照"做实做稳一产、做大做强二产、做精做旺三产"的发展思路,推动油茶一、二、三产业融合发展,成效显著,全省油茶种植面积超263万亩,油茶类相关企业128家,油茶品牌156个,油茶定点苗圃11个,年生产能力可达3000万株,全省每年可供应油茶良种苗木2400万株。随着经营模式与生产技术日趋成熟,广东形成了"龙头企业+基地+专业合作社+农户"的经营模式,在高位推动下还诞生了"油茶+"的新模式,带动各区(县)第二产业、第三产业发展,涌现出许多"油茶+旅游""油茶+餐饮""油茶+文化"的融合发展典型。

科技下乡解决林下经济发展瓶颈　在多家科研院校多年研究乡村振兴路径的基础上,国有资金积极下乡,构建公司+科研+基地+农户的模式,通过一、二、三产融合发展,共同发展林下经济产业,带动越来越多的村民驻守乡村,参与乡村振兴。梅州市南方长寿生物科技有限公司与蕉岭县相关部门合作共建了食用菌扶贫产业园,把技术、生产、加工和销售串联起来,2021年梅州市蕉岭县食用菌产业年产值达2400万元,小小食用菌"敲开"乡村振兴"致富门",群众走上了致富路。据不完全统计,截至2021年,广东省参与林下经济发展的经营企业达150家,建立各种类型经营合作社300家,创新"公司+基地+农户"发展模式,着重培育南药、茶、竹荪、灵芝等林下种植,竹笋、竹虫等采集加工业,林下养禽畜和蜜蜂等养殖业,发展森林康养,全方位发展林下经济产业,通过建设产业园,因地制宜推进林业一、二、三产业融合发展，森林旅游、自然教育、南药、食用菌、竹子等林下经济蓬勃发展，让生态优势转化为经济优势，助力乡村振兴。

森林生态综合示范园建设 广东于2019年正式启动省森林生态综合示范园项目建设，结合国有林场改革发展的契机，充分挖掘国有林场、森林公园、林业科研院所等发展潜力，突出资源特色，高标准打造集森林旅游、森林康养、自然教育、科技示范、林下经济等于一体的多功能示范园。截至2021年，全省确定了三批共30个森林生态综合示范园，其中20个示范园项目一期工程建设已完成，面向公众开放。

2021年，建成广东省唯一红锥大径材主题森林生态综合示范园，带动当地农民脱贫致富，助力乡村振兴。该综合示范园是广东省第二批森林生态综合示范园建设项目之一，也是全省唯一以红锥大径材为特色的森林生态综合示范园。

（广东省林业局）

广西壮族自治区林业产业

【概　述】 2021年，广西林业部门深入学习贯彻习近平生态文明思想，牢固树立和践行"绿水青山就是金山银山"发展理念，认真落实自治区党委、政府关于推进高端绿色家具家居产业发展的决策部署，林业产业发展主要指标稳居全国前列，已经成为全国重要的森林资源富集区、森林生态优势区和林业产业集中区，现代林业产业高质量发展迈出关键步伐。2021年，广西林草产业总产值达8487亿元，稳居全国第二位，较2020年增长12.8%，木材加工和造纸产业产值达3222亿元，较2020年增长10.5%；人造板产量6412万立方米，较2020年增长27.4%，其中胶合板4684万立方米、纤维板638万立方米、刨花板342万立方米、细木工板等其他人造板748万立方米，产量规模由2016年占全国总产量的1/9提升至2021年的1/5。全区已建林业产业园区39个，建成面积7.33万亩，累计完成投资超296亿元，入园企业达3120家，安排就业人数约16.8万人，完成工业产值超850亿元。全区现有规模以上林业企业2700家，其中，产值超亿元企业491家，超5亿元企业13家，超10亿元企业8家，另有自治区级林业产业重点龙头企业202家，国家级林业重点龙头企业19家，上市企业1家，"志光""高林""丰林""三威""祥盛"等林产品牌享誉全国。

【林业产业园区建设】 自治区林业局领导率队深入广西山圩产业园、贵港市江南工业园、来宾市三江口森林工业城、广西桂中现代林业科技产业园等林业产业园区开展指导服务工作，帮助拓宽创建思路，解决实际困难和问题。指导钦州、来宾、南宁、河池等市规划建设林业产业园区，中国广西进口木材暨高端绿色家具家居产业园已开工建设，落实用地指标3330亩，并完成了首单非洲进口高端单板贸易和首单进口铁杉原木贸易；广西来宾东融生态木材产业园、广西南宁绿色家居林业产业园、河池市林业产业园区等林业产业园区规划建设有序推进。制订印发了《广西自治区级林业产业示范园区申报和管理办法》，创建了广西融安香杉生态（林业）工业产业示范园区等9个自治区级林业产业示范园区（表1）。开展并完成了第二批国家林业产业示范园区现场审核工作，广西（桂中鹿寨）现代林业科技产业园等6个林业产业园区被认定命名为国家林业产业示范园区。安排自治区财政林业改革发展资金350万元，重点支持一批林业产业园区基础设施建设，着力提升林业产业园区的承载能力和发展水平。

表1　2021年自治区级林业产业示范园区名单

序号	园区名称
1	广西桂中（鹿寨）现代林业科技产业示范园区
2	广西融安香杉生态（林业）工业产业示范园区
3	广西北海北部湾（合浦）林产循环经济产业示范园区
4	广西浦北县木业产业示范园区
5	广西（覃塘）绿色家居产业示范园区
6	广西（贵港）绿色智能家居和高端板材产业示范园区
7	广西北流市家具产业示范园区
8	广西（崇左）林产工业示范园区
9	广西（崇左）山圩林业产业示范园区

【现代特色林业示范区建设】 安排自治区财政林业改革发展资金650万元，支持百色右江区富林香花油茶示范区等13个重点现代特色林业示范区基础设施建设项目，加快推动广西现代特色林业示范区高质量发展。组织开展全区特色林业现代化示范区监测调研，摸清全区现代特色林业示范区建设的基本情况，指导各地做好迎接自治区监测验收的各项准备工作。组织对2021年申报创建广西特色农业示范区的137个项目进行了验收监测，其中林业示范区申报创建24个，共18个通过验收（五星级示范区共7个，四星级示范区共11个）

（表2）。参与制订《广西现代特色农业示范区高质量建设五年行动方案（2021—2025年）》，组织修订《广西现代特色林业核心示范区建设标准》，为"十四五"期间全区特色林业现代化示范区建设做好顶层设计，推动特色林业现代化示范区建设标准化、规范化。

表2　2021年通过验收的现代特色林业示范区名单

序号	示范区名称
1	南宁市经济技术开发区七彩七坡林下经济产业现代化示范区
2	上林县多彩三角梅产业现代化示范区
3	柳州市柳东新区三门江油茶产业现代化示范区
4	鹿寨县麓岭茗韵林中茶业现代化示范区
5	全州县大碧头森林生态文化旅游现代化示范区
6	兴安县猫儿山竹海森林生态文化旅游现代化示范区
7	防城港市防城区国茗金花茶产业现代化示范区
8	北流市沉香产业现代化示范区
9	百色市右江区那禄高产油茶产业现代化示范区
10	百色市右江区富林香花油茶产业现代化示范区
11	凌云县油茶产业现代化示范区
12	贺州市平桂区川岩油茶产业现代化示范区
13	凤山县那老油茶产业现代化示范区
14	河池市宜州区中洲油茶产业现代化示范区
15	罗城仫佬族自治县棉花天坑森林生态文化旅游现代化示范区
16	天峨县林朵杉木产业现代化示范区
17	天峨县幸福源油茶产业现代化示范区
18	象州县三江口林业产业现代化示范区

【林业龙头企业培育】加快推动林业企业转型升级，企业经营发展呈现强大韧性和发展潜力。广西森工集团大力实施"林板家一体化"发展战略，2021年完成人造板生产103.64万立方米，实现销售收入14.57亿元；集团三大技改项目累计完成投资12亿元以上，其中高林公司整体搬迁技改、国旭春天公司技改升级项目已实现投产运营，东腾公司技改项目正进行试生产，投产在即。截至2021年年底，集团人造板总产能已突破160万立方米，居全国前列。下属公司多领域发展成绩斐然。广西森工矿投公司累计推进区直林场29个矿点列入"十四五"矿产资源规划；广西碳中和科技公司已启动林业碳汇开发，遴选了合作伙伴，确定了高峰林场、大桂山林场等首批试点单位；广西森工智能科技公司联合北京林业大学成功研发制造的SGH1600自动伐木机机头已投放市场。祥盛公司2021年完成刨花板生产35万立方米，再创历史新高，实现销售收入3.92亿元，利润2164.3万元，公司股改上市工作稳步推进，已列入自治区21家、崇左市唯一一家重点拟上市企业，并确立了两套上市方案。八桂种苗公司全年完成苗木生产2.62亿株，实现营业收入1.18亿元，较2020年增长60%，实现净利润3520万元，较2020年增长26%，公司经营质量效益明显提升。公司在全区完成了25个苗圃基地布局，并在云南省普洱市成立了子公司，进一步扩大市场辐射网格。华沃特肥业公司资产整合工作稳步推进，整合后资本价值由3000万元增至1.6亿元，为集团化改革奠定了坚实基础，公司销量和收入稳步提升，2021年销售复混肥产品24.5万吨，经营收入达7亿元，产品广西市场占有率达30%，居全区第一位。组织祥盛公司、国旭集团、八桂种苗公司、华沃特公司、三威公司等重点林业企业参加广西重点林业企业发行上市座谈会，就企业上市问题进行座谈交流，有序推进祥盛公司等相关林业企业上市。组织开展国家林业重点龙头企业申报工作，向国家林草局推荐广西壮象木业有限公司等7家企业申报国家林业重点龙头企业。组织开展2021年自治区级林业产业重点龙头企业认定工作，新增认定融安县大森林木业有限公司等11家区级林业产业重点龙头企业（表3）。

表3　2021年认定的自治区级林业产业重点龙头企业名单

序号	企业名称
1	广西壮族自治区林业勘测设计院（林业服务类）
2	广西垂青生物科技有限公司（林业服务类）
3	融安县大森林木业有限公司（木竹藤加工类）
4	融安县富达森木业有限公司（木竹藤加工类）
5	融安县华荣木业有限公司（木竹藤加工类）
6	桂林裕祥家居用品有限公司（木竹藤加工类）
7	浦北县业鸿木业有限责任公司（木竹藤加工类）
8	广西凤山春天有机农业有限公司（林业服务类）
9	广西金秀鑫闽源木业有限公司（木竹藤加工类）

(续表)

序号	企业名称
10	广西龙州韬盛农业科技发展有限公司(林下种植养殖类)
11	凭祥青山中密度纤维板有限公司(木竹藤加工类)

【森林旅游产业】 一是推进森林康养产业发展。启动森林康养服务体系试点建设，安排资金500万元，选择5个森林康养基地作为试点，探索建立具有广西特色的森林康养服务模式，加快森林康养基地规范化建设，推动实现森林康养服务专业化、标准化、制度化；加大对森林康养专业人才的培训，举办全区首届森林疗养师培训班；举办第三届广西森林康养产业发展论坛大会，邀请全国森林康养行业专家莅桂指导，促进广西森林康养产业健康发展。二是持续开展林业生态旅游系列品牌基地评定及设施提质工作。2021年评定森林旅游系列品牌基地18家(森林人家5个、森林康养基地4个、森林体验基地4个、花卉苗木观光基地5个)，全区森林旅游系列品牌基地达148家；安排资金500多万元，补助森林公园等基地改善旅游基础设施；持续做好林业生态旅游的宣传，在森林公园举办马拉松越野赛等体育活动，邀请媒体线上线下宣传，利用"广西森林旅游"公众号等平台，全面推介景区景点，扩大林业生态旅游的影响力。三是"环绿城南宁森林旅游圈"重点项目推进顺利。高峰森林公园项目建设进度加快；七彩世界森林旅游度假区已完成征地、拆迁和部分清表工作，控制性详细规划正抓紧编制；中林生态城南宁项目的核心产业项目用地已由自治区土地储备中心收储并纳入正在编制的国土空间规划，项目控制性详细规划原则性通过规委会审议。四是扎实推进森林城市建设活动，全区已有梧州、南宁、柳州、贵港等10个城市被授予"国家森林城市"荣誉称号，成功打造出一批国家生态文明教育基地、全国生态文化基地和广西生态文化村等示范精品。其中，花坪国家级自然保护区被评为"国家生态文明教育基地"，姑婆山国家森林公园被评为"全国生态文化基地"，北海金海湾红树林生态旅游区被评为"全国生态文化示范基地"，共创建47个"全国生态文化村"、24个"广西生态文化村"。

【花卉产业】 圆满完成了第十届中国花卉博览会(上海)广西参展工作。2021年5月21日，广西壮族自治区政协副主席钱学明率队参加了开幕式。广西展园以"骆越古韵·那里花香"为主题，集中展示了广西特有珍稀的花卉植物及插花花艺、干花、盆景、组合盆栽、奇石等1000多件展品，为全国各省(区、市)展园特色最鲜明、造园水平最精巧的展园之一；广西共获各类奖项231个，其中，广西展团荣获组织特等奖、最具特色奖；广西室外展园、室内展区均荣获金奖；荣获科技成果奖银奖1个，优秀奖1个；广西共225个参展展品获奖，盆景《东山狮吼》荣获全国唯一一个特别大奖，另有金奖12个、银奖47个、铜奖75个、优秀奖90个，充分展示了广西花卉产业新成就，彰显了广西"桂派"花卉的新魅力和新风范。2021年10月23日，在桂林市举办第二届广西花卉苗木交易会，自治区政协副主席黄日波宣布交易会开幕，广西各地市、全国各花卉苗木主产区代表300多人参加开幕式。自治区安排财政林业改革发展资金800万元，支持一批花卉产业示范项目建设，鼓励市场主体发展花卉产业，示范带动各地发展花卉产业。

【林业产业招商及对外交流】 一是积极贯彻落实自治区"三企入桂""行企助力转型升级"工作部署。制订印发了《2021年行企助力广西高端家具家居材料产业转型升级招商工作方案》，有序开展林业产业招商工作。2021年6月，自治区政协副主席磨长英率队到浙江省开展高端绿色家居产业招商活动，考察了森林之星文化地板有限公司、德华兔宝宝装饰新材料股份有限公司等企业，邀请浙企入桂投资；2021年5月，自治区林业局主要领导带队参访江苏隆力奇生物科技股份有限公司，洽谈投资合作事宜；2021年4月，自治区林业局分管领导带队赴江西省参加中国(赣州)第八届家具产业博览会并林业产业招商活动。二是高位推动广西高端绿色家居产业创新发展，培育打造广西林业专业展会品牌。2021年12月，在南宁市组织召开广西高端绿色家居产业发展工作座谈会，加快推进广西高端绿色家居产业发展。会上，自治区副主席费志荣充分肯定了广西高端绿色家居产业发展取得的成就和工作成效，自治区政协副主席、自治区工商联主席、广西高端绿色家居产业工作专班召集人磨长英从完善政策措施、加快培育新动能、打造广西品牌、坚持绿色发展等方面作出具体工作部署，为广西高端绿色家居产业高质量发展进一步厘清了思路，明确了方向。2021年9月，成功举办了第十一届世界木材与木制品贸易大会暨广西高端绿色家具家居产业发展招商大会，美国、新西兰、日本、俄罗斯、加拿大、芬兰、白俄罗斯、乌拉圭、英国、巴西、比利时、德国、法国、拉脱维亚、瑞典、斯洛文尼亚、智利等20个国家和地区派员与会，业内近400名专家、学者、企业家和政府官员共同研讨世界木材与木制品行业高质量发展之路，有力地推动了我国林业，特别是广西林业的健康快速发展，促进了家具家居智造产业精准对接，深化产业链上下游的交流合作，助力企业迈向智能制造、绿色生产。2021年10—11月，先后举办了第二届广西家具家居博览会暨高端绿色家具家居产业发展高峰论坛、2021中国-东盟博览会林产品及木制品展，积极推动广西林业对外交流，宣传推介广西林业产业园区、林业企业和招商项目，推动广西林业产业在2022年迈上新台阶。

（广西壮族自治区林业局）

海南省林业产业

【概　述】 2021年，海南省林业总产值636.15亿元，其中第一产业301.94亿元、第二产业283.64亿元、第三产业50.57亿元。截至2021年年底，全省森林面积213.60万公顷，森林覆盖率保持62.1%；全省红树林面积6549.46公顷；湿地总面积32万公顷（二调数据）；森林公园30处（其中国家级9个，省级18个，市县级3个），总面积14万公顷；自然保护区48处（其中国家级10个，省级23个，市县级15个），总面积666.08万公顷。截至2021年年底，海南岛有维管束植物4689种，包括乔木723种、灌木1246种、草本2315种、藤本405种，约占全国总数的1/7，其中491种为海南特有，约83%的植物物种属于热带和亚热带的植被。海南省列入国家一级、二级重点保护野生植物有127种，其中一级的有海南苏铁、伯乐树、坡垒等10种，二级的有117种。海南省陆生脊椎动物有698种，其中两栖类46种，爬行类113种，鸟类455种，兽类84种。列入国家一级、二级重点保护的野生动物有161种，其中一级29种，二级132种；海南长臂猿种群数量恢复到5群35只。

【花卉产业】 2021年2月27日召开全省花卉产业和城市园林绿化工作现场会，研究部署花卉产业发展工作，将花卉种植任务下达各市（县）及农垦集团。经省政府同意，印发了《关于推进海南省花卉产业高质量发展的措施意见》。省林业局局长黄金城带队对海口市花卉市场建设工作进行了专题调研，推动落实海南花卉交易中心市场建设用地。同时将乐东普英洲花卉园艺有限公司确定为省政府2021年扩投资稳增长扶持计划重点项目，推动花卉重点项目建设。截至2021年年底，全年完成花卉种植面积1800公顷，占计划任务1333.3公顷的135%。

【油茶产业】 根据省政府工作部署，省林业局开展了全省油茶产业调研并向省政府上报了调研报告，委托省林业科学研究院开展《海南省油茶产业发展规划（2017—2025年）》中期评估。全年推广油茶良种种植400公顷。2021年12月31日，海南省林业局联合省农业农村厅、省科学技术厅、省市场监督管理局、省知识产权局印发了《海南省油茶产业高质量发展中长期规划（2021—2035年）》。油茶总面积将达到8520公顷。

【椰子产业】 为加快椰子产业发展步伐，省林业局开展了椰子产业发展专题调研，组织召开由中国热带农业科学研究院椰子所、有关椰子种植企业参加的座谈会，向省政府上报《关于椰子产业高质量发展情况的报告》，积极编制椰子产业"十四五"发展规划，配合文昌市和海口海关做好海南椰子产业调研。省林业局于2021年9月印发了《海南省椰子产业高质量发展"十四五"规划》，全省全年推广良种椰子种植面积1600公顷。

【黄花梨产业】 截止到2021年年底，全省黄花梨面积共10620公顷，种植区域遍布于全省各市县，主要集中在东方市（4485.2公顷）、白沙县（1289.2公顷）和乐东县（1145.75公顷）。全省规模化集群种植面积在66.7公顷以上的黄花梨种植基地共有11家，总种植面积达2541.5公顷，占全省黄花梨种植面积的23.9%。全省有黄花梨苗圃50家，每年培育黄花梨苗木100万~150万株。全省从事黄花梨加工企业（含小作坊）有650多家。黄花梨制品及工艺品年产量为26000余件，加工年产值29000多万元。目前海南形成3项地方标准，即《降香黄檀种苗繁育技术规程》、《降香黄檀（海南黄花梨）心材鉴定规程》和《降香黄檀》。东方市立足本地黄花梨资源优势，打造"感恩福地·花梨之乡"文化品牌，至2021年已成功举办六届海南东方黄花梨文化节。

【沉香产业】 截至2021年年底，全省新种沉香531.2公顷，选育沉香良种8个，研发沉香特色新产品23个。全省白木香人工种植总面积达9066.7公顷。海南主要8家沉香企业2021年年底实现产值18976万元。省市场监督管理局积极指导省标准化协会开展沉香产业标准体系研究工作，推进"海南沉香"地理标志证明商标注册工作。受省政府委托，海南省林业科学研究院提交"海南沉香"地理标志证明商标第三类沉香材料（为沉香天然香料，包括沉香线香、沉香盘香、沉香香片、沉香香粉等）及第五类沉香中药材材料注册申请，2021年3月12日获得国家知识产权局商标局受理。省科技厅通过2021年海南省重大科技计划、重点研发计划、自然科学基金等科技计划支持沉香产业科研经费672万元。

【苗木产业】 2021年，海南省共审(认)定通过秋茄、白木香等12个林木良种。至年底，全省苗圃总数528家，年度实际育苗面积为12713亩，年度苗木总产量7518万株。

【木材加工业】 2021年，海南省木材加工行业完成产值约129.7亿元。其中，①木、竹浆纸产值112亿元，其中制浆产量约187万吨，产值约49亿元；文化纸产量115万吨，产值约48亿元；生活纸产量36万吨，产值15亿元。②半成品加工产值9亿元，产量约52万立方米。③人造板制造产值5.2亿元，各类人造板等产量约11.6万立方米。④木、竹、藤制品制造产值3.5亿元。

【林下经济】 2021年，海南省重点培育林下种植、林下养殖、林下产品采集加工、林下旅游4种林下经济，并确定林苗、林药、林菌、林茶（油茶）、林驯（野生动物驯养繁殖）、林蜂、林鸡、林花、林下产品采集加工、森林旅游十大模式。截至2021年年底，全省林下经济从业人数累计6.573万人，面积21万公顷，产值190.12亿元。

【生态旅游及森林康养】 2021年，海南省各市（县）利用热带雨林举办亲水运动雨林探险主题等活动，五指山市举办2021海南运动季暨第四届五指山漂流文化节活动，推出大峡谷漂流勇士激情挑战赛、"五指山红峡谷，趣嗨漂流季""激情雨林谷漂流，研学醉美五指山"等一系列主题活动。依托田园乡村山地特色引入"美丽乡村绿色骑行活动""亲水三项赛"和"卓越100商学院军事定向赛"等多场体育赛事，现场参与人数近2000人。琼中黎族苗族自治县大力发展以百花岭景区为代表的生态旅游，积极推进百花岭创建国家5A级景区工作，带动周边200多名村民就业。海南热带雨林国家公园霸王岭分局协助昌江县政府于2021年10月1日举办了自行车骑行比赛，吸引了近千名参赛选手及游客前来参加。截止到2021年年底，全省现有各级森林公园共30处，其中，正常营业的森林公园有10个，依托森林资源开展生态旅游的景区7个。2021年，全省投入森林旅游建设资金15946.21万元，全省生态旅游收入49311.47万元，接待游客607.12万人次，从业人员2419人，其中导游160人，车船总数278台（艘），旅游步道157千米，床位总数1498张，餐位总数6514个。琼中黎族苗族自治县被中国林业产业联合会认定为2021年国家级全域森林康养试点建设县，三亚市天涯区凤凰谷森林康养基地、昌江黎族自治县燕窝山森林康养基地、保亭县神玉岛森林康养基地3家基地被认定为2021年国家级森林康养试点建设基地。

【国家储备林建设】 2021年，制定并颁布实施《橡胶林改培技术规程》地方标准，指导全省国家储备林基地建设。积极宣传国家储备林基地建设，扎实推进项目实施；积极推进"欧洲投资银行贷款海南省珍稀优质用材林可持续经营项目"，建设降香黄檀（海南黄花梨）、白木香等珍稀树种基地新增134.74公顷，共完成5201.41公顷。

（海南省林业局）

重庆市林业产业

【概　述】 截至 2021 年年底,重庆市有经济林总面积 1728.85 万亩;林业产业实现总产值 1610.3 亿元,其中第一产业 652.7 亿元,第二产业 474.5 亿元,第三产业 483.1 亿元;各类经济林总产量 548.1 万吨。全市累计培育国家和市级龙头企业 100 余家;创建国家林下经济示范基地 8 个,其中 2021 年新增 2 个;创建各类森林康养基地 31 家,建成县级以上森林人家 3750 家,生态旅游康养人数突破 1.2 亿人次,生态旅游康养综合收益超过 380 亿元。

【主要做法】

编制发展规划,强化顶层设计 编制印发了《重庆市林业产业发展规划(2021—2025 年)》,重点规划设计木本油料、笋竹、林下经济、国家储备林暨林产品精深加工贸易、森林旅游和森林康养。

狠抓政策支持,促进产业发展 出台了《关于印发支持民营企业发展若干措施的通知》(渝林规范〔2021〕3 号)和《关于促进森林康养产业发展的若干措施》等政策措施,进一步优化营商环境,多措并举支持产业发展。落实中央财政林业贷款贴息补助资金 843 万元,支持巴南、大足等 8 个区(县)及市投公司共 24 家涉林企业的 21 个项目。

培育市场主体,发挥龙头带动 全市累计培育国家和市级龙头企业 100 余家。2021 年推荐重庆市林投公司、蛮寨林业、瑞竹有限公司等 5 家企业申报国家林业重点龙头企业。城口天宝药业、邦天农业成功创建全国林下经济示范基地。永川港桥产业园区已入驻竹木浆纸及纸制品产业规模以上企业 22 家,2021 年实现产值 199.57 亿元,其中理文造纸公司年产值超 100 亿元。中国西部木材贸易港已完成投资 230 亿元,立地规模近 3000 亩,已引进 31 家企业入驻园区。重庆市林投公司投资建设 330 万亩国家储备林项目,促进一、二、三产业融合发展,带动 2 万余户林农增收。联合重庆建设银行搭建"融商务重庆林特产品馆"上线助农销售,2021 年,实现销售收入 1000 多万元。

推动生态旅游,发展森林康养 为推动城口、巫溪、巫山、奉节 4 县森林康养协同发展,组织市林业规划设计院编制大巴山沉浸式森林步道策划方案。策划"国际森林日"宣传活动、上海花博会"重庆日"活动等,大力推介武隆、石柱、江津、城口等 13 个区(县)的森林旅游和森林康养基地。持续开展"自然讲解志愿服务活动",引导公众通过自然观察、体验,推动讲解服务活动在各类自然公园实施。积极创建全市首批森林康养基地。

积极推进对外合作交流 一是落实成渝地区双城经济圈建设林业产业发展合作事项。指导市林业科学研究院协同四川省林业科学研究院和宜宾林竹产业研究院签订了竹产业合作协议,推动成立"成渝竹产业协同创新中心"。参加第十一届中国竹文化节暨第二届中国(宜宾)国际竹产业发展峰会(竹产品交易会),联合四川省林草局推动生态旅游森林康养,共同组织开展了"川渝两地邀您森呼吸"森林康养基地推介展示线上宣传活动。二是建成第十届花博会重庆展园(区),已完成参展各项工作和"重庆日"活动。重庆市获得组织奖银奖,重庆展区展园获得"一金一银"成绩,选送作品中获得 29 个单项奖。三是积极推进欧洲投资银行林业贷款项目建设。指导武隆、黔江完成项目报账提款 5056 万元,推进项目完工结题。

(重庆市林业局)

四川省林业和草原产业

【概　述】　2021年，四川省林草产业坚持以习近平新时代中国特色社会主义思想为指导，深入贯彻落实党中央、国务院和省委、省政府决策部署，牢固树立"绿水青山就是金山银山"理念，紧扣高质量筑牢长江上游生态屏障、高质量建设林草经济强省目标，积极应对新冠肺炎疫情带来的不利影响，稳中有进发展现代林草产业。2021年，全省林草产业总产值达到4509亿元，同比增长10.08%，实现"十四五"良好开局。

【产业发展】

总体情况　2021年，全省实现竹产业综合产值887.1亿元，其中竹林培育和竹材、竹笋、竹下种养产品等一产业产值185.7亿元，竹笋加工和竹浆造纸、竹家具、竹编及竹工艺品、竹建材等二产业产值393.1亿元，竹旅游、竹康养及竹生产服务等三产业产值308.3亿元。

工作成效　全省新造和改造竹林60万亩，新增现代竹产业基地70万亩，修建竹区公路和生产作业道路800千米。全省加工竹笋57.67万吨，生产竹材切片645.56万吨、竹浆板及纸制品239.49万吨、竹家具1441.25万件、竹编及竹工艺品834.05万件、竹人造板23.75万立方米、竹活性炭3.52万吨。新认定省级翠竹长廊16条、竹林乡镇7个、竹林人家12个、现代竹产业和竹康养基地21个，创建3A和4A级竹旅游景区4个、竹特色旅游景区15个。

品牌宣传影响　2021年10月19—21日，第十一届中国竹文化节暨第二届中国（宜宾）国际竹产业发展峰会（竹产品交易会）在宜宾市成功举办，会上授牌成立"成渝竹产业协同创新中心"。

【现代林业园区】　全省坚持以建设现代林业园区为抓手，构建以国家级园区为引领、省级园区为主导、市（州）县级园区为基础的现代林业园区体系。截止到2021年，全省建成国家级园区2个、省级园区25个、地市级园区62个。2021年，统筹整合各类林草改革发展资金支持全省林业园区建设。培育现代林业产业基地350万亩，累计建成生产作业道路5857千米、园区对外连接公路2539千米、灌溉水池7874万立方米和仓储设施36万平方米，全省林业园区实现综合产值607亿元。全省林业园区布局建设粗加工点671个，年初加工量达到143万吨；精深加工点239个，年加工产品88万吨。招商引资培育企业1323家，其中省级以上龙头企业118家；培育农民专业合作社和专业大户3229家，其中省级以上专业合作社79家。

【木材产业】　2021年，全省大力发展木材产业，培育木质原料林基地3600万亩，招商引资、培育加工企业3633家，其中省级以上龙头企业40家，规模以上加工企业129家；培育农民合作社540家，其中省级以上农民合作社31家。全省木材产量302.65万立方米，其中原木288.03万立方米，薪材14.61万立方米，实现综合产值501亿元。

【木本油料产业】　2021年，安排省级财政资金全力支持木本油料产业大力发展，重点支持核桃、油樟、油橄榄、油茶等主产县建设保障性良种采穗圃和就地初加工点建设。重点推进核桃、油樟、油橄榄、油茶等油资原料提质增效，全省木本油料基地面积保持在2000万亩以上，产量96.76万吨，产油量达1.1万吨，实现综合产值近250亿元。

【花卉产业】　全省花卉产业基地达146万亩，花卉产业综合产值近243亿元，出口额达680万美元，花卉市场252个，举办花节、花展超100次。培育规模以上花卉企业121家。

【森林康养产业】　联合7个省级部门共同印发了

《关于加快推进森林康养产业发展的意见》，完成《四川生态旅游发展报告2021》。修订《四川省级森林康养基地评定办法》，对前6批省级森林康养基地进行评估复核，对不符合标准的32家省级森林康养基地，按照程序取消其称号。实行川渝互动、联合推介，组织四川省28处省级森林康养基地参与成渝推介展播。

【生态旅游产业】 持续打造"大熊猫带你生态游、健康游"等IP品牌，提高生态旅游节会影响力。2021年支持并指导全省举办花卉（果类）、红叶生态旅游节共41场，全年发布花卉、红叶观赏指数8期。组织研究林草生态旅游区创建试点工作，培育林草生态旅游品牌。2021年全省林草生态旅游直接收入约1700亿元，旅游人次约3.2亿。

【草资源综合利用】

草资源现状 全省草原面积14531.76万亩，其中天然牧草地14152.29万亩，人工牧草地86.56万亩，其他草地292.91万亩。全省草原类型多样，共有11类35组126个型，海拔270~5500米均有分布。草原铺地面积最大的前三类依次是高寒草甸草地类、高寒灌丛草地类、山地灌丛草地类。天然草原牧草构成主要以禾本科、莎草科、豆科和杂类草为主，其中禾本科植被107属355种，豆科植物64属213种。全省可利用天然草原鲜草亩产平均约330千克。

草种产业 2021年，'武陵'假俭草、'小哨'马蹄金、'川西'斑茅、'梦龙'燕麦、'福瑞至'燕麦、'渝东'燕麦等6个草品种通过国家审核；'科纳Kona'燕麦等9个草品种通过四川省草品种审定委员会审定。

现代饲草业 2021年度全省主要人工饲草长势较好，调查的124家种养企业（合作社）累计种植饲草1.08万亩。种植面积最大的为饲用玉米，面积4.3万亩，占调整面积的38.8%。饲用玉米、狼尾草属饲草和饲用燕麦是全省主要种植的人工饲草，3类饲草种植面积共占调查面积的79.3%。

（四川省林业和草原局）

贵州省林业产业

【概　述】 2021年，贵州省大力发展林下经济、特色林业产业、森林生态旅游，全年林业产业总产值达到3719亿元，其中一产1016亿元、二产591亿元、三产2112亿元。全省林下经济发展面积达2800万亩，全产业链产值达560亿元。全省完成特色林业产业基地建设292.57万亩，其中新造133.49万亩、改培159.09万亩。竹子基地新造和改培111.9万亩，油茶基地新造和改培78.38万亩，花椒基地新造和改培69.62万亩，皂角基地新造32.68万亩。特色林业产品产量151万吨，全产业链产值达201亿元。全省有花卉苗木种植面积约121.46万亩，产值达135.93亿元。全省花卉苗木产业的品类品种不断丰富，铁皮石斛、金钗石斛、菊花等功能性花卉有82.46万亩，观赏花卉苗木有38.96万亩。全省生产百合、月季等切花3136.2万枝，兜兰、高山杜鹃、铁筷子等盆栽盆景植物1388.25万盆。全省有花卉经营主体2844家，大中型企业165家，花卉苗木产业从业人员达5.66万人。全省核桃面积稳定在379万亩，完成核桃低产林改造任务26.37万亩。全年核桃坚果产量9.5万吨，同比增长9%，核桃乳产量2.3万吨，核桃油产量37吨，核桃仁产量1.1万吨，核桃糖产量0.9万吨，其他核桃产品产量560吨；核桃产业总产值达到33.48亿元，同比增长26%，实现了"一年有进展"的既定目标。下达全省刺梨基地建设任务32万亩，其中扩大面积2万亩、改培面积30万亩。全省刺梨基地面积达210万亩。全年刺梨鲜果产量达17万余吨。全年全省引进特色林业等产业项目324个，投资总额749.44亿元，到位资金160.87亿元。发布第八批省级林业龙头企业254家。申报获批第五批国家林下经济示范基地8家，全省国家林下经济示范基地达30家。培育7家企业申报第五批国家林业重点龙头企业。

【林下经济】 省委、省政府印发《关于加快推进林下经济高质量发展的意见》，成立省加快推进林下经济高质量发展领导小组，召开全省林下经济高质量发展现场推进会和省加快推进林下经济高质量发展领导小组会议，统筹中央和省级财政资金1.02亿元用于支持林下经济等产业发展。成为第一个以省委名义出台支持林下经济发展重要文件的省份，第一个将林下经济列为政府考核目标的省份，第一个明确将林下经济作为实施乡村振兴重大战略的省份。出台《市县加快推进林下经济高质量发展工作考核实施方案》，纳入年度市县推动高质量发展"巩固拓展脱贫攻坚成果和乡村振兴实绩评价指数"考核。完成省委重大问题调查研究课题《贵州省林下经济发展统计监测研究》。编制《高质量发展林下经济林地利用指南》，规范利用林地类别、利用强度、发展模式等。积极推进林下经济基地建设，国家林下经济示范基地新增8家，达到30家。支持林下经济全产业链融合发展，补助3150万元支持15个农产品深加工项目建设，农产品加工转化率达55.3%，启动10个重点农产品冷链项目和"1+8"农林产品冷链物流体系建设。全省林下经济发展面积达2800万亩，全产业链产值达560亿元。全省林下经济实施主体达到1.75万个，带动302.8万农村人口月均增收1294元。

【特色林业产业】 高标准建设产业基地，完成特色林业（竹、油茶、花椒、皂角）产业基地新造和改培292.57万亩，刺梨基地建设32万亩（全省基地总面积210万亩，居全国第一），核桃改培26.37万亩，菌材林改培35万亩。制定《贵州省主要经济树种低产林界定及改造措施（试行）》《贵州省低产林改造项目评价指南（试行）》等规范标准。组织各地全面普查资源现状和发展潜力，掌握资源发展底数。建成贵州特色林业产业体验中心和信息发布平台，入驻企业150余家、林产品27类近600种。推动桐梓竹笋交易中心开工建设，织金县皂角产业园区投入使用。册亨县弼佑镇着力实施林种结构调整"杉改油"项目，近5年"杉改油"新种植油茶累计达2万亩，结合退耕还林项目新植油茶8592亩，全镇油茶种植面积已达14.8万亩，产值超3亿元，初步建成西南油茶科旅谷，油茶基地每亩年收入与杉木林相比增加874元。

【发展新兴产业】 成功举办2021年生态文明贵阳国际论坛"森林康养·中国之道"主题论坛，发布5项成果，签订3项协议，2项成果纳入生态文明贵阳国际论坛重要成果。在全国率先制定出台《森林康养小镇标准》《森林康养人家标准》，全国第一家上线启动"建行善融商务平台贵州森林康养专区"。创建"森林康养·贵州乐享"全国第一个省级公共品牌，全省现有森林康养（试点）基地78家，接待人数共932.92万人次，综合总收入177.73亿元，提供就业岗位数8747个。组织建立贵州省"十四五"生态旅游地项目库，优选152个项目入库。油杉河大峡谷等7家森林公园获批成为第二批全国林草系统生态旅游游客量数据采集样本单位。大力推进花卉苗木产业，创新"花卉+烟草"资源互补融合发展模式，打造10个试点基地，全省花卉苗木基地达到121.46万亩，"花开中国梦·贵州好花红"贵州室外展园获第十届中国花卉博览会金奖，建成贵阳龙洞堡阳明花鸟文化旅游城花卉交易板块，成为贵州乃至西南地区规模最大、环境最好的花鸟市场。大力发挥草地资源优势助力牛羊产业，全省天然草地平均亩产鲜草远高于全国平均水平，支持关岭黄牛产业发展。

【加强品牌建设】 借助各类展销会等平台推进特色林产品，组织参展第14届中国义乌国际森林产品博览会，获金奖6个、优质奖9个。联合遵义市举办"中国·遵义第二届方竹农民丰收节"。天柱县以油茶生态鸡为主导产业，被国家林草局和中国林学会授予"国家林下经济示范基地""中国林下经济脱贫攻坚试验区"称号。麻江县依托数万亩的蓝莓蜜源发展林下养蜂，创建全国唯一的"蓝莓蜂蜜"品牌。"凤玖玖"油茶生态鸡获第十一届国际森博会金奖。

【林业龙头企业】 截至2021年，全省共有国家级林业龙头企业8家，分别为：贵州湄潭兰馨茶业有限公司（湄潭县）、贵州大自然科技股份有限公司（白云区）、贵州赤天化纸业股份有限公司（赤水市）、贵州森泰实业有限公司（黎平县）、贵州百灵企业集团制药股份有限公司（安顺开发区）、贵州苗夫都市园艺有限公司（余庆县）、贵州红赤水集团有限公司（赤水市）、贵州恒力源实业有限公司（龙里县）。根据《贵州省林业局关于印发〈贵州省省级林业龙头企业评定和监测管理办法〉的通知》，经县（区）、市（州）林业部门申报，通过省林业局组织专家组评审、局长办公会审议、公示等程序，贵州林草发展有限公司等170家第七批省级林业龙头企业被继续授予第八批"贵州省省级林业龙头企业"称号，贵州玄德生物科技股份有限公司等84家新申报企业被授予第八批"贵州省省级林业龙头企业"称号。

【国家林下经济示范基地】 截至2021年，全省共有国家林下经济示范基地30家。

表1 贵州省国家林下经济示范基地名单

序号	基地名称	授牌时间
1	贵州省毕节市	2013年
2	贵州省赤水市	2015年
3	贵州省桐梓县	2015年
4	贵州省荔波县	2017年
5	贵州省习水县	2017年
6	贵州省丹寨县	2017年
7	贵州省独山县绿健神农公司	2017年
8	贵州省普定县印象朵贝茶种植专业合作社	2017年
9	贵州省安龙县西城秀树农林有限责任公司	2017年
10	贵州省黎平县八佰里花果山油茶合作社（原高屯镇绞便村油茶合作社）	2017年
11	贵州省天柱县永兴茶油种植专业合作社	2017年
12	贵州省普定县梭筛种植专业合作社	2017年
13	贵州省天柱县（以县为单位的国家林下经济示范基地）	2019年
14	贵州青龙农林股份有限公司（独山县）	2019年
15	贵州乌蒙腾菌业有限公司（大方县）	2019年
16	贵州省三都县水乡凤翎生态种养殖农民专业合作社	2019年

(续表)

序号	基地名称	授牌时间
17	贵州省西秀区钰霖种养殖农民专业合作社	2019年
18	贵州仙草生物科技有限公司(遵义赤水市)	2019年
19	贵州省威宁县哲觉镇兴茂种养殖专业合作社	2019年
20	贵州省普安县普白珍稀资源开发有限公司	2019年
21	贵州省七星关区放珠镇森茂林业专业合作社	2019年
22	贵州康宇农业科技有限公司(黔南独山)	2019年
23	黎平青江农业开发有限公司(仿野生天麻)林下经济示范基地	2021年
24	镇远县黔康源生态农业发展有限公司天麻林下经济示范基地	2021年
25	贵州启明农业科技发展有限责任公司荔波县启明中药材种植林下经济示范基地	2021年

(续表)

序号	基地名称	授牌时间
26	贵州丰源现代农业有限公司贞丰县丰源黑皮鸡枞林下经济示范基地	2021年
27	昌昊(贵州)中药有限公司丹寨县昌昊金煌天冬林下经济示范基地	2021年
28	册亨县布依酒业有限公司布依灵芝林下经济示范基地	2021年
29	贵州苗岭黔菇菌业有限公司岑巩县平庄镇走马坪茶树菇林下经济示范基地	2021年
30	安顺市金鸡农庄生态农业发展有限公司家禽养殖林下经济示范基地	2021年

(贵州省林业局)

云南省林业和草原产业

【概　述】　截至2021年年末，全省林草产业总产值达3002亿元，涉及绿色食品产业的产值合计达997亿元，占全省林草产业总值的33.21%，其中，核桃451亿元，澳州坚果65亿元，野生食用菌211亿元，花椒46亿元，竹产业62亿元，林下中药材产业综合产值达162亿元。全省林草产业所产出的森林生态食品，已成为打造世界一流"绿色食品牌"的重要支柱。

【木本油料】　截至2021年年末，全省木本油料种植面积5474万亩，产量174.39万吨，产值522.8亿元。其中，核桃面积4300万亩，产量160万吨，产值451亿元；澳洲坚果面积379万亩，产量11万吨，产值65亿元；油茶面积203万亩，油茶籽产量3.3万吨，产值6.4亿元。油橄榄面积20万亩，产油橄榄鲜果889吨，产值3982.72万元。

　　核桃　2021年，全省核桃种植面积稳定在4300万亩、约占全国的1/3，产量达160万吨、约占全国的1/3，综合产值达451亿元、约占全国的1/4，三项指标均居全国第一，具备打造世界一流"绿色食品牌"的资源优势和产业基础。全省129个县(市、区)中，有116个县(市、区)已形成核桃种植产业，占全省总县数的90%，其中，凤庆、云县、永平等12个县(市、区)种植面积超过100万亩。重点分布在澜沧江、怒江及金沙江流域，漾濞泡核桃、三台核桃、细香核桃3个主栽品种占全省种植面积70%以上。2021年，全省有21家核桃生产企业认证绿色食品，45个产品监测面积14.16万亩，认证产品实物产量1.05万吨，有机产品认证60家企业122个产品。生产面积108.88万亩，产量16.71万吨。昭通市昭阳区庆丰果树有限公司等7个核桃基地被认定为"绿色食品牌"省级产业基地。2021年，全省核桃油产量1.58万吨，占全国核桃油产量5.9万吨的26.8%。全省上千吨核桃油生产线已建成11条，5条千吨以上核桃油生产线正在建设中，核桃油产能突破10万吨。

　　澳洲坚果　云南省自20世纪80年代末引种澳洲坚果以来，经过30多年的不断发展，云南省已经成为世界澳洲坚果种植面积最大的地区，种植面积约占全国的90%，占世界的54.3%。截至2021年年末，全省以临沧、普洱、德宏、西双版纳、保山等州市为主，种植面积达379万亩，产量11万吨，产值65亿元，均居全国之首。澳洲坚果丰产栽培技术被农业农村部列入全国主推技术；澳洲坚果抗旱保水技术被省农业农村厅列入全省主推技术。云南省热带作物研究所是国内保存总资源最多、遗传多样性最丰富、面积最大的澳洲坚果种质资源圃。全省现有澳洲坚果良种采穗基地2.2万亩，良种采穗苗圃9700亩。云南迪思企业集团坚果有限公司等3个澳洲坚果基地被认定为"绿色食品牌"省级产业基地。2021年，省林草局投入科技推广项目经费400万元，在永德、镇康、江城等澳洲坚果主场区打造科技示范基地约900亩。2021年，在镇康、芒市等地开展澳洲坚果加工机械一体化试点示范项目，共建成5条澳洲坚果生产线，辐射10万亩澳洲坚果初加工标准化基地。

　　油橄榄　2021年，全省油橄榄种植面积20万亩，产油橄榄鲜果889吨，产值3982.72万元。主要分布在永仁县、玉龙县、永胜县、峨山县、德钦县等。云南省主栽品种95%以上是通过国家或云南省审定的良种，例如，佛奥、豆果、莱星、皮瓜尔等。培育了丽江久顾、田园高原时光、森泽、德尔派和小黑箐等品牌。

【特色经济林】
　　板栗　2021年，全省板栗种植面积142.99万亩，产量14.50万吨，产值15.23亿元。主栽品种有京署红、云夏、云良、云富、云珍、云丰等，主要分布在宜良、禄劝等地。

　　竹产业　2021年，云南有竹林面积935.73万亩，其中绝大多数是天然竹林，天然竹种类型数量及面积均居全国前列。全省有竹藤生产加工企业及农民合作组织共227家，以中小微型企业为主。全省竹产业总产值达62亿元，其中第一产业产值约24亿元、第二产业产值约28亿元、第三产业产值约10亿元。

【林下经济】 截至2021年，全省林下经济总产值200亿元，占全省林草总产值的6.7%。产值排前三位的州、市是普洱47亿元，楚雄33亿元，大理29亿元。以林下种植、林产品采集加工和森林景观利用等为主，利用林地面积5000万亩左右，全省从事林下经济人数1300余万人；林下种植、林下养殖、林下采集，尤其林下中药材产业及野生食用菌产业得以迅速发展，培育了"文山三七""昭通天麻""龙陵石斛"等一大批云南特色中药材品牌。全省现有国家林下经济示范基地55个，其中县域示范基地11个，分别是普洱市思茅区、楚雄彝族自治州南华县和永仁县、临沧市凤庆县、昆明市宜良县、丽江市玉龙县、红河哈尼族彝族自治州泸西县和金平县、保山市龙陵县、昭通市彝良县、玉溪市元阳县；企业示范基地40个。

【生态旅游】 云南复杂的地理环境，多样的森林类型，丰富的物种多样性，造就了多姿多彩的自然景观，孕育了丰富的森林旅游资源，云南省发挥林业资源优势，大力发展生态旅游和森林康养产业。截至2021年年末，全省可依托362处自然保护地、57个森林公园、142个国有林场、5个国家森林康养基地、128个国家级森林康养基地试点单位开展生态旅游和森林康养。全省已建成了数量众多的动物园、植物园，打造了西双版纳、普达措、玉龙雪山、泸沽湖、高黎贡山、哀牢、白马雪山、梅里雪山、哈尼梯田等国际知名森林旅游品牌。

【地方优势林产业与林产品】

普洱市 2021年林草产业总产值368.3亿元，生产纸浆27.7万吨、原纸3.8万吨、成品纸1.5万吨，产值14.18亿元、利润0.71亿元，上缴税费1.4亿元。截至2021年年末，全市有涉林企业1432家，其中，国家级龙头企业1家、省级龙头企业28家、市级龙头企业48家；林农合作社520个，其中，省级示范社34个。全市共有木材经营加工企业369户，规模以上企业24户；全市人造板产量90.34万立方米，人造板产业产值11.31亿元。

以核桃、澳洲坚果等木本油料为重点的特色经济林产业健康发展。澳洲坚果种植面积82.8万亩，投产面积39.37万亩，成为全省第二大基地；核桃种植面积154万亩，投产面积70.27万亩；牛油果种植面积7.56万亩，投产面积1.5万亩；沃柑1.9万亩；油茶1.77万亩；海南黄花梨、沉香、印度紫檀等为主的珍贵用材林基地24万亩。

充分发挥普洱森林景观资源优势，有效推进太阳河国家森林公园、百里普洱茶道、茶马古道旅游景区、茶马古城·旅游小镇、普洱茶博物馆、景迈山古茶林景区等项目建设。截至2021年，普洱市被中国林产业协会列为全国森林康养基地建设试点县(区)4个、全国森林康养基地试点建设单位16个、全国森林康养基地建设试点镇2个、中国森林康养人家试点3个。

依托丰富的林下资源，积极发展林下经济。全市林下经济经营利用面积达530万亩(不含澳洲坚果和核桃)，涉及林下经济开发公司达75户，专业合作社161个，近26万户农户、50万人从业，形成以林下种植、养殖、采集加工和森林旅游为重点的林下经济发展新格局，现有重楼、白芨、黄精、天麻、砂仁、茯苓、三七、草果、石斛等道地中药材种植面积约25万亩。2021年实现林下经济综合产值46.88亿元。培育了普洱淞茂谷、南药庄园、康恩贝、金陵药业等一批种植基地，推动林下经济快速发展。普洱石斛获国家地理标志证明商标，云南斛哥庄园石斛鲜条、普洱滇润农业科技有限公司竹沥液等产品通过森林食品认证，获得中国森林食品认证证书和中国森林食品标志，思茅"天昌"获得"云南省著名商标"。

临沧市 2021年，全市实现林草产业总产值318亿元，其中第一产业170亿元、第二产业96亿元、第三产业52亿元，三产比例结构为53∶30∶17，呈现一产放缓、二产稳步提升、三产快速发展的态势，核桃产业、临沧坚果产业表现更为突出；累计建成经济林基地1447.37万亩，其中核桃672.89万亩、临沧坚果198.02万亩（省监测面积）；共有涉林企业172户（其中省级龙头企业22户），林农专业合作社298个（其中省级示范社32个）、加入农户44176户、经营林地面积40.39万亩。以"中国核桃之乡"凤庆县、"中国澳洲坚果之乡"和"中国诃子之乡"永德县为代表的区域特色产业基本形成。

2021年，全市完成核桃提质增效80万亩，"临沧坚果"获颁中国农产品地理标志登记证书。"临沧优品"已有3户种植户的临沧坚果基地通过全球良好农业规范认证。2021年，全市核桃种植面积800.39万亩，投产面积750万亩，壳果产量56.1万吨，综合产值110.16亿元。全市坚果种植面积262.77万亩，投产面积100万亩，壳果产量6万吨，综合产值44.15亿元。

大理白族自治州 截至2021年年末，全州林草产业总产值达262.98亿元。主要经济林产品包括核桃、水果、干果、林产调料、林产饮料产品、森林食品、森林药材等，种植面积达1251.11万亩，产量147.32万吨，产值128.51亿元。柑橘、梨、石榴、苹果等浆果面积66.85万亩，产量74.55万吨，产值28.47亿元；板栗、枣、松子、柿子等干果面积71.19万亩，产量2.02万吨，产值4.18亿元。森林药材、森林食品种植产量6.92万吨，产值34.73亿元，其中，重楼、白芨、滇黄精等森林药材种植面积19.02万亩，产量2.10万吨，产值20.18亿元；茶及其他饮料作物的产值4.35亿元。林产品的采集产值23.69亿元。其中食用菌、山野菜等森林食品产量4.82万吨，产值14.55亿元。

核桃是大理白族自治州传统特色优势产业。2021年，全州核桃面积已达1015.53万亩，产量46.36万吨，产值达54.54亿元，二产产值79.12亿元、三产产值10.36亿元；农民人均核桃产值2700元。核桃产业已经发展成为全州覆盖面最广、带动性最强、受益面最大的绿色富民产业。

楚雄彝族自治州 2021年，全州实现林草产业总产值268.40亿元，其中，第一产业产值120.86亿元、第二产业130.18亿元、第三产业17.36亿元，三产比例结构为45∶49∶6，呈现一产放缓、二产巩固提升、三产稳步发展的态势，核桃产业、野生菌产业表现尤为突出。全州累计建成林草产业基地1939万亩，其中核桃600万亩、野生菌保护区划面积1169万亩；共有涉林企业301户（其中省级龙头企业41户），林农专业合作社350个（其中省级示范社29个）、带动、加入农户5.68万户。以"中国核桃之乡"大姚县、楚雄市、南华县，"中国核桃油之乡"楚雄市和"野生菌王国"南华县为代表的区域特色林草产业基本形成，全州核桃产业、野生菌产业得到长足发展。

截至2021年年末，全州核桃面积已达到600万亩，农民人均核桃面积4亩。2021年，全州核桃挂果面积达300万亩，核桃干果产量10.6万吨、一产产值18.91亿元、加工产值55.59亿元、综合产值74.5亿元。核桃面积居全省第三位，产量居全省第四位。全州已发展具有一定规模的核桃加工企业537户，其中省级以上龙头企业16户，精深加工企业6户。

迪庆藏族自治州 2021年，全州实现林草产业总产值17.14亿元，其中，第一产业产值11.23亿元、第二产业产值2.04亿元、第三产业产值3.87亿元，三产比例结构为65∶12∶23，呈现一产放缓、二产稳步提升、三产快速发展的态势。全州木本油料面积93.18万亩，其中，核桃74.8万亩，油橄榄3.06万亩，青刺果2.52万亩，花椒7.8万亩，漆树5万亩；完成两个木本油料绿色有机基地建设，共计面积1600亩（香格里拉市三坝乡哈巴村花椒绿色有机基地600亩、香格里拉市三坝乡白地村油橄榄绿色有机基地1000亩）。共有省级龙头企业11个，省级林农专业合作社13个。

【**国家林业重点龙头企业**】 2021年，云南省共有国家林业重点龙头企业15家（表1）。

表1 云南省国家林业重点龙头企业名单

序号	企业名称
1	勐海金沙农业科技发展有限责任公司
2	云南极斛生物科技有限公司
3	腾冲县古林林业有限责任公司
4	楚雄宏桂绿色食品有限公司

(续表)

序号	企业名称
5	云南摩尔农庄生物科技开发有限公司
6	南华松香厂
7	瑞丽市岭瑞农业开发有限公司
8	云南吉成园林科技股份有限公司
9	云南利鲁环境建设有限公司
10	云南盛禾生态农业科技发展有限公司

(续表)

序号	企业名称
11	云南林缘香料有限公司
12	云南磨浆农业股份有限公司
13	中源绿色食品有限公司
14	云南峻山傲斛珍浠植物有限公司
15	瑞丽市涵森实业有限责任公司

(云南省林业和草原局)

西藏自治区林业和草原产业

【概　述】　西藏按照"因地制宜，统筹规划，合理布局，突出特色，发展优势，讲求实效"的原则，结合行业资源优势，以种植业、养殖业、林果及林下资源、旅游服务业为重点，推动林草产业发展。2021年，实现林草总产值57.65亿元，其中林业产值48.89亿元，比上年增长9.69%；草原产业产值8.76亿元，比上年增长了10.60%，增长势头持续稳定。以林木育种和育苗、营造林、采集业为重点的第一产业发展持续向好；由于禁止天然林商业采伐，木材加工企业少，第二产业有所减少；第三产业中森林旅游产业发展迅速，实现产值15.25亿元，占林业总产值的31.19%。草原产业发展势头强劲，实现产值8.76亿元，其中种草、修复和管护7.85亿元，占草原总产值89.61%；草原旅游、休闲与服务0.91亿元，占总产值的10.39%。

【特色经济林产业】　西藏经济林资源主要分布于海拔在1500～4150米的38个县（区）。依据西藏各地的资源、区域特点，因地制宜，总体推进，2021年度，种植各类经济林20358.83公顷，产量12725吨，产值43647万元，营销额14688.10万元。其中，以核桃为主的木本油料经济林种植面积达6310公顷，以山南市加查县、林芝市朗县、巴宜区为主产区，昌都市芒康县也有一定规模分布，全年核桃产量2768吨，实现产值13840万元。苹果、康巴蜜橘、石榴、葡萄、桃、山杏、梨、林菌、沙棘等经济林也有不同程度的发展。

【林下资源产业】　在西藏的森林资源中，蕴藏着大量森林药材、食用菌、森林蔬菜等，现已知药用植物1000多种，占全国药用植物总数的1/3；可食用真菌415种，其中药用菌类238种，丝膜菌等已知有抗癌作用的真菌168种；还有几十种可食用的野生蔬菜，这些生长在纯天然、无污染环境中的植物的根、茎、叶、花、果实、可食菌类等非木质资源的药用、使用价值具有广阔的开发前景。随着人们对天然绿色产品的需求不断增加，以松茸为主的林菌产业快速发展，林下经济带动农牧民增收效果明显。林下资源产业以保护促繁森林为前提，重点发展林下种植和林下养殖两大类，主要发展品种为以天麻为主的特色藏药材、食用菌的林下种植及藏香猪、藏鸡等西藏特有品种的林下养殖，形成"公司+专业合作社+基地+农户"的林下种植、养殖和采集加工的发展格局。目前，林下经济经营和利用面积2092万亩，其中国有林地面积为2073万亩、集体林地面积为19万亩，林下经济产值23978万元。

【苗木产业】　全区共有各类苗圃329个，立地总面积7.28万亩，育苗面积5.55万亩，占全区苗圃总面积的76%。其中，国有苗圃81个，面积2.35万亩，占苗圃总面积的32%。现有苗圃育苗主要以针叶树苗木和插杆苗为主。2021年，出圃各类苗木5668.9万株。截至目前，种苗基地建设项目资金全部到位，建设内容主要为苗圃的改扩建，采种基地的围建、母树林的管护、抚育、晒场、仓储、采种及种子分析、检测设备以及其他附属设施等。

【草产业】　2021年国土三调数据显示，西藏自治区草原面积8007.69万公顷，占全国草原总面积的近三分之一，约占西藏国土总面积的三分之二，是我国主要草原牧区省份之一。2021年，西藏自治区草原综合植被盖度为48.02%，相比上年的47.14%略有增长。2021年全区鲜草产量为11168.20万吨，折合干草总产量为3613.60万吨，全区草地碳储量为86.21亿吨。全区草原生物多样性、草原生态环境及草原生态功能都有明显改善和提升，单位面积鲜草产量从2020年的1498.12千克/公顷提升至1780.80千克/公顷，提升了18.87%。草原野生植物种群数量和结构也发生了显著变化，草群平均高度从2020年的7.47厘米提升至7.55厘米，可食牧草比例从2020年的89%提升至92%,相关指标的持续向好也说明影响草地退化程度的毒害草和病虫鼠害等正受到遏制,草地退化趋势得到缓解。

【木材生产】 全面停止天然林商业性采伐,不断完善天然林和公益林保护政策,提高补助标准,巩固停伐成果。严格执行森林采伐限额管理制度,年森林采伐限额分别从"十二五"期间的210.13万立方米调减至目前的27.4万立方米,调减幅度达到87%。各级林草主管部门严格审核审批森林采伐,采伐管理实行"一事一议"制度。

【森林旅游业】 西藏森林公园共有9处,总面积达118.67万公顷,均为国家级森林公园,目前,能够正常开展生态旅游的有6处,其余3处森林公园因为开发程度低,自然条件恶劣,基础设施薄弱,目前未出售门票,旅游收入入不敷出。

(西藏自治区林业和草原局)

陕西省林业产业

【概　述】　2021年，陕西林业产业总产值1533.18亿元，比上年增长3.8%。其中第一产业产值1209.65亿元，第二产业产值166.2亿元，第三产业产值157.33亿元，三产比例为78∶11∶11。

【特色经济林】　科学制定全省经济林产业发展规划，全年共完成核桃、红枣、花椒等特色经济林提升改造110.37万亩，产量115万吨，产值238亿元。

组织特色经济林产品参展　组织指导陕西省30余家林业企业参加"第四届上海中国森林食品交易博览会""2021广州国际森林食品交易博览会""中国（西安）国际林业博览会"等大型展会，加强供需对接和贸易洽谈，有关市县和企业分获金奖、优秀奖和最佳组织奖等多个奖项。

开展特色林产品节庆活动　指导大荔县、韩城市成功举办"中国·大荔首届冬枣产业高质量发展大会暨大荔冬枣百亿大产业研讨会"和"第六届中国·韩城花椒大会"，让陕西省冬枣、花椒走出陕西、走向全国。在国务院新闻办公室举行的新闻发布会上，国家林草局局长关志鸥在向媒体介绍自然资源助力全面建成小康社会时指出："陕西韩城花椒、新疆若羌红枣等一大批特色林产品成为了网红名牌，有效带动了农民增收致富。"国家林草局发文对在陕西省举办的中国农民丰收节经济林节庆品牌活动——韩城花椒节予以通报表扬。

建设线上林特产品馆　认真落实国家林草局部署要求，积极与建行陕西省分行对接，建设"国家林草局 中国建设银行 林特产品馆"陕西馆，组织各地严格审核把关，推荐19家具有一定经营规模、企业信誉良好、产品品质优良、具有一定电商经验的林业龙头企业入馆开展线上销售，全年实现销售收入3462万元，线上销售额居全国第一。

认定特色农产品优势区　联合省农业农村厅、等7个省级机关职能部门印发了《关于开展首批陕西省特色农产品优势区申报认定工作的通知》，积极组织林业产业重点县（区）申报特色农产品优势区。凤县大红袍花椒、陇州核桃、宜君核桃、白河木瓜、镇安板栗被认定为首批"陕西特色农产品优势区"。

【产业示范区】　认真贯彻乡村振兴战略，促进农村一、二、三产业融合发展，指导各地按照《国家林业产业示范园认定命名办法》，积极创造条件，出台扶持政策，科学规划，加快辖区内林业产业园区建设。推进全省林业产业示范区建设。一是加快推进韩城国家花椒产业示范园区建设。该园区规划占地总面积1222亩，计划总投资50亿元，目前，建成综合交易区1栋、贸易会展厅、3栋商业办公综合楼等，园区水、电、路等基础设施已全部到位，进驻陕西为康生物科技股份有限公司等7家花椒企业，实现营业收入2.45亿元。二是积极创建"国家洛南核桃（林业）产业示范园区"。受国家林草局委托，对陕西省申报的"国家洛南核桃（林业）产业示范园区"进行现场审核，上报审核意见，获国家林草局正式认定命名。该园区已建成全国核桃交易中心电商产业园、中国核桃文博馆、农业大数据中心、核桃价格指数平台会展中心等，入驻5个林业龙头企业和42个核桃加工合作社，带动脱贫户900多家。

【森林旅游】　认真开展"双随机一公开"检查，对龙头山、青峰峡等森林公园建设运营情况进行实地检查，提出整改意见。推进陕西省森林旅游宣传促销，组织20余家省内知名森林公园与省邮政公司集中签订加盟合作发展协议，联合发行2021—2022年度"惠游陕西"森林旅游年票。组织楼观台、紫柏山两处森林公园完成林场改造3200亩。

【种苗花卉】 严抓造林种苗质量监管。制订工作方案，部署种苗质量监督检验抽查，对全省退耕还林、三北防护林建设等林业重点工程用苗的生产、流通、使用全过程进行监督抽查，做到监管不缺位。完成省级种苗质量抽查工作，先后对西安、宝鸡等10个市的20个县（区）造林种苗质量进行抽查，共抽取造林现地油松、侧柏、红豆杉等62个苗批，并对造林作业设计、供苗单位的生产经营档案等资料进行了检查。针对存在的问题，列出整改清单，召开专题会议，要求有关市（县）限期整改。同时，配合国家林草局完成对陕西省渭南、延安市的5个县种苗质量抽查工作，共抽查油松、侧柏等27个种批，抽查侧柏、山桃等22个苗批。抽查反馈结果表明，抽查种批全部合格，21个苗批合格。提高林木种苗生产管理水平。先后邀请北京林业大学、西北农林科技大学的有关专家教授，座谈研究陕西省国家重点林木良种基地建设发展中的问题，指导科学编制发展规划，解决生产技术瓶颈。下达良种苗木繁（培）育项目25项，储备良种繁（培）育项目34项，举办国家重点林木良种基地建设和种苗质量管理专题培训班，全省16个国家重点良种基地、国家种质资源库以及苗木培育基地的210名同志参加培训，有效提升种苗培育水平，为林木种苗行业高质量发展奠定坚实基础。

【林下经济】 大力推进林下经济示范基地建设。认真贯彻落实黄河流域、秦岭、长江流域三个"十大行动"，大力发展林下经济、森林康养等生态富民产业。协助下达林下经济种植养殖项目71个、资金3000万元，推动林下中药材和特色养殖有序发展。开展国家林下经济示范基地申报、核查工作，向国家林业和草原局推荐了13个单位，其中7个单位列入第五批国家林下经济示范基地公示名单。印发《陕西省林下经济示范基地管理办法》，认定省级林下经济示范基地29个。举办了全省林下经济示范基地建设培训班，培训示范基地负责人100余人。联合省发改委等10部门印发了《关于科学利用林地资源促进木本粮油和林下经济高质量发展的实施意见》，完善了林地资源管理和放活林地流转政策，进一步明确了陕西省木本粮油、林下经济产业发展目标、总体布局、重点任务。按照"先试点后认定"原则，遴选出19个陕西省森林康养基地（试点）单位。积极开展农民林业专业合作社示范社创建活动，新增国家级示范社5个、省级示范社13个。

【林业龙头企业】 培育林业经营主体，推动产业融合发展。一是规范龙头企业认定和管理。深入开展调研，对2015年制订的《陕西省林业厅林业产业省级龙头企业认定和管理办法》进行全面修订完善，重新制订出台了《陕西省林业局林业产业省级龙头企业认定和管理办法》。二是压实省级林业企业监测和认定。认真核查，新认定20家省级林业产业龙头企业，撤销3家企业的"省级林业产业龙头企业"称号。三是积极申报国家重点林业龙头企业，认真落实国家林草局部署要求，推荐陕西合阳中资国业牡丹产业发展有限公司等6家企业申报第五批国家林业重点龙头企业。

【野生动物繁育】 持续推进重点保护动物繁育。2021年新增人工繁育大熊猫幼崽4只，圈养大熊猫达37只。截至2021年，全省共有104家人工繁育林麝公司（专业合作社），存栏3.2万只，年产麝香约200千克，占全国70%以上。朱鹮种群数量已由最初发现时的7只发展到现在的7000余只，其中野外种群6500余只，分布面积从不足5平方千米扩大到1.6万平方千米。朱鹮人工饲养繁殖技术日趋成熟，建立了20多个人工种群，饲养个体近2000只，2021年"朱鹮保护研究国家创新联盟"正式成立。10月21日在华阴市成功举办了"秦岭北麓华阴市朱鹮野化放飞活动"，共放飞了21只不同年龄的人工繁育朱鹮，给10只朱鹮佩戴了无线电跟踪器，实现了灵活巡护监测。组织核定陕西省分布的国家重点和"三有"保护动物名录，修订了《陕西省重点保护陆生野生动植物名录》。配合陕西广电融媒体集团拍摄《绝美相遇——朱鹮保护四十年》系列报道，联合秦岭野生动物园举办了"和美朱鹮飞临动物王国，秦岭四宝助力全民全运"朱鹮馆开馆仪式。

【特色产业】

白河木瓜 白河木瓜作为白河县主导产业，目前，全县累计发展木瓜14.3万亩，年产量2.6万吨。培育木瓜经营主体32家，建成木瓜示范园区28个。现有8家木瓜加工企业，有效带动1.7万余农户持续增收，累计获批5项国家专利，荣获6个奖项。产品有木瓜果酒、木瓜果醋、木瓜白酒、木瓜果汁、木瓜果脯（干）、木瓜啤酒、木瓜精油、木瓜足浴液等八大类50多个品种。白河县逸酒酒业有限公司的"逸"牌木瓜果酒2010—2018年连续三次获陕西省名牌产品；"逸"牌商标2010—2018年连续三次获陕西省著名商标，多次获得中国森林食品博览会金奖。

镇安板栗 板栗是镇安传统特色农产品，以个大、色艳、味美、富含多种微量元素著称，其营养丰富，除含有57.49%的淀粉，18.85%的可溶性糖，8.59%的蛋白质，2.69%的脂肪外，还含有维生素C_1、B_1、B_2、B_6及维生素A、钙、钾、磷、铁、镁、锌、锰，粗纤维、叶酸、胡萝卜素、核黄素等微量元素。品质上乘，口感和风味独具特色，其外形美观，果形端正均匀，呈红褐色且鲜艳有光泽，不粘内皮，生食口感细腻，甘甜芳香。熟食糯性强，甜度适中，香气宜人。镇安板栗栽培历史悠久，早在周代已有生长。全县板栗面积达到60.5万亩，年产量超过1万吨，综合产值1.2亿元。已建成10万亩板栗林带3个、万亩以上板栗基地4个、千亩以上板栗基地18个、生态标准示范园8个、有机板栗2万亩、板栗良种3个。全县建有5家加工储藏企业、运营板栗专业合作社24个、板栗产业协会1个、镇安板栗试验示范站、镇安县板栗溯源体系等，为全县推进乡村振兴发挥了引领作用。

（陕西省林业局）

甘肃省林业和草原产业

【经济林果产业】 截至2021年年底，甘肃省经济林果栽植总面积2260万亩，总产量668万吨，实现产值542亿元。

苹果 全省苹果栽培面积637万亩、产量510万吨、产值258亿元。其中平凉市苹果栽培总面积达到199万亩，果品总产量193万吨，实现产值106亿元。平凉市全市落实标准化生产140万亩，新认证果品类绿色食品3个、有机产品6个，累计建设出口备案基地36万亩，出境水果包装厂19个，培育壮大果品产业龙头企业23个，培育果产业农民专业合作社687个，完善提升静宁城川35°苹果谷建设，立项创建现代苹果产业园区6个，入园企业达42个，培育果产业"甘味"农产品品牌19个，区域公用品牌3个，企业商标品牌21个，新增直销窗口20个、电商销售平台361家、国内大中城市商超53家。

核桃 全省核桃栽培面积608万亩，产量15万吨，全产业链产值36亿元，是甘肃产值排名第一的坚果和木本油料树种。全省有34个县（市、区）已基本形成了规模化栽培，其中栽培面积在30万亩以上的县（区）5个。全省核桃最集中产区是陇南市，9县（区）栽培面积437万亩，栽培面积居全国地级市第三位。目前全省有陇南南秦岭山地栽培区、陇东南北秦岭山地栽培区、陇东黄土高原丘陵栽培区及陇中西南部特色栽培区等4个主要优势产区。有核桃加工企业24家，年加工能力超过1000吨的企业有5家。有初加工、包装、储藏、营销、育苗合作社140多家。成县是全省核桃产业化发展较为完善的县，全县栽培面积62万亩、1100万株、户均200株、人均50株，实现了245个村全覆盖，已拥有"中国核桃之乡""国家级核桃标准化生产示范基地""全国核桃良种基地""国家地理标志保护产品""中国优质核桃基地重点县""国家林下经济示范县"等6张国家级名片。

花椒 全省栽培面积488万亩，产量9万吨，产值104亿元。甘肃省花椒主要分布在陇南、临夏、天水、平凉、甘南、定西等6市（州）。花椒栽植模式多样，主要有庭院四旁栽植类型、地埂栽植类型、荒山栽植类型、大田栽植类型、立体栽植类型、多种经营类型等。已形成了陇南大红袍花椒基地、陇中南部（天水地区）秦椒系花椒基地、陇中西南部（临夏地区）大红袍基地等3个主要优势区域。武都区被授予"中国经济林花椒之乡"；秦安县被授予"中国花椒之乡"称号；秦安、麦积元龙生产的花椒分别获国家A级绿色食品认证；武都、秦安花椒被国家市场监督管理总局批准为地理标志保护产品。

油橄榄 甘肃省油橄榄主要分布在陇南市，栽培面积、鲜果产量、自产初榨油产量、产值均居全国第一位。截至2021年年底，全省已发展油橄榄基地75万亩，年产油橄榄鲜果4万吨，产橄榄油6270吨，实现综合产值25亿元。现有油橄榄加工企业21家27条生产线，占全国生产线总数的53%，日加工能力约1500吨，形成了每个榨季处理油橄榄鲜果6万吨的生产能力。其中陇南市祥宇油橄榄开发有限责任公司和陇南田园油橄榄科技开发有限公司被认定为国家林业重点龙头企业。武都区是"中国油橄榄之乡"，"武都油橄榄"被国家市场监督管理总局评审认定为地理标志保护产品，"陇南油橄榄"入选"甘味"区域公用品牌目录"独一份"，"祥宇橄榄油"入选"甘味"企业商标品牌目录。"祥宇"牌橄榄油被原国家工商总局评为"中国驰名商标"。研制开发出橄榄油、保健橄榄油丸、化妆品、油橄榄茶、橄榄酒、橄榄罐头、橄榄叶有效成分提取物等10个大类、80多种产品。

枸杞 2021年，甘肃省枸杞栽培面积88万亩，干果产量15万吨，产值51亿元。其中，白银市33万亩，干果产量5.9吨，产值19亿元；酒泉市42万亩，干果产量7.7万吨，产值27亿元。甘肃枸杞产业已基本完成产业初级扩张阶段，处于产业中级内涵发展的调整期。区域布局趋于完善合理，栽培面积趋于稳定饱和，形成沿黄灌区盐渍化土地枸杞栽培区和沿河西走廊沙荒地枸杞栽培区，区域布局呈现经济生态双轮驱动生产模式。酒泉市形成了以巨龙物流港为中心，瓜州县世纪红枸杞交易市场、玉门市小金湾黑枸杞交易市场、玉门市枸杞小镇、甘肃表青惠农农业有限责任公司等多家企业为依托的枸杞交易市场；靖远县形成了以五合枸杞小镇为中心的枸杞交易集散地。

文冠果 全省文冠果栽植面积65万亩，挂果面积23万亩，年产籽量达0.31万吨，年产值0.82亿元。主要栽培区域集中在陇中白银市、定西市，陇东干旱半干旱区庆阳市和河西绿洲灌区张掖等市。其中白银市栽培面积45万亩，占全省的69%。白银市靖远县和景泰县、张掖市高台县和兰州新区等地，相继建立起文冠果茶叶加工、文冠果籽油榨取生产线。目前，全省从事文冠果产业经营主体200余家，其中大型龙头企业7家、种植加工合作社10余家、种植加工家庭农场200家，产品涵盖文冠果油、叶茶、护手霜、保健枕、膏药等系列产品。截至目前，全省文冠果食用油产量198吨。

【其他林业产业】

林下经济产业 通过转包、出租、互换、入股等方式流转林权，促进林业规模化经营。截至目前，全省流转林地484.31万亩。累计办理林权抵押贷款100.51亿元。目前全省共组建林业合作社3725个，认定登记家庭林场1302家，有11家林业企业被国家林业和草原局认定为国家级林业重点龙头企业。通过积极争取，康县鸿泰中蜂养殖基地、民勤天盛肉苁蓉种植基地入选全国第八批林下经济示范基地，全省林下经济示范基地达到八个县(区)，29个经营主体，实现林下经济产值64.96亿元。

草产业 形成以河西为主的高端苜蓿商品草、定西为主的裹包青贮商品草、山丹为主的高端燕麦商品草三大草产业商品草生产基地，探索出适合不同区域的草产业发展模式。在草种质资源收集保存、品种选育、草种生产、质量管控、市场营销及政策法规标准等方面，均取得了长足进展。育成甘农系列和中天系列紫花苜蓿、陇燕和甘农系列燕麦、腾格里无芒隐子草等牧草和乡土草新品种，建成草品种区域试验站13处，年产苜蓿、红豆草、燕麦、披碱草等各类优质牧草种子2万吨，占全国草种产量的30%以上。

小陇山林业产业 聚力提质增效、转型升级，实现多点突破，引领创新发展，努力克服暴雨灾害和新冠肺炎疫情造成的困难，实现生态经济收入6770.76万元，比2020年增长1079.44万元，增长率约19%，超额完成了预期目标。申报省级良种基地2处，省级乡土树种采种基地3处。建设景观树木园118亩，培育各类造型苗木62种、15万余株，形成了集乔灌培育一体、珍稀植物保护共同发展，集约经营、定向培育的模式。积极探索林下经济发展新模式，推进林药、林菌仿野生培育，共培育林药668亩、林菌162亩。

（甘肃省林业和草原局）

青海省林业和草原产业

【概　述】　2021年，青海省以保护生态、绿色发展、产业富民、和谐共生为目标，聚焦打造绿色有机农畜产品输出地、国际生态旅游目的地，林草产业呈现良好发展态势，稳中有增，全省林草产业产值达到394亿元，比2020年的364亿元增加了30亿元，同比增长8.2%。带动259万名农牧民群众人均增收5179元。

【特色种植业】　全省特色经济林面积达到333.42万亩，总产值33.84亿元。其中枸杞59.71万亩，沙棘245.54万亩，水果种植11.22万亩，藏茶2.03万亩，坚果、含油果和香料14.93万亩。

【枸杞产业】　枸杞产业既是绿色产业、生态产业，又是特色产业、富民产业、健康产业，具有显著的生态效益、经济效益、社会效益。截至2021年年底，青海已经建成国际、国内最大的枸杞种植基地和有机枸杞生产基地，枸杞产业年产值达到33.72亿元，出口额2864.7万元，占青海农产品出口总值的18.5%。根据2021年8月调查，除去政策性限制因素和抚育管理不到位等原因减少的面积，青海省枸杞种植面积有所下降，达59.71万亩。从事枸杞种植、加工的企业、合作社达到180多家，其中国家级龙头企业4家，省级龙头企业33家，形成产品体系20多种。枸杞种植带动周边农户近2万户，户均增收5.84万元，人均年增收1.48万元，亩平均收入在3000元以上。2021年，为了进一步提升青海省枸杞产业发展层次和水平，推进枸杞产业高质量发展，助力打造绿色有机农畜产品输出地建设，青海省人民政府办公厅印发了《关于推进枸杞产业高质量发展的意见》，为青海省枸杞产业发展指明了方向和目标。

【道地中藏药材种植业】　立足独特自然环境优势和资源禀赋，青海道地中藏药材种植产业发展势头迅猛，青海省已成为全国第二大当归、黄芪集中种植区，互助、湟源等地种植的"当归头"成为市场上抢手产品。道地中藏药材种植带动周边农户近9000户，户均增收5300元，人均年收入1800元。为加强青海中藏药材资源保护利用，进一步发挥自然优势和资源品种优势，形成青海道地药材特色产业，推动中藏药材产业高质量发展，青海省人民政府印发文件，号召全省有条件的地方，扩大精管冬虫夏草、枸杞、唐古特大黄、青贝母、秦艽、羌活、麝香、琐阳、沙棘、獐芽菜（藏茵陈）、黄芪、红景天、甘松、当归、水母雪莲、铁棒锤、川赤芍、西南手参等18种中藏药材即"十八青药"。鼓励和支持药材种植户因地制宜大力发展科学植培经营。2021年，中藏药材种植面积虽有减少，但年产值也有近4亿元。

【林业特色养殖业】　2021年，全省麝、鹿、狼、藏雪鸡、孔雀等经济型野生动物养殖数量达6.52万头（只、羽），实现产值2033万元。其中，药用价值非常高的林麝养殖基地共10个，共548只，年产值314万元。

【林业生态旅游业】　高效利用自然资源禀赋，聚焦打造国际生态旅游目的地，全省共有生态旅游基地328个，年产值7.34亿元，较2020年的6.95亿元增加了0.39亿元，增长了5.6%。2021年，三江源国家公园成为全国首批、名列首位的国家公园，祁连山、青海湖、昆仑山国家公园试点正在筹建。全省建成国家级森林公园7处、省级森林公园16处，国家级自然保护区7处、省级自然保护区4处，国家级湿地公园19处、省级湿地公园1处，国家级沙漠公园12处，国家级地质公园7处、省级地质公园1处，草原公园4处，国有林场110个，森林康养基地2处，森林人家39处，林家乐79处。

【草产业】 草产业是牧区群众增加收入、脱贫致富的重要途径。草产业的发展，减轻天然草原放牧压力，促进草原恢复生机，实现人、草、畜平衡发展。国土三调数据显示，青海省草地面积为5.6亿亩，年产鲜草131.27万吨。2021年年产值131.26亿元，比2020年的126.69亿元增加了4.57亿元，增长3.6%。

【冬虫夏草产业】 青海是国际国内最大的冬虫夏草产区，野生冬虫夏草采集面积近7000万亩，冬虫夏草产量占全国总产量的60%。青海省林业和草原局通过冬虫夏草野生资源分布和蕴藏量调查，调查估算全省冬虫夏草蕴藏量为每年2.08亿~63.99亿根。2021年，冬虫夏草年产值201.6亿元，比2020年的176.48亿元增加了25.12亿元，增长了14.2%。在成功举办冬虫夏草鲜草季活动中，仅3天交易额就达到33亿元。新冠肺炎疫情也是提升冬虫夏草销量的原因之一。冬虫夏草产业从业者近217万人，人均年收入5600元。

（青海省林业和草原局）

宁夏回族自治区林业和草原产业

【概　述】　2021年，宁夏回族自治区完成营造林10万公顷，修复退化草原1.40万公顷，恢复湿地1.23万公顷、湿地保护修复1.55万公顷，治理荒漠化面积6万公顷。完成封山育林0.47万公顷，征占用林草地面积0.24万公顷，发展庭院经济和村庄绿化0.47万公顷，生态经济林建设完成0.93万公顷；自然保护地生态修复完成0.64万公顷，办理建设项目使用林地审批530件，共收缴森林植被恢复费18119.33万元。争取林草资金24亿元。截止到2021年年底，全区经济林实有面积15.4万公顷，结果面积9.22万公顷，产量131.46万吨，果品产值30.1亿元。其中苹果实有面积3.53万公顷，结果面积24940公顷，产量56.7万吨，果品产值16.9亿元；红枣实有面积3.7万公顷，结果面积2.62万公顷，产量7.3万吨，果品产值3亿元；设施果树实有面积20公顷，结果面积17公顷，产量0.23万吨，果品产值0.23亿元；鲜食葡萄实有面积0.25万公顷，结果面积0.23万公顷，产量45423吨，果品产值2.8亿元；花卉面积0.17万公顷，产值2.4亿元；小杂果实有面积7.75万公顷，结果面积3.87万公顷，产量8.64万吨，果品产值4.8亿元；其他经济林面积0.22万公顷，结果面积0.15万公顷，产量1.28万吨，果品产值0.7亿元。

【林果产业】

标准化基地建设　2021年，全区发展特色经济林0.48万公顷，其中，苹果0.12万公顷，红枣0.02万公顷，鲜食葡萄0.03万公顷，设施果树及花卉0.04万公顷，其他0.27万公顷。完成"三低"果园改造0.35万公顷（其中，苹果0.11万公顷、红枣0.07万公顷、红梅杏0.09万公顷、其他0.08万公顷）。在巩固32个自治区级优质示范基地基础上，扶持培育示范基地67个，评选优质特色林果示范基地15个，其中，苹果示范基地6个、红枣示范基地4个、设施果树示范基地3个，特色林果示范基地2个。建设灵武长枣良种繁育基地250亩，红梅杏良种繁育基地550亩。推荐申报国家林业重点龙头企业2家、国家林草科技推广转化基地2个。实施林果种植"两减一增"行动，配合国家林草局对灵武市、同心县、中宁县的50个鲜枣样地和50个鲜枣土壤进行监测和监督抽查。

技术指导服务　在中宁县成功举办了"全区春季果树修剪和低温冻害防御暨品质提升技术推广骨干培训班"，组织专家技术人员，开展基地建设、树体修剪等技术指导服务100多次，成立了由自治区设施果树首席专家张国庆为组长的技术服务组，建立技术示范点60个。

特色品牌建设　举办了以"庆丰收·展硕果·感党恩·助力乡村振兴"为主题的2021年宁夏果品大赛，全区5个市16个县（区）101个单位选送8个大类215个样品参赛，共评出苹果富士、金冠、元帅、其他系列、红枣、梨、葡萄和桃8个大类，金奖8个、银奖16个、优质奖24个。吸引全区135家经销商代表、600多名果农自发前来参赛，中国新闻网、宁夏新闻网、"学习强国"、《光明日报》等20多家媒体现场采访，网络直播在线用户达200余万人。大赛期间签订4350吨果品采购合同，成交额1566万元。组织6家知名林果企业参加2021广州国际森林食品交易博览会，搭建以"品牌建设、乡村振兴、对接湾区"为主题的宁夏特色经济林展馆，荣获"优秀组织奖"1项，金奖4个，优质奖2个，通过国家级森林食品行业展会平台，拓展了产品营销渠道，全面展示了宁夏特色林果产业发展成果；推荐宁夏弘兴达果业有限公司、宁夏云雾山果品开发有限责任公司两家企业参评第五批国家林业重点龙头企业；配合完成宁夏林特馆的前期创建，指导10余家林果企业进驻国家林草局和中国建设银行共建的善融商务林特馆销售平台。

【枸杞产业】

基地建设 印发《宁夏枸杞规范化栽培技术手册(2021版)》，指导主产市、县(区)完成新增枸杞种植面积0.53万公顷，创建"百、千、万"绿色丰产示范点8个，全区枸杞种植面积达到2.86万公顷，基地标准化率达到80%，良种使用率达到95%；支持完成10个枸杞良种采穗圃建设。

四大体系 制定发布《宁夏枸杞干果商品规格等级规范》《食品安全地方标准 枸杞干果中农药最大残留限量》《宁杞10号枸杞栽培技术规程》等地方标准3部；在全区布设监测样点2002个，组建了257人参与的测报队伍，开展监测测报10次。病虫害监测预报体系已覆盖16个县(区)、62个乡(镇)、174个村；完成自治区级枸杞产品质量溯源平台硬件设施搭建、软件系统连通，有6家枸杞企业、7个基地、1个交易市场授权使用"宁夏枸杞"溯源标签。

公用品牌 举办"宁夏枸杞区域公用品牌发布会"，发布了宁夏枸杞区域公用品牌标识(LOGO)、吉祥物及"宁夏枸杞 贵在道地""中宁枸杞 道地珍品"广告语；举办第四届枸杞产业博览会。开展"百家媒体宁夏枸杞行"、院士专家高峰论坛等17项活动，现场签约合同产值额12.48亿元；各类媒体发布新闻稿件380余篇(条)，中国日报双语报道直播在线总曝光量近1亿人次；"宁夏枸杞"地理标志证明商标获得国家知识产权局商标局正式核准；组织区内知名企业参加上海药交会、深圳文博会等国内著名展会。在宁夏卫视《品牌宁夏》栏目，播放了《宁夏枸杞 贵在道地》等宁夏枸杞专题节目；启动编制《中国枸杞产业蓝皮书》及《枸杞保健实用手册》。研发枸杞明目胶囊、特膳、糖肽、红素、黄酮、面膜、口红化妆品等新产品20余种，各类枸杞深加工产品达10个大类70余种，鲜果加工转化率28%，综合产值250亿元。

【花卉产业】 2021年，宁夏花卉和观赏苗木种植面积1725公顷，年产鲜切花3519.8万支，盆栽植物3023.1万盆，工业用花卉43.7公顷，观赏苗木类3213.4万株，设施化栽培面积451.8万平方米，销售额2.37亿元。花卉种植基地主要分布在银川、吴忠、固原等城郊，其中，兴庆区、隆德分布比较集中，发展较快。宁夏已培育花卉企业72个，其中年营业额在500万元以上的大中型企业有12个，宁夏大型花木交易市场16个，宁夏零售花店已发展300多家，从业人员2200多人，专业技术人员140人。

【林下经济】 2021年完成了全区林下经济产业和示范基地发展情况摸底调查，形成了《宁夏回族自治区林下经济发展情况的报告》，全区林下经济经营和利用面积123.81万亩，实现产值5.4亿元。组织选报5个林下经济典型发展案例，推荐申报国家林下经济示范基地5个。组织开展自治区林下经济示范基地监测审定工作，举办全区山林权改革暨林下经济培训班。积极争取自治区财政设立林下经济发展专项扶持资金，起草《关于加快推进山林权改革促进林下经济高质量发展的财政扶持政策及实施办法》。

【草产业】 宁夏草原总面积为3046.55万亩，占全区国土面积的39.1%，是宁夏面积最大的生态保护系统和黄河中上游重要的绿色生态屏障。2021年，全区草原综合植被覆盖度为52.65%，连续10年保持在50%以上，天然草原鲜草产量达315.44万吨，干草产量137.15万吨。为解决禁牧封育后饲草料供给不足等问题，宁夏大力发展草产业，草产业被纳入宁夏"1+4"农业特色优势产业，经过多年的扶持发展，人工种草面积迅速增加，形成了贺兰山东麓引黄灌区、中部扬黄灌区、南部山区雨养旱作区三个优质牧草产业带。草产业在巩固禁牧封育成果、促进畜牧业发展、增加农民收入、改善生态环境等方面的作用越来越明显。2021年，宁夏优质饲草生产面积479万亩，其中高产优质苜蓿留床面积150万亩，青贮玉米254万亩，一年生禾草75万亩，全区生产优质饲草达到930万吨。目前，宁夏有各类饲草经营主体102个，其中饲草加工企业31家、专业合作社67家、家庭农场4家，年加工饲草能力142万吨。有饲草社会化服务组织26家，全面提升了种、收、贮、用综合能力和社会化服务水平。

(宁夏回族自治区林业和草原局)

新疆维吾尔自治区林业和草原产业

【特色林果业】 2021年，在自治区党委的坚强领导下，在自治区人民政府的大力推动下，各地各相关部门坚持以供给侧结构性改革为主线，把推进林果业提质增效工程作为落实自治区党委工作部署的重点内容，着力推进林果业标准化生产、市场化经营、产加销一体化发展。截至2021年年底，全区林果总面积达1844万亩（不含新疆生产建设兵团，下同），较2017年下降12万亩，产量864万吨、产值559亿元，分别较2017年提高116万吨、102亿元。种植效益逐年提升，果农人均林果纯收入6200元，占农村居民人均可支配收入的40%，若羌县、温宿县等林果主产县占比达70%以上，惠及果农483万人。林果业已逐步成为新疆覆盖范围最广、惠及人口最多、发展潜力最大的绿色产业和农民增收致富的支柱产业。

【林木种苗业】 2021年，全区共有苗圃3632处（其中国有苗圃87处），育苗面积38.9万亩，苗木总产量10.17亿株，实际用苗量2.71亿株，可供2022年度用苗量4.44亿株。2021年造林良种使用率达96.6%。14个国家重点林木良种基地、3个自治区重点林木良种基地和70个自治区林业保障性苗圃的基地供种率为81.5%。

【花卉业】 据统计，2021年全区花卉种植面积26093公顷，总销售额6.83亿元，花卉市场38个，从业人员13.09万人，产业发展处于平稳状态，与上年相比，由于产业结构调整，生产面积减少8.19%，但销售额处于增长趋势。

【森林旅游业】 深入贯彻落实习近平生态文明思想，认真落实国家林草局工作部署安排，切实将加强森林公园建设、发展生态旅游作为践行"绿水青山就是金山银山"理念的有效举措，全力支持旅游兴疆战略实施，积极推进林草与旅游融合发展，科学助推生态旅游高质量发展。与各地（州、市）建立纵向联系机制，与自治区相关部门建立横向联系机制。主动对接国家和自治区重点项目，全力支持2021年度自治区文化旅游项目建设25个，提前介入、协调快速办理文旅项目涉林草手续。

【沙产业】 2021年，全区新植梭梭7.69万亩，新植沙棘3.4万亩，新植红柳6000亩，新接种肉苁蓉4.2万亩。沙区特色经济作物发展进程不断加快，目前全疆沙区特色经济作物种植面积已达184.5万亩，其中，人工接种肉苁蓉68.9万亩，年产肉苁蓉6.79万吨；沙棘67.79万亩，年产量1.82万吨；沙漠玫瑰4.73万亩，年产量9395吨。特色沙产业企业达58家，总产值9.33亿元，沙生作物加工业的发展，带动了种植、加工、贮藏、运输、销售等相关产业的发展。全区拥有国家沙漠公园27个，是全国沙漠公园数量最多的省份，涉沙旅游年收入9.12亿元，游客数量达1500万人次。

【草产业】

牧草种植情况 2021年，全区牧草种植面积977.32万亩。其中，紫花苜蓿162.44万亩、羊草5.91万亩、青贮玉米793.35万亩、饲草燕麦0.03万亩、多花黑麦草0.15万亩、其他商品草15.44万亩。全年牧草种植产量为6227.5万吨。其中，紫花苜蓿442.06万吨、青贮玉米5454.42万吨、饲草燕麦9万吨、多花黑麦草150万吨，其他商品草172.02万吨。

牧草种子生产情况 全区牧草种子田有16.52万亩，其中，紫花苜蓿5.26万亩、披碱草4.72万亩、其他多年生草种6.34万亩、其他一年生草种0.2万亩。全年牧草种子产量13058.1吨，其中，紫花苜蓿12527.3吨、披碱草67.8吨、其他多年生草种298.1吨、其他一年生草种164.9吨。全区加工牧草产品总产量为 8712057.5 吨，规模较大的牧草加工企业共 7 个。全区共有各类牧草机械 98560 台。其中，牧草播种机械 30227 台、种子收获加工机械 350 台、干草收获机械 25821 台、牧草加工机械 33115 台、青贮设备与机械等草业机械 6906 台、其他草业机械 2141 台。截至 2021 年年末，全区共有草原旅游点 165 个，全年接待游客 2 亿人次。

（新疆维吾尔自治区林业和草原局）

内蒙古森工集团林业产业

【概　述】 2021年是内蒙古森工集团（以下简称森工集团）按照新体制运行的第一年。森工集团坚持"绿水青山就是金山银山""冰天雪地也是金山银山"的发展理念，积极推进绿色转型和高质量发展，努力构建多元发展，促进产业发展提质升级，多极支撑的现代林业产业体系，全年实现营业收入5.7亿元，同比增长9.91%；实现净利润1.26亿元，营业收入利润率15.67%，为完成产业发展"十四五"规划目标奠定了坚实基础。

生态建设　高质量实施国家生态保护与修复重大工程。建立造林绿化落地上图管理体系。完成人工造林1.96万亩、植被恢复3.5万亩、补植补造33万亩、森林抚育290万亩、重点区域绿化778亩，实施森林质量精准提升项目570亩。组织全民义务植树40周年系列活动，义务植树27.9万株。推动苗圃分类经营，全年育苗2738亩，产苗1.58亿株。

国企改革　全力推动国企改革三年行动各项任务，2021年清退注销不具备竞争优势、缺乏发展后劲潜力的企业33户；清退注销长期处于吊销未注销状态的分公司118户。编制产业领域混合所有制改革研究评估报告，制订两家商业竞争性企业混改方案。完成6户二级全民所有制企业公司改制。深入开展管理提升行动，制订对标提升行动实施方案和45项任务清单，分解落实自治区对标提升37项重点任务，国有企业改革取得了阶段性成果。

科技创新　2021年投入科研资金1185万元。完成自治区科技成果3项，立项集团级课题12项，立项资金521万元。打造国家中长期科研基地、院士工作站等公共研发平台。成立内蒙古大兴安岭北部原始林区雷击火和边境火防控技术创新联合体。建设阿尔山标准化大果沙棘采穗圃等4个科技推广示范基地。与中国科学院沈阳应用生态研究所组建森林生态学科研团队，与内蒙古自治区林业科学研究院组建森林培育、森林保护科研团队等，整合科技资源，实施关键技术攻关，为企业科技创新注入新动力。扎实开展碳汇科研与技术推广，《森林碳汇资源本底调查与碳汇项目开发潜力研究》完成结题论证，成功举办内蒙古大兴安岭碳汇资源调查成果新闻发布会。《森林经营增汇技术专家服务基层项目》得到自治区人社厅立项支持。"呼伦贝尔市绰源森工公司低碳社区试点"纳入第一批自治区级低碳试点范围。

森林旅游　森工集团按照林区旅游发展规划，扎实推进额尔古纳界河游码头等重点项目，全力打造北、东、南三大板块、5条精品线路和秘境大兴安岭系列旅游产品；投资212万元完善道路标识系统，内蒙古大兴安岭国家森林步道全线贯通。搭建智慧旅游服务平台，积极对接核心客源市场，2021年接待游客75万人次，实现产值6930万元。成功举办"内蒙古大兴安岭林区旅游管理人员培训班"，参加"第四期初级森林康养指导师培训班"，全面提升林区旅游相关人员职业技能和服务水平，为林区旅游发展提供人才保障。

林下经济　以林下产品开发公司为平台大力推广"冷极"品牌，共推出"冷极冰泉""冷极醇""冷极山珍"等冷极系列产品24种，与林区多家公司建立合作机制，组建林区林下经济产业联盟，打造注册商标、产品标识、加工标准、精深包装、产品推介、价格供应体系，构建线上与线下相结合的销售模式；组建电子商务公司，实现在中粮我买网销售林下产品。

碳汇产业　组建内蒙古大兴安岭林业碳汇科技有限责任公司，不断完善机构、规范管理，加速项目开发储备，创新开展"一库三平台"建设。制订林区碳汇数据库建设技术方案、林业碳汇样地监测技术方案，对碳汇项目开发进行技术指导。推广林业碳汇矢量数据库建设、林业碳汇项目储备等工作，为碳汇项目开发奠定技术基础。森工集团所属19个森工（林业）公司已初步创建了细化到山头地块的碳汇资源空间矢量数据库架构。碳汇公司与自治区环境交易所建立碳汇产品挂牌交易长期合作关系。2021年，开发储备国际国内标准林业碳汇项目9个，正在开发碳汇项目8个，3个VCS项目完成咨询服务招标和签约，5个CCER项目完成了设计文件的编制工作，通过交易所挂牌销售绰尔、克一河VCS碳汇项目8笔，实现交易额1465万元，累计成交2100万元。

矿产开发 全力推进矿产开发。2021年森工集团所属绰尔森工公司持有的国森矿业股权收益7000万元；森工矿业公司持有的森鑫矿业股权收益800万元；比利亚矿业公司实现产值1.7亿元，利润1325万元；得耳布尔森工公司持有的森鑫矿业股权进入上市辅导期。在产矿山通过政府验收，全部达到"绿色矿山"标准。

房地产开发 2021年，林业房地产开发公司完成集团本部兴安全民健身中心主体工程建设；提出结合旅游、康养需求化解棚改存量房源的思路建议；积极推进森工集团棚户区改造异地建设海拉尔、扎兰屯和牙克石三地的工程造价审核、竣工验收及清理拖欠中小微企业工程欠款工作；全年实现销售收入1456万元。

服务业 兴安石油公司加强内部整合重组，完成两个民企加油站挂靠清理工作，与中石油国林油品销售公司签订战略合作协议，制订股权多元化配套方案，全年销售成品油4万吨，实现营业收入2.4亿元。生态研究院司法鉴定所与张家口鼎盛林业服务有限公司、内蒙古草勘院等4家单位签订合作协议，完成司法鉴定案件1078件，创收645万元。航空护林局与广东省航空护林站开展跨区域输出技术服务，创收86万元。森林调查规划院加强与内蒙古自治区地质调查中心、呼伦贝尔市林业和草原局等单位的交流合作，开展蒙东地区全国森林资源一类调查、呼伦贝尔市红花尔基林业局营造林监理等一系列技术输出服务项目，创收1153万元。

（内蒙古森工集团）

吉林森工集团林业产业

【概　述】　2021年吉林森工集团按照省委、省政府的部署要求，在省国资委的监管领导下，扎实有序推进各项工作，不断深化内部改革，统筹抓好疫情防控与生产经营，改革发展稳定，取得较为显著的成效，推进产业转型发展迈出坚实步伐。

【森林资源经营产业】　牢固树立"绿水青山就是金山银山"的发展理念，紧紧围绕生态强省战略目标，对森林生态系统实施多层次、全方位保护和修复，精准提升森林质量，增强生态服务功能，提高林地产出能力，充分发挥森林综合效益。8个国有林业局施业区位于长白山区，地跨柳河、靖宇、抚松、江源、临江、桦甸、蛟河、敦化8个县（市、区）。2021年林业中央财政资金到位21.4亿元，完成更新造林4785亩、森林抚育70万亩、补植补造和改造培育42万亩、国家储备林项目建设1万亩。

【矿泉水产业】　2021年，泉阳泉饮品公司生产矿泉水72.6万吨、销售78.1万吨，同比分别增长17%、20%。重点推广3元水和母婴水。与上海光明集团合作发行光明基金，首批用于开发含气矿泉水和功能饮料等高端饮品，提高产品附加值。加大市场开拓力度，通过多渠道整合并购、合资合作销售等方式，稳定利润较好的东北市场，重点培育具备发展潜力的北京市场、华南市场、华东市场。启动柔性生产线项目开发生产定制产品，满足特殊客户需求。靖宇工厂桶装水生产线上马，满足销售增长需求。投资建设20万吨含气矿泉水项目，丰富高端产品种类，拉长产业链。

【蓝莓产业】　吉林森工集团现已建成蓝莓基地18个、面积3000亩，存苗量68万株。2009年通过国家有机产品认证，2021年获得国家有机食品生产示范基地证书。在抓好蓝莓规模化种植的基础上，开发蓝莓深加工项目，引入上海光明集团等国家级龙头企业，合作研发蓝莓深加工产品，延长产业链，提升附加值，提高蓝莓产业效益。同时，推进蓝莓采摘基地建设，依托长白山区域优势，根据蓝莓种植分布状况，重点建设环长白山旅游主干线的抚南林场、老岭林场、板石河林场蓝莓采摘基地，发展蓝莓采摘观光体验等旅游业态，实现蓝莓产业与旅游产业的高等级融合互惠式促进。

【北药产业】　吉林森工集团各林业局种植的中药材主要有林下山参、木灵芝等30余个品种，总面积10万亩。发挥湾沟林业公司林下山参特色优势（目前参龄多数达到7年），在保护好森林资源的前提下，建设万亩林下山参产业基地，通过实施标准化栽培和近自然经营，探索形成可复制、可推广的管理技术模式，提升林下山参产业规模和经济效益。以林地资源为依托，积极发展灵芝、五味子、天麻等传统中药材，规划建设北药生态培育基地和生产试验示范区，推进中药材规范化种植，提升北药产业发展水平。

【二氢槲皮素产业】　吉林森工集团旗下吉林省健维天然生物科技有限公司成立于2012年5月，是世界第二家、国内首家以人工长白落叶松树根为原料生产二氢槲皮素的企业。生产技术获中国发明专利和美国发明专利，年生产能力为12吨。2021年4月，二氢槲皮素被国家卫健委批准为新食品原料。在巩固提升与汤臣倍健等企业产品销量的基础上，与伊利、上海百盾生物科技公司等企业开展长期原料供应合作，拓宽稳定的产品销售渠道。

【森林文旅康养产业】　集团辖区地处长白山核心区域，拥有完备的森林自然生态系统。现有8处国家级森林公园、1处国家级森林温泉康养基地、1家国际狩猎场、3处省级研学基地、13家宾馆酒店以及7所林区医院，蕴藏着丰富的森林、冰雪、温泉、湖泊、湿地等森林文旅康养资源。截至2021年年底，初步构建了避暑观光、温泉养生、森林狩猎、运动探险、红色旅游和生态研学等多元化文旅康养产品体系。

【产业扶贫助困工作】 吉林森工集团在实施产业帮扶方面，因地制宜确定项目。龙坪村以发展水稻产业为主，依托国有企业的品牌优势和龙坪村天然稻场资源优势，积极创新坚持"造血式"帮扶，与村集体和农户共同制定"吉林森工集团+村集体+农户"的合作模式，三方签订合作协议，由吉林森工集团和村集体共同出资，农户负责种植水稻，吉林森工集团负责收购农户水稻和销售龙坪村绿色大米。大星村2021年10月以前一直由图们市林业局包保帮扶。集团公司派驻驻村第一书记以后，在降低成本，增加收益上下功夫，主动承担起花卉的育苗工作。同时，与图们市林业局沟通，强化政策落实，发挥市场优势，开源节流，完善营销各个环节，2021年当年直接使村集体收益增加3万余元。

为满足生产需要，吉林森工泉阳泉公司常年以"订单保底、合同价收购、二次返补"的"订单农业"方式与农户合作，产业化发展前景良好，是省林业产业化龙头企业。这种合作方式促进公司与农户预先签订农产品产销合同，农户按公司要求生产农产品，并按照合同规定的价格卖给企业，而合同价格普遍高于农产品市场价格，给农民带来了实惠。企业2021年拥有特色果蔬基地1800亩，其中，蓝莓种植基地1000亩，五味子基地800亩。通过合同签订带动980户农民从事特色果蔬种植业，为农民人均增收3000元。泉阳泉饮品公司为维护地区社会稳定，农民安居乐业做出了积极贡献。

（吉林森工集团）

龙江森工集团林业产业

【概　述】 2021年，为深入贯彻习近平总书记在推进东北振兴座谈会重要讲话精神，践行"两山"理论，围绕"政治建企、生态立企、产业富企、文化润企、人才强企、民生筑企、法纪治企"建企方针，龙江森工着力加强生态保护与修复，加快推进林业产业发展，努力保障和改善民生，奋力开创高质量发展新局面。

【营林产业】 坚持"企业的定位、产业的模式、价值的追求"，推进营林产业发展。一是注重培育经济林。大力营造珍贵林。2021年，公司营造红松经济林6万亩，浆果种植面积新增5.8万亩、坚果种植新增8万亩。利用林间空地、超坡退耕地，发展刺五加、刺嫩芽、五味子、沙棘、榛子等特色经济林。营造景观林，在优化森林结构、提升森林生态功能的同时，促进森林旅游、森林康养发展。二是加强红松果林经营管理。对到期的红松母树林重启第二轮竞价承包，在红松种子集中管理、项目化经营上取得突破，提高经济效益。三是发展苗木产业。抓好各林业局公司中心苗圃建设，培育经济苗木花卉，探索产业化发展的路子。抓住国家提高城镇化建设水平和实施乡村振兴战略机遇，发挥兴隆局绿化公司和双鸭山局公司苗木基地示范作用，拓展城市绿化业务。四是发展碳汇林业。启动森工碳资产公司运营，统筹开展森工林业碳汇项目开发，做好碳汇项目资本运营和碳资产管理，依托国家政策，完成首笔碳汇交易。

【森林食品产业】 2021年，公司继续把工作的着眼点放在放大龙头效应、扩大辐射引领作用上。以森林农业为基础，建立森林食品体系，提升森林食品影响力和市场占有率。一是确立产业定位。依托绥阳、亚布力、桦南等5个全国、省绿色、有机原料基地，对现有认证的37个绿色食品、有机农产品，重点培育、高端设计、重塑认知，向消费者推介森林食品的原生态优势，满足消费者对更好生态产品的需求。二是搞好产品营销。打造"统一大品牌、多元系列产品、集中大营销"的营销模式，通过线上和线下等多种形式，建立品牌销售与大宗交易的立体销售体系。三是延长产业链条。打造规模化经营、标准化生产、产业化推进发展模式，加快构建基地、生产加工、销售、物流全产业链体系，形成统一生产标准、操作规程、质量控制体系，提高产品品质。

【种植养殖产业】 一是大力发展绿色高效农业，农业播种面积稳定在540万亩以上。建立以林业局为主体的企业集约经营与职工承包经营相结合的土地经营机制，重构利益关系。优化生产组织模式，改变林区一家一户单独经营的农业生产方式，转变为合作集约生产，建立农机合作体系代耕代种"托管服务"体系。逐步延长产业链条，在农资供应、粮食仓储加工、市场营销领域加大工作力度，实现效益最大化。认真研究国家及省关于加强耕地保护、推进落实耕地占补平衡的有关政策，选好试点、地块，积极与国土部门沟通，做好储备补充耕地项目的立项、入库等前期准备工作。二是加快发展中药材产业。科学保护、合理开发利用野生药材资源，开展森工林区道地药材种植，高标准建设清河、方正、桦南、八面通、穆棱、东方红等中药材标准化种植示范基地和种苗繁育基地。提升中药材加工能力，通过合作、招商或者参股的形式，引进加工企业，加快清河饮片厂、八面通沙棘加工等项目建设。推进药食同源产品开发，促进中药材与健康保健、旅游康养、食品等产业平台联合、系统集成、融合发展。加强与中医药大学、省中药协会合作，开展林区优势中药材品种生态环境评价、人工繁殖、野生抚育等研究。三是不断提高种养质量。开工建设高标准农田9.43万亩，推广通北"整体设计、全员参战、保障标准、力求实效"的做法，提高建设标准，提高投资效益，保证工程质量，实现增产增收。继续加大黑土地保护力度，开展农业"三减"行动，促进作物提质增效。加强地力保护补贴资金管理，确保补贴资金直接发放到种植户手中。大力发展森林畜牧业，促进林禽、林畜、林蜂等林下养殖向规模化、标准化、产业化方向发展，提高精深加工、冷链贮运和营销能力。推进亚布力"猪菜同生"产业项目，固化产业体量倍增的态势。

【旅游康养产业】 充分利用森工旅游资源，推进旅游康养产业加快发展。一是发挥品牌效应。强化"冰爽""凉爽"品牌建设，扩造以世界极致冰雪体验胜地为目标，向冰雪时尚化、浪漫化转型。二是加强规划引领。完成"大雪乡规划"设计，精准定位，将雪乡打造成龙江冰雪旅游标杆、中国冰雪旅游名片、世界冰雪旅游目的地。三是推进重点项目和景区建设。"一场雪一万年"演出项目和雪乡森林小火车项目建设。推进以二浪河为主的亚雪线旅游景区资产重组、项目重构，形成规范化、一体化、科学化的经营模式。四是丰富旅游产品。依托雪乡、亚布力、凤凰山、鸳鸯峰等重点核心景区，提升旅游品质和档次。全力打造哈尔滨—凤凰山—雪乡—亚布力旅游环线，高起点、大手笔，联合开发凤凰山景区，推进房车自驾游营地和庞巴迪越野车赛场项目建设。五是盘活旅游项目。形成新业态，实现保值增值。抓住第四届全省旅发大会的机遇，加快推进鹿苑岛（镜泊湖）、柴河小九寨、海林威虎山等景区提档升级。六是完善康养功能。按照省政府关于"促进健康、养老等产业提质扩容"的部署，结合人口老龄化发展趋势，抓住人们对美好生活向往的消费契机，依托森工清新的空气、优美的环境、美丽的景观、健康的食品和基本的医疗保障，大力发展森林康养产业。盘活各林区养老设施，探索将林场闲置房屋改造升级成具有康养功能的民宿。七是推进森工医疗资源整合。组建医联体，实施医养结合，促进森林康养与森林旅游、美食、北药、文化等产业融合发展，精心打造"百万银发族进森工"康养品牌，构建森工特有的康养模式。

（龙江森工集团）

大兴安岭林业集团公司林业产业

【概　述】　集团公司2021年全年林业产业总产值实现57.75亿元，较2020年增长8.1%。其中第一产业30.72亿元，第二产业19.39亿元，第三产业7.64亿元。新谋划碳汇项目10个，面积80万公顷，预计碳量储备400万吨。以多种机制，多元化发展特色产业，大力推动产业富民工程，特色产业实现产值8亿元。神州北极木业获省百万职工"五小"创新竞赛三等奖，3个国家级有机示范基地通过复检，入选国家林下经济典型发展案例2个。

【产业规划】　编制出台了《大兴安岭林业集团公司发展规划（2021—2025年）》，明确提出构建"两地两带四园"的生态产业布局。参与编制《大小兴安岭林区生态保护与经济转型规划》，并制定《大小兴安岭林区生态保护与经济转型规划实施方案》加快推进。制定出台《关于加快推进特色产业高质量发展的指导意见》，明确发展原则和目标，构建发展体系、经营体系、支撑体系、服务体系和发展机制。实施差异化发展，坚持因地制宜的原则，在集团公司层面，确定以寒地中药材、生态旅游和森林康养产业为发展重点；在林业局层面，基于各局资源禀赋、产业基础和自身优势，确定重点发展的主导产业28个；在林场层面，谋划生成特色主营业务项目289个；在管护站层面，149个管护站发展林下经济，参与率30.8%。

【产业政策】　集团公司设立扶持资金1500万元，各林业局根据自身实际，分别设立了100万~500万元的产业扶持资金，扶持林场、企业、合作社和职工发展产业，累计扶持131个项目，总投资2928万元。为支持职工发展特色产业，集团公司与建设银行大兴安岭分行合作，推出信贷产品"龙岭快贷"。产品具有无抵押、免担保、低利息、授信额度高、操作简单、随借随还的优势和特点，年息仅为4.35%，非常方便林业职工灵活使用。自9月末实施至年底，累计为职工投放贷款8032万元。

【森林旅游康养】　2021年接待游客20万人次，旅游业实现产值3574万元，同比增长36.5%。重点旅游产业项目图强龙江第一湾景区、北极岛景区开展基础设施改造，建成漠河餐饮一条街。北极岛、撒布素景区、十八站古驿小镇、韩家园最美小镇晋升3A级景区。加格达奇林业局百泉谷、松岭林业局大扬气林场、塔河林业局东湖别苑酒店等3家生态露营基地获批全国生态露营基地试点建设单位。松岭区鲜卑祖源风情文化森林康养基地、松岭区大扬气林场森林康养基地、新林区翠岗林场森林康养基地获批全国森林康养基地试点建设单位，新林林业局宏图林场获批全国森林康养人家试点建设单位。大兴安岭生态旅游产业入选《依托生态资源发展生态旅游典型案例》。与行署共同举办第八届中国自驾游与房车露营大会、黑龙江省首届古驿路文化旅游联盟推进会暨大兴安岭第二届旅游产业发展大会，举办大兴安岭第五届工艺品大赛暨旅游纪念品大赛。

【中药材产业】　中药材产业采取野生抚育与种质种源保护、种苗繁育、仿生栽培、生态种植4种培育模式，重点发展赤芍、关防风、金莲花、白鲜、五味子、黄芪6个道地品种。2021年，中药材生态种植累计保存面积6.22万亩，野生抚育2.76万亩，仿生栽培1.9万亩，实现产值0.9亿元，北药采集369吨。为贯彻落实中央及省政府领导有关发展大兴安岭"双寒"产业的指示批示精神，行署和集团公司成立寒地生物产业专班，积极做好政策争取，谋划"双寒"产业政策落地。谋划生成寒地生物产业项目35个，计划项目总投资16.87亿元，项目列入《大兴安岭寒地特色生物资源保护利用和林下生物产业高质量发展规划（2021—2025年）》。

与地方联合举办"中药源头在行动——走进大兴安岭·2021中国寒地中药产业高质量发展论坛"。加格达奇林业局古里库金莲花林下经济示范基地获批国家林下经济示范基地。

【林产工业】 加快林木加工龙头企业数字化转型升级步伐，加快装配式木结构建筑产业基地建设，加大精深加工产品开发力度，增加林木产品附加值，注重提升剩余废旧木质材料综合利用水平，强化木质资源再利用能力。2021年林产工业实现产值13489万元，生产木结构建筑14764平方米，木质活性炭5854吨，木质颗粒2900吨。大兴安岭神州北极木业有限公司全年实现产值8120万元，销售收入5403.3万元。实施人才强企战略，各类专业技术人员已达到173人，占职工总人数的60%。公司晋升为安全生产标准化二级企业。与国家林草局竹子研发中心合作的"木质材料耐候性增强关键技术"项目已启动。申请的实用新型和外观设计两项专利已获受理。公司荣获省级"专精特新"企业、用户满意企业称号，获得全省优秀质量管理QC小组一等奖，木质梁柱荣获单项冠军产品，空心木柱获国际森林产品博览会金奖。公司荣膺"中国家居综合实力100强品牌"和"中国环保家居创新力十强品牌"。张东彪获得"中国家居综合实力100强品牌领袖人物"殊荣。

【市场营销】 集团公司成立了市场营销中心，依托驻外企业，发挥窗口展示作用和桥梁纽带作用，成为对外沟通交流、产品宣传营销的平台。对接国家林草局机关采购，实现销售收入200万元，建立亳州"大兴安岭道地中药材展销区"，在"小康龙江"广州旗舰店内设立"大兴安岭特色馆"，在建行善融商城平台设立与省级并列的"大兴安岭馆"。通过"北极珍品汇"等平台，电子商务线上销售收入1.2亿元。组织参加第三十一届哈洽会，被评选为"优秀组织奖"单位。参加第十四届森博会，受到国家林草局通报表扬，集团产品获得金奖20个、优质奖29个。编印了《林业集团公司特色林产品名录》和《林业集团公司对外合作招商手册》，谋划44个招商引资项目，完成招商图谱31个，已签约项目5个，其中落地项目4个。

【品牌管理】 大力实施"大兴安岭+企业商标"双品牌战略，确定了以"大兴安岭"红色方章作为集团唯一品牌开展宣传推广。完成"大兴安岭"红色方章商标续展和增项。制订《大兴安岭林业集团公司注册商标管理办法（试行）》，规范集团商标管理。开展集团公司商标使用情况调研，对已经过期的授权进行了清理，并在《大兴安岭日报》上予以公告声明作废。与北京森标科技有限公司签订森标认证战略合作框架协议，现有5家企业、14种产品获得森林生态标志产品认证。

【科技创新】 围绕"一体引领、两翼发力、三点支撑、四化协同"工作思路，实施创新驱动，助力集团高质量发展。完成集团公司森林和湿地生态产品评估及绿色价值核算项目。与中国林业科学研究院、中国科学院、东北林业大学等多所科研院校签署了战略合作协议，实施产学研合作项目6项。建立大兴安岭兴安落叶松种质资源保存与育种、黑龙江大兴安岭森林防火2个国家长期科研基地。举办中国森林认证培训班3次，集团阿木尔林业局通过中国森林经营认证，认证面积479408公顷，北极冰蓝莓酒庄公司4个系列6种产品通过中国森林认证——产销监管链认证。组织开展科技下乡服务，助力林草生产活动，建立80名乡土专家库。

（大兴安岭林业集团公司）

新疆生产建设兵团林业和草原产业

【概　述】 2021年，新疆生产建设兵团紧紧围绕新疆社会稳定和长治久安总目标，认真践行"绿水青山就是金山银山"理念，将林业产业发展与实施乡村振兴战略、推进兵团向南发展有机结合起来，通过加强政策引导，挖掘生态环境优势，积极探索绿色发展、生态富民的新路，努力实现生态保护与职工群众增收双赢。截至2021年年底，林业草原产业产值3278907万元，其中林业产业总产值为3248957万元，草原产业总产值为29950万元。林业产业中第一、二、三产产值分别为3224016万元、15321万元、9348万元。第一产业中林木育种和育苗产值14232万元；营造林产值171286万元；木材采运产值8268万元；经济林产品的种植与采集总产值为3027449万元，其中水果、坚果、含油果和香料作物产值为2832567万元，森林药材、食品种植产值为191055万元，林产品采集产值为3827万元，花卉及其他观赏植物种植2781万元。

【产业发展现状】 兵团林业草原产业发展呈增长态势，但仍存在结构不优、效益不高的问题。2021年，林业产业中一产占据绝对优势，特色林果业仍是传统的林业支柱产业。各师团特别是南疆师团优质特色林果产品多数以销售初级产品为主，产业链短，深加工率低，产品附加值不高。林业旅游与休闲服务虽然得到较快发展，但整体发展水平、服务能力仍较低，对林业产业总产值的带动效应还需要进一步培植。林下经济发展表现为"小、散、弱"，缺乏主导产品和持续推动的资金保障，标准、品牌建设滞后，尚未有效发挥规模效益，潜力发展不充分、不平均、不到位。

【重点领域发展情况】 一是林果产业持续发力。2021年，兵团各类经济林总面积310.87万亩，产量为359万吨。其中主要果品生产种植2838240万亩，主要木本食用油料种植面积195960万亩。林果业已成为兵团团场职工特别是南疆团场职工就业的主渠道和增收的主要来源。二是森林旅游和休闲服务业逐年兴起。2021年度林业草原旅游、康养与休闲产业吸引游客70.3万人次，收入3035万元，其中林业草原旅游数量为69.3万人次，收入2882万元，带动其他产业产值1284万元，林业草原康养与休闲吸引游客1万人次，收入153万元，带动其他产业产值10万元。申请获批了第四师六十四团可克达拉国家沙漠公园保护展示项目、乌鲁克沙漠公园建设项目，进一步完善林业草原旅游基础设施。森林旅游和休闲服务产业在助力乡村振兴、促进林业产业转型升级，满足人民群众日益增加的生态需求等方面的作用得到进一步发挥。

【主要做法和经验】

大力发展特色林果业 近年来，兵团在坚持生态保护优先的前提下，根据土壤、气候等禀赋条件，因地制宜大力发展特色林果业。通过优化特色林果业种植结构，推广新技术，不断加快特色林果业标准化、绿色化、优质化、品牌化发展。按照"师有示范区、团有示范园、连有示范户"的布局要求，推进标准化示范果园创建工作。一是落实好南疆林果业发展奖补政策，支持产业持续健康发展。不断调优农业结构，发展适应市场需求的品种，提升南疆特色农产品标准化生产水平，提高农产品品质。二是从重产量到重质量，加强标准园建设，通过示范带动，扶持引导兵团林果业从规模化加速向标准化、规范化、优质化发展，果品商品率整体提升，从源头上保证果品质量，亩经济效益显著增加。三是强化科技创新，积极推广经济林主干型结果，通过手把手向职工群众传授果树修剪、病虫害防治，实施科学种植，精细化管理，果品产量和品质大幅提升。

林果业提档升级，构建新型产业经营模式
一是积极培育和扶持林果产业龙头企业，创新经营模式，初步形成了"果品质量和价格""企业和职工"的利益联结机制。二是以"互联网+"战略为契机，利用直播带货等方式，拓宽林产品销售渠道。兵团各品牌苹果、红枣、核桃、枸杞、葡萄、葡萄干以及林副产品逐步建成畅销网络。三是深耕特色林果产业，果品逐步实现生产、加工、销售一体化，林果产业链不断延伸，林果业不断转型升级。四是做好食用林产品品质的检测工作，提高兵团食用林产品品质、市场竞争力，同时也保障群众舌尖上的安全。

抓实科研院校技术服务 抓实科研院校技术服务和支撑工作。依托兵团农垦科学院、石河子大学和塔里木大学的专家学者队伍，组建了林果提质增效专家技术服务团队数据库。通过与专家签订技术服务协议，将教学科研、基层培训指导双结合，把论文写在果园里，把成果留在职工家。

（新疆生产建设兵团林业和草原局）

林产品主产地及产量

PRINCIPAL PRODUCTION COUNTIES AND OUTPUT OF FOREST PRODUCTS

表 1-1 原木主产地产量

序号	县(旗、市、区、局、场)	原木产量(万立方米)	序号	县(旗、市、区、局、场)	原木产量(万立方米)	序号	县(旗、市、区、局、场)	原木产量(万立方米)
1	宝坻区(津)	7.03	44	巨鹿县(冀)	0.50	88	盘山县(辽)	2.98
2	武清区(津)	5.00	45	新乐市(冀)	0.50	89	开原市(辽)	2.80
3	蓟州区(津)	4.60	46	古冶区(冀)	0.50	90	凌源市(辽)	2.80
4	围场满族蒙古族自治县(冀)	13.00	47	清苑区(冀)	0.50	91	喀喇沁左翼蒙古族自治县(辽)	1.80
5	丰宁满族自治县(冀)	7.80	48	沁源县(晋)	1.91	92	本溪满族自治县(辽)	1.55
6	承德县(冀)	5.60	49	阳城县(晋)	1.27	93	北票市(辽)	1.50
7	南宫市(冀)	4.06	50	垣曲县(晋)	1.10	94	辽阳县(辽)	1.45
8	丰南区(冀)	3.68	51	清徐县(晋)	0.96	95	海城市(辽)	1.20
9	枣强县(冀)	3.16	52	阳曲县(晋)	0.76	96	东洲区(辽)	1.15
10	遵化市(冀)	3.07	53	屯留区(晋)	0.64	97	铁岭县(辽)	1.13
11	深州市(冀)	2.75	54	沁 县(晋)	0.60	98	法库县(辽)	0.90
12	易 县(冀)	2.70	55	安泽县(晋)	0.60	99	盖州市(辽)	0.60
13	冀州市(冀)	2.42	56	扎赉特旗(内蒙古)	100.00	100	大石桥市(辽)	0.53
14	昌黎县(冀)	2.03	57	科尔沁左翼后旗(内蒙古)	10.00	101	龙城区(辽)	0.50
15	博野县(冀)	2.00	58	阿鲁科尔沁旗(内蒙古)	9.50	102	东昌区(吉)	200.00
16	隆化县(冀)	1.80	59	敖汉旗(内蒙古)	8.29	103	农安县(吉)	14.07
17	玉田县(冀)	1.70	60	喀喇沁旗(内蒙古)	7.28	104	前郭尔罗斯蒙古族自治县(吉)	11.76
18	威 县(冀)	1.60	61	翁牛特旗(内蒙古)	6.82	105	榆树市(吉)	10.80
19	丰润区(冀)	1.45	62	扎鲁特旗(内蒙古)	5.86	106	公主岭市(吉)	9.80
20	迁安市(冀)	1.34	63	奈曼旗(内蒙古)	5.00	107	乾安县(吉)	9.10
21	阜城县(冀)	1.30	64	科尔沁右翼前旗(内蒙古)	4.85	108	蛟河市(吉)	8.75
22	乐亭县(冀)	1.30	65	巴林左旗(内蒙古)	4.73	109	洮南市(吉)	5.90
23	肃宁县(冀)	1.22	66	巴林右旗(内蒙古)	4.20	110	永吉县(吉)	5.76
24	滦州市(冀)	1.14	67	松山区(内蒙古)	4.20	111	通榆县(吉)	5.64
25	青龙满族自治县(冀)	1.12	68	科尔沁区(内蒙古)	3.78	112	集安市(吉)	5.64
26	涿州市(冀)	1.12	69	开鲁县(内蒙古)	3.12	113	和龙市(吉)	5.60
27	卢龙县(冀)	1.08	70	临河区(内蒙古)	2.43	114	东辽县(吉)	5.36
28	永清县(冀)	1.06	71	克什克腾旗(内蒙古)	2.10	115	洮北区(吉)	4.00
29	怀来县(冀)	1.02	72	乌拉特前旗(内蒙古)	2.04	116	抚松县(吉)	3.80
30	武邑县(冀)	1.00	73	突泉县(内蒙古)	1.80	117	东丰县(吉)	3.00
31	曹妃甸区(冀)	1.00	74	宁城县(内蒙古)	1.66	118	辉南县(吉)	2.77
32	崇礼区(冀)	1.00	75	库伦旗(内蒙古)	1.50	119	桦甸市(吉)	2.69
33	桃城区(冀)	0.97	76	五原县(内蒙古)	1.41	120	九台区(吉)	2.57
34	安次区(冀)	0.88	77	科尔沁左翼中旗(内蒙古)	1.28	121	浑江区(吉)	2.03
35	故城县(冀)	0.85	78	阿荣旗(内蒙古)	0.88	122	柳河县(吉)	2.00
36	三河市(冀)	0.80	79	元宝山区(内蒙古)	0.86	123	舒兰市(吉)	1.90
37	饶阳县(冀)	0.78	80	林西县(内蒙古)	0.80	124	安图县(吉)	1.56
38	双滦区(冀)	0.76	81	乌兰浩特市(内蒙古)	0.65	125	梅河口市(吉)	1.37
39	平山县(冀)	0.71	82	乌拉特中旗(内蒙古)	0.61	126	图们市(吉)	1.11
40	景 县(冀)	0.68	83	桓仁满族自治县(辽)	19.34	127	昌邑区(吉)	1.09
41	文安县(冀)	0.66	84	新宾满族自治县(辽)	6.00	128	大石头林业局(吉)	1.08
42	滦南县(冀)	0.59	85	建平县(辽)	4.60	129	松原市市辖区(吉)	1.05
43	吴桥县(冀)	0.53	86	昌图县(辽)	4.50			
			87	朝阳县(辽)	3.00			

林产品主产地及产量

PRINCIPAL PRODUCTION COUNTIES AND OUTPUT OF FOREST PRODUCTS

（续表）

序号	县（旗、市、区、局、场）	原木产量（万立方米）	序号	县（旗、市、区、局、场）	原木产量（万立方米）	序号	县（旗、市、区、局、场）	原木产量（万立方米）
130	双阳区（吉）	0.92	173	密山市（黑）	1.16	217	溧阳市（苏）	1.13
131	延吉市（吉）	0.90	174	木兰县（黑）	1.10	218	射阳县（苏）	1.01
132	上营森林经营局（吉）	0.90	175	庆安县（黑）	1.10	219	句容市（苏）	1.00
133	长白朝鲜族自治县（吉）	0.90	176	呼兰区（黑）	1.10	220	洪泽区（苏）	1.00
134	上营森林经营局（吉）	0.90	177	北安市（黑）	1.07	221	铜山区（苏）	0.99
135	丰满区（吉）	0.80	178	明水县（黑）	1.00	222	泰兴市（苏）	0.98
136	安图森林经营局（吉）	0.78	179	东宁市（黑）	0.97	223	建湖县（苏）	0.77
137	江源区（吉）	0.75	180	绥棱县（黑）	0.96	224	仪征市（苏）	0.72
138	船营区（吉）	0.75	181	阿城区（黑）	0.89	225	响水县（苏）	0.63
139	临江市（吉）	0.71	182	安达市（黑）	0.83	226	江都区（苏）	0.62
140	珲春林业局（吉）	0.60	183	滴道区（黑）	0.54	227	海州区（苏）	0.55
141	绿园区（吉）	0.60	184	大同区（黑）	0.52	228	镇江市市辖区（苏）	0.50
142	拜泉县（黑）	8.66	185	城子河区（黑）	0.50	229	龙泉市（浙）	12.13
143	讷河市（黑）	6.80	186	方正县（黑）	0.50	230	常山县（浙）	8.50
144	双城区（黑）	6.20	187	京口区（苏）	52.00	231	淳安县（浙）	7.92
145	龙江县（黑）	5.00	188	涟水县（苏）	37.00	232	建德市（浙）	6.51
146	甘南县（黑）	4.69	189	太仓市（苏）	24.00	233	仙居县（浙）	6.10
147	汤原县（黑）	4.30	190	沭阳县（苏）	20.00	234	庆元县（浙）	4.74
148	望奎县（黑）	4.10	191	邳州市（苏）	12.22	235	松阳县（浙）	2.73
149	克山县（黑）	3.97	192	盱眙县（苏）	8.05	236	江山市（浙）	2.40
150	宾县（黑）	3.70	193	泗阳县（苏）	7.05	237	文成县（浙）	2.20
151	青冈县（黑）	3.60	194	泗洪县（苏）	6.98	238	兰溪市（浙）	2.05
152	桦南县（黑）	3.20	195	宝应县（苏）	5.78	239	缙云县（浙）	1.94
153	鸡东县（黑）	3.01	196	新沂市（苏）	5.17	240	青田县（浙）	1.28
154	肇东市（黑）	3.00	197	东台市（苏）	5.02	241	衢江区（浙）	0.96
155	北林区（黑）	2.98	198	邗江区（苏）	4.66	242	瑞安市（浙）	0.89
156	克东县（黑）	2.90	199	丰县（苏）	4.60	243	龙游县（浙）	0.70
157	宝清县（黑）	2.90	200	淮安区（苏）	4.51	244	云和县（浙）	0.56
158	尚志市（黑）	2.70	201	宿城区（苏）	4.31	245	嵊州市（浙）	0.51
159	庆安国有林场管理局（黑）	2.70	202	沛县（苏）	3.83	246	霍邱县（皖）	34.50
160	集贤县（黑）	2.65	203	高邮市（苏）	3.69	247	利辛县（皖）	25.80
161	林口县（黑）	2.08	204	东海县（苏）	3.52	248	博望区（皖）	24.30
162	富裕县（黑）	2.00	205	睢宁县（苏）	3.13	249	谯城区（皖）	20.00
163	延寿县（黑）	2.00	206	六合区（苏）	3.12	250	东至县（皖）	15.47
164	桦川县（黑）	1.89	207	滨海县（苏）	3.10	251	青阳县（皖）	15.10
165	宁安市（黑）	1.80	208	金湖县（苏）	2.60	252	裕安区（皖）	12.90
166	海伦市（黑）	1.80	209	宿豫区（苏）	2.40	253	潜山市（皖）	12.00
167	杜尔伯特蒙古族自治县（黑）	1.55	210	宜兴市（苏）	1.63	254	灵璧县（皖）	11.90
168	勃利县（黑）	1.46	211	高淳区（苏）	1.60	255	祁门县（皖）	10.80
169	虎林市（黑）	1.45	212	赣榆区（苏）	1.55	256	颍上县（皖）	9.82
170	绥滨县（黑）	1.35	213	大丰区（苏）	1.53	257	怀远县（皖）	9.80
171	肇州县（黑）	1.28	214	灌南县（苏）	1.35	258	泗县（皖）	9.52
172	巴彦县（黑）	1.20	215	淮阴区（苏）	1.18	259	太和县（皖）	9.45
			216	贾汪区（苏）	1.16	260	临泉县（皖）	9.36

(续表)

序号	县(旗、市、区、局、场)	原木产量(万立方米)
261	涡阳县(皖)	8.80
262	滁州市市辖区(皖)	8.40
263	定远县(皖)	8.00
264	蒙城县(皖)	7.58
265	固镇县(皖)	7.43
266	阜南县(皖)	6.90
267	太湖县(皖)	6.60
268	寿县(皖)	6.51
269	埇桥区(皖)	6.25
270	明光市(皖)	6.10
271	五河县(皖)	6.00
272	金安区(皖)	6.00
273	砀山县(皖)	5.42
274	宣州区(皖)	5.33
275	濉溪县(皖)	5.30
276	怀宁县(皖)	5.22
277	萧县(皖)	4.70
278	全椒县(皖)	4.68
279	黟县(皖)	4.55
280	金寨县(皖)	4.50
281	泾县(皖)	4.48
282	旌德县(皖)	4.46
283	凤阳县(皖)	4.31
284	宿松县(皖)	3.95
285	长丰县(皖)	3.78
286	石台县(皖)	3.70
287	枞阳县(皖)	3.58
288	休宁县(皖)	3.46
289	南谯区(皖)	3.40
290	霍山县(皖)	3.30
291	南陵县(皖)	3.20
292	广德县(皖)	3.00
293	蚌埠市市辖区(皖)	3.00
294	无为县(皖)	2.89
295	来安县(皖)	2.88
296	界首市(皖)	2.60
297	天长市(皖)	2.50
298	黄山区(皖)	2.40
299	桐城市(皖)	2.20
300	巢湖市(皖)	2.13
301	歙县(皖)	1.94
302	宁国市(皖)	1.76
303	郎溪县(皖)	1.61
304	和县(皖)	1.54
305	铜陵市郊区(皖)	1.53
306	毛集实验区(皖)	1.40
307	绩溪县(皖)	1.20
308	庐江县(皖)	1.20
309	徽州区(皖)	1.20
310	望江县(皖)	1.18
311	岳西县(皖)	1.10
312	鸠江区(皖)	1.10
313	大通区(皖)	1.00
314	肥西县(皖)	1.00
315	烈山区(皖)	0.95
316	肥东县(皖)	0.90
317	琅琊区(皖)	0.79
318	大观区(皖)	0.75
319	湾沚区(皖)	0.73
320	蜀山区(皖)	0.67
321	潘集区(皖)	0.59
322	迎江区(皖)	0.53
323	屯溪区(皖)	0.50
324	浦城县(闽)	14.64
325	新建区(赣)	58.00
326	乐安县(赣)	38.77
327	遂川县(赣)	21.57
328	新干县(赣)	19.81
329	泰和县(赣)	19.43
330	崇义县(赣)	19.21
331	永丰县(赣)	18.10
332	信丰县(赣)	17.23
333	安福县(赣)	15.60
334	大余县(赣)	14.85
335	宜丰县(赣)	14.48
336	吉水县(赣)	11.30
337	上高县(赣)	7.86
338	永新县(赣)	7.60
339	峡江县(赣)	7.30
340	资溪县(赣)	7.23
341	高安市(赣)	7.21
342	万载县(赣)	7.05
343	黎川县(赣)	6.85
344	分宜县(赣)	6.10
345	吉安县(赣)	6.05
346	南城县(赣)	6.00
347	龙南县(赣)	5.24
348	会昌县(赣)	5.22
349	赣县区(赣)	4.61
350	定南县(赣)	4.40
351	崇仁县(赣)	4.05
352	乐平市(赣)	3.88
353	安远县(赣)	3.68
354	兴国县(赣)	3.60
355	宜黄县(赣)	3.60
356	上犹县(赣)	3.50
357	南康区(赣)	3.45
358	全南县(赣)	3.44
359	丰城市(赣)	3.40
360	青原区(赣)	3.20
361	彭泽县(赣)	3.10
362	奉新县(赣)	2.82
363	寻乌县(赣)	2.73
364	婺源县(赣)	2.59
365	临川区(赣)	2.57
366	瑞金市(赣)	2.55
367	袁州区(赣)	2.41
368	德安县(赣)	2.40
369	渝水区(赣)	2.26
370	武宁县(赣)	2.25
371	修水县(赣)	2.20
372	靖安县(赣)	2.11
373	弋阳县(赣)	2.05
374	莲花县(赣)	2.02
375	贵溪市(赣)	1.79
376	广昌县(赣)	1.71
377	鄱阳县(赣)	1.60
378	浮梁县(赣)	1.50
379	柴桑区(赣)	1.47
380	铜鼓县(赣)	1.43
381	万年县(赣)	1.21
382	安义县(赣)	1.20
383	上栗县(赣)	1.13
384	石城县(赣)	1.10
385	都昌县(赣)	1.10
386	宁都县(赣)	1.03
387	横峰县(赣)	1.00
388	珠山区(赣)	0.98
389	玉山县(赣)	0.93
390	于都县(赣)	0.80
391	广丰区(赣)	0.68
392	樟树市(赣)	0.60

林产品主产地及产量
PRINCIPAL PRODUCTION COUNTIES AND OUTPUT OF FOREST PRODUCTS

(续表)

序号	县(旗、市、区、局、场)	原木产量(万立方米)	序号	县(旗、市、区、局、场)	原木产量(万立方米)	序号	县(旗、市、区、局、场)	原木产量(万立方米)
393	经开区(赣)	0.60	436	寿光市(鲁)	2.30	480	永城市(豫)	4.35
394	芦溪县(赣)	0.54	437	肥城市(鲁)	2.27	481	扶沟县(豫)	4.06
395	宜春市明月山温泉风景名胜区(赣)	0.52	438	诸城市(鲁)	2.07	482	正阳县(豫)	3.57
			439	东明县(鲁)	1.98	483	西平县(豫)	3.47
396	余江区(赣)	0.50	440	汶上县(鲁)	1.98	484	商城县(豫)	3.40
397	曹县(鲁)	216.94	441	德州市市辖区(鲁)	1.80	485	祥符区(豫)	3.40
398	巨野县(鲁)	36.95	442	宁津县(鲁)	1.80	486	西峡县(豫)	3.35
399	临邑县(鲁)	20.00	443	河东区(鲁)	1.69	487	内黄县(豫)	3.20
400	平邑县(鲁)	13.95	444	临朐县(鲁)	1.60	488	邓州市(豫)	3.20
401	郓城县(鲁)	13.00	445	兰山区(鲁)	1.57	489	灵宝市(豫)	3.10
402	惠民县(鲁)	10.92	446	青州市(鲁)	1.31	490	西华县(豫)	3.00
403	邹平市(鲁)	8.27	447	嘉祥县(鲁)	1.26	491	沈丘县(豫)	2.88
404	平原县(鲁)	7.70	448	即墨区(鲁)	1.25	492	洛宁县(豫)	2.84
405	长清区(鲁)	7.23	449	广饶县(鲁)	1.25	493	新县(豫)	2.80
406	莒南县(鲁)	6.70	450	临清市(鲁)	1.22	494	睢阳区(豫)	2.60
407	齐河县(鲁)	5.91	451	高密市(鲁)	1.20	495	原阳县(豫)	2.50
408	沂源县(鲁)	5.57	452	平阴县(鲁)	1.10	496	建安区(豫)	2.50
409	禹城市(鲁)	5.33	453	桓台县(鲁)	1.09	497	临颍县(豫)	2.48
410	沂水县(鲁)	5.31	454	博山区(鲁)	1.01	498	长垣县(豫)	2.37
411	安丘市(鲁)	5.02	455	五莲县(鲁)	0.96	499	平舆县(豫)	2.24
412	周村区(鲁)	4.87	456	武城县(鲁)	0.93	500	鲁山县(豫)	2.16
413	商河县(鲁)	4.76	457	坊子区(鲁)	0.92	501	驿城区(豫)	2.12
414	沂南县(鲁)	4.52	458	滕州市(鲁)	0.87	502	民权县(豫)	2.07
415	成武县(鲁)	4.21	459	陵城区(鲁)	0.87	503	博爱县(豫)	2.06
416	章丘区(鲁)	4.00	460	泰安市高新区(鲁)	0.82	504	通许县(豫)	2.06
417	东平县(鲁)	4.00	461	台儿庄区(鲁)	0.61	505	潢川县(豫)	2.00
418	莒县(鲁)	3.87	462	寒亭区(鲁)	0.59	506	尉氏县(豫)	1.98
419	梁山县(鲁)	3.80	463	昌邑市(鲁)	0.54	507	罗山县(豫)	1.96
420	曲阜市(鲁)	3.60	464	峄城区(鲁)	0.50	508	光山县(豫)	1.90
421	新泰市(鲁)	3.52	465	岚山区(鲁)	0.50	509	确山县(豫)	1.90
422	黄岛区(鲁)	3.45	466	项城市(豫)	23.87	510	禹州市(豫)	1.90
423	平度市(鲁)	3.28	467	息县(豫)	11.80	511	汝南县(豫)	1.76
424	宁阳县(鲁)	3.25	468	淮阳县(豫)	9.76	512	获嘉县(豫)	1.70
425	临沭县(鲁)	3.20	469	舞阳县(豫)	7.80	513	召陵区(豫)	1.67
426	兰陵县(鲁)	3.18	470	杞县(豫)	6.30	514	沁阳市(豫)	1.65
427	罗庄区(鲁)	3.17	471	郸城县(豫)	6.00	515	延津县(豫)	1.62
428	东阿县(鲁)	3.03	472	淮滨县(豫)	5.50	516	郏县(豫)	1.60
429	夏津县(鲁)	3.00	473	虞城县(豫)	5.20	517	嵩县(豫)	1.55
430	泗水县(鲁)	2.97	474	栾川县(豫)	5.20	518	上蔡县(豫)	1.52
431	胶州市(鲁)	2.94	475	固始县(豫)	5.00	519	南召县(豫)	1.50
432	乐陵市(鲁)	2.93	476	泌阳县(豫)	5.00	520	舞钢市(豫)	1.50
433	昌乐县(鲁)	2.83	477	睢县(豫)	4.60	521	遂平县(豫)	1.42
434	高青县(鲁)	2.81	478	商水县(豫)	4.46	522	唐河县(豫)	1.40
435	兖州区(鲁)	2.31	479	新蔡县(豫)	4.40	523	内乡县(豫)	1.36

(续表)

序号	县(旗、市、区、局、场)	原木产量(万立方米)
524	修武县(豫)	1.32
525	中牟县(豫)	1.25
526	鹿邑县(豫)	1.22
527	孟州市(豫)	1.19
528	太康县(豫)	1.15
529	陕州区(豫)	1.10
530	登封市(豫)	1.10
531	武陟县(豫)	1.08
532	封丘县(豫)	1.07
533	汝州市(豫)	1.04
534	宜阳县(豫)	1.03
535	鹤壁市市辖区(豫)	1.03
536	卫辉市(豫)	1.01
537	方城县(豫)	1.00
538	宝丰县(豫)	0.96
539	辉县市(豫)	0.95
540	淇县(豫)	0.91
541	兰考县(豫)	0.89
542	卢氏县(豫)	0.88
543	长葛市(豫)	0.88
544	伊川县(豫)	0.85
545	夏邑县(豫)	0.82
546	新野县(豫)	0.78
547	新安县(豫)	0.74
548	魏都区(豫)	0.70
549	源汇区(豫)	0.66
550	渑池县(豫)	0.61
551	襄城县(豫)	0.54
552	濮阳市高新区(豫)	0.54
553	柘城县(豫)	0.53
554	社旗县(豫)	0.52
555	宛城区(豫)	0.50
556	洪湖市(鄂)	10.00
557	松滋市(鄂)	6.94
558	樊城区(鄂)	1.42
559	团风县(鄂)	0.95
560	津市市(湘)	40.00
561	汨罗市(湘)	38.85
562	汉寿县(湘)	14.15
563	江华瑶族自治县(湘)	14.00
564	靖州苗族侗族自治县(湘)	13.26
565	溆浦县(湘)	9.39
566	会同县(湘)	9.17
567	桂东县(湘)	8.87

(续表)

序号	县(旗、市、区、局、场)	原木产量(万立方米)
568	炎陵县(湘)	8.07
569	通道侗族自治县(湘)	7.72
570	汝城县(湘)	7.70
571	鼎城区(湘)	7.40
572	蓝山县(湘)	7.28
573	洪江市(湘)	7.00
574	澧县(湘)	6.70
575	宁远县(湘)	6.70
576	临湘市(湘)	6.50
577	芷江侗族自治县(湘)	5.84
578	安化县(湘)	5.66
579	江永县(湘)	5.29
580	华容县(湘)	5.11
581	新晃侗族自治县(湘)	4.60
582	中方县(湘)	4.52
583	君山区(湘)	4.50
584	宁乡市(湘)	4.39
585	道县(湘)	4.10
586	平江县(湘)	3.70
587	金洞林场(湘)	3.70
588	衡南县(湘)	3.34
589	双牌县(湘)	3.30
590	湘阴县(湘)	3.25
591	桂阳县(湘)	3.22
592	辰溪县(湘)	3.09
593	湘潭县(湘)	3.05
594	保靖县(湘)	3.00
595	宜章县(湘)	2.98
596	云溪区(湘)	2.96
597	东安县(湘)	2.46
598	常宁市(湘)	2.43
599	苏仙区(湘)	2.40
600	零陵区(湘)	2.15
601	资阳区(湘)	2.12
602	桃源县(湘)	2.10
603	新田县(湘)	2.08
604	武陵区(湘)	1.85
605	茶陵县(湘)	1.80
606	麻阳苗族自治县(湘)	1.80
607	长沙县(湘)	1.64
608	沅陵县(湘)	1.38
609	湘潭市市辖区(湘)	1.37
610	耒阳市(湘)	1.20
611	望城区(湘)	1.20

(续表)

序号	县(旗、市、区、局、场)	原木产量(万立方米)
612	岳阳县(湘)	1.10
613	衡阳县(湘)	1.10
614	北湖区(湘)	1.06
615	渌口区(湘)	1.00
616	岳阳市市辖区(湘)	0.90
617	龙山县(湘)	0.86
618	凤凰县(湘)	0.80
619	祁东县(湘)	0.80
620	鹤城区(湘)	0.79
621	祁阳县(湘)	0.75
622	衡山县(湘)	0.66
623	冷水滩区(湘)	0.65
624	醴陵市(湘)	0.59
625	石门县(湘)	0.55
626	雨湖区(湘)	0.54
627	洪江区(湘)	0.51
628	雁峰区(湘)	0.50
629	阳春市(粤)	39.00
630	东源县(粤)	33.00
631	高要区(粤)	32.40
632	封开县(粤)	31.37
633	佛冈县(粤)	29.74
634	开平市(粤)	26.70
635	广宁县(粤)	25.88
636	鹤山市(粤)	23.14
637	翁源县(粤)	22.01
638	惠阳区(粤)	20.80
639	恩平市(粤)	19.69
640	高明区(粤)	19.63
641	廉江市(粤)	19.18
642	雷州市(粤)	18.96
643	新兴县(粤)	17.53
644	曲江区(粤)	17.53
645	台山市(粤)	17.50
646	龙门县(粤)	17.16
647	信宜市(粤)	15.20
648	新丰县(粤)	13.37
649	从化区(粤)	12.20
650	增城区(粤)	12.18
651	罗定市(粤)	12.00
652	新会区(粤)	11.89
653	清城区(粤)	11.88
654	四会市(粤)	11.40
655	郁南县(粤)	11.17

林产品主产地及产量
PRINCIPAL PRODUCTION COUNTIES AND OUTPUT OF FOREST PRODUCTS

(续表)

序号	县(旗、市、区、局、场)	原木产量(万立方米)
656	五华县(粤)	10.70
657	新丰江林管局(粤)	10.68
658	大埔县(粤)	10.52
659	云安区(粤)	10.28
660	浈江区(粤)	10.23
661	龙川县(粤)	10.01
662	梅县区(粤)	10.00
663	始兴县(粤)	9.88
664	武江区(粤)	9.73
665	连山壮族瑶族自治县(粤)	9.52
666	丰顺县(粤)	9.36
667	连州市(粤)	9.33
668	遂溪县(粤)	9.30
669	饶平县(粤)	8.76
670	乳源瑶族自治县(粤)	8.50
671	花都区(粤)	8.48
672	乐昌市(粤)	8.30
673	云城区(粤)	8.02
674	高州市(粤)	7.63
675	和平县(粤)	7.50
676	连南瑶族自治县(粤)	7.18
677	阳东区(粤)	6.93
678	仁化县(粤)	6.70
679	阳江林场(粤)	6.50
680	连平县(粤)	6.35
681	江东新区(粤)	5.60
682	惠城区(粤)	5.58
683	肇庆市林业总场(粤)	5.40
684	普宁市(粤)	5.40
685	海丰县(粤)	5.38
686	电白区(粤)	4.50
687	平远县(粤)	4.20
688	揭西县(粤)	4.15
689	韶关市属总林场(粤)	4.04
690	化州市(粤)	3.53
691	南雄市(粤)	3.46
692	清新区(粤)	3.25
693	清远市属总林场(粤)	2.95
694	阳西县(粤)	2.20
695	潮安区(粤)	2.19
696	吴川市(粤)	1.83
697	中山市(粤)	1.62
698	龙埔林场(粤)	1.57
699	揭东区(粤)	1.29

(续表)

序号	县(旗、市、区、局、场)	原木产量(万立方米)
700	徐闻县(粤)	1.20
701	坡头区(粤)	1.19
702	茂南区(粤)	0.98
703	永台林场(粤)	0.78
704	三水区(粤)	0.68
705	阳江花滩林场(粤)	0.65
706	源城区(粤)	0.58
707	鹿寨县(桂)	115.43
708	灵山县(桂)	101.36
709	钦南区(桂)	101.12
710	藤　县(桂)	87.56
711	桂平市(桂)	85.69
712	横　县(桂)	82.28
713	博白县(桂)	80.49
714	八步区(桂)	80.21
715	平果县(桂)	80.17
716	合浦县(桂)	80.00
717	扶绥县(桂)	78.72
718	兴宾区(桂)	74.64
719	浦北县(桂)	73.20
720	环江毛南族自治县(桂)	70.67
721	钦北区(桂)	70.18
722	高峰林场(桂)	67.09
723	平南县(桂)	61.52
724	象州县(桂)	60.97
725	雅长林场(桂)	60.87
726	武宣县(桂)	58.85
727	西林县(桂)	56.70
728	苍梧县(桂)	53.15
729	岑溪市(桂)	52.90
730	柳江区(桂)	51.49
731	柳城县(桂)	51.12
732	马山县(桂)	50.33
733	北流市(桂)	43.22
734	融水苗族自治县(桂)	42.25
735	融安县(桂)	41.18
736	田阳县(桂)	40.43
737	江州区(桂)	39.50
738	南丹县(桂)	37.00
739	邕宁区(桂)	36.67
740	隆安县(桂)	35.90
741	忻城县(桂)	34.70
742	兴业县(桂)	33.33
743	良凤江国家森林公园(桂)	31.00

(续表)

序号	县(旗、市、区、局、场)	原木产量(万立方米)
744	黄冕林场(桂)	30.40
745	维都林场(桂)	30.02
746	江南区(桂)	26.51
747	青秀区(桂)	26.37
748	港北区(桂)	26.27
749	三江侗族自治县(桂)	25.84
750	隆林各族自治县(桂)	25.49
751	防城区(桂)	25.00
752	覃塘区(桂)	24.40
753	港南区(桂)	22.97
754	天峨县(桂)	21.94
755	蒙山县(桂)	20.18
756	永福县(桂)	19.33
757	巴马瑶族自治县(桂)	18.99
758	派阳山林场(桂)	16.94
759	金秀瑶族自治县(桂)	15.05
760	金城江区(桂)	14.84
761	三门江林场(桂)	14.59
762	鱼峰区(桂)	14.54
763	大新县(桂)	13.56
764	凌云县(桂)	13.43
765	万秀区(桂)	13.17
766	合山市(桂)	12.62
767	乐业县(桂)	12.45
768	那坡县(桂)	12.13
769	平乐县(桂)	11.99
770	凤山县(桂)	11.11
771	大桂山林场(桂)	9.88
772	全州县(桂)	8.94
773	凭祥市(桂)	8.70
774	东兰县(桂)	7.98
775	长洲区(桂)	7.38
776	柳南区(桂)	7.28
777	荔浦市(桂)	6.37
778	博白林场(桂)	5.80
779	铁山港区(桂)	5.54
780	中国林科院热林中心(桂)	4.53
781	东门林场(桂)	4.46
782	都安瑶族自治县(桂)	3.86
783	临桂区(桂)	3.50
784	恭城瑶族自治县(桂)	2.86
785	阳朔县(桂)	2.20
786	玉州区(桂)	1.87
787	广西生态学院(桂)	1.17

(续表)

序号	县(旗、市、区、局、场)	原木产量(万立方米)
788	六万林场(桂)	0.63
789	琼中黎族苗族自治县(琼)	27.61
790	儋州市(琼)	24.71
791	屯昌县(琼)	15.48
792	乐东黎族自治县(琼)	10.95
793	陵水黎族自治县(琼)	4.50
794	美兰区(琼)	1.24
795	长寿区(渝)	5.00
796	秀山土家族苗族自治县(渝)	2.87
797	永川区(渝)	2.00
798	丰都县(渝)	2.00
799	南川区(渝)	1.32
800	梁平区(渝)	0.64
801	荣昌区(渝)	0.50
802	洪雅县(川)	19.00
803	夹江县(川)	13.90
804	峨边彝族自治县(川)	11.41
805	雨城区(川)	10.08
806	北川羌族自治县(川)	8.08
807	威远县(川)	7.73
808	峨眉山市(川)	7.56
809	沙湾区(川)	7.10
810	犍为县(川)	6.89
811	叙州区(川)	6.76
812	荣　县(川)	6.43
813	德昌县(川)	5.94
814	荥经县(川)	5.61
815	马边彝族自治县(川)	5.25
816	叙永县(川)	5.25
817	剑阁县(川)	5.15
818	青川县(川)	4.49
819	珙　县(川)	4.36
820	芦山县(川)	4.31
821	宝兴县(川)	4.22
822	青神县(川)	3.80
823	筠连县(川)	3.50
824	平昌县(川)	3.15
825	旺苍县(川)	3.05
826	东坡区(川)	2.93
827	古蔺县(川)	2.88
828	开江县(川)	2.80
829	五通桥区(川)	2.77
830	什邡市(川)	2.36

(续表)

序号	县(旗、市、区、局、场)	原木产量(万立方米)
831	彭州市(川)	2.25
832	宁南县(川)	2.22
833	苍溪县(川)	2.20
834	朝天区(川)	2.20
835	南江县(川)	2.18
836	兴文县(川)	1.98
837	泸　县(川)	1.98
838	万源市(川)	1.95
839	石棉县(川)	1.79
840	天全县(川)	1.73
841	通江县(川)	1.72
842	丹棱县(川)	1.71
843	翠屏区(川)	1.65
844	高　县(川)	1.60
845	屏山县(川)	1.54
846	利州区(川)	1.51
847	邛崃市(川)	1.50
848	西昌市(川)	1.45
849	盐源县(川)	1.35
850	宣汉县(川)	1.23
851	华蓥市(川)	1.20
852	大邑县(川)	1.15
853	仁寿县(川)	1.10
854	会理市(川)	1.09
855	冕宁县(川)	1.01
856	大竹县(川)	1.00
857	崇州市(川)	0.96
858	恩阳区(川)	0.93
859	渠　县(川)	0.90
860	安岳县(川)	0.84
861	名山区(川)	0.80
862	三台县(川)	0.77
863	仪陇县(川)	0.72
864	绵竹市(川)	0.70
865	金口河区(川)	0.66
866	富顺县(川)	0.65
867	布拖县(川)	0.60
868	长宁县(川)	0.60
869	达川区(川)	0.60
870	雁江区(川)	0.56
871	普格县(川)	0.54
872	江油市(川)	0.53
873	游仙区(川)	0.52
874	前锋区(川)	0.51

(续表)

序号	县(旗、市、区、局、场)	原木产量(万立方米)
875	广安区(川)	0.51
876	长顺县(黔)	147.87
877	锦屏县(黔)	42.00
878	黎平县(黔)	41.19
879	册亨县(黔)	40.94
880	榕江县(黔)	36.96
881	从江县(黔)	26.37
882	剑河县(黔)	12.50
883	安龙县(黔)	10.00
884	天柱县(黔)	9.78
885	三穗县(黔)	9.60
886	黄平县(黔)	7.20
887	普定县(黔)	6.60
888	兴义市(黔)	5.03
889	罗甸县(黔)	4.63
890	大方县(黔)	3.92
891	开阳县(黔)	3.83
892	兴仁市(黔)	3.75
893	丹寨县(黔)	3.68
894	紫云苗族布依族自治县(黔)	3.64
895	镇远县(黔)	3.53
896	石阡县(黔)	3.00
897	正安县(黔)	2.85
898	余庆县(黔)	2.62
899	施秉县(黔)	2.59
900	凯里市(黔)	2.48
901	贞丰县(黔)	2.34
902	晴隆县(黔)	2.00
903	盘州市(黔)	1.97
904	金沙县(黔)	1.93
905	荔波县(黔)	1.92
906	玉屏侗族自治县(黔)	1.80
907	关岭布依族苗族自治县(黔)	1.80
908	务川仡佬族苗族自治县(黔)	1.42
909	德江县(黔)	1.38
910	麻江县(黔)	1.33
911	六枝特区(黔)	1.33
912	修文县(黔)	1.23
913	望谟县(黔)	1.23
914	绥阳县(黔)	1.18
915	雷山县(黔)	1.17

PRINCIPAL PRODUCTION COUNTIES AND OUTPUT OF FOREST PRODUCTS

(续表)

序号	县(旗、市、区、局、场)	原木产量(万立方米)
916	清镇市(黔)	1.15
917	仁怀市(黔)	1.10
918	湄潭县(黔)	1.07
919	桐梓县(黔)	1.07
920	息烽县(黔)	1.02
921	碧江区(黔)	0.88
922	凤冈县(黔)	0.82
923	印江土家族苗族自治县(黔)	0.80
924	道真仡佬族苗族自治县(黔)	0.67
925	思南县(黔)	0.67
926	赤水市(黔)	0.63
927	瓮安县(黔)	0.63
928	龙里县(黔)	0.56
929	万山区(黔)	0.53
930	乌当区(黔)	0.51
931	惠水县(黔)	0.50
932	景谷傣族彝族自治县(滇)	136.60
933	盈江县(滇)	41.75
934	思茅区(滇)	32.75
935	澜沧拉祜族自治县(滇)	30.50
936	富宁县(滇)	29.00
937	景洪市(滇)	28.41
938	宁洱哈尼族彝族自治县(滇)	27.26
939	勐腊县(滇)	25.63
940	西山区(滇)	20.50
941	广南县(滇)	17.43
942	腾冲市(滇)	16.74
943	屏边苗族自治县(滇)	16.61
944	师宗县(滇)	13.72
945	芒市(滇)	13.66
946	元阳县(滇)	13.40
947	金平苗族瑶族傣族自治县(滇)	12.90
948	马关县(滇)	11.04
949	罗平县(滇)	9.94
950	麻栗坡县(滇)	7.64
951	孟连傣族拉祜族佤族自治县(滇)	7.60
952	河口瑶族自治县(滇)	6.45
953	龙陵县(滇)	6.18
954	西盟佤族自治县(滇)	6.09

(续表)

序号	县(旗、市、区、局、场)	原木产量(万立方米)
955	镇沅彝族哈尼族拉祜族自治县(滇)	6.01
956	文山市(滇)	6.00
957	勐海县(滇)	5.54
958	陇川县(滇)	5.30
959	瑞丽市(滇)	4.41
960	沧源佤族自治县(滇)	4.33
961	蒙自市(滇)	4.15
962	景东彝族自治县(滇)	4.11
963	梁河县(滇)	3.33
964	威信县(滇)	3.28
965	弥勒市(滇)	3.17
966	丘北县(滇)	2.90
967	双柏县(滇)	2.85
968	西畴县(滇)	2.79
969	石屏县(滇)	2.56
970	砚山县(滇)	2.52
971	石林彝族自治县(滇)	2.49
972	盐津县(滇)	2.16
973	镇雄县(滇)	2.12
974	绿春县(滇)	1.99
975	禄丰县(滇)	1.87
976	楚雄市(滇)	1.83
977	富民县(滇)	1.82
978	建水县(滇)	1.75
979	隆阳区(滇)	1.72
980	江城哈尼族彝族自治县(滇)	1.69
981	个旧市(滇)	1.33
982	牟定县(滇)	1.30
983	宜良县(滇)	1.28
984	元江哈尼族彝族傣族自治县(滇)	1.27
985	昌宁县(滇)	1.27
986	双江拉祜族佤族布朗族傣族自治县(滇)	1.23
987	云县(滇)	1.14
988	新平彝族傣族自治县(滇)	1.06
989	富源县(滇)	1.06
990	宁蒗彝族自治县(滇)	1.00
991	泸西县(滇)	0.86
992	贡山独龙族怒族自治县(滇)	0.85
993	大姚县(滇)	0.80
994	通海县(滇)	0.77

(续表)

序号	县(旗、市、区、局、场)	原木产量(万立方米)
995	永平县(滇)	0.75
996	永仁县(滇)	0.53
997	城固县(陕)	1.95
998	镇巴县(陕)	1.15
999	洋县(陕)	0.72
1000	西乡县(陕)	0.51
1001	临泽县(甘)	1.04
1002	甘州区(甘)	0.90
1003	麻沿林场(甘)	0.77
1004	凉州区(甘)	0.60
1005	叶城县(新)	1.46
1006	额敏县(新)	1.20
1007	麦盖提县(新)	1.19
1008	阜康市(新)	1.19
1009	巴楚县(新)	1.11
1010	塔城市(新)	1.10
1011	乌什县(新)	1.07
1012	疏勒县(新)	1.04
1013	泽普县(新)	1.00
1014	英吉沙县(新)	1.00
1015	疏附县(新)	0.99
1016	沙湾县(新)	0.94
1017	乌苏市(新)	0.87
1018	莎车县(新)	0.80
1019	松江河林业有限公司(吉林森工)	3.90
1020	红石林业局(吉林森工)	2.06
1021	临江林业局(吉林森工)	1.95
1022	大海林林业局(龙江森工)	0.96
1023	第二师(新疆兵团)	6.71
1024	第四师(新疆兵团)	3.59
1025	第一师(新疆兵团)	2.65
1026	第六师(新疆兵团)	1.27
1027	第三师(新疆兵团)	1.21
1028	第十三师(新疆兵团)	0.90
1029	第五师(新疆兵团)	0.63
1030	第八师(新疆兵团)	0.55

表 1-2 锯材主产地产量

序号	县(旗、市、区、局、场)	锯材产量(万立方米)
1	曹妃甸区(冀)	120
2	正定县(冀)	59.03
3	临漳县(冀)	37.1

(续表)

序号	县(旗、市、区、局、场)	锯材产量(万立方米)
4	曲周县(冀)	11.35
5	南宫市(冀)	5
6	围场满族蒙古族自治县(冀)	3.5
7	承德县(冀)	2.8
8	丰南区(冀)	2.7
9	藁城区(冀)	2.6
10	景县(冀)	2.37
11	安次区(冀)	2
12	沙河市(冀)	1.8
13	霸州市(冀)	1.36
14	武邑县(冀)	1
15	桃城区(冀)	0.97
16	隆化县(冀)	0.85
17	三河市(冀)	0.7
18	平山县(冀)	0.65
19	井陉县(冀)	0.55
20	平城区(晋)	4.8
21	沁县(晋)	0.55
22	扎赉特旗(内蒙古)	40
23	科尔沁区(内蒙古)	28
24	科尔沁左翼后旗(内蒙古)	5
25	巴林左旗(内蒙古)	1.89
26	开鲁县(内蒙古)	1.6
27	奈曼旗(内蒙古)	1.5
28	五原县(内蒙古)	1.34
29	乌拉特前旗(内蒙古)	1.33
30	红山区(内蒙古)	1.21
31	临河区(内蒙古)	0.73
32	喀喇沁旗(内蒙古)	0.7
33	巴林右旗(内蒙古)	0.52
34	喀喇沁左翼蒙古族自治县(辽)	41
35	桓仁满族自治县(辽)	35.19
36	本溪满族自治县(辽)	16.5
37	普兰店区(辽)	7
38	昌图县(辽)	3
39	凌源市(辽)	1.5
40	建平县(辽)	1.2
41	东昌区(吉)	200
42	九台区(吉)	69.03
43	通化县(吉)	8.8
44	榆树市(吉)	5.5
45	农安县(吉)	5.21
46	上营森林经营局(吉)	2.5
47	船营区(吉)	2.4
48	四平市铁东区(吉)	2.3
49	双阳区(吉)	1.32
50	绿园区(吉)	1.1
51	梅河口市(吉)	0.89
52	图们市(吉)	0.52
53	江源区(吉)	0.52
54	绥芬河市(黑)	167.2
55	同江市(黑)	14
56	安达市(黑)	7
57	讷河市(黑)	3.33
58	甘南县(黑)	3
59	勃利县(黑)	2.99
60	呼兰区(黑)	1.1
61	海伦市(黑)	1.08
62	北林区(黑)	1.05
63	富拉尔基区(黑)	0.93
64	集贤县(黑)	0.8
65	肇州县(黑)	0.8
66	爱辉区(黑)	0.73
67	宝清县(黑)	0.73
68	明水县(黑)	0.7
69	巴彦县(黑)	0.69
70	滴道区(黑)	0.68
71	太仓市(苏)	180
72	丰县(苏)	78
73	京口区(苏)	32
74	沭阳县(苏)	29.6
75	连云港市市辖区(苏)	23.61
76	赣榆区(苏)	14.21
77	东海县(苏)	11.25
78	泗洪县(苏)	8.9
79	常熟市(苏)	8.62
80	灌南县(苏)	8.36
81	洪泽区(苏)	7.8
82	灌云县(苏)	7.7
83	张家港市(苏)	7
84	沛县(苏)	5.9
85	新沂市(苏)	5
86	亭湖区(苏)	4.7
87	涟水县(苏)	3.7
88	睢宁县(苏)	3.09
89	淮安区(苏)	2.3
90	吴中区(苏)	2.05
91	金湖县(苏)	2
92	泗阳县(苏)	1.87
93	滨海县(苏)	1.65
94	高邮市(苏)	1.55
95	大丰区(苏)	1.53
96	仪征市(苏)	1.4
97	盐都区(苏)	1.28
98	东台市(苏)	1.1
99	射阳县(苏)	0.97
100	邗江区(苏)	0.53
101	南浔区(浙)	80
102	苍南县(浙)	38.81
103	龙泉市(浙)	17.02
104	安吉县(浙)	15.4
105	建德市(浙)	4.5
106	常山县(浙)	3.06
107	长兴县(浙)	3.04
108	景宁畲族自治县(浙)	2.35
109	仙居县(浙)	1.85
110	云和县(浙)	1.79
111	松阳县(浙)	1.57
112	永康市(浙)	1.5
113	缙云县(浙)	1.5
114	余杭区(浙)	1.41
115	兰溪市(浙)	1.02
116	文成县(浙)	1
117	柯城区(浙)	1
118	德清县(浙)	0.89
119	平阳县(浙)	0.84
120	庆元县(浙)	0.68
121	开化县(浙)	0.65
122	瑞安市(浙)	0.54
123	六安市叶集区(皖)	86.29
124	宣州区(皖)	86.1
125	霍邱县(皖)	22.7
126	利辛县(皖)	22
127	湾沚区(皖)	18
128	南谯区(皖)	15
129	全椒县(皖)	10
130	颍上县(皖)	9.82
131	怀远县(皖)	9.8
132	灵璧县(皖)	9.8
133	阜南县(皖)	9.4

PRINCIPAL PRODUCTION COUNTIES AND OUTPUT OF FOREST PRODUCTS

(续表)

序号	县(旗、市、区、局、场)	锯材产量(万立方米)
134	望江县(皖)	8.68
135	祁门县(皖)	8.3
136	太和县(皖)	7.5
137	怀宁县(皖)	7.24
138	谯城区(皖)	7
139	铜陵市市辖区(皖)	6
140	寿县(皖)	5.85
141	潜山市(皖)	5.8
142	黟县(皖)	5
143	东至县(皖)	4.97
144	颍泉区(皖)	4.25
145	濉溪县(皖)	4
146	无为县(皖)	3.84
147	明光市(皖)	3.6
148	长丰县(皖)	3.53
149	宿松县(皖)	2.9
150	太湖县(皖)	2.85
151	枞阳县(皖)	2.82
152	泗县(皖)	2.79
153	泾县(皖)	2.65
154	休宁县(皖)	2.6
155	埇桥区(皖)	2.52
156	界首市(皖)	2.3
157	固镇县(皖)	2.3
158	绩溪县(皖)	2.26
159	萧县(皖)	2.1
160	裕安区(皖)	2.1
161	蚌埠市市辖区(皖)	2
162	天长市(皖)	1.9
163	青阳县(皖)	1.68
164	郎溪县(皖)	1.41
165	巢湖市(皖)	1.37
166	黄山区(皖)	1.32
167	和县(皖)	1.1
168	旌德县(皖)	1.04
169	肥西县(皖)	1
170	岳西县(皖)	0.9
171	桐城市(皖)	0.83
172	琅琊区(皖)	0.81
173	金安区(皖)	0.75
174	庐江县(皖)	0.7
175	蒙城县(皖)	0.62
176	宜秀区(皖)	0.6
177	肥东县(皖)	0.6

(续表)

序号	县(旗、市、区、局、场)	锯材产量(万立方米)
178	潘集区(皖)	0.59
179	屯溪区(皖)	0.58
180	杜集区(皖)	0.53
181	大观区(皖)	0.52
182	歙县(皖)	0.51
183	分宜县(赣)	107
184	瑞昌市(赣)	57.36
185	上高县(赣)	47.28
186	新建区(赣)	44
187	乐安县(赣)	17.46
188	新干县(赣)	7.51
189	安福县(赣)	7.3
190	章贡区(赣)	6
191	定南县(赣)	4.4
192	遂川县(赣)	3.9
193	宜黄县(赣)	3.6
194	南城县(赣)	3.2
195	武宁县(赣)	3.15
196	崇义县(赣)	3.04
197	永丰县(赣)	2.48
198	泰和县(赣)	2.43
199	渝水区(赣)	2.42
200	峡江县(赣)	2.01
201	吉安县(赣)	2
202	丰城市(赣)	2
203	永新县(赣)	2
204	修水县(赣)	1.8
205	莲花县(赣)	1.8
206	广昌县(赣)	1.74
207	德安县(赣)	1.7
208	临川区(赣)	1.58
209	靖安县(赣)	1.52
210	安远县(赣)	1.5
211	吉水县(赣)	1.33
212	宜丰县(赣)	1.32
213	南昌县(赣)	1.32
214	兴国县(赣)	1.3
215	上犹县(赣)	1.3
216	婺源县(赣)	1.13
217	全南县(赣)	1.1
218	大余县(赣)	1.07
219	乐平市(赣)	1.07
220	吉州区(赣)	0.98
221	上栗县(赣)	0.95

(续表)

序号	县(旗、市、区、局、场)	锯材产量(万立方米)
222	黎川县(赣)	0.86
223	信州区(赣)	0.85
224	柴桑区(赣)	0.6
225	曹县(鲁)	318.85
226	郓城县(鲁)	210
227	岚山区(鲁)	190
228	成武县(鲁)	61.74
229	巨野县(鲁)	36.95
230	梁山县(鲁)	26.82
231	诸城市(鲁)	19.24
232	章丘区(鲁)	19
233	临邑县(鲁)	15
234	高密市(鲁)	10
235	平邑县(鲁)	9.13
236	寿光市(鲁)	9
237	徂汶景区(鲁)	7.3
238	胶州市(鲁)	6.52
239	嘉祥县(鲁)	6.31
240	泗水县(鲁)	5.62
241	长清区(鲁)	4.34
242	惠民县(鲁)	4.12
243	沂源县(鲁)	3.34
244	临朐县(鲁)	2.8
245	邹平市(鲁)	2.8
246	滕州市(鲁)	2.54
247	淄川区(鲁)	2.35
248	周村区(鲁)	2.34
249	高青县(鲁)	2.25
250	东平县(鲁)	2
251	东明县(鲁)	1.98
252	宁阳县(鲁)	1.95
253	新泰市(鲁)	1.94
254	临沭县(鲁)	1.9
255	夏津县(鲁)	1.8
256	五莲县(鲁)	1.63
257	兰山区(鲁)	1.6
258	德州市市辖区(鲁)	1.54
259	平阴县(鲁)	1.52
260	桓台县(鲁)	1.5
261	黄岛区(鲁)	1.48
262	肥城市(鲁)	1.36
263	台儿庄区(鲁)	1.36
264	昌乐县(鲁)	1.35
265	泰安市高新区(鲁)	1.24

(续表)

序号	县(旗、市、区、局、场)	锯材产量(万立方米)
266	鱼台县(鲁)	1.24
267	沂南县(鲁)	1.03
268	安丘市(鲁)	0.89
269	平度市(鲁)	0.86
270	博兴县(鲁)	0.77
271	宁津县(鲁)	0.7
272	汶上县(鲁)	0.6
273	齐河县(鲁)	0.58
274	召陵区(豫)	29.36
275	舞阳县(豫)	15
276	沈丘县(豫)	10.6
277	西华县(豫)	6
278	镇平县(豫)	6
279	栾川县(豫)	5.2
280	台前县(豫)	4.2
281	太康县(豫)	4
282	项城市(豫)	3.94
283	郸城县(豫)	3.9
284	淮滨县(豫)	3.8
285	睢县(豫)	3.7
286	商水县(豫)	3.36
287	内黄县(豫)	3.2
288	虞城县(豫)	3.2
289	泌阳县(豫)	3.2
290	固始县(豫)	3
291	西平县(豫)	2.96
292	卫辉市(豫)	2.84
293	新安县(豫)	2.69
294	宁陵县(豫)	2.5
295	嵩县(豫)	2.39
296	临颍县(豫)	2.38
297	桐柏县(豫)	2.36
298	源汇区(豫)	2.25
299	睢阳区(豫)	2
300	确山县(豫)	1.9
301	息县(豫)	1.82
302	民权县(豫)	1.75
303	新密市(豫)	1.7
304	尉氏县(豫)	1.5
305	商城县(豫)	1.5
306	新蔡县(豫)	1.45
307	长葛市(豫)	1.3
308	宝丰县(豫)	1.3
309	内乡县(豫)	1.28

(续表)

序号	县(旗、市、区、局、场)	锯材产量(万立方米)
310	义马市(豫)	1.2
311	温县(豫)	1.12
312	灵宝市(豫)	1.1
313	伊川县(豫)	1.08
314	夏邑县(豫)	1
315	叶县(豫)	0.9
316	濮阳县(豫)	0.9
317	西峡县(豫)	0.8
318	新野县(豫)	0.8
319	方城县(豫)	0.8
320	范县(豫)	0.75
321	淇县(豫)	0.71
322	鹤壁市市辖区(豫)	0.71
323	卢氏县(豫)	0.71
324	原阳县(豫)	0.6
325	孟津区(豫)	0.59
326	荥阳市(豫)	0.56
327	殷都区(豫)	0.51
328	禹州市(豫)	0.51
329	松滋市(鄂)	7.57
330	樊城区(鄂)	0.68
331	道县(湘)	37.5
332	泸溪县(湘)	35
333	宁乡市(湘)	18.34
334	炎陵县(湘)	18.3
335	鹤城区(湘)	11.24
336	双牌县(湘)	11.15
337	汉寿县(湘)	11.09
338	津市市(湘)	8
339	浏阳市(湘)	7.2
340	鼎城区(湘)	7
341	靖州苗族侗族自治县(湘)	6.68
342	武陵区(湘)	5.3
343	蓝山县(湘)	5.16
344	会同县(湘)	5
345	临湘市(湘)	4.6
346	衡山县(湘)	4.5
347	安化县(湘)	4.36
348	芷江侗族自治县(湘)	4.2
349	金洞林场(湘)	3.98
350	江华瑶族自治县(湘)	3.8
351	澧县(湘)	3.3
352	云溪区(湘)	3.18
353	华容县(湘)	3.14

(续表)

序号	县(旗、市、区、局、场)	锯材产量(万立方米)
354	新晃侗族自治县(湘)	2.9
355	桂东县(湘)	2.87
356	洪江市(湘)	2.6
357	安乡县(湘)	2.3
358	衡南县(湘)	2.12
359	祁东县(湘)	2.1
360	汨罗市(湘)	2.08
361	麻阳苗族自治县(湘)	2
362	醴陵市(湘)	2
363	辰溪县(湘)	1.6
364	平江县(湘)	1.6
365	祁阳县(湘)	1.57
366	保靖县(湘)	1.5
367	君山区(湘)	1.4
368	石峰区(湘)	1.25
369	汝城县(湘)	1.13
370	湘潭市市辖区(湘)	1.12
371	北湖区(湘)	1.02
372	茶陵县(湘)	1
373	长沙县(湘)	0.96
374	沅陵县(湘)	0.9
375	苏仙区(湘)	0.86
376	资阳区(湘)	0.8
377	零陵区(湘)	0.71
378	凤凰县(湘)	0.65
379	桂阳县(湘)	0.6
380	雨湖区(湘)	0.59
381	宁远县(湘)	0.55
382	新田县(湘)	0.51
383	阳春市(粤)	25
384	惠阳区(粤)	20.8
385	开平市(粤)	18.5
386	高要区(粤)	14.16
387	新兴县(粤)	13.11
388	台山市(粤)	8
389	连山壮族瑶族自治县(粤)	8
390	廉江市(粤)	7.5
391	恩平市(粤)	7.1
392	增城区(粤)	7.07
393	滨江区(粤)	6.58
394	阳东区(粤)	5.54
395	清新区(粤)	3.53
396	罗定市(粤)	3.2
397	龙川县(粤)	2.93

林产品主产地及产量
PRINCIPAL PRODUCTION COUNTIES AND OUTPUT OF FOREST PRODUCTS

(续表)

序号	县(旗、市、区、局、场)	锯材产量(万立方米)
398	化州市(粤)	2.45
399	和平县(粤)	2.4
400	清城区(粤)	2.22
401	郁南县(粤)	2.1
402	梅县区(粤)	1.5
403	连平县(粤)	1.4
404	新会区(粤)	1.16
405	始兴县(粤)	1.13
406	揭东区(粤)	1.1
407	新丰县(粤)	1.1
408	电白区(粤)	1.1
409	惠城区(粤)	1.04
410	阳西县(粤)	1
411	曲江区(粤)	0.94
412	连南瑶族自治县(粤)	0.92
413	徐闻县(粤)	0.84
414	潮安区(粤)	0.83
415	乳源瑶族自治县(粤)	0.8
416	仁化县(粤)	0.76
417	武江区(粤)	0.65
418	揭西县(粤)	0.56
419	雷州市(粤)	0.56
420	扶绥县(桂)	127.83
421	武宣县(桂)	114.11
422	八步区(桂)	63.75
423	苍梧县(桂)	36.79
424	钦南区(桂)	32
425	玉州区(桂)	28.3
426	青秀区(桂)	25.05
427	象州县(桂)	24.26
428	港北区(桂)	21.56
429	覃塘区(桂)	18.95
430	雁山区(桂)	17.82
431	金城江区(桂)	17.41
432	平南县(桂)	16.26
433	防城区(桂)	15.32
434	环江毛南族自治县(桂)	13.89
435	江南区(桂)	12
436	灵山县(桂)	11.98
437	临桂区(桂)	11.81
438	那坡县(桂)	11.55
439	柳城县(桂)	10.82
440	合浦县(桂)	9.65
441	藤县(桂)	9.1
442	西林县(桂)	8.4
443	南丹县(桂)	8.31
444	兴宾区(桂)	8.17
445	兴业县(桂)	7.54
446	浦北县(桂)	7.12
447	乐业县(桂)	6.52
448	大新县(桂)	6.19
449	全州县(桂)	6.16
450	海城区(桂)	6.1
451	天峨县(桂)	5.95
452	长洲区(桂)	5.8
453	凌云县(桂)	5.62
454	融水苗族自治县(桂)	5.5
455	钦北区(桂)	5.1
456	田阳县(桂)	5.1
457	平果县(桂)	5.07
458	平乐县(桂)	4.86
459	东兰县(桂)	4.8
460	桂平市(桂)	4.59
461	蒙山县(桂)	4.3
462	隆林各族自治县(桂)	3.38
463	北流市(桂)	2.8
464	恭城瑶族自治县(桂)	2.3
465	三江侗族自治县(桂)	2.09
466	都安瑶族自治县(桂)	1.99
467	万秀区(桂)	1.86
468	博白县(桂)	1.04
469	港口区(桂)	0.94
470	凭祥市(桂)	0.83
471	忻城县(桂)	0.7
472	柳江区(桂)	0.55
473	儋州市(琼)	17.44
474	屯昌县(琼)	12.38
475	乐东黎族自治县(琼)	9.53
476	琼中黎族苗族自治县(琼)	4.85
477	陵水黎族自治县(琼)	4.5
478	美兰区(琼)	1.24
479	永川区(渝)	96
480	荣昌区(渝)	3.76
481	南川区(渝)	0.62
482	珙县(川)	26.4
483	翠屏区(川)	10
484	夹江县(川)	8
485	雨城区(川)	7.21
486	什邡市(川)	6.9
487	洪雅县(川)	6.05
488	东坡区(川)	5.34
489	威远县(川)	5.25
490	平昌县(川)	4.7
491	叙州区(川)	4.68
492	北川羌族自治县(川)	4.5
493	犍为县(川)	3.22
494	邛崃市(川)	2.92
495	马边彝族自治县(川)	2.31
496	青白江区(川)	2.3
497	邻水县(川)	2.3
498	阆中市(川)	1.93
499	沙湾区(川)	1.9
500	蓬溪县(川)	1.78
501	筠连县(川)	1.74
502	崇州市(川)	1.73
503	东兴区(川)	1.7
504	江油市(川)	1.54
505	通江县(川)	1.5
506	彭州市(川)	1.46
507	通川区(川)	1.45
508	古蔺县(川)	1.43
509	旺苍县(川)	1.4
510	丹棱县(川)	1.37
511	华蓥市(川)	1.36
512	绵竹市(川)	1.34
513	南江县(川)	1.15
514	高县(川)	1.12
515	蒲江县(川)	1
516	泸县(川)	0.92
517	利州区(川)	0.89
518	五通桥区(川)	0.86
519	简阳市(川)	0.86
520	西昌市(川)	0.85
521	广安区(川)	0.85
522	郫都区(川)	0.81
523	仪陇县(川)	0.81
524	屏山县(川)	0.8
525	名山区(川)	0.79
526	万源市(川)	0.76
527	都江堰市(川)	0.75
528	中江县(川)	0.65
529	达川区(川)	0.65

(续表)

序号	县(旗、市、区、局、场)	锯材产量(万立方米)
530	兴文县(川)	0.58
531	旌阳区(川)	0.58
532	宣汉县(川)	0.56
533	长顺县(黔)	87.34
534	册亨县(黔)	10.82
535	兴义市(黔)	8.65
536	镇远县(黔)	8.4
537	安龙县(黔)	7
538	从江县(黔)	7
539	天柱县(黔)	6.14
540	黎平县(黔)	5.16
541	三穗县(黔)	4.5
542	万山区(黔)	4.46
543	兴仁市(黔)	4.05
544	德江县(黔)	3.2
545	凯里市(黔)	3.02
546	紫云苗族布依族自治县(黔)	2.69
547	余庆县(黔)	2.6
548	锦屏县(黔)	2.36
549	石阡县(黔)	2.1
550	晴隆县(黔)	2
551	贞丰县(黔)	1.74
552	丹寨县(黔)	1.7
553	望谟县(黔)	1.61
554	开阳县(黔)	1.5
555	务川仡佬族苗族自治县(黔)	1.5
556	六枝特区(黔)	1.33
557	玉屏侗族自治县(黔)	1.26
558	金沙县(黔)	1.16
559	湄潭县(黔)	1.07
560	雷山县(黔)	1.04
561	息烽县(黔)	1.02
562	罗甸县(黔)	1
563	正安县(黔)	1
564	麻江县(黔)	0.95
565	绥阳县(黔)	0.9
566	修文县(黔)	0.86
567	施秉县(黔)	0.78
568	仁怀市(黔)	0.75
569	乌当区(黔)	0.66
570	桐梓县(黔)	0.66
571	关岭布依族苗族自治县(黔)	0.6

(续表)

序号	县(旗、市、区、局、场)	锯材产量(万立方米)
572	勐腊县(滇)	15.38
573	双柏县(滇)	11.64
574	富宁县(滇)	8.1
575	宁洱哈尼族彝族自治县(滇)	7.9
576	马关县(滇)	7.77
577	芒市(滇)	7.14
578	孟连傣族拉祜族佤族自治县(滇)	6.7
579	盈江县(滇)	5.75
580	元阳县(滇)	5
581	罗平县(滇)	4.7
582	麻栗坡县(滇)	4.52
583	蒙自市(滇)	4.34
584	龙陵县(滇)	4.33
585	陇川县(滇)	4.25
586	师宗县(滇)	4.1
587	西畴县(滇)	3.77
588	景洪市(滇)	3.02
589	金平苗族瑶族傣族自治县(滇)	2.5
590	腾冲市(滇)	2.46
591	个旧市(滇)	2.41
592	元江哈尼族彝族傣族自治县(滇)	2.23
593	屏边苗族自治县(滇)	2.05
594	广南县(滇)	1.83
595	梁河县(滇)	1.65
596	姚安县(滇)	1.62
597	威信县(滇)	1.6
598	石林彝族自治县(滇)	1.32
599	楚雄市(滇)	1.24
600	宾川县(滇)	1.09
601	隆阳区(滇)	1.01
602	西盟佤族自治县(滇)	1
603	景东彝族自治县(滇)	0.9
604	瑞丽市(滇)	0.81
605	绿春县(滇)	0.77
606	沧源佤族自治县(滇)	0.73
607	文山市(滇)	0.7
608	贡山独龙族怒族自治县(滇)	0.62
609	砚山县(滇)	0.6
610	丘北县(滇)	0.55
611	石屏县(滇)	0.52

(续表)

序号	县(旗、市、区、局、场)	锯材产量(万立方米)
612	莎车县(新)	14.12
613	乌什县(新)	0.75
614	阜康市(新)	0.62
615	第二师(新疆兵团)	1.73
616	第四师(新疆兵团)	1.61

表1-3 木片主产地产量

序号	县(旗、市、区、局、场)	木片产量(万实积立方米)
1	围场满族蒙古族自治县(冀)	1
2	藁城区(冀)	0.99
3	三河市(冀)	0.7
4	襄汾县(晋)	1.76
5	扎赉特旗(内蒙古)	15
6	元宝山区(内蒙古)	13.88
7	达拉特旗(内蒙古)	1.6
8	奈曼旗(内蒙古)	1
9	乌拉特前旗(内蒙古)	0.71
10	新宾满族自治县(辽)	3
11	大洼县(辽)	2.6
12	开原市(辽)	2.5
13	北票市(辽)	1
14	铁岭县(辽)	0.51
15	九台区(吉)	1.2
16	绥芬河市(黑)	3.7
17	讷河市(黑)	2.14
18	北林区(黑)	1.03
19	泗阳县(苏)	71.2
20	泗洪县(苏)	64.5
21	涟水县(苏)	22
22	沭阳县(苏)	10
23	新沂市(苏)	5.13
24	沛县(苏)	4.1
25	金湖县(苏)	3
26	滨海县(苏)	1.1
27	洪泽区(苏)	1
28	德清县(浙)	110
29	余杭区(浙)	2.06
30	苍南县(浙)	1.28
31	长兴县(浙)	1.22
32	太和县(皖)	28
33	阜南县(皖)	7
34	濉溪县(皖)	5.6

林产品主产地及产量
PRINCIPAL PRODUCTION COUNTIES AND OUTPUT OF FOREST PRODUCTS

（续表）

序号	县（旗、市、区、局、场）	木片产量（万实积立方米）
35	潜山市（皖）	5
36	寿县（皖）	3.94
37	埇桥区（皖）	3.39
38	青阳县（皖）	2.4
39	桐城市（皖）	1.6
40	涡阳县（皖）	1.5
41	天长市（皖）	1.4
42	毛集实验区（皖）	1
43	蚌埠市市辖区（皖）	1
44	蒙城县（皖）	0.93
45	南陵县（皖）	0.7
46	大观区（皖）	0.68
47	金安区（皖）	0.6
48	无为县（皖）	0.58
49	上高县（赣）	19.7
50	遂川县（赣）	8
51	崇仁县（赣）	7.25
52	分宜县（赣）	4.36
53	峡江县（赣）	2.02
54	上犹县（赣）	1.89
55	安源区（赣）	1.8
56	修水县（赣）	1.4
57	资溪县（赣）	1.18
58	吉水县（赣）	1.15
59	南城县（赣）	1.1
60	丰城市（赣）	1
61	弋阳县（赣）	0.8
62	靖安县（赣）	0.62
63	郓城县（鲁）	274.94
64	沂水县（鲁）	242
65	沂南县（鲁）	84.36
66	曹县（鲁）	71.71
67	商河县（鲁）	14.5
68	寿光市（鲁）	12.06
69	新泰市（鲁）	11.12
70	惠民县（鲁）	9
71	宁阳县（鲁）	7.8
72	成武县（鲁）	7.01
73	梁山县（鲁）	6.53
74	平邑县（鲁）	4.82
75	东平县（鲁）	4.5
76	兖州区（鲁）	4.2
77	莒南县（鲁）	3.2
78	利津县（鲁）	2.9

（续表）

序号	县（旗、市、区、局、场）	木片产量（万实积立方米）
79	滕州市（鲁）	2.64
80	临邑县（鲁）	2
81	章丘区（鲁）	2
82	邹平市（鲁）	1.96
83	鱼台县（鲁）	1.32
84	莱城区（鲁）	1.28
85	沂源县（鲁）	1
86	博兴县（鲁）	0.81
87	临沭县（鲁）	0.7
88	峄城区（鲁）	0.7
89	泰安市高新区（鲁）	0.63
90	胶州市（鲁）	0.56
91	淄川区（鲁）	0.54
92	商水县（豫）	27.77
93	固始县（豫）	16
94	西华县（豫）	9
95	项城市（豫）	7.88
96	镇平县（豫）	6.9
97	台前县（豫）	5.8
98	郸城县（豫）	3.5
99	淅川县（豫）	3.5
100	淮滨县（豫）	3.3
101	伊川县（豫）	3
102	息县（豫）	2.9
103	新郑市（豫）	2.8
104	太康县（豫）	2.7
105	临颍县（豫）	2
106	灵宝市（豫）	1.5
107	虞城县（豫）	1.2
108	社旗县（豫）	1.05
109	民权县（豫）	0.89
110	中牟县（豫）	0.85
111	汝阳县（豫）	0.81
112	尉氏县（豫）	0.8
113	内乡县（豫）	0.8
114	温县（豫）	0.78
115	睢县（豫）	0.6
116	衡东县（湘）	200
117	君山区（湘）	4.6
118	汉寿县（湘）	3.76
119	衡山县（湘）	3
120	祁东县（湘）	1.6
121	澧县（湘）	1.1
122	安乡县（湘）	1

（续表）

序号	县（旗、市、区、局、场）	木片产量（万实积立方米）
123	保靖县（湘）	1
124	衡阳县（湘）	0.9
125	珠晖区（湘）	0.81
126	汝城县（湘）	0.6
127	开平市（粤）	18.5
128	雷州市（粤）	10.8
129	英德市（粤）	7.12
130	乳源瑶族自治县（粤）	6.5
131	海丰县（粤）	5.3
132	恩平市（粤）	5.2
133	高要区（粤）	5
134	增城区（粤）	4.9
135	化州市（粤）	4.1
136	梅县区（粤）	3
137	遂溪县（粤）	2
138	新兴县（粤）	1.59
139	郁南县（粤）	1.4
140	阳西县（粤）	1.4
141	武江区（粤）	1.16
142	揭东区（粤）	0.9
143	清新区（粤）	0.67
144	岑溪市（桂）	40
145	博白县（桂）	39.3
146	江南区（桂）	32
147	苍梧县（桂）	29.73
148	覃塘区（桂）	26.96
149	环江毛南族自治县（桂）	25.9
150	青秀区（桂）	22.54
151	兴宾区（桂）	17.5
152	港北区（桂）	17.18
153	雁山区（桂）	15.9
154	柳江区（桂）	15.2
155	象州县（桂）	14.1
156	平南县（桂）	13.95
157	防城区（桂）	12.5
158	全州县（桂）	10.62
159	平果县（桂）	7.28
160	凭祥市（桂）	6.45
161	八步区（桂）	6.3
162	钦北区（桂）	6.21
163	合浦县（桂）	5.2
164	钦南区（桂）	5
165	灵山县（桂）	4.52
166	大新县（桂）	3.79

序号	县(旗、市、区、局、场)	木片产量(万实积立方米)
167	隆林各族自治县(桂)	3
168	蒙山县(桂)	3
169	铁山港区(桂)	2.67
170	永福县(桂)	2.2
171	上思县(桂)	1.61
172	平乐县(桂)	1.22
173	北流市(桂)	1.2
174	港口区(桂)	0.94
175	江州区(桂)	0.8
176	隆安县(桂)	0.75
177	屯昌县(琼)	1.24
178	永川区(渝)	13.4
179	夹江县(川)	10
180	屏山县(川)	4.1
181	威远县(川)	3.5
182	犍为县(川)	2.88
183	渠县(川)	2.7
184	筠连县(川)	1.99
185	古蔺县(川)	1.45
186	五通桥区(川)	1.4
187	郫都区(川)	1.38
188	荣县(川)	1.17
189	南江县(川)	1.14
190	蒲江县(川)	1.08
191	江油市(川)	0.72
192	长顺县(黔)	54.08
193	兴义市(黔)	5.4
194	剑河县(黔)	4
195	晴隆县(黔)	2
196	贞丰县(黔)	1.67
197	兴仁市(黔)	1.01
198	玉屏侗族自治县(黔)	1
199	正安县(黔)	0.98
200	金沙县(黔)	0.97
201	务川仡佬族苗族自治县(黔)	0.8
202	桐梓县(黔)	0.66
203	景谷傣族彝族自治县(滇)	116
204	河口瑶族自治县(滇)	16.52
205	师宗县(滇)	2.8
206	牟定县(滇)	2
207	元阳县(滇)	2
208	建水县(滇)	1.98

(续表)

序号	县(旗、市、区、局、场)	木片产量(万实积立方米)
209	临夏县(甘)	1.6

表1-4 薪材(非标准原木)主产地产量

序号	县(旗、市、区、局、场)	产量(万立方米)
1	围场满族蒙古族自治县(冀)	5
2	承德县(冀)	1.8
3	清苑区(冀)	1.5
4	丰南区(冀)	0.98
5	平泉市(冀)	0.77
6	滦州市(冀)	0.68
7	交口县(晋)	0.53
8	奈曼旗(内蒙古)	1.2
9	科尔沁左翼中旗(内蒙古)	0.55
10	桓仁满族自治县(辽)	7.84
11	新宾满族自治县(辽)	2
12	昌图县(辽)	1
13	盘山县(辽)	0.78
14	梨树县(吉)	10
15	洮南市(吉)	1.2
16	榆树市(吉)	1
17	密山市(黑)	1.53
18	饶河县(黑)	0.52
19	张家港市(苏)	26
20	涟水县(苏)	13
21	宝应县(苏)	1.62
22	灌云县(苏)	1.45
23	宿城区(苏)	1.18
24	沭阳县(苏)	1
25	东台市(苏)	1
26	霍邱县(皖)	20.8
27	东至县(皖)	14.22
28	固镇县(皖)	10.27
29	谯城区(皖)	10
30	裕安区(皖)	7.3
31	蒙城县(皖)	6.1
32	泾县(皖)	5.12
33	石台县(皖)	4.56
34	怀远县(皖)	3.5
35	金安区(皖)	3
36	南谯区(皖)	3
37	潜山市(皖)	2.5

(续表)

序号	县(旗、市、区、局、场)	产量(万立方米)
38	南陵县(皖)	2.5
39	全椒县(皖)	2.49
40	凤阳县(皖)	2.23
41	桐城市(皖)	1.4
42	寿县(皖)	1.3
43	萧县(皖)	1.1
44	祁门县(皖)	1.1
45	定远县(皖)	1
46	宿松县(皖)	0.95
47	无为县(皖)	0.91
48	徽州区(皖)	0.89
49	怀宁县(皖)	0.87
50	蚌埠市市辖区(皖)	0.8
51	青阳县(皖)	0.8
52	和县(皖)	0.65
53	天长市(皖)	0.6
54	安福县(赣)	21.2
55	新建区(赣)	14
56	乐安县(赣)	1.54
57	大余县(赣)	1.48
58	临川区(赣)	1.47
59	南康区(赣)	1.42
60	赣县区(赣)	1.26
61	瑞金市(赣)	1
62	修水县(赣)	0.8
63	丰城市(赣)	0.75
64	全南县(赣)	0.51
65	曹县(鲁)	22.2
66	临邑县(鲁)	5
67	齐河县(鲁)	3.94
68	沂水县(鲁)	3.54
69	安丘市(鲁)	3.35
70	惠民县(鲁)	3.18
71	平原县(鲁)	2.3
72	郓城县(鲁)	2.3
73	兰陵县(鲁)	2.12
74	莒县(鲁)	1.93
75	陵城区(鲁)	1.74
76	泗水县(鲁)	1.72
77	兖州区(鲁)	1.54
78	寿光市(鲁)	1.49
79	宁阳县(鲁)	1.3
80	临朐县(鲁)	1.1
81	胶州市(鲁)	1.1

林产品主产地及产量
PRINCIPAL PRODUCTION COUNTIES AND OUTPUT OF FOREST PRODUCTS

(续表)

序号	县(旗、市、区、局、场)	产量(万立方米)
82	肥城市(鲁)	0.91
83	平阴县(鲁)	0.73
84	东平县(鲁)	0.7
85	广饶县(鲁)	0.54
86	张店区(鲁)	0.53
87	新泰市(鲁)	0.52
88	泌阳县(豫)	23
89	新郑市(豫)	8.3
90	西峡县(豫)	6.5
91	息 县(豫)	5
92	睢阳区(豫)	3
93	确山县(豫)	1.5
94	光山县(豫)	1.5
95	淮滨县(豫)	1.4
96	博爱县(豫)	0.88
97	潢川县(豫)	0.87
98	嵩 县(豫)	0.84
99	原阳县(豫)	0.8
100	新 县(豫)	0.8
101	洪湖市(鄂)	4
102	津市市(湘)	38
103	长沙县(湘)	27
104	汨罗市(湘)	7.35
105	宁乡市(湘)	3.96
106	通道侗族自治县(湘)	3.7
107	茶陵县(湘)	3.1
108	辰溪县(湘)	2.62
109	汉寿县(湘)	2.53
110	澧 县(湘)	2.5
111	湘潭市市辖区(湘)	2.44
112	古丈县(湘)	2.1
113	永顺县(湘)	2
114	保靖县(湘)	2
115	临湘市(湘)	0.9
116	桃源县(湘)	0.56
117	阳春市(粤)	14
118	连山壮族瑶族自治县(粤)	7.24
119	英德市(粤)	6.12
120	龙门县(粤)	5.28
121	高要区(粤)	4.8
122	惠城区(粤)	4.66
123	新丰县(粤)	4.51
124	翁源县(粤)	3.92
125	阳江林场(粤)	3.82

(续表)

序号	县(旗、市、区、局、场)	产量(万立方米)
126	新丰江林管局(粤)	3.67
127	龙川县(粤)	3.51
128	台山市(粤)	3.5
129	始兴县(粤)	3.47
130	饶平县(粤)	3.31
131	增城区(粤)	3.3
132	连州市(粤)	3.16
133	滨江区(粤)	3.12
134	揭西县(粤)	3.01
135	和平县(粤)	3
136	新兴县(粤)	2.65
137	乳源瑶族自治县(粤)	2.1
138	阳东区(粤)	1.39
139	南雄市(粤)	1.22
140	武江区(粤)	1.17
141	仁化县(粤)	1.06
142	梅县区(粤)	0.83
143	潮安区(粤)	0.81
144	韶关市属总林场(粤)	0.55
145	博白县(桂)	27.16
146	兴宾区(桂)	24.87
147	钦南区(桂)	24.58
148	平南县(桂)	22.05
149	灵山县(桂)	22
150	鹿寨县(桂)	20.46
151	象州县(桂)	19.61
152	扶绥县(桂)	18.46
153	合浦县(桂)	18
154	环江毛南族自治县(桂)	17.66
155	浦北县(桂)	17.49
156	横 县(桂)	16.64
157	北流市(桂)	14.86
158	兴业县(桂)	8.33
159	蒙山县(桂)	7.7
160	江州区(桂)	6.97
161	派阳山林场(桂)	6.1
162	邕宁区(桂)	4.08
163	隆安县(桂)	4
164	江南区(桂)	3.98
165	鱼峰区(桂)	3.71
166	铁山港区(桂)	1.7
167	钦北区(桂)	1.25
168	阳朔县(桂)	0.9
169	永福县(桂)	0.75

(续表)

序号	县(旗、市、区、局、场)	产量(万立方米)
170	博白林场(桂)	0.6
171	玉州区(桂)	0.55
172	秀山土家族苗族自治县(渝)	1.69
173	永川区(渝)	1.6
174	丰都县(渝)	1
175	北川羌族自治县(川)	8.52
176	夹江县(川)	3
177	威远县(川)	2.48
178	蓬溪县(川)	1.84
179	布拖县(川)	1.8
180	恩阳区(川)	1.61
181	筠连县(川)	1.53
182	屏山县(川)	0.93
183	洪雅县(川)	0.91
184	峨边彝族自治县(川)	0.53
185	宣汉县(川)	0.51
186	长顺县(黔)	92.81
187	万山区(黔)	88.17
188	镇远县(黔)	9
189	从江县(黔)	2.4
190	晴隆县(黔)	2
191	龙里县(黔)	1.5
192	施秉县(黔)	1.11
193	德江县(黔)	0.9
194	石阡县(黔)	0.9
195	麻江县(黔)	0.85
196	景谷傣族彝族自治县(滇)	54.11
197	景东彝族自治县(滇)	8.95
198	镇沅彝族哈尼族拉祜族自治县(滇)	8.4
199	沧源佤族自治县(滇)	7.47
200	澜沧拉祜族自治县(滇)	5.47
201	芒市(滇)	5.22
202	勐腊县(滇)	4.71
203	陇川县(滇)	4.2
204	孟连傣族拉祜族佤族自治县(滇)	4.1
205	昌宁县(滇)	3.48
206	西盟佤族自治县(滇)	2.95
207	新平彝族傣族自治县(滇)	2.9
208	兰坪白族普米族自治县(滇)	2.75
209	腾冲市(滇)	2.62
210	元阳县(滇)	2.4

(续表)

序号	县(旗、市、区、局、场)	产量(万立方米)
211	楚雄市(滇)	2.24
212	麻栗坡县(滇)	2.02
213	龙陵县(滇)	1.8
214	师宗县(滇)	1.26
215	双柏县(滇)	1.25
216	云县(滇)	1.09
217	元谋县(滇)	0.95
218	元江哈尼族彝族傣族自治县(滇)	0.85
219	牟定县(滇)	0.84
220	双江拉祜族佤族布朗族傣族自治县(滇)	0.59
221	罗平县(滇)	0.52
222	略阳县(陕)	2.23
223	阜康市(新)	1.39
224	露水河林业局(吉林森工)	1.53
225	第六师(新疆兵团)	0.53

表 1-5　烧材主产地产量

序号	县(旗、市、区、局、场)	烧材产量(万吨)
1	围场满族蒙古族自治县(冀)	2.5
2	奈曼旗(内蒙古)	6
3	桓仁满族自治县(辽)	22
4	新宾满族自治县(辽)	1
5	榆树市(吉)	1
6	延寿县(黑)	0.8
7	金坛区(苏)	2.1
8	沭阳县(苏)	2
9	岳西县(皖)	62
10	金寨县(皖)	20
11	桐城市(皖)	11
12	潜山市(皖)	11
13	石台县(皖)	5.7
14	蒙城县(皖)	5.4
15	蚌埠市市辖区(皖)	1
16	全南县(赣)	3
17	遂川县(赣)	1.95
18	吉水县(赣)	1.92
19	上犹县(赣)	1.56
20	靖安县(赣)	1.05
21	广丰区(赣)	0.87
22	修水县(赣)	0.8

(续表)

序号	县(旗、市、区、局、场)	烧材产量(万吨)
23	峡江县(赣)	0.61
24	临邑县(鲁)	10
25	莒县(鲁)	7.43
26	曹县(鲁)	6.5
27	胶州市(鲁)	2
28	淮滨县(豫)	7
29	息县(豫)	2.6
30	新县(豫)	1.2
31	商城县(豫)	0.9
32	洪湖市(鄂)	3
33	津市市(湘)	22
34	岳阳县(湘)	15
35	凤凰县(湘)	10
36	新晃侗族自治县(湘)	10
37	澧县(湘)	3.8
38	古丈县(湘)	3.7
39	鼎城区(湘)	3.6
40	芷江侗族自治县(湘)	2
41	北湖区(湘)	2
42	保靖县(湘)	2
43	永顺县(湘)	2
44	沅陵县(湘)	2
45	辰溪县(湘)	1.5
46	君山区(湘)	1.2
47	汉寿县(湘)	0.95
48	祁东县(湘)	0.6
49	开平市(粤)	8.2
50	仁化县(粤)	8
51	雷州市(粤)	6.82
52	湛江区(粤)	3.12
53	和平县(粤)	2
54	英德市(粤)	1.74
55	海丰县(粤)	1.04
56	肇庆市林业总场(粤)	0.6
57	乳源瑶族自治县(粤)	0.6
58	覃塘区(桂)	23.23
59	扶绥县(桂)	15
60	防城区(桂)	10
61	兴宾区(桂)	9.1
62	环江毛南族自治县(桂)	7.74
63	钦北区(桂)	6
64	灵山县(桂)	6
65	良凤江国家森林公园(桂)	2.85
66	江南区(桂)	2.2

(续表)

序号	县(旗、市、区、局、场)	烧材产量(万吨)
67	隆林各族自治县(桂)	1.2
68	永福县(桂)	0.93
69	北川羌族自治县(川)	11
70	恩阳区(川)	10
71	布拖县(川)	3.57
72	南江县(川)	3.45
73	珙县(川)	1.5
74	筠连县(川)	1.2
75	五通桥区(川)	0.7
76	叙永县(川)	0.6
77	长顺县(黔)	115.12
78	正安县(黔)	9.5
79	天柱县(黔)	7
80	德江县(黔)	4.3
81	石阡县(黔)	2
82	贞丰县(黔)	1.38
83	永胜县(滇)	10.7
84	腾冲市(滇)	9.95
85	云县(滇)	9.24
86	贡山独龙族怒族自治县(滇)	8.11
87	施甸县(滇)	6.95
88	梁河县(滇)	4.4
89	禄丰县(滇)	4.37
90	昌宁县(滇)	3.19
91	景东彝族自治县(滇)	3
92	宁洱哈尼族彝族自治县(滇)	2.6
93	金平苗族瑶族傣族自治县(滇)	1.78
94	师宗县(滇)	1.6
95	福贡县(滇)	1.55
96	宣威市(滇)	1.2
97	石林彝族自治县(滇)	1.17
98	瑞丽市(滇)	0.8
99	澜沧拉祜族自治县(滇)	0.51
100	略阳县(陕)	4.18
101	临夏县(甘)	2.5
102	海晏县(青)	1

表 2-1　胶合板主产地产量

序号	县(旗、市、区、局、场)	胶合板产量(万立方米)
1	文安县(冀)	650

林产品主产地及产量

PRINCIPAL PRODUCTION COUNTIES AND OUTPUT OF FOREST PRODUCTS

(续表)

序号	县(旗、市、区、局、场)	胶合板产量(万立方米)	序号	县(旗、市、区、局、场)	胶合板产量(万立方米)	序号	县(旗、市、区、局、场)	胶合板产量(万立方米)
2	霸州市(冀)	25	43	连云港市市辖区(苏)	67.07	86	庆元县(浙)	10.57
3	北戴河新区(冀)	7.5	44	东海县(苏)	52.21	87	平湖市(浙)	8.05
4	临漳县(冀)	3.9	45	灌南县(苏)	38.3	88	江山市(浙)	7.85
5	灵寿县(冀)	3.64	46	泗洪县(苏)	34.4	89	淳安县(浙)	7.73
6	邢台市高新技术开发区(冀)	3.16	47	赣榆区(苏)	31.11	90	吴兴区(浙)	6.23
			48	昆山市(苏)	27.85	91	嵊州市(浙)	6.02
7	正定县(冀)	1.98	49	张家港市(苏)	23.4	92	龙游县(浙)	2.69
8	景 县(冀)	0.53	50	太仓市(苏)	22	93	长兴县(浙)	2.66
9	元宝山区(内蒙古)	10.37	51	新沂市(苏)	14.13	94	常山县(浙)	2.6
10	扎鲁特旗(内蒙古)	2	52	洪泽区(苏)	13	95	义乌市(浙)	2.24
11	红山区(内蒙古)	1.83	53	江都区(苏)	7.2	96	衢江区(浙)	1.58
12	松山区(内蒙古)	1.36	54	高淳区(苏)	7.2	97	苍南县(浙)	1.47
13	巴林右旗(内蒙古)	1.18	55	宿豫区(苏)	6.3	98	永康市(浙)	0.64
14	建平县(辽)	10.5	56	新吴区(苏)	5.96	99	柯城区(浙)	0.59
15	喀喇沁左翼蒙古族自治县(辽)	4.5	57	睢宁县(苏)	5.5	100	景宁畲族自治县(浙)	0.58
			58	宿城区(苏)	4.98	101	松阳县(浙)	0.52
16	千山区(辽)	1.8	59	金湖县(苏)	4.5	102	六安市叶集区(皖)	600.48
17	辽阳县(辽)	1.7	60	沛 县(苏)	4.1	103	埇桥区(皖)	534.7
18	珲春市(吉)	30.16	61	盱眙县(苏)	3.8	104	砀山县(皖)	179.86
19	长岭县(吉)	8	62	淮安区(苏)	3.67	105	泗 县(皖)	130.94
20	农安县(吉)	4.05	63	如东县(苏)	3.2	106	宣州区(皖)	87.55
21	德惠市(吉)	3	64	六合区(苏)	2.94	107	广德县(皖)	79
22	东辽县(吉)	2.6	65	宜兴市(苏)	2.8	108	太和县(皖)	69.94
23	双辽市(吉)	2.5	66	镇江市市辖区(苏)	2.65	109	灵璧县(皖)	68
24	梨树县(吉)	2.18	67	仪征市(苏)	2.44	110	萧 县(皖)	52
25	通化县(吉)	2	68	启东市(苏)	2.42	111	南谯区(皖)	46
26	延吉市(吉)	1.4	69	常熟市(苏)	2.13	112	肥东县(皖)	18.8
27	宁江区(吉)	0.97	70	姜堰区(苏)	2.03	113	蒙城县(皖)	15.9
28	九台区(吉)	0.6	71	东台市(苏)	1.82	114	寿 县(皖)	15.65
29	船营区(吉)	0.6	72	海州区(苏)	1.74	115	怀宁县(皖)	14.97
30	穆棱市(黑)	57.1	73	建湖县(苏)	1.66	116	金寨县(皖)	14.1
31	绥芬河市(黑)	40	74	吴江区(苏)	1.12	117	青阳县(皖)	12.5
32	明水县(黑)	5	75	贾汪区(苏)	0.9	118	颍上县(皖)	9.81
33	讷河市(黑)	1.5	76	射阳县(苏)	0.84	119	东至县(皖)	8.45
34	安达市(黑)	1.44	77	响水县(苏)	0.63	120	宁国市(皖)	7.99
35	肇州县(黑)	1.4	78	靖江市(苏)	0.63	121	霍邱县(皖)	6.3
36	沭阳县(苏)	1150	79	高港区(苏)	0.55	122	固镇县(皖)	6.1
37	邳州市(苏)	1144.82	80	阜宁县(苏)	0.51	123	全椒县(皖)	6
38	泗阳县(苏)	594	81	嘉善县(浙)	60.23	124	潜山市(皖)	5.9
39	相城区(苏)	281.84	82	安吉县(浙)	42.2	125	颍泉区(皖)	5.4
40	丰 县(苏)	221	83	龙泉市(浙)	24.32	126	南陵县(皖)	5.24
41	铜山区(苏)	100	84	南浔区(浙)	24	127	琅琊区(皖)	5.2
42	涟水县(苏)	78	85	桐乡市(浙)	21.02	128	谯城区(皖)	5.1

(续表)

序号	县(旗、市、区、局、场)	胶合板产量(万立方米)
129	宿松县(皖)	5.05
130	蚌埠市市辖区(皖)	5
131	祁门县(皖)	4.9
132	长丰县(皖)	4.06
133	泾县(皖)	3.4
134	临泉县(皖)	3.15
135	黟县(皖)	3.1
136	含山县(皖)	3.04
137	涡阳县(皖)	2.8
138	杜集区(皖)	2.7
139	明光市(皖)	2.54
140	淮上区(皖)	2.34
141	烈山区(皖)	2.25
142	屯溪区(皖)	2.09
143	天长市(皖)	2
144	来安县(皖)	2
145	当涂县(皖)	1.97
146	郎溪县(皖)	1.84
147	和县(皖)	1.13
148	太湖县(皖)	1.03
149	五河县(皖)	1
150	徽州区(皖)	0.87
151	田家庵区(皖)	0.75
152	无为县(皖)	0.68
153	岳西县(皖)	0.6
154	石台县(皖)	0.57
155	绩溪县(皖)	0.52
156	靖安县(赣)	100
157	新干县(赣)	51.11
158	万载县(赣)	16.46
159	南康区(赣)	15.6
160	新建区(赣)	15
161	乐安县(赣)	14.76
162	永新县(赣)	8.67
163	武宁县(赣)	8.2
164	宜黄县(赣)	8
165	萍乡市林业局武功山分局(赣)	5.95
166	安福县(赣)	5.8
167	泰和县(赣)	4
168	宜丰县(赣)	3.68
169	遂川县(赣)	3.3
170	樟树市(赣)	3

(续表)

序号	县(旗、市、区、局、场)	胶合板产量(万立方米)
171	永丰县(赣)	2.36
172	东乡区(赣)	2.29
173	崇仁县(赣)	2.14
174	横峰县(赣)	2
175	全南县(赣)	1.88
176	贵溪市(赣)	1.72
177	余江区(赣)	1.6
178	丰城市(赣)	1.56
179	浮梁县(赣)	1.5
180	吉水县(赣)	1.3
181	上饶县(赣)	1.17
182	南城县(赣)	1.1
183	兴国县(赣)	1.1
184	章贡区(赣)	1
185	吉州区(赣)	0.9
186	昌江区(赣)	0.9
187	奉新县(赣)	0.78
188	上栗县(赣)	0.64
189	袁州区(赣)	0.62
190	峡江县(赣)	0.6
191	瑞昌市(赣)	0.56
192	万年县(赣)	0.54
193	曹县(鲁)	944.38
194	兰山区(鲁)	822
195	平邑县(鲁)	730
196	费县(鲁)	700
197	郓城县(鲁)	260.04
198	沂水县(鲁)	244
199	巨野县(鲁)	110.32
200	莘县(鲁)	88.7
201	高密市(鲁)	80.4
202	兰陵县(鲁)	67.7
203	嘉祥县(鲁)	65.69
204	寿光市(鲁)	63.66
205	东明县(鲁)	54.2
206	惠民县(鲁)	31.48
207	曲阜市(鲁)	29
208	成武县(鲁)	28.42
209	昌乐县(鲁)	24.5
210	冠县(鲁)	21
211	台儿庄区(鲁)	20.55
212	阳信县(鲁)	20
213	罗庄区(鲁)	20

(续表)

序号	县(旗、市、区、局、场)	胶合板产量(万立方米)
214	莒南县(鲁)	16
215	沂南县(鲁)	14.98
216	临清市(鲁)	13.89
217	东阿县(鲁)	13.6
218	安丘市(鲁)	12.75
219	新泰市(鲁)	12.71
220	梁山县(鲁)	12.49
221	岚山区(鲁)	12
222	商河县(鲁)	11.66
223	东平县(鲁)	10.88
224	齐河县(鲁)	9.8
225	宁津县(鲁)	9
226	滕州市(鲁)	7.21
227	河东区(鲁)	7
228	武城县(鲁)	6.77
229	青州市(鲁)	5.54
230	泗水县(鲁)	5.15
231	邹平市(鲁)	4.6
232	莒县(鲁)	3.89
233	兖州区(鲁)	3.18
234	胶州市(鲁)	3.17
235	徂汶景区(鲁)	3.05
236	诸城市(鲁)	1.83
237	汶上县(鲁)	1.6
238	夏津县(鲁)	1.5
239	临沭县(鲁)	1.5
240	五莲县(鲁)	1.25
241	鱼台县(鲁)	1.13
242	滨城区(鲁)	0.92
243	桓台县(鲁)	0.91
244	泰山区(鲁)	0.71
245	莱阳市(鲁)	0.6
246	临朐县(鲁)	0.59
247	乐陵市(鲁)	0.51
248	舞阳县(豫)	56
249	滑县(豫)	40
250	兰考县(豫)	31.18
251	鄢陵县(豫)	24.3
252	永城市(豫)	21.35
253	内乡县(豫)	20.17
254	邓州市(豫)	16.5
255	夏邑县(豫)	16
256	汝南县(豫)	14.9

PRINCIPAL PRODUCTION COUNTIES AND OUTPUT OF FOREST PRODUCTS

(续表)

序号	县(旗、市、区、局、场)	胶合板产量(万立方米)
257	上蔡县(豫)	13.01
258	固始县(豫)	12
259	范 县(豫)	10.9
260	正阳县(豫)	10.33
261	尉氏县(豫)	10
262	新蔡县(豫)	8.46
263	宁陵县(豫)	8.15
264	临颍县(豫)	8
265	台前县(豫)	7.5
266	获嘉县(豫)	7.43
267	镇平县(豫)	6.33
268	原阳县(豫)	6
269	息 县(豫)	5.8
270	辉县市(豫)	5.6
271	郸城县(豫)	5.5
272	泌阳县(豫)	5.5
273	淮阳县(豫)	5.48
274	召陵区(豫)	5.05
275	西华县(豫)	5
276	宛城区(豫)	4.8
277	汝阳县(豫)	4.52
278	延津县(豫)	4.5
279	伊川县(豫)	4.37
280	项城市(豫)	4.2
281	罗山县(豫)	4.08
282	禹州市(豫)	4.04
283	驿城区(豫)	3.85
284	洛宁县(豫)	3.53
285	内黄县(豫)	3.43
286	武陟县(豫)	3.39
287	灵宝市(豫)	3.3
288	登封市(豫)	2.92
289	孟津区(豫)	2.85
290	民权县(豫)	2.77
291	淮滨县(豫)	2.7
292	嵩 县(豫)	2.65
293	太康县(豫)	2.58
294	商水县(豫)	2.51
295	建安区(豫)	2.3
296	淇 县(豫)	2.23
297	鹤壁市市辖区(豫)	2.23
298	睢阳区(豫)	2
299	唐河县(豫)	1.9

(续表)

序号	县(旗、市、区、局、场)	胶合板产量(万立方米)
300	扶沟县(豫)	1.85
301	西平县(豫)	1.85
302	源汇区(豫)	1.55
303	柘城县(豫)	1.26
304	新野县(豫)	1.23
305	叶 县(豫)	1.2
306	平舆县(豫)	1.18
307	偃师区(豫)	0.85
308	卫辉市(豫)	0.82
309	博爱县(豫)	0.8
310	沁阳市(豫)	0.78
311	祥符区(豫)	0.67
312	潢川县(豫)	0.6
313	郏 县(豫)	0.59
314	新乡县(豫)	0.51
315	洪湖市(鄂)	4
316	炎陵县(湘)	24.8
317	宁乡市(湘)	20.95
318	新田县(湘)	19.8
319	东安县(湘)	18.62
320	湘阴县(湘)	16.5
321	汉寿县(湘)	16.04
322	衡山县(湘)	15.51
323	鹤城区(湘)	7.5
324	祁东县(湘)	6.5
325	常宁市(湘)	6.24
326	鼎城区(湘)	4.4
327	渌口区(湘)	3.9
328	汝城县(湘)	3.8
329	醴陵市(湘)	3.33
330	芷江侗族自治县(湘)	3.11
331	沅陵县(湘)	2.8
332	湘潭县(湘)	2.6
333	湘潭市市辖区(湘)	2.02
334	荷塘区(湘)	1.95
335	汨罗市(湘)	1.8
336	石峰区(湘)	1.72
337	桃源县(湘)	1.7
338	临湘市(湘)	1.2
339	岳阳县(湘)	1
340	双牌县(湘)	0.96
341	茶陵县(湘)	0.8
342	宁远县(湘)	0.68

(续表)

序号	县(旗、市、区、局、场)	胶合板产量(万立方米)
343	安化县(湘)	0.65
344	苏仙区(湘)	0.63
345	通道侗族自治县(湘)	0.57
346	资阳区(湘)	0.55
347	洪江区(湘)	0.55
348	宜章县(湘)	0.53
349	封开县(粤)	71.7
350	信宜市(粤)	70
351	廉江市(粤)	65.92
352	三水区(粤)	33.69
353	鹤山市(粤)	20.36
354	东莞市(粤)	17.18
355	台山市(粤)	16
356	东源县(粤)	12
357	化州市(粤)	9.3
358	仁化县(粤)	7.29
359	遂溪县(粤)	6.65
360	雷州市(粤)	6.6
361	滨江区(粤)	3.71
362	乳源瑶族自治县(粤)	2.51
363	饶平县(粤)	2.33
364	高明区(粤)	1.82
365	高州市(粤)	1.74
366	英德市(粤)	1.52
367	清新区(粤)	1.52
368	连平县(粤)	1.2
369	连州市(粤)	1.2
370	大埔县(粤)	1.05
371	增城区(粤)	1
372	平远县(粤)	1
373	揭西县(粤)	0.77
374	武江区(粤)	0.76
375	高要区(粤)	0.76
376	翁源县(粤)	0.74
377	曲江区(粤)	0.7
378	揭东区(粤)	0.6
379	始兴县(粤)	0.55
380	郁南县(粤)	0.51
381	港南区(桂)	1104.11
382	覃塘区(桂)	702.67
383	扶绥县(桂)	205.72
384	兴宾区(桂)	176
385	港北区(桂)	165.49

（续表）

序号	县(旗、市、区、局、场)	胶合板产量(万立方米)
386	武鸣区(桂)	163.8
387	武宣县(桂)	118
388	浦北县(桂)	96.58
389	鹿寨县(桂)	87.62
390	横 县(桂)	83.91
391	岑溪市(桂)	73
392	象州县(桂)	65.09
393	江州区(桂)	60
394	金秀瑶族自治县(桂)	58.98
395	柳江区(桂)	55.22
396	灵山县(桂)	44.65
397	隆安县(桂)	42.38
398	钦北区(桂)	37.5
399	博白县(桂)	37.44
400	青秀区(桂)	36.23
401	凭祥市(桂)	29.02
402	苍梧县(桂)	28.64
403	桂平市(桂)	27.63
404	环江毛南族自治县(桂)	25.6
405	玉州区(桂)	23.48
406	平果县(桂)	22.5
407	防城区(桂)	22.2
408	藤 县(桂)	21.23
409	合浦县(桂)	20.32
410	合山市(桂)	17.91
411	钦南区(桂)	16
412	全州县(桂)	15.35
413	兴业县(桂)	13.77
414	恭城瑶族自治县(桂)	13.64
415	平乐县(桂)	13.58
416	荔浦市(桂)	13
417	临桂区(桂)	12.45
418	八步区(桂)	12.36
419	平南县(桂)	12
420	西林县(桂)	11.2
421	隆林各族自治县(桂)	10.7
422	田阳县(桂)	10.32
423	马山县(桂)	10
424	东门林场(桂)	9.04
425	六万林场(桂)	8.25
426	阳朔县(桂)	7.9
427	铁山港区(桂)	7.41
428	上思县(桂)	7.34

（续表）

序号	县(旗、市、区、局、场)	胶合板产量(万立方米)
429	都安瑶族自治县(桂)	6.29
430	忻城县(桂)	6
431	蒙山县(桂)	5.8
432	万秀区(桂)	5.7
433	柳南区(桂)	5
434	鱼峰区(桂)	4.64
435	凌云县(桂)	4.33
436	高峰林场(桂)	3.93
437	博白林场(桂)	3.8
438	巴马瑶族自治县(桂)	3.63
439	雁山区(桂)	2.98
440	北流市(桂)	2.78
441	东兰县(桂)	2.78
442	永福县(桂)	2.68
443	海城区(桂)	2.6
444	南丹县(桂)	2.3
445	江南区(桂)	2
446	大新县(桂)	2
447	港口区(桂)	1.6
448	融安县(桂)	1.01
449	三江侗族自治县(桂)	0.54
450	屯昌县(琼)	10.83
451	陵水黎族自治县(琼)	1.2
452	儋州市(琼)	1.1
453	琼中黎族苗族自治县(琼)	1
454	永川区(渝)	23.5
455	荣昌区(渝)	5.6
456	秀山土家族苗族自治县(渝)	3.6
457	梁平区(渝)	1.48
458	井研县(川)	16
459	洪雅县(川)	12.6
460	万源市(川)	10.01
461	丹棱县(川)	9.04
462	利州区(川)	8.71
463	叙州区(川)	6.4
464	长宁县(川)	6.18
465	高坪区(川)	5.35
466	高 县(川)	4.2
467	渠 县(川)	4.16
468	广汉市(川)	3.8
469	荣 县(川)	3.52
470	宣汉县(川)	2.59

（续表）

序号	县(旗、市、区、局、场)	胶合板产量(万立方米)
471	东坡区(川)	2.31
472	雨城区(川)	2.18
473	夹江县(川)	2
474	蓬安县(川)	2
475	富顺县(川)	1.8
476	绵竹市(川)	1.65
477	江油市(川)	1.61
478	自流井区(川)	1.35
479	旌阳区(川)	1.12
480	阆中市(川)	0.93
481	隆昌市(川)	0.87
482	中江县(川)	0.7
483	射洪市(川)	0.7
484	会东县(川)	0.55
485	荔波县(黔)	60.2
486	黄平县(黔)	6
487	从江县(黔)	5.9
488	册亨县(黔)	5.5
489	凯里市(黔)	4.63
490	兴义市(黔)	4
491	长顺县(黔)	3.4
492	麻江县(黔)	2.67
493	剑河县(黔)	2.3
494	遵义市市辖区(黔)	0.9
495	兴仁市(黔)	0.61
496	双江拉祜族佤族布朗族傣族自治县(滇)	22.86
497	昌宁县(滇)	17.54
498	景谷傣族彝族自治县(滇)	10.51
499	孟连傣族拉祜族佤族自治县(滇)	9.9
500	宁洱哈尼族彝族自治县(滇)	8.43
501	景洪市(滇)	5.47
502	永仁县(滇)	5.35
503	砚山县(滇)	4.73
504	马关县(滇)	3.89
505	隆阳区(滇)	3.48
506	镇沅彝族哈尼族拉祜族自治县(滇)	3.33
507	云 县(滇)	2.99
508	大姚县(滇)	2.66
509	双柏县(滇)	2.48
510	陇川县(滇)	2.2
511	澜沧拉祜族自治县(滇)	2.08

林产品主产地及产量
PRINCIPAL PRODUCTION COUNTIES AND OUTPUT OF FOREST PRODUCTS

（续表）

序号	县（旗、市、区、局、场）	胶合板产量（万立方米）
512	富宁县（滇）	1.91
513	蒙自市（滇）	1.69
514	景东彝族自治县（滇）	1.35
515	楚雄市（滇）	1.23
516	思茅区（滇）	0.77
517	个旧市（滇）	0.75
518	禄丰县（滇）	0.75
519	腾冲市（滇）	0.72
520	文山市（滇）	0.68
521	芒市（滇）	0.65
522	盈江县（滇）	0.57
523	洋县（陕）	4
524	白河县（陕）	2.15
525	勉县（陕）	0.75
526	城固（陕）	0.59
527	临泽县（甘）	4
528	甘州区（甘）	2.5
529	莎车县（新）	16.09
530	和静县（新）	6.52
531	泽普县（新）	5
532	乌什县（新）	0.75
533	第二师（新疆兵团）	3.65
534	第十师（新疆兵团）	2
535	第四师（新疆兵团）	1.66
536	第十四师（新疆兵团）	1.17

表 2-2 纤维板主产地产量

序号	县（旗、市、区、局、场）	纤维板产量（万立方米）
1	文安县（冀）	330
2	藁城区（冀）	121.05
3	易县（冀）	32
4	曹妃甸区（冀）	22
5	邱县（冀）	21
6	唐县（冀）	19.2
7	深州市（冀）	11.06
8	安平县（冀）	6.8
9	霸州市（冀）	5.5
10	孟村回族自治县（冀）	0.52
11	开原市（辽）	14
12	千山区（辽）	2
13	本溪满族自治县（辽）	1.85
14	德惠市（吉）	4

（续表）

序号	县（旗、市、区、局、场）	纤维板产量（万立方米）
15	梨树县（吉）	0.73
16	宁江区（吉）	0.7
17	沭阳县（苏）	240
18	丹阳市（苏）	162.55
19	邳州市（苏）	57.75
20	浦口区（苏）	45.37
21	新沂市（苏）	34.67
22	泗阳县（苏）	26.75
23	张家港市（苏）	25.5
24	泗洪县（苏）	23.5
25	赣榆区（苏）	19.79
26	宿城区（苏）	17.56
27	灌南县（苏）	17.21
28	滨海县（苏）	16.8
29	涟水县（苏）	14
30	大丰区（苏）	12.05
31	宝应县（苏）	12
32	淮阴区（苏）	10
33	溧阳市（苏）	9.5
34	睢宁县（苏）	7
35	洪泽区（苏）	6.6
36	宿豫区（苏）	1.4
37	常熟市（苏）	0.97
38	吴中区（苏）	0.6
39	南浔区（浙）	18
40	江山市（浙）	17
41	常山县（浙）	13.6
42	桐乡市（浙）	9.15
43	仙居县（浙）	7.26
44	平湖市（浙）	3.43
45	苍南县（浙）	1.64
46	全椒县（皖）	34.1
47	寿县（皖）	29.93
48	五河县（皖）	24
49	宣州区（皖）	23.29
50	太和县（皖）	23.07
51	阜南县（皖）	21.2
52	泗县（皖）	20.09
53	萧县（皖）	18.89
54	固镇县（皖）	15.6
55	利辛县（皖）	15.4
56	天长市（皖）	15
57	南谯区（皖）	15
58	宿松县（皖）	14.8

（续表）

序号	县（旗、市、区、局、场）	纤维板产量（万立方米）
59	埇桥区（皖）	14
60	灵璧县（皖）	13.5
61	蒙城县（皖）	13.4
62	怀宁县（皖）	9.07
63	宁国市（皖）	8.28
64	谯城区（皖）	6.5
65	裕安区（皖）	5.9
66	含山县（皖）	3.97
67	颍泉区（皖）	2.29
68	潜山市（皖）	2.2
69	蚌埠市市辖区（皖）	2
70	琅琊区（皖）	1.62
71	霍邱县（皖）	1.5
72	肥东县（皖）	0.8
73	南康区（赣）	25
74	吉安县（赣）	21
75	抚州市市辖区（赣）	20.6
76	柴桑区（赣）	13.6
77	信丰县（赣）	12.02
78	遂川县（赣）	11.87
79	新建区（赣）	7.5
80	安源区（赣）	0.6
81	费县（鲁）	300
82	任城区（鲁）	67
83	兰山区（鲁）	40
84	惠民县（鲁）	29.98
85	曹县（鲁）	19
86	邹城市（鲁）	18
87	莒县（鲁）	17.33
88	寿光市（鲁）	14.74
89	禹城市（鲁）	14
90	临清市（鲁）	8.55
91	薛城区（鲁）	7.1
92	肥城市（鲁）	5
93	东平县（鲁）	2.75
94	新泰市（鲁）	2.66
95	兖州区（鲁）	2.55
96	鱼台县（鲁）	2.17
97	广饶县（鲁）	1.85
98	博兴县（鲁）	1.61
99	长葛市（豫）	111.3
100	扶沟县（豫）	44.92
101	范县（豫）	40.5
102	夏邑县（豫）	26

(续表)

序号	县(旗、市、区、局、场)	纤维板产量(万立方米)
103	濮阳县(豫)	25
104	尉氏县(豫)	21
105	汝南县(豫)	21
106	罗山县(豫)	12.91
107	临颍县(豫)	10
108	睢阳区(豫)	10
109	新乡县(豫)	9.6
110	兰考县(豫)	6.5
111	固始县(豫)	6
112	泌阳县(豫)	5.8
113	郸城县(豫)	5
114	杞县(豫)	4.9
115	沈丘县(豫)	4.35
116	汝阳县(豫)	3.98
117	商水县(豫)	3.59
118	西华县(豫)	3
119	淇县(豫)	1.85
120	鹤壁市市辖区(豫)	1.85
121	孟州市(豫)	1.5
122	淅川县(豫)	1.5
123	灵宝市(豫)	1.1
124	淮滨县(豫)	0.8
125	原阳县(豫)	0.6
126	松滋市(鄂)	28
127	洪湖市(鄂)	4
128	资阳区(湘)	23.8
129	湘阴县(湘)	18.2
130	汉寿县(湘)	10.41
131	华容县(湘)	8.35
132	湘潭县(湘)	1.45
133	临湘市(湘)	1.1
134	祁东县(湘)	1.1
135	信宜市(粤)	50
136	茂南区(粤)	28.5
137	封开县(粤)	28.36
138	始兴县(粤)	26
139	江城区(粤)	22.1
140	阳东区(粤)	21.89
141	罗定市(粤)	21.03
142	浈江区(粤)	18.26
143	阳春市(粤)	13.5
144	台山市(粤)	12
145	新丰县(粤)	9.85
146	博罗县(粤)	9.27
147	化州市(粤)	8.96
148	翁源县(粤)	8.91
149	高明区(粤)	8.56
150	高州市(粤)	6.53
151	郁南县(粤)	6.5
152	英德市(粤)	6.1
153	清新区(粤)	3.56
154	恩平市(粤)	1.9
155	高峰林场(桂)	62.94
156	万秀区(桂)	60.2
157	隆安县(桂)	55.9
158	藤县(桂)	49.85
159	合浦县(桂)	43.5
160	鹿寨县(桂)	33.7
161	博白县(桂)	26.68
162	凭祥市(桂)	26.01
163	上思县(桂)	21.17
164	钦北区(桂)	16.91
165	横县(桂)	12.82
166	岑溪市(桂)	12.6
167	兴宾区(桂)	12.52
168	永福县(桂)	12
169	浦北县(桂)	11.91
170	武宣县(桂)	11.3
171	蒙山县(桂)	11.28
172	苍梧县(桂)	11.06
173	桂平市(桂)	10.95
174	覃塘区(桂)	7.64
175	兴业县(桂)	7.49
176	扶绥县(桂)	7.15
177	平南县(桂)	5
178	儋州市(琼)	17.9
179	琼中黎族苗族自治县(琼)	1
180	邛崃市(川)	50
181	双流区(川)	28.7
182	彭州市(川)	23.03
183	达川区(川)	16
184	高坪区(川)	8.79
185	丹棱县(川)	8.6
186	屏山县(川)	8.5
187	夹江县(川)	8
188	合江县(川)	5
189	北川羌族自治县(川)	4.3
190	资中县(川)	4
191	剑阁县(川)	3.43
192	大邑县(川)	3.3
193	三台县(川)	2.5
194	青神县(川)	1.6
195	江油市(川)	1.11
196	前锋区(川)	0.54
197	旌阳区(川)	0.52
198	龙里县(黔)	8
199	剑河县(黔)	3.8
200	长顺县(黔)	1.6
201	宁洱哈尼族彝族自治县(滇)	10.78
202	隆阳区(滇)	9.36
203	寻甸回族彝族自治县(滇)	9.3
204	腾冲市(滇)	7.72
205	双柏县(滇)	6.12
206	麒麟区(滇)	3
207	富宁县(滇)	1.29
208	陇川县(滇)	1.03
209	高陵区(陕)	4
210	甘州区(甘)	2
211	疏勒县(新)	12.29
212	莎车县(新)	7.28
213	第四师(新疆兵团)	0.63

表2-3 刨花板主产地产量

序号	县(旗、市、区、局、场)	刨花板产量(万立方米)
1	文安县(冀)	240
2	武邑县(冀)	26
3	曹妃甸区(冀)	23
4	藁城区(冀)	12.04
5	唐县(冀)	7.43
6	吴桥县(冀)	6.06
7	临漳县(冀)	3.67
8	邢台市高新技术开发区(冀)	0.87
9	达拉特旗(内蒙古)	1
10	大洼县(辽)	2
11	辽阳县(辽)	1.4
12	德惠市(吉)	3

林产品主产地及产量

PRINCIPAL PRODUCTION COUNTIES AND OUTPUT OF FOREST PRODUCTS

（续表）

序号	县（旗、市、区、局、场）	刨花板产量（万立方米）	序号	县（旗、市、区、局、场）	刨花板产量（万立方米）	序号	县（旗、市、区、局、场）	刨花板产量（万立方米）
13	绿园区（吉）	1.12	56	上高县（赣）	4.06	99	台山市（粤）	30
14	穆棱市（黑）	194.4	57	宜丰县（赣）	4	100	仁化县（粤）	28.08
15	沭阳县（苏）	130	58	乐安县（赣）	1.95	101	曲江区（粤）	23.3
16	丹阳市（苏）	86	59	东乡区（赣）	1.53	102	惠城区（粤）	22.79
17	灌云县（苏）	47.24	60	兰山区（鲁）	162	103	廉江市（粤）	22.78
18	丰县（苏）	27	61	费县（鲁）	100	104	翁源县（粤）	6.93
19	宿豫区（苏）	22.6	62	平邑县（鲁）	83	105	阳春市（粤）	5
20	宿城区（苏）	19.39	63	曹县（鲁）	80	106	东莞市（粤）	4.23
21	张家港市（苏）	16.5	64	寿光市（鲁）	42.18	107	英德市（粤）	3.5
22	泗阳县（苏）	14.4	65	高密市（鲁）	10	108	化州市（粤）	2.83
23	洪泽区（苏）	5.2	66	山亭区（鲁）	8.88	109	阳西县（粤）	1.6
24	常州经开区（苏）	4	67	郓城县（鲁）	5.7	110	龙川县（粤）	1.26
25	常熟市（苏）	3.89	68	诸城市（鲁）	2.13	111	始兴县（粤）	1.1
26	睢宁县（苏）	3.7	69	河东区（鲁）	1.8	112	连平县（粤）	0.7
27	镇江市市辖区（苏）	1.1	70	东明县（鲁）	0.94	113	茂南区（粤）	0.53
28	建湖县（苏）	1.04	71	尉氏县（豫）	33	114	扶绥县（桂）	62.8
29	大丰区（苏）	0.54	72	睢县（豫）	11	115	覃塘区（桂）	46.46
30	海宁市（浙）	6	73	鄢陵县（豫）	8.97	116	高峰林场（桂）	36.75
31	江山市（浙）	1.93	74	虞城县（豫）	7	117	八步区（桂）	35.12
32	衢江区（浙）	1.66	75	沈丘县（豫）	4.35	118	派阳山林场（桂）	34.97
33	六安市叶集区（皖）	51.52	76	西华县（豫）	4	119	横县（桂）	34.7
34	怀宁县（皖）	38.41	77	睢阳区（豫）	3	120	北流市（桂）	12.5
35	太和县（皖）	24.3	78	郸城县（豫）	2.6	121	港南区（桂）	9.68
36	南谯区（皖）	24	79	长葛市（豫）	2.24	122	永福县（桂）	7.2
37	砀山县（皖）	22.57	80	新安县（豫）	1.75	123	蒙山县（桂）	5
38	蒙城县（皖）	21.7	81	临颍县（豫）	1.68	124	灵山县（桂）	4.63
39	埇桥区（皖）	19.2	82	平桥区（豫）	1.65	125	港北区（桂）	2.63
40	南陵县（皖）	10.82	83	淮滨县（豫）	1.3	126	融安县（桂）	2.04
41	泾县（皖）	8.91	84	宁陵县（豫）	1.1	127	江州区（桂）	2
42	枞阳县（皖）	8.6	85	新野县（豫）	1.1	128	雁山区（桂）	1.05
43	桐城市（皖）	7	86	原阳县（豫）	1	129	琼中黎族苗族自治县（琼）	1
44	泗县（皖）	4.67	87	夏邑县（豫）	1	130	儋州市（琼）	0.98
45	蚌埠市市辖区（皖）	3	88	南召县（豫）	0.8	131	永川区（渝）	20.1
46	石台县（皖）	2.2	89	灵宝市（豫）	0.8	132	名山区（川）	25.3
47	天长市（皖）	2	90	涟源市（湘）	21.5	133	青神县（川）	3.02
48	东至县（皖）	1.59	91	湘阴县（湘）	18.5	134	雁江区（川）	2.99
49	宿松县（皖）	1.56	92	炎陵县（湘）	3.58	135	犍为县（川）	2.55
50	金寨县（皖）	1.5	93	汨罗市（湘）	1.64	136	隆昌市（川）	1.3
51	潜山市（皖）	1.4	94	安乡县（湘）	1.1	137	江油市（川）	0.81
52	界首市（皖）	1.33	95	祁阳县（湘）	0.95	138	龙里县（黔）	8.5
53	涡阳县（皖）	0.8	96	汝城县（湘）	0.59	139	长顺县（黔）	7.4
54	琅琊区（皖）	0.79	97	中山市（粤）	36.04	140	富民县（滇）	21.17
55	南康区（赣）	41.5	98	博罗县（粤）	32.79	141	昌宁县（滇）	9.56

（续表）

序号	县（旗、市、区、局、场）	刨花板产量（万立方米）
142	宁洱哈尼族彝族自治县（滇）	9.09
143	寻甸回族彝族自治县（滇）	2.65
144	麒麟区（滇）	2
145	鹤庆县（滇）	1.5
146	穆棱林业局（龙江森工）	1.75

表2-4 细木工板（大芯板）主产地产量

序号	县（旗、市、区、局、场）	产量（万立方米）
1	文安县（冀）	200
2	正定县（冀）	5.74
3	夏 县（晋）	3.2
4	科尔沁区（内蒙古）	3.6
5	奈曼旗（内蒙古）	1.5
6	新宾满族自治县（辽）	6.1
7	建平县（辽）	1.2
8	德惠市（吉）	5
9	东辽县（吉）	3.68
10	延吉市（吉）	3.3
11	龙山区（吉）	2.2
12	船营区（吉）	1.2
13	洮北区（吉）	0.98
14	北林区（黑）	2.35
15	呼兰区（黑）	1.26
16	望奎县（黑）	1.1
17	明水县（黑）	1
18	克东县（黑）	0.9
19	沭阳县（苏）	83.8
20	海州区（苏）	3.03
21	丰 县（苏）	3
22	宿豫区（苏）	2.3
23	吴江区（苏）	0.76
24	江山市（浙）	101.98
25	南浔区（浙）	46
26	龙泉市（浙）	5.47
27	瓯海区（浙）	2.71
28	兰溪市（浙）	2
29	常山县（浙）	1.49
30	余杭区（浙）	1.09
31	建德市（浙）	0.7
32	泗 县（皖）	79.43
33	利辛县（皖）	13.6
34	大观区（皖）	7.2
35	潜山市（皖）	4.3

（续表）

序号	县（旗、市、区、局、场）	产量（万立方米）
36	东至县（皖）	3.97
37	宣州区（皖）	2.55
38	蚌埠市市辖区（皖）	2
39	南陵县（皖）	1.7
40	天长市（皖）	1
41	祁门县（皖）	1
42	明光市（皖）	0.69
43	涡阳县（皖）	0.6
44	南昌市市辖区（赣）	13.1
45	宜丰县（赣）	19.9
46	南康区（赣）	18.2
47	新建区（赣）	14.8
48	乐平市（赣）	3.93
49	资溪县（赣）	3.9
50	铜鼓县（赣）	3.65
51	新余市市辖区（赣）	3.6
52	武宁县（赣）	3.3
53	分宜县（赣）	2.63
54	万载县（赣）	1.85
55	崇义县（赣）	1.51
56	婺源县（赣）	1.41
57	修水县（赣）	1.4
58	弋阳县（赣）	1.4
59	吉水县（赣）	1.4
60	安福县（赣）	1.3
61	峡江县（赣）	1.13
62	广昌县（赣）	1.02
63	遂川县（赣）	0.98
64	泰和县（赣）	0.93
65	安源区（赣）	0.7
66	永丰县（赣）	0.69
67	青原区（赣）	0.58
68	曹 县（鲁）	576.8
69	兰山区（鲁）	380
70	平邑县（鲁）	9
71	梁山县（鲁）	4.54
72	任城区（鲁）	2
73	泰安市高新区（鲁）	1.5
74	东阿县（鲁）	1
75	齐河县（鲁）	0.9
76	南乐县（豫）	8.43
77	邓州市（豫）	4.92
78	新密市（豫）	3.5
79	睢 县（豫）	2.6

（续表）

序号	县（旗、市、区、局、场）	产量（万立方米）
80	义马市（豫）	2.3
81	睢阳区（豫）	2
82	临颍县（豫）	1.61
83	原阳县（豫）	1
84	淮滨县（豫）	0.7
85	湘阴县（湘）	31.25
86	湘潭市市辖区（湘）	19.26
87	岳阳市市辖区（湘）	15
88	芦淞区（湘）	8.93
89	汉寿县（湘）	5.89
90	衡山县（湘）	5.34
91	中方县（湘）	5
92	炎陵县（湘）	3.81
93	蓝山县（湘）	3.3
94	雨湖区（湘）	3.1
95	冷水滩区（湘）	2.6
96	安化县（湘）	2.23
97	祁东县（湘）	2
98	鹤城区（湘）	1.87
99	靖州苗族侗族自治县（湘）	1.53
100	江永县（湘）	1.47
101	汝城县（湘）	1.42
102	双牌县（湘）	1.3
103	零陵区（湘）	1.2
104	金洞林场（湘）	1.2
105	洪江市（湘）	1
106	望城区（湘）	1
107	桃源县（湘）	0.75
108	苏仙区（湘）	0.68
109	乐昌市（粤）	12
110	清新区（粤）	6.44
111	连州市（粤）	2.5
112	始兴县（粤）	2.3
113	英德市（粤）	1.7
114	连平县（粤）	1
115	台山市（粤）	0.8
116	江城区（粤）	0.7
117	东莞市（粤）	0.55
118	环江毛南族自治县（桂）	13.89
119	融安县（桂）	13.5
120	北流市（桂）	12.54
121	万秀区（桂）	11.62
122	金城江区（桂）	6.22

林产品主产地及产量

PRINCIPAL PRODUCTION COUNTIES AND OUTPUT OF FOREST PRODUCTS

（续表）

序号	县（旗、市、区、局、场）	产量（万立方米）
123	横　县（桂）	4.25
124	博白县（桂）	3.3
125	凌云县（桂）	2.73
126	柳南区（桂）	2
127	田阳县（桂）	1.99
128	琼中黎族苗族自治县（琼）	1
129	夹江县（川）	10
130	威远县（川）	3
131	筠连县（川）	1.6
132	彭州市（川）	0.6
133	荥经县（川）	0.6
134	榕江县（黔）	29.84
135	锦屏县（黔）	2.05
136	安龙县（黔）	1.2
137	长顺县（黔）	1
138	剑河县（黔）	0.8
139	师宗县（滇）	6.65
140	景洪市（滇）	2.9
141	广南县（滇）	2.65
142	河口瑶族自治县（滇）	1.1
143	隆阳区（滇）	0.79

表 2-5　其他人造板主产地产量

序号	县（旗、市、区、局、场）	产量（万立方米）
1	平泉市（冀）	17.95
2	正定县（冀）	7.64
3	唐山市芦台经济技术开发区（冀）	3.4
4	藁城区（冀）	1.01
5	灵寿县（冀）	0.8
6	临河区（内蒙古）	1.7
7	奈曼旗（内蒙古）	1
8	东港市（辽）	6.56
9	开原市（辽）	350
10	朝阳县（辽）	40
11	本溪满族自治县（辽）	1.85
12	双辽市（吉）	3
13	东辽县（吉）	2.2
14	前郭尔罗斯蒙古族自治县（吉）	2.08
15	德惠市（吉）	2
16	大安市（吉）	1.62
17	丰满区（吉）	0.78

（续表）

序号	县（旗、市、区、局、场）	产量（万立方米）
18	松原市市辖区（吉）	0.6
19	尚志市（黑）	8.1
20	香坊区（黑）	3.52
21	方正县（黑）	3.5
22	明水县（黑）	3
23	南岗区（黑）	1.6
24	依兰县（黑）	0.54
25	邳州市（苏）	208.82
26	沭阳县（苏）	20
27	高邮市（苏）	8
28	大丰区（苏）	3.35
29	高淳区（苏）	2
30	盐都区（苏）	1.95
31	吴中区（苏）	1.3
32	宿豫区（苏）	1.1
33	吴江区（苏）	1.02
34	清江浦区（苏）	1
35	镇江市市辖区（苏）	0.8
36	盱眙县（苏）	0.75
37	江都区（苏）	0.6
38	南浔区（浙）	18
39	桐乡市（浙）	10.32
40	余杭区（浙）	9.51
41	嘉善县（浙）	2.23
42	开化县（浙）	1.92
43	六安市叶集区（皖）	26.21
44	怀远县（皖）	19
45	萧　县（皖）	17.94
46	凤阳县（皖）	14.1
47	阜南县（皖）	13
48	蒙城县（皖）	9.1
49	广德县（皖）	6.6
50	祁门县（皖）	5
51	埇桥区（皖）	3.7
52	宣州区（皖）	2.55
53	裕安区（皖）	2.3
54	泾　县（皖）	2.1
55	南陵县（皖）	1.7
56	潜山市（皖）	1.7
57	太湖县（皖）	1.51
58	桐城市（皖）	1.4
59	巢湖市（皖）	1.24
60	蚌埠市市辖区（皖）	1

（续表）

序号	县（旗、市、区、局、场）	产量（万立方米）
61	铜官区（皖）	1
62	毛集实验区（皖）	1
63	天长市（皖）	0.8
64	绩溪县（皖）	0.52
65	南昌市市辖区（赣）	9.3
66	靖安县（赣）	99.95
67	新建区（赣）	25
68	乐安县（赣）	13.46
69	南丰县（赣）	6.89
70	新干县（赣）	6.7
71	南康区（赣）	5.6
72	泰和县（赣）	3.12
73	彭泽县（赣）	3
74	遂川县（赣）	2.87
75	永丰县（赣）	2.55
76	崇义县（赣）	1.95
77	广丰区（赣）	1.78
78	昌江区（赣）	1.24
79	婺源县（赣）	1.22
80	金溪县（赣）	1.1
81	黎川县（赣）	1
82	分宜县（赣）	0.88
83	上饶县（赣）	0.55
84	兰山区（鲁）	178
85	沂水县（鲁）	68
86	成武县（鲁）	37.08
87	高密市（鲁）	20
88	东明县（鲁）	19.91
89	高青县（鲁）	14.05
90	郓城县（鲁）	9.2
91	章丘区（鲁）	6
92	商河县（鲁）	5.62
93	梁山县（鲁）	4.54
94	台儿庄区（鲁）	4.2
95	惠民县（鲁）	4.04
96	潍坊市峡山区（鲁）	3.4
97	沂南县（鲁）	3
98	巨野县（鲁）	2.86
99	宁阳县（鲁）	1.92
100	莘　县（鲁）	0.98
101	坊子区（鲁）	0.73
102	东平县（鲁）	0.55
103	桓台县（鲁）	0.53

序号	县(旗、市、区、局、场)	产量(万立方米)	序号	县(旗、市、区、局、场)	产量(万立方米)	序号	县(旗、市、区、局、场)	产量(万立方米)
104	兰考县(豫)	91.8	147	紫金县(粤)	90	190	金城江区(桂)	0.8
105	禹州市(豫)	39.63	148	封开县(粤)	43.34	191	平乐县(桂)	0.68
106	南乐县(豫)	8.43	149	化州市(粤)	22.3	192	琼中黎族苗族自治县(琼)	1
107	项城市(豫)	7.86	150	茂南区(粤)	21	193	巴州区(川)	52
108	宛城区(豫)	6.3	151	高明区(粤)	10.68	194	合江县(川)	32
109	汝阳县(豫)	4.93	152	浈江区(粤)	7.12	195	什邡市(川)	9.2
110	息县(豫)	4.6	153	廉江市(粤)	4.56	196	井研县(川)	6.5
111	西华县(豫)	4	154	佛冈县(粤)	3.23	197	华蓥市(川)	6.37
112	孟津区(豫)	3.56	155	清城区(粤)	2.48	198	夹江县(川)	5
113	西平县(豫)	3.51	156	郁南县(粤)	2.3	199	屏山县(川)	3.4
114	睢阳区(豫)	3.5	157	云城区(粤)	2.08	200	开江县(川)	3
115	内乡县(豫)	3.49	158	乳源瑶族自治县(粤)	1.6	201	剑阁县(川)	1.55
116	通许县(豫)	3.29	159	英德市(粤)	1.3	202	三台县(川)	1.5
117	沈丘县(豫)	3.23	160	普宁市(粤)	1.12	203	大英县(川)	1.4
118	尉氏县(豫)	3	161	台山市(粤)	0.9	204	南江县(川)	1.14
119	伊川县(豫)	3	162	龙胜各族自治县(桂)	3.36	205	通川区(川)	1
120	洛宁县(豫)	2.98	163	融水苗族自治县(桂)	249.11	206	绵竹市(川)	0.95
121	平舆县(豫)	2.96	164	融安县(桂)	133.5	207	阆中市(川)	0.79
122	嵩县(豫)	2.65	165	柳城县(桂)	83.6	208	叙永县(川)	0.58
123	卧龙区(豫)	2.52	166	合浦县(桂)	59.68	209	黎平县(黔)	9.64
124	封丘县(豫)	2.4	167	万秀区(桂)	20.6	210	锦屏县(黔)	5.68
125	内黄县(豫)	2.23	168	八步区(桂)	13.02	211	册亨县(黔)	4.5
126	平桥区(豫)	2.05	169	天峨县(桂)	12.51	212	剑河县(黔)	3.5
127	夏邑县(豫)	2	170	藤县(桂)	12.1	213	余庆县(黔)	2.94
128	郸城县(豫)	2	171	桂平市(桂)	11.43	214	贞丰县(黔)	1.06
129	淮滨县(豫)	1.8	172	南丹县(桂)	10.8	215	玉屏侗族自治县(黔)	1
130	临颍县(豫)	1.61	173	鹿寨县(桂)	10.65	216	长顺县(黔)	0.6
131	虞城县(豫)	1.5	174	乐业县(桂)	7.45	217	西山区(滇)	13.8
132	新安县(豫)	1.22	175	大新县(桂)	6.63	218	孟连傣族拉祜族佤族自治县(滇)	12.6
133	新野县(豫)	1.1	176	那坡县(桂)	6.5	219	景洪市(滇)	5.47
134	睢县(豫)	1	177	全州县(桂)	6.12	220	宜良县(滇)	4.8
135	淅川县(豫)	0.8	178	江州区(桂)	6	221	师宗县(滇)	3.77
136	方城县(豫)	0.78	179	兴业县(桂)	5.32	222	建水县(滇)	3.05
137	祥符区(豫)	0.58	180	凤山县(桂)	5.01	223	西畴县(滇)	2.86
138	罗山县(豫)	0.54	181	隆林各族自治县(桂)	5	224	元阳县(滇)	2.7
139	安乡县(湘)	12.7	182	长洲区(桂)	4.36	225	威信县(滇)	2.5
140	鹤城区(湘)	9.37	183	横县(桂)	4.25	226	广南县(滇)	1.4
141	炎陵县(湘)	3.81	184	凌云县(桂)	3.51	227	泸西县(滇)	1
142	汝城县(湘)	2.39	185	蒙山县(桂)	1	228	景谷傣族彝族自治县(滇)	1
143	祁东县(湘)	1	186	江南区(桂)	1	229	隆阳区(滇)	0.79
144	湘潭市市辖区(湘)	0.85	187	岑溪市(桂)	1	230	莎车县(新)	0.75
145	宁远县(湘)	0.75	188	平果县(桂)	0.9			
146	桂阳县(湘)	0.62	189	鱼峰区(桂)	0.81			

林产品主产地及产量
PRINCIPAL PRODUCTION COUNTIES AND OUTPUT OF FOREST PRODUCTS

表 3-1 胶合木（集成材、重组木、指接木）主产地产量

序号	县（旗、市、区、局、场）	产量（万立方米）	序号	县（旗、市、区、局、场）	产量（万立方米）	序号	县（旗、市、区、局、场）	产量（万立方米）
1	红山区（内蒙古）	1.83	44	铜鼓县（赣）	2.12	88	宁乡市（湘）	7.21
2	巴林右旗（内蒙古）	1.18	45	修水县（赣）	1.4	89	蓝山县（湘）	3.3
3	新宾满族自治县（辽）	10	46	遂川县（赣）	1.25	90	芷江侗族自治县（湘）	3.11
4	东港市（辽）	6.56	47	峡江县（赣）	1.21	91	祁东县（湘）	3.1
5	珲春市（吉）	30.16	48	莲花县（赣）	1	92	望城区（湘）	3
6	德惠市（吉）	1	49	黎川县（赣）	1	93	汉寿县（湘）	2.95
7	辉南县（吉）	1	50	昌江区（赣）	0.91	94	湘潭市市辖区（湘）	2.82
8	讷河市（黑）	1.5	51	永新县（赣）	0.8	95	沅陵县（湘）	2.8
9	铜山区（苏）	100	52	奉新县（赣）	0.73	96	云溪区（湘）	2.2
10	连云港市市辖区（苏）	67.07	53	袁州区（赣）	0.62	97	荷塘区（湘）	1.95
11	涟水县（苏）	50	54	万年县（赣）	0.54	98	石峰区（湘）	1.42
12	沭阳县（苏）	30	55	兰山区（鲁）	88	99	双牌县（湘）	1.39
13	吴江区（苏）	24	56	东明县（鲁）	54.2	100	麻阳苗族自治县（湘）	1.3
14	新吴区（苏）	5.96	57	曲阜市（鲁）	29	101	金洞林场（湘）	1.3
15	淮安区（苏）	3.67	58	成武县（鲁）	28.84	102	新田县（湘）	1
16	靖江市（苏）	0.63	59	巨野县（鲁）	24.79	103	洪江市（湘）	1
17	德清县（浙）	110	60	梁山县（鲁）	12.49	104	岳阳县（湘）	0.8
18	淳安县（浙）	7.73	61	东平县（鲁）	10	105	汝城县（湘）	0.8
19	龙游县（浙）	2.69	62	河东区（鲁）	7	106	茶陵县（湘）	0.7
20	开化县（浙）	0.65	63	邹平市（鲁）	4.6	107	零陵区（湘）	0.7
21	砀山县（皖）	112.16	64	胶州市（鲁）	4	108	资阳区（湘）	0.6
22	灵璧县（皖）	68	65	博兴县（鲁）	1.71	109	廉江市（粤）	65.92
23	青阳县（皖）	10.7	66	徂汶景区（鲁）	1.7	110	信宜市（粤）	30
24	颍上县（皖）	9.81	67	临沭县（鲁）	1.5	111	乐昌市（粤）	12
25	霍邱县（皖）	6.3	68	乐陵市（鲁）	0.51	112	云安区（粤）	10.28
26	长丰县（皖）	5.52	69	尉氏县（豫）	89	113	仁化县（粤）	7.29
27	潜山市（皖）	4	70	泌阳县（豫）	11.3	114	雷州市（粤）	5.14
28	蚌埠市市辖区（皖）	4	71	淮阳县（豫）	5.48	115	和平县（粤）	2.8
29	含山县（皖）	3.04	72	宛城区（豫）	4.8	116	乳源瑶族自治县（粤）	2.5
30	祁门县（皖）	3	73	临颍县（豫）	4.32	117	英德市（粤）	0.9
31	涡阳县（皖）	2.6	74	项城市（豫）	4.2	118	始兴县（粤）	0.55
32	蒙城县（皖）	1.3	75	驿城区（豫）	3.85	119	郁南县（粤）	0.51
33	五河县（皖）	1	76	登封市（豫）	2.92	120	港北区（桂）	165.49
34	无为县（皖）	0.78	77	商水县（豫）	2.51	121	金秀瑶族自治县（桂）	58.98
35	谯城区（皖）	0.7	78	卫滨区（豫）	2.2	122	青秀区（桂）	36.23
36	石台县（皖）	0.51	79	淮滨县（豫）	2	123	环江毛南族自治县（桂）	25.6
37	南康区（赣）	25.6	80	灵宝市（豫）	1.8	124	藤县（桂）	21.23
38	乐安县（赣）	14.76	81	唐河县（豫）	1.8	125	防城区（桂）	21
39	高安市（赣）	7.21	82	新野县（豫）	1.23	126	兴业县（桂）	13.77
40	吉水县（赣）	4.83	83	民权县（豫）	0.87	127	荔浦市（桂）	13
41	乐平市（赣）	4.54	84	卫辉市（豫）	0.83	128	六万林场（桂）	7.98
42	新建区（赣）	3.8	85	洪湖市（鄂）	3	129	铁山港区（桂）	7.4
43	永丰县（赣）	3	86	东安县（湘）	18.62	130	忻城县（桂）	6
			87	炎陵县（湘）	12	131	鱼峰区（桂）	4.64

(续表) 表3-2 木地板主产地产量 (续表)

序号	县(旗、市、区、局、场)	产量(万立方米)	序号	县(旗、市、区、局、场)	产量(万平方米)	序号	县(旗、市、区、局、场)	产量(万平方米)
132	凌云县(桂)	4.33	1	唐山市芦台经济技术开发区(冀)	19	44	吴江区(苏)	1.5
133	博白林场(桂)	3.8	2	开原市(辽)	350	45	海安市(苏)	1.36
134	江南区(桂)	3	3	甘井子区(辽)	100	46	邗江区(苏)	1.06
135	永福县(桂)	2.9	4	浑南区(辽)	9.76	47	如东县(苏)	0.77
136	海城区(桂)	2.6	5	新宾满族自治县(辽)	2	48	南浔区(浙)	4566
137	南丹县(桂)	2.3	6	本溪满族自治县(辽)	1.43	49	南湖区(浙)	565.9
138	隆安县(桂)	1.6	7	抚松县(吉)	280	50	嘉善县(浙)	557.81
139	屯昌县(琼)	10.83	8	珲春森林山公司(吉)	113.68	51	德清县(浙)	295
140	梁平区(渝)	1.48	9	新元木业公司(吉)	94.6	52	龙泉市(浙)	196.99
141	万源市(川)	10	10	昌邑区(吉)	39.2	53	龙游县(浙)	137
142	井研县(川)	10	11	敦化市(吉)	34	54	吴兴区(浙)	135.02
143	利州区(川)	8.71	12	珲春市(吉)	23.4	55	长兴县(浙)	87.55
144	屏山县(川)	8.5	13	大石头林业局(吉)	20.74	56	海宁市(浙)	64.08
145	高县(川)	4.2	14	延吉市(吉)	6	57	越城区(浙)	59.32
146	雨城区(川)	2.18	15	船营区(吉)	2.79	58	安吉县(浙)	8.9
147	荣县(川)	2.1	16	德惠市(吉)	2	59	建德市(浙)	7.6
148	三台县(川)	1.5	17	通化县(吉)	2	60	嵊州市(浙)	6.13
149	江油市(川)	0.8	18	宽城区(吉)	2	61	常山县(浙)	5.8
150	射洪市(川)	0.7	19	江源区(吉)	0.8	62	开化县(浙)	3.65
151	黄平县(黔)	6.2	20	磐石市(吉)	0.6	63	瓯海区(浙)	3.52
152	长顺县(黔)	3.81	21	穆棱市(黑)	53	64	桐乡市(浙)	2.11
153	剑河县(黔)	2.15	22	绥芬河市(黑)	40	65	柯城区(浙)	1.93
154	西秀区(黔)	1.2	23	嘉荫县(黑)	16	66	永康市(浙)	1.42
155	景谷傣族彝族自治县(滇)	11.5	24	大箐山县(黑)	10	67	余杭区(浙)	0.61
156	师宗县(滇)	6.65	25	尚志市(黑)	4.63	68	灵璧县(皖)	495
157	永仁县(滇)	5.35	26	五常市(黑)	1	69	宿松县(皖)	474.85
158	罗平县(滇)	4	27	沭阳县(苏)	530	70	阜南县(皖)	354
159	马关县(滇)	3.89	28	邳州市(苏)	471.06	71	埇桥区(皖)	208
160	孟连傣族拉祜族佤族自治县(滇)	3.6	29	相城区(苏)	296.3	72	广德县(皖)	157
161	澜沧拉祜族自治县(滇)	2.08	30	宜兴市(苏)	219.84	73	太和县(皖)	88.49
162	开远市(滇)	1.4	31	南通市市辖区(苏)	218	74	黟县(皖)	36.7
163	景洪市(滇)	1.3	32	铜山区(苏)	70	75	宣州区(皖)	28.65
164	腾冲市(滇)	1.1	33	启东市(苏)	38.4	76	萧县(皖)	24.66
165	禄丰县(滇)	0.75	34	丰县(苏)	32	77	固镇县(皖)	11
166	龙陵县(滇)	0.6	35	昆山市(苏)	29.58	78	六安市叶集区(皖)	7.76
167	河口瑶族自治县(滇)	0.6	36	赣榆区(苏)	5.13	79	休宁县(皖)	6.5
168	个旧市(滇)	0.58	37	洪泽区(苏)	5	80	全椒县(皖)	6.4
169	城固县(陕)	0.59	38	涟水县(苏)	4.5	81	青阳县(皖)	5.8
170	和静县(新)	6.52	39	清江浦区(苏)	4	82	长丰县(皖)	5.52
171	第二师(新疆兵团)	3.65	40	淮安区(苏)	2.88	83	岳西县(皖)	4.22
172	第十四师(新疆兵团)	1.17	41	锡山区(苏)	2.4	84	东至县(皖)	3.92
			42	东台市(苏)	2.22	85	屯溪区(皖)	3.6
			43	大丰区(苏)	1.9	86	南陵县(皖)	3.6
						87	临泉县(皖)	3

PRINCIPAL PRODUCTION COUNTIES AND OUTPUT OF FOREST PRODUCTS

序号	县(旗、市、区、局、场)	产量(万平方米)	序号	县(旗、市、区、局、场)	产量(万平方米)	序号	县(旗、市、区、局、场)	产量(万平方米)
88	颍上县(皖)	2.4	132	玉山县(赣)	0.9	176	桃源县(湘)	4.5
89	蚌埠市市辖区(皖)	2	133	五莲县(鲁)	11220	177	雨湖区(湘)	4.39
90	太湖县(皖)	1.91	134	肥城市(鲁)	200	178	宁乡市(湘)	4.27
91	枞阳县(皖)	1.67	135	曹县(鲁)	170.5	179	安化县(湘)	3.93
92	潜山市(皖)	1.5	136	任城区(鲁)	158	180	洪江区(湘)	3.3
93	黄山区(皖)	1.5	137	费县(鲁)	150	181	麻阳苗族自治县(湘)	2.8
94	巢湖市(皖)	1.4	138	东明县(鲁)	128.84	182	珠晖区(湘)	1.2
95	和县(皖)	1.35	139	邹平市(鲁)	86.8	183	宁远县(湘)	1.06
96	石台县(皖)	1.25	140	邹城市(鲁)	81.5	184	溆浦县(湘)	0.96
97	霍邱县(皖)	1.1	141	平度市(鲁)	72	185	芷江侗族自治县(湘)	0.75
98	蜀山区(皖)	1	142	寿光市(鲁)	37.47	186	龙山县(湘)	0.6
99	淮上区(皖)	0.73	143	兰山区(鲁)	31	187	开福区(湘)	0.6
100	裕安区(皖)	0.7	144	兖州区(鲁)	27.04	188	南海区(粤)	2121
101	泾县(皖)	0.52	145	巨野县(鲁)	15	189	鹤山市(粤)	22.71
102	庐山市(赣)	630	146	桓台县(鲁)	15	190	顺德区(粤)	19
103	宜丰县(赣)	445	147	禹城市(鲁)	14	191	三水区(粤)	5.96
104	奉新县(赣)	207.12	148	梁山县(鲁)	13.43	192	新会区(粤)	5.34
105	南昌县(赣)	126.9	149	齐河县(鲁)	10	193	高要区(粤)	5.3
106	乐平市(赣)	77.45	150	郓城县(鲁)	7.6	194	始兴县(粤)	3.4
107	渝水区(赣)	29.87	151	东平县(鲁)	3.6	195	东莞市(粤)	1.48
108	万载县(赣)	29.85	152	胶州市(鲁)	2	196	仁化县(粤)	1.35
109	万年县(赣)	25.7	153	黄岛区(鲁)	1.6	197	澄海区(粤)	0.65
110	广丰区(赣)	23.8	154	岚山区(鲁)	1	198	乳源瑶族自治县(粤)	0.64
111	新余市市辖区(赣)	22.8	155	睢阳区(豫)	100	199	汕尾市城区(粤)	0.56
112	濂溪区(赣)	20	156	邓州市(豫)	65	200	港南区(桂)	170.47
113	崇义县(赣)	18.88	157	台前县(豫)	59.8	201	阳朔县(桂)	41
114	乐安县(赣)	17.37	158	长葛市(豫)	10.6	202	武鸣区(桂)	5
115	井冈山市(赣)	17.28	159	尉氏县(豫)	10	203	覃塘区(桂)	5
116	崇仁县(赣)	9.16	160	临颍县(豫)	9.8	204	巴马瑶族自治县(桂)	3.63
117	吉安县(赣)	8	161	固始县(豫)	5	205	万州区(渝)	970
118	兴国县(赣)	6.5	162	洛宁县(豫)	3.6	206	秀山土家族苗族自治县(渝)	0.85
119	袁州区(赣)	6.1	163	郏县(豫)	0.97	207	新都区(川)	26.33
120	安福县(赣)	5.9	164	召陵区(豫)	0.6	208	剑阁县(川)	17.29
121	遂川县(赣)	4.9	165	鹤城区(湘)	140	209	蓬溪县(川)	7.76
122	永新县(赣)	4.8	166	东安县(湘)	39.65	210	郫都区(川)	6.63
123	广昌县(赣)	3.8	167	北湖区(湘)	37.8	211	兴文县(川)	5.72
124	新建区(赣)	2.6	168	湘阴县(湘)	32.5	212	青白江区(川)	3.8
125	永修县(赣)	2.6	169	岳塘区(湘)	32	213	金牛区(川)	3.55
126	上栗县(赣)	2.2	170	辰溪县(湘)	29.71	214	仪陇县(川)	2
127	余江区(赣)	1.5	171	望城区(湘)	22	215	彭州市(川)	1.29
128	吉州区(赣)	1.29	172	长沙县(湘)	18	216	江油市(川)	1.25
129	上犹县(赣)	1.16	173	沅陵县(湘)	15.28	217	南江县(川)	0.69
130	泰和县(赣)	1	174	汉寿县(湘)	6.74	218	东兴区(川)	0.62
131	莲花县(赣)	1	175	靖州苗族侗族自治县(湘)	5.68			

(续表)

序号	县(旗、市、区、局、场)	产量(万平方米)
219	营山县(川)	0.6
220	阆中市(川)	0.52
221	龙里县(黔)	25
222	西秀区(黔)	7.1
223	凯里市(黔)	6.52
224	仁怀市(黔)	1.81
225	万山区(黔)	1.49
226	凤冈县(黔)	1.05
227	天柱县(黔)	0.8
228	思南县(黔)	0.74
229	镇远县(黔)	0.65
230	盈江县(滇)	50.5
231	文山市(滇)	34.28
232	瑞丽市(滇)	21.28
233	腾冲市(滇)	8
234	孟连傣族拉祜族佤族自治县(滇)	6.8
235	宁洱哈尼族彝族自治县(滇)	4.5
236	砚山县(滇)	3.03
237	梁河县(滇)	2.75
238	隆阳区(滇)	2.47
239	芒市(滇)	2.2
240	陇川县(滇)	1.23
241	江川区(滇)	0.75
242	开远市(滇)	0.73
243	兰坪白族普米族自治县(滇)	0.61
244	乌什县(新)	0.75
245	吉林森工集团金桥木业有限公司(吉林森工)	376
246	穆棱林业局(龙江森工)	2.34
247	林口林业局(龙江森工)	0.87

表3-3 单板(刨切、旋切、微薄板)主产地产量

序号	县(旗、市、区、局、场)	产量(万立方米)
1	唐 县(冀)	7.43
2	奈曼旗(内蒙古)	2
3	梨树县(吉)	13.74
4	农安县(吉)	8.8
5	公主岭市(吉)	3.8
6	双辽市(吉)	3
7	长岭县(吉)	2.03
8	洮北区(吉)	2
9	白城市市辖区(吉)	1.2
10	德惠市(吉)	1
11	舒兰市(吉)	0.62
12	龙江县(黑)	5.3
13	明水县(黑)	4
14	北林区(黑)	2.6
15	望奎县(黑)	2.1
16	讷河市(黑)	0.62
17	丰 县(苏)	310
18	沭阳县(苏)	200
19	涟水县(苏)	20
20	金湖县(苏)	3.2
21	宝应县(苏)	2.46
22	盐都区(苏)	1.95
23	泗洪县(苏)	1.2
24	清江浦区(苏)	1
25	盱眙县(苏)	1
26	吴江区(苏)	0.8
27	海宁市(浙)	6.23
28	德清县(浙)	5.4
29	砀山县(皖)	120.2
30	蜀山区(皖)	50.6
31	灵璧县(皖)	42
32	蒙城县(皖)	20.3
33	金安区(皖)	8
34	蚌埠市市辖区(皖)	3
35	涡阳县(皖)	2
36	谯城区(皖)	2
37	临泉县(皖)	2
38	桐城市(皖)	1.9
39	天长市(皖)	1.5
40	潜山市(皖)	1.3
41	界首市(皖)	1.2
42	五河县(皖)	1
43	吉安县(赣)	5
44	南康区(赣)	4.8
45	崇义县(赣)	4.78
46	于都县(赣)	1.67
47	泰和县(赣)	1.36
48	曹 县(鲁)	535.55
49	莘 县(鲁)	224.6
50	兰山区(鲁)	152
51	费 县(鲁)	150
52	费 县(鲁)	150
53	莒 县(鲁)	16.25
54	东阿县(鲁)	7
55	莒南县(鲁)	3.3
56	平邑县(鲁)	2.9
57	沂源县(鲁)	1.5
58	潍坊市峡山区(鲁)	1.26
59	胶州市(鲁)	1.2
60	商水县(豫)	27.77
61	邓州市(豫)	25
62	夏邑县(豫)	15
63	尉氏县(豫)	14
64	原阳县(豫)	8
65	虞城县(豫)	7
66	宛城区(豫)	6.3
67	临颍县(豫)	5.3
68	桐柏县(豫)	3.2
69	祥符区(豫)	2.1
70	洛宁县(豫)	1.62
71	新野县(豫)	1.1
72	潢川县(豫)	0.9
73	淮滨县(豫)	0.8
74	西峡县(豫)	0.6
75	洪湖市(鄂)	1
76	祁东县(湘)	1.6
77	零陵区(湘)	1.2
78	澧 县(湘)	1.1
79	新田县(湘)	0.8
80	鼎城区(湘)	0.8
81	英德市(粤)	35.09
82	仁化县(粤)	28.08
83	廉江市(粤)	22.78
84	翁源县(粤)	17.1
85	清新区(粤)	13.62
86	雷州市(粤)	11.73
87	乳源瑶族自治县(粤)	5.6
88	曲江区(粤)	4.73
89	遂溪县(粤)	4.65
90	阳山县(粤)	3.98
91	乐昌市(粤)	3.6
92	徐闻县(粤)	3
93	武江区(粤)	2.4
94	电白区(粤)	2

序号	县（旗、市、区、局、场）	产量（万立方米）
95	连州市（粤）	1.5
96	郁南县（粤）	1.4
97	东源县（粤）	1.3
98	始兴县（粤）	1.1
99	阳西县（粤）	1.1
100	信宜市（粤）	0.8
101	新兴县（粤）	0.7
102	和平县（粤）	0.7
103	覃塘区（桂）	413.54
104	兴宾区（桂）	400
105	象州县（桂）	274.87
106	港北区（桂）	204.54
107	武鸣区（桂）	197
108	扶绥县（桂）	127.83
109	武宣县（桂）	110.89
110	浦北县（桂）	82
111	隆安县（桂）	65
112	江州区（桂）	62
113	博白县（桂）	52
114	上思县（桂）	51.38
115	防城区（桂）	48.9
116	灵山县（桂）	48.43
117	忻城县（桂）	45
118	钦北区（桂）	43.75
119	北流市（桂）	28
120	环江毛南族自治县（桂）	25.9
121	苍梧县（桂）	25.86
122	岑溪市（桂）	23.8
123	青秀区（桂）	23.73
124	江南区（桂）	21
125	马山县（桂）	20
126	长洲区（桂）	14
127	八步区（桂）	13.02
128	全州县（桂）	11.8
129	桂平市（桂）	10.43
130	平南县（桂）	8
131	鱼峰区（桂）	5.62
132	钦南区（桂）	5.5
133	柳南区（桂）	5
134	港南区（桂）	2.96
135	永福县（桂）	2.68
136	万秀区（桂）	2.3
137	蒙山县（桂）	1.5
138	港口区（桂）	1

序号	县（旗、市、区、局、场）	产量（万立方米）
139	博白林场（桂）	0.74
140	名山区（川）	25.3
141	夹江县（川）	15
142	长顺县（黔）	2
143	凯里市（黔）	1.61
144	开阳县（黔）	1.5
145	玉屏侗族自治县（黔）	1.2
146	册亨县（黔）	1.07
147	宁洱哈尼族彝族自治县（滇）	5.08
148	孟连傣族拉祜族佤族自治县（滇）	5
149	石林彝族自治县（滇）	1.05
150	西盟佤族自治县（滇）	1.03
151	江城哈尼族彝族自治县（滇）	1
152	腾冲市（滇）	0.8
153	城北区（青）	1.58
154	通北林业局（龙江森工）	3.08

表 3-4　木质家具主产地产量

序号	县（旗、市、区、局、场）	产量（万件）
1	武邑县（冀）	600
2	魏　县（冀）	495
3	广平县（冀）	57
4	巨鹿县（冀）	23
5	邢台市高新技术开发区（冀）	20
6	宁晋县（冀）	11.57
7	围场满族蒙古族自治县（冀）	7
8	栾城区（冀）	3.4
9	任丘市（冀）	2.23
10	大厂回族自治县（冀）	0.69
11	任泽区（冀）	0.62
12	大名县（冀）	0.6
13	沁　县（晋）	144
14	方山县（晋）	1.2
15	科尔沁区（内蒙古）	1.36
16	海拉尔区（内蒙古）	1.2
17	普兰店区（辽）	6.5
18	桓仁满族自治县（辽）	3.2
19	新宾满族自治县（辽）	3
20	朝阳县（辽）	1.5

序号	县（旗、市、区、局、场）	产量（万件）
21	喀喇沁左翼蒙古族自治县（辽）	0.6
22	高新开发区（吉）	1500
23	九台区（吉）	30.9
24	德惠市（吉）	5
25	船营区（吉）	3.85
26	桦甸市（吉）	2.3
27	宁江区（吉）	1.5
28	敦化市（吉）	1.5
29	新元木业公司（吉）	1.3
30	辉南县（吉）	0.7
31	通化医药高新区（吉）	0.7
32	克东县（黑）	7.23
33	五常市（黑）	4
34	宁安市（黑）	3.9
35	南岗区（黑）	2.3
36	方正县（黑）	1
37	兰西县（黑）	1
38	泗阳县（苏）	280
39	沭阳县（苏）	20
40	泗洪县（苏）	12
41	新吴区（苏）	10
42	金坛区（苏）	5.1
43	海安市（苏）	5
44	启东市（苏）	3.9
45	新沂市（苏）	3.8
46	吴江区（苏）	2.4
47	滨海县（苏）	2.2
48	盐都区（苏）	2
49	涟水县（苏）	1.6
50	江宁区（苏）	0.51
51	江山市（浙）	1950
52	海宁市（浙）	698
53	嘉善县（浙）	168.9
54	青田县（浙）	168.35
55	建德市（浙）	98.5
56	德清县（浙）	88
57	常山县（浙）	41.3
58	龙泉市（浙）	36.41
59	开化县（浙）	29
60	苍南县（浙）	27.64
61	衢江区（浙）	18.99
62	龙湾区（浙）	18.2
63	义乌市（浙）	14

(续表)

序号	县(旗、市、区、局、场)	产量(万件)	序号	县(旗、市、区、局、场)	产量(万件)	序号	县(旗、市、区、局、场)	产量(万件)
64	永康市(浙)	13.76	108	旌德县(皖)	2	152	浮梁县(赣)	1.2
65	瑞安市(浙)	8.61	109	太和县(皖)	1.93	153	瑞金市(赣)	1.2
66	余杭区(浙)	8.37	110	阜南县(皖)	1.8	154	修水县(赣)	1.2
67	兰溪市(浙)	8.12	111	天长市(皖)	1.5	155	信州区(赣)	1.1
68	瓯海区(浙)	6.11	112	杜集区(皖)	1.26	156	吉安县(赣)	1
69	海盐县(浙)	6	113	宿松县(皖)	1.26	157	濂溪区(赣)	1
70	长兴县(浙)	2.5	114	蚌埠市市辖区(皖)	1	158	安源区(赣)	1
71	平湖市(浙)	2.5	115	三山区(皖)	0.82	159	德安县(赣)	0.8
72	吴兴区(浙)	1.32	116	龙南县(赣)	268.23	160	萍乡市经济开发区(赣)	0.68
73	缙云县(浙)	0.6	117	铅山县(赣)	175	161	莘县(鲁)	2802.4
74	泗县(皖)	217.22	118	吉水县(赣)	59.46	162	邹平市(鲁)	2600
75	宜秀区(皖)	195	119	樟树市(赣)	20	163	诸城市(鲁)	1800.5
76	潜山市(皖)	130	120	临川区(赣)	19.36	164	曹县(鲁)	1196.43
77	蒙城县(皖)	127.9	121	丰城市(赣)	18	165	东明县(鲁)	990
78	界首市(皖)	110	122	泰和县(赣)	16.21	166	临沭县(鲁)	450
79	休宁县(皖)	70	123	宜黄县(赣)	12.76	167	滕州市(鲁)	121.4
80	固镇县(皖)	55	124	玉山县(赣)	11.1	168	平度市(鲁)	45
81	颍东区(皖)	43	125	广丰区(赣)	10.66	169	莒南县(鲁)	24
82	颍州区(皖)	30	126	遂川县(赣)	9.1	170	东平县(鲁)	16
83	颍泉区(皖)	30	127	宜丰县(赣)	9	171	河东区(鲁)	13
84	埇桥区(皖)	23	128	安福县(赣)	8.9	172	新泰市(鲁)	12.5
85	砀山县(皖)	22.3	129	定南县(赣)	7.85	173	莒县(鲁)	6.53
86	怀宁县(皖)	20.27	130	德兴市(赣)	7.71	174	昌乐县(鲁)	6.5
87	青阳县(皖)	15.8	131	永丰县(赣)	5	175	罗庄区(鲁)	5
88	屯溪区(皖)	15	132	青原区(赣)	4.72	176	滨城区(鲁)	4
89	霍邱县(皖)	15	133	上高县(赣)	4.5	177	昌邑市(鲁)	4
90	临泉县(皖)	15	134	南城县(赣)	4.5	178	章丘区(鲁)	3.9
91	徽州区(皖)	12	135	寻乌县(赣)	3.8	179	周村区(鲁)	3.6
92	谢家集区(皖)	10	136	湘东区(赣)	3	180	博山区(鲁)	2.3
93	五河县(皖)	10	137	章贡区(赣)	3	181	淄川区(鲁)	2
94	涡阳县(皖)	10	138	崇义县(赣)	3	182	峄城区(鲁)	2
95	裕安区(皖)	8.1	139	乐平市(赣)	2.95	183	青州市(鲁)	1.2
96	六安市叶集区(皖)	8.1	140	芦溪县(赣)	2.82	184	沂源县(鲁)	1.1
97	桐城市(皖)	8	141	永新县(赣)	2.81	185	台儿庄区(鲁)	1
98	寿县(皖)	5.9	142	南昌县(赣)	2.69	186	平原县(鲁)	0.8
99	望江县(皖)	5.26	143	全南县(赣)	2.46	187	任城区(鲁)	0.8
100	灵璧县(皖)	4.5	144	婺源县(赣)	2.2	188	市辖区(豫)	792
101	金安区(皖)	4	145	奉新县(赣)	1.76	189	灵宝市(豫)	530
102	肥东县(皖)	3.7	146	兴国县(赣)	1.72	190	清丰县(豫)	151
103	歙县(皖)	2.75	147	昌江区(赣)	1.7	191	尉氏县(豫)	98
104	石台县(皖)	2.62	148	新建区(赣)	1.6	192	项城市(豫)	82.69
105	蜀山区(皖)	2.6	149	永修县(赣)	1.5	193	镇平县(豫)	80
106	潘集区(皖)	2.5	150	余江区(赣)	1.3	194	沈丘县(豫)	49.8
107	谯城区(皖)	2.5	151	武宁县(赣)	1.25	195	夏邑县(豫)	49

林产品主产地及产量

PRINCIPAL PRODUCTION COUNTIES AND OUTPUT OF FOREST PRODUCTS

(续表)

序号	县(旗、市、区、局、场)	产量(万件)
196	范 县(豫)	25.26
197	渑池县(豫)	25
198	郸城县(豫)	20.9
199	西华县(豫)	20
200	中牟县(豫)	17
201	滑 县(豫)	15.03
202	虞城县(豫)	14
203	台前县(豫)	13.2
204	太康县(豫)	12.5
205	原阳县(豫)	11
206	平舆县(豫)	9.38
207	西峡县(豫)	8.93
208	商水县(豫)	8.9
209	卧龙区(豫)	8.5
210	南乐县(豫)	8
211	荥阳市(豫)	7.98
212	桐柏县(豫)	7.5
213	睢 县(豫)	7
214	华龙区(豫)	7
215	新密市(豫)	6
216	永城市(豫)	5.95
217	凤泉区(豫)	5.8
218	临颍县(豫)	5.6
219	汝阳县(豫)	5.5
220	嵩 县(豫)	5
221	固始县(豫)	5
222	登封市(豫)	5
223	方城县(豫)	4.71
224	湖滨区(豫)	4.7
225	西平县(豫)	4.5
226	淮滨县(豫)	4
227	商城县(豫)	3.5
228	龙安区(豫)	3.5
229	新野县(豫)	3.2
230	洛龙区(豫)	3
231	淅川县(豫)	3
232	杞 县(豫)	2.9
233	宝丰县(豫)	2.8
234	社旗县(豫)	2.2
235	温 县(豫)	2.1
236	延津县(豫)	1.23
237	睢阳区(豫)	1.2
238	济源市(豫)	1.1
239	光山县(豫)	0.98

(续表)

序号	县(旗、市、区、局、场)	产量(万件)
240	舞阳县(豫)	0.9
241	南召县(豫)	0.9
242	新 县(豫)	0.8
243	孟津区(豫)	0.7
244	息 县(豫)	0.7
245	管城回族区(豫)	0.7
246	龙亭区(豫)	0.65
247	洪湖市(鄂)	12.8
248	樊城区(鄂)	1.2
249	资阳区(湘)	1000
250	祁东县(湘)	910
251	衡东县(湘)	500
252	桂阳县(湘)	116
253	湘潭市市辖区(湘)	90.8
254	涟源市(湘)	80.5
255	浏阳市(湘)	59.8
256	临澧县(湘)	43
257	鼎城区(湘)	43
258	凤凰县(湘)	35
259	会同县(湘)	30
260	汝城县(湘)	20.4
261	鹤城区(湘)	20
262	桃源县(湘)	13.4
263	蓝山县(湘)	13
264	新田县(湘)	10
265	衡山县(湘)	7.56
266	汉寿县(湘)	7
267	韶山市(湘)	7
268	澧 县(湘)	5
269	中方县(湘)	5
270	苏仙区(湘)	4.5
271	临湘市(湘)	4.3
272	华容县(湘)	3.5
273	衡南县(湘)	3.1
274	珠晖区(湘)	3
275	长沙县(湘)	3
276	辰溪县(湘)	3
277	泸溪县(湘)	2.9
278	平江县(湘)	2.4
279	龙山县(湘)	2.2
280	耒阳市(湘)	2.2
281	保靖县(湘)	2
282	茶陵县(湘)	2
283	永顺县(湘)	2

(续表)

序号	县(旗、市、区、局、场)	产量(万件)
284	祁阳县(湘)	2
285	北湖区(湘)	1.64
286	沅陵县(湘)	1.6
287	麻阳苗族自治县(湘)	1.6
288	芷江侗族自治县(湘)	1.49
289	常德市市辖区(湘)	1.41
290	雁峰区(湘)	1.3
291	安化县(湘)	1.2
292	零陵区(湘)	1.2
293	江华瑶族自治县(湘)	1
294	攸 县(湘)	1
295	武陵区(湘)	0.65
296	岳阳县(湘)	0.6
297	岳阳市市辖区(湘)	0.6
298	高明区(粤)	231.74
299	三水区(粤)	218.01
300	台山市(粤)	25
301	茂南区(粤)	21
302	禅城区(粤)	13.39
303	英德市(粤)	6.52
304	仁化县(粤)	5.2
305	高要区(粤)	2.5
306	增城区(粤)	2.37
307	始兴县(粤)	1.2
308	阳山县(粤)	0.83
309	化州市(粤)	0.72
310	郁南县(粤)	0.6
311	钦北区(桂)	583
312	全州县(桂)	71
313	东兴市(桂)	70.8
314	北流市(桂)	60.6
315	象州县(桂)	36.8
316	万秀区(桂)	25
317	蒙山县(桂)	21
318	八步区(桂)	14.56
319	覃塘区(桂)	14.08
320	柳江区(桂)	12.85
321	平乐县(桂)	10.12
322	苍梧县(桂)	9.3
323	柳城县(桂)	6.9
324	灵山县(桂)	6.71
325	隆安县(桂)	5
326	江州区(桂)	4.5
327	兴宾区(桂)	4.1

序号	县(旗、市、区、局、场)	产量(万件)
328	博白县(桂)	4
329	藤县(桂)	3.5
330	永福县(桂)	2.6
331	平南县(桂)	2
332	西林县(桂)	2
333	浦北县(桂)	1.2
334	长洲区(桂)	1.2
335	港北区(桂)	1.03
336	环江毛南族自治县(桂)	1
337	隆林各族自治县(桂)	0.68
338	琼中黎族苗族自治县(琼)	0.62
339	永川区(渝)	150
340	荣昌区(渝)	1.7
341	金堂县(川)	500
342	崇州市(川)	378
343	青神县(川)	180
344	仁寿县(川)	130
345	合江县(川)	86.5
346	彭州市(川)	35.53
347	中江县(川)	33.89
348	新都区(川)	32
349	都江堰市(川)	26
350	万源市(川)	25
351	游仙区(川)	24
352	邛崃市(川)	22.86
353	巴州区(川)	22
354	珙县(川)	19.33
355	双流区(川)	18
356	南溪区(川)	14.5
357	西充县(川)	10.5
358	井研县(川)	10
359	简阳市(川)	8.3
360	利州区(川)	8.21
361	丹棱县(川)	7.5
362	北川羌族自治县(川)	6.5
363	剑阁县(川)	6.2
364	武侯区(川)	6.1
365	高县(川)	6.1
366	筠连县(川)	5.9
367	长宁县(川)	5.65
368	东部新区(川)	5.2
369	什邡市(川)	5
370	三台县(川)	5
371	通川区(川)	5

序号	县(旗、市、区、局、场)	产量(万件)
372	达川区(川)	4.5
373	安岳县(川)	4.3
374	射洪市(川)	4
375	峨眉山市(川)	4
376	江油市(川)	3.24
377	泸县(川)	3.1
378	广汉市(川)	2.7
379	仪陇县(川)	2.2
380	大英县(川)	2
381	恩阳区(川)	2
382	郫都区(川)	1.91
383	金牛区(川)	1.8
384	邻水县(川)	1.7
385	内江市市中区(川)	1.55
386	喜德县(川)	1.55
387	武胜县(川)	1.2
388	南江县(川)	1.2
389	江安县(川)	1.2
390	犍为县(川)	1.02
391	天全县(川)	1
392	威远县(川)	1
393	青白江区(川)	0.8
394	叙州区(川)	0.77
395	前锋区(川)	0.65
396	东兴区(川)	0.53
397	关岭布依族苗族自治县(黔)	500
398	平塘县(黔)	18
399	赤水市(黔)	13.27
400	兴义市(黔)	13.01
401	安龙县(黔)	13
402	长顺县(黔)	12.81
403	罗甸县(黔)	10.15
404	兴仁市(黔)	6.18
405	凯里市(黔)	5.26
406	天柱县(黔)	4.7
407	榕江县(黔)	4.58
408	贞丰县(黔)	4.32
409	石阡县(黔)	3
410	剑河县(黔)	2.73
411	惠水县(黔)	2.7
412	册亨县(黔)	2
413	普安县(黔)	1.93
414	清镇市(黔)	1.4

序号	县(旗、市、区、局、场)	产量(万件)
415	正安县(黔)	1.4
416	德江县(黔)	1.4
417	道真仡佬族苗族自治县(黔)	1
418	麻江县(黔)	0.95
419	从江县(黔)	0.9
420	镇远县(黔)	0.82
421	遵义市市辖区(黔)	0.75
422	沿河土家族自治县(黔)	0.73
423	金沙县(黔)	0.56
424	兰坪白族普米族自治县(滇)	280
425	宁洱哈尼族彝族自治县(滇)	211
426	大理市(滇)	53.12
427	禄丰县(滇)	7.93
428	红塔区(滇)	5.65
429	麒麟区(滇)	3
430	牟定县(滇)	2.36
431	梁河县(滇)	2
432	孟连傣族拉祜族佤族自治县(滇)	2
433	姚安县(滇)	1.95
434	石林彝族自治县(滇)	1.5
435	云县(滇)	1.2
436	剑川县(滇)	1.1
437	腾冲市(滇)	0.6
438	南郑区(陕)	0.65
439	临夏县(甘)	8
440	泽普县(新)	3

表 3-5 卫生筷子主产地产量

序号	县(旗、市、区、局、场)	产量(标准箱)
1	甘井子区(辽)	25
2	德惠市(吉)	10000
3	沭阳县(苏)	2000
4	安吉县(浙)	86960
5	龙泉市(浙)	8102
6	龙游县(浙)	2000
7	余杭区(浙)	3.11
8	利辛县(皖)	210430
9	岳西县(皖)	50000

(续表)

序号	县(旗、市、区、局、场)	产量(标准箱)
10	潜山市(皖)	38000
11	石台县(皖)	27200
12	蒙城县(皖)	25.2
13	蚌埠市市辖区(皖)	3
14	龙南县(赣)	1180000
15	南昌市市辖区(赣)	975000
16	铅山县(赣)	810000
17	弋阳县(赣)	320000
18	井冈山市(赣)	301000
19	奉新县(赣)	300840
20	南昌县(赣)	300000
21	定南县(赣)	300000
22	宜丰县(赣)	278740
23	宜黄县(赣)	274000
24	全南县(赣)	255500
25	上饶县(赣)	167900
26	萍乡市武功山分局(赣)	132500
27	资溪县(赣)	125000
28	泰和县(赣)	103130
29	武宁县(赣)	99800
30	寻乌县(赣)	88000
31	会昌县(赣)	72036
32	德兴市(赣)	53248
33	崇义县(赣)	46163
34	樟树市(赣)	40000
35	昌江区(赣)	30000
36	遂川县(赣)	30000
37	吉水县(赣)	28950
38	上犹县(赣)	28500
39	湘东区(赣)	24000
40	靖安县(赣)	20000
41	安远县(赣)	18088
42	南城县(赣)	13000
43	珠山区(赣)	10000
44	瑞昌市(赣)	10000
45	崇仁县(赣)	9160
46	芦溪县(赣)	7000
47	安源区(赣)	6000
48	横峰县(赣)	5000
49	丰城市(赣)	5000
50	上高县(赣)	4800
51	临川区(赣)	2100
52	广丰区(赣)	2000
53	于都县(赣)	1880

(续表)

序号	县(旗、市、区、局、场)	产量(标准箱)
54	莲花县(赣)	1825
55	新建区(赣)	1580
56	渝水区(赣)	1224
57	乐安县(赣)	1200
58	南康区(赣)	900
59	黎川县(赣)	900
60	峡江县(赣)	106
61	永修县(赣)	100
62	信丰县(赣)	5.7
63	德安县(赣)	5
64	石城县(赣)	2.9
65	宜春市明月山温泉风景名胜区(赣)	1.65
66	安化县(湘)	108000
67	衡南县(湘)	50000
68	耒阳市(湘)	39700
69	临湘市(湘)	35000
70	鼎城区(湘)	30000
71	浏阳市(湘)	25000
72	祁东县(湘)	21000
73	零陵区(湘)	13000
74	蓝山县(湘)	13000
75	沅陵县(湘)	12000
76	长沙县(湘)	11000
77	洪江市(湘)	10000
78	平江县(湘)	9000
79	东安县(湘)	5000
80	望城区(湘)	4200
81	北湖区(湘)	3000
82	湘潭市市辖区(湘)	608
83	芷江侗族自治县(湘)	450
84	汝城县(湘)	50
85	靖州苗族侗族自治县(湘)	8.1
86	泸溪县(湘)	0.82
87	渌口区(湘)	0.6
88	仁化县(粤)	560000
89	高要区(粤)	6500
90	台山市(粤)	9
91	达川区(川)	22000
92	江安县(川)	20000
93	青神县(川)	1210
94	从江县(黔)	92000
95	紫云苗族布依族自治县(黔)	15000

(续表)

序号	县(旗、市、区、局、场)	产量(标准箱)
96	锦屏县(黔)	15000
97	石阡县(黔)	1200
98	盈江县(滇)	23000
99	麒麟区(滇)	21000
100	孟连傣族拉祜族佤族自治县(滇)	8000
101	新平彝族傣族自治县(滇)	2700
102	绥阳林业局(龙江森工)	110000
103	鹤北林业局(龙江森工)	18000

表 3-6　软木主产地产量

序号	县(旗、市、区、局、场)	产量(千克)
1	蚌埠市市辖区(皖)	400
2	瑞昌市(赣)	8000000
3	靖安县(赣)	4500000
4	内乡县(豫)	600000
5	祥符区(豫)	3000
6	贞丰县(黔)	680
7	双柏县(滇)	10000

表 4-1　木浆主产地产量

序号	县(旗、市、区、局、场)	产量(万吨)
1	顺平县(冀)	1.3
2	德惠市(吉)	2
3	涟水县(苏)	11
4	淮安区(苏)	1.67
5	德清县(浙)	9.4
6	桐乡市(浙)	0.86
7	潜山市(皖)	13
8	迎江区(皖)	5.54
9	蚌埠市市辖区(皖)	3
10	兖州区(鲁)	248.79
11	日照经济技术开发区(鲁)	210.02
12	寿光市(鲁)	45.21
13	泗水县(鲁)	10
14	陵城区(鲁)	7.6
15	广饶县(鲁)	6.35
16	梁山县(鲁)	1.25
17	濮阳市高新区(豫)	15.72
18	新乡县(豫)	15.4
19	武陟县(豫)	4.45
20	内乡县(豫)	2.4

(续表)

序号	县(旗、市、区、局、场)	产量(万吨)
21	项城市(豫)	2.25
22	东安县(湘)	20
23	宁远县(湘)	20
24	中方县(湘)	5
25	望城区(湘)	1
26	台山市(粤)	1
27	钦南区(桂)	100.85
28	防城区(桂)	22.78
29	全州县(桂)	1.72
30	武鸣区(桂)	1
31	武宣县(桂)	0.85
32	儋州市(琼)	189
33	紫云苗族布依族自治县(黔)	3.2
34	景谷傣族彝族自治县(滇)	27.72
35	第十四师(新疆兵团)	1

表 4-2　木浆纸主产地产量

序号	县(旗、市、区、局、场)	产量(万吨)
1	玉田县(冀)	50
2	扎兰屯市(内蒙古)	5.5
3	德惠市(吉)	2
4	平湖市(浙)	108.68
5	海盐县(浙)	22.1
6	南湖区(浙)	14.95
7	瑞安市(浙)	12.77
8	常山县(浙)	11.67
9	越城区(浙)	6.19
10	迎江区(皖)	10.94
11	蚌埠市市辖区(皖)	4
12	寿光市(鲁)	176.04
13	广饶县(鲁)	123.64
14	日照经济技术开发区(鲁)	61.2
15	临淄区(鲁)	32
16	桓台县(鲁)	25
17	齐河县(鲁)	21
18	新泰市(鲁)	20.55
19	宁阳县(鲁)	16.7
20	东平县(鲁)	16
21	泗水县(鲁)	10
22	昌乐县(鲁)	5.8
23	夏津县(鲁)	5.2
24	濮阳市高新区(豫)	31.4

(续表)

序号	县(旗、市、区、局、场)	产量(万吨)
25	新乡县(豫)	13.4
26	台前县(豫)	9.8
27	睢县(豫)	5
28	武陟县(豫)	4.96
29	内乡县(豫)	0.6
30	祁阳县(湘)	5
31	广宁县(粤)	10.5
32	钦南区(桂)	133.89
33	象州县(桂)	7.43
34	柳城县(桂)	4.5
35	全州县(桂)	4.29
36	覃塘区(桂)	0.71
37	儋州市(琼)	116
38	永川区(渝)	28.8
39	仁怀市(黔)	4.5
40	景谷傣族彝族自治县(滇)	3.83
41	麒麟区(滇)	2
42	文山市(滇)	0.58
43	第十四师(新疆兵团)	1

表 4-3　竹浆主产地产量

序号	县(旗、市、区、局、场)	产量(万吨)
1	德清县(浙)	8.5
2	章贡区(赣)	13.5
3	萍乡市武功山分局(赣)	1.6
4	东安县(湘)	40
5	汝城县(湘)	20
6	攸县(湘)	12
7	英德市(粤)	22.05
8	永川区(渝)	18
9	沐川县(川)	40
10	邛崃市(川)	32
11	叙永县(川)	2
12	犍为县(川)	17.5
13	南溪区(川)	13.5
14	青神县(川)	13
15	纳溪区(川)	10
16	江安县(川)	9.5
17	荥经县(川)	6
18	夹江县(川)	2
19	赤水市(黔)	18.38
20	新平彝族傣族自治县(滇)	2.48

(续表)

序号	县(旗、市、区、局、场)	产量(万吨)
21	第十四师(新疆兵团)	1

表 4-4　竹浆纸主产地产量

序号	县(旗、市、区、局、场)	产量(万吨)
1	安吉县(浙)	8
2	龙南县(赣)	16
3	章贡区(赣)	7
4	铅山县(赣)	1.5
5	萍乡市武功山分局(赣)	0.8
6	广宁县(粤)	2.3
7	灵山县(桂)	0.52
8	永川区(渝)	20
9	南溪区(川)	32
10	犍为县(川)	16.8
11	青神县(川)	14
12	纳溪区(川)	12
13	沐川县(川)	12
14	沙湾区(川)	3.7
15	东坡区(川)	2.89
16	高县(川)	2.16
17	芦山县(川)	1
18	夹江县(川)	1
19	赤水市(黔)	5.58
20	新平彝族傣族自治县(滇)	2.48
21	第十四师(新疆兵团)	1

表 4-5　其他浆主产地产量

序号	县(旗、市、区、局、场)	产量(万吨)
1	盘山县(辽)	10.8
2	德清县(浙)	5.8
3	蚌埠市市辖区(皖)	2
4	望江县(皖)	2
5	八步区(桂)	1.31
6	沙湾区(川)	3.4
7	第十四师(新疆兵团)	1

表 4-6　其他纸主产地产量

序号	县(旗、市、区、局、场)	产量(万吨)
1	盘山县(辽)	6.6
2	镇江市市辖区(苏)	183.5
3	涟水县(苏)	22

林产品主产地及产量
PRINCIPAL PRODUCTION COUNTIES AND OUTPUT OF FOREST PRODUCTS

(续表)

序号	县(旗、市、区、局、场)	产量(万吨)
4	如皋市(苏)	1
5	余杭区(浙)	84.5
6	平湖市(浙)	48.32
7	海宁市(浙)	38
8	瓯海区(浙)	37.85
9	衢江区(浙)	26.17
10	瑞安市(浙)	15.58
11	嘉善县(浙)	10.42
12	缙云县(浙)	7.26
13	庆元县(浙)	3.34
14	苍南县(浙)	3.18
15	肥东县(皖)	300
16	花山区(皖)	203
17	蚌埠市市辖区(皖)	3
18	瑶海区(皖)	0.66
19	东乡区(赣)	5.8
20	吉安县(赣)	1.5
21	信丰县(赣)	1.2
22	坊子区(鲁)	1.3
23	太康县(豫)	34.2
24	项城市(豫)	2.25
25	温　县(豫)	0.6
26	德庆县(粤)	22.1
27	万秀区(桂)	2.8
28	港南区(桂)	0.63
29	玉州区(桂)	0.58
30	永川区(渝)	90
31	丰都县(渝)	2
32	彭州市(川)	4.46
33	达川区(川)	3.05
34	富顺县(川)	2.5
35	开远市(滇)	1.2
36	江川区(滇)	0.75
37	第十四师(新疆兵团)	1

表 5-1　毛竹主产地产量

(续表)

序号	县(旗、市、区、局、场)	产量(万根)
1	宜兴市(苏)	350
2	涟水县(苏)	300
3	江宁区(苏)	9.67
4	溧阳市(苏)	8
5	阜宁县(苏)	2.5
6	六合区(苏)	1.85
7	锡山区(苏)	1.4
8	仪征市(苏)	0.76
9	安吉县(浙)	2854
10	龙泉市(浙)	1739.26
11	庆元县(浙)	1370
12	龙游县(浙)	953
13	余杭区(浙)	890.5
14	江山市(浙)	800
15	德清县(浙)	593
16	衢江区(浙)	531.75
17	淳安县(浙)	465.82
18	长兴县(浙)	425.73
19	嵊州市(浙)	312
20	柯城区(浙)	255
21	缙云县(浙)	245
22	建德市(浙)	227.95
23	景宁畲族自治县(浙)	141
24	常山县(浙)	108
25	武义县(浙)	100
26	开化县(浙)	85
27	松阳县(浙)	81
28	平阳县(浙)	76.39
29	苍南县(浙)	43.83
30	越城区(浙)	42.56
31	文成县(浙)	35.82
32	兰溪市(浙)	35
33	仙居县(浙)	32.7
34	瓯海区(浙)	27.81
35	瑞安市(浙)	19.5
36	永康市(浙)	11.96
37	乐清市(浙)	11.02
38	温岭市(浙)	6
39	青田县(浙)	1.96
40	义乌市(浙)	1.2
41	铜官区(皖)	6660
42	广德县(皖)	5900
43	东至县(皖)	1590
44	霍山县(皖)	1300
45	泾　县(皖)	871.1
46	宁国市(皖)	786.7
47	金寨县(皖)	600
48	休宁县(皖)	414
49	宣州区(皖)	389.15
50	南陵县(皖)	346.6

(续表)

序号	县(旗、市、区、局、场)	产量(万根)
51	潜山市(皖)	280
52	石台县(皖)	260
53	舒城县(皖)	251
54	黄山区(皖)	237
55	裕安区(皖)	230
56	祁门县(皖)	210
57	金安区(皖)	210
58	宿松县(皖)	170
59	黟　县(皖)	145
60	郎溪县(皖)	120
61	岳西县(皖)	103
62	太湖县(皖)	102
63	歙　县(皖)	76.32
64	青阳县(皖)	75.89
65	无为县(皖)	68
66	绩溪县(皖)	55
67	含山县(皖)	30.07
68	徽州区(皖)	29.8
69	枞阳县(皖)	14.78
70	南谯区(皖)	11
71	怀宁县(皖)	5
72	旌德县(皖)	3.65
73	全椒县(皖)	3
74	屯溪区(皖)	2.8
75	宜秀区(皖)	2
76	桐城市(皖)	1.3
77	乐安县(赣)	4477.97
78	宜丰县(赣)	1208
79	崇义县(赣)	1187.06
80	遂川县(赣)	984.5
81	资溪县(赣)	778.1
82	崇仁县(赣)	744.8
83	贵溪市(赣)	720
84	德兴市(赣)	700
85	宜黄县(赣)	660
86	万安县(赣)	580
87	浮梁县(赣)	550
88	井冈山市(赣)	532
89	南丰县(赣)	461.59
90	瑞金市(赣)	456
91	大余县(赣)	450
92	黎川县(赣)	408
93	婺源县(赣)	400
94	武宁县(赣)	396

(续表)

序号	县(旗、市、区、局、场)	产量(万根)
95	芦溪县(赣)	380
96	上饶县(赣)	376
97	广昌县(赣)	370.55
98	吉水县(赣)	370
99	铜鼓县(赣)	330
100	宁都县(赣)	320.1
101	南城县(赣)	310
102	奉新县(赣)	301.5
103	万载县(赣)	300
104	靖安县(赣)	275
105	修水县(赣)	260
106	铅山县(赣)	260
107	广丰区(赣)	259.8
108	安福县(赣)	256
109	都昌县(赣)	255
110	临川区(赣)	250.9
111	袁州区(赣)	241
112	定南县(赣)	235
113	新干县(赣)	234.5
114	青原区(赣)	220
115	横峰县(赣)	200
116	上犹县(赣)	180
117	于都县(赣)	174
118	峡江县(赣)	168.01
119	丰城市(赣)	150
120	萍乡市林业局武功山分局(赣)	145.5
121	分宜县(赣)	138
122	弋阳县(赣)	130
123	宜春市明月山温泉风景名胜区(赣)	120
124	永丰县(赣)	116
125	湘东区(赣)	110
126	德安县(赣)	100
127	寻乌县(赣)	97.74
128	石城县(赣)	87.32
129	全南县(赣)	86.55
130	泰和县(赣)	86.4
131	会昌县(赣)	83.72
132	乐平市(赣)	80.5
133	金溪县(赣)	78.74
134	南康区(赣)	74
135	兴国县(赣)	70.1
136	新建区(赣)	68

(续表)

序号	县(旗、市、区、局、场)	产量(万根)
137	上栗县(赣)	66
138	信丰县(赣)	65
139	上高县(赣)	63
140	万年县(赣)	59.55
141	永修县(赣)	55
142	莲花县(赣)	42.53
143	龙南县(赣)	42.1
144	樟树市(赣)	40
145	永新县(赣)	37
146	玉山县(赣)	33
147	彭泽县(赣)	30
148	高安市(赣)	30
149	瑞昌市(赣)	23
150	赣县区(赣)	20
151	吉安县(赣)	20
152	昌江区(赣)	16
153	庐山市(赣)	13
154	安远县(赣)	12.75
155	安源区(赣)	10.5
156	渝水区(赣)	10
157	余江区(赣)	10
158	新余市市辖区(赣)	6.4
159	东乡区(赣)	4
160	柴桑区(赣)	3.1
161	湾里区(赣)	2.9
162	章贡区(赣)	2.1
163	余干县(赣)	2
164	共青城市(赣)	1.6
165	珠山区(赣)	1
166	临沭县(鲁)	1.1
167	新县(豫)	60
168	商城县(豫)	50
169	固始县(豫)	40
170	淅川县(豫)	10
171	潢川县(豫)	9.11
172	唐河县(豫)	7.1
173	松滋市(鄂)	2.4
174	临湘市(湘)	8500
175	衡东县(湘)	5000
176	攸县(湘)	2000
177	茶陵县(湘)	700
178	祁东县(湘)	650
179	宁乡市(湘)	637.1
180	浏阳市(湘)	600

(续表)

序号	县(旗、市、区、局、场)	产量(万根)
181	泸溪县(湘)	400
182	炎陵县(湘)	363
183	汝城县(湘)	350.9
184	桃源县(湘)	350
185	安化县(湘)	350
186	鼎城区(湘)	330
187	耒阳市(湘)	322.8
188	沅陵县(湘)	200
189	苏仙区(湘)	200
190	蓝山县(湘)	194.5
191	芦淞区(湘)	165
192	衡山县(湘)	152.5
193	双牌县(湘)	150
194	岳阳县(湘)	140
195	平江县(湘)	137
196	零陵区(湘)	120
197	渌口区(湘)	120
198	保靖县(湘)	100
199	湘潭县(湘)	98
200	溆浦县(湘)	90
201	宁远县(湘)	89.46
202	衡南县(湘)	82
203	云溪区(湘)	77.99
204	洪江区(湘)	66
205	北湖区(湘)	65
206	常宁市(湘)	62.7
207	会同县(湘)	54.9
208	汨罗市(湘)	52.62
209	新田县(湘)	50
210	洪江市(湘)	50
211	鹤城区(湘)	40
212	资阳区(湘)	39.9
213	汉寿县(湘)	37.07
214	衡阳县(湘)	33.8
215	长沙县(湘)	30
216	醴陵市(湘)	29.85
217	芷江侗族自治县(湘)	28.57
218	金洞林场(湘)	26
219	望城区(湘)	22
220	常德市市辖区(湘)	21.6
221	宜章县(湘)	21.4
222	天心区(湘)	20
223	东安县(湘)	20
224	华容县(湘)	17.8

PRINCIPAL PRODUCTION COUNTIES AND OUTPUT OF FOREST PRODUCTS

(续表)

序号	县(旗、市、区、局、场)	产量(万根)
225	凤凰县(湘)	17
226	中方县(湘)	16
227	桂阳县(湘)	16
228	澧县(湘)	15
229	珠晖区(湘)	15
230	靖州苗族侗族自治县(湘)	13.2
231	通道侗族自治县(湘)	12.7
232	湘潭市市辖区(湘)	12.68
233	江华瑶族自治县(湘)	12
234	荷塘区(湘)	10.96
235	祁阳县(湘)	10
236	开福区(湘)	5.6
237	涟源市(湘)	5.4
238	湘乡市(湘)	5.11
239	津市市(湘)	5
240	新晃侗族自治县(湘)	5
241	雨湖区(湘)	3.1
242	湘阴县(湘)	2.85
243	石门县(湘)	2
244	麻阳苗族自治县(湘)	2
245	永顺县(湘)	2
246	韶山市(湘)	1
247	龙山县(湘)	0.86
248	石峰区(湘)	0.8
249	吉首市(湘)	0.6
250	辰溪县(湘)	0.59
251	英德市(粤)	1326.85
252	德庆县(粤)	935.45
253	南雄市(粤)	800
254	仁化县(粤)	785
255	高州市(粤)	692.4
256	化州市(粤)	610
257	梅县区(粤)	600
258	始兴县(粤)	588
259	和平县(粤)	506
260	博罗县(粤)	495
261	龙门县(粤)	361.2
262	五华县(粤)	250
263	信宜市(粤)	230
264	电白区(粤)	200
265	平远县(粤)	179
266	乐昌市(粤)	166
267	封开县(粤)	151.6
268	佛冈县(粤)	140.72

(续表)

序号	县(旗、市、区、局、场)	产量(万根)
269	清城区(粤)	121.07
270	连南瑶族自治县(粤)	120.19
271	曲江区(粤)	112.75
272	阳春市(粤)	110
273	龙川县(粤)	94.06
274	翁源县(粤)	90.46
275	蕉岭县(粤)	71
276	武江区(粤)	65.19
277	云城区(粤)	63
278	连平县(粤)	60
279	连州市(粤)	52.3
280	丰顺县(粤)	50
281	郁南县(粤)	40.4
282	浈江区(粤)	34.14
283	新丰县(粤)	20.63
284	东源县(粤)	20
285	连山壮族瑶族自治县(粤)	19.43
286	紫金县(粤)	12.5
287	增城区(粤)	11
288	新会区(粤)	10
289	大埔县(粤)	8
290	乳源瑶族自治县(粤)	7.5
291	廉江市(粤)	7.4
292	潮阳区(粤)	6
293	云安区(粤)	5.23
294	怀集县(粤)	5
295	从化区(粤)	5
296	肇庆市林业总场(粤)	4
297	揭西县(粤)	2.83
298	清新区(粤)	2.2
299	韶关市属总林场(粤)	0.6
300	全州县(桂)	2825
301	浦北县(桂)	1593
302	防城区(桂)	1200
303	灵川县(桂)	1045.08
304	平乐县(桂)	1013.52
305	横县(桂)	751
306	三江侗族自治县(桂)	669.81
307	南丹县(桂)	648
308	龙胜各族自治县(桂)	454.29
309	临桂区(桂)	385.37
310	永福县(桂)	375.11
311	融安县(桂)	374.57
312	蒙山县(桂)	182.8

(续表)

序号	县(旗、市、区、局、场)	产量(万根)
313	荔浦市(桂)	182.65
314	合浦县(桂)	152
315	八步区(桂)	126
316	龙圩区(桂)	107
317	金秀瑶族自治县(桂)	100
318	隆安县(桂)	95
319	长洲区(桂)	90
320	兴宾区(桂)	78
321	藤县(桂)	66.85
322	武鸣区(桂)	60.1
323	都安瑶族自治县(桂)	41
324	乐业县(桂)	35
325	阳朔县(桂)	33
326	鹿寨县(桂)	30
327	恭城瑶族自治县(桂)	25
328	巴马瑶族自治县(桂)	18.42
329	凤山县(桂)	14.3
330	田阳县(桂)	14
331	港北区(桂)	12
332	灵山县(桂)	11
333	隆林各族自治县(桂)	10
334	凌云县(桂)	9.5
335	东兰县(桂)	5.32
336	金城江区(桂)	3
337	那坡县(桂)	1.5
338	秀山土家族苗族自治县(渝)	118.78
339	丰都县(渝)	50.6
340	南川区(渝)	16.4
341	梁平区(渝)	9.6
342	永川区(渝)	9
343	合江县(川)	925
344	马边彝族自治县(川)	732.55
345	纳溪区(川)	395
346	长宁县(川)	344.83
347	南溪区(川)	281.6
348	兴文县(川)	226.25
349	叙永县(川)	158
350	高县(川)	157.26
351	屏山县(川)	141.38
352	江安县(川)	136.22
353	天全县(川)	122.1
354	邻水县(川)	108.8
355	翠屏区(川)	100

(续表)

序号	县（旗、市、区、局、场）	产量（万根）
356	古蔺县（川）	70
357	东兴区（川）	60.5
358	雁江区（川）	47.85
359	筠连县（川）	47.04
360	叙州区（川）	41.58
361	通川区（川）	40
362	珙县（川）	39.42
363	大邑县（川）	37.2
364	彭州市（川）	34.78
365	资中县（川）	30
366	绵竹市（川）	22.4
367	隆昌市（川）	21.5
368	营山县（川）	13
369	平昌县（川）	13
370	仪陇县（川）	12
371	会理市（川）	11.9
372	宣汉县（川）	11.38
373	富顺县（川）	10.97
374	邛崃市（川）	9.83
375	五通桥区（川）	9.3
376	达川区（川）	9.1
377	荥经县（川）	8
378	江油市（川）	6.4
379	北川羌族自治县（川）	5.8
380	犍为县（川）	4.1
381	沙湾区（川）	2.2
382	新津区（川）	2.1
383	恩阳区（川）	2
384	泸县（川）	1.6
385	都江堰市（川）	1.5
386	崇州市（川）	1.18
387	大竹县（川）	1
388	贡井区（川）	0.95
389	赤水市（黔）	400
390	德江县（黔）	172
391	正安县（黔）	170
392	水城县（黔）	128
393	从江县（黔）	105.75
394	天柱县（黔）	100
395	仁怀市（黔）	100
396	黎平县（黔）	69.21
397	锦屏县（黔）	45
398	西秀区（黔）	34

(续表)

序号	县（旗、市、区、局、场）	产量（万根）
399	兴仁市（黔）	33.75
400	兴义市（黔）	28
401	瓮安县（黔）	24
402	榕江县（黔）	23.34
403	玉屏侗族自治县（黔）	20
404	镇远县（黔）	16
405	清镇市（黔）	15
406	金沙县（黔）	14.5
407	剑河县（黔）	14
408	长顺县（黔）	12
409	三穗县（黔）	6
410	务川仡佬族苗族自治县（黔）	5
411	六枝特区（黔）	4.3
412	绥阳县（黔）	3
413	贞丰县（黔）	2.2
414	丹寨县（黔）	2
415	龙里县（黔）	1.5
416	碧江区（黔）	1.5
417	黄平县（黔）	1.2
418	岑巩县（黔）	1.2
419	麻江县（黔）	0.62
420	台江县（黔）	0.6
421	新平彝族傣族自治县（滇）	1727.2
422	武定县（滇）	1000
423	镇雄县（滇）	800
424	绥江县（滇）	660
425	沧源佤族自治县（滇）	490.87
426	富源县（滇）	400
427	建水县（滇）	321
428	昌宁县（滇）	149
429	元江哈尼族彝族傣族自治县（滇）	121.09
430	弥渡县（滇）	114
431	寻甸回族彝族自治县（滇）	112
432	南涧彝族自治县（滇）	80
433	芒市（滇）	66.2
434	施甸县（滇）	57.98
435	云县（滇）	50.87
436	腾冲市（滇）	49.5
437	孟连傣族拉祜族佤族自治县（滇）	45
438	福贡县（滇）	40
439	墨江哈尼族自治县（滇）	33

(续表)

序号	县（旗、市、区、局、场）	产量（万根）
440	隆阳区（滇）	32.38
441	红河县（滇）	31.46
442	双江拉祜族佤族布朗族傣族自治县（滇）	31.19
443	马关县（滇）	29.48
444	西盟佤族自治县（滇）	27.76
445	双柏县（滇）	27.53
446	兰坪白族普米族自治县（滇）	25.56
447	瑞丽市（滇）	23.84
448	剑川县（滇）	23
449	文山市（滇）	22.51
450	景东彝族自治县（滇）	21
451	镇沅彝族哈尼族拉祜族自治县（滇）	19.09
452	思茅区（滇）	19
453	勐海县（滇）	18
454	师宗县（滇）	15.7
455	勐腊县（滇）	15.6
456	漾濞彝族自治县（滇）	14.73
457	永仁县（滇）	13.1
458	罗平县（滇）	12.18
459	富宁县（滇）	11.98
460	梁河县（滇）	11.3
461	嵩明县（滇）	9.5
462	红塔区（滇）	8.83
463	威信县（滇）	7.84
464	西畴县（滇）	5.1
465	富民县（滇）	5
466	宣威市（滇）	5
467	彝良县（滇）	4.5
468	宜良县（滇）	3.5
469	楚雄市（滇）	2.5
470	景洪市（滇）	2.12
471	石屏县（滇）	1.4
472	城固县（陕）	398
473	洋县（陕）	242
474	南郑区（陕）	130
475	石泉县（陕）	30
476	紫阳县（陕）	17
477	高桥林场（甘）	60

表 5-2 其他竹类主产地产量

序号	县(旗、市、区、局、场)	产量(万根)	序号	县(旗、市、区、局、场)	产量(万根)	序号	县(旗、市、区、局、场)	产量(万根)
1	东港市(辽)	1	44	寻乌县(赣)	0.67	88	平乐县(桂)	1029.86
2	江宁区(苏)	0.6	45	团风县(鄂)	96.08	89	南丹县(桂)	972
3	德清县(浙)	103.7	46	双牌县(湘)	6300	90	苍梧县(桂)	868
4	长兴县(浙)	70	47	临湘市(湘)	1980	91	都安瑶族自治县(桂)	526.32
5	石台县(皖)	100	48	宁乡市(湘)	287.2	92	钦北区(桂)	400
6	休宁县(皖)	6	49	苏仙区(湘)	250	93	万秀区(桂)	350
7	潜山市(皖)	4.3	50	桃源县(湘)	148	94	全州县(桂)	320
8	绩溪县(皖)	2.5	51	祁东县(湘)	147	95	平南县(桂)	280
9	婺源县(赣)	300	52	零陵区(湘)	100	96	灵川县(桂)	256.37
10	武宁县(赣)	175	53	岳阳县(湘)	100	97	恭城瑶族自治县(桂)	245
11	崇义县(赣)	131.9	54	鼎城区(湘)	90	98	柳江区(桂)	230
12	泰和县(赣)	120.01	55	云溪区(湘)	87.91	99	平果县(桂)	226
13	资溪县(赣)	100	56	蓝山县(湘)	78.1	100	龙圩区(桂)	202
14	瑞金市(赣)	85	57	北湖区(湘)	48	101	博白县(桂)	158.65
15	横峰县(赣)	65	58	江华瑶族自治县(湘)	25	102	北流市(桂)	113
16	永丰县(赣)	60	59	汝城县(湘)	11	103	龙胜各族自治县(桂)	105.01
17	浮梁县(赣)	58	60	湘潭市市辖区(湘)	7.02	104	荔浦市(桂)	103.55
18	定南县(赣)	55	61	洪江市(湘)	5	105	钦南区(桂)	90
19	上犹县(赣)	53.67	62	芷江侗族自治县(湘)	3.19	106	灵山县(桂)	79.62
20	宁都县(赣)	52	63	麻阳苗族自治县(湘)	2.5	107	金秀瑶族自治县(桂)	55
21	铜鼓县(赣)	50	64	常德市市辖区(湘)	2.3	108	三江侗族自治县(桂)	48
22	大余县(赣)	50	65	永顺县(湘)	2	109	蒙山县(桂)	37.1
23	遂川县(赣)	50	66	沅陵县(湘)	1.2	110	覃塘区(桂)	32.99
24	新干县(赣)	45.5	67	封开县(粤)	1897.73	111	阳朔县(桂)	24
25	莲花县(赣)	41.38	68	阳春市(粤)	500	112	田阳县(桂)	13.4
26	湘东区(赣)	40	69	仁化县(粤)	416	113	凤山县(桂)	12.2
27	萍乡市林业局武功山分局(赣)	16	70	英德市(粤)	329.26	114	隆林各族自治县(桂)	2
28	彭泽县(赣)	15	71	连平县(粤)	200	115	巴马瑶族自治县(桂)	1.77
29	南康区(赣)	11	72	始兴县(粤)	180	116	鱼峰区(桂)	1.56
30	吉安县(赣)	10	73	翁源县(粤)	159.06	117	武宣县(桂)	1.36
31	樟树市(赣)	10	74	高州市(粤)	127.4	118	长洲区(桂)	0.76
32	万安县(赣)	7	75	和平县(粤)	120	119	井研县(川)	1220
33	信丰县(赣)	6.4	76	五华县(粤)	100	120	仁寿县(川)	600
34	兴国县(赣)	6.4	77	郁南县(粤)	32.2	121	仪陇县(川)	30
35	分宜县(赣)	5.5	78	龙门县(粤)	29	122	古蔺县(川)	18
36	安源区(赣)	5.25	79	曲江区(粤)	21.79	123	资中县(川)	10
37	青原区(赣)	3.1	80	东源县(粤)	20	124	邻水县(川)	7.4
38	铅山县(赣)	2.1	81	怀集县(粤)	18	125	北川羌族自治县(川)	1.3
39	丰城市(赣)	2	82	信宜市(粤)	10	126	金沙县(黔)	4.57
40	石城县(赣)	1.84	83	廉江市(粤)	9.16	127	麻江县(黔)	2.2
41	永新县(赣)	1.3	84	新丰县(粤)	4.2	128	个旧市(滇)	3774.1
42	章贡区(赣)	0.78	85	柳城县(桂)	5106	129	峨山彝族自治县(滇)	1129.3
43	永修县(赣)	0.75	86	岑溪市(桂)	4301.21	130	鹤庆县(滇)	61.6
			87	桂平市(桂)	4000	131	寻甸回族彝族自治县(滇)	42

序号	县(旗、市、区、局、场)	产量(万根)
132	师宗县(滇)	12.6
133	绿春县(滇)	10.02

表 5-3　藤类主产地产量

序号	县(旗、市、区、局、场)	产量(万吨)
1	滨海县(苏)	0.9
2	潜山市(皖)	5
3	霍邱县(皖)	4
4	绩溪县(皖)	1.55
5	石台县(皖)	0.58
6	新建区(赣)	12.6
7	信丰县(赣)	8.01
8	奉新县(赣)	7.6
9	浮梁县(赣)	1.2
10	镇平县(豫)	160
11	渑池县(豫)	46
12	嵩　县(豫)	1
13	宁陵县(豫)	0.74
14	湘潭县(湘)	13.2
15	涟源市(湘)	2.4
16	珠晖区(湘)	2
17	祁东县(湘)	0.9
18	英德市(粤)	19.69
19	蒙山县(桂)	10
20	灵山县(桂)	0.7
21	荔波县(黔)	200
22	长顺县(黔)	40.5
23	绥阳县(黔)	2
24	南郑区(陕)	0.85

表 6-1　树种资源面积

序号	县(旗、市、区、局、场)	品种	资源面积(公顷)
1	延寿县(黑)	红松	20
2	饶河县(黑)	榛子	5
3	勃利县(黑)	红松	8858.84
4	七台河市市辖区(黑)	红松	3189
5	七台河市市辖区(黑)	榛子	12
6	东宁市(黑)	红松	4228
7	东宁市(黑)	榛子	357.76
8	海林市(黑)	红松	2806
9	爱辉区(黑)	山杏	66
10	呼玛县(黑)	榛子	100
11	丹清河实验林场(黑)	红松	6000
12	胜利实验林场(黑)	榛子	26
13	双阳区(吉)	红松	10
14	农安县(吉)	文冠果	12
15	农安县(吉)	榛子	30
16	农安县(吉)	红松	106
17	船营区(吉)	红松	50
18	永吉县(吉)	核桃	160
19	蛟河市(吉)	核桃	16900.1
20	蛟河市(吉)	红松	15194.39
21	蛟河市(吉)	榛子	244.54
22	舒兰市(吉)	核桃	1360
23	舒兰市(吉)	红松	2633.8
24	舒兰市(吉)	榛子	439
25	磐石市(吉)	红松	6000
26	伊通满族自治县(吉)	榛子	390
27	东辽县(吉)	元宝枫	408.2
28	辉南县(吉)	红松	6274
29	辉南县(吉)	核桃	6344
30	靖宇县(吉)	核桃	50
31	靖宇县(吉)	红松	94
32	临江市(吉)	核桃	2054
33	大石头林业局(吉)	红松	18.5
34	八家子林业局(吉)	榛子	2.5
35	八家子林业局(吉)	红松	131000
36	珲春林业局(吉)	红松	90095.32
37	黎城县(晋)	核桃	10666.7
38	黎城县(晋)	花椒	786.67
39	黎城县(晋)	山杏	65
40	沁　县(晋)	核桃	5000
41	沁　县(晋)	仁用杏	113
42	沁水县(晋)	核桃	2000
43	阳城县(晋)	仁用杏	93.3
44	阳城县(晋)	核桃	3933.3
45	阳城县(晋)	花椒	1266.67
46	阳城县(晋)	柿子	200
47	陵川县(晋)	核桃	2133
48	陵川县(晋)	板栗	33
49	陵川县(晋)	仁用杏	40
50	陵川县(晋)	油用牡丹	100
51	泽州县(晋)	核桃	3200
52	泽州县(晋)	油用牡丹	100
53	泽州县(晋)	花椒	333.33
54	泽州县(晋)	柿子	266.67
55	泽州县(晋)	文冠果	6.67
56	高平市(晋)	核桃	1313.4
57	高平市(晋)	柿子	33.34
58	高平市(晋)	花椒	33.34
59	高平市(晋)	榛子	33.34
60	高平市(晋)	油用牡丹	240.01
61	应　县(晋)	核桃	7
62	应　县(晋)	仁用杏	7
63	应　县(晋)	山杏	53
64	榆社县(晋)	核桃	3466.7
65	榆社县(晋)	山杏	3666.7
66	左权县(晋)	核桃	24143
67	和顺县(晋)	核桃	2870.67
68	和顺县(晋)	仁用杏	113.33
69	和顺县(晋)	板栗	26
70	和顺县(晋)	山杏	2513.33
71	和顺县(晋)	文冠果	46.67
72	和顺县(晋)	榛子	3.33
73	昔阳县(晋)	板栗	1666.67
74	昔阳县(晋)	核桃	7533
75	昔阳县(晋)	花椒	100
76	昔阳县(晋)	柿子	66.67
77	昔阳县(晋)	油用牡丹	21.33
78	昔阳县(晋)	干枣	106.67
79	昔阳县(晋)	榛子	6.67
80	昔阳县(晋)	翅果油树	1666.67
81	寿阳县(晋)	仁用杏	333
82	太谷县(晋)	干枣	5533
83	祁　县(晋)	核桃	1953.3
84	祁　县(晋)	干枣	678.6
85	祁　县(晋)	仁用杏	27
86	祁　县(晋)	花椒	47
87	平遥县(晋)	干枣	1000
88	平遥县(晋)	核桃	5500
89	平遥县(晋)	仁用杏	226.7
90	平遥县(晋)	柿子	46.7
91	平遥县(晋)	花椒	340
92	灵石县(晋)	花椒	146.6
93	灵石县(晋)	核桃	20280
94	灵石县(晋)	干枣	446.7

林产品主产地及产量
PRINCIPAL PRODUCTION COUNTIES AND OUTPUT OF FOREST PRODUCTS

(续表)

序号	县(旗、市、区、局、场)	品种	资源面积(公顷)
95	灵石县(晋)	仁用杏	360
96	灵石县(晋)	柿子	26.7
97	介休市(晋)	核桃	4873.33
98	介休市(晋)	花椒	73.33
99	闻喜县(晋)	板栗	167
100	闻喜县(晋)	核桃	1000
101	闻喜县(晋)	仁用杏	133
102	闻喜县(晋)	花椒	2747
103	新绛县(晋)	核桃	666
104	新绛县(晋)	花椒	1800
105	垣曲县(晋)	花椒	3120
106	夏 县(晋)	花椒	2667
107	平陆县(晋)	花椒	3540
108	永济市(晋)	核桃	1533
109	永济市(晋)	干枣	4333
110	永济市(晋)	花椒	1600
111	永济市(晋)	柿子	3266
112	河津市(晋)	花椒	1000
113	忻府区(晋)	干枣	353
114	忻府区(晋)	核桃	5933
115	忻府区(晋)	花椒	39
116	忻府区(晋)	仁用杏	313
117	定襄县(晋)	核桃	1993
118	定襄县(晋)	柿子	132.7
119	定襄县(晋)	仁用杏	268.1
120	定襄县(晋)	花椒	166.9
121	宁武县(晋)	山杏	667
122	静乐县(晋)	核桃	667
123	静乐县(晋)	仁用杏	80
124	静乐县(晋)	山杏	1333
125	静乐县(晋)	油用牡丹	667
126	静乐县(晋)	文冠果	6.7
127	神池县(晋)	仁用杏	165.3
128	原平市(晋)	干枣	1667
129	原平市(晋)	核桃	7600
130	原平市(晋)	仁用杏	1067
131	洪洞县(晋)	仁用杏	15
132	洪洞县(晋)	核桃	4453
133	古 县(晋)	油用牡丹	947
134	古 县(晋)	花椒	27
135	古 县(晋)	核桃	14493
136	安泽县(晋)	核桃	667
137	吉 县(晋)	核桃	2000
138	乡宁县(晋)	花椒	3333
139	乡宁县(晋)	核桃	10667
140	乡宁县(晋)	油用牡丹	333
141	大宁县(晋)	核桃	6973
142	大宁县(晋)	干枣	313
143	大宁县(晋)	花椒	553
144	大宁县(晋)	仁用杏	307
145	大宁县(晋)	山杏	1147
146	大宁县(晋)	文冠果	400
147	永和县(晋)	干枣	6646.7
148	永和县(晋)	核桃	10346.7
149	永和县(晋)	花椒	40
150	永和县(晋)	仁用杏	1773
151	离石区(晋)	干枣	800
152	离石区(晋)	核桃	11667
153	石楼县(晋)	核桃	17000
154	石楼县(晋)	干枣	18000
155	石楼县(晋)	花椒	800
156	石楼县(晋)	仁用杏	673
157	方山县(晋)	干枣	127
158	方山县(晋)	核桃	11173
159	孝义市(晋)	核桃	18667
160	杏花岭区(晋)	核桃	193
161	杏花岭区(晋)	花椒	7
162	阳曲县(晋)	松果	15000
163	阳曲县(晋)	牡丹	11
164	娄烦县(晋)	文冠果	60
165	娄烦县(晋)	油用牡丹	1333
166	古交市(晋)	核桃	800
167	古交市(晋)	榛子	460
168	阳高县(晋)	仁用杏	200
169	阳高县(晋)	山杏	33
170	灵丘县(晋)	核桃	880
171	灵丘县(晋)	仁用杏	2416
172	云州区(晋)	仁用杏	1200
173	云州区(晋)	油用牡丹	60
174	阳泉市城区(晋)	核桃	70.53
175	阳泉市郊区(晋)	核桃	1720
176	阳泉市郊区(晋)	油用牡丹	27
177	阳泉市郊区(晋)	仁用杏	6.67
178	平定县(晋)	核桃	7200
179	盂 县(晋)	核桃	6333
180	盂 县(晋)	花椒	325
181	上党区(晋)	核桃	740
182	上党区(晋)	花椒	40
183	襄垣县(晋)	油用牡丹	1447
184	襄垣县(晋)	核桃	1867
185	襄垣县(晋)	仁用杏	207
186	襄垣县(晋)	花椒	7
187	平顺县(晋)	花椒	5627
188	临潼区(陕)	花椒	1200
189	临潼区(陕)	牡丹	133
190	蓝田县(陕)	核桃	5330
191	蓝田县(陕)	板栗	2600
192	蓝田县(陕)	花椒	2000
193	鄠邑区(陕)	花椒	103
194	印台区(陕)	花椒	4573
195	印台区(陕)	核桃	8367
196	耀州区(陕)	柿子	2533
197	耀州区(陕)	花椒	13933
198	永寿县(陕)	核桃	1040
199	永寿县(陕)	花椒	386.67
200	永寿县(陕)	油用牡丹	187
201	汉台区(陕)	核桃	140
202	汉台区(陕)	油用牡丹	53
203	汉台区(陕)	板栗	23.87
204	南郑区(陕)	核桃	5900
205	南郑区(陕)	油茶	3666
206	南郑区(陕)	松果	4000
207	南郑区(陕)	花椒	206
208	南郑区(陕)	板栗	860
209	城固县(陕)	油橄榄	45
210	城固县(陕)	核桃	2400
211	洋 县(陕)	核桃	4580
212	洋 县(陕)	牡丹	1300
213	西乡县(陕)	油用牡丹	2667
214	西乡县(陕)	花椒	346
215	宁强县(陕)	花椒	520
216	宁强县(陕)	油茶	640
217	镇巴县(陕)	核桃	8717.8
218	镇巴县(陕)	油茶	1053
219	镇巴县(陕)	板栗	6845
220	横山区(陕)	核桃	253
221	横山区(陕)	干枣	215
222	横山区(陕)	仁用杏	2200
223	绥德县(陕)	核桃	4568
224	佳 县(陕)	干枣	32000
225	子洲县(陕)	仁用杏	8366
226	汉滨区(陕)	核桃	36320

(续表)

序号	县(旗、市、区、局、场)	品种	资源面积(公顷)
227	汉滨区(陕)	油茶	12536
228	汉滨区(陕)	油用牡丹	1093
229	汉滨区(陕)	板栗	8873
230	石泉县(陕)	核桃	7653.3
231	石泉县(陕)	板栗	5873.3
232	石泉县(陕)	油茶	486.7
233	石泉县(陕)	油用牡丹	626.7
234	石泉县(陕)	花椒	300
235	宁陕县(陕)	油用牡丹	203
236	宁陕县(陕)	核桃	11353
237	紫阳县(陕)	板栗	15493
238	紫阳县(陕)	核桃	10091
239	紫阳县(陕)	牡丹	387
240	紫阳县(陕)	油茶	200
241	紫阳县(陕)	花椒	914
242	岚皋县(陕)	核桃	11925
243	岚皋县(陕)	板栗	7139
244	镇坪县(陕)	核桃	7180
245	镇坪县(陕)	板栗	12966.6
246	镇坪县(陕)	油用牡丹	466.6
247	镇坪县(陕)	花椒	193.3
248	旬阳县(陕)	核桃	18250
249	旬阳县(陕)	花椒	1202
250	旬阳县(陕)	油用牡丹	7122
251	旬阳县(陕)	板栗	2780
252	旬阳县(陕)	柿子	615
253	白河县(陕)	板栗	4867
254	白河县(陕)	核桃	10120
255	白河县(陕)	油茶	572
256	白河县(陕)	油用牡丹	1794
257	白河县(陕)	花椒	340.5
258	西咸新区(陕)	核桃	99
259	正宁林业总场(甘)	核桃	0.01
260	嘉峪关市(甘)	文冠果	87
261	白银区(甘)	油用牡丹	26.7
262	白银区(甘)	核桃	80
263	白银区(甘)	干枣	240
264	平川区(甘)	油用牡丹	20
265	平川区(甘)	文冠果	1873.3
266	平川区(甘)	山杏	66.7
267	平川区(甘)	花椒	66.7
268	平川区(甘)	干枣	1980
269	会宁县(甘)	核桃	467
270	会宁县(甘)	山杏	21200
271	会宁县(甘)	文冠果	586
272	会宁县(甘)	花椒	593
273	会宁县(甘)	油用牡丹	620
274	景泰县(甘)	核桃	33.33
275	凉州区(甘)	核桃	1913
276	古浪县(甘)	油用牡丹	67
277	张掖市市辖区(甘)	文冠果	66.6
278	甘州区(甘)	沙枣	400
279	甘州区(甘)	干枣	120
280	甘州区(甘)	文冠果	667
281	甘州区(甘)	山杏	30
282	甘州区(甘)	油用牡丹	40
283	肃南裕固族自治县(甘)	文冠果	53.33
284	临泽县(甘)	文冠果	360
285	临泽县(甘)	核桃	440
286	高台县(甘)	文冠果	386.6
287	高台县(甘)	仁用杏	486.6
288	庄浪县(甘)	花椒	46.7
289	庄浪县(甘)	核桃	120
290	肃州区(甘)	核桃	1.85
291	肃州区(甘)	文冠果	34.86
292	金塔县(甘)	文冠果	203
293	庆城县(甘)	核桃	0.01
294	宁 县(甘)	核桃	518
295	陇西县(甘)	花椒	400
296	陇南市市辖区(甘)	油橄榄	50666.67
297	陇南市市辖区(甘)	花椒	194666.67
298	陇南市市辖区(甘)	核桃	291706.67
299	武都区(甘)	油橄榄	34400
300	武都区(甘)	花椒	66666.67
301	成 县(甘)	核桃	34000
302	临夏市(甘)	花椒	286.7
303	临夏市(甘)	油用牡丹	60
304	临夏县(甘)	牡丹	20
305	临夏县(甘)	花椒	2266.7
306	永靖县(甘)	核桃	4173.3
307	永靖县(甘)	文冠果	36.6
308	永靖县(甘)	花椒	6280
309	广河县(甘)	花椒	15
310	积石山保安族东乡族撒拉族自治县(甘)	核桃	9333
311	积石山保安族东乡族撒拉族自治县(甘)	花椒	20000
312	伊州区(新)	干枣	4758
313	伊州区(新)	核桃	65
314	阜康市(新)	文冠果	460
315	轮台县(新)	核桃	4540
316	和静县(新)	核桃	246
317	阿克苏市(新)	干枣	9015.59
318	阿克苏市(新)	核桃	22270.61
319	阿克苏市(新)	花椒	646.66
320	麦盖提县(新)	核桃	1
321	麦盖提县(新)	干枣	3.3
322	大通回族土族自治县(青)	油用牡丹	15.3
323	平安区(青)	油用牡丹	120
324	民和回族土族自治县(青)	花椒	93.3
325	民和回族土族自治县(青)	油用牡丹	88.7
326	化隆回族自治县(青)	花椒	40.06
327	化隆回族自治县(青)	核桃	2267.8
328	循化撒拉族自治县(青)	油用牡丹	66.67
329	循化撒拉族自治县(青)	花椒	221.87
330	长宁县(川)	油茶	133
331	高 县(川)	核桃	949
332	高 县(川)	油茶	353
333	珙 县(川)	核桃	516
334	珙 县(川)	板栗	49
335	屏山县(川)	核桃	1932
336	屏山县(川)	板栗	621
337	屏山县(川)	油茶	293
338	广安区(川)	核桃	2114
339	岳池县(川)	核桃	2276
340	武胜县(川)	核桃	1247
341	邻水县(川)	核桃	2080
342	邻水县(川)	油橄榄	73
343	邻水县(川)	板栗	100
344	华蓥市(川)	花椒	670
345	华蓥市(川)	板栗	59
346	华蓥市(川)	核桃	17

林产品主产地及产量
PRINCIPAL PRODUCTION COUNTIES AND OUTPUT OF FOREST PRODUCTS

(续表)

序号	县(旗、市、区、局、场)	品种	资源面积(公顷)
347	达川区(川)	核桃	667
348	达川区(川)	花椒	13325
349	达川区(川)	油茶	461
350	达川区(川)	油橄榄	66
351	达川区(川)	板栗	23
352	宣汉县(川)	板栗	1477
353	宣汉县(川)	核桃	7142
354	宣汉县(川)	油橄榄	53
355	宣汉县(川)	油茶	208
356	宣汉县(川)	油用牡丹	370
357	开江县(川)	油橄榄	5733
358	开江县(川)	花椒	1533
359	大竹县(川)	核桃	866
360	大竹县(川)	油茶	480
361	渠 县(川)	核桃	3980
362	渠 县(川)	花椒	7300
363	万源市(川)	油茶	7
364	万源市(川)	核桃	10900
365	万源市(川)	板栗	4393
366	雨城区(川)	油茶	907
367	名山区(川)	油茶	622
368	汉源县(川)	花椒	3250
369	石棉县(川)	核桃	6133
370	石棉县(川)	花椒	1000
371	宝兴县(川)	核桃	282
372	宝兴县(川)	板栗	0.7
373	南江县(川)	板栗	2062
374	南江县(川)	核桃	40360
375	南江县(川)	花椒	260
376	平昌县(川)	核桃	6510
377	雁江区(川)	核桃	3016
378	安岳县(川)	核桃	815
379	乐至县(川)	核桃	5687
380	茂 县(川)	核桃	1500
381	茂 县(川)	花椒	3233
382	九寨沟县(川)	花椒	1017
383	九寨沟县(川)	核桃	892
384	泸定县(川)	核桃	6075
385	泸定县(川)	花椒	2600
386	九龙县(川)	核桃	5585
387	西昌市(川)	花椒	6872
388	西昌市(川)	核桃	30333
389	西昌市(川)	板栗	167
390	西昌市(川)	油橄榄	973
391	木里藏族自治县(川)	核桃	34939
392	木里藏族自治县(川)	花椒	6117
393	盐源县(川)	板栗	434
394	盐源县(川)	核桃	77447
395	盐源县(川)	花椒	52034.33
396	德昌县(川)	核桃	40033
397	德昌县(川)	油茶	1333
398	德昌县(川)	板栗	14850
399	德昌县(川)	油橄榄	66.66
400	会理市(川)	核桃	53486.7
401	会理市(川)	花椒	3431
402	会理市(川)	油橄榄	3133.33
403	会理市(川)	板栗	840
404	会东县(川)	油茶	200
405	会东县(川)	核桃	43667
406	会东县(川)	花椒	6266
407	会东县(川)	油橄榄	2466
408	宁南县(川)	板栗	1008
409	宁南县(川)	核桃	61640
410	宁南县(川)	油橄榄	180
411	宁南县(川)	花椒	8291
412	宁南县(川)	油茶	68
413	宁南县(川)	松果	1953
414	宁南县(川)	柿子	61
415	普格县(川)	核桃	1733.33
416	普格县(川)	花椒	3625
417	普格县(川)	板栗	216
418	布拖县(川)	核桃	23400
419	布拖县(川)	花椒	7860
420	金阳县(川)	板栗	400
421	金阳县(川)	核桃	46040
422	金阳县(川)	花椒	59440
423	昭觉县(川)	核桃	49466
424	昭觉县(川)	花椒	12274
425	喜德县(川)	核桃	29820
426	喜德县(川)	花椒	14437.7
427	喜德县(川)	板栗	33
428	冕宁县(川)	油橄榄	1367
429	冕宁县(川)	板栗	439
430	冕宁县(川)	核桃	32140
431	越西县(川)	核桃	20447
432	越西县(川)	花椒	4053
433	越西县(川)	板栗	100
434	甘洛县(川)	花椒	3585
435	甘洛县(川)	板栗	50
436	甘洛县(川)	核桃	43220
437	美姑县(川)	核桃	35000
438	美姑县(川)	花椒	10666
439	美姑县(川)	板栗	100
440	雷波县(川)	核桃	44000
441	雷波县(川)	板栗	565
442	雷波县(川)	花椒	6074.45
443	龙泉驿区(川)	核桃	485
444	青白江区(川)	核桃	454
445	金堂县(川)	油橄榄	5153
446	金堂县(川)	核桃	3467
447	金堂县(川)	花椒	3088
448	大邑县(川)	核桃	45
449	大邑县(川)	板栗	29
450	新津区(川)	干枣	2
451	新津区(川)	核桃	13
452	彭州市(川)	核桃	270
453	彭州市(川)	板栗	10
454	邛崃市(川)	干枣	13
455	邛崃市(川)	花椒	38.4
456	崇州市(川)	板栗	250
457	崇州市(川)	核桃	25
458	自流井区(川)	核桃	7
459	自流井区(川)	油茶	133
460	贡井区(川)	油茶	2170
461	荣 县(川)	油茶	11333
462	荣 县(川)	核桃	2667
463	富顺县(川)	油茶	1641
464	泸 县(川)	油茶	251
465	泸 县(川)	核桃	300
466	合江县(川)	核桃	133
467	合江县(川)	油茶	140
468	合江县(川)	花椒	28600
469	叙永县(川)	油茶	8346
470	古蔺县(川)	板栗	150
471	古蔺县(川)	核桃	12600
472	旌阳区(川)	核桃	670
473	旌阳区(川)	花椒	100
474	中江县(川)	花椒	700
475	中江县(川)	核桃	7620

(续表)

序号	县(旗、市、区、局、场)	品种	资源面积(公顷)
476	罗江区(川)	核桃	502
477	罗江区(川)	花椒	1767
478	广汉市(川)	核桃	31
479	绵竹市(川)	板栗	3
480	绵竹市(川)	核桃	320
481	游仙区(川)	油橄榄	120
482	游仙区(川)	油用牡丹	130
483	游仙区(川)	核桃	2000
484	盐亭县(川)	核桃	14000
485	北川羌族自治县(川)	板栗	1045
486	北川羌族自治县(川)	核桃	3356
487	江油市(川)	板栗	726
488	江油市(川)	核桃	2691
489	江油市(川)	花椒	262
490	江油市(川)	干枣	35
491	江油市(川)	油茶	688
492	江油市(川)	柿子	50
493	利州区(川)	核桃	19800
494	利州区(川)	油茶	45
495	利州区(川)	油橄榄	2420
496	利州区(川)	板栗	1343
497	昭化区(川)	核桃	6789
498	朝天区(川)	核桃	33333
499	朝天区(川)	油茶	67
500	朝天区(川)	花椒	3333
501	旺苍县(川)	核桃	37627
502	旺苍县(川)	板栗	1810
503	青川县(川)	核桃	21800
504	青川县(川)	油橄榄	7600
505	青川县(川)	板栗	163
506	剑阁县(川)	核桃	13447
507	剑阁县(川)	油橄榄	200
508	剑阁县(川)	花椒	461
509	苍溪县(川)	核桃	6667
510	苍溪县(川)	板栗	200
511	船山区(川)	花椒	330
512	船山区(川)	核桃	3190
513	安居区(川)	花椒	440
514	蓬溪县(川)	核桃	2000
515	大英县(川)	核桃	3033
516	大英县(川)	花椒	223
517	内江市市中区(川)	核桃	963
518	内江市市中区(川)	花椒	132
519	内江市市中区(川)	板栗	14
520	东兴区(川)	核桃	135.87
521	威远县(川)	核桃	1377
522	威远县(川)	油茶	1200
523	资中县(川)	花椒	200
524	资中县(川)	核桃	1377
525	资中县(川)	板栗	140
526	隆昌市(川)	核桃	1400
527	隆昌市(川)	油茶	1733
528	沙湾区(川)	核桃	2000
529	沙湾区(川)	油用牡丹	110
530	五通桥区(川)	核桃	19
531	金口河区(川)	板栗	20
532	金口河区(川)	核桃	1793
533	金口河区(川)	花椒	133
534	井研县(川)	油茶	40
535	井研县(川)	核桃	1310
536	夹江县(川)	油茶	50
537	马边彝族自治县(川)	板栗	14
538	马边彝族自治县(川)	核桃	3470
539	马边彝族自治县(川)	油茶	33
540	峨眉山市(川)	核桃	301
541	顺庆区(川)	核桃	1612
542	嘉陵区(川)	核桃	1066
543	营山县(川)	油橄榄	460
544	仪陇县(川)	板栗	120
545	仪陇县(川)	核桃	960
546	仪陇县(川)	花椒	1200
547	仪陇县(川)	油用牡丹	40
548	仪陇县(川)	油茶	6
549	西充县(川)	核桃	1040
550	西充县(川)	牡丹	67
551	西充县(川)	花椒	1330
552	阆中市(川)	油橄榄	202
553	阆中市(川)	核桃	2400
554	东坡区(川)	核桃	67
555	仁寿县(川)	核桃	2067
556	仁寿县(川)	油橄榄	60
557	仁寿县(川)	油茶	85
558	洪雅县(川)	核桃	58
559	丹棱县(川)	核桃	530
560	丹棱县(川)	板栗	25
561	翠屏区(川)	油茶	973
562	翠屏区(川)	核桃	171
563	叙州区(川)	油茶	2267
564	叙州区(川)	核桃	216
565	叙州区(川)	板栗	120
566	南溪区(川)	核桃	329
567	南溪区(川)	油茶	653
568	江安县(川)	核桃	33
569	江安县(川)	油茶	500
570	前锋区(川)	核桃	165
571	前锋区(川)	油橄榄	67
572	恩阳区(川)	核桃	300
573	恩阳区(川)	花椒	200
574	恩阳区(川)	牡丹	80
575	简阳市(川)	核桃	8120.5
576	简阳市(川)	油橄榄	60
577	简阳市(川)	油用牡丹	434.6
578	简阳市(川)	山杏	15.4
579	东部新区(川)	核桃	9.5
580	东部新区(川)	油用牡丹	5
581	新密市(豫)	核桃	2340
582	兰考县(豫)	核桃	10
583	瀍河回族区(豫)	核桃	102
584	涧西区(豫)	核桃	17
585	洛龙区(豫)	核桃	57
586	孟津区(豫)	花椒	500
587	孟津区(豫)	核桃	400
588	孟津区(豫)	油用牡丹	240
589	新安县(豫)	牡丹	913
590	新安县(豫)	核桃	1355
591	栾川县(豫)	油用牡丹	28.7
592	栾川县(豫)	板栗	6428.5
593	栾川县(豫)	核桃	7805.7
594	栾川县(豫)	花椒	498.9
595	嵩县(豫)	板栗	4740
596	嵩县(豫)	油用牡丹	369
597	嵩县(豫)	核桃	13000
598	嵩县(豫)	花椒	3488.4
599	汝阳县(豫)	花椒	1965
600	汝阳县(豫)	板栗	510
601	汝阳县(豫)	核桃	751
602	宜阳县(豫)	干枣	115

林产品主产地及产量

PRINCIPAL PRODUCTION COUNTIES AND OUTPUT OF FOREST PRODUCTS

(续表)

序号	县(旗、市、区、局、场)	品种	资源面积(公顷)
603	宜阳县(豫)	核桃	1521
604	宜阳县(豫)	油用牡丹	800
605	宜阳县(豫)	仁用杏	278
606	宜阳县(豫)	柿子	165
607	宜阳县(豫)	花椒	2603
608	洛宁县(豫)	核桃	7871
609	洛宁县(豫)	牡丹	1010
610	伊川县(豫)	牡丹	350
611	伊川县(豫)	核桃	2300
612	偃师区(豫)	核桃	1300
613	偃师区(豫)	牡丹	190
614	石龙区(豫)	花椒	13
615	叶县(豫)	核桃	1850
616	郏县(豫)	核桃	1210
617	汝州市(豫)	核桃	2300
618	龙安区(豫)	核桃	307
619	龙安区(豫)	花椒	56
620	汤阴县(豫)	核桃	300
621	滑县(豫)	核桃	249
622	林州市(豫)	核桃	10333
623	鹤壁市市辖区(豫)	油用牡丹	65
624	鹤壁市市辖区(豫)	核桃	540
625	浚县(豫)	核桃	960
626	淇县(豫)	油用牡丹	65
627	淇县(豫)	核桃	540
628	原阳县(豫)	干枣	20
629	原阳县(豫)	油用牡丹	40
630	原阳县(豫)	核桃	71
631	延津县(豫)	核桃	53.3
632	封丘县(豫)	核桃	38
633	封丘县(豫)	干枣	66
634	马村区(豫)	核桃	253
635	修武县(豫)	核桃	173
636	修武县(豫)	板栗	2
637	博爱县(豫)	核桃	630
638	博爱县(豫)	花椒	26.67
639	武陟县(豫)	核桃	140
640	沁阳市(豫)	核桃	1271
641	华龙区(豫)	核桃	60
642	南乐县(豫)	核桃	80
643	南乐县(豫)	油用牡丹	30
644	范县(豫)	核桃	75
645	台前县(豫)	核桃	150
646	濮阳县(豫)	核桃	60
647	禹州市(豫)	核桃	485
648	禹州市(豫)	油用牡丹	1.8
649	禹州市(豫)	仁用杏	127
650	禹州市(豫)	花椒	321
651	郾城区(豫)	核桃	44
652	召陵区(豫)	核桃	1
653	湖滨区(豫)	花椒	362
654	湖滨区(豫)	核桃	140
655	渑池县(豫)	核桃	1536
656	渑池县(豫)	花椒	8322
657	陕州区(豫)	花椒	25
658	卢氏县(豫)	核桃	88887
659	卢氏县(豫)	板栗	2560
660	卢氏县(豫)	干枣	1050
661	灵宝市(豫)	牡丹	520
662	灵宝市(豫)	核桃	1505
663	灵宝市(豫)	油用牡丹	280
664	宛城区(豫)	核桃	20
665	卧龙区(豫)	板栗	15
666	卧龙区(豫)	核桃	250
667	方城县(豫)	山杏	25.33
668	方城县(豫)	花椒	237.33
669	西峡县(豫)	板栗	960.8
670	西峡县(豫)	核桃	80.5
671	西峡县(豫)	山杏	406
672	西峡县(豫)	花椒	260
673	镇平县(豫)	核桃	333
674	镇平县(豫)	板栗	400
675	镇平县(豫)	柿子	200
676	内乡县(豫)	核桃	7676
677	淅川县(豫)	核桃	145
678	淅川县(豫)	油茶	58
679	社旗县(豫)	花椒	0.2
680	唐河县(豫)	板栗	100
681	新野县(豫)	干枣	8
682	新野县(豫)	核桃	150
683	桐柏县(豫)	油茶	230
684	邓州市(豫)	花椒	0.01
685	宁陵县(豫)	核桃	5
686	夏邑县(豫)	油用牡丹	333
687	夏邑县(豫)	核桃	333
688	永城市(豫)	核桃	60
689	永城市(豫)	油用牡丹	55
690	浉河区(豫)	板栗	8100
691	浉河区(豫)	油茶	2653
692	平桥区(豫)	核桃	1038
693	平桥区(豫)	油茶	400
694	平桥区(豫)	花椒	24
695	罗山县(豫)	油茶	9347
696	光山县(豫)	油茶	18000
697	光山县(豫)	板栗	2400
698	新县(豫)	板栗	16000
699	新县(豫)	油茶	20000
700	商城县(豫)	油茶	19818
701	固始县(豫)	板栗	100
702	潢川县(豫)	板栗	100
703	潢川县(豫)	干枣	3
704	淮滨县(豫)	核桃	40
705	商水县(豫)	核桃	14
706	郸城县(豫)	核桃	30
707	郸城县(豫)	油用牡丹	80
708	项城市(豫)	核桃	12.2
709	西平县(豫)	板栗	16
710	西平县(豫)	干枣	7
711	西平县(豫)	核桃	42
712	确山县(豫)	核桃	40
713	遂平县(豫)	柿子	6
714	遂平县(豫)	板栗	70
715	遂平县(豫)	核桃	35
716	新蔡县(豫)	核桃	17
717	济源市(豫)	核桃	7010
718	济源市(豫)	花椒	1276
719	济源市(豫)	干枣	110
720	济源市(豫)	柿子	2800
721	濮阳市高新区(豫)	核桃	60
722	洛阳市伊洛工业园区(豫)	核桃	208
723	洛阳市伊洛工业园区(豫)	花椒	80
724	花都区(粤)	油茶	153
725	从化区(粤)	油茶	87
726	武江区(粤)	油茶	100
727	浈江区(粤)	油茶	800
728	曲江区(粤)	板栗	21
729	曲江区(粤)	油茶	253
730	始兴县(粤)	油茶	1620
731	仁化县(粤)	油茶	2823
732	翁源县(粤)	油茶	1213

(续表)

序号	县(旗、市、区、局、场)	品种	资源面积(公顷)
733	乳源瑶族自治县(粤)	油茶	2300
734	乳源瑶族自治县(粤)	板栗	20
735	新丰县(粤)	油茶	528
736	乐昌市(粤)	油茶	4533.3
737	南雄市(粤)	油茶	3600
738	潮南区(粤)	油茶	418
739	台山市(粤)	梅类	40
740	恩平市(粤)	板栗	22
741	廉江市(粤)	油茶	643
742	雷州市(粤)	油茶	0.5
743	茂南区(粤)	油茶	600.03
744	电白区(粤)	油茶	163
745	高州市(粤)	油茶	12966
746	化州市(粤)	油茶	700
747	信宜市(粤)	八角	1500
748	广宁县(粤)	油茶	4815
749	广宁县(粤)	肉桂	47200
750	封开县(粤)	油茶	307
751	德庆县(粤)	油茶	274
752	高要区(粤)	油茶	23.18
753	博罗县(粤)	油茶	604
754	龙门县(粤)	油茶	78.67
755	梅县区(粤)	油茶	1400
756	大埔县(粤)	油茶	2447
757	丰顺县(粤)	油茶	200
758	五华县(粤)	板栗	250
759	五华县(粤)	柿子	200
760	五华县(粤)	油茶	2533.3
761	平远县(粤)	油茶	3180
762	紫金县(粤)	油茶	667
763	龙川县(粤)	油茶	28000
764	龙川县(粤)	板栗	370
765	连平县(粤)	油茶	2232.9
766	和平县(粤)	八角	23
767	和平县(粤)	油茶	14533
768	和平县(粤)	板栗	267
769	和平县(粤)	柿子	330
770	东源县(粤)	油茶	10000
771	东源县(粤)	板栗	4000
772	阳东区(粤)	油茶	40
773	阳春市(粤)	油茶	1933
774	清城区(粤)	油茶	99.04

(续表)

序号	县(旗、市、区、局、场)	品种	资源面积(公顷)
775	佛冈县(粤)	油茶	149
776	阳山县(粤)	板栗	2300
777	阳山县(粤)	油茶	620
778	连山壮族瑶族自治县(粤)	油茶	493
779	连南瑶族自治县(粤)	油茶	1414.4
780	连南瑶族自治县(粤)	板栗	65
781	清新区(粤)	油茶	333
782	英德市(粤)	油茶	808.73
783	连州市(粤)	油茶	5333
784	潮安区(粤)	油茶	20
785	揭东区(粤)	油茶	900
786	揭西县(粤)	油茶	1400
787	惠来县(粤)	油茶	106.88
788	普宁市(粤)	油茶	358.2
789	云城区(粤)	油茶	153
790	新兴县(粤)	油茶	80
791	郁南县(粤)	肉桂	18600
792	郁南县(粤)	油茶	560
793	云安区(粤)	油茶	800
794	罗定市(粤)	油茶	1500
795	罗定市(粤)	肉桂	27783
796	新丰江林管局(粤)	油茶	220
797	清远市属总林场(粤)	八角	107.2
798	江东新区(粤)	油茶	520
799	开阳县(黔)	油茶	800
800	开阳县(黔)	核桃	800
801	开阳县(黔)	板栗	80
802	息烽县(黔)	板栗	30
803	息烽县(黔)	干枣	10
804	息烽县(黔)	花椒	30
805	清镇市(黔)	核桃	50
806	清镇市(黔)	元宝枫	2800
807	六枝特区(黔)	核桃	12600
808	六枝特区(黔)	板栗	759
809	六枝特区(黔)	花椒	300
810	水城县(黔)	核桃	7000
811	盘州市(黔)	核桃	14691
812	盘州市(黔)	元宝枫	7226
813	盘州市(黔)	板栗	93
814	遵义市市辖区(黔)	核桃	142
815	红花岗区(黔)	核桃	372
816	汇川区(黔)	花椒	153.5
817	汇川区(黔)	板栗	172

(续表)

序号	县(旗、市、区、局、场)	品种	资源面积(公顷)
818	汇川区(黔)	核桃	738
819	桐梓县(黔)	花椒	5000
820	正安县(黔)	核桃	3873
821	正安县(黔)	花椒	1400
822	正安县(黔)	板栗	135
823	务川仡佬族苗族自治县(黔)	花椒	13333
824	务川仡佬族苗族自治县(黔)	香榧	2000
825	湄潭县(黔)	油茶	1363
826	仁怀市(黔)	花椒	1346.4
827	仁怀市(黔)	核桃	5271
828	仁怀市(黔)	元宝枫	2000
829	镇宁布依族苗族自治县(黔)	板栗	55
830	镇宁布依族苗族自治县(黔)	核桃	350
831	关岭布依族苗族自治县(黔)	核桃	100
832	关岭布依族苗族自治县(黔)	花椒	100
833	紫云苗族布依族自治县(黔)	油茶	4.2
834	碧江区(黔)	油茶	6926
835	玉屏侗族自治县(黔)	油茶	15333
836	玉屏侗族自治县(黔)	花椒	100
837	思南县(黔)	油茶	7200
838	思南县(黔)	核桃	107
839	印江土家族苗族自治县(黔)	油茶	1080
840	德江县(黔)	油茶	2000
841	德江县(黔)	板栗	4714
842	德江县(黔)	核桃	2113
843	沿河土家族自治县(黔)	油茶	2593.3
844	沿河土家族自治县(黔)	花椒	1033.3
845	沿河土家族自治县(黔)	核桃	560
846	沿河土家族自治县(黔)	板栗	66.8
847	万山区(黔)	油茶	4333
848	兴义市(黔)	板栗	7633.33
849	兴义市(黔)	油茶	933.33

林产品主产地及产量

PRINCIPAL PRODUCTION COUNTIES AND OUTPUT OF FOREST PRODUCTS

(续表)

序号	县(旗、市、区、局、场)	品种	资源面积(公顷)
850	兴义市(黔)	核桃	15413
851	兴仁市(黔)	核桃	9670
852	兴仁市(黔)	板栗	836.6
853	兴仁市(黔)	花椒	1116.2
854	兴仁市(黔)	油茶	73.33
855	贞丰县(黔)	核桃	1166.7
856	贞丰县(黔)	花椒	4500
857	贞丰县(黔)	油茶	333.33
858	贞丰县(黔)	板栗	1350
859	望谟县(黔)	板栗	18133.3
860	望谟县(黔)	油茶	9800
861	册亨县(黔)	油茶	20000
862	大方县(黔)	板栗	3383
863	大方县(黔)	核桃	14188
864	金沙县(黔)	核桃	6676
865	金沙县(黔)	花椒	1546
866	金沙县(黔)	油茶	667
867	纳雍县(黔)	板栗	1300
868	纳雍县(黔)	核桃	5600
869	威宁彝族回族苗族自治县(黔)	花椒	1500
870	威宁彝族回族苗族自治县(黔)	油茶	4500
871	凯里市(黔)	板栗	75
872	凯里市(黔)	油茶	125
873	凯里市(黔)	核桃	14
874	凯里市(黔)	花椒	300
875	三穗县(黔)	油茶	2480
876	镇远县(黔)	板栗	90
877	镇远县(黔)	核桃	171
878	镇远县(黔)	花椒	792.4
879	镇远县(黔)	油茶	3000
880	岑巩县(黔)	油茶	7093.33
881	天柱县(黔)	油茶	20320
882	锦屏县(黔)	油茶	9213
883	锦屏县(黔)	核桃	2867
884	锦屏县(黔)	板栗	247.4
885	剑河县(黔)	木姜子	10
886	剑河县(黔)	油茶	1920
887	台江县(黔)	油茶	100
888	黎平县(黔)	油茶	25412
889	榕江县(黔)	油茶	5474
890	从江县(黔)	油茶	7486
891	丹寨县(黔)	板栗	23.07
892	丹寨县(黔)	花椒	21.33
893	丹寨县(黔)	木姜子	20
894	荔波县(黔)	花椒	200
895	荔波县(黔)	油茶	2333.3
896	瓮安县(黔)	油橄榄	33.33
897	平塘县(黔)	核桃	924
898	平塘县(黔)	花椒	380
899	平塘县(黔)	油茶	2346
900	平塘县(黔)	板栗	1000
901	罗甸县(黔)	核桃	430
902	罗甸县(黔)	油茶	1428
903	罗甸县(黔)	花椒	108
904	罗甸县(黔)	板栗	4992
905	长顺县(黔)	油茶	155
906	长顺县(黔)	核桃	133
907	长顺县(黔)	板栗	65
908	长顺县(黔)	花椒	1078.18
909	龙里县(黔)	油茶	653
910	惠水县(黔)	板栗	62
911	惠水县(黔)	核桃	120
912	惠水县(黔)	油茶	10
913	鹤立林业局(龙江森工)	榛子	44.33
914	鹤立林业局(龙江森工)	松果	6770
915	第一师(新疆兵团)	核桃	8798
916	第三师(新疆兵团)	核桃	953.2
917	第三师(新疆兵团)	干枣	22382.27
918	第五师(新疆兵团)	文冠果	26.66
919	第五师(新疆兵团)	榛子	65
920	第七师(新疆兵团)	文冠果	17.5
921	第八师(新疆兵团)	文冠果	470
922	第八师(新疆兵团)	油用牡丹	30
923	蓟州区(津)	油用牡丹	1333
924	蓟州区(津)	板栗	1803
925	蓟州区(津)	核桃	2073
926	蓟州区(津)	仁用杏	63
927	蓟州区(津)	干枣	126
928	蓟州区(津)	花椒	30
929	蓟州区(津)	榛子	34
930	蓟州区(津)	柿子	2575
931	西丰县(辽)	榛子	26667
932	西丰县(辽)	红松	1400
933	开原市(辽)	红松	27
934	开原市(辽)	核桃楸	27
935	朝阳县(辽)	山杏	52000
936	建平县(辽)	山杏	45800
937	普兰店区(辽)	板栗	223
938	普兰店区(辽)	榛子	389
939	普兰店区(辽)	核桃	50
940	东洲区(辽)	板栗	59
941	东洲区(辽)	核桃	240
942	新宾满族自治县(辽)	核桃楸	24375
943	新宾满族自治县(辽)	红松	7280
944	新宾满族自治县(辽)	榛子	4685
945	本溪满族自治县(辽)	核桃楸	4000
946	本溪满族自治县(辽)	红松	5900
947	本溪满族自治县(辽)	榛子	760
948	本溪满族自治县(辽)	板栗	840
949	桓仁满族自治县(辽)	核桃楸	8867
950	东港市(辽)	板栗	15333
951	东港市(辽)	红松	2430
952	东港市(辽)	榛子	533
953	喀喇沁左翼蒙古族自治县(辽)	干枣	420
954	喀喇沁左翼蒙古族自治县(辽)	仁用杏	22200
955	凌源市(辽)	干枣	780
956	凌源市(辽)	山杏	3066.7
957	凌源市(辽)	仁用杏	7966.7
958	凌源市(辽)	核桃	133
959	凌源市(辽)	板栗	253
960	铁岭市经济开发区(辽)	榛子	695
961	清水河县(内蒙古)	山杏	6266.7
962	红山区(内蒙古)	山杏	3883
963	元宝山区(内蒙古)	仁用杏	4270
964	阿鲁科尔沁旗(内蒙古)	山杏	15000
965	阿鲁科尔沁旗(内蒙古)	文冠果	20600
966	巴林左旗(内蒙古)	山杏	9536

(续表)

序号	县(旗、市、区、局、场)	品种	资源面积(公顷)
967	巴林右旗(内蒙古)	仁用杏	8004
968	翁牛特旗(内蒙古)	山杏	41630
969	翁牛特旗(内蒙古)	元宝枫	5070
970	喀喇沁旗(内蒙古)	榛子	13300
971	喀喇沁旗(内蒙古)	仁用杏	2600
972	宁城县(内蒙古)	山杏	26654.33
973	宁城县(内蒙古)	榛子	1277.13
974	敖汉旗(内蒙古)	山杏	72000
975	科尔沁区(内蒙古)	山杏	1567
976	科尔沁左翼中旗(内蒙古)	文冠果	2773
977	科尔沁左翼中旗(内蒙古)	元宝枫	1168
978	科尔沁左翼中旗(内蒙古)	榛子	9.5
979	科尔沁左翼后旗(内蒙古)	核桃	0.71
980	科尔沁左翼后旗(内蒙古)	板栗	1.53
981	科尔沁左翼后旗(内蒙古)	山杏	18.71
982	科尔沁左翼后旗(内蒙古)	榛子	225.61
983	科尔沁左翼后旗(内蒙古)	元宝枫	3946.7
984	开鲁县(内蒙古)	元宝枫	3000
985	库伦旗(内蒙古)	文冠果	53
986	奈曼旗(内蒙古)	山杏	3092
987	奈曼旗(内蒙古)	仁用杏	2010
988	奈曼旗(内蒙古)	文冠果	803
989	奈曼旗(内蒙古)	榛子	40
990	扎鲁特旗(内蒙古)	山杏	251333.3
991	扎鲁特旗(内蒙古)	榛子	3.55
992	准格尔旗(内蒙古)	仁用杏	27820
993	阿荣旗(内蒙古)	榛子	2463
994	乌兰浩特市(内蒙古)	山杏	2395
995	科尔沁右翼前旗(内蒙古)	山杏	4326.67
996	扎赉特旗(内蒙古)	山杏	417
997	扎赉特旗(内蒙古)	榛子	786
998	突泉县(内蒙古)	文冠果	2680
999	突泉县(内蒙古)	山杏	13167
1000	通辽经济技术开发区(内蒙古)	文冠果	20
1001	玉田县(冀)	核桃	962
1002	玉田县(冀)	板栗	1
1003	遵化市(冀)	板栗	24666.6
1004	遵化市(冀)	核桃	3911
1005	遵化市(冀)	榛子	12.13
1006	迁安市(冀)	板栗	7493.4
1007	迁安市(冀)	核桃	3198.51
1008	海港区(冀)	核桃	1548
1009	海港区(冀)	干枣	29
1010	海港区(冀)	板栗	2836
1011	海港区(冀)	花椒	52.6
1012	海港区(冀)	油用牡丹	27
1013	海港区(冀)	榛子	260
1014	海港区(冀)	仁用杏	10
1015	北戴河区(冀)	板栗	186
1016	北戴河区(冀)	核桃	37
1017	青龙满族自治县(冀)	板栗	60817
1018	青龙满族自治县(冀)	核桃	2050
1019	昌黎县(冀)	板栗	2.66
1020	昌黎县(冀)	核桃	24.4
1021	抚宁区(冀)	核桃	2406
1022	邯山区(冀)	核桃	90
1023	丛台区(冀)	核桃	233
1024	丛台区(冀)	文冠果	133
1025	临漳县(冀)	牡丹	60
1026	成安县(冀)	核桃	63
1027	磁县(冀)	核桃	253
1028	永年区(冀)	核桃	233
1029	魏县(冀)	核桃	25
1030	临城县(冀)	核桃	3979
1031	内丘县(冀)	核桃	1523
1032	内丘县(冀)	板栗	1253
1033	内丘县(冀)	干枣	623
1034	柏乡县(冀)	油用牡丹	95
1035	柏乡县(冀)	核桃	38
1036	隆尧县(冀)	核桃	530
1037	任泽区(冀)	核桃	20
1038	巨鹿县(冀)	干枣	60
1039	广宗县(冀)	核桃	35
1040	广宗县(冀)	干枣	80
1041	沙河市(冀)	板栗	2166
1042	沙河市(冀)	核桃	2671
1043	清苑区(冀)	核桃	100
1044	涞水县(冀)	板栗	67
1045	涞水县(冀)	核桃	334
1046	涞水县(冀)	仁用杏	492
1047	涞水县(冀)	柿子	870
1048	涞水县(冀)	花椒	80
1049	涞水县(冀)	干枣	10
1050	涞水县(冀)	核桃	4666
1051	阜平县(冀)	板栗	99
1052	阜平县(冀)	核桃	1062
1053	阜平县(冀)	干枣	8903
1054	徐水区(冀)	核桃	56
1055	唐县(冀)	核桃	618
1056	涞源县(冀)	核桃	1149
1057	涞源县(冀)	柿子	47
1058	易县(冀)	核桃	1567
1059	易县(冀)	板栗	962
1060	曲阳县(冀)	核桃	94
1061	蠡县(冀)	核桃	2.6
1062	涿州市(冀)	核桃	3.67
1063	涿州市(冀)	榛子	4.67
1064	定州市(冀)	核桃	328
1065	高碑店市(冀)	核桃	29
1066	高碑店市(冀)	干枣	40
1067	蔚县(冀)	仁用杏	14312.12
1068	阳原县(冀)	仁用杏	4723
1069	万全区(冀)	核桃	0.6
1070	万全区(冀)	干枣	25
1071	万全区(冀)	榛子	22
1072	万全区(冀)	仁用杏	1861
1073	怀来县(冀)	核桃	611
1074	怀来县(冀)	干枣	680.67
1075	怀来县(冀)	仁用杏	7637.4
1076	涿鹿县(冀)	仁用杏	21171
1077	涿鹿县(冀)	核桃	180
1078	赤城县(冀)	山杏	100033.3
1079	赤城县(冀)	核桃	66.67
1080	赤城县(冀)	文冠果	1000
1081	赤城县(冀)	仁用杏	10066.67
1082	双滦区(冀)	干枣	290
1083	双滦区(冀)	仁用杏	20
1084	承德县(冀)	核桃	213
1085	承德县(冀)	板栗	3120
1086	承德县(冀)	干枣	280
1087	兴隆县(冀)	板栗	38825

林产品主产地及产量
PRINCIPAL PRODUCTION COUNTIES AND OUTPUT OF FOREST PRODUCTS

（续表）

序号	县（旗、市、区、局、场）	品种	资源面积（公顷）
1088	兴隆县（冀）	核桃	1869
1089	平泉市（冀）	核桃	253
1090	平泉市（冀）	板栗	1754
1091	平泉市（冀）	仁用杏	45573
1092	滦平县（冀）	山杏	50211
1093	滦平县（冀）	榛子	536
1094	滦平县（冀）	仁用杏	2304
1095	滦平县（冀）	干枣	361
1096	滦平县（冀）	板栗	6261
1097	滦平县（冀）	核桃	148
1098	丰宁满族自治县（冀）	榛子	148.4
1099	丰宁满族自治县（冀）	仁用杏	7807
1100	丰宁满族自治县（冀）	山杏	71887
1101	丰宁满族自治县（冀）	核桃	13
1102	丰宁满族自治县（冀）	板栗	40
1103	丰宁满族自治县（冀）	核桃楸	721
1104	宽城满族自治县（冀）	核桃	3048
1105	宽城满族自治县（冀）	板栗	39112
1106	宽城满族自治县（冀）	干枣	4001
1107	宽城满族自治县（冀）	山杏	20000
1108	宽城满族自治县（冀）	榛子	66
1109	围场满族蒙古族自治县（冀）	仁用杏	3467
1110	围场满族蒙古族自治县（冀）	山杏	50000
1111	围场满族蒙古族自治县（冀）	榛子	21133
1112	井陉矿区（冀）	核桃	516
1113	井陉县（冀）	板栗	37
1114	井陉县（冀）	核桃	1915
1115	正定县（冀）	核桃	146
1116	正定县（冀）	板栗	3
1117	栾城区（冀）	核桃	1041
1118	行唐县（冀）	核桃	666.67
1119	行唐县（冀）	仁用杏	14
1120	灵寿县（冀）	板栗	2200
1121	灵寿县（冀）	核桃	8000
1122	灵寿县（冀）	干枣	33
1123	赞皇县（冀）	核桃	30782
1124	无极县（冀）	核桃	42
1125	无极县（冀）	花椒	2
1126	平山县（冀）	核桃	8200
1127	平山县（冀）	花椒	1800
1128	平山县（冀）	山杏	350
1129	平山县（冀）	干枣	200
1130	平山县（冀）	板栗	667
1131	辛集市（冀）	核桃	5
1132	藁城区（冀）	核桃	216
1133	晋州市（冀）	核桃	77
1134	新乐市（冀）	核桃	16
1135	古冶区（冀）	核桃	17
1136	古冶区（冀）	板栗	9
1137	开平区（冀）	核桃	125
1138	开平区（冀）	榛子	16
1139	丰南区（冀）	榛子	100
1140	丰南区（冀）	核桃	13
1141	丰润区（冀）	核桃	1678
1142	丰润区（冀）	板栗	18
1143	滦南县（冀）	核桃	30
1144	乐亭县（冀）	核桃	8
1145	迁西县（冀）	油用牡丹	200
1146	迁西县（冀）	核桃	2936
1147	迁西县（冀）	板栗	41105
1148	沧县（冀）	柿子	3
1149	沧县（冀）	干枣	13751
1150	青县（冀）	干枣	646
1151	青县（冀）	柿子	2
1152	东光县（冀）	核桃	38
1153	东光县（冀）	干枣	42.88
1154	海兴县（冀）	干枣	500
1155	海兴县（冀）	柿子	16
1156	海兴县（冀）	核桃	2.6
1157	盐山县（冀）	核桃	2
1158	盐山县（冀）	干枣	13
1159	肃宁县（冀）	核桃	3.13
1160	南皮县（冀）	干枣	1675
1161	吴桥县（冀）	干枣	14
1162	吴桥县（冀）	核桃	25
1163	吴桥县（冀）	柿子	2
1164	献县（冀）	干枣	1314
1165	献县（冀）	核桃	14
1166	献县（冀）	柿子	2
1167	孟村回族自治县（冀）	干枣	339
1168	泊头市（冀）	干枣	6730
1169	泊头市（冀）	柿子	14
1170	任丘市（冀）	干枣	54
1171	任丘市（冀）	核桃	45
1172	任丘市（冀）	柿子	1
1173	黄骅市（冀）	干枣	5959
1174	黄骅市（冀）	核桃	1
1175	黄骅市（冀）	柿子	5
1176	河间市（冀）	干枣	176
1177	河间市（冀）	核桃	24
1178	河间市（冀）	牡丹	67
1179	固安县（冀）	牡丹	2
1180	永清县（冀）	核桃	34
1181	香河县（冀）	核桃	82.73
1182	大厂回族自治县（冀）	核桃	6
1183	桃城区（冀）	核桃	186
1184	枣强县（冀）	核桃	8
1185	武邑县（冀）	核桃	3
1186	武强县（冀）	核桃	23
1187	饶阳县（冀）	核桃	33
1188	安平县（冀）	核桃	62
1189	故城县（冀）	核桃	120
1190	景县（冀）	核桃	309
1191	阜城县（冀）	干枣	200
1192	阜城县（冀）	核桃	1
1193	阜城县（冀）	榛子	160
1194	冀州市（冀）	核桃	98
1195	深州市（冀）	核桃	66
1196	深州市（冀）	榛子	100
1197	沧州市临港经济技术开发区（冀）	干枣	2
1198	沧州市南大港管理区（冀）	干枣	1
1199	永宁县（宁）	油用牡丹	40
1200	大武口区（宁）	核桃	2.9
1201	利通区（宁）	核桃	7.13
1202	利通区（宁）	元宝枫	0.8
1203	利通区（宁）	文冠果	138
1204	盐池县（宁）	核桃	25
1205	同心县（宁）	文冠果	2.41

(续表)

序号	县(旗、市、区、局、场)	品种	资源面积(公顷)
1206	青铜峡市(宁)	核桃	13.3
1207	青铜峡市(宁)	油用牡丹	18
1208	原州区(宁)	核桃	43
1209	西吉县(宁)	仁用杏	870
1210	隆德县(宁)	核桃	954
1211	隆德县(宁)	榛子	200
1212	彭阳县(宁)	核桃	1413
1213	彭阳县(宁)	花椒	600
1214	彭阳县(宁)	仁用杏	1626
1215	彭阳县(宁)	山杏	35.2
1216	红寺堡区(宁)	核桃	106
1217	红寺堡区(宁)	文冠果	880
1218	松滋市(鄂)	油茶	5317
1219	松滋市(鄂)	核桃	92
1220	松滋市(鄂)	油用牡丹	53
1221	团风县(鄂)	油茶	5054
1222	济南市市中区(鲁)	核桃	713
1223	历城区(鲁)	核桃	8953.33
1224	历城区(鲁)	板栗	3700
1225	历城区(鲁)	花椒	1999.97
1226	长清区(鲁)	核桃	7135.6
1227	长清区(鲁)	油用牡丹	107
1228	长清区(鲁)	板栗	2414.4
1229	平阴县(鲁)	核桃	2913
1230	商河县(鲁)	核桃	65
1231	章丘区(鲁)	核桃	5547
1232	章丘区(鲁)	板栗	268
1233	章丘区(鲁)	花椒	2479
1234	城阳区(鲁)	板栗	6.7
1235	胶州市(鲁)	核桃	700
1236	平度市(鲁)	板栗	660
1237	平度市(鲁)	核桃	355
1238	平度市(鲁)	榛子	15
1239	莱西市(鲁)	核桃	53
1240	莱西市(鲁)	板栗	160
1241	莱西市(鲁)	榛子	13.33
1242	淄川区(鲁)	核桃	2300
1243	淄川区(鲁)	花椒	666.67
1244	淄川区(鲁)	柿子	400
1245	张店区(鲁)	核桃	122.4
1246	博山区(鲁)	板栗	1240
1247	博山区(鲁)	核桃	413.33
1248	博山区(鲁)	花椒	453.33
1249	博山区(鲁)	榛子	66.67
1250	博山区(鲁)	元宝枫	200
1251	临淄区(鲁)	核桃	138
1252	临淄区(鲁)	元宝枫	33.33
1253	临淄区(鲁)	文冠果	133
1254	周村区(鲁)	核桃	151
1255	桓台县(鲁)	核桃	22
1256	高青县(鲁)	核桃	7
1257	沂源县(鲁)	核桃	499
1258	沂源县(鲁)	板栗	2342
1259	沂源县(鲁)	花椒	1096
1260	沂源县(鲁)	榛子	40
1261	枣庄市市中区(鲁)	板栗	333
1262	枣庄市市中区(鲁)	核桃	526
1263	枣庄市市中区(鲁)	花椒	940
1264	薛城区(鲁)	核桃	80
1265	峄城区(鲁)	板栗	35
1266	峄城区(鲁)	核桃	350
1267	台儿庄区(鲁)	核桃	283
1268	山亭区(鲁)	核桃	3467
1269	滕州市(鲁)	核桃	2866
1270	滕州市(鲁)	元宝枫	679
1271	广饶县(鲁)	核桃	7
1272	龙口市(鲁)	板栗	600
1273	莱阳市(鲁)	板栗	1333
1274	莱阳市(鲁)	榛子	47
1275	莱阳市(鲁)	核桃	400
1276	莱阳市(鲁)	文冠果	100
1277	栖霞市(鲁)	核桃	68
1278	栖霞市(鲁)	板栗	124
1279	栖霞市(鲁)	油用牡丹	62
1280	海阳市(鲁)	板栗	1267
1281	海阳市(鲁)	核桃	1400
1282	寒亭区(鲁)	文冠果	33.3
1283	坊子区(鲁)	核桃	167
1284	坊子区(鲁)	榛子	133
1285	临朐县(鲁)	核桃	1000
1286	临朐县(鲁)	板栗	3580
1287	昌乐县(鲁)	核桃	220
1288	青州市(鲁)	核桃	1147
1289	青州市(鲁)	仁用杏	161
1290	诸城市(鲁)	板栗	2788
1291	诸城市(鲁)	核桃	405
1292	诸城市(鲁)	榛子	1533
1293	昌邑市(鲁)	核桃	500
1294	微山县(鲁)	核桃	607
1295	嘉祥县(鲁)	油用牡丹	41.5
1296	嘉祥县(鲁)	核桃	286
1297	嘉祥县(鲁)	花椒	3.6
1298	汶上县(鲁)	核桃	225
1299	泗水县(鲁)	板栗	1178
1300	泗水县(鲁)	核桃	2365
1301	泗水县(鲁)	花椒	13
1302	泗水县(鲁)	仁用杏	273
1303	梁山县(鲁)	核桃	49
1304	梁山县(鲁)	花椒	2
1305	梁山县(鲁)	干枣	6
1306	兖州区(鲁)	核桃	45
1307	兖州区(鲁)	油用牡丹	15
1308	泰山区(鲁)	核桃	613
1309	泰山区(鲁)	板栗	1260
1310	岱岳区(鲁)	核桃	733
1311	岱岳区(鲁)	板栗	1866
1312	宁阳县(鲁)	核桃	687
1313	宁阳县(鲁)	板栗	247
1314	东平县(鲁)	核桃	2273.3
1315	新泰市(鲁)	板栗	1440
1316	新泰市(鲁)	核桃	4300
1317	新泰市(鲁)	花椒	666.7
1318	肥城市(鲁)	板栗	87
1319	肥城市(鲁)	核桃	4820
1320	荣成市(鲁)	元宝枫	60
1321	乳山市(鲁)	花椒	8
1322	岚山区(鲁)	板栗	1340
1323	五莲县(鲁)	板栗	1052
1324	五莲县(鲁)	核桃	5012
1325	五莲县(鲁)	榛子	64
1326	莒县(鲁)	板栗	1185
1327	莒县(鲁)	核桃	1213
1328	莱城区(鲁)	板栗	2788
1329	莱城区(鲁)	核桃	1760
1330	莱城区(鲁)	花椒	6793.33
1331	莱城区(鲁)	榛子	6.67
1332	河东区(鲁)	板栗	124.32
1333	河东区(鲁)	核桃	18.64
1334	沂水县(鲁)	板栗	2334
1335	沂水县(鲁)	核桃	875
1336	兰陵县(鲁)	核桃	1239
1337	兰陵县(鲁)	板栗	889

林产品主产地及产量
PRINCIPAL PRODUCTION COUNTIES AND OUTPUT OF FOREST PRODUCTS

（续表）

序号	县(旗、市、区、局、场)	品种	资源面积（公顷）
1338	兰陵县(鲁)	花椒	419
1339	兰陵县(鲁)	柿子	103
1340	兰陵县(鲁)	榛子	67
1341	费 县(鲁)	板栗	8860
1342	费 县(鲁)	核桃	4290
1343	费 县(鲁)	花椒	254
1344	费 县(鲁)	柿子	3.33
1345	费 县(鲁)	榛子	111.07
1346	平邑县(鲁)	板栗	1300
1347	平邑县(鲁)	核桃	40
1348	莒南县(鲁)	榛子	120
1349	莒南县(鲁)	板栗	3466.7
1350	临邑县(鲁)	榛子	34
1351	武城县(鲁)	核桃	7
1352	莘 县(鲁)	核桃	11.82
1353	东阿县(鲁)	油用牡丹	33.3
1354	东阿县(鲁)	花椒	4.33
1355	东阿县(鲁)	柿子	5.73
1356	东阿县(鲁)	干枣	7.8
1357	惠民县(鲁)	核桃	4
1358	邹平市(鲁)	板栗	7
1359	邹平市(鲁)	核桃	300
1360	曹 县(鲁)	油用牡丹	170
1361	成武县(鲁)	核桃	2.5
1362	成武县(鲁)	油用牡丹	212
1363	巨野县(鲁)	牡丹	20
1364	巨野县(鲁)	干枣	11
1365	巨野县(鲁)	柿饼	2.95
1366	郓城县(鲁)	核桃	180
1367	郓城县(鲁)	油用牡丹	600
1368	东明县(鲁)	牡丹	55
1369	东明县(鲁)	核桃	124
1370	泰安市高新区(鲁)	板栗	97
1371	泰安市高新区(鲁)	核桃	105
1372	泰安市泰山景区(鲁)	核桃	580
1373	泰安市泰山景区(鲁)	板栗	11240
1374	徂汶景区(鲁)	板栗	466
1375	徂汶景区(鲁)	核桃	214
1376	浦口区(苏)	板栗	16.2
1377	江宁区(苏)	油茶	180
1378	江宁区(苏)	板栗	2
1379	六合区(苏)	牡丹	85
1380	宜兴市(苏)	油用牡丹	100
1381	贾汪区(苏)	核桃	66
1382	丰 县(苏)	核桃	15
1383	沛 县(苏)	核桃	70
1384	铜山区(苏)	板栗	5
1385	铜山区(苏)	核桃	20
1386	铜山区(苏)	榛子	30
1387	邳州市(苏)	核桃	215
1388	邳州市(苏)	板栗	257
1389	邳州市(苏)	油用牡丹	423
1390	武进区(苏)	油用牡丹	68
1391	溧阳市(苏)	板栗	3602
1392	连云港市市辖区(苏)	油茶	30
1393	淮安区(苏)	核桃	25
1394	淮阴区(苏)	核桃	200
1395	涟水县(苏)	核桃	200
1396	盱眙县(苏)	核桃	800
1397	盱眙县(苏)	板栗	1150
1398	亭湖区(苏)	核桃	3
1399	响水县(苏)	核桃	54
1400	东台市(苏)	油用牡丹	5
1401	仪征市(苏)	板栗	13
1402	仪征市(苏)	核桃	16
1403	高邮市(苏)	核桃	233.3
1404	丹阳市(苏)	板栗	16
1405	句容市(苏)	核桃	200
1406	句容市(苏)	板栗	978
1407	高港区(苏)	核桃	26
1408	泰兴市(苏)	核桃	46
1409	沭阳县(苏)	板栗	260
1410	泗阳县(苏)	核桃	340
1411	泗阳县(苏)	牡丹	137
1412	崇义县(赣)	油茶	9787
1413	安远县(赣)	油茶	520
1414	定南县(赣)	油茶	7593
1415	定南县(赣)	板栗	145
1416	全南县(赣)	八角	3.25
1417	全南县(赣)	板栗	298
1418	全南县(赣)	油茶	3286
1419	宁都县(赣)	油茶	14387
1420	于都县(赣)	油茶	20633
1421	于都县(赣)	光皮梾木	800
1422	兴国县(赣)	油茶	32973
1423	寻乌县(赣)	油茶	7627
1424	石城县(赣)	板栗	43
1425	石城县(赣)	油茶	9133
1426	瑞金市(赣)	油茶	9320
1427	南康区(赣)	油茶	10533.3
1428	吉州区(赣)	油茶	526
1429	青原区(赣)	油茶	2346
1430	吉安县(赣)	油茶	4680
1431	吉水县(赣)	油茶	8079
1432	峡江县(赣)	油茶	10983
1433	新干县(赣)	油茶	7277
1434	新干县(赣)	板栗	1
1435	永丰县(赣)	油茶	37833
1436	泰和县(赣)	油茶	16767
1437	遂川县(赣)	油茶	53606
1438	万安县(赣)	油茶	11800
1439	安福县(赣)	油茶	10707
1440	永新县(赣)	油茶	1396
1441	井冈山市(赣)	板栗	6.3
1442	井冈山市(赣)	油茶	7853
1443	南昌市市辖区(赣)	油茶	18520
1444	新建区(赣)	油茶	9354
1445	进贤县(赣)	油茶	9506.7
1446	昌江区(赣)	油茶	547
1447	乐平市(赣)	油茶	3333
1448	安源区(赣)	板栗	11
1449	安源区(赣)	油茶	610
1450	湘东区(赣)	油茶	7681
1451	湘东区(赣)	板栗	50
1452	莲花县(赣)	油茶	21249
1453	莲花县(赣)	干枣	22
1454	莲花县(赣)	板栗	106
1455	上栗县(赣)	油茶	26476
1456	上栗县(赣)	板栗	205
1457	芦溪县(赣)	油茶	11540
1458	芦溪县(赣)	板栗	20
1459	濂溪区(赣)	油茶	98
1460	柴桑区(赣)	油茶	2730
1461	武宁县(赣)	板栗	330
1462	武宁县(赣)	油茶	10562
1463	修水县(赣)	油茶	1200
1464	修水县(赣)	花椒	200
1465	永修县(赣)	油茶	2333
1466	德安县(赣)	油茶	1700
1467	庐山市(赣)	油茶	1506
1468	都昌县(赣)	油茶	167
1469	湖口县(赣)	油茶	2497

(续表)

序号	县(旗、市、区、局、场)	品种	资源面积(公顷)
1470	彭泽县(赣)	板栗	21.9
1471	彭泽县(赣)	油茶	629.9
1472	瑞昌市(赣)	油茶	700
1473	渝水区(赣)	油茶	7483
1474	月湖区(赣)	油茶	133
1475	余江区(赣)	板栗	17
1476	余江区(赣)	油茶	1100
1477	贵溪市(赣)	核桃	81
1478	贵溪市(赣)	油茶	6094
1479	贵溪市(赣)	板栗	160
1480	贵溪市(赣)	牡丹	41
1481	章贡区(赣)	油茶	600
1482	赣县区(赣)	油茶	2.05
1483	赣县区(赣)	板栗	4
1484	信丰县(赣)	油茶	7680
1485	信丰县(赣)	板栗	24
1486	大余县(赣)	油茶	1520
1487	上犹县(赣)	油茶	2482.6
1488	上犹县(赣)	板栗	40
1489	宜春市明月山温泉风景名胜区(赣)	油茶	1575
1490	万载县(赣)	板栗	120
1491	万载县(赣)	油茶	7462
1492	宜丰县(赣)	油茶	8333
1493	靖安县(赣)	油茶	400
1494	铜鼓县(赣)	油茶	553
1495	铜鼓县(赣)	板栗	75
1496	铜鼓县(赣)	干枣	2
1497	铜鼓县(赣)	香榧	10
1498	丰城市(赣)	油茶	39333.3
1499	樟树市(赣)	油茶	18010
1500	高安市(赣)	油茶	18911
1501	高安市(赣)	板栗	550
1502	临川区(赣)	油茶	7201
1503	南城县(赣)	油茶	777
1504	黎川县(赣)	油茶	1000
1505	南丰县(赣)	油茶	429
1506	崇仁县(赣)	油茶	6385
1507	乐安县(赣)	油茶	36404
1508	宜黄县(赣)	油茶	182
1509	金溪县(赣)	油茶	1479
1510	资溪县(赣)	油茶	467
1511	资溪县(赣)	板栗	22
1512	东乡区(赣)	油茶	3019

(续表)

序号	县(旗、市、区、局、场)	品种	资源面积(公顷)
1513	广昌县(赣)	油茶	8097
1514	信州区(赣)	油茶	606
1515	信州区(赣)	板栗	20
1516	上饶县(赣)	油茶	57759
1517	上饶县(赣)	板栗	224
1518	广丰区(赣)	油茶	6700
1519	玉山县(赣)	香榧	400
1520	玉山县(赣)	板栗	370
1521	玉山县(赣)	油茶	22904
1522	铅山县(赣)	油茶	2010
1523	横峰县(赣)	油茶	16667
1524	弋阳县(赣)	香榧	133
1525	弋阳县(赣)	油茶	4600
1526	余干县(赣)	油茶	4438
1527	万年县(赣)	板栗	620
1528	万年县(赣)	油茶	6547
1529	婺源县(赣)	油茶	7580
1530	德兴市(赣)	油茶	14600
1531	共青城市(赣)	油茶	700
1532	萍乡市林业局武功山分局(赣)	油茶	2693
1533	萍乡市林业局武功山分局(赣)	板栗	15
1534	经开区(赣)	油茶	115.4
1535	天心区(湘)	油茶	20
1536	长沙县(湘)	油茶	1550
1537	望城区(湘)	油茶	660
1538	宁乡市(湘)	油茶	8160
1539	浏阳市(湘)	油茶	52000
1540	株洲市市辖区(湘)	油茶	452
1541	荷塘区(湘)	油茶	687
1542	芦淞区(湘)	油茶	441
1543	石峰区(湘)	油茶	386
1544	天元区(湘)	油茶	2385
1545	渌口区(湘)	板栗	45
1546	渌口区(湘)	油茶	25436
1547	攸 县(湘)	板栗	100
1548	攸 县(湘)	油茶	34000
1549	茶陵县(湘)	油茶	27000
1550	炎陵县(湘)	油茶	7162
1551	醴陵市(湘)	油茶	45700
1552	湘潭市市辖区(湘)	油茶	112
1553	雨湖区(湘)	油茶	609
1554	雨湖区(湘)	板栗	50

(续表)

序号	县(旗、市、区、局、场)	品种	资源面积(公顷)
1555	岳塘区(湘)	油茶	185
1556	湘潭县(湘)	板栗	1250
1557	湘潭县(湘)	油茶	17066
1558	湘乡市(湘)	油茶	8285
1559	韶山市(湘)	油茶	176
1560	珠晖区(湘)	油茶	200
1561	南岳区(湘)	油茶	37.3
1562	衡阳县(湘)	油茶	41800
1563	衡南县(湘)	油茶	32500
1564	衡山县(湘)	油茶	8950
1565	衡东县(湘)	板栗	3000
1566	衡东县(湘)	油茶	50000
1567	祁东县(湘)	柿子	28
1568	祁东县(湘)	梅类	16
1569	祁东县(湘)	板栗	1560
1570	祁东县(湘)	干枣	360
1571	祁东县(湘)	油茶	11500
1572	耒阳市(湘)	板栗	666.67
1573	耒阳市(湘)	油茶	80533.33
1574	耒阳市(湘)	干枣	233.33
1575	常宁市(湘)	板栗	200
1576	常宁市(湘)	油茶	1070200
1577	大祥区(湘)	油茶	280
1578	大祥区(湘)	油茶	280
1579	岳阳市市辖区(湘)	油茶	367
1580	云溪区(湘)	油茶	808
1581	岳阳县(湘)	油茶	4600
1582	华容县(湘)	油茶	386.67
1583	湘阴县(湘)	油茶	970
1584	平江县(湘)	油茶	47200
1585	汨罗市(湘)	板栗	180
1586	汨罗市(湘)	油茶	5426
1587	临湘市(湘)	油茶	2873.3
1588	常德市市辖区(湘)	油茶	3672.45
1589	鼎城区(湘)	板栗	10
1590	鼎城区(湘)	油茶	29980
1591	汉寿县(湘)	油茶	21082
1592	澧 县(湘)	油茶	3150
1593	临澧县(湘)	油茶	21537
1594	桃源县(湘)	油茶	38130
1595	石门县(湘)	油茶	4299
1596	石门县(湘)	核桃	600
1597	津市市(湘)	油茶	1660
1598	资阳区(湘)	板栗	73

林产品主产地及产量
PRINCIPAL PRODUCTION COUNTIES AND OUTPUT OF FOREST PRODUCTS

(续表)

序号	县（旗、市、区、局、场）	品种	资源面积（公顷）
1599	资阳区（湘）	油茶	1014
1600	安化县（湘）	板栗	2165
1601	安化县（湘）	油茶	23186
1602	北湖区（湘）	油茶	5042
1603	苏仙区（湘）	油茶	14993
1604	苏仙区（湘）	板栗	400
1605	苏仙区（湘）	核桃	66.7
1606	桂阳县（湘）	油茶	20516
1607	宜章县（湘）	油茶	6900
1608	汝城县（湘）	花椒	2
1609	汝城县（湘）	油茶	5233
1610	零陵区（湘）	油茶	21000
1611	零陵区（湘）	板栗	2000
1612	零陵区（湘）	香榧	20
1613	零陵区（湘）	柿子	4
1614	冷水滩区（湘）	油茶	15860
1615	祁阳县（湘）	油茶	41595
1616	东安县（湘）	核桃	8
1617	东安县（湘）	油茶	20824
1618	双牌县（湘）	核桃	6
1619	双牌县（湘）	油茶	910
1620	道县（湘）	油茶	35621
1621	江永县（湘）	板栗	10
1622	江永县（湘）	干枣	92
1623	江永县（湘）	油茶	7113
1624	宁远县（湘）	油茶	39867
1625	蓝山县（湘）	油茶	1887
1626	新田县（湘）	油茶	4690
1627	江华瑶族自治县（湘）	油茶	25500
1628	江华瑶族自治县（湘）	板栗	1000
1629	洪江区（湘）	油茶	143
1630	洪江区（湘）	核桃	6
1631	鹤城区（湘）	核桃	100
1632	鹤城区（湘）	油茶	1433
1633	鹤城区（湘）	板栗	190
1634	中方县（湘）	油茶	25733
1635	中方县（湘）	板栗	92
1636	中方县（湘）	核桃	145
1637	沅陵县（湘）	核桃	1335
1638	沅陵县（湘）	油茶	8966
1639	沅陵县（湘）	板栗	2633
1640	辰溪县（湘）	油茶	22000

(续表)

序号	县（旗、市、区、局、场）	品种	资源面积（公顷）
1641	辰溪县（湘）	板栗	23
1642	辰溪县（湘）	柿子	18
1643	辰溪县（湘）	花椒	8
1644	溆浦县（湘）	板栗	32
1645	溆浦县（湘）	干枣	3650
1646	溆浦县（湘）	油茶	23462
1647	会同县（湘）	板栗	62
1648	会同县（湘）	干枣	31
1649	会同县（湘）	核桃	400
1650	会同县（湘）	油茶	16883
1651	麻阳苗族自治县（湘）	油茶	2181
1652	芷江侗族自治县（湘）	油茶	1060
1653	靖州苗族侗族自治县（湘）	油茶	1968
1654	靖州苗族侗族自治县（湘）	核桃	3299
1655	靖州苗族侗族自治县（湘）	干枣	4.5
1656	靖州苗族侗族自治县（湘）	板栗	357
1657	通道侗族自治县（湘）	油茶	6776
1658	通道侗族自治县（湘）	核桃	16
1659	通道侗族自治县（湘）	板栗	28
1660	洪江市（湘）	核桃	100
1661	洪江市（湘）	木姜子	100
1662	洪江市（湘）	油茶	10000
1663	涟源市（湘）	油茶	3260
1664	吉首市（湘）	油茶	670
1665	泸溪县（湘）	核桃	37
1666	泸溪县（湘）	板栗	2645
1667	泸溪县（湘）	油茶	5341
1668	凤凰县（湘）	油茶	7267
1669	花垣县（湘）	油茶	5200
1670	保靖县（湘）	油茶	8533.3
1671	古丈县（湘）	油茶	7187
1672	古丈县（湘）	核桃	14
1673	古丈县（湘）	板栗	12
1674	永顺县（湘）	油茶	16505
1675	永顺县（湘）	花椒	10
1676	永顺县（湘）	板栗	150
1677	龙山县（湘）	油茶	6000
1678	金洞林场（湘）	油茶	498
1679	余杭区（浙）	核桃	18
1680	桐庐县（浙）	板栗	2000
1681	桐庐县（浙）	香榧	1000

(续表)

序号	县（旗、市、区、局、场）	品种	资源面积（公顷）
1682	桐庐县（浙）	油茶	800
1683	桐庐县（浙）	核桃	5400
1684	淳安县（浙）	核桃	24.07
1685	淳安县（浙）	板栗	3.54
1686	淳安县（浙）	干枣	80
1687	淳安县（浙）	油茶	10.11
1688	淳安县（浙）	香榧	578.8
1689	建德市（浙）	板栗	2200
1690	建德市（浙）	干枣	6
1691	建德市（浙）	核桃	2369
1692	建德市（浙）	柿子	180
1693	建德市（浙）	香榧	2233
1694	建德市（浙）	油茶	4133
1695	鹿城区（浙）	油茶	66
1696	瓯海区（浙）	油茶	300
1697	平阳县（浙）	油茶	1266
1698	苍南县（浙）	油茶	2799
1699	苍南县（浙）	板栗	42
1700	文成县（浙）	板栗	658
1701	文成县（浙）	油茶	2054
1702	文成县（浙）	柿子	229
1703	瑞安市（浙）	油茶	800
1704	瑞安市（浙）	板栗	41
1705	瑞安市（浙）	柿子	150
1706	瑞安市（浙）	核桃	13
1707	乐清市（浙）	油茶	299
1708	吴兴区（浙）	油茶	33
1709	德清县（浙）	板栗	98
1710	安吉县（浙）	核桃	1699
1711	安吉县（浙）	板栗	3587
1712	嵊州市（浙）	油茶	1047
1713	嵊州市（浙）	香榧	8667
1714	嵊州市（浙）	板栗	331
1715	武义县（浙）	香榧	420
1716	武义县（浙）	板栗	2266.7
1717	武义县（浙）	油茶	2533.3
1718	义乌市（浙）	油茶	55
1719	永康市（浙）	油茶	84.8
1720	永康市（浙）	香榧	4.7
1721	柯城区（浙）	板栗	300
1722	柯城区（浙）	核桃	12
1723	柯城区（浙）	油茶	521
1724	衢江区（浙）	板栗	3904
1725	衢江区（浙）	油茶	7001

(续表)

序号	县(旗、市、区、局、场)	品种	资源面积(公顷)	序号	县(旗、市、区、局、场)	品种	资源面积(公顷)	序号	县(旗、市、区、局、场)	品种	资源面积(公顷)
1726	常山县(浙)	油茶	18667	1767	师宗县(滇)	板栗	167.75	1807	隆阳区(滇)	板栗	460
1727	开化县(浙)	油茶	14627	1768	罗平县(滇)	油茶	1033	1808	隆阳区(滇)	花椒	3200
1728	龙游县(浙)	油茶	1128	1769	富源县(滇)	板栗	165.66	1809	施甸县(滇)	板栗	1333
1729	江山市(浙)	香榧	33	1770	富源县(滇)	核桃	11766.67	1810	施甸县(滇)	核桃	32000
1730	江山市(浙)	油茶	6560	1771	富源县(滇)	花椒	2191.33	1811	腾冲市(滇)	核桃	61200
1731	仙居县(浙)	油茶	3491	1772	富源县(滇)	柿子	169	1812	腾冲市(滇)	油茶	40266
1732	青田县(浙)	油茶	20380	1773	沾益区(滇)	核桃	3500	1813	腾冲市(滇)	板栗	380
1733	缙云县(浙)	油茶	5762	1774	宣威市(滇)	花椒	4066.7	1814	腾冲市(滇)	八角	7.1
1734	缙云县(浙)	板栗	2738	1775	宣威市(滇)	核桃	36666.7	1815	腾冲市(滇)	松果	4000
1735	缙云县(浙)	香榧	1029.67	1776	宣威市(滇)	板栗	3000	1816	龙陵县(滇)	核桃	27333.3
1736	松阳县(浙)	板栗	842	1777	宣威市(滇)	油茶	950	1817	龙陵县(滇)	油茶	1333.3
1737	松阳县(浙)	核桃	152	1778	江川区(滇)	核桃	5733	1818	昌宁县(滇)	板栗	528.86
1738	松阳县(浙)	油茶	7333	1779	江川区(滇)	板栗	706	1819	昌宁县(滇)	核桃	120000
1739	云和县(浙)	板栗	1254.93	1780	江川区(滇)	松果	1420	1820	昌宁县(滇)	花椒	642.73
1740	云和县(浙)	油茶	3069	1781	江川区(滇)	油茶	187	1821	昌宁县(滇)	油茶	1656
1741	庆元县(浙)	板栗	2346	1782	澄江市(滇)	核桃	5693.33	1822	昭阳区(滇)	核桃	10000
1742	庆元县(浙)	香榧	185	1783	澄江市(滇)	板栗	4.67	1823	鲁甸县(滇)	核桃	56667
1743	庆元县(浙)	油茶	1678	1784	通海县(滇)	核桃	2380	1824	鲁甸县(滇)	花椒	21333
1744	景宁畲族自治县(浙)	油茶	1497	1785	通海县(滇)	板栗	53	1825	巧家县(滇)	核桃	55173
1745	景宁畲族自治县(浙)	核桃	10	1786	通海县(滇)	花椒	53	1826	巧家县(滇)	花椒	21870
1746	浦城县(闽)	板栗	1897.69	1787	通海县(滇)	柿子	13	1827	巧家县(滇)	松果	48307
1747	浦城县(闽)	油茶	7641.87	1788	华宁县(滇)	板栗	173	1828	巧家县(滇)	板栗	167
1748	浦城县(闽)	香榧	353.19	1789	华宁县(滇)	核桃	17245	1829	盐津县(滇)	核桃	888
1749	浦城县(闽)	柿子	10.58	1790	华宁县(滇)	花椒	27	1830	永善县(滇)	核桃	21333
1750	浦城县(闽)	漆树	0.19	1791	华宁县(滇)	油茶	67	1831	镇雄县(滇)	核桃	11067
1751	浦城县(闽)	油桐	122.58	1792	易门县(滇)	八角	11.2	1832	镇雄县(滇)	板栗	8933
1752	富民县(滇)	板栗	3867	1793	易门县(滇)	板栗	2167	1833	彝良县(滇)	核桃	14667
1753	富民县(滇)	核桃	14547	1794	易门县(滇)	核桃	13220	1834	彝良县(滇)	花椒	26733
1754	富民县(滇)	花椒	667	1795	易门县(滇)	花椒	337.47	1835	水富市(滇)	核桃	400
1755	石林彝族自治县(滇)	核桃	3613	1796	易门县(滇)	油茶	3.33	1836	水富市(滇)	板栗	220
1756	石林彝族自治县(滇)	板栗	901	1797	易门县(滇)	油橄榄	403.33	1837	古城区(滇)	核桃	12333
1757	石林彝族自治县(滇)	花椒	193.33	1798	峨山彝族自治县(滇)	核桃	25707	1838	古城区(滇)	花椒	2400
1758	嵩明县(滇)	油橄榄	24	1799	峨山彝族自治县(滇)	板栗	1564	1839	古城区(滇)	油橄榄	280
1759	寻甸回族彝族自治县(滇)	核桃	11353	1800	峨山彝族自治县(滇)	油橄榄	1291	1840	玉龙纳西族自治县(滇)	核桃	11872.6
1760	寻甸回族彝族自治县(滇)	板栗	8360	1801	新平彝族傣族自治县(滇)	核桃	33393.3	1841	玉龙纳西族自治县(滇)	花椒	2534.6
1761	寻甸回族彝族自治县(滇)	花椒	267	1802	元江哈尼族彝族傣族自治县(滇)	八角	53	1842	玉龙纳西族自治县(滇)	油橄榄	3688.5
1762	麒麟区(滇)	花椒	1000	1803	元江哈尼族彝族傣族自治县(滇)	板栗	7	1843	永胜县(滇)	核桃	65633
1763	麒麟区(滇)	核桃	2270	1804	元江哈尼族彝族傣族自治县(滇)	核桃	11883	1844	永胜县(滇)	花椒	11280
1764	麒麟区(滇)	板栗	40	1805	元江哈尼族彝族傣族自治县(滇)	花椒	29	1845	永胜县(滇)	油橄榄	853
1765	师宗县(滇)	核桃	2602	1806	隆阳区(滇)	核桃	86666.67	1846	华坪县(滇)	花椒	15280
1766	师宗县(滇)	油茶	609.65					1847	华坪县(滇)	核桃	467000

林产品主产地及产量
PRINCIPAL PRODUCTION COUNTIES AND OUTPUT OF FOREST PRODUCTS

(续表)

序号	县(旗、市、区、局、场)	品种	资源面积(公顷)
1848	景东彝族自治县(滇)	核桃	40333
1849	镇沅彝族哈尼族拉祜族自治县(滇)	核桃	26.67
1850	澜沧拉祜族自治县(滇)	花椒	8927
1851	澜沧拉祜族自治县(滇)	板栗	580
1852	澜沧拉祜族自治县(滇)	八角	800
1853	澜沧拉祜族自治县(滇)	核桃	2000
1854	澜沧拉祜族自治县(滇)	油茶	1713.3
1855	云 县(滇)	八角	209
1856	云 县(滇)	板栗	153
1857	云 县(滇)	核桃	102199
1858	云 县(滇)	松果	267
1859	云 县(滇)	花椒	267
1860	沧源佤族自治县(滇)	核桃	1889
1861	楚雄市(滇)	核桃	80000
1862	楚雄市(滇)	花椒	2400
1863	楚雄市(滇)	板栗	8
1864	双柏县(滇)	核桃	52360
1865	双柏县(滇)	板栗	350
1866	双柏县(滇)	花椒	4200
1867	牟定县(滇)	核桃	9333.33
1868	牟定县(滇)	板栗	222.57
1869	牟定县(滇)	花椒	1129
1870	牟定县(滇)	柿子	62
1871	南华县(滇)	核桃	80640
1872	南华县(滇)	花椒	10160
1873	姚安县(滇)	核桃	31433
1874	永仁县(滇)	核桃	8488.3
1875	永仁县(滇)	油橄榄	3600
1876	武定县(滇)	花椒	3243
1877	武定县(滇)	核桃	43200
1878	武定县(滇)	板栗	9775
1879	武定县(滇)	红松	5434
1880	禄丰县(滇)	核桃	28466
1881	个旧市(滇)	核桃	329
1882	个旧市(滇)	油茶	68
1883	开远市(滇)	板栗	53
1884	开远市(滇)	核桃	1255
1885	蒙自市(滇)	核桃	13
1886	屏边苗族自治县(滇)	八角	2635.6
1887	屏边苗族自治县(滇)	花椒	55.8
1888	屏边苗族自治县(滇)	柿子	214.33
1889	屏边苗族自治县(滇)	肉桂	179.13
1890	屏边苗族自治县(滇)	油茶	220
1891	建水县(滇)	核桃	1733
1892	建水县(滇)	油茶	2826
1893	建水县(滇)	板栗	182
1894	石屏县(滇)	核桃	5705.3
1895	弥勒市(滇)	核桃	25126
1896	弥勒市(滇)	板栗	1514
1897	弥勒市(滇)	油茶	160
1898	弥勒市(滇)	花椒	100.16
1899	红河县(滇)	核桃	4700
1900	金平苗族瑶族傣族自治县(滇)	八角	79
1901	金平苗族瑶族傣族自治县(滇)	核桃	97
1902	金平苗族瑶族傣族自治县(滇)	板栗	3
1903	金平苗族瑶族傣族自治县(滇)	花椒	94
1904	金平苗族瑶族傣族自治县(滇)	油茶	6800
1905	文山市(滇)	花椒	333
1906	文山市(滇)	八角	1386
1907	文山市(滇)	核桃	3333
1908	文山市(滇)	油茶	300
1909	文山市(滇)	油橄榄	66
1910	文山市(滇)	柿子	466
1911	文山市(滇)	板栗	58
1912	砚山县(滇)	八角	174
1913	砚山县(滇)	核桃	10940
1914	砚山县(滇)	油茶	1666.7
1915	砚山县(滇)	花椒	553.32
1916	西畴县(滇)	油茶	267
1917	西畴县(滇)	核桃	9000
1918	西畴县(滇)	板栗	84
1919	麻栗坡县(滇)	核桃	1333.33
1920	麻栗坡县(滇)	油茶	165
1921	马关县(滇)	油茶	40
1922	马关县(滇)	核桃	4300
1923	丘北县(滇)	核桃	5180
1924	丘北县(滇)	花椒	182
1925	丘北县(滇)	油茶	1880
1926	丘北县(滇)	板栗	53
1927	广南县(滇)	油茶	22333.33
1928	广南县(滇)	核桃	2093.33
1929	广南县(滇)	八角	5632.64
1930	广南县(滇)	花椒	317.9
1931	广南县(滇)	板栗	482
1932	富宁县(滇)	八角	44264.7
1933	富宁县(滇)	核桃	951.8
1934	富宁县(滇)	油茶	24262.1
1935	富宁县(滇)	板栗	185
1936	富宁县(滇)	柿子	16.7
1937	景洪市(滇)	核桃	266.66
1938	景洪市(滇)	板栗	2.4
1939	大理市(滇)	板栗	445
1940	大理市(滇)	核桃	21640
1941	漾濞彝族自治县(滇)	核桃	71333.33
1942	宾川县(滇)	核桃	46893
1943	宾川县(滇)	板栗	16
1944	宾川县(滇)	干枣	18
1945	弥渡县(滇)	板栗	163.4
1946	弥渡县(滇)	核桃	41153
1947	弥渡县(滇)	花椒	880
1948	南涧彝族自治县(滇)	核桃	45000
1949	巍山彝族回族自治县(滇)	核桃	63533.3
1950	巍山彝族回族自治县(滇)	板栗	28
1951	永平县(滇)	核桃	105800
1952	云龙县(滇)	板栗	233
1953	云龙县(滇)	核桃	85574
1954	洱源县(滇)	花椒	200
1955	洱源县(滇)	核桃	45073
1956	洱源县(滇)	板栗	493
1957	剑川县(滇)	核桃	59266
1958	剑川县(滇)	花椒	535
1959	鹤庆县(滇)	核桃	51486
1960	瑞丽市(滇)	板栗	6.7
1961	瑞丽市(滇)	核桃	538.1
1962	芒市(滇)	核桃	3438
1963	芒市(滇)	油茶	183
1964	梁河县(滇)	油茶	2660
1965	梁河县(滇)	核桃	2093
1966	梁河县(滇)	板栗	24.67

(续表)

序号	县(旗、市、区、局、场)	品种	资源面积(公顷)
1967	梁河县(滇)	花椒	18.8
1968	梁河县(滇)	八角	0.9
1969	盈江县(滇)	核桃	5827
1970	盈江县(滇)	油茶	2167
1971	盈江县(滇)	板栗	84
1972	陇川县(滇)	核桃	8906.7
1973	陇川县(滇)	油茶	1486.7
1974	泸水市(滇)	花椒	5296.87
1975	泸水市(滇)	核桃	40126.67
1976	泸水市(滇)	漆树	7203.4
1977	福贡县(滇)	板栗	1533
1978	福贡县(滇)	核桃	36834
1979	福贡县(滇)	油茶	1889
1980	福贡县(滇)	漆树	7366
1981	贡山独龙族怒族自治县(滇)	核桃	10234.8
1982	贡山独龙族怒族自治县(滇)	板栗	2381.4
1983	贡山独龙族怒族自治县(滇)	花椒	313.15
1984	贡山独龙族怒族自治县(滇)	漆树	4650.12
1985	贡山独龙族怒族自治县(滇)	柿子	17.74
1986	兰坪白族普米族自治县(滇)	核桃	46000
1987	兰坪白族普米族自治县(滇)	板栗	35
1988	兰坪白族普米族自治县(滇)	漆树	1333.3
1989	香格里拉市(滇)	核桃	11933.3
1990	香格里拉市(滇)	花椒	2733
1991	香格里拉市(滇)	油橄榄	320
1992	德钦县(滇)	核桃	9533.33
1993	德钦县(滇)	油橄榄	1417.5
1994	德钦县(滇)	花椒	466.6
1995	维西傈僳族自治县(滇)	核桃	28400
1996	维西傈僳族自治县(滇)	花椒	2000
1997	维西傈僳族自治县(滇)	漆树	3333
1998	万秀区(桂)	油茶	190
1999	万秀区(桂)	八角	1720
2000	万秀区(桂)	肉桂	1254
2001	苍梧县(桂)	油茶	1571
2002	苍梧县(桂)	八角	12698
2003	藤县(桂)	八角	23107
2004	藤县(桂)	肉桂	13626.93
2005	藤县(桂)	油茶	4838
2006	蒙山县(桂)	八角	4020
2007	蒙山县(桂)	肉桂	528
2008	蒙山县(桂)	油茶	1800
2009	岑溪市(桂)	油茶	2733
2010	铁山港区(桂)	油茶	23
2011	防城区(桂)	八角	39842
2012	防城区(桂)	肉桂	17521
2013	防城区(桂)	油茶	1333.33
2014	东兴市(桂)	油茶	192
2015	东兴市(桂)	八角	240
2016	东兴市(桂)	肉桂	8767
2017	钦南区(桂)	油茶	130
2018	钦北区(桂)	油茶	278
2019	灵山县(桂)	八角	1133
2020	灵山县(桂)	板栗	929
2021	浦北县(桂)	八角	24000
2022	浦北县(桂)	油茶	653
2023	港北区(桂)	油茶	667
2024	港南区(桂)	油茶	1363
2025	覃塘区(桂)	油茶	158
2026	平南县(桂)	油茶	1060
2027	平南县(桂)	肉桂	4600
2028	桂平市(桂)	油茶	3000
2029	博白县(桂)	油茶	750
2030	兴业县(桂)	八角	2617
2031	兴业县(桂)	肉桂	158
2032	兴业县(桂)	油茶	102
2033	北流市(桂)	油茶	1716
2034	北流市(桂)	八角	13396
2035	北流市(桂)	肉桂	153
2036	田阳县(桂)	油茶	12733
2037	平果县(桂)	油茶	3268
2038	那坡县(桂)	板栗	362
2039	那坡县(桂)	油茶	10000
2040	凌云县(桂)	油茶	20467
2041	乐业县(桂)	油茶	5933
2042	西林县(桂)	核桃	130
2043	西林县(桂)	油茶	9708
2044	隆林各族自治县(桂)	核桃	2640
2045	隆林各族自治县(桂)	八角	67
2046	隆林各族自治县(桂)	油茶	11920
2047	隆林各族自治县(桂)	板栗	9320
2048	八步区(桂)	八角	499.75
2049	八步区(桂)	油茶	4233.56
2050	金城江区(桂)	油茶	2859
2051	金城江区(桂)	核桃	8753
2052	金城江区(桂)	板栗	866
2053	金城江区(桂)	八角	40
2054	南丹县(桂)	板栗	3080
2055	南丹县(桂)	核桃	9319
2056	南丹县(桂)	油茶	4295
2057	南丹县(桂)	柿子	194
2058	天峨县(桂)	板栗	7400
2059	天峨县(桂)	核桃	12907
2060	天峨县(桂)	油茶	12894
2061	凤山县(桂)	油茶	24056
2062	凤山县(桂)	核桃	22200
2063	凤山县(桂)	八角	10058.87
2064	凤山县(桂)	板栗	2563.48
2065	东兰县(桂)	八角	3000
2066	环江毛南族自治县(桂)	核桃	11400
2067	环江毛南族自治县(桂)	油茶	8800
2068	巴马瑶族自治县(桂)	板栗	317
2069	巴马瑶族自治县(桂)	核桃	1834
2070	巴马瑶族自治县(桂)	油茶	25465
2071	都安瑶族自治县(桂)	核桃	10400
2072	都安瑶族自治县(桂)	油茶	3600
2073	兴宾区(桂)	油茶	1487
2074	忻城县(桂)	油茶	764
2075	忻城县(桂)	板栗	59
2076	象州县(桂)	八角	29.83
2077	武宣县(桂)	油茶	1604
2078	金秀瑶族自治县(桂)	油茶	5697
2079	合山市(桂)	油茶	206
2080	宁明县(桂)	八角	30260.84
2081	青秀区(桂)	油茶	126.6
2082	江南区(桂)	油茶	50
2083	西乡塘区(桂)	油茶	219
2084	隆安县(桂)	板栗	5043
2085	马山县(桂)	油茶	33.33
2086	横县(桂)	油茶	201
2087	鱼峰区(桂)	油茶	41

(续表)

序号	县(旗、市、区、局、场)	品种	资源面积(公顷)
2088	鹿寨县(桂)	油茶	3019
2089	融安县(桂)	干枣	8
2090	融安县(桂)	油茶	7348
2091	融水苗族自治县(桂)	油茶	9807
2092	三江侗族自治县(桂)	油茶	28626
2093	临桂区(桂)	油茶	318
2094	灵川县(桂)	油茶	213
2095	全州县(桂)	油茶	2867
2096	永福县(桂)	油茶	346.67
2097	龙胜各族自治县(桂)	油茶	8543
2098	平乐县(桂)	油茶	5320
2099	荔浦市(桂)	油茶	467
2100	高峰林场(桂)	油茶	280
2101	七坡林场(桂)	油茶	102.99
2102	派阳山林场(桂)	八角	1208
2103	派阳山林场(桂)	油茶	133
2104	雅长林场(桂)	板栗	225.2
2105	雅长林场(桂)	核桃	47.4
2106	雅长林场(桂)	油茶	648
2107	雅长林场(桂)	八角	908.95
2108	三门江林场(桂)	油茶	531
2109	大桂山林场(桂)	油茶	269
2110	龙圩区(桂)	油茶	360
2111	龙圩区(桂)	核桃	7
2112	秀英区(琼)	油茶	200
2113	琼山区(琼)	油茶	165
2114	三亚市市辖区(琼)	油茶	8.67
2115	五指山市(琼)	油茶	1029
2116	儋州市(琼)	油茶	270
2117	陵水黎族自治县(琼)	腰果	2
2118	琼中黎族苗族自治县(琼)	油茶	1055
2119	五河县(皖)	干枣	5
2120	大通区(皖)	柿子	10
2121	八公山区(皖)	板栗	38
2122	潘集区(皖)	核桃	38
2123	花山区(皖)	板栗	86
2124	雨山区(皖)	板栗	6
2125	杜集区(皖)	核桃	140
2126	濉溪县(皖)	核桃	53
2127	濉溪县(皖)	油用牡丹	71
2128	怀宁县(皖)	油茶	1821
2129	庐阳区(皖)	核桃	86
2130	长丰县(皖)	榛子	28.9

(续表)

序号	县(旗、市、区、局、场)	品种	资源面积(公顷)
2131	长丰县(皖)	核桃	5230
2132	肥东县(皖)	核桃	835
2133	肥西县(皖)	核桃	890
2134	三山区(皖)	板栗	15
2135	湾沚区(皖)	油茶	28
2136	南陵县(皖)	油茶	87
2137	南陵县(皖)	油用牡丹	50
2138	南陵县(皖)	板栗	276
2139	南陵县(皖)	柿子	54
2140	禹会区(皖)	柿子	2
2141	枞阳县(皖)	油茶	195
2142	枞阳县(皖)	牡丹	5
2143	枞阳县(皖)	香榧	60
2144	潜山市(皖)	油茶	9415
2145	潜山市(皖)	板栗	655
2146	潜山市(皖)	核桃	1091
2147	太湖县(皖)	板栗	8601
2148	太湖县(皖)	核桃	115
2149	太湖县(皖)	油茶	14646
2150	宿松县(皖)	油茶	11053
2151	宿松县(皖)	香榧	116.6
2152	宿松县(皖)	核桃	150
2153	宿松县(皖)	板栗	266.7
2154	望江县(皖)	油茶	1833
2155	望江县(皖)	核桃	940
2156	岳西县(皖)	香榧	2000
2157	岳西县(皖)	板栗	4500
2158	岳西县(皖)	核桃	400
2159	岳西县(皖)	油茶	13600
2160	桐城市(皖)	油茶	5400
2161	桐城市(皖)	油用牡丹	30
2162	屯溪区(皖)	油茶	33.3
2163	屯溪区(皖)	板栗	85
2164	黄山区(皖)	板栗	44
2165	黄山区(皖)	油茶	2108
2166	黄山区(皖)	香榧	445
2167	徽州区(皖)	油茶	1800
2168	徽州区(皖)	香榧	3150
2169	歙县(皖)	核桃	8831
2170	歙县(皖)	油茶	9074
2171	歙县(皖)	香榧	267
2172	歙县(皖)	板栗	521
2173	休宁县(皖)	板栗	297
2174	休宁县(皖)	香榧	307.3

(续表)

序号	县(旗、市、区、局、场)	品种	资源面积(公顷)
2175	休宁县(皖)	油茶	3383
2176	黟县(皖)	核桃	21
2177	黟县(皖)	油茶	923
2178	黟县(皖)	香榧	950
2179	祁门县(皖)	油茶	3162
2180	祁门县(皖)	香榧	52.2
2181	滁州市市辖区(皖)	板栗	400
2182	滁州市市辖区(皖)	核桃	670
2183	南谯区(皖)	板栗	680
2184	南谯区(皖)	核桃	200
2185	南谯区(皖)	油茶	35
2186	全椒县(皖)	板栗	1340
2187	定远县(皖)	板栗	33
2188	定远县(皖)	干枣	67
2189	定远县(皖)	核桃	800
2190	凤阳县(皖)	核桃	272
2191	凤阳县(皖)	板栗	291
2192	凤阳县(皖)	油茶	418.6
2193	天长市(皖)	干枣	20
2194	天长市(皖)	板栗	10
2195	明光市(皖)	板栗	500
2196	明光市(皖)	干枣	30
2197	明光市(皖)	核桃	700
2198	明光市(皖)	油茶	100
2199	颍东区(皖)	油用牡丹	120
2200	颍东区(皖)	核桃	395
2201	颍泉区(皖)	核桃	160
2202	颍泉区(皖)	油用牡丹	60
2203	临泉县(皖)	核桃	3333
2204	阜南县(皖)	核桃	50
2205	阜南县(皖)	花椒	12
2206	阜南县(皖)	柿子	36
2207	阜南县(皖)	元宝枫	65
2208	界首市(皖)	干枣	70
2209	界首市(皖)	核桃	350
2210	宿州市市辖区(皖)	核桃	30
2211	宿州市市辖区(皖)	板栗	2
2212	宿州市市辖区(皖)	榛子	1
2213	埇桥区(皖)	核桃	1563
2214	埇桥区(皖)	油用牡丹	200
2215	砀山县(皖)	核桃	33
2216	灵璧县(皖)	核桃	1194
2217	灵璧县(皖)	牡丹	100
2218	泗县(皖)	干枣	24

(续表)

序号	县（旗、市、区、局、场）	品种	资源面积（公顷）
2219	泗　县（皖）	核桃	819
2220	泗　县（皖）	油用牡丹	16
2221	巢湖市（皖）	核桃	150
2222	巢湖市（皖）	油茶	500
2223	巢湖市（皖）	板栗	850
2224	庐江县（皖）	板栗	1213
2225	庐江县（皖）	油茶	1044
2226	无为县（皖）	油用牡丹	300
2227	金安区（皖）	油茶	4100
2228	裕安区（皖）	核桃	138
2229	裕安区（皖）	板栗	2000
2230	裕安区（皖）	油茶	7674
2231	舒城县（皖）	油茶	20677
2232	舒城县（皖）	核桃	309
2233	舒城县（皖）	板栗	12160
2234	舒城县（皖）	干枣	5
2235	舒城县（皖）	香榧	33.3
2236	金寨县（皖）	油茶	14667
2237	霍山县（皖）	板栗	2500
2238	霍山县（皖）	核桃	1633
2239	霍山县（皖）	油茶	15667
2240	谯城区（皖）	核桃	630
2241	蒙城县（皖）	核桃	260
2242	东至县（皖）	油茶	2539
2243	东至县（皖）	核桃	379
2244	东至县（皖）	板栗	260
2245	石台县（皖）	板栗	558
2246	青阳县（皖）	油茶	272
2247	青阳县（皖）	板栗	496
2248	宣州区（皖）	板栗	469
2249	宣州区（皖）	干枣	1657
2250	宣州区（皖）	油茶	534
2251	郎溪县（皖）	核桃	18
2252	郎溪县（皖）	板栗	105
2253	郎溪县（皖）	干枣	10
2254	郎溪县（皖）	油茶	880
2255	广德县（皖）	板栗	3000
2256	广德县（皖）	核桃	708
2257	广德县（皖）	油茶	441
2258	泾　县（皖）	核桃	21
2259	泾　县（皖）	油茶	267
2260	泾　县（皖）	板栗	501
2261	绩溪县（皖）	核桃	8709
2262	绩溪县（皖）	油茶	3601

(续表)

序号	县（旗、市、区、局、场）	品种	资源面积（公顷）
2263	绩溪县（皖）	板栗	32
2264	绩溪县（皖）	干枣	31
2265	旌德县（皖）	油茶	1020
2266	旌德县（皖）	香榧	800
2267	宁国市（皖）	板栗	3575
2268	宁国市（皖）	核桃	26280
2269	宁国市（皖）	油茶	580
2270	六安市叶集区（皖）	油茶	113
2271	綦江区（渝）	花椒	740.73
2272	荣昌区（渝）	核桃	53
2273	荣昌区（渝）	花椒	2666.7
2274	荣昌区（渝）	元宝枫	433.3
2275	梁平区（渝）	油茶	4567
2276	梁平区（渝）	花椒	2158
2277	城口县（渝）	核桃	20080
2278	丰都县（渝）	核桃	4647
2279	丰都县（渝）	花椒	5833
2280	丰都县（渝）	油茶	2530
2281	丰都县（渝）	油用牡丹	295
2282	秀山土家族苗族自治县（渝）	油茶	13580
2283	秀山土家族苗族自治县（渝）	核桃	1520
2284	永川区（渝）	花椒	1600

表6-2　籽主产地产量

序号	县（旗、市、区、局、场）	品种	籽产量（吨）
1	呼兰区（黑）	核桃	6
2	延寿县（黑）	红松	15
3	饶河县（黑）	榛子	21
4	勃利县（黑）	红松	1244
5	七台河市市辖区（黑）	红松	225
6	东宁市（黑）	红松	275
7	东宁市（黑）	榛子	183
8	东宁市（黑）	核桃	11.5
9	海林市（黑）	红松	420
10	北安市（黑）	榛子	150
11	呼玛县（黑）	榛子	3
12	丹清河实验林场（黑）	红松	120
13	胜利实验林场（黑）	榛子	3
14	双阳区（吉）	红松	3
15	船营区（吉）	红松	120
16	永吉县（吉）	核桃	760

(续表)

序号	县（旗、市、区、局、场）	品种	籽产量（吨）
17	蛟河市（吉）	核桃	320
18	蛟河市（吉）	红松	192.51
19	蛟河市（吉）	榛子	194.5
20	舒兰市（吉）	核桃	200
21	舒兰市（吉）	红松	31.3
22	舒兰市（吉）	榛子	364.7
23	磐石市（吉）	红松	680
24	伊通满族自治县（吉）	榛子	415
25	辉南县（吉）	红松	1862
26	辉南县（吉）	核桃	9060
27	靖宇县（吉）	核桃	168
28	靖宇县（吉）	红松	79
29	临江市（吉）	核桃	40
30	八家子林业局（吉）	榛子	2.5
31	八家子林业局（吉）	红松	739
32	珲春林业局（吉）	红松	166
33	黎城县（晋）	核桃	4795
34	黎城县（晋）	花椒	50
35	黎城县（晋）	山杏	6.5
36	沁　县（晋）	核桃	2800
37	沁　县（晋）	仁用杏	268
38	沁水县（晋）	核桃	750
39	阳城县（晋）	仁用杏	35
40	阳城县（晋）	核桃	3500
41	阳城县（晋）	花椒	500
42	阳城县（晋）	柿子	3380
43	陵川县（晋）	核桃	1000
44	陵川县（晋）	板栗	5
45	陵川县（晋）	仁用杏	72
46	泽州县（晋）	油用牡丹	90
47	泽州县（晋）	花椒	250
48	应　县（晋）	核桃	1
49	应　县（晋）	仁用杏	6
50	应　县（晋）	山杏	32
51	榆社县（晋）	核桃	2625
52	榆社县（晋）	山杏	3740
53	左权县（晋）	核桃	14800
54	和顺县（晋）	核桃	171
55	和顺县（晋）	仁用杏	10
56	寿阳县（晋）	仁用杏	500
57	太谷县（晋）	干枣	50000
58	平遥县（晋）	干枣	21
59	平遥县（晋）	核桃	28
60	平遥县（晋）	仁用杏	0.23

(续表)

序号	县(旗、市、区、局、场)	品种	籽产量(吨)
61	平遥县(晋)	柿子	2.7
62	平遥县(晋)	花椒	0.8
63	灵石县(晋)	花椒	39.5
64	灵石县(晋)	干枣	31.1
65	灵石县(晋)	仁用杏	137.7
66	灵石县(晋)	柿子	23.8
67	介休市(晋)	核桃	2000
68	介休市(晋)	花椒	18
69	闻喜县(晋)	板栗	625
70	闻喜县(晋)	核桃	440
71	闻喜县(晋)	仁用杏	100
72	闻喜县(晋)	花椒	100
73	新绛县(晋)	核桃	500
74	新绛县(晋)	花椒	760
75	垣曲县(晋)	花椒	900
76	平陆县(晋)	花椒	1900
77	永济市(晋)	核桃	4000
78	永济市(晋)	干枣	82050
79	永济市(晋)	花椒	1000
80	永济市(晋)	柿子	137050
81	河津市(晋)	花椒	450
82	忻府区(晋)	干枣	124.35
83	忻府区(晋)	核桃	485
84	忻府区(晋)	花椒	0.1
85	忻府区(晋)	仁用杏	125
86	定襄县(晋)	核桃	1243
87	定襄县(晋)	柿子	196.3
88	定襄县(晋)	仁用杏	352.1
89	定襄县(晋)	花椒	12.4
90	宁武县(晋)	山杏	600
91	静乐县(晋)	核桃	100
92	静乐县(晋)	仁用杏	1
93	静乐县(晋)	山杏	50
94	静乐县(晋)	油用牡丹	40
95	静乐县(晋)	文冠果	0.5
96	神池县(晋)	仁用杏	21
97	洪洞县(晋)	核桃	2937
98	古县(晋)	油用牡丹	710
99	古县(晋)	花椒	8
100	安泽县(晋)	核桃	800
101	吉县(晋)	核桃	1300
102	吉县(晋)	花椒	330
103	大宁县(晋)	核桃	5230
104	大宁县(晋)	干枣	137

(续表)

序号	县(旗、市、区、局、场)	品种	籽产量(吨)
105	大宁县(晋)	花椒	37
106	大宁县(晋)	仁用杏	10
107	大宁县(晋)	山杏	210
108	大宁县(晋)	文冠果	9
109	永和县(晋)	干枣	15000
110	永和县(晋)	核桃	2500
111	永和县(晋)	花椒	3
112	永和县(晋)	仁用杏	80
113	离石区(晋)	干枣	20
114	离石区(晋)	核桃	6891
115	石楼县(晋)	核桃	15320
116	石楼县(晋)	干枣	49600
117	石楼县(晋)	花椒	80
118	石楼县(晋)	仁用杏	300
119	方山县(晋)	干枣	15
120	方山县(晋)	核桃	3510
121	杏花岭区(晋)	核桃	600
122	阳曲县(晋)	松果	73
123	阳曲县(晋)	牡丹	8.9
124	娄烦县(晋)	油用牡丹	3
125	古交市(晋)	核桃	170
126	古交市(晋)	榛子	30
127	阳高县(晋)	仁用杏	4500
128	阳高县(晋)	山杏	250
129	灵丘县(晋)	核桃	990
130	灵丘县(晋)	仁用杏	3624
131	云州区(晋)	仁用杏	900
132	阳泉市城区(晋)	核桃	80
133	平定县(晋)	核桃	3500
134	盂县(晋)	核桃	9548
135	盂县(晋)	花椒	39
136	襄垣县(晋)	油用牡丹	877
137	襄垣县(晋)	核桃	8830
138	襄垣县(晋)	仁用杏	0.4
139	襄垣县(晋)	花椒	9
140	平顺县(晋)	花椒	2026
141	临潼区(陕)	花椒	350
142	临潼区(陕)	牡丹	240
143	蓝田县(陕)	核桃	3900
144	蓝田县(陕)	板栗	2000
145	蓝田县(陕)	花椒	1020
146	鄠邑区(陕)	花椒	2.4
147	印台区(陕)	花椒	1200
148	印台区(陕)	核桃	2800

(续表)

序号	县(旗、市、区、局、场)	品种	籽产量(吨)
149	耀州区(陕)	柿子	2400
150	耀州区(陕)	花椒	7104
151	永寿县(陕)	核桃	200
152	永寿县(陕)	花椒	56
153	永寿县(陕)	油用牡丹	8
154	汉台区(陕)	核桃	500
155	汉台区(陕)	油用牡丹	340
156	汉台区(陕)	板栗	90
157	南郑区(陕)	核桃	1850
158	南郑区(陕)	油茶	4800
159	南郑区(陕)	松果	600
160	南郑区(陕)	花椒	200
161	南郑区(陕)	板栗	1250
162	城固县(陕)	油橄榄	38
163	城固县(陕)	核桃	2127
164	洋县(陕)	核桃	1220
165	洋县(陕)	牡丹	440
166	西乡县(陕)	油用牡丹	60
167	西乡县(陕)	花椒	127
168	宁强县(陕)	花椒	1.5
169	宁强县(陕)	油茶	200
170	镇巴县(陕)	核桃	5000
171	镇巴县(陕)	油茶	2800
172	镇巴县(陕)	板栗	4600
173	横山区(陕)	核桃	28
174	横山区(陕)	干枣	13
175	横山区(陕)	仁用杏	26
176	绥德县(陕)	核桃	1500
177	佳县(陕)	干枣	14400
178	子洲县(陕)	仁用杏	2560
179	汉滨区(陕)	核桃	20000
180	汉滨区(陕)	油茶	8670
181	汉滨区(陕)	油用牡丹	4781
182	汉滨区(陕)	板栗	10651
183	石泉县(陕)	核桃	820
184	石泉县(陕)	板栗	1600
185	石泉县(陕)	油茶	100
186	石泉县(陕)	油用牡丹	17
187	宁陕县(陕)	核桃	900
188	紫阳县(陕)	板栗	400
189	紫阳县(陕)	核桃	250
190	紫阳县(陕)	花椒	500
191	岚皋县(陕)	核桃	470
192	岚皋县(陕)	板栗	1350

(续表)

序号	县(旗、市、区、局、场)	品种	籽产量(吨)
193	镇坪县(陕)	核桃	732.5
194	镇坪县(陕)	板栗	2015
195	镇坪县(陕)	花椒	40
196	旬阳县(陕)	核桃	4952
197	旬阳县(陕)	花椒	515
198	旬阳县(陕)	油用牡丹	40
199	旬阳县(陕)	板栗	4519
200	旬阳县(陕)	柿子	16600
201	白河县(陕)	板栗	860
202	白河县(陕)	核桃	1462
203	白河县(陕)	油茶	30
204	白河县(陕)	油用牡丹	1100
205	白河县(陕)	花椒	170
206	西咸新区(陕)	核桃	609
207	嘉峪关市(甘)	文冠果	2
208	白银区(甘)	油用牡丹	55.5
209	白银区(甘)	核桃	200
210	白银区(甘)	干枣	150
211	平川区(甘)	文冠果	150
212	平川区(甘)	花椒	4
213	平川区(甘)	干枣	14700
214	会宁县(甘)	核桃	2
215	会宁县(甘)	山杏	1328
216	景泰县(甘)	核桃	125
217	凉州区(甘)	核桃	3586.88
218	张掖市市辖区(甘)	文冠果	15
219	甘州区(甘)	沙枣	150
220	甘州区(甘)	干枣	160
221	甘州区(甘)	文冠果	250
222	甘州区(甘)	山杏	10
223	甘州区(甘)	油用牡丹	5
224	肃南裕固族自治县(甘)	文冠果	0.6
225	临泽县(甘)	核桃	231.1
226	高台县(甘)	文冠果	33
227	高台县(甘)	仁用杏	1000
228	庄浪县(甘)	花椒	25.96
229	庄浪县(甘)	核桃	93.68
230	肃州区(甘)	核桃	22.22
231	宁 县(甘)	核桃	1600
232	陇西县(甘)	花椒	300
233	陇南市市辖区(甘)	油橄榄	41800
234	陇南市市辖区(甘)	花椒	44700
235	陇南市市辖区(甘)	核桃	107500
236	武都区(甘)	油橄榄	40000
237	武都区(甘)	花椒	30000
238	成 县(甘)	核桃	3250
239	临夏市(甘)	花椒	28
240	临夏市(甘)	油用牡丹	21.22
241	临夏市(甘)	牡丹	6
242	临夏县(甘)	花椒	2270
243	永靖县(甘)	核桃	85
244	永靖县(甘)	花椒	700
245	广河县(甘)	花椒	5.6
246	积石山保安族东乡族撒拉族自治县(甘)	核桃	900
247	积石山保安族东乡族撒拉族自治县(甘)	花椒	5000
248	伊州区(新)	干枣	8931
249	伊州区(新)	核桃	31
250	阜康市(新)	文冠果	5
251	轮台县(新)	核桃	971
252	和静县(新)	核桃	43
253	阿克苏市(新)	干枣	62182
254	阿克苏市(新)	核桃	61364
255	阿克苏市(新)	花椒	21
256	麦盖提县(新)	核桃	2.3
257	麦盖提县(新)	干枣	26.8
258	化隆回族自治县(青)	花椒	22.1
259	化隆回族自治县(青)	核桃	107.9
260	循化撒拉族自治县(青)	花椒	11.25
261	高 县(川)	核桃	52
262	高 县(川)	油茶	3
263	珙 县(川)	核桃	78
264	珙 县(川)	板栗	62
265	屏山县(川)	核桃	210
266	屏山县(川)	板栗	120
267	屏山县(川)	油茶	252
268	广安区(川)	核桃	176
269	岳池县(川)	核桃	670
270	武胜县(川)	核桃	215
271	邻水县(川)	核桃	21
272	邻水县(川)	油橄榄	0.5
273	邻水县(川)	板栗	350
274	华蓥市(川)	花椒	650
275	华蓥市(川)	板栗	71
276	达川区(川)	核桃	198
277	达川区(川)	花椒	3800
278	达川区(川)	板栗	110
279	宣汉县(川)	板栗	949.5
280	宣汉县(川)	核桃	2205
281	宣汉县(川)	油橄榄	25
282	宣汉县(川)	油茶	23
283	宣汉县(川)	油用牡丹	18
284	开江县(川)	油橄榄	4610
285	开江县(川)	花椒	1384
286	渠 县(川)	核桃	1740
287	渠 县(川)	花椒	1650
288	万源市(川)	核桃	3510
289	万源市(川)	板栗	1300
290	雨城区(川)	油茶	300
291	名山区(川)	油茶	65
292	汉源县(川)	花椒	25000
293	石棉县(川)	核桃	47
294	石棉县(川)	花椒	105
295	宝兴县(川)	核桃	790
296	宝兴县(川)	板栗	1
297	南江县(川)	板栗	2093
298	南江县(川)	核桃	24048
299	南江县(川)	花椒	42
300	平昌县(川)	核桃	485
301	雁江区(川)	核桃	416
302	安岳县(川)	核桃	80
303	乐至县(川)	核桃	900
304	茂 县(川)	核桃	200
305	茂 县(川)	花椒	1000
306	九寨沟县(川)	核桃	257
307	泸定县(川)	核桃	5000
308	泸定县(川)	花椒	450
309	西昌市(川)	花椒	1791
310	西昌市(川)	核桃	19479.2
311	西昌市(川)	板栗	251
312	西昌市(川)	油橄榄	1893
313	木里藏族自治县(川)	核桃	22437.5
314	木里藏族自治县(川)	花椒	1670
315	盐源县(川)	板栗	358
316	盐源县(川)	核桃	49734
317	盐源县(川)	花椒	8902
318	德昌县(川)	核桃	39852
319	德昌县(川)	油茶	285
320	德昌县(川)	板栗	34525

林产品主产地及产量

PRINCIPAL PRODUCTION COUNTIES AND OUTPUT OF FOREST PRODUCTS

(续表)

序号	县(旗、市、区、局、场)	品种	籽产量(吨)
321	德昌县(川)	油橄榄	8
322	会理市(川)	核桃	43000
323	会理市(川)	花椒	2985
324	会理市(川)	油橄榄	400
325	会理市(川)	板栗	4411
326	会东县(川)	油茶	10
327	会东县(川)	核桃	28042
328	会东县(川)	花椒	920
329	会东县(川)	油橄榄	16.5
330	宁南县(川)	板栗	1374
331	宁南县(川)	核桃	39583
332	宁南县(川)	油橄榄	149
333	宁南县(川)	花椒	873.5
334	宁南县(川)	油茶	43
335	宁南县(川)	松果	71.5
336	宁南县(川)	柿子	115.5
337	普格县(川)	核桃	9726.8
338	普格县(川)	花椒	610
339	普格县(川)	板栗	120
340	布拖县(川)	核桃	15026.8
341	布拖县(川)	花椒	2210
342	金阳县(川)	板栗	18
343	金阳县(川)	核桃	37926
344	金阳县(川)	花椒	11892
345	昭觉县(川)	核桃	31770.4
346	昭觉县(川)	花椒	800
347	喜德县(川)	核桃	19145.3
348	喜德县(川)	花椒	1612
349	喜德县(川)	板栗	27
350	冕宁县(川)	油橄榄	1520
351	冕宁县(川)	板栗	734
352	冕宁县(川)	核桃	20639.4
353	越西县(川)	核桃	13130
354	越西县(川)	花椒	725
355	越西县(川)	板栗	90
356	甘洛县(川)	花椒	14.5
357	甘洛县(川)	板栗	50
358	甘洛县(川)	核桃	27741.8
359	美姑县(川)	核桃	22493.1
360	美姑县(川)	花椒	1100
361	美姑县(川)	板栗	40
362	雷波县(川)	核桃	28272.66
363	雷波县(川)	板栗	468
364	雷波县(川)	花椒	2368.42
365	龙泉驿区(川)	核桃	55
366	青白江区(川)	核桃	302
367	金堂县(川)	油橄榄	10677
368	金堂县(川)	核桃	4061
369	金堂县(川)	花椒	182
370	大邑县(川)	核桃	38
371	大邑县(川)	板栗	14
372	新津区(川)	干枣	28
373	新津区(川)	核桃	100
374	彭州市(川)	核桃	259
375	彭州市(川)	板栗	4
376	邛崃市(川)	干枣	20
377	邛崃市(川)	花椒	370
378	崇州市(川)	板栗	230
379	崇州市(川)	核桃	110
380	自流井区(川)	核桃	13
381	自流井区(川)	油茶	40
382	贡井区(川)	油茶	210
383	荣县(川)	油茶	18090
384	富顺县(川)	油茶	2048
385	泸县(川)	油茶	100
386	泸县(川)	核桃	68
387	合江县(川)	核桃	25
388	合江县(川)	油茶	20
389	合江县(川)	花椒	678
390	叙永县(川)	油茶	1700
391	古蔺县(川)	板栗	880
392	古蔺县(川)	核桃	2200
393	旌阳区(川)	核桃	1300
394	旌阳区(川)	花椒	120
395	中江县(川)	花椒	1370
396	中江县(川)	核桃	5628
397	罗江区(川)	核桃	360
398	罗江区(川)	花椒	1300
399	广汉市(川)	核桃	50
400	绵竹市(川)	板栗	7
401	绵竹市(川)	核桃	550
402	游仙区(川)	油橄榄	70
403	游仙区(川)	油用牡丹	95
404	游仙区(川)	核桃	2100
405	盐亭县(川)	核桃	9300
406	北川羌族自治县(川)	板栗	130
407	北川羌族自治县(川)	核桃	715
408	江油市(川)	板栗	755
409	江油市(川)	核桃	3350
410	江油市(川)	花椒	95
411	江油市(川)	干枣	42
412	江油市(川)	油茶	578
413	江油市(川)	柿子	735
414	利州区(川)	核桃	38007
415	利州区(川)	油橄榄	822
416	利州区(川)	板栗	778
417	昭化区(川)	核桃	16204
418	朝天区(川)	核桃	55552
419	朝天区(川)	花椒	1320
420	旺苍县(川)	核桃	42307
421	旺苍县(川)	板栗	37
422	青川县(川)	核桃	38360
423	青川县(川)	油橄榄	4700
424	青川县(川)	板栗	65
425	剑阁县(川)	核桃	20021
426	剑阁县(川)	油橄榄	50
427	剑阁县(川)	花椒	185
428	苍溪县(川)	核桃	12300
429	苍溪县(川)	板栗	50
430	船山区(川)	花椒	120
431	船山区(川)	核桃	1007.7
432	安居区(川)	花椒	2450
433	大英县(川)	核桃	1380
434	大英县(川)	花椒	260
435	内江市市中区(川)	核桃	380
436	内江市市中区(川)	花椒	96
437	内江市市中区(川)	板栗	60
438	东兴区(川)	核桃	240
439	威远县(川)	核桃	800
440	威远县(川)	油茶	733
441	资中县(川)	花椒	28
442	资中县(川)	核桃	2080
443	资中县(川)	板栗	830
444	隆昌市(川)	核桃	455
445	隆昌市(川)	油茶	2925
446	沙湾区(川)	核桃	200
447	沙湾区(川)	油用牡丹	32
448	五通桥区(川)	核桃	52
449	金口河区(川)	花椒	50
450	井研县(川)	油茶	10
451	井研县(川)	核桃	60
452	夹江县(川)	油茶	200

(续表)

序号	县(旗、市、区、局、场)	品种	籽产量(吨)	序号	县(旗、市、区、局、场)	品种	籽产量(吨)	序号	县(旗、市、区、局、场)	品种	籽产量(吨)
453	马边彝族自治县(川)	板栗	190	497	新安县(豫)	核桃	2024	541	沁阳市(豫)	核桃	3756
454	马边彝族自治县(川)	核桃	240	498	栾川县(豫)	油用牡丹	20	542	华龙区(豫)	核桃	4
455	顺庆区(川)	核桃	420	499	栾川县(豫)	板栗	955.9	543	南乐县(豫)	核桃	45
456	嘉陵区(川)	核桃	720	500	栾川县(豫)	核桃	2051.1	544	南乐县(豫)	油用牡丹	40
457	营山县(川)	油橄榄	2050	501	栾川县(豫)	花椒	57	545	范县(豫)	核桃	165
458	仪陇县(川)	板栗	270	502	嵩县(豫)	板栗	5200	546	台前县(豫)	核桃	300
459	仪陇县(川)	核桃	720	503	嵩县(豫)	油用牡丹	17	547	濮阳县(豫)	核桃	275
460	仪陇县(川)	花椒	2700	504	嵩县(豫)	核桃	4170	548	禹州市(豫)	核桃	1800
461	仪陇县(川)	油用牡丹	24	505	嵩县(豫)	花椒	720	549	禹州市(豫)	油用牡丹	1.2
462	西充县(川)	核桃	1040	506	汝阳县(豫)	花椒	3710	550	禹州市(豫)	花椒	247.8
463	西充县(川)	牡丹	5	507	汝阳县(豫)	板栗	840	551	鄢城区(豫)	核桃	165
464	西充县(川)	花椒	2730	508	汝阳县(豫)	核桃	1102	552	湖滨区(豫)	花椒	8145
465	东坡区(川)	核桃	180	509	宜阳县(豫)	干枣	201	553	渑池县(豫)	核桃	1435
466	仁寿县(川)	核桃	1305	510	宜阳县(豫)	核桃	512	554	渑池县(豫)	花椒	1560
467	仁寿县(川)	油茶	55	511	宜阳县(豫)	油用牡丹	57	555	卢氏县(豫)	核桃	77765
468	洪雅县(川)	核桃	91	512	宜阳县(豫)	仁用杏	87	556	卢氏县(豫)	板栗	8450
469	丹棱县(川)	核桃	415	513	宜阳县(豫)	柿子	79	557	卢氏县(豫)	干枣	854
470	丹棱县(川)	板栗	20	514	宜阳县(豫)	花椒	514	558	卢氏县(豫)	花椒	2540
471	翠屏区(川)	油茶	960	515	洛宁县(豫)	核桃	3766	559	灵宝市(豫)	牡丹	600
472	翠屏区(川)	核桃	5	516	洛宁县(豫)	牡丹	205	560	灵宝市(豫)	核桃	3050
473	叙州区(川)	油茶	256	517	伊川县(豫)	牡丹	1727	561	灵宝市(豫)	油用牡丹	650
474	叙州区(川)	核桃	189	518	伊川县(豫)	核桃	9800	562	卧龙区(豫)	板栗	26
475	叙州区(川)	板栗	124	519	偃师区(豫)	核桃	1950	563	卧龙区(豫)	核桃	27
476	南溪区(川)	核桃	20	520	偃师区(豫)	牡丹	285	564	方城县(豫)	山杏	38
477	南溪区(川)	油茶	45	521	石龙区(豫)	花椒	11	565	方城县(豫)	花椒	177
478	江安县(川)	核桃	20	522	叶县(豫)	核桃	1700	566	西峡县(豫)	板栗	864
479	江安县(川)	油茶	290	523	郏县(豫)	核桃	790	567	西峡县(豫)	核桃	72.1
480	前锋区(川)	核桃	220	524	汝州市(豫)	核桃	2550	568	西峡县(豫)	山杏	6340
481	前锋区(川)	油橄榄	2	525	龙安区(豫)	核桃	1025	569	西峡县(豫)	花椒	503
482	恩阳区(川)	核桃	500	526	龙安区(豫)	花椒	42	570	镇平县(豫)	核桃	150
483	恩阳区(川)	花椒	15	527	汤阴县(豫)	核桃	0.4	571	镇平县(豫)	板栗	260
484	恩阳区(川)	牡丹	10	528	滑县(豫)	核桃	159	572	镇平县(豫)	柿子	180
485	简阳市(川)	核桃	6191	529	鹤壁市市辖区(豫)	油用牡丹	100	573	内乡县(豫)	核桃	3661
486	简阳市(川)	油橄榄	120	530	鹤壁市市辖区(豫)	核桃	550	574	淅川县(豫)	油茶	2
487	东部新区(川)	核桃	19	531	浚县(豫)	核桃	970	575	唐河县(豫)	板栗	100
488	东部新区(川)	油用牡丹	0.1	532	淇县(豫)	油用牡丹	100	576	新野县(豫)	干枣	100
489	新密市(豫)	核桃	2600	533	淇县(豫)	核桃	550	577	新野县(豫)	核桃	280
490	兰考县(豫)	核桃	10	534	原阳县(豫)	核桃	263	578	桐柏县(豫)	油茶	1600
491	瀍河回族区(豫)	核桃	510	535	封丘县(豫)	核桃	50	579	邓州市(豫)	花椒	0.01
492	涧西区(豫)	核桃	20	536	封丘县(豫)	干枣	350	580	宁陵县(豫)	核桃	18
493	孟津区(豫)	花椒	400	537	马村区(豫)	核桃	342	581	夏邑县(豫)	油用牡丹	200
494	孟津区(豫)	核桃	630	538	博爱县(豫)	核桃	1562	582	夏邑县(豫)	核桃	200
495	孟津区(豫)	油用牡丹	385	539	博爱县(豫)	花椒	100	583	永城市(豫)	核桃	53
496	新安县(豫)	牡丹	683	540	武陟县(豫)	核桃	180	584	永城市(豫)	油用牡丹	120

林产品主产地及产量
PRINCIPAL PRODUCTION COUNTIES AND OUTPUT OF FOREST PRODUCTS

(续表)

序号	县(旗、市、区、局、场)	品种	籽产量(吨)
585	浉河区(豫)	板栗	5460
586	浉河区(豫)	油茶	600
587	平桥区(豫)	核桃	5
588	平桥区(豫)	油茶	60
589	平桥区(豫)	花椒	20
590	罗山县(豫)	油茶	6021
591	光山县(豫)	油茶	8100
592	光山县(豫)	板栗	2000
593	新　县(豫)	板栗	10000
594	商城县(豫)	油茶	9900
595	固始县(豫)	板栗	1000
596	潢川县(豫)	板栗	200
597	潢川县(豫)	干枣	3
598	商水县(豫)	核桃	100
599	郸城县(豫)	核桃	5
600	郸城县(豫)	油用牡丹	120
601	项城市(豫)	核桃	54.9
602	西平县(豫)	板栗	351
603	西平县(豫)	干枣	163
604	西平县(豫)	核桃	160
605	确山县(豫)	核桃	230
606	遂平县(豫)	柿子	15
607	遂平县(豫)	板栗	162
608	遂平县(豫)	核桃	58
609	新蔡县(豫)	核桃	10
610	济源市(豫)	核桃	5500
611	济源市(豫)	花椒	1340
612	济源市(豫)	干枣	110
613	济源市(豫)	柿子	420
614	濮阳市高新区(豫)	核桃	72
615	洛阳市伊洛工业园区(豫)	核桃	536
616	花都区(粤)	油茶	75
617	从化区(粤)	油茶	20
618	武江区(粤)	油茶	250
619	浈江区(粤)	油茶	2231
620	曲江区(粤)	板栗	65
621	曲江区(粤)	油茶	191
622	始兴县(粤)	油茶	1580
623	仁化县(粤)	油茶	6585
624	翁源县(粤)	油茶	1328
625	乳源瑶族自治县(粤)	油茶	610
626	乳源瑶族自治县(粤)	板栗	90
627	新丰县(粤)	油茶	152

(续表)

序号	县(旗、市、区、局、场)	品种	籽产量(吨)
628	乐昌市(粤)	油茶	2400
629	南雄市(粤)	油茶	4400
630	濠南区(粤)	油茶	270
631	台山市(粤)	梅类	600
632	鹤山市(粤)	油茶	10
633	恩平市(粤)	板栗	6
634	廉江市(粤)	油茶	62
635	雷州市(粤)	油茶	20
636	茂南区(粤)	油茶	36.25
637	电白区(粤)	油茶	7.66
638	高州市(粤)	油茶	4600
639	化州市(粤)	油茶	2010
640	信宜市(粤)	八角	1500
641	广宁县(粤)	油茶	4157
642	封开县(粤)	油茶	523
643	德庆县(粤)	油茶	495
644	高要区(粤)	油茶	230
645	博罗县(粤)	油茶	1420
646	龙门县(粤)	油茶	11
647	梅县区(粤)	油茶	1200
648	大埔县(粤)	油茶	1295
649	丰顺县(粤)	油茶	100
650	五华县(粤)	板栗	200
651	五华县(粤)	柿饼	20
652	五华县(粤)	油茶	762
653	平远县(粤)	油茶	500
654	紫金县(粤)	油茶	1800
655	龙川县(粤)	油茶	32113
656	龙川县(粤)	板栗	663
657	连平县(粤)	油茶	1289.5
658	和平县(粤)	八角	310.5
659	和平县(粤)	油茶	30000
660	和平县(粤)	板栗	460
661	和平县(粤)	柿子	1250
662	东源县(粤)	油茶	12758
663	东源县(粤)	板栗	18000
664	阳春市(粤)	油茶	2752
665	清城区(粤)	油茶	73.8
666	佛冈县(粤)	油茶	121
667	阳山县(粤)	板栗	8200
668	阳山县(粤)	油茶	45454
669	连山壮族瑶族自治县(粤)	油茶	1344
670	连南瑶族自治县(粤)	油茶	2435.75

(续表)

序号	县(旗、市、区、局、场)	品种	籽产量(吨)
671	连南瑶族自治县(粤)	板栗	652
672	清新区(粤)	油茶	25
673	英德市(粤)	油茶	2056.23
674	连州市(粤)	板栗	1900
675	连州市(粤)	油茶	1800
676	揭东区(粤)	油茶	850
677	揭西县(粤)	油茶	42
678	惠来县(粤)	油茶	21.38
679	普宁市(粤)	油茶	2.5
680	云城区(粤)	油茶	200
681	新兴县(粤)	油茶	7.5
682	郁南县(粤)	油茶	99
683	云安区(粤)	油茶	400
684	罗定市(粤)	油茶	840
685	新丰江林管局(粤)	油茶	55.5
686	清远市属总林场(粤)	八角	50
687	江东新区(粤)	油茶	2000
688	开阳县(黔)	油茶	450
689	开阳县(黔)	板栗	200
690	息烽县(黔)	板栗	118.5
691	息烽县(黔)	干枣	22.5
692	息烽县(黔)	花椒	20
693	清镇市(黔)	核桃	5
694	清镇市(黔)	元宝枫	21
695	六枝特区(黔)	核桃	1596
696	六枝特区(黔)	板栗	367
697	六枝特区(黔)	花椒	13
698	水城县(黔)	核桃	407
699	盘州市(黔)	核桃	1918
700	盘州市(黔)	板栗	193
701	遵义市市辖区(黔)	核桃	20
702	红花岗区(黔)	核桃	112
703	汇川区(黔)	花椒	240
704	汇川区(黔)	板栗	109
705	汇川区(黔)	核桃	46
706	桐梓县(黔)	花椒	1800
707	正安县(黔)	核桃	100
708	正安县(黔)	花椒	230
709	正安县(黔)	板栗	150
710	务川仡佬族苗族自治县(黔)	花椒	300
711	务川仡佬族苗族自治县(黔)	香榧	12
712	湄潭县(黔)	油茶	1000

(续表)

序号	县(旗、市、区、局、场)	品种	籽产量(吨)
713	仁怀市(黔)	花椒	0.06
714	仁怀市(黔)	核桃	1500
715	镇宁布依族苗族自治县(黔)	板栗	405
716	镇宁布依族苗族自治县(黔)	核桃	257
717	关岭布依族苗族自治县(黔)	核桃	20
718	关岭布依族苗族自治县(黔)	花椒	20
719	紫云苗族布依族自治县(黔)	油茶	92.5
720	碧江区(黔)	油茶	1400
721	玉屏侗族自治县(黔)	油茶	5500
722	玉屏侗族自治县(黔)	花椒	150
723	思南县(黔)	油茶	2066
724	思南县(黔)	核桃	110
725	印江土家族苗族自治县(黔)	油茶	73.12
726	德江县(黔)	油茶	100
727	德江县(黔)	板栗	660
728	德江县(黔)	核桃	210
729	沿河土家族自治县(黔)	油茶	10
730	沿河土家族自治县(黔)	花椒	163.45
731	沿河土家族自治县(黔)	核桃	28
732	沿河土家族自治县(黔)	板栗	41.3
733	万山区(黔)	油茶	4785
734	兴义市(黔)	板栗	17500
735	兴义市(黔)	油茶	150
736	兴义市(黔)	核桃	11255
737	兴仁市(黔)	核桃	2960
738	兴仁市(黔)	板栗	406
739	兴仁市(黔)	花椒	95
740	兴仁市(黔)	油茶	18
741	贞丰县(黔)	核桃	610
742	贞丰县(黔)	花椒	680
743	贞丰县(黔)	油茶	10
744	贞丰县(黔)	板栗	2560
745	望谟县(黔)	板栗	14000
746	望谟县(黔)	油茶	7000
747	册亨县(黔)	油茶	15298
748	大方县(黔)	板栗	457
749	大方县(黔)	核桃	979
750	金沙县(黔)	核桃	30
751	金沙县(黔)	花椒	2600
752	金沙县(黔)	油茶	0.5
753	纳雍县(黔)	板栗	6000
754	纳雍县(黔)	核桃	7500
755	威宁彝族回族苗族自治县(黔)	花椒	46
756	威宁彝族回族苗族自治县(黔)	油茶	3500
757	凯里市(黔)	板栗	300
758	凯里市(黔)	油茶	3
759	凯里市(黔)	花椒	583
760	黄平县(黔)	油茶	5
761	三穗县(黔)	油茶	994
762	镇远县(黔)	板栗	385
763	镇远县(黔)	核桃	75
764	镇远县(黔)	花椒	55
765	镇远县(黔)	油茶	35
766	镇远县(黔)	木姜子	10
767	岑巩县(黔)	油茶	515
768	天柱县(黔)	油茶	12780
769	锦屏县(黔)	油茶	4320
770	锦屏县(黔)	核桃	2860
771	锦屏县(黔)	板栗	244.4
772	剑河县(黔)	油茶	200
773	黎平县(黔)	油茶	20317
774	榕江县(黔)	木姜子	6.5
775	榕江县(黔)	油茶	300
776	榕江县(黔)	花椒	760
777	从江县(黔)	油茶	2825
778	丹寨县(黔)	板栗	53
779	丹寨县(黔)	花椒	24
780	丹寨县(黔)	木姜子	15
781	荔波县(黔)	花椒	140
782	荔波县(黔)	油茶	1400
783	瓮安县(黔)	油橄榄	20
784	平塘县(黔)	核桃	1245
785	平塘县(黔)	花椒	430
786	平塘县(黔)	油茶	750
787	平塘县(黔)	板栗	1590
788	罗甸县(黔)	核桃	220
789	罗甸县(黔)	油茶	150
790	罗甸县(黔)	板栗	28
791	罗甸县(黔)	板栗	6000
792	长顺县(黔)	油茶	150
793	长顺县(黔)	花椒	590.3
794	龙里县(黔)	油茶	10
795	惠水县(黔)	核桃	80
796	湾沟林业局(吉林森工)	核桃	25
797	湾沟林业局(吉林森工)	榛子	10
798	鹤立林业局(龙江森工)	榛子	65
799	鹤立林业局(龙江森工)	松果	32
800	第一师(新疆兵团)	核桃	59209
801	第三师(新疆兵团)	核桃	3031
802	第三师(新疆兵团)	干枣	205414.8
803	第八师(新疆兵团)	文冠果	50
804	第八师(新疆兵团)	油用牡丹	3
805	蓟州区(津)	油用牡丹	32
806	蓟州区(津)	板栗	1992
807	蓟州区(津)	核桃	4035
808	蓟州区(津)	仁用杏	351
809	蓟州区(津)	干枣	444
810	蓟州区(津)	花椒	3
811	蓟州区(津)	榛子	5
812	蓟州区(津)	柿子	20206
813	西丰县(辽)	榛子	8000
814	西丰县(辽)	红松	500
815	开原市(辽)	红松	0.5
816	开原市(辽)	核桃楸	0.5
817	朝阳县(辽)	山杏	39000
818	建平县(辽)	山杏	27700
819	普兰店区(辽)	板栗	208
820	普兰店区(辽)	榛子	243
821	普兰店区(辽)	核桃	40
822	东洲区(辽)	板栗	98
823	东洲区(辽)	核桃	2370
824	新宾满族自治县(辽)	核桃楸	22880
825	新宾满族自治县(辽)	红松	5470
826	新宾满族自治县(辽)	榛子	600
827	本溪满族自治县(辽)	核桃楸	9000
828	本溪满族自治县(辽)	红松	6600
829	本溪满族自治县(辽)	榛子	5900
830	本溪满族自治县(辽)	板栗	3300
831	桓仁满族自治县(辽)	核桃楸	9388
832	东港市(辽)	板栗	41477
833	东港市(辽)	红松	565

林产品主产地及产量
PRINCIPAL PRODUCTION COUNTIES AND OUTPUT OF FOREST PRODUCTS

(续表)

序号	县（旗、市、区、局、场）	品种	籽产量（吨）
834	东港市（辽）	榛子	1400
835	喀喇沁左翼蒙古族自治县（辽）	干枣	2100
836	喀喇沁左翼蒙古族自治县（辽）	仁用杏	12000
837	凌源市（辽）	干枣	2000
838	凌源市（辽）	山杏	10300
839	凌源市（辽）	仁用杏	1000
840	凌源市（辽）	核桃	9.5
841	凌源市（辽）	板栗	80
842	铁岭市经济开发区（辽）	榛子	143
843	清水河县（内蒙古）	山杏	2000
844	红山区（内蒙古）	山杏	520
845	元宝山区（内蒙古）	仁用杏	3000
846	阿鲁科尔沁旗（内蒙古）	山杏	600
847	阿鲁科尔沁旗（内蒙古）	文冠果	150
848	巴林左旗（内蒙古）	山杏	2300
849	巴林右旗（内蒙古）	仁用杏	800
850	翁牛特旗（内蒙古）	山杏	20
851	翁牛特旗（内蒙古）	元宝枫	20
852	喀喇沁旗（内蒙古）	榛子	950
853	喀喇沁旗（内蒙古）	仁用杏	50
854	宁城县（内蒙古）	山杏	3400
855	宁城县（内蒙古）	榛子	56
856	敖汉旗（内蒙古）	山杏	8500
857	科尔沁区（内蒙古）	山杏	375
858	科尔沁左翼中旗（内蒙古）	文冠果	66
859	科尔沁左翼后旗（内蒙古）	核桃	0.53
860	科尔沁左翼后旗（内蒙古）	榛子	8
861	科尔沁左翼后旗（内蒙古）	元宝枫	99
862	库伦旗（内蒙古）	文冠果	420
863	奈曼旗（内蒙古）	山杏	120
864	奈曼旗（内蒙古）	仁用杏	150
865	奈曼旗（内蒙古）	文冠果	550
866	奈曼旗（内蒙古）	榛子	0.2
867	扎鲁特旗（内蒙古）	榛子	40
868	准格尔旗（内蒙古）	仁用杏	83453
869	阿荣旗（内蒙古）	榛子	369
870	乌兰浩特市（内蒙古）	山杏	3590
871	科尔沁右翼前旗（内蒙古）	山杏	30
872	扎赉特旗（内蒙古）	山杏	60
873	扎赉特旗（内蒙古）	榛子	480
874	突泉县（内蒙古）	文冠果	6
875	突泉县（内蒙古）	山杏	4750
876	玉田县（冀）	核桃	497
877	玉田县（冀）	板栗	5
878	遵化市（冀）	板栗	37400
879	遵化市（冀）	核桃	9350.2
880	遵化市（冀）	榛子	6.1
881	迁安市（冀）	板栗	5982.37
882	迁安市（冀）	核桃	3994.9
883	海港区（冀）	核桃	1262
884	海港区（冀）	干枣	14
885	海港区（冀）	板栗	4399
886	海港区（冀）	花椒	57
887	海港区（冀）	油用牡丹	52
888	海港区（冀）	榛子	36
889	海港区（冀）	仁用杏	2
890	北戴河区（冀）	板栗	3
891	北戴河区（冀）	核桃	5
892	青龙满族自治县（冀）	板栗	47516
893	青龙满族自治县（冀）	核桃	1629
894	昌黎县（冀）	板栗	29.8
895	昌黎县（冀）	核桃	97.1
896	抚宁区（冀）	核桃	3685
897	邯山区（冀）	核桃	109
898	丛台区（冀）	核桃	350
899	丛台区（冀）	文冠果	50
900	磁县（冀）	核桃	303.6
901	永年区（冀）	核桃	63
902	魏县（冀）	核桃	88
903	临城县（冀）	核桃	7212
904	内丘县（冀）	核桃	4633
905	内丘县（冀）	板栗	3729
906	内丘县（冀）	干枣	126
907	柏乡县（冀）	油用牡丹	40
908	柏乡县（冀）	核桃	238.69
909	隆尧县（冀）	核桃	1100
910	任泽区（冀）	核桃	99
911	巨鹿县（冀）	干枣	8
912	广宗县（冀）	核桃	34
913	广宗县（冀）	干枣	88
914	沙河市（冀）	板栗	3063
915	沙河市（冀）	核桃	4541
916	清苑区（冀）	核桃	375
917	涞水县（冀）	板栗	138
918	涞水县（冀）	核桃	1719
919	涞水县（冀）	仁用杏	616
920	涞水县（冀）	柿子	18920
921	涞水县（冀）	花椒	9
922	涞水县（冀）	干枣	30
923	阜平县（冀）	板栗	374
924	阜平县（冀）	核桃	5028
925	阜平县（冀）	干枣	21786
926	徐水区（冀）	核桃	249
927	唐县（冀）	核桃	3499
928	涞源县（冀）	核桃	3108
929	涞源县（冀）	柿子	14
930	易县（冀）	核桃	1335
931	易县（冀）	板栗	475
932	曲阳县（冀）	核桃	734
933	蠡县（冀）	核桃	15
934	涿州市（冀）	核桃	44.28
935	涿州市（冀）	榛子	17.5
936	定州市（冀）	核桃	917
937	高碑店市（冀）	核桃	209
938	高碑店市（冀）	干枣	4
939	蔚县（冀）	仁用杏	3050.8
940	阳原县（冀）	仁用杏	1625.02
941	万全区（冀）	核桃	0.5
942	万全区（冀）	干枣	2
943	万全区（冀）	榛子	2
944	万全区（冀）	仁用杏	79
945	怀来县（冀）	核桃	320
946	怀来县（冀）	干枣	2042
947	怀来县（冀）	仁用杏	3425
948	涿鹿县（冀）	仁用杏	3458
949	涿鹿县（冀）	核桃	104
950	赤城县（冀）	山杏	400
951	赤城县（冀）	核桃	8
952	赤城县（冀）	仁用杏	11.2
953	双滦区（冀）	干枣	46
954	双滦区（冀）	仁用杏	0.2
955	承德县（冀）	核桃	35
956	承德县（冀）	板栗	7601
957	承德县（冀）	干枣	331

(续表)

序号	县(旗、市、区、局、场)	品种	籽产量(吨)
958	兴隆县(冀)	板栗	136098
959	兴隆县(冀)	核桃	9185
960	平泉市(冀)	核桃	75
961	平泉市(冀)	板栗	1328
962	平泉市(冀)	仁用杏	16080
963	滦平县(冀)	山杏	5
964	滦平县(冀)	榛子	5
965	滦平县(冀)	仁用杏	3
966	滦平县(冀)	干枣	102
967	滦平县(冀)	板栗	590
968	滦平县(冀)	核桃	30
969	丰宁满族自治县(冀)	榛子	100
970	丰宁满族自治县(冀)	仁用杏	830
971	丰宁满族自治县(冀)	山杏	950
972	丰宁满族自治县(冀)	核桃	14
973	丰宁满族自治县(冀)	板栗	10
974	丰宁满族自治县(冀)	核桃楸	130
975	宽城满族自治县(冀)	核桃	2895
976	宽城满族自治县(冀)	板栗	43859
977	宽城满族自治县(冀)	干枣	236
978	宽城满族自治县(冀)	山杏	450
979	宽城满族自治县(冀)	榛子	75
980	围场满族蒙古族自治县(冀)	仁用杏	600
981	围场满族蒙古族自治县(冀)	山杏	500
982	围场满族蒙古族自治县(冀)	榛子	12000
983	井陉矿区(冀)	核桃	62
984	井陉矿区(冀)	花椒	2.42
985	井陉县(冀)	板栗	5
986	井陉县(冀)	核桃	2215
987	栾城区(冀)	核桃	2836
988	行唐县(冀)	核桃	1200
989	行唐县(冀)	仁用杏	0.7
990	灵寿县(冀)	板栗	3350
991	灵寿县(冀)	核桃	5000
992	灵寿县(冀)	干枣	30
993	赞皇县(冀)	核桃	25040
994	无极县(冀)	核桃	60
995	平山县(冀)	核桃	5786
996	平山县(冀)	花椒	410
997	平山县(冀)	山杏	120
998	平山县(冀)	干枣	3
999	平山县(冀)	板栗	98
1000	辛集市(冀)	核桃	10
1001	藁城区(冀)	核桃	993
1002	晋州市(冀)	核桃	710
1003	新乐市(冀)	核桃	166
1004	古冶区(冀)	核桃	15
1005	古冶区(冀)	板栗	6
1006	开平区(冀)	核桃	249
1007	开平区(冀)	榛子	1
1008	丰南区(冀)	榛子	2
1009	丰南区(冀)	核桃	12
1010	丰润区(冀)	核桃	2985
1011	丰润区(冀)	板栗	26
1012	滦南县(冀)	核桃	84
1013	乐亭县(冀)	核桃	44.67
1014	迁西县(冀)	油用牡丹	70
1015	迁西县(冀)	干枣	420
1016	迁西县(冀)	核桃	5773
1017	迁西县(冀)	板栗	73565
1018	沧 县(冀)	柿子	8
1019	沧 县(冀)	干枣	57932
1020	青 县(冀)	干枣	2178
1021	青 县(冀)	柿子	3
1022	东光县(冀)	核桃	6
1023	东光县(冀)	干枣	89.7
1024	海兴县(冀)	干枣	1003.58
1025	海兴县(冀)	柿子	10.91
1026	盐山县(冀)	干枣	21
1027	肃宁县(冀)	核桃	15.79
1028	南皮县(冀)	干枣	5188
1029	吴桥县(冀)	干枣	45
1030	吴桥县(冀)	核桃	14
1031	吴桥县(冀)	柿子	10.72
1032	献 县(冀)	干枣	18298
1033	献 县(冀)	核桃	57
1034	献 县(冀)	柿子	18
1035	孟村回族自治县(冀)	干枣	1729.21
1036	泊头市(冀)	干枣	18140
1037	泊头市(冀)	柿子	31
1038	任丘市(冀)	干枣	207
1039	任丘市(冀)	核桃	55
1040	任丘市(冀)	柿子	24
1041	黄骅市(冀)	干枣	28022
1042	黄骅市(冀)	核桃	0.07
1043	黄骅市(冀)	柿子	34
1044	河间市(冀)	干枣	8938
1045	河间市(冀)	核桃	20
1046	固安县(冀)	牡丹	4.5
1047	香河县(冀)	核桃	372.3
1048	大厂回族自治县(冀)	核桃	12
1049	桃城区(冀)	核桃	4
1050	枣强县(冀)	核桃	35
1051	武邑县(冀)	核桃	8.32
1052	武强县(冀)	核桃	8
1053	饶阳县(冀)	核桃	205
1054	景 县(冀)	核桃	55
1055	阜城县(冀)	干枣	133
1056	阜城县(冀)	核桃	2
1057	阜城县(冀)	榛子	30
1058	冀州市(冀)	核桃	114
1059	深州市(冀)	核桃	200
1060	沧州市临港经济技术开发区(冀)	干枣	128
1061	沧州市南大港管理区(冀)	干枣	20
1062	永宁县(宁)	油用牡丹	180
1063	大武口区(宁)	核桃	80
1064	利通区(宁)	核桃	35
1065	利通区(宁)	文冠果	300
1066	同心县(宁)	文冠果	30
1067	青铜峡市(宁)	核桃	10
1068	西吉县(宁)	仁用杏	7.2
1069	隆德县(宁)	核桃	71
1070	隆德县(宁)	榛子	10
1071	彭阳县(宁)	核桃	2100
1072	彭阳县(宁)	花椒	360
1073	彭阳县(宁)	仁用杏	10
1074	彭阳县(宁)	山杏	70
1075	红寺堡区(宁)	核桃	3750
1076	松滋市(鄂)	油茶	1551
1077	松滋市(鄂)	核桃	45
1078	松滋市(鄂)	油用牡丹	16
1079	团风县(鄂)	油茶	588
1080	济南市市中区(鲁)	核桃	2100
1081	历城区(鲁)	核桃	8521
1082	历城区(鲁)	板栗	8950
1083	历城区(鲁)	花椒	2200
1084	长清区(鲁)	核桃	4546.64

林产品主产地及产量
PRINCIPAL PRODUCTION COUNTIES AND OUTPUT OF FOREST PRODUCTS

(续表)

序号	县(旗、市、区、局、场)	品种	籽产量(吨)
1085	长清区(鲁)	油用牡丹	7.5
1086	长清区(鲁)	板栗	1398.87
1087	平阴县(鲁)	核桃	5000
1088	章丘区(鲁)	核桃	4850
1089	章丘区(鲁)	板栗	2000
1090	章丘区(鲁)	花椒	2800
1091	城阳区(鲁)	板栗	12
1092	胶州市(鲁)	核桃	430
1093	平度市(鲁)	板栗	265
1094	平度市(鲁)	核桃	72
1095	平度市(鲁)	榛子	9
1096	莱西市(鲁)	核桃	12
1097	莱西市(鲁)	板栗	151
1098	莱西市(鲁)	榛子	46
1099	淄川区(鲁)	核桃	800
1100	淄川区(鲁)	花椒	1500
1101	淄川区(鲁)	柿子	1000
1102	张店区(鲁)	核桃	184.6
1103	博山区(鲁)	板栗	1260
1104	博山区(鲁)	核桃	45
1105	博山区(鲁)	花椒	200
1106	博山区(鲁)	榛子	3
1107	临淄区(鲁)	核桃	140
1108	临淄区(鲁)	元宝枫	8
1109	临淄区(鲁)	文冠果	36
1110	周村区(鲁)	核桃	44
1111	桓台县(鲁)	核桃	10
1112	高青县(鲁)	核桃	11
1113	沂源县(鲁)	核桃	1123
1114	沂源县(鲁)	板栗	403
1115	沂源县(鲁)	花椒	2457
1116	沂源县(鲁)	榛子	110
1117	枣庄市市中区(鲁)	板栗	830
1118	枣庄市市中区(鲁)	核桃	285
1119	枣庄市市中区(鲁)	花椒	350
1120	薛城区(鲁)	核桃	15
1121	峄城区(鲁)	板栗	20
1122	峄城区(鲁)	核桃	200
1123	台儿庄区(鲁)	核桃	13
1124	滕州市(鲁)	核桃	4329
1125	滕州市(鲁)	元宝枫	25
1126	广饶县(鲁)	核桃	25
1127	莱阳市(鲁)	板栗	1298
1128	莱阳市(鲁)	榛子	4
1129	莱阳市(鲁)	核桃	145
1130	莱阳市(鲁)	文冠果	1
1131	栖霞市(鲁)	核桃	326
1132	栖霞市(鲁)	板栗	1380
1133	栖霞市(鲁)	油用牡丹	3
1134	海阳市(鲁)	板栗	3200
1135	海阳市(鲁)	核桃	280
1136	寒亭区(鲁)	文冠果	48
1137	坊子区(鲁)	核桃	20
1138	坊子区(鲁)	榛子	200
1139	临朐县(鲁)	核桃	150
1140	临朐县(鲁)	板栗	24700
1141	昌乐县(鲁)	核桃	65
1142	青州市(鲁)	核桃	3120
1143	青州市(鲁)	仁用杏	230
1144	诸城市(鲁)	板栗	9000
1145	诸城市(鲁)	核桃	800
1146	诸城市(鲁)	榛子	2000
1147	昌邑市(鲁)	核桃	1200
1148	微山县(鲁)	核桃	615
1149	嘉祥县(鲁)	油用牡丹	38.4
1150	嘉祥县(鲁)	核桃	127
1151	嘉祥县(鲁)	花椒	1.9
1152	泗水县(鲁)	板栗	7300
1153	泗水县(鲁)	核桃	1987
1154	泗水县(鲁)	花椒	7
1155	泗水县(鲁)	仁用杏	5435
1156	梁山县(鲁)	核桃	23
1157	梁山县(鲁)	花椒	2.5
1158	梁山县(鲁)	干枣	138
1159	兖州区(鲁)	核桃	42
1160	泰山区(鲁)	核桃	2795
1161	泰山区(鲁)	板栗	5440
1162	岱岳区(鲁)	核桃	1194
1163	岱岳区(鲁)	板栗	5035
1164	宁阳县(鲁)	核桃	3212
1165	宁阳县(鲁)	板栗	701
1166	东平县(鲁)	核桃	5611.9
1167	新泰市(鲁)	板栗	3824
1168	新泰市(鲁)	核桃	7586
1169	新泰市(鲁)	花椒	684
1170	肥城市(鲁)	板栗	530
1171	肥城市(鲁)	核桃	11702
1172	乳山市(鲁)	花椒	9
1173	岚山区(鲁)	板栗	2100
1174	五莲县(鲁)	板栗	11652
1175	五莲县(鲁)	核桃	1016
1176	五莲县(鲁)	榛子	11
1177	莒县(鲁)	板栗	796
1178	莒县(鲁)	核桃	198
1179	莱城区(鲁)	板栗	14550
1180	莱城区(鲁)	核桃	2280
1181	莱城区(鲁)	花椒	5530
1182	莱城区(鲁)	榛子	1
1183	河东区(鲁)	板栗	300
1184	河东区(鲁)	核桃	22
1185	沂水县(鲁)	板栗	6776
1186	沂水县(鲁)	核桃	2687
1187	兰陵县(鲁)	核桃	1793
1188	兰陵县(鲁)	板栗	2647
1189	兰陵县(鲁)	花椒	706
1190	兰陵县(鲁)	柿子	155
1191	兰陵县(鲁)	榛子	83
1192	费县(鲁)	板栗	19935
1193	费县(鲁)	核桃	6435
1194	费县(鲁)	花椒	572
1195	费县(鲁)	柿子	100
1196	费县(鲁)	榛子	42
1197	平邑县(鲁)	板栗	5000
1198	平邑县(鲁)	核桃	150
1199	莒南县(鲁)	榛子	900
1200	莒南县(鲁)	板栗	6500
1201	武城县(鲁)	核桃	25
1202	莘县(鲁)	核桃	32.5
1203	东阿县(鲁)	花椒	3.25
1204	惠民县(鲁)	核桃	8
1205	邹平市(鲁)	板栗	2
1206	邹平市(鲁)	核桃	500
1207	邹平市(鲁)	花椒	50
1208	曹县(鲁)	油用牡丹	142.5
1209	成武县(鲁)	核桃	15
1210	成武县(鲁)	油用牡丹	318
1211	巨野县(鲁)	牡丹	1.5
1212	巨野县(鲁)	干枣	102
1213	巨野县(鲁)	柿子	44
1214	郓城县(鲁)	核桃	100
1215	郓城县(鲁)	油用牡丹	350
1216	东明县(鲁)	牡丹	1

(续表)

序号	县(旗、市、区、局、场)	品种	籽产量(吨)
1217	东明县(鲁)	核桃	147
1218	泰安市高新区(鲁)	板栗	170
1219	泰安市高新区(鲁)	核桃	380
1220	泰安市泰山景区(鲁)	核桃	944
1221	泰安市泰山景区(鲁)	板栗	24462
1222	徂汶景区(鲁)	板栗	1748
1223	徂汶景区(鲁)	核桃	804
1224	浦口区(苏)	板栗	95
1225	江宁区(苏)	油茶	320
1226	江宁区(苏)	板栗	31
1227	宜兴市(苏)	油用牡丹	20
1228	贾汪区(苏)	核桃	410
1229	丰县(苏)	核桃	10.5
1230	铜山区(苏)	板栗	1
1231	铜山区(苏)	核桃	8
1232	铜山区(苏)	榛子	54
1233	邳州市(苏)	核桃	79
1234	邳州市(苏)	板栗	180
1235	邳州市(苏)	油用牡丹	84
1236	武进区(苏)	油用牡丹	150
1237	溧阳市(苏)	板栗	2078
1238	连云港市市辖区(苏)	油茶	148
1239	淮安区(苏)	核桃	10
1240	盱眙县(苏)	核桃	13
1241	盱眙县(苏)	板栗	2800
1242	响水县(苏)	核桃	12
1243	东台市(苏)	油用牡丹	18
1244	仪征市(苏)	板栗	9
1245	仪征市(苏)	核桃	21
1246	高邮市(苏)	核桃	10
1247	丹阳市(苏)	板栗	65
1248	句容市(苏)	核桃	5
1249	句容市(苏)	板栗	445
1250	高港区(苏)	核桃	7
1251	泰兴市(苏)	核桃	5
1252	泰兴市(苏)	核桃	5
1253	沭阳县(苏)	板栗	860
1254	泗阳县(苏)	牡丹	90
1255	崇义县(赣)	油茶	8734
1256	安远县(赣)	油茶	15462
1257	定南县(赣)	油茶	6349
1258	定南县(赣)	板栗	83
1259	全南县(赣)	八角	5
1260	全南县(赣)	板栗	238

(续表)

序号	县(旗、市、区、局、场)	品种	籽产量(吨)
1261	全南县(赣)	油茶	3625
1262	宁都县(赣)	油茶	11406
1263	于都县(赣)	油茶	17295
1264	于都县(赣)	柿子	12705
1265	于都县(赣)	光皮梾木	510
1266	兴国县(赣)	油茶	29957
1267	会昌县(赣)	油茶	9130
1268	寻乌县(赣)	油茶	6332
1269	石城县(赣)	板栗	303
1270	石城县(赣)	油茶	9729
1271	瑞金市(赣)	油茶	7000
1272	南康区(赣)	油茶	4800
1273	吉州区(赣)	油茶	672
1274	青原区(赣)	油茶	5824
1275	吉安县(赣)	油茶	4500
1276	吉水县(赣)	油茶	4720
1277	峡江县(赣)	油茶	9300
1278	新干县(赣)	油茶	5099
1279	新干县(赣)	板栗	4.6
1280	永丰县(赣)	油茶	37850
1281	泰和县(赣)	油茶	9549
1282	遂川县(赣)	油茶	31950
1283	遂川县(赣)	板栗	98
1284	万安县(赣)	油茶	7759
1285	安福县(赣)	油茶	8390
1286	永新县(赣)	油茶	2512.8
1287	井冈山市(赣)	板栗	20
1288	井冈山市(赣)	油茶	4658
1289	新建区(赣)	油茶	10400
1290	进贤县(赣)	油茶	7506
1291	昌江区(赣)	油茶	250
1292	浮梁县(赣)	油茶	6500
1293	乐平市(赣)	油茶	2922
1294	安源区(赣)	板栗	75
1295	安源区(赣)	油茶	145
1296	湘东区(赣)	油茶	3500
1297	湘东区(赣)	板栗	130
1298	莲花县(赣)	油茶	7980
1299	莲花县(赣)	干枣	68
1300	莲花县(赣)	板栗	806
1301	上栗县(赣)	油茶	17629
1302	上栗县(赣)	板栗	123
1303	芦溪县(赣)	油茶	6150
1304	芦溪县(赣)	板栗	7.6

(续表)

序号	县(旗、市、区、局、场)	品种	籽产量(吨)
1305	濂溪区(赣)	油茶	48
1306	柴桑区(赣)	油茶	2669
1307	武宁县(赣)	板栗	1274
1308	武宁县(赣)	油茶	6399
1309	修水县(赣)	花椒	360
1310	永修县(赣)	油茶	15000
1311	德安县(赣)	油茶	3000
1312	庐山市(赣)	油茶	900
1313	都昌县(赣)	油茶	1250
1314	湖口县(赣)	油茶	1031
1315	彭泽县(赣)	板栗	5
1316	渝水区(赣)	油茶	7290
1317	分宜县(赣)	油茶	4001
1318	月湖区(赣)	油茶	10
1319	余江区(赣)	板栗	90
1320	余江区(赣)	油茶	600
1321	贵溪市(赣)	核桃	3
1322	贵溪市(赣)	油茶	6093
1323	章贡区(赣)	油茶	516
1324	赣县区(赣)	油茶	14132
1325	赣县区(赣)	板栗	21
1326	信丰县(赣)	油茶	6372
1327	信丰县(赣)	板栗	88
1328	大余县(赣)	油茶	1459
1329	上犹县(赣)	油茶	23747
1330	上犹县(赣)	板栗	9
1331	宜春市明月山温泉风景名胜区(赣)	油茶	82.6
1332	袁州区(赣)	油茶	12500
1333	奉新县(赣)	油桐	151
1334	奉新县(赣)	油茶	2456
1335	奉新县(赣)	板栗	451
1336	万载县(赣)	板栗	310
1337	万载县(赣)	油茶	6000
1338	上高县(赣)	油茶	3500
1339	宜丰县(赣)	油茶	4160
1340	靖安县(赣)	油茶	260
1341	靖安县(赣)	油桐	0.04
1342	铜鼓县(赣)	油茶	4800
1343	铜鼓县(赣)	板栗	1050
1344	铜鼓县(赣)	干枣	3
1345	铜鼓县(赣)	香榧	10
1346	丰城市(赣)	油茶	34920
1347	樟树市(赣)	油茶	15925

林产品主产地及产量

PRINCIPAL PRODUCTION COUNTIES AND OUTPUT OF FOREST PRODUCTS

（续表）

序号	县(旗、市、区、局、场)	品种	籽产量(吨)
1348	高安市(赣)	油茶	20000
1349	高安市(赣)	板栗	2420
1350	临川区(赣)	油茶	5463
1351	南城县(赣)	油茶	625
1352	黎川县(赣)	油茶	450
1353	南丰县(赣)	油茶	606
1354	崇仁县(赣)	油茶	7500
1355	乐安县(赣)	油茶	33734
1356	宜黄县(赣)	油茶	285
1357	金溪县(赣)	油茶	1812
1358	资溪县(赣)	油茶	300
1359	资溪县(赣)	板栗	165
1360	东乡区(赣)	油茶	1848
1361	广昌县(赣)	油茶	7920
1362	信州区(赣)	油茶	400
1363	信州区(赣)	板栗	50
1364	上饶县(赣)	油茶	27600
1365	上饶县(赣)	板栗	13.8
1366	广丰区(赣)	油茶	4700
1367	玉山县(赣)	香榧	60
1368	玉山县(赣)	板栗	470
1369	玉山县(赣)	油茶	24050
1370	铅山县(赣)	油茶	8160
1371	横峰县(赣)	油茶	15968
1372	弋阳县(赣)	香榧	75
1373	弋阳县(赣)	油茶	6080
1374	余干县(赣)	油茶	3761
1375	万年县(赣)	板栗	68
1376	万年县(赣)	油茶	4500
1377	婺源县(赣)	油茶	5685
1378	德兴市(赣)	油茶	9000
1379	共青城市(赣)	油茶	520
1380	萍乡市林业局武功山分局(赣)	油茶	1270
1381	萍乡市林业局武功山分局(赣)	板栗	114
1382	经开区(赣)	油茶	75
1383	长沙县(湘)	油茶	6200
1384	望城区(湘)	油茶	5000
1385	宁乡市(湘)	油茶	515
1386	浏阳市(湘)	油茶	94500
1387	荷塘区(湘)	油茶	883
1388	芦淞区(湘)	油茶	92
1389	石峰区(湘)	油茶	35

（续表）

序号	县(旗、市、区、局、场)	品种	籽产量(吨)
1390	天元区(湘)	油茶	634
1391	渌口区(湘)	板栗	50
1392	渌口区(湘)	油茶	34800
1393	攸 县(湘)	板栗	500
1394	攸 县(湘)	油茶	42000
1395	茶陵县(湘)	油茶	468000
1396	炎陵县(湘)	油茶	9486
1397	醴陵市(湘)	油茶	100400
1398	湘潭市市辖区(湘)	油茶	2540
1399	雨湖区(湘)	油茶	400
1400	雨湖区(湘)	板栗	1600
1401	岳塘区(湘)	油茶	90
1402	湘潭县(湘)	油茶	8230
1403	韶山市(湘)	油茶	170
1404	珠晖区(湘)	油茶	1200
1405	南岳区(湘)	油茶	3.8
1406	衡阳县(湘)	油茶	113393
1407	衡南县(湘)	油茶	31788
1408	衡山县(湘)	油茶	22000
1409	衡东县(湘)	板栗	100000
1410	衡东县(湘)	油茶	200000
1411	祁东县(湘)	柿子	34.7
1412	祁东县(湘)	梅类	65.4
1413	祁东县(湘)	板栗	130
1414	祁东县(湘)	干枣	1080
1415	祁东县(湘)	油茶	12907
1416	耒阳市(湘)	板栗	1950
1417	耒阳市(湘)	油茶	87200
1418	耒阳市(湘)	干枣	588
1419	常宁市(湘)	板栗	1000
1420	常宁市(湘)	油茶	83402
1421	大祥区(湘)	油茶	1.5
1422	岳阳市市辖区(湘)	油茶	1370
1423	云溪区(湘)	油茶	491
1424	岳阳县(湘)	油茶	1040
1425	华容县(湘)	油茶	100
1426	湘阴县(湘)	油茶	1000
1427	平江县(湘)	油茶	30867.99
1428	汨罗市(湘)	板栗	260
1429	汨罗市(湘)	油茶	2630
1430	临湘市(湘)	油茶	1462.9
1431	常德市市辖区(湘)	油茶	2168.2
1432	鼎城区(湘)	板栗	100
1433	鼎城区(湘)	油茶	16000

（续表）

序号	县(旗、市、区、局、场)	品种	籽产量(吨)
1434	汉寿县(湘)	油茶	10544
1435	澧 县(湘)	油茶	2280
1436	临澧县(湘)	油茶	15493
1437	桃源县(湘)	油茶	61760
1438	石门县(湘)	油茶	2789
1439	石门县(湘)	核桃	6
1440	津市市(湘)	油茶	900
1441	资阳区(湘)	板栗	92
1442	资阳区(湘)	油茶	387
1443	安化县(湘)	板栗	152
1444	安化县(湘)	油茶	11260
1445	北湖区(湘)	油茶	4976
1446	苏仙区(湘)	油茶	8285
1447	苏仙区(湘)	板栗	6000
1448	苏仙区(湘)	核桃	420
1449	桂阳县(湘)	油茶	21097
1450	宜章县(湘)	油茶	17635
1451	汝城县(湘)	花椒	1
1452	汝城县(湘)	油茶	8541
1453	零陵区(湘)	油茶	2700
1454	零陵区(湘)	板栗	1500
1455	冷水滩区(湘)	油茶	19112
1456	祁阳县(湘)	油茶	86000
1457	东安县(湘)	核桃	11
1458	东安县(湘)	油茶	25081
1459	双牌县(湘)	核桃	127
1460	双牌县(湘)	油茶	735
1461	道 县(湘)	油茶	35700
1462	江永县(湘)	板栗	69
1463	江永县(湘)	干枣	265
1464	江永县(湘)	油茶	2652
1465	宁远县(湘)	油茶	110550
1466	蓝山县(湘)	油茶	515.6
1467	新田县(湘)	油茶	3639
1468	江华瑶族自治县(湘)	油茶	24372
1469	江华瑶族自治县(湘)	板栗	500
1470	洪江区(湘)	油茶	291
1471	洪江区(湘)	核桃	16
1472	鹤城区(湘)	核桃	23
1473	鹤城区(湘)	油茶	2428
1474	鹤城区(湘)	板栗	143
1475	中方县(湘)	油茶	26272
1476	中方县(湘)	板栗	752
1477	中方县(湘)	核桃	62

（续表）

序号	县(旗、市、区、局、场)	品种	籽产量(吨)
1478	沅陵县(湘)	核桃	325
1479	沅陵县(湘)	油茶	9888
1480	沅陵县(湘)	板栗	2000
1481	辰溪县(湘)	油茶	27384
1482	辰溪县(湘)	板栗	227
1483	辰溪县(湘)	柿子	80
1484	辰溪县(湘)	花椒	30
1485	溆浦县(湘)	板栗	122
1486	溆浦县(湘)	干枣	1290
1487	溆浦县(湘)	油茶	18292
1488	会同县(湘)	板栗	1210
1489	会同县(湘)	干枣	55
1490	会同县(湘)	核桃	2067
1491	会同县(湘)	油茶	12736
1492	麻阳苗族自治县(湘)	油茶	1431
1493	芷江侗族自治县(湘)	油茶	694.3
1494	靖州苗族侗族自治县(湘)	油茶	1099
1495	靖州苗族侗族自治县(湘)	核桃	1455
1496	靖州苗族侗族自治县(湘)	干枣	38
1497	靖州苗族侗族自治县(湘)	板栗	77
1498	通道侗族自治县(湘)	油茶	12512
1499	通道侗族自治县(湘)	核桃	320
1500	通道侗族自治县(湘)	板栗	248
1501	洪江市(湘)	核桃	20000
1502	涟源市(湘)	油茶	48190
1503	吉首市(湘)	油茶	400
1504	泸溪县(湘)	核桃	96
1505	泸溪县(湘)	板栗	991
1506	泸溪县(湘)	油茶	4377
1507	凤凰县(湘)	油茶	1866.5
1508	花垣县(湘)	油茶	2191
1509	保靖县(湘)	油茶	587.5
1510	古丈县(湘)	油茶	1865.1
1511	古丈县(湘)	核桃	5.3
1512	古丈县(湘)	板栗	27
1513	永顺县(湘)	油茶	24000
1514	永顺县(湘)	花椒	3.75
1515	永顺县(湘)	板栗	75
1516	金洞林场(湘)	油茶	380
1517	桐庐县(浙)	板栗	2800
1518	桐庐县(浙)	香榧	45
1519	桐庐县(浙)	油茶	430
1520	桐庐县(浙)	核桃	1680
1521	淳安县(浙)	油茶	9.15
1522	淳安县(浙)	香榧	143
1523	建德市(浙)	板栗	2776
1524	建德市(浙)	干枣	12
1525	建德市(浙)	核桃	175
1526	建德市(浙)	柿子	50
1527	建德市(浙)	香榧	210
1528	建德市(浙)	油茶	2400
1529	鹿城区(浙)	油茶	25
1530	瓯海区(浙)	油茶	160
1531	平阳县(浙)	油茶	171
1532	苍南县(浙)	油茶	766
1533	苍南县(浙)	板栗	36
1534	文成县(浙)	板栗	358
1535	文成县(浙)	油茶	840
1536	文成县(浙)	柿子	90
1537	瑞安市(浙)	油茶	150
1538	瑞安市(浙)	板栗	125
1539	瑞安市(浙)	柿子	150
1540	瑞安市(浙)	核桃	18
1541	乐清市(浙)	油茶	78
1542	吴兴区(浙)	油茶	12
1543	德清县(浙)	板栗	211
1544	安吉县(浙)	核桃	415
1545	安吉县(浙)	板栗	2370
1546	越城区(浙)	板栗	6
1547	越城区(浙)	柿子	5
1548	嵊州市(浙)	油茶	290
1549	嵊州市(浙)	香榧	4400
1550	嵊州市(浙)	板栗	761
1551	武义县(浙)	香榧	48.8
1552	武义县(浙)	板栗	528
1553	武义县(浙)	油茶	296
1554	义乌市(浙)	油茶	15
1555	永康市(浙)	油茶	29
1556	永康市(浙)	香榧	4.7
1557	柯城区(浙)	板栗	24
1558	柯城区(浙)	核桃	1
1559	柯城区(浙)	油茶	450
1560	衢江区(浙)	板栗	6051
1561	衢江区(浙)	油茶	3040
1562	常山县(浙)	油茶	6300
1563	开化县(浙)	油茶	5150
1564	龙游县(浙)	油茶	690
1565	江山市(浙)	香榧	5
1566	江山市(浙)	油茶	4000
1567	仙居县(浙)	油茶	2230
1568	青田县(浙)	油茶	22985
1569	缙云县(浙)	油茶	3650
1570	缙云县(浙)	板栗	3077
1571	缙云县(浙)	香榧	447600
1572	松阳县(浙)	板栗	2032
1573	松阳县(浙)	核桃	2
1574	松阳县(浙)	油茶	4305
1575	云和县(浙)	板栗	59
1576	云和县(浙)	油茶	622
1577	庆元县(浙)	板栗	1615
1578	庆元县(浙)	香榧	20
1579	庆元县(浙)	油茶	288
1580	景宁畲族自治县(浙)	油茶	2570
1581	景宁畲族自治县(浙)	核桃	2
1582	富民县(滇)	板栗	4210
1583	富民县(滇)	核桃	1720
1584	富民县(滇)	花椒	79.8
1585	石林彝族自治县(滇)	核桃	2680
1586	石林彝族自治县(滇)	板栗	4860
1587	石林彝族自治县(滇)	花椒	28.9
1588	寻甸回族彝族自治县(滇)	核桃	1752.7
1589	寻甸回族彝族自治县(滇)	板栗	3742
1590	寻甸回族彝族自治县(滇)	花椒	172.5
1591	麒麟区(滇)	花椒	720
1592	麒麟区(滇)	核桃	350
1593	麒麟区(滇)	板栗	30
1594	师宗县(滇)	核桃	2700
1595	师宗县(滇)	油茶	700
1596	师宗县(滇)	板栗	210
1597	罗平县(滇)	油茶	56
1598	富源县(滇)	板栗	169
1599	富源县(滇)	核桃	1798
1600	富源县(滇)	花椒	587.1
1601	富源县(滇)	柿子	217.3
1602	沾益区(滇)	核桃	900

林产品主产地及产量

PRINCIPAL PRODUCTION COUNTIES AND OUTPUT OF FOREST PRODUCTS

(续表)

序号	县(旗、市、区、局、场)	品种	籽产量(吨)
1603	宣威市(滇)	花椒	4000
1604	宣威市(滇)	核桃	26000
1605	宣威市(滇)	板栗	6500
1606	江川区(滇)	核桃	380
1607	江川区(滇)	板栗	380
1608	江川区(滇)	松果	350
1609	江川区(滇)	油茶	310
1610	澄江市(滇)	核桃	100
1611	通海县(滇)	核桃	746
1612	通海县(滇)	板栗	60
1613	通海县(滇)	花椒	16
1614	通海县(滇)	柿子	60
1615	华宁县(滇)	板栗	145
1616	华宁县(滇)	核桃	1264
1617	华宁县(滇)	花椒	7
1618	华宁县(滇)	油茶	100
1619	易门县(滇)	八角	1.72
1620	易门县(滇)	板栗	1544.92
1621	易门县(滇)	核桃	1880.66
1622	易门县(滇)	花椒	82.29
1623	易门县(滇)	油茶	1.8
1624	易门县(滇)	油橄榄	84.5
1625	峨山彝族自治县(滇)	核桃	946
1626	峨山彝族自治县(滇)	板栗	957
1627	峨山彝族自治县(滇)	油橄榄	80
1628	新平彝族傣族自治县(滇)	核桃	15060
1629	元江哈尼族彝族傣族自治县(滇)	八角	95
1630	元江哈尼族彝族傣族自治县(滇)	板栗	13.7
1631	元江哈尼族彝族傣族自治县(滇)	核桃	1134.5
1632	元江哈尼族彝族傣族自治县(滇)	花椒	59.4
1633	隆阳区(滇)	核桃	66185
1634	隆阳区(滇)	板栗	1218
1635	隆阳区(滇)	花椒	552.3
1636	施甸县(滇)	板栗	6000
1637	施甸县(滇)	核桃	5000
1638	腾冲市(滇)	核桃	8986.3
1639	腾冲市(滇)	油茶	1404.8
1640	腾冲市(滇)	板栗	435.8
1641	腾冲市(滇)	八角	15.4
1642	腾冲市(滇)	花椒	44.1
1643	腾冲市(滇)	松果	27.5
1644	龙陵县(滇)	核桃	10000
1645	龙陵县(滇)	油茶	200
1646	昌宁县(滇)	板栗	299.2
1647	昌宁县(滇)	核桃	98695
1648	昌宁县(滇)	花椒	142.2
1649	昌宁县(滇)	油茶	161
1650	昭阳区(滇)	核桃	6241
1651	鲁甸县(滇)	核桃	19000
1652	鲁甸县(滇)	花椒	10200
1653	巧家县(滇)	核桃	51287
1654	巧家县(滇)	花椒	12560
1655	巧家县(滇)	松果	518
1656	巧家县(滇)	板栗	626
1657	永善县(滇)	核桃	6400
1658	镇雄县(滇)	核桃	1200
1659	镇雄县(滇)	板栗	900
1660	彝良县(滇)	核桃	0.07
1661	彝良县(滇)	花椒	9800
1662	威信县(滇)	核桃	120
1663	水富市(滇)	核桃	100
1664	水富市(滇)	板栗	40
1665	古城区(滇)	核桃	4900
1666	古城区(滇)	花椒	600
1667	古城区(滇)	油橄榄	35
1668	玉龙纳西族自治县(滇)	核桃	20400
1669	玉龙纳西族自治县(滇)	花椒	505
1670	玉龙纳西族自治县(滇)	油橄榄	205
1671	永胜县(滇)	核桃	14727.87
1672	永胜县(滇)	花椒	3571.73
1673	永胜县(滇)	油橄榄	166.05
1674	华坪县(滇)	花椒	5302
1675	华坪县(滇)	核桃	11021
1676	景东彝族自治县(滇)	核桃	21782
1677	镇沅彝族哈尼族拉祜族自治县(滇)	核桃	13.76
1678	澜沧拉祜族自治县(滇)	板栗	280
1679	澜沧拉祜族自治县(滇)	八角	310
1680	澜沧拉祜族自治县(滇)	核桃	220
1681	澜沧拉祜族自治县(滇)	油茶	128
1682	云 县(滇)	八角	0.3
1683	云 县(滇)	板栗	338
1684	云 县(滇)	核桃	45000
1685	云 县(滇)	松果	70.4
1686	云 县(滇)	花椒	108.6
1687	沧源佤族自治县(滇)	核桃	5000
1688	楚雄市(滇)	核桃	19408
1689	楚雄市(滇)	花椒	325.1
1690	楚雄市(滇)	板栗	91.35
1691	双柏县(滇)	核桃	5179
1692	双柏县(滇)	板栗	138
1693	双柏县(滇)	花椒	290
1694	牟定县(滇)	核桃	1005
1695	牟定县(滇)	板栗	466
1696	牟定县(滇)	花椒	68
1697	牟定县(滇)	柿子	346
1698	南华县(滇)	核桃	18370
1699	南华县(滇)	花椒	156.4
1700	姚安县(滇)	核桃	5200
1701	永仁县(滇)	核桃	1674
1702	永仁县(滇)	油橄榄	816
1703	武定县(滇)	花椒	588
1704	武定县(滇)	核桃	7720
1705	武定县(滇)	板栗	8680
1706	武定县(滇)	红松	408
1707	禄丰县(滇)	核桃	3111
1708	个旧市(滇)	核桃	237
1709	开远市(滇)	板栗	16
1710	开远市(滇)	核桃	153
1711	蒙自市(滇)	核桃	138
1712	屏边苗族自治县(滇)	八角	3366.3
1713	屏边苗族自治县(滇)	花椒	26.3
1714	屏边苗族自治县(滇)	柿子	377.3
1715	屏边苗族自治县(滇)	肉桂	163.1
1716	屏边苗族自治县(滇)	油茶	101
1717	建水县(滇)	核桃	162
1718	建水县(滇)	油茶	232
1719	建水县(滇)	板栗	43
1720	石屏县(滇)	核桃	1510
1721	弥勒市(滇)	核桃	4700
1722	弥勒市(滇)	板栗	2256
1723	弥勒市(滇)	油茶	0.07
1724	弥勒市(滇)	花椒	4
1725	金平苗族瑶族傣族自治县(滇)	八角	3

(续表)

序号	县(旗、市、区、局、场)	品种	籽产量(吨)
1726	金平苗族瑶族傣族自治县(滇)	核桃	58
1727	金平苗族瑶族傣族自治县(滇)	板栗	5
1728	金平苗族瑶族傣族自治县(滇)	花椒	43
1729	金平苗族瑶族傣族自治县(滇)	油茶	354
1730	文山市(滇)	花椒	66
1731	文山市(滇)	八角	2100
1732	文山市(滇)	核桃	4000
1733	文山市(滇)	油茶	19
1734	文山市(滇)	柿子	2270
1735	文山市(滇)	板栗	97
1736	砚山县(滇)	八角	489.4
1737	砚山县(滇)	核桃	306
1738	砚山县(滇)	油茶	139.65
1739	砚山县(滇)	花椒	1.05
1740	西畴县(滇)	油茶	96
1741	西畴县(滇)	核桃	780
1742	西畴县(滇)	板栗	110
1743	麻栗坡县(滇)	核桃	29
1744	麻栗坡县(滇)	油茶	73.9
1745	马关县(滇)	油茶	0.6
1746	马关县(滇)	核桃	1355.4
1747	丘北县(滇)	核桃	412
1748	丘北县(滇)	花椒	92
1749	丘北县(滇)	油茶	177
1750	丘北县(滇)	板栗	133
1751	广南县(滇)	油茶	8757
1752	广南县(滇)	核桃	749.9
1753	广南县(滇)	八角	7040.36
1754	广南县(滇)	花椒	33.5
1755	广南县(滇)	板栗	211.5
1756	富宁县(滇)	八角	32413
1757	富宁县(滇)	核桃	237.8
1758	富宁县(滇)	油茶	8624
1759	富宁县(滇)	板栗	229
1760	富宁县(滇)	柿子	261
1761	景洪市(滇)	核桃	8
1762	景洪市(滇)	板栗	8.16
1763	大理市(滇)	板栗	1661
1764	大理市(滇)	核桃	8700
1765	漾濞彝族自治县(滇)	核桃	70800
1766	宾川县(滇)	核桃	13700
1767	宾川县(滇)	板栗	25
1768	宾川县(滇)	干枣	390
1769	弥渡县(滇)	板栗	3723
1770	弥渡县(滇)	核桃	18600
1771	弥渡县(滇)	花椒	42
1772	弥渡县(滇)	梅类	53
1773	弥渡县(滇)	松果	6237
1774	南涧彝族自治县(滇)	核桃	24800
1775	南涧彝族自治县(滇)	板栗	60
1776	南涧彝族自治县(滇)	花椒	100
1777	南涧彝族自治县(滇)	松果	135
1778	巍山彝族回族自治县(滇)	核桃	33500
1779	巍山彝族回族自治县(滇)	板栗	192.3
1780	永平县(滇)	核桃	152000
1781	云龙县(滇)	板栗	80
1782	云龙县(滇)	核桃	57100
1783	云龙县(滇)	花椒	447.4
1784	洱源县(滇)	花椒	22.9
1785	洱源县(滇)	核桃	21800
1786	洱源县(滇)	板栗	38
1787	剑川县(滇)	核桃	32500
1788	剑川县(滇)	花椒	360
1789	鹤庆县(滇)	核桃	9900
1790	鹤庆县(滇)	花椒	197.3
1791	瑞丽市(滇)	板栗	9
1792	瑞丽市(滇)	核桃	142.1
1793	芒市(滇)	核桃	779
1794	芒市(滇)	油茶	6
1795	梁河县(滇)	油茶	680.6
1796	梁河县(滇)	核桃	42.08
1797	梁河县(滇)	板栗	121
1798	梁河县(滇)	花椒	6.4
1799	梁河县(滇)	八角	3
1800	盈江县(滇)	核桃	8583
1801	盈江县(滇)	油茶	2391
1802	盈江县(滇)	板栗	105
1803	盈江县(滇)	八角	331.8
1804	盈江县(滇)	花椒	4.5
1805	盈江县(滇)	柿子	17.8
1806	陇川县(滇)	核桃	860.8
1807	陇川县(滇)	油茶	75
1808	泸水市(滇)	花椒	827
1809	泸水市(滇)	核桃	3667.8
1810	泸水市(滇)	漆树	387.03
1811	福贡县(滇)	板栗	41
1812	福贡县(滇)	核桃	331
1813	福贡县(滇)	油茶	150
1814	福贡县(滇)	漆树	71
1815	贡山独龙族怒族自治县(滇)	核桃	251.93
1816	贡山独龙族怒族自治县(滇)	板栗	49.8
1817	贡山独龙族怒族自治县(滇)	花椒	6.82
1818	贡山独龙族怒族自治县(滇)	漆树	145.35
1819	贡山独龙族怒族自治县(滇)	柿子	69.7
1820	兰坪白族普米族自治县(滇)	核桃	7520
1821	兰坪白族普米族自治县(滇)	板栗	1
1822	兰坪白族普米族自治县(滇)	漆树	56
1823	香格里拉市(滇)	核桃	3043
1824	香格里拉市(滇)	花椒	370
1825	香格里拉市(滇)	油橄榄	30
1826	德钦县(滇)	核桃	1514
1827	德钦县(滇)	油橄榄	400
1828	德钦县(滇)	花椒	60
1829	维西傈僳族自治县(滇)	核桃	12770
1830	维西傈僳族自治县(滇)	花椒	35
1831	维西傈僳族自治县(滇)	漆树	220
1832	恭城瑶族自治县(桂)	柿子	720619.6
1833	恭城瑶族自治县(桂)	油茶	1136
1834	恭城瑶族自治县(桂)	八角	180.64
1835	恭城瑶族自治县(桂)	板栗	107.43
1836	万秀区(桂)	油茶	125
1837	万秀区(桂)	八角	10000
1838	万秀区(桂)	肉桂	2500
1839	长洲区(桂)	八角	276
1840	苍梧县(桂)	油茶	1300
1841	苍梧县(桂)	八角	7480
1842	藤县(桂)	八角	2.13

林产品主产地及产量
PRINCIPAL PRODUCTION COUNTIES AND OUTPUT OF FOREST PRODUCTS

(续表)

序号	县(旗、市、区、局、场)	品种	籽产量(吨)
1843	藤 县(桂)	肉桂	0.72
1844	藤 县(桂)	油茶	11732
1845	蒙山县(桂)	八角	1000
1846	蒙山县(桂)	肉桂	625
1847	蒙山县(桂)	油茶	2409
1848	岑溪市(桂)	油茶	9000
1849	防城区(桂)	八角	4000
1850	防城区(桂)	肉桂	8300
1851	防城区(桂)	油茶	200
1852	东兴市(桂)	油茶	2
1853	钦南区(桂)	油茶	5
1854	钦北区(桂)	油茶	384
1855	浦北县(桂)	八角	22554
1856	浦北县(桂)	油茶	3421
1857	港北区(桂)	油茶	2600
1858	港南区(桂)	油茶	310
1859	覃塘区(桂)	油茶	76
1860	平南县(桂)	油茶	1000
1861	平南县(桂)	肉桂	100000
1862	桂平市(桂)	油茶	288.9
1863	博白县(桂)	油茶	120
1864	兴业县(桂)	八角	762
1865	兴业县(桂)	油茶	93.33
1866	北流市(桂)	油茶	18
1867	北流市(桂)	八角	450
1868	田阳县(桂)	油茶	12475
1869	平果县(桂)	油茶	495
1870	那坡县(桂)	板栗	246
1871	那坡县(桂)	核桃	48
1872	那坡县(桂)	油茶	1.75
1873	凌云县(桂)	油茶	24030
1874	乐业县(桂)	油茶	9720.77
1875	西林县(桂)	核桃	67
1876	西林县(桂)	油茶	4845
1877	隆林各族自治县(桂)	核桃	326
1878	隆林各族自治县(桂)	八角	44
1879	隆林各族自治县(桂)	油茶	12119
1880	隆林各族自治县(桂)	板栗	9086
1881	八步区(桂)	八角	422.3
1882	八步区(桂)	油茶	6921.43
1883	金城江区(桂)	油茶	900
1884	金城江区(桂)	核桃	3
1885	金城江区(桂)	板栗	100
1886	金城江区(桂)	八角	3
1887	南丹县(桂)	板栗	6425
1888	南丹县(桂)	核桃	73.8
1889	南丹县(桂)	油茶	4199.6
1890	南丹县(桂)	柿子	685.4
1891	天峨县(桂)	八角	597.05
1892	天峨县(桂)	板栗	3916.54
1893	天峨县(桂)	核桃	1031
1894	天峨县(桂)	油茶	9558.1
1895	凤山县(桂)	油茶	16100
1896	凤山县(桂)	核桃	2802
1897	凤山县(桂)	八角	5453.49
1898	凤山县(桂)	板栗	858.64
1899	东兰县(桂)	八角	1507
1900	环江毛南族自治县(桂)	核桃	1
1901	环江毛南族自治县(桂)	油茶	2630
1902	巴马瑶族自治县(桂)	板栗	2854
1903	巴马瑶族自治县(桂)	核桃	12
1904	巴马瑶族自治县(桂)	油茶	33370
1905	都安瑶族自治县(桂)	核桃	8.13
1906	都安瑶族自治县(桂)	油茶	303.21
1907	兴宾区(桂)	油茶	70
1908	忻城县(桂)	油茶	203
1909	忻城县(桂)	板栗	151
1910	象州县(桂)	八角	223.7
1911	武宣县(桂)	八角	5.5
1912	武宣县(桂)	板栗	202
1913	武宣县(桂)	油茶	1433
1914	金秀瑶族自治县(桂)	油茶	3715
1915	合山市(桂)	油茶	64.35
1916	宁明县(桂)	八角	30000
1917	大新县(桂)	八角	3983
1918	大新县(桂)	油茶	66
1919	凭祥市(桂)	油茶	351
1920	凭祥市(桂)	板栗	118.3
1921	凭祥市(桂)	八角	366
1922	青秀区(桂)	油茶	15
1923	江南区(桂)	油茶	230
1924	隆安县(桂)	板栗	17020
1925	马山县(桂)	油茶	50
1926	横 县(桂)	油茶	147
1927	鱼峰区(桂)	油茶	50
1928	鹿寨县(桂)	油茶	28000
1929	融安县(桂)	干枣	30
1930	融安县(桂)	油茶	4316
1931	融水苗族自治县(桂)	八角	1051
1932	融水苗族自治县(桂)	板栗	263
1933	融水苗族自治县(桂)	油茶	3916
1934	三江侗族自治县(桂)	油茶	21904
1935	临桂区(桂)	板栗	747
1936	临桂区(桂)	油茶	179
1937	灵川县(桂)	油茶	78
1938	全州县(桂)	板栗	1307
1939	全州县(桂)	油茶	4050
1940	全州县(桂)	八角	3.2
1941	永福县(桂)	油茶	100
1942	龙胜各族自治县(桂)	油茶	11738
1943	龙胜各族自治县(桂)	八角	18
1944	龙胜各族自治县(桂)	板栗	605.61
1945	龙胜各族自治县(桂)	柿子	1861.7
1946	平乐县(桂)	八角	137
1947	平乐县(桂)	油茶	21354
1948	荔浦市(桂)	油茶	2431
1949	高峰林场(桂)	油茶	6.3
1950	派阳山林场(桂)	八角	765
1951	派阳山林场(桂)	油茶	5
1952	雅长林场(桂)	八角	307
1953	三门江林场(桂)	油茶	285
1954	大桂山林场(桂)	油茶	140
1955	龙圩区(桂)	油茶	2160
1956	龙圩区(桂)	核桃	7
1957	秀英区(琼)	油茶	110
1958	琼山区(琼)	油茶	45
1959	儋州市(琼)	油茶	17
1960	琼中黎族苗族自治县(琼)	油茶	550
1961	五河县(皖)	干枣	10
1962	八公山区(皖)	板栗	108
1963	花山区(皖)	板栗	2946
1964	雨山区(皖)	板栗	3
1965	杜集区(皖)	核桃	550
1966	濉溪县(皖)	核桃	107
1967	濉溪县(皖)	油用牡丹	6
1968	怀宁县(皖)	油茶	750
1969	庐阳区(皖)	核桃	28
1970	长丰县(皖)	榛子	50
1971	长丰县(皖)	核桃	300
1972	肥东县(皖)	核桃	50
1973	肥西县(皖)	核桃	20

(续表)

序号	县(旗、市、区、局、场)	品种	籽产量(吨)	序号	县(旗、市、区、局、场)	品种	籽产量(吨)	序号	县(旗、市、区、局、场)	品种	籽产量(吨)
1974	三山区(皖)	板栗	10	2018	南谯区(皖)	油茶	79	2062	谯城区(皖)	核桃	589
1975	湾沚区(皖)	油茶	32	2019	全椒县(皖)	板栗	2200	2063	东至县(皖)	油茶	630
1976	南陵县(皖)	油茶	455	2020	定远县(皖)	板栗	3	2064	东至县(皖)	核桃	162
1977	南陵县(皖)	油用牡丹	2	2021	定远县(皖)	干枣	200	2065	东至县(皖)	板栗	1780
1978	禹会区(皖)	柿子	1	2022	凤阳县(皖)	核桃	30	2066	石台县(皖)	板栗	2092
1979	枞阳县(皖)	油茶	175	2023	凤阳县(皖)	板栗	640	2067	青阳县(皖)	油茶	490
1980	枞阳县(皖)	牡丹	6	2024	凤阳县(皖)	油茶	1400	2068	青阳县(皖)	板栗	875
1981	枞阳县(皖)	香榧	250	2025	天长市(皖)	干枣	10	2069	宣州区(皖)	板栗	685
1982	潜山市(皖)	油茶	9520	2026	天长市(皖)	板栗	2.5	2070	宣州区(皖)	干枣	4452
1983	潜山市(皖)	板栗	6565	2027	明光市(皖)	板栗	1760	2071	宣州区(皖)	油茶	1150
1984	潜山市(皖)	核桃	22	2028	明光市(皖)	干枣	88	2072	郎溪县(皖)	板栗	400
1985	太湖县(皖)	板栗	9920	2029	明光市(皖)	核桃	10	2073	郎溪县(皖)	干枣	90
1986	太湖县(皖)	油茶	20848	2030	明光市(皖)	油茶	25	2074	郎溪县(皖)	油茶	864
1987	宿松县(皖)	油茶	8646	2031	颍东区(皖)	油用牡丹	47	2075	广德县(皖)	板栗	3400
1988	宿松县(皖)	板栗	790	2032	颍东区(皖)	核桃	5	2076	广德县(皖)	核桃	540
1989	望江县(皖)	油茶	1680	2033	颍泉区(皖)	核桃	30	2077	广德县(皖)	油茶	248
1990	望江县(皖)	核桃	2	2034	颍泉区(皖)	油用牡丹	140	2078	泾 县(皖)	核桃	50
1991	岳西县(皖)	香榧	2.1	2035	临泉县(皖)	核桃	300	2079	泾 县(皖)	油茶	30
1992	岳西县(皖)	板栗	990	2036	阜南县(皖)	核桃	1	2080	泾 县(皖)	板栗	150.6
1993	岳西县(皖)	核桃	58	2037	阜南县(皖)	柿子	22	2081	绩溪县(皖)	核桃	4800
1994	岳西县(皖)	油茶	12000	2038	界首市(皖)	干枣	6.5	2082	绩溪县(皖)	油茶	2040
1995	桐城市(皖)	油茶	1140	2039	宿州市市辖区(皖)	板栗	1	2083	绩溪县(皖)	板栗	128
1996	桐城市(皖)	油用牡丹	0.4	2040	宿州市市辖区(皖)	榛子	2	2084	绩溪县(皖)	干枣	73
1997	屯溪区(皖)	油茶	22	2041	灵璧县(皖)	核桃	20	2085	旌德县(皖)	油茶	685
1998	黄山区(皖)	板栗	569	2042	泗 县(皖)	干枣	18	2086	旌德县(皖)	香榧	215
1999	黄山区(皖)	油茶	1431	2043	泗 县(皖)	核桃	52	2087	宁国市(皖)	板栗	549
2000	黄山区(皖)	香榧	58	2044	泗 县(皖)	油用牡丹	2	2088	宁国市(皖)	核桃	10991
2001	徽州区(皖)	油茶	858	2045	巢湖市(皖)	核桃	15	2089	宁国市(皖)	油茶	55
2002	徽州区(皖)	香榧	15	2046	巢湖市(皖)	油茶	206	2090	六安市叶集区(皖)	油茶	50
2003	歙 县(皖)	核桃	3104	2047	巢湖市(皖)	板栗	212	2091	长寿区(渝)	核桃	50
2004	歙 县(皖)	油茶	2822	2048	庐江县(皖)	板栗	200	2092	綦江区(渝)	花椒	450
2005	歙 县(皖)	香榧	6	2049	庐江县(皖)	油茶	2200	2093	荣昌区(渝)	核桃	20
2006	歙 县(皖)	板栗	953	2050	金安区(皖)	油茶	116.25	2094	荣昌区(渝)	花椒	2100
2007	休宁县(皖)	板栗	431	2051	裕安区(皖)	板栗	2184	2095	荣昌区(渝)	元宝枫	10
2008	休宁县(皖)	香榧	120	2052	裕安区(皖)	干枣	163	2096	梁平区(渝)	油茶	2510
2009	休宁县(皖)	油茶	2103	2053	裕安区(皖)	柿子	2223	2097	梁平区(渝)	花椒	6746
2010	黟 县(皖)	核桃	55	2054	裕安区(皖)	油茶	4111	2098	城口县(渝)	核桃	8500
2011	黟 县(皖)	油茶	1000	2055	舒城县(皖)	油茶	18125	2099	丰都县(渝)	核桃	415
2012	黟 县(皖)	香榧	260	2056	舒城县(皖)	核桃	151	2100	丰都县(渝)	花椒	5345
2013	祁门县(皖)	油茶	3820	2057	舒城县(皖)	板栗	25700	2101	丰都县(渝)	油茶	128
2014	滁州市市辖区(皖)	板栗	165	2058	金寨县(皖)	油茶	5000	2102	丰都县(渝)	油用牡丹	30
2015	滁州市市辖区(皖)	核桃	2	2059	霍山县(皖)	板栗	3750	2103	秀山土家族苗族自治县(渝)	油茶	3200
2016	南谯区(皖)	板栗	6980	2060	霍山县(皖)	核桃	690				
2017	南谯区(皖)	核桃	600	2061	霍山县(皖)	油茶	3565				

(续表)

序号	县(旗、市、区、局、场)	品种	籽产量(吨)
2104	秀山土家族苗族自治县(渝)	核桃	80
2105	永川区(渝)	花椒	2500

表6-3 木本粮食与食用油料(核桃)主产地产量

序号	县(旗、市、区、局、场)	油产量(吨)
1	赞皇县(冀)	2750
2	临城县(冀)	350
3	清苑区(冀)	260
4	高碑店市(冀)	70
5	安平县(冀)	37
6	灵石县(晋)	30000
7	孝义市(晋)	6000
8	黎城县(晋)	2877
9	乡宁县(晋)	2500
10	盂县(晋)	2378
11	祁县(晋)	1040
12	平定县(晋)	740
13	阳泉市郊区(晋)	614
14	古县(晋)	250
15	左权县(晋)	200
16	泽州县(晋)	2
17	上党区(晋)	1.8
18	永吉县(吉)	200
19	临江市(吉)	6
20	涟水县(苏)	25
21	淳安县(浙)	7.73
22	南谯区(皖)	270
23	庐阳区(皖)	14
24	宿松县(皖)	12
25	界首市(皖)	10
26	谯城区(皖)	1.1
27	滕州市(鲁)	2597
28	商河县(鲁)	76
29	历城区(鲁)	30
30	平阴县(鲁)	4
31	莘县(鲁)	2.65
32	林州市(豫)	5700
33	渑池县(豫)	940
34	伊川县(豫)	600
35	灵宝市(豫)	320
36	孟津区(豫)	315

(续表)

序号	县(旗、市、区、局、场)	油产量(吨)
37	淅川县(豫)	240
38	湖滨区(豫)	157.5
39	瀍河回族区(豫)	80
40	项城市(豫)	38.43
41	兰考县(豫)	5.9
42	南召县(豫)	3
43	会同县(湘)	334
44	靖州苗族侗族自治县(湘)	188
45	沅陵县(湘)	98
46	双牌县(湘)	49
47	通道侗族自治县(湘)	38
48	中方县(湘)	13
49	洪江区(湘)	8
50	石门县(湘)	1
51	龙圩区(桂)	3
52	城口县(渝)	50
53	阆中市(川)	4400
54	江油市(川)	2770
55	朝天区(川)	800
56	利州区(川)	500
57	盐亭县(川)	300
58	九龙县(川)	115
59	隆昌市(川)	76
60	万源市(川)	50
61	泸定县(川)	50
62	会东县(川)	10
63	石棉县(川)	5
64	旺苍县(川)	5
65	东部新区(川)	3.5
66	合江县(川)	3
67	兴义市(黔)	51.25
68	关岭布依族苗族自治县(黔)	2
69	清镇市(黔)	1.75
70	漾濞彝族自治县(滇)	21671
71	鲁甸县(滇)	5000
72	永平县(滇)	3150
73	楚雄市(滇)	1595.12
74	维西傈僳族自治县(滇)	1500
75	泸水市(滇)	1100.34
76	华宁县(滇)	1000
77	云县(滇)	705
78	香格里拉市(滇)	700
79	古城区(滇)	490
80	昌宁县(滇)	401

(续表)

序号	县(旗、市、区、局、场)	油产量(吨)
81	新平彝族傣族自治县(滇)	400
82	龙陵县(滇)	391
83	永胜县(滇)	330
84	景东彝族自治县(滇)	280
85	德钦县(滇)	242.24
86	宣威市(滇)	200
87	盈江县(滇)	170
88	巍山彝族回族自治县(滇)	150
89	云龙县(滇)	120
90	澄江市(滇)	72
91	隆阳区(滇)	56.2
92	玉龙纳西族自治县(滇)	50
93	腾冲市(滇)	42
94	禄丰县(滇)	31
95	双柏县(滇)	20
96	峨山彝族自治县(滇)	18
97	蒙自市(滇)	13.8
98	永仁县(滇)	10
99	梁河县(滇)	1.25
100	南郑区(陕)	65
101	成县(甘)	1787
102	肃州区(甘)	7.33
103	彭阳县(宁)	1050
104	阿克苏市(新)	20

表6-4 木本粮食与食用油料(油茶)主产地产量

序号	县(旗、市、区、局、场)	油产量(吨)
1	江宁区(苏)	7
2	青田县(浙)	5200
3	常山县(浙)	1586
4	开化县(浙)	1355
5	江山市(浙)	1000
6	衢江区(浙)	676
7	仙居县(浙)	557
8	景宁畲族自治县(浙)	515
9	缙云县(浙)	300
10	苍南县(浙)	192
11	龙游县(浙)	173
12	云和县(浙)	164
13	柯城区(浙)	118
14	武义县(浙)	74
15	嵊州市(浙)	72

(续表)

序号	县（旗、市、区、局、场）	油产量（吨）
16	瓯海区(浙)	40
17	平阳县(浙)	37
18	永康市(浙)	7.3
19	鹿城区(浙)	5
20	义乌市(浙)	4
21	淳安县(浙)	2.3
22	舒城县(皖)	5438
23	休宁县(皖)	3602
24	岳西县(皖)	3000
25	太湖县(皖)	2150
26	潜山市(皖)	2065
27	霍山县(皖)	890
28	金寨县(皖)	650
29	望江县(皖)	600
30	庐江县(皖)	550
31	绩溪县(皖)	453
32	祁门县(皖)	355
33	黟县(皖)	333
34	徽州区(皖)	315
35	桐城市(皖)	285
36	宿松县(皖)	270
37	郎溪县(皖)	260
38	歙县(皖)	240
39	金安区(皖)	224
40	南谯区(皖)	29
41	黄山区(皖)	28.5
42	旌德县(皖)	27.4
43	青阳县(皖)	20
44	六安市叶集区(皖)	15
45	湾沚区(皖)	6
46	屯溪区(皖)	4.8
47	遂川县(赣)	9456
48	新建区(赣)	8887
49	丰城市(赣)	8750
50	上饶县(赣)	8700
51	兴国县(赣)	7789
52	乐安县(赣)	7251
53	永丰县(赣)	5914
54	高安市(赣)	5600
55	于都县(赣)	4497
56	赣县区(赣)	3533
57	横峰县(赣)	3194
58	宁都县(赣)	2966
59	莲花县(赣)	2950

(续表)

序号	县（旗、市、区、局、场）	油产量（吨）
60	上栗县(赣)	2940
61	玉山县(赣)	2746
62	石城县(赣)	2530
63	峡江县(赣)	2511
64	泰和县(赣)	2292
65	会昌县(赣)	2282.5
66	崇义县(赣)	2271
67	安福县(赣)	2098
68	德兴市(赣)	2000
69	广昌县(赣)	1980
70	铅山县(赣)	1976
71	渝水区(赣)	1960
72	万安县(赣)	1939
73	进贤县(赣)	1876.5
74	崇仁县(赣)	1725
75	瑞金市(赣)	1680
76	安远县(赣)	1668
77	信丰县(赣)	1657
78	定南县(赣)	1651
79	寻乌县(赣)	1624
80	婺源县(赣)	1421
81	井冈山市(赣)	1324
82	武宁县(赣)	1280
83	新干县(赣)	1274
84	吉安县(赣)	1200
85	浮梁县(赣)	1200
86	万载县(赣)	1200
87	广丰区(赣)	1175
88	吉水县(赣)	1135
89	万年县(赣)	1125
90	临川区(赣)	1093
91	宜丰县(赣)	1040
92	芦溪县(赣)	1020
93	南康区(赣)	1000
94	分宜县(赣)	1000
95	樟树市(赣)	995.3
96	铜鼓县(赣)	960
97	全南县(赣)	942
98	余干县(赣)	940
99	永修县(赣)	937.5
100	修水县(赣)	900
101	湘东区(赣)	880
102	上高县(赣)	875
103	柴桑区(赣)	667

(续表)

序号	县（旗、市、区、局、场）	油产量（吨）
104	永新县(赣)	558
105	弋阳县(赣)	480
106	金溪县(赣)	403
107	大余县(赣)	364.8
108	萍乡市林业局武功山分局(赣)	337
109	东乡区(赣)	319
110	瑞昌市(赣)	300
111	湖口县(赣)	258
112	乐平市(赣)	240
113	庐山市(赣)	225
114	南昌市市辖区(赣)	195
115	吉州区(赣)	182
116	共青城市(赣)	160
117	上犹县(赣)	154
118	南丰县(赣)	151
119	南城县(赣)	145
120	章贡区(赣)	134
121	黎川县(赣)	126
122	都昌县(赣)	125
123	信州区(赣)	100
124	资溪县(赣)	72
125	昌江区(赣)	62
126	宜黄县(赣)	57
127	彭泽县(赣)	47
128	余江区(赣)	46
129	安源区(赣)	36
130	经开区(赣)	22.5
131	宜春市明月山温泉风景名胜区(赣)	20.65
132	濂溪区(赣)	12
133	德安县(赣)	10
134	靖安县(赣)	2.1
135	月湖区(赣)	2
136	新县(豫)	6500
137	商城县(豫)	2200
138	光山县(豫)	2025
139	罗山县(豫)	320
140	桐柏县(豫)	160
141	淅川县(豫)	30
142	浉河区(豫)	17
143	团风县(鄂)	160
144	衡东县(湘)	120000
145	宁远县(湘)	27638

林产品主产地及产量
PRINCIPAL PRODUCTION COUNTIES AND OUTPUT OF FOREST PRODUCTS

（续表）

序号	县（旗、市、区、局、场）	油产量（吨）
146	醴陵市（湘）	25100
147	浏阳市（湘）	23625
148	耒阳市（湘）	21800
149	常宁市（湘）	20851
150	祁阳县（湘）	20476
151	桃源县（湘）	14580
152	衡阳县（湘）	13000
153	茶陵县（湘）	11700
154	道　县（湘）	8925
155	渌口区（湘）	8700
156	平江县（湘）	7713.4
157	衡南县（湘）	7088
158	江华瑶族自治县（湘）	6995
159	中方县（湘）	6568
160	桂阳县（湘）	6329
161	永顺县（湘）	5040
162	鼎城区（湘）	4500
163	临澧县（湘）	4103
164	湘乡市（湘）	3950
165	会同县（湘）	3184
166	涟源市（湘）	3012
167	东安县（湘）	3000
168	湘潭县（湘）	2970
169	冷水滩区（湘）	2920
170	安化县（湘）	2874
171	辰溪县（湘）	2847
172	通道侗族自治县（湘）	2302
173	炎陵县（湘）	2184
174	苏仙区（湘）	2068
175	沅陵县（湘）	1900
176	汝城县（湘）	1890
177	衡山县（湘）	1568
178	泸溪县（湘）	1410
179	望城区（湘）	1260
180	宜章县（湘）	1102
181	北湖区（湘）	915
182	新田县（湘）	860
183	石门县（湘）	706
184	零陵区（湘）	660
185	花垣县（湘）	623
186	鹤城区（湘）	607
187	澧　县（湘）	548
188	古丈县（湘）	467.1
189	双牌县（湘）	431
190	汉寿县（湘）	405
191	长沙县（湘）	400
192	凤凰县（湘）	390.3
193	临湘市（湘）	351.1
194	芷江侗族自治县（湘）	300.1
195	麻阳苗族自治县（湘）	295
196	靖州苗族侗族自治县（湘）	274
197	汨罗市（湘）	273
198	珠晖区（湘）	270
199	岳阳县（湘）	260
200	常德市市辖区（湘）	241.5
201	天元区（湘）	226
202	荷塘区（湘）	225
203	津市市（湘）	206
204	洪江市（湘）	200
205	湘阴县（湘）	180
206	株洲市市辖区（湘）	148.8
207	岳阳市市辖区（湘）	137.5
208	蓝山县（湘）	128.9
209	雨湖区（湘）	105
210	宁乡市（湘）	103
211	保靖县（湘）	100
212	吉首市（湘）	100
213	云溪区（湘）	98
214	洪江区（湘）	90
215	韶山市（湘）	86
216	金洞林场（湘）	82
217	芦淞区（湘）	19
218	华容县（湘）	14
219	石峰区（湘）	7
220	南岳区（湘）	2.2
221	龙川县（粤）	8028
222	和平县（粤）	6600
223	阳山县（粤）	5000
224	东源县（粤）	2200
225	南雄市（粤）	1100
226	广宁县（粤）	831
227	高州市（粤）	830
228	阳春市（粤）	688
229	连南瑶族自治县（粤）	610
230	乐昌市（粤）	600
231	大埔县（粤）	510
232	紫金县（粤）	504
233	江东新区（粤）	500
234	浈江区（粤）	446
235	仁化县（粤）	378
236	英德市（粤）	370.18
237	连平县（粤）	309.5
238	化州市（粤）	280
239	梅县区（粤）	270
240	连山壮族瑶族自治县（粤）	268
241	始兴县（粤）	245
242	罗定市（粤）	235
243	连州市（粤）	225
244	揭东区（粤）	220
245	翁源县（粤）	199
246	乳源瑶族自治县（粤）	155
247	五华县（粤）	152
248	平远县（粤）	120
249	云安区（粤）	120
250	德庆县（粤）	99
251	丰顺县（粤）	75
252	高要区（粤）	70
253	潮南区（粤）	43
254	云城区（粤）	40
255	新丰县（粤）	38
256	佛冈县（粤）	36
257	武江区（粤）	25
258	花都区（粤）	19
259	廉江市（粤）	17
260	新丰江林管局（粤）	16.1
261	揭西县（粤）	15.2
262	惠来县（粤）	11.8
263	茂南区（粤）	10.15
264	郁南县（粤）	10
265	从化区（粤）	6
266	清新区（粤）	5.8
267	雷州市（粤）	4
268	龙门县（粤）	2.1
269	新兴县（粤）	1.73
270	平乐县（桂）	5961
271	三江侗族自治县（桂）	4381
272	隆林各族自治县（桂）	4242
273	凤山县（桂）	4025
274	鹿寨县（桂）	2800
275	凌云县（桂）	2691
276	乐业县（桂）	1944
277	田阳县（桂）	1397

(续表) (续表) 表6-5 木本粮食与食用油料主产地产量

序号	县（旗、市、区、局、场）	油产量（吨）	序号	县（旗、市、区、局、场）	油产量（吨）	序号	县（旗、市、区、局、场）	品种	油产量（吨）
278	全州县(桂)	1013	322	雨城区(川)	30	1	东兴市(桂)	八角	345
279	龙圩区(桂)	864	323	仁寿县(川)	12	2	防城区(桂)	八角	150
280	金秀瑶族自治县(桂)	815	324	会东县(川)	3	3	藤县(桂)	八角	97
281	融水苗族自治县(桂)	587	325	江安县(川)	1	4	平乐县(桂)	八角	27.4
282	西林县(桂)	543	326	天柱县(黔)	2940	5	江宁区(苏)	板栗	31
283	岑溪市(桂)	500	327	黎平县(黔)	2817	6	淳安县(浙)	板栗	3.48
284	荔浦市(桂)	486	328	册亨县(黔)	2500	7	南谯区(皖)	板栗	2000
285	金城江区(桂)	270	329	望谟县(黔)	1750	8	屯溪区(皖)	板栗	16
286	苍梧县(桂)	259	330	玉屏侗族自治县(黔)	1375	9	龙南县(赣)	板栗	810
287	蒙山县(桂)	250	331	万山区(黔)	1375	10	萍乡市武功山分局(赣)	板栗	102
288	港南区(桂)	77	332	锦屏县(黔)	1080	11	湘潭县(湘)	板栗	16.5
289	都安瑶族自治县(桂)	75	333	从江县(黔)	706	12	祁县(晋)	干枣	5460
290	三门江林场(桂)	72	334	碧江区(黔)	350	13	淳安县(浙)	干枣	46
291	万秀区(桂)	60	335	平塘县(黔)	300	14	弋阳县(赣)	香榧	22.5
292	平南县(桂)	50	336	思南县(黔)	240	15	祁县(晋)	仁用杏	36
293	临桂区(桂)	45	337	罗甸县(黔)	150	16	阳泉市郊区(晋)	仁用杏	4.5
294	桂平市(桂)	40	338	榕江县(黔)	150	17	巴林右旗(内蒙古)	仁用杏	170
295	博白县(桂)	35	339	湄潭县(黔)	100	18	彭阳县(宁)	仁用杏	1
296	覃塘区(桂)	34	340	剑河县(黔)	60	19	黎城县(晋)	山杏	2.6
297	永福县(桂)	20	341	兴义市(黔)	54	20	彭阳县(宁)	山杏	5
298	灵川县(桂)	20	342	印江土家族苗族自治县(黔)	22.1	21	阳曲县(晋)	松果	18.5
299	合山市(桂)	16.08	343	德江县(黔)	20	22	罗定市(粤)	肉桂	1115
300	忻城县(桂)	10	344	兴仁市(黔)	6	23	郁南县(粤)	肉桂	230
301	江南区(桂)	6	345	紫云苗族布依族自治县(黔)	5.13	24	广宁县(粤)	肉桂	3.1
302	北流市(桂)	5.4	346	岑巩县(黔)	5	25	东兴市(桂)	肉桂	2656
303	鱼峰区(桂)	5	347	龙里县(黔)	2	26	防城区(桂)	肉桂	300
304	青秀区(桂)	3.45	348	凯里市(黔)	1	27	平南县(桂)	肉桂	100
305	钦南区(桂)	1	349	富宁县(滇)	2314	28	藤县(桂)	肉桂	88
306	琼中黎族苗族自治县(琼)	139	350	广南县(滇)	2189	29	翁牛特旗(内蒙古)	元宝枫	2
307	五指山市(琼)	117	351	腾冲市(滇)	272	30	滕州市(鲁)	元宝枫	10
308	秀英区(琼)	16.5	352	梁河县(滇)	95	31	临淄区(鲁)	元宝枫	0.8
309	琼山区(琼)	11	353	盈江县(滇)	55	32	清镇市(黔)	元宝枫	6.3
310	儋州市(琼)	5	354	华宁县(滇)	25	33	金堂县(川)	油橄榄	971.67
311	秀山土家族苗族自治县(渝)	830	355	西畴县(滇)	20	34	青川县(川)	油橄榄	930
312	梁平区(渝)	14	356	金平苗族瑶族傣族自治县(滇)	13	35	利州区(川)	油橄榄	910
313	荣县(川)	2500	357	建水县(滇)	5	36	冕宁县(川)	油橄榄	152
314	叙永县(川)	595	358	江川区(滇)	2.2	37	西昌市(川)	油橄榄	111
315	隆昌市(川)	524	359	南郑区(陕)	650	38	阆中市(川)	油橄榄	25
316	威远县(川)	128	360	石泉县(陕)	10	39	游仙区(川)	油橄榄	8
317	德昌县(川)	120				40	剑阁县(川)	油橄榄	6.5
318	翠屏区(川)	85				41	会东县(川)	油橄榄	2.5
319	富顺县(川)	70				42	德昌县(川)	油橄榄	1.6
320	南溪区(川)	43				43	瓮安县(黔)	油橄榄	4
321	贡井区(川)	42				44	永仁县(滇)	油橄榄	69

林产品主产地及产量
PRINCIPAL PRODUCTION COUNTIES AND OUTPUT OF FOREST PRODUCTS

(续表)

序号	县(旗、市、区、局、场)	品种	油产量(吨)
45	玉龙纳西族自治县(滇)	油橄榄	20
46	德钦县(滇)	油橄榄	15
47	永胜县(滇)	油橄榄	11.7
48	峨山彝族自治县(滇)	油橄榄	5.36
49	易门县(滇)	油橄榄	3.7
50	嵩明县(滇)	油橄榄	2
51	香格里拉市(滇)	油橄榄	1
52	陇南市市辖区(甘)	油橄榄	6061
53	武都区(甘)	油橄榄	5800
54	乡宁县(晋)	花椒	1200
55	黎城县(晋)	花椒	10
56	修水县(赣)	花椒	90
57	孟津区(豫)	花椒	40
58	汝城县(湘)	花椒	3
59	永川区(渝)	花椒	300
60	綦江区(渝)	花椒	90
61	盐源县(川)	花椒	3036
62	邛崃市(川)	花椒	350
63	泸定县(川)	花椒	250
64	江油市(川)	花椒	210
65	合江县(川)	花椒	65
66	会东县(川)	花椒	5
67	桐梓县(黔)	花椒	15
68	关岭布依族苗族自治县(黔)	花椒	2
69	泸水市(滇)	花椒	248.1
70	腾冲市(滇)	花椒	2.4
71	南郑区(陕)	花椒	1.9
72	彭阳县(宁)	花椒	110
73	桓仁满族自治县(辽)	核桃楸	93
74	新宾满族自治县(辽)	核桃楸	25

表7-1 主要木本工业用油料(油桐)主产地产量

序号	县(旗、市、区、局、场)	油产量(吨)
1	宿松县(皖)	1.25
2	分宜县(赣)	560
3	赣县区(赣)	200
4	泰和县(赣)	10.49
5	安远县(赣)	6.35
6	宜春市明月山温泉风景名胜区(赣)	5
7	会昌县(赣)	4.21
8	寻乌县(赣)	3.5
9	高安市(赣)	3.5
10	伊川县(豫)	1682
11	商城县(豫)	381
12	西峡县(豫)	353.8
13	新县(豫)	100
14	桐柏县(豫)	50
15	淅川县(豫)	42
16	团风县(鄂)	60
17	洪江市(湘)	500
18	祁东县(湘)	228
19	苏仙区(湘)	150
20	江华瑶族自治县(湘)	45
21	零陵区(湘)	25
22	沅陵县(湘)	14
23	辰溪县(湘)	13
24	望城区(湘)	12
25	冷水滩区(湘)	10.5
26	岳阳县(湘)	10
27	汨罗市(湘)	8.5
28	临澧县(湘)	7
29	澧县(湘)	4
30	鼎城区(湘)	3
31	和平县(粤)	108
32	始兴县(粤)	5
33	梅县区(粤)	2.8
34	平乐县(桂)	514
35	桂平市(桂)	78.4
36	鱼峰区(桂)	7
37	册亨县(黔)	1920
38	望谟县(黔)	1500
39	贞丰县(黔)	270
40	剑河县(黔)	4
41	丘北县(滇)	93.75
42	白河县(陕)	600
43	石泉县(陕)	51

表7-2 主要木本工业用油料主产地产量

序号	县(旗、市、区、局、场)	品种	油产量(吨)
1	江华瑶族自治县(湘)	山苍子	100
2	零陵区(湘)	山苍子	50
3	耒阳市(湘)	山苍子	50
4	资阳区(湘)	山苍子	23
5	洪江市(湘)	山苍子	20
6	祁东县(湘)	山苍子	1.5
7	台江县(黔)	山苍子	1
8	宿松县(皖)	马尾松	15
9	宁都县(赣)	马尾松	1100
10	蓝山县(湘)	马尾松	3719.99
11	宁远县(湘)	马尾松	3200
12	临湘市(湘)	马尾松	1150
13	沅陵县(湘)	马尾松	230
14	华容县(湘)	马尾松	200
15	岳阳县(湘)	马尾松	100
16	鼎城区(湘)	马尾松	80
17	祁东县(湘)	马尾松	6.3
18	云安区(粤)	马尾松	21688
19	乐昌市(粤)	马尾松	1092
20	乳源瑶族自治县(粤)	马尾松	330
21	藤县(桂)	马尾松	37715.97
22	蒙山县(桂)	马尾松	26000
23	万秀区(桂)	马尾松	12000
24	金城江区(桂)	马尾松	248
25	钦南区(桂)	马尾松	200
26	派阳山林场(桂)	马尾松	200
27	剑河县(黔)	马尾松	500
28	锦屏县(黔)	马尾松	169
29	武宣县(桂)	桉树	42
30	江州区(桂)	桉树	3.65
31	南华县(滇)	桉树	6729
32	云县(滇)	桉树	2460
33	绿春县(滇)	桉树	1725
34	禄丰县(滇)	桉树	730
35	隆阳区(滇)	桉树	331.5
36	石林彝族自治县(滇)	桉树	118.5
37	富民县(滇)	桉树	115
38	江川区(滇)	桉树	105
39	楚雄市(滇)	桉树	95
40	开远市(滇)	桉树	10
41	麒麟区(滇)	桉树	10
42	姚安县(滇)	桉树	9
43	华宁县(滇)	桉树	4
44	黄山区(皖)	玫瑰	103
45	绵竹市(川)	玫瑰	240.07
46	腾冲市(滇)	玫瑰	15

(续表)

序号	县(旗、市、区、局、场)	品种	油产量(吨)
47	安福县(赣)	樟树	150
48	吉水县(赣)	樟树	45
49	泰和县(赣)	樟树	4.34
50	峡江县(赣)	樟树	3.8
51	青原区(赣)	樟树	3.15
52	余江区(赣)	樟树	3
53	樟树市(赣)	樟树	2
54	衡东县(湘)	樟树	70000
55	茶陵县(湘)	樟树	2
56	郁南县(粤)	樟树	18.6
57	博白县(桂)	樟树	5
58	叙州区(川)	樟树	15030
59	翠屏区(川)	樟树	4500
60	华蓥市(川)	樟树	10
61	伊川县(豫)	黄连木	1350
62	渑池县(豫)	黄连木	0.8
63	西峡县(豫)	漆树	162.4
64	南召县(豫)	漆树	50
65	沅陵县(湘)	漆树	20
66	凤山县(桂)	漆树	1
67	宁南县(川)	漆树	1
68	德江县(黔)	漆树	4
69	紫阳县(陕)	漆树	100
70	石泉县(陕)	漆树	62
71	白河县(陕)	漆树	50
72	镇坪县(陕)	漆树	43
73	赣县区(赣)	乌桕	6
74	祁东县(湘)	乌桕	82
75	普宁市(粤)	橡胶	125.8
76	盈江县(滇)	橡胶	120.3
77	麻栗坡县(滇)	橡胶	2

表 8-1 苹果主产地产量

序号	县(旗、市、区、局、场)	鲜果产量(吨)
1	静海区(津)	2271
2	滨海新区(津)	965
3	西青区(津)	450
4	北辰区(津)	309.8
5	宝坻区(津)	148.4
6	东丽区(津)	100
7	青龙满族自治县(冀)	185369
8	深州市(冀)	135646

(续表)

序号	县(旗、市、区、局、场)	鲜果产量(吨)
9	辛集市(冀)	58792
10	内丘县(冀)	36833
11	武邑县(冀)	30680
12	卢龙县(冀)	29159.59
13	成安县(冀)	28469
14	饶阳县(冀)	21247.4
15	新河县(冀)	20393
16	曲阳县(冀)	20000
17	冀州市(冀)	19290
18	玉田县(冀)	18279.74
19	滦南县(冀)	16993
20	晋州市(冀)	16327.03
21	安平县(冀)	15508
22	迁安市(冀)	14477.48
23	桃城区(冀)	12069.28
24	井陉县(冀)	11429
25	隆尧县(冀)	11330
26	南皮县(冀)	11237.5
27	平山县(冀)	10927
28	沙河市(冀)	9820
29	河间市(冀)	9455.26
30	景县(冀)	6533
31	沧县(冀)	6071.03
32	行唐县(冀)	6000
33	泊头市(冀)	5899.72
34	广宗县(冀)	5580
35	肃宁县(冀)	5243.84
36	任泽区(冀)	4968
37	大名县(冀)	4743
38	丰润区(冀)	4319
39	献县(冀)	4139.99
40	柏乡县(冀)	3016.66
41	井陉矿区(冀)	2711
42	藁城区(冀)	2622.51
43	任丘市(冀)	2535.05
44	黄骅市(冀)	1589
45	曹妃甸区(冀)	1532.54
46	涞源县(冀)	1430
47	东光县(冀)	1254.1
48	新乐市(冀)	1054
49	蔚县(冀)	854
50	丰宁满族自治县(冀)	848
51	永年区(冀)	788
52	孟村回族自治县(冀)	786.26

(续表)

序号	县(旗、市、区、局、场)	鲜果产量(吨)
53	青县(冀)	734.07
54	万全区(冀)	723
55	栾城区(冀)	675
56	秦皇岛开发区(冀)	663.91
57	武强县(冀)	638
58	盐山县(冀)	630.93
59	宣化区(冀)	605.16
60	邢台市高新技术开发区(冀)	530
61	丛台区(冀)	450
62	吴桥县(冀)	417.9
63	北戴河区(冀)	288.04
64	海兴县(冀)	213.56
65	涿州市(冀)	155.29
66	威县(冀)	130
67	石家庄市高新区(冀)	105.5
68	清苑区(冀)	100
69	沧州市临港经济技术开发区(冀)	81
70	高碑店市(冀)	75
71	万荣县(晋)	725761
72	吉县(晋)	283308
73	闻喜县(晋)	11300
74	霍州市(晋)	10711
75	繁峙县(晋)	3400
76	杏花岭区(晋)	2820
77	潞城区(晋)	1380
78	古县(晋)	1083
79	柳林县(晋)	1000
80	尖草坪区(晋)	887.8
81	平定县(晋)	810
82	阳曲县(晋)	780
83	忻府区(晋)	592
84	小店区(晋)	450
85	晋源区(晋)	427.9
86	万柏林区(晋)	7.5
87	阳泉市矿区(晋)	2.5
88	宁城县(内蒙古)	90692.94
89	阿鲁科尔沁旗(内蒙古)	23500
90	林西县(内蒙古)	23000
91	开鲁县(内蒙古)	18600
92	准格尔旗(内蒙古)	14977
93	敖汉旗(内蒙古)	9748
94	喀喇沁旗(内蒙古)	8100
95	临河区(内蒙古)	4700

林产品主产地及产量
PRINCIPAL PRODUCTION COUNTIES AND OUTPUT OF FOREST PRODUCTS

(续表)

序号	县(旗、市、区、局、场)	鲜果产量(吨)
96	奈曼旗(内蒙古)	4300
97	松山区(内蒙古)	2822.6
98	兴和县(内蒙古)	1796
99	清水河县(内蒙古)	1600
100	扎鲁特旗(内蒙古)	1350
101	翁牛特旗(内蒙古)	600
102	突泉县(内蒙古)	590
103	元宝山区(内蒙古)	582
104	杭锦旗(内蒙古)	580
105	巴林右旗(内蒙古)	535.2
106	昆都仑区(内蒙古)	300
107	鄂托克前旗(内蒙古)	196
108	九原区(内蒙古)	153
109	托克托县(内蒙古)	100
110	固阳县(内蒙古)	78.75
111	库伦旗(内蒙古)	76.5
112	科尔沁左翼后旗(内蒙古)	49.47
113	磴口县(内蒙古)	47
114	新城区(内蒙古)	42
115	科尔沁右翼前旗(内蒙古)	20
116	达拉特旗(内蒙古)	10
117	五原县(内蒙古)	10
118	通辽经济技术开发区(内蒙古)	9
119	和林格尔县(内蒙古)	4.9
120	朝阳县(辽)	53000
121	喀喇沁左翼蒙古族自治县(辽)	45000
122	本溪满族自治县(辽)	20000
123	北票市(辽)	11920
124	浑南区(辽)	10760.55
125	清河区(辽)	5000
126	文圣区(辽)	4730
127	昌图县(辽)	3750
128	东港市(辽)	3350
129	开原市(辽)	2900
130	龙城区(辽)	2010
131	盘山县(辽)	1539
132	普兰店区(辽)	700
133	甘井子区(辽)	555
134	铁岭市经济开发区(辽)	470
135	新宾满族自治县(辽)	270
136	桓仁满族自治县(辽)	270
137	弓长岭区(辽)	130

(续表)

序号	县(旗、市、区、局、场)	鲜果产量(吨)
138	本溪市经济开发区(辽)	50
139	磐石市(吉)	20055
140	东丰县(吉)	13850
141	蛟河市(吉)	10267.9
142	集安市(吉)	3980
143	辉南县(吉)	2354
144	九台区(吉)	1800
145	永吉县(吉)	800
146	通化县(吉)	297.5
147	梨树县(吉)	110
148	梅河口市(吉)	81
149	公主岭市(吉)	78
150	东辽县(吉)	40
151	浑江区(吉)	30
152	长春市净月经济开发区(吉)	28.75
153	龙山区(吉)	4
154	宁安市(黑)	70657
155	宝清县(黑)	5789.5
156	泰来县(黑)	1925
157	林口县(黑)	770
158	碾子山区(黑)	234
159	城子河区(黑)	120
160	恒山区(黑)	89
161	阿城区(黑)	65
162	鸡冠区(黑)	50
163	东宁市(黑)	15
164	延寿县(黑)	12
165	富拉尔基区(黑)	8
166	密山市(黑)	3
167	饶河县(黑)	1
168	丰县(苏)	452000
169	沛县(苏)	35369
170	沭阳县(苏)	28000
171	赣榆区(苏)	19205
172	东海县(苏)	9108
173	睢宁县(苏)	7340
174	邳州市(苏)	4568.3
175	泗阳县(苏)	1127
176	涟水县(苏)	550
177	贾汪区(苏)	148
178	宿城区(苏)	60
179	泗洪县(苏)	60
180	姜堰区(苏)	45
181	砀山县(皖)	165000

(续表)

序号	县(旗、市、区、局、场)	鲜果产量(吨)
182	杜集区(皖)	7660
183	泗县(皖)	1836
184	濉溪县(皖)	521
185	鸠江区(皖)	326
186	裕安区(皖)	201
187	涡阳县(皖)	200
188	凤阳县(皖)	10
189	三山区(皖)	2
190	栖霞市(鲁)	2658771
191	蓬莱市(鲁)	1243471
192	沂源县(鲁)	665000
193	临朐县(鲁)	438000
194	海阳市(鲁)	302000
195	莱阳市(鲁)	256713
196	龙口市(鲁)	229822
197	荣成市(鲁)	196815
198	冠县(鲁)	185000
199	莱西市(鲁)	128586
200	沂水县(鲁)	110299
201	新泰市(鲁)	96000
202	历城区(鲁)	65850
203	平度市(鲁)	65621
204	宁阳县(鲁)	51526
205	巨野县(鲁)	43750
206	诸城市(鲁)	43000
207	惠民县(鲁)	36008
208	坊子区(鲁)	31000
209	胶州市(鲁)	27190
210	莒县(鲁)	23250
211	五莲县(鲁)	21062
212	岚山区(鲁)	21000
213	莱山区(鲁)	20000
214	沂南县(鲁)	18336
215	平阴县(鲁)	18124
216	肥城市(鲁)	16398.87
217	费县(鲁)	15810
218	利津县(鲁)	15195
219	黄岛区(鲁)	15090
220	莘县(鲁)	15000
221	嘉祥县(鲁)	13648
222	邹城市(鲁)	13500
223	莱城区(鲁)	13000
224	高密市(鲁)	12960
225	梁山县(鲁)	11774

(续表)

序号	县(旗、市、区、局、场)	鲜果产量(吨)
226	曲阜市(鲁)	10500
227	岱岳区(鲁)	9226
228	即墨区(鲁)	8600
229	青州市(鲁)	8500
230	章丘区(鲁)	8400
231	莒南县(鲁)	8070
232	齐河县(鲁)	8049
233	昌乐县(鲁)	7800
234	滕州市(鲁)	7643
235	东阿县(鲁)	7519.5
236	平原县(鲁)	7500
237	高青县(鲁)	6919
238	博山区(鲁)	6280
239	郓城县(鲁)	6250
240	泗水县(鲁)	6250
241	泰山区(鲁)	5720
242	昌邑市(鲁)	5600
243	东平县(鲁)	5568.5
244	禹城市(鲁)	5300
245	武城县(鲁)	4955
246	金乡县(鲁)	4730
247	临淄区(鲁)	4200
248	宁津县(鲁)	4000
249	成武县(鲁)	3826
250	长清区(鲁)	3772.31
251	泰安市高新区(鲁)	3700
252	临清市(鲁)	3300
253	商河县(鲁)	3275
254	曹 县(鲁)	3262
255	东明县(鲁)	3063
256	博兴县(鲁)	3009
257	桓台县(鲁)	2500
258	德城区(鲁)	2432
259	泰安市泰山景区(鲁)	2400
260	徂汶景区(鲁)	2210
261	兰陵县(鲁)	2194
262	微山县(鲁)	1728
263	夏津县(鲁)	1652
264	河东区(鲁)	1563
265	山亭区(鲁)	1350
266	临邑县(鲁)	1340
267	济南市市中区(鲁)	1300
268	广饶县(鲁)	1164
269	任城区(鲁)	1013

(续表)

序号	县(旗、市、区、局、场)	鲜果产量(吨)
270	德州市市辖区(鲁)	900
271	淄川区(鲁)	860
272	沾化区(鲁)	810
273	城阳区(鲁)	800
274	陵城区(鲁)	786.9
275	周村区(鲁)	673
276	张店区(鲁)	510
277	滨城区(鲁)	200
278	兖州区(鲁)	170
279	枣庄市市中区(鲁)	110
280	崂山区(鲁)	90
281	台儿庄区(鲁)	3
282	洛宁县(豫)	339786
283	南乐县(豫)	122400
284	虞城县(豫)	110000
285	夏邑县(豫)	64800
286	通许县(豫)	43500
287	永城市(豫)	41186
288	西华县(豫)	20100
289	林州市(豫)	18420
290	兰考县(豫)	18300
291	灵宝市(豫)	12600
292	封丘县(豫)	11350
293	濮阳市高新区(豫)	10950
294	沁阳市(豫)	9850
295	清丰县(豫)	9350
296	济源市(豫)	7800
297	伊川县(豫)	6302
298	卫辉市(豫)	6010
299	滑 县(豫)	5111.5
300	宜阳县(豫)	5046
301	杞 县(豫)	4600
302	长垣县(豫)	4480
303	龙安区(豫)	4100
304	濮阳县(豫)	3962
305	扶沟县(豫)	3473
306	柘城县(豫)	2980
307	安阳县(豫)	2855
308	台前县(豫)	2800
309	孟津区(豫)	2650
310	汤阴县(豫)	2475
311	范 县(豫)	2420
312	原阳县(豫)	2250
313	偃师区(豫)	2000

(续表)

序号	县(旗、市、区、局、场)	鲜果产量(吨)
314	嵩 县(豫)	1540
315	郸城县(豫)	1485
316	汝阳县(豫)	1232
317	华龙区(豫)	1140
318	武陟县(豫)	1125
319	禹州市(豫)	750
320	焦作示范区(豫)	700
321	渑池县(豫)	645
322	栾川县(豫)	576.5
323	鹤壁市市辖区(豫)	510
324	淇 县(豫)	510
325	解放区(豫)	438
326	新密市(豫)	250
327	睢阳区(豫)	210
328	市辖区(豫)	190
329	睢 县(豫)	180
330	中站区(豫)	114.75
331	洛龙区(豫)	75
332	新蔡县(豫)	60
333	西工区(豫)	41
334	老城区(豫)	36.1
335	舞钢市(豫)	30
336	卧龙区(豫)	25
337	郏城县(豫)	20
338	牧野区(豫)	12
339	内黄县(豫)	2.25
340	盐源县(川)	591329
341	万源市(川)	8000
342	会东县(川)	2900
343	昭觉县(川)	2650
344	木里藏族自治县(川)	2500
345	南江县(川)	2012
346	宣汉县(川)	820
347	宁南县(川)	600
348	会理市(川)	540
349	金阳县(川)	465
350	西昌市(川)	312.5
351	剑阁县(川)	65
352	威远县(川)	20
353	青川县(川)	14
354	崇州市(川)	11
355	马边彝族自治县(川)	10
356	威宁彝族回族苗族自治县(黔)	520000

PRINCIPAL PRODUCTION COUNTIES AND OUTPUT OF FOREST PRODUCTS

(续表)

序号	县(旗、市、区、局、场)	鲜果产量(吨)
357	长顺县(黔)	76754
358	赫章县(黔)	3690
359	惠水县(黔)	2313
360	兴义市(黔)	1331.15
361	兴仁市(黔)	727
362	普安县(黔)	621
363	六枝特区(黔)	49
364	大方县(黔)	35
365	泸西县(滇)	15000
366	蒙自市(滇)	13636
367	剑川县(滇)	13399
368	石林彝族自治县(滇)	11500
369	洱源县(滇)	9100
370	漾濞彝族自治县(滇)	7000
371	富源县(滇)	4478.6
372	石屏县(滇)	4141.8
373	富民县(滇)	3734
374	永胜县(滇)	3218.2
375	弥勒市(滇)	2876.4
376	鹤庆县(滇)	2775
377	武定县(滇)	2560
378	麒麟区(滇)	2500
379	云龙县(滇)	2321
380	宁蒗彝族自治县(滇)	1200
381	香格里拉市(滇)	1088.69
382	古城区(滇)	900
383	大姚县(滇)	894
384	新平彝族傣族自治县(滇)	592
385	砚山县(滇)	312.9
386	屏边苗族自治县(滇)	291.2
387	牟定县(滇)	256
388	南华县(滇)	168
389	开远市(滇)	157.35
390	易门县(滇)	135.92
391	文山市(滇)	109
392	广南县(滇)	69.3
393	华宁县(滇)	62
394	通海县(滇)	30
395	丘北县(滇)	21
396	贡山独龙族怒族自治县(滇)	9.62
397	昌宁县(滇)	5.5
398	云县(滇)	3.2
399	永寿县(陕)	339000

(续表)

序号	县(旗、市、区、局、场)	鲜果产量(吨)
400	子洲县(陕)	6900
401	绥德县(陕)	4400
402	旬阳县(陕)	2986
403	略阳县(陕)	2324
404	西咸新区(陕)	1000
405	汉滨区(陕)	845
406	留坝县(陕)	560
407	镇坪县(陕)	7
408	镇巴县(陕)	3
409	庄浪县(甘)	542428
410	泾川县(甘)	209132
411	宁县(甘)	132560.5
412	崆峒区(甘)	35000
413	平川区(甘)	20000
414	白银区(甘)	15200
415	肃州区(甘)	9930.9
416	景泰县(甘)	9800
417	永靖县(甘)	9522
418	凉州区(甘)	4560
419	会宁县(甘)	4541
420	高台县(甘)	4260
421	华池县(甘)	4062.28
422	玉门市(甘)	2653
423	甘州区(甘)	1600
424	临泽县(甘)	1331.75
425	安定区(甘)	1120
426	陇西县(甘)	1000
427	嘉峪关市(甘)	889.58
428	古浪县(甘)	440
429	瓜州县(甘)	425
430	民乐县(甘)	260
431	肃南裕固族自治县(甘)	25
432	张掖市市辖区(甘)	5
433	化隆回族自治县(青)	136.8
434	尖扎县(青)	93
435	同仁县(青)	20
436	沙坡头区(宁)	240000
437	中宁县(宁)	122355
438	利通区(宁)	72617.67
439	青铜峡市(宁)	53300
440	海原县(宁)	21500
441	灵武市(宁)	17040
442	农垦事业管理局(宁)	12101
443	大武口区(宁)	6202.3

(续表)

序号	县(旗、市、区、局、场)	鲜果产量(吨)
444	红寺堡区(宁)	3000
445	永宁县(宁)	2702.25
446	原州区(宁)	2400
447	彭阳县(宁)	2000
448	宁夏仁存渡护岸林场(宁)	1262.2
449	隆德县(宁)	1050
450	盐池县(宁)	842.6
451	同心县(宁)	600
452	灵武白芨滩国家级自然保护区(宁)	455.7
453	惠农区(宁)	345
454	平罗县(宁)	324
455	金凤区(宁)	67
456	阿克苏市(新)	251371
457	温宿县(新)	232222.6
458	泽普县(新)	70060
459	叶城县(新)	53270.4
460	新和县(新)	26007
461	库车县(新)	19045
462	莎车县(新)	15985
463	疏附县(新)	12159
464	沙湾县(新)	7664
465	疏勒县(新)	7570
466	麦盖提县(新)	6381
467	英吉沙县(新)	3715
468	阜康市(新)	2560
469	伽师县(新)	1390
470	塔城市(新)	960
471	柯坪县(新)	648
472	轮台县(新)	546
473	乌苏市(新)	450
474	岳普湖县(新)	370
475	伊州区(新)	270
476	乌鲁木齐县(新)	80
477	托里县(新)	78
478	裕民县(新)	75
479	额敏县(新)	60
480	伊吾县(新)	30
481	第一师(新疆兵团)	415020.8
482	第三师(新疆兵团)	133204
483	第四师(新疆兵团)	112318
484	第七师(新疆兵团)	11633
485	第十师(新疆兵团)	6434
486	第十四师(新疆兵团)	2248

(续表)

序号	县(旗、市、区、局、场)	鲜果产量(吨)
487	第九师(新疆兵团)	1181.8
488	第五师(新疆兵团)	155
489	第八师(新疆兵团)	1

表 8-2　梨主产地产量

序号	县(旗、市、区、局、场)	鲜果产量(吨)
1	西青区(津)	23388
2	静海区(津)	14325
3	北辰区(津)	943.35
4	东丽区(津)	901
5	滨海新区(津)	640
6	宝坻区(津)	107.59
7	晋州市(冀)	562363.23
8	泊头市(冀)	322426.9
9	深州市(冀)	287900
10	辛集市(冀)	230444
11	藁城区(冀)	92857.34
12	曲阳县(冀)	60000
13	肃宁县(冀)	50741.67
14	青龙满族自治县(冀)	42242
15	饶阳县(冀)	37965.96
16	南皮县(冀)	36153.8
17	迁安市(冀)	33024.79
18	河间市(冀)	24383.84
19	成安县(冀)	20981
20	冀州市(冀)	20310
21	涿州市(冀)	15991.62
22	新河县(冀)	13259.16
23	吴桥县(冀)	12874.37
24	隆尧县(冀)	11400
25	威县(冀)	11300
26	高碑店市(冀)	11192
27	滦南县(冀)	10505
28	青县(冀)	8330.81
29	柏乡县(冀)	6013.06
30	沧县(冀)	5438.11
31	大名县(冀)	5139
32	任丘市(冀)	4449.5
33	孟村回族自治县(冀)	4025.68
34	献县(冀)	3592.59
35	武邑县(冀)	3560
36	景县(冀)	3479

(续表)

序号	县(旗、市、区、局、场)	鲜果产量(吨)
37	卢龙县(冀)	3125.37
38	丰润区(冀)	2850
39	新乐市(冀)	2806
40	玉田县(冀)	2531.04
41	海兴县(冀)	2391.26
42	桃城区(冀)	2111.65
43	东光县(冀)	1738.69
44	高邑县(冀)	1276
45	丰宁满族自治县(冀)	1095
46	内丘县(冀)	981
47	黄骅市(冀)	962
48	永年区(冀)	687
49	万全区(冀)	623
50	安平县(冀)	554
51	井陉县(冀)	479
52	盐山县(冀)	441.86
53	北戴河区(冀)	401.25
54	沧州市南大港管理区(冀)	300.03
55	平山县(冀)	293
56	秦皇岛开发区(冀)	279.84
57	曹妃甸区(冀)	203.15
58	清苑区(冀)	200
59	丛台区(冀)	100
60	武强县(冀)	87.5
61	邢台市高新技术开发区(冀)	82.56
62	任泽区(冀)	81.59
63	宣化区(冀)	48
64	栾城区(冀)	46
65	井陉矿区(冀)	38
66	涞源县(冀)	35
67	沧州市临港经济技术开发区(冀)	29
68	石家庄市高新区(冀)	21.12
69	万荣县(晋)	13819
70	尖草坪区(晋)	1584
71	闻喜县(晋)	1000
72	晋源区(晋)	955.5
73	小店区(晋)	865
74	阳曲县(晋)	862
75	柳林县(晋)	600
76	石楼县(晋)	480
77	忻府区(晋)	362.25
78	潞城区(晋)	330
79	吉县(晋)	142

(续表)

序号	县(旗、市、区、局、场)	鲜果产量(吨)
80	平定县(晋)	137
81	杏花岭区(晋)	120
82	偏关县(晋)	99.5
83	古县(晋)	51
84	万柏林区(晋)	25
85	临河区(内蒙古)	59858
86	宁城县(内蒙古)	45981.36
87	杭锦后旗(内蒙古)	21626
88	喀喇沁旗(内蒙古)	11000
89	开鲁县(内蒙古)	5900
90	松山区(内蒙古)	2071.2
91	敖汉旗(内蒙古)	1768
92	五原县(内蒙古)	850
93	奈曼旗(内蒙古)	805
94	扎鲁特旗(内蒙古)	780
95	磴口县(内蒙古)	155
96	阿鲁科尔沁旗(内蒙古)	80
97	翁牛特旗(内蒙古)	60
98	固阳县(内蒙古)	45
99	乌拉特中旗(内蒙古)	20
100	林西县(内蒙古)	20
101	鄂托克前旗(内蒙古)	14
102	巴林右旗(内蒙古)	11
103	乌拉特前旗(内蒙古)	10
104	科尔沁左翼后旗(内蒙古)	1.11
105	千山区(辽)	107000
106	北票市(辽)	21850
107	开原市(辽)	20000
108	本溪满族自治县(辽)	20000
109	喀喇沁左翼蒙古族自治县(辽)	13500
110	朝阳县(辽)	12500
111	清河区(辽)	6000
112	东港市(辽)	3450
113	文圣区(辽)	2544
114	大石桥市(辽)	2100
115	东洲区(辽)	1901
116	弓长岭区(辽)	1900
117	铁岭市经济开发区(辽)	720
118	龙城区(辽)	700
119	浑南区(辽)	382
120	普兰店区(辽)	350
121	桓仁满族自治县(辽)	240
122	本溪市经济开发区(辽)	110

林产品主产地及产量
PRINCIPAL PRODUCTION COUNTIES AND OUTPUT OF FOREST PRODUCTS

(续表)

序号	县(旗、市、区、局、场)	鲜果产量(吨)
123	新宾满族自治县(辽)	101
124	延吉市(吉)	17445
125	龙井市(吉)	16750
126	和龙市(吉)	4090
127	船营区(吉)	1600
128	梅河口市(吉)	1325
129	公主岭市(吉)	910
130	东丰县(吉)	765
131	伊通满族自治县(吉)	700
132	永吉县(吉)	295
133	前郭尔罗斯蒙古族自治县(吉)	212.5
134	梨树县(吉)	130.6
135	长白朝鲜族自治县(吉)	75
136	通化县(吉)	35
137	西安区(吉)	34
138	白城市市辖区(吉)	20
139	东辽县(吉)	8
140	蛟河市(吉)	5.5
141	龙山区(吉)	2.2
142	林口县(黑)	29409
143	宁安市(黑)	2395
144	龙江县(黑)	2010
145	宝清县(黑)	1600
146	碾子山区(黑)	828
147	延寿县(黑)	500
148	麻山区(黑)	255
149	恒山区(黑)	210
150	鸡冠区(黑)	50
151	阿城区(黑)	25
152	城子河区(黑)	3
153	密山市(黑)	0.77
154	丰县(苏)	115000
155	如东县(苏)	75000
156	东海县(苏)	61180
157	大丰区(苏)	33319
158	射阳县(苏)	31270
159	睢宁县(苏)	24235
160	沛县(苏)	11604
161	句容市(苏)	11016
162	泗洪县(苏)	10510
163	赣榆区(苏)	10489
164	盐都区(苏)	10200
165	海安市(苏)	9710

(续表)

序号	县(旗、市、区、局、场)	鲜果产量(吨)
166	宿豫区(苏)	8680
167	兴化市(苏)	5400
168	溧水区(苏)	5170
169	泰兴市(苏)	4300
170	溧阳市(苏)	3568
171	启东市(苏)	3400
172	江都区(苏)	3121
173	昆山市(苏)	3038.45
174	泗阳县(苏)	2850
175	仪征市(苏)	2700
176	亭湖区(苏)	2500
177	张家港市(苏)	2433
178	邳州市(苏)	2282
179	常熟市(苏)	2164.8
180	虎丘区(苏)	2017.6
181	高邮市(苏)	1950
182	姜堰区(苏)	1870
183	浦口区(苏)	1643
184	吴江区(苏)	1587
185	连云港市市辖区(苏)	1496
186	江宁区(苏)	1459
187	宝应县(苏)	1313
188	灌南县(苏)	1300
189	宿城区(苏)	1300
190	邗江区(苏)	1252
191	相城区(苏)	1186.5
192	淮安区(苏)	990
193	扬中市(苏)	900
194	沭阳县(苏)	900
195	贾汪区(苏)	860
196	海门市(苏)	798
197	海州区(苏)	708
198	涟水县(苏)	700
199	东台市(苏)	690
200	如皋市(苏)	650
201	滨湖区(苏)	480
202	通州区(苏)	460
203	淮阴区(苏)	357
204	高港区(苏)	350
205	灌云县(苏)	220
206	清江浦区(苏)	100
207	广陵区(苏)	65
208	桐庐县(浙)	23700
209	建德市(浙)	16700

(续表)

序号	县(旗、市、区、局、场)	鲜果产量(吨)
210	义乌市(浙)	11452
211	文成县(浙)	6520
212	嵊州市(浙)	6500
213	永康市(浙)	5986
214	龙游县(浙)	5600
215	长兴县(浙)	3980
216	云和县(浙)	3838
217	松阳县(浙)	3748
218	缙云县(浙)	3726
219	海盐县(浙)	3181.5
220	仙居县(浙)	3000
221	南湖区(浙)	2936.2
222	安吉县(浙)	2434
223	乐清市(浙)	2140
224	温岭市(浙)	1633.75
225	德清县(浙)	1390
226	景宁畲族自治县(浙)	930
227	岱山县(浙)	750
228	椒江区(浙)	600
229	常山县(浙)	560
230	瑞安市(浙)	523
231	开化县(浙)	460
232	越城区(浙)	381
233	苍南县(浙)	354
234	庆元县(浙)	165
235	衢江区(浙)	126
236	淳安县(浙)	5.92
237	砀山县(皖)	1080000
238	寿县(皖)	18432
239	南谯区(皖)	15000
240	太和县(皖)	10000
241	固镇县(皖)	10000
242	杜集区(皖)	9080
243	凤台县(皖)	8800
244	五河县(皖)	6540.2
245	阜南县(皖)	6500
246	蒙城县(皖)	6013
247	霍邱县(皖)	6000
248	凤阳县(皖)	5100
249	泗县(皖)	4680.75
250	潘集区(皖)	3750
251	临泉县(皖)	3100
252	利辛县(皖)	2835
253	长丰县(皖)	2800

（续表）

序号	县（旗、市、区、局、场）	鲜果产量（吨）
254	濉溪县（皖）	2670
255	太湖县（皖）	1705
256	大通区（皖）	1500
257	无为县（皖）	1499
258	东至县（皖）	1451
259	庐江县（皖）	1183
260	歙县（皖）	1140
261	颍泉区（皖）	1000
262	肥东县（皖）	1000
263	界首市（皖）	900
264	望江县（皖）	850
265	裕安区（皖）	817
266	金寨县（皖）	750
267	涡阳县（皖）	600
268	南陵县（皖）	600
269	宣州区（皖）	550
270	颍东区（皖）	500
271	舒城县（皖）	350
272	休宁县（皖）	342
273	宿松县（皖）	305
274	天长市（皖）	300
275	繁昌县（皖）	300
276	宁国市（皖）	300
277	青阳县（皖）	265
278	泾县（皖）	260
279	祁门县（皖）	209
280	花山区（皖）	196
281	迎江区（皖）	170
282	谯城区（皖）	150
283	枞阳县（皖）	100
284	潜山市（皖）	94
285	绩溪县（皖）	50
286	肥西县（皖）	40
287	蜀山区（皖）	25
288	禹会区（皖）	2
289	三山区（皖）	1.5
290	淮上区（皖）	1.4
291	郎溪县（皖）	1
292	金溪县（赣）	35035
293	莲花县（赣）	7760
294	瑞昌市（赣）	6100
295	高安市（赣）	5000
296	武宁县（赣）	4655
297	修水县（赣）	4500

（续表）

序号	县（旗、市、区、局、场）	鲜果产量（吨）
298	德安县（赣）	4000
299	永修县（赣）	3520
300	玉山县（赣）	3500
301	兴国县（赣）	2605
302	南丰县（赣）	2560
303	峡江县（赣）	2512.6
304	于都县（赣）	2160
305	奉新县（赣）	2054
306	余江区（赣）	2000
307	宁都县（赣）	1941
308	赣县区（赣）	1810
309	会昌县（赣）	1705
310	安福县（赣）	1602
311	井冈山市（赣）	1560
312	广丰区（赣）	1517.56
313	南城县（赣）	1307
314	大余县（赣）	1300
315	湘东区（赣）	1250
316	上栗县（赣）	970
317	定南县（赣）	940
318	丰城市（赣）	900
319	石城县（赣）	756
320	分宜县（赣）	687
321	进贤县（赣）	600
322	吉水县（赣）	523
323	铜鼓县（赣）	480
324	黎川县（赣）	476
325	信丰县（赣）	379
326	永丰县（赣）	370
327	新建区（赣）	300
328	全南县（赣）	271
329	上高县（赣）	250
330	泰和县（赣）	208.8
331	横峰县（赣）	200
332	芦溪县（赣）	180
333	信州区（赣）	166
334	永新县（赣）	149
335	樟树市（赣）	142
336	遂川县（赣）	133
337	寻乌县（赣）	112
338	上饶县（赣）	93.4
339	崇仁县（赣）	85
340	铅山县（赣）	61
341	资溪县（赣）	60

（续表）

序号	县（旗、市、区、局、场）	鲜果产量（吨）
342	彭泽县（赣）	50
343	崇义县（赣）	33
344	萍乡市林业局武功山分局（赣）	13
345	莱阳市（鲁）	123296
346	冠县（鲁）	120000
347	莱西市（鲁）	87683
348	龙口市（鲁）	82996
349	诸城市（鲁）	40380
350	历城区（鲁）	31650
351	平度市（鲁）	26868
352	齐河县（鲁）	24579
353	海阳市（鲁）	24480
354	滕州市（鲁）	23358
355	禹城市（鲁）	16000
356	蓬莱市（鲁）	15663
357	黄岛区（鲁）	14623
358	宁阳县（鲁）	13973
359	惠民县（鲁）	12933
360	荣成市（鲁）	12709
361	新泰市（鲁）	11505
362	岱岳区（鲁）	11040
363	高密市（鲁）	10200
364	临朐县（鲁）	9000
365	曲阜市（鲁）	7500
366	东阿县（鲁）	7101
367	梁山县（鲁）	7000
368	沂源县（鲁）	6500
369	昌邑市（鲁）	6400
370	郓城县（鲁）	5700
371	莘县（鲁）	5180
372	费县（鲁）	4950
373	沂南县（鲁）	4599
374	青州市（鲁）	4500
375	兰陵县（鲁）	4452
376	夏津县（鲁）	3840
377	利津县（鲁）	3516
378	嘉祥县（鲁）	3464
379	商河县（鲁）	3194
380	坊子区（鲁）	3000
381	金乡县（鲁）	3000
382	莱城区（鲁）	2800
383	淄川区（鲁）	2800
384	岚山区（鲁）	2780

林产品主产地及产量
PRINCIPAL PRODUCTION COUNTIES AND OUTPUT OF FOREST PRODUCTS

(续表)

序号	县(旗、市、区、局、场)	鲜果产量(吨)
385	山亭区(鲁)	2700
386	莱山区(鲁)	2600
387	微山县(鲁)	2380
388	任城区(鲁)	2185
389	临淄区(鲁)	2100
390	泗水县(鲁)	2090
391	平原县(鲁)	2000
392	即墨区(鲁)	1990
393	临清市(鲁)	1916
394	鱼台县(鲁)	1850
395	沂水县(鲁)	1334
396	徂汶景区(鲁)	1303
397	东明县(鲁)	1290
398	潍坊市峡山区(鲁)	1210
399	宁津县(鲁)	1200
400	兖州区(鲁)	1200
401	桓台县(鲁)	1200
402	周村区(鲁)	1133
403	泰安市高新区(鲁)	1120
404	长清区(鲁)	1076.53
405	章丘区(鲁)	1050
406	济南市高新区(鲁)	1000
407	泰山区(鲁)	928.7
408	张店区(鲁)	820
409	五莲县(鲁)	780
410	高青县(鲁)	710
411	临邑县(鲁)	690
412	平阴县(鲁)	686
413	莒县(鲁)	610
414	莒南县(鲁)	600
415	武城县(鲁)	574.5
416	栖霞市(鲁)	570
417	成武县(鲁)	520
418	博兴县(鲁)	517
419	广饶县(鲁)	480
420	台儿庄区(鲁)	398
421	曹县(鲁)	380.4
422	河东区(鲁)	380
423	济南市市中区(鲁)	345
424	德州市市辖区(鲁)	300
425	巨野县(鲁)	270
426	博山区(鲁)	265
427	滨城区(鲁)	150
428	枣庄市市中区(鲁)	115

(续表)

序号	县(旗、市、区、局、场)	鲜果产量(吨)
429	陵城区(鲁)	102
430	崂山区(鲁)	60
431	城阳区(鲁)	51
432	薛城区(鲁)	12
433	泰安市泰山景区(鲁)	10
434	兰考县(豫)	60000
435	永城市(豫)	56870
436	洛宁县(豫)	42842
437	西平县(豫)	33075
438	登封市(豫)	30000
439	虞城县(豫)	30000
440	西华县(豫)	23000
441	孟津县(豫)	18900
442	南乐县(豫)	18860
443	宛城区(豫)	13500
444	清丰县(豫)	11810
445	封丘县(豫)	11800
446	商水县(豫)	10125
447	济源市(豫)	9000
448	长垣县(豫)	8900
449	邓州市(豫)	8150
450	息县(豫)	8000
451	太康县(豫)	6825
452	新野县(豫)	6500
453	卫辉市(豫)	6060
454	夏邑县(豫)	6000
455	杞县(豫)	5850
456	方城县(豫)	5580
457	禹州市(豫)	5426
458	柘城县(豫)	5160
459	扶沟县(豫)	4599
460	林州市(豫)	4500
461	原阳县(豫)	4387
462	栾川县(豫)	4188.5
463	临颍县(豫)	3950
464	上蔡县(豫)	3586
465	舞钢市(豫)	3500
466	濮阳县(豫)	3150
467	通许县(豫)	2770
468	渑池县(豫)	2731
469	台前县(豫)	2600
470	市辖区(豫)	2510
471	遂平县(豫)	2430
472	郾城区(豫)	2300

(续表)

序号	县(旗、市、区、局、场)	鲜果产量(吨)
473	偃师区(豫)	2001
474	新密市(豫)	2000
475	武陟县(豫)	1875
476	汝阳县(豫)	1830
477	社旗县(豫)	1800
478	淮阳县(豫)	1800
479	滑县(豫)	1619.2
480	范县(豫)	1552
481	郸城县(豫)	1520
482	嵩县(豫)	1510
483	潢川县(豫)	1430
484	宜阳县(豫)	1276
485	新蔡县(豫)	1260
486	南召县(豫)	1220
487	汤阴县(豫)	1200
488	濮阳市高新区(豫)	990
489	华龙区(豫)	985
490	湖滨区(豫)	975
491	叶县(豫)	950
492	伊川县(豫)	879
493	马村区(豫)	850
494	镇平县(豫)	800
495	源汇区(豫)	775
496	固始县(豫)	600
497	焦作示范区(豫)	500
498	淇县(豫)	480
499	鹤壁市市辖区(豫)	480
500	安阳县(豫)	450
501	石龙区(豫)	320
502	新乡县(豫)	302
503	睢阳区(豫)	300
504	洛龙区(豫)	148.2
505	汝南县(豫)	110
506	西工区(豫)	77
507	湛河区(豫)	75
508	山阳区(豫)	73
509	卧龙区(豫)	55
510	中站区(豫)	20.25
511	牧野区(豫)	20
512	沈丘县(豫)	14
513	龙安区(豫)	10
514	北关区(豫)	9.5
515	内黄县(豫)	2.25
516	涟源市(湘)	56000

(续表)

序号	县(旗、市、区、局、场)	鲜果产量(吨)
517	中方县(湘)	15000
518	辰溪县(湘)	6600
519	蓝山县(湘)	6500
520	江华瑶族自治县(湘)	5000
521	常宁市(湘)	3400
522	耒阳市(湘)	3250
523	靖州苗族侗族自治县(湘)	2185
524	炎陵县(湘)	2160
525	临湘市(湘)	1600
526	珠晖区(湘)	1500
527	澧县(湘)	958
528	临澧县(湘)	900
529	麻阳苗族自治县(湘)	810
530	鼎城区(湘)	780
531	鹤城区(湘)	622
532	零陵区(湘)	500
533	古丈县(湘)	452
534	冷水滩区(湘)	420
535	渌口区(湘)	360
536	沅陵县(湘)	290
537	汨罗市(湘)	255
538	安化县(湘)	251
539	雨湖区(湘)	200
540	岳塘区(湘)	38
541	江永县(湘)	21.1
542	韶山市(湘)	16
543	连州市(粤)	36086
544	五华县(粤)	4200
545	阳山县(粤)	2100
546	始兴县(粤)	1860
547	连南瑶族自治县(粤)	1579
548	大埔县(粤)	1500
549	新丰县(粤)	725
550	曲江区(粤)	222
551	乳源瑶族自治县(粤)	132
552	新兴县(粤)	18.3
553	全州县(桂)	48553
554	柳江区(桂)	22598
555	灵山县(桂)	17190
556	平乐县(桂)	11794
557	恭城瑶族自治县(桂)	9799
558	临桂区(桂)	8882
559	柳城县(桂)	4095
560	龙胜各族自治县(桂)	3734
561	隆林各族自治县(桂)	3620
562	南丹县(桂)	3006.5
563	雁山区(桂)	1800
564	忻城县(桂)	1352
565	天峨县(桂)	1162.34
566	武宣县(桂)	1161.6
567	融水苗族自治县(桂)	932
568	八步区(桂)	917
569	覃塘区(桂)	807
570	金秀瑶族自治县(桂)	732.54
571	凤山县(桂)	565.5
572	兴业县(桂)	420
573	苍梧县(桂)	377.69
574	都安瑶族自治县(桂)	346.6
575	乐业县(桂)	346.13
576	三江侗族自治县(桂)	279.9
577	扶绥县(桂)	236
578	东兰县(桂)	164.4
579	平果县(桂)	152.6
580	港北区(桂)	68
581	港南区(桂)	52
582	长洲区(桂)	3.24
583	荣昌区(渝)	3500
584	城口县(渝)	221
585	苍溪县(川)	58600
586	新津区(川)	31850
587	华蓥市(川)	15468
588	绵竹市(川)	15000
589	邻水县(川)	12800
590	万源市(川)	12100
591	南溪区(川)	12000
592	龙泉驿区(川)	11612
593	仪陇县(川)	10320
594	大英县(川)	9530
595	嘉陵区(川)	9500
596	长宁县(川)	9492
597	乐至县(川)	9060
598	南江县(川)	8722
599	青白江区(川)	8000
600	会东县(川)	8000
601	游仙区(川)	6300
602	旌阳区(川)	5600
603	彭州市(川)	5300
604	会理市(川)	5120
605	罗江区(川)	4800
606	巴州区(川)	4670
607	双流区(川)	4520
608	金堂县(川)	4500
609	西昌市(川)	3350.2
610	威远县(川)	3200
611	崇州市(川)	3049
612	中江县(川)	3000
613	宁南县(川)	2500
614	昭觉县(川)	2240
615	屏山县(川)	2000
616	马边彝族自治县(川)	1924
617	新都区(川)	1834
618	雷波县(川)	1750
619	岳池县(川)	1500
620	江油市(川)	1395
621	盐源县(川)	1379
622	大邑县(川)	1367.3
623	珙县(川)	1278
624	高县(川)	1250
625	叙州区(川)	1197
626	简阳市(川)	935
627	剑阁县(川)	810
628	木里藏族自治县(川)	610
629	合江县(川)	550
630	金阳县(川)	380
631	五通桥区(川)	271
632	北川羌族自治县(川)	250
633	大竹县(川)	200
634	恩阳区(川)	180
635	郫都区(川)	175
636	达川区(川)	108
637	青川县(川)	30
638	威宁彝族回族苗族自治县(黔)	50000
639	三穗县(黔)	20500
640	台江县(黔)	20000
641	惠水县(黔)	11589
642	兴义市(黔)	9665.02
643	锦屏县(黔)	7897
644	余庆县(黔)	7322
645	六枝特区(黔)	7311.3
646	普定县(黔)	5114
647	赫章县(黔)	4615

林产品主产地及产量

PRINCIPAL PRODUCTION COUNTIES AND OUTPUT OF FOREST PRODUCTS

（续表）

序号	县(旗、市、区、局、场)	鲜果产量（吨）
648	息烽县(黔)	4026
649	湄潭县(黔)	3800
650	金沙县(黔)	3370.33
651	德江县(黔)	3360
652	思南县(黔)	3248
653	长顺县(黔)	3077
654	平塘县(黔)	3050
655	道真仡佬族苗族自治县(黔)	3000
656	普安县(黔)	2684
657	剑河县(黔)	2311.2
658	榕江县(黔)	2248
659	麻江县(黔)	2176
660	开阳县(黔)	1700
661	仁怀市(黔)	1500
662	兴仁市(黔)	1408
663	大方县(黔)	1210
664	镇远县(黔)	1045.9
665	雷山县(黔)	916
666	凯里市(黔)	700
667	从江县(黔)	411.8
668	晴隆县(黔)	150
669	丹寨县(黔)	140
670	红花岗区(黔)	45
671	泸西县(滇)	600000
672	云龙县(滇)	31664
673	永胜县(滇)	21489.9
674	江川区(滇)	17300
675	麒麟区(滇)	14800
676	武定县(滇)	13960
677	石林彝族自治县(滇)	13058.92
678	蒙自市(滇)	12240
679	广南县(滇)	11940.29
680	石屏县(滇)	10539.4
681	开远市(滇)	10355.35
682	漾濞彝族自治县(滇)	8000
683	鹤庆县(滇)	7420
684	牟定县(滇)	6624
685	大姚县(滇)	5568
686	洱源县(滇)	5550
687	昌宁县(滇)	4700
688	楚雄市(滇)	4112
689	富源县(滇)	3371.6
690	宁蒗彝族自治县(滇)	2800

（续表）

序号	县(旗、市、区、局、场)	鲜果产量（吨）
691	弥勒市(滇)	2623.5
692	富民县(滇)	2390
693	云　县(滇)	2048
694	元江哈尼族彝族傣族自治县(滇)	2040
695	文山市(滇)	2030
696	新平彝族傣族自治县(滇)	1954.7
697	剑川县(滇)	1953
698	马关县(滇)	1856
699	屏边苗族自治县(滇)	1233.3
700	香格里拉市(滇)	1048.67
701	易门县(滇)	831.54
702	华宁县(滇)	582
703	南华县(滇)	450
704	麻栗坡县(滇)	374.7
705	丘北县(滇)	240
706	陇川县(滇)	189
707	盈江县(滇)	130.2
708	通海县(滇)	120
709	贡山独龙族怒族自治县(滇)	71.21
710	水富市(滇)	40
711	芒市(滇)	35
712	福贡县(滇)	29
713	梁河县(滇)	12.8
714	阎良区(陕)	7722
715	绥德县(陕)	4300
716	南郑区(陕)	3900
717	略阳县(陕)	3390
718	子洲县(陕)	3100
719	洋　县(陕)	2750
720	永寿县(陕)	2386
721	汉滨区(陕)	1421
722	汉台区(陕)	1000
723	旬阳县(陕)	865
724	镇巴县(陕)	800
725	留坝县(陕)	378
726	西乡县(陕)	300
727	镇坪县(陕)	23
728	和政县(甘)	69000
729	凉州区(甘)	41100
730	景泰县(甘)	39840
731	民乐县(甘)	36575
732	甘州区(甘)	22500

（续表）

序号	县(旗、市、区、局、场)	鲜果产量（吨）
733	积石山保安族东乡族撒拉族自治县(甘)	12000
734	肃州区(甘)	11324.4
735	敦煌市(甘)	10556
736	陇西县(甘)	10000
737	金塔县(甘)	6750
738	嘉峪关市(甘)	5427
739	安定区(甘)	5200
740	临泽县(甘)	5088.6
741	高台县(甘)	4200
742	山丹县(甘)	2800
743	古浪县(甘)	2304
744	玉门市(甘)	2104
745	平川区(甘)	2000
746	临夏市(甘)	1175
747	永靖县(甘)	945
748	瓜州县(甘)	800
749	会宁县(甘)	522
750	东乡族自治县(甘)	412
751	泾川县(甘)	273
752	广河县(甘)	250
753	临夏县(甘)	240
754	宁　县(甘)	218.59
755	白银区(甘)	55.5
756	康　县(甘)	40.7
757	崆峒区(甘)	40
758	肃南裕固族自治县(甘)	21
759	同仁县(青)	310
760	尖扎县(青)	270
761	乐都区(青)	232.8
762	化隆回族自治县(青)	157.5
763	海原县(宁)	18500
764	隆德县(宁)	3270
765	灵武市(宁)	2374
766	农垦事业管理局(宁)	1993
767	同心县(宁)	1132
768	原州区(宁)	1125
769	利通区(宁)	979.52
770	青铜峡市(宁)	600
771	红寺堡区(宁)	560
772	平罗县(宁)	130
773	宁夏仁存渡护岸林场(宁)	122
774	中宁县(宁)	96
775	永宁县(宁)	18

（续表）

序号	县（旗、市、区、局、场）	鲜果产量（吨）
776	金凤区（宁）	11
777	盐池县（宁）	5.7
778	轮台县（新）	46500
779	莎车县（新）	6758
780	伽师县（新）	2813
781	麦盖提县（新）	2299
782	英吉沙县（新）	415
783	额敏县（新）	110
784	岳普湖县（新）	76
785	林口林业局（龙江森工）	198
786	第一师（新疆兵团）	443380.3
787	第三师（新疆兵团）	130887
788	第四师（新疆兵团）	1052
789	第十四师（新疆兵团）	143
790	第十师（新疆兵团）	50

表8-3 桃主产地产量

序号	县（旗、市、区、局、场）	鲜果产量（吨）
1	静海区（津）	18650
2	宝坻区（津）	13054.4
3	北辰区（津）	4355.25
4	滨海新区（津）	4061.4
5	东丽区（津）	996.5
6	西青区（津）	780
7	深州市（冀）	131250
8	卢龙县（冀）	50215.57
9	广宗县（冀）	46882
10	辛集市（冀）	31697
11	丰润区（冀）	28400
12	饶阳县（冀）	19169.88
13	曹妃甸区（冀）	18808.62
14	成安县（冀）	13880
15	沧县（冀）	13249.6
16	迁安市（冀）	11262.33
17	任丘市（冀）	9692.19
18	滦南县（冀）	9437
19	冀州市（冀）	9150
20	大名县（冀）	7293
21	景县（冀）	7026
22	威县（冀）	6800
23	晋州市（冀）	6678.82
24	玉田县（冀）	6331.9
25	河间市（冀）	5717.37
26	平山县（冀）	5506
27	栾城县（冀）	4694
28	吴桥县（冀）	4663.9
29	曲阳县（冀）	4500
30	献县（冀）	4161.71
31	安平县（冀）	3949
32	北戴河区（冀）	3617.48
33	高碑店市（冀）	3600
34	涿州市（冀）	3538.02
35	东光县（冀）	3454
36	泊头市（冀）	3449.77
37	任泽区（冀）	3321
38	井陉县（冀）	3066.8
39	青龙满族自治县（冀）	2949
40	武强县（冀）	2690
41	藁城区（冀）	2591.55
42	肃宁县（冀）	2547.74
43	桃城区（冀）	2373.91
44	内丘县（冀）	2104
45	盐山县（冀）	1820.85
46	孟村回族自治县（冀）	1766.66
47	新乐市（冀）	1593
48	武邑县（冀）	1468
49	南皮县（冀）	1429.16
50	海兴县（冀）	1305.21
51	青县（冀）	1203.86
52	丛台区（冀）	1125
53	柏乡县（冀）	1123.97
54	黄骅市（冀）	828
55	永年区（冀）	766
56	新河县（冀）	760
57	秦皇岛开发区（冀）	721.23
58	丰宁满族自治县（冀）	532
59	涞源县（冀）	382
60	高邑县（冀）	366
61	沧州市南大港管理区（冀）	230.42
62	井陉矿区（冀）	229
63	沧州市临港经济技术开发区（冀）	21
64	石家庄市高新区（冀）	15.2
65	万全区（冀）	15
66	宣化区（冀）	7.5
67	万荣县（晋）	173314
68	闻喜县（晋）	9100
69	尖草坪区（晋）	622
70	潞城区（晋）	555
71	阳曲县（晋）	450
72	吉县（晋）	347
73	晋源区（晋）	346.4
74	平定县（晋）	314
75	古县（晋）	152
76	忻府区（晋）	124.44
77	万柏林区（晋）	10.6
78	清水河县（内蒙古）	500
79	准格尔旗（内蒙古）	480
80	松山区（内蒙古）	433.6
81	杭锦后旗（内蒙古）	225
82	乌兰浩特市（内蒙古）	200
83	宁城县（内蒙古）	160
84	翁牛特旗（内蒙古）	50
85	奈曼旗（内蒙古）	15
86	乌拉特前旗（内蒙古）	5
87	盖州市（辽）	365000
88	喀喇沁左翼蒙古族自治县（辽）	12000
89	庄河市（辽）	2445
90	朝阳县（辽）	2000
91	东港市（辽）	1850
92	龙城区（辽）	400
93	北票市（辽）	300
94	甘井子区（辽）	152
95	浑南区（辽）	99.5
96	桓仁满族自治县（辽）	90
97	普兰店区（辽）	50
98	弓长岭区（辽）	50
99	文圣区（辽）	12
100	农安县（吉）	130
101	莲花山开发区（吉）	100
102	浑江区（吉）	6
103	密山市（黑）	8.2
104	丰县（苏）	102700
105	赣榆区（苏）	99050
106	新沂市（苏）	92225
107	东海县（苏）	77364
108	惠山区（苏）	50000
109	灌云县（苏）	44214
110	邳州市（苏）	34385
111	句容市（苏）	30423

林产品主产地及产量

PRINCIPAL PRODUCTION COUNTIES AND OUTPUT OF FOREST PRODUCTS

(续表)

序号	县(旗、市、区、局、场)	鲜果产量(吨)
112	贾汪区(苏)	27660
113	兴化市(苏)	24500
114	沛 县(苏)	20093
115	如东县(苏)	20000
116	泗阳县(苏)	18260
117	盐都区(苏)	13500
118	泗洪县(苏)	10210
119	射阳县(苏)	9540
120	睢宁县(苏)	8156
121	滨湖区(苏)	5500
122	张家港市(苏)	5470.7
123	宿豫区(苏)	5200
124	通州区(苏)	5200
125	连云区(苏)	4984
126	溧阳市(苏)	4795
127	启东市(苏)	4700
128	沭阳县(苏)	4500
129	姜堰区(苏)	4005
130	亭湖区(苏)	4000
131	连云港市市辖区(苏)	3171
132	溧水区(苏)	3025
133	宝应县(苏)	2705
134	虎丘区(苏)	2617
135	江宁区(苏)	2513.5
136	泰兴市(苏)	2400
137	昆山市(苏)	2261.04
138	浦口区(苏)	2230
139	邗江区(苏)	2200
140	仪征市(苏)	2200
141	吴江区(苏)	2114
142	江都区(苏)	2059
143	盱眙县(苏)	2050
144	扬中市(苏)	2000
145	常熟市(苏)	1946.3
146	灌南县(苏)	1820
147	海安市(苏)	1800
148	相城区(苏)	1644
149	海州区(苏)	1291
150	如皋市(苏)	1200
151	海门市(苏)	1118
152	淮阴区(苏)	1098
153	广陵区(苏)	1060
154	涟水县(苏)	850
155	高邮市(苏)	420

(续表)

序号	县(旗、市、区、局、场)	鲜果产量(吨)
156	高港区(苏)	183
157	镇江市市辖区(苏)	75
158	清江浦区(苏)	50
159	嵊州市(浙)	27000
160	长兴县(浙)	25560
161	缙云县(浙)	19663
162	义乌市(浙)	16143
163	仙居县(浙)	15390
164	建德市(浙)	11600
165	南湖区(浙)	10656.8
166	余杭区(浙)	9619
167	永康市(浙)	5876
168	秀洲区(浙)	3981
169	松阳县(浙)	3899
170	海盐县(浙)	3183.7
171	德清县(浙)	2145
172	乐清市(浙)	1580
173	温岭市(浙)	1450.16
174	苍南县(浙)	1284
175	岱山县(浙)	1278
176	衢江区(浙)	1201
177	常山县(浙)	1188
178	景宁畲族自治县(浙)	952.3
179	越城区(浙)	741.3
180	瑞安市(浙)	738
181	安吉县(浙)	633
182	开化县(浙)	489
183	庆元县(浙)	289
184	文成县(浙)	201
185	淳安县(浙)	9.68
186	砀山县(皖)	288500
187	金安区(皖)	180000
188	六安市叶集区(皖)	46230
189	裕安区(皖)	45699
190	肥西县(皖)	32000
191	濉溪县(皖)	23342
192	利辛县(皖)	14310
193	来安县(皖)	12379
194	临泉县(皖)	12180
195	明光市(皖)	12000
196	蒙城县(皖)	10856
197	长丰县(皖)	10800
198	寿 县(皖)	10080
199	潘集区(皖)	9113

(续表)

序号	县(旗、市、区、局、场)	鲜果产量(吨)
200	泗 县(皖)	9083.52
201	太和县(皖)	9000
202	无为县(皖)	8500
203	涡阳县(皖)	8500
204	湾沚区(皖)	7510
205	庐江县(皖)	7200
206	当涂县(皖)	7200
207	舒城县(皖)	6400
208	颍泉区(皖)	4200
209	肥东县(皖)	4021
210	望江县(皖)	4000
211	阜南县(皖)	3500
212	南谯区(皖)	3360
213	固镇县(皖)	3100
214	繁昌县(皖)	3000
215	定远县(皖)	3000
216	太湖县(皖)	2935
217	宣州区(皖)	2850
218	青阳县(皖)	2600
219	桐城市(皖)	2100
220	岳西县(皖)	2000
221	黟 县(皖)	2000
222	大通区(皖)	2000
223	杜集区(皖)	1950
224	东至县(皖)	1574
225	花山区(皖)	1511
226	凤台县(皖)	1500
227	潜山市(皖)	1355
228	旌德县(皖)	1200
229	蜀山区(皖)	1082.5
230	三山区(皖)	1058.5
231	鸠江区(皖)	820
232	颍东区(皖)	760
233	宿松县(皖)	710
234	石台县(皖)	530
235	雨山区(皖)	413
236	枞阳县(皖)	280
237	五河县(皖)	277.56
238	迎江区(皖)	200
239	歙 县(皖)	200
240	绩溪县(皖)	194
241	南陵县(皖)	194
242	祁门县(皖)	188
243	郎溪县(皖)	140

(续表)

序号	县(旗、市、区、局、场)	鲜果产量(吨)
244	休宁县(皖)	126
245	徽州区(皖)	81
246	泾县(皖)	75
247	滁州市市辖区(皖)	40
248	弋江区(皖)	30
249	龙子湖区(皖)	11.6
250	会昌县(赣)	5424.83
251	永修县(赣)	4134
252	玉山县(赣)	3800
253	安福县(赣)	2810
254	柴桑区(赣)	2400
255	于都县(赣)	2372
256	赣县区(赣)	2198
257	石城县(赣)	1908
258	宁都县(赣)	1847
259	定南县(赣)	1350
260	高安市(赣)	1350
261	井冈山市(赣)	1222
262	寻乌县(赣)	1160
263	信丰县(赣)	906
264	金溪县(赣)	865
265	上栗县(赣)	860
266	奉新县(赣)	827
267	武宁县(赣)	798
268	兴国县(赣)	765
269	余江区(赣)	700
270	遂川县(赣)	685
271	上高县(赣)	685
272	进贤县(赣)	480
273	全南县(赣)	386
274	永丰县(赣)	330
275	黎川县(赣)	300
276	萍乡市林业局武功山分局(赣)	243
277	横峰县(赣)	240
278	新建区(赣)	240
279	大余县(赣)	223
280	樟树市(赣)	200
281	吉水县(赣)	194
282	芦溪县(赣)	190
283	莲花县(赣)	140
284	上饶县(赣)	135.3
285	南丰县(赣)	128
286	南城县(赣)	97

(续表)

序号	县(旗、市、区、局、场)	鲜果产量(吨)
287	崇仁县(赣)	70
288	分宜县(赣)	61
289	信州区(赣)	51.5
290	资溪县(赣)	44
291	峡江县(赣)	33.1
292	铅山县(赣)	30.1
293	弋阳县(赣)	28
294	泰和县(赣)	25.45
295	铜鼓县(赣)	16
296	沂水县(鲁)	630761
297	沂源县(鲁)	306000
298	坊子区(鲁)	189000
299	临朐县(鲁)	175000
300	历城区(鲁)	133760
301	费县(鲁)	102420
302	新泰市(鲁)	87008
303	兰陵县(鲁)	77541
304	山亭区(鲁)	69600
305	邹城市(鲁)	68000
306	冠县(鲁)	64000
307	泗水县(鲁)	56072
308	莒县(鲁)	54650
309	平度市(鲁)	48175
310	胶州市(鲁)	45150
311	诸城市(鲁)	42400
312	青州市(鲁)	40000
313	博山区(鲁)	40000
314	莱阳市(鲁)	35402
315	莱西市(鲁)	34782
316	惠民县(鲁)	31846
317	五莲县(鲁)	28460
318	滕州市(鲁)	26017
319	肥城市(鲁)	25846.03
320	海阳市(鲁)	23000
321	宁阳县(鲁)	21574
322	曹县(鲁)	20995.7
323	莒南县(鲁)	20530
324	岱岳区(鲁)	20230
325	昌乐县(鲁)	19500
326	长清区(鲁)	18093.52
327	莱城区(鲁)	16200
328	嘉祥县(鲁)	14089
329	齐河县(鲁)	13940
330	岚山区(鲁)	12000

(续表)

序号	县(旗、市、区、局、场)	鲜果产量(吨)
331	台儿庄区(鲁)	11318
332	微山县(鲁)	10540
333	高密市(鲁)	10460
334	昌邑市(鲁)	9200
335	荣成市(鲁)	9045
336	金乡县(鲁)	7880
337	河东区(鲁)	7570
338	龙口市(鲁)	7397
339	东阿县(鲁)	7294.5
340	即墨区(鲁)	7200
341	曲阜市(鲁)	7000
342	梁山县(鲁)	6566
343	临淄区(鲁)	6500
344	泰山区(鲁)	6345
345	郓城县(鲁)	6100
346	德城区(鲁)	5876
347	商河县(鲁)	5713
348	泰安市泰山景区(鲁)	5450
349	任城区(鲁)	5368
350	济南市市中区(鲁)	5100
351	莱山区(鲁)	5032
352	蓬莱市(鲁)	4806
353	成武县(鲁)	4584
354	夏津县(鲁)	4232
355	泰安市高新区(鲁)	4100
356	淄川区(鲁)	4100
357	峄城区(鲁)	4000
358	东平县(鲁)	3985.5
359	高青县(鲁)	3861
360	临邑县(鲁)	3810
361	临清市(鲁)	3442
362	徂汶景区(鲁)	3405
363	武城县(鲁)	3400
364	章丘区(鲁)	3120
365	东明县(鲁)	2890
366	平阴县(鲁)	2886
367	鱼台县(鲁)	2750
368	城阳区(鲁)	2300
369	兖州区(鲁)	1950
370	利津县(鲁)	1944
371	张店区(鲁)	1722
372	周村区(鲁)	1509
373	平原县(鲁)	1500
374	巨野县(鲁)	1350

林产品主产地及产量

PRINCIPAL PRODUCTION COUNTIES AND OUTPUT OF FOREST PRODUCTS

(续表)

序号	县(旗、市、区、局、场)	鲜果产量(吨)	序号	县(旗、市、区、局、场)	鲜果产量(吨)	序号	县(旗、市、区、局、场)	鲜果产量(吨)
375	崂山区(鲁)	1250	419	新密市(豫)	4900	463	新乡县(豫)	159
376	广饶县(鲁)	1004	420	商水县(豫)	4830	464	汝南县(豫)	155
377	莘县(鲁)	996	421	平桥区(豫)	4600	465	睢阳区(豫)	88
378	陵城区(鲁)	965	422	通许县(豫)	3900	466	山阳区(豫)	83
379	德州市市辖区(鲁)	900	423	上蔡县(豫)	3448	467	龙安区(豫)	60
380	栖霞市(鲁)	820	424	濮阳县(豫)	3329	468	老城区(豫)	59.3
381	桓台县(鲁)	800	425	方城县(豫)	3150	469	新城区(豫)	24
382	济南市高新区(鲁)	500	426	淮阳县(豫)	3000	470	中站区(豫)	20.45
383	薛城区(鲁)	325	427	社旗县(豫)	3000	471	文峰区(豫)	20
384	宁津县(鲁)	315	428	郸城县(豫)	2880	472	北关区(豫)	15.1
385	博兴县(鲁)	258	429	市辖区(豫)	2800	473	牧野区(豫)	11
386	西华县(豫)	90000	430	渑池县(豫)	2687	474	石龙区(豫)	9
387	汝州市(豫)	50900	431	禹州市(豫)	2500	475	内黄县(豫)	2.5
388	登封市(豫)	36000	432	鼓楼区(豫)	2282	476	义马市(豫)	1.4
389	兰考县(豫)	33000	433	汝阳县(豫)	2152	477	新郑市(豫)	1
390	虞城县(豫)	32000	434	龙亭区(豫)	2141	478	炎陵县(湘)	500000
391	原阳县(豫)	28800	435	湛河区(豫)	1995	479	衡东县(湘)	45000
392	武陟县(豫)	24845	436	临颍县(豫)	1953	480	湘阴县(湘)	38590
393	卫辉市(豫)	24286	437	叶县(豫)	1800	481	澧县(湘)	15000
394	永城市(豫)	20380	438	宛城区(豫)	1800	482	临澧县(湘)	13500
395	郾城区(豫)	19010	439	新蔡县(豫)	1500	483	常宁市(湘)	7100
396	太康县(豫)	14580	440	鹤壁市市辖区(豫)	1466	484	津市市(湘)	4500
397	南召县(豫)	14000	441	台前县(豫)	1300	485	望城区(湘)	4500
398	扶沟县(豫)	12233	442	华龙区(豫)	1247	486	常德市市辖区(湘)	3000
399	濮阳市高新区(豫)	12220	443	淇县(豫)	1230	487	麻阳苗族自治县(湘)	2950
400	嵩县(豫)	10060	444	汤阴县(豫)	1200	488	衡山县(湘)	2756.2
401	新野县(豫)	10000	445	川汇区(豫)	1020	489	鹤城区(湘)	1891
402	西平县(豫)	9699	446	南乐县(豫)	1020	490	蓝山县(湘)	1600
403	邓州市(豫)	9600	447	范县(豫)	955	491	君山区(湘)	1500
404	济源市(豫)	9250	448	镇平县(豫)	900	492	靖州苗族侗族自治县(湘)	1117
405	长垣县(豫)	9100	449	安阳县(豫)	850	493	沅陵县(湘)	1000
406	遂平县(豫)	9060	450	洛龙区(豫)	688	494	耒阳市(湘)	1000
407	舞钢市(豫)	8750	451	凤泉区(豫)	631	495	辰溪县(湘)	800
408	洛宁县(豫)	8583	452	卫东区(豫)	620	496	鼎城区(湘)	780
409	宜阳县(豫)	7765	453	息县(豫)	600	497	洪江市(湘)	750
410	栾川县(豫)	7542	454	解放区(豫)	558	498	江华瑶族自治县(湘)	700
411	孟津区(豫)	7200	455	睢县(豫)	550	499	雨湖区(湘)	380
412	林州市(豫)	6600	456	西工区(豫)	451	500	江永县(湘)	279
413	伊川县(豫)	6032	457	源汇区(豫)	411	501	安化县(湘)	268
414	夏邑县(豫)	6000	458	马村区(豫)	405	502	韶山市(湘)	210
415	潢川县(豫)	5900	459	偃师区(豫)	390	503	古丈县(湘)	150
416	封丘县(豫)	5800	460	清丰县(豫)	280	504	零陵区(湘)	150
417	杞县(豫)	5500	461	鹤山区(豫)	236	505	渌口区(湘)	150
418	滑县(豫)	5151.6	462	卧龙区(豫)	180	506	汨罗市(湘)	135

(续表)

序号	县(旗、市、区、局、场)	鲜果产量(吨)
507	冷水滩区(湘)	132
508	岳塘区(湘)	92
509	南岳区(湘)	60
510	岳阳县(湘)	30
511	石峰区(湘)	5
512	连平县(粤)	69990
513	连州市(粤)	7965
514	和平县(粤)	2000
515	五华县(粤)	1660
516	始兴县(粤)	1100
517	始兴县(粤)	1100
518	连南瑶族自治县(粤)	1020
519	曲江区(粤)	317
520	清新区(粤)	300
521	乳源瑶族自治县(粤)	263
522	新丰县(粤)	149
523	濠江区(粤)	130
524	梅县区(粤)	75
525	连山壮族瑶族自治县(粤)	67
526	中山市(粤)	29
527	恭城瑶族自治县(桂)	74364.89
528	平乐县(桂)	60025
529	天峨县(桂)	7691.03
530	全州县(桂)	6121
531	柳城县(桂)	2899
532	忻城县(桂)	2743
533	乐业县(桂)	2615.66
534	雁山区(桂)	2500
535	龙胜各族自治县(桂)	2496.6
536	八步区(桂)	1709
537	金秀瑶族自治县(桂)	1539.51
538	柳江区(桂)	1330
539	隆林各族自治县(桂)	1304
540	南丹县(桂)	883
541	临桂区(桂)	817.4
542	凤山县(桂)	519.29
543	融水苗族自治县(桂)	393
544	苍梧县(桂)	360.13
545	都安瑶族自治县(桂)	356.5
546	三江侗族自治县(桂)	293.07
547	东兰县(桂)	256.68
548	马山县(桂)	221
549	长洲区(桂)	132
550	平果县(桂)	118.7

(续表)

序号	县(旗、市、区、局、场)	鲜果产量(吨)
551	港南区(桂)	47
552	港北区(桂)	36
553	丰都县(渝)	1929
554	城口县(渝)	918
555	荣昌区(渝)	300
556	龙泉驿(川)	55513
557	青白江区(川)	28000
558	大英县(川)	21350
559	西充县(川)	21000
560	天府新区(川)	16687
561	会理市(川)	9908
562	西昌市(川)	8091.3
563	威远县(川)	7800
564	嘉陵区(川)	6000
565	双流区(川)	4560
566	邻水县(川)	4500
567	南江县(川)	4445
568	游仙区(川)	3700
569	巴州区(川)	3685
570	仪陇县(川)	3420
571	中江县(川)	3000
572	万源市(川)	2950
573	崇州市(川)	2800
574	金堂县(川)	2450
575	新都区(川)	2403
576	宁南县(川)	2200
577	会东县(川)	2100
578	大竹县(川)	2000
579	船山区(川)	1910
580	简阳市(川)	1850
581	五通桥区(川)	1240
582	彭州市(川)	1200
583	南溪区(川)	1200
584	盐源县(川)	1120
585	宣汉县(川)	940
586	合江县(川)	750
587	绵竹市(川)	654
588	翠屏区(川)	600
589	前锋区(川)	530
590	北川羌族自治县(川)	520
591	岳池县(川)	500
592	大邑县(川)	483.5
593	雷波县(川)	421
594	高县(川)	420

(续表)

序号	县(旗、市、区、局、场)	鲜果产量(吨)
595	叙州区(川)	412
596	金阳县(川)	400
597	苍溪县(川)	320
598	恩阳区(川)	230
599	达川区(川)	194
600	普格县(川)	150
601	剑阁县(川)	140
602	珙县(川)	31
603	青川县(川)	28
604	兴义市(黔)	26532.67
605	余庆县(黔)	25019
606	镇远县(黔)	24276.3
607	开阳县(黔)	16166
608	普定县(黔)	16110
609	平塘县(黔)	15625
610	赫章县(黔)	15560
611	镇宁布依族苗族自治县(黔)	10599
612	纳雍县(黔)	9000
613	六枝特区(黔)	7281.1
614	惠水县(黔)	7172
615	大方县(黔)	6180
616	仁怀市(黔)	6000
617	凯里市(黔)	5810
618	麻江县(黔)	5637
619	罗甸县(黔)	3700
620	长顺县(黔)	3200
621	望谟县(黔)	3062
622	榕江县(黔)	2824
623	兴仁市(黔)	2521
624	清镇市(黔)	2520
625	道真仡佬族苗族自治县(黔)	2500
626	玉屏侗族自治县(黔)	2500
627	丹寨县(黔)	2400
628	金沙县(黔)	2214.8
629	三穗县(黔)	2100
630	锦屏县(黔)	1702
631	红花岗区(黔)	1400
632	普安县(黔)	1394
633	德江县(黔)	1300
634	湄潭县(黔)	1250
635	水城县(黔)	844.9
636	从江县(黔)	540

(续表)

序号	县(旗、市、区、局、场)	鲜果产量(吨)
637	剑河县(黔)	503
638	贞丰县(黔)	78
639	台江县(黔)	20
640	泸西县(滇)	50000
641	蒙自市(滇)	43174
642	元江哈尼族彝族傣族自治县(滇)	41303
643	开远市(滇)	36183.76
644	弥勒市(滇)	27251.1
645	石屏县(滇)	20883.08
646	新平彝族傣族自治县(滇)	18759
647	武定县(滇)	15260
648	昌宁县(滇)	13692.8
649	石林彝族自治县(滇)	11466
650	江川区(滇)	10365.6
651	富民县(滇)	6130
652	永胜县(滇)	5944.3
653	广南县(滇)	5273.5
654	砚山县(滇)	3600.45
655	大姚县(滇)	3597
656	鹤庆县(滇)	3298
657	楚雄市(滇)	2868
658	牟定县(滇)	2200
659	勐海县(滇)	2104
660	水富市(滇)	1750
661	易门县(滇)	1692.58
662	屏边苗族自治县(滇)	1552.8
663	云 县(滇)	1493
664	峨山彝族自治县(滇)	1456
665	麻栗坡县(滇)	1250.08
666	洱源县(滇)	992
667	麒麟区(滇)	900
668	芒市(滇)	807.9
669	丘北县(滇)	600
670	富源县(滇)	525.2
671	陇川县(滇)	502.8
672	通海县(滇)	400
673	腾冲市(滇)	350
674	香格里拉市(滇)	339.03
675	剑川县(滇)	281
676	元阳县(滇)	166
677	华宁县(滇)	130
678	贡山独龙族怒族自治县(滇)	110.3

(续表)

序号	县(旗、市、区、局、场)	鲜果产量(吨)
679	盈江县(滇)	103.2
680	漾濞彝族自治县(滇)	100
681	西盟佤族自治县(滇)	16
682	勐腊县(滇)	1.2
683	旬阳县(陕)	8980
684	汉滨区(陕)	8326
685	永寿县(陕)	5689
686	南郑区(陕)	5600
687	阎良区(陕)	5146
688	汉台区(陕)	4600
689	略阳县(陕)	1736
690	白河县(陕)	1700
691	岚皋县(陕)	1100
692	绥德县(陕)	840
693	石泉县(陕)	610
694	西乡县(陕)	560
695	紫阳县(陕)	500
696	洋 县(陕)	330
697	镇坪县(陕)	277
698	镇巴县(陕)	50
699	敦煌市(甘)	26126
700	肃州区(甘)	10956.06
701	玉门市(甘)	5409
702	金塔县(甘)	5000
703	临泽县(甘)	1680
704	宁 县(甘)	1207.42
705	泾川县(甘)	809
706	瓜州县(甘)	442
707	高台县(甘)	385
708	景泰县(甘)	200
709	崆峒区(甘)	200
710	永靖县(甘)	150
711	白银区(甘)	115
712	嘉峪关市(甘)	101.8
713	会宁县(甘)	70
714	康 县(甘)	30.59
715	尖扎县(青)	70
716	化隆回族自治县(青)	19.32
717	利通区(宁)	4612.47
718	永宁县(宁)	1841.25
719	中宁县(宁)	1684
720	农垦事业管理局(宁)	1174
721	灵武市(宁)	927
722	红寺堡区(宁)	720

(续表)

序号	县(旗、市、区、局、场)	鲜果产量(吨)
723	青铜峡市(宁)	720
724	平罗县(宁)	140
725	大武口区(宁)	86.4
726	金凤区(宁)	35
727	惠农区(宁)	30
728	隆德县(宁)	10
729	灵武白芨滩国家级自然保护区(宁)	6.61
730	盐池县(宁)	6.2
731	疏附县(新)	66148
732	莎车县(新)	35125
733	喀什市(新)	24636
734	叶城县(新)	18379.55
735	泽普县(新)	13049.87
736	库车县(新)	12568
737	新和县(新)	11745
738	英吉沙县(新)	11029
739	麦盖提县(新)	4171
740	温宿县(新)	3185.5
741	阿克苏市(新)	2423
742	疏勒县(新)	1948
743	沙湾县(新)	1800
744	轮台县(新)	1294
745	阜康市(新)	1280
746	伊州区(新)	780
747	岳普湖县(新)	680
748	伽师县(新)	628
749	尉犁县(新)	563
750	额敏县(新)	90
751	乌苏市(新)	63
752	第四师(新疆兵团)	51317
753	第十二师(新疆兵团)	12204
754	第三师(新疆兵团)	10921
755	第十四师(新疆兵团)	2179.66
756	第七师(新疆兵团)	832
757	第一师(新疆兵团)	701.6
758	第五师(新疆兵团)	370
759	第十师(新疆兵团)	310
760	第六师(新疆兵团)	10

表8-4 杏主产地产量

序号	县(旗、市、区、局、场)	鲜果产量(吨)
1	西青区(津)	247.5

(续表)

序号	县(旗、市、区、局、场)	鲜果产量(吨)
2	东丽区(津)	35.1
3	宝坻区(津)	18.9
4	青龙满族自治县(冀)	3314
5	沙河市(冀)	3273
6	广宗县(冀)	1327
7	蔚县(冀)	986.3
8	新河县(冀)	915
9	内丘县(冀)	594
10	曲阳县(冀)	500
11	海兴县(冀)	486.77
12	深州市(冀)	365
13	宣化区(冀)	350.8
14	景县(冀)	310
15	泊头市(冀)	301.96
16	万全区(冀)	243
17	涿州市(冀)	242.51
18	丛台区(冀)	225
19	平山县(冀)	225
20	高碑店市(冀)	150
21	隆化县(冀)	110
22	黄骅市(冀)	106
23	玉田县(冀)	105
24	丰宁满族自治县(冀)	98
25	孟村回族自治县(冀)	78.77
26	南皮县(冀)	58.63
27	井陉矿区(冀)	44.25
28	河间市(冀)	37.76
29	盐山县(冀)	29.1
30	北戴河区(冀)	21.7
31	石家庄市高新区(冀)	12
32	行唐县(冀)	10
33	武强县(冀)	1.5
34	偏关县(晋)	15750
35	浑源县(晋)	8000
36	阳高县(晋)	4500
37	繁峙县(晋)	2846
38	潞城区(晋)	840
39	尖草坪区(晋)	617
40	忻府区(晋)	579
41	柳林县(晋)	300
42	平定县(晋)	287
43	吉县(晋)	285
44	小店区(晋)	152
45	灵石县(晋)	137.7

(续表)

序号	县(旗、市、区、局、场)	鲜果产量(吨)
46	晋源区(晋)	119.3
47	杏花岭区(晋)	70
48	古县(晋)	44
49	阳曲县(晋)	30
50	万柏林区(晋)	18.4
51	克什克腾旗(内蒙古)	55000
52	准格尔旗(内蒙古)	13653
53	临河区(内蒙古)	9176
54	阿鲁科尔沁旗(内蒙古)	1000
55	扎鲁特旗(内蒙古)	1000
56	清水河县(内蒙古)	600
57	宁城县(内蒙古)	551.1
58	库伦旗(内蒙古)	420
59	和林格尔县(内蒙古)	306
60	翁牛特旗(内蒙古)	250
61	杭锦后旗(内蒙古)	225
62	科尔沁左翼中旗(内蒙古)	82
63	兴和县(内蒙古)	56
64	新城区(内蒙古)	44
65	固阳县(内蒙古)	28.13
66	奈曼旗(内蒙古)	20
67	乌拉特前旗(内蒙古)	10
68	鄂托克前旗(内蒙古)	6
69	赛罕区(内蒙古)	5
70	北票市(辽)	4950
71	龙城区(辽)	2580
72	浑南区(辽)	720
73	开原市(辽)	240
74	弓长岭区(辽)	20
75	桓仁满族自治县(辽)	15
76	铁岭县(辽)	10
77	宝清县(黑)	674.5
78	龙江县(黑)	190
79	恒山区(黑)	72
80	滴道区(黑)	30
81	碾子山区(黑)	30
82	密山市(黑)	3
83	邳州市(苏)	2172
84	连云港市市辖区(苏)	1038
85	浦口区(苏)	170
86	溧阳市(苏)	113
87	泗阳县(苏)	103
88	连云区(苏)	68
89	邗江区(苏)	32

(续表)

序号	县(旗、市、区、局、场)	鲜果产量(吨)
90	姜堰区(苏)	5
91	埇桥区(皖)	15000
92	无为县(皖)	5000
93	霍邱县(皖)	1500
94	青阳县(皖)	950
95	肥西县(皖)	500
96	杜集区(皖)	227
97	潜山市(皖)	115
98	濉溪县(皖)	104
99	奉新县(赣)	827
100	历城区(鲁)	65300
101	新泰市(鲁)	9500
102	费县(鲁)	8700
103	沂水县(鲁)	8482
104	淄川区(鲁)	7500
105	泗水县(鲁)	5435
106	宁阳县(鲁)	5294
107	龙口市(鲁)	5254
108	青州市(鲁)	4040
109	沂南县(鲁)	3380
110	莱阳市(鲁)	3231
111	博山区(鲁)	3000
112	莱城区(鲁)	2800
113	微山县(鲁)	2660
114	临清市(鲁)	2335
115	城阳区(鲁)	2300
116	梁山县(鲁)	1912
117	泰山区(鲁)	1550
118	山亭区(鲁)	1500
119	东平县(鲁)	1264
120	徂汶景区(鲁)	1242
121	平阴县(鲁)	1151
122	肥城市(鲁)	1095.9
123	泰安市泰山景区(鲁)	1075
124	济南市市中区(鲁)	1000
125	邹城市(鲁)	860
126	峄城区(鲁)	750
127	临淄区(鲁)	700
128	蓬莱市(鲁)	658
129	桓台县(鲁)	500
130	莱西市(鲁)	480
131	岱岳区(鲁)	430
132	昌邑市(鲁)	400
133	德州市市辖区(鲁)	400

林产品主产地及产量

PRINCIPAL PRODUCTION COUNTIES AND OUTPUT OF FOREST PRODUCTS

(续表)

序号	县(旗、市、区、局、场)	鲜果产量(吨)
134	泰安市高新区(鲁)	400
135	齐河县(鲁)	347
136	坊子区(鲁)	240
137	东阿县(鲁)	207
138	即墨区(鲁)	190
139	荣成市(鲁)	180
140	莱山区(鲁)	178
141	东明县(鲁)	175
142	兖州区(鲁)	140
143	夏津县(鲁)	133
144	海阳市(鲁)	120
145	武城县(鲁)	102
146	郓城县(鲁)	100
147	莒县(鲁)	82
148	黄岛区(鲁)	75
149	台儿庄区(鲁)	50
150	周村区(鲁)	49
151	高密市(鲁)	20
152	滨城区(鲁)	15
153	利津县(鲁)	14
154	莘县(鲁)	11
155	薛城区(鲁)	8
156	巨野县(鲁)	7
157	博兴县(鲁)	7
158	林州市(豫)	14400
159	南乐县(豫)	6990
160	夏邑县(豫)	6000
161	洛宁县(豫)	5017
162	渑池县(豫)	3561
163	伊川县(豫)	3213
164	济源市(豫)	2800
165	宛城区(豫)	1800
166	嵩县(豫)	1780
167	新密市(豫)	1600
168	封丘县(豫)	1510
169	滑县(豫)	1417
170	汝阳县(豫)	1237
171	禹州市(豫)	1000
172	长垣县(豫)	720
173	范县(豫)	700
174	舞钢市(豫)	620
175	解放区(豫)	506
176	濮阳县(豫)	455
177	濮阳市高新区(豫)	450

(续表)

序号	县(旗、市、区、局、场)	鲜果产量(吨)
178	兰考县(豫)	400
179	宜阳县(豫)	357
180	川汇区(豫)	300
181	凤泉区(豫)	218
182	鹤壁市市辖区(豫)	210
183	鹤山区(豫)	210
184	华龙区(豫)	180
185	马村区(豫)	168
186	新乡县(豫)	167
187	郸城县(豫)	162
188	武陟县(豫)	150
189	湖滨区(豫)	150
190	龙安区(豫)	125
191	遂平县(豫)	108
192	息县(豫)	100
193	叶县(豫)	90
194	通许县(豫)	80
195	市辖区(豫)	80
196	西工区(豫)	39
197	卫东区(豫)	32
198	清丰县(豫)	25
199	石龙区(豫)	21
200	栾川县(豫)	21
201	新野县(豫)	20
202	山阳区(豫)	18
203	内黄县(豫)	2
204	义马市(豫)	1.5
205	洛龙区(豫)	1.2
206	荣昌区(渝)	100
207	青白江区(川)	22600
208	新都区(川)	3150.6
209	邻水县(川)	650
210	南江县(川)	220
211	巴州区(川)	204
212	龙泉驿区(川)	35
213	会东县(川)	30
214	仁怀市(黔)	20
215	麒麟区(滇)	700
216	武定县(滇)	386
217	永胜县(滇)	142.2
218	牟定县(滇)	16
219	汉滨区(陕)	2658
220	旬阳县(陕)	1600
221	汉台区(陕)	1200

(续表)

序号	县(旗、市、区、局、场)	鲜果产量(吨)
222	绥德县(陕)	1070
223	阎良区(陕)	458
224	略阳县(陕)	337
225	白河县(陕)	120
226	石泉县(陕)	120
227	南郑区(陕)	100
228	西乡县(陕)	100
229	永寿县(陕)	50
230	镇巴县(陕)	10
231	敦煌市(甘)	17687
232	肃州区(甘)	7896.15
233	山丹县(甘)	6900
234	甘州区(甘)	6000
235	金塔县(甘)	5000
236	华池县(甘)	2829
237	宁县(甘)	2589.2
238	临泽县(甘)	2416.25
239	玉门市(甘)	1846
240	东乡族自治县(甘)	1650
241	民乐县(甘)	1100
242	景泰县(甘)	1050
243	高台县(甘)	1000
244	古浪县(甘)	770
245	永靖县(甘)	625
246	陇西县(甘)	600
247	崆峒区(甘)	400
248	泾川县(甘)	322
249	白银区(甘)	300
250	广河县(甘)	262.5
251	嘉峪关市(甘)	214
252	瓜州县(甘)	179
253	平川区(甘)	100
254	肃北蒙古族自治县(甘)	49
255	肃南裕固族自治县(甘)	20
256	张掖市市辖区(甘)	5
257	乐都区(青)	1100
258	尖扎县(青)	240
259	循化撒拉族自治县(青)	150
260	化隆回族自治县(青)	52.5
261	海原县(宁)	7900
262	彭阳县(宁)	3500
263	隆德县(宁)	2000
264	西吉县(宁)	780
265	灵武市(宁)	704

序号	县(旗、市、区、局、场)	鲜果产量(吨)
266	原州区(宁)	650
267	红寺堡区(宁)	500
268	利通区(宁)	381.12
269	农垦事业管理局(宁)	118
270	大武口区(宁)	91.2
271	盐池县(宁)	50
272	永宁县(宁)	39.78
273	中宁县(宁)	13
274	灵武白芨滩国家级自然保护区(宁)	7.75
275	兴庆区(宁)	3
276	金凤区(宁)	3
277	平罗县(宁)	3
278	莎车县(新)	64938
279	库车县(新)	53757
280	疏附县(新)	52132
281	叶城县(新)	51241.97
282	英吉沙县(新)	39815
283	轮台县(新)	15500
284	喀什市(新)	10028
285	高昌区(新)	8648
286	柯坪县(新)	6440
287	伽师县(新)	5694.51
288	疏勒县(新)	4263
289	麦盖提县(新)	3095
290	伊州区(新)	2949
291	鄯善县(新)	999
292	温宿县(新)	810
293	岳普湖县(新)	595
294	塔什库尔干塔吉克自治县(新)	560
295	尉犁县(新)	534
296	巴楚县(新)	390
297	阜康市(新)	352
298	阿克苏市(新)	191.6
299	乌鲁木齐县(新)	35
300	巴里坤哈萨克自治县(新)	14
301	伊吾县(新)	9
302	托里县(新)	3
303	第一师(新疆兵团)	88873.5
304	第三师(新疆兵团)	10510
305	第四师(新疆兵团)	10468
306	第十四师(新疆兵团)	30
307	第九师(新疆兵团)	20
308	第十三师(新疆兵团)	3

表8-5 李主产地产量

序号	县(旗、市、区、局、场)	鲜果产量(吨)
1	宝坻区(津)	19.63
2	涿州市(冀)	221
3	万全区(冀)	215
4	丰宁满族自治县(冀)	166
5	北戴河区(冀)	75.5
6	高碑店市(冀)	50
7	阳高县(晋)	150
8	忻府区(晋)	30.48
9	临河区(内蒙古)	7819
10	开鲁县(内蒙古)	7000
11	乌兰浩特市(内蒙古)	2158
12	扎鲁特旗(内蒙古)	700
13	阿鲁科尔沁旗(内蒙古)	500
14	杭锦后旗(内蒙古)	270
15	通辽经济技术开发区(内蒙古)	200
16	五原县(内蒙古)	120
17	翁牛特旗(内蒙古)	100
18	奈曼旗(内蒙古)	70
19	赛罕区(内蒙古)	30
20	科尔沁左翼后旗(内蒙古)	23.12
21	林西县(内蒙古)	20
22	乌拉特前旗(内蒙古)	20
23	兴和县(内蒙古)	17
24	新城区(内蒙古)	7
25	东胜区(内蒙古)	6.1
26	和林格尔县(内蒙古)	3.3
27	本溪满族自治县(辽)	3000
28	桓仁满族自治县(辽)	330
29	铁岭市经济开发区(辽)	270
30	蛟河市(吉)	9193.6
31	农安县(吉)	6160
32	永吉县(吉)	6000
33	辉南县(吉)	2000
34	集安市(吉)	1670
35	船营区(吉)	1600
36	梅河口市(吉)	1524.76
37	前郭尔罗斯蒙古族自治县(吉)	478

序号	县(旗、市、区、局、场)	鲜果产量(吨)
38	洮北区(吉)	418.5
39	公主岭市(吉)	70
40	龙山区(吉)	33
41	通化县(吉)	24
42	东辽县(吉)	10
43	榆树市(吉)	7
44	梨树县(吉)	6
45	九台区(吉)	5
46	长春市净月经济开发区(吉)	3
47	肇州县(黑)	3973
48	宝清县(黑)	1703
49	泰来县(黑)	1230
50	望奎县(黑)	900
51	碾子山区(黑)	720
52	五常市(黑)	400
53	滴道区(黑)	250
54	龙江县(黑)	230
55	逊克县(黑)	160
56	延寿县(黑)	100
57	富拉尔基区(黑)	64
58	双城区(黑)	63
59	梅里斯达斡尔族区(黑)	60
60	鸡冠区(黑)	50
61	克东县(黑)	16
62	甘南县(黑)	10
63	道外区(黑)	9
64	密山市(黑)	2.5
65	溧阳市(苏)	855
66	溧水区(苏)	67
67	海门区(苏)	8
68	相城区(苏)	2
69	嵊州市(浙)	27000
70	建德市(浙)	7060
71	永康市(浙)	5438
72	松阳县(浙)	4932
73	缙云县(浙)	1692
74	桐庐县(浙)	1175
75	义乌市(浙)	970
76	余杭区(浙)	550
77	南湖区(浙)	310
78	仙居县(浙)	280
79	景宁畲族自治县(浙)	225
80	安吉县(浙)	195
81	瑞安市(浙)	120

林产品主产地及产量

PRINCIPAL PRODUCTION COUNTIES AND OUTPUT OF FOREST PRODUCTS

(续表)

序号	县(旗、市、区、局、场)	鲜果产量(吨)
82	苍南县(浙)	111
83	温岭市(浙)	73.5
84	德清县(浙)	46
85	常山县(浙)	43
86	岱山县(浙)	20
87	霍邱县(皖)	1500
88	石台县(皖)	1339
89	潜山市(皖)	280
90	绩溪县(皖)	170
91	肥西县(皖)	100
92	湾沚区(皖)	18.3
93	井冈山市(赣)	1245
94	玉山县(赣)	800
95	遂川县(赣)	70
96	章贡区(赣)	67
97	余江区(赣)	60
98	彭泽县(赣)	2
99	泰安市泰山景区(鲁)	4350
100	昌乐县(鲁)	1200
101	新泰市(鲁)	1027
102	长清区(鲁)	659.1
103	莱城区(鲁)	500
104	博山区(鲁)	500
105	张店区(鲁)	330
106	蓬莱市(鲁)	200
107	临淄区(鲁)	150
108	山亭区(鲁)	150
109	岱岳区(鲁)	115
110	海阳市(鲁)	110
111	泰山区(鲁)	86
112	东阿县(鲁)	60
113	嵩县(豫)	4984
114	西峡县(豫)	4600
115	林州市(豫)	1200
116	伊川县(豫)	1165
117	邓州市(豫)	1010
118	栾川县(豫)	482.5
119	川汇区(豫)	75
120	凤泉区(豫)	48
121	偃师区(豫)	21
122	杞县(豫)	12
123	西工区(豫)	8
124	内黄县(豫)	2.5
125	祁东县(湘)	7320

(续表)

序号	县(旗、市、区、局、场)	鲜果产量(吨)
126	涟源市(湘)	4200
127	靖州苗族侗族自治县(湘)	2069
128	麻阳苗族自治县(湘)	668
129	临澧县(湘)	400
130	衡山县(湘)	384.72
131	鼎城区(湘)	350
132	常德市市辖区(湘)	170
133	古丈县(湘)	106
134	江华瑶族自治县(湘)	100
135	渌口区(湘)	70
136	汨罗市(湘)	65
137	鹤城区(湘)	22
138	耒阳市(湘)	2.16
139	新丰县(粤)	18521
140	连山壮族瑶族自治县(粤)	5366
141	大埔县(粤)	5180
142	连南瑶族自治县(粤)	3302
143	五华县(粤)	3300
144	和平县(粤)	3000
145	罗定市(粤)	2979
146	始兴县(粤)	2350
147	曲江区(粤)	2112
148	阳山县(粤)	1650
149	中山市(粤)	2
150	八步区(桂)	79669
151	恭城瑶族自治县(桂)	43778.87
152	平乐县(桂)	43079
153	武宣县(桂)	37918
154	全州县(桂)	24267
155	天峨县(桂)	14988.76
156	南丹县(桂)	8960
157	忻城县(桂)	4382
158	金秀瑶族自治县(桂)	3412.19
159	钦北区(桂)	3322
160	苍梧县(桂)	2486.02
161	龙胜各族自治县(桂)	2333.7
162	凤山县(桂)	1829.13
163	隆林各族自治县(桂)	1547
164	乐业县(桂)	1136.77
165	平果县(桂)	915.4
166	临桂区(桂)	704.3
167	都安瑶族自治县(桂)	388.4
168	马山县(桂)	145.47
169	港北区(桂)	113

(续表)

序号	县(旗、市、区、局、场)	鲜果产量(吨)
170	扶绥县(桂)	81.2
171	港南区(桂)	49.1
172	丰都县(渝)	13082
173	荣昌区(渝)	1000
174	屏山县(川)	65000
175	大邑县(川)	13837.5
176	会理市(川)	12600
177	江油市(川)	7570
178	嘉陵区(川)	6000
179	青白江区(川)	5000
180	华蓥市(川)	4533
181	南江县(川)	4526
182	江安县(川)	4230
183	乐至县(川)	3450
184	宣汉县(川)	3050
185	游仙区(川)	2680
186	西充县(川)	2360
187	巴州区(川)	2222
188	开江县(川)	1945
189	达川区(川)	1400
190	邻水县(川)	1400
191	叙州区(川)	1396
192	北川羌族自治县(川)	1320
193	龙泉驿区(川)	1164
194	旌阳区(川)	800
195	苍溪县(川)	760
196	岳池县(川)	610
197	大竹县(川)	500
198	简阳市(川)	379
199	恩阳区(川)	280
200	绵竹市(川)	254
201	前锋区(川)	190
202	纳雍县(黔)	60000
203	沿河土家族自治县(黔)	58203
204	贞丰县(黔)	54500
205	汇川区(黔)	50900
206	大方县(黔)	39530
207	镇宁布依族苗族自治县(黔)	32415
208	思南县(黔)	22411.2
209	普定县(黔)	21925
210	息烽县(黔)	20785
211	望谟县(黔)	20332
212	仁怀市(黔)	16000

(续表)

序号	县(旗、市、区、局、场)	鲜果产量(吨)
213	兴义市(黔)	14956.62
214	惠水县(黔)	14938
215	平塘县(黔)	12815
216	清镇市(黔)	10080
217	罗甸县(黔)	7400
218	赫章县(黔)	7180
219	麻江县(黔)	6756
220	金沙县(黔)	6628.3
221	长顺县(黔)	6520
222	凯里市(黔)	5956
223	镇远县(黔)	5820.83
224	台江县(黔)	5000
225	榕江县(黔)	4674
226	六枝特区(黔)	3912
227	德江县(黔)	3500
228	兴仁市(黔)	3400
229	道真仡佬族苗族自治县(黔)	2500
230	普安县(黔)	1795
231	玉屏侗族自治县(黔)	1575
232	凤冈县(黔)	1400
233	红花岗区(黔)	1350
234	锦屏县(黔)	803.3
235	剑河县(黔)	802.5
236	丹寨县(黔)	800
237	三穗县(黔)	750
238	晴隆县(黔)	700
239	水城县(黔)	281
240	从江县(黔)	247.5
241	马关县(滇)	37147
242	元江哈尼族彝族傣族自治县(滇)	26387
243	文山市(滇)	21709
244	砚山县(滇)	10012.8
245	麒麟区(滇)	1600
246	永胜县(滇)	1595
247	武定县(滇)	1360
248	江川区(滇)	1188.6
249	洱源县(滇)	1060
250	丘北县(滇)	1000
251	石林彝族自治县(滇)	953.5
252	新平彝族傣族自治县(滇)	850.8
253	云县(滇)	847
254	勐海县(滇)	746

(续表)

序号	县(旗、市、区、局、场)	鲜果产量(吨)
255	峨山彝族自治县(滇)	721
256	富民县(滇)	550
257	牟定县(滇)	449
258	屏边苗族自治县(滇)	432.6
259	盈江县(滇)	419.6
260	鹤庆县(滇)	304
261	陇川县(滇)	275.6
262	芒市(滇)	196.7
263	通海县(滇)	160
264	勐腊县(滇)	106.4
265	华宁县(滇)	101
266	易门县(滇)	80.56
267	贡山独龙族怒族自治县(滇)	75.97
268	剑川县(滇)	51
269	福贡县(滇)	6
270	汉滨区(陕)	8936
271	汉台区(陕)	2100
272	石泉县(陕)	1300
273	南郑区(陕)	800
274	岚皋县(陕)	750
275	镇巴县(陕)	500
276	镇坪县(陕)	472
277	紫阳县(陕)	250
278	甘州区(甘)	150
279	张掖市市辖区(甘)	20
280	原州区(宁)	67.5
281	大武口区(宁)	44.3
282	利通区(宁)	29.12
283	兴庆区(宁)	10
284	沙湾县(新)	1000
285	温宿县(新)	925
286	库车县(新)	693
287	阜康市(新)	384
288	莎车县(新)	258
289	尉犁县(新)	236
290	乌苏市(新)	24
291	托里县(新)	20
292	第十四师(新疆兵团)	219

表 8-6　樱桃主产地产量

序号	县(旗、市、区、局、场)	鲜果产量(吨)
1	宝坻区(津)	180.5
2	丰宁满族自治县(冀)	342
3	涿州市(冀)	201
4	玉田县(冀)	125
5	北戴河区(冀)	92
6	井陉矿区(冀)	36.25
7	邢台市高新技术开发区(冀)	10.5
8	尖草坪(晋)	300
9	闻喜县(晋)	200
10	柳林县(晋)	26
11	万柏林区(晋)	3.6
12	宁城县(内蒙古)	1284.12
13	松山区(内蒙古)	835.6
14	甘井子(辽)	13505.7
15	普兰店(辽)	500
16	通化县(吉)	52.56
17	莲花山开发区(吉)	50
18	公主岭市(吉)	23
19	长春市净月经济开发区(吉)	2.5
20	阿城区(黑)	14.85
21	沭阳县(苏)	550
22	通州区(苏)	220
23	相城区(苏)	208.5
24	溧阳市(苏)	155
25	海安市(苏)	140
26	兴化市(苏)	75
27	吴江区(苏)	70.8
28	连云区(苏)	55
29	溧水区(苏)	50
30	昆山市(苏)	33.1
31	张家港市(苏)	22
32	常熟市(苏)	12
33	仙居县(浙)	670
34	温岭市(浙)	54.66
35	越城区(浙)	35.7
36	永康市(浙)	35
37	秀洲区(浙)	25
38	建德市(浙)	2
39	景宁畲族自治县(浙)	1.7
40	岱山县(浙)	1
41	霍邱县(皖)	600
42	肥西县(皖)	400
43	肥东县(皖)	250

林产品主产地及产量

PRINCIPAL PRODUCTION COUNTIES AND OUTPUT OF FOREST PRODUCTS

(续表)

序号	县(旗、市、区、局、场)	鲜果产量(吨)
44	潜山市(皖)	80
45	天长市(皖)	75
46	蒙城县(皖)	18.2
47	濂溪区(赣)	1
48	坊子区(鲁)	130000
49	栖霞市(鲁)	99430
50	蓬莱市(鲁)	91935
51	临朐县(鲁)	82500
52	肥城市(鲁)	48506.31
53	平度市(鲁)	32260
54	沂源县(鲁)	26040
55	徂汶景区(鲁)	24064
56	莱阳市(鲁)	20117
57	长清区(鲁)	16605.62
58	海阳市(鲁)	16000
59	山亭区(鲁)	15200
60	新泰市(鲁)	12509
61	沂南县(鲁)	11800
62	莒南县(鲁)	10599
63	冠 县(鲁)	10000
64	岱岳区(鲁)	9186
65	崂山区(鲁)	7500
66	龙口市(鲁)	6001
67	五莲县(鲁)	5832
68	费 县(鲁)	5583
69	莱城区(鲁)	5500
70	泰安市高新区(鲁)	5380
71	泰山区(鲁)	4394
72	泰安市泰山景区(鲁)	4298
73	城阳区(鲁)	3600
74	黄岛区(鲁)	3512
75	淄川区(鲁)	2100
76	荣成市(鲁)	1944
77	历城区(鲁)	1780
78	章丘区(鲁)	1610
79	临淄区(鲁)	1600
80	东平县(鲁)	1535.13
81	青州市(鲁)	1300
82	曹 县(鲁)	1238.7
83	曲阜市(鲁)	1200
84	宁阳县(鲁)	1077
85	即墨区(鲁)	1000
86	昌乐县(鲁)	1000
87	胶州市(鲁)	994

(续表)

序号	县(旗、市、区、局、场)	鲜果产量(吨)
88	莱西市(鲁)	986
89	临清市(鲁)	795
90	泗水县(鲁)	750
91	齐河县(鲁)	665
92	平阴县(鲁)	563
93	高密市(鲁)	560
94	潍坊市峡山区(鲁)	500
95	博山区(鲁)	500
96	兖州区(鲁)	485
97	周村区(鲁)	438
98	张店区(鲁)	310
99	东阿县(鲁)	299
100	枣庄市市中区(鲁)	245
101	成武县(鲁)	240
102	巨野县(鲁)	160
103	武城县(鲁)	126
104	济南市市中区(鲁)	70
105	陵城区(鲁)	54.05
106	临邑县(鲁)	50
107	莘 县(鲁)	31.2
108	莒 县(鲁)	10
109	薛城区(鲁)	10
110	西峡县(豫)	11500
111	镇平县(豫)	5000
112	新安县(豫)	4990
113	伊川县(豫)	3900
114	台前县(豫)	3700
115	孟津区(豫)	3200
116	西工区(豫)	1272
117	栾川县(豫)	765
118	长垣县(豫)	700
119	洛龙区(豫)	689
120	宜阳县(豫)	380
121	商水县(豫)	375
122	滑 县(豫)	358.08
123	封丘县(豫)	280
124	睢 县(豫)	270
125	义马市(豫)	217
126	濮阳县(豫)	75
127	华龙区(豫)	60
128	息 县(豫)	50
129	嵩 县(豫)	50
130	郸城县(豫)	20
131	新郑市(豫)	10

(续表)

序号	县(旗、市、区、局、场)	鲜果产量(吨)
132	山阳区(豫)	7
133	安阳县(豫)	5
134	中站区(豫)	4.05
135	澧 县(湘)	200
136	耒阳市(湘)	6.5
137	清新区(粤)	5
138	荣昌区(渝)	800
139	城口县(渝)	300
140	西昌市(川)	5188.4
141	木里藏族自治县(川)	3320
142	青白江区(川)	2000
143	双流区(川)	1520
144	金堂县(川)	1000
145	普格县(川)	482
146	巴州区(川)	468
147	彭州市(川)	140
148	龙泉驿区(川)	139
149	简阳市(川)	14
150	纳雍县(黔)	42500
151	赫章县(黔)	35290
152	大方县(黔)	18950
153	六枝特区(黔)	5211.5
154	金沙县(黔)	4099
155	水城县(黔)	3805
156	普定县(黔)	3639
157	镇宁布依族苗族自治县(黔)	3330
158	长顺县(黔)	3116
159	凯里市(黔)	2800.8
160	威宁彝族回族苗族自治县(黔)	1500
161	麻江县(黔)	1214
162	普安县(黔)	1052
163	仁怀市(黔)	1000
164	惠水县(黔)	702
165	兴仁市(黔)	601
166	镇远县(黔)	495.6
167	丹寨县(黔)	320
168	兴义市(黔)	315.43
169	清镇市(黔)	315
170	思南县(黔)	237
171	息烽县(黔)	158.18
172	红花岗区(黔)	115
173	玉屏侗族自治县(黔)	75

(续表)

序号	县（旗、市、区、局、场）	鲜果产量（吨）
174	榕江县（黔）	45
175	晴隆县（黔）	41
176	剑河县（黔）	21.4
177	罗甸县（黔）	15
178	锦屏县（黔）	2
179	台江县（黔）	1
180	富民县（滇）	3600
181	石屏县（滇）	3138
182	武定县（滇）	2030
183	永胜县（滇）	1624.7
184	峨山彝族自治县（滇）	665
185	新平彝族傣族自治县（滇）	390
186	楚雄市（滇）	346
187	江川区（滇）	326.4
188	腾冲市（滇）	240
189	鹤庆县（滇）	63
190	通海县（滇）	45
191	易门县（滇）	26.52
192	元江哈尼族彝族傣族自治县（滇）	25
193	牟定县（滇）	9
194	灞桥区（陕）	47600
195	西乡县（陕）	3500
196	汉滨区（陕）	2060
197	汉台区（陕）	1870
198	略阳县（陕）	898
199	旬阳县（陕）	830
200	阎良区（陕）	785
201	石泉县（陕）	680
202	镇巴县（陕）	600
203	留坝县（陕）	203
204	白河县（陕）	160
205	镇坪县（陕）	64
206	洋县（陕）	23
207	永寿县（陕）	18
208	永靖县（甘）	200
209	景泰县（甘）	100
210	康县（甘）	88.94
211	白银区（甘）	24
212	乐都区（青）	300
213	城北区（青）	46.12
214	同仁县（青）	11
215	利通区（宁）	4.75
216	莎车县（新）	4873
217	阿克苏市（新）	822
218	温宿县（新）	710.8
219	喀什市（新）	538
220	疏附县（新）	348
221	库车县（新）	321
222	叶城县（新）	155
223	泽普县（新）	52
224	第六师（新疆兵团）	5

表8-7 猕猴桃主产地产量

序号	县（旗、市、区、局、场）	鲜果产量（吨）
1	宝坻区（津）	50
2	玉田县（冀）	278.81
3	迁安市（冀）	46.01
4	卢龙县（冀）	42.7
5	平山县（冀）	22
6	盐山县（冀）	5.1
7	泊头市（冀）	0.96
8	桓仁满族自治县（辽）	140
9	浑江区（吉）	30
10	白山市市辖区（吉）	28
11	延寿县（黑）	10
12	赣榆区（苏）	9103
13	海门市（苏）	1803
14	东海县（苏）	723
15	睢宁县（苏）	518
16	邳州市（苏）	477
17	贾汪区（苏）	440
18	高港区（苏）	440
19	相城区（苏）	380
20	江都区（苏）	377
21	泰兴市（苏）	318
22	泗洪县（苏）	240
23	射阳县（苏）	182
24	通州区（苏）	150
25	姜堰区（苏）	135
26	江宁区（苏）	131
27	启东市（苏）	110
28	吴江区（苏）	97.5
29	张家港市（苏）	93.1
30	溧阳市（苏）	73
31	溧水区（苏）	68
32	灌南县（苏）	60
33	邗江区（苏）	40
34	常熟市（苏）	24.5
35	清江浦区（苏）	20
36	昆山市（苏）	20
37	仙居县（浙）	5650
38	义乌市（浙）	2644
39	乐清市（浙）	2600
40	嵊州市（浙）	2000
41	余杭区（浙）	1808
42	越城区（浙）	1277
43	桐庐县（浙）	1234
44	长兴县（浙）	1225
45	淳安县（浙）	943
46	瑞安市（浙）	645
47	文成县（浙）	603
48	常山县（浙）	552
49	缙云县（浙）	484
50	永康市（浙）	426
51	温岭市（浙）	416.23
52	庆元县（浙）	385
53	开化县（浙）	360
54	柯城区（浙）	200
55	德清县（浙）	180
56	建德市（浙）	150
57	椒江区（浙）	120
58	云和县（浙）	89
59	安吉县（浙）	36
60	松阳县（浙）	26
61	苍南县（浙）	23
62	景宁畲族自治县（浙）	22.5
63	广德县（皖）	3240
64	庐江县（皖）	2331
65	岳西县（皖）	1720
66	霍邱县（皖）	1300
67	无为县（皖）	1000
68	舒城县（皖）	910
69	花山区（皖）	541
70	石台县（皖）	530
71	泗县（皖）	516.38
72	太湖县（皖）	503
73	金寨县（皖）	450
74	宁国市（皖）	390
75	泾县（皖）	350
76	雨山区（皖）	315

林产品主产地及产量
PRINCIPAL PRODUCTION COUNTIES AND OUTPUT OF FOREST PRODUCTS

(续表)

序号	县(旗、市、区、局、场)	鲜果产量(吨)
77	五河县(皖)	280.94
78	湾沚区(皖)	236
79	南谯区(皖)	200
80	金安区(皖)	180
81	南陵县(皖)	125
82	潜山市(皖)	120
83	肥西县(皖)	100
84	休宁县(皖)	82
85	青阳县(皖)	75
86	东至县(皖)	55.1
87	蜀山区(皖)	35.25
88	徽州区(皖)	33
89	望江县(皖)	30
90	宿松县(皖)	25
91	枞阳县(皖)	25
92	祁门县(皖)	22
93	蒙城县(皖)	4.6
94	龙南县(赣)	320000
95	奉新县(赣)	56356
96	安远县(赣)	10675
97	寻乌县(赣)	3000
98	井冈山市(赣)	2093
99	进贤县(赣)	1610
100	玉山县(赣)	900
101	萍乡市林业局武功山分局(赣)	347
102	全南县(赣)	268
103	上高县(赣)	256
104	武宁县(赣)	236
105	黎川县(赣)	223
106	永新县(赣)	183
107	会昌县(赣)	154.76
108	安福县(赣)	138
109	上栗县(赣)	130
110	信丰县(赣)	114
111	崇仁县(赣)	90
112	章贡区(赣)	89
113	崇义县(赣)	86
114	石城县(赣)	80
115	芦溪县(赣)	78
116	兴国县(赣)	65
117	余江区(赣)	60
118	铜鼓县(赣)	60
119	资溪县(赣)	46

(续表)

序号	县(旗、市、区、局、场)	鲜果产量(吨)
120	赣县区(赣)	28
121	遂川县(赣)	27
122	金溪县(赣)	20
123	上饶县(赣)	16.7
124	彭泽县(赣)	10
125	信州区(赣)	9
126	大余县(赣)	8.3
127	南丰县(赣)	2
128	吉安县(赣)	1
129	博山区(鲁)	23500
130	沂源县(鲁)	10000
131	坊子区(鲁)	8000
132	淄川区(鲁)	5300
133	沂水县(鲁)	2743
134	莱城区(鲁)	1800
135	滕州市(鲁)	1756
136	荣成市(鲁)	1626
137	周村区(鲁)	1493
138	临淄区(鲁)	600
139	长清区(鲁)	597.5
140	青州市(鲁)	530
141	沂南县(鲁)	498
142	龙口市(鲁)	383
143	泰安市高新区(鲁)	355
144	泗水县(鲁)	300
145	薛城区(鲁)	300
146	莒南县(鲁)	260
147	泰山区(鲁)	200
148	兰陵县(鲁)	180
149	东平县(鲁)	146
150	宁阳县(鲁)	131
151	山亭区(鲁)	125
152	梁山县(鲁)	120
153	莒县(鲁)	100
154	昌邑市(鲁)	100
155	高密市(鲁)	60
156	广饶县(鲁)	59
157	东阿县(鲁)	45
158	历城区(鲁)	40
159	博兴县(鲁)	34
160	莱西市(鲁)	33
161	兖州区(鲁)	30
162	张店区(鲁)	10
163	西峡县(豫)	160000

(续表)

序号	县(旗、市、区、局、场)	鲜果产量(吨)
164	郸城区(豫)	3000
165	西平县(豫)	1860
166	孟津区(豫)	1650
167	栾川县(豫)	1250
168	郸城县(豫)	680
169	嵩县(豫)	600
170	宛城区(豫)	560
171	洛宁县(豫)	380
172	召陵区(豫)	309
173	新县(豫)	300
174	息县(豫)	300
175	新密市(豫)	270
176	扶沟县(豫)	263
177	偃师区(豫)	160
178	湛河区(豫)	130
179	洛龙区(豫)	120
180	汝南县(豫)	85
181	禹州市(豫)	85
182	浉河区(豫)	78
183	新蔡县(豫)	72
184	新城区(豫)	55
185	遂平县(豫)	30
186	新野县(豫)	15
187	凤凰县(湘)	90000
188	炎陵县(湘)	3000
189	通道侗族自治县(湘)	2200
190	靖州苗族侗族自治县(湘)	1200
191	沅陵县(湘)	1140
192	汨罗市(湘)	550
193	祁东县(湘)	520
194	麻阳苗族自治县(湘)	460
195	临湘市(湘)	380
196	澧县(湘)	280
197	蓝山县(湘)	280
198	临澧县(湘)	150
199	耒阳市(湘)	60
200	古丈县(湘)	60
201	韶山市(湘)	32
202	零陵区(湘)	20
203	鹤城区(湘)	10
204	和平县(粤)	1900
205	始兴县(粤)	1500
206	新丰县(粤)	143
207	连山壮族瑶族自治县(粤)	11

(续表)

序号	县(旗、市、区、局、场)	鲜果产量(吨)
208	南丹县(桂)	5684
209	全州县(桂)	930
210	临桂区(桂)	555.06
211	龙胜各族自治县(桂)	541.7
212	恭城瑶族自治县(桂)	125.6
213	凤山县(桂)	80.4
214	天峨县(桂)	53.06
215	三江侗族自治县(桂)	19.2
216	马山县(桂)	8.1
217	金秀瑶族自治县(桂)	2
218	蒲江县(川)	111000
219	邛崃市(川)	77000
220	苍溪县(川)	51100
221	都江堰市(川)	35036
222	彭州市(川)	16100
223	名山区(川)	11000
224	南江县(川)	3803
225	游仙区(川)	3600
226	巴州区(川)	2555
227	绵竹市(川)	2205
228	仪陇县(川)	2160
229	崇州市(川)	1700
230	大邑县(川)	1388.9
231	南溪区(川)	1200
232	北川羌族自治县(川)	1150
233	西昌市(川)	562
234	新都区(川)	549
235	嘉陵区(川)	500
236	剑阁县(川)	460
237	郫都区(川)	445
238	邻水县(川)	400
239	马边彝族自治县(川)	296
240	天府新区(川)	256
241	岳池县(川)	200
242	江油市(川)	85
243	珙县(川)	82
244	叙州区(川)	46
245	恩阳区(川)	40
246	宝兴县(川)	35
247	青川县(川)	3
248	修文县(黔)	87375
249	水城县(黔)	25000
250	息烽县(黔)	14709
251	金沙县(黔)	9793

(续表)

序号	县(旗、市、区、局、场)	鲜果产量(吨)
252	清镇市(黔)	9250
253	开阳县(黔)	9100
254	麻江县(黔)	6363
255	大方县(黔)	5800
256	六枝特区(黔)	4178
257	凯里市(黔)	2750
258	镇远县(黔)	2167.6
259	仁怀市(黔)	2000
260	道真仡佬族苗族自治县(黔)	1800
261	红花岗区(黔)	1310
262	玉屏侗族自治县(黔)	750
263	赫章县(黔)	730
264	丹寨县(黔)	530
265	榕江县(黔)	487
266	兴义市(黔)	365.59
267	长顺县(黔)	330
268	普安县(黔)	262
269	剑河县(黔)	161
270	兴仁市(黔)	105
271	锦屏县(黔)	89.3
272	惠水县(黔)	62
273	贞丰县(黔)	51
274	台江县(黔)	50
275	屏边苗族自治县(滇)	6957.2
276	腾冲市(滇)	1500
277	新平彝族傣族自治县(滇)	1070
278	蒙自市(滇)	811
279	陇川县(滇)	797.1
280	江川区(滇)	340
281	水富市(滇)	300
282	麒麟区(滇)	300
283	富民县(滇)	210
284	牟定县(滇)	150
285	富源县(滇)	44
286	瑞丽市(滇)	33.7
287	文山市(滇)	15.7
288	盈江县(滇)	6.2
289	汉台区(陕)	18510
290	南郑区(陕)	1600
291	汉滨区(陕)	1451
292	岚皋县(陕)	1010
293	略阳县(陕)	1006
294	洋县(陕)	940

(续表)

序号	县(旗、市、区、局、场)	鲜果产量(吨)
295	镇坪县(陕)	541
296	西乡县(陕)	500
297	石泉县(陕)	200
298	旬阳县(陕)	32
299	镇巴县(陕)	20
300	紫阳县(陕)	5
301	康县(甘)	54.88

表8-8 鲜葡萄主产地产量

序号	县(旗、市、区、局、场)	鲜果产量(吨)
1	景县(冀)	1892
2	闻喜县(晋)	1100
3	偏关县(晋)	0.8
4	克什克腾旗(内蒙古)	450
5	磴口县(内蒙古)	200
6	杭锦旗(内蒙古)	142
7	龙城区(辽)	20000
8	东洲区(辽)	4901
9	本溪市经济开发区(辽)	50
10	船营区(吉)	550
11	临江市(吉)	405
12	梨树县(吉)	324.6
13	东辽县(吉)	20
14	九台区(吉)	10.8
15	浑江区(吉)	5
16	克东县(黑)	108
17	仪征市(苏)	3050
18	滨湖区(苏)	1800
19	海盐县(浙)	39136.7
20	余杭区(浙)	4439
21	德清县(浙)	3315
22	桐庐县(浙)	1413
23	龙湾区(浙)	96
24	颍泉区(皖)	1800
25	绩溪县(皖)	630
26	迎江区(皖)	60
27	庐阳区(皖)	8
28	弋阳县(赣)	2050
29	永新县(赣)	910
30	安源区(赣)	850
31	于都县(赣)	240
32	莲花县(赣)	100
33	龙口市(鲁)	122856

(续表)

序号	县（旗、市、区、局、场）	鲜果产量（吨）
34	平度市（鲁）	71230
35	坊子区（鲁）	18900
36	即墨区（鲁）	4000
37	宁津县（鲁）	1800
38	周村区（鲁）	1749
39	商水县（豫）	6480
40	伊川县（豫）	3831
41	虞城县（豫）	3000
42	顺河回族区（豫）	950
43	郾城区（豫）	950
44	杞县（豫）	580
45	潢川县（豫）	300
46	衡东县（湘）	45000
47	中方县（湘）	30000
48	耒阳市（湘）	3650
49	鼎城区（湘）	3600
50	沅陵县（湘）	1020
51	津市市（湘）	300
52	江华瑶族自治县（湘）	300
53	衡山县（湘）	270.2
54	岳塘区（湘）	220
55	冷水滩区（湘）	132
56	连南瑶族自治县（粤）	25
57	全州县（桂）	38117
58	武宣县（桂）	3601.01
59	龙胜各族自治县（桂）	382.5
60	融水苗族自治县（桂）	271
61	普定县（黔）	2151
62	富民县（滇）	700
63	武定县（滇）	509
64	凉州区（甘）	12262.5
65	古浪县（甘）	600
66	青铜峡市（宁）	6000
67	大武口区（宁）	532.3
68	伊州区（新）	111215
69	鄯善县（新）	109367
70	疏勒县（新）	906
71	第十二师（新疆兵团）	46080

表8-9 山楂主产地产量

序号	县（旗、市、区、局、场）	鲜果产量（吨）
1	宝坻区（津）	43.1
2	桃城区（冀）	1950

(续表)

序号	县（旗、市、区、局、场）	鲜果产量（吨）
3	高碑店市（冀）	170
4	万全区（冀）	136
5	闻喜县（晋）	75000
6	泽州县（晋）	15000
7	临猗县（晋）	12500
8	稷山县（晋）	7500
9	永济市（晋）	5250
10	河津市（晋）	4280
11	新绛县（晋）	1200
12	尖草坪区（晋）	500
13	阳城县（晋）	400
14	万荣县（晋）	340
15	壶关县（晋）	250
16	洪洞县（晋）	225
17	沁县（晋）	185
18	潞城区（晋）	180
19	平定县（晋）	141
20	阳曲县（晋）	100
21	左权县（晋）	81
22	陵川县（晋）	10
23	平遥县（晋）	5.2
24	大宁县（晋）	4
25	万柏林区（晋）	0.94
26	大石桥市（辽）	375
27	铁岭市经济开发区（辽）	220
28	新宾满族自治县（辽）	165
29	辉南县（吉）	76
30	南谯区（皖）	74
31	五河县（皖）	73.74
32	临朐县（鲁）	95000
33	坊子区（鲁）	61500
34	费县（鲁）	54520
35	新泰市（鲁）	27000
36	历城区（鲁）	22380
37	青州市（鲁）	17500
38	莱西市（鲁）	8058
39	莱城区（鲁）	8040
40	泰安市泰山景区（鲁）	7793
41	淄川区（鲁）	7500
42	山亭区（鲁）	4750
43	沂源县（鲁）	4045
44	曲阜市（鲁）	4000
45	岱岳区（鲁）	1974
46	泰山区（鲁）	1349.31

(续表)

序号	县（旗、市、区、局、场）	鲜果产量（吨）
47	沂南县（鲁）	970
48	莒县（鲁）	825
49	黄岛区（鲁）	603
50	莒南县（鲁）	485.4
51	长清区（鲁）	274.65
52	博山区（鲁）	260
53	徂汶景区（鲁）	238
54	河东区（鲁）	220
55	泰安市高新区（鲁）	161
56	东平县（鲁）	120
57	周村区（鲁）	55
58	德州市市辖区（鲁）	30
59	台儿庄区（鲁）	14
60	利津县（鲁）	12
61	东阿县（鲁）	12
62	临清市（鲁）	5
63	嵩县（豫）	600
64	栾川县（豫）	576.5
65	鹤壁市市辖区（豫）	225
66	鹤山区（豫）	225
67	偃师（豫）	15
68	信宜市（粤）	26
69	武定县（滇）	186
70	古浪县（甘）	15
71	原州区（宁）	25
72	轮台县（新）	1346.6
73	阜康市（新）	136

表8-10 柚主产地产量

序号	县（旗、市、区、局、场）	鲜果产量（吨）
1	景宁畲族自治县（浙）	83.5
2	南康区（赣）	31300
3	横峰县（赣）	16800
4	莲花县（赣）	8860
5	玉山县（赣）	4100
6	于都县（赣）	3740
7	樟树市（赣）	1800
8	进贤县（赣）	1682
9	余江区（赣）	1100
10	赣县（赣）	1010
11	吉安县（赣）	950
12	井冈山市（赣）	810
13	信州区（赣）	648

(续表)

序号	县(旗、市、区、局、场)	鲜果产量(吨)
14	会昌县(赣)	413.03
15	石城县(赣)	305
16	萍乡市林业局武功山分局(赣)	98
17	铜鼓县(赣)	1
18	茶陵县(湘)	38000
19	澧县(湘)	21000
20	蓝山县(湘)	2700
21	鼎城区(湘)	2470
22	临湘市(湘)	1500
23	耒阳市(湘)	1500
24	沅陵县(湘)	800
25	古丈县(湘)	109
26	珠晖区(湘)	60
27	麻阳苗族自治县(湘)	26
28	梅县区(粤)	240897.5
29	大埔县(粤)	176479
30	五华县(粤)	22880
31	连山壮族瑶族自治县(粤)	18089
32	连州市(粤)	9173
33	曲江区(粤)	2722
34	连平县(粤)	1200
35	鹤山市(粤)	271
36	新丰县(粤)	127
37	遂溪县(粤)	46
38	中山市(粤)	21
39	平乐县(桂)	62709.5
40	武宣县(桂)	25505.9
41	融水苗族自治县(桂)	18624
42	扶绥县(桂)	16848.68
43	全州县(桂)	8302
44	八步区(桂)	8030
45	临桂区(桂)	7552
46	天峨县(桂)	6211.11
47	东兰县(桂)	3665
48	苍梧县(桂)	2984.42
49	平果县(桂)	2039.49
50	港北区(桂)	1204
51	南丹县(桂)	1011
52	黄冕林场(桂)	1006.67
53	龙胜各族自治县(桂)	767
54	金秀瑶族自治县(桂)	490.7
55	柳江区(桂)	481
56	覃塘区(桂)	465

(续表)

序号	县(旗、市、区、局、场)	鲜果产量(吨)
57	港南区(桂)	373
58	凤山县(桂)	305.13
59	长洲区(桂)	220
60	乐业县(桂)	88.7
61	七坡林场(桂)	20.15
62	良凤江国家森林公园(桂)	15
63	儋州市(琼)	7518.25
64	梁平区(渝)	98000
65	丰都县(渝)	69272.75
66	嘉陵区(川)	3000
67	巴州区(川)	2968
68	岳池县(川)	1600
69	达川区(川)	1080
70	邻水县(川)	560
71	绵竹市(川)	481
72	前锋区(川)	350
73	简阳市(川)	285
74	船山区(川)	59
75	荔波县(黔)	32500
76	仁怀市(黔)	25000
77	湄潭县(黔)	5960
78	镇远县(黔)	4873.14
79	玉屏侗族自治县(黔)	1800
80	罗甸县(黔)	1150
81	惠水县(黔)	767
82	榕江县(黔)	495
83	普安县(黔)	190
84	锦屏县(黔)	97.7
85	贞丰县(黔)	25
86	勐腊县(滇)	22661.2
87	景洪市(滇)	18870
88	瑞丽市(滇)	11959.4
89	勐海县(滇)	1558
90	永胜县(滇)	918.8
91	陇川县(滇)	168.2
92	盈江县(滇)	159.8
93	芒市(滇)	92.6
94	屏边苗族自治县(滇)	85

表8-11 柑橘主产地产量

序号	县(旗、市、区、局、场)	鲜果产量(吨)
1	吴江区(苏)	6835.5
2	滨湖区(苏)	2870
3	张家港市(苏)	2422.8
4	通州区(苏)	1200
5	海门市(苏)	1065
6	启东市(苏)	685
7	昆山市(苏)	432.77
8	广陵区(苏)	305
9	常熟市(苏)	216.3
10	扬中市(苏)	150
11	邗江区(苏)	120
12	溧阳市(苏)	83
13	溧水区(苏)	60
14	姜堰区(苏)	45
15	柯城区(浙)	134739
16	衢江区(浙)	133445
17	建德市(浙)	121200
18	龙游县(浙)	90000
19	松阳县(浙)	25832
20	椒江区(浙)	23325
21	庆元县(浙)	22650
22	瓯海区(浙)	19519
23	乐清市(浙)	16750
24	苍南县(浙)	15687
25	温岭市(浙)	15381.2
26	瑞安市(浙)	13920
27	仙居县(浙)	11385
28	义乌市(浙)	10383
29	海盐县(浙)	9669.4
30	永康市(浙)	6623
31	龙湾区(浙)	4893
32	余杭区(浙)	2475
33	岱山县(浙)	1883
34	景宁畲族自治县(浙)	1677
35	嵊州市(浙)	1350
36	缙云县(浙)	958
37	云和县(浙)	923
38	文成县(浙)	801
39	南湖区(浙)	678.9
40	开化县(浙)	559
41	越城区(浙)	152.86
42	常山县(浙)	105
43	淳安县(浙)	69.15
44	太湖县(皖)	5152
45	宿松县(皖)	4040
46	歙县(皖)	3950

(续表)

序号	县(旗、市、区、局、场)	鲜果产量(吨)	序号	县(旗、市、区、局、场)	鲜果产量(吨)	序号	县(旗、市、区、局、场)	鲜果产量(吨)
47	望江县(皖)	3500	91	余江区(赣)	4000	134	耒阳市(湘)	23000
48	东至县(皖)	1267	92	于都县(赣)	3715	135	岳阳县(湘)	22000
49	无为县(皖)	600	93	奉新县(赣)	3017	136	古丈县(湘)	18843
50	鸠江区(皖)	550	94	永丰县(赣)	2600	137	沅陵县(湘)	18240
51	祁门县(皖)	349	95	信丰县(赣)	2497	138	辰溪县(湘)	18000
52	潜山市(皖)	210	96	丰城市(赣)	1500	139	洪江市(湘)	15000
53	蜀山区(皖)	200	97	德安县(赣)	1500	140	鹤城区(湘)	13014
54	湾沚区(皖)	171	98	樟树市(赣)	1500	141	中方县(湘)	11250
55	休宁县(皖)	56	99	上栗县(赣)	1480	142	蓝山县(湘)	11004
56	枞阳县(皖)	28	100	弋阳县(赣)	1350	143	鼎城区(湘)	10700
57	肥西县(皖)	5	101	横峰县(赣)	1300	144	靖州苗族侗族自治县(湘)	10130
58	吉州区(赣)	6500000	102	赣县区(赣)	1265	145	凤凰县(湘)	9000
59	新干县(赣)	230002	103	上高县(赣)	1250.2	146	君山区(湘)	8000
60	会昌县(赣)	190872.39	104	上饶县(赣)	1145.43	147	常德市市辖区(湘)	7360
61	南丰县(赣)	115368.6	105	崇仁县(赣)	1090	148	津市市(湘)	7000
62	广昌县(赣)	72967	106	宜丰县(赣)	840	149	通道侗族自治县(湘)	6000
63	永修县(赣)	68746	107	莲花县(赣)	805	150	苏仙区(湘)	5200
64	兴国县(赣)	67957	108	铜鼓县(赣)	780	151	雨湖区(湘)	4800
65	南康区(赣)	67600	109	蓉江新区(赣)	743	152	衡山县(湘)	4078.36
66	南城县(赣)	66265	110	新建区(赣)	600	153	冷水滩区(湘)	3308
67	渝水区(赣)	63034	111	芦溪县(赣)	290	154	江华瑶族自治县(湘)	3000
68	寻乌县(赣)	60000	112	新余市市辖区(赣)	210	155	炎陵县(湘)	2650
69	崇义县(赣)	53757	113	吉安县(赣)	200	156	渌口区(湘)	2600
70	金溪县(赣)	52785	114	资溪县(赣)	200	157	汨罗市(湘)	2300
71	泰和县(赣)	31246.5	115	萍乡市林业局武功山分局(赣)	88	158	临湘市(湘)	1100
72	遂川县(赣)	30905	116	信州区(赣)	81	159	汉寿县(湘)	789
73	分宜县(赣)	29284	117	安源区(赣)	70	160	望城区(湘)	600
74	全南县(赣)	26986	118	铅山县(赣)	17	161	东安县(湘)	600
75	大余县(赣)	26081	119	彭泽县(赣)	10	162	岳塘区(湘)	320
76	黎川县(赣)	19221	120	浙川县(豫)	5448	163	韶山市(湘)	305
77	进贤县(赣)	14130	121	邓州市(豫)	320	164	芦淞区(湘)	76
78	定南县(赣)	11076	122	新野县(豫)	250	165	石峰区(湘)	75
79	安福县(赣)	11000	123	洪湖市(鄂)	155	166	保靖县(湘)	14.26
80	玉山县(赣)	8270	124	麻阳苗族自治县(湘)	459004	167	南岳区(湘)	10
81	经开区(赣)	8104	125	桃源县(湘)	363500	168	金洞林场(湘)	3
82	高安市(赣)	6000	126	江永县(湘)	141702	169	清新区(粤)	75260
83	武宁县(赣)	5889	127	临澧县(湘)	98312	170	阳山县(粤)	67001
84	章贡区(赣)	5649	128	攸县(湘)	72000	171	仁化县(粤)	66542
85	峡江县(赣)	5600	129	安化县(湘)	55600	172	连州市(粤)	60512
86	湘东区(赣)	5500	130	涟源市(湘)	38600	173	郁南县(粤)	48320
87	瑞昌市(赣)	5100	131	澧县(湘)	29800	174	阳春市(粤)	30000
88	吉水县(赣)	5008	132	常宁市(湘)	28900	175	曲江区(粤)	27835
89	永新县(赣)	4230	133	零陵区(湘)	25000	176	始兴县(粤)	26000
90	井冈山市(赣)	4076				177	罗定市(粤)	18242

(续表)

序号	县（旗、市、区、局、场）	鲜果产量（吨）
178	恩平市（粤）	16507
179	新会区（粤）	15656
180	连山壮族瑶族自治县（粤）	14104
181	五华县（粤）	12630
182	台山市（粤）	10331
183	电白区（粤）	8549
184	乳源瑶族自治县（粤）	5000
185	新丰县（粤）	3693
186	信宜市（粤）	3560
187	连南瑶族自治县（粤）	3014
188	遂溪县（粤）	2920
189	普宁市（粤）	2485
190	高州市（粤）	2215
191	和平县（粤）	2000
192	中山市（粤）	1884
193	鹤山市（粤）	1645
194	东源县（粤）	1500
195	新兴县（粤）	885
196	云安区（粤）	690
197	云城区（粤）	600
198	英德市（粤）	360
199	大埔县（粤）	270
200	德庆县（粤）	109.68
201	潮州市枫溪区（粤）	101
202	恭城瑶族自治县（桂）	659759
203	永福县（桂）	600000
204	全州县（桂）	571682
205	平乐县（桂）	311298.5
206	柳城县（桂）	300824
207	阳朔县（桂）	289935
208	隆安县（桂）	280000
209	金秀瑶族自治县（桂）	273036.94
210	象州县（桂）	258126.3
211	兴宾区（桂）	183300
212	苍梧县（桂）	171876.85
213	环江毛南族自治县（桂）	165164
214	浦北县（桂）	159164.48
215	武宣县（桂）	146186.11
216	龙胜各族自治县（桂）	116027
217	扶绥县（桂）	95921.21
218	柳江区（桂）	89346
219	江州区（桂）	83523
220	桂平市（桂）	78000
221	八步区（桂）	38170
222	兴业县（桂）	37141
223	港南区（桂）	36472.56
224	融水苗族自治县（桂）	32281
225	南丹县（桂）	31232
226	都安瑶族自治县（桂）	17822
227	平果县（桂）	16599.06
228	覃塘区（桂）	15760
229	忻城县（桂）	13614
230	乐业县（桂）	13491.51
231	三江侗族自治县（桂）	12307.97
232	长洲区（桂）	10548
233	雁山区（桂）	10100
234	万秀区（桂）	9000
235	天峨县（桂）	7415.55
236	东兰县（桂）	7201
237	隆林各族自治县（桂）	6708
238	凤山县（桂）	5485.62
239	铁山港区（桂）	1814
240	玉州区（桂）	838
241	七坡林场（桂）	635
242	良凤江国家森林公园（桂）	273
243	黄冕林场（桂）	184.6
244	儋州市（琼）	1397.02
245	丰都县（渝）	31833.5
246	荣昌区（渝）	17000
247	蒲江县（川）	371000
248	资中县（川）	300000
249	丹棱县（川）	135440
250	西充县（川）	127000
251	邛崃市（川）	121000
252	仪陇县（川）	108345
253	雁江区（川）	102276
254	石棉县（川）	79900
255	青神县（川）	76250
256	渠县（川）	56000
257	威远县（川）	50180
258	嘉陵区（川）	48010
259	岳池县（川）	42040
260	南溪区（川）	39600
261	中江县（川）	37500
262	恩阳区（川）	35000
263	新津县（川）	29845
264	金堂县（川）	28000
265	大英县（川）	27680
266	雷波县（川）	25500
267	青白江区（川）	25000
268	内江市市中区（川）	20920
269	罗江区（川）	20000
270	五通桥区（川）	16744
271	巴州区（川）	16720
272	旌阳区（川）	15600
273	大邑县（川）	13950.5
274	屏山县（川）	13000
275	龙泉驿区（川）	12457
276	合江县（川）	10500
277	南江县（川）	9872
278	开江县（川）	9120
279	新都区（川）	7834
280	江油市（川）	7595
281	叙州区（川）	7251
282	乐至县（川）	6300
283	名山区（川）	5000
284	彭州市（川）	4800
285	崇州市（川）	4209
286	长宁县（川）	3950
287	江安县（川）	3300
288	木里藏族自治县（川）	3200
289	苍溪县（川）	2800
290	大竹县（川）	2500
291	珙县（川）	2436.6
292	宁南县（川）	2400
293	翠屏区（川）	2200
294	达川区（川）	2160
295	蓬安县（川）	2000
296	隆昌市（川）	2000
297	宣汉县（川）	1860
298	高县（川）	1820
299	会理市（川）	1495
300	金阳县（川）	730
301	马边彝族自治县（川）	715
302	万源市（川）	710
303	洪雅县（川）	667.7
304	昭觉县（川）	500
305	会东县（川）	370
306	峨眉山市（川）	350
307	金口河区（川）	300
308	郫都区（川）	300
309	简阳市（川）	230

PRINCIPAL PRODUCTION COUNTIES AND OUTPUT OF FOREST PRODUCTS

表 8-12 枇杷主产地产量

（续表）

序号	县（旗、市、区、局、场）	鲜果产量（吨）
310	盐源县（川）	221
311	剑阁县（川）	220
312	前锋区（川）	105
313	罗甸县（黔）	70000
314	荔波县（黔）	32383
315	从江县（黔）	24200
316	惠水县（黔）	18907
317	锦屏县（黔）	18846
318	余庆县（黔）	18719
319	金沙县（黔）	15336.2
320	望谟县（黔）	15256
321	榕江县（黔）	14505
322	麻江县（黔）	10187
323	息烽县（黔）	8864.7
324	开阳县（黔）	8393
325	兴义市（黔）	6750.13
326	镇远县（黔）	6693.4
327	平塘县（黔）	4500
328	普安县（黔）	3703
329	湄潭县（黔）	3100
330	仁怀市（黔）	3000
331	汇川区（黔）	2400
332	长顺县（黔）	1795.5
333	道真仡佬族苗族自治县（黔）	1500
334	丹寨县（黔）	1460
335	德江县（黔）	1000
336	六枝特区（黔）	895.6
337	务川仡佬族苗族自治县（黔）	800
338	凤冈县（黔）	700
339	兴仁市（黔）	672
340	凯里市（黔）	441
341	台江县（黔）	120
342	红花岗区（黔）	101
343	晴隆县（黔）	80
344	剑河县（黔）	53.5
345	贞丰县（黔）	25
346	华宁县（滇）	352585
347	新平彝族傣族自治县（滇）	249700.3
348	鹤庆县（滇）	102200
349	永胜县（滇）	85828.1
350	元江哈尼族彝族傣族自治县（滇）	77188
351	弥勒市（滇）	52041.2

（续表）

序号	县（旗、市、区、局、场）	鲜果产量（吨）
352	广南县（滇）	51012.1
353	芒市（滇）	41303.3
354	昌宁县（滇）	36484.1
355	师宗县（滇）	23061
356	马关县（滇）	20224
357	蒙自市（滇）	19682
358	勐海县（滇）	12186
359	陇川县（滇）	10301.2
360	盈江县（滇）	6588.1
361	瑞丽市（滇）	6335.1
362	屏边苗族自治县（滇）	5326.8
363	麻栗坡县（滇）	4072.17
364	峨山彝族自治县（滇）	4064
365	开远市（滇）	3986.23
366	易门县（滇）	3575.77
367	文山市（滇）	3439
368	武定县（滇）	3320
369	勐腊县（滇）	3233.3
370	丘北县（滇）	2400
371	腾冲市（滇）	2000
372	墨江哈尼族自治县（滇）	1784.7
373	云 县（滇）	1767
374	牟定县（滇）	1500
375	元阳县（滇）	1283
376	梁河县（滇）	1041.5
377	云龙县（滇）	610
378	通海县（滇）	480
379	香格里拉市（滇）	324.32
380	水富市（滇）	235
381	西盟佤族自治县（滇）	222
382	宁蒗彝族自治县（滇）	130
383	福贡县（滇）	69
384	南华县（滇）	53
385	贡山独龙族怒族自治县（滇）	4.54
386	汉台区（陕）	83730
387	旬阳县（陕）	43100
388	汉滨区（陕）	21465
389	白河县（陕）	6230
390	南郑区（陕）	4700
391	紫阳县（陕）	2300
392	洋 县（陕）	2050
393	岚皋县（陕）	785
394	西乡县（陕）	300
395	石泉县（陕）	60

表 8-12 枇杷主产地产量

序号	县（旗、市、区、局、场）	鲜果产量（吨）
1	海门市（苏）	1120
2	通州区（苏）	940
3	相城区（苏）	645
4	邗江区（苏）	290
5	滨湖区（苏）	179
6	张家港市（苏）	169.1
7	常熟市（苏）	130.4
8	昆山市（苏）	68.87
9	溧水区（苏）	60
10	溧阳市（苏）	23
11	虎丘区（苏）	20
12	建德市（浙）	4850
13	衢江区（浙）	4552
14	德清县（浙）	4170
15	仙居县（浙）	3650
16	嵊州市（浙）	2800
17	义乌市（浙）	2644
18	兰溪市（浙）	2500
19	温岭市（浙）	1008.2
20	余杭区（浙）	972
21	椒江区（浙）	950
22	桐庐县（浙）	400
23	乐清市（浙）	310
24	瑞安市（浙）	305
25	常山县（浙）	230
26	松阳县（浙）	213
27	秀洲区（浙）	209
28	开化县（浙）	200
29	缙云县（浙）	188
30	南湖区（浙）	173.1
31	文成县（浙）	118
32	庆元县（浙）	75
33	越城区（浙）	59.75
34	景宁畲族自治县（浙）	29.9
35	云和县（浙）	28.3
36	永康市（浙）	21
37	龙湾区（浙）	8
38	歙 县（皖）	2422
39	望江县（皖）	350
40	潜山市（皖）	150
41	湾沚区（皖）	120
42	进贤县（赣）	124

(续表)

序号	县(旗、市、区、局、场)	鲜果产量(吨)
43	余江区(赣)	20
44	茶陵县(湘)	3400
45	临湘市(湘)	900
46	津市市(湘)	300
47	鼎城区(湘)	273
48	衡东县(湘)	200
49	辰溪县(湘)	120
50	江华瑶族自治县(湘)	80
51	珠晖区(湘)	50
52	澧 县(湘)	50
53	安化县(湘)	10.5
54	始兴县(粤)	17500
55	大埔县(粤)	3900
56	新丰县(粤)	371
57	五华县(粤)	200
58	和平县(粤)	150
59	云安区(粤)	150
60	连山壮族瑶族自治县(粤)	16
61	信宜市(粤)	15
62	丰都县(渝)	2495.5
63	荣昌区(渝)	500
64	双流区(川)	25349
65	石棉县(川)	23400
66	长宁县(川)	8919
67	龙泉驿区(川)	8007
68	嘉陵区(川)	3000
69	游仙区(川)	2840
70	华蓥市(川)	2650
71	宁南县(川)	2295
72	北川羌族自治县(川)	1680
73	巴州区(川)	1265
74	简阳市(川)	953
75	宝兴县(川)	720
76	翠屏区(川)	550
77	达川区(川)	540
78	宜汉县(川)	525
79	绵竹市(川)	467
80	邻水县(川)	150
81	江油市(川)	150
82	恩阳区(川)	60
83	开阳县(黔)	45000
84	荔波县(黔)	8126

(续表)

序号	县(旗、市、区、局、场)	鲜果产量(吨)
85	兴义市(黔)	7610.9
86	兴仁市(黔)	4016
87	麻江县(黔)	3073
88	罗甸县(黔)	2600
89	镇远县(黔)	2472
90	凯里市(黔)	1294.4
91	丹寨县(黔)	1200
92	平塘县(黔)	1150
93	台江县(黔)	1000
94	普安县(黔)	892
95	仁怀市(黔)	800
96	从江县(黔)	695
97	道真仡佬族苗族自治县(黔)	400
98	剑河县(黔)	320.1
99	长顺县(黔)	320
100	思南县(黔)	312
101	贞丰县(黔)	250
102	水城县(黔)	172
103	大方县(黔)	163
104	红花岗区(黔)	150
105	蒙自市(滇)	39509
106	屏边苗族自治县(滇)	3405.2
107	陇川县(滇)	2359.3
108	永胜县(滇)	663.1
109	鹤庆县(滇)	610
110	武定县(滇)	486
111	芒市(滇)	168.4
112	文山市(滇)	95
113	新平彝族傣族自治县(滇)	47
114	师宗县(滇)	42
115	华宁县(滇)	36
116	盈江县(滇)	22.4
117	楚雄市(滇)	22
118	福贡县(滇)	1
119	汉滨区(陕)	4239
120	石泉县(陕)	450
121	白河县(陕)	450
122	南郑区(陕)	200
123	旬阳县(陕)	30

表8-13 杜果主产地产量

序号	县(旗、市、区、局、场)	鲜果产量(吨)
1	罗定市(粤)	10630

(续表)

序号	县(旗、市、区、局、场)	鲜果产量(吨)
2	雷州市(粤)	5074
3	遂溪县(粤)	3526
4	电白区(粤)	3055
5	鹤山市(粤)	692
6	中山市(粤)	561
7	台山市(粤)	300
8	五华县(粤)	170
9	信宜市(粤)	20
10	钦北区(桂)	15898
11	扶绥县(桂)	5140.5
12	隆林各族自治县(桂)	1103
13	乐业县(桂)	980.65
14	平果县(桂)	863.86
15	东兰县(桂)	761.6
16	江州区(桂)	672
17	覃塘区(桂)	420
18	兴业县(桂)	395
19	港北区(桂)	290
20	天峨县(桂)	217.1
21	港南区(桂)	159.85
22	象州县(桂)	151.5
23	都安瑶族自治县(桂)	30.1
24	凤山县(桂)	6
25	柳江区(桂)	6
26	崖州区(琼)	173851
27	海棠区(琼)	150000
28	天崖区(琼)	124160.4
29	吉阳区(琼)	55065
30	三亚市市辖区(琼)	39996
31	儋州市(琼)	2144.17
32	琼中黎族苗族自治县(琼)	102
33	会理市(川)	23500
34	宁南县(川)	305
35	望谟县(黔)	18358
36	罗甸县(黔)	800
37	镇宁布依族苗族自治县(黔)	600
38	贞丰县(黔)	400
39	华坪县(滇)	367000
40	元江哈尼族彝族傣族自治县(滇)	150708
41	永胜县(滇)	59825.9
42	新平彝族傣族自治县(滇)	38452.4
43	景洪市(滇)	13292
44	元阳县(滇)	8959

林产品主产地及产量
PRINCIPAL PRODUCTION COUNTIES AND OUTPUT OF FOREST PRODUCTS

（续表）

序号	县（旗、市、区、局、场）	鲜果产量（吨）
45	鹤庆县（滇）	8650
46	屏边苗族自治县（滇）	5665.9
47	勐海县（滇）	4742
48	武定县（滇）	4530
49	金平苗族瑶族傣族自治县（滇）	2373
50	云　县（滇）	2347
51	勐腊县（滇）	2222.7
52	大姚县（滇）	2186
53	龙陵县（滇）	1040
54	师宗县（滇）	800
55	华宁县（滇）	540
56	丘北县（滇）	350
57	蒙自市（滇）	300
58	芒市（滇）	271.8
59	盈江县（滇）	268
60	瑞丽市（滇）	256.5
61	陇川县（滇）	145.4
62	楚雄市（滇）	69.8
63	易门县（滇）	29

表 8-14　荔枝主产地产量

序号	县（旗、市、区、局、场）	鲜果产量（吨）
1	高州市（粤）	200315
2	电白区（粤）	187150
3	化州市（粤）	55350
4	普宁市（粤）	29874
5	遂溪县（粤）	19071
6	阳西县（粤）	12000
7	花都区（粤）	9005
8	五华县（粤）	7800
9	中山市（粤）	7661
10	罗定市（粤）	7073
11	郁南县（粤）	6900
12	台山市（粤）	6891
13	恩平市（粤）	6087
14	雷州市（粤）	5074
15	鹤山市（粤）	4310
16	增城区（粤）	3674
17	云安区（粤）	3600
18	南沙区（粤）	3197
19	新兴县（粤）	2709.6
20	从化区（粤）	2000

（续表）

序号	县（旗、市、区、局、场）	鲜果产量（吨）
21	高要区（粤）	1498
22	新会区（粤）	1133
23	信宜市（粤）	900
24	云城区（粤）	500
25	三水区（粤）	309.96
26	曲江区（粤）	56
27	潮安区（粤）	40.7
28	番禺区（粤）	15
29	北流市（桂）	145800
30	灵山县（桂）	125000
31	浦北县（桂）	124222.59
32	钦北区（桂）	98556
33	桂平市（桂）	47000
34	兴业县（桂）	17848
35	平南县（桂）	13000
36	苍梧县（桂）	5567.43
37	港北区（桂）	5249
38	港南区（桂）	4953.68
39	覃塘区（桂）	3804
40	扶绥县（桂）	1825.8
41	兴宾区（桂）	1500
42	铁山港区（桂）	1016
43	隆安县（桂）	950
44	象州县（桂）	915
45	玉州区（桂）	771.1
46	武宣县（桂）	549
47	都安瑶族自治县（桂）	534.7
48	平果县（桂）	366.09
49	长洲区（桂）	339
50	东兰县（桂）	281.6
51	江州区（桂）	261
52	港口区（桂）	165
53	良凤江国家森林公园（桂）	67
54	柳江区（桂）	29
55	天峨县（桂）	22.8
56	七坡林场（桂）	20
57	南丹县（桂）	11
58	凤山县（桂）	4
59	琼山区（琼）	40807
60	儋州市（琼）	6076.1
61	三亚市市辖区（琼）	994
62	琼中黎族苗族自治县（琼）	886
63	美兰区（琼）	718.5
64	吉阳区（琼）	59

（续表）

序号	县（旗、市、区、局、场）	鲜果产量（吨）
65	秀英区（琼）	5.9
66	合江县（川）	42000
67	南溪区（川）	3000
68	叙州区（川）	1073
69	屏山县（川）	50
70	屏边苗族自治县（滇）	12951.2
71	元江哈尼族彝族傣族自治县（滇）	7042
72	元阳县（滇）	2829
73	新平彝族傣族自治县（滇）	1890.4
74	景洪市（滇）	1300
75	金平苗族瑶族傣族自治县（滇）	581
76	盈江县（滇）	573.3
77	昌宁县（滇）	385.2
78	陇川县（滇）	379.6
79	马关县（滇）	358
80	勐腊县（滇）	345
81	云　县（滇）	159.9
82	永胜县（滇）	124.8
83	麻栗坡县（滇）	104.1
84	瑞丽市（滇）	73.1
85	勐海县（滇）	30
86	芒市（滇）	11.5
87	文山市（滇）	4

表 8-15　龙眼主产地产量

序号	县（旗、市、区、局、场）	鲜果产量（吨）
1	高州市（粤）	166910
2	化州市（粤）	131820
3	阳西县（粤）	91000
4	电白区（粤）	62426
5	台山市（粤）	13611
6	罗定市（粤）	13388
7	恩平市（粤）	11593
8	花都区（粤）	10205
9	中山市（粤）	8350
10	郁南县（粤）	4600
11	遂溪县（粤）	4342
12	雷州市（粤）	3118
13	五华县（粤）	2400
14	云安区（粤）	1970
15	高要区（粤）	1682

(续表)

序号	县(旗、市、区、局、场)	鲜果产量(吨)
16	增城区(粤)	1585
17	增城区(粤)	1500
18	鹤山市(粤)	1042
19	大埔县(粤)	937
20	番禺区(粤)	853
21	信宜市(粤)	800
22	云城区(粤)	750
23	揭东区(粤)	630
24	连南瑶族自治县(粤)	350
25	三水区(粤)	344.83
26	南沙区(粤)	277
27	新兴县(粤)	194.5
28	曲江区(粤)	106
29	清新区(粤)	15
30	潮州市枫溪区(粤)	9
31	新丰县(粤)	7
32	平南县(桂)	56700
33	灵山县(桂)	49105
34	钦北区(桂)	29951
35	浦北县(桂)	19002.98
36	兴宾区(桂)	16000
37	武宣县(桂)	15221.03
38	桂平市(桂)	15000
39	扶绥县(桂)	10080.2
40	江州区(桂)	9807
41	兴业县(桂)	7960
42	北流市(桂)	5600
43	港南区(桂)	4778.91
44	八步区(桂)	4062
45	象州县(桂)	2823
46	覃塘区(桂)	2804
47	港北区(桂)	2156
48	苍梧县(桂)	2152.1
49	都安瑶族自治县(桂)	1901.7
50	平果县(桂)	1648.3
51	铁山港区(桂)	1427
52	隆安县(桂)	1012
53	玉州区(桂)	801.4
54	柳江区(桂)	526
55	金秀瑶族自治县(桂)	404.97
56	天峨县(桂)	309.34
57	东兰县(桂)	307
58	长洲区(桂)	297
59	港口区(桂)	180

(续表)

序号	县(旗、市、区、局、场)	鲜果产量(吨)
60	七坡林场(桂)	172
61	大新县(桂)	104
62	良凤江国家森林公园(桂)	42
63	南丹县(桂)	35.5
64	凤山县(桂)	0.6
65	儋州市(琼)	2395.75
66	琼山区(琼)	1157
67	三亚市市辖区(琼)	1146
68	琼中黎族苗族自治县(琼)	463
69	吉阳区(琼)	304
70	海棠区(琼)	148
71	丰都县(渝)	4058
72	荣昌区(渝)	300
73	泸县(川)	30104
74	南溪区(川)	12000
75	屏山县(川)	5000
76	高县(川)	368
77	叙州区(川)	125
78	雷波县(川)	120
79	永胜县(滇)	5192.4
80	元江哈尼族彝族傣族自治县(滇)	3284
81	屏边苗族自治县(滇)	797.7
82	鹤庆县(滇)	695
83	昌宁县(滇)	410.5
84	勐腊县(滇)	182.9
85	水富市(滇)	145
86	华宁县(滇)	138
87	金平苗族瑶族傣族自治县(滇)	62
88	新平彝族傣族自治县(滇)	50
89	大姚县(滇)	23
90	勐海县(滇)	18

表8-16 香蕉主产地产量

序号	县(旗、市、区、局、场)	鲜果产量(吨)
1	高州市(粤)	1110344
2	电白区(粤)	97899
3	中山市(粤)	41011
4	恩平市(粤)	17325
5	罗定市(粤)	9632
6	五华县(粤)	8100
7	台山市(粤)	7124

(续表)

序号	县(旗、市、区、局、场)	鲜果产量(吨)
8	雷州市(粤)	1590
9	新丰县(粤)	560
10	曲江区(粤)	529
11	阳山县(粤)	410
12	连山壮族瑶族自治县(粤)	46
13	扶绥县(桂)	114791.31
14	江州区(桂)	114118
15	平果县(桂)	20723.3
16	港南区(桂)	2848.59
17	长洲区(桂)	2705
18	东兰县(桂)	1336
19	港北区(桂)	548.3
20	天峨县(桂)	282.89
21	都安瑶族自治县(桂)	216.7
22	金秀瑶族自治县(桂)	18.13
23	武宣县(桂)	8.15
24	儋州市(琼)	51584.27
25	崖州区(琼)	5231
26	海棠区(琼)	245
27	威远县(川)	2168
28	兴义市(黔)	15901.24
29	金平苗族瑶族傣族自治县(滇)	409272
30	勐腊县(滇)	187270
31	景洪市(滇)	143491
32	屏边苗族自治县(滇)	116806.8
33	元阳县(滇)	78384
34	勐海县(滇)	61014
35	瑞丽市(滇)	60833.1
36	新平彝族傣族自治县(滇)	37993.5
37	元江哈尼族彝族傣族自治县(滇)	21537
38	芒市(滇)	20475.1
39	永胜县(滇)	14832.6
40	盈江县(滇)	12923.3
41	广南县(滇)	8101.32
42	西盟佤族自治县(滇)	6338
43	武定县(滇)	6230
44	昌宁县(滇)	4785.3
45	陇川县(滇)	1765.2
46	云县(滇)	1243
47	文山市(滇)	611
48	梁河县(滇)	259.5
49	鹤庆县(滇)	140.5

林产品主产地及产量
PRINCIPAL PRODUCTION COUNTIES AND OUTPUT OF FOREST PRODUCTS

表8-17 无花果主产地产量

序号	县(旗、市、区、局、场)	鲜果产量(吨)
1	宁城县(内蒙古)	4
2	张家港市(苏)	514.3
3	泗阳县(苏)	452
4	溧水区(苏)	350
5	常熟市(苏)	48
6	江宁区(苏)	25
7	昆山市(苏)	16
8	秀洲区(浙)	690
9	龙湾区(浙)	580
10	温岭市(浙)	225.84
11	仙居县(浙)	75
12	花山区(皖)	441
13	蜀山区(皖)	153
14	望江县(皖)	7.5
15	荣成市(鲁)	45096
16	蓬莱市(鲁)	1000
17	东平县(鲁)	803
18	鱼台县(鲁)	480
19	东阿县(鲁)	111.9
20	莘县(鲁)	21
21	临邑县(鲁)	6
22	召陵区(豫)	401.7
23	封丘县(豫)	200
24	临颍县(豫)	150
25	临湘市(湘)	310
26	威远县(川)	15000
27	龙泉驿区(川)	4405
28	兴庆区(宁)	2.5
29	岳普湖县(新)	2301
30	轮台县(新)	1346.6
31	库车县(新)	316
32	新和县(新)	66

表8-18 草莓主产地产量

序号	县(旗、市、区、局、场)	鲜果产量(吨)
1	乌兰浩特市(内蒙古)	100
2	赛罕区(内蒙古)	40
3	库伦旗(内蒙古)	5
4	庄河市(辽)	107896
5	桓仁满族自治县(辽)	2650
6	长白朝鲜族自治县(吉)	1500
7	临江市(吉)	333.5
8	辉南县(吉)	150
9	永吉县(吉)	20
10	东昌区(吉)	10
11	农安县(吉)	7.2
12	通化县(吉)	3.85
13	九台区(吉)	2
14	宝清县(黑)	85
15	阿城区(黑)	60
16	鸡冠区(黑)	11.25
17	五常市(黑)	7
18	赣榆区(苏)	25495
19	沭阳县(苏)	24800
20	溧水区(苏)	17600
21	盐都区(苏)	9000
22	常熟市(苏)	2205.8
23	泗洪县(苏)	1767
24	海安市(苏)	1505
25	张家港市(苏)	1480.8
26	吴江区(苏)	1283
27	宿豫区(苏)	1260
28	高邮市(苏)	1180
29	邗江区(苏)	1050
30	昆山市(苏)	661.84
31	相城区(苏)	456
32	虎丘区(苏)	75
33	清江浦区(苏)	60
34	镇江市市辖区(苏)	57.75
35	永康市(浙)	1880
36	德清县(浙)	590
37	长丰县(皖)	350000
38	大通区(皖)	730
39	谯城区(皖)	450
40	桐城市(皖)	120
41	阜南县(皖)	100
42	蜀山区(皖)	90
43	绩溪县(皖)	48
44	旌德县(皖)	20
45	禹会区(皖)	1.5
46	淮上区(皖)	1.35
47	吉州区(赣)	210
48	吉安县(赣)	20
49	莒南县(鲁)	12250
50	沂源县(鲁)	3200
51	即墨区(鲁)	1395
52	临淄区(鲁)	250
53	商水县(豫)	3600
54	浉河区(豫)	3189
55	封丘县(豫)	1760
56	睢县(豫)	750
57	方城县(豫)	450
58	舞钢市(豫)	375
59	光山县(豫)	240
60	原阳县(豫)	150
61	洛龙区(豫)	130
62	息县(豫)	112
63	宛城区(豫)	90
64	平桥区(豫)	20
65	山阳区(豫)	17
66	淮滨县(豫)	7.5
67	望城区(湘)	2200
68	澧县(湘)	1500
69	鼎城区(湘)	545
70	中方县(湘)	300
71	沅陵县(湘)	150
72	安化县(湘)	82
73	东安县(湘)	40
74	汝城县(湘)	22
75	和平县(粤)	225
76	新丰县(粤)	4
77	五华县(粤)	1
78	南丹县(桂)	93
79	海棠区(琼)	6
80	彭州市(川)	5200
81	普格县(川)	2967
82	郫都区(川)	1455
83	仪陇县(川)	675
84	雁江区(川)	459
85	恩阳区(川)	300
86	华蓥市(川)	260
87	岳池县(川)	250
88	巴州区(川)	198
89	邻水县(川)	45
90	九寨沟县(川)	2
91	凯里市(黔)	4265
92	镇远县(黔)	624.4
93	玉屏侗族自治县(黔)	600
94	剑河县(黔)	482
95	兴义市(黔)	280
96	丹寨县(黔)	268.25

(续表)

序号	县（旗、市、区、局、场）	鲜果产量（吨）
97	兴仁市（黔）	217
98	威宁彝族回族苗族自治县（黔）	100
99	水城县（黔）	63
100	台江县（黔）	61
101	贞丰县（黔）	15
102	平塘县（黔）	10
103	江川区（滇）	3519
104	腾冲市（滇）	900
105	峨山彝族自治县（滇）	513
106	永胜县（滇）	384.5
107	屏边苗族自治县（滇）	67
108	新平彝族傣族自治县（滇）	15
109	南郑区（陕）	350
110	石泉县（陕）	20
111	甘州区（甘）	130
112	临夏县（甘）	12
113	第十四师（新疆兵团）	4
114	第七师（新疆兵团）	3.24

表8-19　核桃主产地产量

序号	县（旗、市、区、局、场）	鲜果产量（吨）
1	平乡县（冀）	6100
2	抚宁区（冀）	3685
3	唐县（冀）	3682
4	高邑县（冀）	438
5	成安县（冀）	209
6	固安县（冀）	45
7	鹰手营子矿区（冀）	28
8	永清县（冀）	2.5
9	孝义市（晋）	60000
10	方山县（晋）	21060
11	兴县（晋）	15680
12	榆次区（晋）	10604
13	孟县（晋）	9548
14	蒲县（晋）	7800
15	临猗县（晋）	4287.5
16	高平市（晋）	3561
17	稷山县（晋）	1600
18	平陆县（晋）	1436
19	壶关县（晋）	250
20	沁源县（晋）	75
21	静乐县（晋）	20

(续表)

序号	县（旗、市、区、局、场）	鲜果产量（吨）
22	小店区（晋）	1
23	铁岭县（辽）	10
24	南芬区（辽）	8
25	辉南县（吉）	9060
26	抚松县（吉）	2420
27	桦甸市（吉）	1360
28	集安市（吉）	1342
29	通化县（吉）	232.4
30	临江市（吉）	120
31	浑江区（吉）	113
32	船营区（吉）	90
33	吉林省林业实验区国有林保护中心（吉）	56
34	长白朝鲜族自治县（吉）	20
35	白山市市辖区（吉）	20
36	和龙林业局（吉）	5
37	友好区（黑）	152
38	城子河区（黑）	13
39	山河实验林场（黑）	5
40	邗江区（苏）	260
41	铜山区（苏）	8
42	泰兴市（苏）	5
43	金坛区（苏）	3.4
44	凤阳县（皖）	12500
45	裕安区（皖）	4111
46	涡阳县（皖）	2000
47	岳西县（皖）	58
48	当涂县（皖）	10
49	桐城市（皖）	2.14
50	琅琊区（皖）	1
51	曲阜市（鲁）	7200
52	五莲县（鲁）	1016
53	德州市市辖区（鲁）	800
54	莱山区（鲁）	300
55	乳山市（鲁）	261.68
56	兰山区（鲁）	41.5
57	荣成市（鲁）	28
58	台儿庄区（鲁）	13
59	登封市（豫）	90000
60	卢氏县（豫）	77765
61	济源市（豫）	5500
62	灵宝市（豫）	3800
63	孟州市（豫）	2880

(续表)

序号	县（旗、市、区、局、场）	鲜果产量（吨）
64	殷都区（豫）	2140
65	渑池县（豫）	1350
66	南召县（豫）	1000
67	方城县（豫）	749.99
68	宝丰县（豫）	730
69	泌阳县（豫）	450
70	柘城县（豫）	420
71	延津县（豫）	320
72	襄城县（豫）	175
73	镇平县（豫）	150
74	山阳区（豫）	120
75	卫东区（豫）	62
76	项城市（豫）	54.9
77	新郑市（豫）	50
78	中站区（豫）	31.3
79	义马市（豫）	10
80	桃源县（湘）	462
81	隆林各族自治县（桂）	326
82	邕宁区（桂）	240
83	东兰县（桂）	21.3
84	宜州区（桂）	17.08
85	龙圩区（桂）	7
86	金城江区（桂）	3
87	汉源县（川）	7131
88	安居区（川）	6500
89	西充县（川）	4200
90	康定市（川）	4082
91	巴塘县（川）	4000
92	得荣县（川）	3000
93	黑水县（川）	2910
94	稻城县（川）	2560
95	仁寿县（川）	2175
96	射洪市（川）	2000
97	什邡市（川）	1588
98	富顺县（川）	1500
99	泸定县（川）	1200
100	北川羌族自治县（川）	715
101	丹巴县（川）	645
102	峨边彝族自治县（川）	601.2
103	金口河区（川）	486
104	三台县（川）	340
105	九寨沟县（川）	320
106	彭山区（川）	240

表 8-20　鲜红枣主产地产量

序号	县(旗、市、区、局、场)	鲜果产量(吨)	序号	县(旗、市、区、局、场)	鲜果产量(吨)	序号	县(旗、市、区、局、场)	鲜果产量(吨)
107	广汉市(川)	150	146	沾益区(滇)	900	1	新河县(冀)	82707.83
108	夹江县(川)	100	147	广南县(滇)	749.9	2	行唐县(冀)	32000
109	金川县(川)	50	148	麒麟区(滇)	600	3	玉田县(冀)	2673.27
110	新龙县(川)	10	149	宁洱哈尼族彝族自治县(滇)	482.9	4	唐县(冀)	2418
111	雨城区(川)	8				5	武邑县(冀)	1317
112	威宁彝族回族苗族自治县(黔)	200000	150	泸西县(滇)	400	6	柏乡县(冀)	1308.93
			151	福贡县(滇)	331	7	丰润区(冀)	440
113	赫章县(黔)	38400	152	蒙自市(滇)	138	8	成安县(冀)	200
114	七星关区(黔)	6000	153	金平苗族瑶族傣族自治县(滇)	58	9	卢龙县(冀)	132.24
115	金沙县(黔)	1790				10	武强县(冀)	69
116	普安县(黔)	1275	154	绥江县(滇)	30	11	井陉矿区(冀)	14.1
117	平塘县(黔)	1245	155	宜君县(陕)	7550	12	宣化区(冀)	14
118	册亨县(黔)	874	156	周至县(陕)	5004	13	平山县(冀)	7
119	息烽县(黔)	768	157	吴堡县(陕)	4300	14	景县(冀)	4
120	安龙县(黔)	600	158	子洲县(陕)	1800	15	夏县(晋)	26250
121	晴隆县(黔)	500	159	绥德县(陕)	1542	16	芮城县(晋)	25000
122	罗甸县(黔)	220	160	洋县(陕)	1220	17	万荣县(晋)	1500
123	瓮安县(黔)	132	161	石泉县(陕)	1000	18	定襄县(晋)	1367.8
124	务川仡佬族苗族自治县(黔)	30	162	佳县(陕)	799	19	榆社县(晋)	1000
			163	灞桥区(陕)	260	20	闻喜县(晋)	1000
125	普定县(黔)	21	164	神木市(陕)	146	21	清徐县(晋)	540
126	清镇市(黔)	5	165	府谷县(陕)	52	22	阳曲县(晋)	456
127	永平县(滇)	233800	166	横山区(陕)	28	23	新绛县(晋)	168
128	双江拉祜族佤族布朗族傣族自治县(滇)	171333.95	167	定边县(陕)	23	24	灵石县(晋)	62.2
			168	鄠邑区(陕)	5.5	25	万柏林区(晋)	41.5
129	鲁甸县(滇)	74000	169	成县(甘)	26000	26	黎城县(晋)	12.5
130	巍山彝族回族自治县(滇)	56000	170	武都区(甘)	17430	27	杭锦旗(内蒙古)	750
131	祥云县(滇)	31100	171	积石山保安族东乡族撒拉族自治县(甘)	5000	28	杭锦后旗(内蒙古)	150
132	双柏县(滇)	21000				29	乌审旗(内蒙古)	80
133	维西傈僳族自治县(滇)	12770	172	临夏县(甘)	4000	30	乌拉特前旗(内蒙古)	15
134	兰坪白族普米族自治县(滇)	7520	173	陇西县(甘)	2500	31	朝阳县(辽)	82500
			174	庆城县(甘)	1751.02	32	龙城区(辽)	5500
135	宁蒗彝族自治县(滇)	5300	175	正宁林业总场(甘)	6	33	泗洪县(苏)	210
136	姚安县(滇)	5200	176	民和回族土族自治县(青)	1500	34	望江县(皖)	105
137	古城区(滇)	4900	177	乐都区(青)	600	35	绩溪县(皖)	40
138	泸水市(滇)	3667.8	178	尖扎县(青)	99	36	祁门县(皖)	23
139	马关县(滇)	3388.5	179	彭阳县(宁)	102500	37	无棣县(鲁)	17242
140	香格里拉市(滇)	3043	180	西夏区(宁)	237	38	新泰市(鲁)	1700
141	景东彝族自治县(滇)	2178.16	181	鄯善县(新)	255	39	峄城区(鲁)	760
142	寻甸回族彝族自治县(滇)	1752.7	182	高昌区(新)	100	40	青州市(鲁)	190
143	富民县(滇)	1720	183	方正林业局(龙江森工)	210	41	沂源县(鲁)	150
144	永仁县(滇)	1674	184	清河林业局(龙江森工)	30	42	德州市市辖区(鲁)	140
145	德钦县(滇)	1514	185	第十四师(新疆兵团)	440			

(续表)

序号	县(旗、市、区、局、场)	鲜果产量(吨)
43	岱岳区(鲁)	30
44	台儿庄区(鲁)	28
45	张店区(鲁)	1
46	西华县(豫)	6000
47	西华县(豫)	6000
48	西工区(豫)	9
49	睢阳区(豫)	6
50	北湖区(湘)	438
51	蓝山县(湘)	390
52	衡阳县(湘)	350
53	辰溪县(湘)	120
54	鹤城区(湘)	47
55	鼎城区(湘)	38
56	安化县(湘)	9.8
57	全州县(桂)	10453
58	武宣县(桂)	1903.91
59	平乐县(桂)	821
60	临桂区(桂)	282
61	八步区(桂)	217
62	龙胜各族自治县(桂)	122.7
63	隆林各族自治县(桂)	83
64	港北区(桂)	69
65	港南区(桂)	33.61
66	天峨县(桂)	8.2
67	永胜县(滇)	422.8
68	神木市(陕)	48000
69	吴堡县(陕)	48000
70	府谷县(陕)	1000
71	佳县(陕)	632
72	榆阳区(陕)	600
73	镇巴县(陕)	190
74	子洲县(陕)	120
75	临泽县(甘)	8835
76	甘州区(甘)	850
77	民勤县(甘)	550
78	平川区(甘)	300
79	古浪县(甘)	150
80	凉州区(甘)	58.5
81	同心县(宁)	1500
82	惠农区(宁)	366.66
83	盐池县(宁)	330.4
84	鄯善县(新)	230

(续表)

序号	县(旗、市、区、局、场)	鲜果产量(吨)
85	高昌区(新)	30

表 8-21　石榴主产地产量

序号	县(旗、市、区、局、场)	鲜果产量(吨)
1	井陉矿区(冀)	10
2	闻喜县(晋)	300
3	溧水区(苏)	50
4	常熟市(苏)	32
5	浦口区(苏)	28
6	江宁区(苏)	20
7	溧阳市(苏)	4
8	霍邱县(皖)	1200
9	泗县(皖)	359.42
10	凤台县(皖)	200
11	蜀山区(皖)	180
12	峄城区(鲁)	20000
13	新泰市(鲁)	2285
14	泰山区(鲁)	1565
15	岱岳区(鲁)	1380
16	东平县(鲁)	800
17	莱城区(鲁)	570
18	山亭区(鲁)	525
19	薛城区(鲁)	300
20	枣庄市市中区(鲁)	196
21	淄川区(鲁)	32
22	东阿县(鲁)	3
23	淅川县(豫)	5087
24	孟津区(豫)	4950
25	卫东区(豫)	4200
26	封丘县(豫)	3400
27	唐河县(豫)	1772
28	伊川县(豫)	1614
29	嵩县(豫)	1460
30	卫辉市(豫)	1433
31	宜阳县(豫)	1018
32	南召县(豫)	900
33	长垣县(豫)	890
34	新安县(豫)	880
35	郾城区(豫)	525
36	商水县(豫)	450
37	息县(豫)	450
38	洛龙区(豫)	328
39	偃师区(豫)	320

(续表)

序号	县(旗、市、区、局、场)	鲜果产量(吨)
40	平桥区(豫)	280
41	栾川县(豫)	164
42	西平县(豫)	150
43	睢阳区(豫)	56
44	新蔡县(豫)	40
45	西工区(豫)	19
46	卧龙区(豫)	12
47	新野县(豫)	10
48	郸城县(豫)	8
49	山阳区(豫)	5
50	遂溪县(粤)	2516
51	台山市(粤)	38
52	儋州市(琼)	759.96
53	琼中黎族苗族自治县(琼)	460
54	会理市(川)	34170
55	会东县(川)	3150
56	木里藏族自治县(川)	300
57	威宁彝族回族苗族自治县(黔)	15000
58	兴义市(黔)	1441.5
59	镇远县(黔)	402.5
60	仁怀市(黔)	100
61	蒙自市(滇)	340447
62	永胜县(滇)	117858.2
63	鹤庆县(滇)	4980
64	文山市(滇)	880
65	江川区(滇)	817.5
66	新平彝族傣族自治县(滇)	772.7
67	砚山县(滇)	627.6
68	华宁县(滇)	572
69	武定县(滇)	420
70	师宗县(滇)	260
71	宁蒗彝族自治县(滇)	240
72	牟定县(滇)	208
73	易门县(滇)	196.57
74	元江哈尼族彝族傣族自治县(滇)	61
75	喀什市(新)	27855
76	叶城县(新)	24379.8
77	伽师县(新)	3675
78	莎车县(新)	251
79	库车县(新)	233
80	鄯善县(新)	230
81	高昌区(新)	70

序号	县（旗、市、区、局、场）	鲜果产量（吨）
82	疏附县（新）	46
83	第三师（新疆兵团）	277
84	第十四师（新疆兵团）	4

表 8-22　枸杞主产地产量

序号	县（旗、市、区、局、场）	鲜果产量（吨）
1	云州区（晋）	60
2	杭锦后旗（内蒙古）	1350
3	杭锦旗（内蒙古）	219
4	奈曼旗（内蒙古）	110
5	腾格里开发区（内蒙古）	30
6	托克托县（内蒙古）	30
7	磴口县（内蒙古）	12
8	科尔沁区（内蒙古）	5
9	高台县（甘）	3680
10	嘉峪关市（甘）	1400.5
11	甘州区（甘）	450
12	民乐县（甘）	260
13	都兰县（青）	139432
14	格尔木市（青）	36814.7
15	德令哈市（青）	27000
16	乌兰县（青）	11007.9
17	大柴旦行政委员会（青）	5735.38
18	共和县（青）	1001.6
19	贵南县（青）	324
20	沙坡头区（宁）	65000
21	同心县（宁）	34909.88
22	红寺堡区（宁）	8379.7
23	农垦事业管理局（宁）	1500
24	盐池县（宁）	90
25	平罗县（宁）	80
26	利通区（宁）	76
27	永宁县（宁）	10.31
28	沙湾县（新）	3900
29	伊州区（新）	22
30	第十师（新疆兵团）	150

表 8-23　蓝莓主产地产量

序号	县（旗、市、区、局、场）	鲜果产量（吨）
1	庄河市（辽）	12813
2	铁岭市经济开发区（辽）	202
3	桓仁满族自治县（辽）	42

序号	县（旗、市、区、局、场）	鲜果产量（吨）
4	通化县（吉）	2515.09
5	临江市（吉）	1371.8
6	蛟河市（吉）	1360
7	抚松县（吉）	1200
8	集安市（吉）	316.7
9	东丰县（吉）	310
10	辉南县（吉）	200
11	长白朝鲜族自治县（吉）	150
12	江源区（吉）	55
13	浑江区（吉）	35.5
14	昌邑区（吉）	35
15	永吉县（吉）	30
16	长春市净月经济开发区（吉）	20
17	九台区（吉）	18.3
18	梅河口市（吉）	15
19	东昌区（吉）	13.8
20	榆树市（吉）	13
21	东辽县（吉）	3.6
22	扶余市（吉）	2
23	阿城区（黑）	453.6
24	五大连池市（黑）	30
25	桦南县（黑）	25
26	呼玛县（黑）	22.33
27	友好区（黑）	20
28	汤原县（黑）	3
29	五常市（黑）	3
30	赣榆区（苏）	8167
31	东海县（苏）	3000
32	溧水区（苏）	2700
33	江宁区（苏）	320
34	溧阳市（苏）	125
35	昆山市（苏）	16
36	张家港市（苏）	11.5
37	虎丘区（苏）	0.8
38	桐庐县（浙）	393
39	仙居县（浙）	330
40	乐清市（浙）	290
41	永康市（浙）	289
42	温岭市（浙）	187.4
43	德清县（浙）	152
44	庆元县（浙）	120
45	秀洲区（浙）	111
46	文成县（浙）	50

序号	县（旗、市、区、局、场）	鲜果产量（吨）
47	岱山县（浙）	10
48	椒江区（浙）	10
49	景宁畲族自治县（浙）	9.58
50	建德市（浙）	5
51	怀宁县（皖）	5795
52	无为县（皖）	3000
53	裕安区（皖）	908
54	桐城市（皖）	750
55	郎溪县（皖）	480
56	南陵县（皖）	450
57	凤阳县（皖）	300
58	潜山市（皖）	260
59	太湖县（皖）	233
60	阜南县（皖）	230
61	宿松县（皖）	200
62	旌德县（皖）	200
63	枞阳县（皖）	200
64	大通区（皖）	150
65	黟县（皖）	120
66	天长市（皖）	45
67	湾沚区（皖）	38
68	蜀山区（皖）	35.5
69	界首市（皖）	25
70	南谯区（皖）	15
71	绩溪县（皖）	9
72	玉山县（赣）	210
73	吉州区（赣）	105
74	寻乌县（赣）	75
75	上饶县（赣）	10
76	永新县（赣）	1.5
77	黄岛区（鲁）	89305
78	临沭县（鲁）	6000
79	莒南县（鲁）	3699.5
80	海阳市（鲁）	1200
81	肥城市（鲁）	950
82	荣成市（鲁）	900
83	平度市（鲁）	800
84	莒县（鲁）	315
85	即墨区（鲁）	250
86	台儿庄区（鲁）	139
87	五莲县（鲁）	90
88	山亭区（鲁）	90
89	坊子区（鲁）	75
90	泰安市高新区（鲁）	55

(续表)

序号	县（旗、市、区、局、场）	鲜果产量（吨）
91	泰山区（鲁）	48
92	博山区（鲁）	15
93	蓬莱市（鲁）	10
94	薛城区（鲁）	5
95	新泰市（鲁）	1
96	社旗县（豫）	720
97	浉河区（豫）	62
98	平桥区（豫）	30
99	望城区（湘）	2000
100	古丈县（湘）	450
101	涟源市（湘）	370
102	汨罗市（湘）	125
103	澧县（湘）	70
104	和平县（粤）	225
105	南雄市（粤）	60
106	郫都区（川）	165
107	双流区（川）	10
108	恩阳区（川）	7
109	彭州市（川）	5
110	麻江县（黔）	31212
111	丹寨县（黔）	5060
112	凯里市（黔）	4971
113	紫云苗族布依族自治县（黔）	2270
114	镇远县（黔）	1840.3
115	锦屏县（黔）	1124
116	平塘县（黔）	435
117	三穗县（黔）	310
118	从江县（黔）	232
119	仁怀市（黔）	200
120	兴仁市（黔）	189
121	红花岗区（黔）	65
122	荔波县（黔）	40
123	息烽县（黔）	26
124	惠水县（黔）	17
125	榕江县（黔）	0.9
126	澄江市（滇）	25075
127	勐海县（滇）	8987
128	石屏县（滇）	1766
129	蒙自市（滇）	1481
130	麒麟区（滇）	380
131	石林彝族自治县（滇）	350.7
132	洱源县（滇）	335
133	芒市（滇）	315.9

(续表)

序号	县（旗、市、区、局、场）	鲜果产量（吨）
134	楚雄市（滇）	303.6
135	剑川县（滇）	267
136	永胜县（滇）	79.6
137	永平县（滇）	12
138	盈江县（滇）	3
139	兰坪白族普米族自治县（滇）	1.7
140	南郑区（陕）	120
141	临夏县（甘）	4
142	松江河林业有限公司（吉林森工）	120.6
143	临江林业局（吉林森工）	27.2
144	清河林业局（龙江森工）	310
145	新林林业局（大兴安岭）	296.5

表8-24 板栗主产地产量

序号	县（旗、市、区、局、场）	鲜果产量（吨）
1	抚宁区（冀）	10730
2	灵寿县（冀）	3350
3	鹰手营子矿区（冀）	1265
4	秦皇岛开发区（冀）	1.78
5	唐县（冀）	1.5
6	集安市（吉）	696.7
7	通化县（吉）	7
8	浑江区（吉）	7
9	丹徒区（苏）	380
10	常熟市（苏）	10
11	仪征市（苏）	9
12	铜山区（苏）	1
13	桐庐县（浙）	2800
14	江山市（浙）	850
15	武义县（浙）	528
16	文成县（浙）	358
17	德清县（浙）	211
18	兰溪市（浙）	180
19	长兴县（浙）	177
20	永康市（浙）	76
21	开化县（浙）	50
22	柯城区（浙）	24
23	繁昌县（皖）	3400
24	裕安区（皖）	2264
25	石台县（皖）	2092
26	岳西县（皖）	990

(续表)

序号	县（旗、市、区、局、场）	鲜果产量（吨）
27	祁门县（皖）	485
28	和县（皖）	120
29	肥西县（皖）	60
30	枞阳县（皖）	15
31	蜀山区（皖）	5
32	雨山区（皖）	3
33	乐安县（赣）	3103
34	高安市（赣）	2420
35	广昌县（赣）	2210
36	袁州区（赣）	1100
37	瑞金市（赣）	1028
38	龙南县（赣）	780
39	上高县（赣）	500
40	玉山县（赣）	470
41	安福县（赣）	450
42	万载县（赣）	310
43	临川区（赣）	220
44	安远县（赣）	217
45	黎川县（赣）	133
46	遂川县（赣）	98
47	乐平市（赣）	96.4
48	信丰县（赣）	88
49	永新县（赣）	86
50	德安县（赣）	80
51	铜鼓县（赣）	75
52	横峰县（赣）	66
53	万年县（赣）	66
54	崇义县（赣）	62
55	兴国县（赣）	55
56	樟树市（赣）	50
57	进贤县（赣）	40
58	吉水县（赣）	37
59	宜丰县（赣）	34
60	昌江区（赣）	30
61	濂溪区（赣）	7.5
62	彭泽县（赣）	5
63	寻乌县（赣）	4.5
64	广丰区（赣）	4
65	吉安县（赣）	2
66	五莲县（鲁）	11652
67	乳山市（鲁）	4289.97
68	荣成市（鲁）	199
69	高密市（鲁）	42
70	兰山区（鲁）	30

林产品主产地及产量

PRINCIPAL PRODUCTION COUNTIES AND OUTPUT OF FOREST PRODUCTS

（续表）

序号	县（旗、市、区、局、场）	鲜果产量（吨）	序号	县（旗、市、区、局、场）	鲜果产量（吨）	序号	县（旗、市、区、局、场）	鲜果产量（吨）
71	东阿县（鲁）	1.5	115	郁南县（粤）	2980	158	凯里市（黔）	300
72	潍坊市峡山区（鲁）	0.6	116	连州市（粤）	2182.5	159	金沙县（黔）	182
73	驿城区（豫）	17000	117	始兴县（粤）	150	160	晴隆县（黔）	180
74	新　县（豫）	10000	118	蕉岭县（粤）	86	161	息烽县（黔）	118.5
75	罗山县（豫）	6970	119	梅县区（粤）	50	162	瓮安县（黔）	109
76	方城县（豫）	4500	120	五华县（粤）	50	163	台江县（黔）	80
77	鲁山县（豫）	3018	121	新丰县（粤）	32	164	务川仡佬族苗族自治县（黔）	30
78	确山县（豫）	2200	122	平远县（粤）	18			
79	光山县（豫）	2000	123	新兴县（粤）	7.5	165	普定县（黔）	20
80	南召县（豫）	1950	124	东兰县（桂）	20413.29	166	麻江县（黔）	10
81	正阳县（豫）	240	125	隆安县（桂）	17020	167	宜良县（滇）	34600
82	松滋市（鄂）	35	126	隆林各族自治县（桂）	9086	168	永仁县（滇）	15126
83	衡东县（湘）	80000	127	乐业县（桂）	2523	169	大姚县（滇）	10635
84	茶陵县（湘）	11400	128	八步区（桂）	785.9	170	武定县（滇）	9680
85	祁阳县（湘）	8500	129	岑溪市（桂）	750	171	富民县（滇）	4210
86	涟源市（湘）	7100	130	龙胜各族自治县（桂）	605.61	172	寻甸回族彝族自治县（滇）	3742
87	永顺县（湘）	1500	131	三江侗族自治县（桂）	452.41	173	隆阳区（滇）	1218
88	会同县（湘）	1210	132	金秀瑶族自治县（桂）	397	174	马关县（滇）	1176
89	衡阳县（湘）	966	133	田阳县（桂）	182	175	巧家县（滇）	626
90	衡山县（湘）	965.19	134	金城江区（桂）	100	176	彝良县（滇）	520
91	云溪区（湘）	837	135	柳江区（桂）	80	177	孟连傣族拉祜族佤族自治县（滇）	480
92	珠晖区（湘）	810	136	凌云县（桂）	56			
93	湘潭市市辖区（湘）	807	137	六万林场（桂）	55	178	腾冲市（滇）	435.8
94	中方县（湘）	752	138	平果县（桂）	2	179	双柏县（滇）	410
95	华容县（湘）	750	139	丰都县（渝）	1705	180	麒麟区（滇）	300
96	麻阳苗族自治县（湘）	650	140	通江县（川）	950	181	绿春县（滇）	290
97	望城区（湘）	540	141	营山县（川）	400	182	鲁甸县（滇）	251
98	临湘市（湘）	500	142	荣　县（川）	288	183	景东彝族自治县（滇）	240
99	宁远县（湘）	478	143	仪陇县（川）	270	184	广南县（滇）	211.5
100	湘乡市（湘）	457	144	石棉县（川）	140	185	宁洱哈尼族彝族自治县（滇）	206.9
101	炎陵县（湘）	430	145	威远县（川）	43			
102	醴陵市（湘）	202	146	金口河区（川）	29	186	巍山彝族回族自治县（滇）	192.3
103	天元区（湘）	158	147	罗甸县（黔）	6000	187	永平县（滇）	175
104	澧　县（湘）	100	148	册亨县（黔）	5478	188	香格里拉市（滇）	124.78
105	临澧县（湘）	90	149	荔波县（黔）	2000	189	宁蒗彝族自治县（滇）	120
106	汝城县（湘）	42	150	平塘县（黔）	1590	190	漾濞彝族自治县（滇）	61
107	保靖县（湘）	40	151	普安县（黔）	1164	191	建水县（滇）	43
108	岳阳县（湘）	40	152	万山区（黔）	900	192	福贡县（滇）	41
109	东安县（湘）	25	153	赫章县（黔）	887	193	镇沅彝族哈尼族拉祜族自治县（滇）	28
110	桃源县（湘）	22	154	德江县（黔）	660			
111	宁乡市（湘）	12.8	155	仁怀市（黔）	500	194	开远市（滇）	16
112	封开县（粤）	8668	156	威宁彝族回族苗族自治县（黔）	480	195	蒙自市（滇）	12
113	大埔县（粤）	4613				196	绥江县（滇）	7.5
114	连平县（粤）	3990	157	天柱县（黔）	390	197	金平苗族瑶族傣族自治县（滇）	5

(续表)

序号	县(旗、市、区、局、场)	鲜果产量(吨)
198	姚安县(滇)	3.7
199	石泉县(陕)	8100
200	洋县(陕)	1400
201	周至县(陕)	1063
202	临潼区(陕)	66
203	鄠邑区(陕)	50.58
204	康县(甘)	891.8

表 8-25　冬枣主产地产量

序号	县(旗、市、区、局、场)	鲜果产量(吨)
1	静海区(津)	14315
2	滨海新区(津)	12169.5
3	西青区(津)	3630.75
4	宝坻区(津)	1
5	文安县(冀)	1995
6	丛台区(冀)	1500
7	高邑县(冀)	45
8	永清县(冀)	2
9	临猗县(晋)	275000
10	襄汾县(晋)	1000
11	娄烦县(晋)	45
12	库伦旗(内蒙古)	8
13	泗阳县(苏)	685
14	宿豫区(苏)	386
15	常熟市(苏)	10
16	仙居县(浙)	200
17	温岭市(浙)	31.2
18	霍邱县(皖)	4000
19	利辛县(皖)	312
20	南谯区(皖)	300
21	沾化区(鲁)	305000
22	无棣县(鲁)	86907
23	山亭区(鲁)	3100
24	曲阜市(鲁)	3000
25	滨城区(鲁)	800
26	利津县(鲁)	624
27	莱西市(鲁)	323
28	东阿县(鲁)	175.5
29	莘县(鲁)	30
30	陵城区(鲁)	27.5
31	周村区(鲁)	21
32	临清市(鲁)	15
33	东明县(鲁)	5

(续表)

序号	县(旗、市、区、局、场)	鲜果产量(吨)
34	武城县(鲁)	5
35	伊川县(豫)	3150
36	长垣县(豫)	2200
37	郾城区(豫)	1200
38	睢县(豫)	1050
39	濮阳县(豫)	378
40	龙安区(豫)	250
41	新蔡县(豫)	70
42	马村区(豫)	21
43	湘潭市市辖区(湘)	90
44	柳江区(桂)	172
45	天府新区(川)	961
46	仁怀市(黔)	50
47	蒙自市(滇)	3380
48	武定县(滇)	610
49	临潼区(陕)	563

表 8-26　鲜柿子主产地产量

序号	县(旗、市、区、局、场)	鲜果产量(吨)
1	玉田县(冀)	1767
2	内丘县(冀)	925
3	平山县(冀)	99
4	井陉矿区(冀)	27
5	景县(冀)	3
6	临猗县(晋)	84500
7	万荣县(晋)	42000
8	闻喜县(晋)	30000
9	夏县(晋)	6450
10	新绛县(晋)	2000
11	高平市(晋)	2000
12	河津市(晋)	1000
13	潞城区(晋)	540
14	平定县(晋)	220
15	左权县(晋)	162
16	壶关县(晋)	150
17	孟县(晋)	113
18	灵石县(晋)	23.8
19	陵川县(晋)	16
20	万柏林区(晋)	3
21	大丰区(苏)	37062
22	海门市(苏)	1002
23	浦口区(苏)	679
24	连云港市市辖区(苏)	599

(续表)

序号	县(旗、市、区、局、场)	鲜果产量(吨)
25	江宁区(苏)	580
26	泰兴市(苏)	210
27	通州区(苏)	180
28	溧阳市(苏)	26
29	张家港市(苏)	2.5
30	仙居县(浙)	2000
31	乐清市(浙)	1350
32	义乌市(浙)	785
33	余杭区(浙)	672
34	南湖区(浙)	146
35	景宁畲族自治县(浙)	100
36	江山市(浙)	75
37	文成县(浙)	60
38	秀洲区(浙)	56
39	岱山县(浙)	40
40	建德市(浙)	36
41	柯城区(浙)	10
42	德清县(浙)	3
43	霍邱县(皖)	3000
44	肥西县(皖)	1200
45	东至县(皖)	580.1
46	望江县(皖)	500
47	祁门县(皖)	131
48	歙县(皖)	125
49	湾沚区(皖)	51
50	固镇县(皖)	30
51	寻乌县(赣)	14825
52	于都县(赣)	12705
53	玉山县(赣)	2800
54	石城县(赣)	1182
55	柴桑区(赣)	600
56	临朐县(鲁)	967300
57	青州市(鲁)	55000
58	莱城区(鲁)	17550
59	山亭区(鲁)	11000
60	海阳市(鲁)	10000
61	黄岛区(鲁)	8325
62	坊子区(鲁)	8000
63	邹城市(鲁)	7500
64	微山县(鲁)	3750
65	长清区(鲁)	3522.45
66	新泰市(鲁)	3307
67	历城区(鲁)	2020

林产品主产地及产量

PRINCIPAL PRODUCTION COUNTIES AND OUTPUT OF FOREST PRODUCTS

(续表)

序号	县(旗、市、区、局、场)	鲜果产量(吨)
68	淄川区(鲁)	2000
69	沂源县(鲁)	1650
70	昌邑市(鲁)	1600
71	曲阜市(鲁)	1500
72	东平县(鲁)	960
73	博山区(鲁)	600
74	泰山区(鲁)	600
75	峄城区(鲁)	400
76	莒 县(鲁)	230
77	岱岳区(鲁)	200
78	高密市(鲁)	120
79	台儿庄区(鲁)	70
80	东明县(鲁)	45
81	河东区(鲁)	42
82	蓬莱市(鲁)	38
83	荣成市(鲁)	30
84	泰安市高新区(鲁)	9
85	莘 县(鲁)	8.3
86	西华县(豫)	22000
87	嵩 县(豫)	6900
88	渑池县(豫)	2746
89	洛宁县(豫)	1365
90	杞 县(豫)	1100
91	西平县(豫)	400
92	新密市(豫)	400
93	源汇区(豫)	283
94	商水县(豫)	220
95	濮阳县(豫)	217
96	西工区(豫)	187
97	武陟县(豫)	185
98	郸城县(豫)	166
99	龙安区(豫)	105
100	川汇区(豫)	75
101	北关区(豫)	53
102	马村区(豫)	27
103	新乡县(豫)	23
104	义马市(豫)	1.4
105	江华瑶族自治县(湘)	500
106	临澧县(湘)	140
107	鹤城区(湘)	101
108	鼎城区(湘)	63
109	麻阳苗族自治县(湘)	30
110	连南瑶族自治县(粤)	997
111	新丰县(粤)	569

(续表)

序号	县(旗、市、区、局、场)	鲜果产量(吨)
112	信宜市(粤)	60
113	连山壮族瑶族自治县(粤)	11
114	中山市(粤)	6
115	平乐县(桂)	419966.5
116	武宣县(桂)	21334.75
117	全州县(桂)	9612
118	忻城县(桂)	5838
119	柳城县(桂)	2411.6
120	八步区(桂)	2219.9
121	龙胜各族自治县(桂)	1861.7
122	港南区(桂)	1204.1
123	马山县(桂)	936.87
124	柳江区(桂)	784
125	临桂区(桂)	614.66
126	隆林各族自治县(桂)	605
127	凤山县(桂)	271.62
128	融水苗族自治县(桂)	261
129	金秀瑶族自治县(桂)	237.74
130	港北区(桂)	211
131	三江侗族自治县(桂)	201.65
132	都安瑶族自治县(桂)	126
133	乐业县(桂)	11.94
134	巴州区(川)	207
135	天府新区(川)	202
136	邻水县(川)	90
137	五通桥区(川)	5
138	开阳县(黔)	1858
139	兴仁市(黔)	278
140	榕江县(黔)	224
141	锦屏县(黔)	100.52
142	普安县(黔)	40.36
143	元江哈尼族彝族傣族自治县(滇)	3984
144	昌宁县(滇)	3167.4
145	洱源县(滇)	1310
146	江川区(滇)	1265
147	弥勒市(滇)	1025.2
148	广南县(滇)	984.3
149	华宁县(滇)	948
150	新平彝族傣族自治县(滇)	865
151	蒙自市(滇)	735
152	永胜县(滇)	702.6
153	丘北县(滇)	650
154	易门县(滇)	535.01
155	武定县(滇)	480

(续表)

序号	县(旗、市、区、局、场)	鲜果产量(吨)
156	麻栗坡县(滇)	375
157	云 县(滇)	358.7
158	鹤庆县(滇)	152
159	梁河县(滇)	99.1
160	开远市(滇)	36.7
161	盈江县(滇)	17.8
162	白河县(陕)	8700
163	临潼区(陕)	5363
164	略阳县(陕)	3428
165	周至县(陕)	3000
166	镇巴县(陕)	1100
167	西咸新区(陕)	180
168	蓝田县(陕)	20
169	紫阳县(陕)	10
170	泾川县(甘)	6953
171	康 县(甘)	51.72

表 8-27　脐橙主产地产量

序号	县(旗、市、区、局、场)	鲜果产量(吨)
1	安远县(赣)	182092
2	寻乌县(赣)	170000
3	信丰县(赣)	144073
4	宁都县(赣)	137719
5	南康区(赣)	36300
6	上犹县(赣)	20000
7	石城县(赣)	17990
8	定南县(赣)	16613
9	蓉江新区(赣)	5775
10	芦溪县(赣)	1000
11	彭泽县(赣)	15
12	宜章县(湘)	191200
13	辰溪县(湘)	121000
14	衡东县(湘)	100000
15	澧 县(湘)	28800
16	茶陵县(湘)	11000
17	江华瑶族自治县(湘)	3588
18	双牌县(湘)	1932
19	零陵区(湘)	600
20	和平县(粤)	720
21	大埔县(粤)	320
22	龙胜各族自治县(桂)	7776.9
23	东兰县(桂)	100
24	邻水县(川)	201000

(续表)

序号	县(旗、市、区、局、场)	鲜果产量(吨)
25	江安县(川)	20000
26	巴州区(川)	1892
27	榕江县(黔)	14802
28	晴隆县(黔)	2000
29	镇远县(黔)	842.2
30	丹寨县(黔)	80

表 8-28 笋用竹主产地产量

序号	县(旗、市、区、局、场)	鲜果产量(吨)
1	德清县(浙)	84658
2	桐庐县(浙)	71654
3	平阳县(浙)	41951
4	越城区(浙)	8587
5	龙游县(浙)	7500
6	祁门县(皖)	1288
7	郎溪县(皖)	150
8	望江县(皖)	85
9	铜鼓县(赣)	4500
10	瑞金市(赣)	815
11	进贤县(赣)	560
12	南丰县(赣)	419
13	德兴市(赣)	300
14	濂溪区(赣)	10
15	望城区(湘)	28000
16	临湘市(湘)	4000
17	江华瑶族自治县(湘)	200
18	东安县(湘)	169
19	辰溪县(湘)	72
20	珠晖区(湘)	60
21	和平县(粤)	60
22	隆安县(桂)	1250
23	隆林各族自治县(桂)	165
24	荣昌区(渝)	30000
25	大竹县(川)	50000
26	西充县(川)	7315
27	马边彝族自治县(川)	7165
28	翠屏区(川)	1500
29	五通桥区(川)	966
30	旺苍县(川)	750
31	利州区(川)	500
32	恩阳区(川)	260
33	苍溪县(川)	50

(续表)

序号	县(旗、市、区、局、场)	鲜果产量(吨)
34	罗汇区(川)	13.5
35	平塘县(黔)	5750
36	云县(滇)	2020
37	师宗县(滇)	810
38	贡山独龙族怒族自治县(滇)	553.03
39	宁洱哈尼族彝族自治县(滇)	69.5

表 8-29 榛子主产地产量

序号	县(旗、市、区、局、场)	鲜果产量(吨)
1	承德县(冀)	105
2	唐县(冀)	45
3	双滦区(冀)	20
4	怀来县(冀)	1.13
5	科尔沁区(内蒙古)	667
6	科尔沁左翼后旗(内蒙古)	15
7	翁牛特旗(内蒙古)	10
8	铁岭县(辽)	15000
9	昌图县(辽)	3000
10	清河区(辽)	2000
11	弓长岭区(辽)	2000
12	浑南区(辽)	281
13	灯塔市(辽)	247
14	大石桥市(辽)	193
15	本溪市经济开发区(辽)	82
16	南芬区(辽)	20
17	北票市(辽)	9
18	盘山县(辽)	1
19	东丰县(吉)	2085
20	永吉县(吉)	1500
21	梅河口市(吉)	893
22	辉南县(吉)	420
23	集安市(吉)	385.6
24	磐石市(吉)	305
25	临江市(吉)	305
26	龙潭区(吉)	270
27	桦甸市(吉)	200
28	通化县(吉)	198.56
29	抚松县(吉)	196.8
30	图们市(吉)	180
31	浑江区(吉)	171
32	公主岭市(吉)	160

(续表)

序号	县(旗、市、区、局、场)	鲜果产量(吨)
33	长白朝鲜族自治县(吉)	140
34	昌邑区(吉)	122
35	船营区(吉)	100
36	二道江区(吉)	75.4
37	梨树县(吉)	70
38	西安区(吉)	59
39	扶余市(吉)	32.5
40	东昌区(吉)	15
41	双阳区(吉)	12
42	敦化市(吉)	5.6
43	江源区(吉)	5
44	通河县(黑)	24000
45	林口县(黑)	6157
46	阿城区(黑)	514.8
47	伊美区(黑)	174.12
48	爱辉区(黑)	161
49	友好区(黑)	156
50	方正县(黑)	60
51	滴道区(黑)	35
52	桦川县(黑)	35
53	延寿县(黑)	35
54	双城区(黑)	7.67
55	城子河区(黑)	5
56	转山实验林场(黑)	2.5
57	碾子山区(黑)	1.1
58	山河实验林场(黑)	1
59	铜山区(苏)	54
60	潍坊市峡山区(鲁)	600
61	黄岛区(鲁)	25
62	五莲县(鲁)	11
63	青州市(鲁)	5
64	双鸭山林业局(龙江森工)	1480
65	清河林业局(龙江森工)	262
66	林口林业局(龙江森工)	41.2
67	方正林业局(龙江森工)	22
68	东京城林业局(龙江森工)	11
69	第五师(新疆兵团)	11.2

表 8-30 其他果品主产地产量

序号	县(旗、市、区、局、场)	品种	鲜果产量(吨)
1	溧水区(苏)	梅	1700
2	仙居县(浙)	梅	50
3	旌德县(皖)	梅	110

林产品主产地及产量
PRINCIPAL PRODUCTION COUNTIES AND OUTPUT OF FOREST PRODUCTS

(续表)

序号	县（旗、市、区、局、场）	品种	鲜果产量（吨）
4	涟源市（湘）	梅	780
5	新兴县（粤）	梅	3602.6
6	五华县（粤）	梅	396
7	苍梧县（桂）	梅	1950
8	大邑县（川）	梅	6466.3
9	漾濞彝族自治县（滇）	梅	6700
10	永胜县（滇）	梅	252.8
11	云县（滇）	梅	117.6
12	宁蒗彝族自治县（滇）	梅	62
13	弥渡县（滇）	梅	53
14	伽师县（新）	梅	88324
15	莎车县（新）	梅	8192
16	疏附县（新）	梅	2461
17	英吉沙县（新）	梅	1384
18	麦盖提县（新）	梅	582
19	疏勒县（新）	梅	534
20	岳普湖县（新）	梅	446
21	阿克苏市（新）	梅	374.8
22	万全区（冀）	海棠	675
23	丰宁满族自治县（冀）	海棠	79
24	准格尔旗（内蒙古）	海棠	16000
25	科尔沁左翼后旗（内蒙古）	海棠	0.9
26	永吉县（吉）	海棠	5400
27	前郭尔罗斯蒙古族自治县（吉）	海棠	420
28	浑江区（吉）	海棠	20
29	南谯区（皖）	海棠	4
30	乐都区（青）	海棠	55
31	轮台县（新）	海棠	1346.6
32	阜康市（新）	海棠	407
33	塔城市（新）	海棠	365.5
34	第十四师（新疆兵团）	海棠	51
35	宝坻区（津）	文冠果	172.31
36	怀来县（冀）	文冠果	4.5
37	泽州县（晋）	文冠果	10
38	大宁县（晋）	文冠果	9
39	扎鲁特旗（内蒙古）	文冠果	2500
40	阿鲁科尔沁旗（内蒙古）	文冠果	300
41	科尔沁区（内蒙古）	文冠果	150
42	杭锦旗（内蒙古）	文冠果	8
43	开鲁县（内蒙古）	文冠果	6

(续表)

序号	县（旗、市、区、局、场）	品种	鲜果产量（吨）
44	双城区（黑）	文冠果	1
45	甘州区（甘）	文冠果	1125
46	阳山县（粤）	金柑	3100
47	电白区（粤）	金柑	697
48	平乐县（桂）	金柑	278
49	东兰县（桂）	金柑	13.7
50	武定县（滇）	番木瓜	700
51	芒市（滇）	番木瓜	472
52	盈江县（滇）	番木瓜	161.2
53	陇川县（滇）	番木瓜	88
54	鹤山市（粤）	柠檬	292
55	中山市（粤）	柠檬	52
56	信宜市（粤）	柠檬	6
57	丰都县（渝）	柠檬	847.5
58	嘉陵区（川）	柠檬	22000
59	乐至县（川）	柠檬	15000
60	前锋区（川）	柠檬	585
61	瑞丽市（滇）	柠檬	12562.7
62	盈江县（滇）	柠檬	5466.2
63	勐海县（滇）	柠檬	1009
64	芒市（滇）	柠檬	340.3
65	勐腊县（滇）	柠檬	300.5
66	陇川县（滇）	柠檬	173.2
67	永胜县（滇）	柠檬	11.3
68	第七师（新疆兵团）	柠檬	2.1
69	惠来县（粤）	菠萝	30000
70	中山市（粤）	菠萝	5512
71	雷州市（粤）	菠萝	1900
72	恩平市（粤）	菠萝	26
73	扶绥县（桂）	菠萝	65
74	龙圩区（桂）	菠萝	4
75	儋州市（琼）	菠萝	4454.3
76	琼中黎族苗族自治县（琼）	菠萝	768
77	三亚市市辖区（琼）	菠萝	600
78	屏边苗族自治县（滇）	菠萝	179991.4
79	景洪市（滇）	菠萝	31504
80	芒市（滇）	菠萝	18981.8
81	勐腊县（滇）	菠萝	5059.8
82	瑞丽市（滇）	菠萝	2049.8
83	马关县（滇）	菠萝	1256
84	勐海县（滇）	菠萝	284
85	盈江县（滇）	菠萝	73
86	陇川县（滇）	菠萝	16.6

(续表)

序号	县（旗、市、区、局、场）	品种	鲜果产量（吨）
87	崖州区（琼）	椰子	1446200
88	儋州市（琼）	椰子	492875
89	三亚市市辖区（琼）	椰子	271039
90	海棠区（琼）	椰子	10800
91	琼山区（琼）	椰子	3636.5
92	天崖区（琼）	椰子	2873.68
93	吉阳区（琼）	椰子	2348
94	琼中黎族苗族自治县（琼）	椰子	202.41
95	吉阳区（琼）	椰子	48.6
96	美兰区（琼）	椰子	17
97	勐腊县（滇）	椰子	20.5
98	颍上县（皖）	香梨	7000
99	阿克苏市（新）	香梨	163961
100	库车县（新）	香梨	140404
101	尉犁县（新）	香梨	20683
102	温宿县（新）	香梨	11406
103	叶城县（新）	香梨	3904.07
104	疏附县（新）	香梨	650
105	柯坪县（新）	香梨	636
106	伊州区（新）	香梨	260
107	疏勒县（新）	香梨	2
108	温宿县（新）	酸梅	2493
109	新和县（新）	酸梅	690
110	尉犁县（新）	酸梅	233
111	塔城市（新）	酸梅	168
112	裕民县（新）	酸梅	26
113	伊州区（新）	酸梅	14
114	托里县（新）	酸梅	10
115	河间市（冀）	小浆果	362.31
116	克东县（黑）	小浆果	58
117	湾沚区（皖）	小浆果	17.7
118	石泉县（陕）	小浆果	840
119	额敏县（新）	小浆果	480
120	阜康市（新）	小浆果	432
121	乌苏市（新）	小浆果	237
122	镇江市市辖区（苏）	甜瓜	40
123	大通区（皖）	甜瓜	1500
124	原阳县（豫）	甜瓜	2250
125	商水县（豫）	甜瓜	2101
126	太康县（豫）	甜瓜	1950
127	华龙区（豫）	甜瓜	298
128	鼎城区（湘）	甜瓜	980
129	海棠区（琼）	甜瓜	9

（续表）

序号	县(旗、市、区、局、场)	品种	鲜果产量(吨)
130	丹寨县(黔)	甜瓜	1040
131	镇远县(黔)	甜瓜	394
132	勐腊县(滇)	甜瓜	866.9
133	稷山县(晋)	青枣	10000
134	松山区(内蒙古)	青枣	2500
135	义乌市(浙)	青枣	285
136	肥西县(皖)	青枣	28
137	玉山县(赣)	青枣	4700
138	余江区(赣)	青枣	30
139	庆云县(鲁)	青枣	3150
140	殷都区(豫)	青枣	16
141	滑县(豫)	青枣	1
142	祁东县(湘)	青枣	16200
143	溆浦县(湘)	青枣	1290
144	衡山县(湘)	青枣	965.07
145	天元区(湘)	青枣	55
146	云溪区(湘)	青枣	10
147	耒阳市(湘)	青枣	3.5
148	雷州市(粤)	青枣	11040
149	连州市(粤)	青枣	4176
150	中山市(粤)	青枣	159
151	增城区(粤)	青枣	157
152	邻水县(川)	青枣	28
153	元江哈尼族彝族傣族自治县(滇)	青枣	62697
154	勐腊县(滇)	青枣	2941.4
155	勐海县(滇)	青枣	945
156	永胜县(滇)	青枣	212.2
157	盈江县(滇)	青枣	30.9
158	牟定县(滇)	青枣	5
159	静海区(津)	红果	938.4
160	西青区(津)	红果	42.6
161	东丽区(津)	红果	5
162	青龙满族自治县(冀)	红果	9213
163	泊头市(冀)	红果	737.98
164	高邑县(冀)	红果	158
165	景县(冀)	红果	55
166	平山县(冀)	红果	19
167	井陉矿区(冀)	红果	17.2
168	孟村回族自治县(冀)	红果	15
169	河间市(冀)	红果	0.87
170	东丰县(吉)	红松坚果	3340

（续表）

序号	县(旗、市、区、局、场)	品种	鲜果产量(吨)
171	抚松县(吉)	红松坚果	2070.9
172	辉南县(吉)	红松坚果	1862
173	桦甸市(吉)	红松坚果	447
174	集安市(吉)	红松坚果	409.2
175	上营森林经营局(吉)	红松坚果	180
176	黄泥河林业局(吉)	红松坚果	167
177	长白朝鲜族自治县(吉)	红松坚果	135
178	长白森林经营局(吉)	红松坚果	80
179	二道江区(吉)	红松坚果	51.4
180	东昌区(吉)	红松坚果	28.2
181	船营区(吉)	红松坚果	4
182	白山市市辖区(吉)	红松坚果	3
183	友好区(黑)	红松坚果	1400
184	阿城区(黑)	红松坚果	239.25
185	尚志国有林场管理局(黑)	红松坚果	65
186	宝清县(黑)	红松坚果	51.6
187	山河实验林场(黑)	红松坚果	10
188	麻山区(黑)	红松坚果	6
189	露水河林业局(吉林森工)	红松坚果	3800
190	松江河林业有限公司(吉林森工)	红松坚果	992
191	临江林业局(吉林森工)	红松坚果	641
192	三岔子林业局(吉林森工)	红松坚果	190
193	盘山县(辽)	树莓	250
194	浑南区(辽)	树莓	8.5
195	永吉县(吉)	树莓	60
196	梨树县(吉)	树莓	20
197	双城区(黑)	树莓	40
198	仙居县(浙)	树莓	1500
199	郎溪县(皖)	树莓	1
200	封丘县(豫)	树莓	10400
201	海晏县(青)	树莓	107.8
202	湟源县(青)	树莓	60
203	大通回族土族自治县(青)	树莓	10
204	湟中县(青)	树莓	7
205	永宁县(宁)	树莓	800
206	方正林业局(龙江森工)	树莓	92

（续表）

序号	县(旗、市、区、局、场)	品种	鲜果产量(吨)
207	上营森林经营局(吉)	核桃楸	1000
208	五常市(黑)	核桃楸	800
209	南岔县(黑)	核桃楸	349.8
210	伊美区(黑)	核桃楸	114.2
211	泉阳林业局(吉林森工)	核桃楸	39
212	三岔子林业局(吉林森工)	核桃楸	30
213	湾沟林业局(吉林森工)	核桃楸	25
214	泰兴市(苏)	桑葚	144
215	绩溪县(皖)	桑葚	68
216	南康区(赣)	桑葚	150
217	费县(鲁)	桑葚	1000
218	封丘县(豫)	桑葚	750
219	麒麟区(滇)	桑葚	800
220	文山市(滇)	桑葚	15
221	绥德县(陕)	桑葚	41
222	高昌区(新)	桑葚	730
223	库车县(新)	桑葚	386
224	海安市(苏)	银杏	1470
225	东台市(苏)	银杏	810
226	睢宁县(苏)	银杏	290
227	滨湖区(苏)	银杏	105
228	海门市(苏)	银杏	101
229	通州区(苏)	银杏	78
230	常熟市(苏)	银杏	12
231	长兴县(浙)	银杏	850
232	花山区(皖)	银杏	658
233	绩溪县(皖)	银杏	38
234	东至县(皖)	银杏	19
235	望江县(皖)	银杏	1.8
236	宁阳县(鲁)	银杏	260
237	沂源县(鲁)	银杏	3
238	息县(豫)	银杏	150
239	龙胜各族自治县(桂)	银杏	78.39
240	开江县(川)	银杏	4160
241	华蓥市(川)	银杏	380
242	邻水县(川)	银杏	150
243	普安县(黔)	银杏	20
244	开阳县(黔)	银杏	20
245	宁洱哈尼族彝族自治县(滇)	银杏	7.8
246	洋县(陕)	银杏	252

林产品主产地及产量
PRINCIPAL PRODUCTION COUNTIES AND OUTPUT OF FOREST PRODUCTS

表 9-1 母树林种子（红松）主产地产量

序号	县（旗、市、区、局、场）	种子产量（千克）
1	新宾满族自治县（辽）	523406
2	桓仁满族自治县（辽）	8000
3	本溪满族自治县（辽）	5000
4	东洲区（辽）	3000
5	铁岭县（辽）	300
6	辉南县（吉）	1862000
7	抚松县（吉）	150000
8	敦化林业局（吉）	125000
9	通化县（吉）	22840
10	汪清林业局（吉）	20000
11	安图县（吉）	8000
12	永吉县（吉）	2500
13	桦甸市（吉）	2500
14	长白朝鲜族自治县（吉）	820
15	虎林市（黑）	968000
16	汤原县（黑）	250000
17	宁安市（黑）	208150
18	密山市（黑）	113262
19	延寿县（黑）	20000
20	通河县（黑）	7000
21	鹤岗市市辖区（黑）	6000
22	大箐山县（黑）	4000
23	金林区（黑）	2157
24	山河实验林场（黑）	500
25	露水河林业局（吉林森工）	7000
26	湾沟林业局（吉林森工）	5000
27	泉阳林业局（吉林森工）	3300
28	东方红林业局（龙江森工）	968000
29	鹤北林业局（龙江森工）	165000
30	穆棱林业局（龙江森工）	60000
31	黑龙江柴河林业局（龙江森工）	50000
32	东京城林业局（龙江森工）	30000
33	绥棱林业局（龙江森工）	10500
34	桦南林业局（龙江森工）	9050
35	清河林业局（龙江森工）	8000
36	海林林业局（龙江森工）	2710
37	通北林业局（龙江森工）	2500

表 9-2 其他母树林种子主产地产量

序号	县（旗、市、区、局、场）	品种	种子产量（千克）
1	兰溪市（浙）	马尾松	30
2	桐柏县（豫）	马尾松	160
3	祁东县（湘）	马尾松	14500
4	蓝山县（湘）	马尾松	2480
5	汝城县（湘）	马尾松	190
6	保靖县（湘）	马尾松	150
7	江华瑶族自治县（湘）	马尾松	150
8	桂阳县（湘）	马尾松	80
9	信宜市（粤）	马尾松	60
10	德江县（黔）	马尾松	1000
11	南郑区（陕）	马尾松	42000
12	五岔沟林业局（内蒙古）	落叶松	300
13	敦化林业局（吉）	落叶松	1000
14	长白朝鲜族自治县（吉）	落叶松	215
15	密山市（黑）	落叶松	200
16	五常市（黑）	落叶松	95
17	哈密林场（新）	落叶松	40
18	安福县（赣）	火炬松	30
19	泌阳县（豫）	火炬松	350
20	会东县（川）	华山松	5750
21	万源市（川）	华山松	200
22	务川仡佬族苗族自治县（黔）	华山松	20000
23	大方县（黔）	华山松	5000
24	宁蒗彝族自治县（滇）	华山松	15000
25	施甸县（滇）	华山松	2200
26	腾冲市（滇）	华山松	2000
27	南华县（滇）	华山松	1280
28	楚雄市（滇）	华山松	312
29	南郑区（陕）	华山松	20000
30	山门林场（甘）	华山松	250
31	峡江县（赣）	湿地松	3
32	汨罗市（湘）	湿地松	450
33	台山市（粤）	湿地松	2000
34	榆树林场（甘）	白皮松	50
35	麦积林场（甘）	白皮松	40
36	陵川县（晋）	油松	1500
37	沁县（晋）	油松	863
38	阳曲县（晋）	油松	9.1
39	宁城县（内蒙古）	油松	180
40	凌源市（辽）	油松	50000
41	卢氏县（豫）	油松	1750
42	南郑区（陕）	油松	7200
43	正宁林业总场（甘）	油松	620
44	张家林场（甘）	油松	500
45	大方县（黔）	云南松	10000
46	腾冲市（滇）	云南松	3400
47	双柏县（滇）	云南松	2500
48	永仁县（滇）	云南松	8
49	五岔沟林业局（内蒙古）	樟子松	280.9
50	呼玛县（黑）	樟子松	1000
51	泰来县（黑）	樟子松	700
52	嫩江县（黑）	樟子松	300
53	密山市（黑）	樟子松	160
54	五常市（黑）	樟子松	5
55	天长市（皖）	池杉	600
56	鼎城区（湘）	池杉	400
57	洪雅县（川）	柳杉	1000
58	大方县（黔）	柳杉	10000
59	瓮安县（黔）	柳杉	400
60	吴江区（苏）	落羽杉	1998
61	淮滨县（豫）	落羽杉	210
62	鼎城区（湘）	落羽杉	80
63	吴江区（苏）	水杉	2400
64	弋阳县（赣）	水杉	3
65	鼎城区（湘）	水杉	1050
66	上犹县（赣）	杉木	100000
67	乐安县（赣）	杉木	5050
68	安福县（赣）	杉木	1250
69	大余县（赣）	杉木	699
70	祁东县（湘）	杉木	4800
71	攸县（湘）	杉木	1200
72	会同县（湘）	杉木	200
73	江华瑶族自治县（湘）	杉木	100
74	凤山县（桂）	杉木	50
75	黎平县（黔）	杉木	300
76	龙陵县（滇）	杉木	5200
77	西畴县（滇）	杉木	3120
78	屏边苗族自治县（滇）	杉木	300
79	五岔沟林业局（内蒙古）	云杉	300
80	嫩江县（黑）	云杉	200
81	炉霍林业局（川）	云杉	100
82	大通回族土族自治县（青）	云杉	350
83	麦秀森林公园（青）	云杉	25
84	乌鲁木齐县（新）	云杉	65

(续表)

序号	县（旗、市、区、局、场）	品种	种子产量（千克）
85	禹会区（皖）	柏	500
86	渑池县（豫）	柏	18674
87	西畴县（滇）	柏	470
88	临潼区（陕）	柏	100500
89	张掖市市辖区（甘）	柏	383
90	四平市市辖区（吉）	刺槐	1000
91	济源市（豫）	刺槐	21
92	宁 县（甘）	刺槐	12200
93	敦化林业局（吉）	胡桃楸	113000
94	五常市（黑）	胡桃楸	5500
95	湾沟林业局（吉林森工）	胡桃楸	10000
96	五常市（黑）	桦树	25
97	大方县（黔）	桦树	10000
98	五常市（黑）	黄波罗	1
99	苇河林业局（龙江森工）	黄波罗	50
100	敦化林业局（吉）	杨树	2000
101	禹会区（皖）	白蜡	500
102	东营市市辖区（鲁）	白蜡	50
103	新宾满族自治县（辽）	水曲柳	98177
104	长白朝鲜族自治县（吉）	水曲柳	15
105	五常市（黑）	水曲柳	140
106	海林林业局（龙江森工）	水曲柳	790
107	桦南林业局（龙江森工）	水曲柳	500
108	苇河林业局（龙江森工）	水曲柳	160
109	东明县（鲁）	榆	220
110	五常市（黑）	紫椴	9
111	五华县（粤）	红锥	100
112	浦北县（桂）	红锥	1500
113	中国林科院热林中心（桂）	红锥	600
114	内乡县（豫）	栎类	2500000
115	固始县（豫）	栎类	16000
116	庆元县（浙）	楠	190
117	祁门县（皖）	楠	36
118	大余县（赣）	楠	13
119	富顺县（川）	楠	6
120	台江县（黔）	楠	3
121	云 县（滇）	桉树	1000
122	鄂托克前旗（内蒙古）	柠条	2000

(续表)

序号	县（旗、市、区、局、场）	品种	种子产量（千克）
123	盐池县（宁）	柠条	480000
124	同心县（宁）	柠条	72000
125	原州区（宁）	柠条	2000
126	上犹县（赣）	香樟	4000
127	祁东县（湘）	香樟	3500000
128	岳阳县（湘）	香樟	1000
129	巴州区（川）	香樟	300
130	禹会区（皖）	桂花	300
131	东安县（湘）	桂花	500
132	冷水滩区（湘）	桂花	80
133	禹会区（皖）	广玉兰	500
134	临沭县（鲁）	核桃	528
135	昭阳区（滇）	核桃	15000
136	郏 县（豫）	红枣	550000
137	瓜州县（甘）	胡杨	12
138	高台县（甘）	沙枣	3200
139	惠农区（宁）	沙枣	3000
140	东明县（鲁）	槐树	170
141	南郑区（陕）	厚朴	5000
142	花垣县（湘）	桤木	120
143	汨罗市（湘）	桤木	100
144	平昌县（川）	桤木	1200
145	巴州区（川）	桤木	500
146	西畴县（滇）	桤木	20
147	祁门县（皖）	枫香	100
148	潜山市（皖）	枫香	18
149	上犹县（赣）	枫香	6000
150	大余县（赣）	枫香	15
151	祁东县（湘）	枫香	3550
152	五华县（粤）	枫香	10
153	万源市（川）	香椿	200
154	贞丰县（黔）	香椿	1000
155	庆元县（浙）	珍稀乡土	368
156	邳州市（苏）	银杏	50200
157	北川羌族自治县（川）	银杏	2000
158	大方县（黔）	银杏	2000
159	五华县（粤）	合欢	10
160	文成县（浙）	油茶	20
161	舒城县（皖）	油茶	3000
162	上犹县（赣）	油茶	800000
163	茶陵县（湘）	油茶	5500
164	岑溪市（桂）	油茶	15500
165	富顺县（川）	油茶	1500

(续表)

序号	县（旗、市、区、局、场）	品种	种子产量（千克）
166	阿鲁科尔沁旗（内蒙古）	文冠果	26000
167	突泉（内蒙古）	文冠果	6000
168	兰溪市（浙）	荷木	105
169	上犹县（赣）	荷木	8000
170	五华县（粤）	荷木	110
171	庆元县（浙）	南方红豆杉	4
172	高 县（川）	檫树	45

表10-1　种子园种子（杉木）主产地产量

序号	县（旗、市、区、局、场）	种子产量（千克）
1	庆元县（浙）	200
2	淳安县（浙）	60
3	开化县（浙）	1
4	休宁县（皖）	100
5	乐安县（赣）	5000
6	余江区（赣）	2000
7	信丰县（赣）	1500
8	安福县（赣）	960
9	龙南县（赣）	896
10	新干县（赣）	200
11	青原区（赣）	95
12	铜鼓县（赣）	84
13	崇义县（赣）	60
14	寻乌县（赣）	52
15	安远县（赣）	31
16	祁东县（湘）	113000
17	岳阳县（湘）	3000
18	会同县（湘）	1800
19	攸 县（湘）	1200
20	靖州苗族侗族自治县（湘）	306
21	东安县（湘）	300
22	江华瑶族自治县（湘）	150
23	乐昌市（粤）	300
24	曲江区（粤）	158.25
25	隆林各族自治县（桂）	600
26	象州县（桂）	110
27	八步区（桂）	100
28	筠连县（川）	5000
29	高 县（川）	400
30	黎平县（黔）	300
31	西畴县（滇）	3120

表 10-2 其他种子园种子主产地产量

序号	县（旗、市、区、局、场）	品种	种子产量（千克）
1	淳安县（浙）	马尾松	50
2	全椒县（皖）	马尾松	5
3	桐柏县（豫）	马尾松	550
4	祁东县（湘）	马尾松	140000
5	保靖县（湘）	马尾松	150
6	江华瑶族自治县（湘）	马尾松	150
7	桂阳县（湘）	马尾松	80
8	安化县（湘）	马尾松	75
9	汨罗市（湘）	马尾松	35
10	西林县（桂）	马尾松	1000
11	派阳山林场（桂）	马尾松	250
12	覃塘区（桂）	马尾松	196.2
13	藤县（桂）	马尾松	110
14	八步区（桂）	马尾松	20
15	翠屏区（川）	马尾松	100
16	江油市（川）	马尾松	42
17	德江县（黔）	马尾松	1000
18	黄平县（黔）	马尾松	250
19	都匀市（黔）	马尾松	226
20	隆化县（冀）	落叶松	100
21	静乐县（晋）	落叶松	500
22	长城山林场（晋）	落叶松	500
23	新宾满族自治县（辽）	落叶松	2640035
24	铁岭县（辽）	落叶松	400
25	东洲区（辽）	落叶松	200
26	桓仁满族自治县（辽）	落叶松	20
27	五常市（黑）	落叶松	25
28	哈密林场（新）	落叶松	100
29	加格达奇林业局（大兴安岭）	落叶松	5
30	新宾满族自治县（辽）	红松	4446876
31	东港市（辽）	红松	4000
32	本溪满族自治县（辽）	红松	2000
33	桓仁满族自治县（辽）	红松	780
34	龙井市（吉）	红松	10704
35	永吉县（吉）	红松	1500
36	敦化林业局（吉）	红松	200
37	延寿县（黑）	红松	15000
38	鹤岗市市辖区（黑）	红松	400
39	露水河林业局（吉林森工）	红松	14325
40	三岔子林业局（吉林森工）	红松	1250
41	林口林业局（龙江森工）	红松	4000
42	亚布力林业局（龙江森工）	红松	3200
43	海林林业局（龙江森工）	红松	2710
44	苇河林业局（龙江森工）	红松	1975
45	绥棱林业局（龙江森工）	红松	750
46	余杭区（浙）	火炬松	40
47	安福县（赣）	火炬松	25
48	寻乌县（赣）	火炬松	24
49	汨罗市（湘）	火炬松	85
50	威宁彝族回族苗族自治县（黔）	华山松	2000
51	宁蒗彝族自治县（滇）	华山松	2000
52	楚雄市（滇）	华山松	312
53	玉龙纳西族自治县（滇）	华山松	101
54	余杭区（浙）	湿地松	10
55	寻乌县（赣）	湿地松	133.5
56	青原区（赣）	湿地松	75
57	汨罗市（湘）	湿地松	2800
58	常宁市（湘）	湿地松	250
59	台山市（粤）	湿地松	2050
60	景谷傣族彝族自治县（滇）	思茅松	224.3
61	隆化县（冀）	油松	4050
62	平泉市（冀）	油松	1600
63	宁城县（内蒙古）	油松	160
64	北票市（辽）	油松	1100
65	弋阳县（赣）	油松	6000
66	茶陵县（湘）	油松	5500
67	正宁林业总场（甘）	油松	560
68	腾冲市（滇）	云南松	3400
69	双柏县（滇）	云南松	1000
70	玉龙纳西族自治县（滇）	云南松	180
71	弥渡县（滇）	云南松	39
72	永仁县（滇）	云南松	8
73	呼玛县（黑）	樟子松	1000
74	泰来县（黑）	樟子松	600
75	克东县（黑）	樟子松	80
76	五常市（黑）	樟子松	9
77	洪湖市（鄂）	池杉	5000
78	鼎城区（湘）	池杉	200
79	北川羌族自治县（川）	柳杉	210
80	吴江区（苏）	落羽杉	1998
81	东海县（苏）	落羽杉	800
82	淮滨县（豫）	落羽杉	380
83	吴江区（苏）	水杉	2400
84	炉霍林业局（川）	云杉	100
85	玉龙纳西族自治县（滇）	云杉	245
86	张掖市市辖区（甘）	云杉	125
87	大通回族土族自治县（青）	云杉	10
88	大通森林公园（青）	云杉	10
89	乌鲁木齐县（新）	云杉	110
90	淳安县（浙）	柏	106
91	三台县（川）	柏	100
92	蓬安县（川）	柏	30
93	石林彝族自治县（滇）	柏	800
94	玉龙纳西族自治县（滇）	柏	5
95	隆化县（冀）	刺槐	200
96	平泉市（冀）	刺槐	150
97	费县（鲁）	刺槐	300
98	宁阳县（鲁）	刺槐	3.1
99	南江县（川）	刺槐	250
100	南郑区（陕）	刺槐	130
101	宁县（甘）	刺槐	698
102	新宾满族自治县（辽）	胡桃楸	5529851
103	宁阳县（鲁）	杨树	300
104	禹会区（皖）	白蜡	500
105	东营市市辖区（鲁）	白蜡	320
106	惠农区（宁）	白蜡	3000
107	平罗县（宁）	白蜡	1000
108	大箐山县（黑）	水曲柳	44
109	林口林业局（龙江森工）	水曲柳	3000
110	明水县（黑）	榆	40
111	中国林科院热林中心（桂）	红锥	8
112	南谯区（皖）	栎类	10000
113	淅川县（豫）	栎类	10000000
114	平桥区（豫）	栎类	105000
115	南郑区（陕）	栎类	19400
116	庆元县（浙）	楠	5
117	寻乌县（赣）	楠	30
118	金洞林场（湘）	楠	800
119	陵水黎族自治县（琼）	桉树	100
120	清水河县（内蒙古）	柠条	500000

(续表)

序号	县(旗、市、区、局、场)	品种	种子产量(千克)
121	突泉县(内蒙古)	柠条	30000
122	盐池县(宁)	柠条	480000
123	原州区(宁)	柠条	160000
124	灵武市(宁)	柠条	2450
125	隆化县(冀)	杏	820
126	北票市(辽)	杏	2000
127	内乡县(豫)	杏	40
128	高台县(甘)	杏	130
129	原州区(宁)	杏	45000
130	东平县(鲁)	核桃	34800
131	南召县(豫)	核桃	500
132	南江县(川)	核桃	5000
133	恩阳区(川)	核桃	1
134	昭阳区(滇)	核桃	15000
135	玉龙纳西族自治县(滇)	核桃	500
136	临潼区(陕)	核桃	40000
137	镇坪县(陕)	核桃	8500
138	禹会区(皖)	葡萄	4000
139	昌江区(赣)	葡萄	50000
140	凯里市(黔)	葡萄	1
141	昌江区(赣)	香梨	101000
142	禹会区(皖)	石榴	5000000
143	玉龙纳西族自治县(滇)	酸梅	325
144	凯里市(黔)	小浆果	4
145	固始县(豫)	槐树	30000
146	龙井市(吉)	赤松	10
147	新会区(粤)	马占相思	52

表 11-1 马尾松苗圃苗木主产地产量

序号	县(旗、市、区、局、场)	产苗株数(万株)
1	兰溪市(浙)	2.5
2	奉新县(赣)	614
3	新野县(豫)	6.8
4	蓝山县(湘)	2240
5	苏仙区(湘)	150
6	茶陵县(湘)	38
7	溆浦县(湘)	32
8	新晃侗族自治县(湘)	24
9	安化县(湘)	10.2
10	汝城县(湘)	10
11	洪江市(湘)	4
12	信宜市(粤)	80

(续表)

序号	县(旗、市、区、局、场)	产苗株数(万株)
13	乳源瑶族自治县(粤)	50
14	郁南县(粤)	5
15	西林县(桂)	865
16	宜州区(桂)	600
17	田阳县(桂)	308
18	派阳山林场(桂)	109.62
19	南丹县(桂)	75
20	中国林科院热林中心(桂)	56
21	那坡县(桂)	30
22	环江毛南族自治县(桂)	20
23	隆安县(桂)	10
24	钦北区(桂)	6
25	博白县(桂)	5
26	黄冕林场(桂)	2.56
27	兴义市(黔)	370
28	罗甸县(黔)	92
29	施秉县(黔)	45.79
30	长顺县(黔)	35
31	紫云苗族布依族自治县(黔)	10
32	镇远县(黔)	7
33	富宁县(滇)	110

表 11-2 落叶松苗圃苗木主产地产量

序号	县(旗、市、区、局、场)	产苗株数(万株)
1	赤城县(冀)	2205
2	隆化县(冀)	358
3	崇礼区(冀)	93.8
4	双滦区(冀)	20
5	南和区(冀)	12
6	平泉市(冀)	0.8
7	灵丘县(晋)	900
8	宁武县(晋)	855
9	神池县(晋)	500
10	繁峙县(晋)	410
11	静乐县(晋)	300
12	岢岚县(晋)	145
13	应县(晋)	2
14	五岔沟林业局(内蒙古)	400
15	宁城县(内蒙古)	90.5
16	牙克石市(内蒙古)	63
17	武川县(内蒙古)	55
18	清水河县(内蒙古)	33
19	海拉尔区(内蒙古)	20

(续表)

序号	县(旗、市、区、局、场)	产苗株数(万株)
20	新宾满族自治县(辽)	76
21	东洲区(辽)	2.7
22	柳河县(吉)	3465
23	蛟河市(吉)	200
24	通化县(吉)	85.11
25	长白朝鲜族自治县(吉)	75
26	龙潭区(吉)	66
27	安图县(吉)	26
28	舒兰市(吉)	17.07
29	榆树市(吉)	10
30	长春市净月经济开发区(吉)	8
31	桦甸市(吉)	1.5
32	嫩江县(黑)	3010.2
33	孙吴县(黑)	1043
34	宝清县(黑)	1000
35	五常市(黑)	800
36	鸡东县(黑)	312.4
37	克山县(黑)	312
38	宾县(黑)	285
39	延寿县(黑)	252
40	爱辉区(黑)	235
41	尚志国有林场管理局(黑)	227.2
42	五大连池市(黑)	162.9
43	密山市(黑)	160
44	集贤县(黑)	120
45	尚志市(黑)	100
46	萝北县(黑)	88
47	桦南县(黑)	68
48	梨树区(黑)	46
49	鹤岗市市辖区(黑)	45.4
50	绥棱县(黑)	22
51	呼玛县(黑)	12.8
52	济源市(豫)	30
53	白玉林业局(川)	15
54	小金县(川)	1
55	高桥林场(甘)	57.14
56	关山林业管理局(甘)	55.3
57	白龙江博峪河省级自然保护区管护中心(甘)	20.8
58	白龙江插岗梁省级自然保护区管护中心(甘)	10
59	古浪县(甘)	6.07
60	洮坪林场(甘)	3
61	哈密林场(新)	22.5

(续表)

序号	县(旗、市、区、局、场)	产苗株数(万株)
62	八面通林业局(龙江森工)	15
63	阿木尔林业局(大兴安岭)	85
64	韩家园林业局(大兴安岭)	76.3
65	十八站林业局(大兴安岭)	60
66	加格达奇林业局(大兴安岭)	14

表 11-3 红松苗圃苗木主产地产量

序号	县(旗、市、区、局、场)	产苗株数(万株)
1	新宾满族自治县(辽)	3172
2	桓仁满族自治县(辽)	1317.1
3	本溪满族自治县(辽)	294
4	大石桥市(辽)	290
5	庄河市(辽)	70
6	东港市(辽)	15
7	灯塔市(辽)	1.8
8	柳河县(吉)	9230
9	蛟河市(吉)	1677
10	辉南县(吉)	1100
11	珲春林业局(吉)	1093.6
12	通化县(吉)	841.1
13	集安市(吉)	815.4
14	长白朝鲜族自治县(吉)	690
15	靖宇县(吉)	536.88
16	江源区(吉)	530
17	敦化林业局(吉)	510
18	大石头林业局(吉)	481.7
19	舒兰市(吉)	476.3
20	和龙市(吉)	455
21	桦甸市(吉)	420
22	八家子林业局(吉)	400
23	安图森林经营局(吉)	400
24	黄泥河林业局(吉)	370
25	东辽县(吉)	335.07
26	天桥岭林业局(吉)	332
27	临江市(吉)	302
28	抚松县(吉)	255
29	敦化市(吉)	250
30	白山市市辖区(吉)	161.5
31	安图县(吉)	145
32	汪清林业局(吉)	111
33	东丰县(吉)	110
34	船营区(吉)	102

(续表)

序号	县(旗、市、区、局、场)	产苗株数(万株)
35	浑江区(吉)	101
36	通化医药高新区(吉)	50
37	昌邑区(吉)	24
38	龙潭区(吉)	17.4
39	吉林省林业实验区国有林保护中心(吉)	15
40	龙井市(吉)	10.15
41	延吉市(吉)	4
42	丰满区(吉)	3.3
43	永吉县(吉)	2.5
44	长春市净月经济开发区(吉)	1.29
45	榆树市(吉)	1
46	汤原县(黑)	1100
47	虎林市(黑)	1085.8
48	萝北县(黑)	1043
49	孙吴县(黑)	965
50	尚志国有林场管理局(黑)	671.3
51	宁安市(黑)	569.8
52	庆安国有林场管理局(黑)	470
53	宾县(黑)	414.7
54	鹤岗市市辖区(黑)	248.8
55	延寿县(黑)	248
56	海林市(黑)	228.9
57	庆安县(黑)	210
58	丹清河实验林场(黑)	140
59	桦南县(黑)	119.3
60	梨树区(黑)	100
61	密山市(黑)	80
62	大箐山县(黑)	67.8
63	木兰县(黑)	50
64	金林区(黑)	40.5
65	尚志市(黑)	26.5
66	嘉荫县(黑)	26.3
67	绥棱县(黑)	15.4
68	转山实验林场(黑)	15
69	阿城区(黑)	14.2
70	爱辉区(黑)	12
71	逊克县(黑)	12
72	山河实验林场(黑)	10
73	北安市(黑)	5
74	三岔子林业局(吉林森工)	1751.5
75	松江河林业有限公司(吉林森工)	1427.69
76	白石山林业局(吉林森工)	932.3

(续表)

序号	县(旗、市、区、局、场)	产苗株数(万株)
77	湾沟林业局(吉林森工)	450
78	红石林业局(吉林森工)	433.4
79	露水河林业局(吉林森工)	347.53
80	泉阳林业局(吉林森工)	100
81	东方红林业局(龙江森工)	1085.8
82	双鸭山林业局(龙江森工)	927.1
83	迎春林业局(龙江森工)	837
84	林口林业局(龙江森工)	728.32
85	亚布力林业局(龙江森工)	569.3
86	桦南林业局(龙江森工)	568.2
87	大海林林业局(龙江森工)	527
88	黑龙江柴河林业局(龙江森工)	450
89	八面通林业局(龙江森工)	415
90	穆棱林业局(龙江森工)	377.6
91	清河林业局(龙江森工)	364.3
92	鹤立林业局(龙江森工)	281.12
93	鹤北林业局(龙江森工)	268
94	苇河林业局(龙江森工)	255.98
95	通北林业局(龙江森工)	183
96	海林林业局(龙江森工)	174
97	沾河林业局(龙江森工)	47.9
98	韩家园林业局(大兴安岭)	72.83
99	阿木尔林业局(大兴安岭)	68.44
100	十八站林业局(大兴安岭)	50

表 11-4 黑松苗圃苗木主产地产量

序号	县(旗、市、区、局、场)	产苗株数(万株)
1	北戴河区(冀)	8
2	甘井子区(辽)	7
3	龙井市(吉)	1.1
4	永吉县(吉)	0.6
5	延寿县(黑)	6.8
6	新沂市(苏)	1600
7	沭阳县(苏)	200
8	灌云县(苏)	50
9	赣榆区(苏)	11.4
10	东海县(苏)	5
11	凤阳县(皖)	100
12	龙子湖区(皖)	5
13	莒南县(鲁)	5160
14	泰山区(鲁)	680
15	栖霞市(鲁)	453

(续表)

序号	县(旗、市、区、局、场)	产苗株数(万株)
16	新泰市(鲁)	450
17	宁阳县(鲁)	400
18	招远市(鲁)	300
19	岱岳区(鲁)	266
20	肥城市(鲁)	197
21	博山区(鲁)	168
22	海阳市(鲁)	120
23	莱阳市(鲁)	93
24	高密市(鲁)	70
25	莱城区(鲁)	66.6
26	荣成市(鲁)	47.6
27	胶州市(鲁)	33
28	历城区(鲁)	26
29	费县(鲁)	23
30	平度市(鲁)	20
31	安丘市(鲁)	11.5
32	城阳区(鲁)	8.8
33	泗水县(鲁)	6
34	临淄区(鲁)	4.7
35	青州市(鲁)	3
36	崂山区(鲁)	1
37	潢川县(豫)	39
38	商水县(豫)	2
39	江川区(滇)	0.65

表 11-5 华山松苗圃苗木主产地产量

序号	县(旗、市、区、局、场)	产苗株数(万株)
1	蓟州区(津)	150
2	玉田县(冀)	6
3	海港区(冀)	4
4	涿州市(冀)	2.8
5	高平市(晋)	1.43
6	庄河市(辽)	90
7	盘山县(辽)	2.7
8	四平市市辖区(吉)	4
9	泰山区(鲁)	194
10	会东县(川)	50.2
11	美姑县(川)	48
12	威宁彝族回族苗族自治县(黔)	3000
13	纳雍县(黔)	706.5
14	大方县(黔)	481.5
15	兴义市(黔)	70

(续表)

序号	县(旗、市、区、局、场)	产苗株数(万株)
16	七星关区(黔)	10
17	麒麟区(滇)	700
18	寻甸回族彝族自治县(滇)	700
19	昭阳区(滇)	600
20	富源县(滇)	350
21	姚安县(滇)	100
22	腾冲市(滇)	100
23	嵩明县(滇)	90
24	玉龙纳西族自治县(滇)	71.6
25	古城区(滇)	71
26	丘北县(滇)	60
27	巍山彝族回族自治县(滇)	40
28	隆阳区(滇)	35
29	建水县(滇)	35
30	武定县(滇)	30
31	南华县(滇)	30
32	石林彝族自治县(滇)	28
33	永胜县(滇)	25
34	龙陵县(滇)	22
35	西山区(滇)	18.7
36	大姚县(滇)	14
37	洱源县(滇)	13
38	云龙县(滇)	12
39	兰坪白族普米族自治县(滇)	8
40	香格里拉市(滇)	2.92
41	牟定县(滇)	2
42	南郑区(陕)	32
43	留坝县(陕)	12
44	李子林场(甘)	73.26
45	正宁林业总场(甘)	57.16
46	高桥林场(甘)	48.61
47	榆树林场(甘)	44.2
48	党川林场(甘)	33.93
49	滩歌林场(甘)	31.82
50	江洛林场(甘)	29.38
51	华池林业总场(甘)	26.1
52	山门林场(甘)	19.72
53	百花林场(甘)	15.63
54	严坪林场(甘)	14.84
55	龙门林场(甘)	13.44
56	关山林业管理局(甘)	12.8
57	太碌林场(甘)	12.69
58	张家林场(甘)	12.5
59	康南林业总场(甘)	10

(续表)

序号	县(旗、市、区、局、场)	产苗株数(万株)
60	陇南市市辖区(甘)	10
61	崆峒区(甘)	3
62	麦积林场(甘)	2.66
63	观音林场(甘)	1.46
64	麻沿林场(甘)	0.58

表 11-6 湿地松苗圃苗木主产地产量

序号	县(旗、市、区、局、场)	产苗株数(万株)
1	桃城区(冀)	1.75
2	建德市(浙)	5.7
3	江山市(浙)	4
4	玉环市(浙)	2
5	岱山县(浙)	0.57
6	宣州区(皖)	30
7	望江县(皖)	25
8	奉新县(赣)	969
9	余干县(赣)	800
10	会昌县(赣)	599.5
11	青原区(赣)	343
12	寻乌县(赣)	265
13	泰和县(赣)	219.5
14	宜丰县(赣)	158
15	吉水县(赣)	133
16	铅山县(赣)	122
17	宁都县(赣)	100
18	瑞金市(赣)	90
19	吉安县(赣)	72
20	大余县(赣)	70
21	玉山县(赣)	52
22	广昌县(赣)	36
23	高安市(赣)	30
24	德安县(赣)	30
25	柴桑区(赣)	20
26	永新县(赣)	15
27	兴国县(赣)	15
28	南昌县(赣)	10.3
29	余江区(赣)	10
30	武宁县(赣)	9.1
31	丰城市(赣)	8.4
32	桐柏县(豫)	300
33	潢川县(豫)	135
34	茶陵县(湘)	84
35	道县(湘)	20

林产品主产地及产量
PRINCIPAL PRODUCTION COUNTIES AND OUTPUT OF FOREST PRODUCTS

(续表)

序号	县(旗、市、区、局、场)	产苗株数(万株)
36	渌口区(湘)	10
37	祁东县(湘)	7
38	台山市(粤)	177
39	连州市(粤)	150
40	乐昌市(粤)	36
41	浈江区(粤)	10.3
42	化州市(粤)	6
43	钦南区(桂)	20
44	钦北区(桂)	7
45	博白林场(桂)	6.2
46	博白县(桂)	5
47	合浦县(桂)	0.72
48	兴义市(黔)	391
49	紫云苗族布依族自治县(黔)	10
50	六枝特区(黔)	1
51	丘北县(滇)	1120
52	个旧市(滇)	894
53	建水县(滇)	299
54	蒙自市(滇)	30
55	富源县(滇)	15
56	巍山彝族回族自治县(滇)	15
57	弥勒市(滇)	1.02

表11-7 白皮松苗圃苗木主产地产量

序号	县(旗、市、区、局、场)	产苗株数(万株)
1	蓟州区(津)	250
2	定州市(冀)	105
3	玉田县(冀)	50
4	海港区(冀)	7
5	信都区(冀)	6
6	北戴河区(冀)	6
7	定兴县(冀)	5
8	易县(冀)	5
9	徐水区(冀)	4.3
10	涞水县(冀)	3
11	涿州市(冀)	2.8
12	抚宁区(冀)	1.66
13	高阳县(冀)	1.5
14	栾城区(冀)	1.5
15	安国市(冀)	1
16	丛台区(冀)	0.8
17	安平县(冀)	0.6

(续表)

序号	县(旗、市、区、局、场)	产苗株数(万株)
18	邢台市高新技术开发区(冀)	0.52
19	霍州市(晋)	425.5
20	泽州县(晋)	410
21	曲沃县(晋)	150
22	陵川县(晋)	150
23	沁县(晋)	145
24	夏县(晋)	81
25	安泽县(晋)	57.15
26	河津市(晋)	55.4
27	襄汾县(晋)	22.5
28	尖草坪区(晋)	21
29	阳城县(晋)	16.7
30	离石区(晋)	15
31	垣曲县(晋)	12.43
32	左权县(晋)	12
33	平陆县(晋)	9.4
34	高平市(晋)	7.21
35	永济市(晋)	7
36	平定县(晋)	5
37	弋江区(皖)	1.35
38	长清区(鲁)	556
39	泰山区(鲁)	274
40	肥城市(鲁)	175.3
41	招远市(鲁)	150
42	张店区(鲁)	57.58
43	博山区(鲁)	43
44	黄岛区(鲁)	43
45	历城区(鲁)	40.2
46	周村区(鲁)	24.27
47	莱城区(鲁)	21.2
48	历城区(鲁)	20.2
49	泰安市高新区(鲁)	12
50	临淄区(鲁)	5.02
51	沂源县(鲁)	4.6
52	安丘市(鲁)	3
53	潍坊市峡山区(鲁)	1.7
54	淄川区(鲁)	1
55	平阴县(鲁)	0.7
56	西峡县(豫)	320
57	嵩县(豫)	270
58	卢氏县(豫)	200
59	襄城县(豫)	144
60	禹州市(豫)	30
61	济源市(豫)	25

(续表)

序号	县(旗、市、区、局、场)	产苗株数(万株)
62	洛宁县(豫)	22
63	长葛市(豫)	15.7
64	鹤壁市市辖区(豫)	11.8
65	义马市(豫)	10
66	淇滨区(豫)	7
67	栾川县(豫)	7
68	林州市(豫)	6.5
69	鹤山区(豫)	4.8
70	宜阳县(豫)	4.63
71	洛龙区(豫)	2.9
72	商水县(豫)	2.7
73	龙安区(豫)	0.6
74	灞桥区(陕)	932
75	鄠邑区(陕)	720
76	临潼区(陕)	118
77	高陵区(陕)	75
78	南郑区(陕)	5
79	留坝县(陕)	4
80	阎良区(陕)	3.69
81	宜君县(陕)	2.3
82	高桥林场(甘)	77.35
83	党川林场(甘)	77.14
84	李子林场(甘)	55.36
85	榆树林场(甘)	33
86	湘乐林业总场(甘)	29.74
87	关山林业管理局(甘)	25.7
88	正宁林业总场(甘)	25.44
89	江洛林场(甘)	24.76
90	张家林场(甘)	22.9
91	立远林场(甘)	15.02
92	左家林场(甘)	12.31
93	龙门林场(甘)	12.18
94	严坪林场(甘)	8.8
95	麦积林场(甘)	7.84
96	华池林业总场(甘)	6.59
97	麻沿林场(甘)	4.5
98	太碌林场(甘)	3.5
99	百花林场(甘)	3.21
100	崆峒区(甘)	3
101	观音林场(甘)	0.97
102	云坪林场(甘)	0.94
103	滩歌林场(甘)	0.8
104	大武口区(宁)	4.8

表11-8 油松苗圃苗木主产地产量

序号	县(旗、市、区、局、场)	产苗株数(万株)	序号	县(旗、市、区、局、场)	产苗株数(万株)	序号	县(旗、市、区、局、场)	产苗株数(万株)
1	蓟州区(津)	120	43	新荣区(晋)	2750	87	敖汉旗(内蒙古)	58
2	丰宁满族自治县(冀)	19800	44	宁武县(晋)	2425	88	林西县(内蒙古)	50
3	隆化县(冀)	7622	45	阳曲县(晋)	1666	89	鄂托克前旗(内蒙古)	42
4	滦平县(冀)	7395	46	神池县(晋)	1600	90	翁牛特旗(内蒙古)	36
5	赤城县(冀)	2084	47	灵丘县(晋)	1600	91	乌拉特前旗(内蒙古)	13
6	围场满族蒙古族自治县(冀)	2000	48	忻府区(晋)	1592	92	元宝山区(内蒙古)	13
7	涞源县(冀)	1021	49	古交市(晋)	1500	93	杭锦旗(内蒙古)	10.7
8	阳原县(冀)	560	50	沁县(晋)	1473	94	科尔沁左翼后旗(内蒙古)	10
9	崇礼区(冀)	353.4	51	保德县(晋)	1452.8	95	库伦旗(内蒙古)	10
10	遵化市(冀)	258	52	泽州县(晋)	1100	96	红山区(内蒙古)	9
11	涞水县(冀)	245	53	方山县(晋)	980	97	托克托县(内蒙古)	7
12	万全区(冀)	230	54	阳高县(晋)	880	98	通辽经济技术开发区(内蒙古)	5
13	定州市(冀)	230	55	左权县(晋)	582	99	阿拉善左旗(内蒙古)	5
14	承德县(冀)	45.5	56	安泽县(晋)	403.4	100	科尔沁区(内蒙古)	4.8
15	双滦区(冀)	30	57	定襄县(晋)	400	101	玉泉区(内蒙古)	4
16	易县(冀)	19.5	58	陵川县(晋)	300	102	巴林左旗(内蒙古)	4
17	海港区(冀)	18	59	应县(晋)	275.72	103	巴林右旗(内蒙古)	3
18	定兴县(冀)	15	60	云州区(晋)	220	104	九原区(内蒙古)	3
19	阜平县(冀)	10	61	平定县(晋)	210	105	东河区(内蒙古)	2.8
20	涿州市(冀)	6.11	62	离石区(晋)	150	106	察哈尔右翼后旗(内蒙古)	2.6
21	信都区(冀)	4	63	屯留区(晋)	130	107	石拐区(内蒙古)	2
22	宁晋县(冀)	3.21	64	浮山县(晋)	110	108	青山区(内蒙古)	1.99
23	鸡泽县(冀)	3	65	霍州市(晋)	108	109	鄂托克旗(内蒙古)	1.73
24	抚宁区(冀)	2.7	66	曲沃县(晋)	75	110	龙城区(辽)	175
25	张家口市高新技术管理区(冀)	2.5	67	阳城县(晋)	66	111	凌源市(辽)	149.5
26	丰润区(冀)	2.02	68	高平市(晋)	51.23	112	大石桥市(辽)	110.38
27	三河市(冀)	2	69	万柏林区(晋)	35	113	建平县(辽)	68
28	大厂回族自治县(冀)	2	70	潞城区(晋)	33.66	114	喀喇沁左翼蒙古族自治县(辽)	57.9
29	徐水区(冀)	1.6	71	黎城县(晋)	31	115	盘山县(辽)	8.5
30	任泽区(冀)	1.5	72	尖草坪区(晋)	30	116	北票市(辽)	8.1
31	高碑店市(冀)	1.2	73	侯马市(晋)	25	117	本溪满族自治县(辽)	4
32	井陉矿区(冀)	1	74	阳泉市郊区(晋)	21.16	118	临江市(吉)	81
33	曲阳县(冀)	0.8	75	夏县(晋)	16	119	长白朝鲜族自治县(吉)	50
34	藁城区(冀)	0.7	76	河津市(晋)	13	120	龙井市(吉)	4.2
35	五寨县(晋)	30000	77	平陆县(晋)	5.22	121	汪清县(吉)	1.65
36	五台县(晋)	25267.75	78	垣曲县(晋)	3.96	122	东海县(苏)	5
37	岢岚县(晋)	8000	79	平城区(晋)	0.97	123	泰山区(鲁)	200
38	繁峙县(晋)	7842	80	清水河县(内蒙古)	960	124	海阳市(鲁)	12
39	偏关县(晋)	6000	81	宁城县(内蒙古)	308.7	125	沂源县(鲁)	2.2
40	静乐县(晋)	6000	82	武川县(内蒙古)	275	126	卢氏县(豫)	200
41	石楼县(晋)	3000	83	达拉特旗(内蒙古)	186.98	127	鹤山区(豫)	70
42	大宁县(晋)	2900	84	丰镇市(内蒙古)	175	128	鹤壁市市辖区(豫)	70
			85	土默特左旗(内蒙古)	162			
			86	凉城县(内蒙古)	150			

(续表)

序号	县(旗、市、区、局、场)	产苗株数(万株)
129	济源市(豫)	60
130	林州市(豫)	18
131	洛龙区(豫)	2.9
132	兴义市(黔)	15
133	横山区(陕)	1200
134	南郑区(陕)	82
135	清涧县(陕)	38.5
136	临潼区(陕)	7.77
137	留坝县(陕)	6
138	宜君县(陕)	3.3
138	湘乐林业总场(甘)	2802.64
140	崆峒区(甘)	1225.46
141	正宁林业总场(甘)	739.45
142	关山林业管理局(甘)	176
143	迭部生态建设管护中心(甘)	162.1
144	天祝藏族自治县(甘)	160
155	西峰区(甘)	132
146	华池林业总场(甘)	112.7
147	李子林场(甘)	100.38
148	榆树林场(甘)	80.37
149	凉州区(甘)	79.8
150	百花林场(甘)	76.42
151	白龙江插岗梁省级自然保护区管护中心(甘)	74.7
152	高桥林场(甘)	68.7
153	严坪林场(甘)	50.68
154	白龙江阿夏省级自然保护区管护中心(甘)	47.17
155	白龙江博峪河省级自然保护区管护中心(甘)	47
156	临泽县(甘)	32.4
157	麻沿林场(甘)	31.2
158	观音林场(甘)	31
159	党川林场(甘)	26.09
160	滩歌林场(甘)	25.29
161	东岔林场(甘)	22.5
162	麦积林场(甘)	20.83
163	洮坪林场(甘)	16.24
164	太碌林场(甘)	15.24
165	张家林场(甘)	14.3
166	龙门林场(甘)	13.42
167	江洛林场(甘)	12.56
168	山门林场(甘)	11.6
169	左家林场(甘)	7.3
170	金塔县(甘)	4.58
171	安定区(甘)	4
172	民勤县(甘)	0.85
173	永靖县(甘)	0.8
174	云坪林场(甘)	0.74
175	同仁县(青)	89
176	平安区(青)	86
177	民和回族土族自治县(青)	40
178	原州区(宁)	812.4
179	西吉县(宁)	150
180	中宁县(宁)	32
181	灵武市(宁)	7.2
182	金凤区(宁)	2.6
183	大武口区(宁)	1.25

表11-9 樟子松苗圃苗木主产地产量

序号	县(旗、市、区、局、场)	产苗株数(万株)
1	围场满族蒙古族自治县(冀)	2900
2	丰宁满族自治县(冀)	1500
3	崇礼区(冀)	846.8
4	赤城县(冀)	321
5	隆化县(冀)	271
6	万全区(冀)	70
7	双滦区(冀)	20
8	偏关县(晋)	6000
9	新荣区(晋)	1920
10	神池县(晋)	600
11	应县(晋)	239.75
12	岢岚县(晋)	180
13	繁峙县(晋)	167
14	左云县(晋)	100
15	忻府区(晋)	56
16	保德县(晋)	38.4
17	宁武县(晋)	30
18	大宁县(晋)	6
19	云州区(晋)	1.35
20	方山县(晋)	1
21	扎鲁特旗(内蒙古)	8980.8
22	阿尔山市(内蒙古)	3000
23	巴林右旗(内蒙古)	1258.2
24	牙克石市(内蒙古)	637
25	清水河县(内蒙古)	624
26	鄂托克前旗(内蒙古)	594
27	杭锦旗(内蒙古)	409.5
28	五岔沟林业局(内蒙古)	300
29	扎兰屯市(内蒙古)	280
30	丰镇市(内蒙古)	271
31	达拉特旗(内蒙古)	249.8
32	海拉尔区(内蒙古)	201.2
33	林西县(内蒙古)	200
34	土默特左旗(内蒙古)	191
35	开鲁县(内蒙古)	160
36	敖汉旗(内蒙古)	131
37	克什克腾旗(内蒙古)	115
38	凉城县(内蒙古)	100
39	乌兰浩特市(内蒙古)	100
40	托克托县(内蒙古)	100
41	科尔沁左翼中旗(内蒙古)	81.4
42	科尔沁区(内蒙古)	75.11
43	科尔沁左翼后旗(内蒙古)	70
44	察哈尔右翼后旗(内蒙古)	66.5
45	和林格尔县(内蒙古)	60
46	翁牛特旗(内蒙古)	56
47	鄂托克旗(内蒙古)	55.1
48	商都县(内蒙古)	55
49	阿荣旗(内蒙古)	50
50	武川县(内蒙古)	35
51	通辽经济技术开发区(内蒙古)	28
52	巴林左旗(内蒙古)	24
53	宁城县(内蒙古)	16.9
54	阿拉善左旗(内蒙古)	15
55	赛罕区(内蒙古)	10.4
56	达尔罕茂明安联合旗(内蒙古)	8
57	红山区(内蒙古)	8
58	九原区(内蒙古)	6
59	元宝山区(内蒙古)	6
60	察哈尔右翼中旗(内蒙古)	3.6
61	四子王旗(内蒙古)	2.9
62	乌拉特前旗(内蒙古)	2
63	石拐区(内蒙古)	2
64	玉泉区(内蒙古)	2
65	青山区(内蒙古)	1.09
66	桓仁满族自治县(辽)	325.8

(续表)

序号	县（旗、市、区、局、场）	产苗株数（万株）
67	普兰店区（辽）	1.5
68	柳河县（吉）	3163
69	蛟河市（吉）	1510
70	东辽县（吉）	185.2
71	长白朝鲜族自治县（吉）	180
72	临江市（吉）	134.7
73	伊通满族自治县（吉）	100
74	集安市（吉）	87.1
75	浑江区（吉）	38.64
76	图们市（吉）	25
77	梨树县（吉）	20
78	白城市市辖区（吉）	12
79	大安市（吉）	11
80	舒兰市（吉）	10
81	农安县（吉）	8
82	江源区（吉）	8
83	丰满区（吉）	7
84	双阳区（吉）	6.2
85	龙井市（吉）	4.5
86	长春市净月经济开发区（吉）	2.3
87	洮北区（吉）	1.5
88	榆树市（吉）	1.2
89	嫩江县（黑）	3174.72
90	克山县（黑）	979.5
91	孙吴县（黑）	862
92	北安市（黑）	461
93	宾县（黑）	443.12
94	集贤县（黑）	260
95	甘南县（黑）	248.7
96	尚志国有林场管理局（黑）	216.9
97	克东县（黑）	195
98	阿城区（黑）	140
99	桦南县（黑）	122.4
100	铁力市（黑）	100
101	逊克县（黑）	96
102	密山市（黑）	64
103	杜尔伯特蒙古族自治县（黑）	63
104	爱辉区（黑）	62
105	延寿县（黑）	60.3
106	汤原县（黑）	55
107	龙江县（黑）	55
108	泰来县（黑）	48.7

(续表)

序号	县（旗、市、区、局、场）	产苗株数（万株）
109	依安县（黑）	42
110	五大连池市（黑）	41.25
111	梨树区（黑）	40
112	海林市（黑）	26.8
113	大同区（黑）	22.09
114	尚志市（黑）	20
115	五常市（黑）	15
116	拜泉县（黑）	12
117	呼玛县（黑）	1.5
118	望奎县（黑）	1.4
119	横山区（陕）	10
120	清涧县（陕）	3
121	凉州区（甘）	226.84
122	肃州区（甘）	68.5
123	高台县（甘）	47
124	嘉峪关市（甘）	46.2
125	玉门市（甘）	32
126	古浪县（甘）	26.5
127	临泽县（甘）	23.5
128	民勤县（甘）	21.73
129	敦煌市（甘）	18
130	金塔县（甘）	9.66
131	正宁林业总场（甘）	4.62
132	崆峒区（甘）	1.73
133	安定区（甘）	1.3
134	山丹县（甘）	0.9
135	白龙江阿夏省级自然保护区管护中心（甘）	0.6
136	原州区（宁）	706.5
137	盐池县（宁）	636.41
138	西吉县（宁）	90
139	灵武市（宁）	71.26
140	永宁县（宁）	16
141	沙坡头区（宁）	7.9
142	平罗县（宁）	6.69
143	大武口区（宁）	3.72
144	金凤区（宁）	3.14
145	青铜峡市（宁）	1.8
146	利通区（宁）	0.7
147	沙湾县（新）	8.45
148	穆棱林业局（龙江森工）	20.45
149	双鸭山林业局（龙江森工）	0.9
150	阿木尔林业局（大兴安岭）	104
151	十八站林业局（大兴安岭）	48

(续表)

序号	县（旗、市、区、局、场）	产苗株数（万株）
152	第十二师（新疆兵团）	10.5
153	第十师（新疆兵团）	0.85

表 11-10　杉木苗圃苗木主产地产量

序号	县（旗、市、区、局、场）	产苗株数（万株）
1	浦口区（苏）	16
2	常山县（浙）	60
3	建德市（浙）	7.7
4	越城区（浙）	4.2
5	松阳县（浙）	1.1
6	东至县（皖）	325
7	宣州区（皖）	50
8	广德县（皖）	30
9	青阳县（皖）	20
10	奉新县（赣）	3260
11	安福县（赣）	1750
12	德安县（赣）	800
13	宜丰县（赣）	672
14	崇义县（赣）	650
15	会昌县（赣）	605
16	乐安县（赣）	600
17	万载县（赣）	595
18	遂川县（赣）	497
19	永丰县（赣）	418
20	吉水县（赣）	396
21	大余县（赣）	373.7
22	定南县（赣）	359
23	泰和县（赣）	337.5
24	铅山县（赣）	312
25	黎川县（赣）	245
26	永新县（赣）	195
27	全南县（赣）	180
28	新干县（赣）	180
29	资溪县（赣）	164.5
30	寻乌县（赣）	153
31	柴桑区（赣）	116
32	铜鼓县（赣）	113.3
33	修水县（赣）	112
34	南丰县（赣）	100
35	井冈山市（赣）	100
36	高安市（赣）	60
37	玉山县（赣）	50.5
38	瑞昌市（赣）	43

(续表)

序号	县(旗、市、区、局、场)	产苗株数(万株)
39	金溪县(赣)	32.6
40	宁都县(赣)	30
41	广昌县(赣)	24
42	彭泽县(赣)	15
43	武宁县(赣)	12.5
44	余江区(赣)	9
45	蓝山县(湘)	3470
46	岳阳县(湘)	750
47	麻阳苗族自治县(湘)	650
48	金洞林场(湘)	600
49	桃源县(湘)	535
50	衡山县(湘)	361.31
51	汨罗市(湘)	320
52	临澧县(湘)	240
53	苏仙区(湘)	220
54	祁东县(湘)	190
55	溆浦县(湘)	172.2
56	零陵区(湘)	160
57	芷江侗族自治县(湘)	120
58	鼎城区(湘)	115
59	安化县(湘)	112
60	江华瑶族自治县(湘)	100
61	茶陵县(湘)	95
62	渌口区(湘)	36
63	新晃侗族自治县(湘)	30
64	临湘市(湘)	25
65	道县(湘)	20
66	洪江市(湘)	6
67	辰溪县(湘)	3
68	连州市(粤)	300
69	乳源瑶族自治县(粤)	170
70	连南瑶族自治县(粤)	60
71	乐昌市(粤)	42
72	郁南县(粤)	38
73	曲江区(粤)	30
74	广宁县(粤)	20
75	清新区(粤)	20
76	和平县(粤)	8
77	云安区(粤)	5.5
78	封开县(粤)	5
79	新兴县(粤)	1
80	那坡县(桂)	1445
81	三门江林场(桂)	600
82	南丹县(桂)	562

(续表)

序号	县(旗、市、区、局、场)	产苗株数(万株)
83	武宣县(桂)	400
84	环江毛南族自治县(桂)	380
85	隆林各族自治县(桂)	193
86	凤山县(桂)	185
87	八步区(桂)	160.5
88	大桂山林场(桂)	160
89	高峰林场(桂)	134.62
90	黄冕林场(桂)	125.81
91	隆安县(桂)	100
92	苍梧县(桂)	100
93	长洲区(桂)	58
94	中国林科院热林中心(桂)	41
95	维都林场(桂)	35
96	丰都县(渝)	70
97	道孚林业局(川)	120
98	宣汉县(川)	25
99	威远县(川)	15
100	高县(川)	15
101	峨边彝族自治县(川)	5.5
102	兴义市(黔)	1444.5
103	榕江县(黔)	300
104	大方县(黔)	208.9
105	安龙县(黔)	200
106	剑河县(黔)	164.1
107	七星关区(黔)	150
108	册亨县(黔)	148
109	普安县(黔)	105
110	碧江区(黔)	100
111	石阡县(黔)	90
112	金沙县(黔)	80
113	锦屏县(黔)	76.4
114	纳雍县(黔)	52
115	施秉县(黔)	51.54
116	三穗县(黔)	40
117	罗甸县(黔)	30
118	镇远县(黔)	20
119	台江县(黔)	20
120	长顺县(黔)	15
121	印江土家族苗族自治县(黔)	10
122	望谟县(黔)	5
123	六枝特区(黔)	5
124	丘北县(滇)	1880
125	元阳县(滇)	790

(续表)

序号	县(旗、市、区、局、场)	产苗株数(万株)
126	罗平县(滇)	350
127	富源县(滇)	300
128	绿春县(滇)	200
129	腾冲市(滇)	200
130	陇川县(滇)	138.5
131	建水县(滇)	100
132	广南县(滇)	80
133	西盟佤族自治县(滇)	75
134	砚山县(滇)	60
135	金平苗族瑶族傣族自治县(滇)	40
136	个旧市(滇)	25
137	屏边苗族自治县(滇)	20
138	龙陵县(滇)	10
139	麻栗坡县(滇)	7
140	峨山彝族自治县(滇)	2
141	汉滨区(陕)	150
142	城固县(陕)	86
143	石泉县(陕)	50
144	宁陕县(陕)	50

表11-11 云杉苗圃苗木主产地产量

序号	县(旗、市、区、局、场)	产苗株数(万株)
1	丰宁满族自治县(冀)	1630
2	定州市(冀)	500
3	隆化县(冀)	460
4	围场满族蒙古族自治县(冀)	200
5	崇礼区(冀)	166.8
6	赤城县(冀)	51.6
7	双滦区(冀)	10
8	南和区(冀)	10
9	北戴河区(冀)	3
10	宁武县(晋)	1423
11	繁峙县(晋)	160
12	应县(晋)	124.47
13	新荣区(晋)	70
14	神池县(晋)	50
15	静乐县(晋)	50
16	偏关县(晋)	32
17	忻府区(晋)	5.5
18	平定县(晋)	3
19	方山县(晋)	2

(续表)

序号	县(旗、市、区、局、场)	产苗株数(万株)
20	曲沃县(晋)	2
21	屯留区(晋)	1.3
22	扎赉特旗(内蒙古)	8000
23	白狼林业局(内蒙古)	1100
24	五岔沟林业局(内蒙古)	1000
25	阿荣旗(内蒙古)	300
26	克什克腾旗(内蒙古)	138
27	武川县(内蒙古)	130
28	土默特左旗(内蒙古)	85
29	敖汉旗(内蒙古)	73
30	扎鲁特旗(内蒙古)	56.5
31	林西县(内蒙古)	50
32	赛罕区(内蒙古)	40
33	丰镇市(内蒙古)	38
34	杭锦旗(内蒙古)	27
35	海拉尔区(内蒙古)	23
36	扎兰屯市(内蒙古)	20
37	巴林左旗(内蒙古)	17
38	宁城县(内蒙古)	17
39	科尔沁区(内蒙古)	16.24
40	乌兰浩特市(内蒙古)	15
41	阿拉善左旗(内蒙古)	15
42	鄂托克前旗(内蒙古)	14
43	红山区(内蒙古)	14
44	托克托县(内蒙古)	14
45	察哈尔右翼后旗(内蒙古)	11.8
46	翁牛特旗(内蒙古)	10
47	元宝山区(内蒙古)	9
48	科尔沁左翼后旗(内蒙古)	6.1
49	达拉特旗(内蒙古)	5.81
50	青山区(内蒙古)	4.4
51	通辽经济技术开发区(内蒙古)	3.5
52	和林格尔县(内蒙古)	3.2
53	察哈尔右翼中旗(内蒙古)	1.8
54	商都县(内蒙古)	1.8
55	鄂托克旗(内蒙古)	1.35
56	乌拉特中旗(内蒙古)	1.1
57	九原区(内蒙古)	1
58	石拐(内蒙古)	1
59	东港市(辽)	153.5
60	明山区(辽)	10
61	盘山县(辽)	9.1
62	灯塔市(辽)	5.7

(续表)

序号	县(旗、市、区、局、场)	产苗株数(万株)
63	普兰店区(辽)	1
64	蛟河市(吉)	3486.17
65	长白朝鲜族自治县(吉)	2310
66	辉南县(吉)	1300
67	浑江区(吉)	347.16
68	敦化市(吉)	240
69	伊通满族自治县(吉)	200
70	桦甸市(吉)	160
71	通化县(吉)	143.6
72	通化医药高新区(吉)	70
73	靖宇县(吉)	70
74	集安市(吉)	66.94
75	舒兰市(吉)	61.39
76	柳河县(吉)	59.7
77	昌邑区(吉)	55
78	江源区(吉)	52.03
79	安图县(吉)	50
80	船营区(吉)	48.2
81	天桥岭林业局(吉)	37
82	大石头林业局(吉)	23.04
83	东辽县(吉)	20.7
84	前郭尔罗斯蒙古族自治县(吉)	10
85	梨树县(吉)	10
86	九台区(吉)	9.6
87	扶余市(吉)	8.25
88	榆树市(吉)	7.6
89	白山市市辖区(吉)	5
90	丰满区(吉)	4
91	白城市市辖区(吉)	3.3
92	延吉市(吉)	2.5
93	双辽市(吉)	2.45
94	洮北区(吉)	2
95	松原市市辖区(吉)	0.52
96	嫩江县(黑)	4369.57
97	孙吴县(黑)	3914
98	伊美区(黑)	733
99	北安市(黑)	472
100	集贤县(黑)	460
101	尚志国有林场管理局(黑)	363
102	爱辉区(黑)	331
103	鹤岗市市辖区(黑)	276.6
104	克东县(黑)	185
105	绥棱县(黑)	128.9

(续表)

序号	县(旗、市、区、局、场)	产苗株数(万株)
106	五大连池市(黑)	103.26
107	宝清县(黑)	103
108	尚志市(黑)	94.8
109	延寿县(黑)	75.3
110	汤原县(黑)	70
111	铁力市(黑)	50
112	阿城区(黑)	46
113	拜泉县(黑)	18
114	龙江县(黑)	14.8
115	金林区(黑)	12.4
116	鸡冠区(黑)	12
117	呼玛县(黑)	10.7
118	梨树区(黑)	10
119	通河县(黑)	10
120	绥滨县(黑)	10
121	木兰县(黑)	9
122	大同区(黑)	4.93
123	南岗区(黑)	3.5
124	桦南县(黑)	2.9
125	兰西县(黑)	2
126	同江市(黑)	1.16
127	道里区(黑)	1
128	白玉林业局(川)	1000
129	九寨沟县(川)	840
130	新龙林业局(川)	667
131	石棉县(川)	280
132	金川县(川)	230
133	炉霍林业局(川)	100
134	松林林业局(川)	60
135	新龙县(川)	20
136	丹巴林业局(川)	20
137	小金县(川)	16.8
138	小金林业局(川)	15
139	甘孜州林业工程处(川)	11.64
140	香格里拉市(滇)	680.52
141	玉龙纳西族自治县(滇)	340
142	隆阳区(滇)	45
143	宁蒗彝族自治县(滇)	20.5
144	天祝藏族自治县(甘)	12893
145	会宁县(甘)	1200
146	白龙江插岗梁省级自然保护区管护中心(甘)	952.48
147	白龙江阿夏省级自然保护区管护中心(甘)	867.09

林产品主产地及产量

PRINCIPAL PRODUCTION COUNTIES AND OUTPUT OF FOREST PRODUCTS

(续表)

序号	县(旗、市、区、局、场)	产苗株数(万株)
148	迭部生态建设管护中心(甘)	713.18
149	洮河生态建设管护中心(甘)	499.13
150	凉州区(甘)	352.2
151	关山林业管理局(甘)	249.5
152	古浪县(甘)	185.48
153	崆峒区(甘)	71.11
154	肃州区(甘)	39.6
155	湘乐林业总场(甘)	35.16
156	嘉峪关市(甘)	34.6
157	洮坪林场(甘)	33.3
158	正宁林业总场(甘)	19.9
159	华池林业总场(甘)	19.6
160	高桥林场(甘)	11.57
161	高台县(甘)	8.3
162	太碌林场(甘)	7.01
163	临夏县(甘)	6
164	广河县(甘)	5.4
165	张家林场(甘)	5.3
166	安定区(甘)	4.8
167	麻沿林场(甘)	4.24
168	山丹县(甘)	1.05
169	永靖县(甘)	0.7
170	张掖市市辖区(甘)	0.57
171	玛珂河林业局(青)	601
172	同仁县(青)	391
173	麦秀森林公园(青)	150
174	民和回族土族自治县(青)	120
175	德令哈市(青)	2.8
176	原州区(宁)	1881.4
177	西吉县(宁)	240
178	宁夏仁存渡护岸林场(宁)	52
179	盐池县(宁)	11.06
180	大武口区(宁)	8.65
181	灵武市(宁)	7.61
182	永宁县(宁)	3.1
183	青铜峡市(宁)	2.7
184	平罗县(宁)	2.39
185	沙坡头区(宁)	1.2
186	金凤区(宁)	0.72
187	利通区(宁)	0.55
188	乌鲁木齐南山林场(新)	57.58
189	沙湾林场(新)	23
190	乌鲁木齐县(新)	6.48

(续表)

序号	县(旗、市、区、局、场)	产苗株数(万株)
191	哈密林场(新)	6.05
192	沙湾县(新)	3.52
193	三岔子林业局(吉林森工)	149.5
194	红石林业局(吉林森工)	55.9
195	露水河林业局(吉林森工)	18.25
196	松江河林业有限公司(吉林森工)	16.29
197	白石山林业局(吉林森工)	6.07
198	桦南林业局(龙江森工)	226.4
199	双鸭山林业局(龙江森工)	177.8
200	穆棱林业局(龙江森工)	81.1
201	鹤立林业局(龙江森工)	79.65
202	苇河林业局(龙江森工)	19.72
203	通北林业局(龙江森工)	16.98
204	清河林业局(龙江森工)	1.32
205	加格达奇林业局(大兴安岭)	800
206	十八站林业局(大兴安岭)	15
207	阿木尔林业局(大兴安岭)	11.5
208	韩家园林业局(大兴安岭)	1.5
209	第十二师(新疆兵团)	9.26

表11-12 柏苗圃苗木主产地产量

序号	县(旗、市、区、局、场)	产苗株数(万株)
1	蓟州区(津)	265
2	定州市(冀)	9450
3	井陉县(冀)	2500
4	丰宁满族自治县(冀)	70
5	武安市(冀)	5
6	迁西县(冀)	3.75
7	新河县(冀)	3
8	定兴县(冀)	1.2
9	静乐县(晋)	15
10	奈曼旗(内蒙古)	7
11	扎鲁特旗(内蒙古)	4.8
12	龙城区(辽)	100
13	东洲区(辽)	1.1
14	九台区(吉)	58
15	船营区(吉)	1
16	来安县(皖)	1128
17	滨城区(鲁)	10
18	灵宝市(豫)	6200
19	息县(豫)	180
20	龙安区(豫)	75

(续表)

序号	县(旗、市、区、局、场)	产苗株数(万株)
21	登封市(豫)	30
22	湖滨区(豫)	18
23	涟源市(湘)	165
24	衡山县(湘)	35.62
25	零陵区(湘)	32
26	茶陵县(湘)	18
27	永顺县(湘)	6.75
28	衡南县(湘)	3
29	浈江区(粤)	8
30	金川县(川)	120
31	船山区(川)	32
32	小金县(川)	30
33	炉霍林业局(川)	27
34	开江县(川)	25
35	宣汉县(川)	8
36	会东县(川)	2
37	普定县(黔)	734
38	施秉县(黔)	180.89
39	兴义市(黔)	177
40	七星关区(黔)	77.22
41	沿河土家族自治县(黔)	30
42	镇远县(黔)	6
43	麒麟区(滇)	1500
44	罗平县(滇)	500
45	古城区(滇)	76
46	玉龙纳西族自治县(滇)	28
47	砚山县(滇)	12
48	峨山彝族自治县(滇)	8.2
49	江川区(滇)	3.3
50	香格里拉市(滇)	1.65
51	迭部生态建设管护中心(甘)	23.89
52	高台县(甘)	20
53	肃州区(甘)	14
54	甘州区(甘)	10
55	凉州区(甘)	5.89
56	民勤县(甘)	2.84
57	敦煌市(甘)	2.2
58	湟中县(青)	600.7
59	门源回族自治县(青)	20
60	玛珂河林业局(青)	1
61	大武口区(宁)	11.9
62	永宁县(宁)	5.1
63	宁夏仁存渡护岸林场(宁)	0.7

表 11-13　刺槐苗圃苗木主产地产量

序号	县(旗、市、区、局、场)	产苗株数(万株)
1	蓟州区(津)	63
2	阜平县(冀)	500
3	曲阳县(冀)	26
4	平山县(冀)	12
5	清苑区(冀)	10
6	信都区(冀)	5
7	涿州市(冀)	1.11
8	平泉市(冀)	1
9	高碑店市(冀)	0.52
10	石楼县(晋)	2550
11	大宁县(晋)	85
12	曲沃县(晋)	75
13	平定县(晋)	60
14	屯留区(晋)	55
15	夏县(晋)	48
16	忻府区(晋)	45
17	保德县(晋)	44.4
18	方山县(晋)	40
19	离石区(晋)	30
20	永济市(晋)	20
21	陵川县(晋)	16.8
22	左权县(晋)	12.5
23	霍州市(晋)	5.2
24	阳城县(晋)	3.4
25	阿拉善左旗(内蒙古)	8
26	鄂托克前旗(内蒙古)	8
27	桓仁满族自治县(辽)	499.3
28	灯塔市(辽)	254.1
29	喀喇沁左翼蒙古族自治县(辽)	177
30	龙城区(辽)	100
31	明山区(辽)	30
32	东洲区(辽)	6.29
33	铁岭县(辽)	6
34	九台区(吉)	10
35	大丰区(苏)	2.2
36	濉溪县(皖)	2
37	固镇县(皖)	1
38	莱城区(鲁)	60
39	青州市(鲁)	60
40	金乡县(鲁)	29
41	费县(鲁)	10
42	兖州区(鲁)	0.7
43	鹿邑县(豫)	121.9
44	龙安区(豫)	40
45	商水县(豫)	38
46	遂平县(豫)	20
47	宁陵县(豫)	20
48	济源市(豫)	18
49	长葛市(豫)	12.6
50	栾川县(豫)	3
51	新野县(豫)	0.6
52	南江县(川)	15
53	小金县(川)	10
54	大英县(川)	6
55	九寨沟县(川)	6
56	兴仁市(黔)	496
57	石阡县(黔)	115
58	碧江区(黔)	14
59	道真仡佬族苗族自治县(黔)	6.5
60	惠水县(黔)	1
61	宁强县(陕)	1539
62	清涧县(陕)	360
63	汉滨区(陕)	36
64	白河县(陕)	30
65	石泉县(陕)	15
66	泾川县(甘)	860
67	景泰县(甘)	283.6
68	会宁县(甘)	150
69	崆峒区(甘)	140.57
70	湘乐林业总场(甘)	88.4
71	华池林业总场(甘)	38.1
72	高台县(甘)	26.8
73	平川区(甘)	18
74	凉州区(甘)	16.32
75	古浪县(甘)	14.4
76	民勤县(甘)	12.45
77	江洛林场(甘)	8
78	甘州区(甘)	6
79	安定区(甘)	4
80	白龙江博峪河省级自然保护区管护中心(甘)	2.7
81	金塔县(甘)	1.33
82	关山林业管理局(甘)	1
83	永宁县(宁)	359
84	原州区(宁)	74.1
85	西夏区(宁)	52
86	中宁县(宁)	42
87	灵武市(宁)	41.31
88	红寺堡区(宁)	30.78
89	盐池县(宁)	20.73
90	平罗县(宁)	16.65
91	惠农区(宁)	12
92	沙坡头区(宁)	8.5
93	兴庆区(宁)	6.5
94	青铜峡市(宁)	6.44
95	大武口区(宁)	6.28
96	利通区(宁)	5.83
97	同心县(宁)	3.5

表 11-14　泡桐苗圃苗木主产地产量

序号	县(旗、市、区、局、场)	产苗株数(万株)
1	连云港市市辖区(苏)	10
2	赣榆区(苏)	3
3	宿城区(苏)	1
4	固镇县(皖)	2
5	奉新县(赣)	272.4
6	岱岳区(鲁)	93
7	高密市(鲁)	20
8	成武县(鲁)	9.5
9	巨野县(鲁)	6
10	沈丘县(豫)	158
11	郸城县(豫)	72
12	睢县(豫)	65
13	杞县(豫)	59
14	长葛市(豫)	56.3
15	柘城县(豫)	28
16	民权县(豫)	23
17	永城市(豫)	19.1
18	华龙区(豫)	18
19	宁陵县(豫)	15.3
20	兰考县(豫)	15.17
21	尉氏县(豫)	15
22	商水县(豫)	15
23	通许县(豫)	10.8
24	淮阳县(豫)	9
25	泌阳县(豫)	9
26	南乐县(豫)	8
27	郾城区(豫)	8
28	召陵区(豫)	7.6

林产品主产地及产量

PRINCIPAL PRODUCTION COUNTIES AND OUTPUT OF FOREST PRODUCTS

(续表)

序号	县(旗、市、区、局、场)	产苗株数(万株)
29	延津县(豫)	3
30	睢阳区(豫)	1
31	南海区(粤)	16

表11-15 柳树苗圃苗木主产地产量

序号	县(旗、市、区、局、场)	产苗株数(万株)
1	蓟州区(津)	200
2	宁河区(津)	25
3	西青区(津)	7
4	北辰区(津)	4
5	定州市(冀)	900
6	阳原县(冀)	450
7	遵化市(冀)	238
8	赤城县(冀)	196.8
9	丰宁满族自治县(冀)	40
10	任泽区(冀)	39.5
11	信都区(冀)	34
12	海港区(冀)	31.6
13	南和区(冀)	16
14	高阳县(冀)	10
15	高碑店市(冀)	7
16	北戴河区(冀)	6
17	邯山区(冀)	5
18	桃城区(冀)	3.87
19	涞水县(冀)	3
20	玉田县(冀)	2.5
21	定兴县(冀)	2
22	鸡泽县(冀)	1.05
23	涿州市(冀)	0.89
24	繁峙县(晋)	330
25	忻府区(晋)	190
26	静乐县(晋)	120
27	黎城县(晋)	60
28	新荣区(晋)	40
29	陵川县(晋)	38
30	应县(晋)	29.2
31	宁武县(晋)	25
32	岢岚县(晋)	22
33	阳曲县(晋)	21
34	定襄县(晋)	20
35	高平市(晋)	16.77
36	阳高县(晋)	15
37	神池县(晋)	15

(续表)

序号	县(旗、市、区、局、场)	产苗株数(万株)
38	平定县(晋)	15
39	小店区(晋)	11
40	交城县(晋)	1
41	垣曲县(晋)	0.55
42	科尔沁区(内蒙古)	593.98
43	开鲁县(内蒙古)	200
44	达拉特旗(内蒙古)	149.2
45	科尔沁左翼中旗(内蒙古)	122.5
46	阿荣旗(内蒙古)	120
47	奈曼旗(内蒙古)	85
48	阿拉善左旗(内蒙古)	64
49	巴林右旗(内蒙古)	49
50	托克托县(内蒙古)	30
51	鄂托克前旗(内蒙古)	13
52	宁城县(内蒙古)	12.32
53	石拐区(内蒙古)	8
54	鄂托克旗(内蒙古)	4
55	通辽经济技术开发区(内蒙古)	4
56	固阳县(内蒙古)	1
57	东港市(辽)	298
58	法库县(辽)	122.5
59	灯塔市(辽)	55.4
60	盘山县(辽)	45.1
61	庄河市(辽)	35
62	桓仁满族自治县(辽)	24.6
63	大洼县(辽)	10.33
64	东洲区(辽)	6.6
65	浑南区(辽)	6
66	文圣区(辽)	5.36
67	喀喇沁左翼蒙古族自治县(辽)	3.5
68	大石桥市(辽)	2.7
69	大安市(吉)	368.92
70	通榆县(吉)	80
71	前郭尔罗斯蒙古族自治县(吉)	35
72	梨树县(吉)	22.4
73	蛟河市(吉)	21
74	洮北区(吉)	20
75	双辽市(吉)	13
76	船营区(吉)	10
77	榆树市(吉)	9
78	九台区(吉)	7.5

(续表)

序号	县(旗、市、区、局、场)	产苗株数(万株)
79	白城市市辖区(吉)	6
80	舒兰市(吉)	4
81	东辽县(吉)	2.07
82	浑江区(吉)	1.31
83	四平市市辖区(吉)	0.8
84	通化县(吉)	0.6
85	兰西县(黑)	600
86	绥滨县(黑)	420
87	五常市(黑)	210
88	延寿县(黑)	113
89	嫩江县(黑)	86.9
90	宾县(黑)	80.34
91	北安市(黑)	30
92	泰来县(黑)	28.8
93	克山县(黑)	27.6
94	龙江县(黑)	24
95	集贤县(黑)	12
96	鸡冠区(黑)	12
97	绥棱县(黑)	10.2
98	克东县(黑)	10
99	杜尔伯特蒙古族自治县(黑)	10
100	双城区(黑)	9
101	望奎县(黑)	6.7
102	拜泉县(黑)	6.1
103	大同区(黑)	4.8
104	同江市(黑)	3
105	孙吴县(黑)	1.8
106	木兰县(黑)	1
107	江都区(苏)	612
108	新沂市(苏)	326
109	洪泽区(苏)	300
110	灌云县(苏)	300
111	赣榆区(苏)	288
112	泰兴市(苏)	154.4
113	沭阳县(苏)	100
114	泗洪县(苏)	98
115	海州区(苏)	48
116	宿城区(苏)	24
117	大丰区(苏)	10.8
118	连云港市市辖区(苏)	7
119	海陵区(苏)	5.5
120	宿豫区(苏)	5
121	五河县(皖)	3

(续表)

序号	县（旗、市、区、局、场）	产苗株数（万株）
122	惠民县（鲁）	2000
123	新泰市（鲁）	650
124	宁阳县（鲁）	200
125	岱岳区（鲁）	160
126	宁津县（鲁）	120
127	昌邑市（鲁）	48.5
128	东明县（鲁）	38
129	栖霞市（鲁）	30
130	坊子区（鲁）	30
131	莱阳市（鲁）	30
132	东平县（鲁）	27
133	嘉祥县（鲁）	18
134	高青县（鲁）	12
135	兖州区（鲁）	10.5
136	潍坊市峡山区（鲁）	6
137	东营市市辖区（鲁）	1.3
138	泗水县（鲁）	0.6
139	濮阳县（豫）	323.8
140	潢川县（豫）	102
141	长葛市（豫）	78.61
142	杞县（豫）	70
143	林州市（豫）	53.4
144	商水县（豫）	47.5
145	原阳县（豫）	43
146	台前县（豫）	36
147	孟津区（豫）	15
148	范县（豫）	15
149	新蔡县（豫）	10.7
150	宁陵县（豫）	6
151	鹤山区（豫）	2.8
152	鹤壁市市辖区（豫）	2.8
153	新野县（豫）	2.6
154	甘孜县（川）	35
155	小金县（川）	26
156	松林林业局（川）	15
157	白玉林业局（川）	7
158	翁达林业局（川）	4.5
159	石渠县（川）	2
160	理塘县（川）	1.6
161	力邱河林业局（川）	1.5
162	清镇市（黔）	2.05
163	七星关区（黔）	0.52
164	香格里拉市（滇）	0.74
165	玉门市（甘）	166

(续表)

序号	县（旗、市、区、局、场）	产苗株数（万株）
166	敦煌市（甘）	58.8
167	金塔县（甘）	46.47
168	凉州区（甘）	38.91
169	平川区（甘）	36
170	肃州区（甘）	34.4
171	崆峒区（甘）	25.59
172	景泰县（甘）	16.8
173	民勤县（甘）	12.68
174	宁县（甘）	8
175	关山林业管理局（甘）	4.1
176	广河县（甘）	3.84
177	永宁县（宁）	1012.5
178	西吉县（宁）	328.5
179	中宁县（宁）	83
180	原州区（宁）	43.8
181	兴庆区（宁）	24.4
182	平罗县（宁）	21.91
183	青铜峡市（宁）	16.82
184	沙坡头区（宁）	7.1
185	同心县（宁）	4
186	大武口区（宁）	0.55
187	库车县（新）	10
188	莎车县（新）	8.4
189	伊州区（新）	1.51
190	第六师（新疆兵团）	5

表11-16 杨树苗圃苗木主产地产量

序号	县（旗、市、区、局、场）	产苗株数（万株）
1	蓟州区（津）	280
2	宝坻区（津）	161.75
3	宁河区（津）	27
4	北辰区（津）	23
5	西青区（津）	19
6	遵化市（冀）	500
7	阳原县（冀）	450
8	景县（冀）	390
9	永清县（冀）	387
10	定州市（冀）	250
11	信都区（冀）	219
12	阜城县（冀）	135
13	永年区（冀）	124
14	磁县（冀）	110
15	宁晋县（冀）	106.91

(续表)

序号	县（旗、市、区、局、场）	产苗株数（万株）
16	丰润区（冀）	103.5
17	赤城县（冀）	72
18	隆尧县（冀）	65
19	卢龙县（冀）	61.8
20	高阳县（冀）	40
21	涿州市（冀）	40
22	魏县（冀）	39
23	行唐县（冀）	30
24	大厂回族自治县（冀）	30
25	大名县（冀）	30
26	丰宁满族自治县（冀）	28
27	曲周县（冀）	21
28	蠡县（冀）	20
29	南和区（冀）	16
30	新河县（冀）	14
31	海港区（冀）	13
32	涞水县（冀）	13
33	平山县（冀）	12
34	任泽区（冀）	11.9
35	武强县（冀）	10
36	桃城区（冀）	8.87
37	易县（冀）	5
38	临漳县（冀）	5
39	深州市（冀）	3.3
40	定兴县（冀）	3
41	鸡泽县（冀）	2.25
42	故城县（冀）	2.1
43	大城县（冀）	1.65
44	三河市（冀）	1.5
45	乐亭县（冀）	1.35
46	张家口市高新技术管理区（冀）	0.93
47	繁峙县（晋）	555
48	忻府区（晋）	181
49	黎城县（晋）	105
50	沁县（晋）	103
51	静乐县（晋）	100
52	高平市（晋）	95.65
53	应县（晋）	94.96
54	定襄县（晋）	70
55	侯马市（晋）	55
56	新荣区（晋）	55
57	宁武县（晋）	49
58	河津市（晋）	41

林产品主产地及产量
PRINCIPAL PRODUCTION COUNTIES AND OUTPUT OF FOREST PRODUCTS

（续表）

序号	县（旗、市、区、局、场）	产苗株数（万株）
59	左权县（晋）	30
60	霍州市（晋）	29
61	曲沃县（晋）	25
62	阳曲县（晋）	20
63	小店区（晋）	18
64	神池县（晋）	18
65	平定县（晋）	17
66	岢岚县（晋）	16
67	平陆县（晋）	10.9
68	左云县（晋）	10
69	垣曲县（晋）	8.45
70	浮山县（晋）	6
71	科尔沁区（内蒙古）	751.69
72	科尔沁左翼中旗（内蒙古）	370.4
73	达拉特旗（内蒙古）	312.29
74	开鲁县（内蒙古）	210
75	突泉县（内蒙古）	200
76	巴林右旗（内蒙古）	196
77	奈曼旗（内蒙古）	175
78	土默特左旗（内蒙古）	104
79	林西县（内蒙古）	100
80	鄂托克前旗（内蒙古）	92.8
81	阿拉善左旗（内蒙古）	77
82	阿荣旗（内蒙古）	65
83	敖汉旗（内蒙古）	49
84	托克托县（内蒙古）	31
85	巴林左旗（内蒙古）	25
86	玉泉区（内蒙古）	17
87	翁牛特旗（内蒙古）	16
88	九原区（内蒙古）	12
89	达尔罕茂明安联合旗（内蒙古）	11
90	红山区（内蒙古）	11
91	库伦旗（内蒙古）	10
92	鄂托克旗（内蒙古）	8.02
93	宁城县（内蒙古）	6.54
94	察哈尔右翼后旗（内蒙古）	5.6
95	四子王旗（内蒙古）	1
96	石拐区（内蒙古）	1
97	东河区（内蒙古）	0.8
98	喀喇沁左翼蒙古族自治县（辽）	301.2
99	灯塔市（辽）	123.8
100	法库县（辽）	113.5
101	庄河市（辽）	58
102	凌源市（辽）	50
103	建平县（辽）	30
104	龙城区（辽）	24
105	盘山县（辽）	21.1
106	甘井子区（辽）	7
107	大洼县（辽）	6.28
108	大石桥市（辽）	4.38
109	浑南区（辽）	2
110	文圣区（辽）	1.36
111	普兰店区（辽）	1
112	大安市（吉）	785.9
113	宁江区（吉）	660
114	通榆县（吉）	300
115	前郭尔罗斯蒙古族自治县（吉）	273
116	榆树市（吉）	156.9
117	洮南市（吉）	145
118	梨树县（吉）	130.94
119	双辽市（吉）	124.48
120	公主岭市（吉）	111
121	白城市市辖区（吉）	90
122	洮北区（吉）	80
123	农安县（吉）	60
124	浑江区（吉）	31.46
125	昌邑区（吉）	11
126	九台区（吉）	7.22
127	龙潭区（吉）	5
128	东辽县（吉）	2.8
129	舒兰市（吉）	1.7
130	甘南县（黑）	717
131	绥滨县（黑）	540
132	双城区（黑）	510
133	五常市（黑）	500
134	明水县（黑）	400
135	延寿县（黑）	353
136	宾县（黑）	270
137	杜尔伯特蒙古族自治县（黑）	239
138	肇东市（黑）	220
139	北林区（黑）	200
140	安达市（黑）	172
141	望奎县（黑）	130
142	泰来县（黑）	130
143	克山县（黑）	119.7
144	富裕县（黑）	100
145	桦南县（黑）	90.6
146	梅里斯达斡尔族区（黑）	90
147	青冈县（黑）	86
148	兰西县（黑）	80
149	尚志市（黑）	76
150	依安县（黑）	60
151	拜泉县（黑）	43
152	龙江县（黑）	42
153	木兰县（黑）	35
154	集贤县（黑）	25
155	道里区（黑）	20
156	北安市（黑）	20
157	鸡冠区（黑）	12
158	同江市（黑）	4.5
159	嫩江县（黑）	4.22
160	沭阳县（苏）	3000
161	新沂市（苏）	430
162	泗洪县（苏）	395
163	东海县（苏）	380
164	赣榆区（苏）	327
165	洪泽区（苏）	300
166	沛县（苏）	206
167	邳州市（苏）	188.08
168	响水县（苏）	120
169	涟水县（苏）	100
170	灌云县（苏）	70
171	宝应县（苏）	61.8
172	射阳县（苏）	56.7
173	宿豫区（苏）	56
174	海州区（苏）	50
175	清江浦区（苏）	45
176	连云港市市辖区（苏）	25.2
177	大丰区（苏）	15.6
178	灌南县（苏）	1.8
179	烈山区（皖）	400
180	涡阳县（皖）	115
181	泗县（皖）	101
182	全椒县（皖）	55
183	天长市（皖）	40
184	埇桥区（皖）	30
185	寿县（皖）	30
186	裕安区（皖）	22.8

（续表）

序号	县(旗、市、区、局、场)	产苗株数(万株)
187	大观区(皖)	20
188	濉溪县(皖)	19
189	五河县(皖)	3
190	惠民县(鲁)	5000
191	新泰市(鲁)	2400
192	东平县(鲁)	760
193	宁阳县(鲁)	600
194	梁山县(鲁)	490
195	平原县(鲁)	391.64
196	曹 县(鲁)	251.5
197	章丘区(鲁)	180
198	费 县(鲁)	180
199	齐河县(鲁)	133.1
200	嘉祥县(鲁)	132
201	乐陵市(鲁)	116
202	成武县(鲁)	98
203	陵城区(鲁)	78
204	莱西市(鲁)	60.4
205	宁津县(鲁)	60
206	莒南县(鲁)	58.5
207	莱阳市(鲁)	52
208	高青县(鲁)	48
209	滨城区(鲁)	36
210	商河县(鲁)	30.6
211	潍坊市峡山区(鲁)	20
212	广饶县(鲁)	16
213	峄城区(鲁)	15
214	兖州区(鲁)	10
215	东阿县(鲁)	2.2
216	巨野县(鲁)	0.9
217	商水县(豫)	507
218	方城县(豫)	500
219	潢川县(豫)	285
220	西华县(豫)	260
221	新密市(豫)	250
222	济源市(豫)	239
223	虞城县(豫)	200
224	柘城县(豫)	200
225	台前县(豫)	180
226	扶沟县(豫)	162
227	睢 县(豫)	150
228	民权县(豫)	129
229	宁陵县(豫)	115
230	鹤壁市市辖区(豫)	93

（续表）

序号	县(旗、市、区、局、场)	产苗株数(万株)
231	新蔡县(豫)	90.5
232	淇滨区(豫)	90
233	延津县(豫)	77
234	温 县(豫)	72
235	通许县(豫)	72
236	夏邑县(豫)	72
237	召陵区(豫)	62.1
238	兰考县(豫)	60
239	临颍县(豫)	48.3
240	淮阳区(豫)	45
241	内黄县(豫)	30
242	永城市(豫)	25.2
243	杞 县(豫)	21
244	新野县(豫)	13
245	博爱县(豫)	11.6
246	郾城区(豫)	7
247	林州市(豫)	4.4
248	鹤山区(豫)	3
249	卫辉市(豫)	3
250	洪湖市(鄂)	150
251	安乡县(湘)	45
252	鼎城区(湘)	19
253	小金县(川)	7
254	炉霍林业局(川)	1
255	余庆县(黔)	5
256	仁怀市(黔)	0.8
257	高台县(甘)	392
258	临泽县(甘)	348.6
259	平川区(甘)	54
260	肃州区(甘)	27
261	民勤县(甘)	4.44
262	山丹县(甘)	3.9
263	宁 县(甘)	2
264	湘乐林业总场(甘)	0.77
265	惠农区(宁)	100
266	灵武市(宁)	49.2
267	大武口区(宁)	2.85
268	新和县(新)	429.9
269	温宿县(新)	285
270	库车县(新)	221
271	沙湾县(新)	57
272	泽普县(新)	53
273	疏勒县(新)	52
274	巴楚县(新)	51

（续表）

序号	县(旗、市、区、局、场)	产苗株数(万株)
275	疏附县(新)	27
276	英吉沙县(新)	24
277	麦盖提县(新)	20
278	莎车县(新)	18.2
279	叶城县(新)	8
280	沾河林业局(龙江森工)	0.7
281	第九师(新疆兵团)	53.5
282	第六师(新疆兵团)	5
283	第三师(新疆兵团)	1.08

表 11-17 白蜡苗圃苗木主产地产量

序号	县(旗、市、区、局、场)	产苗株数(万株)
1	蓟州区(津)	980
2	北辰区(津)	42
3	西青区(津)	13
4	宝坻区(津)	12.19
5	宁河区(津)	6
6	津南区(津)	5
7	定州市(冀)	1450
8	邢台市高新技术开发区(冀)	165
9	隆尧县(冀)	120
10	辛集市(冀)	120
11	永清县(冀)	117
12	南和区(冀)	100
13	遵化市(冀)	90
14	文安县(冀)	84
15	玉田县(冀)	47
16	任泽区(冀)	40
17	海港区(冀)	38.6
18	高阳县(冀)	30
19	宁晋县(冀)	22.11
20	乐亭县(冀)	16.1
21	无极县(冀)	15
22	安国市(冀)	15
23	阜城县(冀)	10
24	临漳县(冀)	9
25	信都区(冀)	9
26	涿州市(冀)	8.88
27	武强县(冀)	7
28	深州市(冀)	6.6
29	徐水区(冀)	6.4
30	永年区(冀)	6

林产品主产地及产量
PRINCIPAL PRODUCTION COUNTIES AND OUTPUT OF FOREST PRODUCTS

（续表）

序号	县（旗、市、区、局、场）	产苗株数（万株）
31	馆陶县（冀）	6
32	易县（冀）	5
33	抚宁区（冀）	4.29
34	高碑店市（冀）	4
35	广阳区（冀）	4
36	赤城县（冀）	4
37	蠡县（冀）	4
38	广平县（冀）	4
39	赵县（冀）	4
40	鸡泽县（冀）	3.45
41	大厂回族自治县（冀）	3
42	行唐县（冀）	3
43	丰润区（冀）	2.17
44	三河市（冀）	2
45	邯山区（冀）	2
46	大城县（冀）	1.7
47	深泽县（冀）	1
48	故城县（冀）	1
49	唐县（冀）	0.75
50	夏县（晋）	55
51	河津市（晋）	27.4
52	曲沃县（晋）	15
53	平定县（晋）	8
54	静乐县（晋）	3
55	高平市（晋）	2.11
56	左权县（晋）	1.5
57	保德县（晋）	0.8
58	奈曼旗（内蒙古）	23
59	科尔沁区（内蒙古）	12.1
60	鄂托克前旗（内蒙古）	11
61	巴林右旗（内蒙古）	3
62	红山区（内蒙古）	3
63	鄂托克旗（内蒙古）	0.68
64	东港市（辽）	321
65	甘井子区（辽）	7.55
66	文圣区（辽）	1.27
67	灯塔市（辽）	1.2
68	喀喇沁左翼蒙古族自治县（辽）	0.9
69	九台区（吉）	60.6
70	永吉县（吉）	5
71	新沂市（苏）	1200
72	沭阳县（苏）	300
73	东海县（苏）	92

（续表）

序号	县（旗、市、区、局、场）	产苗株数（万株）
74	赣榆区（苏）	78.8
75	邳州市（苏）	64.91
76	亭湖区（苏）	50
77	泗洪县（苏）	20
78	海州区（苏）	8.5
79	灌云县（苏）	8
80	大丰区（苏）	6.8
81	灌南县（苏）	1.2
82	阜宁县（苏）	1.06
83	界首市（皖）	75
84	肥西县（皖）	10
85	寿县（皖）	6
86	五河县（皖）	4.8
87	蜀山区（皖）	4.1
88	潘集区（皖）	1.8
89	杜集区（皖）	0.6
90	无棣县（鲁）	12232
91	惠民县（鲁）	3000
92	肥城市（鲁）	1170
93	垦利区（鲁）	870
94	历城区（鲁）	610
95	任城区（鲁）	521.1
96	高密市（鲁）	505
97	岱岳区（鲁）	424
98	昌邑市（鲁）	304.3
99	金乡县（鲁）	205
100	宁阳县（鲁）	200
101	嘉祥县（鲁）	184
102	滨城区（鲁）	160
103	沾化区（鲁）	150
104	河东区（鲁）	150
105	栖霞市（鲁）	142
106	兖州区（鲁）	126
107	陵城区（鲁）	118.55
108	成武县（鲁）	87
109	城阳区（鲁）	85
110	广饶县（鲁）	79.8
111	莱阳市（鲁）	77
112	平度市（鲁）	76.48
113	乐陵市（鲁）	63
114	青州市（鲁）	50
115	海阳市（鲁）	49.5
116	张店区（鲁）	44.1
117	平原县（鲁）	43.92

（续表）

序号	县（旗、市、区、局、场）	产苗株数（万株）
118	东营市市辖区（鲁）	40
119	胶州市（鲁）	39
120	莱城区（鲁）	34
121	昌乐县（鲁）	31
122	即墨区（鲁）	30
123	利津县（鲁）	25
124	东阿县（鲁）	22.9
125	商河县（鲁）	20
126	郓城县（鲁）	20
127	滕州市（鲁）	16.8
128	邹城市（鲁）	16.07
129	招远市（鲁）	15
130	东平县（鲁）	14.5
131	安丘市（鲁）	12.1
132	武城县（鲁）	11.9
133	潍城区（鲁）	10
134	巨野县（鲁）	9
135	淄川区（鲁）	8
136	临淄区（鲁）	7.33
137	周村区（鲁）	6.1
138	峄城区（鲁）	5
139	临邑县（鲁）	4
140	潍坊市峡山区（鲁）	3
141	莱西市（鲁）	2.64
142	曹县（鲁）	2.4
143	庆云县（鲁）	1.17
144	濮阳县（豫）	1283.2
145	夏邑县（豫）	480
146	西华县（豫）	455
147	济源市（豫）	350
148	新密市（豫）	100
149	禹州市（豫）	90
150	孟州市（豫）	77
151	长葛市（豫）	73.7
152	永城市（豫）	67
153	平舆县（豫）	66
154	商水县（豫）	64
155	息县（豫）	48
156	郾城区（豫）	34.8
157	获嘉县（豫）	30
158	长垣县（豫）	30
159	新蔡县（豫）	24
160	鹤壁市市辖区（豫）	22.1
161	宝丰县（豫）	20

(续表)

序号	县(旗、市、区、局、场)	产苗株数(万株)
162	郸城县(豫)	19
163	淇滨区(豫)	18
164	登封市(豫)	18
165	宛城区(豫)	15
166	通许县(豫)	13
167	邓州市(豫)	12
168	安阳县(豫)	11.6
169	龙安区(豫)	8.96
170	洛龙区(豫)	8.8
171	宁陵县(豫)	8
172	林州市(豫)	6
173	孟津区(豫)	5.8
174	华龙区(豫)	5.3
175	惠济区(豫)	4.73
176	卫滨区(豫)	2.7
177	牧野区(豫)	2.1
178	卫辉市(豫)	2
179	文峰区(豫)	0.9
180	延津县(豫)	0.8
181	凤泉区(豫)	0.8
182	株洲市市辖区(湘)	0.9
183	清镇市(黔)	2
184	临泽县(甘)	109.8
185	凉州区(甘)	49.73
186	民勤县(甘)	49.15
187	金塔县(甘)	48.91
188	肃州区(甘)	45.5
189	甘州区(甘)	30
190	湘乐林业总场(甘)	24.36
191	敦煌市(甘)	19.6
192	高台县(甘)	14.7
193	古浪县(甘)	11.09
194	永宁县(宁)	403.5
195	中宁县(宁)	172
196	平罗县(宁)	140.48
197	青铜峡市(宁)	98.25
198	原州区(宁)	57.1
199	兴庆区(宁)	53.9
200	大武口区(宁)	47.15
201	西夏区(宁)	40
202	沙坡头区(宁)	35.8
203	盐池县(宁)	26.7
204	利通区(宁)	20.98
205	惠农区(宁)	11.25

(续表)

序号	县(旗、市、区、局、场)	产苗株数(万株)
206	金凤区(宁)	7.18
207	宁夏仁存渡护岸林场(宁)	0.6
208	沙湾县(新)	71.33
209	轮台县(新)	24.28
210	伊州区(新)	19.67
211	乌尔禾区(新)	7.2
212	呼图壁林场(新)	2.9
213	奇台林场(新)	1.8
214	第六师(新疆兵团)	481.2
215	第八师(新疆兵团)	220.55
216	第七师(新疆兵团)	36.3
217	第九师(新疆兵团)	24.91
218	第三师(新疆兵团)	11.87
219	第十四师(新疆兵团)	2

表 11-18 水曲柳苗圃苗木主产地产量

序号	县(旗、市、区、局、场)	产苗株数(万株)
1	阿城区(黑)	3.9
2	八面通林业局(龙江森工)	12
3	白山市市辖区(吉)	8.5
4	白石山林业局(吉林森工)	49.49
5	拜泉县(黑)	31
6	北安市(黑)	4
7	本溪满族自治县(辽)	25
8	宾县(黑)	187.8
9	昌邑区(吉)	2.8
10	大海林林业局(龙江森工)	71
11	大箐山县(黑)	7.9
12	大石头林业局(吉)	58.26
13	丹清河实验林场(黑)	10
14	灯塔市(辽)	1.3
15	第十二师(新疆兵团)	7.74
16	东方红林业局(龙江森工)	114.6
17	东辽县(吉)	127.2
18	敦化市(吉)	56
19	鄂托克前旗(内蒙古)	1
20	法库县(辽)	33
21	丰满区(吉)	1.3
22	抚松县(吉)	208
23	甘南县(黑)	4.05
24	海林林业局(龙江森工)	293
25	鹤北林业局(龙江森工)	24
26	鹤立林业局(龙江森工)	3.02

(续表)

序号	县(旗、市、区、局、场)	产苗株数(万株)
27	黑龙江柴河林业局(龙江森工)	20
28	红石林业局(吉林森工)	64.7
29	呼图壁林场(新)	5.29
30	虎林市(黑)	114.6
31	桦甸市(吉)	55.18
32	桦南林业局(龙江森工)	66
33	桓仁满族自治县(辽)	975.5
34	珲春林业局(吉)	1.2
35	浑江区(吉)	85.28
36	鸡东县(黑)	5
37	集安市(吉)	56.7
38	嘉荫县(黑)	0.95
39	江源区(吉)	10
40	蛟河市(吉)	70.7
41	靖宇县(吉)	26.62
42	克山县(黑)	52.79
43	梨树区(黑)	4
44	临江市(吉)	150
45	灵武市(宁)	4.48
46	龙江县(黑)	5.9
47	龙井市(吉)	63.8
48	龙潭区(吉)	1.15
49	露水河林业局(吉林森工)	78.61
50	梅里斯达斡尔族区(黑)	2
51	木兰县(黑)	1.7
52	穆棱林业局(龙江森工)	33.6
53	嫩江县(黑)	19.2
54	盘山县(辽)	1.6
55	奇台林场(新)	0.98
56	清河林业局(龙江森工)	3.32
57	三岔子林业局(吉林森工)	203
58	沙湾县(新)	10.5
59	尚志国有林场管理局(黑)	59.9
60	尚志市(黑)	120.7
61	舒兰市(吉)	9
62	双鸭山林业局(龙江森工)	6.6
63	松江河林业有限公司(吉林森工)	304.83
64	绥棱林业局(龙江森工)	200
65	绥棱县(黑)	29.55
66	汤原县(黑)	70
67	通化县(吉)	565.73
68	湾沟林业局(吉林森工)	200

林产品主产地及产量

PRINCIPAL PRODUCTION COUNTIES AND OUTPUT OF FOREST PRODUCTS

(续表)

序号	县(旗、市、区、局、场)	产苗株数(万株)
69	苇河林业局(龙江森工)	17.75
70	五常市(黑)	10
71	香坊区(黑)	50
72	湘乐林业总场(甘)	2.99
73	延寿县(黑)	60.7
74	迎春林业局(龙江森工)	22
75	永吉县(吉)	3
76	沾河林业局(龙江森工)	8
77	长白朝鲜族自治县(吉)	45

表 11-19 榆苗圃苗木主产地产量

序号	县(旗、市、区、局、场)	产苗株数(万株)
1	蓟州区(津)	410
2	西青区(津)	18
3	北辰区(津)	4
4	定州市(冀)	1100
5	丰宁满族自治县(冀)	170
6	信都区(冀)	58
7	卢龙县(冀)	20
8	任泽区(冀)	13
9	高阳县(冀)	10
10	承德县(冀)	6
11	赤城县(冀)	5.8
12	阜城县(冀)	5
13	宁晋县(冀)	4.13
14	定兴县(冀)	2
15	北戴河新区(冀)	0.7
16	宁武县(晋)	505
17	大宁县(晋)	190
18	灵丘县(晋)	150
19	神池县(晋)	12
20	阳高县(晋)	10
21	高平市(晋)	0.75
22	巴林右旗(内蒙古)	786
23	达尔罕茂明安联合旗(内蒙古)	407.3
24	托克托县(内蒙古)	300
25	鄂托克前旗(内蒙古)	280
26	乌拉特前旗(内蒙古)	210
27	翁牛特旗(内蒙古)	200
28	科尔沁左翼中旗(内蒙古)	117
29	达拉特旗(内蒙古)	66.95
30	察哈尔右翼后旗(内蒙古)	56.3

(续表)

序号	县(旗、市、区、局、场)	产苗株数(万株)
31	四子王旗(内蒙古)	55.4
32	阿拉善左旗(内蒙古)	47
33	杭锦旗(内蒙古)	23.3
34	乌拉特中旗(内蒙古)	20
35	扎鲁特旗(内蒙古)	15.8
36	奈曼旗(内蒙古)	7
37	宁城县(内蒙古)	4.6
38	巴林左旗(内蒙古)	4
39	科尔沁左翼后旗(内蒙古)	3
40	玉泉区(内蒙古)	2
41	乌兰浩特市(内蒙古)	2
42	通辽经济技术开发区(内蒙古)	1
43	鄂托克旗(内蒙古)	0.9
44	灯塔市(辽)	81.7
45	盘山县(辽)	70.1
46	法库县(辽)	54.5
47	桓仁满族自治县(辽)	37
48	大洼县(辽)	30.04
49	浑南区(辽)	6
50	东洲区(辽)	2.3
51	文圣区(辽)	0.62
52	临江市(吉)	12
53	大安市(吉)	5
54	九台区(吉)	3.3
55	白山市市辖区(吉)	1.2
56	嫩江县(黑)	222
57	五常市(黑)	180
58	五大连池市(黑)	31.6
59	克山县(黑)	3.5
60	延寿县(黑)	2
61	大同区(黑)	2
62	同江市(黑)	1.3
63	拜泉县(黑)	1
64	沭阳县(苏)	300
65	浦口区(苏)	30
66	射阳县(苏)	25.8
67	响水县(苏)	24
68	溧阳市(苏)	1.9
69	江宁区(苏)	1.5
70	赣榆区(苏)	1.2
71	固镇县(皖)	10
72	惠民县(鲁)	890
73	昌邑市(鲁)	110

(续表)

序号	县(旗、市、区、局、场)	产苗株数(万株)
74	宁阳县(鲁)	80
75	巨野县(鲁)	13.5
76	东平县(鲁)	12
77	宁陵县(豫)	26
78	舞阳县(豫)	20
79	玉门市(甘)	115
80	金塔县(甘)	51.42
81	凉州区(甘)	51.27
82	肃州区(甘)	43.1
83	敦煌市(甘)	17.8
84	山丹县(甘)	13.2
85	景泰县(甘)	7.95
86	民勤县(甘)	7.11
87	湘乐林业总场(甘)	1.4
88	格尔木市(青)	1.08
89	永宁县(宁)	321
90	原州区(宁)	125
91	盐池县(宁)	97.73
92	平罗县(宁)	31.88
93	青铜峡市(宁)	22.1
94	沙坡头区(宁)	3.55
95	灵武白芨滩国家级自然保护区(宁)	2.07
96	沙湾县(新)	70.05
97	库车县(新)	64
98	伊州区(新)	8.63
99	呼图壁林场(新)	1.41
100	第八师(新疆兵团)	18.7
101	第三师(新疆兵团)	14.5
102	第六师(新疆兵团)	10.2
103	第九师(新疆兵团)	1.12

表 11-20 楠苗圃苗木主产地产量

序号	县(旗、市、区、局、场)	产苗株数(万株)
1	苍南县(浙)	47.5
2	温岭市(浙)	4
3	常山县(浙)	1.9
4	望江县(皖)	1
5	奉新县(赣)	1155
6	崇义县(赣)	410
7	芦溪县(赣)	212.8
8	井冈山市(赣)	131
9	资溪县(赣)	130.4

(续表)

序号	县(旗、市、区、局、场)	产苗株数(万株)
10	遂川县(赣)	28.7
11	全南县(赣)	25.9
12	瑞金市(赣)	15
13	上犹县(赣)	15
14	南昌县(赣)	15
15	柴桑区(赣)	10
16	吉州区(赣)	6
17	玉山县(赣)	5.2
18	进贤县(赣)	3.4
19	丰城市(赣)	3
20	兴国县(赣)	2.7
21	南丰县(赣)	1.16
22	章贡区(赣)	0.8
23	龙山县(湘)	110
24	浏阳市(湘)	20
25	安化县(湘)	6.1
26	永顺县(湘)	2
27	武陵区(湘)	2
28	南澳县(粤)	8.2
29	化州市(粤)	3
30	雅长林场(桂)	15
31	黄冕林场(桂)	1.51
32	犍为县(川)	160
33	都江堰市(川)	60
34	郫都区(川)	12
35	名山区(川)	4
36	安岳县(川)	2
37	金沙县(黔)	405.2
38	思南县(黔)	400
39	大方县(黔)	90
40	剑河县(黔)	56.6
41	榕江县(黔)	54
42	镇远县(黔)	8
43	三穗县(黔)	5
44	龙陵县(滇)	3

表 11-21 桉树苗圃苗木主产地产量

序号	县(旗、市、区、局、场)	产苗株数(万株)
1	曲阳县(冀)	9
2	云和县(浙)	68
3	大余县(赣)	40
4	韶山市(湘)	1.5
5	雷州市(粤)	10000

(续表)

序号	县(旗、市、区、局、场)	产苗株数(万株)
6	高要区(粤)	350
7	遂溪县(粤)	216.1
8	新会区(粤)	180
9	化州市(粤)	161
10	阳春市(粤)	140
11	封开县(粤)	140
12	阳春市(粤)	140
13	英德市(粤)	130
14	阳西县(粤)	130
15	台山市(粤)	103
16	赤坎区(粤)	100
17	滨江区(粤)	30
18	广宁县(粤)	30
19	澄海区(粤)	3
20	钦南区(桂)	2800
21	鹿寨县(桂)	2052
22	合浦县(桂)	1200
23	覃塘区(桂)	700
24	兴宾区(桂)	605.3
25	博白林场(桂)	550
26	高峰林场(桂)	530.92
27	黄冕林场(桂)	522.04
28	三门江林场(桂)	500
29	田阳县(桂)	402
30	宜州区(桂)	350
31	西林县(桂)	292
32	港南区(桂)	250
33	忻城县(桂)	238
34	八步区(桂)	220.4
35	派阳山林场(桂)	200.15
36	钦北区(桂)	195
37	苍梧县(桂)	193.2
38	大桂山林场(桂)	147.4
39	博白县(桂)	120
40	灵山县(桂)	116
41	藤县(桂)	100
42	武宣县(桂)	95
43	大新县(桂)	90
44	蒙山县(桂)	80
45	七坡林场(桂)	80
46	江州区(桂)	79.5
47	合山市(桂)	77
48	平果县(桂)	62
49	环江毛南族自治县(桂)	60

(续表)

序号	县(旗、市、区、局、场)	产苗株数(万株)
50	隆安县(桂)	60
51	马山县(桂)	55
52	良凤江国家森林公园(桂)	50
53	那坡县(桂)	50
54	长洲区(桂)	45
55	钦廉林场(桂)	42.01
56	万秀区(桂)	42
57	维都林场(桂)	30
58	鱼峰区(桂)	15
59	龙圩区(桂)	10
60	儋州市(琼)	20
61	江油市(川)	51
62	威远县(川)	30
63	兴义市(黔)	30
64	景谷傣族彝族自治县(滇)	3280
65	宁洱哈尼族彝族自治县(滇)	950
66	孟连傣族拉祜族佤族自治县(滇)	176.9
67	牟定县(滇)	113
68	砚山县(滇)	20
69	华宁县(滇)	3

表 11-22 香樟苗圃苗木主产地产量

序号	县(旗、市、区、局、场)	产苗株数(万株)
1	江宁区(苏)	961.34
2	泰兴市(苏)	550.03
3	溧水区(苏)	235
4	六合区(苏)	142
5	江都区(苏)	135
6	江阴市(苏)	58.6
7	邗江区(苏)	45
8	兴化市(苏)	26.21
9	盐都区(苏)	22.5
10	张家港市(苏)	10.77
11	姜堰区(苏)	8.9
12	宝应县(苏)	7.6
13	高淳区(苏)	6.8
14	亭湖区(苏)	6
15	宜兴市(苏)	5.72
16	海安市(苏)	5
17	惠山区(苏)	2.5
18	滨湖区(苏)	1.87
19	阜宁县(苏)	0.54

(续表)

序号	县(旗、市、区、局、场)	产苗株数(万株)
20	桐乡市(浙)	216.07
21	秀洲区(浙)	113.7
22	黄岩区(浙)	48.5
23	越城区(浙)	48.2
24	嵊州市(浙)	42
25	武义县(浙)	32
26	龙游县(浙)	25.21
27	建德市(浙)	21
28	瓯海区(浙)	21
29	温岭市(浙)	15
30	江山市(浙)	15
31	衢江区(浙)	7
32	普陀区(浙)	5
33	苍南县(浙)	3.4
34	柯城区(浙)	3
35	松阳县(浙)	2.95
36	淳安县(浙)	2.9
37	岱山县(浙)	2.6
38	吴兴区(浙)	2.1
39	德清县(浙)	1.8
40	义乌市(浙)	1.37
41	鸠江区(皖)	650
42	霍邱县(皖)	135
43	寿县(皖)	87
44	望江县(皖)	59
45	宿松县(皖)	50
46	屯溪区(皖)	45
47	肥东县(皖)	40
48	南谯区(皖)	40
49	湾沚区(皖)	33
50	凤阳县(皖)	20.3
51	广德县(皖)	14
52	宜秀区(皖)	10
53	裕安区(皖)	8.6
54	雨山区(皖)	1.5
55	瑶海区(皖)	1.44
56	花山区(皖)	1.28
57	南陵县(皖)	1.1
58	弋江区(皖)	0.8
59	和县(皖)	0.66
60	龙南县(赣)	250
61	万载县(赣)	123.4
62	共青城市(赣)	100
63	湖口县(赣)	90

(续表)

序号	县(旗、市、区、局、场)	产苗株数(万株)
64	进贤县(赣)	34.4
65	芦溪县(赣)	33.26
66	瑞金市(赣)	15
67	兴国县(赣)	12.5
68	月湖区(赣)	5
69	丰城市(赣)	4.9
70	吉州区(赣)	3
71	息县(豫)	102
72	宝丰县(豫)	16
73	新蔡县(豫)	8.5
74	内乡县(豫)	6
75	郾城区(豫)	3.43
76	新野县(豫)	1.5
77	衡东县(湘)	500
78	衡山县(湘)	482.39
79	临澧县(湘)	120
80	汨罗市(湘)	110
81	汉寿县(湘)	19.8
82	临湘市(湘)	6
83	岳阳市市辖区(湘)	5.1
84	增城区(粤)	22.9
85	信宜市(粤)	2
86	浈江区(粤)	1
87	英德市(粤)	0.73
88	钦北区(桂)	4
89	黄冕林场(桂)	3.06
90	隆安县(桂)	1.1
91	荣昌区(渝)	12.4
92	彭山区(川)	260
93	东坡区(川)	96.35
94	郫都区(川)	72
95	游仙区(川)	50
96	新津区(川)	45
97	雁江区(川)	33
98	都江堰市(川)	30
99	宣汉县(川)	30
100	青白江区(川)	25
101	大英县(川)	13
102	江阳区(川)	11
103	资中县(川)	9
104	高县(川)	7.5
105	新都区(川)	5.9
106	内江市市中区(川)	3
107	什邡市(川)	1.7

(续表)

序号	县(旗、市、区、局、场)	产苗株数(万株)
108	兴义市(黔)	75
109	玉屏侗族自治县(黔)	45.13
110	长顺县(黔)	33.33
111	开阳县(黔)	27.69
112	纳雍县(黔)	12.9
113	息烽县(黔)	9
114	剑河县(黔)	8.4
115	施秉县(黔)	6.7
116	金沙县(黔)	6.47
117	汇川区(黔)	6
118	麻江县(黔)	5.8
119	三穗县(黔)	5
120	六枝特区(黔)	2
121	镇远县(黔)	2
122	余庆县(黔)	1
123	澄江市(滇)	50
124	个旧市(滇)	14.6
125	彝良县(滇)	12
126	双柏县(滇)	8
127	江川区(滇)	3.1
128	富源县(滇)	3
129	弥勒市(滇)	2.22
130	易门县(滇)	2.1
131	寻甸回族彝族自治县(滇)	1.1
132	永仁县(滇)	1
133	香格里拉市(滇)	0.69
134	巍山彝族回族自治县(滇)	0.6
135	南郑区(陕)	93
136	西乡县(陕)	58
137	石泉县(陕)	18
138	白河县(陕)	0.6

表 11-23 女贞苗圃苗木主产地产量

序号	县(旗、市、区、局、场)	产苗株数(万株)
1	蓟州区(津)	1100
2	定州市(冀)	22450
3	涞水县(冀)	10
4	乐亭县(冀)	8
5	宁晋县(冀)	2.2
6	北戴河区(冀)	1.6
7	邯山区(冀)	1
8	曲沃县(晋)	80
9	永济市(晋)	1

序号	县(旗、市、区、局、场)	产苗株数(万株)	序号	县(旗、市、区、局、场)	产苗株数(万株)	序号	县(旗、市、区、局、场)	产苗株数(万株)
10	清水河县(内蒙古)	29	54	凤阳县(皖)	125.3	98	滑县(豫)	6.5
11	红山区(内蒙古)	2	55	肥东县(皖)	125	99	卫辉市(豫)	3.5
12	九台区(吉)	124.4	56	寿县(皖)	43	100	林州市(豫)	2.53
13	船营区(吉)	40	57	固镇县(皖)	40	101	濮阳县(豫)	1.3
14	永吉县(吉)	2	58	泗县(皖)	22	102	华龙区(豫)	1.1
15	灌云县(苏)	885	59	鸠江区(皖)	20	103	江华瑶族自治县(湘)	40
16	亭湖区(苏)	405	60	南谯区(皖)	18	104	英德市(粤)	1.5
17	六合区(苏)	252.4	61	蜀山区(皖)	8.4	105	那坡县(桂)	5
18	金坛区(苏)	200	62	花山区(皖)	6.84	106	丰都县(渝)	19
19	兴化市(苏)	185.75	63	湾沚区(皖)	5.5	107	南岸区(渝)	9
20	如东县(苏)	135	64	濉溪县(皖)	4	108	邻水县(川)	28
21	射阳县(苏)	131.8	65	望江县(皖)	3.4	109	巴州区(川)	2.2
22	滨海县(苏)	130.4	66	舒城县(皖)	1	110	七星关区(黔)	264.42
23	海州区(苏)	111	67	丰城市(赣)	720.6	111	湄潭县(黔)	226
24	海门市(苏)	80	68	柴桑区(赣)	376	112	麻江县(黔)	50.4
25	邗江区(苏)	66	69	奉新县(赣)	205.9	113	金沙县(黔)	25.15
26	浦口区(苏)	64	70	瑞金市(赣)	180	114	仁怀市(黔)	21.8
27	姜堰区(苏)	53.5	71	上犹县(赣)	105	115	六枝特区(黔)	15
28	阜宁县(苏)	36.6	72	濂溪区(赣)	10.2	116	长顺县(黔)	13.56
29	赣榆区(苏)	35	73	高安市(赣)	7	117	镇远县(黔)	11
30	溧阳市(苏)	21.9	74	于都县(赣)	5	118	清镇市(黔)	8.9
31	宝应县(苏)	19.1	75	进贤县(赣)	2.6	119	桐梓县(黔)	4.2
32	海陵区(苏)	17.4	76	南丰县(赣)	1.27	120	兴仁市(黔)	2.9
33	金湖县(苏)	15	77	芦溪县(赣)	1.04	121	剑河县(黔)	2
34	江宁区(苏)	12.1	78	新泰市(鲁)	700	122	沿河土家族自治县(黔)	1.75
35	江阴市(苏)	4	79	河东区(鲁)	560	123	个旧市(滇)	6
36	海安市(苏)	3	80	乐陵市(鲁)	99	124	宁蒗彝族自治县(滇)	5
37	张家港市(苏)	1.8	81	昌邑市(鲁)	7.5	125	南郑区(陕)	42
38	通州区(苏)	1.4	82	西峡县(豫)	1321	126	临潼区(陕)	29.99
39	灌南县(苏)	1.3	83	济源市(豫)	550			
40	镇江市市辖区(苏)	0.6	84	卧龙区(豫)	390			

表11-24 杜英苗圃苗木主产地产量

序号	县(旗、市、区、局、场)	产苗株数(万株)
41	龙游县(浙)	106
42	永康市(浙)	35
43	桐乡市(浙)	14.52
44	兰溪市(浙)	7.43
45	吴兴区(浙)	5.55
46	建德市(浙)	5
47	南湖区(浙)	4
48	嘉善县(浙)	3.45
49	越城区(浙)	3.4
50	嵊州市(浙)	0.78
51	颍上县(皖)	14000
52	无为县(皖)	900
53	来安县(皖)	347

序号	县(旗、市、区、局、场)	产苗株数(万株)
85	嵩县(豫)	250
86	邓州市(豫)	71
87	桐柏县(豫)	50
88	新蔡县(豫)	40
89	宜阳县(豫)	38.59
90	宁陵县(豫)	32
91	上蔡县(豫)	29
92	西平县(豫)	28
93	巩义市(豫)	18.66
94	龙安区(豫)	15.5
95	洛宁县(豫)	10.1
96	新野县(豫)	9.2
97	兰考县(豫)	8.16

序号	县(旗、市、区、局、场)	产苗株数(万株)
1	江宁区(苏)	1.8
2	江阴市(苏)	1.5
3	武义县(浙)	5
4	奉新县(赣)	477.4
5	丰城市(赣)	370.3
6	柴桑区(赣)	201.9
7	瑞金市(赣)	40
8	章贡区(赣)	34
9	玉山县(赣)	18
10	濂溪区(赣)	16
11	上犹县(赣)	11

林产品主产地及产量

PRINCIPAL PRODUCTION COUNTIES AND OUTPUT OF FOREST PRODUCTS

(续表)

序号	县(旗、市、区、局、场)	产苗株数(万株)
12	大余县(赣)	9.5
13	遂川县(赣)	8.9
14	余江区(赣)	6
15	兴国县(赣)	4.5
16	铜鼓县(赣)	4
17	高安市(赣)	3
18	全南县(赣)	3
19	进贤县(赣)	2.1
20	万载县(赣)	1.9
21	涟源市(湘)	32
22	苏仙区(湘)	32
23	汝城县(湘)	20
24	望城区(湘)	6
25	珠晖区(湘)	5
26	始兴县(粤)	120
27	乳源瑶族自治县(粤)	55
28	浈江区(粤)	16
29	云安区(粤)	14
30	连州市(粤)	10
31	揭东区(粤)	2.8
32	郫都区(川)	5
33	三穗县(黔)	5
34	龙陵县(滇)	5

表 11-25 桂花苗圃苗木主产地产量

序号	县(旗、市、区、局、场)	产苗株数(万株)
1	沭阳县(苏)	600
2	涟水县(苏)	500
3	六合区(苏)	299.6
4	江都区(苏)	136
5	如皋市(苏)	120
6	泰兴市(苏)	86.85
7	吴中区(苏)	83.99
8	溧阳市(苏)	75.9
9	亭湖区(苏)	67
10	常熟市(苏)	63.2
11	高邮市(苏)	42
12	宝应县(苏)	31.8
13	武进区(苏)	23
14	姜堰区(苏)	21.7
15	射阳县(苏)	20.3
16	洪泽区(苏)	20
17	江宁区(苏)	17.98

(续表)

序号	县(旗、市、区、局、场)	产苗株数(万株)
18	江阴市(苏)	14.2
19	仪征市(苏)	10
20	海陵区(苏)	9.7
21	张家港市(苏)	9.15
22	高淳区(苏)	8.3
23	金湖县(苏)	8
24	赣榆区(苏)	7
25	太仓市(苏)	5
26	阜宁县(苏)	4.85
27	大丰区(苏)	3
28	新吴区(苏)	2
29	昆山市(苏)	1.43
30	滨湖区(苏)	1.06
31	乐清市(浙)	365
32	淳安县(浙)	260
33	武义县(浙)	230
34	黄岩区(浙)	107
35	江山市(浙)	77
36	永康市(浙)	61.6
37	温岭市(浙)	37
38	平阳县(浙)	36.4
39	越城区(浙)	30.9
40	缙云县(浙)	30
41	常山县(浙)	24.7
42	兰溪市(浙)	24.05
43	苍南县(浙)	21.2
44	衢江区(浙)	10.9
45	瓯海区(浙)	8
46	柯城区(浙)	8
47	德清县(浙)	6.6
48	南湖区(浙)	5.9
49	吴兴区(浙)	4.96
50	嘉善县(浙)	3.66
51	岱山县(浙)	1.6
52	椒江区(浙)	1.08
53	海宁市(浙)	0.8
54	肥西县(皖)	2000
55	寿县(皖)	376
56	来安县(皖)	244
57	鸠江区(皖)	200
58	烈山区(皖)	102
59	舒城县(皖)	95
60	肥东县(皖)	92
61	绩溪县(皖)	90

(续表)

序号	县(旗、市、区、局、场)	产苗株数(万株)
62	霍邱县(皖)	79
63	南谯区(皖)	77
64	宣州区(皖)	75
65	屯溪区(皖)	71
66	宿松县(皖)	55
67	金安区(皖)	38
68	凤阳县(皖)	25.7
69	裕安区(皖)	20.3
70	宜秀区(皖)	20
71	禹会区(皖)	20
72	霍山县(皖)	17
73	枞阳县(皖)	15
74	蜀山区(皖)	14.1
75	旌德县(皖)	8
76	五河县(皖)	6.46
77	花山区(皖)	6.05
78	祁门县(皖)	6
79	湾沚区(皖)	6
80	庐阳区(皖)	5
81	南陵县(皖)	4.2
82	博望区(皖)	3.32
83	和县(皖)	3.2
84	潘集区(皖)	2.4
85	雨山区(皖)	1.1
86	淮上区(皖)	1
87	柴桑区(赣)	1382.7
88	奉新县(赣)	1361
89	乐平市(赣)	1224.7
90	上犹县(赣)	959
91	全南县(赣)	750
92	渝水区(赣)	310
93	万载县(赣)	213.5
94	安福县(赣)	130
95	弋阳县(赣)	121
96	共青城市(赣)	100
97	彭泽县(赣)	95.4
98	高安市(赣)	87.15
99	章贡区(赣)	85.6
100	崇义县(赣)	83
101	南昌县(赣)	68.8
102	濂溪区(赣)	56
103	芦溪县(赣)	35.18
104	经开区(赣)	27.45
105	瑞金市(赣)	25

(续表)

序号	县(旗、市、区、局、场)	产苗株数(万株)
106	于都县(赣)	23
107	宜丰县(赣)	21.8
108	兴国县(赣)	15.3
109	南丰县(赣)	12.21
110	资溪县(赣)	11.91
111	黎川县(赣)	11
112	安源区(赣)	7.5
113	余江区(赣)	6
114	铜鼓县(赣)	5.9
115	宁都县(赣)	5
116	遂川县(赣)	4.7
117	丰城市(赣)	3.8
118	上饶县(赣)	1.2
119	海阳市(鲁)	19
120	黄岛区(鲁)	11
121	兰山区(鲁)	8.1
122	费 县(鲁)	8
123	崂山区(鲁)	4
124	方城县(豫)	260
125	卧龙区(豫)	85
126	济源市(豫)	75
127	新密市(豫)	50
128	郾城区(豫)	37
129	息 县(豫)	37
130	嵩 县(豫)	14
131	宛城区(豫)	12
132	社旗县(豫)	9
133	商水县(豫)	4.68
134	浉河区(豫)	4.2
135	建安区(豫)	2.8
136	宜阳县(豫)	2.39
137	宁陵县(豫)	2.25
138	夏邑县(豫)	1.6
139	博爱县(豫)	1.46
140	北湖区(湘)	1080
141	韶山市(湘)	710
142	平江县(湘)	700
143	麻阳苗族自治县(湘)	180
144	涟源市(湘)	118
145	雨湖区(湘)	40
146	望城区(湘)	30
147	苏仙区(湘)	24
148	会同县(湘)	12
149	常德市市辖区(湘)	11.4

(续表)

序号	县(旗、市、区、局、场)	产苗株数(万株)
150	资阳区(湘)	8
151	岳阳市市辖区(湘)	5
152	衡山县(湘)	4.86
153	辰溪县(湘)	2.5
154	临湘市(湘)	1.9
155	汝城县(湘)	1
156	英德市(粤)	10.89
157	连州市(粤)	10
158	仁化县(粤)	7.5
159	广宁县(粤)	3
160	清新区(粤)	3
161	增城区(粤)	1.35
162	连南瑶族自治县(粤)	0.9
163	平南县(桂)	25
164	南丹县(桂)	16
165	宜州区(桂)	7.2
166	浦北县(桂)	6
167	乐业县(桂)	1
168	荣昌区(渝)	30
169	南岸区(渝)	6
170	丰都县(渝)	4.65
171	西充县(川)	520
172	苍溪县(川)	400
173	大邑县(川)	310
174	郫都区(川)	220
175	新都区(川)	120
176	高 县(川)	72.3
177	蓬溪县(川)	60
178	青白江区(川)	50
179	都江堰市(川)	45
180	新津区(川)	36
181	隆昌市(川)	35.8
182	邻水县(川)	35
183	射洪市(川)	25
184	安岳县(川)	24
185	宣汉县(川)	18
186	内江市市中区(川)	17
187	通川区(川)	15
188	江油市(川)	13
189	江阳区(川)	10
190	彭山区(川)	8
191	什邡市(川)	7.6
192	船山区(川)	1.6
193	屏山县(川)	0.9

(续表)

序号	县(旗、市、区、局、场)	产苗株数(万株)
194	玉屏侗族自治县(黔)	527.94
195	思南县(黔)	290
196	镇远县(黔)	218.6
197	乌当区(黔)	102
198	印江土家族苗族自治县(黔)	100.67
199	七星关区(黔)	86.8
200	开阳县(黔)	62.21
201	清镇市(黔)	61.14
202	贞丰县(黔)	50
203	绥阳县(黔)	50
204	关岭布依族苗族自治县(黔)	50
205	道真仡佬族苗族自治县(黔)	36.24
206	兴仁市(黔)	30.36
207	金沙县(黔)	25.17
208	凯里市(黔)	18
209	锦屏县(黔)	15.5
210	纳雍县(黔)	13.3
211	施秉县(黔)	11.87
212	汇川区(黔)	9.49
213	桐梓县(黔)	9
214	长顺县(黔)	6.87
215	白云区(黔)	6.66
216	剑河县(黔)	2.95
217	正安县(黔)	2.8
218	剑川县(滇)	20
219	文山市(滇)	18.4
220	富源县(滇)	10
221	龙陵县(滇)	3
222	蒙自市(滇)	3
223	彝良县(滇)	2.8
224	江川区(滇)	1.1
225	南郑区(陕)	123
226	城固县(陕)	52
227	白河县(陕)	50
228	石泉县(陕)	28
229	宁陕县(陕)	24
230	西乡县(陕)	23
231	长安区(陕)	8
232	留坝县(陕)	4

表 11-26 广玉兰苗圃苗木主产地产量

序号	县(旗、市、区、局、场)	产苗株数(万株)
1	定州市(冀)	300
2	沭阳县(苏)	3600
3	江宁区(苏)	500
4	六合区(苏)	92.3
5	浦口区(苏)	90
6	泰兴市(苏)	84.92
7	金坛区(苏)	35
8	溧水区(苏)	23
9	射阳县(苏)	20.6
10	溧阳市(苏)	18.5
11	亭湖区(苏)	12
12	灌云县(苏)	12
13	如皋市(苏)	10
14	宝应县(苏)	8.7
15	张家港市(苏)	6.56
16	常熟市(苏)	5.9
17	姜堰区(苏)	4.9
18	洪泽区(苏)	4
19	通州区(苏)	4
20	金湖县(苏)	3
21	阜宁县(苏)	2.89
22	高邮市(苏)	1.8
23	江阴市(苏)	1.2
24	宜兴市(苏)	0.96
25	滨湖区(苏)	0.65
26	镇江市市辖区(苏)	0.61
27	嵊州市(浙)	44.7
28	龙游县(浙)	19
29	桐乡市(浙)	11.81
30	武义县(浙)	11
31	建德市(浙)	2.5
32	松阳县(浙)	2.21
33	吴兴区(浙)	2.1
34	越城区(浙)	2
35	衢江区(浙)	1.83
36	德清县(浙)	1.8
37	常山县(浙)	1.6
38	兰溪市(浙)	1.54
39	南湖区(浙)	1.3
40	肥西县(皖)	200
41	鸠江区(皖)	180
42	南谯区(皖)	36
43	望江县(皖)	19.23
44	凤阳县(皖)	10.4
45	寿县(皖)	9
46	肥东县(皖)	7
47	五河县(皖)	5.25
48	蜀山区(皖)	3.1
49	固镇县(皖)	3
50	禹会区(皖)	2.5
51	舒城县(皖)	1.5
52	庐阳区(皖)	1
53	郎溪县(皖)	0.6
54	奉新县(赣)	456
55	大余县(赣)	59
56	南昌县(赣)	8.5
57	章贡区(赣)	7
58	芦溪县(赣)	6.4
59	瑞金市(赣)	5
60	柴桑区(赣)	4.9
61	彭泽县(赣)	3
62	濂溪区(赣)	3
63	进贤县(赣)	2.4
64	峄城区(鲁)	10
65	方城县(豫)	1500
66	卧龙区(豫)	57
67	宛城区(豫)	40
68	郸城县(豫)	17
69	长葛市(豫)	14.62
70	新蔡县(豫)	14
71	郾城区(豫)	11.3
72	息县(豫)	8.6
73	建安区(豫)	7.2
74	商水县(豫)	7
75	邓州市(豫)	4.5
76	西平县(豫)	3
77	龙安区(豫)	0.64
78	苏仙区(湘)	28
79	武陵区(湘)	0.76
80	衡山县(湘)	0.72
81	玉屏侗族自治县(黔)	1.02
82	麻江县(黔)	0.57
83	白河县(陕)	0.7

表 11-27 雪松苗圃苗木主产地产量

序号	县(旗、市、区、局、场)	产苗株数(万株)
1	平山县(冀)	4
2	邢台市高新技术开发区(冀)	3
3	信都区(冀)	1
4	夏县(晋)	104
5	曲沃县(晋)	20
6	垣曲县(晋)	2.8
7	浦口区(苏)	2011
8	六合区(苏)	1780.6
9	沭阳县(苏)	300
10	江都区(苏)	10
11	赣榆区(苏)	4
12	嵊州市(浙)	1.4
13	桐乡市(浙)	0.6
14	南谯区(皖)	200
15	望江县(皖)	10
16	芦溪县(赣)	39.82
17	诸城市(鲁)	600
18	宁阳县(鲁)	300
19	荣成市(鲁)	95.7
20	黄岛区(鲁)	56
21	肥城市(鲁)	50.1
22	新泰市(鲁)	28
23	昌邑市(鲁)	17
24	胶州市(鲁)	16
25	莱阳市(鲁)	9
26	招远市(鲁)	5
27	梁山县(鲁)	4
28	海阳市(鲁)	3
29	莱城区(鲁)	1.2
30	崂山区(鲁)	1
31	日照国际海洋城(鲁)	0.9
32	历城区(鲁)	0.8
33	汝南县(豫)	3600
34	潢川县(豫)	125
35	确山县(豫)	100
36	宜阳县(豫)	53.79
37	上蔡县(豫)	28
38	新安县(豫)	22
39	息县(豫)	20
40	新蔡县(豫)	20
41	嵩县(豫)	15
42	郾城区(豫)	11
43	湖滨区(豫)	9.75
44	鹤壁市市辖区(豫)	9
45	鹤山区(豫)	9

(续表)

序号	县(旗、市、区、局、场)	产苗株数(万株)
46	惠济区(豫)	6.55
47	长葛市(豫)	5.94
48	卫辉市(豫)	3.6
49	林州市(豫)	2.74
50	洛龙区(豫)	2.7
51	栾川县(豫)	1.35
52	巩义市(豫)	1.24
53	郫都区(川)	4
54	开阳县(黔)	5.86
55	七星关区(黔)	2.2
56	沿河土家族自治县(黔)	1.09
57	长顺县(黔)	1
58	钟山区(黔)	0.72
59	兴仁市(黔)	0.69
60	剑河县(黔)	0.6
61	麒麟区(滇)	600
62	昭阳区(滇)	300
63	石林彝族自治县(滇)	55
64	剑川县(滇)	16
65	古城区(滇)	10
66	香格里拉市(滇)	8.14
67	江川区(滇)	6.3
68	宁蒗彝族自治县(滇)	5.6
69	云龙县(滇)	4
70	富源县(滇)	3
71	兰坪白族普米族自治县(滇)	2.15
72	彝良县(滇)	1.4
73	永胜县(滇)	1
74	南郑区(陕)	13
75	石泉县(陕)	8
76	阎良区(陕)	2.25
77	临潼区(陕)	1.3
78	洋县(陕)	0.66
79	白龙江阿夏省级自然保护区管护中心(甘)	3.18
80	崆峒区(甘)	0.91

表 11-28 杏苗圃苗木主产地产量

序号	县(旗、市、区、局、场)	产苗株数(万株)
1	阳原县(冀)	690
2	赤城县(冀)	144
3	怀来县(冀)	80
4	卢龙县(冀)	35.6

(续表)

序号	县(旗、市、区、局、场)	产苗株数(万株)
5	阜平县(冀)	30
6	信都区(冀)	10
7	藁城区(冀)	2.75
8	涿州市(冀)	2.67
9	繁峙县(晋)	180
10	夏县(晋)	20
11	左权县(晋)	15
12	宁武县(晋)	12.5
13	鄂托克前旗(内蒙古)	57
14	清水河县(内蒙古)	29
15	乌拉特前旗(内蒙古)	3
16	托克托县(内蒙古)	2
17	固阳县(内蒙古)	1
18	龙城区(辽)	30
19	浑南区(辽)	20
20	北票市(辽)	6.5
21	灯塔市(辽)	6.3
22	东辽县(吉)	7.03
23	农安县(吉)	4.29
24	延寿县(黑)	3
25	金安区(皖)	14
26	新泰市(鲁)	700
27	栖霞市(鲁)	197
28	巩义市(豫)	6
29	林州市(豫)	1
30	凤泉区(豫)	0.94
31	敦煌市(甘)	190
32	金塔县(甘)	77.4
33	玉门市(甘)	66.2
34	原州区(宁)	89.6
35	灵武市(宁)	11.39
36	利通区(宁)	9.55
37	青铜峡市(宁)	1.2
38	英吉沙县(新)	373
39	库车县(新)	258
40	疏附县(新)	131
41	温宿县(新)	109
42	伽师县(新)	98.36
43	轮台县(新)	62
44	新和县(新)	60.23
45	疏勒县(新)	51
46	伊州区(新)	33.19
47	阿克苏市(新)	29.5
48	岳普湖县(新)	22

(续表)

序号	县(旗、市、区、局、场)	产苗株数(万株)
49	莎车县(新)	21.2
50	巴楚县(新)	15
51	泽普县(新)	10
52	叶城县(新)	1

表 11-29 核桃苗圃苗木主产地产量

序号	县(旗、市、区、局、场)	产苗株数(万株)
1	赞皇县(冀)	500
2	内丘县(冀)	273
3	信都区(冀)	153
4	景县(冀)	148
5	遵化市(冀)	90
6	临城县(冀)	60
7	海港区(冀)	23
8	迁西县(冀)	19.88
9	辛集市(冀)	10
10	平山县(冀)	8
11	任泽区(冀)	5
12	方山县(晋)	224
13	屯留区(晋)	120
14	左权县(晋)	59
15	沁县(晋)	33
16	侯马市(晋)	32
17	平陆县(晋)	31.1
18	垣曲县(晋)	1.33
19	繁峙县(晋)	1.2
20	灯塔市(辽)	2.4
21	寿县(皖)	64
22	绩溪县(皖)	38
23	金寨县(皖)	20
24	六安市叶集区(皖)	6.2
25	岱岳区(鲁)	251
26	肥城市(鲁)	250
27	宁阳县(鲁)	100
28	沂源县(鲁)	82
29	东阿县(鲁)	79.4
30	莱城区(鲁)	60
31	章丘区(鲁)	51
32	昌邑市(鲁)	43
33	海阳市(鲁)	32
34	博山区(鲁)	32
35	新泰市(鲁)	30
36	东平县(鲁)	21

(续表)

序号	县(旗、市、区、局、场)	产苗株数(万株)
37	泰山区(鲁)	18
38	山亭区(鲁)	13
39	峄城区(鲁)	11
40	乐陵市(鲁)	7
41	招远市(鲁)	5
42	张店区(鲁)	2.15
43	济源市(豫)	695
44	卢氏县(豫)	150
45	洛宁县(豫)	118
46	光山县(豫)	110
47	西华县(豫)	80
48	淅川县(豫)	51
49	温 县(豫)	30
50	栾川县(豫)	18
51	宜阳县(豫)	6.77
52	林州市(豫)	2.55
53	鹤壁市市辖区(豫)	2
54	义马市(豫)	2
55	淇滨区(豫)	2
56	顺河回族区(豫)	1.5
57	龙亭区(豫)	1.3
58	靖州苗族侗族自治县(湘)	39
59	南丹县(桂)	13
60	苍溪县(川)	600
61	会东县(川)	531.3
62	剑阁县(川)	100
63	江油市(川)	53
64	南江县(川)	30
65	青白江区(川)	29
66	青川县(川)	28.5
67	三台县(川)	24
68	朝天区(川)	21
69	越西县(川)	10
70	巴州区(川)	2
71	船山区(川)	2
72	广安区(川)	1
73	威宁彝族回族苗族自治县(黔)	900
74	盘州市(黔)	409
75	大方县(黔)	164
76	纳雍县(黔)	82
77	普安县(黔)	70
78	兴义市(黔)	58.3
79	钟山区(黔)	30

(续表)

序号	县(旗、市、区、局、场)	产苗株数(万株)
80	六枝特区(黔)	23
81	景东彝族自治县(滇)	96
82	漾濞彝族自治县(滇)	68
83	兰坪白族普米族自治县(滇)	51
84	寻甸回族彝族自治县(滇)	35
85	南华县(滇)	20
86	玉龙纳西族自治县(滇)	11.8
87	大姚县(滇)	11
88	宁蒗彝族自治县(滇)	3.5
89	香格里拉市(滇)	2.2
90	紫阳县(陕)	500
91	旬阳县(陕)	180
92	镇坪县(陕)	152
93	镇巴县(陕)	44
94	子洲县(陕)	40
95	略阳县(陕)	38
96	白河县(陕)	25
97	汉滨区(陕)	10
98	留坝县(陕)	9
99	宁 县(甘)	8
100	灵武市(宁)	2.2
101	阿克苏市(新)	15.2
102	轮台县(新)	8.8
103	新和县(新)	3.1
104	伽师县(新)	1.4

表11-30 葡萄苗圃苗木主产地产量

序号	县(旗、市、区、局、场)	产苗株数(万株)
1	卢龙县(冀)	22.75
2	任泽区(冀)	2
3	涿州市(冀)	2
4	保德县(晋)	0.8
5	扎赉特旗(内蒙古)	40
6	东河区(内蒙古)	2.5
7	科尔沁区(内蒙古)	0.8
8	东洲区(辽)	2.4
9	公主岭市(吉)	455
10	农安县(吉)	20
11	九台区(吉)	1.5
12	东海县(苏)	200
13	寿 县(皖)	50
14	莱西市(鲁)	120

(续表)

序号	县(旗、市、区、局、场)	产苗株数(万株)
15	西华县(豫)	35
16	宁陵县(豫)	13.5
17	凯里市(黔)	40
18	长顺县(黔)	5
19	元谋县(滇)	3000
20	农垦事业管理局(宁)	250
21	同心县(宁)	50
22	利通区(宁)	1.8
23	疏附县(新)	270
24	喀什市(新)	106
25	伊州区(新)	16
26	泽普县(新)	9
27	疏勒县(新)	8
28	巴楚县(新)	7
29	温宿县(新)	6
30	伽师县(新)	2.75
31	莎车县(新)	2.1

表11-31 石榴苗圃苗木主产地产量

序号	县(旗、市、区、局、场)	产苗株数(万株)
1	沭阳县(苏)	60
2	六合区(苏)	5.2
3	昆山市(苏)	0.7
4	建德市(浙)	1
5	兰溪市(浙)	0.77
6	烈山区(皖)	80
7	寿 县(皖)	60
8	宁津县(鲁)	351
9	峄城区(鲁)	100
10	乐陵市(鲁)	6
11	泰山区(鲁)	3
12	市辖区(豫)	105
13	巩义市(豫)	30
14	卫辉市(豫)	13
15	卫东区(豫)	5
16	宜阳县(豫)	4.74
17	郾城区(豫)	4.6
18	新郑市(豫)	2
19	龙亭区(豫)	1.2
20	镇远县(黔)	70
21	七星关区(黔)	29.82
22	六枝特区(黔)	23
23	长顺县(黔)	5.23

(续表)

序号	县(旗、市、区、局、场)	产苗株数(万株)
24	纳雍县(黔)	2.5
25	宾川县(滇)	219
26	双江拉祜族佤族布朗族傣族自治县(滇)	60
27	巍山彝族回族自治县(滇)	53
28	香格里拉市(滇)	7.75
29	永仁县(滇)	5.3
30	临潼区(陕)	36.9
31	伽师县(新)	17.29
32	喀什市(新)	11
33	疏勒县(新)	1

表 11-32 苹果苗圃苗木主产地产量

序号	县(旗、市、区、局、场)	产苗株数(万株)
1	昌黎县(冀)	3000
2	内丘县(冀)	388
3	遵化市(冀)	283
4	卢龙县(冀)	59.05
5	隆化县(冀)	48
6	阜平县(冀)	32
7	赤城县(冀)	21.6
8	抚宁区(冀)	12.5
9	承德县(冀)	8
10	任泽区(冀)	5
11	新河县(冀)	4
12	平山县(冀)	4
13	涿州市(冀)	2
14	乐亭县(冀)	1.2
15	开鲁县(内蒙古)	120
16	科尔沁区(内蒙古)	108.19
17	宁城县(内蒙古)	40.33
18	扎赉特旗(内蒙古)	15
19	清水河县(内蒙古)	10
20	鄂托克前旗(内蒙古)	9
21	突泉县(内蒙古)	6
22	乌拉特前旗(内蒙古)	4
23	科尔沁右翼前旗(内蒙古)	2.67
24	固阳县(内蒙古)	2
25	石拐区(内蒙古)	1
26	巴林右旗(内蒙古)	1
27	浑南区(辽)	200
28	建平县(辽)	10
29	北票市(辽)	0.7

(续表)

序号	县(旗、市、区、局、场)	产苗株数(万株)
30	九台区(吉)	37.7
31	公主岭市(吉)	30
32	东辽县(吉)	17
33	丰满区(吉)	3
34	通化县(吉)	2.6
35	延寿县(黑)	6.5
36	尚志国有林场管理局(黑)	1.7
37	东海县(苏)	300
38	赣榆区(苏)	98
39	镇江市市辖区(苏)	1.59
40	泰安市高新区(鲁)	1085
41	栖霞市(鲁)	895
42	宁阳县(鲁)	400
43	邹城市(鲁)	267.2
44	荣成市(鲁)	158.2
45	岱岳区(鲁)	128
46	莱阳市(鲁)	83
47	广饶县(鲁)	64
48	新泰市(鲁)	60
49	海阳市(鲁)	48
50	高密市(鲁)	47
51	沂源县(鲁)	44.5
52	平阴县(鲁)	39.1
53	成武县(鲁)	34
54	莱西市(鲁)	24.6
55	莘县(鲁)	22.06
56	巨野县(鲁)	15
57	陵城区(鲁)	12
58	梁山县(鲁)	3
59	平邑县(鲁)	1.23
60	张店区(鲁)	0.58
61	灵宝市(豫)	7700
62	武陟县(豫)	2600
63	洛宁县(豫)	325.3
64	西华县(豫)	160
65	延津县(豫)	30
66	林州市(豫)	6
67	大方县(黔)	34
68	镇远县(黔)	5
69	长顺县(黔)	0.8
70	昭阳区(滇)	900
71	泸西县(滇)	30
72	个旧市(滇)	2.35

(续表)

序号	县(旗、市、区、局、场)	产苗株数(万株)
73	香格里拉市(滇)	0.6
74	宁县(甘)	200
75	景泰县(甘)	9.6
76	原州区(宁)	60.8
77	青铜峡市(宁)	37
78	灵武市(宁)	36.87
79	利通区(宁)	25.7
80	沙坡头区(宁)	13.5
81	红寺堡区(宁)	3.6
82	英吉沙县(新)	279
83	温宿县(新)	77.3
84	泽普县(新)	52
85	疏勒县(新)	34
86	库车县(新)	28
87	疏附县(新)	19
88	伊州区(新)	10.11
89	沙湾县(新)	6.1
90	伽师县(新)	5.43
91	新和县(新)	2.8
92	叶城县(新)	1.4
93	奇台林场(新)	1.24
94	莎车县(新)	0.9
95	第十二师(新疆兵团)	8.92
96	第八师(新疆兵团)	1.22
97	第三师(新疆兵团)	1.2
98	第九师(新疆兵团)	0.75

表 11-33 沙枣苗圃苗木主产地产量

序号	县(旗、市、区、局、场)	产苗株数(万株)
1	鄂托克前旗(内蒙古)	313
2	阿拉善左旗(内蒙古)	159
3	杭锦旗(内蒙古)	90
4	乌拉特前旗(内蒙古)	5
5	临泽县(甘)	2748
6	金塔县(甘)	2000.57
7	古浪县(甘)	644.5
8	高台县(甘)	513
9	民勤县(甘)	283.7
10	玉门市(甘)	95
11	凉州区(甘)	48.57
12	肃州区(甘)	48.1
13	嘉峪关市(甘)	18
14	山丹县(甘)	16.8

(续表)

序号	县(旗、市、区、局、场)	产苗株数(万株)
15	景泰县(甘)	12
16	南华生态建设管护中心(甘)	10
17	敦煌市(甘)	8.1
18	格尔木市(青)	2.02
19	平罗县(宁)	57.45
20	惠农区(宁)	20
21	灵武市(宁)	8.71
22	疏勒县(新)	563
23	英吉沙县(新)	311
24	巴楚县(新)	83
25	喀什市(新)	64
26	麦盖提县(新)	61
27	库车县(新)	38
28	伽师县(新)	32.55
29	新和县(新)	26.8
30	岳普湖县(新)	24
31	和静县(新)	20
32	伊州区(新)	13.83
33	轮台县(新)	12.2
34	温宿县(新)	8.5
35	沙湾县(新)	2.4
36	泽普县(新)	2
37	第八师(新疆兵团)	5
38	第三师(新疆兵团)	0.73

表 11-34　槐树苗圃苗木主产地产量

序号	县(旗、市、区、局、场)	产苗株数(万株)
1	蓟州区(津)	117
2	西青区(津)	14
3	宝坻区(津)	10.92
4	北辰区(津)	4
5	博野县(冀)	2790
6	定州市(冀)	1106
7	丰宁满族自治县(冀)	44
8	信都区(冀)	24
9	广平县(冀)	20
10	大厂回族自治县(冀)	4
11	南和区(冀)	4
12	灯塔市(辽)	275.8
13	法库县(辽)	33.5
14	建平县(辽)	30
15	浑南区(辽)	20

(续表)

序号	县(旗、市、区、局、场)	产苗株数(万株)
16	盘山县(辽)	18
17	大石桥市(辽)	11.66
18	普兰店区(辽)	6
19	北票市(辽)	1.2
20	滨城区(鲁)	200
21	乐陵市(鲁)	79.5
22	泰山区(鲁)	50
23	新泰市(鲁)	28
24	泌阳县(豫)	37
25	汤阴县(豫)	2.25
26	长顺县(黔)	2.5
27	七星关区(黔)	1.53
28	甘州区(甘)	50
29	敦煌市(甘)	31
30	大武口区(宁)	19.69
31	灵武市(宁)	3.7

表 11-35　枫香树苗圃苗木主产地产量

序号	县(旗、市、区、局、场)	产苗株数(万株)
1	江都区(苏)	268
2	浦口区(苏)	36
3	高淳区(苏)	7.2
4	宝应县(苏)	4.7
5	金坛区(苏)	4
6	镇江市市辖区(苏)	1.71
7	青田县(浙)	250
8	松阳县(浙)	23.1
9	建德市(浙)	22.49
10	桐乡市(浙)	21.35
11	平阳县(浙)	14
12	衢江区(浙)	13
13	兰溪市(浙)	11.52
14	云和县(浙)	10.8
15	龙游县(浙)	6.09
16	文成县(浙)	5.32
17	岱山县(浙)	5
18	江山市(浙)	4.5
19	嵊州市(浙)	2.57
20	余杭区(浙)	2.3
21	德清县(浙)	1.8
22	苍南县(浙)	1.2
23	缙云县(浙)	1
24	常山县(浙)	0.6

(续表)

序号	县(旗、市、区、局、场)	产苗株数(万株)
25	义乌市(浙)	0.51
26	潜山市(皖)	220
27	来安县(皖)	120
28	东至县(皖)	37
29	旌德县(皖)	18.5
30	石台县(皖)	10
31	屯溪区(皖)	8
32	花山区(皖)	5.6
33	祁门县(皖)	3
34	裕安区(皖)	2.7
35	望江县(皖)	1.8
36	郎溪县(皖)	1.1
37	凤阳县(皖)	1
38	奉新县(赣)	1291
39	崇义县(赣)	650
40	柴桑区(赣)	620
41	会昌县(赣)	550
42	于都县(赣)	214
43	龙南县(赣)	156
44	瑞金市(赣)	120
45	宁都县(赣)	120
46	共青城市(赣)	100
47	赣县区(赣)	95
48	大余县(赣)	61.3
49	分宜县(赣)	60
50	黎川县(赣)	45
51	章贡区(赣)	38.5
52	全南县(赣)	31.5
53	资溪县(赣)	23
54	兴国县(赣)	18.2
55	遂川县(赣)	16
56	宜丰县(赣)	13
57	濂溪区(赣)	13
58	弋阳县(赣)	12
59	铜鼓县(赣)	11.2
60	安源区(赣)	9
61	玉山县(赣)	6.5
62	万载县(赣)	6
63	瑞昌市(赣)	5
64	月湖区(赣)	4
65	井冈山市(赣)	3
66	石城县(赣)	3
67	南丰县(赣)	1.1

(续表) 表11-36 栾树苗圃苗木主产地产量 (续表)

序号	县(旗、市、区、局、场)	产苗株数(万株)	序号	县(旗、市、区、局、场)	产苗株数(万株)	序号	县(旗、市、区、局、场)	产苗株数(万株)
68	遂平县(豫)	30	1	蓟州区(津)	750	45	姜堰区(苏)	22.5
69	郾城区(豫)	2	2	北辰区(津)	4	46	泗洪县(苏)	16
70	衡东县(湘)	100	3	定州市(冀)	430	47	海陵区(苏)	10.6
71	茶陵县(湘)	10	4	遵化市(冀)	120	48	赣榆区(苏)	9.5
72	靖州苗族侗族自治县(湘)	9.8	5	文安县(冀)	77	49	金湖县(苏)	8
73	珠晖区(湘)	5	6	正定县(冀)	17.9	50	宝应县(苏)	6.1
74	衡山县(湘)	4.76	7	玉田县(冀)	11	51	连云港市市辖区(苏)	4
75	临湘市(湘)	3.9	8	任泽区(冀)	10	52	宿豫区(苏)	3
76	翁源县(粤)	873	9	涿州市(冀)	8.88	53	灌南县(苏)	2.1
77	东源县(粤)	263	10	涞水县(冀)	8	54	昆山市(苏)	1.23
78	乳源瑶族自治县(粤)	60	11	赤城县(冀)	5.7	55	宜兴市(苏)	1.05
79	梅县区(粤)	50	12	易县(冀)	5	56	太仓市(苏)	1
80	乐昌市(粤)	46	13	安国市(冀)	5	57	通州区(苏)	0.8
81	连州市(粤)	45	14	桃城区(冀)	3.76	58	新吴区(苏)	0.6
82	海丰县(粤)	42	15	丰润区(冀)	2.17	59	滨湖区(苏)	0.55
83	浈江区(粤)	34.2	16	宁晋县(冀)	1.9	60	德清县(浙)	9.6
84	和平县(粤)	25	17	三河市(冀)	1.6	61	永康市(浙)	4.3
85	清新区(粤)	20	18	邯山区(冀)	1.5	62	南湖区(浙)	4.1
86	新会区(粤)	20	19	深州市(冀)	1.32	63	黄岩区(浙)	2.5
87	五华县(粤)	19	20	高碑店市(冀)	1.2	64	温岭市(浙)	2
88	惠阳区(粤)	15	21	鸡泽县(冀)	1.05	65	义乌市(浙)	1.64
89	普宁市(粤)	15	22	平山县(冀)	1	66	嘉善县(浙)	1.5
90	连平县(粤)	10	23	信都区(冀)	1	67	肥西县(皖)	800
91	新丰县(粤)	10	24	夏县(晋)	309	68	鸠江区(皖)	150
92	惠城区(粤)	10	25	河津市(晋)	27	69	凤阳县(皖)	106.8
93	云城区(粤)	9	26	平定县(晋)	1.5	70	固镇县(皖)	90
94	源城区(粤)	8	27	新沂市(苏)	1240	71	肥东县(皖)	54
95	云安区(粤)	7	28	海州区(苏)	195	72	宜州区(皖)	45
96	增城区(粤)	6	29	金坛区(苏)	185	73	寿县(皖)	45
97	信宜市(粤)	4	30	灌云县(苏)	150	74	颍泉区(皖)	30
98	南澳县(粤)	3	31	吴江区(苏)	144	75	五河县(皖)	23.3
99	揭东区(粤)	2.6	32	六合区(苏)	139.8	76	望江县(皖)	16.2
100	高明区(粤)	2	33	射阳县(苏)	138.8	77	舒城县(皖)	16
101	中山市(粤)	1.1	34	东海县(苏)	120	78	临泉县(皖)	9
102	苍梧县(桂)	10	35	江都区(苏)	82	79	裕安区(皖)	8.9
103	黄冕林场(桂)	1.25	36	如皋市(苏)	80	80	潘集区(皖)	7.5
104	荣昌区(渝)	1.5	37	大丰区(苏)	80	81	湾沚区(皖)	7.3
105	剑河县(黔)	82.9	38	兴化市(苏)	76.9	82	蜀山区(皖)	4.9
106	六枝特区(黔)	10	39	滨海县(苏)	60.53	83	杜集区(皖)	1.3
107	榕江县(黔)	4	40	浦口区(苏)	57	84	谯城区(皖)	1
108	易门县(滇)	5	41	海门市(苏)	35	85	和县(皖)	0.86
			42	阜宁县(苏)	32.29	86	迎江区(皖)	0.85
			43	亭湖区(苏)	30	87	南陵县(皖)	0.7
			44	江宁区(苏)	26	88	龙子湖区(皖)	0.54

表 11-37 银杏苗圃苗木主产地产量

(续表)

序号	县(旗、市、区、局、场)	产苗株数(万株)
89	柴桑区(赣)	2152.6
90	南昌县(赣)	46.5
91	进贤县(赣)	12.6
92	上犹县(赣)	12
93	高安市(赣)	9.17
94	芦溪县(赣)	8.41
95	章贡区(赣)	4.3
96	安源区(赣)	3.7
97	丰城市(赣)	3
98	濂溪区(赣)	0.8
99	宁阳县(鲁)	200
100	梁山县(鲁)	140
101	泰山区(鲁)	106
102	高密市(鲁)	75
103	肥城市(鲁)	50
104	昌邑市(鲁)	45.7
105	东阿县(鲁)	34.3
106	兖州区(鲁)	18.9
107	乐陵市(鲁)	18
108	海阳市(鲁)	11
109	莘县(鲁)	8.72
110	东平县(鲁)	8
111	城阳区(鲁)	7
112	成武县(鲁)	4
113	峄城区(鲁)	2
114	历城区(鲁)	2
115	平度市(鲁)	1
116	邹城市(鲁)	0.72
117	陵城区(鲁)	0.6
118	新密市(豫)	370
119	息县(豫)	330
120	濮阳县(豫)	86.1
121	惠济区(豫)	72.89
122	汝阳县(豫)	42.4
123	嵩县(豫)	33
124	长葛市(豫)	30.12
125	宁陵县(豫)	22
126	建安区(豫)	18
127	孟津区(豫)	17
128	范县(豫)	16.2
129	洛龙区(豫)	11
130	伊川县(豫)	10.5
131	洛阳市伊洛工业园区(豫)	8.7

(续表)

序号	县(旗、市、区、局、场)	产苗株数(万株)
132	宜阳县(豫)	6.64
133	源汇区(豫)	5.3
134	新野县(豫)	3.9
135	鹤壁市市辖区(豫)	3
136	鹤山区(豫)	3
137	卫辉市(豫)	2.8
138	通许县(豫)	2.25
139	遂平县(豫)	2
140	巩义市(豫)	1.2
141	牧野区(豫)	0.9
142	林州市(豫)	0.9
143	滑县(豫)	0.8
144	桃源县(湘)	745
145	临澧县(湘)	180
146	永顺县(湘)	1.5
147	荣昌区(渝)	6.6
148	彭山区(川)	60
149	郫都区(川)	30
150	龙泉驿区(川)	17.5
151	顺庆区(川)	8.9
152	高县(川)	8.6
153	大英县(川)	8
154	沿滩区(川)	6.9
155	沿滩区(川)	6.9
156	恩阳区(川)	5
157	仁寿县(川)	4.1
158	内江市市中区(川)	2.4
159	什邡市(川)	1.2
160	开阳县(黔)	34.76
161	金沙县(黔)	33
162	印江土家族苗族自治县(黔)	24
163	余庆县(黔)	13
164	长顺县(黔)	6.14
165	玉屏侗族自治县(黔)	6.12
166	六枝特区(黔)	5.15
167	汇川区(黔)	2.1
168	施秉县(黔)	0.74
169	白云区(黔)	0.74
170	石林彝族自治县(滇)	36
171	彝良县(滇)	18
172	白河县(陕)	20
173	洋县(陕)	1.35

序号	县(旗、市、区、局、场)	产苗株数(万株)
1	蓟州区(津)	495
2	定州市(冀)	450
3	宁晋县(冀)	64.4
4	大厂回族自治县(冀)	62
5	信都区(冀)	26
6	海港区(冀)	16
7	涿州市(冀)	7.77
8	高阳县(冀)	5
9	徐水区(冀)	4.3
10	涞水县(冀)	2
11	抚宁区(冀)	1.1
12	丰润区(冀)	1.02
13	鸡泽县(冀)	1
14	丛台区(冀)	0.9
15	武强县(冀)	0.54
16	侯马市(晋)	18
17	高平市(晋)	1.15
18	科尔沁左翼中旗(内蒙古)	500
19	东港市(辽)	722
20	庄河市(辽)	480
21	明山区(辽)	5
22	灯塔市(辽)	2.7
23	浑南区(辽)	1
24	大石桥市(辽)	0.62
25	甘井子区(辽)	0.6
26	邳州市(苏)	14883.94
27	沭阳县(苏)	2000
28	新沂市(苏)	1040
29	滨海县(苏)	80
30	如皋市(苏)	72
31	兴化市(苏)	61.45
32	射阳县(苏)	35.1
33	亭湖区(苏)	30
34	溧阳市(苏)	18.5
35	灌云县(苏)	16
36	宿城区(苏)	12
37	泰兴市(苏)	9.65
38	高邮市(苏)	9
39	宜兴市(苏)	8
40	宝应县(苏)	4.2
41	江阴市(苏)	3.9
42	金湖县(苏)	3
43	阜宁县(苏)	1.92
44	大丰区(苏)	1.5

(续表)

序号	县(旗、市、区、局、场)	产苗株数(万株)
45	张家港市(苏)	0.77
46	青田县(浙)	35.4
47	德清县(浙)	12.6
48	桐乡市(浙)	8.9
49	缙云县(浙)	5.4
50	温岭市(浙)	5
51	南湖区(浙)	3.38
52	秀洲区(浙)	2.73
53	越城区(浙)	2
54	兰溪市(浙)	1.78
55	黄岩区(浙)	1.5
56	嘉善县(浙)	1.07
57	瓯海区(浙)	1
58	永康市(浙)	1
59	石台县(皖)	23.2
60	肥东县(皖)	15
61	凤阳县(皖)	11
62	舒城县(皖)	9.3
63	望江县(皖)	6.5
64	蜀山区(皖)	1.6
65	龙南县(赣)	186
66	濂溪区(赣)	16
67	南昌县(赣)	11.5
68	万载县(赣)	4.9
69	进贤县(赣)	3.2
70	高密市(鲁)	540
71	海阳市(鲁)	280
72	宁阳县(鲁)	210
73	历城区(鲁)	113
74	栖霞市(鲁)	52
75	岱岳区(鲁)	50
76	昌邑市(鲁)	42.85
77	河东区(鲁)	36
78	胶州市(鲁)	21
79	滕州市(鲁)	15.2
80	东平县(鲁)	12
81	莱山区(鲁)	8
82	潍城区(鲁)	6.09
83	城阳区(鲁)	6
84	桓台县(鲁)	5.3
85	招远市(鲁)	5
86	安丘市(鲁)	3
87	张店区(鲁)	2
88	乐陵市(鲁)	0.6

(续表)

序号	县(旗、市、区、局、场)	产苗株数(万株)
89	禹州市(豫)	90
90	潢川县(豫)	31
91	嵩 县(豫)	30
92	建安区(豫)	15
93	卢氏县(豫)	10
94	郾城区(豫)	7.13
95	长葛市(豫)	6.8
96	鹤山区(豫)	5
97	鹤壁市市辖区(豫)	5
98	栾川县(豫)	4
99	新蔡县(豫)	3.5
100	商水县(豫)	1.6
101	韶山市(湘)	21
102	苍溪县(川)	450
103	西充县(川)	230
104	郫都区(川)	180
105	东坡区(川)	110.21
106	内江市市中区(川)	73
107	青白江区(川)	70
108	彭山区(川)	60
109	都江堰市(川)	60
110	宣汉县(川)	45
111	新津区(川)	38.5
112	雁江区(川)	35
113	开江县(川)	20
114	高 县(川)	11.7
115	新都区(川)	10.4
116	峨边彝族自治县(川)	7
117	南江县(川)	6.01
118	隆昌市(川)	5.8
119	彭州市(川)	5
120	什邡市(川)	4.5
121	巴州区(川)	2.2
122	仁寿县(川)	2
123	通川区(川)	1.5
124	龙泉驿区(川)	0.95
125	纳雍县(黔)	2170
126	六枝特区(黔)	453
127	七星关区(黔)	231.27
128	道真仡佬族苗族自治县(黔)	109
129	石阡县(黔)	86.1
130	余庆县(黔)	35.41
131	开阳县(黔)	29.08

(续表)

序号	县(旗、市、区、局、场)	产苗株数(万株)
132	乌当区(黔)	26.87
133	镇远县(黔)	15.1
134	金沙县(黔)	14.9
135	桐梓县(黔)	7
136	汇川区(黔)	4.8
137	清镇市(黔)	2.58
138	施秉县(黔)	1.89
139	泸西县(滇)	500
140	富源县(滇)	20
141	宁蒗彝族自治县(滇)	10.5
142	彝良县(滇)	1.6
143	宁强县(陕)	6572
144	城固县(陕)	154
145	西乡县(陕)	50
146	宁陕县(陕)	25
147	石泉县(陕)	20
148	白河县(陕)	15
149	留坝县(陕)	13
150	镇巴县(陕)	6.4
151	汉滨区(陕)	3
152	大武口区(宁)	3.94
153	第七师(新疆兵团)	26

表 11-38 沙棘苗圃苗木主产地产量

序号	县(旗、市、区、局、场)	产苗株数(万株)
1	丰宁满族自治县(冀)	2020
2	承德县(冀)	5
3	围场满族蒙古族自治县(冀)	1.8
4	岢岚县(晋)	700
5	偏关县(晋)	675
6	宁武县(晋)	593
7	应 县(晋)	230
8	神池县(晋)	90
9	翁牛特旗(内蒙古)	2900
10	清水河县(内蒙古)	2894
11	托克托县(内蒙古)	1200
12	阿荣旗(内蒙古)	200
13	武川县(内蒙古)	180
14	宁城县(内蒙古)	110.5
15	东胜区(内蒙古)	100
16	巴林右旗(内蒙古)	80
17	达拉特旗(内蒙古)	76.26

(续表)

序号	县(旗、市、区、局、场)	产苗株数(万株)
18	科尔沁左翼中旗(内蒙古)	50.2
19	科尔沁区(内蒙古)	23.2
20	通辽经济技术开发区(内蒙古)	1
21	鄂托克旗(内蒙古)	0.66
22	江源区(吉)	44
23	大安市(吉)	26.5
24	东辽县(吉)	15
25	嫩江县(黑)	115
26	延寿县(黑)	0.6
27	理塘县(川)	8
28	小金县(川)	2
29	香格里拉市(滇)	6.42
30	金塔县(甘)	1067.2
31	古浪县(甘)	644.5
32	临泽县(甘)	615
33	凉州区(甘)	80
34	华池林业总场(甘)	79.3
35	玉门市(甘)	8
36	湘乐林业总场(甘)	7.29
37	门源回族自治县(青)	23
38	德令哈市(青)	10
39	农垦事业管理局(宁)	100
40	灵武白芨滩国家级自然保护区(宁)	0.52
41	第九师(新疆兵团)	800

表11-39 油茶苗圃苗木主产地产量

序号	县(旗、市、区、局、场)	产苗株数(万株)
1	江宁区(苏)	7.8
2	青田县(浙)	565
3	建德市(浙)	160
4	常山县(浙)	19
5	缙云县(浙)	3
6	文成县(浙)	3
7	兰溪市(浙)	0.8
8	太湖县(皖)	885
9	宿松县(皖)	200
10	金寨县(皖)	150
11	绩溪县(皖)	40
12	东至县(皖)	20
13	崇仁县(赣)	671.3
14	莲花县(赣)	480

(续表)

序号	县(旗、市、区、局、场)	产苗株数(万株)
15	上饶县(赣)	375
16	安福县(赣)	320
17	芦溪县(赣)	210
18	吉水县(赣)	154
19	宁都县(赣)	100
20	柴桑区(赣)	76.34
21	广丰区(赣)	56.9
22	奉新县(赣)	55.2
23	峡江县(赣)	20
24	瑞昌市(赣)	8
25	光山县(豫)	300
26	团风县(鄂)	100
27	松滋市(鄂)	15
28	攸县(湘)	50000
29	茶陵县(湘)	2300
30	鼎城区(湘)	1260
31	长沙县(湘)	600
32	浏阳市(湘)	450
33	常宁市(湘)	316
34	辰溪县(湘)	300
35	道县(湘)	250
36	汨罗市(湘)	220
37	涟源市(湘)	210
38	耒阳市(湘)	200
39	江华瑶族自治县(湘)	180
40	中方县(湘)	120
41	泸溪县(湘)	110
42	冷水滩区(湘)	100
43	临澧县(湘)	100
44	桃源县(湘)	70
45	汝城县(湘)	70
46	东安县(湘)	60
47	苏仙区(湘)	50
48	湘乡市(湘)	35
49	澧县(湘)	16
50	花都区(粤)	560
51	云安区(粤)	120
52	曲江区(粤)	35
53	高州市(粤)	26
54	乳源瑶族自治县(粤)	25
55	梅县区(粤)	20
56	五华县(粤)	10
57	和平县(粤)	10
58	三江侗族自治县(桂)	1395.15

(续表)

序号	县(旗、市、区、局、场)	产苗株数(万株)
59	东兰县(桂)	1287.51
60	凤山县(桂)	1233
61	藤县(桂)	1200
62	八步区(桂)	757.9
63	巴马瑶族自治县(桂)	713
64	田阳县(桂)	625
65	环江毛南族自治县(桂)	603.5
66	宜州区(桂)	600
67	南丹县(桂)	551
68	武宣县(桂)	317
69	维都林场(桂)	280
70	那坡县(桂)	230
71	乐业县(桂)	205
72	大桂山林场(桂)	177
73	凌云县(桂)	150
74	隆安县(桂)	125
75	扶绥县(桂)	98.2
76	岑溪市(桂)	50
77	钦廉林场(桂)	34
78	博白县(桂)	12
79	高峰林场(桂)	8.1
80	黄冕林场(桂)	6.99
81	博白林场(桂)	2.6
82	长洲区(桂)	2
83	派阳山林场(桂)	0.56
84	屯昌县(琼)	80.53
85	秀英区(琼)	70
86	秀山土家族苗族自治县(渝)	672.5
87	梁平区(渝)	300
88	荣县(川)	200
89	马边彝族自治县(川)	120
90	雨城区(川)	105
91	犍为县(川)	50
92	江安县(川)	40
93	宣汉县(川)	25
94	达川区(川)	12
95	威宁彝族回族苗族自治县(黔)	2000
96	玉屏侗族自治县(黔)	1174.75
97	册亨县(黔)	960
98	碧江区(黔)	775
99	从江县(黔)	736.5
100	石阡县(黔)	450

(续表)

序号	县(旗、市、区、局、场)	产苗株数(万株)
101	锦屏县(黔)	437.54
102	榕江县(黔)	380
103	罗甸县(黔)	240
104	三穗县(黔)	200
105	兴义市(黔)	130
106	剑河县(黔)	102
107	镇远县(黔)	100
108	沿河土家族自治县(黔)	100
109	台江县(黔)	60
110	平塘县(黔)	46
111	望谟县(黔)	37
112	丘北县(滇)	345
113	广南县(滇)	270
114	盈江县(滇)	82
115	腾冲市(滇)	50
116	建水县(滇)	20
117	汉滨区(陕)	150

表11-40 元宝枫苗圃苗木主产地产量

序号	县(旗、市、区、局、场)	产苗株数(万株)
1	蓟州区(津)	180
2	宝坻区(津)	92
3	定州市(冀)	352
4	涿州市(冀)	4.44
5	丰润区(冀)	1.13
6	屯留区(晋)	280
7	大宁县(晋)	216
8	阳城县(晋)	122.7
9	泽州县(晋)	60
10	陵川县(晋)	6.08
11	垣曲县(晋)	2.44
12	曲沃县(晋)	2
13	科尔沁左翼中旗(内蒙古)	99
14	科尔沁左翼后旗(内蒙古)	18
15	通辽经济技术开发区(内蒙古)	10.5
16	桦甸市(吉)	2.76
17	高密市(鲁)	107
18	海阳市(鲁)	45
19	泗水县(鲁)	21
20	梁山县(鲁)	19
21	荣成市(鲁)	9.9
22	兖州区(鲁)	5.6

(续表)

序号	县(旗、市、区、局、场)	产苗株数(万株)
23	历城区(鲁)	4
24	临淄区(鲁)	2.7
25	卫辉市(豫)	173.4
26	邓州市(豫)	130
27	宜阳县(豫)	80
28	建安区(豫)	15
29	郾城区(豫)	1.84
30	清镇市(黔)	222
31	六枝特区(黔)	5
32	略阳县(陕)	432
33	汉滨区(陕)	40
34	麻沿林场(甘)	4.5
35	甘州区(甘)	1.5

表11-41 文冠果苗圃苗木主产地产量

序号	县(旗、市、区、局、场)	产苗株数(万株)
1	宝坻区(津)	6
2	怀来县(冀)	10
3	静乐县(晋)	12
4	尖草坪区(晋)	3.55
5	翁牛特旗(内蒙古)	400
6	科尔沁区(内蒙古)	329.83
7	突泉县(内蒙古)	200
8	开鲁县(内蒙古)	200
9	科尔沁左翼中旗(内蒙古)	156
10	巴林右旗(内蒙古)	125
11	杭锦旗(内蒙古)	96
12	敖汉旗(内蒙古)	72
13	红山区(内蒙古)	61
14	宁城县(内蒙古)	30.1
15	巴林左旗(内蒙古)	19
16	乌兰浩特市(内蒙古)	15
17	奈曼旗(内蒙古)	15
18	通辽经济技术开发区(内蒙古)	10
19	察哈尔右翼后旗(内蒙古)	5
20	鄂托克前旗(内蒙古)	3
21	固阳县(内蒙古)	1.65
22	凌源市(辽)	545
23	建平县(辽)	92
24	龙城区(辽)	40
25	盘山县(辽)	0.8
26	长岭县(吉)	3335

(续表)

序号	县(旗、市、区、局、场)	产苗株数(万株)
27	通榆县(吉)	445
28	洮南市(吉)	202
29	前郭尔罗斯蒙古族自治县(吉)	74
30	大安市(吉)	38
31	梨树县(吉)	35.12
32	龙井市(吉)	30.6
33	白城市市辖区(吉)	20
34	安丘市(鲁)	52.5
35	栖霞市(鲁)	52
36	临淄区(鲁)	11.5
37	昌邑市(鲁)	2.2
38	会宁县(甘)	807
39	景泰县(甘)	599.4
40	高台县(甘)	16.2
41	永靖县(甘)	2
42	白龙江博峪河省级自然保护区管护中心(甘)	0.67
43	原州区(宁)	21
44	同心县(宁)	20

表11-42 荷木苗圃苗木主产地产量

序号	县(旗、市、区、局、场)	产苗株数(万株)
1	会昌县(赣)	550
2	赣县区(赣)	96
3	安福县(赣)	75
4	石城县(赣)	3
5	铜鼓县(赣)	2
6	南康区(赣)	1.1
7	江华瑶族自治县(湘)	80
8	翁源县(粤)	871
9	连州市(粤)	100
10	紫金县(粤)	84.1
11	梅县区(粤)	80
12	惠阳区(粤)	75
13	乳源瑶族自治县(粤)	75
14	惠城区(粤)	70
15	五华县(粤)	66.5
16	新会区(粤)	20
17	云城区(粤)	18
18	浈江区(粤)	16
19	电白区(粤)	15
20	高要区(粤)	15

林产品主产地及产量

PRINCIPAL PRODUCTION COUNTIES AND OUTPUT OF FOREST PRODUCTS

(续表)

序号	县(旗、市、区、局、场)	产苗株数(万株)
21	普宁市(粤)	15
22	新丰江林管局(粤)	13
23	广宁县(粤)	11
24	榕城区(粤)	10
25	高州市(粤)	10
26	高明区(粤)	5
27	郁南县(粤)	5
28	连南瑶族自治县(粤)	5
29	苍梧县(桂)	30
30	蒙山县(桂)	5
31	博白林场(桂)	2
32	黄冕林场(桂)	1.11
33	派阳山林场(桂)	0.85

表 11-43 南方红豆杉苗圃苗木主产地产量

序号	县(旗、市、区、局、场)	产苗株数(万株)
1	武义县(浙)	100
2	乐清市(浙)	90
3	黄岩区(浙)	35
4	嵊州市(浙)	33.9
5	衢江区(浙)	18.4
6	温岭市(浙)	17.2
7	瓯海区(浙)	12
8	缙云县(浙)	12
9	青田县(浙)	10.3
10	江山市(浙)	9
11	龙游县(浙)	6.7
12	嘉善县(浙)	5.45
13	文成县(浙)	5
14	兰溪市(浙)	2.8
15	苍南县(浙)	2.4
16	义乌市(浙)	2.1
17	松阳县(浙)	1.93
18	永康市(浙)	1.9
19	德清县(浙)	1.2
20	越城区(浙)	0.9
21	桐乡市(浙)	0.64
22	奉新县(赣)	973
23	崇义县(赣)	260
24	大余县(赣)	149.5
25	宜丰县(赣)	131
26	玉山县(赣)	30

(续表)

序号	县(旗、市、区、局、场)	产苗株数(万株)
27	进贤县(赣)	19.8
28	兴国县(赣)	18.5
29	资溪县(赣)	18.06
30	井冈山市(赣)	10.5
31	章贡区(赣)	3.8
32	全南县(赣)	1

表 11-44 其他主要苗圃苗木主产地产量

序号	县(旗、市、区、局、场)	品种	产苗株数(万株)
1	新荣区(晋)	杜松	20
2	偏关县(晋)	杜松	15
3	宁武县(晋)	杜松	10
4	乌兰浩特市(内蒙古)	杜松	8
5	托克托县(内蒙古)	杜松	6
6	鄂托克旗(内蒙古)	杜松	1.6
7	东河区(内蒙古)	杜松	0.8
8	云和县(浙)	火柜松	0.6
9	奉新县(赣)	火柜松	162.3
10	寻乌县(赣)	火柜松	41
11	桐柏县(豫)	火柜松	500
12	泌阳县(豫)	火柜松	150
13	淅川县(豫)	火柜松	42
14	桓仁满族自治县(辽)	国外松	284
15	海州区(苏)	国外松	15
16	永丰县(赣)	国外松	94
17	万载县(赣)	国外松	40
18	桐柏县(豫)	国外松	400
19	团风县(鄂)	国外松	130
20	衡山县(湘)	国外松	770.8
21	零陵区(湘)	国外松	350
22	汨罗市(湘)	国外松	180
23	鼎城区(湘)	国外松	75
24	临澧县(湘)	国外松	58
25	茶陵县(湘)	国外松	40
26	临湘市(湘)	国外松	5.5
27	台山市(粤)	国外松	503
28	阳江林场(粤)	国外松	20
29	孟连傣族拉祜族佤族自治县(滇)	思茅松	108
30	昌宁县(滇)	思茅松	15
31	雅长林场(桂)	云南松	0.7
32	兴义市(黔)	云南松	10

(续表)

序号	县(旗、市、区、局、场)	品种	产苗株数(万株)
33	巍山彝族回族自治县(滇)	云南松	250
34	玉龙纳西族自治县(滇)	云南松	172
35	祥云县(滇)	云南松	100
36	永平县(滇)	云南松	60
37	双柏县(滇)	云南松	56
38	古城区(滇)	云南松	49
39	永胜县(滇)	云南松	46
40	石林彝族自治县(滇)	云南松	43
41	牟定县(滇)	云南松	30
42	江川区(滇)	云南松	26
43	宁蒗彝族自治县(滇)	云南松	23.05
44	西山区(滇)	云南松	20.27
45	富源县(滇)	云南松	20
46	宾川县(滇)	云南松	15
47	武定县(滇)	云南松	12
48	腾冲市(滇)	云南松	10
49	隆阳区(滇)	云南松	8.8
50	香格里拉市(滇)	云南松	5.5
51	龙陵县(滇)	云南松	5
52	洱源县(滇)	云南松	3
53	盐都区(苏)	池杉	90
54	溧阳市(苏)	池杉	1.6
55	桐乡市(浙)	池杉	218.19
56	秀洲区(浙)	池杉	36.4
57	望江县(皖)	池杉	1.25
58	蜀山区(皖)	池杉	0.8
59	洪湖市(鄂)	池杉	80
60	沭阳县(苏)	柳杉	100
61	峨边彝族自治县(川)	柳杉	51.5
62	什邡市(川)	柳杉	24.2
63	宣汉县(川)	柳杉	8
64	七星关区(黔)	柳杉	775
65	大方县(黔)	柳杉	385.1
66	六枝特区(黔)	柳杉	150
67	纳雍县(黔)	柳杉	139
68	兴义市(黔)	柳杉	20
69	普安县(黔)	柳杉	8
70	清镇市(黔)	柳杉	4
71	麒麟区(滇)	柳杉	1500
72	罗平县(滇)	柳杉	100
73	嵩明县(滇)	柳杉	22
74	富源县(滇)	柳杉	20

(续表)

序号	县(旗、市、区、局、场)	品种	产苗株数(万株)
75	个旧市(滇)	柳杉	10.8
76	彝良县(滇)	柳杉	0.6
77	东海县(苏)	落羽杉	1750
78	沭阳县(苏)	落羽杉	150
79	灌云县(苏)	落羽杉	120
80	吴江区(苏)	落羽杉	110
81	江都区(苏)	落羽杉	104
82	海州区(苏)	落羽杉	48
83	盐都区(苏)	落羽杉	37.5
84	赣榆区(苏)	落羽杉	14.9
85	启东市(苏)	落羽杉	7
86	姜堰区(苏)	落羽杉	5.1
87	大丰区(苏)	落羽杉	3.4
88	海安市(苏)	落羽杉	2
89	连云港市市辖区(苏)	落羽杉	1
90	桐乡市(浙)	落羽杉	356.06
91	秀洲区(浙)	落羽杉	31
92	嘉善县(浙)	落羽杉	3.55
93	缙云县(浙)	落羽杉	3
94	松阳县(浙)	落羽杉	1.6
95	岱山县(浙)	落羽杉	0.9
96	甘井子区(辽)	水杉	0.6
97	沭阳县(苏)	水杉	300
98	吴江区(苏)	水杉	276
99	东台市(苏)	水杉	200
100	亭湖区(苏)	水杉	106
101	大丰区(苏)	水杉	69
102	射阳县(苏)	水杉	48.5
103	泰兴市(苏)	水杉	36.28
104	溧阳市(苏)	水杉	35.8
105	阜宁县(苏)	水杉	16
106	江都区(苏)	水杉	14
107	姜堰区(苏)	水杉	12.2
108	金湖县(苏)	水杉	5
109	宝应县(苏)	水杉	1.9
110	桐乡市(浙)	水杉	152.84
111	龙游县(浙)	水杉	6.4
112	江山市(浙)	水杉	3
113	南湖区(浙)	水杉	3
114	武义县(浙)	水杉	3
115	吴兴区(浙)	水杉	2.4
116	德清县(浙)	水杉	2.4
117	嘉善县(浙)	水杉	1
118	潢川县(豫)	水杉	147

(续表)

序号	县(旗、市、区、局、场)	品种	产苗株数(万株)
119	鄢城区(豫)	水杉	8.6
120	钟山区(黔)	水杉	1.51
121	清镇市(黔)	水杉	0.52
122	城固县(陕)	水杉	43
123	宁阳县(鲁)	鹅耳枥	80
124	浑江区(吉)	胡桃楸	3.34
125	双阳区(吉)	胡桃楸	1.2
126	密山市(黑)	胡桃楸	135.7
127	宾县(黑)	胡桃楸	18.55
128	延寿县(黑)	胡桃楸	6
129	嘉荫县(黑)	胡桃楸	0.75
130	白石山林业局(吉林森工)	胡桃楸	25.5
131	迎春林业局(龙江森工)	胡桃楸	14
132	苇河林业局(龙江森工)	胡桃楸	7.4
133	八面通林业局(龙江森工)	胡桃楸	5
134	赤城县(冀)	桦树	21.6
135	抚松县(吉)	桦树	73
136	大方县(黔)	桦树	648
137	七星关区(黔)	桦树	527.7
138	乌鲁木齐南山林场(新)	桦树	20.15
139	乌鲁木齐县(新)	桦树	20
140	沙湾林场(新)	桦树	5
141	呼图壁林场(新)	桦树	3.2
142	扎赉特旗(内蒙古)	黄波罗	350
143	桓仁满族自治县(辽)	黄波罗	385
144	普兰店区(辽)	黄波罗	10
145	法库县(辽)	黄波罗	3.5
146	灯塔市(辽)	黄波罗	1.5
147	通化县(吉)	黄波罗	25.8
148	集安市(吉)	黄波罗	25
149	浑江区(吉)	黄波罗	11.43
150	大石头林业局(吉)	黄波罗	9.6
151	舒兰市(吉)	黄波罗	9
152	蛟河市(吉)	黄波罗	7.65
153	龙井市(吉)	黄波罗	6.2
154	白山市市辖区(吉)	黄波罗	3
155	抚松县(吉)	黄波罗	2.6
156	九台区(吉)	黄波罗	1.9
157	榆树市(吉)	黄波罗	1.6
158	双阳区(吉)	黄波罗	1.5

(续表)

序号	县(旗、市、区、局、场)	品种	产苗株数(万株)
159	靖宇县(吉)	黄波罗	1.07
160	船营区(吉)	黄波罗	1
161	洮北区(吉)	黄波罗	1
162	嫩江县(黑)	黄波罗	22.6
163	宾县(黑)	黄波罗	19.1
164	延寿县(黑)	黄波罗	7.4
165	双鸭山林业局(龙江森工)	黄波罗	26.2
166	苇河林业局(龙江森工)	黄波罗	25.21
167	迎春林业局(龙江森工)	黄波罗	18
168	韩家园林业局(大兴安岭)	黄波罗	1.6
169	第十二师(新疆兵团)	黄波罗	1.24
170	勐腊县(滇)	桃花心木	6.32
171	隆化县(冀)	紫椴	15
172	扎鲁特旗(内蒙古)	紫椴	9.9
173	梅县区(粤)	红锥	100
174	电白区(粤)	红锥	35
175	海丰县(粤)	红锥	30
176	潮南区(粤)	红锥	20
177	茂南区(粤)	红锥	16
178	封开县(粤)	红锥	14
179	浈江区(粤)	红锥	12.8
180	高要区(粤)	红锥	10
181	高峰林场(桂)	红锥	33.54
182	黄冕林场(桂)	红锥	18.59
183	左权县(晋)	栎类	570
184	陵川县(晋)	栎类	552.2
185	屯留区(晋)	栎类	40
186	长春市净月经济开发区(吉)	栎类	7
187	六合区(苏)	栎类	135.3
188	射阳县(苏)	栎类	16
189	广陵区(苏)	栎类	11.5
190	溧阳市(苏)	栎类	6.1
191	建湖县(苏)	栎类	5
192	江宁区(苏)	栎类	0.63
193	湘乐林业总场(甘)	栎类	0.53
194	隆化县(冀)	柠条	5
195	左云县(晋)	柠条	1000
196	应县(晋)	柠条	120
197	神池县(晋)	柠条	70

林产品主产地及产量

PRINCIPAL PRODUCTION COUNTIES AND OUTPUT OF FOREST PRODUCTS

（续表）

序号	县（旗、市、区、局、场）	品种	产苗株数（万株）
198	鄂托克前旗（内蒙古）	柠条	23558
199	翁牛特旗（内蒙古）	柠条	2200
200	鄂托克旗（内蒙古）	柠条	1350
201	奈曼旗（内蒙古）	柠条	1310
202	巴林右旗（内蒙古）	柠条	660
203	杭锦旗（内蒙古）	柠条	120
204	林西县（内蒙古）	柠条	100
205	固阳县（内蒙古）	柠条	80
206	阿拉善左旗（内蒙古）	柠条	66
207	乌拉特中旗（内蒙古）	柠条	30
208	科尔沁左翼中旗（内蒙古）	柠条	30
209	临河区（内蒙古）	柠条	28
210	建平县（辽）	柠条	80
211	古浪县（甘）	柠条	3413.2
212	民勤县（甘）	柠条	610
213	山丹县（甘）	柠条	35.15
214	甘州区（甘）	柠条	30
215	新和县（新）	香梨	1
216	怀来县（冀）	红枣	9
217	方山县（晋）	红枣	22
218	繁峙县（晋）	红枣	5.5
219	乌审旗（内蒙古）	红枣	159
220	凤泉区（豫）	红枣	1.7
221	祁东县（湘）	红枣	81
222	罗江区（川）	红枣	20
223	甘州区（甘）	红枣	6
224	大武口区（宁）	红枣	5.91
225	红寺堡区（宁）	红枣	3.24
226	兴庆区（宁）	红枣	1.2
227	湖滨区（豫）	巴旦木	210
228	疏勒县（新）	巴旦木	1.22
229	乌拉特前旗（内蒙古）	枸杞	90
230	四子王旗（内蒙古）	枸杞	5
231	鄂伦春自治旗（内蒙古）	枸杞	2.7
232	玉门市（甘）	枸杞	45
233	甘州区（甘）	枸杞	15
234	古浪县（甘）	枸杞	2
235	中宁县（宁）	枸杞	2270
236	西夏区（宁）	枸杞	300
237	原州区（宁）	枸杞	295
238	海原县（宁）	枸杞	205
239	惠农区（宁）	枸杞	200
240	沙坡头区（宁）	枸杞	50
241	红寺堡区（宁）	枸杞	9
242	乐业县（桂）	酸梅	0.7
243	疏附县（新）	酸梅	24
244	巴楚县（新）	酸梅	20
245	疏勒县（新）	酸梅	15
246	英吉沙县（新）	酸梅	5
247	泽普县（新）	酸梅	4
248	信宜市（粤）	开心果	10
249	额济纳旗（内蒙古）	胡杨	72.4
250	五原县（内蒙古）	胡杨	11
251	金塔县（甘）	胡杨	559.37
252	玉门市（甘）	胡杨	165.8
253	敦煌市（甘）	胡杨	87.9
254	嘉峪关市（甘）	胡杨	31.13
255	民勤县（甘）	胡杨	11.4
256	平罗县（宁）	胡杨	4.22
257	巴楚县（新）	胡杨	154
258	库车县（新）	胡杨	54
259	轮台县（新）	胡杨	50
260	新和县（新）	胡杨	39.5
261	温宿县（新）	胡杨	32
262	沙湾县（新）	胡杨	13.7
263	疏附县（新）	胡杨	4
264	和静县（新）	胡杨	2.72
265	第八师（新疆兵团）	胡杨	5.1
266	第十四师（新疆兵团）	胡杨	2
267	蓉江新区（赣）	厚朴	10
268	增城区（粤）	厚朴	1.35
269	宣汉县（川）	厚朴	40
270	大邑县（川）	厚朴	4
271	开江县（川）	厚朴	1
272	印江土家族苗族自治县（黔）	厚朴	8.6
273	彝良县（滇）	厚朴	6
274	城固县（陕）	厚朴	190
275	镇巴县（陕）	厚朴	14.4
276	奉新县（赣）	桤木	480
277	永新县（赣）	桤木	5.5
278	清新区（粤）	桤木	5
279	宣汉县（川）	桤木	250
280	平昌县（川）	桤木	60
281	恩阳区（川）	桤木	15
282	巴州区（川）	桤木	11
283	彭州市（川）	桤木	6
284	剑河县（黔）	桤木	102.6
285	印江土家族苗族自治县（黔）	桤木	7
286	麒麟区（滇）	桤木	1500
287	师宗县（滇）	桤木	150
288	麻栗坡县（滇）	桤木	145
289	寻甸回族彝族自治县（滇）	桤木	100
290	腾冲市（滇）	桤木	50
291	华坪县（滇）	桤木	15
292	西畴县（滇）	桤木	12
293	江川区（滇）	桤木	7.5
294	个旧市（滇）	桤木	4.8
295	沭阳县（苏）	木瓜	150
296	宣州区（皖）	木瓜	18.6
297	桐柏县（豫）	木瓜	50
298	嵩县（豫）	木瓜	13
299	郾城区（豫）	木瓜	2.9
300	长葛市（豫）	木瓜	1.31
301	巴州区（川）	木瓜	2.2
302	宁蒗彝族自治县（滇）	木瓜	3.8
303	兰坪白族普米族自治县（滇）	木瓜	0.85
304	白河县（陕）	木瓜	40
305	莎车县（新）	木瓜	17.5
306	黄岩区（浙）	柑橘	605
307	常山县（浙）	柑橘	120
308	温岭市（浙）	柑橘	10
309	越城区（浙）	柑橘	8.8
310	松阳县（浙）	柑橘	2.5
311	龙湾区（浙）	柑橘	1.5
312	桐乡市（浙）	柑橘	0.7
313	宜秀区（皖）	柑橘	48
314	南丰县（赣）	柑橘	85
315	武陵区（湘）	柑橘	100
316	珠晖区（湘）	柑橘	50
317	顺德区（粤）	柑橘	800
318	新会区（粤）	柑橘	170

(续表)

序号	县(旗、市、区、局、场)	品种	产苗株数(万株)
319	高要区(粤)	柑橘	80
320	梅县区(粤)	柑橘	10
321	新兴县(粤)	柑橘	1.1
322	乐业县(桂)	柑橘	4
323	安岳县(川)	柑橘	117
324	恩阳区(川)	柑橘	18
325	巴州区(川)	柑橘	9.4
326	通川区(川)	柑橘	3
327	关岭布依族苗族自治县(黔)	柑橘	80
328	罗甸县(黔)	柑橘	37
329	榕江县(黔)	柑橘	8
330	宾川县(滇)	柑橘	210
331	牟定县(滇)	柑橘	0.7
332	辛集市(冀)	香椿	8
333	陵川县(晋)	香椿	1.5
334	兴化市(苏)	香椿	42.3
335	桐乡市(浙)	香椿	1.5
336	舒城县(皖)	香椿	20
337	蜀山区(皖)	香椿	17.1
338	太和县(皖)	香椿	6
339	泰安市高新区(鲁)	香椿	3200
340	新泰市(鲁)	香椿	250
341	岱岳区(鲁)	香椿	27
342	莘县(鲁)	香椿	1
343	成武县(鲁)	香椿	1
344	商水县(豫)	香椿	22.5
345	鹤山区(豫)	香椿	12.5
346	鹤壁市市辖区(豫)	香椿	12.5
347	长葛市(豫)	香椿	5.1
348	简阳市(川)	香椿	1300
349	宣汉县(川)	香椿	30
350	射洪市(川)	香椿	20
351	名山区(川)	香椿	5
352	大方县(黔)	香椿	147
353	纳雍县(黔)	香椿	117.6
354	建水县(滇)	香椿	10
355	白河县(陕)	香椿	200
356	汉滨区(陕)	香椿	50
357	沭阳县(苏)	鹅掌楸	600
358	铜鼓县(赣)	鹅掌楸	2.5
359	商水县(豫)	鹅掌楸	30
360	三穗县(黔)	鹅掌楸	20
361	剑河县(黔)	鹅掌楸	16.65
362	镇远县(黔)	鹅掌楸	3
363	江油市(川)	珍稀乡土	200
364	贵州省龙里林场(黔)	珍稀乡土	30
365	南郑区(陕)	珍稀乡土	250
366	岚皋县(陕)	珍稀乡土	210
367	蓟州区(津)	黄栌	165
368	定州市(冀)	黄栌	430
369	海港区(冀)	黄栌	10
370	北戴河区(冀)	黄栌	2.9
371	尖草坪区(晋)	黄栌	15
372	岱岳区(鲁)	黄栌	135
373	历城区(鲁)	黄栌	47
374	成武县(鲁)	黄栌	10
375	淄川区(鲁)	黄栌	6
376	沂源县(鲁)	黄栌	4.5
377	蓟州区(津)	千头椿	120
378	宝坻区(津)	千头椿	3
379	丰润区(冀)	千头椿	2.16
380	涿州市(冀)	千头椿	1.11
381	东海县(苏)	千头椿	12
382	沭阳县(苏)	青桐	80
383	潜山市(皖)	青桐	30
384	潢川县(豫)	青桐	46
385	商水县(豫)	青桐	39
386	新蔡县(豫)	青桐	10
387	长葛市(豫)	青桐	6.35
388	郾城区(豫)	青桐	2.14
389	靖宇县(吉)	沙松	10
390	侯马市(晋)	紫杉	5
391	东港市(辽)	紫杉	300
392	庄河市(辽)	紫杉	50
393	普兰店区(辽)	紫杉	6.01
394	灯塔市(辽)	紫杉	2.5
395	嫩江县(黑)	紫杉	3
396	隆化县(冀)	合欢	9
397	丰润区(冀)	合欢	1.23
398	信都区(冀)	合欢	1
399	沭阳县(苏)	合欢	600
400	东海县(苏)	合欢	161
401	浦口区(苏)	合欢	32
402	宝应县(苏)	合欢	2.5
403	大丰区(苏)	合欢	1.85
404	溧阳市(苏)	合欢	1.3
405	桐乡市(浙)	合欢	12.91
406	兰溪市(浙)	合欢	4.25
407	建德市(浙)	合欢	1.5
408	衢江区(浙)	合欢	1.42
409	嵊州市(浙)	合欢	1
410	凤阳县(皖)	合欢	2.9
411	成武县(鲁)	合欢	76
412	乐陵市(鲁)	合欢	26
413	嵩县(豫)	合欢	160
414	潢川县(豫)	合欢	120
415	遂平县(豫)	合欢	51
416	长葛市(豫)	合欢	32.72
417	商水县(豫)	合欢	23
418	林州市(豫)	合欢	1.2
419	资阳县(湘)	合欢	3.7
420	五华县(粤)	合欢	10
421	派山林场(桂)	合欢	2.98
422	宾川县(滇)	合欢	25
423	隆阳区(滇)	合欢	24
424	个旧市(滇)	合欢	8.8
425	蓟州区(津)	小檗	370
426	定州市(冀)	小檗	2490
427	涞水县(冀)	小檗	8
428	北戴河区(冀)	小檗	5.1
429	高平市(晋)	小檗	61.28
430	左权县(晋)	小檗	20
431	沭阳县(苏)	小檗	5000
432	新泰市(鲁)	小檗	750
433	商水县(豫)	小檗	152
434	鹤山区(豫)	小檗	22
435	鹤壁市市辖区(豫)	小檗	22
436	五原县(内蒙古)	柽柳	60
437	临河区(内蒙古)	柽柳	32
438	乌拉特前旗(内蒙古)	柽柳	30
439	科尔沁区(内蒙古)	柽柳	4.2
440	农安县(吉)	柽柳	23.59
441	垦利区(鲁)	柽柳	285
442	金塔县(甘)	柽柳	199.5
443	玉门市(甘)	柽柳	126
444	民勤县(甘)	柽柳	119
445	山丹县(甘)	柽柳	14.39
446	嘉峪关市(甘)	柽柳	13
447	乌兰县(青)	柽柳	120
448	德令哈市(青)	柽柳	100

林产品主产地及产量

PRINCIPAL PRODUCTION COUNTIES AND OUTPUT OF FOREST PRODUCTS

(续表)

序号	县（旗、市、区、局、场）	品种	产苗株数（万株）
449	平安区（青）	柽柳	3
450	格尔木市（青）	柽柳	1.08
451	兴庆区（宁）	柽柳	18
452	伊州区（新）	柽柳	2.18
453	屯昌县（琼）	橡胶	26000
454	儋州市（琼）	橡胶	85.42
455	勐腊县（滇）	橡胶	23.9
456	岱山县（浙）	黄连木	0.95
457	桐乡市（浙）	黄连木	0.55
458	嵩县（豫）	黄连木	41
459	雅长林场（桂）	黄连木	1.5
460	小金县（川）	黄连木	4
461	榕江县（黔）	黄连木	10
462	石林彝族自治县（滇）	黄连木	33
463	个旧市（滇）	黄连木	17.2
464	建水县（滇）	黄连木	8
465	楚雄市（滇）	黄连木	5.6
466	江川区（滇）	黄连木	5.6
467	永胜县（滇）	黄连木	3
468	寻甸回族彝族自治县（滇）	黄连木	3
469	蛟河市（吉）	山槐	20.4
470	桦甸市（吉）	山槐	2.5
471	白山市市辖区（吉）	山槐	1.3
472	靖宇县（吉）	山槐	1
473	绥棱县（黑）	山槐	5
474	宜兴市（苏）	金钱松	1.09
475	建德市（浙）	金钱松	10
476	嵊州市（浙）	金钱松	0.9
477	兰溪市（浙）	檫树	2.65
478	余杭区（浙）	檫树	1.4
479	旌德县（皖）	檫树	13.5
480	青阳县（皖）	檫树	5
481	祁门县（皖）	檫树	3
482	临湘市（湘）	檫树	30
483	七星关区（黔）	檫树	180
484	六枝特区（黔）	檫树	10
485	勐腊县（滇）	檫树	1.18

表 12-1 松香主产地产量

序号	县（旗、市、区、局、场）	产量（吨）
1	开化县（浙）	1900
2	旌德县（皖）	3800
3	泾县（皖）	2860
4	全椒县（皖）	1400
5	郎溪县（皖）	422
6	滁州市市辖区（皖）	378
7	桐城市（皖）	160
8	岳西县（皖）	75
9	崇仁县（赣）	30600
10	南昌市市辖区（赣）	22000
11	乐安县（赣）	11033
12	宁都县（赣）	9000
13	吉安县（赣）	7100
14	新干县（赣）	4283
15	安远县（赣）	3912
16	安福县（赣）	3000
17	万安县（赣）	2800
18	永新县（赣）	2660
19	永丰县（赣）	2500
20	峡江县（赣）	2018
21	泰和县（赣）	1957
22	会昌县（赣）	1709.12
23	信丰县（赣）	1558
24	瑞金市（赣）	1360
25	吉州区（赣）	1300
26	德兴市（赣）	1220
27	遂川县（赣）	1000
28	吉水县（赣）	929
29	东乡区（赣）	910
30	金溪县（赣）	823
31	青原区（赣）	530
32	临川区（赣）	500
33	宜丰县（赣）	300
34	昌江区（赣）	300
35	上高县（赣）	280
36	乐平市（赣）	178.5
37	奉新县（赣）	142
38	上犹县（赣）	40
39	上饶县（赣）	4.5
40	安源区（赣）	1.2
41	松滋市（鄂）	41
42	蓝山县（湘）	11050
43	宜章县（湘）	2608
44	常宁市（湘）	500
45	双牌县（湘）	414
46	岳阳县（湘）	400
47	浏阳市（湘）	300
48	道县（湘）	260
49	麻阳苗族自治县（湘）	200
50	沅陵县（湘）	150
51	芦淞区（湘）	120
52	湘潭县（湘）	31
53	湘潭市市辖区（湘）	30
54	资阳区（湘）	11
55	云城区（粤）	9510
56	阳东区（粤）	7000
57	连山壮族瑶族自治县（粤）	3434
58	英德市（粤）	3235.4
59	封开县（粤）	3232
60	江城区（粤）	637
61	化州市（粤）	460
62	乳源瑶族自治县（粤）	320
63	佛冈县（粤）	119
64	德庆县（粤）	40.46
65	平远县（粤）	38
66	藤县（桂）	34451
67	金秀瑶族自治县（桂）	19470
68	万秀区（桂）	15620
69	防城区（桂）	15444
70	武鸣区（桂）	14000
71	蒙山县（桂）	11000
72	长洲区（桂）	9000
73	苍梧县（桂）	8824
74	融水苗族自治县（桂）	6066
75	临桂区（桂）	5879
76	恭城瑶族自治县（桂）	4643
77	江州区（桂）	1994
78	六万林场（桂）	625.27
79	桂平市（桂）	450
80	钦南区（桂）	150
81	秀山土家族苗族自治县（渝）	1299
82	锦屏县（黔）	1686
83	思南县（黔）	520
84	施秉县（黔）	81
85	双柏县（滇）	32795
86	宁洱哈尼族彝族自治县（滇）	13347
87	思茅区（滇）	8913
88	南华县（滇）	5751

(续表)

序号	县(旗、市、区、局、场)	产量(吨)
89	双江拉祜族佤族布朗族傣族自治县(滇)	5299
90	永平县(滇)	4055
91	云县(滇)	3697.2
92	镇沅彝族哈尼族拉祜族自治县(滇)	1150
93	隆阳区(滇)	326.7

表12-2　松节油主产地产量

序号	县(旗、市、区、局、场)	产量(吨)
1	开化县(浙)	8000
2	滁州市市辖区(皖)	100
3	安福县(赣)	7000
4	吉水县(赣)	2896
5	吉安县(赣)	1800
6	青原区(赣)	1500
7	宁都县(赣)	1100
8	遂川县(赣)	1000
9	峡江县(赣)	608
10	万安县(赣)	560
11	永丰县(赣)	550
12	永新县(赣)	540
13	泰和县(赣)	437
14	德兴市(赣)	300
15	吉州区(赣)	278
16	金溪县(赣)	156
17	信丰县(赣)	144
18	乐平市(赣)	76.9
19	弋阳县(赣)	49
20	会昌县(赣)	37.71
21	奉新县(赣)	35.5
22	上犹县(赣)	8.8
23	宜章县(湘)	612
24	衡山县(湘)	40.87
25	阳东区(粤)	1200
26	长洲区(桂)	2400
27	苍梧县(桂)	1347
28	江州区(桂)	199
29	六万林场(桂)	148.05
30	锦屏县(黔)	169
31	南华县(滇)	16129
32	宁洱哈尼族彝族自治县(滇)	2352

(续表)

序号	县(旗、市、区、局、场)	产量(吨)
33	双江拉祜族佤族布朗族傣族自治县(滇)	1386
34	双柏县(滇)	1006
35	云县(滇)	747.9

表12-3　松脂主产地产量

序号	县(旗、市、区、局、场)	产量(吨)
1	东港市(辽)	1
2	潜山市(皖)	3281
3	宣州区(皖)	960
4	滁州市市辖区(皖)	478
5	遂川县(赣)	5000
6	泰和县(赣)	2879
7	永修县(赣)	2600
8	樟树市(赣)	2400
9	奉新县(赣)	1820
10	吉州区(赣)	1476
11	于都县(赣)	402
12	弋阳县(赣)	380
13	都昌县(赣)	176
14	浮梁县(赣)	65
15	资溪县(赣)	31
16	铅山县(赣)	6.1
17	上饶县(赣)	4.5
18	零陵区(湘)	310000
19	衡东县(湘)	30000
20	攸县(湘)	20000
21	冷水滩区(湘)	2920
22	耒阳市(湘)	1800
23	汨罗市(湘)	1150
24	江华瑶族自治县(湘)	1000
25	汝城县(湘)	500
26	祁东县(湘)	420
27	衡山县(湘)	387.32
28	洪江市(湘)	300
29	湘阴县(湘)	180
30	鼎城区(湘)	67
31	罗定市(粤)	36000
32	云安区(粤)	21688
33	高要区(粤)	13694
34	郁南县(粤)	10480
35	高州市(粤)	7306
36	新兴县(粤)	4883

(续表)

序号	县(旗、市、区、局、场)	产量(吨)
37	仁化县(粤)	3786
38	始兴县(粤)	3600
39	乐昌市(粤)	3000
40	台山市(粤)	997
41	五华县(粤)	370
42	阳山县(粤)	338
43	飞马林场(粤)	250
44	大云雾林场(粤)	180
45	龙埔林场(粤)	166
46	曲江区(粤)	6
47	钦北区(桂)	44767.19
48	苍梧县(桂)	42802
49	马山县(桂)	37500
50	灵山县(桂)	19950
51	凭祥市(桂)	16100
52	覃塘区(桂)	14297
53	平南县(桂)	13000
54	博白县(桂)	9531
55	平乐县(桂)	9477.1
56	全州县(桂)	8817
57	象州县(桂)	8774
58	八步区(桂)	6143.52
59	岑溪市(桂)	5000
60	平果县(桂)	3021.81
61	江州区(桂)	2692
62	永福县(桂)	2630
63	兴业县(桂)	2367
64	中国林科院热林中心(桂)	2173
65	港南区(桂)	2105
66	大新县(桂)	1980
67	扶绥县(桂)	1252
68	巴马瑶族自治县(桂)	1079.03
69	隆安县(桂)	860
70	田阳县(桂)	857.97
71	龙胜各族自治县(桂)	752.39
72	武宣县(桂)	356
73	融水苗族自治县(桂)	321
74	忻城县(桂)	186
75	三江侗族自治县(桂)	69
76	北流市(桂)	46
77	柳江区(桂)	8
78	南江县(川)	314
79	景东彝族自治县(滇)	20669

（续表）

序号	县（旗、市、区、局、场）	产量（吨）
80	双江拉祜族佤族布朗族傣族自治县（滇）	8507.4
81	昌宁县（滇）	4377
82	澜沧拉祜族自治县（滇）	3300
83	双柏县（滇）	2320
84	宁洱哈尼族彝族自治县（滇）	130
85	云县（滇）	82.8
86	隆阳区（滇）	21.2

表 12-4 木炭主产地产量

序号	县（旗、市、区、局、场）	产量（吨）
1	长兴县（浙）	190
2	淳安县（浙）	80
3	南谯区（皖）	4000
4	全椒县（皖）	200
5	阜南县（皖）	25
6	大通区（皖）	12
7	遂川县（赣）	2300
8	分宜县（赣）	970
9	永新县（赣）	620
10	泰和县（赣）	618.33
11	吉水县（赣）	300
12	德安县（赣）	140
13	靖安县（赣）	50
14	武宁县（赣）	29
15	固始县（豫）	80
16	汝城县（湘）	2100
17	会同县（湘）	500
18	通道侗族自治县（湘）	320
19	祁东县（湘）	200
20	溆浦县（湘）	60
21	化州市（粤）	650
22	阳西县（粤）	50
23	台山市（粤）	12
24	隆林各族自治县（桂）	1800
25	环江毛南族自治县（桂）	600
26	榕江县（黔）	6152
27	凤冈县（黔）	5500
28	锦屏县（黔）	5000
29	天柱县（黔）	4200
30	罗甸县（黔）	2602
31	普安县（黔）	1800
32	德江县（黔）	100

（续表）

序号	县（旗、市、区、局、场）	产量（吨）
33	台江县（黔）	20
34	勐腊县（滇）	3700
35	西盟佤族自治县（滇）	2600
36	隆阳区（滇）	242

表 12-5 其他主要林化产品主产地产量

序号	县（旗、市、区、局、场）	品种	产量（吨）
1	青龙满族自治县（冀）	栲胶	840
2	武鸣区（桂）	栲胶	3000
3	东安县（湘）	脂松香	500
4	苍梧县（桂）	脂松香	8568
5	仁怀市（黔）	脂松香	50
6	景谷傣族彝族自治县（滇）	脂松香	4648
7	景洪市（滇）	脂松香	1426
8	莲花县（赣）	聚合松香	1800
9	临湘市（湘）	聚合松香	120
10	灵川县（桂）	马来松香	13585
11	苍梧县（桂）	歧化松香	2646
12	南华县（滇）	歧化松香	25670
13	双柏县（滇）	歧化松香	4293
14	都昌县（赣）	合成龙脑	0.81
15	泰和县（赣）	合成樟脑	4.34
16	安源区（赣）	合成樟脑	1.3
17	樟树市（赣）	合成樟脑	1
18	珠晖区（湘）	合成樟脑	20
19	翠屏区（川）	芳樟醇	4500
20	梅县区（粤）	紫胶	20
21	丰顺县（粤）	紫胶	3
22	双江拉祜族佤族布朗族傣族自治县（滇）	紫胶	861.8
23	景东彝族自治县（滇）	紫胶	346
24	牟定县（滇）	紫胶	236
25	墨江哈尼族自治县（滇）	紫胶	121.3
26	绿春县（滇）	紫胶	80
27	昌宁县（滇）	紫胶	7
28	镇沅彝族哈尼族拉祜族自治县（滇）	紫胶	1
29	五河县（皖）	白蜡	30

（续表）

序号	县（旗、市、区、局、场）	品种	产量（吨）
30	乐山市市辖区（川）	白蜡	15
31	平泉市（冀）	活性炭	52431
32	宁城县（内蒙古）	活性炭	1000
33	德清县（浙）	活性炭	4712
34	松阳县（浙）	活性炭	3325
35	安吉县（浙）	活性炭	2500
36	开化县（浙）	活性炭	2200
37	长兴县（浙）	活性炭	1015
38	玉山县（赣）	活性炭	14229
39	上高县（赣）	活性炭	11200
40	靖安县（赣）	活性炭	6363
41	崇义县（赣）	活性炭	3959.6
42	余江区（赣）	活性炭	3700
43	南康区（赣）	活性炭	3000
44	万安县（赣）	活性炭	900
45	宜黄县（赣）	活性炭	805
46	渝水区（赣）	活性炭	789
47	遂川县（赣）	活性炭	700
48	分宜县（赣）	活性炭	436
49	靖州苗族侗族自治县（湘）	活性炭	1596
50	溆浦县（湘）	活性炭	460
51	麻阳苗族自治县（湘）	活性炭	70
52	通道侗族自治县（湘）	活性炭	27
53	从江县（黔）	活性炭	5300
54	黎平县（黔）	活性炭	3250
55	广南县（滇）	活性炭	9269
56	塔河林业局（大兴安岭）	活性炭	5854
57	苍梧县（桂）	酚醛树脂胶	1207
58	阳春市（粤）	橡胶及其制品	11000
59	普宁市（粤）	橡胶及其制品	125.8
60	儋州市（琼）	橡胶及其制品	65029.2
61	屯昌县（琼）	橡胶及其制品	22901.01
62	陵水黎族自治县（琼）	橡胶及其制品	3
63	勐腊县（滇）	橡胶及其制品	184131
64	景洪市（滇）	橡胶及其制品	135192
65	墨江哈尼族自治县（滇）	橡胶及其制品	47931
66	勐海县（滇）	橡胶及其制品	14489
67	元阳县（滇）	橡胶及其制品	280

(续表)

序号	县(旗、市、区、局、场)	品种	产量(吨)
68	盈江县(滇)	橡胶及其制品	120.3
69	景东彝族自治县(滇)	橡胶及其制品	42
70	洛宁县(豫)	生漆及其制品	3.42
71	南江县(川)	生漆及其制品	100
72	大方县(黔)	生漆及其制品	11
73	镇雄县(滇)	生漆及其制品	100
74	兰坪白族普米族自治县(滇)	生漆及其制品	14
75	石泉县(陕)	生漆及其制品	62
76	南郑区(陕)	生漆及其制品	40
77	南谯区(皖)	木焦油	66
78	禹会区(皖)	熏衣草	3
79	那坡县(桂)	茴油	2400
80	防城区(桂)	茴油	150
81	防城区(桂)	桂油	300
82	平南县(桂)	桂油	100
83	筠连县(川)	桂油	50
84	北川羌族自治县(川)	栓皮	480
85	留坝县(陕)	栓皮	2000
86	云坪林场(甘)	栓皮	164.6
87	左家林场(甘)	栓皮	164.6
88	观音林场(甘)	栓皮	160
89	立远林场(甘)	栓皮	155.3
90	党川林场(甘)	栓皮	152
91	张家林场(甘)	栓皮	19.7

表13-1 野菜主产地产量

序号	县(旗、市、区、局、场)	产量(吨)
1	丛台区(冀)	2700
2	围场满族蒙古族自治县(冀)	2500
3	平泉市(冀)	700
4	丰宁满族自治县(冀)	223
5	赤城县(冀)	220
6	滦平县(冀)	33
7	石楼县(晋)	100
8	阳曲县(晋)	45.5
9	岢岚县(晋)	6
10	库伦旗(内蒙古)	100
11	阿荣旗(内蒙古)	50
12	宁城县(内蒙古)	32.8
13	林西县(内蒙古)	10

(续表)

序号	县(旗、市、区、局、场)	产量(吨)
14	新宾满族自治县(辽)	9555
15	东洲区(辽)	860
16	明山区(辽)	20
17	本溪市经济开发区(辽)	2
18	双阳区(吉)	1100
19	通化县(吉)	334.5
20	长白朝鲜族自治县(吉)	175
21	白河林业局(吉)	55
22	珲春林业局(吉)	30
23	图们市(吉)	24
24	永吉县(吉)	22
25	汪清林业局(吉)	15
26	延吉市(吉)	1
27	宁安市(黑)	1400
28	嘉荫县(黑)	1310
29	五常市(黑)	1100
30	逊克县(黑)	575
31	五大连池市(黑)	145
32	集贤县(黑)	142
33	金林区(黑)	128
34	东宁市(黑)	59.5
35	呼兰区(黑)	54.6
36	孙吴县(黑)	22
37	同江市(黑)	18
38	恒山区(黑)	10
39	永康市(浙)	97
40	建德市(浙)	20
41	文成县(浙)	10
42	岳西县(皖)	1800
43	太湖县(皖)	1543
44	歙县(皖)	540
45	祁门县(皖)	495
46	舒城县(皖)	145
47	肥西县(皖)	100
48	东至县(皖)	31
49	休宁县(皖)	21
50	宿松县(皖)	14
51	阜南县(皖)	13
52	颍泉区(皖)	5
53	来安县(皖)	1
54	奉新县(赣)	230
55	上高县(赣)	100
56	莲花县(赣)	89
57	南丰县(赣)	60

(续表)

序号	县(旗、市、区、局、场)	产量(吨)
58	井冈山市(赣)	47
59	樟树市(赣)	30
60	崇仁县(赣)	7
61	嵩县(豫)	1418
62	桐柏县(豫)	350
63	栾川县(豫)	210
64	新县(豫)	100
65	镇平县(豫)	80
66	叶县(豫)	22
67	宜阳县(豫)	5.3
68	沅陵县(湘)	11600
69	常宁市(湘)	1500
70	汉寿县(湘)	571.1
71	临澧县(湘)	350
72	汨罗市(湘)	220
73	苏仙区(湘)	220
74	靖州苗族侗族自治县(湘)	142.6
75	麻阳苗族自治县(湘)	116
76	江华瑶族自治县(湘)	100
77	涟源市(湘)	86
78	鹤城区(湘)	50
79	会同县(湘)	50
80	桃源县(湘)	25
81	汝城县(湘)	20
82	祁东县(湘)	10
83	环江毛南族自治县(桂)	50
84	宣汉县(川)	1715
85	会东县(川)	1300
86	青川县(川)	1045
87	万源市(川)	850
88	冕宁县(川)	435
89	西昌市(川)	132.3
90	芦山县(川)	100
91	九寨沟县(川)	81
92	江油市(川)	75
93	西充县(川)	20
94	金川县(川)	20
95	普格县(川)	15
96	江安县(川)	12
97	喜德县(川)	10
98	邻水县(川)	7
99	青白江区(川)	1
100	榕江县(黔)	1805
101	晴隆县(黔)	920

序号	县(旗、市、区、局、场)	产量(吨)
102	玉屏侗族自治县(黔)	900
103	从江县(黔)	520
104	罗甸县(黔)	380
105	七星关区(黔)	352
106	普安县(黔)	236
107	兴义市(黔)	120
108	仁怀市(黔)	110
109	台江县(黔)	98
110	镇远县(黔)	75
111	丹寨县(黔)	52
112	长顺县(黔)	40
113	六枝特区(黔)	40
114	兴仁市(黔)	23
115	凯里市(黔)	6
116	兰坪白族普米族自治县(滇)	15392
117	景谷傣族彝族自治县(滇)	4738.96
118	龙陵县(滇)	1000
119	隆阳区(滇)	789.5
120	元谋县(滇)	690
121	永平县(滇)	665
122	罗平县(滇)	600
123	华宁县(滇)	500
124	楚雄市(滇)	449
125	永仁县(滇)	401
126	腾冲市(滇)	350
127	江川区(滇)	300
128	施甸县(滇)	248
129	武定县(滇)	150
130	石林彝族自治县(滇)	100
131	寻甸回族彝族自治县(滇)	100
132	鹤庆县(滇)	54.5
133	贡山独龙族怒族自治县(滇)	40.15
134	峨山彝族自治县(滇)	8
135	祥云县(滇)	6.01
136	南郑区(陕)	3500
137	西乡县(陕)	2020
138	紫阳县(陕)	1500
139	略阳县(陕)	688
140	镇坪县(陕)	452
141	宁强县(陕)	60
142	镇巴县(陕)	45
143	西吉县(宁)	819

序号	县(旗、市、区、局、场)	产量(吨)
144	松江河林业有限公司(吉林森工)	60
145	穆棱林业局(龙江森工)	129
146	八面通林业局(龙江森工)	80

表13-2 食用菌类主产地产量

序号	县(旗、市、区、局、场)	产量(吨)
1	迁西县(冀)	2800
2	围场满族蒙古族自治县(冀)	2000
3	平泉市(冀)	1942.57
4	博野县(冀)	910
5	赤城县(冀)	600
6	丰宁满族自治县(冀)	160
7	滦平县(冀)	108
8	平定县(晋)	745
9	岢岚县(晋)	11
10	方山县(晋)	3.99
11	敖汉旗(内蒙古)	2200
12	扎兰屯市(内蒙古)	1800
13	宁城县(内蒙古)	1187
14	扎鲁特旗(内蒙古)	55
15	林西县(内蒙古)	40
16	阿荣旗(内蒙古)	40
17	克什克腾旗(内蒙古)	25
18	巴林右旗(内蒙古)	16
19	阿鲁科尔沁旗(内蒙古)	14
20	新宾满族自治县(辽)	1700
21	清河区(辽)	10
22	蛟河市(吉)	23282.15
23	和龙市(吉)	3500
24	通化县(吉)	3282.28
25	辉南县(吉)	2655
26	天桥岭林业局(吉)	1960
27	珲春市(吉)	1456
28	大石头林业局(吉)	1203
29	黄泥河林业局(吉)	745
30	和龙林业局(吉)	621
31	长白朝鲜族自治县(吉)	410
32	延吉市(吉)	340
33	汪清县(吉)	326.55
34	东丰县(吉)	180
35	舒兰市(吉)	135
36	梨树县(吉)	120

序号	县(旗、市、区、局、场)	产量(吨)
37	八家子林业局(吉)	81
38	靖宇县(吉)	60
39	浑江区(吉)	26
40	伊通满族自治县(吉)	20
41	江源区(吉)	15.1
42	桦甸市(吉)	13
43	图们市(吉)	10
44	东辽县(吉)	10
45	东宁市(黑)	12030
46	宁安市(黑)	8481
47	汤旺县(黑)	4827
48	汤原县(黑)	3480
49	五常市(黑)	1800
50	桦南县(黑)	1533.5
51	绥芬河市(黑)	1445
52	伊美区(黑)	1080.41
53	嘉荫县(黑)	980
54	依安县(黑)	972.5
55	南岔县(黑)	746.6
56	丰林县(黑)	600
57	爱辉区(黑)	384.3
58	双城区(黑)	360
59	友好区(黑)	350
60	宝清县(黑)	300
61	黑河市直属林场(黑)	193
62	金林区(黑)	190
63	尚志国有林场管理局(黑)	123
64	孙吴县(黑)	120
65	密山市(黑)	94
66	逊克县(黑)	85.5
67	延寿县(黑)	63
68	五大连池市(黑)	35.85
69	昂昂溪区(黑)	35
70	同江市(黑)	25
71	桦川县(黑)	5
72	呼兰区(黑)	4
73	山河实验林场(黑)	1.5
74	开化县(浙)	21010
75	庆元县(浙)	6014
76	云和县(浙)	5988
77	淳安县(浙)	5527
78	德清县(浙)	2833
79	永康市(浙)	1537
80	常山县(浙)	775

(续表)

序号	县(旗、市、区、局、场)	产量(吨)	序号	县(旗、市、区、局、场)	产量(吨)	序号	县(旗、市、区、局、场)	产量(吨)
81	温岭市(浙)	282.4	125	永新县(赣)	38	169	炎陵县(湘)	4025
82	文成县(浙)	210	126	兴国县(赣)	35	170	沅陵县(湘)	2810
83	余杭区(浙)	65	127	寻乌县(赣)	30	171	苏仙区(湘)	1800
84	瑞安市(浙)	20	128	南丰县(赣)	20	172	蓝山县(湘)	1600
85	南谯区(皖)	10020	129	南昌县(赣)	15	173	靖州苗族侗族自治县(湘)	1296
86	潜山市(皖)	6295	130	靖安县(赣)	13.13	174	鹤城区(湘)	1227
87	祁门县(皖)	1410	131	龙南县(赣)	12.6	175	大祥区(湘)	722
88	桐城市(皖)	1200	132	峡江县(赣)	10	176	涟源市(湘)	412
89	金寨县(皖)	1000	133	崇仁县(赣)	6.3	177	望城区(湘)	320
90	太湖县(皖)	923	134	上饶县(赣)	5.17	178	冷水滩区(湘)	280
91	东至县(皖)	879	135	瑞金市(赣)	3.5	179	汝城县(湘)	230
92	宿松县(皖)	810	136	井冈山市(赣)	2	180	会同县(湘)	200
93	五河县(皖)	750	137	都昌县(赣)	0.62	181	江华瑶族自治县(湘)	200
94	舒城县(皖)	680	138	东阿县(鲁)	400	182	江永县(湘)	117
95	谯城区(皖)	350	139	东营市市辖区(鲁)	200	183	麻阳苗族自治县(湘)	116
96	休宁县(皖)	178	140	邹平市(鲁)	75	184	耒阳市(湘)	80
97	天长市(皖)	50	141	沂南县(鲁)	50	185	鼎城区(湘)	51
98	界首市(皖)	15	142	西平县(豫)	36270	186	渌口区(湘)	40
99	渝水区(赣)	9500	143	镇平县(豫)	26000	187	永顺县(湘)	30
100	章贡区(赣)	9058	144	夏邑县(豫)	20000	188	临澧县(湘)	30
101	金溪县(赣)	4088	145	新野县(豫)	6500	189	祁东县(湘)	28
102	新干县(赣)	3747	146	淅川县(豫)	3572	190	澧县(湘)	20
103	信州区(赣)	2477	147	泌阳县(豫)	3000	191	珠晖区(湘)	5
104	赣县区(赣)	2000	148	确山县(豫)	2000	192	清新区(粤)	782
105	万载县(赣)	1700	149	方城县(豫)	1400	193	武江区(粤)	500
106	定南县(赣)	1100	150	西峡县(豫)	1005	194	和平县(粤)	300
107	安福县(赣)	928	151	宝丰县(豫)	640	195	始兴县(粤)	255
108	信丰县(赣)	890	152	桐柏县(豫)	500	196	乳源瑶族自治县(粤)	50
109	永丰县(赣)	850	153	浉河区(豫)	480	197	大埔县(粤)	15
110	泰和县(赣)	829.67	154	殷都区(豫)	480	198	广宁县(粤)	5.1
111	德兴市(赣)	527	155	汝阳县(豫)	455	199	乐昌市(粤)	5
112	吉安县(赣)	500	156	栾川县(豫)	450	200	永福县(桂)	6560
113	南城县(赣)	500	157	睢县(豫)	400	201	融水苗族自治县(桂)	5178
114	樟树市(赣)	300	158	舞钢市(豫)	373	202	龙胜各族自治县(桂)	4719
115	会昌县(赣)	291.38	159	平桥区(豫)	350	203	南丹县(桂)	4111.6
116	奉新县(赣)	270	160	洛宁县(豫)	275.3	204	灵山县(桂)	2221
117	于都县(赣)	230	161	宜阳县(豫)	96	205	苍梧县(桂)	1716
118	余江区(赣)	160	162	伊川县(豫)	80	206	恭城瑶族自治县(桂)	1178.66
119	上高县(赣)	150	163	渑池县(豫)	37	207	那坡县(桂)	449.04
120	遂川县(赣)	130	164	叶县(豫)	26	208	隆林各族自治县(桂)	105
121	全南县(赣)	125.2	165	淮滨县(豫)	4.5	209	环江毛南族自治县(桂)	50
122	分宜县(赣)	61.1	166	洪湖市(鄂)	5.4	210	长洲区(桂)	46
123	宜丰县(赣)	52	167	溆浦县(湘)	11500	211	西林县(桂)	25
124	乐安县(赣)	42.8	168	衡山县(湘)	5257.6	212	儋州市(琼)	1100

林产品主产地及产量

PRINCIPAL PRODUCTION COUNTIES AND OUTPUT OF FOREST PRODUCTS

(续表)

序号	县(旗、市、区、局、场)	产量(吨)
213	青川县(川)	17250
214	利州区(川)	4500
215	旺苍县(川)	2175
216	会理市(川)	2136
217	南江县(川)	1955
218	江油市(川)	1850
219	崇州市(川)	1320
220	宣汉县(川)	1021
221	德昌县(川)	850
222	木里藏族自治县(川)	713
223	冕宁县(川)	608
224	开江县(川)	512
225	剑阁县(川)	500
226	康定市(川)	400
227	五通桥区(川)	320
228	昭化区(川)	298.7
229	盐源县(川)	291
230	乡城县(川)	280
231	西昌市(川)	253.6
232	金川县(川)	230
233	苍溪县(川)	220
234	通江县(川)	170
235	白玉县(川)	130
236	恩阳区(川)	130
237	翠屏区(川)	130
238	雅江县(川)	125
239	北川羌族自治县(川)	120
240	九龙县(川)	109
241	彭州市(川)	93
242	丹巴县(川)	82
243	西充县(川)	63
244	理塘县(川)	58
245	巴塘县(川)	52
246	得荣县(川)	50
247	稻城县(川)	46
248	合江县(川)	42
249	德格县(川)	40
250	宁南县(川)	39
251	泸定县(川)	35
252	宝兴县(川)	35
253	布拖县(川)	32
254	叙州区(川)	30.1
255	新龙县(川)	30
256	甘孜县(川)	29

(续表)

序号	县(旗、市、区、局、场)	产量(吨)
257	石渠县(川)	28
258	大邑县(川)	25
259	普格县(川)	23
260	高县(川)	18
261	喜德县(川)	16
262	道孚县(川)	15
263	九寨沟县(川)	12
264	白玉林业局(川)	10
265	邻水县(川)	7
266	青白江区(川)	2
267	昭觉县(川)	1.5
268	晴隆县(黔)	40500
269	剑河县(黔)	28000
270	榕江县(黔)	11697.8
271	贞丰县(黔)	2525
272	兴仁市(黔)	1350
273	惠水县(黔)	1200
274	仁怀市(黔)	900
275	纳雍县(黔)	710
276	荔波县(黔)	360
277	赤水市(黔)	330
278	桐梓县(黔)	300
279	七星关区(黔)	290
280	兴义市(黔)	248.43
281	玉屏侗族自治县(黔)	240
282	罗甸县(黔)	220
283	乌当区(黔)	201
284	长顺县(黔)	200
285	黎平县(黔)	164.26
286	六枝特区(黔)	160
287	丹寨县(黔)	149.83
288	普安县(黔)	123
289	镇远县(黔)	109.63
290	台江县(黔)	50
291	瓮安县(黔)	40
292	凯里市(黔)	28.1
293	望谟县(黔)	20
294	麻江县(黔)	14
295	碧江区(黔)	3
296	开阳县(黔)	2.86
297	兰坪白族普米族自治县(滇)	61969
298	禄丰县(滇)	8119
299	南华县(滇)	7736.7

(续表)

序号	县(旗、市、区、局、场)	产量(吨)
300	祥云县(滇)	6168
301	楚雄市(滇)	4522.22
302	大姚县(滇)	4018
303	梁河县(滇)	3882.9
304	景东彝族自治县(滇)	3500
305	麒麟区(滇)	3200
306	双柏县(滇)	2680
307	施甸县(滇)	2545
308	石林彝族自治县(滇)	2240.4
309	腾冲市(滇)	2000
310	永平县(滇)	1704.28
311	弥渡县(滇)	1282
312	巍山彝族回族自治县(滇)	1200
313	南涧彝族自治县(滇)	1025.1
314	陇川县(滇)	972.6
315	牟定县(滇)	955
316	大理市(滇)	945
317	漾濞彝族自治县(滇)	878
318	盈江县(滇)	851.7
319	宾川县(滇)	741.18
320	香格里拉市(滇)	740.28
321	隆阳区(滇)	736
322	易门县(滇)	715.21
323	文山市(滇)	658
324	鹤庆县(滇)	642.5
325	姚安县(滇)	602
326	昌宁县(滇)	558.4
327	德钦县(滇)	540
328	峨山彝族自治县(滇)	535.7
329	宁洱哈尼族彝族自治县(滇)	520.8
330	洱源县(滇)	516.7
331	宣威市(滇)	500
332	维西傈僳族自治县(滇)	500
333	沾益区(滇)	500
334	屏边苗族自治县(滇)	433
335	富宁县(滇)	348
336	泸水市(滇)	317.1
337	鲁甸县(滇)	260
338	通海县(滇)	260
339	华宁县(滇)	215.2
340	罗平县(滇)	210
341	江川区(滇)	210
342	贡山独龙族怒族自治县(滇)	162.38

（续表）

序号	县（旗、市、区、局、场）	产量（吨)
343	蒙自市（滇）	158
344	龙陵县（滇）	140
345	云县（滇）	105
346	芒市（滇）	93.5
347	瑞丽市（滇）	86.7
348	孟连傣族拉祜族佤族自治县（滇）	65
349	双江拉祜族佤族布朗族傣族自治县（滇）	62.2
350	开远市（滇）	50
351	勐海县（滇）	36
352	福贡县（滇）	31
353	师宗县（滇）	30
354	宁强县（陕）	55400
355	西乡县（陕）	6600
356	留坝县（陕）	5650
357	城固县（陕）	4369
358	略阳县（陕）	3469
359	南郑区（陕）	2600
360	镇坪县（陕）	450
361	紫阳县（陕）	450
362	洋县（陕）	280
363	石泉县（陕）	268
364	岚皋县（陕）	225
365	镇巴县（陕）	18
366	彭阳县（宁）	1000
367	露水河林业局（吉林森工）	130
368	湾沟林业局（吉林森工）	47
369	临江林业局（吉林森工）	7
370	松江河林业有限公司（吉林森工）	2
371	绥阳林业局（龙江森工）	9378
372	穆棱林业局（龙江森工）	1014
373	清河林业局（龙江森工）	299.5
374	鹤北林业局（龙江森工）	157
375	沾河林业局（龙江森工）	50
376	新林林业局（大兴安岭）	135.8
377	西林吉林业局（大兴安岭）	98

表 13-3　竹笋主产地产量

序号	县（旗、市、区、局、场）	产量（吨)
1	溧阳市（苏）	14500
2	高淳区（苏）	5000
3	江宁区（苏）	39.5
4	余杭区（浙）	85250
5	德清县（浙）	82800
6	平阳县（浙）	41951
7	长兴县（浙）	38570
8	松阳县（浙）	28615
9	建德市（浙）	17730
10	庆元县（浙）	14295
11	越城区（浙）	8174
12	龙游县（浙）	7500
13	常山县（浙）	6350
14	义乌市（浙）	3248
15	兰溪市（浙）	450
16	文成县（浙）	170
17	温岭市（浙）	16
18	岱山县（浙）	12
19	南陵县（皖）	9640
20	黄山区（皖）	6840
21	歙县（皖）	6511
22	南谯区（皖）	4000
23	金安区（皖）	2000
24	绩溪县（皖）	1800
25	祁门县（皖）	1288
26	潜山市（皖）	1006
27	休宁县（皖）	932.6
28	岳西县（皖）	800
29	庐江县（皖）	800
30	宿松县（皖）	606
31	郎溪县（皖）	150
32	桐城市（皖）	100
33	金寨县（皖）	90
34	裕安区（皖）	72
35	无为县（皖）	15
36	弯沚区（皖）	10
37	宜黄县（赣）	113000
38	宜丰县（赣）	53630
39	崇义县（赣）	35850
40	铜鼓县（赣）	32000
41	弋阳县（赣）	30320
42	于都县（赣）	20000
43	崇仁县（赣）	15840
44	上饶县（赣）	10130
45	德兴市（赣）	9200
46	寻乌县（赣）	6039
47	资溪县（赣）	6000
48	上犹县（赣）	5996
49	玉山县（赣）	5600
50	金溪县（赣）	5228
51	大余县（赣）	5000
52	分宜县（赣）	4610
53	渝水区（赣）	2465
54	靖安县（赣）	1694.2
55	湘东区（赣）	1600
56	横峰县（赣）	1600
57	武宁县（赣）	1560
58	安福县（赣）	1300
59	定南县（赣）	1200
60	井冈山市（赣）	1140
61	龙南县（赣）	1100
62	永丰县（赣）	1100
63	信丰县（赣）	980
64	瑞金市（赣）	815
65	万年县（赣）	800
66	安远县（赣）	692
67	樟树市（赣）	600
68	兴国县（赣）	560
69	峡江县（赣）	500
70	莲花县（赣）	495
71	新干县（赣）	486
72	南丰县（赣）	419
73	宁都县（赣）	410
74	南城县（赣）	350
75	永修县（赣）	200
76	余江区（赣）	180
77	高安市（赣）	126
78	萍乡市林业局武功山分局（赣）	106
79	德安县（赣）	100
80	全南县（赣）	90
81	泰和县（赣）	70
82	广丰区（赣）	56
83	安源区（赣）	50
84	彭泽县（赣）	30
85	永新县（赣）	22
86	吉安县（赣）	4
87	固始县（豫）	200
88	商城县（豫）	30
89	团风县（鄂）	26
90	临湘市（湘）	123700

林产品主产地及产量
PRINCIPAL PRODUCTION COUNTIES AND OUTPUT OF FOREST PRODUCTS

（续表）

序号	县(旗、市、区、局、场)	产量(吨)	序号	县(旗、市、区、局、场)	产量(吨)	序号	县(旗、市、区、局、场)	产量(吨)
91	攸 县(湘)	21000	135	仁化县(粤)	7500	179	南溪区(川)	8000
92	耒阳市(湘)	19800	136	连州市(粤)	5011	180	翠屏区(川)	4990
93	零陵区(湘)	13000	137	新兴县(粤)	2515	181	蒲江县(川)	4000
94	衡山县(湘)	10463.33	138	和平县(粤)	2000	182	叙永县(川)	3836
95	会同县(湘)	8000	139	郁南县(粤)	1365	183	青神县(川)	3600
96	炎陵县(湘)	5890	140	乳源瑶族自治县(粤)	500	184	万源市(川)	3370
97	沅陵县(湘)	4900	141	信宜市(粤)	260	185	绵竹市(川)	2812
98	涟源市(湘)	3640	142	台山市(粤)	154	186	邛崃市(川)	2564
99	安化县(湘)	3264	143	五华县(粤)	100	187	中江县(川)	2100
100	鼎城区(湘)	1450	144	云安区(粤)	55	188	大竹县(川)	2000
101	鹤城区(湘)	1100	145	阳西县(粤)	12	189	古蔺县(川)	1800
102	洪江市(湘)	1000	146	丰顺县(粤)	10	190	雷波县(川)	1296
103	汝城县(湘)	950	147	雷州市(粤)	10	191	洪雅县(川)	1199
104	冷水滩区(湘)	750	148	乐昌市(粤)	6	192	合江县(川)	1120
105	新晃侗族自治县(湘)	750	149	永福县(桂)	15500	193	荥经县(川)	1000
106	北湖区(湘)	650	150	武鸣区(桂)	15000	194	朝天区(川)	1000
107	苏仙区(湘)	620	151	覃塘区(桂)	9665	195	江油市(川)	780
108	珠晖区(湘)	500	152	金秀瑶族自治县(桂)	1705	196	旺苍县(川)	750
109	衡阳县(湘)	440	153	防城区(桂)	1000	197	金口河区(川)	680
110	双牌县(湘)	390	154	大新县(桂)	1000	198	仁寿县(川)	550
111	望城区(湘)	385	155	环江毛南族自治县(桂)	1000	199	贡井区(川)	520
112	溆浦县(湘)	350	156	钦南区(桂)	500	200	南江县(川)	457
113	汨罗市(湘)	310	157	蒙山县(桂)	300	201	宝兴县(川)	345
114	渌口区(湘)	300	158	隆林各族自治县(桂)	250	202	北川羌族自治县(川)	340
115	南岳区(湘)	230	159	灵山县(桂)	165	203	恩阳区(川)	300
116	麻阳苗族自治县(湘)	181	160	平南县(桂)	100	204	利州区(川)	236
117	东安县(湘)	169	161	苍梧县(桂)	15.5	205	武胜县(川)	130
118	桃源县(湘)	120	162	忻城县(桂)	2.5	206	通江县(川)	100
119	岳阳县(湘)	100	163	长宁县(川)	65720	207	新津区(川)	60
120	靖州苗族侗族自治县(湘)	78.6	164	天全县(川)	60000	208	宁南县(川)	46.5
121	辰溪县(湘)	72	165	兴文县(川)	33592.6	209	邻水县(川)	15
122	湘潭县(湘)	52	166	叙州区(川)	22000	210	剑阁县(川)	10
123	澧 县(湘)	50	167	隆昌市(川)	19500	211	名山区(川)	8
124	永顺县(湘)	50	168	筠连县(川)	14600	212	丹棱县(川)	3
125	祁东县(湘)	47	169	江安县(川)	14250	213	赤水市(黔)	120000
126	茶陵县(湘)	30	170	高 县(川)	12750	214	桐梓县(黔)	55000
127	湘潭市市辖区(湘)	27	171	都江堰市(川)	10530	215	正安县(黔)	15200
128	江永县(湘)	18	172	内江市市中区(川)	10320	216	七星关区(黔)	11319
129	临澧县(湘)	5	173	珙 县(川)	10000	217	锦屏县(黔)	8900
130	英德市(粤)	273931.18	174	威远县(川)	10000	218	雷山县(黔)	7598
131	揭东区(粤)	112000	175	屏山县(川)	9200	219	罗甸县(黔)	3200
132	清新区(粤)	43750	176	富顺县(川)	9181	220	汇川区(黔)	3060
133	云城区(粤)	23000	177	资中县(川)	8000	221	榕江县(黔)	2200
134	始兴县(粤)	7500	178	西充县(川)	8000	222	荔波县(黔)	1278.44

(续表)

序号	县（旗、市、区、局、场）	产量（吨）
223	玉屏侗族自治县(黔)	1200
224	仁怀市(黔)	1015
225	清镇市(黔)	1000
226	湄潭县(黔)	1000
227	碧江区(黔)	900
228	黎平县(黔)	709.1
229	从江县(黔)	705
230	望谟县(黔)	700
231	剑河县(黔)	650
232	丹寨县(黔)	640
233	长顺县(黔)	500
234	台江县(黔)	450
235	兴仁市(黔)	318
236	镇远县(黔)	250
237	普安县(黔)	200
238	兴义市(黔)	200
239	务川仡佬族苗族自治县(黔)	160
240	德江县(黔)	150
241	凯里市(黔)	75
242	万山区(黔)	60
243	印江土家族苗族自治县(黔)	36
244	晴隆县(黔)	20
245	瓮安县(黔)	11
246	麻江县(黔)	6
247	开阳县(黔)	5.6
248	彝良县(滇)	81250
249	镇雄县(滇)	25000
250	陇川县(滇)	9321.1
251	威信县(滇)	8200
252	瑞丽市(滇)	4630
253	盈江县(滇)	2077.6
254	云县(滇)	2020
255	水富市(滇)	1170
256	勐海县(滇)	941
257	师宗县(滇)	810
258	墨江哈尼族自治县(滇)	705
259	景东彝族自治县(滇)	300
260	双柏县(滇)	216
261	文山市(滇)	200
262	罗平县(滇)	180
263	勐腊县(滇)	143
264	福贡县(滇)	110

(续表)

序号	县（旗、市、区、局、场）	产量（吨）
265	华宁县(滇)	93
266	南涧彝族自治县(滇)	90
267	腾冲市(滇)	90
268	宁洱哈尼族彝族自治县(滇)	69.5
269	贡山独龙族怒族自治县(滇)	55.31
270	开远市(滇)	50
271	龙陵县(滇)	40
272	梁河县(滇)	15
273	永平县(滇)	15
274	楚雄市(滇)	11
275	石林彝族自治县(滇)	10
276	牟定县(滇)	10
277	香格里拉市(滇)	8.41
278	弥渡县(滇)	2
279	孟连傣族拉祜族佤族自治县(滇)	1.2
280	旬阳县(陕)	9989
281	紫阳县(陕)	3100
282	南郑区(陕)	1300
283	镇坪县(陕)	862
284	城固县(陕)	627
285	石泉县(陕)	260
286	宁强县(陕)	112
287	略阳县(陕)	57
288	留坝县(陕)	50
289	镇巴县(陕)	20

表13-4 蕨菜主产地产量

序号	县（旗、市、区、局、场）	产量（吨）
1	围场满族蒙古族自治县(冀)	2000
2	丰宁满族自治县(冀)	140
3	阳曲县(晋)	0.53
4	巴林右旗(内蒙古)	58
5	克什克腾旗(内蒙古)	23
6	林西县(内蒙古)	20
7	阿鲁科尔沁旗(内蒙古)	17
8	巴林左旗(内蒙古)	0.8
9	新宾满族自治县(辽)	1655
10	东港市(辽)	75
11	开原市(辽)	16
12	天桥岭林业局(吉)	223

(续表)

序号	县（旗、市、区、局、场）	产量（吨）
13	长白朝鲜族自治县(吉)	170
14	蛟河市(吉)	85.6
15	安图森林经营局(吉)	65
16	伊通满族自治县(吉)	60
17	浑江区(吉)	55.8
18	通化县(吉)	51.4
19	辉南县(吉)	42
20	舒兰市(吉)	30
21	大石头林业局(吉)	30
22	黄泥河林业局(吉)	27
23	八家子林业局(吉)	25
24	东辽县(吉)	19.5
25	临江市(吉)	15
26	永吉县(吉)	15
27	柳河县(吉)	14
28	汪清林业局(吉)	5
29	和龙林业局(吉)	5
30	伊美区(黑)	1770.8
31	南岔县(黑)	1297.7
32	嘉荫县(黑)	650
33	北安市(黑)	629
34	汤旺县(黑)	600
35	宝清县(黑)	550
36	丰林县(黑)	500
37	逊克县(黑)	430
38	黑河市直属林场(黑)	281
39	孙吴县(黑)	156
40	阿城区(黑)	120
41	爱辉区(黑)	117
42	东宁市(黑)	87
43	乌翠区(黑)	85.63
44	友好区(黑)	79
45	延寿县(黑)	50
46	汤原县(黑)	50
47	虎林市(黑)	43
48	饶河县(黑)	30
49	同江市(黑)	15
50	金林区(黑)	12
51	林口县(黑)	10
52	恒山区(黑)	10
53	文成县(浙)	12
54	建德市(浙)	1
55	南谯区(皖)	2250

林产品主产地及产量
PRINCIPAL PRODUCTION COUNTIES AND OUTPUT OF FOREST PRODUCTS

(续表)

序号	县（旗、市、区、局、场）	产量（吨）
56	祁门县(皖)	610
57	旌德县(皖)	150
58	绩溪县(皖)	120
59	滁州市市辖区(皖)	100
60	休宁县(皖)	93.3
61	黟县(皖)	14
62	安源区(赣)	400
63	遂川县(赣)	280
64	安福县(赣)	20
65	萍乡市林业局武功山分局(赣)	15
66	兴国县(赣)	10
67	于都县(赣)	2.5
68	永新县(赣)	1.5
69	平桥区(豫)	150
70	桐柏县(豫)	50
71	西峡县(豫)	28
72	衡东县(湘)	150000
73	耒阳市(湘)	21000
74	沅陵县(湘)	3210
75	渌口区(湘)	3200
76	汝城县(湘)	1300
77	江华瑶族自治县(湘)	1000
78	辰溪县(湘)	225
79	涟源市(湘)	225
80	鹤城区(湘)	200
81	炎陵县(湘)	160
82	新晃侗族自治县(湘)	15
83	江永县(湘)	11
84	大埔县(粤)	22.5
85	宣汉县(川)	1150
86	翠屏区(川)	220
87	筠连县(川)	210
88	会理市(川)	152
89	德昌县(川)	120
90	古蔺县(川)	120
91	通江县(川)	65
92	九寨沟县(川)	60
93	喜德县(川)	42
94	布拖县(川)	30
95	美姑县(川)	20
96	宁南县(川)	19.5
97	九龙县(川)	16

(续表)

序号	县（旗、市、区、局、场）	产量（吨）
98	金川县(川)	10
99	邻水县(川)	5
100	清镇市(黔)	112500
101	荔波县(黔)	9248.4
102	锦屏县(黔)	5400
103	台江县(黔)	5000
104	七星关区(黔)	2850
105	榕江县(黔)	1600
106	黎平县(黔)	1112.25
107	惠水县(黔)	1000
108	镇远县(黔)	800
109	丹寨县(黔)	626
110	凯里市(黔)	600
111	望谟县(黔)	555
112	从江县(黔)	380
113	剑河县(黔)	320
114	长顺县(黔)	300
115	玉屏侗族自治县(黔)	300
116	务川仡佬族苗族自治县(黔)	260
117	罗甸县(黔)	230
118	普安县(黔)	195
119	兴仁市(黔)	190.2
120	仁怀市(黔)	100
121	六枝特区(黔)	60
122	麻江县(黔)	40
123	晴隆县(黔)	30
124	瓮安县(黔)	25
125	乌当区(黔)	10
126	碧江区(黔)	4
127	开阳县(黔)	1.35
128	维西傈僳族自治县(滇)	6000
129	腾冲市(滇)	3000
130	永平县(滇)	1500
131	隆阳区(滇)	1217
132	鲁甸县(滇)	1200
133	弥渡县(滇)	1040
134	云龙县(滇)	969
135	双柏县(滇)	797
136	云县(滇)	620
137	开远市(滇)	500
138	文山市(滇)	485
139	漾濞彝族自治县(滇)	475.2
140	江川区(滇)	430

(续表)

序号	县（旗、市、区、局、场）	产量（吨）
141	剑川县(滇)	392
142	大姚县(滇)	373
143	洱源县(滇)	331.1
144	禄丰县(滇)	307
145	武定县(滇)	285
146	双江拉祜族佤族布朗族傣族自治县(滇)	255
147	贡山独龙族怒族自治县(滇)	250.51
148	易门县(滇)	225.71
149	鹤庆县(滇)	225.6
150	盈江县(滇)	218.2
151	巍山彝族回族自治县(滇)	200
152	石林彝族自治县(滇)	120
153	峨山彝族自治县(滇)	109
154	华宁县(滇)	100
155	姚安县(滇)	97
156	楚雄市(滇)	96.7
157	昌宁县(滇)	85.7
158	永仁县(滇)	66
159	兰坪白族普米族自治县(滇)	60
160	富民县(滇)	50
161	麒麟区(滇)	40
162	牟定县(滇)	39
163	宾川县(滇)	31.9
164	墨江哈尼族自治县(滇)	31.5
165	宁洱哈尼族彝族自治县(滇)	30
166	罗平县(滇)	30
167	南华县(滇)	28
168	福贡县(滇)	24
169	广南县(滇)	14.3
170	祥云县(滇)	13.85
171	元谋县(滇)	13
172	龙陵县(滇)	9.8
173	宁强县(陕)	110
174	石泉县(陕)	12
175	湾沟林业局(吉林森工)	5
176	泉阳林业局(吉林森工)	1
177	八面通林业局(龙江森工)	130
178	东方红林业局(龙江森工)	43
179	穆棱林业局(龙江森工)	35
180	清河林业局(龙江森工)	20
181	鹤北林业局(龙江森工)	8.63

表 13-5 香椿主产地产量

序号	县(旗、市、区、局、场)	产量(吨)	序号	县(旗、市、区、局、场)	产量(吨)	序号	县(旗、市、区、局、场)	产量(吨)
1	辛集市(冀)	257	44	衡东县(湘)	200	86	龙陵县(滇)	142
2	迁西县(冀)	200	45	江华瑶族自治县(湘)	20	87	禄丰县(滇)	115
3	忻府区(晋)	39.7	46	鹤城区(湘)	10	88	大姚县(滇)	99
4	常山县(浙)	92	47	澧县(湘)	6	89	罗平县(滇)	72
5	建德市(浙)	1	48	临澧县(湘)	6	90	武定县(滇)	65
6	舒城县(皖)	205	49	珠晖区(湘)	5	91	石林彝族自治县(滇)	50
7	裕安区(皖)	140	50	耒阳市(湘)	4.5	92	开远市(滇)	50
8	八公山区(皖)	51	51	辰溪县(湘)	3	93	永平县(滇)	48
9	潜山市(皖)	50	52	永顺县(湘)	1	94	盈江县(滇)	43
10	界首市(皖)	15.2	53	环江毛南族自治县(桂)	2	95	元谋县(滇)	36
11	祁门县(皖)	7	54	大竹县(川)	7500	96	鹤庆县(滇)	35.6
12	大通区(皖)	5	55	达川区(川)	820	97	隆阳区(滇)	29.3
13	天长市(皖)	2	56	渠县(川)	758	98	牟定县(滇)	27
14	望江县(皖)	1	57	营山县(川)	240	99	漾濞彝族自治县(滇)	20.8
15	谯城区(皖)	1	58	宣汉县(川)	49	100	楚雄市(滇)	20.6
16	龙子湖区(皖)	0.55	59	简阳市(川)	8	101	昌宁县(滇)	18.6
17	安源区(赣)	800	60	船山区(川)	3	102	峨山彝族自治县(滇)	12
18	新泰市(鲁)	13260	61	邻水县(川)	1.2	103	南涧彝族自治县(滇)	11
19	邹平市(鲁)	5000	62	九寨沟县(川)	1	104	宾川县(滇)	10.73
20	淄川区(鲁)	4000	63	普安县(黔)	896	105	永仁县(滇)	10
21	博山区(鲁)	2160	64	惠水县(黔)	500	106	巍山彝族回族自治县(滇)	10
22	青州市(鲁)	2000	65	罗甸县(黔)	240	107	景东彝族自治县(滇)	10
23	长清区(鲁)	1826.98	66	玉屏侗族自治县(黔)	150	108	富民县(滇)	10
24	章丘区(鲁)	1400	67	七星关区(黔)	122	109	贡山独龙族怒族自治县(滇)	9.01
25	莱城区(鲁)	985	68	长顺县(黔)	120	110	福贡县(滇)	9
26	历城区(鲁)	700	69	务川仡佬族苗族自治县(黔)	100	111	芒市(滇)	9
27	平阴县(鲁)	474	70	仁怀市(黔)	64	112	祥云县(滇)	7.04
28	岱岳区(鲁)	415	71	晴隆县(黔)	60	113	洱源县(滇)	4.19
29	东平县(鲁)	278	72	镇远县(黔)	20	114	广南县(滇)	2.9
30	东阿县(鲁)	41	73	贞丰县(黔)	20	115	泸水市(滇)	2.6
31	武城县(鲁)	7.8	74	兴仁市(黔)	17	116	兰坪白族普米族自治县(滇)	2
32	遂平县(豫)	291	75	瓮安县(黔)	8.6	117	紫阳县(陕)	2000
33	桐柏县(豫)	150	76	六枝特区(黔)	8	118	南郑区(陕)	730
34	嵩县(豫)	78	77	麻江县(黔)	4.5	119	宁强县(陕)	162
35	商城县(豫)	71	78	丹寨县(黔)	3	120	镇巴县(陕)	60
36	孟津区(豫)	70	79	台江县(黔)	1	121	石泉县(陕)	34
37	平桥区(豫)	60	80	腾冲市(滇)	400	122	宁县(甘)	2.8
38	伊川县(豫)	50	81	江川区(滇)	250			
39	舞阳县(豫)	30	82	华宁县(滇)	172			
40	浉河区(豫)	11	83	文山市(滇)	152.5			
41	林州市(豫)	8.9	84	双柏县(滇)	144			
42	叶县(豫)	3	85	梁河县(滇)	143			
43	沅陵县(湘)	660						

表 13-6 其他主要森林蔬菜主产地产量

序号	县(旗、市、区、局、场)	品种	产量(吨)
1	围场满族蒙古族自治县(冀)	黄花	110

(续表)

序号	县(旗、市、区、局、场)	品种	产量(吨)
2	丰宁满族自治县(冀)	黄花	50
3	林西县(内蒙古)	黄花	20
4	阿鲁科尔沁旗(内蒙古)	黄花	7
5	北安市(黑)	黄花	383
6	逊克县(黑)	黄花	17
7	同江市(黑)	黄花	2
8	谯城区(皖)	黄花	15
9	阜南县(皖)	黄花	8.3
10	祁东县(湘)	黄花	3500
11	耒阳市(湘)	黄花	3000
12	望城区(湘)	黄花	158
13	蓝山县(湘)	黄花	58
14	涟源市(湘)	黄花	5.2
15	江油市(川)	黄花	10
16	邻水县(川)	黄花	1
17	玉屏侗族自治县(黔)	黄花	450
18	仁怀市(黔)	黄花	240
19	庆城县(甘)	黄花	20000
20	宁县(甘)	黄花	3835
21	瑶海区(皖)	百合	50
22	新建区(赣)	百合	150
23	衡东县(湘)	百合	4500
24	蓝山县(湘)	百合	1861.6
25	沅陵县(湘)	百合	660
26	永顺县(湘)	百合	300
27	望城区(湘)	百合	36
28	耒阳市(湘)	百合	22
29	安化县(湘)	百合	16.2
30	祁阳县(湘)	百合	2
31	江油市(川)	百合	15
32	恩阳区(川)	百合	2.3
33	台江县(黔)	百合	2
34	兴仁市(黔)	百合	2

表 14-1 茶叶主产地产量

序号	县(旗、市、区、局、场)	产量(吨)
1	古交市(晋)	15
2	泽州县(晋)	5
3	梨树县(吉)	3
4	溧阳市(苏)	1785
5	仪征市(苏)	458

(续表)

序号	县(旗、市、区、局、场)	产量(吨)
6	溧水区(苏)	367
7	赣榆区(苏)	300
8	高淳区(苏)	280
9	江宁区(苏)	237.09
10	连云港市市辖区(苏)	102
11	六合区(苏)	83
12	惠山区(苏)	68
13	连云区(苏)	46
14	常熟市(苏)	25
15	虎丘区(苏)	19.28
16	盱眙县(苏)	15
17	张家港市(苏)	8.2
18	新沂市(苏)	3
19	灌云县(苏)	2
20	邗江区(苏)	1.5
21	武义县(浙)	20000
22	松阳县(浙)	17290
23	桐乡市(浙)	7728
24	余杭区(浙)	6971
25	开化县(浙)	6800
26	安吉县(浙)	6210
27	嵊州市(浙)	5500
28	淳安县(浙)	5130
29	兰溪市(浙)	3560
30	景宁畲族自治县(浙)	3189
31	建德市(浙)	3106
32	缙云县(浙)	2687
33	长兴县(浙)	2510
34	德清县(浙)	1790
35	衢江区(浙)	1595
36	吴兴区(浙)	1505
37	龙游县(浙)	1450
38	云和县(浙)	1203
39	平阳县(浙)	1076
40	苍南县(浙)	990
41	越城区(浙)	815
42	仙居县(浙)	805
43	义乌市(浙)	650
44	庆元县(浙)	597
45	常山县(浙)	550
46	青田县(浙)	532
47	文成县(浙)	502

(续表)

序号	县(旗、市、区、局、场)	产量(吨)
48	乐清市(浙)	185
49	瑞安市(浙)	81
50	瓯海区(浙)	39
51	海盐县(浙)	32.7
52	岱山县(浙)	8
53	温岭市(浙)	7.9
54	郎溪县(皖)	14960
55	休宁县(皖)	13000
56	金寨县(皖)	11500
57	歙县(皖)	10276
58	裕安区(皖)	7947
59	桐城市(皖)	7800
60	宣州区(皖)	6926
61	祁门县(皖)	6850
62	东至县(皖)	6720
63	岳西县(皖)	6610
64	庐江县(皖)	6000
65	石台县(皖)	5610
66	广德县(皖)	4100
67	潜山市(皖)	3652
68	舒城县(皖)	3600
69	太湖县(皖)	3246
70	宁国市(皖)	3213
71	黟县(皖)	2990
72	泾县(皖)	2800
73	绩溪县(皖)	2340
74	徽州区(皖)	1924
75	黄山区(皖)	1533
76	含山县(皖)	1320
77	南谯区(皖)	630
78	屯溪区(皖)	574
79	宿松县(皖)	545
80	旌德县(皖)	485
81	青阳县(皖)	466
82	巢湖市(皖)	420
83	金安区(皖)	300
84	枞阳县(皖)	210
85	无为县(皖)	200
86	全椒县(皖)	180
87	繁昌县(皖)	140
88	望江县(皖)	134
89	宜秀区(皖)	30

(续表)

序号	县(旗、市、区、局、场)	产量(吨)
90	湾沚区(皖)	28
91	和县(皖)	25
92	天长市(皖)	12
93	三山区(皖)	11
94	来安县(皖)	10
95	铜陵市市辖区(皖)	5
96	肥西县(皖)	2
97	五河县(皖)	1
98	上犹县(赣)	2479
99	进贤县(赣)	2360
100	武宁县(赣)	1265
101	泰和县(赣)	1115.78
102	铜鼓县(赣)	1080
103	玉山县(赣)	881
104	兴国县(赣)	530
105	新干县(赣)	516
106	于都县(赣)	508
107	永丰县(赣)	359
108	宜黄县(赣)	305
109	渝水区(赣)	301
110	樟树市(赣)	300
111	永修县(赣)	277
112	南昌县(赣)	240
113	瑞金市(赣)	232
114	靖安县(赣)	228.67
115	安福县(赣)	199
116	高安市(赣)	197
117	寻乌县(赣)	193
118	井冈山市(赣)	190
119	定南县(赣)	182
120	宁都县(赣)	175
121	崇义县(赣)	163
122	铅山县(赣)	155
123	莲花县(赣)	125
124	万年县(赣)	112
125	濂溪区(赣)	95
126	临川区(赣)	91
127	余江区(赣)	90
128	会昌县(赣)	85.32
129	永新县(赣)	79
130	资溪县(赣)	70
131	奉新县(赣)	66

(续表)

序号	县(旗、市、区、局、场)	产量(吨)
132	上饶县(赣)	58.8
133	信州区(赣)	54
134	龙南县(赣)	52
135	芦溪县(赣)	51.8
136	昌江区(赣)	50
137	瑞昌市(赣)	43
138	乐安县(赣)	42.8
139	宜丰县(赣)	36
140	石城县(赣)	36
141	萍乡市林业局武功山分局(赣)	32
142	全南县(赣)	30
143	安远县(赣)	25
144	赣县区(赣)	25
145	蕴建区(赣)	22.5
146	南康区(赣)	15
147	上高县(赣)	13
148	分宜县(赣)	12.7
149	大余县(赣)	12
150	彭泽县(赣)	10
151	南丰县(赣)	8.3
152	弋阳县(赣)	7
153	宜春市明月山温泉风景名胜区(赣)	6
154	安源区(赣)	5
155	德安县(赣)	1
156	吉安县(赣)	0.6
157	诸城市(鲁)	3300
158	莒南县(鲁)	2270.4
159	肥城市(鲁)	1200
160	崂山区(鲁)	1000
161	海阳市(鲁)	620
162	五莲县(鲁)	452
163	沂水县(鲁)	450
164	山海天旅游度假区(鲁)	307
165	泰山区(鲁)	273.31
166	长清区(鲁)	207
167	岱岳区(鲁)	173
168	新泰市(鲁)	141
169	费县(鲁)	120
170	宁阳县(鲁)	50
171	荣成市(鲁)	30
172	峄城区(鲁)	20

(续表)

序号	县(旗、市、区、局、场)	产量(吨)
173	莱阳市(鲁)	15
174	临沭县(鲁)	12
175	沂源县(鲁)	11
176	莱城区(鲁)	9
177	泗水县(鲁)	8
178	博山区(鲁)	5.5
179	城阳区(鲁)	4.5
180	汶上县(鲁)	1
181	光山县(豫)	10798
182	新县(豫)	6000
183	浉河区(豫)	5100
184	潢川县(豫)	2270
185	固始县(豫)	2000
186	商城县(豫)	1682
187	桐柏县(豫)	1500
188	罗山县(豫)	1378
189	西峡县(豫)	265
190	平桥区(豫)	80
191	淅川县(豫)	50
192	淮滨县(豫)	20.6
193	确山县(豫)	3
194	卧龙区(豫)	1.1
195	团风县(鄂)	221
196	安化县(湘)	19088
197	沅陵县(湘)	12850
198	衡山县(湘)	9691.99
199	汨罗市(湘)	4550
200	桃源县(湘)	4100
201	衡东县(湘)	3600
202	湘潭市市辖区(湘)	3061
203	常宁市(湘)	2200
204	澧县(湘)	1535
205	湘乡市(湘)	1528
206	吉首市(湘)	1405
207	凤凰县(湘)	1200
208	会同县(湘)	800
209	古丈县(湘)	652
210	望城区(湘)	600
211	耒阳市(湘)	580
212	蓝山县(湘)	536.5
213	渌口区(湘)	500
214	涟源市(湘)	396

林产品主产地及产量

PRINCIPAL PRODUCTION COUNTIES AND OUTPUT OF FOREST PRODUCTS

(续表)

序号	县(旗、市、区、局、场)	产量(吨)
215	炎陵县(湘)	330
216	鼎城区(湘)	285
217	通道侗族自治县(湘)	225
218	汝城县(湘)	210
219	临澧县(湘)	129
220	雨湖区(湘)	100
221	岳阳县(湘)	100
222	东安县(湘)	100
223	江华瑶族自治县(湘)	100
224	韶山市(湘)	86
225	双牌县(湘)	72
226	岳塘区(湘)	65
227	江永县(湘)	58
228	津市市(湘)	50
229	北湖区(湘)	35
230	宜章县(湘)	32
231	永顺县(湘)	30
232	云溪区(湘)	25
233	辰溪县(湘)	23
234	零陵区(湘)	20
235	桂阳县(湘)	19
236	汉寿县(湘)	12.7
237	洪江市(湘)	10
238	宁远县(湘)	7
239	祁东县(湘)	5.1
240	石峰区(湘)	5
241	祁阳县(湘)	3
242	金洞林场(湘)	2.5
243	苏仙区(湘)	2.2
244	麻阳苗族自治县(湘)	1.6
245	靖州苗族侗族自治县(湘)	0.59
246	潮安区(粤)	7513
247	英德市(粤)	6658.29
248	大埔县(粤)	6081
249	五华县(粤)	4000
250	罗定市(粤)	2558
251	揭西县(粤)	1610
252	清新区(粤)	1527
253	仁化县(粤)	1450
254	封开县(粤)	1382
255	龙川县(粤)	1260
256	普宁市(粤)	1182.4

(续表)

序号	县(旗、市、区、局、场)	产量(吨)
257	信宜市(粤)	1100
258	海丰县(粤)	1088
259	连南瑶族自治县(粤)	914
260	连山壮族瑶族自治县(粤)	530
261	鹤山市(粤)	516
262	曲江区(粤)	410
263	潮南区(粤)	401.5
264	新丰江林管局(粤)	400
265	连平县(粤)	260
266	广宁县(粤)	250
267	连州市(粤)	171
268	始兴县(粤)	165
269	德庆县(粤)	142
270	新兴县(粤)	140.34
271	恩平市(粤)	133
272	阳山县(粤)	121
273	乳源瑶族自治县(粤)	110
274	台山市(粤)	84
275	高州市(粤)	52
276	新会区(粤)	35
277	饶平县(粤)	22.1
278	郁南县(粤)	12
279	阳西县(粤)	8
280	潮州市枫溪区(粤)	6
281	惠城区(粤)	6
282	高要县(粤)	2
283	三江侗族自治县(桂)	16267.03
284	灵山县(桂)	11920
285	凌云县(桂)	7050
286	龙圩区(桂)	6000
287	苍梧县(桂)	4770.43
288	浦北县(桂)	3998.83
289	西林县(桂)	3888.92
290	覃塘区(桂)	1712
291	平乐县(桂)	1439
292	全州县(桂)	1162
293	金秀瑶族自治县(桂)	1002.43
294	龙胜各族自治县(桂)	911.92
295	融水苗族自治县(桂)	843
296	八步区(桂)	834.19
297	恭城瑶族自治县(桂)	729.24
298	防城区(桂)	680

(续表)

序号	县(旗、市、区、局、场)	产量(吨)
299	兴业县(桂)	579
300	隆林各族自治县(桂)	451
301	武宣县(桂)	199.25
302	长洲区(桂)	160
303	灵川县(桂)	117
304	平南县(桂)	110
305	那坡县(桂)	82.74
306	天峨县(桂)	77.93
307	融安县(桂)	53
308	黄冕林场(桂)	18.1
309	武鸣区(桂)	15
310	万秀区(桂)	11
311	博白县(桂)	2.2
312	环江毛南族自治县(桂)	2
313	琼中黎族苗族自治县(琼)	606
314	五指山市(琼)	221
315	永川区(渝)	8080
316	荣昌区(渝)	5000
317	秀山土家族苗族自治县(渝)	2225
318	名山区(川)	54539
319	雨城区(川)	35245
320	屏山县(川)	14200
321	邛崃市(川)	11400
322	蒲江县(川)	10000
323	荣县(川)	6642
324	纳溪区(川)	6390
325	峨眉山市(川)	6330
326	叙永县(川)	2687
327	高县(川)	2585
328	威远县(川)	2422
329	旺苍县(川)	1985
330	五通桥区(川)	1959
331	青川县(川)	1610
332	万源市(川)	1500
333	翠屏区(川)	1300
334	洪雅县(川)	1257
335	丹棱县(川)	1220
336	开江县(川)	800
337	北川羌族自治县(川)	796
338	雷波县(川)	765
339	都江堰市(川)	735
340	青神县(川)	708

(续表)

序号	县(旗、市、区、局、场)	产量(吨)
341	宣汉县(川)	543
342	宝兴县(川)	530
343	南江县(川)	500
344	平昌县(川)	390
345	叙州区(川)	368
346	渠县(川)	316
347	马边彝族自治县(川)	254
348	江安县(川)	250
349	大邑县(川)	153
350	崇州市(川)	140
351	绵竹市(川)	100
352	资中县(川)	93
353	古蔺县(川)	60
354	江油市(川)	56
355	邻水县(川)	53
356	芦山县(川)	50
357	宁南县(川)	41
358	峨边彝族自治县(川)	40
359	金口河区(川)	28
360	大竹县(川)	25
361	炉霍县(川)	20
362	剑阁县(川)	12
363	彭州市(川)	8
364	巴州区(川)	7
365	前锋区(川)	6
366	恩阳区(川)	2
367	思南县(黔)	64359
368	湄潭县(黔)	25223
369	凤冈县(黔)	25000
370	印江土家族苗族自治县(黔)	22100
371	黎平县(黔)	14500
372	沿河土家族自治县(黔)	12831
373	都匀市(黔)	9442
374	正安县(黔)	7050
375	雷山县(黔)	5500
376	纳雍县(黔)	2800
377	金沙县(黔)	1890.57
378	惠水县(黔)	1831
379	镇远县(黔)	1052.45
380	六枝特区(黔)	986
381	普安县(黔)	815
382	兴义市(黔)	776.66

(续表)

序号	县(旗、市、区、局、场)	产量(吨)
383	花溪区(黔)	720
384	兴仁市(黔)	677
385	贞丰县(黔)	620
386	晴隆县(黔)	600
387	大方县(黔)	430
388	仁怀市(黔)	410
389	镇宁布依族苗族自治县(黔)	293
390	台江县(黔)	271.3
391	清镇市(黔)	244.8
392	水城县(黔)	192
393	凯里市(黔)	180.2
394	桐梓县(黔)	120
395	汇川区(黔)	118
396	榕江县(黔)	88
397	开阳县(黔)	80
398	七星关区(黔)	76.5
399	玉屏侗族自治县(黔)	60
400	荔波县(黔)	50
401	麻江县(黔)	14.7
402	息烽县(黔)	12
403	剑河县(黔)	6
404	三穗县(黔)	1.8
405	腾冲市(滇)	45000
406	勐海县(滇)	34907
407	昌宁县(滇)	29372.9
408	云县(滇)	25008
409	景洪市(滇)	19505
410	双江拉祜族佤族布朗族傣族自治县(滇)	17487.7
411	墨江哈尼族自治县(滇)	16188.9
412	绿春县(滇)	12500
413	梁河县(滇)	11012.6
414	芒市(滇)	10184
415	沧源佤族自治县(滇)	9718
416	广南县(滇)	9375
417	勐腊县(滇)	7435.2
418	盈江县(滇)	3334.6
419	西盟佤族自治县(滇)	3270
420	陇川县(滇)	2131.2
421	元江哈尼族彝族傣族自治县(滇)	2130
422	元阳县(滇)	2120
423	屏边苗族自治县(滇)	1488.6

(续表)

序号	县(旗、市、区、局、场)	产量(吨)
424	麻栗坡县(滇)	768
425	金平苗族瑶族傣族自治县(滇)	733
426	双柏县(滇)	592
427	云龙县(滇)	508
428	南华县(滇)	430
429	西畴县(滇)	345.95
430	峨山彝族自治县(滇)	217
431	牟定县(滇)	200
432	楚雄市(滇)	143
433	福贡县(滇)	129
434	泸水市(滇)	56.8
435	禄丰县(滇)	56
436	蒙自市(滇)	50
437	易门县(滇)	40.9
438	富宁县(滇)	28.2
439	漾濞彝族自治县(滇)	19.8
440	镇雄县(滇)	7
441	洱源县(滇)	3.5
442	个旧市(滇)	2.6
443	永仁县(滇)	2
444	师宗县(滇)	1.2
445	勉县(陕)	11000
446	西乡县(陕)	10270
447	紫阳县(陕)	9523
448	宁强县(陕)	8800
449	南郑区(陕)	8300
450	镇巴县(陕)	5600
451	城固县(陕)	3701
452	岚皋县(陕)	2600
453	石泉县(陕)	1520
454	镇坪县(陕)	472
455	略阳县(陕)	138
456	旬阳县(陕)	108
457	康县(甘)	720.1
458	十八站林业局(大兴安岭)	2

表 14-2　矿泉水主产地产量

序号	县(旗、市、区、局、场)	产量(吨)
1	靖宇县(吉)	1300000
2	长白朝鲜族自治县(吉)	102000
3	集贤县(黑)	600
4	密山市(黑)	50

(续表) 表14-3 其他主要森林饮料主产地产量 (续表)

序号	县(旗、市、区、局、场)	产量(吨)	序号	县(旗、市、区、局、场)	品种	产量(吨)	序号	县(旗、市、区、局、场)	品种	产量(吨)
5	德清县(浙)	2780	1	琼中黎族苗族自治县(琼)	咖啡	38.12	42	依安县(黑)	沙棘	800
6	休宁县(皖)	1000000	2	景洪市(滇)	咖啡	36557	43	七台河市市辖区(黑)	沙棘	42
7	黄山区(皖)	5000	3	思茅区(滇)	咖啡	22797	44	大箐山县(黑)	沙棘	3
8	金寨县(皖)	60	4	云县(滇)	咖啡	6895	45	小金县(川)	沙棘	2200
9	于都县(赣)	26000	5	墨江哈尼族自治县(滇)	咖啡	6370.8	46	华池县(甘)	沙棘	7000
10	樟树市(赣)	5000	6	芒市(滇)	咖啡	5154.8	47	陇西县(甘)	沙棘	3000
11	高安市(赣)	500	7	盈江县(滇)	咖啡	2551.2	48	和政县(甘)	沙棘	2000
12	东安县(湘)	1000000	8	勐腊县(滇)	咖啡	1938	49	平川区(甘)	沙棘	400
13	耒阳市(湘)	74500	9	西盟佤族自治县(滇)	咖啡	585	50	西吉县(宁)	沙棘	40
14	韶山市(湘)	13500	10	勐海县(滇)	咖啡	126	51	伊吾县(新)	沙棘	21.36
15	永顺县(湘)	10000	11	陇川县(滇)	咖啡	85.3	52	桓仁满族自治县(辽)	刺五加	52
16	江华瑶族自治县(湘)	10000	12	双柏县(滇)	咖啡	50	53	东港市(辽)	刺五加	30
17	新晃侗族自治县(湘)	5000	13	金林区(黑)	桦树液	2400	54	新宾满族自治县(辽)	刺五加	23
18	汝城县(湘)	3500	14	贵定县(黔)	刺梨	35434	55	浑江区(吉)	刺五加	6.5
19	渌口区(湘)	2500	15	水城县(黔)	刺梨	16580	56	五常市(黑)	刺五加	100
20	汨罗市(湘)	1500	16	盘州市(黔)	刺梨	14333	57	宝清县(黑)	刺五加	40
21	芷江侗族自治县(湘)	850	17	七星关区(黔)	刺梨	2111.3	58	普宁市(粤)	余甘子	2129.8
22	宁远县(湘)	420	18	安龙县(黔)	刺梨	2000	59	潮南区(粤)	余甘子	80.17
23	祁东县(湘)	9.5	19	普定县(黔)	刺梨	600	60	双柏县(滇)	余甘子	429
24	五华县(粤)	6000	20	平塘县(黔)	刺梨	500	61	永仁县(滇)	余甘子	330
25	德江县(黔)	50000	21	长顺县(黔)	刺梨	500	62	漾濞彝族自治县(滇)	余甘子	150
26	天柱县(黔)	25000	22	息烽县(黔)	刺梨	210	63	西吉县(宁)	枸杞芽	13.5
27	台江县(黔)	20000	23	桐梓县(黔)	刺梨	180	64	根河市(内蒙古)	蓝靛果酒	10
28	六枝特区(黔)	600	24	瓮安县(黔)	刺梨	150	65	白河林业局(吉)	蓝靛果酒	13
29	瓮安县(黔)	30	25	荔波县(黔)	刺梨	70	66	大箐山县(黑)	蓝靛果酒	5.5
30	屏边苗族自治县(滇)	125000	26	晴隆县(黔)	刺梨	8.5	67	呼玛县(黑)	蓝靛果酒	3.95
31	开远市(滇)	29200	27	南郑区(陕)	刺梨	12	68	呼中林业局(大兴安岭)	蓝靛果酒	1.8
32	江川区(滇)	5000	28	围场满族蒙古族自治县(冀)	沙棘	3400	69	江山市(浙)	葛根	1600
33	漾濞彝族自治县(滇)	3000	29	静乐县(晋)	沙棘	6000	70	常山县(浙)	葛根	23
34	洱源县(滇)	3000	30	方山县(晋)	沙棘	2600	71	宿松县(皖)	葛根	5
35	腾冲市(滇)	1500	31	交口县(晋)	沙棘	2150	72	横峰县(赣)	葛根	36230
36	姚安县(滇)	48	32	神池县(晋)	沙棘	1720	73	玉山县(赣)	葛根	5500
37	镇巴县(陕)	600	33	阳曲县(晋)	沙棘	150	74	南康区(赣)	葛根	2.2
38	吉林森工集团泉阳泉饮品有限公司(吉林森工)	700000	34	娄烦县(晋)	沙棘	97	75	北湖区(湘)	葛根	150
39	双鸭山林业局(龙江森工)	818	35	敖汉旗(内蒙古)	沙棘	12000	76	汝城县(湘)	葛根	70
40	鹤北林业局(龙江森工)	500	36	和林格尔县(内蒙古)	沙棘	3000	77	祁东县(湘)	葛根	16
41	沾河林业局(龙江森工)	300	37	东胜区(内蒙古)	沙棘	650	78	桐梓县(黔)	葛根	1242
42	鹤立林业局(龙江森工)	191	38	宁城县(内蒙古)	沙棘	500	79	玉屏侗族自治县(黔)	葛根	51
43	图强林业局(大兴安岭)	1000	39	伊金霍洛旗(内蒙古)	沙棘	260	80	台江县(黔)	葛根	20
			40	克什克腾旗(内蒙古)	沙棘	60	81	云县(滇)	葛根	460
			41	额尔古纳市(内蒙古)	沙棘	10	82	牟定县(滇)	葛根	320

(续表)

序号	县(旗、市、区、局、场)	品种	产量(吨)
83	林西县(内蒙古)	苹果汁	3800
84	扎兰屯市(内蒙古)	苹果汁	3000
85	科尔沁区(内蒙古)	苹果汁	1000
86	辉南县(吉)	苹果汁	200
87	灵宝市(豫)	苹果汁	210
88	永寿县(陕)	苹果汁	7241
89	宁　县(甘)	苹果汁	11880

表 15-1　桑树主产地产量

序号	县(旗、市、区、局、场)	产量(吨)
1	吴江区(苏)	3010
2	阜南县(皖)	8600
3	黟　县(皖)	4800
4	潜山市(皖)	3000
5	桐城市(皖)	400
6	大通区(皖)	100
7	五河县(皖)	30
8	界首市(皖)	6
9	郎溪县(皖)	3
10	乐安县(赣)	2020
11	龙南县(赣)	60
12	弋阳县(赣)	1
13	莒南县(鲁)	8000
14	高青县(鲁)	4695
15	莱城区(鲁)	430
16	新泰市(鲁)	403.75
17	沂源县(鲁)	200
18	嵩　县(豫)	160000
19	淅川县(豫)	726
20	固始县(豫)	300
21	淮滨县(豫)	3
22	凤凰县(湘)	48750
23	蓝山县(湘)	3852.5
24	祁东县(湘)	950
25	零陵区(湘)	510
26	鼎城区(湘)	500
27	沅陵县(湘)	460
28	麻阳苗族自治县(湘)	39
29	澧　县(湘)	20
30	汝城县(湘)	5
31	连南瑶族自治县(粤)	14074

(续表)

序号	县(旗、市、区、局、场)	产量(吨)
32	阳山县(粤)	127
33	那坡县(桂)	8152.77
34	武宣县(桂)	1235
35	隆林各族自治县(桂)	850
36	儋州市(琼)	1120
37	琼中黎族苗族自治县(琼)	500
38	威远县(川)	5000
39	巴州区(川)	4730
40	屏山县(川)	1100
41	开江县(川)	900
42	华蓥市(川)	800
43	恩阳区(川)	200
44	北川羌族自治县(川)	155
45	渠　县(川)	112
46	万源市(川)	70
47	凯里市(黔)	1012
48	榕江县(黔)	574
49	纳雍县(黔)	265
50	姚安县(滇)	16100
51	南华县(滇)	162
52	双柏县(滇)	161
53	江川区(滇)	25
54	华宁县(滇)	6
55	石泉县(陕)	50000
56	镇巴县(陕)	945
57	南郑区(陕)	710

表15-2　其他主要森林饲料主产地产量

序号	县(旗、市、区、局、场)	品种	产量(吨)
1	阳曲县(晋)	紫穗槐	12
2	冷水滩区(湘)	紫穗槐	9
3	望城区(湘)	紫穗槐	5
4	横山区(陕)	紫穗槐	53000
5	围场满族蒙古族自治县(冀)	嫩树枝叶资源	5000
6	方山县(晋)	嫩树枝叶资源	2400
7	阳曲县(晋)	嫩树枝叶资源	52.5
8	新宾满族自治县(辽)	嫩树枝叶资源	4725
9	东港市(辽)	嫩树枝叶资源	20
10	延寿县(黑)	嫩树枝叶资源	138
11	寻乌县(赣)	嫩树枝叶资源	20060
12	彭泽县(赣)	嫩树枝叶资源	1000
13	嵩　县(豫)	嫩树枝叶资源	7500
14	桐柏县(豫)	嫩树枝叶资源	320
15	方城县(豫)	嫩树枝叶资源	5
16	耒阳市(湘)	嫩树枝叶资源	3650
17	沅陵县(湘)	嫩树枝叶资源	2020
18	江华瑶族自治县(湘)	嫩树枝叶资源	1000
19	东安县(湘)	嫩树枝叶资源	600
20	德江县(黔)	嫩树枝叶资源	9000
21	台江县(黔)	嫩树枝叶资源	10
22	双柏县(滇)	嫩树枝叶资源	260
23	宁　县(甘)	嫩树枝叶资源	386

表16-1　波斯菊主产地产量

序号	县(旗、市、区、局、场)	花卉类别	单位	生产量
1	安国市(冀)	花卉用种子	千克	500
2	高碑店市(冀)	鲜切花	万支	12
3	隆尧县(冀)	盆花	万盆	2
4	静乐县(晋)	盆花	万盆	500
5	五原县(内蒙古)	观叶植物	万盆	20
6	海城市(辽)	城市绿化苗	万株	500
7	清河区(辽)	城市绿化苗	万株	10
8	通榆县(吉)	城市绿化苗	万株	30
9	泗洪县(苏)	鲜切花	万支	20
10	洪泽区(苏)	盆花	万盆	4
11	怀远县(皖)	鲜切花	万支	1500
12	肥西县(皖)	盆花	万盆	20
13	宿松县(皖)	城市绿化苗	万株	20
14	丰城市(赣)	盆花	万盆	10
15	泗水县(鲁)	城市绿化苗	万株	1
16	鹤城区(湘)	花卉用种子	千克	1000
17	凤凰县(湘)	城市绿化苗	万株	30
18	洪江市(湘)	观赏苗木	万株	10
19	珠晖区(湘)	城市绿化苗	万株	5
20	衡山县(湘)	盆花	万盆	1.71
21	榕城区(粤)	盆花	万盆	1
22	玉州区(桂)	盆景	万盆	11
23	广安区(川)	观赏苗木	万株	50
24	旌阳区(川)	花卉用种球	千粒	40
25	新津区(川)	盆花	万盆	10
26	游仙区(川)	城市绿化苗	万株	10
27	炉霍林业局(川)	盆花	万盆	2
28	石泉县(陕)	观叶植物	万盆	0.55
29	肃州区(甘)	花卉用种子	千克	270000
30	凉州区(甘)	城市绿化苗	万株	20

表16-2　万寿菊主产地产量

序号	县(旗、市、区、局、场)	花卉类别	单位	生产量
1	隆化县(冀)	工业及其他用途花卉	千克	9234000
2	万全区(冀)	食用及药用花卉	千克	160000
3	围场满族蒙古族自治县(冀)	食用及药用花卉	千克	5000
4	双滦区(冀)	盆花	万盆	10
5	蠡　县(冀)	盆花	万盆	6
6	永清县(冀)	盆花	万盆	4
7	怀来县(冀)	盆花	万盆	1.2
8	故城县(冀)	盆花	万盆	1
9	泽州县(晋)	鲜切花	万支	100000
10	灵丘县(晋)	盆花	万盆	4.5
11	清水河县(内蒙古)	食用及药用花卉	千克	10000
12	元宝山区(内蒙古)	花卉用种子	千克	400
13	新城区(内蒙古)	城市绿化苗	万株	25
14	武川县(内蒙古)	城市绿化苗	万株	13
15	林西县(内蒙古)	城市绿化苗	万苗	10
16	乌拉特后旗(内蒙古)	花卉用种苗	千苗	8
17	东洲区(辽)	盆花	万盆	1.8
18	德惠市(吉)	花卉用种苗	千苗	500
19	南岗区(黑)	城市绿化苗	万株	55
20	濉溪县(皖)	盆花	万盆	110
21	宿松县(皖)	城市绿化苗	万株	20
22	莒南县(鲁)	盆花	万盆	93
23	新泰市(鲁)	盆花	万盆	33
24	巨野县(鲁)	鲜切花	万支	30
25	长葛市(豫)	鲜切叶	万支	297
26	商水县(豫)	盆花	万盆	105

(续表)

序号	县（旗、市、区、局、场）	花卉类别	单位	生产量
27	长葛市（豫）	盆花	万盆	0.61
28	榕城区（粤）	盆花	万盆	2
29	玉州区（桂）	盆花	万盆	6
30	合山市（桂）	城市绿化苗	万株	0.9
31	儋州市（琼）	盆花	万盆	1.5
32	三台县（川）	盆花	万盆	35
33	彭山区（川）	盆花	万盆	3
34	玉门市（甘）	花卉用种苗	千苗	53
35	山丹县（甘）	城市绿化苗	万株	30
36	嘉峪关市（甘）	盆花	万盆	3.64
37	平川区（甘）	盆花	万盆	2
38	民乐县（甘）	城市绿化苗	万株	1.2
39	西夏区（宁）	盆花	万盆	160
40	平罗县（宁）	盆花	万盆	10
41	大武口区（宁）	观赏苗木	万株	10
42	莎车县（新）	干花	万支	28286
43	通北林业局（龙江森工）	观赏苗木	万株	3
44	鹤北林业局（龙江森工）	城市绿化苗	万株	0.9
45	十八站林业局（大兴安岭）	城市绿化苗	万株	4

表 16-3　雏菊主产地产量

序号	县（旗、市、区、局、场）	花卉类别	单位	生产量
1	安国市（冀）	食用及药用花卉	千克	5000
2	北戴河区（冀）	盆花	万盆	13.4
3	成安县（冀）	盆花	万盆	4.2
4	香河县（冀）	盆花	万盆	2
5	潞州区（晋）	鲜切花	万支	390000
6	芮城县（晋）	食用及药用花卉	千克	300000
7	浑源县（晋）	盆花	万盆	100000
8	安泽县（晋）	观赏苗木	万株	2.75
9	迎泽区（晋）	观赏苗木	万株	1.67
10	新城区（内蒙古）	城市绿化苗	万株	14
11	东洲区（辽）	鲜切花	万支	4
12	杜尔伯特蒙古族自治县（黑）	盆花	万盆	20
13	滨海县（苏）	盆花	万盆	10
14	谯城区（皖）	食用及药用花卉	千克	50000
15	鸠江区（皖）	盆花	万盆	10
16	桐城市（皖）	食用及药用花卉	千克	2
17	东乡区（赣）	盆景	万盆	3.2
18	遂川县（赣）	盆花	万盆	1
19	武陟县（豫）	盆花	万盆	300
20	卫滨区（豫）	干花	万支	120
21	禹王台区（豫）	盆花	万盆	10

(续表)

序号	县（旗、市、区、局、场）	花卉类别	单位	生产量
22	西华县（豫）	盆花	万盆	9
23	息　县（豫）	鲜切花	万支	2
24	卢氏县（豫）	盆花	万盆	0.8
25	鹤城区（湘）	花卉用种子	千克	500
26	珠晖区（湘）	城市绿化苗	万株	50
27	汉寿县（湘）	观赏苗木	万株	28.8
28	增城区（粤）	鲜切花	万支	140
29	普宁市（粤）	盆花	万盆	2.4
30	榕城区（粤）	盆花	万盆	2
31	龙圩区（桂）	盆景	万盆	1
32	会理市（川）	盆花	万盆	40
33	大竹县（川）	城市绿化苗	万株	10
34	广安区（川）	观赏苗木	万株	2
35	前锋区（川）	盆花	万盆	0.7
36	凉州区（甘）	城市绿化苗	万株	20
37	彭阳县（宁）	观叶植物	万盆	300

表 16-4　紫叶李主产地产量

序号	县（旗、市、区、局、场）	花卉类别	单位	生产量
1	灵寿县（冀）	观赏苗木	万株	40000
2	故城县（冀）	观赏苗木	万株	23.2
3	高碑店市（冀）	观赏苗木	万株	12
4	赵　县（冀）	观赏苗木	万株	4
5	涿州市（冀）	观赏苗木	万株	2.77
6	涞水县（冀）	观赏苗木	万株	2.5
7	永清县（冀）	观赏苗木	万株	2
8	文安县（冀）	观赏苗木	万株	1.5
9	大城县（冀）	观赏苗木	万株	1.2
10	任泽区（冀）	观赏苗木	万株	1
11	鸡泽县（冀）	观赏苗木	万株	1
12	海城市（辽）	花卉用种苗	千苗	10
13	沭阳县（苏）	城市绿化苗	万株	200
14	江宁区（苏）	观赏苗木	万株	3.2
15	天长市（皖）	城市绿化苗	万株	100
16	蒙城县（皖）	城市绿化苗	万株	15.97
17	长丰县（皖）	城市绿化苗	万株	10
18	含山县（皖）	观赏苗木	万株	2.3
19	乐陵市（鲁）	城市绿化苗	万株	85
20	陵城区（鲁）	观赏苗木	万株	30.62
21	成武县（鲁）	观赏苗木	万株	14
22	新泰市（鲁）	观赏苗木	万株	12
23	高密市（鲁）	城市绿化苗	万株	6.3
24	兖州区（鲁）	观赏苗木	万株	4.9
25	淄川区（鲁）	观赏苗木	万株	2

(续表)

序号	县(旗、市、区、局、场)	花卉类别	单位	生产量
26	潢川县(豫)	城市绿化苗	万株	200
27	长葛市(豫)	观赏苗木	万株	24.1
28	嵩 县(豫)	观赏苗木	万株	24
29	宝丰县(豫)	城市绿化苗	万株	9
30	商城县(豫)	城市绿化苗	万株	5
31	商城县(豫)	城市绿化苗	万株	5
32	太康县(豫)	城市绿化苗	万株	5
33	息 县(豫)	城市绿化苗	万株	2.85
34	巩义市(豫)	城市绿化苗	万株	2.5
35	西华县(豫)	城市绿化苗	万株	1.5
36	望城区(湘)	城市绿化苗	万株	0.7
37	会理市(川)	鲜切花	万支	12
38	巴州区(川)	观赏苗木	万株	6.27
39	旌阳区(川)	观赏苗木	万株	2
40	会理市(川)	观赏苗木	万株	1.14
41	巴州区(川)	盆花	万盆	0.66
42	彭阳县(宁)	观叶植物	万盆	300
43	西夏区(宁)	盆花	万盆	160

表 16-5 月季类主产地产量

序号	县(旗、市、区、局、场)	花卉类别	单位	生产量
1	静海区(津)	鲜切花	万支	1.3
2	滦州市(冀)	盆花	万盆	20000
3	望都县(冀)	鲜切花	万支	2100
4	肥乡区(冀)	盆花	万盆	800
5	定州市(冀)	盆花	万盆	800
6	南和区(冀)	鲜切花	万支	300
7	顺平县(冀)	城市绿化苗	万株	240
8	邢台市高新技术开发区(冀)	观叶植物	万盆	120
9	魏县(冀)	盆花	万盆	34
10	辛集市(冀)	观赏苗木	万株	31
11	涞水县(冀)	观赏苗木	万株	12
12	隆尧县(冀)	城市绿化苗	万株	11
13	永年区(冀)	观赏苗木	万株	7
14	北戴河区(冀)	观赏苗木	万株	5.7
15	磁县(冀)	盆花	万盆	3.3
16	鹿泉区(冀)	盆花	万盆	3
17	迁安市(冀)	盆花	万盆	2
18	大名县(冀)	观赏苗木	万株	1.5
19	永年区(冀)	盆花	万盆	0.98
20	涿州市(冀)	盆花	万盆	0.6
21	方山县(晋)	盆花	万盆	90000
22	方山县(晋)	鲜切花	万支	80000

(续表)

序号	县(旗、市、区、局、场)	花卉类别	单位	生产量
23	定襄县(晋)	城市绿化苗	万株	20
24	忻府区(晋)	盆花	万盆	0.92
25	甘井子区(辽)	盆花	万盆	7000
26	新宾满族自治县(辽)	盆花	万盆	11
27	东洲区(辽)	鲜切花	万支	11
28	南岗区(黑)	鲜切花	万支	15
29	邗江区(苏)	鲜切花	万支	4500
30	武进区(苏)	观赏苗木	万株	1650
31	常熟市(苏)	盆花	万盆	520
32	靖江市(苏)	鲜切花	万支	80
33	宜兴市(苏)	鲜切花	万支	65
34	泗阳县(苏)	观赏苗木	万株	30
35	江宁区(苏)	鲜切花	万支	29
36	清江浦区(苏)	盆花	万盆	20
37	盐都区(苏)	观赏苗木	万株	10
38	江宁区(苏)	盆花	万盆	3
39	桐乡市(浙)	观叶植物	万盆	30
40	平阳县(浙)	盆花	万盆	2
41	海宁市(浙)	鲜切花	万支	1.5
42	平阳县(浙)	鲜切花	万支	1
43	颍泉区(皖)	观叶植物	万盆	135
44	颍州区(皖)	盆花	万盆	95
45	阜南县(皖)	盆花	万盆	52
46	临泉县(皖)	城市绿化苗	万株	36.6
47	肥西县(皖)	观赏苗木	万株	20
48	灵璧县(皖)	观赏苗木	万株	20
49	鸠江区(皖)	鲜切花	万支	11
50	鸠江区(皖)	盆花	万盆	10
51	颍泉区(皖)	观赏苗木	万株	5.6
52	凤阳县(皖)	盆花	万盆	2
53	定南县(赣)	鲜切花	万支	46.7
54	吉安县(赣)	盆花	万盆	20
55	于都县(赣)	城市绿化苗	万株	3
56	芦溪县(赣)	盆花	万盆	1.3
57	宁津县(鲁)	鲜切花	万支	300000
58	莒县(鲁)	鲜切花	万支	28560
59	曹县(鲁)	鲜切花	万支	300
60	博山区(鲁)	鲜切花	万支	55
61	乐陵市(鲁)	观赏苗木	万株	39.25
62	滕州市(鲁)	观赏苗木	万株	34.3
63	宁阳县(鲁)	鲜切花	万支	25
64	成武县(鲁)	盆花	万盆	15
65	新泰市(鲁)	观赏苗木	万株	7
66	金乡县(鲁)	盆花	万盆	5

(续表)

序号	县(旗、市、区、局、场)	花卉类别	单位	生产量
67	博山区(鲁)	观赏苗木	万株	1.2
68	平度市(鲁)	盆景	万盆	0.6
69	潢川县(豫)	城市绿化苗	万株	1080
70	内乡县(豫)	观赏苗木	万株	950
71	郏县(豫)	观赏苗木	万株	590
72	新野县(豫)	鲜切花	万支	340
73	社旗县(豫)	观赏苗木	万株	250
74	上蔡县(豫)	城市绿化苗	万株	230
75	新蔡县(豫)	观赏苗木	万株	210
76	西峡县(豫)	观赏苗木	万株	205
77	巩义市(豫)	城市绿化苗	万株	180
78	新野县(豫)	盆花	万盆	95
79	武陟县(豫)	观赏苗木	万株	80
80	睢县(豫)	盆花	万盆	40
81	睢阳区(豫)	观赏苗木	万株	30
82	商水县(豫)	盆花	万盆	25
83	泌阳县(豫)	观赏苗木	万株	20
84	西华县(豫)	鲜切花	万支	15
85	惠济区(豫)	观叶植物	万盆	14.45
86	汝州市(豫)	观叶植物	万盆	8
87	潢川县(豫)	盆花	万盆	4.5
88	新华区(豫)	盆花	万盆	4
89	建安区(豫)	城市绿化苗	万株	3
90	唐河县(豫)	盆花	万盆	3
91	永城市(豫)	观赏苗木	万株	1
92	夏邑县(豫)	观赏苗木	万株	1
93	长葛市(豫)	盆花	万盆	0.67
94	源汇区(豫)	观赏苗木	万株	0.6
95	长沙县(湘)	花卉用种苗	千苗	2000
96	长沙县(湘)	盆花	万盆	200
97	辰溪县(湘)	鲜切叶	万支	70
98	鼎城区(湘)	盆花	万盆	11
99	衡山县(湘)	鲜切花	万支	10.88
100	珠晖区(湘)	城市绿化苗	万株	10
101	鹤城区(湘)	盆花	万盆	10
102	辰溪县(湘)	城市绿化苗	万株	3
103	信宜市(粤)	鲜切花	万支	3
104	玉州区(桂)	盆花	万盆	26
105	钦北区(桂)	城市绿化苗	万株	3
106	万州区(渝)	鲜切花	万支	64.4
107	新都区(川)	鲜切花	万支	571
108	新都区(川)	盆花	万盆	350
109	旌阳区(川)	花卉用种苗	千苗	252
110	新津区(川)	盆花	万盆	102

(续表)

序号	县(旗、市、区、局、场)	花卉类别	单位	生产量
111	都江堰市(川)	观赏苗木	万株	32
112	旌阳区(川)	鲜切花	万支	28
113	宣汉县(川)	鲜切花	万支	27
114	射洪市(川)	鲜切花	万支	15
115	通川区(川)	盆花	万盆	10
116	巴州区(川)	观赏苗木	万株	7.84
117	旌阳区(川)	盆花	万盆	6
118	恩阳区(川)	城市绿化苗	万株	5
119	巴州区(川)	盆花	万盆	4.46
120	射洪市(川)	观赏苗木	万株	3
121	广汉市(川)	盆花	万盆	1
122	巴州区(川)	鲜切花	万支	0.55
123	普安县(黔)	鲜切花	万支	30
124	金沙县(黔)	花卉用种苗	千苗	21
125	惠水县(黔)	鲜切花	万支	12
126	丹寨县(黔)	鲜切花	万支	5
127	贵定县(黔)	观赏苗木	万株	2
128	麒麟区(滇)	城市绿化苗	万株	1200
129	腾冲市(滇)	观赏苗木	万株	5
130	城固县(陕)	城市绿化苗	万株	13
131	汉滨区(陕)	观赏苗木	万株	5
132	安定区(甘)	城市绿化苗	万株	36.9
133	平川区(甘)	鲜切花	万支	4
134	平川区(甘)	盆花	万盆	3
135	嘉峪关市(甘)	盆花	万盆	1.4
136	西夏区(宁)	盆花	万盆	128
137	原州区(宁)	城市绿化苗	万株	60
138	沙坡头区(宁)	鲜切花	万支	3.6
139	新和县(新)	盆花	万盆	1.25

表16-6 玫瑰主产地产量

序号	县(旗、市、区、局、场)	花卉类别	单位	生产量
1	邯山区(冀)	食用及药用花卉	千克	168000
2	信都区(冀)	食用及药用花卉	千克	64000
3	迁西县(冀)	食用及药用花卉	千克	5000
4	任泽区(冀)	食用及药用花卉	千克	3000
5	邱县(冀)	鲜切花	万支	650
6	平山县(冀)	鲜切花	万支	195
7	文安县(冀)	食用及药用花卉	千克	50
8	尚义县(冀)	观赏苗木	万株	45
9	承德县(冀)	鲜切花	万支	32.8
10	阜城县(冀)	观赏苗木	万株	30
11	高碑店市(冀)	盆花	万盆	20
12	定兴县(冀)	鲜切花	万支	10
13	高邑县(冀)	观叶植物	万盆	9

林产品主产地及产量

PRINCIPAL PRODUCTION COUNTIES AND OUTPUT OF FOREST PRODUCTS

(续表)　　　　　　　　　　　　　　　　　　　　　　　　　(续表)

序号	县(旗、市、区、局、场)	花卉类别	单位	生产量	序号	县(旗、市、区、局、场)	花卉类别	单位	生产量
14	安国市(冀)	鲜切花	万支	5	59	兰考县(豫)	食用及药用花卉	千克	18250
15	隆尧县(冀)	盆景	万盆	2	60	清丰县(豫)	鲜切花	万支	320
16	定兴县(冀)	盆花	万盆	2	61	台前县(豫)	鲜切花	万支	120
17	平山县(冀)	盆花	万盆	1	62	舞阳县(豫)	鲜切花	万支	120
18	闻喜县(晋)	食用及药用花卉	千克	50000	63	郾城区(豫)	鲜切花	万支	100
19	陵川县(晋)	鲜切花	万支	170	64	清丰县(豫)	盆花	万盆	25
20	巴林左旗(内蒙古)	鲜切花	万支	35	65	西华县(豫)	鲜切花	万支	8
21	宁城县(内蒙古)	观赏苗木	万株	24	66	范　县(豫)	城市绿化苗	万株	6
22	凌源市(辽)	鲜切花	万支	3800	67	伊川县(豫)	鲜切花	万支	5.5
23	东洲区(辽)	鲜切花	万支	201	68	平桥区(豫)	鲜切花	万支	5
24	朝阳区(辽)	鲜切花	万支	100	69	卫东区(豫)	鲜切花	万支	4.8
25	辉南县(吉)	鲜切花	万支	120	70	夏邑县(豫)	观赏苗木	万株	1
26	龙山区(吉)	城市绿化苗	万株	6	71	永城市(豫)	观赏苗木	万株	1
27	延寿县(黑)	城市绿化苗	万株	5	72	常德市市辖区(湘)	观赏苗木	万株	200
28	延寿县(黑)	干花	万支	5	73	祁东县(湘)	鲜切花	万支	38
29	沛　县(苏)	花卉用种苗	千苗	620	74	衡山县(湘)	鲜切花	万支	6.5
30	泗阳县(苏)	观赏苗木	万株	81	75	南海区(粤)	盆花	万盆	652
31	宜兴市(苏)	鲜切花	万支	22	76	台山市(粤)	鲜切花	万支	23
32	江宁区(苏)	鲜切花	万支	10	77	信宜市(粤)	盆花	万盆	2
33	镇江市市辖区(苏)	鲜切花	万支	4.76	78	台山市(粤)	盆花	万盆	1.2
34	吴兴区(浙)	食用及药用花卉	千克	1000	79	桂平市(桂)	鲜切花	万支	81
35	海宁市(浙)	盆花	万盆	1.5	80	玉州区(桂)	盆花	万盆	27
36	蜀山区(皖)	食用及药用花卉	千克	560000	81	雁山区(桂)	盆景	万盆	3
37	潘集区(皖)	鲜切花	万支	60	82	吉阳区(琼)	鲜切花	万支	180
38	利辛县(皖)	食用及药用花卉	千克	52	83	崖州区(琼)	鲜切花	万支	1.4
39	凤阳县(皖)	鲜切花	万支	10	84	荣昌区(渝)	鲜切花	万支	45
40	南谯区(皖)	干花	万支	7.85	85	绵竹市(川)	工业及其他用途花卉	千克	495000
41	瑶海区(皖)	鲜切花	万支	2	86	仁寿县(川)	食用及药用花卉	千克	4000
42	上饶区(赣)	鲜切花	万支	2890	87	小金县(川)	工业及其他用途花卉	千克	700
43	于都县(赣)	观赏苗木	万株	51
44	吉安县(赣)	鲜切花	万支	10	88	朝天区(川)	工业及其他用途花卉	千克	200
45	进贤县(赣)	鲜切花	万支	8	89	南溪区(川)	鲜切花	万支	110
46	成武县(鲁)	食用及药用花卉	千克	120000	90	宣汉县(川)	鲜切花	万支	82.4
47	肥城市(鲁)	食用及药用花卉	千克	50000	91	简阳市(川)	鲜切花	万支	60
48	沂南县(鲁)	鲜切花	万支	960	92	新津区(川)	盆花	万盆	50.3
49	曹县(鲁)	鲜切花	万支	300	93	简阳市(川)	盆花	万盆	40
50	沂源县(鲁)	鲜切花	万支	240	94	会理市(川)	鲜切叶	万支	30
51	淄川区(鲁)	鲜切花	万支	100	95	江阳区(川)	鲜切花	万支	25
52	平原县(鲁)	鲜切花	万支	92	96	汉源县(川)	干花	万支	20
53	五莲县(鲁)	鲜切花	万支	70	97	恩阳区(川)	城市绿化苗	万株	15
54	桓台县(鲁)	鲜切花	万支	10	98	丹棱县(川)	鲜切花	万支	3
55	武城县(鲁)	鲜切花	万支	3.5	99	射洪市(川)	盆花	万盆	2
56	临淄区(鲁)	鲜切花	万支	3
57	巨野县(鲁)	盆景	万盆	3
58	博山区(鲁)	观赏苗木	万株	0.83

(续表)

序号	县(旗、市、区、局、场)	花卉类别	单位	生产量
100	蓬安县(川)	观赏苗木	万株	1.3
101	青白江区(川)	鲜切花	万支	1
102	恩阳区(川)	盆花	万盆	1
103	金沙县(黔)	鲜切花	万支	920
104	乌当区(黔)	鲜切花	万支	700
105	腾冲市(滇)	食用及药用花卉	千克	20000
106	石林彝族自治县(滇)	鲜切花	万支	10563.8
107	富民县(滇)	鲜切花	万支	6100
108	麒麟区(滇)	城市绿化苗	万株	1500
109	楚雄市(滇)	鲜切花	万支	655
110	峨山彝族自治县(滇)	鲜切花	万支	410
111	昭阳区(滇)	食用及药用花卉	千克	100
112	昭阳区(滇)	工业及其他用途花卉	千克	100
113	江川区(滇)	盆花	万盆	29
114	昭阳区(滇)	鲜切花	万支	20
115	富宁县(滇)	鲜切花	万支	3.01
116	牟定县(滇)	鲜切花	万支	1.9
117	玉门市(甘)	观赏苗木	万株	7.6
118	凉州区(甘)	干花	万支	3
119	平川区(甘)	盆花	万盆	1
120	大通回族土族自治县(青)	观赏苗木	万株	16.6
121	原州区(宁)	城市绿化苗	万株	6
122	大武口区(宁)	城市绿化苗	万株	1.65
123	平罗县(宁)	盆花	万盆	1
124	莎车县(新)	花卉用种苗	千苗	500

表 16-7 榆叶梅主产地产量

序号	县(旗、市、区、局、场)	花卉类别	单位	生产量
1	高碑店市(冀)	观赏苗木	万株	30
2	定兴县(冀)	观赏苗木	万株	5
3	北戴河区(冀)	观赏苗木	万株	4
4	双滦区(冀)	观赏苗木	万株	2.6
5	井陉矿区(冀)	观赏苗木	万株	2
6	迁西县(冀)	观赏苗木	万株	2
7	滦平县(冀)	观赏苗木	万株	1.7
8	永清县(冀)	观赏苗木	万株	1.5
9	涞水县(冀)	城市绿化苗	万株	1.5
10	涿州市(冀)	观赏苗木	万株	0.89
11	海城市(辽)	工业及其他用途花卉	千克	5
12	嫩江县(黑)	城市绿化苗	万株	395

(续表)

序号	县(旗、市、区、局、场)	花卉类别	单位	生产量
13	巴彦县(黑)	城市绿化苗	万株	50
14	杜尔伯特蒙古族自治县(黑)	城市绿化苗	万株	30
15	延寿县(黑)	城市绿化苗	万株	5.7
16	大同区(黑)	城市绿化苗	万株	3.9
17	沭阳县(苏)	城市绿化苗	万株	300
18	镇江市市辖区(苏)	观叶植物	万盆	1
19	新泰市(鲁)	观赏苗木	万株	15
20	高密市(鲁)	城市绿化苗	万株	12
21	潢川县(豫)	城市绿化苗	万株	92
22	潢川县(豫)	盆花	万盆	3.4
23	建安区(豫)	城市绿化苗	万株	3
24	商水县(豫)	观叶植物	万盆	1.5
25	鹤山区(豫)	观赏苗木	万株	1.4
26	鹤壁市市辖区(豫)	观赏苗木	万株	1.4
27	永靖县(甘)	城市绿化苗	万株	13.6
28	高台县(甘)	观赏苗木	万株	8
29	玉门市(甘)	城市绿化苗	万株	1.4
30	原州区(宁)	城市绿化苗	万株	116
31	平罗县(宁)	观赏苗木	万株	5.5

表 16-8 樱花主产地产量

序号	县(旗、市、区、局、场)	花卉类别	单位	生产量
1	高碑店市(冀)	观赏苗木	万株	30
2	大厂回族自治县(冀)	观赏苗木	万株	5
3	峰峰矿区(冀)	观赏苗木	万株	4
4	辛集市(冀)	观赏苗木	万株	2
5	曲周县(冀)	城市绿化苗	万株	1.2
6	涿州市(冀)	观赏苗木	万株	0.86
7	沭阳县(苏)	城市绿化苗	万株	300
8	江宁区(苏)	观赏苗木	万株	2.51
9	江山市(浙)	观赏苗木	万株	1.5
10	文成县(浙)	观赏苗木	万株	1.5
11	天长市(皖)	城市绿化苗	万株	100
12	歙县(皖)	观赏苗木	万株	13
13	鸠江区(皖)	观赏苗木	万株	10
14	湾沚区(皖)	观赏苗木	万株	8.5
15	兴国县(赣)	观叶植物	万盆	970
16	进贤县(赣)	城市绿化苗	万株	3.5
17	广昌县(赣)	城市绿化苗	万株	1.2
18	宁阳县(鲁)	观赏苗木	万株	480
19	长清区(鲁)	观赏苗木	万株	130
20	高密市(鲁)	城市绿化苗	万株	42
21	新泰市(鲁)	观赏苗木	万株	13

(续表)

序号	县(旗、市、区、局、场)	花卉类别	单位	生产量
22	莱阳市(鲁)	观赏苗木	万株	5.8
23	兖州区(鲁)	观赏苗木	万株	2.64
24	淄川区(鲁)	观赏苗木	万株	1.2
25	潢川县(豫)	城市绿化苗	万株	128
26	上蔡县(豫)	城市绿化苗	万株	60
27	长葛市(豫)	观赏苗木	万株	38.1
28	范县(豫)	城市绿化苗	万株	18.5
29	邓州市(豫)	城市绿化苗	万株	10.5
30	睢阳区(豫)	观赏苗木	万株	8
31	洛阳市伊洛工业园区(豫)	城市绿化苗	万株	2.8
32	永城市(豫)	观赏苗木	万株	1
33	常宁市(湘)	观赏苗木	万株	100
34	攸县(湘)	城市绿化苗	万株	60
35	渌口区(湘)	观赏苗木	万株	16
36	浈江区(粤)	城市绿化苗	万株	2
37	金堂县(川)	观赏苗木	万株	100
38	会理市(川)	鲜切叶	万支	30
39	巴州区(川)	观赏苗木	万株	11
40	邻水县(川)	城市绿化苗	万株	5.5
41	都江堰市(川)	观赏苗木	万株	5
42	旌阳区(川)	观赏苗木	万株	4.6
43	威远县(川)	城市绿化苗	万株	2
44	巴州区(川)	盆花	万盆	0.81
45	万山区(黔)	观赏苗木	万株	12.18
46	沿河土家族自治县(黔)	观赏苗木	万株	1.8
47	台江县(黔)	观赏苗木	万株	1
48	禄丰县(滇)	观赏苗木	万株	114810
49	武定县(滇)	城市绿化苗	万株	4690
50	麒麟区(滇)	城市绿化苗	万株	1000
51	华宁县(滇)	观赏苗木	万株	35.8
52	威信县(滇)	城市绿化苗	万株	5.5
53	师宗县(滇)	城市绿化苗	万株	3.48
54	牟定县(滇)	观赏苗木	万株	2.49
55	双柏县(滇)	观赏苗木	万株	2
56	广南县(滇)	城市绿化苗	万株	1.1
57	腾冲市(滇)	观赏苗木	万株	0.6
58	南郑区(陕)	花卉用种苗	千苗	1360

表 16-9 海棠花主产地产量

序号	县(旗、市、区、局、场)	花卉类别	单位	生产量
1	肥乡区(冀)	观赏苗木	万株	380
2	广阳区(冀)	观叶植物	万盆	200
3	故城县(冀)	观赏苗木	万株	25.7
4	怀来县(冀)	观赏苗木	万株	14
5	永年区(冀)	观赏苗木	万株	13

(续表)

序号	县(旗、市、区、局、场)	花卉类别	单位	生产量
6	高碑店市(冀)	观赏苗木	万株	10
7	围场满族蒙古族自治县(冀)	观赏苗木	万株	8
8	峰峰矿区(冀)	观赏苗木	万株	6
9	涿州市(冀)	观赏苗木	万株	5.55
10	正定县(冀)	盆花	万盆	5
11	北戴河区(冀)	观赏苗木	万株	4.5
12	曲周县(冀)	盆花	万盆	4.1
13	滦平县(冀)	观赏苗木	万株	3.3
14	涞水县(冀)	城市绿化苗	万株	2.5
15	蠡县(冀)	盆花	万盆	2
16	平山县(冀)	盆花	万盆	1.5
17	宁晋县(冀)	观赏苗木	万株	1.44
18	大城县(冀)	观赏苗木	万株	1.26
19	鸡泽县(冀)	观赏苗木	万株	0.8
20	大宁县(晋)	观叶植物	万盆	125.15
21	东丰县(吉)	观赏苗木	万株	22
22	洮南市(吉)	城市绿化苗	万株	10
23	沭阳县(苏)	城市绿化苗	万株	300
24	如东县(苏)	观赏苗木	万株	3
25	江山市(浙)	观赏苗木	万株	1
26	蜀山区(皖)	城市绿化苗	万株	2000
27	广德县(皖)	观赏苗木	万株	16
28	潘集区(皖)	盆景	万盆	2
29	丰城市(赣)	盆花	万盆	30
30	长清区(鲁)	观赏苗木	万株	92
31	乐陵市(鲁)	城市绿化苗	万株	66
32	高密市(鲁)	城市绿化苗	万株	65
33	兖州区(鲁)	观赏苗木	万株	56
34	坊子区(鲁)	城市绿化苗	万株	50
35	金乡县(鲁)	观赏苗木	万株	28
36	莒南县(鲁)	盆花	万盆	24
37	胶州市(鲁)	盆花	万盆	20
38	罗庄区(鲁)	观赏苗木	万株	15
39	莱阳市(鲁)	观赏苗木	万株	6
40	博山区(鲁)	观赏苗木	万株	2.4
41	峄城区(鲁)	盆花	万盆	1.5
42	上蔡县(豫)	城市绿化苗	万株	25
43	栾川县(豫)	城市绿化苗	万株	24
44	舞阳县(豫)	观赏苗木	万株	10
45	范县(豫)	城市绿化苗	万株	8
46	安阳县(豫)	观赏苗木	万株	6
47	巩义市(豫)	城市绿化苗	万株	5.42
48	西平县(豫)	观赏苗木	万株	3.5
49	浙川县(豫)	观赏苗木	万株	3.2

(续表)

序号	县(旗、市、区、局、场)	花卉类别	单位	生产量
50	衡东县(湘)	城市绿化苗	万株	200
51	七坡林场(桂)	观赏苗木	万株	40
52	钦北区(桂)	城市绿化苗	万株	1
53	翠屏区(川)	观赏苗木	万株	150
54	华蓥市(川)	观赏苗木	万株	130
55	会理市(川)	鲜切叶	万支	20
56	前锋区(川)	观赏苗木	万株	15
57	前锋区(川)	盆花	万盆	1
58	麒麟区(滇)	城市绿化苗	万株	500
59	麻栗坡县(滇)	城市绿化苗	万株	2.53
60	师宗县(滇)	城市绿化苗	万株	0.86
61	临潼区(陕)	观赏苗木	万株	2.7
62	留坝县(陕)	观赏苗木	万株	2
63	嘉峪关市(甘)	观赏苗木	万株	0.98
64	彭阳县(宁)	观叶植物	万盆	50
65	平罗县(宁)	观赏苗木	万株	5
66	第七师(新疆兵团)	观叶植物	万盆	6

表 16-10 杜鹃花主产地产量

序号	县(旗、市、区、局、场)	花卉类别	单位	生产量
1	高碑店市(冀)	盆花	万盆	5
2	安平县(冀)	盆花	万盆	4
3	忻府区(晋)	盆花	万盆	0.7
4	宜兴市(苏)	盆花	万盆	10
5	盐都区(苏)	观赏苗木	万株	5
6	肥西县(皖)	盆花	万盆	10
7	新建区(赣)	城市绿化苗	万株	100000
8	兴国县(赣)	盆花	万盆	88671
9	赣县区(赣)	观赏苗木	万株	1050
10	吉安县(赣)	鲜切花	万支	500
11	永修县(赣)	观赏苗木	万株	266
12	遂川县(赣)	盆花	万盆	3
13	五莲县(鲁)	观赏苗木	万株	120
14	章丘区(鲁)	观赏苗木	万株	7.6
15	泗水县(鲁)	城市绿化苗	万株	1.2
16	峄城区(鲁)	盆花	万盆	1
17	卫东区(豫)	盆花	万盆	1.1
18	渌口区(湘)	观赏苗木	万株	28
19	鼎城区(湘)	盆花	万盆	23
20	韶山市(湘)	城市绿化苗	万株	10
21	岳阳县(湘)	食用及药用花卉	千克	10
22	茶陵县(湘)	观赏苗木	万株	6
23	苏仙区(湘)	城市绿化苗	万株	4
24	辰溪县(湘)	观赏苗木	万株	3
25	雨湖区(湘)	观赏苗木	万株	2

(续表)

序号	县(旗、市、区、局、场)	花卉类别	单位	生产量
26	新晃侗族自治县(湘)	观赏苗木	万株	2
27	辰溪县(湘)	城市绿化苗	万株	2
28	五华县(粤)	盆花	万盆	100
29	信宜市(粤)	盆花	万盆	3
30	金秀瑶族自治县(桂)	盆景	万盆	3709
31	隆林各族自治县(桂)	观赏苗木	万株	1.2
32	新都区(川)	盆花	万盆	940
33	都江堰市(川)	观赏苗木	万株	35
34	江阳区(川)	盆花	万盆	8
35	通川区(川)	盆花	万盆	8
36	高县(川)	观赏苗木	万株	3.8
37	巴州区(川)	盆花	万盆	2.01
38	合江县(川)	盆花	万盆	1.2
39	纳雍县(黔)	观赏苗木	万株	90
40	凯里市(黔)	盆景	万盆	4
41	腾冲市(滇)	城市绿化苗	万株	60
42	彝良县(滇)	城市绿化苗	万株	1.9
43	巍山彝族回族自治县(滇)	观赏苗木	万株	1

表 16-11 丁香主产地产量

序号	县(旗、市、区、局、场)	花卉类别	单位	生产量
1	涿州市(冀)	观赏苗木	万株	10
2	北戴河区(冀)	观赏苗木	万株	6.3
3	双滦区(冀)	城市绿化苗	万株	5
4	涞水县(冀)	城市绿化苗	万株	4
5	滦平县(冀)	观赏苗木	万株	1.6
6	围场满族蒙古族自治县(冀)	城市绿化苗	万株	1.2
7	莲花山开发区(吉)	盆花	万盆	6
8	嫩江县(黑)	城市绿化苗	万株	470
9	延寿县(黑)	干花	万支	108
10	巴彦县(黑)	城市绿化苗	万株	55
11	大同区(黑)	城市绿化苗	万株	42.05
12	五常市(黑)	观赏苗木	万株	35
13	集贤县(黑)	观赏苗木	万株	6.5
14	呼玛县(黑)	观赏苗木	万株	0.6
15	弋阳县(赣)	观赏苗木	万株	65
16	弋阳县(赣)	盆花	万盆	15.3
17	潢川县(豫)	城市绿化苗	万株	90
18	夏邑县(豫)	观赏苗木	万株	1
19	韶山市(湘)	城市绿化苗	万株	5
20	衡山县(湘)	盆花	万盆	0.72
21	前锋区(川)	观赏苗木	万株	7
22	会理市(川)	观赏苗木	万株	1
23	安定区(甘)	城市绿化苗	万株	115

(续表)

序号	县(旗、市、区、局、场)	花卉类别	单位	生产量
24	永靖县(甘)	城市绿化苗	万株	27.2
25	高台县(甘)	观赏苗木	万株	5
26	山丹县(甘)	城市绿化苗	万株	5
27	玉门市(甘)	城市绿化苗	万株	4.9
28	嘉峪关市(甘)	观赏苗木	万株	1
29	彭阳县(宁)	观叶植物	万盆	500
30	原州区(宁)	城市绿化苗	万株	99
31	平罗县(宁)	观赏苗木	万株	3
32	沙湾县(新)	城市绿化苗	万株	3

表 16-12 桂花主产地产量

序号	县(旗、市、区、局、场)	花卉类别	单位	生产量
1	沭阳县(苏)	城市绿化苗	万株	300
2	靖江市(苏)	城市绿化苗	万株	20
3	吴江区(苏)	观赏苗木	万株	12.3
4	泗阳县(苏)	观赏苗木	万株	9
5	扬中市(苏)	城市绿化苗	万株	1
6	广陵区(苏)	观赏苗木	万株	1
7	武义县(浙)	城市绿化苗	万株	230
8	庆元县(浙)	观赏苗木	万株	19.63
9	文成县(浙)	观赏苗木	万株	4.3
10	寿县(皖)	观赏苗木	万株	376
11	天长市(皖)	城市绿化苗	万株	100
12	霍邱县(皖)	观赏苗木	万株	24
13	鸠江区(皖)	观赏苗木	万株	20
14	长丰县(皖)	城市绿化苗	万株	20
15	黟县(皖)	城市绿化苗	万株	20
16	石台县(皖)	城市绿化苗	万株	14.5
17	禹会区(皖)	城市绿化苗	万株	10
18	青阳县(皖)	城市绿化苗	万株	9
19	广德县(皖)	观赏苗木	万株	7
20	湾沚区(皖)	城市绿化苗	万株	6
21	庐阳区(皖)	观赏苗木	万株	5
22	南陵县(皖)	观赏苗木	万株	2
23	含山县(皖)	城市绿化苗	万株	1.5
24	金寨县(皖)	城市绿化苗	万株	1
25	无为县(皖)	城市绿化苗	万株	1
26	界首市(皖)	观赏苗木	万株	0.8
27	兴国县(赣)	盆花	万盆	4500
28	龙南县(赣)	城市绿化苗	万株	1000
29	赣县区(赣)	观赏苗木	万株	951
30	青原区(赣)	城市绿化苗	万株	100
31	玉山县(赣)	城市绿化苗	万株	28.2
32	濂溪区(赣)	城市绿化苗	万株	15

(续表)

序号	县(旗、市、区、局、场)	花卉类别	单位	生产量
33	南丰县(赣)	城市绿化苗	万株	12.21
34	进贤县(赣)	城市绿化苗	万株	10
35	永丰县(赣)	观赏苗木	万株	7.4
36	铜鼓县(赣)	城市绿化苗	万株	5
37	于都县(赣)	城市绿化苗	万株	5
38	广昌县(赣)	城市绿化苗	万株	0.63
39	莒县(鲁)	盆花	万盆	26.6
40	五莲县(鲁)	观赏苗木	万株	11
41	黄岛区(鲁)	盆花	万盆	11
42	沂源县(鲁)	盆景	万盆	10
43	城阳区(鲁)	观叶植物	万盆	5
44	莱阳市(鲁)	观赏苗木	万株	4
45	莒南县(鲁)	盆花	万盆	1.3
46	高密市(鲁)	城市绿化苗	万株	1.2
47	成武县(鲁)	观赏苗木	万株	1
48	临淄区(鲁)	盆花	万盆	1
49	莱西市(鲁)	盆花	万盆	0.95
50	昌乐县(鲁)	观赏苗木	万株	0.6
51	方城县(豫)	观叶植物	万盆	10000
52	潢川县(豫)	城市绿化苗	万株	590
53	光山县(豫)	城市绿化苗	万株	558
54	社旗县(豫)	城市绿化苗	万株	200
55	郸城县(豫)	城市绿化苗	万株	91
56	栾川县(豫)	城市绿化苗	万株	75
57	济源市(豫)	城市绿化苗	万株	57
58	汝南县(豫)	观赏苗木	万株	54
59	泌阳县(豫)	城市绿化苗	万株	50
60	上蔡县(豫)	城市绿化苗	万株	40
61	平桥区(豫)	城市绿化苗	万株	10
62	长葛市(豫)	观赏苗木	万株	7.41
63	桐柏县(豫)	盆景	万盆	5
64	浉河区(豫)	城市绿化苗	万株	4.2
65	睢阳区(豫)	观赏苗木	万株	2
66	永城市(豫)	观赏苗木	万株	0.6
67	团风县(鄂)	城市绿化苗	万株	30
68	临湘市(湘)	城市绿化苗	万株	15000
69	攸县(湘)	城市绿化苗	万株	1200
70	岳阳县(湘)	城市绿化苗	万株	600
71	汨罗市(湘)	城市绿化苗	万株	155
72	零陵区(湘)	城市绿化苗	万株	121
73	洪江市(湘)	观赏苗木	万株	100
74	祁东县(湘)	城市绿化苗	万株	80
75	江华瑶族自治县(湘)	城市绿化苗	万株	75
76	鹤城区(湘)	城市绿化苗	万株	58.4

(续表)

序号	县(旗、市、区、局、场)	花卉类别	单位	生产量
77	道 县(湘)	城市绿化苗	万株	50
78	澧 县(湘)	城市绿化苗	万株	50
79	雨湖区(湘)	观赏苗木	万株	50
80	华容县(湘)	城市绿化苗	万株	40
81	渌口区(湘)	观赏苗木	万株	20
82	北湖区(湘)	城市绿化苗	万株	10
83	湘阴县(湘)	城市绿化苗	万株	10
84	保靖县(湘)	观赏苗木	万株	10
85	安化县(湘)	城市绿化苗	万株	4.5
86	望城区(湘)	城市绿化苗	万株	4
87	苏仙区(湘)	城市绿化苗	万株	4
88	汝城县(湘)	观赏苗木	万株	3
89	新晃侗族自治县(湘)	城市绿化苗	万株	3
90	沅陵县(湘)	观赏苗木	万株	3
91	茶陵县(湘)	观赏苗木	万株	2
92	辰溪县(湘)	城市绿化苗	万株	2
93	株洲市市辖区(湘)	盆花	万盆	1.1
94	云溪区(湘)	城市绿化苗	万株	1
95	普宁市(粤)	城市绿化苗	万株	12.5
96	南海区(粤)	盆花	万盆	12
97	浈江区(粤)	城市绿化苗	万株	10
98	阳朔县(桂)	观赏苗木	万株	7800
99	西林县(桂)	盆花	万盆	20
100	玉州区(桂)	观赏苗木	万株	15
101	忻城县(桂)	城市绿化苗	万株	13.8
102	环江毛南族自治县(桂)	城市绿化苗	万株	10
103	玉州区(桂)	盆景	万盆	8
104	宜州区(桂)	观赏苗木	万株	6
105	江南区(桂)	城市绿化苗	万株	5.6
106	雁山区(桂)	观赏苗木	万株	5
107	广西生态学院(桂)	观赏苗木	万株	0.74
108	城口县(渝)	城市绿化苗	万株	27
109	南溪区(川)	观赏苗木	万株	200
110	达川区(川)	城市绿化苗	万株	100
111	简阳市(川)	鲜切花	万支	90
112	恩阳区(川)	城市绿化苗	万株	50
113	筠连县(川)	盆花	万盆	32
114	巴州区(川)	观赏苗木	万株	31.1
115	会理市(川)	鲜切花	万支	30
116	雁江区(川)	城市绿化苗	万株	20
117	通川区(川)	城市绿化苗	万株	15
118	资中县(川)	城市绿化苗	万株	12
119	渠 县(川)	观赏苗木	万株	11.5
120	合江县(川)	观赏苗木	万株	7.2

(续表)

序号	县(旗、市、区、局、场)	花卉类别	单位	生产量
121	青白江区(川)	观赏苗木	万株	5
122	东兴区(川)	观赏苗木	万株	4.6
123	邛崃市(川)	城市绿化苗	万株	4.48
124	前锋区(川)	观赏苗木	万株	4.2
125	巴州区(川)	盆花	万盆	4
126	邻水县(川)	城市绿化苗	万株	4
127	江安县(川)	观赏苗木	万株	4
128	威远县(川)	城市绿化苗	万株	3
129	涪阳区(川)	观赏苗木	万株	2.2
130	恩阳区(川)	盆花	万盆	2
131	通川区(川)	盆花	万盆	2
132	大竹县(川)	观赏苗木	万株	2
133	广汉市(川)	城市绿化苗	万株	1
134	大英县(川)	观赏苗木	万株	1
135	射洪市(川)	观赏苗木	万株	1
136	屏山县(川)	城市绿化苗	万株	0.9
137	玉屏侗族自治县(黔)	城市绿化苗	万株	527.94
138	金沙县(黔)	花卉用种苗	千苗	251.7
139	大方县(黔)	城市绿化苗	万株	156
140	绥阳县(黔)	城市绿化苗	万株	105
141	惠水县(黔)	城市绿化苗	万株	102.9
142	印江土家族苗族自治县(黔)	城市绿化苗	万株	100.67
143	沿河土家族自治县(黔)	城市绿化苗	万株	37.54
144	万山区(黔)	观赏苗木	万株	35.71
145	普安县(黔)	观赏苗木	万株	20
146	紫云苗族布依族自治县(黔)	观赏苗木	万株	20
147	碧江区(黔)	城市绿化苗	万株	20
148	施秉县(黔)	观赏苗木	万株	11.87
149	兴义市(黔)	观赏苗木	万株	10
150	桐梓县(黔)	观赏苗木	万株	9
151	罗甸县(黔)	城市绿化苗	万株	4.4
152	台江县(黔)	观赏苗木	万株	1
153	禄丰县(滇)	观赏苗木	万株	71810
154	武定县(滇)	城市绿化苗	万株	7860
155	麒麟区(滇)	城市绿化苗	万株	1700
156	剑川县(滇)	城市绿化苗	万株	600
157	华宁县(滇)	花卉用种苗	千苗	52.7
158	威信县(滇)	城市绿化苗	万株	39.56
159	巍山彝族回族自治县(滇)	观赏苗木	万株	31.7
160	罗平县(滇)	观赏苗木	万株	7
161	腾冲市(滇)	城市绿化苗	万株	5
162	师宗县(滇)	城市绿化苗	万株	3.32
163	彝良县(滇)	城市绿化苗	万株	2.7

（续表）

序号	县（旗、市、区、局、场）	花卉类别	单位	生产量
164	麻栗坡县（滇）	城市绿化苗	万株	2.35
165	双柏县（滇）	观赏苗木	万株	2
166	广南县（滇）	城市绿化苗	万株	1
167	牟定县（滇）	观赏苗木	万株	0.85
168	南郑区（陕）	观赏苗木	万株	93
169	石泉县（陕）	城市绿化苗	万株	28

表 16-13　黄杨类主产地产量

序号	县（旗、市、区、局、场）	花卉类别	单位	生产量
1	望都县（冀）	观赏苗木	万株	1200
2	平山县（冀）	观赏苗木	万株	68.4
3	邢台市高新技术开发区（冀）	城市绿化苗	万株	15
4	故城县（冀）	观赏苗木	万株	11.3
5	北戴河区（冀）	观赏苗木	万株	8.7
6	邯山区（冀）	城市绿化苗	万株	1.2
7	海城市（辽）	观赏苗木	万株	50
8	海城市（辽）	观赏苗木	万株	50
9	江宁区（苏）	城市绿化苗	万株	13
10	寿县（皖）	城市绿化苗	万株	156
11	长丰县（皖）	城市绿化苗	万株	10
12	南陵县（皖）	城市绿化苗	万株	8
13	寻乌县（赣）	观赏苗木	万株	6.2
14	新泰市（鲁）	城市绿化苗	万株	900
15	兖州区（鲁）	观赏苗木	万株	240
16	高密市（鲁）	城市绿化苗	万株	21
17	平度市（鲁）	盆景	万盆	0.55
18	潢川县（豫）	城市绿化苗	万株	1250
19	洛阳市伊洛工业园区（豫）	城市绿化苗	万株	216
20	巩义市（豫）	城市绿化苗	万株	126.8
21	柘城县（豫）	观叶植物	万盆	42
22	惠济区（豫）	城市绿化苗	万株	17
23	建安区（豫）	城市绿化苗	万株	1.3
24	鹿邑县（豫）	城市绿化苗	万株	0.51
25	潮安区（粤）	观赏苗木	万株	6
26	平南县（桂）	盆景	万盆	4
27	巴州区（川）	观赏苗木	万株	4.73
28	巴州区（川）	盆花	万盆	0.97
29	罗甸县（黔）	城市绿化苗	万株	10
30	麻栗坡县（滇）	城市绿化苗	万株	10.1
31	腾冲市（滇）	城市绿化苗	万株	6
32	汉滨区（陕）	城市绿化苗	万株	3

表 16-14　牡丹主产地产量

序号	县（旗、市、区、局、场）	花卉类别	单位	生产量
1	迁西县（冀）	花卉用种子	千克	70000
2	临城县（冀）	观赏苗木	万株	30
3	柏乡县（冀）	观赏苗木	万株	4
4	平山县（冀）	鲜切花	万支	3
5	迁西县（冀）	盆花	万盆	1
6	柏乡县（冀）	观叶植物	万盆	0.8
7	新城区（内蒙古）	城市绿化苗	万株	5
8	南关区（吉）	盆花	万盆	1
9	界首市（皖）	盆花	万盆	1.1
10	丰城市（赣）	盆花	万盆	10
11	经开区（赣）	观赏苗木	万株	2
12	曹县（鲁）	观赏苗木	万株	6.7
13	成武县（鲁）	盆花	万盆	2
14	高密市（鲁）	城市绿化苗	万株	1.8
15	山海天旅游度假区（鲁）	观赏苗木	万株	1
16	洛龙区（豫）	鲜切花	万支	230
17	灵宝市（豫）	食用及药用花卉	千克	200
18	老城区（豫）	盆花	万盆	40
19	洛阳市伊洛工业园区（豫）	观赏苗木	万株	32
20	老城区（豫）	观赏苗木	万株	20
21	洛龙区（豫）	盆花	万盆	8
22	新蔡县（豫）	观赏苗木	万株	5.6
23	巩义市（豫）	城市绿化苗	万株	1
24	嵩县（豫）	盆花	万盆	0.8
25	永城市（豫）	观赏苗木	万株	0.6
26	常宁市（湘）	食用及药用花卉	千克	120000
27	临湘市（湘）	城市绿化苗	万株	5500
28	鼎城区（湘）	盆花	万盆	9
29	仁寿县（川）	鲜切花	万支	131
30	筠连县（川）	盆花	万盆	31
31	彭州市（川）	盆花	万盆	10
32	恩阳区（川）	城市绿化苗	万株	10
33	巴州区（川）	盆花	万盆	0.81
34	巴州区（川）	鲜切花	万支	0.55
35	湄潭县（黔）	鲜切花	万支	60
36	金沙县（黔）	花卉用种苗	千苗	5
37	麒麟区（滇）	城市绿化苗	万株	1200
38	安定区（甘）	城市绿化苗	万株	64
39	山丹县（甘）	城市绿化苗	万株	3
40	贺兰县（宁）	观赏苗木	万株	6

表 16-15　矮牵牛主产地产量

序号	县（旗、市、区、局、场）	花卉类别	单位	生产量
1	静海区（津）	盆花	万盆	390

(续表)

序号	县(旗、市、区、局、场)	花卉类别	单位	生产量
2	安国市(冀)	花卉用种子	千克	400
3	正定县(冀)	盆花	万盆	25
4	北戴河区(冀)	盆花	万盆	16.5
5	双滦区(冀)	盆花	万盆	10
6	蠡县(冀)	盆花	万盆	6
7	滦平县(冀)	盆花	万盆	4
8	怀来县(冀)	盆花	万盆	2.6
9	繁峙县(晋)	城市绿化苗	万株	55
10	离石区(晋)	盆花	万盆	10
11	新城区(内蒙古)	城市绿化苗	万株	19
12	武川县(内蒙古)	城市绿化苗	万株	10
13	临河区(内蒙古)	城市绿化苗	万株	9
14	乌拉特后旗(内蒙古)	花卉用种苗	千苗	8
15	林西县(内蒙古)	盆花	万盆	5
16	察哈尔右翼中旗(内蒙古)	盆花	万盆	3
17	甘井子区(辽)	盆花	万盆	7000
18	海城市(辽)	城市绿化苗	万株	500
19	清河区(辽)	城市绿化苗	万株	20
20	德惠市(吉)	花卉用种苗	千苗	500
21	通榆县(吉)	城市绿化苗	万株	30
22	龙山(吉)	城市绿化苗	万株	10.2
23	肇州县(黑)	鲜切花	万支	300000
24	杜尔伯特蒙古族自治县(黑)	盆花	万盆	10
25	沭阳县(苏)	城市绿化苗	万株	500
26	义乌市(浙)	花卉用种苗	千苗	3000
27	义乌市(浙)	盆花	万盆	2
28	海宁市(浙)	观赏苗木	万株	1
29	鸠江区(皖)	盆花	万盆	20
30	湾沚区(皖)	盆花	万盆	2
31	丰城市(赣)	盆花	万盆	10
32	莒南县(鲁)	盆花	万盆	206
33	惠济区(豫)	盆花	万盆	598
34	湖滨区(豫)	城市绿化苗	万株	30
35	禹王台区(豫)	盆花	万盆	10
36	商水县(豫)	盆花	万盆	0.9
37	长沙县(湘)	花卉用种苗	千苗	1500
38	长沙县(湘)	盆花	万盆	150
39	新都区(川)	盆花	万盆	239
40	丹巴林业局(川)	城市绿化苗	万株	2
41	船山区(川)	观叶植物	万盆	0.66
42	旬阳县(陕)	盆景	万盆	30000
43	肃州区(甘)	观赏苗木	万株	500
44	甘州区(甘)	城市绿化苗	万株	50

(续表)

序号	县(旗、市、区、局、场)	花卉类别	单位	生产量
45	嘉峪关市(甘)	盆花	万盆	29.93
46	山丹县(甘)	城市绿化苗	万株	25
47	会宁县(甘)	盆花	万盆	10
48	玉门市(甘)	观叶植物	万盆	7.8
49	凉州区(甘)	城市绿化苗	万株	5
50	平川区(甘)	盆花	万盆	3
51	西夏区(宁)	盆花	万盆	158
52	惠农区(宁)	盆花	万盆	20
53	大武口区(宁)	观赏苗木	万株	20
54	平罗县(宁)	盆花	万盆	10
55	大武口区(宁)	城市绿化苗	万株	1.8
56	伊州区(新)	鲜切花	万支	4.25
57	迎春林业局(龙江森工)	城市绿化苗	万株	8
58	通北林业局(龙江森工)	观赏苗木	万株	3.1
59	鹤北林业局(龙江森工)	城市绿化苗	万株	2.7
60	第七师(新疆兵团)	观叶植物	万盆	50.4

表16-16 一串红主产地产量

序号	县(旗、市、区、局、场)	花卉类别	单位	生产量
1	双滦区(冀)	盆花	万盆	10
2	北戴河区(冀)	盆花	万盆	7.9
3	滦平县(冀)	盆花	万盆	6
4	蠡县(冀)	盆花	万盆	5
5	迁安市(冀)	盆花	万盆	2.5
6	怀来县(冀)	盆花	万盆	1.2
7	高碑店市(冀)	盆花	万盆	1
8	大名县(冀)	观赏苗木	万株	0.85
9	忻府区(晋)	盆花	万盆	11.3
10	灵丘县(晋)	盆花	万盆	5
11	新城区(内蒙古)	城市绿化苗	万株	12
12	辉南县(吉)	城市绿化苗	万株	1850
13	德惠市(吉)	花卉用种苗	千苗	400
14	九台区(吉)	城市绿化苗	万株	90
15	洮南市(吉)	城市绿化苗	万株	10
16	龙山区(吉)	城市绿化苗	万株	8.4
17	南岗区(黑)	盆花	万盆	45
18	绥芬河市(黑)	城市绿化苗	万株	35
19	虎林市(黑)	城市绿化苗	万株	13
20	沭阳县(苏)	城市绿化苗	万株	3000
21	义乌市(浙)	花卉用种苗	千苗	2000
22	寿县(皖)	盆景	万盆	98.7
23	肥西县(皖)	盆花	万盆	20
24	长丰县(皖)	观叶植物	万盆	3
25	濉溪县(皖)	盆花	万盆	3

林产品主产地及产量
PRINCIPAL PRODUCTION COUNTIES AND OUTPUT OF FOREST PRODUCTS

(续表)

序号	县（旗、市、区、局、场）	花卉类别	单位	生产量
26	龙南县(赣)	城市绿化苗	万株	508
27	莒南县(鲁)	盆花	万盆	70
28	新泰市(鲁)	盆花	万盆	63
29	潢川县(豫)	盆花	万盆	3.1
30	商水县(豫)	盆花	万盆	1.5
31	鼎城区(湘)	盆花	万盆	15
32	玉州区(桂)	盆花	万盆	3
33	儋州市(琼)	盆花	万盆	0.8
34	旌阳区(川)	花卉用种球	千粒	60
35	恩阳区(川)	城市绿化苗	万株	5
36	彭山区(川)	盆花	万盆	5
37	丹巴林业局(川)	城市绿化苗	万株	1.5
38	嘉峪关市(甘)	盆花	万盆	4.8
39	平川区(甘)	盆花	万盆	3
40	西夏区(宁)	盆花	万盆	300
41	平罗县(宁)	盆花	万盆	10
42	东方红林业局(龙江森工)	城市绿化苗	万株	13
43	鹤北林业局(龙江森工)	城市绿化苗	万株	2
44	东京城林业局(龙江森工)	城市绿化苗	万株	2
45	通北林业局(龙江森工)	观赏苗木	万株	1.7

表 16-17 非洲菊主产地产量

序号	县（旗、市、区、局、场）	花卉类别	单位	生产量
1	迁西县(冀)	鲜切花	万支	200
2	古冶区(冀)	盆花	万盆	25
3	高邑县(冀)	观叶植物	万盆	11
4	广阳区(冀)	鲜切花	万支	6
5	凌源市(辽)	鲜切花	万支	320
6	邗江区(苏)	鲜切花	万支	2388
7	盐都区(苏)	鲜切花	万支	1500
8	镇江市市辖区(苏)	鲜切花	万支	1000
9	如皋市(苏)	鲜切花	万支	500
10	邳州市(苏)	鲜切花	万支	200
11	海宁市(浙)	鲜切花	万支	2
12	南湖区(浙)	鲜切花	万支	1.8
13	霍邱县(皖)	观赏苗木	万株	80
14	鸠江区(皖)	鲜切花	万支	60
15	肥东县(皖)	鲜切花	万支	30
16	凤阳县(皖)	鲜切花	万支	20
17	肥西县(皖)	鲜切花	万支	10
18	进贤县(赣)	鲜切花	万支	15
19	沂南县(鲁)	鲜切花	万支	5485

(续表)

序号	县（旗、市、区、局、场）	花卉类别	单位	生产量
20	莒县(鲁)	鲜切花	万支	3970
21	临沭县(鲁)	鲜切花	万支	2500
22	平原县(鲁)	鲜切花	万支	1000
23	平阴县(鲁)	鲜切花	万支	150
24	兰山区(鲁)	鲜切花	万支	33
25	濮阳市高新区(豫)	鲜切花	万支	21000
26	源汇区(豫)	鲜切花	万支	6720
27	南乐县(豫)	鲜切花	万支	2
28	禹王台区(豫)	盆花	万盆	1
29	长沙县(湘)	花卉用种苗	千苗	2000
30	长沙县(湘)	盆花	万盆	200
31	祁东县(湘)	盆花	万盆	15.7
32	玉州区(桂)	盆花	万盆	3
33	万州区(渝)	鲜切花	万支	22.4
34	新都区(川)	鲜切花	万支	1258
35	彭山区(川)	鲜切花	万支	1200
36	顺庆区(川)	鲜切花	万支	83
37	新津区(川)	盆花	万盆	12.4
38	会理市(川)	鲜切花	万支	5
39	乌当区(黔)	鲜切花	万支	712.3
40	惠水县(黔)	鲜切花	万支	142
41	赤水市(黔)	鲜切花	万支	100
42	龙里县(黔)	鲜切花	万支	100
43	镇远县(黔)	鲜切花	万支	60
44	丹寨县(黔)	鲜切花	万支	1.5
45	阳宗海(滇)	鲜切叶	万支	7036
46	江川区(滇)	鲜切花	万支	2600
47	勐海县(滇)	鲜切花	万支	931
48	石林彝族自治县(滇)	鲜切花	万支	244.06
49	楚雄市(滇)	鲜切花	万支	95
50	双江拉祜族佤族布朗族傣族自治县(滇)	鲜切花	万支	2.1
51	凉州区(甘)	城市绿化苗	万株	25
52	兴庆区(宁)	鲜切花	万支	20

表 16-18 百合主产地产量

序号	县（旗、市、区、局、场）	花卉类别	单位	生产量
1	东丽区(津)	鲜切花	万支	1.05
2	固安县(冀)	鲜切花	万支	50
3	承德县(冀)	鲜切花	万支	40
4	安国市(冀)	城市绿化苗	万株	30
5	安国市(冀)	鲜切花	万支	10
6	永清县(冀)	鲜切花	万支	8
7	香河县(冀)	盆花	万盆	5

（续表）

序号	县(旗、市、区、局、场)	花卉类别	单位	生产量
8	平山县(冀)	盆花	万盆	2.8
9	平泉市(冀)	鲜切花	万支	1.8
10	泽州县(晋)	鲜切花	万支	100000
11	宁城县(内蒙古)	观赏苗木	万株	7.56
12	凌源市(辽)	鲜切花	万支	16200
13	东洲区(辽)	鲜切花	万支	120
14	通化县(吉)	花卉用种苗	千苗	120000
15	莲花山开发区(吉)	花卉用种苗	千苗	800
16	通榆县(吉)	城市绿化苗	万株	3
17	龙山区(吉)	城市绿化苗	万株	2.9
18	呼玛县(黑)	观赏苗木	万株	2.8
19	沭阳县(苏)	城市绿化苗	万株	20000
20	大丰区(苏)	花卉用种球	千粒	1000
21	盐都区(苏)	鲜切花	万支	250
22	泗阳县(苏)	观赏苗木	万株	51
23	青田县(浙)	食用及药用花卉	千克	110000
24	吴兴区(浙)	食用及药用花卉	千克	4200
25	海宁市(浙)	花卉用种球	千粒	25
26	柯城区(浙)	鲜切花	万支	12
27	南湖区(浙)	鲜切花	万支	7
28	海宁市(浙)	鲜切花	万支	2
29	全椒县(皖)	鲜切花	万支	150000
30	鸠江区(皖)	鲜切花	万支	50
31	鸠江区(皖)	盆花	万盆	30
32	无为县(皖)	鲜切花	万支	10
33	新建区(赣)	城市绿化苗	万株	200000
34	新建区(赣)	城市绿化苗	万株	200000
35	吉安县(赣)	鲜切花	万支	10
36	永修县(赣)	鲜切花	万支	10
37	进贤县(赣)	鲜切花	万支	10
38	桓台县(鲁)	观赏苗木	万株	25
39	桓台县(鲁)	盆花	万盆	5
40	临淄区(鲁)	鲜切花	万支	2
41	伊川县(豫)	鲜切花	万支	11
42	西华县(豫)	鲜切花	万支	3
43	新华区(豫)	盆花	万盆	0.8
44	蓝山县(湘)	盆花	万盆	20
45	南海区(粤)	鲜切花	万支	530
46	清新区(粤)	观赏苗木	万株	100
47	信宜市(粤)	鲜切花	万支	2
48	玉州区(桂)	盆花	万盆	13
49	崖州区(琼)	鲜切花	万支	1.3
50	万州区(渝)	鲜切花	万支	44.2
51	荣昌区(渝)	鲜切花	万支	20

（续表）

序号	县(旗、市、区、局、场)	花卉类别	单位	生产量
52	富顺县(川)	鲜切花	万支	150000
53	江油市(川)	观赏苗木	万株	100
54	宣汉县(川)	鲜切花	万支	24
55	旌阳区(川)	花卉用种苗	千苗	10
56	朝天区(川)	观赏苗木	万株	10
57	会理市(川)	鲜切花	万支	6.2
58	旌阳区(川)	鲜切花	万支	6
59	丹棱县(川)	鲜切花	万支	3
60	船山区(川)	盆景	万盆	2
61	兴义市(黔)	食用及药用花卉	千克	20000
62	水城县(黔)	鲜切花	万支	200
63	凯里市(黔)	鲜切花	万支	8
64	阳宗海(滇)	鲜切花	万支	5747.2
65	江川区(滇)	鲜切花	万支	5329
66	麒麟区(滇)	城市绿化苗	万株	300
67	昭阳区(滇)	城市绿化苗	万株	30
68	昭阳区(滇)	鲜切花	万支	20
69	旬阳县(陕)	食用及药用花卉	千克	1000
70	南郑区(陕)	花卉用种球	千粒	270
71	山丹县(甘)	城市绿化苗	万株	6.5
72	兴庆区(宁)	鲜切花	万支	100
73	隆德县(宁)	食用及药用花卉	千克	100
74	隆德县(宁)	鲜切花	万支	2.4

表16-19 菊花主产地产量

序号	县(旗、市、区、局、场)	花卉类别	单位	生产量
1	静海区(津)	鲜切花	万支	150
2	邯山区(冀)	食用及药用花卉	千克	52500
3	威县(冀)	盆景	万盆	30000
4	行唐县(冀)	食用及药用花卉	千克	10000
5	宁晋县(冀)	食用及药用花卉	千克	7500
6	安国市(冀)	食用及药用花卉	千克	5000
7	南和区(冀)	盆景	万盆	200
8	魏县(冀)	盆花	万盆	55
9	辛集市(冀)	食用及药用花卉	千克	50
10	定兴县(冀)	鲜切花	万支	40
11	新华区(冀)	盆花	万盆	30
12	北戴河区(冀)	盆花	万盆	15.3
13	三河市(冀)	盆花	万盆	8
14	高碑店市(冀)	盆花	万盆	6
15	平山县(冀)	盆花	万盆	4
16	新华区(冀)	鲜切花	万支	3

林产品主产地及产量
PRINCIPAL PRODUCTION COUNTIES AND OUTPUT OF FOREST PRODUCTS

(续表)

序号	县(旗、市、区、局、场)	花卉类别	单位	生产量	序号	县(旗、市、区、局、场)	花卉类别	单位	生产量
17	永年区(冀)	观赏苗木	万株	3	61	永修县(赣)	盆景	万盆	3
18	永清县(冀)	鲜切花	万支	3	62	南丰县(赣)	盆花	万盆	1.2
19	石家庄市桥西区(冀)	观叶植物	万盆	3	63	南丰县(赣)	盆景	万盆	1.2
20	迁安市(冀)	盆花	万盆	1	64	南丰县(赣)	花卉用种子	千克	0.6
21	任泽区(冀)	盆花	万盆	1	65	惠民县(鲁)	鲜切花	万支	750
22	宁晋县(冀)	盆花	万盆	0.6	66	滕州市(鲁)	鲜切花	万支	332
23	潞州区(晋)	观赏苗木	万株	130000	67	新泰市(鲁)	盆花	万盆	60
24	长子县(晋)	鲜切花	万支	16	68	乐陵市(鲁)	观赏苗木	万株	31.5
25	侯马市(晋)	城市绿化苗	万株	13	69	平阴县(鲁)	鲜切花	万支	30
26	万荣县(晋)	干花	万支	10.1	70	惠民县(鲁)	盆花	万盆	16
27	察哈尔右翼中旗(内蒙古)	盆花	万盆	2	71	曲阜市(鲁)	干花	万支	10
28	东洲区(辽)	鲜切花	万支	100	72	金乡县(鲁)	盆花	万盆	9
29	松原市市辖区(吉)	花卉用种苗	千苗	110	73	惠民县(鲁)	盆景	万盆	6
30	宁江区(吉)	观赏苗木	万株	25	74	巨野县(鲁)	盆花	万盆	4
31	通榆县(吉)	城市绿化苗	万株	20	75	东平县(鲁)	盆花	万盆	3
32	邳州市(苏)	鲜切花	万支	7200	76	潍城区(鲁)	盆花	万盆	2.5
33	镇江市市辖区(苏)	鲜切花	万支	650	77	宁阳县(鲁)	盆花	万盆	2.5
34	江宁区(苏)	盆花	万盆	230	78	兰考县(豫)	食用及药用花卉	千克	33000
35	如东县(苏)	盆花	万盆	100	79	永城市(豫)	食用及药用花卉	千克	8000
36	沭阳县(苏)	城市绿化苗	万株	100	80	舞阳县(豫)	食用及药用花卉	千克	7500
37	港闸区(苏)	盆花	万盆	7	81	禹王台区(豫)	盆花	万盆	300
38	文成县(浙)	鲜切花	万支	960	82	商水县(豫)	盆花	万盆	220
39	嘉善县(浙)	鲜切花	万支	177	83	原阳县(豫)	鲜切花	万支	100
40	南湖区(浙)	鲜切花	万支	18.4	84	顺河回族区(豫)	盆花	万盆	60
41	平阳县(浙)	鲜切花	万支	8	85	睢阳区(豫)	观赏苗木	万株	50
42	义乌市(浙)	盆花	万盆	4	86	新蔡县(豫)	观赏苗木	万株	21
43	临泉县(皖)	食用及药用花卉	千克	500000	87	嵩县(豫)	盆花	万盆	10
44	界首市(皖)	食用及药用花卉	千克	75000	88	新郑市(豫)	观赏苗木	万株	8
45	颍泉区(皖)	食用及药用花卉	千克	30000	89	西华县(豫)	盆花	万盆	5
46	颍东区(皖)	鲜切花	万支	1000	90	潢川县(豫)	盆花	万盆	4.2
47	潘集区(皖)	干花	万支	195	91	滑县(豫)	盆花	万盆	2.2
48	固镇县(皖)	干花	万支	100	92	新华区(豫)	盆花	万盆	2
49	濉溪县(皖)	盆花	万盆	95	93	伊川县(豫)	观叶植物	万盆	1.76
50	利辛县(皖)	食用及药用花卉	千克	60	94	杞县(豫)	盆花	万盆	1
51	肥西县(皖)	盆花	万盆	30	95	长沙县(湘)	花卉用种苗	千苗	1000
52	谯城区(皖)	盆花	万盆	25	96	鼎城区(湘)	盆花	万盆	220
53	禹会区(皖)	观赏苗木	万株	15	97	长沙县(湘)	盆花	万盆	100
54	固镇县(皖)	盆花	万盆	12	98	辰溪县(湘)	鲜切花	万支	30
55	凤阳县(皖)	盆花	万盆	10	99	鹤城区(湘)	盆花	万盆	30
56	淮上区(皖)	食用及药用花卉	千克	10	100	常德市市辖区(湘)	食用及药用花卉	千克	22.5
57	禹会区(皖)	干花	万支	5	101	望城区(湘)	观赏苗木	万株	1.5
58	瑶海区(皖)	鲜切花	万支	1.6	102	武陵区(湘)	盆花	万盆	1.5
59	于都县(赣)	鲜切花	万支	74.3	103	辰溪县(湘)	盆花	万盆	0.6
60	安源区(赣)	盆景	万盆	40	104	蓬江区(粤)	观赏苗木	万株	3500

(续表)

序号	县(旗、市、区、局、场)	花卉类别	单位	生产量
105	恩平市(粤)	观赏苗木	万株	247.5
106	恩平市(粤)	盆景	万盆	48.3
107	高要区(粤)	盆花	万盆	10
108	榕城区(粤)	盆花	万盆	3
109	信宜市(粤)	盆花	万盆	3
110	台山市(粤)	盆花	万盆	1.1
111	台山市(粤)	鲜切花	万支	1.1
112	钦北区(桂)	城市绿化苗	万株	2.5
113	东方市(琼)	鲜切花	万支	15600
114	崖州区(琼)	鲜切花	万支	1.3
115	万州区(渝)	鲜切花	万支	10.8
116	荣昌区(渝)	鲜切花	万支	10
117	富顺县(川)	鲜切花	万支	250000
118	旺苍县(川)	食用及药用花卉	千克	70000
119	金堂县(川)	食用及药用花卉	千克	3000
120	会理市(川)	鲜切花	万支	350
121	旌阳区(川)	花卉用种苗	千苗	120
122	宜汉县(川)	鲜切花	万支	72.5
123	简阳市(川)	鲜切花	万支	70
124	南溪区(川)	盆花	万盆	60
125	都江堰市(川)	盆花	万盆	17
126	金堂县(川)	盆景	万盆	3.5
127	旌阳区(川)	鲜切花	万支	3
128	旌阳区(川)	盆花	万盆	2
129	丹巴林业局(川)	城市绿化苗	万株	1.5
130	恩阳区(川)	盆花	万盆	1
131	钟山区(黔)	食用及药用花卉	千克	9975
132	贵定县(黔)	花卉用种苗	千苗	1000
133	剑河县(黔)	食用及药用花卉	千克	500
134	乌当区(黔)	鲜切花	万支	200
135	思南县(黔)	观赏苗木	万株	60
136	遵义市市辖区(黔)	盆花	万盆	10
137	白云区(黔)	盆花	万盆	5
138	麒麟区(滇)	城市绿化苗	万株	2200
139	富民县(滇)	鲜切花	万支	1000
140	江川区(滇)	鲜切花	万支	218
141	巍山彝族回族自治县(滇)	观赏苗木	万株	83
142	石林彝族自治县(滇)	鲜切花	万支	75.6
143	留坝县(陕)	观赏苗木	万株	3
144	高台县(甘)	盆花	万盆	8000
145	山丹县(甘)	城市绿化苗	万株	30
146	凉州区(甘)	城市绿化苗	万株	20
147	兴庆区(宁)	鲜切花	万支	1200

表16-20 红花檵木主产地产量

序号	县(旗、市、区、局、场)	花卉类别	单位	生产量
1	沭阳县(苏)	城市绿化苗	万株	100
2	龙湾区(浙)	观赏苗木	万株	80
3	庆元县(浙)	观赏苗木	万株	22.77
4	平阳县(浙)	鲜切叶	万支	4
5	潘集区(皖)	盆景	万盆	2
6	铅山县(赣)	观赏苗木	万株	11000
7	龙南县(赣)	城市绿化苗	万株	1500
8	濂溪区(赣)	城市绿化苗	万株	1
9	潢川县(豫)	城市绿化苗	万株	142
10	潢川县(豫)	盆花	万盆	1.5
11	浏阳市(湘)	观赏苗木	万株	132300
12	临湘市(湘)	城市绿化苗	万株	7000
13	衡东县(湘)	城市绿化苗	万株	2000
14	洪江市(湘)	观赏苗木	万株	100
15	渌口区(湘)	观赏苗木	万株	42
16	江华瑶族自治县(湘)	城市绿化苗	万株	30
17	鹤城区(湘)	城市绿化苗	万株	30
18	零陵区(湘)	观叶植物	万盆	20
19	岳阳县(湘)	观赏苗木	万株	20
20	澧县(湘)	城市绿化苗	万株	20
21	北湖区(湘)	城市绿化苗	万株	13
22	湘阴县(湘)	城市绿化苗	万株	10
23	武陵区(湘)	城市绿化苗	万株	6.5
24	新晃侗族自治县(湘)	观赏苗木	万株	6
25	望城区(湘)	城市绿化苗	万株	5
26	辰溪县(湘)	城市绿化苗	万株	4
27	苏仙区(湘)	城市绿化苗	万株	2
28	沅陵县(湘)	城市绿化苗	万株	1.8
29	普宁市(粤)	城市绿化苗	万株	2.4
30	玉州区(桂)	盆景	万盆	21
31	雁山区(桂)	观赏苗木	万株	10
32	钦北区(桂)	城市绿化苗	万株	2
33	宜州区(桂)	观赏苗木	万株	1.4
34	城口县(渝)	城市绿化苗	万株	9
35	巴州区(川)	观赏苗木	万株	12.54
36	高县(川)	城市绿化苗	万株	8.3
37	前锋区(川)	观赏苗木	万株	6
38	巴州区(川)	盆花	万盆	2.56
39	惠水县(黔)	城市绿化苗	万株	373.69
40	碧江区(黔)	城市绿化苗	万株	35.9
41	六枝特区(黔)	城市绿化苗	万株	13
42	罗甸县(黔)	城市绿化苗	万株	4
43	沿河土家族自治县(黔)	观赏苗木	万株	1.35
44	南郑区(陕)	观赏苗木	万株	91

林产品主产地及产量
PRINCIPAL PRODUCTION COUNTIES AND OUTPUT OF FOREST PRODUCTS

(续表)

序号	县(旗、市、区、局、场)	花卉类别	单位	生产量
45	汉滨区(陕)	城市绿化苗	万株	2
46	宁强县(陕)	城市绿化苗	万株	1.3

表 16-21　红掌主产地产量

序号	县(旗、市、区、局、场)	花卉类别	单位	生产量
1	新华区(冀)	盆花	万盆	90
2	安平县(冀)	盆花	万盆	10
3	永清县(冀)	盆花	万盆	4
4	大宁县(晋)	观叶植物	万盆	553.7
5	颍州区(皖)	盆花	万盆	800
6	泗县(皖)	观叶植物	万盆	260
7	肥西县(皖)	盆花	万盆	30
8	长丰县(皖)	观叶植物	万盆	3
9	铅山县(赣)	观叶植物	万盆	10000
10	吉安县(赣)	盆花	万盆	10
11	沂水县(鲁)	观叶植物	万盆	280
12	东营市市辖区(鲁)	盆花	万盆	100
13	广饶县(鲁)	盆花	万盆	62
14	长清区(鲁)	观叶植物	万盆	30
15	兖州区(鲁)	盆花	万盆	6
16	莱阳市(鲁)	盆花	万盆	5
17	濮阳市高新区(豫)	盆花	万盆	400
18	鄢陵县(豫)	鲜切花	万支	85
19	伊川县(豫)	观叶植物	万盆	8.78
20	清丰县(豫)	盆花	万盆	8
21	汝城县(湘)	观赏苗木	万株	37
22	望城区(湘)	盆花	万盆	1.5
23	鹤城区(湘)	观叶植物	万盆	1
24	和平县(粤)	盆景	万盆	350
25	连州市(粤)	盆花	万盆	300
26	玉州区(桂)	观赏苗木	万株	8
27	玉州区(桂)	盆花	万盆	7
28	琼山区(琼)	鲜切花	万支	1134
29	五指山市(琼)	鲜切花	万支	73
30	大竹县(川)	观赏苗木	万株	5
31	元谋县(滇)	观赏苗木	万株	3500
32	江川区(滇)	盆花	万盆	23
33	汉滨区(陕)	盆花	万盆	2

表 16-22　草花主产地产量

序号	县(旗、市、区、局、场)	花卉类别	单位	生产量
1	定州市(冀)	盆花	万盆	2000
2	莲池区(冀)	观叶植物	万盆	36
3	成安县(冀)	鲜切花	万支	22
4	北戴河区(冀)	盆花	万盆	17.5

(续表)

序号	县(旗、市、区、局、场)	花卉类别	单位	生产量
5	隆尧县(冀)	盆花	万盆	7
6	香河县(冀)	盆花	万盆	2
7	武川县(内蒙古)	城市绿化苗	万株	48
8	临河区(内蒙古)	城市绿化苗	万株	2.2
9	海城市(辽)	城市绿化苗	万株	2000
10	双城区(黑)	观赏苗木	万株	50
11	沭阳县(苏)	城市绿化苗	万株	40000
12	武进区(苏)	观赏苗木	万株	1290
13	盐都区(苏)	盆花	万盆	200
14	义乌市(浙)	盆花	万盆	26
15	吴兴区(浙)	观赏苗木	万株	15
16	肥西县(皖)	盆花	万盆	50
17	金安区(皖)	盆景	万盆	1.6
18	莒南县(鲁)	盆花	万盆	253
19	历城区(鲁)	花卉用种苗	千苗	30
20	成武县(鲁)	盆花	万盆	10
21	东平县(鲁)	盆花	万盆	1
22	长葛市(豫)	盆花	万盆	8.8
23	鹤城区(湘)	花卉用种子	千克	1000
24	泸县(川)	观赏苗木	万株	400
25	广安区(川)	观赏苗木	万株	50
26	威远县(川)	鲜切花	万支	50
27	泸县(川)	鲜切花	万支	16.4
28	泸县(川)	观叶植物	万盆	12
29	船山区(川)	盆景	万盆	8.5
30	前锋区(川)	观赏苗木	万株	7
31	凉州区(甘)	城市绿化苗	万株	45
32	西夏区(宁)	盆花	万盆	240
33	大武口区(宁)	城市绿化苗	万株	12
34	桦南林业局(龙江森工)	城市绿化苗	万株	20

表 16-23　吊兰主产地产量

序号	县(旗、市、区、局、场)	花卉类别	单位	生产量
1	魏县(冀)	观赏苗木	万株	16
2	北戴河区(冀)	盆花	万盆	14.7
3	辛集市(冀)	盆花	万盆	8
4	临西县(冀)	盆花	万盆	6.8
5	永清县(冀)	观叶植物	万盆	6
6	蠡县(冀)	盆花	万盆	3
7	高碑店市(冀)	盆花	万盆	1
8	忻府区(晋)	观叶植物	万盆	0.69
9	东洲区(辽)	盆花	万盆	2
10	沭阳县(苏)	城市绿化苗	万株	200
11	常熟市(苏)	盆花	万盆	60

（续表）

序号	县（旗、市、区、局、场）	花卉类别	单位	生产量
12	吴江区（苏）	盆花	万盆	2.1
13	洪泽区（苏）	盆花	万盆	1
14	柯城区（浙）	盆景	万盆	50
15	无为县（皖）	盆花	万盆	10
16	潘集区（皖）	观叶植物	万盆	2
17	兴国县（赣）	盆花	万盆	54550
18	龙南县（赣）	城市绿化苗	万株	110
19	广饶县（鲁）	盆花	万盆	16
20	峄城区（鲁）	观叶植物	万盆	5
21	泗水县（鲁）	城市绿化苗	万株	2.3
22	昌乐县（鲁）	盆景	万盆	0.7
23	太康县（豫）	盆景	万盆	6.7
24	嵩县（豫）	观叶植物	万盆	6
25	商水县（豫）	观叶植物	万盆	4
26	西华县（豫）	盆花	万盆	4
27	潢川县（豫）	盆花	万盆	3.6
28	伊川县（豫）	观叶植物	万盆	2.2
29	固始县（豫）	观叶植物	万盆	2
30	永城市（豫）	观赏苗木	万株	1.5
31	夏邑县（豫）	观赏苗木	万株	1
32	望城区（湘）	盆花	万盆	3
33	中方县（湘）	盆花	万盆	2
34	汝城县（湘）	观赏苗木	万株	1
35	五华县（粤）	盆花	万盆	100
36	丹巴林业局（川）	城市绿化苗	万株	3.4
37	射洪市（川）	盆花	万盆	2
38	恩阳区（川）	盆花	万盆	1
39	凯里市（黔）	观叶植物	万盆	5
40	巍山彝族回族自治县（滇）	观赏苗木	万株	13
41	高台县（甘）	盆花	万盆	3000
42	会宁县（甘）	盆花	万盆	20
43	会宁县（甘）	鲜切花	万支	5

表 16-24　法桐主产地产量

序号	县（旗、市、区、局、场）	花卉类别	单位	生产量
1	隆尧县（冀）	城市绿化苗	万株	30
2	宁晋县（冀）	观赏苗木	万株	20.17
3	永清县（冀）	城市绿化苗	万株	10
4	成安县（冀）	观赏苗木	万株	8.1
5	文安县（冀）	观赏苗木	万株	3
6	井陉矿区（冀）	观赏苗木	万株	3
7	鹿泉区（冀）	观赏苗木	万株	2.6
8	新华区（冀）	观赏苗木	万株	2.5
9	沭阳县（苏）	城市绿化苗	万株	200

（续表）

序号	县（旗、市、区、局、场）	花卉类别	单位	生产量
10	靖江市（苏）	城市绿化苗	万株	2
11	太和县（皖）	城市绿化苗	万株	10
12	长丰县（皖）	城市绿化苗	万株	2
13	新泰市（鲁）	城市绿化苗	万株	1300
14	高密市（鲁）	城市绿化苗	万株	160
15	坊子区（鲁）	城市绿化苗	万株	80
16	陵城区（鲁）	观赏苗木	万株	62.38
17	济源市（豫）	城市绿化苗	万株	4000
18	淮滨县（豫）	城市绿化苗	万株	150
19	郸城县（豫）	城市绿化苗	万株	112
20	光山县（豫）	城市绿化苗	万株	80
21	民权县（豫）	观赏苗木	万株	56
22	长葛市（豫）	观赏苗木	万株	43.2
23	确山县（豫）	观赏苗木	万株	30
24	舞阳县（豫）	城市绿化苗	万株	15
25	杞县（豫）	城市绿化苗	万株	11
26	西华县（豫）	城市绿化苗	万株	8
27	沁阳市（豫）	观赏苗木	万株	2.55
28	安阳县（豫）	观赏苗木	万株	2
29	建安区（豫）	城市绿化苗	万株	1.5
30	尉氏县（豫）	城市绿化苗	万株	1.5
31	平桥区（豫）	城市绿化苗	万株	1
32	巩义市（豫）	城市绿化苗	万株	0.84

表 16-25　蝴蝶兰主产地产量

序号	县（旗、市、区、局、场）	花卉类别	单位	生产量
1	西青区（津）	盆花	万盆	66
2	津南区（津）	盆花	万盆	64.5
3	东丽区（津）	盆花	万盆	1.05
4	丰宁满族自治县（冀）	观叶植物	万盆	50
5	安平县（冀）	盆花	万盆	5
6	永清县（冀）	盆花	万盆	2
7	云冈区（晋）	鲜切叶	万支	51
8	尖草坪区（晋）	盆花	万盆	0.6
9	杭锦旗（内蒙古）	观赏苗木	万株	200
10	东洲区（辽）	盆花	万盆	2
11	沭阳县（苏）	城市绿化苗	万株	100
12	武进区（苏）	盆花	万盆	10
13	吴江区（苏）	盆花	万盆	2
14	颍州区（皖）	盆花	万盆	50
15	颍上县（皖）	观赏苗木	万株	40
16	蜀山区（皖）	盆花	万盆	3
17	丰城市（赣）	盆花	万盆	50
18	禹城市（鲁）	观叶植物	万盆	5000

林产品主产地及产量

PRINCIPAL PRODUCTION COUNTIES AND OUTPUT OF FOREST PRODUCTS

(续表)

序号	县(旗、市、区、局、场)	花卉类别	单位	生产量
19	临沭县(鲁)	盆花	万盆	300
20	兖州区(鲁)	鲜切花	万支	130
21	历城区(鲁)	花卉用种苗	千苗	120
22	平度市(鲁)	盆花	万盆	120
23	沂水县(鲁)	盆花	万盆	100
24	博兴县(鲁)	盆花	万盆	60
25	莱阳市(鲁)	盆花	万盆	50
26	泰山区(鲁)	盆花	万盆	27
27	济南市高新区(鲁)	鲜切花	万支	16
28	城阳区(鲁)	盆花	万盆	11
29	章丘区(鲁)	盆花	万盆	8
30	黄岛区(鲁)	盆花	万盆	7
31	临淄区(鲁)	盆花	万盆	6
32	长清区(鲁)	盆花	万盆	5
33	广饶县(鲁)	盆花	万盆	5
34	招远市(鲁)	盆花	万盆	3.1
35	濮阳市高新区(豫)	盆花	万盆	400
36	惠济区(豫)	观赏苗木	万株	196
37	顺德区(粤)	盆花	万盆	30000000
38	潮安区(粤)	盆花	万盆	60
39	普宁市(粤)	盆花	万盆	3.1
40	广西生态学院(桂)	观赏苗木	万株	1.52
41	五指山市(琼)	鲜切花	万支	25
42	华蓥市(川)	盆花	万盆	32
43	江川区(滇)	盆花	万盆	12.5
44	兴庆区(宁)	盆花	万盆	150
45	贺兰县(宁)	盆花	万盆	5

表16-26 君子兰主产地产量

序号	县(旗、市、区、局、场)	花卉类别	单位	生产量
1	津南区(津)	盆花	万盆	8
2	东丽区(津)	盆花	万盆	2.2
3	临西县(冀)	盆景	万盆	6.8
4	高碑店市(冀)	盆花	万盆	6
5	石家庄市桥西区(冀)	观叶植物	万盆	3
6	辛集市(冀)	盆花	万盆	1
7	石家庄市高新区(冀)	盆花	万盆	1
8	忻府区(晋)	盆花	万盆	0.74
9	公主岭市(吉)	盆花	万盆	50
10	绿园区(吉)	盆花	万盆	30
11	沭阳县(苏)	城市绿化苗	万株	100
12	洪泽区(苏)	盆花	万盆	1
13	蜀山区(皖)	城市绿化苗	万株	1
14	吉安县(赣)	盆花	万盆	10

(续表)

序号	县(旗、市、区、局、场)	花卉类别	单位	生产量
15	黄岛区(鲁)	盆花	万盆	8
16	桓台县(鲁)	盆花	万盆	7
17	城阳区(鲁)	盆花	万盆	4
18	峄城区(鲁)	盆花	万盆	1.5
19	东平县(鲁)	盆花	万盆	1
20	泗水县(鲁)	城市绿化苗	万株	0.63
21	南乐县(豫)	盆花	万盆	10
22	商水县(豫)	观叶植物	万盆	1
23	资中县(川)	盆花	万盆	2
24	通川区(川)	盆花	万盆	1
25	峨边彝族自治县(川)	盆花	万盆	0.72
26	麒麟区(滇)	城市绿化苗	万株	1500
27	高台县(甘)	盆花	万盆	5000
28	凉州区(甘)	城市绿化苗	万株	14
29	兴庆区(宁)	鲜切花	万支	10

表16-27 芍药主产地产量

序号	县(旗、市、区、局、场)	花卉类别	单位	生产量
1	尚义县(冀)	食用及药用花卉	千克	1100000
2	沽源县(冀)	食用及药用花卉	千克	621150
3	赤城县(冀)	食用及药用花卉	千克	5000
4	迁西县(冀)	食用及药用花卉	千克	500
5	辛集市(冀)	食用及药用花卉	千克	150
6	柏乡县(冀)	鲜切花	万支	45
7	高碑店市(冀)	盆花	万盆	8
8	文安县(冀)	食用及药用花卉	千克	5
9	永清县(冀)	花卉用种球	千粒	2
10	灵丘县(晋)	食用及药用花卉	千克	650000
11	赛罕区(内蒙古)	城市绿化苗	万株	10
12	新城区(内蒙古)	城市绿化苗	万株	9
13	阜新蒙古族自治县(辽)	观赏苗木	万株	1
14	鸡冠区(黑)	城市绿化苗	万株	20
15	颍泉区(皖)	食用及药用花卉	千克	20000
16	凤阳县(皖)	食用及药用花卉	千克	2
17	莱西市(鲁)	食用及药用花卉	千克	750000
18	成武县(鲁)	食用及药用花卉	千克	97500
19	莱西市(鲁)	鲜切花	万支	41
20	莱西市(鲁)	观赏苗木	万株	6
21	莱西市(鲁)	盆花	万盆	5
22	灵宝市(豫)	食用及药用花卉	千克	500
23	范县(豫)	城市绿化苗	万株	8.5
24	潢川县(豫)	盆花	万盆	2.8
25	平桥区(豫)	鲜切花	万支	1
26	中江县(川)	鲜切花	万支	3000

(续表)

序号	县（旗、市、区、局、场）	花卉类别	单位	生产量
27	金堂县（川）	鲜切花	万支	100
28	旌阳区（川）	鲜切花	万支	5
29	恩阳区（川）	盆花	万盆	1.3
30	巴州区（川）	鲜切花	万支	0.55

表 16-28 茶花主产地产量

序号	县（旗、市、区、局、场）	花卉类别	单位	生产量
1	武义县（浙）	城市绿化苗	万株	47
2	文成县（浙）	观赏苗木	万株	3.8
3	平阳县（浙）	盆花	万盆	2.6
4	庆元县（浙）	观叶植物	万盆	0.71
5	鸠江区（皖）	盆花	万盆	5
6	宿松县（皖）	观赏苗木	万株	5
7	霍山县（皖）	观赏苗木	万株	4
8	湾沚区（皖）	观赏苗木	万株	1
9	无为县（皖）	盆花	万盆	1
10	新建区（赣）	城市绿化苗	万株	50000
11	铅山县（赣）	观叶植物	万盆	15000
12	龙南县（赣）	城市绿化苗	万株	50
13	高安市（赣）	观赏苗木	万株	7.55
14	遂川县（赣）	盆花	万盆	3
15	黎川县（赣）	城市绿化苗	万株	3
16	武宁县（赣）	城市绿化苗	万株	2
17	进贤县（赣）	观赏苗木	万株	2
18	东乡区（赣）	观叶植物	万盆	2
19	寻乌县（赣）	城市绿化苗	万株	0.7
20	桓台县（鲁）	观赏苗木	万株	30
21	黄岛区（鲁）	盆花	万盆	8
22	章丘区（鲁）	观赏苗木	万株	3
23	息县（豫）	盆花	万盆	1.1
24	韶山市（湘）	城市绿化苗	万株	6100
25	蓝山县（湘）	城市绿化苗	万株	200
26	汨罗市（湘）	城市绿化苗	万株	135
27	衡东县（湘）	城市绿化苗	万株	20
28	华容县（湘）	城市绿化苗	万株	16
29	祁阳县（湘）	城市绿化苗	万株	10
30	茶陵县（湘）	观赏苗木	万株	8
31	韶山市（湘）	盆花	万盆	7
32	辰溪县（湘）	观赏苗木	万株	6.6
33	株洲市市辖区（湘）	城市绿化苗	万株	5.2
34	苏仙区（湘）	城市绿化苗	万株	5
35	珠晖区（湘）	城市绿化苗	万株	5
36	渌口区（湘）	观赏苗木	万株	5

(续表)

序号	县（旗、市、区、局、场）	花卉类别	单位	生产量
37	澧县（湘）	城市绿化苗	万株	5
38	安化县（湘）	观赏苗木	万株	2
39	金洞林场（湘）	城市绿化苗	万株	2
40	辰溪县（湘）	城市绿化苗	万株	2
41	汝城县（湘）	观赏苗木	万株	2
42	江华瑶族自治县（湘）	城市绿化苗	万株	1.5
43	洪江市（湘）	观赏苗木	万株	1
44	苏仙区（湘）	观赏苗木	万株	1
45	冷水滩区（湘）	观赏苗木	万株	1
46	新晃侗族自治县（湘）	观赏苗木	万株	1
47	岳阳县（湘）	观赏苗木	万株	1
48	辰溪县（湘）	盆花	万盆	1
49	保靖县（湘）	城市绿化苗	万株	0.6
50	五华县（粤）	盆花	万盆	100
51	仁化县（粤）	城市绿化苗	万株	4
52	化州市（粤）	观赏苗木	万株	2.3
53	始兴县（粤）	观赏苗木	万株	0.6
54	防城区（桂）	食用及药用花卉	千克	250580
55	大新县（桂）	城市绿化苗	万株	3000
56	阳朔县（桂）	观赏苗木	万株	300
57	西林县（桂）	花卉用种苗	千苗	20
58	钦北区（桂）	城市绿化苗	万株	5
59	西林县（桂）	盆花	万盆	3
60	富顺县（川）	鲜切花	万支	50000
61	筠连县（川）	盆花	万盆	32
62	前锋区（川）	观赏苗木	万株	8
63	通川区（川）	盆花	万盆	5
64	会理市（川）	鲜切花	万支	5
65	巴州区（川）	观赏苗木	万株	2.51
66	巴州区（川）	盆花	万盆	2.33
67	船山区（川）	观叶植物	万盆	2.2
68	资中县（川）	盆花	万盆	2
69	玉屏侗族自治县（黔）	城市绿化苗	万株	14.98
70	凯里市（黔）	观赏苗木	万株	4
71	三穗县（黔）	城市绿化苗	万株	3.2
72	惠水县（黔）	城市绿化苗	万株	2.09
73	禄丰县（滇）	观赏苗木	万株	16458
74	麒麟区（滇）	城市绿化苗	万株	300
75	富民县（滇）	观赏苗木	万株	50
76	腾冲市（滇）	城市绿化苗	万株	6
77	腾冲市（滇）	盆花	万盆	0.8
78	云龙县（滇）	观赏苗木	万株	3.5
79	牟定县（滇）	观赏苗木	万株	0.81

表16-29 红叶石楠主产地产量

(续表)

序号	县(旗、市、区、局、场)	花卉类别	单位	生产量	序号	县(旗、市、区、局、场)	花卉类别	单位	生产量
1	魏 县(冀)	观赏苗木	万株	36	46	舞阳县(豫)	城市绿化苗	万株	15
2	磁 县(冀)	城市绿化苗	万株	5	47	安阳县(豫)	观赏苗木	万株	12
3	沭阳县(苏)	城市绿化苗	万株	20000	48	汝阳县(豫)	观赏苗木	万株	9.8
4	吴江区(苏)	观赏苗木	万株	34	49	川汇区(豫)	观赏苗木	万株	5
5	滨海县(苏)	城市绿化苗	万株	12	50	潢川县(豫)	观叶植物	万盆	4.6
6	扬中市(苏)	观赏苗木	万株	2	51	西平县(豫)	城市绿化苗	万株	4.5
7	武义县(浙)	观赏苗木	万株	5400	52	巩义市(豫)	城市绿化苗	万株	4.1
8	龙湾区(浙)	观赏苗木	万株	80	53	西华县(豫)	城市绿化苗	万株	3
9	庆元县(浙)	观赏苗木	万株	37.91	54	卫辉市(豫)	城市绿化苗	万株	3
10	五河县(皖)	城市绿化苗	万株	1800	55	沁阳市(豫)	观赏苗木	万株	2.45
11	肥西县(皖)	观赏苗木	万株	300	56	夏邑县(豫)	观赏苗木	万株	2
12	肥东县(皖)	城市绿化苗	万株	250	57	永城市(豫)	观赏苗木	万株	1.5
13	寿 县(皖)	观赏苗木	万株	190	58	新郑市(豫)	城市绿化苗	万株	1
14	临泉县(皖)	观赏苗木	万株	132	59	团风县(鄂)	城市绿化苗	万株	60
15	长丰县(皖)	城市绿化苗	万株	20	60	攸 县(湘)	城市绿化苗	万株	200000
16	南陵县(皖)	城市绿化苗	万株	11	61	衡东县(湘)	城市绿化苗	万株	2000
17	杜集区(皖)	城市绿化苗	万株	2.1	62	岳阳县(湘)	观赏苗木	万株	100
18	金安区(皖)	观赏苗木	万株	1.7	63	洪江市(湘)	观赏苗木	万株	100
19	枞阳县(皖)	盆景	万盆	1.1	64	零陵区(湘)	观赏苗木	万株	50
20	瑶海区(皖)	城市绿化苗	万株	1	65	江华瑶族自治县(湘)	城市绿化苗	万株	30
21	祁门县(皖)	观赏苗木	万株	1	66	澧 县(湘)	城市绿化苗	万株	30
22	兴国县(赣)	观叶植物	万盆	5800	67	辰溪县(湘)	城市绿化苗	万株	20
23	龙南县(赣)	城市绿化苗	万株	600	68	望城区(湘)	城市绿化苗	万株	16
24	德安县(赣)	城市绿化苗	万株	100	69	渌口区(湘)	观赏苗木	万株	10
25	高安市(赣)	观赏苗木	万株	58.61	70	珠晖区(湘)	城市绿化苗	万株	10
26	于都县(赣)	城市绿化苗	万株	51	71	北湖区(湘)	城市绿化苗	万株	10
27	濂溪区(赣)	城市绿化苗	万株	50	72	新晃侗族自治县(湘)	观赏苗木	万株	8
28	丰城市(赣)	观赏苗木	万株	10	73	保靖县(湘)	城市绿化苗	万株	3
29	铜鼓县(赣)	城市绿化苗	万株	5	74	雨湖区(湘)	观赏苗木	万株	2.5
30	南康区(赣)	城市绿化苗	万株	1	75	云溪区(湘)	城市绿化苗	万株	2
31	寻乌县(赣)	城市绿化苗	万株	0.6	76	南溪区(川)	观赏苗木	万株	350
32	成武县(鲁)	观赏苗木	万株	66	77	会理市(川)	鲜切花	万支	75
33	即墨区(鲁)	观赏苗木	万株	55	78	通川区(川)	城市绿化苗	万株	30
34	高密市(鲁)	城市绿化苗	万株	35	79	宣汉县(川)	鲜切花	万支	9.85
35	潢川县(豫)	城市绿化苗	万株	1200	80	巴州区(川)	观赏苗木	万株	4.73
36	光山县(豫)	城市绿化苗	万株	282	81	巴州区(川)	盆花	万盆	0.97
37	新野县(豫)	观赏苗木	万株	200	82	恩阳区(川)	盆花	万盆	2
38	栾川县(豫)	城市绿化苗	万株	140	83	金沙县(黔)	花卉用种苗	千苗	289
39	长葛市(豫)	观赏苗木	万株	129.1	84	沿河土家族自治县(黔)	观赏苗木	万株	100.46
40	建安区(豫)	城市绿化苗	万株	125	85	绥阳县(黔)	城市绿化苗	万株	22
41	郸城县(豫)	城市绿化苗	万株	76	86	玉屏侗族自治县(黔)	观赏苗木	万株	16.62
42	嵩 县(豫)	观赏苗木	万株	57	87	印江土家族苗族自治县(黔)	城市绿化苗	万株	14.21
43	平桥区(豫)	观赏苗木	万株	50	88	碧江区(黔)	城市绿化苗	万株	10.22
44	新密市(豫)	城市绿化苗	万株	30	89	桐梓县(黔)	观赏苗木	万株	10
45	息 县(豫)	城市绿化苗	万株	27					

(续表)

序号	县(旗、市、区、局、场)	花卉类别	单位	生产量
90	万山区(黔)	城市绿化苗	万株	9.3
91	六枝特区(黔)	城市绿化苗	万株	6.5
92	罗甸县(黔)	城市绿化苗	万株	5
93	施秉县(黔)	观赏苗木	万株	4.46
94	麒麟区(滇)	城市绿化苗	万株	2000
95	腾冲市(滇)	城市绿化苗	万株	10
96	师宗县(滇)	城市绿化苗	万株	3.86
97	广南县(滇)	城市绿化苗	万株	2.5
98	周至县(陕)	观赏苗木	万株	400
99	南郑区(陕)	花卉用种苗	千苗	66
100	宁陕县(陕)	城市绿化苗	万株	58
101	石泉县(陕)	观赏苗木	万株	45
102	宁强县(陕)	观赏苗木	万株	16.8
103	汉滨区(陕)	城市绿化苗	万株	2

(续表)

序号	县(旗、市、区、局、场)	花卉类别	单位	生产量
30	扶绥县(桂)	城市绿化苗	万株	8.7
31	金城江区(桂)	观赏苗木	万株	3
32	环江毛南族自治县(桂)	观叶植物	万盆	2
33	隆安县(桂)	观赏苗木	万株	1.2
34	平乐县(桂)	观赏苗木	万株	1
35	恩阳区(川)	城市绿化苗	万株	1
36	巴州区(川)	盆花	万盆	0.97
37	沿河土家族自治县(黔)	城市绿化苗	万株	7.38
38	桐梓县(黔)	观赏苗木	万株	6
39	施秉县(黔)	观赏苗木	万株	1.58
40	彝良县(滇)	城市绿化苗	万株	3.6
41	麻栗坡县(滇)	城市绿化苗	万株	2.42
42	师宗县(滇)	城市绿化苗	万株	2.18
43	石泉县(陕)	城市绿化苗	万株	1

表 16-30 罗汉松主产地产量

序号	县(旗、市、区、局、场)	花卉类别	单位	生产量
1	沭阳县(苏)	城市绿化苗	万株	100
2	如皋市(苏)	盆景	万盆	2
3	武进区(苏)	观赏苗木	万株	1.5
4	如东县(苏)	盆景	万盆	1
5	庆元县(浙)	盆景	万盆	1.5
6	歙县(皖)	盆景	万盆	3.21
7	青原区(赣)	观赏苗木	万株	20
8	濂溪区(赣)	城市绿化苗	万株	12
9	进贤县(赣)	城市绿化苗	万株	2.5
10	广昌县(赣)	城市绿化苗	万株	2.28
11	潢川县(豫)	城市绿化苗	万株	68
12	浏阳市(湘)	观赏苗木	万株	403600
13	衡东县(湘)	城市绿化苗	万株	100
14	江华瑶族自治县(湘)	城市绿化苗	万株	5
15	华容县(湘)	城市绿化苗	万株	3
16	安化县(湘)	观赏苗木	万株	2
17	洪江市(湘)	观赏苗木	万株	1
18	茶陵县(湘)	观赏苗木	万株	0.6
19	潮安区(粤)	盆景	万盆	80
20	南海区(粤)	观赏苗木	万株	3
23	普宁市(粤)	城市绿化苗	万株	1.3
24	台山市(粤)	观赏苗木	万株	1.3
25	大新县(桂)	盆花	万盆	12000
26	铁山港区(桂)	盆景	万盆	4500
27	覃塘区(桂)	观赏苗木	万株	45
28	平南县(桂)	盆景	万盆	20
29	玉州区(桂)	盆景	万盆	16

表 16-31 红枫主产地产量

序号	县(旗、市、区、局、场)	花卉类别	单位	生产量
1	涞水县(冀)	城市绿化苗	万株	0.8
2	沭阳县(苏)	城市绿化苗	万株	100
3	靖江市(苏)	城市绿化苗	万株	30
4	潘集区(皖)	观赏苗木	万株	4
5	湾沚区(皖)	观赏苗木	万株	1
6	龙南县(赣)	城市绿化苗	万株	210
7	进贤县(赣)	观赏苗木	万株	2
8	濂溪区(赣)	城市绿化苗	万株	1
9	即墨区(鲁)	观赏苗木	万株	500
10	五莲县(鲁)	观赏苗木	万株	150
11	邹城市(鲁)	观赏苗木	万株	15
12	淄川区(鲁)	观赏苗木	万株	9
13	成武县(鲁)	观赏苗木	万株	7
14	高密市(鲁)	城市绿化苗	万株	4.9
15	泗水县(鲁)	城市绿化苗	万株	1
16	上蔡县(豫)	城市绿化苗	万株	63
17	社旗县(豫)	城市绿化苗	万株	35
18	建安区(豫)	城市绿化苗	万株	32
19	潢川县(豫)	城市绿化苗	万株	22
20	舞阳县(豫)	城市绿化苗	万株	20
21	长葛市(豫)	观赏苗木	万株	4.4
22	浉河区(豫)	城市绿化苗	万株	2.1
23	息县(豫)	城市绿化苗	万株	2.1
24	零陵区(湘)	城市绿化苗	万株	100
25	华容县(湘)	城市绿化苗	万株	5
26	安化县(湘)	观赏苗木	万株	1
27	云溪区(湘)	城市绿化苗	万株	0.8

（续表）

序号	县(旗、市、区、局、场)	花卉类别	单位	生产量
28	常宁市(湘)	观赏苗木	万株	0.8
29	城口县(渝)	观赏苗木	万株	16.5
30	达川区(川)	城市绿化苗	万株	80
31	都江堰市(川)	观赏苗木	万株	7
32	巴州区(川)	观赏苗木	万株	4.95
33	通川区(川)	城市绿化苗	万株	3
34	江阳区(川)	观赏苗木	万株	3
35	巴州区(川)	盆花	万盆	0.51
36	惠水县(黔)	城市绿化苗	万株	7.8
37	碧江区(黔)	城市绿化苗	万株	1.37
38	麒麟区(滇)	城市绿化苗	万株	1200
39	师宗县(滇)	城市绿化苗	万株	2.86
40	南郑区(陕)	观赏苗木	万株	36
41	宁陕县(陕)	城市绿化苗	万株	15
42	石泉县(陕)	观赏苗木	万株	3.5
43	临潼区(陕)	城市绿化苗	万株	2.1
44	玉门市(甘)	城市绿化苗	万株	80
45	原州区(宁)	城市绿化苗	万株	15

表16-32　紫薇主产地产量

序号	县(旗、市、区、局、场)	花卉类别	单位	生产量
1	高碑店市(冀)	观赏苗木	万株	12
2	涿州市(冀)	观赏苗木	万株	4
3	北戴河区(冀)	观赏苗木	万株	3
4	辛集市(冀)	观赏苗木	万株	2
5	任泽区(冀)	观赏苗木	万株	2
6	沭阳县(苏)	城市绿化苗	万株	200
7	江宁区(苏)	观赏苗木	万株	5.1
8	江山市(浙)	观赏苗木	万株	68
9	庆元县(浙)	观赏苗木	万株	12.56
10	天长市(皖)	城市绿化苗	万株	100
11	肥西县(皖)	观赏苗木	万株	50
12	鸠江区(皖)	观赏苗木	万株	20
13	广德县(皖)	观赏苗木	万株	15
14	黟县(皖)	城市绿化苗	万株	14.5
15	祁门县(皖)	观赏苗木	万株	10
16	湾沚区(皖)	观赏苗木	万株	6
17	含山县(皖)	城市绿化苗	万株	5.1
18	青阳县(皖)	城市绿化苗	万株	5
19	金寨县(皖)	城市绿化苗	万株	1.5
20	龙南县(赣)	城市绿化苗	万株	300
21	进贤县(赣)	观赏苗木	万株	5
22	丰城市(赣)	观赏苗木	万株	3
23	广昌县(赣)	城市绿化苗	万株	1.25

（续表）

序号	县(旗、市、区、局、场)	花卉类别	单位	生产量
24	章丘区(鲁)	观赏苗木	万株	6.8
25	成武县(鲁)	观赏苗木	万株	3
26	乐陵市(鲁)	观赏苗木	万株	2.5
27	兖州区(鲁)	观赏苗木	万株	1.8
28	高密市(鲁)	城市绿化苗	万株	1.8
29	光山县(豫)	城市绿化苗	万株	135
30	泌阳县(豫)	城市绿化苗	万株	50
31	济源市(豫)	城市绿化苗	万株	26.5
32	长葛市(豫)	观赏苗木	万株	20.1
33	宝丰县(豫)	观赏苗木	万株	12
34	太康县(豫)	城市绿化苗	万株	4
35	川汇区(豫)	观赏苗木	万株	4
36	息县(豫)	城市绿化苗	万株	2.7
37	巩义市(豫)	城市绿化苗	万株	0.8
38	团风县(鄂)	城市绿化苗	万株	40
39	大祥区(湘)	观叶植物	万盆	9375
40	汨罗市(湘)	观赏苗木	万株	65
41	衡东县(湘)	城市绿化苗	万株	50
42	渌口区(湘)	观赏苗木	万株	26
43	华容县(湘)	城市绿化苗	万株	20
44	桃源县(湘)	城市绿化苗	万株	15
45	鹤城区(湘)	城市绿化苗	万株	9.7
46	安化县(湘)	观赏苗木	万株	8
47	保靖县(湘)	城市绿化苗	万株	8
48	珠晖区(湘)	城市绿化苗	万株	5
49	江华瑶族自治县(湘)	城市绿化苗	万株	5
50	苏仙区(湘)	城市绿化苗	万株	5
51	滨江区(粤)	城市绿化苗	万株	1
52	玉州区(桂)	观赏苗木	万株	8
53	隆林各族自治县(桂)	城市绿化苗	万株	5
54	七坡林场(桂)	观赏苗木	万株	2
55	忻城县(桂)	城市绿化苗	万株	0.78
56	城口县(渝)	观赏苗木	万株	81.5
57	华蓥市(川)	观赏苗木	万株	260
58	达川区(川)	城市绿化苗	万株	50
59	前锋区(川)	观赏苗木	万株	18
60	都江堰市(川)	观赏苗木	万株	16
61	巴州区(川)	观赏苗木	万株	7.84
62	东兴区(川)	观赏苗木	万株	5.3
63	恩阳区(川)	城市绿化苗	万株	5
64	旌阳区(川)	观赏苗木	万株	4.5
65	通川区(川)	城市绿化苗	万株	2
66	渠县(川)	观赏苗木	万株	1.9
67	巴州区(川)	盆花	万盆	1.27

(续表)

序号	县(旗、市、区、局、场)	花卉类别	单位	生产量
68	金沙县(黔)	花卉用种苗	千苗	96
69	桐梓县(黔)	观赏苗木	万株	9.3
70	碧江区(黔)	城市绿化苗	万株	8.22
71	印江土家族苗族自治县(黔)	城市绿化苗	万株	6.4
72	大方县(黔)	城市绿化苗	万株	6
73	施秉县(黔)	观赏苗木	万株	3.31
74	沿河土家族自治县(黔)	观赏苗木	万株	2.38
75	彝良县(滇)	城市绿化苗	万株	13
76	巍山彝族回族自治县(滇)	观赏苗木	万株	3.2
77	麻栗坡县(滇)	城市绿化苗	万株	1.01
78	香格里拉市(滇)	城市绿化苗	万株	0.63
79	南郑区(陕)	花卉用种苗	千苗	1600
80	石泉县(陕)	观赏苗木	万株	22
81	宁强县(陕)	城市绿化苗	万株	3.6

表16-33 其他主要花卉主产地产量

序号	县(旗、市、区、局、场)	品种	花卉类别	单位	生产量
1	沭阳县(苏)	地肤	城市绿化苗	万株	200
2	商水县(豫)	地肤	盆花	万盆	1.1
3	大箐山县(黑)	千日红	观赏苗木	万株	8
4	平度市(鲁)	千日红	盆景	万盆	0.7
5	吉阳区(琼)	千日红	观赏苗木	万株	16
6	吉阳区(琼)	千日红	城市绿化苗	万株	10
7	中江县(川)	千日红	盆花	万盆	24
8	新和县(新)	千日红	盆花	万盆	2
9	沙河市(冀)	石竹	观赏苗木	万株	27
10	赛罕区(内蒙古)	石竹	城市绿化苗	万株	150
11	新城区(内蒙古)	石竹	城市绿化苗	万株	3.2
12	通榆县(吉)	石竹	花卉用种苗	千苗	20
13	靖江市(苏)	石竹	盆花	万盆	10
14	海宁市(浙)	石竹	盆花	万盆	2
15	长沙县(湘)	石竹	花卉用种苗	千苗	2100
16	长沙县(湘)	石竹	盆花	万盆	210
17	祁东县(湘)	石竹	盆花	万盆	23.1
18	七坡林场(桂)	石竹	观赏苗木	万株	93.78
19	荣昌区(渝)	石竹	鲜切花	万支	10
20	旌阳区(川)	石竹	盆花	万盆	1
21	三穗县(黔)	石竹	盆花	万盆	2
22	山丹县(甘)	石竹	城市绿化苗	万株	10
23	嘉峪关市(甘)	石竹	盆花	万盆	2.56
24	大通回族土族自治县(青)	石竹	观赏苗木	万株	3.2

(续表)

序号	县(旗、市、区、局、场)	品种	花卉类别	单位	生产量
25	西夏区(宁)	石竹	盆花	万盆	32
26	沙湾县(新)	石竹	城市绿化苗	万株	10
27	留坝县(陕)	醉蝶花	观赏苗木	万株	3
28	北戴河区(冀)	羽叶甘蓝	盆花	万盆	11.2
29	莒南县(鲁)	羽叶甘蓝	盆花	万盆	153
30	胶州市(鲁)	羽叶甘蓝	观叶植物	万盆	50
31	商水县(豫)	羽叶甘蓝	盆花	万盆	3
32	武陵区(湘)	羽叶甘蓝	观叶植物	万盆	1.9
33	衡山县(湘)	紫罗兰	盆花	万盆	1.08
34	昭化区(川)	紫罗兰	观赏苗木	万株	10
35	临西县(冀)	含羞草	盆景	万盆	5.5
36	鼎城区(湘)	含羞草	盆花	万盆	2.5
37	高邑县(冀)	凤仙花	观叶植物	万盆	20
38	北戴河区(冀)	凤仙花	盆花	万盆	16.3
39	滦平县(冀)	凤仙花	盆花	万盆	3
40	永清县(冀)	凤仙花	盆花	万盆	2
41	平山县(冀)	凤仙花	盆花	万盆	1.3
42	松山区(内蒙古)	凤仙花	观赏苗木	万株	170
43	东洲区(辽)	凤仙花	盆花	万盆	2.8
44	洮南市(吉)	凤仙花	城市绿化苗	万株	6
45	义乌市(浙)	凤仙花	盆花	万盆	3
46	海宁市(浙)	凤仙花	盆花	万盆	1.2
47	丰城市(赣)	凤仙花	盆花	万盆	20
48	胶州市(鲁)	凤仙花	观叶植物	万盆	40
49	商水县(豫)	凤仙花	盆花	万盆	0.7
50	珠晖区(湘)	凤仙花	城市绿化苗	万株	20
51	望城区(湘)	凤仙花	盆花	万盆	0.9
52	七坡林场(桂)	凤仙花	观赏苗木	万株	100
53	旌阳区(川)	凤仙花	花卉用种球	千粒	50
54	惠水县(黔)	凤仙花	城市绿化苗	万株	10.5
55	北戴河区(冀)	三色堇	盆花	万盆	13.9
56	察哈尔右翼中旗(内蒙古)	三色堇	盆花	万盆	2
57	东洲区(辽)	三色堇	鲜切花	万支	5
58	东洲区(辽)	三色堇	盆花	万盆	3.5
59	义乌市(浙)	三色堇	花卉用种苗	千苗	12000
60	湾沚区(皖)	三色堇	盆花	万盆	2
61	蜀山区(皖)	三色堇	城市绿化苗	万株	1
62	商水县(豫)	三色堇	盆花	万盆	10
63	新都区(川)	三色堇	盆花	万盆	500
64	昭化区(川)	三色堇	观赏苗木	万株	20
65	彭山区(川)	三色堇	盆花	万盆	2
66	巴州区(川)	三色堇	盆花	万盆	1.88

林产品主产地及产量
PRINCIPAL PRODUCTION COUNTIES AND OUTPUT OF FOREST PRODUCTS

（续表）

序号	县（旗、市、区、局、场）	品种	花卉类别	单位	生产量
67	鼎城区（湘）	长春花	盆花	万盆	25
68	吉阳区（琼）	长春花	盆花	万盆	500
69	会理市（川）	长春花	鲜切花	万支	13.2
70	永清县（冀）	满天星	盆花	万盆	1
71	东洲区（辽）	满天星	鲜切花	万支	3.5
72	吉安县（赣）	满天星	鲜切花	万支	10
73	吉安县（赣）	满天星	盆花	万盆	10
74	鼎城区（湘）	满天星	盆花	万盆	1.7
75	会理市（川）	满天星	鲜切花	万支	30
76	恩阳区（川）	满天星	盆花	万盆	1
77	石林彝族自治县（滇）	满天星	鲜切花	万支	9328
78	麒麟（滇）	满天星	城市绿化苗	万株	2000
79	江川区（滇）	满天星	鲜切花	万支	474.6
80	巍山彝族回族自治县（滇）	满天星	花卉用种苗	千苗	30
81	谯城区（皖）	红花	食用及药用花卉	千克	5000
82	谯城区（皖）	红花	食用及药用花卉	千克	3000
83	铅山县（赣）	红花	观赏苗木	万株	14500
84	增城区（粤）	红花	观叶植物	万盆	4.2
85	增城区（粤）	红花	鲜切花	万支	3
86	永胜县（滇）	红花	食用及药用花卉	千克	833760
87	宿松县（皖）	矢车菊	城市绿化苗	万株	20
88	吉安县（赣）	矢车菊	盆花	万盆	10
89	珠晖区（湘）	矢车菊	城市绿化苗	万株	10
90	大通回族土族自治县（青）	矢车菊	观赏苗木	万株	167.5
91	武川县（内蒙古）	黑心菊	城市绿化苗	万株	5
92	大石头林业局（吉）	黑心菊	花卉用种苗	千苗	12
93	龙山区（吉）	黑心菊	城市绿化苗	万株	3.8
94	凉州区（甘）	黑心菊	城市绿化苗	万株	8
95	大通回族土族自治县（青）	黑心菊	观赏苗木	万株	60
96	十八站林业局（大兴安岭）	黑心菊	城市绿化苗	万株	3
97	双滦区（冀）	百日草	盆花	万盆	10
98	永清县（冀）	百日草	观叶植物	万盆	2
99	新城区（内蒙古）	百日草	城市绿化苗	万株	13
100	龙山区（吉）	百日草	城市绿化苗	万株	9
101	大箐山县（黑）	百日草	观赏苗木	万株	5.5
102	虎林市（黑）	百日草	城市绿化苗	万株	1
103	友好区（黑）	百日草	观赏苗木	万株	0.6
104	沭阳县（苏）	百日草	城市绿化苗	万株	20000
105	兰溪市（浙）	百日草	盆花	万盆	380
106	珠晖区（湘）	百日草	城市绿化苗	万株	5
107	丹巴林业局（川）	百日草	城市绿化苗	万株	2
108	惠水县（黔）	百日草	城市绿化苗	万株	1.01
109	留坝县（陕）	百日草	观赏苗木	万株	3
110	大武口区（宁）	百日草	观赏苗木	万株	10
111	东方红林业局（龙江森工）	百日草	城市绿化苗	万株	1
112	迎泽区（晋）	藿香蓟	观赏苗木	万株	2
113	商水县（豫）	藿香蓟	盆花	万盆	2.5
114	北戴河区（冀）	福禄考	盆花	万盆	7.3
115	五原县（内蒙古）	福禄考	观叶植物	万盆	15
116	海城市（辽）	福禄考	城市绿化苗	万株	500
117	吉安县（赣）	勿忘草	鲜切花	万支	10
118	普安县（黔）	勿忘草	鲜切花	万支	136
119	江川区（滇）	勿忘草	鲜切花	万支	2500
120	石林彝族自治县（滇）	勿忘草	鲜切花	万支	59.8
121	安国市（冀）	蒌斗菜	花卉用种子	千克	1000
122	侯马市（晋）	秋牡丹	食用及药用花卉	千克	12000
123	扶沟县（豫）	荷包牡丹	鲜切花	万支	7245
124	涿州市（冀）	景天	观赏苗木	万株	80
125	北戴河区（冀）	景天	盆花	万盆	8.7
126	迁安市（冀）	景天	盆花	万盆	2.5
127	赛罕区（内蒙古）	景天	城市绿化苗	万株	120
128	武川县（内蒙古）	景天	城市绿化苗	万株	60
129	鸡冠区（黑）	景天	观赏苗木	万株	20
130	山丹县（甘）	景天	城市绿化苗	万株	18
131	玉门市（甘）	景天	城市绿化苗	万株	0.6
132	西夏区（宁）	景天	盆花	万盆	146
133	大武口区（宁）	景天	城市绿化苗	万株	5.59
134	卫辉市（豫）	费菜	食用及药用花卉	千克	30000
135	新城区（内蒙古）	蓝色亚麻	城市绿化苗	万株	2.6
136	北戴河区（冀）	草芙蓉	盆花	万盆	12.5
137	涿州市（冀）	球根海棠	盆花	万盆	0.6
138	建安区（豫）	球根海棠	城市绿化苗	万株	3.8
139	衡山县（湘）	球根海棠	盆花	万盆	0.73
140	旌阳区（川）	球根海棠	花卉用种球	千粒	40
141	巴州区（川）	球根海棠	盆花	万盆	0.51
142	安国市（冀）	薄荷	食用及药用花卉	千克	1000
143	高碑店市（冀）	薄荷	盆花	万盆	10
144	沭阳县（苏）	薄荷	城市绿化苗	万株	20000
145	谯城区（皖）	薄荷	食用及药用花卉	千克	10000
146	韶山市（湘）	薄荷	城市绿化苗	万株	0.6
147	射洪市（川）	薄荷	盆花	万盆	1
148	安国市（冀）	桔梗	食用及药用花卉	千克	1500

(续表)

序号	县(旗、市、区、局、场)	品种	花卉类别	单位	生产量
149	太和县(皖)	桔梗	食用及药用花卉	千克	50000
150	谯城区(皖)	桔梗	花卉用种子	千克	3000
151	鸠江区(皖)	桔梗	鲜切花	万支	5
152	黄平县(黔)	桔梗	鲜切花	万支	14
153	石林彝族自治县(滇)	桔梗	鲜切花	万支	1184.55
154	望都县(冀)	萱草	观赏苗木	万株	13000
155	涿州市(冀)	萱草	观赏苗木	万株	120
156	辛集市(冀)	萱草	观赏苗木	万株	81
157	双滦区(冀)	萱草	盆花	万盆	15
158	赛罕区(内蒙古)	萱草	城市绿化苗	万株	300
159	桦甸市(吉)	萱草	城市绿化苗	万株	90
160	通榆县(吉)	萱草	城市绿化苗	万株	2
161	九台区(吉)	萱草	观赏苗木	万株	2
162	蜀山区(皖)	萱草	城市绿化苗	万株	1
163	成武县(鲁)	萱草	盆花	万盆	13
164	山丹县(甘)	萱草	城市绿化苗	万株	11
165	西夏区(宁)	萱草	盆花	万盆	240
166	沙湾县(新)	萱草	城市绿化苗	万株	50
167	露水河林业局(吉林森工)	萱草	观赏苗木	万株	5.1
168	露水河林业局(吉林森工)	紫萼玉簪	观赏苗木	万株	7.1
169	大通回族土族自治县(青)	金光菊	观赏苗木	万株	23.3
170	沙湾县(新)	金光菊	城市绿化苗	万株	50
171	离石区(晋)	金鸡菊	观叶植物	万盆	10
172	南谯区(皖)	金鸡菊	盆花	万盆	30
173	丰城市(赣)	金鸡菊	盆花	万盆	10
174	昭化区(川)	金鸡菊	观赏苗木	万株	10
175	沙湾县(新)	金鸡菊	城市绿化苗	万株	5
176	萝北县(黑)	荷兰菊	观赏苗木	万株	100
177	呼玛县(黑)	荷兰菊	观赏苗木	万株	3
178	禹王台区(豫)	荷兰菊	盆花	万盆	20
179	凉州区(甘)	荷兰菊	城市绿化苗	万株	30
180	大武口区(宁)	荷兰菊	观赏苗木	万株	30
181	沙湾县(新)	荷兰菊	城市绿化苗	万株	3
182	第十二师(新疆兵团)	荷兰菊	盆花	万盆	6
183	山丹县(甘)	天人菊	城市绿化苗	万株	5
184	沙湾县(新)	天人菊	城市绿化苗	万株	5
185	永清县(冀)	大丽花	花卉用种球	千粒	1
186	龙山区(吉)	大丽花	城市绿化苗	万株	6
187	通榆县(吉)	大丽花	城市绿化苗	万株	3
188	吉安县(赣)	大丽花	鲜切花	万支	500
189	新泰市(鲁)	大丽花	盆花	万盆	25
190	嵩县(豫)	大丽花	盆花	万盆	6
191	潢川县(豫)	大丽花	盆花	万盆	4.2
192	商水县(豫)	大丽花	盆花	万盆	1.1
193	普宁市(粤)	大丽花	盆花	万盆	1.3
194	彭州市(川)	大丽花	盆花	万盆	6.4
195	兴义市(黔)	大丽花	花卉用种球	千粒	100
196	会宁县(甘)	大丽花	盆花	万盆	10
197	山丹县(甘)	大丽花	城市绿化苗	万株	6.5
198	凉州区(甘)	大丽花	城市绿化苗	万株	3
199	玉门市(甘)	大丽花	观叶植物	万盆	2
200	高邑县(冀)	小丽花	观叶植物	万盆	20
201	永清县(冀)	小丽花	盆花	万盆	2
202	新城区(内蒙古)	小丽花	城市绿化苗	万株	12
203	临河区(内蒙古)	小丽花	城市绿化苗	万株	2
204	虎林市(黑)	小丽花	城市绿化苗	万株	1
205	义乌市(浙)	小丽花	盆花	万盆	2
206	玉门市(甘)	小丽花	观赏苗木	万株	6.6
207	通北林业局(龙江森工)	小丽花	观赏苗木	万株	1.5
208	东方红林业局(龙江森工)	小丽花	城市绿化苗	万株	1
209	鹤北林业局(龙江森工)	小丽花	城市绿化苗	万株	0.9
210	东京城林业局(龙江森工)	小丽花	观赏苗木	万株	0.75
211	广德县(皖)	白及	观赏苗木	万株	6990
212	阳山县(粤)	白及	食用及药用花卉	千克	110
213	乌当区(黔)	石蒜	鲜切花	万支	100
214	安国市(冀)	葱兰	花卉用种子	千克	1500
215	沭阳县(苏)	葱兰	城市绿化苗	万株	20000
216	平桥区(豫)	葱兰	花卉用种苗	千苗	20
217	珠晖区(湘)	葱兰	城市绿化苗	万株	500
218	鹤城区(湘)	葱兰	花卉用种球	千粒	50
219	吉阳区(琼)	葱兰	盆花	万盆	1000
220	前锋区(川)	葱兰	观赏苗木	万株	20
221	惠水县(黔)	葱兰	城市绿化苗	万株	10
222	巍山彝族回族自治县(滇)	葱兰	观赏苗木	万株	40
223	增城区(粤)	火燕兰	观赏苗木	万株	1.1
224	凌源市(辽)	唐菖蒲	鲜切花	万支	5600
225	沭阳县(苏)	唐菖蒲	城市绿化苗	万株	2000
226	荣昌区(渝)	唐菖蒲	鲜切花	万支	10
227	恩阳区(川)	唐菖蒲	城市绿化苗	万株	5

林产品主产地及产量

PRINCIPAL PRODUCTION COUNTIES AND OUTPUT OF FOREST PRODUCTS

(续表)

序号	县(旗、市、区、局、场)	品种	花卉类别	单位	生产量
228	兴义市(黔)	唐菖蒲	鲜切花	万支	6
229	沭阳县(苏)	小苍兰	城市绿化苗	万株	50000
230	旌阳区(川)	小苍兰	花卉用种苗	千苗	5
231	望都县(冀)	鸢尾类	盆花	万盆	1200
232	涿州市(冀)	鸢尾类	观赏苗木	万株	120
233	定兴县(冀)	鸢尾类	观赏苗木	万株	10
234	平山县(冀)	鸢尾类	观赏苗木	万株	5.2
235	白山市市辖区(吉)	鸢尾类	花卉用种苗	千苗	5000
236	九台区(吉)	鸢尾类	城市绿化苗	万株	4
237	江宁区(苏)	鸢尾类	观叶植物	万盆	60
238	鸠江区(皖)	鸢尾类	鲜切花	万支	2
239	惠济区(豫)	鸢尾类	观叶植物	万盆	13.5
240	鹤壁市市辖区(豫)	鸢尾类	观赏苗木	万株	3.5
241	鹤山区(豫)	鸢尾类	观赏苗木	万株	3.5
242	山丹县(甘)	鸢尾类	城市绿化苗	万株	18
243	沙湾县(新)	鸢尾类	城市绿化苗	万株	30
244	安国市(冀)	射干	花卉用种子	千克	5000
245	恩阳区(川)	射干	城市绿化苗	万株	5
246	安国市(冀)	马蔺	城市绿化苗	万株	1000
247	赛罕区(内蒙古)	马蔺	城市绿化苗	万株	230
248	五原县(内蒙古)	马蔺	观叶植物	万盆	10
249	东洲区(辽)	马蔺	盆花	万盆	5
250	山丹县(甘)	马蔺	城市绿化苗	万株	8
251	大武口区(宁)	马蔺	城市绿化苗	万株	2
252	镇江市市辖区(苏)	红花小苍兰	盆花	万盆	8.7
253	围场满族蒙古族自治县(冀)	云杉	城市绿化苗	万株	6
254	隆化县(冀)	云杉	观赏苗木	万株	0.8
255	忻府区(晋)	云杉	观赏苗木	万株	1.5
256	新宾满族自治县(辽)	云杉	城市绿化苗	万株	15
257	东丰县(吉)	云杉	观赏苗木	万株	30
258	通榆县(吉)	云杉	城市绿化苗	万株	10
259	高密市(鲁)	云杉	城市绿化苗	万株	1.5
260	香格里拉市(滇)	云杉	城市绿化苗	万株	680.52
261	玉门市(甘)	云杉	城市绿化苗	万株	46
262	彭阳县(宁)	云杉	观赏苗木	万株	900
263	沭阳县(苏)	龙柏	城市绿化苗	万株	200
264	新泰市(鲁)	龙柏	城市绿化苗	万株	1000
265	高密市(鲁)	龙柏	城市绿化苗	万株	50
266	潢川县(豫)	龙柏	城市绿化苗	万株	360
267	潢川县(豫)	龙柏	盆景	万盆	3.2

(续表)

序号	县(旗、市、区、局、场)	品种	花卉类别	单位	生产量
268	沿河土家族自治县(黔)	龙柏	城市绿化苗	万株	1.06
269	八公山区(皖)	翠柏	盆景	万盆	1
270	潢川县(豫)	翠柏	城市绿化苗	万株	30
271	潢川县(豫)	翠柏	盆景	万盆	2.3
272	鼎城区(湘)	翠柏	观赏苗木	万株	1.7
273	洪江市(湘)	翠柏	观赏苗木	万株	1
274	潮安区(粤)	翠柏	观赏苗木	万株	6
275	鸠江区(皖)	玉兰类	观赏苗木	万株	30
276	湾沚区(皖)	玉兰类	观赏苗木	万株	20
277	潘集区(皖)	玉兰类	观赏苗木	万株	6
278	高安市(赣)	玉兰类	观赏苗木	万株	1.73
279	新泰市(鲁)	玉兰类	观赏苗木	万株	20
280	兖州区(鲁)	玉兰类	观赏苗木	万株	3.6
281	泗水县(鲁)	玉兰类	城市绿化苗	万株	2
282	镇平县(豫)	玉兰类	城市绿化苗	万株	3500
283	南召县(豫)	玉兰类	观赏苗木	万株	1000
284	潢川县(豫)	玉兰类	城市绿化苗	万株	980
285	上蔡县(豫)	玉兰类	城市绿化苗	万株	117
286	社旗县(豫)	玉兰类	城市绿化苗	万株	55
287	长葛市(豫)	玉兰类	观赏苗木	万株	29.45
288	淅川县(豫)	玉兰类	观赏苗木	万株	6.5
289	潢川县(豫)	玉兰类	盆花	万盆	4.1
290	建安区(豫)	玉兰类	城市绿化苗	万株	1.2
291	台山市(粤)	玉兰类	观赏苗木	万株	2
292	江南区(桂)	玉兰类	城市绿化苗	万株	2.5
293	巴州区(川)	玉兰类	观赏苗木	万株	1.57
294	玉屏侗族自治县(黔)	玉兰类	城市绿化苗	万株	5.02
295	彝良县(滇)	玉兰类	城市绿化苗	万株	4
296	师宗县(滇)	玉兰类	城市绿化苗	万株	2.08
297	石泉县(陕)	玉兰类	城市绿化苗	万株	6.2
298	高台县(甘)	玉兰类	盆花	万盆	3000
299	乐安县(赣)	厚朴	观赏苗木	万株	7.5
300	乐安县(赣)	厚朴	盆景	万盆	4
301	城口县(渝)	厚朴	食用及药用花卉	千克	5000
302	武定县(滇)	厚朴	城市绿化苗	万株	19860
303	牟定县(滇)	厚朴	城市绿化苗	万株	1.5
304	灵丘县(晋)	梅花	城市绿化苗	万株	4.2
305	沭阳县(苏)	梅花	城市绿化苗	万株	300
306	肥西县(皖)	梅花	观赏苗木	万株	10
307	歙县(皖)	梅花	盆花	万盆	3.2
308	湾沚区(皖)	梅花	观赏苗木	万株	1
309	卧龙区(豫)	梅花	观赏苗木	万株	195

(续表)

序号	县(旗、市、区、局、场)	品种	花卉类别	单位	生产量	序号	县(旗、市、区、局、场)	品种	花卉类别	单位	生产量
310	潢川县(豫)	梅花	城市绿化苗	万株	118	353	罗甸县(黔)	碧桃	城市绿化苗	万株	24.7
311	潢川县(豫)	梅花	盆花	万盆	2.6	354	凯里市(黔)	碧桃	观赏苗木	万株	5
312	鹤壁市市辖区(豫)	梅花	观赏苗木	万株	1.5	355	惠水县(黔)	碧桃	城市绿化苗	万株	1.32
313	鹤山区(豫)	梅花	观赏苗木	万株	1.5	356	嘉峪关市(甘)	碧桃	观赏苗木	万株	1.69
314	卢氏县(豫)	梅花	盆花	万盆	1.5	357	蒙城县(皖)	红碧桃	城市绿化苗	万株	5.32
315	鼎城区(湘)	梅花	盆花	万盆	10	358	天长市(皖)	红碧桃	城市绿化苗	万株	5
316	钦北区(桂)	梅花	城市绿化苗	万株	1.5	359	高密市(鲁)	红碧桃	城市绿化苗	万株	2.1
317	宣汉县(川)	梅花	鲜切花	万支	29.2	360	潢川县(豫)	红碧桃	城市绿化苗	万株	150
318	巴州区(川)	梅花	观赏苗木	万株	3.19	361	嵩县(豫)	红碧桃	观赏苗木	万株	40
319	恩阳区(川)	梅花	城市绿化苗	万株	3	362	巴州区(川)	红碧桃	盆花	万盆	1.57
320	巴州区(川)	梅花	盆花	万盆	0.97	363	任泽区(冀)	紫叶桃	观赏苗木	万株	0.7
321	延寿县(黑)	杏	城市绿化苗	万株	3	364	潢川县(豫)	火棘	城市绿化苗	万株	97
322	彭阳县(宁)	杏	观赏苗木	万株	200	365	潢川县(豫)	火棘	盆景	万盆	4.8
323	原州区(宁)	杏	城市绿化苗	万株	105	366	鼎城区(湘)	火棘	观赏苗木	万株	8
324	平罗县(宁)	杏	观赏苗木	万株	5	367	威信县(滇)	火棘	城市绿化苗	万株	10
325	集贤县(黑)	山桃	观赏苗木	万株	4	368	固安县(冀)	白鹃梅	鲜切花	万支	10
326	彭阳县(宁)	山桃	观赏苗木	万株	910	369	汉寿县(湘)	白鹃梅	观赏苗木	万株	106
327	原州区(宁)	山桃	城市绿化苗	万株	112	370	高密市(鲁)	贴梗海棠	城市绿化苗	万株	6.2
328	平罗县(宁)	山桃	观赏苗木	万株	8.5	371	巴州区(川)	贴梗海棠	盆花	万盆	1.57
329	乐陵市(鲁)	白碧桃	城市绿化苗	万株	38.7	372	巴州区(川)	贴梗海棠	观赏苗木	万株	1.24
330	高碑店市(冀)	碧桃	观赏苗木	万株	15	373	南郑区(陕)	贴梗海棠	观赏苗木	万株	11
331	故城县(冀)	碧桃	观赏苗木	万株	9.5	374	原州区(宁)	贴梗海棠	城市绿化苗	万株	5
332	涿州市(冀)	碧桃	观赏苗木	万株	9	375	安国市(冀)	西府海棠	城市绿化苗	万株	30
333	大厂回族自治县(冀)	碧桃	观赏苗木	万株	5	376	高碑店市(冀)	西府海棠	观赏苗木	万株	20
334	文安县(冀)	碧桃	观赏苗木	万株	2	377	赵县(冀)	西府海棠	观赏苗木	万株	4
335	永清县(冀)	碧桃	观赏苗木	万株	2	378	文安县(冀)	西府海棠	观赏苗木	万株	3
336	涞水县(冀)	碧桃	城市绿化苗	万株	2	379	大厂回族自治县(冀)	西府海棠	观赏苗木	万株	3
337	任泽区(冀)	碧桃	观赏苗木	万株	1.2	380	定兴县(冀)	西府海棠	观赏苗木	万株	3
338	鹿泉区(冀)	碧桃	观赏苗木	万株	1.1	381	曲周县(冀)	西府海棠	城市绿化苗	万株	0.8
339	忻府区(晋)	碧桃	观赏苗木	万株	1.8	382	沭阳县(苏)	西府海棠	城市绿化苗	万株	300
340	侯马市(晋)	碧桃	城市绿化苗	万株	0.6	383	镇江市市辖区(苏)	西府海棠	观叶植物	万盆	1
341	沭阳县(苏)	碧桃	城市绿化苗	万株	3000	384	天长市(皖)	西府海棠	城市绿化苗	万株	50
342	湾沚区(皖)	碧桃	观赏苗木	万株	5	385	长丰县(皖)	西府海棠	城市绿化苗	万株	10
343	肥东县(皖)	碧桃	城市绿化苗	万株	4	386	新泰市(鲁)	西府海棠	盆花	万盆	18
344	新泰市(鲁)	碧桃	观赏苗木	万株	5	387	陵城区(鲁)	西府海棠	观赏苗木	万株	15.4
345	曹县(鲁)	碧桃	观赏苗木	万株	2	388	高密市(鲁)	西府海棠	城市绿化苗	万株	12
346	高密市(鲁)	碧桃	城市绿化苗	万株	1.1	389	潢川县(豫)	西府海棠	城市绿化苗	万株	80
347	长葛市(豫)	碧桃	观赏苗木	万株	23	390	长葛市(豫)	西府海棠	观赏苗木	万株	5.7
348	范县(豫)	碧桃	城市绿化苗	万株	15	391	安定区(甘)	西府海棠	城市绿化苗	万株	9.12
349	光山县(豫)	碧桃	观赏苗木	万株	7	392	文安县(冀)	垂丝海棠	观赏苗木	万株	1
350	临颍县(豫)	碧桃	观赏苗木	万株	3	393	沭阳县(苏)	垂丝海棠	城市绿化苗	万株	200
351	平桥区(豫)	碧桃	城市绿化苗	万株	1	394	吴江区(苏)	垂丝海棠	观赏苗木	万株	5.4
352	始兴县(粤)	碧桃	观赏苗木	万株	1.2	395	靖江市(苏)	垂丝海棠	城市绿化苗	万株	5

林产品主产地及产量
PRINCIPAL PRODUCTION COUNTIES AND OUTPUT OF FOREST PRODUCTS

(续表)

序号	县(旗、市、区、局、场)	品种	花卉类别	单位	生产量
396	洪泽区(苏)	垂丝海棠	盆景	万盆	1
397	天长市(皖)	垂丝海棠	城市绿化苗	万株	50
398	鸠江区(皖)	垂丝海棠	观赏苗木	万株	40
399	肥西县(皖)	垂丝海棠	观赏苗木	万株	20
400	肥东县(皖)	垂丝海棠	城市绿化苗	万株	8
401	阜南县(皖)	垂丝海棠	城市绿化苗	万株	3
402	临邑县(鲁)	垂丝海棠	观赏苗木	万株	3
403	章丘区(鲁)	垂丝海棠	观赏苗木	万株	2.5
404	泗水县(鲁)	垂丝海棠	城市绿化苗	万株	1
405	高密市(鲁)	垂丝海棠	城市绿化苗	万株	0.7
406	长葛市(豫)	垂丝海棠	观赏苗木	万株	68.7
407	光山县(豫)	垂丝海棠	观赏苗木	万株	32
408	潢川县(豫)	垂丝海棠	城市绿化苗	万株	26
409	息 县(豫)	垂丝海棠	盆花	万盆	4.8
410	湖滨区(豫)	垂丝海棠	城市绿化苗	万株	3
411	西平县(豫)	垂丝海棠	观赏苗木	万株	3
412	平桥区(豫)	垂丝海棠	城市绿化苗	万株	1
413	麒麟区(滇)	垂丝海棠	城市绿化苗	万株	200
414	安国市(冀)	黄刺玫	城市绿化苗	万株	300
415	汉源县(川)	黄刺玫	花卉用种苗	千苗	5
416	宁 县(甘)	黄刺玫			100
417	山丹县(甘)	黄刺玫	城市绿化苗	万株	12
418	原州区(宁)	黄刺玫	城市绿化苗	万株	12
419	平罗县(宁)	黄刺玫	观赏苗木	万株	6
420	大武口区(宁)	黄刺玫	城市绿化苗	万株	4.44
421	沭阳县(苏)	枸骨	城市绿化苗	万株	100
422	建安区(豫)	枸骨	城市绿化苗	万株	15
423	师宗县(滇)	四照花	城市绿化苗	万株	2.12
424	沭阳县(苏)	结香	城市绿化苗	万株	100
425	武进区(苏)	栀子花	观赏苗木	万株	580
426	沭阳县(苏)	栀子花	城市绿化苗	万株	100
427	于都县(赣)	栀子花	城市绿化苗	万株	30
428	南丰县(赣)	栀子花	城市绿化苗	万株	1.8
429	伊川县(豫)	栀子花	盆景	万盆	2.3
430	岳阳县(湘)	栀子花	城市绿化苗	万株	20
431	珠晖区(湘)	栀子花	城市绿化苗	万株	5
432	武陵区(湘)	栀子花	盆花	万盆	2.1
433	武陵区(湘)	栀子花	城市绿化苗	万株	2
434	滇江区(粤)	栀子花	城市绿化苗	万株	7.4
435	彭山区(川)	栀子花	鲜切叶	万支	500
436	简阳市(川)	栀子花	鲜切叶	万支	30
437	射洪市(川)	栀子花	鲜切花	万支	15
438	通川区(川)	栀子花	城市绿化苗	万株	10
439	邻水县(川)	栀子花	观赏苗木	万株	10
440	巴州区(川)	栀子花	观赏苗木	万株	4.73
441	巴州区(川)	栀子花	盆花	万盆	3.39
442	射洪市(川)	栀子花	观赏苗木	万株	2
443	通川区(川)	栀子花	盆花	万盆	0.8
444	巴州区(川)	栀子花	鲜切花	万支	0.55
445	印江土家族苗族自治县(黔)	栀子花	城市绿化苗	万株	15.7
446	施秉县(黔)	栀子花	观赏苗木	万株	0.51
447	汉滨区(陕)	栀子花	观赏苗木	万株	1
448	石泉县(陕)	栀子花	观叶植物	万盆	0.6
449	永清县(冀)	山茶花	盆花	万盆	2
450	赣县区(赣)	山茶花	观赏苗木	万株	1020
451	临湘市(湘)	山茶花	城市绿化苗	万株	3800
452	鼎城区(湘)	山茶花	盆花	万盆	7
453	常宁市(湘)	山茶花	观赏苗木	万株	2.4
454	江华瑶族自治县(湘)	山茶花	城市绿化苗	万株	2
455	衡山县(湘)	山茶花	盆花	万盆	0.95
456	望城区(湘)	山茶花	城市绿化苗	万株	0.8
457	岑溪市(桂)	山茶花	观赏苗木	万株	30
458	玉州区(桂)	山茶花	盆景	万盆	9
459	平乐县(桂)	山茶花	观赏苗木	万株	1.5
460	巴州区(川)	山茶花	观赏苗木	万株	4.73
461	巴州区(川)	山茶花	盆花	万盆	1.27
462	武定县(滇)	山茶花	观赏苗木	万株	9660
463	沭阳县(苏)	珙桐	城市绿化苗	万株	100
464	临湘市(湘)	珙桐	城市绿化苗	万株	4000
465	邛崃市(川)	珙桐	城市绿化苗	万株	0.73
466	宁强县(陕)	珙桐	观赏苗木	万株	23
467	沭阳县(苏)	海桐	城市绿化苗	万株	100
468	蒙城县(皖)	海桐	城市绿化苗	万株	6.27
469	潢川县(豫)	海桐	城市绿化苗	万株	460
470	衡东县(湘)	海桐	城市绿化苗	万株	50
471	江南区(桂)	海桐	城市绿化苗	万株	2.2
472	巴州区(川)	海桐	观赏苗木	万株	3.85
473	巴州区(川)	海桐	盆花	万盆	0.66
474	惠水县(黔)	海桐	城市绿化苗	万株	34.68
475	鸡泽县(冀)	一品红	盆花	万盆	30
476	隆化县(冀)	一品红	盆花	万盆	6
477	曲周县(冀)	一品红	盆花	万盆	5.9
478	东洲区(辽)	一品红	盆花	万盆	1
479	义乌市(浙)	一品红	观叶植物	万盆	3
480	珠晖区(湘)	一品红	城市绿化苗	万株	10

(续表)

序号	县(旗、市、区、局、场)	品种	花卉类别	单位	生产量
481	普宁市(粤)	一品红	盆花	万盆	2.2
482	会理市(川)	一品红	鲜切叶	万支	50
483	旌阳区(川)	一品红	花卉用种苗	千苗	20
484	罗甸县(黔)	一品红	城市绿化苗	万株	4
485	腾冲市(滇)	一品红	城市绿化苗	万株	20
486	高台县(甘)	一品红	盆花	万盆	3000
487	潢川县(豫)	夹竹桃类	城市绿化苗	万株	36
488	望城区(湘)	夹竹桃类	城市绿化苗	万株	1.8
489	藤县(桂)	夹竹桃类	城市绿化苗	万株	5103
490	涿州市(冀)	连翘	观赏苗木	万株	10
491	高碑店市(冀)	连翘	盆花	万盆	6
492	双滦区(冀)	连翘	城市绿化苗	万株	5
493	北戴河区(冀)	连翘	观赏苗木	万株	4
494	迁安市(冀)	连翘	观赏苗木	万株	2.07
495	滦平县(冀)	连翘	观赏苗木	万株	1.6
496	方山县(晋)	连翘	观赏苗木	万株	255
497	双阳区(吉)	连翘	观赏苗木	万株	15
498	杜尔伯特蒙古族自治县(黑)	连翘	城市绿化苗	万株	20
499	嫩江县(黑)	连翘	城市绿化苗	万株	3.1
500	集贤县(黑)	连翘	观赏苗木	万株	1.3
501	延寿县(黑)	连翘	干花	万支	0.7
502	延寿县(黑)	连翘	城市绿化苗	万株	0.7
503	高密市(鲁)	连翘	城市绿化苗	万株	12
504	建安区(豫)	连翘	城市绿化苗	万株	185
505	潢川县(豫)	连翘	城市绿化苗	万株	132
506	嵩县(豫)	连翘	观赏苗木	万株	30
507	城口县(渝)	连翘	食用及药用花卉	千克	5000
508	金沙县(黔)	连翘	花卉用种苗	千苗	120
509	永靖县(甘)	连翘	城市绿化苗	万株	27
510	高台县(甘)	连翘	观赏苗木	万株	6
511	山丹县(甘)	连翘	城市绿化苗	万株	4.5
512	玉门市(甘)	连翘	城市绿化苗	万株	1.4
513	原州区(宁)	连翘	城市绿化苗	万株	71
514	高碑店市(冀)	茉莉花	盆花	万盆	8
515	正定县(冀)	茉莉花	盆花	万盆	4
516	涿州市(冀)	茉莉花	盆花	万盆	0.8
517	沭阳县(苏)	茉莉花	城市绿化苗	万株	400
518	镇江市市辖区(苏)	茉莉花	盆花	万盆	5
519	南丰县(赣)	茉莉花	花卉用种子	千克	1.2
520	安源区(赣)	茉莉花	城市绿化苗	万株	0.8
521	新华区(豫)	茉莉花	盆花	万盆	2
522	卫东区(豫)	茉莉花	盆花	万盆	1.8

(续表)

序号	县(旗、市、区、局、场)	品种	花卉类别	单位	生产量
523	潮安区(粤)	茉莉花	鲜切花	万支	4000
524	普宁市(粤)	茉莉花	观赏苗木	万株	1
525	会理市(川)	茉莉花	鲜切叶	万支	30
526	巴州区(川)	茉莉花	观赏苗木	万株	3.19
527	射洪市(川)	茉莉花	盆花	万盆	2
528	巴州区(川)	茉莉花	盆花	万盆	1.57
529	施秉县(黔)	茉莉花	观赏苗木	万株	0.7
530	汉滨区(陕)	茉莉花	观赏苗木	万株	2
531	高碑店市(冀)	迎春	观赏苗木	万株	10
532	沭阳县(苏)	迎春	城市绿化苗	万株	50000
533	新泰市(鲁)	迎春	观赏苗木	万株	7
534	高密市(鲁)	迎春	城市绿化苗	万株	2.2
535	潢川县(豫)	迎春	盆花	万盆	3.6
536	汉源县(川)	迎春	城市绿化苗	万株	2.5
537	施秉县(黔)	迎春	观赏苗木	万株	1
538	高台县(甘)	迎春	观赏苗木	万株	6
539	平山县(冀)	倒挂金钟	盆花	万盆	0.8
540	沭阳县(苏)	倒挂金钟	城市绿化苗	万株	200
541	峄城区(鲁)	倒挂金钟	观叶植物	万盆	1
542	泗水县(鲁)	倒挂金钟	城市绿化苗	万株	0.7
543	会理市(川)	倒挂金钟	盆花	万盆	10
544	留坝县(陕)	倒挂金钟	观赏苗木	万株	1
545	高碑店市(冀)	木槿	观赏苗木	万株	10
546	故城县(冀)	木槿	观赏苗木	万株	9.5
547	井陉矿区(冀)	木槿	观赏苗木	万株	3
548	任泽区(冀)	木槿	城市绿化苗	万株	3
549	涞水县(冀)	木槿	城市绿化苗	万株	2
550	沭阳县(苏)	木槿	城市绿化苗	万株	400
551	肥东县(皖)	木槿	城市绿化苗	万株	6
552	高密市(鲁)	木槿	城市绿化苗	万株	80
553	新泰市(鲁)	木槿	观赏苗木	万株	3
554	淄川区(鲁)	木槿	观赏苗木	万株	1.2
555	陵城区(鲁)	木槿	观赏苗木	万株	1.2
556	潢川县(豫)	木槿	城市绿化苗	万株	226
557	济源市(豫)	木槿	城市绿化苗	万株	45
558	范县(豫)	木槿	城市绿化苗	万株	8.5
559	夏邑县(豫)	木槿	观赏苗木	万株	1
560	永城市(豫)	木槿	观赏苗木	万株	1
561	巴州区(川)	木槿	盆花	万盆	6.89
562	北湖区(湘)	木芙蓉	城市绿化苗	万株	12
563	巴州区(川)	木芙蓉	观赏苗木	万株	11
564	巴州区(川)	木芙蓉	盆花	万盆	0.51
565	北戴河区(冀)	卫矛类	观赏苗木	万株	7.7

林产品主产地及产量

PRINCIPAL PRODUCTION COUNTIES AND OUTPUT OF FOREST PRODUCTS

(续表)

序号	县(旗、市、区、局、场)	品种	花卉类别	单位	生产量
566	大厂回族自治县(冀)	卫矛类	观赏苗木	万株	3
567	通榆县(吉)	卫矛类	城市绿化苗	万株	3
568	双阳区(吉)	卫矛类	观赏苗木	万株	2
569	沭阳县(苏)	卫矛类	城市绿化苗	万株	1000
570	高密市(鲁)	卫矛类	城市绿化苗	万株	10.9
571	夏邑县(豫)	卫矛类	观赏苗木	万株	1
572	原州区(宁)	文冠果	城市绿化苗	万株	42
573	彭阳县(宁)	文冠果	观赏苗木	万株	10
574	涞水县(冀)	元宝枫	观赏苗木	万株	9
575	永清县(冀)	元宝枫	城市绿化苗	万株	5
576	侯马市(晋)	元宝枫	城市绿化苗	万株	8
577	光山县(豫)	元宝枫	城市绿化苗	万株	45
578	潢川县(豫)	元宝枫	城市绿化苗	万株	44
579	建安区(豫)	元宝枫	城市绿化苗	万株	5.5
580	麒麟区(滇)	元宝枫	城市绿化苗	万株	1000
581	新建区(赣)	鸡爪槭	城市绿化苗	万株	20000
582	恩阳区(川)	鸡爪槭	城市绿化苗	万株	2
583	前锋区(川)	鸡爪槭	观赏苗木	万株	1.7
584	碧江区(黔)	鸡爪槭	城市绿化苗	万株	1.03
585	海阳市(鲁)	紫荆	观赏苗木	万株	13
586	成武县(鲁)	紫荆	观赏苗木	万株	11
587	新泰市(鲁)	紫荆	观赏苗木	万株	4
588	潢川县(豫)	紫荆	城市绿化苗	万株	60
589	鹤山区(豫)	紫荆	观赏苗木	万株	5
590	鹤壁市市辖区(豫)	紫荆	观赏苗木	万株	5
591	建安区(豫)	紫荆	城市绿化苗	万株	3.5
592	西峡县(豫)	紫荆	观赏苗木	万株	2.85
593	辰溪县(湘)	紫荆	城市绿化苗	万株	1
594	浈江区(粤)	紫荆	城市绿化苗	万株	6.5
595	扶绥县(桂)	紫荆	观赏苗木	万株	18.5
596	忻城县(桂)	紫荆	城市绿化苗	万株	3.65
597	宜州区(桂)	紫荆	观赏苗木	万株	3.5
598	北流市(桂)	紫荆	城市绿化苗	万株	3
599	巴州区(川)	紫荆	观赏苗木	万株	6.27
600	恩阳区(川)	紫荆	城市绿化苗	万株	3
601	巴州区(川)	紫荆	盆花	万盆	1.27
602	印江土家族苗族自治县(黔)	紫荆	城市绿化苗	万株	15.01
603	沿河土家族自治县(黔)	紫荆	观赏苗木	万株	11.8
604	三穗县(黔)	紫荆	城市绿化苗	万株	2.3
605	碧江区(黔)	紫荆	城市绿化苗	万株	2
606	安国市(冀)	红瑞木	城市绿化苗	万株	100

(续表)

序号	县(旗、市、区、局、场)	品种	花卉类别	单位	生产量
607	双滦区(冀)	红瑞木	城市绿化苗	万株	5
608	永清县(冀)	红瑞木	观赏苗木	万株	0.7
609	桓台县(鲁)	红瑞木	观赏苗木	万株	30
610	高密市(鲁)	红瑞木	城市绿化苗	万株	2
611	潢川县(豫)	红瑞木	城市绿化苗	万株	86
612	西夏区(宁)	红瑞木	盆花	万盆	24
613	平罗县(宁)	红瑞木	观赏苗木	万株	3
614	沙湾县(新)	红瑞木	城市绿化苗	万株	2
615	肥城市(鲁)	南天竹	观叶植物	万盆	600
616	潢川县(豫)	南天竹	城市绿化苗	万株	200
617	上蔡县(豫)	南天竹	城市绿化苗	万株	32
618	郸城县(豫)	南天竹	城市绿化苗	万株	26
619	潢川县(豫)	南天竹	观叶植物	万盆	3.5
620	建安区(豫)	南天竹	城市绿化苗	万株	1.6
621	巴州区(川)	南天竹	观赏苗木	万株	4.73
622	巴州区(川)	南天竹	盆花	万盆	0.97
623	辛集市(冀)	绣球花	盆花	万盆	5
624	沭阳县(苏)	绣球花	城市绿化苗	万株	200
625	靖江市(苏)	绣球花	盆花	万盆	20
626	桐乡市(浙)	绣球花	盆花	万盆	80
627	南湖区(浙)	绣球花	鲜切花	万支	1.7
628	蜀山区(皖)	绣球花	城市绿化苗	万株	1
629	芦溪县(赣)	绣球花	盆花	万盆	2.2
630	丰城市(赣)	绣球花	观赏苗木	万株	2
631	昌乐县(鲁)	绣球花	盆花	万盆	3
632	武陵区(湘)	绣球花	盆花	万盆	1.2
633	城口县(渝)	绣球花	观赏苗木	万株	75
634	彭山区(川)	绣球花	鲜切花	万支	20
635	彭州市(川)	绣球花	盆花	万盆	0.6
636	六枝特区(黔)	绣球花	盆花	万盆	1.12
637	江川区(滇)	绣球花	鲜切花	万支	392
638	兴庆区(宁)	绣球花	盆花	万盆	5
639	沭阳县(苏)	蜡梅	城市绿化苗	万株	500
640	潢川县(豫)	蜡梅	城市绿化苗	万株	125
641	嵩县(豫)	蜡梅	观赏苗木	万株	8
642	潢川县(豫)	蜡梅	盆花	万盆	3.1
643	城口县(渝)	蜡梅	观赏苗木	万株	5
644	简阳市(川)	蜡梅	鲜切花	万支	120
645	达川区(川)	蜡梅	城市绿化苗	万株	100
646	宣汉县(川)	蜡梅	鲜切花	万支	53.1
647	射洪市(川)	蜡梅	鲜切花	万支	30
648	通川区(川)	蜡梅	城市绿化苗	万株	5
649	巴州区(川)	蜡梅	观赏苗木	万株	4.4

(续表)

序号	县(旗、市、区、局、场)	品种	花卉类别	单位	生产量
650	前锋区(川)	蜡梅	观赏苗木	万株	2
651	青白江区(川)	蜡梅	鲜切花	万支	1
652	巴州区(川)	蜡梅	盆花	万盆	0.66
653	高碑店市(冀)	石榴	盆花	万盆	8
654	沭阳县(苏)	石榴	城市绿化苗	万株	100
655	峄城区(鲁)	石榴	盆景	万盆	20
656	会理市(川)	石榴	鲜切叶	万支	23.2
657	巴州区(川)	石榴	观赏苗木	万株	0.63
658	香格里拉市(滇)	石榴	城市绿化苗	万株	7.75
659	高碑店市(冀)	米兰	盆花	万盆	2
660	永清县(冀)	米兰	盆花	万盆	1
661	浑源县(晋)	米兰	盆花	万盆	360
662	汝城县(湘)	米兰	观赏苗木	万株	1
663	普宁市(粤)	米兰	观赏苗木	万株	1.8
664	会理市(川)	米兰	鲜切叶	万支	20
665	长丰县(皖)	紫薇类	城市绿化苗	万株	8
666	新泰市(鲁)	紫薇类	观赏苗木	万株	14
667	潢川县(豫)	紫薇类	城市绿化苗	万株	800
668	藤县(桂)	紫薇类	城市绿化苗	万株	850
669	玉州区(桂)	紫薇类	盆景	万盆	18
670	玉州区(桂)	紫薇类	观赏苗木	万株	12
671	江南区(桂)	紫薇类	城市绿化苗	万株	4.5
672	威信县(滇)	紫薇类	城市绿化苗	万株	6.1
673	南郑区(陕)	紫薇类	花卉用种苗	千苗	1220
674	双滦区(冀)	锦带花	观赏苗木	万株	5
675	涿州市(冀)	锦带花	观赏苗木	万株	3.15
676	北戴河区(冀)	锦带花	观赏苗木	万株	2
677	滦平县(冀)	锦带花	观赏苗木	万株	0.9
678	通榆县(吉)	锦带花	城市绿化苗	万株	3
679	九台区(吉)	锦带花	城市绿化苗	万株	1
680	杜尔伯特蒙古族自治县(黑)	锦带花	城市绿化苗	万株	30
681	嫩江县(黑)	锦带花	城市绿化苗	万株	3
682	高密市(鲁)	锦带花	城市绿化苗	万株	9
683	大武口区(宁)	锦带花	城市绿化苗	万株	1.95
684	涿州市(冀)	天目琼花	观赏苗木	万株	14
685	定州市(冀)	常春藤类	盆花	万盆	350
686	辛集市(冀)	常春藤类	盆花	万盆	11
687	永清县(冀)	常春藤类	观叶植物	万盆	1
688	武进区(苏)	常春藤类	观叶植物	万盆	35
689	滨海县(苏)	常春藤类	盆花	万盆	10
690	洪泽区(苏)	常春藤类	盆景	万盆	3.1
691	遂川县(赣)	常春藤类	盆景	万盆	4.2
692	遂川县(赣)	常春藤类	观赏苗木	万株	3.39
693	兖州区(鲁)	常春藤类	观赏苗木	万株	120
694	成武县(鲁)	常春藤类	观叶植物	万盆	10
695	新泰市(鲁)	常春藤类	观赏苗木	万株	8
696	嵩县(豫)	常春藤类	观叶植物	万盆	2
697	船山区(川)	常春藤类	观赏苗木	万株	3.3
698	惠水县(黔)	常春藤类	城市绿化苗	万株	23.24
699	沭阳县(苏)	络石	城市绿化苗	万株	30000
700	会理市(川)	夜来香	盆花	万盆	30
701	翠屏区(川)	夜来香	观赏苗木	万株	5
702	沭阳县(苏)	凌霄花类	城市绿化苗	万株	500
703	普宁市(粤)	羊蹄甲类	城市绿化苗	万株	1.2
704	桂平市(桂)	羊蹄甲类	观赏苗木	万株	52.1
705	扶绥县(桂)	羊蹄甲类	城市绿化苗	万株	6.3
706	江南区(桂)	羊蹄甲类	城市绿化苗	万株	4.9
707	故城县(冀)	忍冬类	观赏苗木	万株	21.6
708	双阳区(吉)	忍冬类	观赏苗木	万株	6
709	沭阳县(苏)	藤类	城市绿化苗	万株	20000
710	铜陵市郊区(皖)	鹰爪枫	盆景	万盆	1.2
711	高县(川)	九重葛	观赏苗木	万株	8
712	巴州区(川)	毛茉莉	鲜切花	万支	2.37
713	会理市(川)	多花藤萝	盆花	万盆	20
714	吉安县(赣)	藤萝	盆景	万盆	60
715	吉安县(赣)	藤萝	观叶植物	万盆	60
716	吉安县(赣)	藤萝	盆花	万盆	20
717	信宜市(粤)	藤萝	观赏苗木	万株	3
718	高台县(甘)	藤萝	盆花	万盆	10000
719	高碑店市(冀)	藤本月季	盆花	万盆	5
720	香河县(冀)	藤本月季	盆花	万盆	5
721	定兴县(冀)	藤本月季	观赏苗木	万株	2
722	灵丘县(晋)	藤本月季	盆花	万盆	1.5
723	沭阳县(苏)	藤本月季	城市绿化苗	万株	20000
724	长葛市(豫)	藤本月季	鲜切花	万支	81
725	太康县(豫)	藤本月季	城市绿化苗	万株	5.8
726	城口县(渝)	藤本月季	观赏苗木	万株	44.5
727	射洪市(川)	藤本月季	观赏苗木	万株	3
728	高陵区(陕)	藤本月季	观赏苗木	万株	8
729	北戴河区(冀)	多花蔷薇	观赏苗木	万株	7.1
730	沭阳县(苏)	多花蔷薇	城市绿化苗	万株	8000
731	章丘区(鲁)	多花蔷薇	观赏苗木	万株	5.5
732	泗水县(鲁)	多花蔷薇	城市绿化苗	万株	2
733	潢川县(豫)	多花蔷薇	城市绿化苗	万株	18
734	南丰县(赣)	光叶蔷薇	观赏苗木	万株	0.6

(续表)

序号	县(旗、市、区、局、场)	品种	花卉类别	单位	生产量	序号	县(旗、市、区、局、场)	品种	花卉类别	单位	生产量
735	北戴河区(冀)	鸡冠花	盆花	万盆	9.1	775	宣汉县(川)	四季竹	鲜切花	万支	19.3
736	香河县(冀)	鸡冠花	盆花	万盆	1	776	沭阳县(苏)	淡竹	城市绿化苗	万株	3000
737	忻府区(晋)	鸡冠花	盆花	万盆	2.33	777	潢川县(豫)	淡竹	城市绿化苗	万株	89
738	新城区(内蒙古)	鸡冠花	城市绿化苗	万株	13	778	寻乌县(赣)	刚竹	观赏苗木	万株	0.6
739	乌拉特后旗(内蒙古)	鸡冠花	花卉用种苗	千苗	12	779	夏邑县(豫)	刚竹	观赏苗木	万株	1
						780	惠水县(黔)	刚竹	城市绿化苗	万株	0.83
740	虎林市(黑)	鸡冠花	城市绿化苗	万株	3	781	巴州区(川)	罗汉竹	盆花	万盆	0.51
741	濉溪县(皖)	鸡冠花	盆花	万盆	20	782	潢川县(豫)	紫竹	城市绿化苗	万株	24
742	经开区(赣)	鸡冠花	观赏苗木	万株	35	783	罗甸县(黔)	紫竹	城市绿化苗	万株	2
743	潢川县(豫)	鸡冠花	盆花	万盆	4.1	784	南郑区(陕)	紫竹	花卉用种苗	千苗	1420
744	鼎城区(湘)	鸡冠花	盆花	万盆	6	785	华容县(湘)	毛竹	城市绿化苗	万株	3
745	鹤城区(湘)	鸡冠花	盆花	万盆	5	786	恩阳区(川)	毛竹	城市绿化苗	万株	1.5
746	信宜市(粤)	鸡冠花	盆花	万盆	3	787	桓台县(鲁)	凤尾竹	观赏苗木	万株	15
747	钦北区(桂)	鸡冠花	城市绿化苗	万株	2	788	泗水县(鲁)	凤尾竹	城市绿化苗	万株	0.8
748	合山市(桂)	鸡冠花	盆花	万盆	1.8	789	西平县(豫)	凤尾竹	观叶植物	万盆	1.2
749	吉阳区(琼)	鸡冠花	观赏苗木	万株	20	790	玉州区(桂)	凤尾竹	观赏苗木	万株	6
750	吉阳区(琼)	鸡冠花	城市绿化苗	万株	20	791	吉阳区(琼)	凤尾竹	鲜切叶	万支	200
751	新津区(川)	鸡冠花	盆花	万盆	50	792	城口县(渝)	凤尾竹	观赏苗木	万株	10.3
752	甘州区(甘)	鸡冠花	城市绿化苗	万株	10	793	旌阳区(川)	凤尾竹	鲜切叶	万支	3
753	会宁县(甘)	鸡冠花	鲜切花	万支	2	794	巴州区(川)	凤尾竹	盆花	万盆	0.97
754	大武口区(宁)	鸡冠花	观赏苗木	万株	20	795	永清县(冀)	康乃馨	鲜切花	万支	12
755	平罗县(宁)	鸡冠花	盆花	万盆	10	796	高碑店市(冀)	康乃馨	鲜切花	万支	10
756	新和县(新)	鸡冠花	盆景	万盆	12	797	忻府区(晋)	康乃馨	盆花	万盆	1
757	通北林业局(龙江森工)	鸡冠花	观赏苗木	万株	6	798	凌源市(辽)	康乃馨	鲜切花	万支	1500
						799	鸠江区(皖)	康乃馨	鲜切花	万支	20
758	东方红林业局(龙江森工)	鸡冠花	城市绿化苗	万株	3	800	禹会区(皖)	康乃馨	观赏苗木	万株	5
						801	吉安县(赣)	康乃馨	鲜切花	万支	10
759	东京城林业局(龙江森工)	鸡冠花	城市绿化苗	万株	1.46	802	平原县(鲁)	康乃馨	鲜切花	万支	60
760	沭阳县(苏)	木香	城市绿化苗	万株	200	803	临淄区(鲁)	康乃馨	鲜切花	万支	2.8
761	凉州区(甘)	地锦	城市绿化苗	万株	30	804	西华县(豫)	康乃馨	鲜切花	万支	3
762	海城市(辽)	葡萄	花卉用种苗	千苗	10	805	卫东区(豫)	康乃馨	鲜切花	万支	2.4
763	川汇区(豫)	葡萄	观赏苗木	万株	6	806	新华区(豫)	康乃馨	盆花	万盆	1.5
764	甘州区(甘)	鸢凤阁	城市绿化苗	万株	20	807	信宜市(粤)	康乃馨	鲜切花	万支	3
765	曲周县(冀)	长寿花	盆花	万盆	10	808	翠屏区(川)	康乃馨	观赏苗木	万株	110
766	蠡县(冀)	长寿花	盆花	万盆	3	809	旌阳区(川)	康乃馨	花卉用种苗	千苗	25
767	涿州市(冀)	长寿花	盆花	万盆	0.8	810	新津区(川)	康乃馨	盆花	万盆	12.65
768	侯马市(晋)	长寿花	盆花	万盆	100	811	旌阳区(川)	康乃馨	鲜切花	万支	8
769	新华区(豫)	长寿花	盆花	万盆	1	812	丹寨县(黔)	康乃馨	鲜切花	万支	12.5
770	汝城县(湘)	长寿花	观赏苗木	万株	7	813	江川区(滇)	康乃馨	鲜切花	万支	33143.7
771	兴庆区(宁)	长寿花	盆花	万盆	20	814	石林彝族自治县(滇)	康乃馨	鲜切花	万支	7932.2
772	衡东县(湘)	青皮竹	城市绿化苗	万株	200	815	阳宗海(滇)	康乃馨	鲜切花		6965
773	扶绥县(桂)	青皮竹	城市绿化苗	万株	60	816	麒麟区(滇)	康乃馨	城市绿化苗	万株	1500
774	恩阳区(川)	箬竹	城市绿化苗	万株	5	817	富民县(滇)	康乃馨	鲜切花	万支	1200

(续表)

序号	县(旗、市、区、局、场)	品种	花卉类别	单位	生产量	序号	县(旗、市、区、局、场)	品种	花卉类别	单位	生产量
818	景洪市(滇)	康乃馨	鲜切花	万支	260	861	南湖区(浙)	凤梨类	盆花	万盆	3.8
819	峨山彝族自治县(滇)	康乃馨	鲜切花	万支	76.4	862	铅山县(赣)	凤梨类	观叶植物	万盆	13400
820	兴庆区(宁)	康乃馨	鲜切花	万支	1500	863	沂水县(鲁)	凤梨类	观叶植物	万盆	120
821	永清县(冀)	扶郎花	鲜切花	万支	4	864	兖州区(鲁)	凤梨类	盆花	万盆	14
822	临淄区(鲁)	扶郎花	鲜切花	万支	2.2	865	广饶县(鲁)	凤梨类	盆花	万盆	5
823	麒麟区(滇)	灯盏花	城市绿化苗	万株	700	866	临颍县(豫)	凤梨类	盆花	万盆	1.5
824	东丽区(津)	现代月季	盆花	万盆	1.1	867	长沙县(湘)	凤梨类	花卉用种苗	千苗	1000
825	鸡泽县(冀)	现代月季	盆花	万盆	20	868	长沙县(湘)	凤梨类	盆花	万盆	100
826	永清县(冀)	现代月季	鲜切花	万支	15	869	和平县(粤)	凤梨类	盆花	万盆	10
827	高碑店市(冀)	现代月季	盆花	万盆	5	870	儋州市(琼)	凤梨类	盆花	万盆	110
828	蠡县(冀)	现代月季	盆花	万盆	2	871	荣昌区(渝)	凤梨类	观叶植物	万盆	45
829	迎泽区(晋)	现代月季	观赏苗木	万株	2	872	万州区(渝)	凤梨类	盆花	万盆	40.5
830	东洲区(辽)	现代月季	盆花	万盆	6.5	873	游仙区(川)	凤梨类	观叶植物	万盆	20
831	辉南县(吉)	现代月季	盆景	万盆	50	874	遵义市市辖区(黔)	凤梨类	盆花	万盆	20
832	沭阳县(苏)	现代月季	城市绿化苗	万株	3000	875	阳宗海(滇)	凤梨类	观叶植物	万盆	706
833	常熟市(苏)	现代月季	鲜切花	万支	1050	876	阳宗海(滇)	凤梨类	鲜切叶	万支	706
834	南湖区(浙)	现代月季	鲜切花	万支	22	877	东丽区(津)	观叶芋类	盆花	万盆	5.9
835	宿松县(皖)	现代月季	观赏苗木	万株	10	878	涿州市(冀)	观叶芋类	盆花	万盆	1.5
836	蓉江新区(赣)	现代月季	盆景	万盆	60	879	镇江市市辖区(苏)	观叶芋类	盆花	万盆	1
837	邹城市(鲁)	现代月季	盆花	万盆	30	880	南湖区(浙)	观叶芋类	盆花	万盆	35.86
838	高密市(鲁)	现代月季	城市绿化苗	万株	19	881	定南县(赣)	观叶芋类	盆景	万盆	1.07
839	卧龙区(豫)	现代月季	观赏苗木	万株	14812	882	广饶县(鲁)	观叶芋类	盆花	万盆	80
840	宛城区(豫)	现代月季	盆花	万盆	9800	883	济南市高新区(鲁)	观叶芋类	盆花	万盆	3.2
841	邓州市(豫)	现代月季	城市绿化苗	万株	17.8	884	长沙县(湘)	观叶芋类	花卉用种苗	千苗	2000
842	川汇区(豫)	现代月季	观赏苗木	万株	2	885	长沙县(湘)	观叶芋类	盆花	万盆	200
843	珠晖区(湘)	现代月季	城市绿化苗	万株	10	886	珠晖区(湘)	观叶芋类	城市绿化苗	万株	10
844	什邡市(川)	现代月季	鲜切花	万支	245500	887	万州区(渝)	观叶芋类	盆景	万盆	100.4
845	会理市(川)	现代月季	鲜切花	万支	130	888	荣昌区(渝)	观叶芋类	观叶植物	万盆	15
846	恩阳区(川)	现代月季	盆花	万盆	1	889	大竹县(川)	观叶芋类	观赏苗木	万株	2
847	阳宗海(滇)	现代月季	鲜切花	万支	13367.8	890	沭阳县(苏)	含笑	城市绿化苗	万株	200
848	江川区(滇)	现代月季	鲜切花	万支	1361.7	891	龙南县(赣)	含笑	城市绿化苗	万株	350
849	姚安县(滇)	现代月季	鲜切叶	万支	572	892	黎川县(赣)	含笑	城市绿化苗	万株	5
850	山丹县(甘)	现代月季	城市绿化苗	万株	8	893	濂溪区(赣)	含笑	城市绿化苗	万株	4.6
851	玉门市(甘)	现代月季	城市绿化苗	万株	5	894	潢川县(豫)	含笑	城市绿化苗	万株	45
852	沙湾县(新)	现代月季	城市绿化苗	万株	5	895	潢川县(豫)	含笑	盆花	万盆	1.7
853	涿州市(冀)	凤梨类	盆花	万盆	1.5	896	洪江市(湘)	含笑	观赏苗木	万株	1
854	永清县(冀)	凤梨类	观叶植物	万盆	1	897	普宁市(粤)	含笑	城市绿化苗	万株	0.62
855	辛集市(冀)	凤梨类	盆花	万盆	1	898	玉州区(桂)	含笑	盆景	万盆	15
856	新华区(冀)	凤梨类	盆花	万盆	0.9	899	钦北区(桂)	含笑	城市绿化苗	万株	0.8
857	东洲区(辽)	凤梨类	盆花	万盆	4	900	碧江区(黔)	含笑	城市绿化苗	万株	1.53
858	东台市(苏)	凤梨类	盆花	万盆	120	901	惠水县(黔)	含笑	城市绿化苗	万株	1.07
859	邳州市(苏)	凤梨类	盆花	万盆	35	902	麒麟区(滇)	含笑	城市绿化苗	万株	1500
860	盐都区(苏)	凤梨类	观赏苗木	万株	5	903	南郑区(陕)	含笑	花卉用种苗	千苗	23

林产品主产地及产量
PRINCIPAL PRODUCTION COUNTIES AND OUTPUT OF FOREST PRODUCTS

(续表)

序号	县(旗、市、区、局、场)	品种	花卉类别	单位	生产量
904	靖江市(苏)	兰草	观叶植物	万盆	10
905	无为县(皖)	兰草	鲜切花	万支	10
906	潢川县(豫)	兰草	盆花	万盆	2.1
907	鹤城区(湘)	兰草	观叶植物	万盆	12.3
908	鼎城区(湘)	兰草	盆花	万盆	12
909	汉源县(川)	兰草	花卉用种苗	千苗	51
910	宣汉县(川)	兰草	鲜切花	万支	47.7
911	会理市(川)	兰草	鲜切花	万支	32
912	丹棱县(川)	兰草	盆花	万盆	20
913	沭阳县(苏)	中华蚊母	城市绿化苗	万株	100
914	石泉县(陕)	中华蚊母	观叶植物	万盆	0.6
915	德安县(赣)	赤楠	观赏苗木	万株	1.5
916	鼎城区(湘)	赤楠	观赏苗木	万株	3
917	雨湖区(湘)	赤楠	观赏苗木	万株	2
918	沭阳县(苏)	金弹子	城市绿化苗	万株	100
919	邛崃市(川)	金弹子	盆景	万盆	200000
920	恩阳区(川)	金弹子	盆花	万盆	1
921	金沙县(黔)	金弹子	花卉用种苗	千苗	10
922	玉屏侗族自治县(黔)	金弹子	城市绿化苗	万株	3.05
923	沿河土家族自治县(黔)	金弹子	城市绿化苗	万株	0.69
924	石泉县(陕)	金弹子	观叶植物	万盆	2
925	沭阳县(苏)	对节白蜡	城市绿化苗	万株	100
926	镇江市市辖区(苏)	马蹄井	鲜切花	万支	350
927	阜南县(皖)	马蹄井	食用及药用花卉	千克	3800000
928	旌阳区(川)	马蹄井	花卉用种苗	千苗	5
929	江川区(滇)	马蹄井	鲜切花	万支	156
930	鹤城区(湘)	马立拉	花卉用种子	千克	200
931	鹤城区(湘)	狗芽根	花卉用种子	千克	2000
932	安国市(冀)	麦冬	城市绿化苗	万株	200
933	沭阳县(苏)	麦冬	城市绿化苗	万株	300000
934	成武县(鲁)	麦冬	食用及药用花卉	千克	67500
935	城口县(渝)	麦冬	城市绿化苗	万株	20
936	恩阳区(川)	麦冬	城市绿化苗	万株	50
937	麒麟区(滇)	麦冬	城市绿化苗	万株	3000
938	蜀山区(皖)	散尾葵	观赏苗木	万株	1
939	琼山区(琼)	散尾葵	鲜切叶	万支	10200
940	美兰区(琼)	散尾葵	鲜切叶	万支	1255
941	屯昌县(琼)	散尾葵	鲜切花	万支	378
942	吉阳区(琼)	散尾葵	鲜切叶	万支	60
943	儋州市(琼)	散尾葵	鲜切叶	万支	0.6
944	旌阳区(川)	散尾葵	鲜切叶	万支	3
945	伊川县(豫)	巴西铁	观赏苗木	万株	3.3
946	鹤城区(湘)	巴西铁	观叶植物	万盆	2
947	儋州市(琼)	巴西铁	鲜切叶	万支	1.5
948	船山区(川)	巴西铁	工业及其他用途花卉	千克	3.9
949	高邑县(冀)	龟背竹	观叶植物	万盆	20
950	高碑店市(冀)	龟背竹	盆花	万盆	1
951	沭阳县(苏)	龟背竹	城市绿化苗	万株	100
952	太和县(皖)	龟背竹	盆花	万盆	10
953	无为县(皖)	龟背竹	盆花	万盆	1
954	西平县(豫)	龟背竹	观叶植物	万盆	1.8
955	望城区(湘)	龟背竹	观叶植物	万盆	0.6
956	吉阳区(琼)	龟背竹	鲜切叶	万支	200
957	会理市(川)	龟背竹	鲜切叶	万支	10
958	旌阳区(川)	龟背竹	鲜切叶	万支	3
959	射洪市(川)	龟背竹	观赏苗木	万株	1
960	常熟市(苏)	朱蕉	盆花	万盆	60
961	兴国县(赣)	富贵竹	盆花	万盆	16200
962	龙南县(赣)	富贵竹	城市绿化苗	万株	300
963	永丰县(赣)	富贵竹	盆花	万盆	137
964	峄城区(鲁)	富贵竹	盆花	万盆	1.1
965	鹤城区(湘)	富贵竹	观叶植物	万盆	1
966	望城区(湘)	富贵竹	观赏苗木	万株	0.9
967	台山市(粤)	富贵竹	鲜切花	万支	1160
968	五华县(粤)	富贵竹	城市绿化苗	万株	100
969	琼山区(琼)	富贵竹	鲜切叶	万支	1470
970	吉阳区(琼)	富贵竹	观叶植物	万盆	500
971	吉阳区(琼)	富贵竹	鲜切叶	万支	200
972	儋州市(琼)	富贵竹	鲜切叶	万支	4
973	什邡市(川)	富贵竹	鲜切叶	万支	243563
974	富顺县(川)	富贵竹	盆花	万盆	150000
975	会理市(川)	富贵竹	鲜切花	万支	20
976	旌阳区(川)	富贵竹	鲜切叶	万支	10
977	巴州区(川)	富贵竹	盆花	万盆	6.77
978	大竹县(川)	富贵竹	观赏苗木	万株	2
979	射洪市(川)	富贵竹	鲜切花	万支	2
980	恩阳区(川)	富贵竹	盆花	万盆	2
981	玉州区(桂)	鱼尾葵	观赏苗木	万株	6
982	旌阳区(川)	鱼尾葵	鲜切叶	万支	3
983	高密市(鲁)	杜仲	城市绿化苗	万株	85
984	灵宝市(豫)	杜仲	食用及药用花卉	千克	13000
985	建安区(豫)	杜仲	城市绿化苗	万株	65
986	济源市(豫)	杜仲	城市绿化苗	万株	35
987	汝阳县(豫)	杜仲	观赏苗木	万株	6.3

(续表)

序号	县(旗、市、区、局、场)	品种	花卉类别	单位	生产量
988	夏邑县(豫)	杜仲	观赏苗木	万株	1
989	望都县(冀)	红叶小檗	观赏苗木	万株	1400
990	涞水县(冀)	红叶小檗	城市绿化苗	万株	8
991	北戴河区(冀)	红叶小檗	观赏苗木	万株	2.7
992	侯马市(晋)	红叶小檗	城市绿化苗	万株	28
993	忻府区(晋)	红叶小檗	观赏苗木	万株	1
994	沭阳县(苏)	红叶小檗	城市绿化苗	万株	20000
995	高密市(鲁)	红叶小檗	城市绿化苗	万株	8
996	潢川县(豫)	红叶小檗	城市绿化苗	万株	660
997	夏邑县(豫)	红叶小檗	观赏苗木	万株	1
998	高密市(鲁)	红叶小檗球	城市绿化苗	万株	4.2
999	安国市(冀)	金银木	城市绿化苗	万株	500
1000	双滦区(冀)	金银木	城市绿化苗	万株	5
1001	原州区(宁)	金银木	城市绿化苗	万株	24
1002	平罗县(宁)	金银木	观赏苗木	万株	3
1003	大武口区(宁)	金银木	城市绿化苗	万株	2.89
1004	安国市(冀)	荆芥	花卉用种子	千克	1500
1005	潢川县(豫)	美国红栌	城市绿化苗	万株	25
1006	建安区(豫)	美国红栌	城市绿化苗	万株	1.7
1007	新城区(内蒙古)	婆婆纳	城市绿化苗	万株	0.6
1008	沙湾县(新)	婆婆纳	城市绿化苗	万株	1
1009	沭阳县(苏)	七叶树	城市绿化苗	万株	100
1010	潢川县(豫)	七叶树	城市绿化苗	万株	15
1011	嵩 县(豫)	七叶树	观赏苗木	万株	5
1012	城口县(渝)	七叶树	城市绿化苗	万株	34.5
1013	南郑区(陕)	七叶树	观赏苗木	万株	40
1014	石泉县(陕)	七叶树	城市绿化苗	万株	22
1015	周至县(陕)	七叶树	城市绿化苗	万株	10
1016	磁 县(冀)	楸树	观赏苗木	万株	2
1017	沭阳县(苏)	楸树	城市绿化苗	万株	20
1018	社旗县(豫)	楸树	城市绿化苗	万株	66
1019	川汇区(豫)	楸树	观赏苗木	万株	20
1020	睢阳区(豫)	楸树	城市绿化苗	万株	10
1021	西华县(豫)	楸树	城市绿化苗	万株	5
1022	平桥区(豫)	楸树	城市绿化苗	万株	4
1023	项城市(豫)	楸树	观赏苗木	万株	1.22
1024	建安区(豫)	楸树	城市绿化苗	万株	0.8
1025	钦南区(桂)	楸树	观叶植物	万盆	5
1026	通榆县(吉)	蛇鞭菊	城市绿化苗	万株	12
1027	沙湾县(新)	蛇鞭菊	城市绿化苗	万株	2
1028	安国市(冀)	蛇莓	花卉用种子	千克	1500
1029	沭阳县(苏)	柿	城市绿化苗	万株	50
1030	永清县(冀)	水仙	花卉用种球	千粒	5
1031	忻府区(晋)	水仙	盆花	万盆	0.6
1032	东洲区(辽)	水仙	盆花	万盆	2
1033	安源区(赣)	水仙	盆景	万盆	40
1034	旌阳区(川)	水仙	花卉用种苗	千苗	10
1035	磁 县(冀)	丝绵木	城市绿化苗	万株	3.5
1036	故城县(冀)	丝绵木	观赏苗木	万株	2.7
1037	馆陶县(冀)	丝绵木	观赏苗木	万株	1.5
1038	文安县(冀)	丝绵木	观赏苗木	万株	1
1039	高密市(鲁)	丝绵木	城市绿化苗	万株	11
1040	嘉峪关市(甘)	丝绵木	观赏苗木	万株	1.72
1041	新城区(内蒙古)	萎陵菜	城市绿化苗	万株	2.9
1042	高碑店市(冀)	樱桃	观赏苗木	万株	10
1043	莲花山开发区(吉)	樱桃	盆景	万盆	21
1044	吴江区(苏)	樱桃	观赏苗木	万株	1.2
1045	蜀山区(皖)	樱桃	城市绿化苗	万株	2000
1046	陵城区(鲁)	樱桃	观赏苗木	万株	9.88
1047	临邑县(鲁)	樱桃	观赏苗木	万株	9
1048	城口县(渝)	樱桃	观赏苗木	万株	3
1049	威远县(川)	樱桃	城市绿化苗	万株	1
1050	沭阳县(苏)	皂角	城市绿化苗	万株	100
1051	社旗县(豫)	皂角	城市绿化苗	万株	50
1052	巴州区(川)	皂角	观赏苗木	万株	0.63
1053	高密市(鲁)	竹柳	城市绿化苗	万株	15
1054	泌阳县(豫)	竹柳	城市绿化苗	万株	30
1055	柘城县(豫)	竹柳	观赏苗木	万株	23
1056	巴州区(川)	竹柳	观赏苗木	万株	6.27
1057	高台县(甘)	竹柳	盆花	万盆	3000
1058	忻府区(晋)	紫叶矮樱	观赏苗木	万株	4
1059	高密市(鲁)	紫叶矮樱	城市绿化苗	万株	3.2
1060	潢川县(豫)	紫叶矮樱	城市绿化苗	万株	13
1061	玉门市(甘)	紫叶矮樱	城市绿化苗	万株	7
1062	彭阳县(宁)	紫叶矮樱	观叶植物	万盆	100
1063	大武口区(宁)	紫叶矮樱	城市绿化苗	万株	10.7
1064	平罗县(宁)	紫叶矮樱	观赏苗木	万株	3
1065	沙湾县(新)	紫花地丁	城市绿化苗	万株	10
1066	永年区(冀)	郁金香	盆花	万盆	0.92
1067	大丰区(苏)	郁金香	花卉用种球	千粒	30000
1068	鸠江区(皖)	郁金香	鲜切花	万支	10
1069	丰城市(赣)	郁金香	盆花	万盆	10
1070	吉安县(赣)	郁金香	鲜切花	万支	10
1071	伊川县(豫)	郁金香	鲜切花	万支	24.5
1072	旌阳区(川)	郁金香	花卉用种苗	千苗	35
1073	江阳区(川)	郁金香	盆花	万盆	5

林产品主产地及产量
PRINCIPAL PRODUCTION COUNTIES AND OUTPUT OF FOREST PRODUCTS

（续表）

序号	县(旗、市、区、局、场)	品种	花卉类别	单位	生产量
1074	旌阳区(川)	郁金香	鲜切花	万支	3
1075	旌阳区(川)	郁金香	盆花	万盆	2
1076	隆德县(宁)	郁金香	观赏苗木	万株	24
1077	北戴河区(冀)	彩叶草	盆花	万盆	13
1078	永清县(冀)	彩叶草	观叶植物	万盆	2
1079	永年区(冀)	彩叶草	盆花	万盆	0.62
1080	新城区(内蒙古)	彩叶草	城市绿化苗	万株	7
1081	洮南市(吉)	彩叶草	城市绿化苗	万株	5
1082	莒南县(鲁)	彩叶草	盆花	万盆	30
1083	商水县(豫)	彩叶草	盆花	万盆	0.9
1084	钦廉林场(桂)	彩叶草	观赏苗木	万株	0.52
1085	会理市(川)	彩叶草	盆花	万盆	26
1086	船山区(川)	彩叶草	盆花	万盆	1.6
1087	惠水县(黔)	彩叶草	城市绿化苗	万株	4.5
1088	玉门市(甘)	彩叶草	观叶植物	万盆	6.6
1089	鹤北林业局(龙江森工)	彩叶草	城市绿化苗	万株	1
1090	望都(冀)	桧柏	观赏苗木	万株	1600
1091	怀安县(冀)	桧柏	观赏苗木	万株	30
1092	隆尧县(冀)	桧柏	盆花	万盆	3
1093	北戴河区(冀)	桧柏	观赏苗木	万株	1.9
1094	忻府区(晋)	桧柏	观赏苗木	万株	19
1095	侯马市(晋)	桧柏	城市绿化苗	万株	18
1096	襄汾县(晋)	桧柏	观赏苗木	万株	0.8
1097	通榆县(吉)	桧柏	花卉用种苗	千苗	1
1098	沭阳县(苏)	桧柏	城市绿化苗	万株	300
1099	滨海县(苏)	桧柏	城市绿化苗	万株	3.2
1100	泗水县(鲁)	桧柏	城市绿化苗	万株	3
1101	高密市(鲁)	桧柏	城市绿化苗	万株	1.5
1102	潢川县(豫)	桧柏	城市绿化苗	万株	110
1103	汝阳县(豫)	桧柏	观赏苗木	万株	13.8
1104	东洲区(辽)	榕树(小叶榕)	盆花	万盆	1
1105	龙南县(赣)	榕树(小叶榕)	城市绿化苗	万株	210
1106	泗水县(鲁)	榕树(小叶榕)	城市绿化苗	万株	1
1107	台山市(粤)	榕树(小叶榕)	观赏苗木	万株	3.3
1108	云安区(粤)	榕树(小叶榕)	观赏苗木	万株	2.5
1109	覃塘区(桂)	榕树(小叶榕)	观赏苗木	万株	50
1110	钦南区(桂)	榕树(小叶榕)	城市绿化苗	万株	10
1111	钦南区(桂)	榕树(小叶榕)	花卉用种子	千克	5
1112	吉阳区(琼)	榕树(小叶榕)	观叶植物	万盆	100
1113	吉阳区(琼)	榕树(小叶榕)	观赏苗木	万株	20
1114	达川区(川)	榕树(小叶榕)	城市绿化苗	万株	150
1115	三台县(川)	榕树(小叶榕)	城市绿化苗	万株	28
1116	南溪区(川)	榕树(小叶榕)	盆景	万盆	28
1117	通川区(川)	榕树(小叶榕)	城市绿化苗	万株	5
1118	巴州区(川)	榕树(小叶榕)	观赏苗木	万株	3.19
1119	巴州区(川)	榕树(小叶榕)	盆花	万盆	0.81
1120	前锋区(川)	榕树(小叶榕)	观赏苗木	万株	0.8
1121	禄丰县(滇)	榕树(小叶榕)	观赏苗木	万株	103276
1122	武定县(滇)	榕树(小叶榕)	城市绿化苗	万株	7450
1123	元谋县(滇)	榕树(小叶榕)	观赏苗木	万株	5000
1124	双柏县(滇)	榕树(小叶榕)	观赏苗木	万株	11
1125	师宗县(滇)	榕树(小叶榕)	城市绿化苗	万株	2.83
1126	阳西县(粤)	秋风	城市绿化苗	万株	2.2
1127	隆林各族自治县(桂)	秋风	城市绿化苗	万株	1
1128	武宣县(桂)	秋风	观赏苗木	万株	1
1129	义乌市(浙)	石斛兰	食用及药用花卉	千克	118259
1130	庆元县(浙)	石斛兰	食用及药用花卉	千克	10020
1131	吴兴区(浙)	石斛兰	食用及药用花卉	千克	2000
1132	龙华区(琼)	石斛兰	食用及药用花卉	千克	110000
1133	五指山市(琼)	石斛兰	鲜切花	万支	24
1134	吉阳区(琼)	石斛兰	盆景	万盆	6
1135	龙陵县(滇)	石斛兰	盆花	万盆	200
1136	辛集市(冀)	玉簪类	观赏苗木	万株	64
1137	涿州市(冀)	玉簪类	观赏苗木	万株	50
1138	赛罕区(内蒙古)	玉簪类	城市绿化苗	万株	200
1139	桦甸市(吉)	玉簪类	城市绿化苗	万株	120

(续表)

序号	县(旗、市、区、局、场)	品种	花卉类别	单位	生产量
1140	九台区(吉)	玉簪类	城市绿化苗	万株	30
1141	通榆县(吉)	玉簪类	城市绿化苗	万株	12
1142	沙湾县(新)	玉簪类	城市绿化苗	万株	10
1143	望都县(冀)	紫叶稠李	观赏苗木	万株	1400
1144	迁西县(冀)	紫叶稠李	城市绿化苗	万株	3
1145	辛集市(冀)	紫叶稠李	观赏苗木	万株	2
1146	滦平县(冀)	紫叶稠李	观赏苗木	万株	0.8
1147	双阳区(吉)	紫叶稠李	观赏苗木	万株	10
1148	德惠市(吉)	紫叶稠李	城市绿化苗	万株	1
1149	通榆县(吉)	紫叶稠李	城市绿化苗	万株	1
1150	巴彦县(黑)	紫叶稠李	城市绿化苗	万株	50
1151	延寿县(黑)	紫叶稠李	城市绿化苗	万株	10.6
1152	嫩江县(黑)	紫叶稠李	城市绿化苗	万株	10.4
1153	大同区(黑)	紫叶稠李	城市绿化苗	万株	5.17
1154	安定区(甘)	紫叶稠李	城市绿化苗	万株	10
1155	玉门市(甘)	紫叶稠李	观叶植物	万盆	1.5
1156	沭阳县(苏)	流苏	城市绿化苗	万株	200
1157	高密市(鲁)	流苏	城市绿化苗	万株	6
1158	栾川县(豫)	流苏	城市绿化苗	万株	300
1159	延寿县(黑)	五针松	干花	万支	248
1160	沭阳县(苏)	五针松	城市绿化苗	万株	100
1161	宜兴市(苏)	茶梅	盆花	万盆	40.5
1162	无为县(皖)	茶梅	盆花	万盆	10
1163	肥东县(皖)	茶梅	城市绿化苗	万株	4
1164	金安区(皖)	茶梅	鲜切花	万支	3
1165	龙子湖区(皖)	茶梅	盆花	万盆	2
1166	新建区(赣)	茶梅	城市绿化苗	万株	60000
1167	濂溪区(赣)	茶梅	观赏苗木	万株	5
1168	进贤县(赣)	茶梅	观赏苗木	万株	3
1169	芦溪县(赣)	茶梅	城市绿化苗	万株	2.41
1170	南丰县(赣)	茶梅	城市绿化苗	万株	2.3
1171	武宁县(赣)	茶梅	城市绿化苗	万株	1
1172	息县(豫)	茶梅	鲜切花	万支	1.17
1173	衡东县(湘)	茶梅	城市绿化苗	万株	15
1174	辰溪县(湘)	茶梅	观赏苗木	万株	2
1175	洪江市(湘)	茶梅	观叶植物	万盆	1
1176	新都区(川)	茶梅	观赏苗木	万株	50.4
1177	船山区(川)	茶梅	观赏苗木	万株	1.5
1178	惠水县(黔)	茶梅	城市绿化苗	万株	38.9
1179	凯里市(黔)	茶梅	观赏苗木	万株	12
1180	三穗县(黔)	茶梅	城市绿化苗	万株	1.5
1181	三穗县(黔)	茶梅	盆花	万盆	1.5
1182	玉屏侗族自治县(黔)	茶梅	城市绿化苗	万株	1.01
1183	从江县(黔)	茶梅	观赏苗木	万株	1
1184	南郑区(陕)	茶梅	观赏苗木	万株	15
1185	沭阳县(苏)	青枫	城市绿化苗	万株	100
1186	潢川县(豫)	青枫	城市绿化苗	万株	38
1187	城口县(渝)	青枫	城市绿化苗	万株	12
1188	恩阳区(川)	青枫	城市绿化苗	万株	2
1189	巴州区(川)	青枫	盆花	万盆	0.81
1190	栾城区(冀)	仙客来	盆花	万盆	15
1191	鹿泉区(冀)	仙客来	盆花	万盆	10
1192	高碑店市(冀)	仙客来	盆花	万盆	9
1193	永清县(冀)	仙客来	盆花	万盆	4
1194	蠡县(冀)	仙客来	盆花	万盆	3
1195	迁安市(冀)	仙客来	盆花	万盆	2
1196	大宁县(晋)	仙客来	观叶植物	万盆	173
1197	长子县(晋)	仙客来	盆景	万盆	26
1198	忻府区(晋)	仙客来	盆花	万盆	1.64
1199	灵丘县(晋)	仙客来	盆花	万盆	0.8
1200	义乌市(浙)	仙客来	盆花	万盆	2.12
1201	鸠江区(皖)	仙客来	盆花	万盆	10
1202	长丰县(皖)	仙客来	观叶植物	万盆	2.5
1203	沂水县(鲁)	仙客来	盆花	万盆	100
1204	高密市(鲁)	仙客来	城市绿化苗	万株	4.2
1205	潍城区(鲁)	仙客来	盆花	万盆	1.5
1206	涪阳区(川)	仙客来	花卉用种球	千粒	35
1207	阳宗海(滇)	仙客来	鲜切叶	万支	578
1208	兴庆区(宁)	仙客来	盆景	万盆	20
1209	贺兰县(宁)	仙客来	盆花	万盆	8

表17 草坪主产地产量

序号	县(旗、市、区、局、场)	草坪生产量(万平方米)	序号	县(旗、市、区、局、场)	草坪生产量(万平方米)	序号	县(旗、市、区、局、场)	草坪生产量(万平方米)
1	定州市(冀)	200	43	蒙城县(皖)	16.74	86	泰和县(赣)	2.51
2	涿州市(冀)	40	44	鸠江区(皖)	12	87	金溪县(赣)	2.3
3	香河县(冀)	14.1	45	全椒县(皖)	10	88	樟树市(赣)	2.15
4	围场满族蒙古族自治县(冀)	6	46	界首市(皖)	5.8	89	月湖区(赣)	2
5	侯马市(晋)	10	47	蚌埠市市辖区(皖)	4	90	彭泽县(赣)	2
6	定襄县(晋)	2	48	长丰县(皖)	3	91	上犹县(赣)	1.99
7	科尔沁右翼中旗(内蒙古)	260879	49	潜山市(皖)	2.3	92	分宜县(赣)	1.8
8	赛罕区(内蒙古)	18	50	桐城市(皖)	1.6	93	昌江区(赣)	1.7
9	东港市(辽)	1.2	51	阜南县(皖)	1	94	会昌县(赣)	1.48
10	船营区(吉)	1	52	新余市市辖区(赣)	420	95	峡江县(赣)	1.33
11	双城区(黑)	17.58	53	经开区(赣)	193.43	96	新干县(赣)	1
12	武进区(苏)	1800	54	奉新县(赣)	105	97	商河县(鲁)	80
13	如皋市(苏)	1800	55	横峰县(赣)	100	98	曹县(鲁)	53.28
14	沭阳县(苏)	800	56	靖安县(赣)	76.65	99	乐陵市(鲁)	30
15	金坛区(苏)	690	57	宁都县(赣)	52	100	临邑县(鲁)	30
16	常熟市(苏)	526.4	58	吉水县(赣)	40	101	胶州市(鲁)	26.6
17	泰兴市(苏)	305.99	59	浮梁县(赣)	38	102	莱阳市(鲁)	10
18	太仓市(苏)	73	60	上高县(赣)	36	103	成武县(鲁)	7.4
19	镇江市市辖区(苏)	33	61	全南县(赣)	26	104	历城区(鲁)	3
20	溧阳市(苏)	22.8	62	于都县(赣)	21.6	105	禹城市(鲁)	0.66
21	泗洪县(苏)	20	63	芦溪县(赣)	17.5	106	祥符区(豫)	100
22	浦口区(苏)	14.57	64	南城县(赣)	16	107	卫滨区(豫)	42
23	江都区(苏)	10	65	赣县区(赣)	13	108	长葛市(豫)	42
24	盐都区(苏)	10	66	南丰县(赣)	12	109	淮滨县(豫)	20
25	吴江区(苏)	6.7	67	高安市(赣)	11.2	110	光山县(豫)	17
26	如东县(苏)	3	68	余江区(赣)	10	111	宝丰县(豫)	16
27	余杭区(浙)	1123	69	东乡区(赣)	10	112	潢川县(豫)	15.5
28	常山县(浙)	134	70	南昌县(赣)	10	113	兰考县(豫)	10.01
29	衢江区(浙)	65.9	71	石城县(赣)	10	114	原阳县(豫)	5
30	瑞安市(浙)	59.6	72	永丰县(赣)	9.5	115	卧龙区(豫)	4.5
31	武义县(浙)	53	73	新建区(赣)	8.8	116	淅川县(豫)	2
32	江山市(浙)	13.34	74	乐平市(赣)	8.4	117	唐河县(豫)	1.6
33	嵊州市(浙)	8.32	75	弋阳县(赣)	8.2	118	永城市(豫)	1.5
34	长兴县(浙)	1	76	资溪县(赣)	7.4	119	洪湖市(鄂)	1
35	德清县(浙)	0.82	77	渝水区(赣)	6.81	120	衡东县(湘)	1000
36	金安区(皖)	300	78	安源区(赣)	5	121	苏仙区(湘)	1000
37	五河县(皖)	200	79	龙南县(赣)	4.6	122	鼎城区(湘)	210
38	湾沚区(皖)	60	80	莲花县(赣)	4.2	123	望城区(湘)	200
39	裕安区(皖)	52.3	81	上饶县(赣)	3.88	124	东安县(湘)	133.4
40	肥西县(皖)	30	82	遂川县(赣)	3.8	125	北湖区(湘)	80
41	望江县(皖)	26.68	83	柴桑区(赣)	3.8	126	湘潭市市辖区(湘)	62
42	黄山区(皖)	20	84	南康区(赣)	3.33	127	芷江侗族自治县(湘)	28.7
			85	玉山县(赣)	3	128	零陵区(湘)	15

序号	县（旗、市、区、局、场）	草坪生产量（万平方米）
129	汝城县（湘）	13
130	雨花区（湘）	11.2
131	石峰区（湘）	10
132	涟源市（湘）	10
133	岳阳县（湘）	10
134	洪江市（湘）	10
135	汉寿县（湘）	9.9
136	茶陵县（湘）	8
137	耒阳市（湘）	7
138	株洲市市辖区（湘）	4.8
139	辰溪县（湘）	4
140	祁东县（湘）	4
141	麻阳苗族自治县（湘）	2.8
142	华容县（湘）	2.7
143	武陵区（湘）	2.7
144	龙山县（湘）	2.7
145	桃源县（湘）	2.1
146	江华瑶族自治县（湘）	2
147	常宁市（湘）	2
148	祁阳县（湘）	2
149	珠晖区（湘）	2
150	靖州苗族侗族自治县（湘）	1.07
151	雨湖区（湘）	1
152	南海区（粤）	71
153	曲江区（粤）	11.07
154	中山市（粤）	10
155	潮安区（粤）	4.8
156	台山市（粤）	1
157	榕城区（粤）	1
158	隆安县（桂）	30
159	龙胜各族自治县（桂）	13.9
160	龙圩区（桂）	13
161	雁山区（桂）	12
162	钦南区（桂）	10
163	田阳县（桂）	7.67
164	环江毛南族自治县（桂）	7
165	全州县（桂）	5
166	苍梧县（桂）	3
167	玉州区（桂）	1.81
168	柳江区（桂）	0.95
169	桂平市（桂）	0.53
170	宜州区（桂）	0.53
171	屯昌县（琼）	66700
172	儋州市（琼）	5
173	陵水黎族自治县（琼）	3
174	雷波县（川）	93667
175	纳溪区（川）	20
176	江油市（川）	4.3
177	通江县（川）	2
178	广汉市（川）	2
179	屏山县（川）	0.7
180	惠水县（黔）	16.8
181	安龙县（黔）	3.2
182	仁怀市（黔）	1
183	凯里市（黔）	1
184	永平县（滇）	20063.25
185	楚雄市（滇）	6003
186	牟定县（滇）	1363.7
187	永仁县（滇）	533
188	玉龙纳西族自治县（滇）	533
189	芒市（滇）	47.8
190	昭阳区（滇）	30
191	罗平县（滇）	12.98
192	施甸县（滇）	2.1
193	瑞丽市（滇）	1.67
194	盈江县（滇）	1.5
195	腾冲市（滇）	1
196	沙坡头区（宁）	2.1
197	伽师县（新）	66653.37

表18-1 木雕工艺品主产地产值

序号	县（旗、市、区、局、场）	产值（万元）
1	涞水县（冀）	9310
2	围场满族蒙古族自治县（冀）	12
3	新宾满族自治县（辽）	44000
4	辉南县（吉）	13600
5	大石头林业局（吉）	1000
6	磐石市（吉）	650
7	铁力市（黑）	5790
8	五常市（黑）	45
9	开化县（浙）	23000
10	瑞安市（浙）	15252
11	建德市（浙）	6000
12	乐清市（浙）	1500
13	义乌市（浙）	800
14	文成县（浙）	628
15	常山县（浙）	533
16	庆元县（浙）	160
17	阜南县（皖）	19267
18	黟县（皖）	2600
19	大观区（皖）	1800
20	歙县（皖）	486
21	绩溪县（皖）	350
22	界首市（皖）	220
23	石台县（皖）	200
24	潜山市（皖）	165
25	五河县（皖）	100
26	广丰区（赣）	81500
27	余江区（赣）	80000
28	奉新县（赣）	48000
29	安福县（赣）	10680
30	井冈山市（赣）	7061
31	新建区（赣）	6800
32	永丰县（赣）	3000
33	广昌县（赣）	2300
34	遂川县（赣）	1560
35	铅山县（赣）	860
36	石城县（赣）	680
37	彭泽县（赣）	600
38	莲花县（赣）	500
39	安源区（赣）	500
40	青原区（赣）	368
41	瑞金市（赣）	200
42	兴国县（赣）	165
43	南丰县（赣）	15
44	婺源县（赣）	14.53
45	丰城市（赣）	2
46	冠县（鲁）	9374
47	青州市（鲁）	300
48	沂源县（鲁）	10
49	濮阳市高新区（豫）	12500
50	范县（豫）	9320

林产品主产地及产量
PRINCIPAL PRODUCTION COUNTIES AND OUTPUT OF FOREST PRODUCTS

(续表)

序号	县(旗、市、区、局、场)	产值(万元)
51	卫辉市(豫)	3145
52	洛宁县(豫)	2860
53	桐柏县(豫)	1600
54	嵩县(豫)	1318
55	孟津区(豫)	565
56	西峡县(豫)	280.25
57	灵宝市(豫)	60
58	浏阳市(湘)	71000
59	大祥区(湘)	29780
60	汝城县(湘)	7000
61	祁东县(湘)	4000
62	蓝山县(湘)	2710
63	衡东县(湘)	2000
64	沅陵县(湘)	1900
65	湘潭市市辖区(湘)	1482
66	汨罗市(湘)	1400
67	珠晖区(湘)	1200
68	衡山县(湘)	1074.36
69	苏仙区(湘)	600
70	会同县(湘)	550
71	零陵区(湘)	500
72	溆浦县(湘)	300
73	华容县(湘)	300
74	江华瑶族自治县(湘)	300
75	武陵区(湘)	245
76	桃源县(湘)	160
77	东安县(湘)	100
78	靖州苗族侗族自治县(湘)	65
79	常德市市辖区(湘)	55
80	新晃侗族自治县(湘)	30
81	岳阳县(湘)	30
82	南岳区(湘)	20
83	凤凰县(湘)	10
84	鹤城区(湘)	2.25
85	德庆县(粤)	345.35
86	五华县(粤)	300
87	和平县(粤)	250
88	台山市(粤)	35
89	英德市(粤)	32

(续表)

序号	县(旗、市、区、局、场)	产值(万元)
90	博白县(桂)	886
91	平南县(桂)	500
92	长洲区(桂)	300
93	万秀区(桂)	155
94	西林县(桂)	150
95	苍梧县(桂)	60
96	大新县(桂)	6
97	儋州市(琼)	200
98	梁平区(渝)	1030
99	高县(川)	13500
100	芦山县(川)	8600
101	丹棱县(川)	5000
102	邻水县(川)	3600
103	都江堰市(川)	862
104	叙州区(川)	697.6
105	江油市(川)	490
106	青白江区(川)	87
107	雷山县(黔)	23945
108	都匀市(黔)	8600
109	黄平县(黔)	900
110	榕江县(黔)	850
111	兴义市(黔)	675
112	贞丰县(黔)	480
113	务川仡佬族苗族自治县(黔)	300
114	凯里市(黔)	226
115	镇远县(黔)	200
116	兴仁市(黔)	135
117	从江县(黔)	130
118	丹寨县(黔)	120
119	普安县(黔)	96
120	金沙县(黔)	90
121	安龙县(黔)	70
122	册亨县(黔)	50
123	德江县(黔)	30
124	景洪市(滇)	250066
125	蒙自市(滇)	15910
126	富宁县(滇)	11685
127	腾冲市(滇)	6000
128	罗平县(滇)	960

(续表)

序号	县(旗、市、区、局、场)	产值(万元)
129	双柏县(滇)	125
130	江川区(滇)	60
131	石林彝族自治县(滇)	54
132	景东彝族自治县(滇)	50
133	华宁县(滇)	17
134	瑞丽市(滇)	2
135	亚布力林业局(龙江森工)	24
136	新林林业局(大兴安岭)	14

表18-2 竹雕工艺品主产地产值

序号	县(旗、市、区、局、场)	产值(万元)
1	阜南县(皖)	120000
2	徽州区(皖)	18448
3	黟县(皖)	700
4	大观区(皖)	300
5	石台县(皖)	200
6	潜山市(皖)	48
7	金寨县(皖)	10
8	安福县(赣)	12800
9	遂川县(赣)	2400
10	玉山县(赣)	1000
11	丰城市(赣)	2
12	尉氏县(豫)	1000
13	淅川县(豫)	15
14	衡山县(湘)	2813.22
15	临湘市(湘)	1000
16	安化县(湘)	532
17	祁阳县(湘)	200
18	武陵区(湘)	100
19	汨罗市(湘)	85
20	汉寿县(湘)	54.5
21	会同县(湘)	50
22	岳阳县(湘)	10
23	梁平区(渝)	1610
24	长宁县(川)	13000
25	江安县(川)	2687
26	邻水县(川)	1050
27	高县(川)	655
28	雷山县(黔)	202

表18-3 竹编工艺品主产地产值

序号	县(旗、市、区、局、场)	产值(万元)	序号	县(旗、市、区、局、场)	产值(万元)	序号	县(旗、市、区、局、场)	产值(万元)
29	从江县(黔)	120	36	南昌市市辖区(赣)	8330	78	蓝山县(湘)	2346.7
30	景洪市(滇)	2505	37	龙南县(赣)	7348	79	沅陵县(湘)	1150
31	西畴县(滇)	120	38	井冈山市(赣)	4578	80	祁东县(湘)	900
32	陇川县(滇)	4	39	宜丰县(赣)	3920	81	溆浦县(湘)	800
			40	永修县(赣)	3750	82	衡山县(湘)	644.55
1	邗江区(苏)	880	41	万安县(赣)	3400	83	宁远县(湘)	490
2	洪泽区(苏)	120	42	广昌县(赣)	1265	84	汨罗市(湘)	420
3	吴江区(苏)	3.8	43	于都县(赣)	1181	85	洪江市(湘)	300
4	余杭区(浙)	12964	44	遂川县(赣)	800	86	中方县(湘)	200
5	瑞安市(浙)	6268	45	宁都县(赣)	750	87	鼎城区(湘)	200
6	建德市(浙)	1000	46	玉山县(赣)	700	88	会同县(湘)	150
7	兰溪市(浙)	850	47	定南县(赣)	640	89	花垣县(湘)	105
8	龙泉市(浙)	785	48	瑞金市(赣)	600	90	东安县(湘)	100
9	德清县(浙)	663	49	安源区(赣)	600	91	岳阳县(湘)	100
10	文成县(浙)	305	50	萍乡市林业局武功山分局(赣)	460	92	苏仙区(湘)	100
11	永康市(浙)	214	51	南昌县(赣)	400	93	江华瑶族自治县(湘)	100
12	柯城区(浙)	200	52	吉水县(赣)	292	94	麻阳苗族自治县(湘)	77
13	常山县(浙)	121	53	铅山县(赣)	230	95	新晃侗族自治县(湘)	60
14	江山市(浙)	12	54	崇义县(赣)	191	96	冷水滩区(湘)	40
15	太湖县(皖)	5381	55	铜鼓县(赣)	100	97	保靖县(湘)	35
16	宿松县(皖)	4730	56	赣县区(赣)	58	98	澧　县(湘)	30
17	岳西县(皖)	3900	57	芦溪县(赣)	50	99	望城区(湘)	20
18	颍上县(皖)	3500	58	新干县(赣)	50	100	株洲市市辖区(湘)	19.1
19	全椒县(皖)	3100	59	瑞昌市(赣)	15	101	北湖区(湘)	12
20	郎溪县(皖)	2365	60	德安县(赣)	10	102	凤凰县(湘)	8
21	广德县(皖)	700	61	上犹县(赣)	7	103	信宜市(粤)	93000
22	大观区(皖)	300	62	丰城市(赣)	2	104	罗定市(粤)	4000
23	潜山市(皖)	263.7	63	坊子区(鲁)	6700	105	始兴县(粤)	650
24	界首市(皖)	200	64	莱阳市(鲁)	150	106	高州市(粤)	500
25	石台县(皖)	150	65	博爱县(豫)	1900	107	清新区(粤)	320
26	祁门县(皖)	115	66	栾川县(豫)	1280	108	梅县区(粤)	200
27	无为县(皖)	110	67	唐河县(豫)	500	109	和平县(粤)	200
28	青阳县(皖)	44	68	新野县(豫)	280	110	高要区(粤)	80
29	绩溪县(皖)	30	69	嵩　县(豫)	150	111	阳西县(粤)	50
30	桐城市(皖)	30	70	汝阳县(豫)	53.8	112	仁化县(粤)	32
31	金寨县(皖)	15	71	宜章县(湘)	12508	113	南海区(粤)	30
32	蒙城县(皖)	11.8	72	湘潭县(湘)	11500	114	五华县(粤)	30
33	大通区(皖)	11	73	湘潭市市辖区(湘)	6225	115	禅城区(粤)	14.7
34	禹会区(皖)	2	74	珠晖区(湘)	4000	116	新兴县(粤)	13
35	安远县(赣)	23611	75	汝城县(湘)	3000	117	英德市(粤)	3
			76	临湘市(湘)	3000	118	博白县(桂)	85000
			77	雨湖区(湘)	2935	119	桂平市(桂)	9800
						120	岑溪市(桂)	2678.7

林产品主产地及产量

PRINCIPAL PRODUCTION COUNTIES AND OUTPUT OF FOREST PRODUCTS

(续表)

序号	县(旗、市、区、局、场)	产值(万元)
121	灵山县(桂)	1230
122	凌云县(桂)	850
123	港北区(桂)	328
124	八步区(桂)	297
125	长洲区(桂)	260
126	西林县(桂)	100
127	环江毛南族自治县(桂)	100
128	苍梧县(桂)	90
129	万秀区(桂)	55
130	平南县(桂)	36
131	东兰县(桂)	5
132	那坡县(桂)	0.6
133	梁平区(渝)	8200
134	长寿区(渝)	100
135	青神县(川)	38600
136	长宁县(川)	20000
137	崇州市(川)	12520
138	井研县(川)	7590
139	北川羌族自治县(川)	7080
140	江安县(川)	5843
141	渠县(川)	4210
142	江油市(川)	4000
143	东坡区(川)	3770
144	高坪区(川)	2180
145	雨城区(川)	2100
146	邻水县(川)	2100
147	天全县(川)	1755
148	彭山区(川)	1650
149	恩阳区(川)	1300
150	通江县(川)	956
151	达川区(川)	941.6
152	南江县(川)	883
153	兴文县(川)	873.7
154	合江县(川)	864.8
155	洪雅县(川)	621
156	泸县(川)	620
157	珙县(川)	531
158	邛崃市(川)	500
159	安岳县(川)	495
160	武胜县(川)	450
161	贡井区(川)	450
162	宝兴县(川)	420
163	开江县(川)	314.5

(续表)

序号	县(旗、市、区、局、场)	产值(万元)
164	三台县(川)	120
165	旺苍县(川)	100
166	岳池县(川)	60
167	名山区(川)	46
168	蓬安县(川)	42
169	华蓥市(川)	40
170	翠屏区(川)	35
171	布拖县(川)	16
172	船山区(川)	3.15
173	三穗县(黔)	2100
174	务川仡佬族苗族自治县(黔)	1800
175	思南县(黔)	1520
176	从江县(黔)	1000
177	黄平县(黔)	920
178	赤水市(黔)	890
179	丹寨县(黔)	680
180	罗甸县(黔)	225
181	望谟县(黔)	200
182	贞丰县(黔)	200
183	镇远县(黔)	200
184	仁怀市(黔)	74
185	六枝特区(黔)	65
186	剑河县(黔)	57
187	桐梓县(黔)	50
188	荔波县(黔)	40
189	凯里市(黔)	38
190	台江县(黔)	30
191	兴仁市(黔)	26
192	德江县(黔)	25
193	天柱县(黔)	21
194	晴隆县(黔)	20
195	麻江县(黔)	8
196	长顺县(黔)	0.6
197	富宁县(滇)	5843
198	隆阳区(滇)	4958
199	开远市(滇)	1200
200	昌宁县(滇)	804
201	武定县(滇)	393
202	勐海县(滇)	250
203	石屏县(滇)	150
204	姚安县(滇)	142
205	贡山独龙族怒族自治县(滇)	120

(续表)

序号	县(旗、市、区、局、场)	产值(万元)
206	峨山彝族自治县(滇)	90
207	腾冲市(滇)	80
208	双柏县(滇)	68
209	宜良县(滇)	55
210	景东彝族自治县(滇)	40
211	兰坪白族普米族自治县(滇)	40
212	剑川县(滇)	24
213	华宁县(滇)	16
214	江川区(滇)	5.2
215	澄江市(滇)	5
216	新平彝族傣族自治县(滇)	0.62
217	南郑区(陕)	1500
218	镇巴县(陕)	10
219	洋县(陕)	8

表 18-4 藤编工艺品主产地产值

序号	县(旗、市、区、局、场)	产值(万元)
1	邗江区(苏)	800
2	兰溪市(浙)	800
3	文成县(浙)	479
4	阜南县(皖)	700000
5	岳西县(皖)	4820
6	太湖县(皖)	1608
7	肥东县(皖)	1250
8	大观区(皖)	600
9	临泉县(皖)	159
10	潜山市(皖)	126
11	石台县(皖)	50
12	黄山区(皖)	2
13	章贡区(赣)	3000
14	乐安县(赣)	2900
15	井冈山市(赣)	1176
16	定南县(赣)	685
17	万安县(赣)	600
18	高安市(赣)	588
19	广昌县(赣)	512
20	安源区(赣)	500
21	会昌县(赣)	355.68
22	瑞金市(赣)	240
23	吉水县(赣)	230

(续表)

序号	县(旗、市、区、局、场)	产值(万元)
24	上犹县(赣)	200
25	新建区(赣)	150
26	石城县(赣)	150
27	遂川县(赣)	60
28	寻乌县(赣)	22
29	丰城市(赣)	2
30	邹平市(鲁)	134280
31	东平县(鲁)	550
32	河东区(鲁)	500
33	临沭县(鲁)	400
34	陵城区(鲁)	10
35	固始县(豫)	35000
36	宁陵县(豫)	6180
37	渑池县(豫)	1820
38	郏县(豫)	950
39	新野县(豫)	280
40	淮滨县(豫)	65
41	嵩县(豫)	50
42	汝阳县(豫)	48.5
43	淅川县(豫)	13
44	蓝山县(湘)	2560
45	珠晖区(湘)	1200
46	汨罗市(湘)	360
47	衡山县(湘)	234.48
48	鼎城区(湘)	185
49	武陵区(湘)	150
50	溆浦县(湘)	120
51	汝城县(湘)	100
52	江华瑶族自治县(湘)	100
53	东安县(湘)	50
54	梅县区(粤)	500
55	和平县(粤)	150
56	浦北县(桂)	15615
57	永福县(桂)	2650
58	灵山县(桂)	700
59	龙圩区(桂)	90
60	长洲区(桂)	40
61	苍梧县(桂)	20
62	崇州市(川)	9000
63	东兴区(川)	1711

(续表)

序号	县(旗、市、区、局、场)	产值(万元)
64	邻水县(川)	1050
65	江油市(川)	215
66	旺苍县(川)	51
67	蓬安县(川)	50
68	剑河县(黔)	436.8
69	从江县(黔)	180
70	贞丰县(黔)	160
71	镇远县(黔)	80
72	正安县(黔)	62
73	荔波县(黔)	20
74	罗甸县(黔)	15
75	红河县(滇)	1420
76	绿春县(滇)	415
77	腾冲市(滇)	400
78	贡山独龙族怒族自治县(滇)	180
79	昌宁县(滇)	153
80	麻栗坡县(滇)	82.8
81	嵩明县(滇)	50
82	南郑区(陕)	7500
83	镇巴县(陕)	35
84	洋县(陕)	4
85	宁县(甘)	3

表 18-5 棕编工艺品主产地产值

序号	县(旗、市、区、局、场)	产值(万元)
1	江山市(浙)	3
2	太湖县(皖)	1650
3	潜山市(皖)	23
4	新建区(赣)	325
5	东乡区(赣)	291
6	寻乌县(赣)	69
7	丰城市(赣)	2
8	临沭县(鲁)	600
9	镇平县(豫)	15500
10	项城市(豫)	913.5
11	祁东县(湘)	520
12	沅陵县(湘)	245
13	衡东县(湘)	200
14	衡山县(湘)	171.1

(续表)

序号	县(旗、市、区、局、场)	产值(万元)
15	岳阳县(湘)	35
16	新晃侗族自治县(湘)	20
17	安化县(湘)	20
18	东安县(湘)	10
19	芷江侗族自治县(湘)	2.7
20	邻水县(川)	760
21	江油市(川)	390
22	旺苍县(川)	90
23	仁怀市(黔)	800
24	贞丰县(黔)	122
25	从江县(黔)	120
26	剑河县(黔)	92.16
27	罗甸县(黔)	80
28	镇远县(黔)	50
29	腾冲市(滇)	40
30	楚雄市(滇)	10
31	南郑区(陕)	800
32	镇巴县(陕)	30

表19 驯化野生动物与利用

序号	县(旗、市、区、局、场)	企业名称	动物种类	计量单位	驯养数量
1	滨海新区(津)	天津极地旅游有限公司海洋文化分公司	洪式环企鹅	只	2
2	滨海新区(津)	天津亿利动物园管理有限公司	凤头鹦鹉	只	4
3	滨海新区(津)	天津亿利动物园管理有限公司	豹纹陆龟	只	4
4	滨海新区(津)	天津亿利动物园管理有限公司	黑颈天鹅	只	4
5	滨海新区(津)	天津极地旅游有限公司海洋文化分公司	北极熊	只	1
6	滨海新区(津)	天津极地旅游有限公司海洋文化分公司	豹纹陆龟	只	2
7	滨海新区(津)	天津市滨海新区园林绿化服务中心绿化服务四所	黑熊	只	2
8	滨海新区(津)	天津极地旅游有限公司海洋文化分公司	红腿陆龟	只	1
9	滨海新区(津)	天津市滨海新区园林绿化服务中心绿化服务四所	棕熊	只	2
10	滨海新区(津)	天津极地旅游有限公司海洋文化分公司	贾丁氏鹦鹉	只	200
11	滨海新区(津)	天津亿利动物园管理有限公司	蓝黄金刚鹦鹉	只	6
12	滨海新区(津)	天津极地旅游有限公司海洋文化分公司	狼	只	9
13	滨海新区(津)	天津亿利动物园管理有限公司	梅花鹿	只	10
14	滨海新区(津)	天津市滨海新区园林绿化服务中心绿化服务四所	梅花鹿	只	9
15	滨海新区(津)	天津市滨海新区园林绿化服务中心绿化服务四所	猕猴	只	24
16	滨海新区(津)	天津市滨海新区园林绿化服务中心绿化服务四所	玫瑰鹦鹉	只	30
17	滨海新区(津)	天津极地旅游有限公司海洋文化分公司	苏卡达龟	只	1
18	滨海新区(津)	天津极地旅游有限公司海洋文化分公司	松鼠猴	只	4
19	滨海新区(津)	天津亿利动物园管理有限公司	松鼠猴	只	50
20	滨海新区(津)	天津极地旅游有限公司海洋文化分公司	金刚鹦鹉	只	2
21	滨海新区(津)	天津亿利动物园管理有限公司	苏卡达龟	只	6
22	滨海新区(津)	天津极地旅游有限公司海洋文化分公司	缅甸陆龟	只	1
23	滨海新区(津)	天津极地旅游有限公司海洋文化分公司	蓝黄金刚鹦鹉	只	2
24	滨海新区(津)	天津亿利动物园管理有限公司	折衷鹦鹉	只	8
25	滨海新区(津)	天津亿利动物园管理有限公司	鸳鸯	只	30
26	滨海新区(津)	天津极地旅游有限公司海洋文化分公司	鹦鹉	只	202
27	滨海新区(津)	天津市滨海新区园林绿化服务中心绿化服务四所	鹦鹉	只	31
28	滨海新区(津)	天津亿利动物园管理有限公司	鹦鹉	只	112
29	滨海新区(津)	天津亿利动物园管理有限公司	亚达伯拉象龟	只	2
30	滨海新区(津)	天津亿利动物园管理有限公司	小熊猫	只	10
31	滨海新区(津)	天津亿利动物园管理有限公司	金刚鹦鹉	只	10
32	滨海新区(津)	天津亿利动物园管理有限公司	红绿金刚鹦鹉	只	4
33	津南区(津)	天津市佳沃天成产业园发展有限公司	松鼠猴	只	32
34	津南区(津)	天津市佳沃天成产业园发展有限公司	金刚鹦鹉	只	6
35	津南区(津)	天津市佳沃天成产业园发展有限公司	猴子	只	10
36	津南区(津)	天津易佳易得商贸有限公司	苏卡达龟	只	7
37	津南区(津)	天津易佳易得商贸有限公司	巴西龟	只	18
38	武清区(津)	天津南湖动物养殖有限公司	太阳锥尾鹦鹉	只	35
39	武清区(津)	天津南湖动物养殖有限公司	亚达伯拉象龟	只	1
40	武清区(津)	天津南湖动物养殖有限公司	蟒蛇	条	3
41	武清区(津)	天津南湖动物养殖有限公司	白鹳	只	5
42	武清区(津)	天津南湖动物养殖有限公司	丹顶鹤	只	2

(续表)

序号	县(旗、市、区、局、场)	企业名称	动物种类	计量单位	驯养数量
43	武清区(津)	天津南湖动物养殖有限公司	缅甸陆龟	只	1
44	武清区(津)	天津南湖动物养殖有限公司	豹纹陆龟	只	2
45	武清区(津)	天津南湖动物养殖有限公司	蜥蜴	只	12
46	武清区(津)	天津市武清区金方园养殖场	太阳锥尾鹦鹉	只	20
47	武清区(津)	天津市武清区金方园养殖场	非洲鹦鹉	只	5
48	武清区(津)	天津市武清区金方园养殖场	鹦鹉	只	47
49	武清区(津)	天津市武清区福兴鹦鹉养殖有限公司	非洲鹦鹉	只	4
50	武清区(津)	天津市武清区福兴鹦鹉养殖有限公司	鹦鹉	只	913
51	武清区(津)	天津市武清区福兴鹦鹉养殖有限公司	太阳锥尾鹦鹉	只	7
52	武清区(津)	天津南湖动物养殖有限公司	苏卡达龟	只	13
53	武清区(津)	天津市武清区金方园养殖场	和尚鹦鹉	只	92
54	武清区(津)	天津南湖动物养殖有限公司	狐狸	只	5
55	武清区(津)	天津南湖动物养殖有限公司	红腿陆龟	只	4
56	武清区(津)	天津南湖动物养殖有限公司	梅花鹿	只	60
57	武清区(津)	天津南湖动物养殖有限公司	鹦鹉	只	122
58	武清区(津)	天津南湖动物养殖有限公司	金刚鹦鹉	只	16
59	武清区(津)	天津南湖动物养殖有限公司	猴子	只	41
60	武清区(津)	天津南湖动物养殖有限公司	和尚鹦鹉	只	10
61	武清区(津)	天津南湖动物养殖有限公司	松鼠猴	只	12
62	宁河区(津)	天津市宁河区晴海鹦鹉养殖场	鹦鹉	只	1219
63	宁河区(津)	天津市美源珍禽养殖有限公司	黑天鹅	只	1
64	宁河区(津)	天津绿之语动物养殖有限公司	丹顶鹤	只	1
65	宁河区(津)	天津市宁河区青柳孔雀殖场	孔雀	只	86
66	静海区(津)	天津市福德动物园管理有限公司	猴子	只	23
67	静海区(津)	天津市静海区长留养殖场	蟒蛇	条	177
68	静海区(津)	天津市福德动物园管理有限公司	鹦鹉	只	200
69	静海区(津)	天津市福德动物园管理有限公司	黑熊	只	4
70	静海区(津)	天津市福德动物园管理有限公司	老虎	只	3
71	静海区(津)	天津市福德动物园管理有限公司	白鹇	只	20
72	滦州市(冀)	滦县杉翎养殖有限公司	鹦鹉	只	50
73	滦州市(冀)	滦县沁园林养殖农民专业合作社	鹦鹉	只	800
74	滦州市(冀)	滦州祥海鹦鹉养殖场	鹦鹉	只	51
75	滦州市(冀)	唐山金方鹦鹉养殖有限公司	鹦鹉	只	51
76	滦州市(冀)	滦州吉祥鹦鹉繁育场	鹦鹉	只	206
77	乐亭县(冀)	唐山遇鹦缘鹦鹉养殖有限公司	鹦鹉	只	5
78	遵化市(冀)	汤泉乡王帅鹦鹉养殖场	鹦鹉	只	1200
79	北戴河区(冀)	秦皇岛野生动物园	豪猪	只	3
80	北戴河区(冀)	秦皇岛野生动物园	贵妃鸡	只	23
81	北戴河区(冀)	秦皇岛野生动物园	马鹿	只	4
82	北戴河区(冀)	秦皇岛野生动物园	非洲鸵鸟	只	28
83	北戴河区(冀)	秦皇岛野生动物园	鹩鹉	只	15
84	北戴河区(冀)	秦皇岛野生动物园	鳄龟	只	2

(续表)

序号	县(旗、市、区、局、场)	企业名称	动物种类	计量单位	驯养数量
85	北戴河区(冀)	秦皇岛野生动物园	丹顶鹤	只	18
86	北戴河区(冀)	秦皇岛野生动物园	白鹇	只	94
87	北戴河区(冀)	秦皇岛野生动物园	白孔雀	只	75
88	北戴河区(冀)	秦皇岛野生动物园	白鹳	只	5
89	北戴河区(冀)	秦皇岛野生动物园	白冠长尾雉	只	108
90	北戴河区(冀)	秦皇岛野生动物园	猕猴	只	140
91	北戴河区(冀)	秦皇岛野生动物园	黑天鹅	只	10
92	北戴河区(冀)	秦皇岛野生动物园	蓝孔雀	只	488
93	北戴河区(冀)	秦皇岛野生动物园	鸵鸟	只	28
94	北戴河区(冀)	秦皇岛野生动物园	狮子	只	41
95	北戴河区(冀)	秦皇岛野生动物园	麋鹿	只	10
96	北戴河区(冀)	秦皇岛野生动物园	梅花鹿	只	135
97	北戴河区(冀)	秦皇岛野生动物园	绿头鸭	只	11
98	北戴河区(冀)	秦皇岛野生动物园	浣熊	只	24
99	北戴河区(冀)	秦皇岛野生动物园	火烈鸟	只	56
100	北戴河区(冀)	秦皇岛野生动物园	金刚鹦鹉	只	11
101	北戴河区(冀)	秦皇岛野生动物园	狼	只	27
102	北戴河区(冀)	秦皇岛野生动物园	亚洲象	只	4
103	北戴河区(冀)	秦皇岛野生动物园	羊驼	只	11
104	北戴河区(冀)	秦皇岛野生动物园	棕熊	只	63
105	北戴河区(冀)	秦皇岛野生动物园	环颈雉	只	180
106	北戴河区(冀)	秦皇岛野生动物园	红腹锦鸡	只	3
107	北戴河区(冀)	秦皇岛野生动物园	鸿雁	只	30
108	北戴河区(冀)	秦皇岛野生动物园	老虎	只	48
109	临西县(冀)	临西县唯众养殖有限公司	和尚鹦鹉	只	500
110	邢台市高新技术开发区(冀)	河北富襄种业科技有限公司	蓝孔雀	只	120
111	邢台市高新技术开发区(冀)	个人(5户)	鹦鹉	只	2670
112	邢台市高新技术开发区(冀)	民营	虎皮鹦鹉	只	200
113	蠡县(冀)	蠡县繁众饲养场	狐狸	只	600
114	蠡县(冀)	佳祥饲养有限公司	貂	只	1700
115	蠡县(冀)	绒盛饲养农民专业合作社	貂	只	4000
116	蠡县(冀)	蠡县东口第一养殖场	水貂	只	1700
117	蠡县(冀)	蠡县鸿运水貂养殖场	水貂	只	1600
118	蠡县(冀)	蠡县泽灵养殖有限公司	狐狸	只	1700
119	蠡县(冀)	河北富盛达养殖有限公司	貂	只	2000
120	蠡县(冀)	河北伟亿养殖有限公司	貂	只	11000
121	怀来县(冀)	怀来智扬天宝科技有限公司	林麝	头	258
122	兴隆县(冀)	河北六里坪猕猴省级自然保护区管理处	猕猴	只	35
123	丰宁满族自治县(冀)	河北省御鹿谷发展有限公司	梅花鹿	头	860
124	永清县(冀)	永清县乡野特种养殖农民专业合作社	红腹锦鸡	只	6
125	永清县(冀)	冀北珍禽异兽养殖公司	蓝孔雀	只	800
126	永清县(冀)	永清县乡野特种养殖农民专业合作社	鸵鸟	只	20

(续表)

序号	县(旗、市、区、局、场)	企业名称	动物种类	计量单位	驯养数量
127	桃城区(冀)	衡水市鹤鸣养殖有限公司	白天鹅	只	17
128	桃城区(冀)	衡水市鹤鸣养殖有限公司	丹顶鹤	只	2
129	桃城区(冀)	衡水市鹤鸣养殖有限公司	虎皮鹦鹉	只	120
130	桃城区(冀)	衡水市桃城区正广特种驯养繁殖场	虎皮鹦鹉	只	200
131	桃城区(冀)	衡水市鹤鸣养殖有限公司	鸳鸯	只	12
132	枣强县(冀)	枣强县大营镇张国鹦鹉养殖场	虎皮鹦鹉	只	180
133	枣强县(冀)	枣强县大营镇张国鹦鹉养殖场	牡丹鹦鹉	只	60
134	武强县(冀)	武强县玄风养殖场	鸡尾鹦鹉	只	150
135	景 县(冀)	连镇宗庄	火鸡	只	20
136	景 县(冀)	留府小营	貉	只	80
137	景 县(冀)	青兰南刘	貉	只	55
138	景 县(冀)	河北昶旭生态农业科技有限公司	七彩山鸡	只	20000
139	景 县(冀)	广川南木客	鸵鸟	只	20
140	景 县(冀)	连镇宗庄	孔雀	只	5
141	景 县(冀)	连镇宗庄	鸵鸟	只	3
142	辛集市(冀)	辛集市马昌特种养殖场	猕猴	只	2
143	阳曲县(晋)	山西华宏农林业开发有限公司	野猪	头	18
144	阳曲县(晋)	山西华宏农林业开发有限公司	孔雀	只	23
145	阳曲县(晋)	山西华宏农林业开发有限公司	狍子	只	17
146	阳曲县(晋)	山西华宏农林业开发有限公司	野鸡	只	160
147	阳城县(晋)	鹿鸣谷旅游开发有限公司	蓝孔雀	只	100
148	泽州县(晋)	山西晋城诚天下养殖专业合作社	蓝孔雀	只	40
149	平陆县(晋)	山西育宝堂农业发展股份有限公司	林麝	头	75
150	繁峙县(晋)	繁峙县集义庄乡丰源生态家族农场	野猪	头	80
151	扎鲁特旗(内蒙古)	凤明源珍禽养殖专业合作社	野鸡	只	350
152	扎鲁特旗(内蒙古)	扎鲁特旗宝柱养殖专业合作社	野猪	头	400
153	扎鲁特旗(内蒙古)	森德宝畜牧养殖有限公司	野猪	头	600
154	扎鲁特旗(内蒙古)	凤明源珍禽养殖专业合作社	沙鸡	只	900
155	扎兰屯市(内蒙古)	扎兰屯市贵祥养殖场殖场	野猪	头	8
156	扎兰屯市(内蒙古)	扎兰屯市萨马街兴旺科生养殖场	野猪	头	4
157	扎兰屯市(内蒙古)	扎兰屯市萨马街兴旺科生养殖场	马鹿	头	4
158	扎兰屯市(内蒙古)	扎兰屯市蒙森特种养殖场	马鹿	头	2
159	扎兰屯市(内蒙古)	扎兰屯市蒙森特种养殖场	野猪	头	10
160	扎兰屯市(内蒙古)	卧牛河镇红旗村山鹿特种养殖场	野猪	头	5
161	扎兰屯市(内蒙古)	根多河鹿场	马鹿	头	93
162	扎兰屯市(内蒙古)	扎兰屯市南木养鹿场	梅花鹿	头	98
163	扎兰屯市(内蒙古)	扎兰屯市南木养鹿场	马鹿	头	390
164	扎兰屯市(内蒙古)	国柱特种养殖	马鹿	头	10
165	扎兰屯市(内蒙古)	国柱特种养殖	野猪	头	10
166	扎兰屯市(内蒙古)	娜仁动物养殖场	野猪	头	10
167	扎兰屯市(内蒙古)	娜仁动物养殖场	马鹿	头	30
168	扎兰屯市(内蒙古)	野猪林特种野猪养殖基地	野猪	头	7

林产品主产地及产量
PRINCIPAL PRODUCTION COUNTIES AND OUTPUT OF FOREST PRODUCTS

(续表)

序号	县(旗、市、区、局、场)	企业名称	动物种类	计量单位	驯养数量
169	扎兰屯市(内蒙古)	根多河铁路点永志特种动物养殖场	野猪	头	2
170	扎兰屯市(内蒙古)	根多河铁路点永志特种动物养殖场	马鹿	头	4
171	扎兰屯市(内蒙古)	扎兰屯市园林管理局(吊桥公园)	棕熊	头	1
172	扎兰屯市(内蒙古)	扎兰屯市园林管理局(吊桥公园)	梅花鹿	头	22
173	扎兰屯市(内蒙古)	剑飞特种动物养殖场	马鹿	头	4
174	扎兰屯市(内蒙古)	剑飞特种动物养殖场	野猪	头	5
175	扎兰屯市(内蒙古)	海军养殖场	野猪	头	2
176	扎兰屯市(内蒙古)	海军养殖场	马鹿	头	2
177	扎兰屯市(内蒙古)	萨马街韩伟养殖场	野猪	头	4
178	扎兰屯市(内蒙古)	萨马街韩伟养殖场	马鹿	头	4
179	扎兰屯市(内蒙古)	鄂伦春猎民村风情园特种养殖场	马鹿	头	5
180	扎兰屯市(内蒙古)	鄂伦春猎民村风情园特种养殖场	野猪	头	6
181	扎兰屯市(内蒙古)	浩饶山园太特种动物养殖场	野猪	头	2
182	扎兰屯市(内蒙古)	伊气罕林场特种动物养殖场	野猪	头	5
183	扎兰屯市(内蒙古)	扎兰屯市园林管理局(吊桥公园)	孔雀	只	4
184	扎兰屯市(内蒙古)	蒙东特种养殖场	马鹿	头	20
185	扎兰屯市(内蒙古)	毕家店农民特种养殖场	野猪	头	8
186	扎兰屯市(内蒙古)	扎兰屯市济沁河春杰养殖场	马鹿	头	2
187	扎兰屯市(内蒙古)	扎兰屯市济沁河春杰养殖场	野猪	头	4
188	扎兰屯市(内蒙古)	姜远峰驯养繁殖场	野猪	头	3
189	扎兰屯市(内蒙古)	蒙丹特种养殖场	野猪	头	3
190	扎兰屯市(内蒙古)	猎豪特种养殖场	野猪	头	3
191	扎兰屯市(内蒙古)	蒙东特种养殖场	野猪	头	20
192	扎兰屯市(内蒙古)	蒙东特种养殖场	马鹿	头	10
193	扎兰屯市(内蒙古)	白桦林特种养殖场	野猪	头	18
194	扎兰屯市(内蒙古)	扎兰屯市秀水养鹿场	梅花鹿	头	80
195	扎兰屯市(内蒙古)	鄂伦春南木养鹿场	马鹿	头	3
196	扎兰屯市(内蒙古)	扎兰屯市秀水养鹿场	马鹿	头	35
197	扎兰屯市(内蒙古)	崔军驯繁殖场	马鹿	头	1
198	扎兰屯市(内蒙古)	崔军驯养繁殖场	野猪	头	1
199	扎兰屯市(内蒙古)	森林特种养殖场	野猪	头	22
200	扎兰屯市(内蒙古)	森林特种养殖场	马鹿	头	22
201	扎兰屯市(内蒙古)	丽敏山村特种养殖场	马鹿	头	10
202	扎兰屯市(内蒙古)	宋春波养殖场	马鹿	头	6
203	扎兰屯市(内蒙古)	庙尔山明林养殖场	马鹿	头	5
204	扎兰屯市(内蒙古)	耿波驯养繁殖场	野猪	头	10
205	扎兰屯市(内蒙古)	荣乐特种动物养殖场	野猪	头	15
206	扎兰屯市(内蒙古)	永清野生动物养殖基地	野猪	头	250
207	扎兰屯市(内蒙古)	永清野生动物养殖基地	马鹿	头	20
208	扎兰屯市(内蒙古)	雲龙特种养殖场	马鹿	头	2
209	扎兰屯市(内蒙古)	雲龙特种养殖场	野猪	头	2
210	扎兰屯市(内蒙古)	杨明养殖场	野猪	头	2

(续表)

序号	县(旗、市、区、局、场)	企业名称	动物种类	计量单位	驯养数量
211	扎兰屯市(内蒙古)	伊气罕林场特种动物养殖场	马鹿	头	6
212	扎兰屯市(内蒙古)	杨明养殖场	马鹿	头	2
213	扎兰屯市(内蒙古)	百鹿原养鹿场	马鹿	头	2
214	扎兰屯市(内蒙古)	百鹿原养鹿场	野猪	头	5
215	扎兰屯市(内蒙古)	扎兰屯市鸿运特种养殖场	野猪	头	4
216	扎兰屯市(内蒙古)	荣乐特种动物养殖场	马鹿	头	3
217	扎兰屯市(内蒙古)	金星特种动物养殖场	野猪	头	3
218	扎兰屯市(内蒙古)	扎兰屯市凤珍养殖场	野猪	头	20
219	扎兰屯市(内蒙古)	扎兰屯市凤珍养殖场	马鹿	头	20
220	扎兰屯市(内蒙古)	扎兰屯市鸿运特种养殖场	马鹿	头	2
221	扎兰屯市(内蒙古)	蒙东特种动物养殖场	野猪	头	40
222	乌拉特前旗(内蒙古)	乌拉特前旗小佘太石山坡养殖专业合作社	石鸡	只	32000
223	乌拉特前旗(内蒙古)	乌拉特前旗小佘太石山坡养殖专业合作社	野鸡	只	2000
224	丰镇市(内蒙古)	丰庄生态养殖有限科技责任公司	林麝	只	72
225	乌兰浩特市(内蒙古)	乌兰浩特市罕山公园动物园	蓝孔雀	只	18
226	乌兰浩特市(内蒙古)	乌兰浩特市罕山公园动物园	黑天鹅	只	1
227	乌兰浩特市(内蒙古)	乌兰浩特市罕山公园动物园	大雁	只	2
228	乌兰浩特市(内蒙古)	乌兰浩特市湿地公园	蓝孔雀	只	5
229	乌兰浩特市(内蒙古)	乌兰浩特市雀鸣养殖场	孔雀	只	8
230	乌兰浩特市(内蒙古)	乌兰浩特市自然美龙山鸵鸟养殖专业合作社	松鼠	只	5
231	乌兰浩特市(内蒙古)	乌兰浩特市自然美龙山鸵鸟养殖专业合作社	孔雀	只	3
232	乌兰浩特市(内蒙古)	乌兰浩特市蒙雀养殖专业合作社	孔雀	只	143
233	乌兰浩特市(内蒙古)	乌兰浩特市罕山公园动物园	狼	头	5
234	乌兰浩特市(内蒙古)	乌兰浩特市罕山公园动物园	猴子	只	4
235	白狼林业局(内蒙古)	白狼林业局	梅花鹿	头	114
236	白狼林业局(内蒙古)	白狼林业局	森林猪	头	300
237	突泉县(内蒙古)	聚美恒果	孔雀	只	120
238	大连市高新技术园区(辽)	大连和赢文化艺术发展有限公司	和尚鹦鹉	只	4
239	大连市高新技术园区(辽)	大连和赢文化艺术发展有限公司	绿颊锥尾鹦鹉	只	350
240	大连市高新技术园区(辽)	大连和赢文化艺术发展有限公司	蓝黄金刚鹦鹉	只	3
241	大连市高新技术园区(辽)	大连和赢文化艺术发展有限公司	葵花凤头鹦鹉	只	4
242	大连市高新技术园区(辽)	大连和赢文化艺术发展有限公司	非洲鹦鹉	只	12
243	大连市高新技术园区(辽)	大连和赢文化艺术发展有限公司	绯胸鹦鹉	只	4
244	大连市高新技术园区(辽)	大连和赢文化艺术发展有限公司	红绿金刚鹦鹉	只	4
245	大连市高新技术园区(辽)	大连和赢文化艺术发展有限公司	折衷鹦鹉	只	2
246	大连市高新技术园区(辽)	大连和赢文化艺术发展有限公司	太阳锥尾鹦鹉	只	5
247	新宾满族自治县(辽)	新宾满族自治县	水貂	只	20000
248	新宾满族自治县(辽)	新宾满族自治县	梅花鹿	只	1036
249	新宾满族自治县(辽)	新宾满族自治县	野猪	头	490
250	新宾满族自治县(辽)	新宾满族自治县	马鹿	头	160
251	本溪满族自治县(辽)	张野狗獾养殖	獾子	只	4
252	本溪满族自治县(辽)	大石湖景区	狍子	只	15

林产品主产地及产量
PRINCIPAL PRODUCTION COUNTIES AND OUTPUT OF FOREST PRODUCTS

(续表)

序号	县(旗、市、区、局、场)	企业名称	动物种类	计量单位	驯养数量
253	本溪满族自治县(辽)	关山湖景区	狍子	只	4
254	桓仁满族自治县(辽)	桓仁群山方西熊类养殖有限公司	黑熊	头	13
255	桓仁满族自治县(辽)	辽宁国熊药业有限公司	黑熊	头	62
256	铁岭县(辽)	铁岭县宾丽鹦鹉养殖有限公司	鹦鹉	只	10000
257	西丰县(辽)	西丰县	林蛙	只	30000000
258	西丰县(辽)	西丰县	梅花鹿	头	33000
259	喀喇沁左翼蒙古族自治县(辽)	朝阳草原木业有限公司	野猪	头	700
260	喀喇沁左翼蒙古族自治县(辽)	个体户	貉	只	2300
261	双阳区(吉)	长春金鼎鹿业有限公司	梅花鹿	头	2300
262	双阳区(吉)	长春市吉双贵发鹿场	梅花鹿	头	1478
263	双阳区(吉)	吉林省长春市双阳区博隆鹿业有限公司	梅花鹿	头	820
264	双阳区(吉)	吉林省长双鹿业特产开发集团有限公司	梅花鹿	头	560
265	双阳区(吉)	吉林省东鳌梅花鹿良种繁育有限公司	梅花鹿	头	700
266	双阳区(吉)	双阳区丁彬梅花鹿养殖场	梅花鹿	头	1700
267	九台区(吉)	九台区东湖街道办事处富丰珍禽养殖繁育场	孔雀	只	60
268	九台区(吉)	九台区东湖街道办事处恒达养殖业农民专业合作社	蟾蜍	只	50000
269	九台区(吉)	吉林省天成养殖有限公司	水貂	只	200
270	九台区(吉)	吉林省天成养殖有限公司	貉	只	500
271	公主岭市(吉)	公主岭市陶家屯镇林业工作站	梅花鹿	头	35
272	公主岭市(吉)	公主岭市健航梅花鹿养殖中心	梅花鹿	头	40
273	公主岭市(吉)	吉林公主岭经济开发区艳峰梅花鹿养殖场	梅花鹿	头	52
274	公主岭市(吉)	公主岭市范家屯镇隆胜养殖场	梅花鹿	头	20
275	公主岭市(吉)	公主岭市天阳鹿业有限公司	梅花鹿	头	80
276	公主岭市(吉)	公主岭市范家屯镇林业工作站	梅花鹿	头	200
277	公主岭市(吉)	公主岭玻璃城子镇林业工作站	狐狸	只	4000
278	公主岭市(吉)	公主岭市朝阳坡镇林业工作站	大雁	只	1200
279	公主岭市(吉)	公主岭市环岭街道林业工作站	狐狸	只	500
280	公主岭市(吉)	龙山满族乡林业工作站	梅花鹿	头	180
281	公主岭市(吉)	公主岭市大榆树镇林业工作站	梅花鹿	头	50
282	昌邑区(吉)	吉林市昌邑区庆丰珍禽养殖场	野鸭	只	80
283	昌邑区(吉)	吉林市昌邑区永发蟾蜍养殖专业合作社	蟾蜍	只	100000
284	昌邑区(吉)	吉林市昌邑区文涛养殖有限公司	白眉蝮蛇	条	10000
285	昌邑区(吉)	吉林市中特农业科技有限公司异兽路分公司	水貂	只	1000
286	昌邑区(吉)	吉林市昌邑区河湾子林场	森林鸡	只	1000
287	昌邑区(吉)	吉林市昌邑区两家子林场	森林猪	头	200
288	昌邑区(吉)	吉林市昌邑区兴隆养殖场	野鸡	只	400
289	昌邑区(吉)	吉林市昌邑区庆丰珍禽养殖场	大雁	只	10
290	昌邑区(吉)	吉林市昌邑区庆丰珍禽养殖场	蓝孔雀	只	2
291	昌邑区(吉)	吉林市谷叶鹿业有限公司	梅花鹿	头	120
292	昌邑区(吉)	吉林市昌邑区景文皮毛动物养殖场	水貂	只	500
293	昌邑区(吉)	吉林市昌邑区兴隆养殖场	蓝孔雀	只	20
294	船营区(吉)	永恒养殖场	松鼠	只	30

(续表)

序号	县(旗、市、区、局、场)	企业名称	动物种类	计量单位	驯养数量
295	船营区(吉)	永恒养殖场	花鼠	只	50
296	丰满区(吉)	吉林市丰满区文超养殖场	松鼠	只	60
297	丰满区(吉)	吉林市丰满区明忠梅花鹿养殖场	梅花鹿	头	7
298	桦甸市(吉)	桦甸市盛隆林蛙养殖专业合作社	林蛙	只	80000
299	桦甸市(吉)	桦甸市培山梅花鹿养殖有限公司	梅花鹿	头	1000
300	桦甸市(吉)	桦甸市四方甸子林场	林蛙	只	225000
301	桦甸市(吉)	桦甸市九星林场	森林猪	头	27
302	桦甸市(吉)	桦甸市金沙林场	林蛙	只	400000
303	桦甸市(吉)	桦甸市八道河子林场	林蛙	只	800000
304	桦甸市(吉)	吉林市雪蛤谷林蛙养殖有限公司	林蛙	只	280000
305	桦甸市(吉)	桦甸市桦树林场	林蛙	只	331500
306	桦甸市(吉)	桦甸市清水林场	林蛙	只	800000
307	桦甸市(吉)	桦甸市常山林场	林蛙	只	1000000
308	桦甸市(吉)	桦甸市当石林场	林蛙	只	480000
309	桦甸市(吉)	桦甸市九星林场	林蛙	只	350000
310	桦甸市(吉)	桦甸市苏密沟林场	林蛙	只	400000
311	桦甸市(吉)	桦甸市大勃吉林场	林蛙	只	830000
312	桦甸市(吉)	桦甸市朝阳林场	林蛙	只	500000
313	舒兰市(吉)	舒兰市林业局林场辖区	林蛙	只	14832000
314	舒兰市(吉)	舒兰市林业局林场辖区	蚕	只	12153000
315	舒兰市(吉)	舒兰市林业局林场辖区	貉	只	4300
316	舒兰市(吉)	舒兰市林业局林场辖区	冷水鱼	条	6373000
317	上营森林经营局(吉)	吉林省上营森经局	梅花鹿	头	220
318	上营森林经营局(吉)	吉林省上营森林经营局	林蛙	只	3580000
319	双辽市(吉)	双辽市卧虎镇林业站	红腹锦鸡	只	2
320	双辽市(吉)	双辽市国有冰总场	蓝孔雀	只	10
321	双辽市(吉)	双辽市玻璃山镇林业站	獾子	只	30
322	双辽市(吉)	双辽市服先镇林业站	狐狸	只	1000
323	双辽市(吉)	双辽市卧虎镇林业站	野鸡	只	241
324	双辽市(吉)	双辽市兴隆鹿场	梅花鹿	只	70
325	双辽市(吉)	双辽市服先镇鸿鸽养殖专业合作社	鸵鸟	只	80
326	双辽市(吉)	柳条乡林业站(个人)	貉	只	230
327	双辽市(吉)	双辽市服先镇林业站	貉	头	70
328	双辽市(吉)	双辽市双山镇海平养殖专业合作社	狐狸	只	1200
329	双辽市(吉)	双辽市东明镇成龙养殖场	鹦鹉	只	5
330	双辽市(吉)	双辽市茂林镇林业站(个人)	貉	只	430
331	双辽市(吉)	双辽市卧虎镇林业站	孔雀	只	12
332	双辽市(吉)	双辽市卧虎镇林业站	大雁	只	12
333	双辽市(吉)	双辽市服先镇林业站	野猪	头	70
334	龙山区(吉)	辽源市龙山区阳升松鼠养殖合作社	松鼠	只	100
335	龙山区(吉)	辽源市徐派梅花鹿茸有限公司	梅花鹿	头	200
336	东丰县(吉)	吉林省琳潍农业科技有限公司	梅花鹿	头	2600

林产品主产地及产量
PRINCIPAL PRODUCTION COUNTIES AND OUTPUT OF FOREST PRODUCTS

(续表)

序号	县(旗、市、区、局、场)	企业名称	动物种类	计量单位	驯养数量
337	东丰县(吉)	东丰药业股份有限公司	梅花鹿	头	1500
338	东辽县(吉)	东辽县白泉镇海维林蛙养殖基地	林蛙	只	600000
339	东辽县(吉)	东辽县辽河源镇泉涌种植养殖基地	林蛙	只	200000
340	东辽县(吉)	东辽县白泉镇洪祥养殖户	林蛙	只	35000
341	东辽县(吉)	东辽县辽河源镇铁金林蛙养殖基地	林蛙	只	150000
342	东辽县(吉)	吉林省老龙农业开发有限公司	土鸡	只	4000
343	东辽县(吉)	东辽县云顶镇林业工作站	蚕	只	2500000
344	东辽县(吉)	吉林省老龙农业开发有限公司	羊	只	150
345	东辽县(吉)	东辽县足民乡林业工作者	梅花鹿	头	105
346	东辽县(吉)	东辽县辽河源镇林业工作站	梅花鹿	头	110
347	东辽县(吉)	辽源市惠农特种经济动物牧业有限公司	貂	只	5000
348	东辽县(吉)	东辽县泉太镇忆隆宣养殖专业合作社	鸽子	只	90000
349	东辽县(吉)	东辽县辽河源林业工作者	土鸡	只	25000
350	东昌区(吉)	金厂镇	梅花鹿	头	500
351	通化县(吉)	通化县朝阳林场	梅花鹿	头	45
352	通化县(吉)	通化县快大茂镇林业工作站	梅花鹿	头	1500
353	通化县(吉)	通化县英额布镇林业工作站	梅花鹿	头	72
354	通化县(吉)	通化县快大茂镇林业工作站	林蛙	只	25000
355	通化县(吉)	通化县三棵榆树镇林业工作站	梅花鹿	头	130
356	通化县(吉)	通化县三棵榆树镇林业工作站	林蛙	只	130000
357	通化县(吉)	通化县兴林镇林业工作站	梅花鹿	头	110
358	通化县(吉)	通化县金斗朝鲜族满族乡林业工作站	林蛙	只	8000
359	通化县(吉)	通化县英额布镇林业工作站	林蛙	只	25000
360	通化县(吉)	四棚乡林业工作站	林蛙	只	500000
361	通化县(吉)	通化县金斗朝鲜族满族乡林业工作站	梅花鹿	头	168
362	通化县(吉)	通化县果松镇林业工作站	羊	只	420
363	通化县(吉)	通化县光华镇林业工作站	森林鸡	头	3500
364	通化县(吉)	通化县兴林镇林业工作站	林蛙	只	65000
365	通化县(吉)	通化县果松镇林业工作站	森林鸡	只	1000
366	通化县(吉)	国营通化县升平林场	林蛙	只	13000
367	通化县(吉)	通化县二密林业有限公司	林蛙	只	7000
368	通化县(吉)	通化县东来乡林业工作站	林蛙	只	110000
369	通化县(吉)	通化县朝阳林场	林蛙	只	900000
370	通化县(吉)	通化县英额布林场	林蛙	只	15000
371	通化县(吉)	通化县大安镇林业工作站	林蛙	只	60000
372	通化县(吉)	大泉源满族朝鲜族乡林业工作站	梅花鹿	头	43
373	通化县(吉)	通化县大安镇林业工作站	羊	只	500
374	通化县(吉)	通化县石湖林场	林蛙	只	180000
375	通化县(吉)	大泉源满族朝鲜族乡林业工作站	林蛙	只	220000
376	通化县(吉)	大泉源满族朝鲜族乡林业工作站	森林鸡	只	635
377	通化县(吉)	通化县光华镇林业工作站	林蛙	只	124581
378	通化县(吉)	通化县光华镇林业工作站	冷水鱼	条	1700

(续表)

序号	县(旗、市、区、局、场)	企业名称	动物种类	计量单位	驯养数量
379	通化县(吉)	通化县果松镇林业工作站	林蛙	只	100000
380	辉南县(吉)	青顶子林场	森林鸡	只	10000
381	辉南县(吉)	辉南县广萍梅花鹿合作社	梅花鹿	头	600
382	辉南县(吉)	青顶子林场	林蛙	只	400000
383	辉南县(吉)	大椅山林场	冷水鱼	条	35000
384	辉南县(吉)	大场园林场	冷水鱼	条	30000
385	辉南县(吉)	大椅山林场	林蛙	只	240000
386	梅河口市(吉)	梅河口市浩翔鹿业养殖专业合作社	梅花鹿	头	420
387	集安市(吉)	集安市士锦祥参茸有限公司	梅花鹿	头	893
388	白山市市辖区(吉)	吉林省鸿康科技有限公司	林蛙	只	2000000
389	白山市市辖区(吉)	白山市五间房国营林场	林蛙	只	32200
390	白山市市辖区(吉)	白山市国营实验林场	林蛙	只	300
391	白山市市辖区(吉)	白山市板石国营林场	林蛙	只	322040
392	白山市市辖区(吉)	白山市三道沟国营林场	林蛙	只	500000
393	白山市市辖区(吉)	白山市直大镜沟林场	林蛙	只	12000
394	浑江区(吉)	七道江林业服务站	林蛙	只	390000
395	浑江区(吉)	河口林业服务站	林蛙	只	320000
396	浑江区(吉)	红拓农场	梅花鹿	头	400
397	浑江区(吉)	六道江林业服务站	林蛙	只	938000
398	浑江区(吉)	浑江区三道沟林业服务中心	林蛙	只	1000000
399	浑江区(吉)	浑江区驰鸣林蛙养殖专业合作社	林蛙	只	15000
400	浑江区(吉)	红土崖林业服务站	林蛙	只	410000
401	浑江区(吉)	板石林业服务站	林蛙	只	300000
402	长白朝鲜族自治县(吉)	外南岔村	野猪	头	120
403	长白朝鲜族自治县(吉)	八道沟镇	梅花鹿	头	200
404	长白朝鲜族自治县(吉)	新房子镇	冷水鱼	条	6200
405	长白朝鲜族自治县(吉)	林业辖区	林蛙	只	220000
406	江源区(吉)	森源林蛙养殖基地	林蛙	只	5000000
407	江源区(吉)	石人镇森友林蛙养殖基地	林蛙	只	180000
408	江源区(吉)	石人镇同飞林蛙养殖场	林蛙	只	100000
409	江源区(吉)	三源林蛙养殖	林蛙	只	3000000
410	江源区(吉)	孙家堡子锦绣山珍禽养殖场	野鸡	只	220
411	江源区(吉)	孙家堡子世权林蛙养殖基地	林蛙	只	4000000
412	江源区(吉)	白山市江源区林业工作总站(白山市江源区农村林业改革管理中心)	貉	只	530
413	江源区(吉)	孙家堡子野生狍子驯养繁殖场	梅花鹿	头	10
414	江源区(吉)	白山市江源区林业工作总站(白山市江源区农村林业改革管理中心)	林蛙	只	4400000
415	江源区(吉)	大石人镇佳河林蛙养殖场	林蛙	只	900000
416	江源区(吉)	石人镇金珍养殖场	林蛙	只	300000
417	江源区(吉)	名达鹿业有限责任公司	马鹿	头	20
418	江源区(吉)	江源区大阳岔国营林场	林蛙	只	360000

（续表）

序号	县（旗、市、区、局、场）	企业名称	动物种类	计量单位	驯养数量
419	江源区（吉）	东森野生动物养殖有限公司	野猪	头	80
420	江源区（吉）	江源区野猪林野猪养殖场	野猪	头	50
421	江源区（吉）	白山市江源区林业工作总站（白山市江源区农村林业改革管理中心）	野猪	头	30
422	江源区（吉）	孙家堡子野生狍子驯养繁殖场	狍子	头	4
423	江源区（吉）	名达鹿业有限责任公司	梅花鹿	头	400
424	江源区（吉）	白山市林业工作总站（白山市江源区农村林业改革中心）	梅花鹿	头	50
425	临江市（吉）	临江市恒顺梅花鹿繁育场	马鹿	头	76
426	临江市（吉）	临江市自红养殖家庭农场	梅花鹿	头	180
427	临江市（吉）	临江市汇泽养殖农民专业合作社	林蛙	只	250000
428	临江市（吉）	临江长白山鹿业有限公司	梅花鹿	头	100
429	临江市（吉）	临江市恒顺梅花鹿繁育场	梅花鹿	头	562
430	长白森林经营局（吉）	吉林省长白森林经营局	森林猪	头	480
431	长白森林经营局（吉）	吉林省长白森林经营局	林蛙	只	470000
432	松原市市辖区（吉）	松原市国霞龙凤特禽养殖有限公司	七彩山鸡	只	1000
433	前郭尔罗斯蒙古族自治县（吉）	松原市华瑞特禽养殖有限公司	鸵鸟	只	10
434	前郭尔罗斯蒙古族自治县（吉）	松原市华瑞特禽养殖有限公司	孔雀	只	150
435	前郭尔罗斯蒙古族自治县（吉）	松原市华瑞特禽养殖有限公司	黑天鹅	只	6
436	白城市市辖区（吉）	吉林省大公林业产业发展有限公司	森林鸡	只	3000
437	延吉市（吉）	延吉金龙养熊场	狗熊	头	38
438	延吉市（吉）	延边白头山制药有限公司	狗熊	头	125
439	延吉市（吉）	吉林延边熊场	狗熊	头	36
440	延吉市（吉）	延边野生动物研究所熊胆加工厂	狗熊	头	60
441	图们市（吉）	延边绿野种植有限公司	梅花鹿	头	150
442	龙井市（吉）	龙井市明日黑熊繁育中心	黑熊	头	150
443	龙井市（吉）	延边森林熊类养殖场	黑熊	头	288
444	龙井市（吉）	延边东方熊业参茸实业有限责任公司东方熊乐园	黑熊	头	369
445	龙井市（吉）	吉林松元牧业有限公司养熊场	黑熊	头	50
446	和龙市（吉）	吉林海兰江生物制药有限公司	黑熊	头	28
447	和龙市（吉）	吉林省雪山种貂养殖有限公司	水貂	只	44000
448	汪清县（吉）	汪清县林业局牡丹川林场	林蛙	只	300000
449	汪清县（吉）	汪清县旷宇森林鸡养殖繁育有限公司	森林鸡	只	300
450	汪清县（吉）	汪清龙昌山珍食品有限公司	冷水鱼	条	600000
451	汪清县（吉）	汪清县绿珍种养专业合作社	林蛙	只	30000
452	汪清县（吉）	汪清县林业局东升林场	林蛙	只	5000
453	汪清县（吉）	汪清县林业局天桥岭林场	林蛙	只	450000
454	汪清县（吉）	汪清县林业局大兴苗圃	林蛙	只	2000
455	汪清县（吉）	汪清县林业局南沟林场	林蛙	只	68000
456	汪清县（吉）	汪清县林业局老庙林场	林蛙	只	1120
457	汪清县（吉）	汪清县林业局国营大兴林场	梅花鹿	头	30
458	敦化林业局（吉）	敦化林业局	林蛙	只	4260000

(续表)

序号	县(旗、市、区、局、场)	企业名称	动物种类	计量单位	驯养数量
459	大石头林业局(吉)	大石头林业局	梅花鹿	头	570
460	大石头林业局(吉)	大石头林业局	林蛙	只	7600000
461	八家子林业局(吉)	八家子林业局	森林猪	头	910
462	八家子林业局(吉)	八家子林业局	梅花鹿	头	180
463	八家子林业局(吉)	八家子林业局	林蛙	只	2030000
464	八家子林业局(吉)	八家子林业局	森林鸡	只	4100
465	和龙林业局(吉)	和龙林业有限公司	林蛙	只	2300000
466	汪清林业局(吉)	汪清林业局	林蛙	只	300000
467	大兴沟林业局(吉)	大兴沟林业有限公司	林蛙	只	1250000
468	天桥岭林业局(吉)	长白山森工集团天桥岭林业有限公司	林蛙	只	1620000
469	天桥岭林业局(吉)	长白山森工集团天桥岭林业有限公司	森林猪	头	100
470	白河林业局(吉)	白河林业局有限公司	野鸡	只	80000
471	白河林业局(吉)	白河林业局有限公司	冷水鱼	条	13700
472	白河林业局(吉)	白河林业局有限公司	野猪	只	450
473	白河林业局(吉)	白河林业局有限公司	梅花鹿	头	340
474	白河林业局(吉)	白河林业局有限公司	林蛙	只	1034000
475	珲春林业局(吉)	珲春林业有限公司	林蛙	只	1886000
476	珲春林业局(吉)	珲春林业有限公司	冷水鱼	条	20070
477	安图森林经营局(吉)	安图森林经营局	林蛙	只	20985000
478	安图森林经营局(吉)	安图森林经营局	黑熊	头	70
479	上营森林经营局(吉)	吉林省上营森林经营局	林蛙	只	3580000
480	上营森林经营局(吉)	吉林省上营森林经营局	梅花鹿	头	220
481	阿城区(黑)	阿城区玉泉东每养鹿场	梅花鹿	头	300
482	阿城区(黑)	哈尔滨市阿城区玉泉子富养鹿场	梅花鹿	头	100
483	阿城区(黑)	义家鹿业	梅花鹿	头	100
484	阿城区(黑)	陈友养鹿场	梅花鹿	头	20
485	阿城区(黑)	阿城区平山镇北川村光明养鹿场	梅花鹿	头	110
486	阿城区(黑)	松峰山常峰养鹿场	梅花鹿	头	15
487	阿城区(黑)	平山镇福禄养殖合作社	梅花鹿	头	200
488	阿城区(黑)	哈尔滨市阿城区玉泉林生养鹿场	梅花鹿	头	20
489	阿城区(黑)	阿城区老六专业合作社	梅花鹿	头	300
490	阿城区(黑)	志文养鹿场	梅花鹿	头	10
491	阿城区(黑)	融意野生动物养殖场	梅花鹿	头	11
492	双城区(黑)	哈尔滨华隆蓝狐育种有限公司	狐狸	只	32000
493	双城区(黑)	哈尔滨华隆蓝狐育种有限公司	貉	只	3000
494	双城区(黑)	希勤乡鑫露鹿场	梅花鹿	头	190
495	尚志市(黑)	尚志市	水貂	只	270403
496	尚志市(黑)	尚志市	北极狐	头	1500
497	尚志市(黑)	尚志市	马鹿	头	3
498	尚志市(黑)	尚志市	梅花鹿	头	439
499	山河实验林场(黑)	黑龙江省山河熊类实验场	狗熊	头	44
500	恒山区(黑)	黑龙江省鸡西市恒山区艳东太平梅花鹿场	梅花鹿	头	520

林产品主产地及产量
PRINCIPAL PRODUCTION COUNTIES AND OUTPUT OF FOREST PRODUCTS

(续表)

序号	县(旗、市、区、局、场)	企业名称	动物种类	计量单位	驯养数量
501	麻山区(黑)	鑫富养殖场	山猪	头	280
502	虎林市(黑)	茗琴山庄	野猪	头	4
503	虎林市(黑)	郭桂云养殖场	野猪	头	50
504	虎林市(黑)	石场张义梅花鹿养殖场	梅花鹿	头	5
505	虎林市(黑)	杨勇梅花鹿养殖场	梅花鹿	头	20
506	虎林市(黑)	高泽东养殖场	野猪	头	46
507	虎林市(黑)	海音山林场养鹿场	梅花鹿	头	95
508	虎林市(黑)	野宝药业	棕熊	头	500
509	宝清县(黑)	绿林养殖场	森林鸡	只	20000
510	宝清县(黑)	枫林生猪养殖农民专业合作社	森林猪	头	1050
511	杜尔伯特蒙古族自治县(黑)	乡镇	狐狸	只	11.58
512	杜尔伯特蒙古族自治县(黑)	乡镇	貉	只	6.5
513	大箐山县(黑)	凤存养殖场	梅花鹿	头	890
514	铁力市(黑)	东升林场	鹌鹑	只	30000
515	桦南县(黑)	桦南县金沙养鹿场	马鹿	头	20
516	桦南县(黑)	桦南县金沙养鹿场	梅花鹿	头	80
517	爱辉区(黑)	黑河市金地鹿业有限公司	马鹿	头	90
518	嫩江县(黑)	兴农社区养殖合作社	貉	只	40
519	嫩江县(黑)	陈福荣	林蛙	只	935000
520	嫩江县(黑)	旭光社区养殖合作社	貉	只	58
521	嫩江县(黑)	刘铁军	梅花鹿	头	23
522	嫩江县(黑)	史乃兴	梅花鹿	头	200
523	嫩江县(黑)	嫩江鹿宝养殖专业合作社	梅花鹿	头	65
524	嫩江县(黑)	嫩江富山佰鹿鸣养鹿场	梅花鹿	头	200
525	嫩江县(黑)	于向臣	林蛙	只	65000
526	嫩江县(黑)	庆丰养狐基地	狐狸	只	1998
527	嫩江县(黑)	新合村养殖合作社	貉	只	100
528	嫩江县(黑)	李金波	狐狸	只	700
529	逊克县(黑)	个体户	林蛙	只	200000
530	逊克县(黑)	个体户	梅花鹿	头	120
531	逊克县(黑)	个体户	马鹿	头	25
532	北安市(黑)	职工养殖	梅花鹿	头	105
533	五大连池市(黑)	五大连池市青草山农民养殖专业合作社	梅花鹿	头	230
534	黑河市直属林场(黑)	黑河市直属林场	马鹿	头	35
535	黑河市直属林场(黑)	黑河市直属林场	林蛙	只	640000
536	黑河市直属林场(黑)	黑河市直属林场	梅花鹿	头	35
537	呼玛县(黑)	个体养殖户	羊	只	164
538	呼玛县(黑)	个体养殖户	森林鸡	只	3000
539	浦口区(苏)	万成动物园	梅花鹿	头	2
540	浦口区(苏)	南京市浦口区野生动物生态园有限公司	狮子	头	1
541	浦口区(苏)	南京市浦口区野生动物生态园有限公司	鹦鹉	只	7
542	浦口区(苏)	南京诚志生态旅游发展有限公司	猕猴	只	3

(续表)

序号	县(旗、市、区、局、场)	企业名称	动物种类	计量单位	驯养数量
543	浦口区(苏)	南京诚志生态旅游发展有限公司	梅花鹿	头	2
544	浦口区(苏)	南京凤茸梅花鹿养殖有限公司	梅花鹿	头	120
545	浦口区(苏)	南京诚志生态旅游发展有限公司	鹦鹉	只	160
546	浦口区(苏)	南京诚志生态旅游发展有限公司	白天鹅	只	4
547	浦口区(苏)	南京市浦口区野生动物生态园有限公司	老虎	只	105
548	溧水区(苏)	南京金朝花鹦鹉养殖有限公司	鹦鹉	只	400
549	溧水区(苏)	南京市溧水区小军家庭农场	黑天鹅	只	4
550	滨湖区(苏)	无锡铭晟文化旅游管理有限公司	金刚鹦鹉	只	4
551	滨湖区(苏)	无锡市动物园管理处	灰雁	只	15
552	滨湖区(苏)	无锡市动物园管理处	黑天鹅	只	80
553	滨湖区(苏)	无锡市动物园管理处	蓝孔雀	只	130
554	滨湖区(苏)	无锡市动物园管理处	浣熊	只	9
555	滨湖区(苏)	无锡市动物园管理处	斑嘴鸭	只	30
556	滨湖区(苏)	无锡市动物园管理处	绿头鸭	只	8
557	滨湖区(苏)	无锡市动物园管理处	鸵鸟	只	5
558	滨湖区(苏)	无锡市动物园管理处	河马	只	2
559	滨湖区(苏)	无锡市动物园管理处	麦式环企鹅	只	9
560	滨湖区(苏)	无锡市动物园管理处	白天鹅	只	2
561	滨湖区(苏)	无锡铭晟文化旅游管理有限公司	白天鹅	只	2
562	滨湖区(苏)	无锡铭晟文化旅游管理有限公司	花鼠	只	7
563	滨湖区(苏)	无锡市动物园管理处	豪猪	头	6
564	滨湖区(苏)	无锡市动物园管理处	北极狐	只	6
565	滨湖区(苏)	无锡市动物园管理处	苏卡达龟	只	11
566	滨湖区(苏)	无锡市动物园管理处	棕熊	头	7
567	滨湖区(苏)	无锡市动物园管理处	黑熊	头	10
568	滨湖区(苏)	无锡市动物园管理处	猕猴	只	52
569	滨湖区(苏)	无锡市动物园管理处	金刚鹦鹉	只	19
570	滨湖区(苏)	无锡市动物园管理处	白鹇	只	1
571	滨湖区(苏)	无锡市动物园管理处	蟒蛇	条	3
572	滨湖区(苏)	无锡市动物园管理处	亚洲象	头	1
573	滨湖区(苏)	无锡市动物园管理处	丹顶鹤	只	8
574	滨湖区(苏)	无锡市动物园管理处	麋鹿	头	11
575	滨湖区(苏)	无锡市动物园管理处	梅花鹿	头	11
576	滨湖区(苏)	无锡市动物园管理处	小熊猫	只	10
577	滨湖区(苏)	无锡市动物园管理处	羊驼	只	15
578	滨湖区(苏)	无锡市动物园管理处	鸿雁	只	8
579	滨湖区(苏)	无锡市动物园管理处	狼	只	5
580	滨湖区(苏)	无锡市动物园管理处	白冠长尾雉	只	3
581	滨湖区(苏)	无锡市动物园管理处	白鹇	只	2
582	滨湖区(苏)	无锡市动物园管理处	白腹锦鸡	只	2
583	滨湖区(苏)	无锡市动物园管理处	红腹锦鸡	只	2
584	滨湖区(苏)	无锡市动物园管理处	鸳鸯	只	40

(续表)

序号	县（旗、市、区、局、场）	企业名称	动物种类	计量单位	驯养数量
585	滨湖区（苏）	无锡市动物园管理处	秃鹫	只	1
586	滨湖区（苏）	无锡市动物园管理处	火烈鸟	只	24
587	滨湖区（苏）	无锡市动物园管理处	狮子	只	3
588	滨湖区（苏）	无锡市动物园管理处	老虎	只	28
589	江阴市（苏）	江阴市天华农庄有限公司	红腹锦鸡	只	1
590	江阴市（苏）	江阴市天华农庄有限公司	鸳鸯	只	6
591	江阴市（苏）	江阴市天华农庄有限公司	丹顶鹤	只	2
592	江阴市（苏）	江阴市天华农庄有限公司	猴子	只	11
593	睢宁县（苏）	睢宁县魏集镇明耀蟾蜍养殖厂	蟾蜍	只	80000
594	溧阳市（苏）	溧阳市益丰生态农业科技发展有限公司	中华大蟾蜍	只	2000
595	溧阳市（苏）	溧阳市仁信生态农业有限公司	中华大蟾蜍	只	3000
596	溧阳市（苏）	溧阳市戴埠镇格格粮食家庭农场	蟾蜍	只	2000
597	吴中区（苏）	吴中区木渎华新药用动物养殖场	中华大蟾蜍	只	15000
598	常熟市（苏）	苏州雷允上蟾业科技有限公司	中华大蟾蜍	只	20000
599	吴江区（苏）	华南特种水产养殖场	黄缘闭壳龟	只	5450
600	海安市（苏）	海安县动物科普园	狼	头	1
601	海安市（苏）	海安县动物科普园	黑熊	只	1
602	海安市（苏）	海安顾佳养獐场	河麂	只	123
603	海安市（苏）	海安县兰彬河麂驯养繁殖场	河麂	只	842
604	启东市（苏）	启东华盛动物园	鸳鸯	只	10
605	启东市（苏）	启东华盛动物园	猕猴	只	8
606	启东市（苏）	启东华盛动物园	黑熊	头	2
607	启东市（苏）	启东华盛动物园	狮子	头	2
608	启东市（苏）	吕四运来好珍禽养殖有限公司	鹦鹉	只	12
609	通州区（苏）	通州区五接镇传胜养殖场	黑天鹅	只	8
610	通州区（苏）	通州区五接镇传胜养殖场	黄缘闭壳龟	只	21
611	通州区（苏）	通州区五接镇传胜养殖场	灰雁	只	8
612	通州区（苏）	通州区五接镇传胜养殖场	蓝孔雀	只	39
613	通州区（苏）	通州区五接镇传胜养殖场	鸵鸟	只	10
614	通州区（苏）	通州区五接镇传胜养殖场	豪猪	只	5
615	通州区（苏）	通州区五接镇传胜养殖场	野猪	只	2
616	连云港市市辖区（苏）	连云港市花果山风景区管理处	猕猴	只	500
617	连云区（苏）	连云港云台山生态林业发展有限公司	猕猴	只	13
618	海州区（苏）	连云港国屹水产养殖农民专业合作社	中华大蟾蜍	只	50000
619	海州区（苏）	连云港市新浦公园	棕熊	只	2
620	海州区（苏）	连云港市新浦公园	梅花鹿	头	7
621	海州区（苏）	连云港市新浦公园	东北虎	只	2
622	海州区（苏）	连云港东东特种水产养殖有限公司	中华大蟾蜍	只	100000
623	海州区（苏）	连云港市鸿浦水产养殖专业合作社	中华大蟾蜍	只	500000
624	海州区（苏）	连云港霖川华蟾科技有限公司	中华大蟾蜍	只	15000
625	海州区（苏）	连云港吉丰特种水产养殖专业合作社	中华大蟾蜍	只	60000
626	海州区（苏）	连云港市捷茂水产养殖专业合作社	中华大蟾蜍	只	7000

(续表)

序号	县(旗、市、区、局、场)	企业名称	动物种类	计量单位	驯养数量
627	海州区(苏)	连云港市润佳源特种水产养殖专业合作社	中华大蟾蜍	只	9000
628	海州区(苏)	连云港市新浦公园	猕猴	只	8
629	海州区(苏)	连云港市信富康特种水产养殖专业合作社	中华大蟾蜍	只	500000
630	海州区(苏)	连云港市华辰宝蟾科技有限公司	中华大蟾蜍	只	10000
631	赣榆区(苏)	连云港鸿图青蛙养殖有限公司	中华大蟾蜍	只	60000
632	赣榆区(苏)	连云港盛淮特种养殖有限公司	中华大蟾蜍	只	150000
633	赣榆区(苏)	连云港海州湾海洋乐园有限公司	鸵鸟	只	3
634	赣榆区(苏)	连云港海州湾海洋乐园有限公司	苏卡达龟	只	10
635	赣榆区(苏)	连云港军麟特种养殖有限公司	中华大蟾蜍	只	300000
636	赣榆区(苏)	连云港海州湾海洋乐园有限公司	蜥蜴	只	12
637	东海县(苏)	东海县元飞水产养殖场	中华大蟾蜍	只	42000
638	东海县(苏)	连云港仁泽农业发展有限公司	中华大蟾蜍	只	9000
639	东海县(苏)	东海县赫泽蟾蜍养殖专业合作社	中华大蟾蜍	只	37000
640	东海县(苏)	东海县翔亮水产养殖场	中华大蟾蜍	只	11000
641	东海县(苏)	海县展博蟾蜍养殖专业合作社	中华大蟾蜍	只	35000
642	灌云县(苏)	灌云县玖贰柒稻麦种植家庭农场	中华大蟾蜍	只	40000
643	灌云县(苏)	连云港永成特种养殖有限公司	鸳鸯	只	45
644	灌云县(苏)	连云港永成特种养殖有限公司	白鹇	只	4
645	灌云县(苏)	连云港永成特种养殖有限公司	疣鼻天鹅	只	10
646	灌南县(苏)	灌南县百禄镇永欣蟾蜍养殖场	中华大蟾蜍	只	30000
647	盱眙县(苏)	江苏京蟾生物资源开发有限公司	中华大蟾蜍	只	400000
648	金湖县(苏)	金湖县良氏狐狸养殖专业合作社	狐狸	只	180
649	金湖县(苏)	金湖县文平蛇类驯养繁殖场	乌梢蛇	条	1000
650	响水县(苏)	响水县双港镇春燕鹦鹉养殖场	非洲鹦鹉	只	120
651	宝应县(苏)	宝应县金丰动物园管理有限公司	蟒蛇	条	2
652	宝应县(苏)	宝应县金丰动物园管理有限公司	斑头雁	只	2
653	宝应县(苏)	宝应县金丰动物园管理有限公司	猴子	只	1
654	宝应县(苏)	宝应县金丰动物园管理有限公司	狮子	只	5
655	宝应县(苏)	宝应县金丰动物园管理有限公司	食蟹猴	只	2
656	宝应县(苏)	宝应县金丰动物园管理有限公司	猕猴	只	13
657	宝应县(苏)	宝应县金丰动物园管理有限公司	棕熊	只	1
658	宝应县(苏)	宝应县金丰动物园管理有限公司	狼	只	1
659	宝应县(苏)	宝应县金丰动物园管理有限公司	豪猪	只	3
660	宝应县(苏)	宝应县金丰动物园管理有限公司	黑熊	只	5
661	句容市(苏)	句容市鹭巢生态农业科技有限公司	蛇	条	62
662	兴化市(苏)	兴化市安丰老圩养殖场	鸵鸟	头	6
663	泰兴市(苏)	泰兴市佳羽鹦鹉繁殖场	非洲鹦鹉	只	11
664	泰兴市(苏)	泰兴市华宝生态养殖园	黑熊	只	86
665	泰兴市(苏)	泰兴市腾辉生态养殖中心	中华大蟾蜍	只	8000
666	泰兴市(苏)	泰兴市达康蟾蜍养殖场	中华大蟾蜍	只	10000
667	泰兴市(苏)	泰兴市力之源蛇业有限公司	乌梢蛇	条	500
668	泰兴市(苏)	泰兴市力之源蛇业有限公司	尖吻蝮	条	300

(续表)

序号	县(旗、市、区、局、场)	企业名称	动物种类	计量单位	驯养数量
669	姜堰区(苏)	泰州市姜堰溱湖景区旅游发展有限公司	麋鹿	头	150
670	宿城区(苏)	宿城区战友动物养殖场	蟾蜍	只	10000
671	宿城区(苏)	江苏康之成生物科技有限公司	蟾蜍	只	20000
672	宿城区(苏)	宿迁市宿城区古墩特种水产生态养殖农民专业合作社	蟾蜍	只	4000
673	宿城区(苏)	江苏睿瑶生物科技发展有限公司	蟾蜍	只	10000
674	沭阳县(苏)	江苏兆生源生物技术有限公司	猴子	只	1000
675	淳安县(浙)	淳安县千岛湖林场	猕猴	只	116
676	淳安县(浙)	浙江千岛湖景区旅游有限公司	蓝孔雀	只	67
677	淳安县(浙)	浙江千岛湖景区旅游有限公司	白鹳	只	8
678	淳安县(浙)	淳安县千岛湖林场	短尾猴	只	5
679	瓯海区(浙)	温州市观火熊类养殖场	黑熊	头	2011
680	苍南县(浙)	温州市宇博鹦鹉养殖有限公司	鹦鹉	只	720
681	苍南县(浙)	温州市鼎耀鹦鹉养殖有限公司	鹦鹉	只	381
682	苍南县(浙)	苍南瑞瑶梅花鹿养殖场	梅花鹿	头	40
683	文成县(浙)	文成县猴王谷风景旅游开发有限公司	猴子	只	65
684	海盐县(浙)	海盐刘家生态农场	蟾蜍	只	100000
685	德清县(浙)	德清县铖龙蛇类养殖有限公司	短尾蝮	条	10000
686	德清县(浙)	德清县张氏蛇业有限公司	舟山眼镜蛇	条	4000
687	德清县(浙)	德清县凤来蛇业养殖有限公司	乌梢蛇	条	3000
688	德清县(浙)	德清县凤来蛇业养殖有限公司	赤链蛇	条	10000
689	德清县(浙)	德清县凤来蛇业养殖有限公司	短尾蝮	条	7000
690	德清县(浙)	德清县凤来蛇业养殖有限公司	银环蛇	条	100
691	德清县(浙)	德清县凤来蛇业养殖有限公司	尖吻蝮	条	100
692	德清县(浙)	德清县凤来蛇业养殖有限公司	舟山眼镜蛇	条	100
693	德清县(浙)	德清县强龙蛇类养殖有限公司	赤链蛇	条	30000
694	德清县(浙)	德清县张氏蛇业有限公司	尖吻蝮	条	10000
695	德清县(浙)	德清县张氏蛇业有限公司	乌梢蛇	条	20000
696	德清县(浙)	德清县强龙蛇类养殖有限公司	银环蛇	条	5000
697	德清县(浙)	德清县铖龙蛇类养殖有限公司	赤链蛇	条	12000
698	德清县(浙)	德清县铖龙蛇类养殖有限公司	舟山眼镜蛇	条	500
699	德清县(浙)	德清县铖龙蛇类养殖有限公司	银环蛇	条	800
700	德清县(浙)	德清县铖龙蛇类养殖有限公司	尖吻蝮	条	300
701	德清县(浙)	德清县强龙蛇类养殖有限公司	乌梢蛇	条	20000
702	德清县(浙)	德清县强龙蛇类养殖有限公司	短尾蝮	条	60000
703	德清县(浙)	德清县张氏蛇业有限公司	赤链蛇	条	20000
704	德清县(浙)	德清县张氏蛇业有限公司	短尾蝮	条	20000
705	德清县(浙)	德清县莫干山蛇业实业有限公司	乌梢蛇	条	20000
706	德清县(浙)	德清县莫干山蛇业实业有限公司	银环蛇	条	1000
707	德清县(浙)	德清县莫干山蛇业实业有限公司	尖吻蝮	条	1000
708	德清县(浙)	德清县莫干山蛇业实业有限公司	赤链蛇	条	10000
709	德清县(浙)	德清县莫干山蛇业实业有限公司	舟山眼镜蛇	条	500

(续表)

序号	县(旗、市、区、局、场)	企业名称	动物种类	计量单位	驯养数量
710	德清县(浙)	德清县铖龙蛇类养殖有限公司	乌梢蛇	条	8000
711	德清县(浙)	德清县莫干山蛇业实业有限公司	短尾蝮	条	20000
712	武义县(浙)	武义县臻华动物有限公司	乌梢蛇	条	5800
713	武义县(浙)	武义县臻华动物有限公司	舟山眼镜蛇	条	300
714	武义县(浙)	武义县臻华动物有限公司	赤链蛇	条	300
715	武义县(浙)	武义县臻华动物有限公司	五步蛇	条	4500
716	武义县(浙)	武义县臻华动物有限公司	蛇	条	500
717	武义县(浙)	武义县臻华动物有限公司	银环蛇	条	8000
718	兰溪市(浙)	兰溪市金野家庭农场	中华大蟾蜍	只	500
719	兰溪市(浙)	兰溪市放飞生态农场	灰雁	只	35
720	兰溪市(浙)	兰溪市放飞生态农场	斑头雁	只	17
721	兰溪市(浙)	兰溪市放飞生态农场	鸿雁	只	26
722	永康市(浙)	永康市德胜养蛇场	眼镜蛇	条	270
723	永康市(浙)	永康市胡记蛇类养殖场	乌梢蛇	条	920
724	龙游县(浙)	龙游曾氏蛇业养殖场	蛇	条	40000
725	龙游县(浙)	龙游刘建永养殖场	中华大蟾蜍	只	10000
726	龙游县(浙)	龙游宋诗国蟾蜍养殖场	中华大蟾蜍	只	10000
727	江山市(浙)	江山市上余镇一都江蛇业养殖场	尖吻蝮	条	1000
728	江山市(浙)	江山市锦顺蛇业养殖场	尖吻蝮	条	3000
729	江山市(浙)	江山市锦顺蛇业养殖场	银环蛇	条	8000
730	江山市(浙)	江山市锦顺蛇业养殖场	乌梢蛇	条	3000
731	江山市(浙)	江山市上余镇一都江蛇业养殖场	乌梢蛇	条	1000
732	江山市(浙)	江山市海川旅游开发有限公司	蓝孔雀	只	30
733	青田县(浙)	青田威志光学有限公司	鹦鹉	只	736
734	缙云县(浙)	缙云县东渡镇子通蟾蜍养殖场	中华大蟾蜍	只	110
735	缙云县(浙)	缙云县老爷子家庭农场	蓝孔雀	只	18
736	缙云县(浙)	浙江省千鹦鸟舍林业开发有限公司	非洲鹦鹉	只	23
737	缙云县(浙)	浙江省千鹦鸟舍林业开发有限公司	米切氏凤头鹦鹉	只	2
738	缙云县(浙)	浙江省千鹦鸟舍林业开发有限公司	鲑色凤头鹦鹉	只	1
739	缙云县(浙)	浙江省千鹦鸟舍林业开发有限公司	粉红凤头鹦鹉	只	5
740	缙云县(浙)	浙江省千鹦鸟舍林业开发有限公司	橙翅亚马逊鹦鹉	只	3
741	缙云县(浙)	浙江省千鹦鸟舍林业开发有限公司	绯红金刚鹦鹉	只	3
742	缙云县(浙)	浙江省千鹦鸟舍林业开发有限公司	蓝喉金刚鹦鹉	只	16
743	缙云县(浙)	浙江省千鹦鸟舍林业开发有限公司	亚历山大鹦鹉	只	12
744	缙云县(浙)	浙江省千鹦鸟舍林业开发有限公司	鹰头鹦鹉	只	4
745	缙云县(浙)	浙江省千鹦鸟舍林业开发有限公司	小葵花凤头鹦鹉	只	2
746	缙云县(浙)	浙江省千鹦鸟舍林业开发有限公司	凯克鹦鹉	只	68
747	缙云县(浙)	浙江省千鹦鸟舍林业开发有限公司	红尾黑凤头鹦鹉	只	2
748	缙云县(浙)	浙江省千鹦鸟舍林业开发有限公司	紫红头鹦鹉	只	2
749	缙云县(浙)	浙江省千鹦鸟舍林业开发有限公司	超级鹦鹉	只	2
750	缙云县(浙)	浙江省千鹦鸟舍林业开发有限公司	绿颊锥尾鹦鹉	只	86
751	缙云县(浙)	浙江省千鹦鸟舍林业开发有限公司	蓝黄金刚鹦鹉	只	8

(续表)

序号	县(旗、市、区、局、场)	企业名称	动物种类	计量单位	驯养数量
752	缙云县(浙)	浙江省千鹦鸟舍林业开发有限公司	和尚鹦鹉	只	73
753	缙云县(浙)	浙江省千鹦鸟舍林业开发有限公司	红梅花雀	只	4
754	缙云县(浙)	浙江省千鹦鸟舍林业开发有限公司	紫腹吸蜜鹦鹉	只	7
755	缙云县(浙)	浙江省千鹦鸟舍林业开发有限公司	葵花凤头鹦鹉	只	12
756	缙云县(浙)	浙江省千鹦鸟舍林业开发有限公司	贾丁氏鹦鹉	只	7
757	缙云县(浙)	浙江省千鹦鸟舍林业开发有限公司	折衷鹦鹉	只	6
758	缙云县(浙)	浙江省千鹦鸟舍林业开发有限公司	戈芬氏凤头鹦鹉	只	2
759	缙云县(浙)	浙江省千鹦鸟舍林业开发有限公司	鞭笞巨嘴鸟	只	1
760	缙云县(浙)	浙江省千鹦鸟舍林业开发有限公司	太阳锥尾鹦鹉	只	66
761	缙云县(浙)	浙江省千鹦鸟舍林业开发有限公司	绯胸鹦鹉	只	4
762	巢湖市(皖)	杨旗山动物园	猕猴	只	1
763	巢湖市(皖)	合肥市农铮生态农业有限公司	中华大蟾蜍	只	50000
764	镜湖区(皖)	芜湖城市园林集团有限公司	金钱豹	只	1
765	镜湖区(皖)	芜湖城市园林集团有限公司	蓝黄金刚鹦鹉	只	2
766	镜湖区(皖)	芜湖城市园林集团有限公司	黑帽悬猴	只	6
767	镜湖区(皖)	芜湖城市园林集团有限公司	东北虎	只	3
768	镜湖区(皖)	芜湖城市园林集团有限公司	绿头鸭	只	10
769	镜湖区(皖)	芜湖城市园林集团有限公司	棕熊	头	4
770	镜湖区(皖)	芜湖城市园林集团有限公司	绿颊锥尾鹦鹉	只	2
771	镜湖区(皖)	芜湖城市园林集团有限公司	蓝孔雀	只	30
772	镜湖区(皖)	芜湖城市园林集团有限公司	蓝孔雀	只	30
773	镜湖区(皖)	芜湖城市园林集团有限公司	黑天鹅	只	3
774	镜湖区(皖)	芜湖城市园林集团有限公司	猕猴	只	24
775	镜湖区(皖)	芜湖城市园林集团有限公司	红绿金刚鹦鹉	只	2
776	镜湖区(皖)	芜湖城市园林集团有限公司	鸳鸯	只	8
777	镜湖区(皖)	芜湖城市园林集团有限公司	鸿雁	只	1
778	镜湖区(皖)	芜湖城市园林集团有限公司	白鹇	只	1
779	镜湖区(皖)	芜湖城市园林集团有限公司	灰雁	只	1
780	镜湖区(皖)	芜湖城市园林集团有限公司	斑头雁	只	6
781	弋江区(皖)	菏泽市继贵生物科技有限公司芜湖分公司(松鼠小镇松鼠部落)	羊驼	只	4
782	弋江区(皖)	菏泽市继贵生物科技有限公司芜湖分公司(松鼠小镇松鼠部落)	松鼠	只	308
783	弋江区(皖)	菏泽市继贵生物科技有限公司芜湖分公司(松鼠小镇松鼠部落)	梅花鹿	只	5
784	弋江区(皖)	菏泽市继贵生物科技有限公司芜湖分公司(松鼠小镇松鼠部落)	豪猪	只	2
785	弋江区(皖)	菏泽市继贵生物科技有限公司芜湖分公司(松鼠小镇松鼠部落)	虎皮鹦鹉	头	16
786	南陵县(皖)	安徽省振鹭养殖有限公司	蛇	条	20000
787	禹会区(皖)	张公山动物园	猴子	只	30
788	禹会区(皖)	张公山动物园	豪猪	头	2
789	禹会区(皖)	张公山动物园	狗熊	头	11

(续表)

序号	县(旗、市、区、局、场)	企业名称	动物种类	计量单位	驯养数量
790	杜集区(皖)	杜集区鸿翔养殖场	鹦鹉	只	1350
791	杜集区(皖)	杜集区婷婷鹦鹉养殖场	鹦鹉	只	620
792	杜集区(皖)	杜集区吉祥鸟养殖场	鹦鹉	只	1000
793	潜山市(皖)	潜山九牧皇家鹿业有限公司	梅花鹿	头	1400
794	望江县(皖)	望江县鹦姿勃勃养殖有限公司	鹦鹉	只	32
795	望江县(皖)	望江县久久发蟾蜍养殖场	蟾蜍	只	4000
796	望江县(皖)	望江县皇地生态有限公司	黑天鹅	只	60
797	望江县(皖)	望江县皇地生态有限公司	黑天鹅	只	60
798	徽州区(皖)	龙凤呈祥孔雀养殖基地	孔雀	只	1283
799	歙 县(皖)	天桥七彩野山鸡养殖中心	七彩山鸡	只	1000
800	歙 县(皖)	黄山祥平鹿业发展有限公司	梅花鹿	头	32
801	歙 县(皖)	赏友茶业	孔雀	只	50
802	黟 县(皖)	黟县心中浩养殖场	眼镜蛇	条	190
803	祁门县(皖)	安徽省盛鹏实验动物科技有限公司	猕猴	只	905
804	南谯区(皖)	滁州市鹦贸鹦鹉人工繁育有限公司	鹦鹉	只	27
805	南谯区(皖)	滁州市信松特种动物养殖场	河麂	只	25
806	来安县(皖)	来安县硕奇特种养殖有限公司	丹顶鹤	只	3
807	颍东区(皖)	阜阳腾飞驯化展演有限公司	狮子	只	3
808	颍东区(皖)	阜阳腾飞驯化展演有限公司	老虎	只	17
809	颍东区(皖)	阜阳腾飞驯化展演有限公司	棕熊	只	13
810	临泉县(皖)	临泉县魔幻动物园发展有限公司	猴子	只	10
811	临泉县(皖)	临泉县魔幻动物园发展有限公司	蜥蜴	只	5
812	临泉县(皖)	临泉县魔幻动物园发展有限公司	松鼠猴	只	3
813	临泉县(皖)	临泉县魔幻动物园发展有限公司	猕猴	只	2
814	临泉县(皖)	临泉县魔幻动物园发展有限公司	鹦鹉	只	8
815	临泉县(皖)	临泉县魔幻动物园发展有限公司	白冠长尾雉	只	7
816	临泉县(皖)	临泉县万宝珍禽养殖有限公司	雉鸡	只	150
817	临泉县(皖)	临泉县心愿蛋鸡养殖场	雉鸡	只	100
818	临泉县(皖)	临泉县农乐珍禽养殖有限公司	雉鸡	只	100
819	临泉县(皖)	临泉县魔幻动物园发展有限公司	白腹锦鸡	只	12
820	临泉县(皖)	临泉县魔幻动物园发展有限公司	小熊猫	只	2
821	临泉县(皖)	临泉县魔幻动物园发展有限公司	金钱豹	只	3
822	临泉县(皖)	临泉县长城实业有限责任开发公司	梅花鹿	只	6
823	临泉县(皖)	临泉县孙岗寨野猪养殖专业合作社	野猪	头	120
824	临泉县(皖)	临泉县魔幻动物园发展有限公司	狐狸	只	5
825	临泉县(皖)	临泉县邢塘街道办事处广明特禽养殖场	鹌鹑	只	50
826	临泉县(皖)	临泉县谭棚镇玉山特禽养殖服务专业合作社	鹌鹑	只	80
827	临泉县(皖)	临泉县魔幻动物园发展有限公司	黑熊	头	2
828	临泉县(皖)	临泉县魔幻动物园发展有限公司	狮子	只	3
829	临泉县(皖)	临泉县魔幻动物园发展有限公司	棕熊	头	2
830	临泉县(皖)	临泉县魔幻动物园发展有限公司	黑天鹅	只	2
831	太和县(皖)	太和县双庙镇锦梵鹦鹉养殖场	和尚鹦鹉	只	150

（续表）

序号	县（旗、市、区、局、场）	企业名称	动物种类	计量单位	驯养数量
832	太和县（皖）	安徽亿蟾中药材有限公司	中华大蟾蜍	只	3000000
833	太和县（皖）	太和县李兴镇恒瑞养殖场	和尚鹦鹉	只	200
834	太和县（皖）	安徽悦蟾养殖有限公司	中华大蟾蜍	只	2000000
835	太和县（皖）	太和县博达鹦鹉养殖场	和尚鹦鹉	只	100
836	颍上县（皖）	颍上县兴华特种动物驯养场	河麂	只	230
837	颍上县（皖）	颍上县雅娟生态养殖专业合作社	河麂	只	120
838	颍上县（皖）	颍上县洪丞野生动物养殖场	河麂	只	520
839	颍上县（皖）	宇兴家庭特种养殖场	河麂	只	33
840	埇桥区（皖）	宿州市马戏世家动物表演团	老虎	只	99
841	埇桥区（皖）	宿州市东方动物表演团	老虎	只	43
842	埇桥区（皖）	宿州市埇桥区青春动物表演团	老虎	只	52
843	埇桥区（皖）	宿州市埇桥区皖北动物表演团	老虎	只	43
844	埇桥区（皖）	宿州市埇桥区东方红驯兽团	老虎	只	129
845	埇桥区（皖）	宿州市李氏之家动物表演团	老虎	只	48
846	埇桥区（皖）	宿州市埇桥区艺海马戏团	老虎	只	50
847	金寨县（皖）	金寨县七彩养殖家庭农场	中华大蟾蜍	只	4000
848	涡阳县（皖）	涡阳县牌坊袁振风松鼠养殖场	松鼠	只	1800
849	涡阳县（皖）	涡阳县牌坊程号松鼠养殖场	松鼠	只	1800
850	石台县（皖）	石台县仁里镇三增村富硒生态农产品专业合作社联合社	中华大蟾蜍	只	20000
851	宣州区（皖）	宣城振丰农业发展有限公司	乌梢蛇	条	160
852	宣州区（皖）	宣城振丰农业发展有限公司	滑鼠蛇	条	3000
853	郎溪县（皖）	郎溪县大雁野禽养殖场	野鸭	只	2880
854	郎溪县（皖）	郎溪县大雁野禽养殖场	灰雁	只	90
855	郎溪县（皖）	郎溪县大雁野禽养殖场	斑头雁	只	2
856	郎溪县（皖）	郎溪县正长养鸭专业合作社	斑嘴鸭	只	80
857	郎溪县（皖）	起点蟾蜍养殖经营部	蟾蜍	只	4500
858	旌德县（皖）	安徽德泽猕猴养殖有限公司	猕猴	只	633
859	宁国市（皖）	宁国市宏浩珍稀动物养殖专业合作社	豪猪	头	54
860	宁国市（皖）	宁国市宏浩珍稀动物养殖专业合作社	蓝孔雀	只	175
861	宁国市（皖）	宁国市宏浩珍稀动物养殖专业合作社	灰雁	只	16
862	宁国市（皖）	宁国市宏浩珍稀动物养殖专业合作社	鸿雁	只	19
863	宁国市（皖）	宁国市胡殷家庭农场	黑颈天鹅	只	6
864	宁国市（皖）	宁国市胡殷家庭农场	红腹锦鸡	只	6
865	宁国市（皖）	宁国市宏浩珍稀动物养殖专业合作社	梅花鹿	头	34
866	宁国市（皖）	宁国市宏浩珍稀动物养殖专业合作社	白鹇	只	5
867	宁国市（皖）	宁国市宏浩珍稀动物养殖专业合作社	斑嘴鸭	只	37
868	宁国市（皖）	宁国市胡殷家庭农场	白鹇	只	4
869	宁国市（皖）	宁国市胡殷家庭农场	白冠长尾雉	只	4
870	进贤县（赣）	进贤县少荣鹦鹉养殖场	和尚鹦鹉	只	60
871	进贤县（赣）	进贤南台玉平家庭农场	尖吻蝮	条	120
872	进贤县（赣）	进贤南台玉平家庭农场	银环蛇	条	150

（续表）

序号	县(旗、市、区、局、场)	企业名称	动物种类	计量单位	驯养数量
873	进贤县(赣)	进贤南台玉平家庭农场	乌梢蛇	条	500
874	莲花县(赣)	莲花县初心农民专业合作社	白孔雀	头	20
875	萍乡市林业局武功山分局(赣)	萍乡市百鸟园农业发展有限公司	红腹锦鸡	只	4
876	萍乡市林业局武功山分局(赣)	萍乡市百鸟园农业发展有限公司	蓝孔雀	只	12
877	萍乡市林业局武功山分局(赣)	萍乡市百鸟园农业发展有限公司	白鹇	只	2
878	萍乡市林业局武功山分局(赣)	萍乡市百鸟园农业发展有限公司	鸳鸯	只	8
879	萍乡市林业局武功山分局(赣)	萍乡市百鸟园农业发展有限公司	牡丹鹦鹉	只	37
880	萍乡市林业局武功山分局(赣)	萍乡市百鸟园农业发展有限公司	白腰文鸟	只	10
881	萍乡市林业局武功山分局(赣)	萍乡市百鸟园农业发展有限公司	灰雁	只	6
882	萍乡市林业局武功山分局(赣)	萍乡市百鸟园农业发展有限公司	野鸭	只	10
883	萍乡市林业局武功山分局(赣)	萍乡市百鸟园农业发展有限公司	画眉	只	4
884	萍乡市林业局武功山分局(赣)	萍乡市百鸟园农业发展有限公司	黑颈天鹅	只	8
885	萍乡市林业局武功山分局(赣)	萍乡市百鸟园农业发展有限公司	白冠长尾雉	只	4
886	萍乡市林业局武功山分局(赣)	萍乡市百鸟园农业发展有限公司	虎皮鹦鹉	只	100
887	萍乡市林业局武功山分局(赣)	萍乡市百鸟园农业发展有限公司	灰胸竹鸡	只	10
888	萍乡市林业局武功山分局(赣)	萍乡市百鸟园农业发展有限公司	白腹锦鸡	只	4
889	修水县(赣)	修水县马坳镇忠付蛇类养殖基地	王锦蛇	条	150
890	修水县(赣)	修水县马坳镇忠付蛇类养殖基地	眼镜蛇	条	400
891	修水县(赣)	修水县恒源实业有限公司	白鹇	只	10
892	修水县(赣)	修水县恒源实业有限公司	藏马鸡	只	6
893	修水县(赣)	修水县恒源实业有限公司	红腹锦鸡	只	10
894	修水县(赣)	修水县太阳升镇精鹦鹉养殖场	和尚鹦鹉	只	160
895	修水县(赣)	修水县恒源实业有限公司	鸳鸯	只	20
896	修水县(赣)	修水县恒源实业有限公司	疣鼻天鹅	只	6
897	都昌县(赣)	江西省珍源康有限公司	麋鹿	头	10
898	都昌县(赣)	江西省珍源康有限公司	黑熊	头	180
899	都昌县(赣)	都昌县正九林业农民专业合作社	山鸡	只	12000
900	彭泽县(赣)	江西群鹿实业有限公司	梅花鹿	头	1000
901	分宜县(赣)	分宜县洞村乡养殖厂	银环蛇	条	810
902	分宜县(赣)	分宜县洞村乡养殖厂	银环蛇	条	810
903	贵溪市(赣)	贵溪市嘉鹏农业发展有限公司	和尚鹦鹉	只	242
904	贵溪市(赣)	贵溪市嘉鹏农业发展有限公司	红绿金刚鹦鹉	只	4
905	贵溪市(赣)	贵溪市嘉鹏农业发展有限公司	绿颊锥尾鹦鹉	只	2743
906	贵溪市(赣)	贵溪市嘉鹏农业发展有限公司	玫瑰鹦鹉	只	7
907	贵溪市(赣)	贵溪市嘉鹏农业发展有限公司	太阳锥尾鹦鹉	只	318
908	章贡区(赣)	赣州长龙动物园有限公司	白天鹅	只	9
909	章贡区(赣)	赣州长龙动物园有限公司	蓝孔雀	只	24
910	章贡区(赣)	赣州长龙动物园有限公司	丹顶鹤	只	3
911	章贡区(赣)	赣州长龙动物园有限公司	黑天鹅	只	31
912	章贡区(赣)	赣州长龙动物园有限公司	珍珠鸡	只	16
913	章贡区(赣)	赣州长龙动物园有限公司	狐狸	只	5
914	章贡区(赣)	赣州长龙动物园有限公司	狼	头	1

林产品主产地及产量

PRINCIPAL PRODUCTION COUNTIES AND OUTPUT OF FOREST PRODUCTS

（续表）

序号	县（旗、市、区、局、场）	企业名称	动物种类	计量单位	驯养数量
915	章贡区（赣）	赣州长龙动物园有限公司	短尾猴	只	12
916	章贡区（赣）	赣州长龙动物园有限公司	山羊	只	21
917	章贡区（赣）	赣州长龙动物园有限公司	文鸟	只	32
918	章贡区（赣）	赣州长龙动物园有限公司	狼	头	1
919	章贡区（赣）	赣州长龙动物园有限公司	梅花鹿	只	12
920	章贡区（赣）	赣州长龙动物园有限公司	葵花凤头鹦鹉	只	3
921	章贡区（赣）	赣州长龙动物园有限公司	灰椋鸟	只	10
922	章贡区（赣）	赣州长龙动物园有限公司	豪猪	头	19
923	章贡区（赣）	赣州长龙动物园有限公司	鸸鹋	只	3
924	章贡区（赣）	赣州长龙动物园有限公司	太阳锥尾鹦鹉	只	18
925	章贡区（赣）	赣州长龙动物园有限公司	小熊猫	只	2
926	章贡区（赣）	赣州长龙动物园有限公司	老虎	头	1
927	章贡区（赣）	赣州长龙动物园有限公司	黑帽悬猴	只	12
928	章贡区（赣）	赣州长龙动物园有限公司	松鼠猴	只	5
929	章贡区（赣）	赣州长龙动物园有限公司	海狸鼠	只	9
930	章贡区（赣）	赣州长龙动物园有限公司	鸽子	只	28
931	章贡区（赣）	赣州长龙动物园有限公司	棕熊	头	1
932	章贡区（赣）	赣州长龙动物园有限公司	虎皮鹦鹉	只	14
933	章贡区（赣）	赣州长龙动物园有限公司	牡丹鹦鹉	只	37
934	章贡区（赣）	赣州长龙动物园有限公司	大雁	只	2
935	章贡区（赣）	赣州长龙动物园有限公司	火鸡	只	9
936	章贡区（赣）	赣州长龙动物园有限公司	鸵鸟	只	2
937	章贡区（赣）	赣州长龙动物园有限公司	狮子	头	2
938	章贡区（赣）	赣州长龙动物园有限公司	黑熊	头	6
939	章贡区（赣）	赣州长龙动物园有限公司	八哥	只	23
940	章贡区（赣）	赣州长龙动物园有限公司	白鹇	只	30
941	章贡区（赣）	赣州长龙动物园有限公司	七彩山鸡	只	16
942	赣县区（赣）	赣县区石羽养殖场	灰胸竹鸡	只	250
943	赣县区（赣）	赣县区吉埠福荣松鼠养殖场	松鼠	只	130
944	信丰县（赣）	信丰县大阿镇金诚蛇类养殖场	银环蛇	条	20
945	信丰县（赣）	信丰县大阿镇金诚蛇类养殖场	乌梢蛇	条	20
946	信丰县（赣）	蛇旺养殖有限公司	乌梢蛇	条	20
947	信丰县（赣）	信丰县大阿镇金诚蛇类养殖场	滑鼠蛇	条	530
948	信丰县（赣）	信丰县大阿镇金诚蛇类养殖场	眼镜蛇	条	530
949	信丰县（赣）	蛇旺养殖有限公司	银环蛇	条	20
950	信丰县（赣）	蛇旺养殖有限公司	滑鼠蛇	条	530
951	信丰县（赣）	蛇旺养殖有限公司	尖吻蝮	条	20
952	信丰县（赣）	蛇旺养殖有限公司	眼镜蛇	条	530
953	信丰县（赣）	赣州市森野动物旅游开发有限公司	鸳鸯	只	20
954	信丰县（赣）	赣州市森野动物旅游开发有限公司	疣鼻天鹅	只	19
955	信丰县（赣）	信丰县大阿镇金诚蛇类养殖场	尖吻蝮	条	20
956	信丰县（赣）	赣州市森野动物旅游开发有限公司	薮猫	只	9

（续表）

序号	县（旗、市、区、局、场）	企业名称	动物种类	计量单位	驯养数量
957	崇义县（赣）	崇义县源隆特种动物养殖有限公司	黑熊	头	46
958	崇义县（赣）	崇义县山水珍禽养殖场	蓝孔雀	只	111
959	龙南县（赣）	龙南县久航特种养殖场	眼镜蛇	条	2000
960	龙南县（赣）	龙南县孺子牛养殖场	蓝孔雀	只	1100
961	龙南县（赣）	龙南市渡江镇千羽凤养殖场	蓝孔雀	只	10
962	龙南县（赣）	龙南源头活水生态科技有限责任公司	苏卡达龟	只	3
963	全南县（赣）	全南县虔鹦园养殖场	鹦鹉	只	600
964	宁都县（赣）	宁都县固村镇裕胜蛇类养殖场	眼镜蛇	条	2690
965	宁都县（赣）	宁都县固村镇裕胜蛇类养殖场	滑鼠蛇	条	2280
966	于都县（赣）	于都县银龙蛇类养殖场	蛇	条	1600
967	于都县（赣）	嘉农生态农业有限公司	非洲鸵鸟	只	65
968	于都县（赣）	于都县丛林农特种养殖专业合作社	梅花鹿	只	34
969	寻乌县（赣）	寻乌县亿鑫珍禽养殖基地	苏卡达龟	只	18
970	石城县（赣）	石城县润安蛇类养殖场	尖吻蝮	条	500
971	石城县（赣）	石城县润安蛇类养殖场	银环蛇	条	200
972	石城县（赣）	石城县润安蛇类养殖场	乌梢蛇	条	500
973	石城县（赣）	石城县润安蛇类养殖场	眼镜蛇	条	100
974	瑞金市（赣）	瑞金市亿城养殖场	菜蛇	条	600
975	南康区（赣）	南康区东福养殖场	眼镜蛇	条	50
976	南康区（赣）	南康区东福养殖场	银环蛇	条	50
977	南康区（赣）	南康区东福养殖场	滑鼠蛇	条	25
978	南康区（赣）	南康区南兴养殖场	滑鼠蛇	条	20
979	南康区（赣）	南康区南兴养殖场	眼镜蛇	条	30
980	南康区（赣）	南康区南兴养殖厂	银环蛇	条	30
981	新干县（赣）	新干县蛇博园蛇类养殖基地	蛇	条	1000
982	遂川县（赣）	泉江镇代军养殖场	银环蛇	条	1300
983	遂川县（赣）	遂川县茂光生态蛇场	银环蛇	条	3500
984	丰城市（赣）	丰城市绿江源生态养殖专业合作社	蓝孔雀	只	2
985	丰城市（赣）	江西博晟牧业有限公司	黑天鹅	只	324
986	丰城市（赣）	丰城市铁路胥家福隆生态养蛇场	乌梢蛇	条	500
987	丰城市（赣）	江西省丰城市丰源野生动物繁育基地	果子狸	只	400
988	丰城市（赣）	江西群山蛇业有限公司	尖吻蝮	条	530
989	高安市（赣）	高安市龙阁家庭农场	乌梢蛇	条	103
990	高安市（赣）	高安市龙阁家庭农场	眼镜蛇	条	25
991	高安市（赣）	高安市龙阁家庭农场	银环蛇	条	35
992	乐安县（赣）	江西古樟湾生态农业开发有限公司	白鹇	只	200
993	乐安县（赣）	江西古樟湾生态农业开发有限公司	大雁	只	285
994	乐安县（赣）	江西益农现代农业开发有限公司	大雁	只	420
995	乐安县（赣）	乐安县秋果蛇类养殖基地	菜蛇	条	815
996	资溪县（赣）	资溪县康熊实业有限公司	黑熊	只	288
997	资溪县（赣）	江西野狼谷旅游发展有限公司	狼	头	33
998	玉山县（赣）	玉山县三清龙洞湖山庄	蓝孔雀	只	17

林产品主产地及产量

PRINCIPAL PRODUCTION COUNTIES AND OUTPUT OF FOREST PRODUCTS

(续表)

序号	县(旗、市、区、局、场)	企业名称	动物种类	计量单位	驯养数量
999	玉山县(赣)	玉山县六都乡朝位养殖场	蓝孔雀	只	40
1000	鄱阳县(赣)	华锋养蛇基地	五步蛇	条	3000
1001	历城区(鲁)	济南联华动物园管理有限公司	河麂	只	8
1002	历城区(鲁)	济南联华动物园管理有限公司	鸳鸯	只	6
1003	历城区(鲁)	济南联华动物园管理有限公司	大雁	只	8
1004	历城区(鲁)	济南联华动物园管理有限公司	狮子	只	4
1005	历城区(鲁)	济南联华动物园管理有限公司	眼镜蛇	条	10
1006	历城区(鲁)	济南联华动物园管理有限公司	黑凹甲陆龟	只	10
1007	历城区(鲁)	济南联华动物园管理有限公司	绯胸鹦鹉	只	2
1008	历城区(鲁)	济南联华动物园管理有限公司	蜥蜴	只	10
1009	历城区(鲁)	济南联华动物园管理有限公司	白天鹅	只	4
1010	历城区(鲁)	济南联华动物园管理有限公司	非洲鹦鹉	只	4
1011	历城区(鲁)	济南联华动物园管理有限公司	凤头鹦鹉	只	2
1012	历城区(鲁)	济南联华动物园管理有限公司	金刚鹦鹉	只	2
1013	历城区(鲁)	济南联华动物园管理有限公司	棕熊	只	2
1014	历城区(鲁)	济南联华动物园管理有限公司	苏卡达龟	只	2
1015	历城区(鲁)	济南联华动物园管理有限公司	松鼠猴	只	6
1016	历城区(鲁)	济南喜乐居生态农业观光专业合作社	黑天鹅	只	2
1017	历城区(鲁)	济南喜乐居生态农业观光专业合作社	蓝孔雀	只	37
1018	历城区(鲁)	济南融创铭晟文化产业有限公司	洪式环企鹅	只	19
1019	历城区(鲁)	济南联华动物园管理有限公司	狼	只	4
1020	历城区(鲁)	济南联华动物园管理有限公司	白鹇	只	10
1021	历城区(鲁)	济南联华动物园管理有限公司	橙翅亚马逊鹦鹉	只	2
1022	历城区(鲁)	济南联华动物园管理有限公司	赫曼陆龟	只	2
1023	历城区(鲁)	济南联华动物园管理有限公司	黑熊	只	2
1024	历城区(鲁)	济南联华动物园管理有限公司	红腹锦鸡	只	12
1025	历城区(鲁)	济南联华动物园管理有限公司	猴子	只	4
1026	历城区(鲁)	济南联华动物园管理有限公司	缅甸陆龟	只	4
1027	历城区(鲁)	济南联华动物园管理有限公司	猕猴	只	10
1028	历城区(鲁)	济南联华动物园管理有限公司	蟒蛇	条	10
1029	历城区(鲁)	济南联华动物园管理有限公司	蓝黄金刚鹦鹉	只	2
1030	历城区(鲁)	济南联华动物园管理有限公司	滑鼠蛇	只	10
1031	平阴县(鲁)	平阴县玫城动物展览园	羊驼	只	1
1032	平阴县(鲁)	李传玉(锦水毕海洋村))	狐狸	只	100
1033	平阴县(鲁)	平阴县玫城动物展览园	狗熊	只	3
1034	平阴县(鲁)	平阴县玫城动物展览园	鸵鸟	只	2
1035	平阴县(鲁)	薄召水(孝直镇薄庄村))	貉	只	16
1036	平阴县(鲁)	平阴县玫城动物展览园	火鸡	只	1
1037	平阴县(鲁)	平阴县玫城动物展览园	孔雀	只	20
1038	平阴县(鲁)	平阴县玫城动物展览园	狼	只	2
1039	平阴县(鲁)	平阴县玫城动物展览园	狮子	只	5
1040	平阴县(鲁)	史宝石(东阿镇花石崖村))	狐狸	只	400

(续表)

序号	县(旗、市、区、局、场)	企业名称	动物种类	计量单位	驯养数量
1041	平阴县(鲁)	平阴县玫城动物展览园	黑天鹅	只	3
1042	平阴县(鲁)	平阴县鹿儿园	梅花鹿	只	86
1043	平阴县(鲁)	平阴县玫城动物展览园	马鹿	只	4
1044	平阴县(鲁)	平阴县玫城动物展览园	猴子	只	5
1045	平阴县(鲁)	王棒(东阿镇杨山村))	鸵鸟	只	9
1046	黄岛区(鲁)	青岛森林野生动物世界公园有限公司	松鼠猴	只	25
1047	黄岛区(鲁)	青岛森林野生动物世界公园有限公司	野猪	头	21
1048	黄岛区(鲁)	青岛森林野生动物世界公园有限公司	太阳锥尾鹦鹉	只	25
1049	黄岛区(鲁)	青岛森林野生动物世界公园有限公司	白鹇	只	2
1050	黄岛区(鲁)	青岛森林野生动物世界公园有限公司	亚洲象	只	2
1051	黄岛区(鲁)	青岛森林野生动物世界公园有限公司	黑熊	只	9
1052	黄岛区(鲁)	青岛森林野生动物世界公园有限公司	火烈鸟	只	18
1053	黄岛区(鲁)	青岛森林野生动物世界公园有限公司	河马	只	4
1054	黄岛区(鲁)	青岛森林野生动物世界公园有限公司	狼	只	4
1055	黄岛区(鲁)	青岛森林野生动物世界公园有限公司	棕熊	只	3
1056	黄岛区(鲁)	青岛森林野生动物世界公园有限公司	小熊猫	只	7
1057	黄岛区(鲁)	青岛森林野生动物世界公园有限公司	老虎	只	24
1058	黄岛区(鲁)	青岛森林野生动物世界公园有限公司	金钱豹	只	5
1059	黄岛区(鲁)	青岛森林野生动物世界公园有限公司	羊驼	只	14
1060	黄岛区(鲁)	青岛森林野生动物世界公园有限公司	黑天鹅	只	3
1061	黄岛区(鲁)	青岛森林野生动物世界公园有限公司	猕猴	只	41
1062	黄岛区(鲁)	青岛市卧龙畜禽养殖有限公司	红腹锦鸡	只	2
1063	黄岛区(鲁)	青岛藏马山国际旅游度假区有限公司	黑天鹅	只	12
1064	黄岛区(鲁)	青岛藏马山国际旅游度假区有限公司	猕猴	只	2
1065	黄岛区(鲁)	青岛市黄岛区双珠公园	猕猴	只	4
1066	黄岛区(鲁)	青岛森林野生动物世界公园有限公司	浣熊	只	6
1067	黄岛区(鲁)	青岛市黄岛区双珠公园	狮子	只	1
1068	黄岛区(鲁)	青岛市黄岛区双珠公园	老虎	只	1
1069	黄岛区(鲁)	青岛市黄岛区双珠公园	狗熊	只	1
1070	黄岛区(鲁)	青岛森林野生动物世界公园有限公司	蟒蛇	条	2
1071	黄岛区(鲁)	青岛森林野生动物世界公园有限公司	凤头鹦鹉	只	2
1072	黄岛区(鲁)	青岛市卧龙畜禽养殖有限公司	红腹锦鸡	只	2
1073	黄岛区(鲁)	青岛森林野生动物世界公园有限公司	金刚鹦鹉	只	7
1074	黄岛区(鲁)	青岛天旺生态农业有限公司	鸳鸯	只	4
1075	黄岛区(鲁)	青岛森林野生动物世界公园有限公司	虎皮鹦鹉	只	80
1076	黄岛区(鲁)	青岛森林野生动物世界公园有限公司	白天鹅	只	38
1077	黄岛区(鲁)	青岛森林野生动物世界公园有限公司	鹦鹉	只	42
1078	崂山区(鲁)	崂山荣程鹦鹉养殖场	虎皮鹦鹉	只	5000
1079	崂山区(鲁)	青岛海俊龟鳖商贸有限责任公司	苏卡达龟	只	5
1080	崂山区(鲁)	青岛隆贤盛地生态园有限公司	环颈雉	只	100
1081	崂山区(鲁)	青岛海俊龟鳖商贸有限责任公司	赫曼陆龟	只	5
1082	崂山区(鲁)	青岛海俊龟鳖商贸有限责任公司	黑凹甲陆龟	只	5

林产品主产地及产量

PRINCIPAL PRODUCTION COUNTIES AND OUTPUT OF FOREST PRODUCTS

(续表)

序号	县(旗、市、区、局、场)	企业名称	动物种类	计量单位	驯养数量
1083	崂山区(鲁)	青岛面朝大海房车露营管理有限公司	苏卡达龟	只	3
1084	崂山区(鲁)	青岛隆贤盛地生态园有限公司	灰雁	只	20
1085	崂山区(鲁)	崂山书院	老虎	只	1
1086	崂山区(鲁)	极地海洋世界	北极熊	头	1
1087	崂山区(鲁)	青岛东方熊牧场有限责任公司	黑熊	头	298
1088	崂山区(鲁)	青岛隆贤盛地生态园有限公司	鹧鸪	只	20
1089	胶州市(鲁)	胶州市胶州公园	狐狸	只	1
1090	胶州市(鲁)	胶州市胶州公园	狗熊	头	4
1091	胶州市(鲁)	胶州市胶州公园	白天鹅	只	1
1092	胶州市(鲁)	胶州市胶州公园	梅花鹿	头	1
1093	胶州市(鲁)	胶州市胶州公园	猕猴	只	8
1094	胶州市(鲁)	胶州市胶州公园	灰雁	只	2
1095	胶州市(鲁)	胶州市胶州公园	鸳鸯	只	2
1096	胶州市(鲁)	青岛少海孔雀养殖基地	蓝孔雀	只	80
1097	胶州市(鲁)	青岛鑫源特禽养殖基地	梅花鹿	头	10
1098	即墨区(鲁)	刘军波	鹦鹉	只	30
1099	即墨区(鲁)	张永山	鹦鹉	只	26
1100	即墨区(鲁)	青岛大任爬行类动物繁殖科技研究所	蟒蛇	条	960
1101	即墨区(鲁)	青岛康辉果树种植专业合作社	鹦鹉	只	980
1102	即墨区(鲁)	青岛大任爬行类动物繁殖科技研究所	巴西龟	只	55
1103	平度市(鲁)	平度蓝骏林蛙养殖基地	林蛙	只	70000
1104	平度市(鲁)	青岛平度市舍得养殖厂	狐狸	只	160
1105	平度市(鲁)	青岛大金发牧业有限公司	野猪	头	750
1106	平度市(鲁)	青岛平度市舍得养殖厂	貉	只	50
1107	平度市(鲁)	平度市桦岭珍禽养殖园	蓝孔雀	只	20
1108	平度市(鲁)	平度市桦岭珍禽养殖园	山鸡	只	270
1109	莱西市(鲁)	莱西市鑫老天宝观光生态园	七彩山鸡	只	32
1110	莱西市(鲁)	莱西市鑫老天宝观光生态园	蓝孔雀	只	22
1111	莱西市(鲁)	莱西市月湖公园动物园	棕熊	头	2
1112	莱西市(鲁)	莱西市月湖公园动物园	狼	只	2
1113	莱西市(鲁)	莱西市鑫老天宝观光生态园	非洲鸵鸟	只	10
1114	莱西市(鲁)	莱西市月湖公园动物园	鸳鸯	只	3
1115	莱西市(鲁)	莱西市月湖公园动物园	虎皮鹦鹉	只	10
1116	莱西市(鲁)	莱西市月湖公园动物园	金刚鹦鹉	只	1
1117	莱西市(鲁)	莱西市月湖公园动物园	狮子	头	3
1118	莱西市(鲁)	莱西市月湖公园动物园	猕猴	只	11
1119	莱西市(鲁)	莱西市月湖公园动物园	野猪	头	1
1120	莱西市(鲁)	莱西市月湖公园动物园	红腹锦鸡	只	2
1121	莱西市(鲁)	耿炳磊	蓝孔雀	只	10
1122	莱西市(鲁)	莱西市月湖公园动物园	黑天鹅	只	2
1123	莱西市(鲁)	莱西市月湖公园动物园	松鼠	只	2
1124	莱西市(鲁)	青岛裕舜达旅游投资管理公司	北极熊	头	1

(续表)

序号	县(旗、市、区、局、场)	企业名称	动物种类	计量单位	驯养数量
1125	莱西市(鲁)	莱西市月湖公园动物园	鸵鸟	只	2
1126	莱西市(鲁)	莱西市月湖公园动物园	牡丹鹦鹉	只	6
1127	莱西市(鲁)	莱西市鑫老天宝观光生态园	野猪	头	2
1128	莱西市(鲁)	莱西湖农业生态园	蓝孔雀	只	6
1129	莱西市(鲁)	莱西湖农业生态园	棕熊	头	5
1130	莱西市(鲁)	莱西市鑫老天宝观光生态园	黑天鹅	只	8
1131	莱西市(鲁)	莱西市月湖公园动物园	梅花鹿	头	5
1132	莱西市(鲁)	姜入溶	蓝孔雀	只	2
1133	淄川区(鲁)	鲁泰文苑动物园	红腹锦鸡	只	2
1134	淄川区(鲁)	鲁泰文苑动物园	东北虎	只	2
1135	淄川区(鲁)	鲁泰文苑动物园	金钱豹	只	2
1136	淄川区(鲁)	鲁泰文苑动物园	梅花鹿	只	36
1137	淄川区(鲁)	鲁泰文苑动物园	狮子	只	2
1138	淄川区(鲁)	鲁泰文苑动物园	棕熊	只	2
1139	淄川区(鲁)	鲁泰文苑动物园	猴子	只	13
1140	淄川区(鲁)	鲁泰文苑动物园	白孔雀	只	5
1141	淄川区(鲁)	鲁泰文苑动物园	蓝孔雀	只	143
1142	淄川区(鲁)	鲁泰文苑动物园	鸵鸟	只	2
1143	淄川区(鲁)	鲁泰文苑动物园	马鹿	只	4
1144	淄川区(鲁)	鲁泰文苑动物园	狼	只	2
1145	淄川区(鲁)	鲁泰文苑动物园	鸸鹋	只	2
1146	张店区(鲁)	淄博市动物园	猕猴	只	27
1147	张店区(鲁)	淄博市动物园	黑熊	头	3
1148	张店区(鲁)	淄博市动物园	梅花鹿	头	37
1149	张店区(鲁)	淄博市动物园	金钱豹	只	2
1150	张店区(鲁)	淄博市动物园	东北虎	只	6
1151	张店区(鲁)	淄博市动物园	棕熊	头	3
1152	张店区(鲁)	淄博市动物园	羊驼	头	4
1153	张店区(鲁)	淄博市动物园	马鹿	只	6
1154	张店区(鲁)	淄博市动物园	野猪	头	1
1155	张店区(鲁)	淄博市动物园	红腹锦鸡	只	4
1156	张店区(鲁)	淄博市动物园	鸳鸯	只	8
1157	张店区(鲁)	淄博市动物园	鹦鹉	只	90
1158	张店区(鲁)	淄博市动物园	苏卡达龟	只	1
1159	张店区(鲁)	淄博市动物园	画眉	只	8
1160	张店区(鲁)	张店盛地动物养殖场	獾子	头	300
1161	临淄区(鲁)	临淄区稷下王静鹦鹉繁育场	鹦鹉	只	700
1162	周村区(鲁)	文昌湖野生动物园	老虎	只	10
1163	周村区(鲁)	文昌湖野生动物园	猕猴	只	17
1164	周村区(鲁)	文昌湖野生动物园	狼	只	12
1165	周村区(鲁)	文昌湖野生动物园	雕	只	1
1166	周村区(鲁)	文昌湖野生动物园	非洲鹦鹉	只	4

林产品主产地及产量
PRINCIPAL PRODUCTION COUNTIES AND OUTPUT OF FOREST PRODUCTS

(续表)

序号	县(旗、市、区、局、场)	企业名称	动物种类	计量单位	驯养数量
1167	周村区(鲁)	文昌湖野生动物园	狮子	只	4
1168	周村区(鲁)	文昌湖野生动物园	凤头鹦鹉	只	2
1169	周村区(鲁)	文昌湖野生动物园	小熊猫	只	1
1170	周村区(鲁)	淄博长丰玻璃制品有限公司	猕猴	只	9
1171	周村区(鲁)	文昌湖野生动物园	灰天鹅	只	2
1172	周村区(鲁)	文昌湖野生动物园	黑熊	只	8
1173	周村区(鲁)	文昌湖野生动物园	鹦鹉	只	1
1174	周村区(鲁)	文昌湖野生动物园	金钱豹	只	8
1175	周村区(鲁)	文昌湖野生动物园	鸵鸟	只	3
1176	周村区(鲁)	文昌湖野生动物园	蟒蛇	条	1
1177	周村区(鲁)	文昌湖野生动物园	金刚鹦鹉	只	9
1178	沂源县(鲁)	沂源县沐淋峰鹦鹉养殖有限公司	牡丹鹦鹉	只	100
1179	沂源县(鲁)	沂源县沐淋峰鹦鹉养殖有限公司	太阳锥尾鹦鹉	只	10
1180	沂源县(鲁)	沂源县沐淋峰鹦鹉养殖有限公司	和尚鹦鹉	只	80
1181	沂源县(鲁)	沂源县历山公园有限公司	环颈雉	只	3
1182	沂源县(鲁)	沂源县历山公园有限公司	黑熊	头	5
1183	沂源县(鲁)	沂源县历山公园有限公司	孔雀	只	11
1184	沂源县(鲁)	沂源县历山公园有限公司	猕猴	只	8
1185	沂源县(鲁)	沂源县历山公园有限公司	棕熊	头	3
1186	沂源县(鲁)	沂源县历山公园有限公司	老虎	只	30
1187	沂源县(鲁)	沂源县历山公园有限公司	狼	头	4
1188	沂源县(鲁)	王家顺	孔雀	只	11
1189	沂源县(鲁)	沂源县宝鸣梅花鹿养殖专业合作社	孔雀	只	4
1190	沂源县(鲁)	孙纯孝	蝎子	只	20000
1191	沂源县(鲁)	曹长庆	蝎子	只	20000
1192	沂源县(鲁)	沂源县重生养殖专业合作社	孔雀	只	250
1193	沂源县(鲁)	申霞	孔雀	只	12
1194	沂源县(鲁)	国有鲁山林场	孔雀	只	154
1195	沂源县(鲁)	悦庄大树托育中心	孔雀	只	38
1196	沂源县(鲁)	李老头畜牧养殖场	孔雀	只	4
1197	沂源县(鲁)	陈海军	孔雀	只	10
1198	海阳市(鲁)	丰瑞养殖场	孔雀	只	1500
1199	海阳市(鲁)	增年禽类养殖场	孔雀	只	52
1200	海阳市(鲁)	龙翔蓝孔雀繁育基地	孔雀	只	100
1201	海阳市(鲁)	程淏牧业	凯克鹦鹉	只	11
1202	寒亭区(鲁)	寒亭区大鹦鹉养殖繁育中心	金刚鹦鹉	只	6
1203	寒亭区(鲁)	寒亭区俊宇养殖场	猕猴	只	5
1204	寒亭区(鲁)	寒亭区大鹦鹉养殖繁育中心	太阳锥尾鹦鹉	只	8
1205	寒亭区(鲁)	寒亭区大鹦鹉养殖繁育中心	金刚鹦鹉	只	6
1206	寒亭区(鲁)	寒亭区俊宇养殖场	红腹锦鸡	只	2
1207	青州市(鲁)	青州市北城蛇蝎园	王锦蛇	条	1200
1208	青州市(鲁)	青州市北城蛇蝎园	黑眉蛇	条	300

(续表)

序号	县(旗、市、区、局、场)	企业名称	动物种类	计量单位	驯养数量
1209	青州市(鲁)	青州市北城蛇蝎园	赤链蛇	条	150
1210	青州市(鲁)	青州市北城蛇蝎园	滑鼠蛇	条	100
1211	青州市(鲁)	青州市九龙峪野生动物园有限公司	小熊猫	只	3
1212	青州市(鲁)	青州市九龙峪野生动物园有限公司	棕熊	只	3
1213	青州市(鲁)	青州市九龙峪野生动物园有限公司	浣熊	只	2
1214	青州市(鲁)	青州市九龙峪野生动物园有限公司	黑熊	只	10
1215	青州市(鲁)	青州市九龙峪野生动物园有限公司	豚鼠	只	4
1216	青州市(鲁)	青州市九龙峪野生动物园有限公司	狼	只	2
1217	青州市(鲁)	青州市九龙峪野生动物园有限公司	食蟹猴	只	5
1218	青州市(鲁)	青州市九龙峪野生动物园有限公司	鸵鸟	只	3
1219	青州市(鲁)	青州市九龙峪野生动物园有限公司	秃鹫	只	2
1220	青州市(鲁)	青州市九龙峪野生动物园有限公司	梅花鹿	只	13
1221	青州市(鲁)	青州市九龙峪野生动物园有限公司	松鼠	只	30
1222	青州市(鲁)	青州市九龙峪野生动物园有限公司	老虎	只	8
1223	青州市(鲁)	青州市九龙峪野生动物园有限公司	蓝孔雀	只	50
1224	安丘市(鲁)	安丘市青云山管理处	蓝孔雀	只	80
1225	安丘市(鲁)	安丘市青云山管理处	猕猴	头	8
1226	安丘市(鲁)	安丘凤舞山禽畜养殖专业合作社	蓝孔雀	只	600
1227	安丘市(鲁)	潍坊市芙蓉鸟特种养殖有限公司	金丝雀	只	90
1228	安丘市(鲁)	安丘市凤岭禽畜养殖专业合作社	蓝孔雀	只	20
1229	昌邑市(鲁)	昌邑市绿博园生态旅游发展有限公司	狮子	只	2
1230	昌邑市(鲁)	昌邑市绿博园生态旅游发展有限公司	红腹锦鸡	只	100
1231	昌邑市(鲁)	昌邑市绿博园生态旅游发展有限公司	黑熊	只	9
1232	昌邑市(鲁)	昌邑市绿博园生态旅游发展有限公司	鸳鸯	只	30
1233	昌邑市(鲁)	昌邑市绿博园生态旅游发展有限公司	猕猴	只	9
1234	昌邑市(鲁)	昌邑市福来珍禽美食有限公司	红腹锦鸡	只	50
1235	金乡县(鲁)	金乡县天见动物园有限公司	猴子	只	10
1236	金乡县(鲁)	金乡县天见动物园有限公司	黑熊	只	2
1237	金乡县(鲁)	金乡县天见动物园有限公司	棕熊	只	1
1238	金乡县(鲁)	金乡县天见动物园有限公司	狮子	只	2
1239	金乡县(鲁)	金乡县天见动物园有限公司	鸵鸟	只	4
1240	金乡县(鲁)	金乡县天见动物园有限公司	梅花鹿	只	20
1241	金乡县(鲁)	金乡县天见动物园有限公司	老虎	只	6
1242	汶上县(鲁)	汶上县善岭养殖场	和尚鹦鹉	只	280
1243	汶上县(鲁)	汶上县善岭养殖场	虎皮鹦鹉	只	2800
1244	汶上县(鲁)	汶上县善岭养殖场	费氏牡丹鹦鹉	只	290
1245	汶上县(鲁)	汶上县万萌养殖场	费氏牡丹鹦鹉	只	60
1246	汶上县(鲁)	汶上县万萌养殖场	桃脸牡丹鹦鹉	只	100
1247	汶上县(鲁)	汶上县万萌养殖场	虎皮鹦鹉	只	320
1248	汶上县(鲁)	汶上县善岭养殖场	鸡尾鹦鹉	只	420
1249	汶上县(鲁)	汶上县善岭养殖场	桃脸牡丹鹦鹉	只	460
1250	兖州区(鲁)	济宁市蝎之源农业科技有限公司	蝎子	只	15000000

林产品主产地及产量
PRINCIPAL PRODUCTION COUNTIES AND OUTPUT OF FOREST PRODUCTS

（续表）

序号	县（旗、市、区、局、场）	企业名称	动物种类	计量单位	驯养数量
1251	兖州区（鲁）	济宁市兖州区亿羽鹦鹉养殖场	鸡尾鹦鹉	只	200
1252	兖州区（鲁）	济宁市兖州区庆隆宠物用品店	虎皮鹦鹉	只	200
1253	兖州区（鲁）	济宁市兖州区缥缈轩宠物用品店	桃脸牡丹鹦鹉	只	350
1254	兖州区（鲁）	济宁市兖州区缥缈轩宠物用品店	鸡尾鹦鹉	只	100
1255	兖州区（鲁）	济宁市兖州区东南飞珍禽养殖有限公司	蓝孔雀	只	160
1256	兖州区（鲁）	济宁市兖州区庆隆宠物用品店	鸡尾鹦鹉	只	280
1257	兖州区（鲁）	济宁市兖州区庆隆宠物用品店	桃脸牡丹鹦鹉	只	100
1258	兖州区（鲁）	济宁市兖州区亿羽鹦鹉养殖场	桃脸牡丹鹦鹉	只	100
1259	岱岳区（鲁）	山东龙岳创业投资有限公司	棕熊	只	6
1260	岱岳区（鲁）	泰安市天鹅湖珍禽养殖有限公司	虎皮鹦鹉	只	220
1261	岱岳区（鲁）	山东龙岳创业投资有限公司	鸳鸯	只	4
1262	岱岳区（鲁）	山东省岱岳区满庄镇圣华鹦鹉养殖场	金刚鹦鹉	只	2
1263	岱岳区（鲁）	山东省岱岳区满庄镇圣华鹦鹉养殖场	太阳锥尾鹦鹉	只	60
1264	岱岳区（鲁）	山东龙岳创业投资有限公司	鸵鸟	只	2
1265	岱岳区（鲁）	山东省岱岳区满庄镇圣华鹦鹉养殖场	和尚鹦鹉	只	1290
1266	岱岳区（鲁）	泰安市天鹅湖珍禽养殖有限公司	鸳鸯	只	126
1267	岱岳区（鲁）	泰安花海动物园有限公司	黑天鹅	只	40
1268	岱岳区（鲁）	泰安花海动物园有限公司	斑头雁	只	6
1269	岱岳区（鲁）	泰安花海动物园有限公司	白天鹅	只	5
1270	岱岳区（鲁）	泰安市天鹅湖珍禽养殖有限公司	丹顶鹤	只	12
1271	岱岳区（鲁）	泰安市天鹅湖珍禽养殖有限公司	疣鼻天鹅	只	62
1272	岱岳区（鲁）	泰安市天鹅湖珍禽养殖有限公司	桃脸牡丹鹦鹉	只	120
1273	岱岳区（鲁）	泰安市天鹅湖珍禽养殖有限公司	羊驼	只	23
1274	岱岳区（鲁）	泰安市天鹅湖珍禽养殖有限公司	猕猴	只	10
1275	岱岳区（鲁）	泰安市天鹅湖珍禽养殖有限公司	蓝孔雀	只	86
1276	岱岳区（鲁）	泰安市天鹅湖珍禽养殖有限公司	灰雁	只	620
1277	岱岳区（鲁）	泰安市天鹅湖珍禽养殖有限公司	猴子	只	12
1278	岱岳区（鲁）	泰安市天鹅湖珍禽养殖有限公司	画眉	只	80
1279	岱岳区（鲁）	泰安市天鹅湖珍禽养殖有限公司	红腹锦鸡	只	36
1280	岱岳区（鲁）	泰安花海动物园有限公司	红腹锦鸡	只	1
1281	岱岳区（鲁）	泰安花海动物园有限公司	环颈雉	只	6
1282	岱岳区（鲁）	泰安市福源泰山桂花园艺有限公司	红腹锦鸡	只	13
1283	岱岳区（鲁）	山东省岱岳区满庄镇圣华鹦鹉养殖场	非洲鹦鹉	只	6
1284	岱岳区（鲁）	泰安市天鹅湖珍禽养殖有限公司	白天鹅	只	10
1285	岱岳区（鲁）	泰安市福源泰山桂花园艺有限公司	鸳鸯	只	4
1286	岱岳区（鲁）	泰安市福源泰山桂花园艺有限公司	蓝孔雀	只	421
1287	岱岳区（鲁）	泰安市天鹅湖珍禽养殖有限公司	白鹇	只	16
1288	岱岳区（鲁）	泰安市天鹅湖珍禽养殖有限公司	马鹿	只	6
1289	岱岳区（鲁）	泰安花海动物园有限公司	鸳鸯	只	30
1290	岱岳区（鲁）	泰安花海动物园有限公司	羊驼	只	12
1291	岱岳区（鲁）	泰安花海动物园有限公司	梅花鹿	只	14
1292	岱岳区（鲁）	泰安花海动物园有限公司	孔雀	只	7

(续表)

序号	县(旗、市、区、局、场)	企业名称	动物种类	计量单位	驯养数量
1293	岱岳区(鲁)	泰安花海动物园有限公司	金刚鹦鹉	只	2
1294	岱岳区(鲁)	泰安市天鹅湖珍禽养殖有限公司	黑天鹅	只	260
1295	宁阳县(鲁)	宁阳县廷江养殖场	白腰文鸟	只	100
1296	宁阳县(鲁)	宁阳县洪翔文鸟场	白腰文鸟	只	800
1297	宁阳县(鲁)	宁阳县堽城镇西台村秀芝养鸟场	白腰文鸟	只	600
1298	宁阳县(鲁)	宁阳县秀连养鸟场	白腰文鸟	只	400
1299	新泰市(鲁)	见子山动物园	狮子	头	2
1300	新泰市(鲁)	见子山动物园	红腹锦鸡	只	5
1301	新泰市(鲁)	见子山动物园	孔雀	只	10
1302	新泰市(鲁)	见子山动物园	猴子	只	5
1303	新泰市(鲁)	见子山动物园	羊驼	只	2
1304	新泰市(鲁)	见子山动物园	狗熊	只	2
1305	新泰市(鲁)	新泰市清音展览展示服务馆	狼	只	1
1306	新泰市(鲁)	新泰市清音展览展示服务馆	黑天鹅	只	2
1307	新泰市(鲁)	见子山动物园	狼	只	2
1308	新泰市(鲁)	见子山动物园	老虎	只	3
1309	新泰市(鲁)	见子山动物园	鸳鸯	只	4
1310	新泰市(鲁)	新泰市清音展览展示服务馆	猴子	只	5
1311	新泰市(鲁)	新泰市清音展览展示服务馆	狮子	头	1
1312	新泰市(鲁)	新泰市清音展览展示服务馆	黑熊	只	1
1313	新泰市(鲁)	新泰市清音展览展示服务馆	蓝孔雀	只	20
1314	新泰市(鲁)	新泰市清音展览展示服务馆	海狸鼠	只	6
1315	新泰市(鲁)	新泰市清音展览展示服务馆	鸸鹋	只	4
1316	新泰市(鲁)	新泰市清音展览展示服务馆	果子狸	只	2
1317	新泰市(鲁)	新泰市清音展览展示服务馆	老虎	只	1
1318	新泰市(鲁)	见子山动物园	黑天鹅	只	4
1319	新泰市(鲁)	新泰市清音展览展示服务馆	珠鸡	只	8
1320	新泰市(鲁)	新泰市清音展览展示服务馆	火鸡	只	10
1321	新泰市(鲁)	新泰市清音展览展示服务馆	狐狸	只	4
1322	泰安市高新区(鲁)	泰安岱岳区祥羽观赏动物养殖场	红腹锦鸡	只	100
1323	泰安市高新区(鲁)	山东爱尔物种保育有限公司	鹦鹉	只	30
1324	莒县(鲁)	山东康宇中药材有限公司	蟾蜍	只	1400000
1325	莱城区(鲁)	农高区朱江鹦鹉养殖场	鹦鹉	只	20
1326	莱城区(鲁)	济南市莱芜区七彩文鸟养殖场	七彩文鸟	只	2000
1327	河东区(鲁)	河东区李培迎鹦鹉繁育场	鹦鹉	只	200
1328	河东区(鲁)	临沂动植物园	猕猴	只	10
1329	河东区(鲁)	临沂动植物园	麋鹿	头	5
1330	河东区(鲁)	临沂动植物园	鸳鸯	只	6
1331	河东区(鲁)	临沂经济开发区玉鑫鸟类养殖基地	红腹锦鸡	只	6
1332	河东区(鲁)	临沂动植物园	鹦鹉	只	4
1333	河东区(鲁)	河东区晓旭鹦鹉繁育场	鹦鹉	只	200
1334	河东区(鲁)	临沂动植物园	小熊猫	只	4

林产品主产地及产量
PRINCIPAL PRODUCTION COUNTIES AND OUTPUT OF FOREST PRODUCTS

(续表)

序号	县(旗、市、区、局、场)	企业名称	动物种类	计量单位	驯养数量
1335	河东区(鲁)	临沂动植物园	白鹳	只	2
1336	河东区(鲁)	临沂动植物园	丹顶鹤	只	3
1337	河东区(鲁)	临沂动植物园	棕熊	头	3
1338	河东区(鲁)	临沂动植物园	黑天鹅	只	4
1339	河东区(鲁)	临沂动植物园	短尾猴	只	2
1340	河东区(鲁)	临沂动植物园	蓝孔雀	只	10
1341	河东区(鲁)	临沂动植物园	红腹锦鸡	只	2
1342	河东区(鲁)	临沂动植物园	狼	头	2
1343	河东区(鲁)	临沂动植物园	老虎	只	24
1344	河东区(鲁)	临沂动植物园	黑熊	头	5
1345	沂南县(鲁)	山城鹿业	梅花鹿	只	320
1346	费县(鲁)	罗庄区金文养殖专业合作社	鸵鸟	只	380
1347	临沭县(鲁)	临沭县金诚鸟类展演有限公司	白腹锦鸡	只	10
1348	临沭县(鲁)	临沭县金诚鸟类展演有限公司	黑天鹅	只	150
1349	临沭县(鲁)	临沭县金诚鸟类展演有限公司	火烈鸟	只	8
1350	临沭县(鲁)	临沭县金诚鸟类展演有限公司	火烈鸟	只	8
1351	临沭县(鲁)	临沭县金诚鸟类展演有限公司	白天鹅	只	34
1352	临沭县(鲁)	临沭县金诚鸟类展演有限公司	白鹇	只	35
1353	临沭县(鲁)	临沭县金诚鸟类展演有限公司	白冠长尾雉	只	40
1354	临沭县(鲁)	临沂雅轩繁殖有限公司	和尚鹦鹉	只	100
1355	临沭县(鲁)	临沂雅轩繁殖有限公司	黑顶吸蜜鹦鹉	只	10
1356	临沭县(鲁)	临沭县金诚鸟类展演有限公司	黑颈天鹅	只	7
1357	临沭县(鲁)	临沂雅轩繁殖有限公司	太阳锥尾鹦鹉	只	200
1358	临沭县(鲁)	临沂雅轩繁殖有限公司	鹦鹉	只	22
1359	临沭县(鲁)	临沭县金诚鸟类展演有限公司	鹦鹉	只	999
1360	临沭县(鲁)	临沭县金诚鸟类展演有限公司	秃鹫	只	3
1361	临沭县(鲁)	临沂轩雅繁殖有限公司	非洲鹦鹉	只	2
1362	临沭县(鲁)	临沭县金诚鸟类展演有限公司	鸳鸯	只	20
1363	临沭县(鲁)	临沭县金诚鸟类展演有限公司	蓝孔雀	只	400
1364	临沭县(鲁)	临沭县金诚鸟类展演有限公司	猕猴	只	4
1365	临沭县(鲁)	临沭县金诚鸟类展演有限公司	鸳鸯	只	20
1366	临沭县(鲁)	临沭县金诚鸟类展演有限公司	红腹锦鸡	只	60
1367	陵城区(鲁)	陵城区飞翔养殖有限公司	和尚鹦鹉	只	53
1368	陵城区(鲁)	陵城区飞翔养殖有限公司	太阳锥尾鹦鹉	只	10
1369	陵城区(鲁)	德州市陵城区文达鹦鹉养殖部	牡丹鹦鹉	只	100
1370	陵城区(鲁)	德州市陵城区文达鹦鹉养殖部	和尚鹦鹉	只	80
1371	临邑县(鲁)	德州萌峰特种养殖有限公司	蜥蜴	只	6000
1372	临邑县(鲁)	德州萌峰特种养殖有限公司	刺猬	只	2000
1373	禹城市(鲁)	禹城市昌盛养殖场	和尚鹦鹉	只	40
1374	邹平市(鲁)	邹平市魏桥镇金阳光养殖场	蓝孔雀	只	10
1375	邹平市(鲁)	邹平市魏桥镇理想水产养殖场	蟾蜍	只	1000
1376	东明县(鲁)	金凤凰珍禽养殖有限公司	鸵鸟	只	20

（续表）

序号	县(旗、市、区、局、场)	企业名称	动物种类	计量单位	驯养数量
1377	东明县(鲁)	金凤凰珍禽养殖有限公司	孔雀	只	200
1378	新密市(豫)	郑州毓珍园生物科技有限公司	蓝孔雀	只	150
1379	新密市(豫)	郑州毓珍园生物科技有限公司	红腹锦鸡	只	10
1380	兰考县(豫)	广达鹦鹉养殖场	鹦鹉	只	1200
1381	兰考县(豫)	河南豫东鹦鹉合作社	虎皮鹦鹉	只	5000
1382	新安县(豫)	洛阳万山湖旅游有限公司	蓝孔雀	只	3
1383	栾川县(豫)	郭恒升鼯鼠养殖场	复齿鼯鼠	只	300
1384	栾川县(豫)	王清峰鼯鼠养殖场	复齿鼯鼠	只	48
1385	栾川县(豫)	郝亚飞鼯鼠养殖场	复齿鼯鼠	只	15
1386	伊川县(豫)	刘少丹	野鸡	只	300
1387	伊川县(豫)	洛阳磅礴新能源有限公司	山鸡	只	40
1388	偃师区(豫)	洛阳市乔哥农业开发有限公司	金刚鹦鹉	只	5
1389	偃师区(豫)	洛阳市乔哥农业开发有限公司	太阳锥尾鹦鹉	只	26
1390	偃师区(豫)	龙凤特种动物养殖场	鸿雁	只	6
1391	偃师区(豫)	龙凤特种动物养殖场	蓝孔雀	只	100
1392	偃师区(豫)	龙凤特种动物养殖场	金刚鹦鹉	只	2
1393	偃师区(豫)	龙凤特种动物养殖场	白鹇	只	35
1394	偃师区(豫)	龙凤特种动物养殖场	凤头鹦鹉	只	10
1395	偃师区(豫)	龙凤特种动物养殖场	非洲鹦鹉	只	6
1396	偃师区(豫)	龙凤特种动物养殖场	红腹锦鸡	只	20
1397	偃师区(豫)	龙凤特种动物养殖场	黑天鹅	只	4
1398	偃师区(豫)	龙凤特种动物养殖场	斑头雁	只	4
1399	偃师区(豫)	龙凤特种动物养殖场	雉鸡	只	4
1400	偃师区(豫)	龙凤特种动物养殖场	鸳鸯	只	16
1401	偃师区(豫)	洛阳市乔哥农业开发有限公司	和尚鹦鹉	只	18
1402	偃师区(豫)	洛阳市乔哥农业开发有限公司	非洲鹦鹉	只	3
1403	偃师区(豫)	偃师市高龙镇半个寨村凤仪阁特种动物养殖场	蓝孔雀	只	2
1404	偃师区(豫)	偃师市大口镇西寨村翔天特种动物养殖场	蓝孔雀	只	500
1405	偃师区(豫)	偃师市大口镇阳羊洋养殖场	牡丹鹦鹉	只	80
1406	偃师区(豫)	龙凤特种动物养殖场	白冠长尾雉	只	15
1407	偃师区(豫)	偃师市大口镇阳羊洋养殖场	鸡尾鹦鹉	只	60
1408	偃师区(豫)	洛阳马蹄泉旅游度假村	猕猴	只	28
1409	偃师区(豫)	洛阳马蹄泉旅游度假村	蓝孔雀	只	26
1410	偃师区(豫)	洛阳马蹄泉旅游度假村	黑天鹅	只	52
1411	偃师区(豫)	洛阳市乔哥农业开发有限公司	鹦鹉	只	32
1412	偃师区(豫)	偃师市大口镇阳羊洋养殖场	虎皮鹦鹉	只	70
1413	偃师区(豫)	洛阳市乔哥农业开发有限公司	凤头鹦鹉	只	5
1414	偃师区(豫)	龙凤特种动物养殖场	鹦鹉	只	18
1415	滑　县(豫)	仝鸣	蟾蜍	只	5000
1416	山阳区(豫)	焦作市景玉动物园	贵妃鸡	只	2
1417	山阳区(豫)	焦作市景玉动物园	狮子	只	7
1418	山阳区(豫)	焦作市景玉动物园	白孔雀	只	1

林产品主产地及产量

PRINCIPAL PRODUCTION COUNTIES AND OUTPUT OF FOREST PRODUCTS

（续表）

序号	县(旗、市、区、局、场)	企业名称	动物种类	计量单位	驯养数量
1419	山阳区(豫)	焦作市景玉动物园	猕猴	只	7
1420	山阳区(豫)	焦作市春辉野生动物驯养有限公司	松鼠	只	10
1421	山阳区(豫)	焦作市景玉动物园	黑熊	只	2
1422	山阳区(豫)	焦作市景玉动物园	蓝孔雀	只	10
1423	山阳区(豫)	焦作市景玉动物园	非洲鸵鸟	只	1
1424	山阳区(豫)	焦作市景玉动物园	老虎	只	2
1425	清丰县(豫)	濮阳长虹野生动物世界有限公司	老虎	只	81
1426	清丰县(豫)	金鹦缘鹦鹉有限公司	金刚鹦鹉	只	138
1427	清丰县(豫)	前囤上养鹿场	梅花鹿	只	22
1428	渑池县(豫)	渑池县雏鹰野猪特种养殖有限公司	野猪	头	29421
1429	渑池县(豫)	天源大雁养殖有限公司	大雁	只	14325
1430	渑池县(豫)	鑫运大雁养殖有限公司	大雁	只	19248
1431	灵宝市(豫)	灵宝市雄飞林麝	林麝	头	557
1432	灵宝市(豫)	灵宝市宏祥林麝	林麝	头	530
1433	西峡县(豫)	西峡县军马河镇永利养殖场	大王蛇	条	460
1434	新野县(豫)	新野县新豫野生动物养殖有限公司	猕猴	只	2100
1435	新野县(豫)	新野县其他猕猴养殖场	猕猴	只	4700
1436	息 县(豫)	信阳淮河湾动物园有限公司	蓝孔雀	只	200
1437	息 县(豫)	信阳淮河湾动物园有限公司	老虎	只	2
1438	息 县(豫)	信阳淮河湾动物园有限公司	狮子	头	2
1439	息 县(豫)	信阳淮河湾动物园有限公司	短尾猴	只	30
1440	息 县(豫)	信阳淮河湾动物园有限公司	黑熊	头	2
1441	项城市(豫)	项城市英华杂技学校	老虎	只	8
1442	雨花区(湘)	安徽大马戏团	猕猴	只	34
1443	雨花区(湘)	安徽大马戏团	黑熊	只	6
1444	望城区(湘)	湖南省乔口渔都旅游有限公司	短尾猴	只	20
1445	望城区(湘)	长沙欣宏生态农业开发有限公司	蓝孔雀	只	48
1446	望城区(湘)	良和堂健康养生长沙股份有限公司	黑天鹅	只	36
1447	望城区(湘)	长沙欣宏生态农业开发有限公司	松鼠	只	15
1448	浏阳市(湘)	湖南省浏阳大围山国家森林公园	猕猴	只	19
1449	浏阳市(湘)	湖南普瑞玛药物研究中心有限公司	猴子	只	91
1450	浏阳市(湘)	彭卫民	滑鼠蛇	条	500
1451	雨湖区(湘)	卫星特种养殖基地	白鹇	只	100
1452	雨湖区(湘)	湘潭市和平公园	猕猴	只	20
1453	雨湖区(湘)	卫星特种养殖基地	红腹锦鸡	只	150
1454	雨湖区(湘)	湘潭市和平公园	老虎	只	2
1455	雨湖区(湘)	湘潭市和平公园	棕熊	头	5
1456	岳塘区(湘)	盘龙大观园	白天鹅	只	190
1457	岳塘区(湘)	盘龙大观园	黑颈天鹅	只	128
1458	岳塘区(湘)	盘龙大观园	丹顶鹤	只	4
1459	常宁市(湘)	常宁市烨霖农林牧专业合作社	河麂	头	30
1460	常宁市(湘)	常宁市益丰农业专业合作社	河麂	头	40

（续表）

序号	县(旗、市、区、局、场)	企业名称	动物种类	计量单位	驯养数量
1461	临湘市(湘)	宁宇养殖场	蛇	条	4500
1462	临湘市(湘)	康勤种养合作社	蛇	条	12600
1463	桂阳县(湘)	桂阳县春陵江镇柏蚺蛇业	眼镜蛇	条	1000
1464	桂阳县(湘)	桂阳县春陵江镇柏蚺蛇业	水律蛇	条	500
1465	桂阳县(湘)	桂阳县正和镇官溪度假村	蓝孔雀	只	400
1466	桂阳县(湘)	桂阳县方元镇锦华养殖场	水律蛇	条	1000
1467	桂阳县(湘)	桂阳县方元镇锦华养殖场	眼镜蛇	条	1000
1468	桂阳县(湘)	湖南樱皇农业开发有限公司	蓝孔雀	只	1
1469	涟源市(湘)	刘国文驯养场	水律蛇	条	9200
1470	涟源市(湘)	石国海驯养场	王锦蛇	条	7200
1471	涟源市(湘)	涟源市旭昇养成	眼镜蛇	条	2200
1472	涟源市(湘)	王斌冲训养场	蛇	条	32000
1473	凤凰县(湘)	湖南三旭农业有限公司	蚕	只	56000000
1474	保靖县(湘)	吕洞山龙海成蛇场	乌梢蛇	条	6000
1475	保靖县(湘)	保靖县龙滕养殖场	银环蛇	条	3000
1476	仁化县(粤)	蒙明仔	石蛙	只	40000
1477	仁化县(粤)	黄新珍	石蛙	只	50000
1478	乳源瑶族自治县(粤)	韶关市奇趣动物园管理服务有限公司	猕猴	只	10
1479	乳源瑶族自治县(粤)	韶关市奇趣动物园管理服务有限公司	鸸鹋	只	2
1480	乳源瑶族自治县(粤)	韶关市奇趣动物园管理服务有限公司	黑熊	只	5
1481	乳源瑶族自治县(粤)	韶关市奇趣动物园管理服务有限公司	羊驼	头	4
1482	乳源瑶族自治县(粤)	韶关市奇趣动物园管理服务有限公司	蟒蛇	条	1
1483	乳源瑶族自治县(粤)	韶关市奇趣动物园管理服务有限公司	短尾猴	只	2
1484	乳源瑶族自治县(粤)	韶关市奇趣动物园管理服务有限公司	松鼠	只	8
1485	乳源瑶族自治县(粤)	韶关市奇趣动物园管理服务有限公司	梅花鹿	只	9
1486	乳源瑶族自治县(粤)	云门山孔雀乐园	蓝孔雀	只	200
1487	乳源瑶族自治县(粤)	韶关市奇趣动物园管理服务有限公司	七彩山鸡	只	2
1488	乳源瑶族自治县(粤)	韶关市奇趣动物园管理服务有限公司	湾鳄	只	1
1489	乳源瑶族自治县(粤)	韶关市奇趣动物园管理服务有限公司	狮子	只	3
1490	乳源瑶族自治县(粤)	韶关市奇趣动物园管理服务有限公司	非洲鸵鸟	只	2
1491	乳源瑶族自治县(粤)	韶关市奇趣动物园管理服务有限公司	金刚鹦鹉	只	1
1492	乳源瑶族自治县(粤)	韶关市奇趣动物园管理服务有限公司	蓝孔雀	只	8
1493	乳源瑶族自治县(粤)	韶关市奇趣动物园管理服务有限公司	豪猪	头	2
1494	乳源瑶族自治县(粤)	乳源瑶族自治县天鼎鹤养殖场	白鹇	只	100
1495	乳源瑶族自治县(粤)	韶关市奇趣动物园管理服务有限公司	海狸鼠	只	2
1496	乳源瑶族自治县(粤)	韶关市奇趣动物园管理服务有限公司	眼镜蛇	条	2
1497	盐田区(粤)	深圳东部华侨城有限公司	小熊猫	只	5
1498	盐田区(粤)	深圳东部华侨城有限公司	松鼠猴	只	5
1499	盐田区(粤)	深圳东部华侨城有限公司	金刚鹦鹉	只	6
1500	盐田区(粤)	深圳东部华侨城有限公司	太阳锥尾鹦鹉	只	7
1501	盐田区(粤)	深圳东部华侨城有限公司	火烈鸟	只	41
1502	禅城区(粤)	佛山市禅城区金龙动物园	食蟹猴	只	80

林产品主产地及产量

PRINCIPAL PRODUCTION COUNTIES AND OUTPUT OF FOREST PRODUCTS

(续表)

序号	县(旗、市、区、局、场)	企业名称	动物种类	计量单位	驯养数量
1503	禅城区(粤)	佛山市禅城区金龙动物园	狮子	头	2
1504	禅城区(粤)	佛山市禅城区金龙动物园	松鼠猴	只	2
1505	禅城区(粤)	佛山市禅城区金龙动物园	黑熊	头	4
1506	禅城区(粤)	佛山市禅城区金龙动物园	丹顶鹤	只	4
1507	禅城区(粤)	佛山市禅城区金龙动物园	河马	头	1
1508	三水区(粤)	佛山正佳生物养殖有限公司	黑颈天鹅	只	1
1509	三水区(粤)	佛山市南丹山旅游度假有限公司	鹦鹉	只	9
1510	三水区(粤)	佛山市广顺易养殖有限公司	鹦鹉	只	27
1511	三水区(粤)	佛山市广顺易养殖有限公司	太阳锥尾鹦鹉	只	6
1512	三水区(粤)	佛山市南丹山旅游度假有限公司	太阳锥尾鹦鹉	只	150
1513	三水区(粤)	佛山正佳生物养殖有限公司	金刚鹦鹉	只	4
1514	三水区(粤)	佛山市南丹山旅游度假有限公司	金刚鹦鹉	只	9
1515	三水区(粤)	佛山正佳生物养殖有限公司	红腹锦鸡	只	1
1516	三水区(粤)	佛山正佳生物养殖有限公司	白鹇	只	9
1517	三水区(粤)	佛山正佳生物养殖有限公司	松鼠猴	只	10
1518	三水区(粤)	佛山正佳生物养殖有限公司	鹦鹉	只	17
1519	三水区(粤)	佛山正佳生物养殖有限公司	苏卡达龟	只	7
1520	三水区(粤)	佛山市南丹山旅游度假有限公司	松鼠猴	只	15
1521	三水区(粤)	佛山正佳生物养殖有限公司	太阳锥尾鹦鹉	只	9
1522	三水区(粤)	佛山市广顺易养殖有限公司	金刚鹦鹉	只	1
1523	高明区(粤)	佛山市江裕城池龟鳖专业合作社	苏卡达龟	只	50
1524	高明区(粤)	佛山市高明区明城镇禅明生态园	猕猴	只	1
1525	恩平市(粤)	广东花海欢乐世界旅游发展有限公司	松鼠猴	只	10
1526	恩平市(粤)	广东花海欢乐世界旅游发展有限公司	狮子	头	2
1527	恩平市(粤)	广东花海欢乐世界旅游发展有限公司	黑熊	头	5
1528	恩平市(粤)	广东花海欢乐世界旅游发展有限公司	疣鼻天鹅	只	2
1529	恩平市(粤)	广东花海欢乐世界旅游发展有限公司	苏卡达龟	只	10
1530	恩平市(粤)	广东花海欢乐世界旅游发展有限公司	鹦鹉	只	200
1531	遂溪县(粤)	遂溪县黄略鹦乐园鹦鹉养殖场	鹦鹉	只	98
1532	遂溪县(粤)	遂溪县张伟强鹦鹉养殖场	鹦鹉	只	967
1533	遂溪县(粤)	康瑞泰(湛江)生物技术有限公司	猴子	只	5673
1534	遂溪县(粤)	林建威鹦鹉养殖场	非洲鹦鹉	只	4
1535	遂溪县(粤)	遂溪县遂城陆华太鹦鹉养殖场	鹦鹉	只	24
1536	高要区(粤)	肇庆创药生物科技有限公司	食蟹猴	只	3611
1537	高要区(粤)	高要区白土镇宏亿蛇类养殖场	银环蛇	条	660
1538	五华县(粤)	梅州市龙祥农业科技发展有限公司	蛇	条	10000
1539	龙川县(粤)	河源市鹿鹿顺农业生态科技有限公司	梅花鹿	头	70
1540	东源县(粤)	河源鹦之缘农业专业合作社	鹦鹉	只	94
1541	阳西县(粤)	阳西县百乐观赏鸟养殖有限公司	金刚鹦鹉	只	10
1542	阳西县(粤)	阳西县百乐观赏鸟养殖有限公司	蓝顶亚马逊鹦鹉	只	10
1543	清城区(粤)	清远市清城区龙塘镇金达养殖场	滑鼠蛇	条	7092
1544	清城区(粤)	许汝标养殖场	滑鼠蛇	条	2910

(续表)

序号	县(旗、市、区、局、场)	企业名称	动物种类	计量单位	驯养数量
1545	清城区(粤)	潘桂荣养殖场	滑鼠蛇	条	4460
1546	清城区(粤)	潘桂英养殖场	滑鼠蛇	条	3550
1547	清城区(粤)	蔡海华养殖场	滑鼠蛇	条	7630
1548	清城区(粤)	钟镜堂养殖场	滑鼠蛇	条	2142
1549	清城区(粤)	清远市清城区龙塘镇顺源蛇养殖场	滑鼠蛇	条	2117
1550	清城区(粤)	刘庆全养殖场	滑鼠蛇	条	5861
1551	清城区(粤)	广东睿谷生物科技有限公司	猴子	只	25
1552	清城区(粤)	清远市清城区源潭镇新欢乐种养殖场	鹦鹉	只	22
1553	清城区(粤)	清远市清城区联兄种养专业合作社	滑鼠蛇	条	3227
1554	清城区(粤)	卢桂华养殖场	滑鼠蛇	条	1305
1555	清城区(粤)	范小洪养殖场	滑鼠蛇	条	929
1556	清城区(粤)	清远市清城区石角镇健龙蛇类养殖场	滑鼠蛇	条	4055
1557	清城区(粤)	清远市清城区石角镇祥飞蛇类养殖场	滑鼠蛇	条	610
1558	清城区(粤)	允通养殖场	滑鼠蛇	条	774
1559	清城区(粤)	清远市清城区龙塘镇成利蛇类养殖场	滑鼠蛇	条	750
1560	清城区(粤)	长胜蛇类养殖场	滑鼠蛇	条	11102
1561	清城区(粤)	清远市清城区横荷飞鹅蛇类养殖场	滑鼠蛇	条	4680
1562	清城区(粤)	黄燕兴养殖场	滑鼠蛇	条	3257
1563	清城区(粤)	刘伟强养殖场	滑鼠蛇	条	1594
1564	清城区(粤)	谢小兵养殖场	滑鼠蛇	条	550
1565	英德市(粤)	邓金平蛇场	水律蛇	条	510
1566	英德市(粤)	彭显勇蛇场	水律蛇	条	2040
1567	英德市(粤)	英德市同乐农业发展有限公司	蓝孔雀	只	17
1568	连州市(粤)	连州市擎天旅游发展有限公司	猴子	只	50
1569	连州市(粤)	坳仔孔雀园	孔雀	只	200
1570	中山市(粤)	中山市紫马岭动物园	金钱豹	只	2
1571	中山市(粤)	中山市紫马岭动物园	食蟹猴	只	7
1572	中山市(粤)	中山市紫马岭动物园	黑熊	只	2
1573	中山市(粤)	中山市紫马岭动物园	猕猴	只	15
1574	中山市(粤)	中山市紫马岭动物园	白孔雀	只	60
1575	中山市(粤)	中山市紫马岭动物园	白鹇	只	5
1576	中山市(粤)	中山市紫马岭动物园	老虎	只	2
1577	中山市(粤)	中山市紫马岭动物园	老虎	只	2
1578	中山市(粤)	中山市紫马岭动物园	狮子	只	2
1579	中山市(粤)	中山市紫马岭动物园	丹顶鹤	只	4
1580	中山市(粤)	中山市紫马岭动物园	狼	只	2
1581	中山市(粤)	中山市紫马岭动物园	鸵鸟	只	4
1582	中山市(粤)	中山市东凤镇天羿龙鸟类养殖场	鹦鹉	只	3217
1583	中山市(粤)	中山市紫马岭动物园	灰雁	只	3
1584	中山市(粤)	中山市紫马岭动物园	红腹锦鸡	只	8
1585	中山市(粤)	珠海市三界进出口贸易有限公司中山分公司	鹦鹉	只	4
1586	中山市(粤)	中山市紫马岭动物园	小熊猫	只	4

林产品主产地及产量
PRINCIPAL PRODUCTION COUNTIES AND OUTPUT OF FOREST PRODUCTS

(续表)

序号	县(旗、市、区、局、场)	企业名称	动物种类	计量单位	驯养数量
1587	中山市(粤)	中山市紫马岭动物园	棕熊	只	2
1588	中山市(粤)	珠海市三界进出口贸易有限公司中山分公司	金刚鹦鹉	只	6
1589	中山市(粤)	珠海市三界进出口贸易有限公司中山分公司	苏卡达龟	只	20
1590	中山市(粤)	珠海市三界进出口贸易有限公司中山分公司	豹纹陆龟	只	1
1591	中山市(粤)	珠海市三界进出口贸易有限公司中山分公司	亚达伯拉象龟	只	10
1592	中山市(粤)	珠海市三界进出口贸易有限公司中山分公司	猴子	只	2
1593	中山市(粤)	中山市紫马岭动物园	珠鸡	只	3
1594	中山市(粤)	中山市紫马岭动物园	画眉	只	13
1595	中山市(粤)	中山市紫马岭动物园	黄领牡丹鹦鹉	只	10
1596	中山市(粤)	中山市紫马岭动物园	黑天鹅	只	9
1597	中山市(粤)	中山市紫马岭动物园	绿头鸭	只	2
1598	中山市(粤)	中山市东升镇白鲤八队养殖场	水律蛇	条	340
1599	中山市(粤)	中山市亚马逊农业养殖有限公司	亚达伯拉象龟	只	3
1600	中山市(粤)	威龙鹦鹉养殖场	非洲鹦鹉	只	160
1601	中山市(粤)	中山市僖缘农业有限公司	苏卡达龟	只	2033
1602	中山市(粤)	中山市僖缘农业有限公司	缅甸陆龟	只	88
1603	中山市(粤)	中山市僖缘农业有限公司	红腿陆龟	只	109
1604	中山市(粤)	中山市亚马逊农业养殖有限公司	苏卡达龟	只	676
1605	中山市(粤)	中山市东升镇胜龙一队养殖场	水律蛇	条	2100
1606	中山市(粤)	中山市民众镇鹦皇鹦鹉繁殖场	鹦鹉	只	783
1607	中山市(粤)	中山市民众镇鹦皇鹦鹉繁殖场	太阳锥尾鹦鹉	只	135
1608	中山市(粤)	威龙鹦鹉养殖场	凤头鹦鹉	只	18
1609	中山市(粤)	中山市东凤镇天羿龙鸟类养殖场	鹦鹉	只	3217
1610	中山市(粤)	威龙鹦鹉养殖场	凤头鹦鹉	只	18
1611	中山市(粤)	威龙鹦鹉养殖场	鹦鹉	只	71
1612	湘桥区(粤)	潮州市紫莲森林度假村有限公司	猕猴	只	5
1613	潮安区(粤)	广东绿太阳旅游股份有限公司	黑熊	只	2
1614	潮安区(粤)	广东绿太阳旅游股份有限公司	松鼠猴	只	4
1615	潮安区(粤)	广东绿太阳旅游股份有限公司	鸳鸯	只	4
1616	潮安区(粤)	广东绿太阳旅游股份有限公司	猕猴	只	8
1617	潮安区(粤)	广东绿太阳旅游股份有限公司	鹦鹉	只	187
1618	潮安区(粤)	潮州市潮安区明鸿庄园有限公司	黑熊	只	294
1619	潮安区(粤)	潮州市潮安区明鸿庄园有限公司	猕猴	只	9
1620	潮安区(粤)	广东绿太阳旅游股份有限公司	狮子	只	2
1621	饶平县(粤)	上浮山黑熊养殖场	黑熊	只	290
1622	揭东区(粤)	揭阳市林之语贸易有限公司	非洲鹦鹉	只	35
1623	揭东区(粤)	揭阳市揭东区万竹园动物园	黑熊	头	2
1624	揭东区(粤)	揭阳市蓝城区娇声娇语鹦鹉养殖场	非洲鹦鹉	只	12
1625	揭东区(粤)	揭阳市沃森动物园有限公司	黑熊	头	25
1626	江南区(桂)	南宁市明威果子狸养殖场	果子狸	只	150
1627	万秀区(桂)	广西梧州飞腾生态农业发展有限公司	鹦鹉	只	30
1628	万秀区(桂)	梧州市园林动植物研究所	猴子	只	77

(续表)

序号	县(旗、市、区、局、场)	企业名称	动物种类	计量单位	驯养数量
1629	万秀区(桂)	梧州翀昊农业发展有限公司	鹦鹉	只	220
1630	岑溪市(桂)	岑溪市林家庄养殖专业合作社	蓝孔雀	只	250
1631	岑溪市(桂)	岑溪市大业黄五虎纹蛙养殖场	虎纹蛙	只	250000
1632	防城区(桂)	广西防城港常春生物科技开发有限公司	食蟹猴	只	3999
1633	防城区(桂)	防城港康路生物科技有限公司	食蟹猴	只	7470
1634	上思县(桂)	上思县黄丁雪养殖基地	滑鼠蛇	条	560
1635	上思县(桂)	上思县玉彪蛇类养殖场	眼镜蛇	条	850
1636	钦南区(桂)	钦州市鑫熊动物养殖有限公司	黑熊	头	62
1637	钦南区(桂)	钦州市诚致动物驯养繁殖有限公司	黑熊	头	53
1638	浦北县(桂)	宏鑫养蛇专业合作社	滑鼠蛇	条	50000
1639	浦北县(桂)	东升养殖专业合作社	眼镜蛇	条	80000
1640	浦北县(桂)	繁荣种养农民专业合作社	滑鼠蛇	条	50000
1641	港南区(桂)	贵港市港南区诚意蛇类养殖场	眼镜蛇	条	8000
1642	港南区(桂)	贵港市港南区利兴养殖场	眼镜蛇	条	6000
1643	港南区(桂)	谭敬容养殖场	眼镜蛇	条	6000
1644	覃塘区(桂)	贵港市覃塘区天才养殖专业合作社	滑鼠蛇	条	3200
1645	覃塘区(桂)	贵港市覃塘区天才养殖专业合作社	眼镜蛇	条	7000
1646	覃塘区(桂)	广西龙气堂中医药科技有限公司	滑鼠蛇	条	5000
1647	平南县(桂)	平南县大坡镇超龙养蛇场	乌梢蛇	条	500
1648	平南县(桂)	平南县大坡镇超龙养蛇场	滑鼠蛇	条	3500
1649	平南县(桂)	平南县上渡街道方广社养殖场	滑鼠蛇	条	100
1650	平南县(桂)	平南县大坡镇超龙养蛇场	眼镜蛇	条	400
1651	平南县(桂)	平南县武林镇罗振权养殖场	眼镜蛇	条	50
1652	平南县(桂)	广西雄森灵长类实验动物养殖开发有限公司	食蟹猴	只	20913
1653	平南县(桂)	广西雄森灵长类实验动物养殖开发有限公司	猕猴	只	1532
1654	平南县(桂)	平南县武林镇罗振权养殖场	滑鼠蛇	条	200
1655	博白县(桂)	博白县邦富养殖专业合作社	眼镜蛇	条	3700
1656	博白县(桂)	博白县邦富养殖专业合作社	水律蛇	条	21100
1657	北流市(桂)	北流市开光养蛇专业合作社	眼镜蛇	条	2500
1658	北流市(桂)	北流市兴发野生动物养殖场	水律蛇	条	300
1659	北流市(桂)	北流市盛天生态农业科技有限公司	水律蛇	条	1200
1660	北流市(桂)	北流市西埌镇彭德华养殖场	水律蛇	条	1500
1661	北流市(桂)	北流市隆盛镇礼盛养殖场	眼镜蛇	条	2500
1662	北流市(桂)	北流市岭南蛇类养殖有限公司	水律蛇	条	2000
1663	田阳县(桂)	田阳县黄向养蛇场	滑鼠蛇	条	1120
1664	平果县(桂)	平果县百谭农氏蛇类养殖场	蛇	条	2100
1665	平果县(桂)	平果市生活家庭农场	蛇	条	3200
1666	忻城县(桂)	忻城县大塘镇辉煌野生动物养殖场	眼镜蛇	条	5000
1667	忻城县(桂)	忻城县古蓬镇桂生养蛇场	眼镜蛇	条	3000
1668	忻城县(桂)	忻城县红渡镇祺畅种养专业合作社	眼镜蛇	条	6000
1669	江州区(桂)	卢冠宁	眼镜蛇	条	1200
1670	良凤江国家森林公园(桂)	广西良凤江梅花鹿产业有限公司	梅花鹿	头	106

林产品主产地及产量
PRINCIPAL PRODUCTION COUNTIES AND OUTPUT OF FOREST PRODUCTS

(续表)

序号	县(旗、市、区、局、场)	企业名称	动物种类	计量单位	驯养数量
1671	吉阳区(琼)	三亚大汉农业生物科技开发有限公司	孔雀	只	200
1672	儋州市(琼)	儋州市长宇旅游开发有限公司	北极熊	只	1
1673	琼中黎族苗族自治县(琼)	海南琼中大地农业发展有限公司	竹鼠	只	181
1674	琼中黎族苗族自治县(琼)	海南金色未来生态农业开发有限公司	黑颈天鹅	只	11
1675	琼中黎族苗族自治县(琼)	海南金色未来生态农业开发有限公司	蓝孔雀	只	23
1676	琼中黎族苗族自治县(琼)	王海瑞松鼠养殖场	松鼠	只	700
1677	永川区(渝)	重庆中野进出口贸易有限公司	鸿雁	只	46
1678	永川区(渝)	重庆市乐和乐都旅游有限公司	马鹿	只	33
1679	永川区(渝)	龚才华养殖场	黑天鹅	只	165
1680	永川区(渝)	龚才华养殖场	绿颊锥尾鹦鹉	只	186
1681	永川区(渝)	重庆市乐和乐都旅游有限公司	白鹈鹕	只	98
1682	永川区(渝)	重庆市乐和乐都旅游有限公司	非洲象	头	3
1683	永川区(渝)	重庆市乐和乐都旅游有限公司	长颈鹿	只	20
1684	永川区(渝)	重庆市乐和乐都旅游有限公司	老虎	只	30
1685	永川区(渝)	重庆市乐和乐都旅游有限公司	狮子	头	35
1686	永川区(渝)	重庆中野进出口贸易有限公司	松鼠猴	只	26
1687	永川区(渝)	重庆中野进出口贸易有限公司	孔雀	只	578
1688	永川区(渝)	重庆中野进出口贸易有限公司	猴子	只	12
1689	荣昌区(渝)	荣昌区清流镇草马村养蛇场	乌梢蛇	条	2000
1690	荣昌区(渝)	荣昌区清流镇草马村养蛇场	王锦蛇	条	2000
1691	荣昌区(渝)	重庆三财生态养殖公司	蟾蜍	只	8000
1692	城口县(渝)	城口县庆伟猕猴养殖场	猕猴	只	942
1693	城口县(渝)	重庆神田药业有限公司	乌梢蛇	条	1000
1694	丰都县(渝)	丰都县鸿安养殖场	蟾蜍	只	800
1695	丰都县(渝)	丰都县星桔养蛇基地	蛇	条	49
1696	丰都县(渝)	丰都县卓桢养蛇场	眼镜蛇	条	500
1697	武侯区(川)	武侯祠	黑天鹅	只	10
1698	青白江区(川)	圣阳农业专业合作社	蟾蜍	只	11000
1699	青白江区(川)	圣阳农业专业合作社	银环蛇	条	1100
1700	青白江区(川)	圣阳农业专业合作社	乌梢蛇	条	15000
1701	大邑县(川)	大邑王泗镇绿源养殖场	黑熊	头	1116
1702	大邑县(川)	大邑县康乐有限公司	梅花鹿	只	43
1703	彭州市(川)	彭州市三界镇飞翔鹦鹉养殖场	鹦鹉	只	17
1704	天府新区(川)	成都海昌极地海洋世界	北极熊	头	10
1705	天府新区(川)	佳龙集团	火烈鸟	只	2
1706	天府新区(川)	天府新区成都片区白沙红羽鹦鹉养殖场	鹦鹉	只	101
1707	天府新区(川)	成都海昌极地海洋世界	麦式环企鹅	只	20
1708	简阳市(川)	简阳市天天乐养殖场	中华大蟾蜍	只	1100
1709	简阳市(川)	简阳市天天乐养殖场	乌梢蛇	条	60
1710	简阳市(川)	四川省鑫威杰动物养殖有限责任公司	黑熊	头	129
1711	简阳市(川)	简阳市施家镇佳芯家庭农场	中华大蟾蜍	只	84

（续表）

序号	县(旗、市、区、局、场)	企业名称	动物种类	计量单位	驯养数量
1712	简阳市(川)	四川省医学科学院·四川省人民医院实验动物研究所	猕猴	只	252
1713	简阳市(川)	四川省医学科学院·四川省人民医院实验动物研究所	短尾猴	只	125
1714	简阳市(川)	简阳莉波养殖专业合作社	中华大蟾蜍	只	4300
1715	自流井区(川)	彩灯博物院	小熊猫	只	2
1716	自流井区(川)	彩灯博物院	金刚鹦鹉	只	3
1717	自流井区(川)	彩灯博物院	狼	只	2
1718	自流井区(川)	彩灯博物院	白腹锦鸡	只	7
1719	自流井区(川)	祥瑞山庄	松鼠	只	20
1720	自流井区(川)	祥瑞山庄	蓝孔雀	只	2
1721	自流井区(川)	彩灯博物院	松鼠猴	只	2
1722	自流井区(川)	彩灯博物院	黑熊	只	3
1723	自流井区(川)	彩灯博物院	梅花鹿	只	4
1724	自流井区(川)	彩灯博物院	狮子	只	1
1725	自流井区(川)	彩灯博物院	鸳鸯	只	2
1726	自流井区(川)	彩灯博物院	蟒蛇	条	3
1727	大安区(川)	大安区玉生养殖场	乌梢蛇	条	11000
1728	荣县(川)	荣县乐德镇唐世英蟾蜍养殖场	乌梢蛇	条	1300
1729	荣县(川)	荣县德光养殖家庭农场	乌梢蛇	条	1000
1730	荣县(川)	四川棋海野生动物养殖有限公司	蓝孔雀	只	5180
1731	荣县(川)	荣县观山镇原盛泰家庭农场	蟾蜍	只	60000
1732	荣县(川)	荣县德洪养殖场	蟾蜍	只	45600
1733	荣县(川)	荣县德洪养殖场	赤链蛇	条	1500
1734	荣县(川)	荣县乐德镇唐世英蟾蜍养殖场	蟾蜍	只	36200
1735	荣县(川)	荣县德洪养殖场	乌梢蛇	条	4000
1736	荣县(川)	荣县德光养殖家庭农场	蟾蜍	只	10000
1737	富顺县(川)	富顺县明博养殖有限公司	中华大蟾蜍	只	200000
1738	富顺县(川)	富顺县庞清养殖有限公司	黑眉蛇	条	270
1739	富顺县(川)	富顺县静程蛇类养殖场	眼镜蛇	条	500
1740	富顺县(川)	富顺县静程蛇类养殖场	滑鼠蛇	条	300
1741	富顺县(川)	富顺县童寺镇弘扬家庭农场	中华大蟾蜍	只	10708
1742	富顺县(川)	富顺县兴田农业开发有限公司	中华大蟾蜍	只	3990
1743	富顺县(川)	富顺县洛月养殖家庭农场	大王蛇	条	2000
1744	龙马潭区(川)	泸州市龙马潭区七彩鹦鹉养殖场	和尚鹦鹉	只	25
1745	龙马潭区(川)	泸州市龙马潭区国老幺野生特种动物养殖场	白孔雀	只	15
1746	龙马潭区(川)	泸州市龙马潭区国老幺野生特种动物养殖场	白眉蝮蛇	条	80
1747	绵竹市(川)	绵竹市玉泉镇常青蟾蜍养殖场	蟾蜍	只	1150
1748	北川羌族自治县(川)	北川九皇山生态旅游股份有限公司	野猪	头	50
1749	江油市(川)	江油市康尔王鹿业开发有限公司	梅花鹿	头	1650
1750	昭化区(川)	广元市昭化区旭日特种养殖场	王锦蛇	条	805
1751	旺苍县(川)	旺苍县逢春林麝养殖科技有限公司	林麝	头	139

林产品主产地及产量
PRINCIPAL PRODUCTION COUNTIES AND OUTPUT OF FOREST PRODUCTS

(续表)

序号	县(旗、市、区、局、场)	企业名称	动物种类	计量单位	驯养数量
1752	青川县(川)	青川九药麝业开发有限公司	林麝	头	283
1753	青川县(川)	青川县济民可信山禾养殖科技有限公司	林麝	头	27
1754	青川县(川)	四川青川逢春养殖科技股份有限公司	林麝	头	112
1755	苍溪县(川)	四川广元岷江中药材种植有限公司	中华大蟾蜍	只	20014
1756	苍溪县(川)	四川广元岷江中药材种植有限公司	乌梢蛇	条	10478
1757	大英县(川)	四川益优农业有限公司	银环蛇	条	4970
1758	大英县(川)	四川益优农业有限公司	尖吻蝮	条	4950
1759	大英县(川)	四川益优福农业有限公司	乌梢蛇	条	4900
1760	大英县(川)	四川益优福农业有限公司	蟾蜍	只	130000
1761	大英县(川)	大英县玉峰镇鲁氏蛇业	水律蛇	条	3100
1762	大英县(川)	大英县象山镇鑫程特种养殖基地	果子狸	只	520
1763	大英县(川)	四川益优农业有限公司	刺猬	只	2038
1764	东兴区(川)	内江市东兴区垚龙蛇类养殖场	大王蛇	条	1100
1765	东兴区(川)	内江市东兴区建鸿药用蛇养殖场	大王蛇	条	1980
1766	东兴区(川)	内江市东兴区启勇家庭养殖场	蟾蜍	只	100000
1767	夹江县(川)	夹江县周庵野生动物养殖场	蟾蜍	只	10000
1768	东坡区(川)	东坡区科野动物繁育场	黑熊	头	148
1769	东坡区(川)	四川格林豪斯生物科技有限公司	猕猴	只	1878
1770	东坡区(川)	四川格林豪斯生物科技有限公司	食蟹猴	只	482
1771	仁寿县(川)	仁寿县禾家镇果香居家庭农场	蟾蜍	只	9980
1772	翠屏区(川)	盛寅东北虎旅游文化公司	黑熊	只	15
1773	翠屏区(川)	翠屏区山卡卡养殖场	乌梢蛇	条	3700
1774	翠屏区(川)	白花剑红家庭农场	蟾蜍	只	210000
1775	翠屏区(川)	盛寅东北虎旅游文化公司	猕猴	只	12
1776	叙州区(川)	四川宜宾横竖生物科技有限公司	猴子	只	5250
1777	江安县(川)	江安县夕佳山镇荣和养殖场	乌梢蛇	条	55100
1778	江安县(川)	江安县留耕镇山和养殖专业合作社	乌梢蛇	条	53290
1779	江安县(川)	江安县留耕镇富兴陆生野生动物综合养殖场	蟾蜍	只	4060
1780	高县(川)	高县潆溪狮子头养殖家庭农场	黑眉蛇	条	5000
1781	高县(川)	高县潆溪狮子头养殖家庭农场	乌梢蛇	条	15000
1782	高县(川)	高县潆溪狮子头养殖家庭农场	蟾蜍	只	100
1783	邻水县(川)	邻水县袁市镇联众养殖场	蛇	条	4000
1784	雨城区(川)	雅安市雨城区大兴镇农业高科技生态园区	猕猴	只	3214
1785	汉源县(川)	华堂农业	林麝	头	1300
1786	宝兴县(川)	四川夹金山逢春养殖科技有限公司	林麝	头	159
1787	宝兴县(川)	四川宝兴济民可信山禾养殖科技有限公司	林麝	头	31
1788	巴州区(川)	巴中市源泰养殖有限公司	野猪	头	5000
1789	恩阳区(川)	巴中市恩阳区双全种养殖农民专业合作社	蓝孔雀	只	26
1790	恩阳区(川)	巴中市恩阳区双全种养殖农民专业合作社	野鸡	只	26
1791	恩阳区(川)	巴中市恩阳区荣祥鑫新养殖场	乌梢蛇	条	100
1792	恩阳区(川)	巴中市恩阳区芝虹家庭养殖场	蓝孔雀	只	10
1793	恩阳区(川)	巴中市恩阳区芝虹家庭养殖场	野鸡	只	500

(续表)

序号	县(旗、市、区、局、场)	企业名称	动物种类	计量单位	驯养数量
1794	南江县(川)	巴中市南江县断渠公园游乐场江喜驯养繁殖场	孔雀	只	16
1795	南江县(川)	巴中市南江县断渠公园游乐场江喜驯养繁殖场	鸳鸯	只	2
1796	南江县(川)	巴中市南江县断渠公园游乐场江喜驯养繁殖场	蛇	条	2
1797	南江县(川)	巴中市南江县断渠公园游乐场江喜驯养繁殖场	猴子	只	16
1798	南江县(川)	巴中市南江县赵录军蛇类驯养基地	乌梢蛇	条	3062
1799	南江县(川)	苗秋平	乌梢蛇	条	1320
1800	南江县(川)	巴中市南江县断渠公园游乐场江喜驯养繁殖场	豪猪	头	4
1801	雁江区(川)	资阳康胜养殖有限公司	黑熊	头	443
1802	雁江区(川)	资阳市黑熊养殖场	黑熊	头	197
1803	安岳县(川)	四川山水锦园农业开发有限公司	鹦鹉	只	1050
1804	茂 县(川)	茂县国康麝业有限公司	林麝	只	93
1805	茂 县(川)	茂县太安堂麝业有限公司	林麝	只	74
1806	九寨沟县(川)	九寨沟县文旅投有限公司	小熊猫	只	4
1807	九寨沟县(川)	九寨沟中致绿苑专业合作社	林麝	头	66
1808	九寨沟县(川)	九寨沟县佳怡养殖专业合作社	红腹锦鸡	只	520
1809	金川县(川)	金川县铜坡养麝专业合作社	林麝	只	357
1810	桐梓县(黔)	贵州省小西湖旅游开发有限公司	蓝孔雀	只	288
1811	桐梓县(黔)	贵州省印象旅游开发有限公司	蓝孔雀	只	382
1812	桐梓县(黔)	桐梓县孔雀垂钓园	蓝孔雀	只	4
1813	桐梓县(黔)	桐梓县黔飞徕生态农业有限公司	豚鼠	只	6000
1814	绥阳县(黔)	贵州源茂农业开发有限公司	梅花鹿	头	1100
1815	绥阳县(黔)	贵州源茂农业开发有限公司	梅花鹿	头	1100
1816	仁怀市(黔)	贵州致康农业发展有限公司	猪蛙	只	200000
1817	碧江区(黔)	铜仁市碧江区滑石杨清养殖场	鸵鸟	只	21
1818	碧江区(黔)	梵净山蛇美养殖场	蛇	条	800
1819	碧江区(黔)	铜仁众友养殖有限公司	竹鼠	只	35
1820	碧江区(黔)	碧江区唐万山蛇场	蛇	条	3030
1821	碧江区(黔)	铜仁市碧江区滑石杨清养殖场	孔雀	只	13
1822	玉屏侗族自治县(黔)	玉屏县子福养殖场	五步蛇	条	1580
1823	思南县(黔)	贵州长青特种牧业有限责任公司	蓝孔雀	只	12
1824	思南县(黔)	思南县再明特种养殖场	王锦蛇	条	2000
1825	思南县(黔)	雷廷方养殖场	豪猪	头	34
1826	兴义市(黔)	兴义市仓更镇新星珍禽养殖场	七彩山鸡	只	1000
1827	兴义市(黔)	黔西南州隆武鹿业发展有限公司	梅花鹿	头	62
1828	兴义市(黔)	兴义市晨红野猪养殖场	野猪	头	16
1829	兴仁市(黔)	兴仁市宏天梅花鹿养殖场	梅花鹿	只	30
1830	兴仁市(黔)	盘江红葡萄生态园	羊驼	头	1
1831	兴仁市(黔)	盘江红葡萄生态园	野鸡	只	8
1832	普安县(黔)	普安县吴氏蛇业科技开发有限公司	蛇	条	80000
1833	七星关区(黔)	七星关区碧海办黑天鹅种植专业合作社	蓝孔雀	只	3
1834	大方县(黔)	大方县黄泥塘镇眉井村大寨组冯安井养殖场	蓝孔雀	只	2
1835	大方县(黔)	大方县幕俄格云龙村一组李荣江养殖场	蓝孔雀	只	7

林产品主产地及产量
PRINCIPAL PRODUCTION COUNTIES AND OUTPUT OF FOREST PRODUCTS

(续表)

序号	县(旗、市、区、局、场)	企业名称	动物种类	计量单位	驯养数量
1836	大方县(黔)	大方县鼎兴乡黑泥村陶勇养殖场	蓝孔雀	只	2
1837	金沙县(黔)	金沙县正强养殖场	乌梢蛇	条	1000
1838	金沙县(黔)	金沙县正强养殖场	眼镜蛇	条	1200
1839	金沙县(黔)	金沙县正强养殖场	尖吻蝮	条	200
1840	金沙县(黔)	金沙县正强养殖场	王锦蛇	条	1000
1841	金沙县(黔)	金沙县孔雀山庄	孔雀	只	32
1842	金沙县(黔)	金沙县正强养殖场	滑鼠蛇	条	1000
1843	金沙县(黔)	金沙县金英养蛇场	眼镜蛇	条	600
1844	施秉县(黔)	施秉县吴通明养殖有限公司	蓝孔雀	只	2
1845	施秉县(黔)	贵州宏荣特种生态养殖观光有限公司	蓝孔雀	只	113
1846	镇远县(黔)	镇远县永盛野生动物驯养繁殖场	蛇	条	8000
1847	镇远县(黔)	镇远县福生药用蛇类养殖场	蛇	条	4000
1848	台江县(黔)	个体大户	七彩山鸡	只	1600
1849	雷山县(黔)	雷山县仁周蛇业养殖场	五步蛇	条	300
1850	长顺县(黔)	长顺县尧威特种养殖场	野猪	头	200
1851	长顺县(黔)	长顺县尧威特种养殖场	梅花鹿	头	45
1852	西山区(滇)	云南吉象表演有限公司	亚洲象	头	9
1853	西山区(滇)	昆明市海口林场	鸿雁	只	200
1854	西山区(滇)	西山区红树林特种养殖经营部	白腹锦鸡	只	13
1855	西山区(滇)	云南腾飞鹿业产品开发有限公司	蓝孔雀	只	3
1856	西山区(滇)	云南腾飞鹿业产品开发有限公司	马鹿	头	1
1857	西山区(滇)	昆明融创主题娱乐有限公司	苏卡达龟	只	8
1858	富民县(滇)	昂龙兵	蓝孔雀	只	6
1859	富民县(滇)	富民绿松养殖场	蓝孔雀	只	5
1860	宜良县(滇)	云南麝达林业科技发展有限公司	林麝	只	400
1861	石林彝族自治县(滇)	石林县天生桥孔雀养殖基地	孔雀	只	800
1862	石林彝族自治县(滇)	石林鹿腾养殖场	梅花鹿	只	150
1863	寻甸回族彝族自治县(滇)	寻甸县凤龙蓝孔雀观赏园	蓝孔雀	只	350
1864	元江哈尼族彝族傣族自治县(滇)	云南金杰康生物科技有限公司	猕猴	只	230
1865	元江哈尼族彝族傣族自治县(滇)	云南金杰康生物科技有限公司	食蟹猴	只	541
1866	隆阳区(滇)	保山市康泰野生动物养殖有限公司	白鹇	只	8
1867	隆阳区(滇)	保山市康泰野生动物养殖有限公司	蜥蜴	只	4
1868	隆阳区(滇)	保山市康泰野生动物养殖有限公司	孔雀	只	123
1869	隆阳区(滇)	保山市康泰野生动物养殖有限公司	狐狸	只	5
1870	隆阳区(滇)	保山市康泰野生动物养殖有限公司	野鸡	只	42
1871	隆阳区(滇)	保山市康泰野生动物养殖有限公司	黑天鹅	只	2
1872	隆阳区(滇)	保山市康泰野生动物养殖有限公司	黑熊	只	4
1873	隆阳区(滇)	保山市康泰野生动物养殖有限公司	猴子	只	45
1874	隆阳区(滇)	保山市康泰野生动物养殖有限公司	果子狸	只	4
1875	隆阳区(滇)	保山市康泰野生动物养殖有限公司	蟒蛇	条	5
1876	隆阳区(滇)	保山市康泰野生动物养殖有限公司	梅花鹿	只	19
1877	隆阳区(滇)	保山市康泰野生动物养殖有限公司	眼镜蛇	条	5

(续表)

序号	县(旗、市、区、局、场)	企业名称	动物种类	计量单位	驯养数量
1878	隆阳区(滇)	保山市康泰野生动物养殖有限公司	小熊猫	只	6
1879	隆阳区(滇)	保山市康泰野生动物养殖有限公司	羊驼	只	5
1880	隆阳区(滇)	隆阳区郝亢猫王养殖专业合作社	果子狸	只	9
1881	隆阳区(滇)	隆阳区潞钰养殖专业合作社	果子狸	只	87
1882	隆阳区(滇)	保山市康泰野生动物养殖有限公司。	豪猪	只	30
1883	古城区(滇)	丽江强盛种养殖有限公司	梅花鹿	头	80
1884	古城区(滇)	丽江炀和农业开发有限公司	麋鹿	头	50
1885	玉龙纳西族自治县(滇)	玉龙县荣麟种养殖有限公司	林麝	只	468
1886	玉龙纳西族自治县(滇)	丽江玫瑰产业有限公司	蓝孔雀	只	19
1887	楚雄市(滇)	楚雄市国有林场	梅花鹿	头	105
1888	牟定县(滇)	牟定县彝和园文化旅游开发有限责任公司	雉鸡	只	11
1889	牟定县(滇)	牟定县彝和园文化旅游开发有限责任公司	蓝孔雀	只	23
1890	牟定县(滇)	牟定县彝和园文化旅游开发有限责任公司	鸵鸟	只	3
1891	牟定县(滇)	牟定县彝和园文化旅游开发有限责任公司	羊驼	头	3
1892	牟定县(滇)	牟定县彝和园文化旅游开发有限责任公司	马鹿	头	13
1893	牟定县(滇)	牟定县彝和园文化旅游开发有限责任公司	猴子	只	11
1894	个旧市(滇)	个旧市园林绿化局(宝华公园)	短尾猴	只	4
1895	个旧市(滇)	个旧市园林绿化局(宝华公园)	绿头鸭	只	3
1896	个旧市(滇)	个旧市园林绿化局(宝华公园)	刺猬	只	2
1897	个旧市(滇)	个旧市园林绿化局(宝华公园)	鳄龟	只	7
1898	个旧市(滇)	个旧市园林绿化局(宝华公园)	果子狸	只	4
1899	个旧市(滇)	个旧市园林绿化局(宝华公园)	蟒蛇	条	2
1900	个旧市(滇)	个旧市园林绿化局(宝华公园)	猕猴	只	37
1901	个旧市(滇)	个旧市园林绿化局(宝华公园)	棕熊	只	2
1902	个旧市(滇)	个旧市园林绿化局(宝华公园)	梅花鹿	只	25
1903	个旧市(滇)	个旧市园林绿化局(宝华公园)	黑熊	只	3
1904	个旧市(滇)	个旧市园林绿化局(宝华公园)	羊驼	只	4
1905	个旧市(滇)	个旧市园林绿化局(宝华公园)	浣熊	只	5
1906	个旧市(滇)	个旧市园林绿化局(宝华公园)	鸸鹋	只	3
1907	个旧市(滇)	个旧市园林绿化局(宝华公园)	火鸡	只	35
1908	个旧市(滇)	个旧市园林绿化局(宝华公园)	豪猪	只	9
1909	个旧市(滇)	个旧市园林绿化局(宝华公园)	画眉	只	2
1910	个旧市(滇)	个旧市园林绿化局(宝华公园)	灰雁	只	2
1911	个旧市(滇)	个旧市园林绿化局(宝华公园)	食蟹猴	只	2
1912	个旧市(滇)	个旧市园林绿化局(宝华公园)	亚洲象	头	1
1913	个旧市(滇)	个旧市园林绿化局(宝华公园)	獾子	只	2
1914	个旧市(滇)	个旧市园林绿化局(宝华公园)	鸳鸯	只	22
1915	个旧市(滇)	个旧市大屯镇蓝孔雀养殖场	蓝孔雀	只	28
1916	个旧市(滇)	个旧市咸羿养殖有限公司	苏卡达龟	只	120
1917	个旧市(滇)	个旧市咸羿养殖有限公司	亚达伯拉象龟	只	21
1918	个旧市(滇)	个旧市园林绿化局(宝华公园)	眼镜蛇	条	4

(续表)

序号	县(旗、市、区、局、场)	企业名称	动物种类	计量单位	驯养数量
1919	个旧市(滇)	个旧市园林绿化局(宝华公园)	白鹇	只	1
1920	个旧市(滇)	个旧市园林绿化局(宝华公园)	黑颈天鹅	只	3
1921	个旧市(滇)	个旧市园林绿化局(宝华公园)	鹦鹉	只	1
1922	个旧市(滇)	个旧市园林绿化局(宝华公园)	白腹锦鸡	只	5
1923	个旧市(滇)	个旧市园林绿化局(宝华公园)	红腹锦鸡	只	7
1924	个旧市(滇)	个旧市园林绿化局(宝华公园)	蓝孔雀	只	20
1925	个旧市(滇)	个旧市园林绿化局(宝华公园)	环颈雉	只	1
1926	个旧市(滇)	云南锡业集团广元实业有限公司	蜥蜴	只	835
1927	蒙自市(滇)	云南天佑熊业制药有限公司	黑熊	头	1200
1928	河口瑶族自治县(滇)	河口县树杰鸟类人工养殖基地	鹩哥	只	264
1929	丘北县(滇)	清水江林业局	灰雁	只	323
1930	丘北县(滇)	清水江林业局	斑嘴鸭	只	180
1931	丘北县(滇)	清水江林业局	黑天鹅	只	1
1932	丘北县(滇)	清水江林业局	斑头雁	只	230
1933	丘北县(滇)	清水江林业局	白天鹅	只	28
1934	丘北县(滇)	清水江林业局	蓝孔雀	只	40
1935	景洪市(滇)	云南湄公河生物有限公司	蓝孔雀	只	1000
1936	勐腊县(滇)	勐仑植物园	孔雀	只	90
1937	大理市(滇)	云南大理瑞鹤药业有限公司	棕熊	头	650
1938	云龙县(滇)	共邦生态野猪养殖专业合作社	山猪	头	1400
1939	云龙县(滇)	团结乡云山凤野鸡养殖专业合作社	七彩山鸡	只	20000
1940	鹤庆县(滇)	云南谊洋养殖业有限公司	林麝	头	107
1941	瑞丽市(滇)	瑞丽贵生堂动物(黑熊)驯养基地	黑熊	头	169
1942	芒市(滇)	德宏砖石人间旅游开发有限公司	蓝孔雀	只	4640
1943	芒市(滇)	芒市倪小早鹦鹉有限公司	鹦鹉	只	4
1944	芒市(滇)	云南勐巴娜西珍奇园有限公司	蓝孔雀	只	100
1945	陇川县(滇)	云南陇川章凤制药厂	黑熊	头	550
1946	陇川县(滇)	陇川县绍讲种植基地	蓝孔雀	只	64
1947	陇川县(滇)	陇川县岩过蓝孔雀养殖基地	蓝孔雀	只	20
1948	兰坪白族普米族自治县(滇)	兰坪雄威养殖场	梅花鹿	只	35
1949	香格里拉市(滇)	香格里拉市驰宇林下经济作物开发有限责任公司	林麝	只	34
1950	香格里拉市(滇)	香格里拉市迪红养殖有限公司	林麝	只	13
1951	香格里拉市(滇)	迪庆香格里拉铯曲庄园	林麝	只	10
1952	香格里拉市(滇)	香格里拉市彤麟农业科技有限公司	林麝	只	70
1953	香格里拉市(滇)	香格里拉市翁上隆亚藏马鸡养殖农民专业合作社	藏马鸡	只	400
1954	香格里拉市(滇)	香格里拉市泥仁养殖有限公司	藏马鸡	只	50
1955	香格里拉市(滇)	迪庆州旅游集团有限公司普达措旅业分公司	藏马鸡	只	75
1956	嵩明县(滇)	昆明市花窝特禽养殖场	野鸡	只	230
1957	嵩明县(滇)	昆明市花窝特禽养殖场	白鹇	只	32
1958	嵩明县(滇)	嵩明县牛栏江镇劲羽鹦鹉养殖场	鹦鹉	只	60
1959	南郑区(陕)	南郑县瑞通猕猴养殖场	猕猴	只	210

(续表)

序号	县(旗、市、区、局、场)	企业名称	动物种类	计量单位	驯养数量
1960	南郑区(陕)	南郑县龙腾猕猴养殖有限公司	猕猴	只	530
1961	城固县(陕)	汉中市野生经济动物研究所黑熊养殖场	黑熊	头	1
1962	城固县(陕)	城固县巴山雉类养殖场	红腹锦鸡	只	4
1963	洋县(陕)	洋县长青华阳景区旅游服务有限公司	金刚鹦鹉	只	89
1964	洋县(陕)	洋县林麝特种养殖有限公司	林麝	只	288
1965	洋县(陕)	益盛实业投资公司	蓝孔雀	只	101
1966	洋县(陕)	益盛实业投资公司	白鹇	只	2
1967	洋县(陕)	益盛实业投资公司	红腹锦鸡	只	15
1968	洋县(陕)	汉中华阳吉鹿有限公司	豪猪	头	3
1969	洋县(陕)	汉中华阳吉鹿有限公司	红腹锦鸡	只	14
1970	勉县(陕)	勉县森苑养殖开发有限责任公司	林麝	头	194
1971	勉县(陕)	勉县张家河特种养殖场	林麝	头	54
1972	宁强县(陕)	汉中乡音生态农业有限责任公司	林麝	只	44
1973	略阳县(陕)	略阳天牧林麝有限公司	林麝	只	279
1974	略阳县(陕)	略阳凯华林麝养殖有限公司	林麝	只	132
1975	略阳县(陕)	略阳天牧林麝有限公司	林麝	只	279
1976	略阳县(陕)	略阳武兴林麝养殖有限公司	林麝	只	96
1977	略阳县(陕)	陕西悦丰农业科技有限公司	林麝	只	325
1978	镇巴县(陕)	陕西国顺农业科技有限公司	林麝	只	103
1979	镇巴县(陕)	陕西科苑麝业农业养殖科技有限公司	林麝	只	38
1980	镇巴县(陕)	北京同仁堂陕西麝业有限公司汉中分公司	林麝	只	147
1981	镇巴县(陕)	陕西卧龙讧生态农业开发有限公司	林麝	只	83
1982	石泉县(陕)	石泉县富泰麝业有限公司	林麝	只	50
1983	石泉县(陕)	陕西都得利农林牧业开发股份有限公司	野鸡	只	18
1984	石泉县(陕)	陕西都得利农林牧业开发股份有限公司	孔雀	只	7
1985	石泉县(陕)	陕西都得利农林牧业开发股份有限公司	豪猪	只	12
1986	宁陕县(陕)	宁陕县态生源农业科技有限公司	林麝	头	101
1987	宁陕县(陕)	宁陕县隆源生态科技养殖有限公司	梅花鹿	头	302
1988	宁陕县(陕)	宁陕县荣庚生物科技有限公司	林麝	只	405
1989	旬阳县(陕)	陕西万阳实业有限公司	梅花鹿	头	170
1990	高台县(甘)	高台县野生动植物保护管理站	鸳鸯	只	2
1991	高台县(甘)	高台县野生动植物保护管理站	斑头雁	只	24
1992	高台县(甘)	高台县野生动植物保护管理站	黑天鹅	只	38
1993	高台县(甘)	高台县野生动植物保护管理站	红腹锦鸡	只	2
1994	高台县(甘)	高台县野生动植物保护管理站	灰雁	只	20
1995	高台县(甘)	高台县野生动植物保护管理站	野鸭	只	15
1996	高台县(甘)	高台县野生动植物保护管理站	蓝孔雀	只	28
1997	高台县(甘)	高台县野生动植物保护管理站	绿头鸭	只	25
1998	崆峒区(甘)	平凉源鑫林麝养殖有限公司	林麝	只	40
1999	阿克塞哈萨克族自治县(甘)	阿克塞县林业生态工作站	贵妃鸡	只	4
2000	阿克塞哈萨克族自治县(甘)	阿克塞县林业生态工作站	孔雀	只	5

林产品主产地及产量

PRINCIPAL PRODUCTION COUNTIES AND OUTPUT OF FOREST PRODUCTS

(续表)

序号	县(旗、市、区、局、场)	企业名称	动物种类	计量单位	驯养数量
2001	阿克塞哈萨克族自治县(甘)	阿克塞县林业生态工作站	斑头雁	只	2
2002	阿克塞哈萨克族自治县(甘)	阿克塞县林业生态工作站	棕熊	头	1
2003	阿克塞哈萨克族自治县(甘)	阿克塞县林业生态工作站	狼	头	7
2004	阿克塞哈萨克族自治县(甘)	阿克塞县林业生态工作站	白天鹅	只	4
2005	阿克塞哈萨克族自治县(甘)	阿克塞县林业生态工作站	马鹿	头	3
2006	阿克塞哈萨克族自治县(甘)	阿克塞县林业生态工作站	秃鹫	只	2
2007	阿克塞哈萨克族自治县(甘)	阿克塞县林业生态工作站	梅花鹿	头	5
2008	阿克塞哈萨克族自治县(甘)	阿克塞县林业生态工作站	鸵鸟	只	1
2009	玉门市(甘)	玉门市羽祥珍禽养殖场	蓝孔雀	只	17
2010	大通回族土族自治县(青)	青海省牦牛繁育推广中心	马鹿	只	23
2011	大通回族土族自治县(青)	青海省牦牛繁育推广中心	梅花鹿	只	81
2012	湟中县(青)	群加林场	梅花鹿	头	160
2013	湟中县(青)	湟中藏缘野生动物驯养繁育基地	孔雀	只	60
2014	湟中县(青)	湟中先河麝业发展有限公司	林麝	头	57
2015	湟源县(青)	南山国营林场	梅花鹿	头	99
2016	乐都区(青)	海东市乐都区银恒特种养殖场	狼	头	32
2017	乐都区(青)	海东市荣通特色养殖专业合作社	孔雀	只	6
2018	乐都区(青)	海东市乐都区福祥鹿场	林麝	只	25
2019	化隆回族自治县(青)	化隆县坎布拉种养殖专业合作社	林麝	头	32
2020	化隆回族自治县(青)	化隆县振宇农牧开发有限公司	林麝	头	11
2021	化隆回族自治县(青)	宗喀农牧开发有限公司	白孔雀	只	22
2022	祁连县(青)	祁连阿柔乡青羊沟森宝麝业养殖专业合作社	林麝	头	261
2023	德令哈市(青)	海西永新农牧发展有限公司	梅花鹿	只	175
2024	德令哈市(青)	德令哈瑞鑫梅花鹿养殖专业合作社	梅花鹿	只	15
2025	兴庆区(宁)	中山公园	火鸡	只	18
2026	兴庆区(宁)	中山公园	鸵鸟	只	2
2027	兴庆区(宁)	中山公园	鸳鸯	只	4
2028	兴庆区(宁)	中山公园	虎皮鹦鹉	只	25
2029	兴庆区(宁)	中山公园	丹顶鹤	只	2
2030	兴庆区(宁)	中山公园	猕猴	只	20
2031	兴庆区(宁)	中山公园	黑天鹅	只	2
2032	兴庆区(宁)	银川景博学校动物园	斑嘴鸭	只	2
2033	兴庆区(宁)	银川鸣翠湖生态旅游开发有限公司	蓝孔雀	只	94
2034	兴庆区(宁)	银川鸣翠湖生态旅游开发有限公司	斑嘴鸭	只	87
2035	兴庆区(宁)	银川景博学校动物园	蓝孔雀	只	17
2036	兴庆区(宁)	银川景博动物园	黑天鹅	只	1
2037	兴庆区(宁)	中山公园	棕熊	只	2
2038	兴庆区(宁)	中山公园	黑熊	只	1
2039	兴庆区(宁)	中山公园	斑头雁	只	13
2040	兴庆区(宁)	中山公园	梅花鹿	只	7
2041	兴庆区(宁)	中山公园	蓝孔雀	只	110

(续表)

序号	县(旗、市、区、局、场)	企业名称	动物种类	计量单位	驯养数量
2042	兴庆区(宁)	中山公园	鸸鹋	只	5
2043	兴庆区(宁)	中山公园	猴子	只	22
2044	兴庆区(宁)	中山公园	貉	只	2
2045	兴庆区(宁)	中山公园	狼	只	8
2046	西夏区(宁)	宁夏志辉实业集团有限公司	孔雀	只	17
2047	西夏区(宁)	西夏风情园有限责任公司	斑嘴鸭	只	52
2048	西夏区(宁)	西夏风情园有限责任公司	孔雀	只	20
2049	大武口区(宁)	石嘴山市奇石山文化旅游有限公司	黑天鹅	只	2
2050	大武口区(宁)	石嘴山市奇石山文化旅游有限公司	孔雀	只	46
2051	大武口区(宁)	石嘴山市奇石山文化旅游有限公司	猕猴	只	1
2052	平罗县(宁)	平罗县渠口建虎水禽养殖场	灰雁	只	189
2053	平罗县(宁)	平罗县渠口建虎水禽养殖场	红腹锦鸡	只	10
2054	平罗县(宁)	平罗县渠口建虎水禽养殖场	白鹇	只	10
2055	平罗县(宁)	平罗县渠口建虎水禽养殖场	丹顶鹤	只	2
2056	平罗县(宁)	平罗县渠口建虎水禽养殖场	黑颈天鹅	只	20
2057	平罗县(宁)	平罗县渠口建虎水禽养殖场	白腹锦鸡	只	2
2058	平罗县(宁)	平罗县渠口建虎水禽养殖场	鸳鸯	只	18
2059	平罗县(宁)	平罗县渠口建虎水禽养殖场	野鸭	只	116
2060	平罗县(宁)	宁夏蕾牧高科农业发展有限公司	孔雀	只	8
2061	平罗县(宁)	宁夏蕾牧高科农业发展有限公司	鸵鸟	只	4
2062	平罗县(宁)	宁夏蕾牧高科农业发展有限公司	珠鸡	只	20
2063	平罗县(宁)	宁夏蕾牧高科农业发展有限公司	草兔	只	10
2064	平罗县(宁)	宁夏蕾牧高科农业发展有限公司	猕猴	只	6
2065	平罗县(宁)	平罗县渠口建虎水禽养殖场	白天鹅	只	6
2066	平罗县(宁)	平罗县渠口建虎水禽养殖场	庞鼻天鹅	只	12
2067	临江林业局(吉林森工)	吉林省临江林业局	林蛙	只	593280
2068	松江河林业有限公司(吉林森工)	松江河林业局	马鹿	只	880
2069	松江河林业有限公司(吉林森工)	松江河林业局	林蛙	只	2709000
2070	松江河林业有限公司(吉林森工)	松江河林业局	森林鸡	只	400
2071	松江河林业有限公司(吉林森工)	松江河林业局	森林猪	头	103
2072	露水河林业局(吉林森工)	吉林省露水河林业局	林蛙	只	850000
2073	鹤北林业局(龙江森工)	王建国养鹿场	梅花鹿	头	100
2074	清河林业局(龙江森工)	黑龙江省清河林业局有限公司	冷水鱼	条	480000
2075	清河林业局(龙江森工)	黑龙江省清河林业局有限公司	野猪	头	521
2076	东方红林业局(龙江森工)	高泽东养殖场	野猪	头	46
2077	东方红林业局(龙江森工)	茗琴山庄	野猪	头	4
2078	东方红林业局(龙江森工)	石场张义梅花鹿养殖场	梅花鹿	头	5
2079	东方红林业局(龙江森工)	杨勇梅花鹿养殖场	梅花鹿	头	20

林产品主产地及产量
PRINCIPAL PRODUCTION COUNTIES AND OUTPUT OF FOREST PRODUCTS

（续表）

序号	县（旗、市、区、局、场）	企业名称	动物种类	计量单位	驯养数量
2080	东方红林业局（龙江森工）	海音山林场养鹿场	梅花鹿	头	95
2081	东方红林业局（龙江森工）	郭桂云养殖场	野猪	头	50
2082	新林林业局（大兴安岭）	新林林业局	马鹿	头	50
2083	呼中林业局（大兴安岭）	呼中林业局	森林鸡	只	15500
2084	图强林业局（大兴安岭）	图强林业局	北极狐	只	15100
2085	韩家园林业局（大兴安岭）	松涛鹿苑	梅花鹿	只	47
2086	韩家园林业局（大兴安岭）	韩家园林业局	森林猪	头	153
2087	第八师（新疆兵团）	石河子市西营镇金土地蓝孔雀养殖场	蓝孔雀	只	95
2088	第九师（新疆兵团）	额敏县德瑞福特色养殖专业合作社	野猪	头	320
2089	第十二师（新疆兵团）	阜康市知情文旅专业合作社	鸵鸟	只	26
2090	第十二师（新疆兵团）	逐鹿田园合作社	梅花鹿	头	86
2091	第十三师（新疆兵团）	田广海	蓝孔雀	只	46
2092	第十三师（新疆兵团）	田广海	七彩山鸡	只	95
2093	第十三师（新疆兵团）	白雀林观赏园	鸵鸟	只	2
2094	第十三师（新疆兵团）	沙漠珍禽养殖场	七彩山鸡	只	4100
2095	第十三师（新疆兵团）	沙漠珍禽养殖场	鹧鸪	只	1050
2096	第十三师（新疆兵团）	沙漠珍禽养殖场	蓝孔雀	只	24
2097	第十三师（新疆兵团）	白雀林观赏园	蓝孔雀	只	116
2098	第十三师（新疆兵团）	白雀林观赏园	七彩山鸡	只	1
2099	第十三师（新疆兵团）	红盛果业种植合作社	鸵鸟	只	32
2100	第十三师（新疆兵团）	白雀林观赏园	鸸鹋	只	1

表 20-1 黄柏主产地产量

序号	县(旗、市、区、局、场)	鲜药材产量(吨)
1	双滦区(冀)	45
2	泾县(皖)	499.6
3	安化县(湘)	210
4	衡阳县(湘)	40
5	保靖县(湘)	20
6	常宁市(湘)	12
7	江永县(湘)	8
8	金洞林场(湘)	2
9	城口县(渝)	2601
10	丰都县(渝)	1135
11	梁平区(渝)	10
12	荥经县(川)	15000
13	宝兴县(川)	2900
14	雨城区(川)	2160
15	大邑县(川)	1300
16	筠连县(川)	530
17	剑阁县(川)	503.75
18	美姑县(川)	467
19	古蔺县(川)	200
20	芦山县(川)	200
21	邛崃市(川)	120
22	通江县(川)	50
23	德昌县(川)	35
24	荣县(川)	32
25	高县(川)	30
26	邻水县(川)	27
27	珙县(川)	10
28	马边彝族自治县(川)	4
29	湄潭县(黔)	721
30	贵定县(黔)	300
31	碧江区(黔)	26
32	水富市(滇)	35
33	镇巴县(陕)	150
34	勉县(陕)	2

表 20-2 柴胡主产地产量

序号	县(旗、市、区、局、场)	鲜药材产量(吨)
1	磁县(冀)	140
2	丰宁满族自治县(冀)	100
3	赤城县(冀)	45
4	围场满族蒙古族自治县(冀)	32
5	永年区(冀)	5
6	鹰手营子矿区(冀)	2
7	原平市(晋)	250
8	静乐县(晋)	150
9	岢岚县(晋)	107
10	阳曲县(晋)	66
11	灵丘县(晋)	18
12	方山县(晋)	10
13	突泉县(内蒙古)	80
14	舒兰市(吉)	77
15	桦南县(黑)	267
16	龙江县(黑)	20
17	新泰市(鲁)	42
18	历城区(鲁)	5.6
19	卫辉市(豫)	300
20	甘洛县(川)	420
21	汉源县(川)	150
22	仁怀市(黔)	100
23	务川仡佬族苗族自治县(黔)	100
24	普安县(黔)	65
25	三穗县(黔)	30
26	贵定县(黔)	10
27	石泉县(陕)	3
28	安定区(甘)	75
29	彭阳县(宁)	10500
30	同心县(宁)	225

表 20-3 菊花主产地产量

序号	县(旗、市、区、局、场)	鲜药材产量(吨)
1	邱县(冀)	1200
2	临西县(冀)	80
3	武川县(内蒙古)	11
4	射阳县(苏)	24285
5	泗阳县(苏)	65
6	泗洪县(苏)	30
7	柯城区(浙)	256
8	缙云县(浙)	4.2
9	颍泉区(皖)	500
10	旌德县(皖)	350
11	灵璧县(皖)	60
12	绩溪县(皖)	50
13	怀宁县(皖)	10
14	潜山市(皖)	10
15	禹会区(皖)	5
16	南丰县(赣)	4
17	石城县(赣)	1.1
18	新泰市(鲁)	3000
19	东平县(鲁)	400
20	新野县(豫)	1200
21	南乐县(豫)	660
22	温县(豫)	500
23	太康县(豫)	360
24	商水县(豫)	6
25	耒阳市(湘)	20
26	苏仙区(湘)	16
27	湘潭县(湘)	2.5
28	临湘市(湘)	1.5
29	南雄市(粤)	150
30	新丰江林管局(粤)	63
31	筠连县(川)	300
32	仪陇县(川)	10
33	贵定县(黔)	500
34	金沙县(黔)	373.5
35	麻江县(黔)	353
36	龙里县(黔)	240
37	德江县(黔)	200
38	息烽县(黔)	12
39	兰坪白族普米族自治县(滇)	0.8

表 20-4 蜂蜜主产地产量

序号	县(旗、市、区、局、场)	鲜药材产量(吨)
1	大箐山县(黑)	800
2	萝北县(黑)	10
3	建德市(浙)	10
4	武宁县(赣)	400
5	信丰县(赣)	320
6	赣县区(赣)	150
7	莲花县(赣)	60
8	南丰县(赣)	6
9	桐柏县(豫)	350
10	石门县(湘)	2500
11	江华瑶族自治县(湘)	1000
12	东安县(湘)	50
13	汝城县(湘)	31
14	耒阳市(湘)	5

(续表)

序号	县(旗、市、区、局、场)	鲜药材产量(吨)
15	桃源县(湘)	1.3
16	广宁县(粤)	2912.1
17	和平县(粤)	850
18	五华县(粤)	60
19	阳春市(粤)	20
20	台山市(粤)	1
21	琼中黎族苗族自治县(琼)	915
22	台江县(黔)	260
23	罗甸县(黔)	85
24	腾冲市(滇)	80
25	盈江县(滇)	66.4
26	禄丰县(滇)	63
27	石林彝族自治县(滇)	8
28	南郑区(陕)	1200
29	原州区(宁)	2.15
30	露水河林业局(吉林森工)	100

表20-5 金银花主产地产量

序号	县(旗、市、区、局、场)	鲜药材产量(吨)
1	平乡县(冀)	690
2	丰宁满族自治县(冀)	400
3	枣强县(冀)	260
4	临西县(冀)	39
5	鸡泽县(冀)	32
6	曲周县(冀)	19
7	广宗县(冀)	2
8	阳曲县(晋)	4.5
9	宿豫区(苏)	460
10	开化县(浙)	16
11	建德市(浙)	4.2
12	广德县(皖)	2580
13	裕安区(皖)	262
14	蒙城县(皖)	20.1
15	潜山市(皖)	8.3
16	天长市(皖)	2
17	峡江县(赣)	1059
18	修水县(赣)	430
19	宜黄县(赣)	130
20	永丰县(赣)	70
21	武宁县(赣)	69
22	玉山县(赣)	60
23	上饶县(赣)	55.8
24	都昌县(赣)	53

(续表)

序号	县(旗、市、区、局、场)	鲜药材产量(吨)
25	鄱阳县(赣)	45
26	乐平市(赣)	43.6
27	芦溪县(赣)	30
28	永修县(赣)	25
29	渝水区(赣)	23.07
30	柴桑区(赣)	21
31	樟树市(赣)	20
32	石城县(赣)	17
33	兴国县(赣)	15
34	泰和县(赣)	8.6
35	安源区(赣)	5
36	靖安县(赣)	3.69
37	分宜县(赣)	3
38	余干县(赣)	1.21
39	萍乡市林业局武功山分局(赣)	1
40	湖口县(赣)	0.8
41	平邑县(鲁)	11500
42	新泰市(鲁)	8000
43	曹 县(鲁)	1404.7
44	莒南县(鲁)	640
45	历城区(鲁)	369.6
46	宁阳县(鲁)	73.4
47	东平县(鲁)	50
48	临沭县(鲁)	40
49	平原县(鲁)	36
50	徂汶景区(鲁)	32
51	岱岳区(鲁)	30
52	泰安市高新区(鲁)	15
53	五莲县(鲁)	2
54	禹城市(鲁)	1.5
55	滑 县(豫)	1500
56	南乐县(豫)	900
57	嵩 县(豫)	600
58	新野县(豫)	500
59	西平县(豫)	495
60	浚 县(豫)	250
61	鹤壁市市辖区(豫)	250
62	原阳县(豫)	210
63	睢 县(豫)	200
64	兰考县(豫)	165
65	台前县(豫)	150
66	商水县(豫)	100
67	永城市(豫)	56

(续表)

序号	县(旗、市、区、局、场)	鲜药材产量(吨)
68	延津县(豫)	40
69	凤凰县(湘)	9000
70	涟源市(湘)	516
71	石门县(湘)	480
72	保靖县(湘)	157
73	汨罗市(湘)	125
74	江华瑶族自治县(湘)	100
75	辰溪县(湘)	91
76	耒阳市(湘)	40
77	麻阳苗族自治县(湘)	40
78	宜章县(湘)	36
79	攸 县(湘)	8
80	衡阳县(湘)	3
81	临湘市(湘)	0.6
82	连南瑶族自治县(粤)	660
83	乳源瑶族自治县(粤)	40
84	梅县区(粤)	20
85	电白区(粤)	2
86	全州县(桂)	993
87	隆林各族自治县(桂)	950
88	苍梧县(桂)	134.56
89	恭城瑶族自治县(桂)	5.11
90	丰都县(渝)	255
91	剑阁县(川)	430
92	筠连县(川)	210
93	达川区(川)	200
94	叙州区(川)	102.4
95	长宁县(川)	38
96	翠屏区(川)	20
97	西昌市(川)	1.2
98	绥阳县(黔)	7800
99	道真仡佬族苗族自治县(黔)	2200
100	正安县(黔)	1100
101	贞丰县(黔)	620
102	兴义市(黔)	404.75
103	务川仡佬族苗族自治县(黔)	300
104	册亨县(黔)	188.4
105	大方县(黔)	123.05
106	贵定县(黔)	120
107	兴仁市(黔)	99
108	普安县(黔)	15
109	息烽县(黔)	10
110	麻江县(黔)	8
111	长顺县(黔)	5

(续表)

序号	县(旗、市、区、局、场)	鲜药材产量(吨)
112	双柏县(滇)	1250
113	墨江哈尼族自治县(滇)	38.8
114	大姚县(滇)	32
115	腾冲市(滇)	20
116	牟定县(滇)	3
117	楚雄市(滇)	1.56
118	沙坡头区(宁)	48
119	岳普湖县(新)	550

表20-6 板兰根主产地产量

序号	县(旗、市、区、局、场)	鲜药材产量(吨)
1	丰宁满族自治县(冀)	160
2	永清县(冀)	130
3	围场满族蒙古族自治县(冀)	20
4	阳曲县(晋)	36
5	泽州县(晋)	1
6	乌兰浩特市(内蒙古)	257.5
7	科尔沁右翼前旗(内蒙古)	150
8	扎赉特旗(内蒙古)	32
9	喀喇沁左翼蒙古族自治县(辽)	103.8
10	白城市市辖区(吉)	1200
11	大同区(黑)	4366
12	龙江县(黑)	300
13	红岗区(黑)	268
14	泰来县(黑)	200
15	滴道区(黑)	90
16	克山县(黑)	26
17	同江市(黑)	15
18	延寿县(黑)	8
19	北安市(黑)	3.75
20	谯城区(皖)	45
21	兴国县(赣)	7.5
22	伊川县(豫)	1500
23	浚县(豫)	250
24	鹤壁市市辖区(豫)	250
25	太康县(豫)	61
26	凤凰县(湘)	6200
27	汝城县(湘)	3
28	清新区(粤)	15
29	环江毛南族自治县(桂)	20
30	剑阁县(川)	331.5

(续表)

序号	县(旗、市、区、局、场)	鲜药材产量(吨)
31	荔波县(黔)	17000
32	丹寨县(黔)	13382.5
33	从江县(黔)	5240
34	榕江县(黔)	2512.85
35	七星关区(黔)	294
36	黎平县(黔)	65
37	贵定县(黔)	50
38	晴隆县(黔)	37.5
39	镇远县(黔)	33.6
40	元阳县(滇)	1482
41	金平苗族瑶族傣族自治县(滇)	1273
42	弥渡县(滇)	75
43	牟定县(滇)	51
44	文山市(滇)	32
45	汉台区(陕)	140
46	山丹县(甘)	1350

表20-7 艾叶主产地产量

序号	县(旗、市、区、局、场)	鲜药材产量(吨)
1	馆陶县(冀)	570
2	丰宁满族自治县(冀)	300
3	延寿县(黑)	20
4	沭阳县(苏)	20
5	阜南县(皖)	1000
6	颍泉区(皖)	300
7	裕安区(皖)	8.1
8	峡江县(赣)	1059
9	鄱阳县(赣)	1000
10	新建区(赣)	300
11	都昌县(赣)	167
12	玉山县(赣)	150
13	樟树市(赣)	150
14	莲花县(赣)	25
15	共青城市(赣)	20
16	南丰县(赣)	16
17	兴国县(赣)	12
18	吉安县(赣)	2.5
19	于都县(赣)	2
20	社旗县(豫)	16000
21	桐柏县(豫)	4500
22	伊川县(豫)	1800
23	镇平县(豫)	1600

(续表)

序号	县(旗、市、区、局、场)	鲜药材产量(吨)
24	汤阴县(豫)	750
25	商水县(豫)	120
26	汝阳县(豫)	70
27	确山县(豫)	60
28	浉河区(豫)	22
29	淮滨县(豫)	15
30	项城市(豫)	4.38
31	宜阳县(豫)	1.1
32	澧县(湘)	4500
33	攸县(湘)	1800
34	江华瑶族自治县(湘)	1000
35	祁阳县(湘)	200
36	临湘市(湘)	180
37	临澧县(湘)	24
38	汝城县(湘)	20
39	雷州市(粤)	10
40	环江毛南族自治县(桂)	100
41	剑阁县(川)	650
42	邻水县(川)	90
43	册亨县(黔)	1875
44	望谟县(黔)	400
45	石泉县(陕)	20

表20-8 苍术主产地产量

序号	县(旗、市、区、局、场)	鲜药材产量(吨)
1	丰宁满族自治县(冀)	1400
2	赤城县(冀)	280
3	宽城满族自治县(冀)	250
4	滦平县(冀)	80
5	围场满族蒙古族自治县(冀)	60
6	双滦区(冀)	32
7	迁西县(冀)	1.5
8	原平市(晋)	70
9	静乐县(晋)	10
10	阿荣旗(内蒙古)	222
11	科尔沁右翼前旗(内蒙古)	60
12	鄂伦春自治旗(内蒙古)	55
13	扎赉特旗(内蒙古)	2.5
14	海城市(辽)	50
15	凌源市(辽)	35
16	辉南县(吉)	238
17	东丰县(吉)	37
18	江源区(吉)	13.2

林产品主产地及产量

PRINCIPAL PRODUCTION COUNTIES AND OUTPUT OF FOREST PRODUCTS

（续表）

序号	县（旗、市、区、局、场）	鲜药材产量（吨）
19	通化县（吉）	3.33
20	桦南县（黑）	4452.68
21	五大连池市（黑）	470
22	龙江县（黑）	120
23	爱辉区（黑）	41
24	逊克县（黑）	40
25	东宁市（黑）	39
26	拜泉县（黑）	21
27	孙吴县（黑）	6
28	红岗区（黑）	5
29	木里藏族自治县（川）	10
30	石泉县（陕）	7
31	加格达奇林业局（大兴安岭）	5.25

表20-9　茯苓主产地产量

序号	县（旗、市、区、局、场）	鲜药材产量（吨）
1	岳西县（皖）	13200
2	金寨县（皖）	4700
3	潜山市（皖）	36
4	桐城市（皖）	2
5	赣县区（赣）	1000
6	南康区（赣）	160
7	信丰县（赣）	95
8	崇义县（赣）	41
9	永丰县（赣）	40
10	万安县（赣）	2
11	灵宝市（豫）	100
12	靖州苗族侗族自治县（湘）	49000
13	洪江市（湘）	10
14	阳山县（粤）	122
15	和平县（粤）	3
16	昭化区（川）	400
17	苍溪县（川）	250
18	珙县（川）	25
19	木里藏族自治县（川）	11.6
20	长顺县（黔）	1000
21	台江县（黔）	450
22	兴义市（黔）	263.04
23	三穗县（黔）	170
24	镇远县（黔）	80.1
25	榕江县（黔）	52.55
26	锦屏县（黔）	28.16

（续表）

序号	县（旗、市、区、局、场）	鲜药材产量（吨）
27	天柱县（黔）	7.09
28	景谷傣族彝族自治县（滇）	26112.26
29	双柏县（滇）	12900
30	双江拉祜族佤族布朗族傣族自治县（滇）	1860
31	墨江哈尼族自治县（滇）	1392.7
32	景东彝族自治县（滇）	400
33	宁蒗彝族自治县（滇）	10
34	大姚县（滇）	3
35	石泉县（陕）	10

表20-10　厚朴主产地产量

序号	县（旗、市、区、局、场）	鲜药材产量（吨）
1	开化县（浙）	50
2	泾县（皖）	2160
3	歙县（皖）	50
4	潜山市（皖）	35
5	岳西县（皖）	2
6	芦溪县（赣）	206
7	遂川县（赣）	60
8	玉山县（赣）	20
9	乐安县（赣）	16.2
10	井冈山市（赣）	5
11	江华瑶族自治县（湘）	5000
12	安化县（湘）	2600
13	蓝山县（湘）	105
14	道县（湘）	35
15	麻阳苗族自治县（湘）	30
16	常宁市（湘）	11
17	江永县（湘）	6
18	全州县（桂）	1687
19	恭城瑶族自治县（桂）	10.63
20	城口县（渝）	1575
21	北川羌族自治县（川）	22300
22	通江县（川）	1800
23	宝兴县（川）	700
24	大邑县（川）	350
25	邛崃市（川）	160
26	古蔺县（川）	150
27	德昌县（川）	90
28	什邡市（川）	62
29	邻水县（川）	38
30	高县（川）	36

（续表）

序号	县（旗、市、区、局、场）	鲜药材产量（吨）
31	马边彝族自治县（川）	4
32	道真仡佬族苗族自治县（黔）	1697
33	仁怀市（黔）	54
34	罗甸县（黔）	13
35	紫阳县（陕）	16800
36	洋县（陕）	2050
37	镇巴县（陕）	900

表20-11　白及主产地产量

序号	县（旗、市、区、局、场）	鲜药材产量（吨）
1	温岭市（浙）	600
2	江山市（浙）	400
3	祁门县（皖）	2450
4	广德县（皖）	1560
5	南陵县（皖）	100
6	东至县（皖）	70.1
7	岳西县（皖）	9
8	枞阳县（皖）	8
9	德安县（赣）	50
10	莲花县（赣）	20
11	石门县（湘）	416
12	汉寿县（湘）	109
13	桂阳县（湘）	78
14	祁东县（湘）	20
15	洪江市（湘）	10
16	阳山县（粤）	330
17	新丰江林管局（粤）	3
18	西充县（川）	4000
19	苍溪县（川）	800
20	筠连县（川）	700
21	邛崃市（川）	330
22	剑阁县（川）	117.5
23	崇州市（川）	50
24	什邡市（川）	45
25	木里藏族自治县（川）	25
26	简阳市（川）	8
27	康定市（川）	7
28	通川区（川）	2
29	玉屏侗族自治县（黔）	532
30	普安县（黔）	396
31	镇远县（黔）	250
32	册亨县（黔）	86.43

(续表)

序号	县（旗、市、区、局、场）	鲜药材产量（吨）
33	七星关区（黔）	80
34	开阳县（黔）	60
35	正安县（黔）	55
36	望谟县（黔）	50
37	贵定县（黔）	15
38	晴隆县（黔）	12
39	大方县（黔）	8.4
40	麻江县（黔）	3.2
41	台江县（黔）	1
42	巍山彝族回族自治县（滇）	480
43	弥渡县（滇）	450
44	腾冲市（滇）	300
45	剑川县（滇）	126
46	洱源县（滇）	100
47	鹤庆县（滇）	45
48	宁蒗彝族自治县（滇）	30
49	楚雄市（滇）	26.66
50	古城区（滇）	18
51	梁河县（滇）	4.3
52	思茅区（滇）	0.71
53	镇坪县（陕）	910
54	汉台区（陕）	100
55	石泉县（陕）	80

表20-12 天麻主产地产量

序号	县（旗、市、区、局、场）	鲜药材产量（吨）
1	抚松县（吉）	593.4
2	柳河县（吉）	35
3	辉南县（吉）	16
4	永吉县（吉）	15
5	通化县（吉）	12.5
6	敦化市（吉）	2
7	金寨县（皖）	36500
8	岳西县（皖）	4000
9	潜山市（皖）	375
10	商水县（豫）	25
11	汝阳县（豫）	12.6
12	靖州苗族侗族自治县（湘）	1400
13	北湖区（湘）	245
14	苏仙区（湘）	18
15	城口县（渝）	1260
16	雷波县（川）	1050
17	通江县（川）	280

(续表)

序号	县（旗、市、区、局、场）	鲜药材产量（吨）
18	苍溪县（川）	250
19	金口河区（川）	50
20	邛崃市（川）	45
21	珙县（川）	40
22	兴文县（川）	35
23	七星关区（黔）	10000
24	大方县（黔）	4555.9
25	黎平县（黔）	2293.01
26	威宁彝族回族苗族自治县（黔）	2000
27	桐梓县（黔）	1650
28	汇川区（黔）	1300
29	清镇市（黔）	1110
30	正安县（黔）	1100
31	晴隆县（黔）	840
32	道真仡佬族苗族自治县（黔）	651
33	镇远县（黔）	354.45
34	仁怀市（黔）	300
35	贵定县（黔）	300
36	雷山县（黔）	287.15
37	金沙县（黔）	232.5
38	普安县（黔）	192
39	施秉县（黔）	128
40	册亨县（黔）	122.15
41	观山湖区（黔）	90
42	开阳县（黔）	56
43	台江县（黔）	10
44	麻江县（黔）	6.5
45	兴仁市（黔）	5
46	瓮安县（黔）	4
47	榕江县（黔）	3.22
48	彝良县（滇）	13700
49	镇雄县（滇）	6600
50	楚雄市（滇）	262.44
51	腾冲市（滇）	240
52	绥江县（滇）	200
53	宣威市（滇）	200
54	通海县（滇）	80
55	兰坪白族普米族自治县（滇）	54.1
56	香格里拉市（滇）	42.6
57	华宁县（滇）	18
58	德钦县（滇）	12.86

(续表)

序号	县（旗、市、区、局、场）	鲜药材产量（吨）
59	古城区（滇）	10
60	宁蒗彝族自治县（滇）	6
61	贡山独龙族怒族自治县（滇）	0.97
62	宁强县（陕）	40000
63	石泉县（陕）	10
64	泉阳林业局（吉林森工）	35

表20-13 黄芪主产地产量

序号	县（旗、市、区、局、场）	鲜药材产量（吨）
1	丰宁满族自治县（冀）	2900
2	围场满族蒙古族自治县（冀）	32
3	赤城县（冀）	10
4	应县（晋）	12000
5	五寨县（晋）	185
6	静乐县（晋）	100
7	原平市（晋）	90
8	灵丘县（晋）	20
9	阳曲县（晋）	10
10	武川县（内蒙古）	900
11	清水河县（内蒙古）	500
12	科尔沁区（内蒙古）	200
13	科尔沁左翼后旗（内蒙古）	150
14	科尔沁右翼前旗（内蒙古）	100
15	托克托县（内蒙古）	5
16	扎赉特旗（内蒙古）	1.5
17	长白朝鲜族自治县（吉）	0.8
18	富裕县（黑）	120
19	同江市（黑）	90
20	黑河市直属林场（黑）	8
21	桦川县（黑）	3.3
22	孙吴县（黑）	3.2
23	逊克县（黑）	1.5
24	沂源县（鲁）	4240
25	沂水县（鲁）	2340
26	云溪区（湘）	30
27	湘潭县（湘）	3.2
28	木里藏族自治县（川）	18.2
29	晴隆县（黔）	5
30	兰坪白族普米族自治县（滇）	54.5
31	子洲县（陕）	18000
32	临潼区（陕）	225
33	民乐县（甘）	32983.62

（续表）

序号	县（旗、市、区、局、场）	鲜药材产量（吨）
34	山丹县（甘）	3531
35	安定区（甘）	150
36	大通回族土族自治县（青）	1204
37	湟中县（青）	987.2
38	湟源县（青）	750
39	平安区（青）	601
40	民和回族土族自治县（青）	520
41	祁连县（青）	174
42	互助土族自治县（青）	120
43	化隆回族自治县（青）	6.5
44	沾河林业局（龙江森工）	9.5
45	新林林业局（大兴安岭）	7.5
46	韩家园林业局（大兴安岭）	6
47	加格达奇林业局（大兴安岭）	5.25

表 20-14　黄精主产地产量

序号	县（旗、市、区、局、场）	鲜药材产量（吨）
1	阳曲县（晋）	8.2
2	盖州市（辽）	1050000
3	东港市（辽）	500
4	海城市（辽）	300
5	庄河市（辽）	4.5
6	江源区（吉）	157
7	通化县（吉）	4.8
8	景宁畲族自治县（浙）	1000
9	江山市（浙）	600
10	建德市（浙）	140
11	温岭市（浙）	10
12	武义县（浙）	4
13	庆元县（浙）	1
14	祁门县（皖）	4100
15	旌德县（皖）	2050
16	广德县（皖）	1420
17	泾县（皖）	905
18	青阳县（皖）	350
19	南陵县（皖）	320
20	潜山市（皖）	220
21	黄山区（皖）	62
22	黟县（皖）	60
23	东至县（皖）	46
24	绩溪县（皖）	30
25	安远县（赣）	3326
26	铜鼓县（赣）	2970

（续表）

序号	县（旗、市、区、局、场）	鲜药材产量（吨）
27	修水县（赣）	2500
28	资溪县（赣）	800
29	樟树市（赣）	200
30	鄱阳县（赣）	200
31	崇义县（赣）	20
32	南丰县（赣）	10
33	寻乌县（赣）	6
34	宜春市明月山温泉风景名胜区（赣）	5
35	泰安市泰山景区（鲁）	14
36	济南市高新区（鲁）	2
37	衡东县（湘）	10000
38	鹤城区（湘）	7500
39	安化县（湘）	4500
40	攸县（湘）	2500
41	岳阳县（湘）	400
42	辰溪县（湘）	240
43	江华瑶族自治县（湘）	200
44	平江县（湘）	160
45	北湖区（湘）	80
46	凤凰县（湘）	60
47	新晃侗族自治县（湘）	50
48	苏仙区（湘）	22
49	临湘市（湘）	15
50	桂阳县（湘）	6.9
51	通道侗族自治县（湘）	6
52	洪江市（湘）	5
53	新丰江林管局（粤）	1500
54	乳源瑶族自治县（粤）	85
55	清新区（粤）	30
56	丰都县（渝）	910
57	梁平区（渝）	2
58	西充县（川）	16000
59	安岳县（川）	5000
60	筠连县（川）	3750
61	苍溪县（川）	600
62	剑阁县（川）	562.5
63	昭化区（川）	400
64	会理市（川）	120
65	恩阳区（川）	100
66	邛崃市（川）	65
67	珙县（川）	30
68	渠县（川）	25.6
69	大邑县（川）	25

（续表）

序号	县（旗、市、区、局、场）	鲜药材产量（吨）
70	长宁县（川）	9
71	通川区（川）	3
72	剑河县（黔）	4500
73	开阳县（黔）	900
74	兴义市（黔）	804
75	六枝特区（黔）	665.6
76	望谟县（黔）	400
77	玉屏侗族自治县（黔）	370
78	凤冈县（黔）	360
79	榕江县（黔）	233.18
80	锦屏县（黔）	166
81	晴隆县（黔）	137.5
82	七星关区（黔）	100
83	荔波县（黔）	55
84	普安县（黔）	50
85	务川仡佬族苗族自治县（黔）	50
86	台江县（黔）	32
87	镇远县（黔）	21
88	贵定县（黔）	15
89	麻江县（黔）	8.4
90	三穗县（黔）	5
91	天柱县（黔）	3.24
92	黄平县（黔）	2
93	景东彝族自治县（滇）	421
94	腾冲市（滇）	360
95	宣威市（滇）	300
96	华宁县（滇）	300
97	石林彝族自治县（滇）	300
98	建水县（滇）	200
99	易门县（滇）	157.3
100	昌宁县（滇）	150
101	文山市（滇）	116
102	楚雄市（滇）	112.54
103	永平县（滇）	106
104	洱源县（滇）	100
105	隆阳区（滇）	60
106	新平彝族傣族自治县（滇）	26.6
107	勐海县（滇）	25
108	大姚县（滇）	18
109	孟连傣族拉祜族佤族自治县（滇）	12
110	芒市（滇）	9.5
111	澄江市（滇）	3
112	永仁县（滇）	2

(续表)

序号	县（旗、市、区、局、场）	鲜药材产量（吨）
113	陇川县（滇）	1.11
114	思茅区（滇）	0.96
115	石泉县（陕）	20
116	绥阳林业局（龙江森工）	10

表20-15 石斛主产地产量

序号	县（旗、市、区、局、场）	鲜药材产量（吨）
1	张家港市（苏）	8
2	余杭区（浙）	196
3	开化县（浙）	65
4	永康市（浙）	40
5	庆元县（浙）	10
6	嵊州市（浙）	5
7	潜山市（皖）	8
8	余江区（赣）	30
9	安源区（赣）	6
10	芦溪县（赣）	3.2
11	江华瑶族自治县（湘）	5
12	鹤城区（湘）	2
13	高州市（粤）	117
14	仁化县（粤）	26
15	清新区（粤）	5
16	新丰县（粤）	1.2
17	龙华区（琼）	55
18	合江县（川）	2165
19	翠屏区（川）	3
20	丹棱县（川）	0.6
21	赤水市（黔）	5046
22	荔波县（黔）	125
23	黎平县（黔）	63.16
24	沿河土家族自治县（黔）	30.6
25	安龙县（黔）	15
26	三穗县（黔）	10
27	锦屏县（黔）	9
28	金沙县（黔）	4
29	贵定县（黔）	3
30	罗甸县（黔）	3
31	龙陵县（滇）	7500
32	芒市（滇）	2437.3
33	宁洱哈尼族彝族自治县（滇）	1993.6
34	盈江县（滇）	1522.9
35	瑞丽市（滇）	1297.8
36	勐海县（滇）	1029

(续表)

序号	县（旗、市、区、局、场）	鲜药材产量（吨）
37	孟连傣族拉祜族佤族自治县（滇）	703.4
38	双江拉祜族佤族布朗族傣族自治县（滇）	500
39	施甸县（滇）	440
40	隆阳区（滇）	410
41	梁河县（滇）	350
42	昌宁县（滇）	152
43	腾冲市（滇）	120
44	屏边苗族自治县（滇）	80.4
45	墨江哈尼族自治县（滇）	70.3
46	武定县（滇）	42
47	景洪市（滇）	40
48	陇川县（滇）	25
49	双柏县（滇）	24
50	新平彝族傣族自治县（滇）	16.1
51	麻栗坡县（滇）	10.4
52	贡山独龙族怒族自治县（滇）	9.51
53	广南县（滇）	9.22
54	文山市（滇）	7.1
55	楚雄市（滇）	5.85

表20-16 杜仲主产地产量

序号	县（旗、市、区、局、场）	鲜药材产量（吨）
1	邯山区（冀）	200
2	闻喜县（晋）	131
3	开化县（浙）	22
4	黄山区（皖）	1080
5	青阳县（皖）	564
6	无为县（皖）	500
7	埇桥区（皖）	423
8	砀山县（皖）	61
9	宿州市市辖区（皖）	34
10	潜山市（皖）	25
11	滁州市市辖区（皖）	13
12	怀宁县（皖）	10
13	东至县（皖）	5.1
14	禹会区（皖）	5
15	岳西县（皖）	3
16	绩溪县（皖）	2
17	枞阳县（皖）	1
18	广昌县（赣）	1113

(续表)

序号	县（旗、市、区、局、场）	鲜药材产量（吨）
19	乐平市（赣）	410
20	武宁县（赣）	275
21	遂川县（赣）	230
22	上栗县（赣）	96
23	芦溪县（赣）	80
24	上饶县（赣）	62
25	永丰县（赣）	25
26	樟树市（赣）	15
27	萍乡市林业局武功山分局（赣）	5
28	分宜县（赣）	3
29	于都县（赣）	2
30	贵溪市（赣）	1
31	青州市（鲁）	120
32	莘县（鲁）	108
33	鄢陵县（豫）	8316
34	南召县（豫）	500
35	灵宝市（豫）	320
36	禹州市（豫）	146
37	嵩县（豫）	45
38	鲁山县（豫）	30
39	固始县（豫）	5
40	涟源市（湘）	11500
41	宜章县（湘）	768
42	龙山县（湘）	510
43	石门县（湘）	400
44	北湖区（湘）	207
45	安化县（湘）	130
46	溆浦县（湘）	80
47	麻阳苗族自治县（湘）	50
48	醴陵市（湘）	34
49	衡阳县（湘）	30
50	雨湖区（湘）	20
51	耒阳市（湘）	20
52	常宁市（湘）	13
53	江永县（湘）	11
54	会同县（湘）	10
55	新晃侗族自治县（湘）	10
56	洪江市（湘）	10
57	辰溪县（湘）	6
58	汝城县（湘）	5
59	保靖县（湘）	5
60	岳阳市市辖区（湘）	2
61	阳山县（粤）	430

林产品主产地及产量

(续表)

序号	县(旗、市、区、局、场)	鲜药材产量(吨)
62	全州县(桂)	2363
63	临桂区(桂)	210
64	兴业县(桂)	8
65	恭城瑶族自治县(桂)	7.09
66	城口县(渝)	7200
67	丰都县(渝)	301
68	彭州市(川)	2787
69	北川羌族自治县(川)	1800
70	叙永县(川)	660
71	通江县(川)	500
72	崇州市(川)	404
73	德昌县(川)	400
74	筠连县(川)	332
75	西充县(川)	200
76	剑阁县(川)	200
77	大邑县(川)	125
78	邛崃市(川)	110
79	井研县(川)	110
80	长宁县(川)	79
81	什邡市(川)	42
82	荣县(川)	39
83	高县(川)	21
84	珙县(川)	18
85	华蓥市(川)	15
86	渠县(川)	8.2
87	简阳市(川)	4
88	马边彝族自治县(川)	2
89	宝兴县(川)	2
90	道真仡佬族苗族自治县(黔)	6400
91	遵义市市辖区(黔)	1500
92	雷山县(黔)	1384
93	桐梓县(黔)	580
94	普安县(黔)	296
95	册亨县(黔)	189
96	凤冈县(黔)	180
97	大方县(黔)	173.82
98	湄潭县(黔)	138
99	贞丰县(黔)	98
100	兴仁市(黔)	78
101	仁怀市(黔)	75
102	罗甸县(黔)	53
103	金沙县(黔)	45
104	兴义市(黔)	30
105	碧江区(黔)	20
106	息烽县(黔)	20
107	镇远县(黔)	10.75
108	晴隆县(黔)	8
109	剑河县(黔)	3.91
110	六枝特区(黔)	1.6
111	水富市(滇)	40
112	石泉县(陕)	1700
113	紫阳县(陕)	1126.7
114	镇巴县(陕)	950
115	洋县(陕)	550
116	勉县(陕)	200
117	周至县(陕)	20
118	镇坪县(陕)	4

表 20-17 五味子主产地产量

序号	县(旗、市、区、局、场)	鲜药材产量(吨)
1	滦平县(冀)	6
2	桓仁满族自治县(辽)	6500
3	海城市(辽)	300
4	集安市(吉)	6861.8
5	浑江区(吉)	5205
6	临江市(吉)	1648
7	通化县(吉)	903.2
8	柳河县(吉)	263.2
9	大兴沟林业局(吉)	204.15
10	图们市(吉)	90
11	黄泥河林业局(吉)	55
12	长白朝鲜族自治县(吉)	40
13	大石头林业局(吉)	30
14	汪清县(吉)	25
15	梅河口市(吉)	20
16	永吉县(吉)	15
17	东昌区(吉)	10.6
18	舒兰市(吉)	10
19	辉南县(吉)	10
20	东丰县(吉)	10
21	八家子林业局(吉)	2
22	抚松县(吉)	2
23	巴彦县(黑)	4000
24	南岔县(黑)	1177.6
25	大箐山县(黑)	450
26	汤原县(黑)	200
27	汤旺县(黑)	200
28	滴道区(黑)	105
29	友好区(黑)	80
30	东宁市(黑)	65
31	铁力市(黑)	55
32	逊克县(黑)	13
33	双城区(黑)	6
34	北安市(黑)	5
35	桦南县(黑)	3.16
36	阿城区(黑)	3
37	方正县(黑)	2.1
38	密山市(黑)	2
39	五常市(黑)	2
40	伊美区(黑)	1.1
41	延寿县(黑)	1
42	恒山区(黑)	1
43	剑阁县(川)	517.5
44	剑河县(黔)	1800
45	贡山独龙族怒族自治县(滇)	0.58
46	石泉县(陕)	30
47	李子林场(甘)	6
48	临江林业局(吉林森工)	25.5
49	红石林业局(吉林森工)	22.1
50	泉阳林业局(吉林森工)	12
51	双鸭山林业局(龙江森工)	210
52	方正林业局(龙江森工)	42
53	鹤北林业局(龙江森工)	10.7
54	韩家园林业局(大兴安岭)	6
55	十八站林业局(大兴安岭)	3

表 20-18 灵芝主产地产量

序号	县(旗、市、区、局、场)	鲜药材产量(吨)
1	抚松县(吉)	127
2	桦甸市(吉)	55
3	通化县(吉)	30.66
4	敦化市(吉)	17
5	丰满区(吉)	9
6	白山市市辖区(吉)	6
7	舒兰市(吉)	2.5
8	拜泉县(黑)	80
9	通河县(黑)	3
10	萝北县(黑)	2

(续表)

序号	县(旗、市、区、局、场)	鲜药材产量(吨)
11	大箐山县(黑)	2
12	开化县(浙)	75
13	旌德县(皖)	2010
14	柴桑区(赣)	945
15	寻乌县(赣)	408
16	赣县区(赣)	100
17	永丰县(赣)	50
18	龙南县(赣)	42
19	崇仁县(赣)	3
20	井冈山市(赣)	2.2
21	崇义县(赣)	1.2
22	瑞金市(赣)	0.75
23	靖州苗族侗族自治县(湘)	31
24	江华瑶族自治县(湘)	10
25	清新区(粤)	310
26	阳山县(粤)	199
27	源城区(粤)	100
28	始兴县(粤)	75
29	英德市(粤)	7.04
30	东源县(粤)	3
31	蒙山县(桂)	4
32	高峰林场(桂)	3.75
33	册亨县(黔)	1140
34	长顺县(黔)	300
35	从江县(黔)	57
36	贞丰县(黔)	25
37	锦屏县(黔)	15
38	镇远县(黔)	11.3
39	榕江县(黔)	5.1
40	望谟县(黔)	5
41	普安县(黔)	5
42	瓮安县(黔)	2
43	泉阳林业局(吉林森工)	20

表 20-19　其他中药材主产地产量

序号	县(旗、市、区、局、场)	产品	鲜药材产量(吨)
1	宁晋县(冀)	银杏	14970
2	绩溪县(皖)	银杏	105
3	岳西县(皖)	银杏	1.5
4	乐安县(赣)	银杏	2.2
5	开江县(川)	银杏	5360
6	西充县(川)	银杏	1000
7	什邡市(川)	银杏	160

(续表)

序号	县(旗、市、区、局、场)	产品	鲜药材产量(吨)
8	邛崃市(川)	银杏	71
9	德昌县(川)	银杏	60
10	瓮安县(黔)	银杏	2500
11	沾益区(滇)	银杏	4000
12	台山市(粤)	茶树	236
13	琼中黎族苗族自治县(琼)	茶树	505
14	樟树市(赣)	吴茱萸	1800
15	鄱阳县(赣)	吴茱萸	1200
16	睢阳区(豫)	吴茱萸	20
17	衡东县(湘)	吴茱萸	1000
18	保靖县(湘)	吴茱萸	270
19	湘阴县(湘)	吴茱萸	150
20	祁东县(湘)	吴茱萸	57
21	汨罗市(湘)	吴茱萸	52.5
22	乐昌市(粤)	吴茱萸	1680
23	始兴县(粤)	吴茱萸	60
24	邻水县(川)	吴茱萸	7
25	琼中黎族苗族自治县(琼)	石榴	32.53
26	东安县(湘)	臭椿	5
27	耒阳市(湘)	楝	5
28	耒阳市(湘)	香叶树	4
29	耒阳市(湘)	盐肤木	200
30	耒阳市(湘)	枫香	12
31	东安县(湘)	枫香	5
32	攸县(湘)	七叶树	200
33	耒阳市(湘)	黄荆	40
34	耒阳市(湘)	阔叶十大功劳	4
35	耒阳市(湘)	木槿	1
36	耒阳市(湘)	南天竹	6
37	耒阳市(湘)	千金藤	10
38	耒阳市(湘)	通脱木	3
39	耒阳市(湘)	羊蹄躅	
40	耒阳市(湘)	百两金	0.6
41	耒阳市(湘)	山鸡椒	4
42	耒阳市(湘)	月季	1
43	新丰江林管局(粤)	月季	35
44	耒阳市(湘)	紫金牛	1
45	耒阳市(湘)	大红藤	6
46	耒阳市(湘)	南蛇藤	100
47	静乐县(晋)	麻黄	10

(续表)

序号	县(旗、市、区、局、场)	产品	鲜药材产量(吨)
48	鄂托克前旗(内蒙古)	麻黄	11439
49	达拉特旗(内蒙古)	麻黄	800
50	云安区(粤)	桂枝	1108
51	信宜市(粤)	桂枝	15
52	平南县(桂)	桂枝	1000
53	乌兰浩特市(内蒙古)	紫苏	204
54	鸡东县(黑)	紫苏	1017
55	桦南县(黑)	紫苏	569.6
56	萝北县(黑)	紫苏	422
57	东宁市(黑)	紫苏	130
58	谯城区(皖)	紫苏	20
59	耒阳市(湘)	紫苏	200
60	江华瑶族自治县(湘)	紫苏	10
61	英德市(粤)	紫苏	13
62	清新区(粤)	紫苏	12
63	剑阁县(川)	紫苏	250
64	桦南林业局(龙江森工)	紫苏	3612.32
65	安国市(冀)	荆芥	300
66	安国市(冀)	防风	1000
67	赤城县(冀)	防风	20
68	牙克石市(内蒙古)	防风	6300
69	科尔沁右翼前旗(内蒙古)	防风	50
70	鄂伦春自治旗(内蒙古)	防风	30
71	扎赉特旗(内蒙古)	防风	5.5
72	白城市市辖区(吉)	防风	1000
73	丰满区(吉)	防风	20
74	依安县(黑)	防风	1200
75	铁力市(黑)	防风	249
76	孙吴县(黑)	防风	183
77	泰来县(黑)	防风	100
78	龙江县(黑)	防风	60
79	红岗区(黑)	防风	41.5
80	富裕县(黑)	防风	40
81	阿城区(黑)	防风	20.01
82	黑河市直属林场(黑)	防风	18
83	恒山区(黑)	防风	1.2
84	拜泉县(黑)	防风	1
85	谯城区(皖)	防风	5500
86	阜南县(皖)	防风	900
87	临淄区(鲁)	防风	300

序号	县(旗、市、区、局、场)	产品	鲜药材产量(吨)	序号	县(旗、市、区、局、场)	产品	鲜药材产量(吨)	序号	县(旗、市、区、局、场)	产品	鲜药材产量(吨)
88	白玉林业局(川)	羌活	30	129	环江毛南族自治县(桂)	薄荷	40	169	都昌县(赣)	蔓荆子	26
89	金川县(川)	羌活	10	130	长寿区(渝)	薄荷	10	170	彭泽县(赣)	蔓荆子	1
90	黑水县(川)	羌活	6	131	广德县(皖)	葛根	1400	171	耒阳市(湘)	浮萍	300
91	安国市(冀)	白芷	50	132	潜山市(皖)	葛根	5.3	172	桦南县(黑)	升麻	1.8
92	邢台市高新技术开发区(冀)	白芷	30	133	舒城县(皖)	葛根	2.4	173	双滦区(冀)	大黄	10
93	谯城区(皖)	白芷	65000	134	玉山县(赣)	葛根	5500	174	丰都县(渝)	大黄	2420
94	界首市(皖)	白芷	500	135	余江区(赣)	葛根	3000	175	城口县(渝)	大黄	1260
95	永修县(赣)	白芷	10	136	信丰县(赣)	葛根	1580	176	万州区(渝)	大黄	100
96	浏阳市(湘)	白芷	48200	137	彭泽县(赣)	葛根	220	177	北川羌族自治县(川)	大黄	1620
97	澧县(湘)	白芷	1200	138	桐柏县(豫)	葛根	250	178	木里藏族自治县(川)	大黄	171
98	韶山市(湘)	白芷	400	139	确山县(豫)	葛根	10	179	金川县(川)	大黄	15
99	剑阁县(川)	白芷	90	140	澧县(湘)	葛根	2000	180	色达县(川)	大黄	10
100	石泉县(陕)	白芷	5	141	耒阳市(湘)	葛根	600	181	石泉县(陕)	大黄	20
101	梅河口市(吉)	藁本	48	142	汝城县(湘)	葛根	120	182	乐都区(青)	大黄	5000
102	通化县(吉)	藁本	21	143	新晃侗族自治县(湘)	葛根	10	183	同仁县(青)	大黄	4920
103	新宾满族自治县(辽)	细辛	2060	144	临湘市(湘)	葛根	1.2	184	大通回族土族自治县(青)	大黄	3600
104	通化县(吉)	细辛	117.5	145	平远县(粤)	葛根	1500	185	湟中县(青)	大黄	2777
105	舒兰市(吉)	细辛	16	146	始兴县(粤)	葛根	310	186	互助土族自治县(青)	大黄	2093
106	长白朝鲜族自治县(吉)	细辛	1.5	147	和平县(粤)	葛根	5	187	平安区(青)	大黄	655
107	南召县(豫)	辛夷	5100	148	剑阁县(川)	葛根	4345	188	祁连县(青)	大黄	60.3
108	鲁山县(豫)	辛夷	120	149	贵定县(黔)	葛根	50	189	安国市(冀)	知母	300
109	北川羌族自治县(川)	辛夷	340	150	台江县(黔)	葛根	30	190	富裕县(黑)	知母	25
110	固阳县(内蒙古)	苍耳子	210	151	大方县(黔)	葛根	3	191	谯城区(皖)	知母	10
111	耒阳市(湘)	苍耳子	20	152	双江拉祜族佤族布朗族傣族自治县(滇)	葛根	660	192	商水县(豫)	知母	1.5
112	东安县(湘)	苍耳子	10	153	洱源县(滇)	葛根	300	193	南雄市(粤)	知母	45
113	铜鼓县(赣)	生姜	2000	154	文山市(滇)	葛根	224	194	丹棱县(川)	知母	20
114	兴国县(赣)	生姜	1150	155	开远市(滇)	葛根	114	195	耒阳市(湘)	芦根	300
115	井冈山市(赣)	生姜	102	156	景东彝族自治县(滇)	葛根	50	196	耒阳市(湘)	竹叶	80
116	乐安县(赣)	生姜	12.2	157	镇坪县(陕)	葛根	2150	197	清新区(粤)	竹叶	22
117	江华瑶族自治县(湘)	生姜	500	158	石泉县(陕)	葛根	40	198	长宁县(川)	竹叶	2504
118	耒阳市(湘)	生姜	100	159	耒阳市(湘)	桑叶	80	199	翠屏区(川)	竹叶	112
119	五华县(粤)	生姜	3000	160	阳山县(粤)	桑叶	7800	200	普安县(黔)	竹叶	50
120	大新县(桂)	生姜	2000	161	融水苗族自治县(桂)	桑叶	21745	201	兴国县(赣)	夏枯草	8.2
121	普安县(黔)	生姜	11474	162	盈江县(滇)	桑叶	6883.4	202	耒阳市(湘)	夏枯草	80
122	丹寨县(黔)	生姜	1215.5	163	宁阳县(鲁)	牛蒡子	2600	203	昭化区(川)	夏枯草	3300
123	贞丰县(黔)	生姜	500	164	耒阳市(湘)	牛蒡子	20	204	剑阁县(川)	决明子	1230
124	贵定县(黔)	生姜	300	165	湘潭县(湘)	牛蒡子	5	205	耒阳市(湘)	谷精草	4
125	文山市(滇)	生姜	25190	166	会理市(川)	牛蒡子	170	206	耒阳市(湘)	青葙子	8
126	开远市(滇)	生姜	4340	167	武定县(滇)	牛蒡子	190	207	耒阳市(湘)	夜明砂	4
127	罗平县(滇)	生姜	28.95	168	陵川县(晋)	蝉蜕	89.1	208	温县(豫)	生地	1500
128	易门县(滇)	生姜	24					209	泾县(皖)	丹皮	2101
								210	南陵县(皖)	丹皮	1200
								211	砀山县(皖)	丹皮	43.2

(续表)

序号	县(旗、市、区、局、场)	产品	鲜药材产量(吨)
212	简阳市(川)	丹皮	15
213	静乐县(晋)	地骨皮	1
214	江源区(吉)	白薇	4.6
215	同心县(宁)	银柴胡	3000
216	祁东县(湘)	青蒿	3800
217	耒阳市(湘)	青蒿	500
218	珙县(川)	青蒿	300
219	行唐县(冀)	连翘	75
220	安泽县(晋)	连翘	15200
221	沁水县(晋)	连翘	10000
222	陵川县(晋)	连翘	4978.5
223	沁县(晋)	连翘	3312
224	长子县(晋)	连翘	2300
225	阳城县(晋)	连翘	1300
226	夏县(晋)	连翘	1125
227	沁源县(晋)	连翘	850
228	大宁县(晋)	连翘	388
229	石楼县(晋)	连翘	300
230	左权县(晋)	连翘	270
231	平定县(晋)	连翘	260
232	闻喜县(晋)	连翘	134
233	襄垣县(晋)	连翘	90
234	新绛县(晋)	连翘	70
235	洪洞县(晋)	连翘	65
236	高平市(晋)	连翘	18.8
237	上党区(晋)	连翘	13.3
238	桐城市(皖)	连翘	820
239	嵩县(豫)	连翘	1655
240	灵宝市(豫)	连翘	1150
241	伊川县(豫)	连翘	450
242	渑池县(豫)	连翘	375
243	城口县(渝)	丹翘	1575
244	庆城县(甘)	连翘	100
245	耒阳市(湘)	大青叶	200
246	东安县(湘)	大青叶	2
247	双滦区(冀)	蒲公英	100
248	原平市(晋)	蒲公英	110
249	静乐县(晋)	蒲公英	1
250	新宾满族自治县(辽)	蒲公英	5980
251	舒兰市(吉)	蒲公英	1052
252	东丰县(吉)	蒲公英	95
253	江源区(吉)	蒲公英	60
254	辉南县(吉)	蒲公英	35

(续表)

序号	县(旗、市、区、局、场)	产品	鲜药材产量(吨)
255	通河县(黑)	蒲公英	1000
256	林口县(黑)	蒲公英	200
257	萝北县(黑)	蒲公英	155
258	大箐山县(黑)	蒲公英	80
259	孙吴县(黑)	蒲公英	65
260	东宁市(黑)	蒲公英	8
261	五常市(黑)	蒲公英	5
262	延寿县(黑)	蒲公英	5
263	泗阳县(苏)	蒲公英	260
264	三山区(皖)	蒲公英	2
265	新泰市(鲁)	蒲公英	440
266	东平县(鲁)	蒲公英	10
267	耒阳市(湘)	蒲公英	40
268	新丰江林管局(粤)	蒲公英	1.4
269	剑阁县(川)	蒲公英	900
270	普安县(黔)	蒲公英	59
271	石泉县(陕)	蒲公英	5
272	耒阳市(湘)	紫花地丁	60
273	耒阳市(湘)	败酱草	1200
274	铁力市(黑)	白鲜皮	16
275	鹤岗市市辖区(黑)	白鲜皮	0.9
276	谯城区(皖)	马齿苋	100
277	兴国县(赣)	马齿苋	16
278	耒阳市(湘)	马齿苋	2000
279	耒阳市(湘)	土茯苓	300
280	鼎城区(湘)	土茯苓	25
281	清新区(粤)	土茯苓	55
282	台山市(粤)	土茯苓	6
283	黎平县(黔)	土茯苓	3993.18
284	贵定县(黔)	土茯苓	20
285	赤城县(冀)	山豆根	4
286	兴义市(黔)	山豆根	850
287	永清县(冀)	射干	120
288	丰宁满族自治县(冀)	射干	120
289	梨树县(吉)	射干	5
290	拜泉县(黑)	射干	0.8
291	德安县(赣)	射干	90
292	都昌县(赣)	射干	42
293	剑阁县(川)	射干	45
294	丹棱县(川)	射干	15
295	台江县(黔)	射干	1
296	石泉县(陕)	射干	20
297	耒阳市(湘)	马勃	2

(续表)

序号	县(旗、市、区、局、场)	产品	鲜药材产量(吨)
298	宁晋县(冀)	黄芩	3125
299	丰宁满族自治县(冀)	黄芩	1600
300	宽城满族自治县(冀)	黄芩	200
301	磁县(冀)	黄芩	130
302	双滦区(冀)	黄芩	70
303	滦平县(冀)	黄芩	60
304	鹰手营子矿区(冀)	黄芩	6
305	赤城县(冀)	黄芩	5
306	安泽县(晋)	黄芩	152
307	静乐县(晋)	黄芩	100
308	突泉县(内蒙古)	黄芩	500
309	喀喇沁旗(内蒙古)	黄芩	150
310	武川县(内蒙古)	黄芩	90
311	科尔沁右翼前旗(内蒙古)	黄芩	30
312	扎赉特旗(内蒙古)	黄芩	1.5
313	喀喇沁左翼蒙古族自治县(辽)	黄芩	11.2
314	龙江县(黑)	黄芩	50
315	拜泉县(黑)	黄芩	30
316	沂源县(鲁)	黄芩	400
317	临淄区(鲁)	黄芩	320
318	历城区(鲁)	黄芩	104.5
319	丹棱县(川)	黄芩	40
320	金口河区(川)	黄芩	10
321	武定县(滇)	黄芩	130
322	双柏县(滇)	黄芩	65
323	楚雄市(滇)	黄芩	19
324	子洲县(陕)	黄芩	9000
325	临潼区(陕)	黄芩	150
326	同心县(宁)	黄芩	2400
327	北川羌族自治县(川)	黄连	2000
328	大邑县(川)	黄连	311
329	什邡市(川)	黄连	210
330	金口河区(川)	黄连	100
331	邛崃市(川)	黄连	50
332	崇州市(川)	黄连	29
333	珙县(川)	黄连	4
334	仁怀市(黔)	黄连	240
335	开阳县(黔)	黄连	100
336	双柏县(滇)	黄连	5860
337	镇坪县(陕)	黄连	1700

林产品主产地及产量
PRINCIPAL PRODUCTION COUNTIES AND OUTPUT OF FOREST PRODUCTS

(续表)

序号	县(旗、市、区、局、场)	产品	鲜药材产量(吨)
338	裕安区(皖)	栀子	4001
339	鄱阳县(赣)	栀子	400
340	玉山县(赣)	栀子	100
341	筠连县(川)	栀子	600
342	仪陇县(川)	栀子	10
343	辉南县(吉)	龙胆草	1
344	六枝特区(黔)	龙胆草	2.5
345	景东彝族自治县(滇)	龙胆草	4.7
346	丰宁满族自治县(冀)	苦参	3000
347	科尔沁左翼后旗(内蒙古)	苦参	130
348	科尔沁右翼前旗(内蒙古)	苦参	125
349	喀喇沁左翼蒙古族自治县(辽)	苦参	469.5
350	凌源市(辽)	苦参	7
351	庄河市(辽)	苦参	2
352	金安区(皖)	苦参	24
353	东安县(湘)	荷叶	2
354	安国市(冀)	半夏	800
355	赵 县(冀)	半夏	150
356	邢台市高新技术开发区(冀)	半夏	100
357	阜南县(皖)	半夏	2000
358	莒南县(鲁)	半夏	35
359	麻阳苗族自治县(湘)	半夏	68
360	西充县(川)	半夏	1000
361	通江县(川)	半夏	30
362	威宁彝族回族苗族自治县(黔)	半夏	500
363	金沙县(黔)	半夏	370
364	大方县(黔)	半夏	6
365	台江县(黔)	半夏	1
366	洱源县(滇)	半夏	45
367	安国市(冀)	天南星	500
368	剑河县(黔)	天南星	800
369	梅河口市(吉)	白附子	50
370	武定县(滇)	白附子	320
371	新绛县(晋)	皂角	20
372	谯城区(皖)	皂角	2
373	新泰市(鲁)	皂角	12
374	伊川县(豫)	皂角	850
375	嵩县(豫)	皂角	840
376	宜阳县(豫)	皂角	2.2
377	宜章县(湘)	皂角	253
378	船山区(川)	皂角	20
379	大方县(黔)	皂角	79
380	贵定县(黔)	皂角	10
381	丰宁满族自治县(冀)	桔梗	460
382	邢台市高新技术开发区(冀)	桔梗	1
383	科尔沁区(内蒙古)	桔梗	1310
384	科尔沁右翼前旗(内蒙古)	桔梗	75
385	喀喇沁左翼蒙古族自治县(辽)	桔梗	498
386	舒兰市(吉)	桔梗	1062
387	图们市(吉)	桔梗	8
388	四平市市辖区(吉)	桔梗	1.1
389	麻山区(黑)	桔梗	105
390	龙江县(黑)	桔梗	45
391	桦川县(黑)	桔梗	3.3
392	太和县(皖)	桔梗	10000
393	桐城市(皖)	桔梗	50
394	修水县(赣)	桔梗	100
395	沂源县(鲁)	桔梗	60
396	剑阁县(川)	桔梗	450
397	德钦县(滇)	桔梗	475.59
398	洱源县(滇)	桔梗	400
399	香格里拉市(滇)	桔梗	125.4
400	牟定县(滇)	桔梗	32
401	绩溪县(皖)	前胡	20
402	华容县(湘)	前胡	200
403	丰都县(渝)	前胡	75
404	剑阁县(川)	前胡	4337.5
405	玉屏侗族自治县(黔)	前胡	231
406	镇远县(黔)	前胡	25
407	紫云苗族布依族自治县(黔)	前胡	10
408	腾冲市(滇)	前胡	60
409	辛集市(冀)	瓜蒌	300
410	谯城区(皖)	瓜蒌	510
411	岳西县(皖)	瓜蒌	470
412	裕安区(皖)	瓜蒌	132
413	潜山市(皖)	瓜蒌	112
414	樟树市(赣)	瓜蒌	300
415	宁阳县(鲁)	瓜蒌	150
416	东平县(鲁)	瓜蒌	70
417	攸 县(湘)	瓜蒌	800
418	华容县(湘)	瓜蒌	180
419	望城区(湘)	瓜蒌	50
420	剑阁县(川)	瓜蒌	520
421	三台县(川)	瓜蒌	30
422	石泉县(陕)	瓜蒌	30
423	通化县(吉)	贝母	466
424	敦化市(吉)	贝母	130
425	辉南县(吉)	贝母	41
426	白山市市辖区(吉)	贝母	5.1
427	长白朝鲜族自治县(吉)	贝母	2.7
428	舒兰市(吉)	贝母	2
429	同江市(黑)	贝母	10
430	阿城区(黑)	贝母	5.22
431	靖江市(苏)	贝母	100
432	泾 县(皖)	贝母	11
433	祁门县(皖)	贝母	10
434	石门县(湘)	贝母	270
435	城口县(渝)	贝母	36
436	色达县(川)	贝母	2.5
437	木里藏族自治县(川)	贝母	1.7
438	海林林业局(龙江森工)	贝母	1860
439	通河县(黑)	满山红	190
440	滦平县(冀)	杏仁	300
441	沁水县(晋)	杏仁	500
442	科尔沁右翼前旗(内蒙古)	杏仁	1625
443	滕州市(鲁)	杏仁	24
444	孙吴县(黑)	苏子	7.1
445	富裕县(黑)	紫苑	450
446	云城区(粤)	百部	5000
447	台江县(黔)	百部	1
448	静乐县(晋)	马兜铃	1.5
449	洱源县(滇)	附子	300
450	古城区(滇)	附子	300
451	香格里拉市(滇)	附子	247.4
452	德钦县(滇)	附子	223.5
453	兰坪白族普米族自治县(滇)	附子	143.97

(续表)

序号	县(旗、市、区、局、场)	产品	鲜药材产量(吨)
454	高要区(粤)	肉桂	20146
455	德庆县(粤)	肉桂	18749.7
456	云城区(粤)	肉桂	600
457	封开县(粤)	肉桂	408
458	新兴县(粤)	肉桂	217.5
459	龙埔林场(粤)	肉桂	124.4
460	茂南区(粤)	肉桂	100
461	信宜市(粤)	肉桂	20
462	岑溪市(桂)	肉桂	43000
463	桂平市(桂)	肉桂	12800
464	平南县(桂)	肉桂	6000
465	石城县(赣)	干姜	8
466	湘潭县(湘)	干姜	5.2
467	通江县(川)	干姜	260
468	关岭布依族苗族自治县(黔)	干姜	1000
469	韶山市(湘)	丁香	1000
470	贞丰县(黔)	小茴香	11
471	城口县(渝)	独活	6480
472	茂县(川)	独活	450
473	镇坪县(陕)	独活	85
474	泾源县(宁)	独活	167.5
475	江华瑶族自治县(湘)	五加皮	15
476	望谟县(黔)	五加皮	50
477	海城市(辽)	威灵仙	50
478	浑江区(吉)	威灵仙	24
479	静乐县(晋)	秦艽	2
480	金川县(川)	秦艽	9
481	兰坪白族普米族自治县(滇)	秦艽	1343
482	香格里拉市(滇)	秦艽	234.5
483	德钦县(滇)	秦艽	136.1
484	彭阳县(宁)	秦艽	16000
485	彭泽县(赣)	白花蛇	25
486	龙陵县(滇)	白花蛇	580
487	鹰手营子矿区(冀)	穿山龙	2
488	安图森林经营局(吉)	穿山龙	41.7
489	逊克县(黑)	穿山龙	35
490	方正县(黑)	穿山龙	1
491	望谟县(黔)	伸筋草	70
492	清新区(粤)	藿香	30
493	丹棱县(川)	藿香	40

(续表)

序号	县(旗、市、区、局、场)	产品	鲜药材产量(吨)
494	清新区(粤)	砂仁	20
495	新兴县(粤)	砂仁	9.5
496	电白区(粤)	砂仁	3.6
497	大新县(桂)	砂仁	7000
498	隆安县(桂)	砂仁	50
499	蒙山县(桂)	砂仁	12
500	长宁县(川)	砂仁	550
501	翠屏区(川)	砂仁	500
502	筠连县(川)	砂仁	240
503	江安县(川)	砂仁	80
504	兴文县(川)	砂仁	50
505	册亨县(黔)	砂仁	1338.84
506	贞丰县(黔)	砂仁	250
507	马关县(滇)	砂仁	18119.9
508	屏边苗族自治县(滇)	砂仁	9987.2
509	孟连傣族拉祜族佤族自治县(滇)	砂仁	1582.5
510	澜沧拉祜族自治县(滇)	砂仁	810
511	墨江哈尼族自治县(滇)	砂仁	328.4
512	麻栗坡县(滇)	砂仁	70
513	广南县(滇)	砂仁	1.43
514	那坡县(桂)	草果	25
515	邛崃市(川)	草果	100
516	名山区(川)	草果	8
517	腾冲市(滇)	草果	23300
518	龙陵县(滇)	草果	12000
519	福贡县(滇)	草果	9763
520	贡山独龙族怒族自治县(滇)	草果	7728.67
521	马关县(滇)	草果	4990.24
522	富宁县(滇)	草果	3082
523	隆阳区(滇)	草果	545.2
524	澜沧拉祜族自治县(滇)	草果	400
525	景东彝族自治县(滇)	草果	150
526	文山市(滇)	草果	131
527	麻栗坡县(滇)	草果	32
528	孟连傣族拉祜族佤族自治县(滇)	草果	19.25
529	留坝县(陕)	猪苓	185

(续表)

序号	县(旗、市、区、局、场)	产品	鲜药材产量(吨)
530	东京城林业局(龙江森工)	猪苓	6.8
531	港南区(桂)	泽泻	2056.06
532	邛崃市(川)	泽泻	200
533	兴文县(川)	泽泻	30
534	长白朝鲜族自治县(吉)	车前子	0.6
535	樟树市(赣)	车前子	2000
536	兴国县(赣)	车前子	2.8
537	新晃侗族自治县(湘)	车前子	20
538	环江毛南族自治县(桂)	车前子	120
539	兴义市(黔)	薏苡仁	9143.5
540	文山市(滇)	薏苡仁	1801
541	上高县(赣)	防己	2200
542	赣县区(赣)	防己	100
543	鄱阳县(赣)	防己	50
544	余干县(赣)	防己	11.6
545	弋阳县(赣)	防己	1
546	攸县(湘)	防己	1000
547	望谟县(黔)	通草	150
548	荔波县(黔)	通草	14
549	乐昌市(粤)	陈皮	40
550	台山市(粤)	陈皮	3
551	澧县(湘)	枳实	6000
552	邛崃市(川)	枳实	70
553	北川羌族自治县(川)	木香	8500
554	汉源县(川)	木香	1500
555	香格里拉市(滇)	木香	1076
556	德钦县(滇)	木香	864.89
557	洱源县(滇)	木香	750
558	兰坪白族普米族自治县(滇)	木香	538.5
559	泸水市(滇)	木香	405
560	牟定县(滇)	木香	207
561	古城区(滇)	木香	150
562	大姚县(滇)	木香	87
563	楚雄市(滇)	木香	15
564	化州市(粤)	沉香	9800
565	电白区(粤)	沉香	38
566	惠东县(粤)	沉香	10
567	翠屏区(川)	沉香	3
568	靖江市(苏)	香橼	2100

林产品主产地及产量

PRINCIPAL PRODUCTION COUNTIES AND OUTPUT OF FOREST PRODUCTS

(续表)

序号	县(旗、市、区、局、场)	产品	鲜药材产量(吨)
569	耒阳市(湘)	香橼	6
570	巍山彝族回族自治县(滇)	香橼	20
571	新丰江林管局(粤)	佛手	7
572	阆中市(川)	佛手	4500
573	剑阁县(川)	佛手	1462.5
574	筠连县(川)	佛手	110
575	威远县(川)	佛手	40
576	东平县(鲁)	三七	28
577	宣威市(滇)	三七	8000
578	丘北县(滇)	三七	2566
579	马关县(滇)	三七	2535.3
580	腾冲市(滇)	三七	2400
581	石林彝族自治县(滇)	三七	2337
582	红塔区(滇)	三七	787
583	华宁县(滇)	三七	443
584	屏边苗族自治县(滇)	三七	235.4
585	永平县(滇)	三七	98
586	易门县(滇)	三七	86.72
587	广南县(滇)	三七	83.56
588	富民县(滇)	三七	50
589	墨江哈尼族自治县(滇)	三七	15
590	金平苗族瑶族傣族自治县(滇)	三七	5
591	古城区(滇)	大蓟	300
592	安国市(冀)	白茅根	100
593	邛崃市(川)	川芎	100
594	崇州市(川)	川芎	56
595	金口河区(川)	川芎	20
596	香格里拉市(滇)	川芎	104.6
597	腾冲市(滇)	川芎	100
598	靖江市(苏)	延胡索	120
599	界首市(皖)	丹参	300
600	无为县(皖)	丹参	100
601	彭泽县(赣)	丹参	146
602	新泰市(鲁)	丹参	21000
603	平邑县(鲁)	丹参	17500
604	沂源县(鲁)	丹参	7741
605	沂水县(鲁)	丹参	6000
606	莒南县(鲁)	丹参	2600
607	临淄区(鲁)	丹参	1230
608	莱西市(鲁)	丹参	750

(续表)

序号	县(旗、市、区、局、场)	产品	鲜药材产量(吨)
609	东平县(鲁)	丹参	480
610	章丘区(鲁)	丹参	410
611	泰安市泰山景区(鲁)	丹参	50
612	历城区(鲁)	丹参	28.8
613	五莲县(鲁)	丹参	6
614	方城县(豫)	丹参	1500
615	桐柏县(豫)	丹参	600
616	商水县(豫)	丹参	25
617	睢阳区(豫)	丹参	18
618	南雄市(粤)	丹参	169
619	新丰江林管局(粤)	丹参	150
620	剑阁县(川)	丹参	6197.5
621	简阳市(川)	丹参	6
622	施秉县(黔)	丹参	1750
623	台江县(黔)	丹参	10
624	晴隆县(黔)	丹参	4.5
625	巍山彝族回族自治县(滇)	丹参	660
626	洱源县(滇)	丹参	150
627	石泉县(陕)	丹参	6
628	仁化县(粤)	鸡血藤	100
629	英德市(粤)	鸡血藤	5
630	万秀区(桂)	鸡血藤	360
631	长洲区(桂)	鸡血藤	56
632	西乡塘区(桂)	鸡血藤	8
633	上高县(赣)	郁金	1340
634	剑阁县(川)	郁金	1785
635	崇州市(川)	郁金	376
636	大新县(桂)	姜黄	3000
637	资中县(川)	姜黄	1400
638	剑阁县(川)	姜黄	355
639	黎平县(黔)	姜黄	400
640	镇远县(黔)	姜黄	60
641	南雄市(粤)	莪术	300
642	覃塘区(桂)	莪术	108
643	扶余市(吉)	益母草	30
644	兴国县(赣)	益母草	8
645	江华瑶族自治县(湘)	益母草	20
646	和平县(粤)	益母草	6
647	兰坪白族普米族自治县(滇)	益母草	121
648	临潼区(陕)	益母草	1200
649	赤城县(冀)	桃仁	2

(续表)

序号	县(旗、市、区、局、场)	产品	鲜药材产量(吨)
650	沁水县(晋)	桃仁	500
651	闻喜县(晋)	桃仁	420
652	方山县(晋)	桃仁	2
653	泾源县(宁)	桃仁	100.5
654	无棣县(鲁)	红花	19
655	新丰江林管局(粤)	红花	3.6
656	楚雄市(滇)	红花	23000
657	隆阳区(滇)	红花	770
658	大姚县(滇)	红花	497
659	昌宁县(滇)	红花	137.4
660	巍山彝族回族自治县(滇)	红花	130
661	兰坪白族普米族自治县(滇)	红花	109
662	洱源县(滇)	红花	75
663	开远市(滇)	红花	19
664	武定县(滇)	红花	10
665	泾源县(宁)	红花	201
666	谯城区(皖)	玄参	60
667	谯城区(皖)	麦冬	50
668	湖口县(赣)	麦冬	60
669	曹县(鲁)	麦冬	14250
670	永城市(豫)	麦冬	22
671	商水县(豫)	麦冬	1.5
672	麻阳苗族自治县(湘)	麦冬	15
673	苏仙区(湘)	麦冬	8
674	剑阁县(川)	麦冬	75
675	温岭市(浙)	天冬	450
676	榕江县(黔)	天冬	691.89
677	镇远县(黔)	天冬	220
678	荔波县(黔)	天冬	60
679	长顺县(黔)	天冬	35
680	洱源县(滇)	天冬	160
681	谯城区(皖)	皂刺	5
682	同江市(黑)	玫瑰花	50
683	涟水县(苏)	玫瑰花	2000
684	东平县(鲁)	玫瑰花	660
685	肥城市(鲁)	玫瑰花	357.5
686	虞城县(豫)	玫瑰花	18
687	兰坪白族普米族自治县(滇)	玫瑰花	9
688	丰宁满族自治县(冀)	赤芍	450
689	赤城县(冀)	赤芍	30
690	牙克石市(内蒙古)	赤芍	108000

(续表)

序号	县(旗、市、区、局、场)	产品	鲜药材产量(吨)
691	阿荣旗(内蒙古)	赤芍	444
692	鄂伦春自治旗(内蒙古)	赤芍	310
693	突泉县(内蒙古)	赤芍	300
694	科尔沁右翼前旗(内蒙古)	赤芍	150
695	武川县(内蒙古)	赤芍	100
696	扎赉特旗(内蒙古)	赤芍	4
697	桦南(黑)	赤芍	857.37
698	拜泉县(黑)	赤芍	271
699	通河县(黑)	赤芍	200
700	龙江县(黑)	赤芍	80
701	孙吴县(黑)	赤芍	64
702	同江市(黑)	赤芍	60
703	五大连池市(黑)	赤芍	40
704	北安市(黑)	赤芍	37.25
705	东宁市(黑)	赤芍	23
706	逊克县(黑)	赤芍	15
707	恒山区(黑)	赤芍	12
708	庆安国有林场管理局(黑)	赤芍	5
709	新丰江林管局(粤)	赤芍	2.5
710	泾源县(宁)	赤芍	67
711	通北林业局(龙江森工)	赤芍	8
712	韩家园林业局(大兴安岭)	赤芍	18
713	梅县区(粤)	冰片	751.25
714	罗甸县(黔)	冰片	1500
715	桐城市(皖)	菖蒲	5
716	石门县(湘)	菖蒲	300
717	澧县(湘)	菖蒲	4.5
718	昭化区(川)	菖蒲	400
719	沁水县(晋)	酸枣仁	45
720	宜阳县(豫)	酸枣仁	1.5
721	腾冲市(滇)	柏子仁	3
722	静乐县(晋)	远志	1
723	通道侗族自治县(湘)	钩藤	106
724	和平县(粤)	钩藤	10
725	珙县(川)	钩藤	27
726	丹寨县(黔)	钩藤	6306.5
727	黎平县(黔)	钩藤	5992.6
728	从江县(黔)	钩藤	922
729	台江县(黔)	钩藤	600
730	榕江县(黔)	钩藤	249.4
731	剑河县(黔)	钩藤	159.8
732	晴隆县(黔)	钩藤	150
733	凯里市(黔)	钩藤	103.7
734	仁怀市(黔)	钩藤	100
735	锦屏县(黔)	钩藤	51.48
736	天柱县(黔)	钩藤	28.2
737	思南县(黔)	钩藤	24
738	麻江县(黔)	钩藤	4.6
739	新宾满族自治县(辽)	人参	1381
740	长白朝鲜族自治县(吉)	人参	6800
741	通化县(吉)	人参	2596
742	和龙市(吉)	人参	100
743	临江市(吉)	人参	76.2
744	抚松县(吉)	人参	54.3
745	辉南县(吉)	人参	46
746	柳河县(吉)	人参	15
747	爱辉区(黑)	人参	3260
748	庆安国有林场管理局(黑)	人参	998.93
749	绥棱县(黑)	人参	589
750	阿城区(黑)	人参	162.49
751	鸡东县(黑)	人参	120
752	铁力市(黑)	人参	45
753	鹤岗市市辖区(黑)	人参	40
754	友好区(黑)	人参	40
755	克山县(黑)	人参	33
756	东宁市(黑)	人参	25
757	同江市(黑)	人参	20
758	海林市(黑)	人参	10
759	大方县(黔)	人参	3.4
760	泉阳林业局(吉林森工)	人参	70
761	临江林业局(吉林森工)	人参	32
762	东京城林业局(龙江森工)	人参	326
763	围场满族蒙古族自治县(冀)	党参	5
764	方山县(晋)	党参	20
765	江源区(吉)	党参	20
766	舒兰市(吉)	党参	8
767	桦南县(黑)	党参	11.25
768	城口县(渝)	党参	2700
769	剑阁县(川)	党参	715
770	九寨沟县(川)	党参	530
771	木里藏族自治县(川)	党参	67.2
772	西昌市(川)	党参	11.7
773	大方县(黔)	党参	3
774	兰坪白族普米族自治县(滇)	党参	62.1
775	汉台区(陕)	党参	60
776	石泉县(陕)	党参	4
777	和政县(甘)	党参	4600
778	安定区(甘)	党参	105
779	宣州区(皖)	太子参	1000
780	黄平县(黔)	太子参	9424
781	麻江县(黔)	太子参	4718
782	施秉县(黔)	太子参	2217
783	玉屏侗族自治县(黔)	太子参	2210
784	丹寨县(黔)	太子参	848
785	镇远县(黔)	太子参	592.93
786	金沙县(黔)	太子参	248.76
787	道真仡佬族苗族自治县(黔)	太子参	154
788	凯里市(黔)	太子参	107.7
789	兴仁市(黔)	太子参	40
790	天柱县(黔)	太子参	27.82
791	万山区(黔)	太子参	15
792	六枝特区(黔)	太子参	4.88
793	剑河县(黔)	太子参	1.75
794	安国市(冀)	山药	500
795	扶余市(吉)	山药	10
796	温岭市(浙)	山药	2000
797	温县(豫)	山药	8000
798	睢县(豫)	山药	200
799	金秀瑶族自治县(桂)	山药	1250
800	兴义市(黔)	山药	480
801	贵定县(黔)	山药	100
802	开远市(滇)	山药	83
803	贡山独龙族怒族自治县(滇)	山药	69.88
804	赵县(冀)	白术	225
805	丰宁满族自治县(冀)	白术	200
806	邢台市高新技术开发区(冀)	白术	25
807	富裕县(黑)	白术	50
808	柯城区(浙)	白术	62
	建德市(浙)	白术	30

林产品主产地及产量
PRINCIPAL PRODUCTION COUNTIES AND OUTPUT OF FOREST PRODUCTS

(续表)

序号	县(旗、市、区、局、场)	产品	鲜药材产量(吨)
809	缙云县(浙)	白术	21.4
810	谯城区(皖)	白术	11000
811	界首市(皖)	白术	500
812	南丰县(赣)	白术	210
813	彭泽县(赣)	白术	23
814	修水县(赣)	白术	12
815	兴国县(赣)	白术	4.5
816	灵宝市(豫)	白术	2050
817	太康县(豫)	白术	280
818	永城市(豫)	白术	62
819	洪江市(湘)	白术	10
820	新丰江林管局(粤)	白术	40
821	双柏县(滇)	白扁豆	1520
822	海城市(辽)	大枣	100
823	静乐县(晋)	甘草	100
824	喀喇沁旗(内蒙古)	甘草	250
825	武川县(内蒙古)	甘草	130
826	托克托县(内蒙古)	甘草	10
827	白城市市辖区(吉)	甘草	180
828	泰来县(黑)	甘草	250
829	滴道区(黑)	甘草	25
830	子洲县(陕)	甘草	8000
831	景泰县(甘)	甘草	12000
832	第七师(新疆兵团)	甘草	860
833	图们市(吉)	当归	12
834	长白朝鲜族自治县(吉)	当归	0.6
835	汉源县(川)	当归	12000
836	剑阁县(川)	当归	270
837	西昌市(川)	当归	210
838	三穗县(黔)	当归	1195
839	香格里拉市(滇)	当归	881
840	德钦县(滇)	当归	458.34
841	兰坪白族普米族自治县(滇)	当归	412.8
842	洱源县(滇)	当归	180
843	剑川县(滇)	当归	147
844	大姚县(滇)	当归	78
845	巍山彝族回族自治县(滇)	当归	30
846	师宗县(滇)	当归	3
847	和政县(甘)	当归	6000
848	民乐县(甘)	当归	397.6
849	湟中县(青)	当归	7949.6
850	大通回族土族自治县(青)	当归	5016
851	湟源县(青)	当归	3000
852	祁连县(青)	当归	950
853	乐都区(青)	当归	500
854	互助土族自治县(青)	当归	255.5
855	民和回族土族自治县(青)	当归	50
856	平安区(青)	当归	48
857	化隆回族自治县(青)	当归	40
858	孙吴县(黑)	白芍	1296
859	拜泉县(黑)	白芍	809
860	桦南县(黑)	白芍	187.71
861	泰来县(黑)	白芍	60.9
862	东宁市(黑)	白芍	30
863	谯城区(皖)	白芍	110000
864	颍东区(皖)	白芍	830
865	宁国市(皖)	白芍	600
866	界首市(皖)	白芍	180
867	彭泽县(赣)	白芍	23.5
868	新泰市(鲁)	白芍	450
869	夏邑县(豫)	白芍	900
870	虞城县(豫)	白芍	380
871	太康县(豫)	白芍	155
872	睢县(豫)	白芍	100
873	永城市(豫)	白芍	46
874	东安县(湘)	白芍	10
875	零陵区(湘)	白芍	10
876	新丰江林管局(粤)	白芍	60
877	通江县(川)	白芍	120
878	晴隆县(黔)	白芍	9
879	化州市(粤)	龙眼肉	38
880	台山市(粤)	龙眼肉	3
881	平南县(桂)	龙眼肉	1000
882	大新县(桂)	龙眼肉	690
883	安国市(冀)	沙参	2000
884	图们市(吉)	沙参	150
885	东丰县(吉)	沙参	55
886	安图森林经营局(吉)	沙参	18
887	孙吴县(黑)	沙参	14
888	兴国县(赣)	沙参	4.8
889	三台县(川)	沙参	20
890	赤城县(冀)	百合	8
891	梨树县(吉)	百合	2
892	吴江区(苏)	百合	178
893	郎溪县(皖)	百合	300
894	潜山市(皖)	百合	2.15
895	莲花县(赣)	百合	2000
896	余江区(赣)	百合	50
897	兴国县(赣)	百合	4.6
898	新泰市(鲁)	百合	3000
899	衡东县(湘)	百合	4500
900	沅陵县(湘)	百合	660
901	靖州苗族侗族自治县(湘)	百合	298
902	汉寿县(湘)	百合	125
903	东安县(湘)	百合	50
904	望城区(湘)	百合	24
905	安化县(湘)	百合	6.2
906	湘潭县(湘)	百合	2.5
907	会理市(川)	百合	160
908	西昌市(川)	百合	1
909	贵定县(黔)	百合	500
910	玉屏侗族自治县(黔)	百合	428
911	务川仡佬族苗族自治县(黔)	百合	200
912	普安县(黔)	百合	95
913	台江县(黔)	百合	1
914	腾冲市(滇)	百合	100
915	镇坪县(陕)	百合	910
916	东港市(辽)	玉竹	7000
917	海城市(辽)	玉竹	50
918	梅河口市(吉)	玉竹	3603
919	通化县(吉)	玉竹	800
920	辉南县(吉)	玉竹	180
921	密山市(黑)	玉竹	30
922	建德市(浙)	玉竹	560
923	安化县(湘)	玉竹	21800
924	涟源市(湘)	玉竹	2850
925	祁东县(湘)	玉竹	2300
926	石门县(湘)	玉竹	1500
927	桂阳县(湘)	玉竹	1500
928	汉寿县(湘)	玉竹	655
929	鹤城区(湘)	玉竹	300
930	攸县(湘)	玉竹	300
931	北湖区(湘)	玉竹	200

(续表)

序号	县(旗、市、区、局、场)	产品	鲜药材产量(吨)
932	茶陵县(湘)	玉竹	160
933	江华瑶族自治县(湘)	玉竹	50
934	清新区(粤)	玉竹	35
935	会理市(川)	玉竹	160
936	玉屏侗族自治县(黔)	玉竹	185
937	楚雄市(滇)	玉竹	612
938	松江河林业有限公司(吉林森工)	玉竹	28.5
939	临江林业局(吉林森工)	玉竹	14
940	辛集市(冀)	枸杞子	4
941	杭锦后旗(内蒙古)	枸杞子	1250
942	奈曼旗(内蒙古)	枸杞子	120
943	鄂伦春自治旗(内蒙古)	枸杞子	110
944	腾格里开发区(内蒙古)	枸杞子	30
945	扎鲁特旗(内蒙古)	枸杞子	25
946	丰满区(吉)	枸杞子	93
947	扶余市(吉)	枸杞子	15
948	蛟河市(吉)	枸杞子	1.72
949	泾县(皖)	枸杞子	1498.9
950	大通区(皖)	枸杞子	10
951	永新县(赣)	枸杞子	65
952	渑池县(豫)	枸杞子	136
953	江永县(湘)	枸杞子	2
954	山丹县(甘)	枸杞子	16100
955	金塔县(甘)	枸杞子	5250
956	肃州区(甘)	枸杞子	864.01
957	阿克塞哈萨克族自治县(甘)	枸杞子	1.5
958	西夏区(宁)	枸杞子	4800
959	农垦事业管理局(宁)	枸杞子	1617
960	盐池县(宁)	枸杞子	90
961	沙湾县(新)	枸杞子	3900
962	第七师(新疆兵团)	枸杞子	40
963	潜山市(皖)	桑葚	18.3
964	南谯区(皖)	桑葚	5
965	郎溪县(皖)	桑葚	1
966	兴国县(赣)	桑葚	15
967	井冈山市(赣)	桑葚	11
968	宜章县(湘)	桑葚	1931
969	汝城县(湘)	桑葚	2
970	新丰江林管局(粤)	桑葚	112.5
971	云安区(粤)	桑葚	63
972	剑阁县(川)	桑葚	45
973	石泉县(陕)	桑葚	50
974	谯城区(皖)	女贞子	150
975	苍梧县(桂)	女贞子	20
976	贵定县(黔)	女贞子	100
977	剑阁县(川)	何首乌	165
978	望谟县(黔)	何首乌	2000
979	黎平县(黔)	何首乌	599.59
980	普安县(黔)	何首乌	35
981	晴隆县(黔)	何首乌	25
982	兴义市(黔)	何首乌	16
983	镇远县(黔)	何首乌	13.85
984	贞丰县(黔)	何首乌	5
985	开远市(滇)	何首乌	160
986	腾冲市(滇)	何首乌	80
987	石台县(皖)	山茱肉	800
988	嵩县(豫)	山茱肉	24300
989	汝阳县(豫)	山茱肉	12.9
990	周至县(陕)	山茱肉	1233
991	城口县(渝)	牛膝	351
992	汉源县(川)	牛膝	37800
993	东安县(湘)	鳖甲	2
994	商水县(豫)	黑芝麻	20
995	潜山市(皖)	鹿茸	1.5
996	阿拉善左旗(内蒙古)	肉苁蓉	750
997	阿拉善右旗(内蒙古)	肉苁蓉	600
998	乌拉特后旗(内蒙古)	肉苁蓉	565
999	磴口县(内蒙古)	肉苁蓉	380
1000	乌兰布和示范区(内蒙古)	肉苁蓉	7
1001	金塔县(甘)	肉苁蓉	7195
1002	高台县(甘)	肉苁蓉	1720
1003	民勤县(甘)	肉苁蓉	360
1004	古浪县(甘)	肉苁蓉	8
1005	肃南裕固族自治县(甘)	肉苁蓉	5
1006	都兰县(青)	肉苁蓉	480
1007	德令哈市(青)	肉苁蓉	5
1008	高昌区(新)	肉苁蓉	16500
1009	鄯善县(新)	肉苁蓉	6500
1010	德庆县(粤)	巴戟天	19250
1011	郁南县(粤)	巴戟天	18500
1012	和平县(粤)	巴戟天	75
1013	云安区(粤)	巴戟天	50
1014	丰顺县(粤)	巴戟天	3
1015	大桂山林场(桂)	巴戟天	270
1016	高州市(粤)	益智仁	9800
1017	封开县(粤)	益智仁	308
1018	茂南区(粤)	益智仁	166
1019	信宜市(粤)	益智仁	13
1020	岑溪市(桂)	益智仁	2900
1021	三亚市市辖区(琼)	益智仁	1300
1022	儋州市(琼)	益智仁	412
1023	叙州区(川)	仙茅	8.75
1024	新宾满族自治县(辽)	淫羊藿	3340
1025	白山市市辖区(吉)	淫羊藿	8
1026	江源区(吉)	淫羊藿	5
1027	丰都县(渝)	淫羊藿	15
1028	兴文县(川)	淫羊藿	125
1029	望谟县(黔)	淫羊藿	145
1030	三穗县(黔)	淫羊藿	10
1031	台江县(黔)	淫羊藿	1
1032	木里藏族自治县(川)	续断	164
1033	永平县(滇)	续断	3600
1034	洱源县(滇)	续断	210
1035	剑川县(滇)	续断	167
1036	开远市(滇)	续断	60
1037	楚雄市(滇)	续断	26.7
1038	宁蒗彝族自治县(滇)	续断	5
1039	拜泉县(黑)	菟丝子	30
1040	密山市(黑)	菟丝子	4
1041	阿拉善右旗(内蒙古)	锁阳	1000
1042	阿拉善左旗(内蒙古)	锁阳	600
1043	乌兰布和示范区(内蒙古)	锁阳	140
1044	都兰县(青)	锁阳	180
1045	新丰江林管局(粤)	蛇床子	3
1046	谯城区(皖)	韭菜籽	10
1047	上高县(赣)	金樱子	1450
1048	余干县(赣)	金樱子	19.38
1049	鼎城区(湘)	金樱子	33

林产品主产地及产量
PRINCIPAL PRODUCTION COUNTIES AND OUTPUT OF FOREST PRODUCTS

(续表)

序号	县(旗、市、区、局、场)	产品	鲜药材产量(吨)
1050	兴文县(川)	金樱子	8
1051	台江县(黔)	金樱子	2
1052	石门县(湘)	五倍子	1010
1053	江华瑶族自治县(湘)	五倍子	15
1054	邻水县(川)	五倍子	25
1055	思南县(黔)	五倍子	677.56
1056	仁怀市(黔)	五倍子	370
1057	贵定县(黔)	五倍子	15
1058	遵义市市辖区(黔)	五倍子	8
1059	泗阳县(苏)	芡实	20
1060	东至县(皖)	芡实	40.5
1061	湘潭县(湘)	乌梅	3
1062	达川区(川)	乌梅	1520
1063	大邑县(川)	乌梅	471
1064	崇州市(川)	乌梅	65
1065	邛崃市(川)	乌梅	52
1066	金川县(川)	乌梅	15
1067	腾冲市(滇)	乌梅	6000
1068	洱源县(滇)	乌梅	600
1069	双柏县(滇)	乌梅	320
1070	北安市(黑)	覆盆子	20
1071	武义县(浙)	覆盆子	5
1072	建德市(浙)	覆盆子	1
1073	广德县(皖)	覆盆子	1300
1074	黄山区(皖)	覆盆子	1000
1075	泾县(皖)	覆盆子	361
1076	潜山市(皖)	覆盆子	340
1077	绩溪县(皖)	覆盆子	55
1078	歙县(皖)	覆盆子	51
1079	屯溪区(皖)	覆盆子	12
1080	郎溪县(皖)	覆盆子	2
1081	玉山县(赣)	覆盆子	1200
1082	资溪县(赣)	覆盆子	130
1083	井冈山市(赣)	覆盆子	48
1084	横峰县(赣)	覆盆子	40
1085	兴国县(赣)	覆盆子	20
1086	德兴市(赣)	覆盆子	10
1087	寻乌县(赣)	覆盆子	2
1088	鹤城区(湘)	覆盆子	3.5
1089	会理市(川)	石榴皮	600
1090	吴江区(苏)	白果	31
1091	潜山市(皖)	白果	580
1092	五河县(皖)	白果	216
1093	谯城区(皖)	白果	50
1094	滕州市(鲁)	白果	97
1095	东安县(湘)	白果	20
1096	阳山县(粤)	白果	101
1097	华蓥市(川)	白果	435
1098	贵定县(黔)	白果	30
1099	沁水县(晋)	山楂	30
1100	柴桑区(赣)	山楂	52.5
1101	嵩县(豫)	山楂	2400
1102	原州区(宁)	山楂	25
1103	屯昌县(琼)	槟榔	78450
1104	琼中黎族苗族自治县(琼)	槟榔	24782
1105	三亚市市辖区(琼)	槟榔	7253.95
1106	吉阳区(琼)	槟榔	2201
1107	贵定县(黔)	松香	400
1108	隆阳区(滇)	松香	326.7
1109	德格县(川)	虫草	3.5
1110	九寨沟县(川)	虫草	2
1111	木里藏族自治县(川)	虫草	1.05
1112	新龙县(川)	虫草	0.8
1113	宣州区(皖)	木瓜	1500
1114	桐柏县(豫)	木瓜	3000
1115	确山县(豫)	木瓜	20
1116	城口县(渝)	木瓜	1800
1117	仪陇县(川)	木瓜	270
1118	盈江县(滇)	木瓜	840.9
1119	本溪满族自治县(辽)	刺五加	7500
1120	新宾满族自治县(辽)	刺五加	7395
1121	开原市(辽)	刺五加	50
1122	平山区(辽)	刺五加	3
1123	梅河口市(吉)	刺五加	510
1124	辉南县(吉)	刺五加	475
1125	浑江区(吉)	刺五加	55.9
1126	白河林业局(吉)	刺五加	54
1127	鸡东县(黑)	刺五加	1100
1128	汤旺县(黑)	刺五加	180
1129	延寿县(黑)	刺五加	150
1130	阿城区(黑)	刺五加	80
1131	友好区(黑)	刺五加	72
1132	滴道区(黑)	刺五加	32
1133	麻山区(黑)	刺五加	21
1134	恒山区(黑)	刺五加	8
1135	五常市(黑)	刺五加	6
1136	黑河市直属林场(黑)	刺五加	6
1137	方正县(黑)	刺五加	2.1
1138	伊美区(黑)	刺五加	1.5
1139	江川区(滇)	刺五加	6
1140	红石林业局(吉林森工)	刺五加	25
1141	泉阳林业局(吉林森工)	刺五加	12
1142	双鸭山林业局(龙江森工)	刺五加	646
1143	鹤北林业局(龙江森工)	刺五加	216
1144	汝城县(湘)	黄姜	600
1145	江华瑶族自治县(湘)	黄姜	200
1146	安化县(湘)	黄姜	5
1147	和平县(粤)	黄姜	8
1148	筠连县(川)	黄姜	2130

表 21 主要生态旅游资源与利用

序号	县（旗、市、区、局、场）	自然保护区、森林公园、风景名胜区等各类自然保护地（名称）	面积（万亩）	级别	实际接待人数（万人次）	旅游总收入（万元）	其中：门票收入（万元）
1	蓟州区（津）	天津九龙山国家森林公园	2.06	国家	5.65	191	125.39
2	井陉矿区（冀）	清凉湾湿地公园	0.7	省	5	250	—
3	井陉矿区（冀）	清凉山	1	省	5	850	145
4	井陉矿区（冀）	杏花沟生态公园	0.15	省	10	700	—
5	井陉县（冀）	河北南寺掌省级自然保护区	3	省	5	240	160
6	平山县（冀）	河北驼梁自然保护区	31.97	国家	82.91	5983	3769
7	平山县（冀）	天桂山风景名胜区	19.8	国家	46.64	3990	2555
8	赵　县（冀）	赵州桥-柏林禅寺风景名胜区	0.1	省	24.8	57480	454.73
9	迁西县（冀）	青山关景区	—	省	5.3	65	
10	迁西县（冀）	景忠山风景区	1.2	省	30.5	2200	1800
11	迁西县（冀）	喜峰雄关大刀园风景区	15.34	省		20	
12	迁安市（冀）	白羊峪景区	0.22	省	15	1293	600
13	迁安市（冀）	挂云山景区	0.05	县	4	268	140
14	迁安市（冀）	塔寺峪景区	0.15	县	10	537	350
15	迁安市（冀）	徐流口森林公园	0.07	省	8	527	
16	迁安市（冀）	山叶口森林公园	0.12	省	10	1255	500
17	北戴河区（冀）	秦皇岛野生动物园	1.5	国家	85	6950	6200
18	磁　县（冀）	自然保护地	1.67	省	200	6400	—
19	临城县（冀）	河北三峰山省级自然保护区	8.2	省	0.37	3	3
20	临城县（冀）	天台山省级森林公园	0.39	省	32.21	248.97	248.97
21	内丘县（冀）	寒山景区	0.5	县	8.6	331	258
22	内丘县（冀）	太子岩景区	0.3	国家	17.1	658	423
23	涞水县（冀）	野三坡风景名胜区	74.77	国家	170	31607	7607
24	阜平县（冀）	天生桥国家地质森林公园	17	国家	10.15	975	366
25	唐　县（冀）	西胜沟	2.1	省	2.18	38.28	34
26	唐　县（冀）	潭瀑峡	3	省	35.3	69	58
27	唐　县（冀）	华峪山庄	0.3	省	1.64	35.88	27
28	唐　县（冀）	大茂山自然保护区	2.15	国家			
29	唐　县（冀）	庆都山康养基地	2.4	县	210	2310	
30	唐　县（冀）	全胜峡景区	1.5	省	12.59	257	240
31	涞源县（冀）	白石山景区	8.1	省	60.3	54313	35131
32	易　县（冀）	易州森林公园	12.8	国家	32	12027.7	1798
33	曲阳县（冀）	虎山风景区	2	国家	10	2000	1800
34	康保县（冀）	康巴诺尔国家湿地公园	0.55	国家	2	200	
35	沽源县（冀）	老掌沟国际极限越野小镇	0.3	县	160	110	90
36	尚义县（冀）	尚义大青山国家森林公园	4.5	国家	5	145	145
37	赤城县（冀）	大海陀国家级自然保护区	18.9	国家	1	80	8
38	赤城县（冀）	黑龙山国家级森林公园	18.7	国家	3	361	30
39	崇礼区（冀）	和平省级森林自然公园	4.48	省	1	—	

林产品主产地及产量

PRINCIPAL PRODUCTION COUNTIES AND OUTPUT OF FOREST PRODUCTS

(续表)

序号	县(旗、市、区、局、场)	自然保护区、森林公园、风景名胜区等各类自然保护地(名称)	面积(万亩)	级别	实际接待人数(万人次)	旅游总收入(万元)	其中:门票收入(万元)
40	双滦区(冀)	承德市双滦区双塔山公园	4.8	县	22	457	457
41	承德县(冀)	雾灵东谷森林公园	2	省	0.5	119	50
42	承德县(冀)	北大山石海森林公园	2.6	国家	1.5	200	100
43	兴隆县(冀)	六里坪森里公园	—	省	0.16	10	—
44	平泉市(冀)	辽河源国家森林公园	6	国家	1.56	157	7
45	滦平县(冀)	白草洼森林公园	1.71	省	0.5	4	4
46	丰宁满族自治县(冀)	丰宁柳树沟省级森林公园	3.03	省	0.7	77	77
47	丰宁满族自治县(冀)	京北第一草原风景名胜区	38.16	省	8	4624	1387
48	丰宁满族自治县(冀)	白云古洞风景名胜区	1.5	省	0.6	40	32
49	丰宁满族自治县(冀)	河北省丰宁国家森林公园	13.26	国家	10	1123	1123
50	围场满族蒙古族自治县(冀)	塞罕坝国家森林公园	137	国家			
51	大厂回族自治县(冀)	森林公园		县	39	366	105
52	清徐县(晋)	山西省葡峰森林公园	2	省	11.25	1800	
53	新荣区(晋)	古长城森林公园	10	省	8	—	
54	新荣区(晋)	新龙森林公园	3.24	县	0.8		
55	云岗区(晋)	云冈石窟	—	国家	0.6	310	90
56	灵丘县(晋)	北泉森林公园	1.63	省	1.43	185	
57	灵丘县(晋)	平型关森林公园	0.89	省	2.1	273	
58	浑源县(晋)	恒山、悬空寺	—	县	812000	23872	2984
59	长城山林场(晋)	山西省长城山森林公园	5.7	省	0.1		
60	阳泉市郊区(晋)	翠峰山自然风景区	1.95	国家	34286	1200	
61	平定县(晋)	娘子关风景区	—	省	30.75	738	
62	屯留区(晋)	老爷山森林公园	0.2	省	10	300	300
63	沁县(晋)	山西千泉湖国家湿地管理中心	1.57	国家	—		
64	阳城县(晋)	山西省阳光省级森林公园	0.6	省	8	80	30
65	阳城县(晋)	山西省华阳山森林公园	1.24	省	0.2	—	
66	阳城县(晋)	山西崦山省级自然保护区	13.34	省	0.2		
67	阳城县(晋)	山西蟒河国家级自然保护区	8.36	国家	40	3000	2000
68	阳城县(晋)	山西历山国家级自然保护区	3.23	国家	0.25		
69	陵川县(晋)	山西棋子山国家森林公园及自然保护区	11.3	国家	350	1025	
70	陵川县(晋)	山西省南方红豆杉自然保护区管理局	34.5	省	—		
71	泽州县(晋)	珏山风景名胜区	1.68	省	7.35	831	434
72	高平市(晋)	高平市七佛山森林公园	9.4	省	3.67		
73	应县(晋)	应县南山自然保护区	31.21	省	10		
74	应县(晋)	镇子梁湿地公园	3.16	省	5	—	
75	左权县(晋)	左权县龙泉国家森林公园	36	国家	4	429	429
76	万荣县(晋)	孤峰山森林公园	—	县	5.98	1913	320
77	夏县(晋)	山西太宽河国家自然保护区	60	国家	1700	476	

(续表)

序号	县(旗、市、区、局、场)	自然保护区、森林公园、风景名胜区等各类自然保护地(名称)	面积(万亩)	级别	实际接待人数(万人次)	旅游总收入(万元)	其中：门票收入(万元)
78	永济市(晋)	五老峰国家森林公园	15	国家	6	500	300
79	忻府区(晋)	禹王洞国家森林公园	11	国家	2.9	160	160
80	静乐县(晋)	静乐县天柱山森林公园	10000	县	1	500	—
81	偏关县(晋)	风景名胜区	31	省	30000	270	270
82	离石区(晋)	白马仙洞自然保护区	1	省	8.53	331	300
83	离石区(晋)	安国寺森林公园	1	省	5	75	50
84	方山县(晋)	北武当山	13.2	国家	8	1600	1600
85	新城区(内蒙古)	圣水梁旅游区	9.7	省	15	360	—
86	新城区(内蒙古)	内蒙古大青山太伟运动休闲度假村	0.3	国家	1.3	260	182
87	和林格尔县(内蒙古)	和林城关南山公园	0.45	县	25.87	10670	100
88	清水河县(内蒙古)	老牛湾地质公园	3.8	国家	18	7000	
89	清水河县(内蒙古)	清水河县浑河国家湿地公园	1.26	国家	—		
90	武川县(内蒙古)	哈达门国家森林公园	5.4	国家	2.8	60	
91	九原区(内蒙古)	梅力更森林公园 梅力更自然保护区	23.4	省	11	1365	910
92	固阳县(内蒙古)	内蒙古春坤山生态旅游景区开发有限公司	5	县	27.69	4153.17	4153.17
93	固阳县(内蒙古)	内蒙古马鞍古桦生态文化旅游开发有限公司	2	国家	1.85	277.05	277.05
94	红山区(内蒙古)	红山国家森林公园	3.23	国家	6	—	
95	元宝山区(内蒙古)	风水沟冷山蕴旅游区	0.3	国家	1.1	500	
96	松山区(内蒙古)	岗子草原风电场	3	地	0.3	30	
97	松山区(内蒙古)	大兴隆田园时光	3	地	0.6	40	
98	松山区(内蒙古)	城子香山寺	0.01	地	0.5	30	
99	松山区(内蒙古)	老府林场乌梁苏森林公园	4.5	省	0.5	130	
100	松山区(内蒙古)	松山区东山皇家漫甸	0.3	地	0.5	70	
101	阿鲁科尔沁旗(内蒙古)	高格斯台罕乌拉自然保护区	125.48	国家	15	1800	
102	阿鲁科尔沁旗(内蒙古)	沙日温都保护区	16.68	省	1	500	
103	阿鲁科尔沁旗(内蒙古)	根皮庙	8.05	地	2	1500	
104	阿鲁科尔沁旗(内蒙古)	巴彦花水库	0.5	县	1.5	500	
105	阿鲁科尔沁旗(内蒙古)	阿日宝力格沙地	2	县	0.5	500	
106	巴林左旗(内蒙古)	赤峰市契丹旅游有限责任公司	2	地	2.1	926	
107	巴林左旗(内蒙古)	巴林左旗红格尔花卉种植专业合作社	1.2	地	1.8	465	
108	巴林左旗(内蒙古)	辽瓷旅游服务有限责任公司	0.01	地	1.6	272	
109	巴林左旗(内蒙古)	乌兰坝国家级自然保护区	118	国家	—		
110	巴林右旗(内蒙古)	赛罕乌拉国家级自然保护区	27.94	国家	0.3	140	50
111	巴林右旗(内蒙古)	南山公园	6.5	县	0.4	0	0
112	巴林右旗(内蒙古)	翁根毛都沙漠旅游度假	0.25	县	0.24	108	80
113	巴林右旗(内蒙古)	阿敦塔拉旅游区	6	县	0.16	52	35
114	林西县(内蒙古)	林西县大冷山森林公园	6	地	0.39	1146	
115	林西县(内蒙古)	林西县九佛山旅游区	0.5	地	0.2	740	—

林产品主产地及产量
PRINCIPAL PRODUCTION COUNTIES AND OUTPUT OF FOREST PRODUCTS

(续表)

序号	县(旗、市、区、局、场)	自然保护区、森林公园、风景名胜区等各类自然保护地(名称)	面积(万亩)	级别	实际接待人数(万人次)	旅游总收入(万元)	其中：门票收入(万元)
116	林西县(内蒙古)	林西县三楞山旅游区	0.1	地	0.1	120	—
117	克什克腾旗(内蒙古)	克旗达里诺尔自然保护区	178	国家	8	872	—
118	克什克腾旗(内蒙古)	桦木沟生态旅游区	8	国家	6.1	212	—
119	克什克腾旗(内蒙古)	黄岗梁国家森林公园	270	国家	1.2	—	—
120	克什克腾旗(内蒙古)	世界地质公园阿斯哈图石林景区	150	国家	9.7	1245	—
121	克什克腾旗(内蒙古)	世界地质公园青山景区	0.01	国家	2.7	218	—
122	克什克腾旗(内蒙古)	白音敖包自然保护区	13.8	国家	1.1	82	—
123	翁牛特旗(内蒙古)	松树山自然保护区	63.5	省	0.1	5	—
124	翁牛特旗(内蒙古)	红山玉龙沙湖国际生态文化旅游区	5.6	国家	12	1600	—
125	翁牛特旗(内蒙古)	内蒙古自治区翁牛特旗地质公园	3.98	省	0.1	5	—
126	喀喇沁旗(内蒙古)	旺业甸国家森林公园	38.26	国家	3.62	153.9	—
127	宁城县(内蒙古)	黑里河道须沟生态旅游景区	0.48	国家	22	1870	620
128	宁城县(内蒙古)	杜鹃山庄景区	0.26	国家	0.4	13	12
129	宁城县(内蒙古)	大坝沟生态旅游景区	0.23	国家	1	156	20
130	宁城县(内蒙古)	果品采摘	3.26	县	3.17	3774	—
131	宁城县(内蒙古)	乡村旅游	2.5	县	2.13	2800	—
132	宁城县(内蒙古)	林家乐饭店	0.01	县	2.1	365	—
133	宁城县(内蒙古)	黑里河漂流乐园	0.27	县	0.2	22	—
134	敖汉旗(内蒙古)	大黑山国家级自然保护区	1.2	国家	2.54	1597	123
135	科尔沁左翼后旗(内蒙古)	科尔沁左翼后旗乌旦塔拉林场	35	省	10		
136	科尔沁左翼后旗(内蒙古)	内蒙古双合尔湿地自治区级自然保护区	43.14	省	5		
137	科尔沁左翼后旗(内蒙古)	大青沟国家级自然保护区	12.27	国家	11.5	330	305
138	科尔沁左翼后旗(内蒙古)	内蒙古科左后旗胡力斯台淖尔湿地公园保护与建设中心	0.88	国家	1		
139	库伦旗(内蒙古)	库伦银沙湾沙漠旅游公园	42	县	3	150	150
140	奈曼旗(内蒙古)	内蒙古奈曼旗宝古图国家沙漠公园	10	国家			
141	奈曼旗(内蒙古)	奈曼旗孟家段国家湿地公园	4.8	国家	0.5	150	—
142	东胜区(内蒙古)	鄂尔多斯市九城宫草原漫瀚文化旅游区	1.54	国家	56.32	3823.65	1911.83
143	东胜区(内蒙古)	鄂尔多斯野生动物园	1.8	县	96.92	7054.86	4399.03
144	东胜区(内蒙古)	鄂尔多斯植物园	0.84	县	19.27	324.26	284.13
145	达拉特旗(内蒙古)	达拉特旗响沙湾旅游区	255	国家	37	9480	8996
146	达拉特旗(内蒙古)	达拉特恩格贝旅游区	30	国家	6.9	240	217
147	鄂托克前旗(内蒙古)	上海庙马兰花草原旅游景区	10	国家	14.1	987	148.8
148	鄂托克前旗(内蒙古)	大沙头生态文化旅游区	0.97	国家	12.3	590.4	110.7
149	杭锦旗(内蒙古)	鄂尔多斯草原	1.6	国家	12.68	4402	1500
150	杭锦旗(内蒙古)	库布齐国家沙漠公园	15.5	国家	9.6	1700	223
151	伊金霍洛旗(内蒙古)	成吉思汗陵旅游区	—	县	40.32	2825	1038
152	海拉尔区(内蒙古)	西山国家森林公园	21.09	国家	12	161.59	—

(续表)

序号	县(旗、市、区、局、场)	自然保护区、森林公园、风景名胜区等各类自然保护地(名称)	面积(万亩)	级别	实际接待人数(万人次)	旅游总收入(万元)	其中:门票收入(万元)
153	阿荣旗(内蒙古)	图布勒国家森林公园	148	国家	—		
154	阿荣旗(内蒙古)	索尔奇国家湿地公园	1.88	国家			
155	鄂伦春自治旗(内蒙古)	嘎仙洞森林公园	23.7	省	1.7	60	60
156	扎兰屯市(内蒙古)	扎兰屯市吊桥公园	0.1	国家	50		
157	扎兰屯市(内蒙古)	扎兰屯市秀水国家湿地公园	15.06	国家	50		
158	额尔古纳市(内蒙古)	额尔古纳国家湿地公园	18.11	国家	9.4	400	400
159	根河市(内蒙古)	汗马自然保护区	161	国家	—		
160	临河区(内蒙古)	内蒙古临河区富强采摘园	0.15	县	4	320	
161	临河区(内蒙古)	临河区九庄采摘园	0.2	县	4	340	
162	临河区(内蒙古)	浩彤现代农业观光旅游园	0.13	县	5	425	
163	临河区(内蒙古)	内蒙古临河黄河国家湿地公园	6.95	国家	15	1785	
164	临河区(内蒙古)	临河区青春湖旅游区	0.1	县	5	450	
165	磴口县(内蒙古)	纳林湖旅游景区	2.6	省	5	200	120
166	磴口县(内蒙古)	哈腾套海国家级自然保护区	185.4	国家			
167	乌拉特前旗(内蒙古)	乌梁素海水禽湿地自然保护区	55.8	省	20	4000	800
168	杭锦后旗(内蒙古)	屠申泽湿地公园	1	省	5		
169	杭锦后旗(内蒙古)	沙海湖国家级沙漠公园	0.5	国家	5	100	25
170	察哈尔右翼中旗(内蒙古)	辉腾锡勒风景名胜区	3.43	省	10	1500	1000
171	乌兰浩特市(内蒙古)	天骄天俊旅游度假区	—	县	36	1040	382
172	五岔沟林业局(内蒙古)	内蒙古兴安盟好森沟国家森林公园	56.99	国家			
173	科尔沁右翼中旗(内蒙古)	五角枫保护区	924619.5	地	8858	170	
174	扎赉特旗(内蒙古)	内蒙古扎赉特绰尔托欣河国家湿地公园	6.99	国家	1	—	
175	扎赉特旗(内蒙古)	内蒙古神山国家森林公园	10.85	国家	20	—	
176	乌兰布和示范区(内蒙古)	内蒙古金沙苑生态集团有限公司	15.8	县	0.8	200	
177	阿拉善左旗(内蒙古)	内蒙古贺兰山国家森林公园	—	国家	11	560	336
178	额济纳旗(内蒙古)	额济纳旗国家级自然保护区	39.38	国家	26.75	3180.82	
179	浑南区(辽)	沈阳森林动物园	0.33	国家	70.14	5123.58	4691.22
180	浑南区(辽)	沈阳鸟岛	0.07	县	34.34	1087.19	710
181	浑南区(辽)	沈阳市棋盘山风景区	28.5	国家	191.16	1505	1478.17
182	浑南区(辽)	沈阳世博园	0.37	国家	38.4	1871	1200
183	浑南区(辽)	沈阳市国家森林公园	1.4	国家	23	1568	70
184	法库县(辽)	五龙山自然保护区	45.5	县	2.6	200	120
185	甘井子区(辽)	大黑石森林公园	0.49	省	50	156	0
186	甘井子区(辽)	大连金龙寺国家森林公园	3.21	国家	20	243	243
187	甘井子区(辽)	大连西郊国家森林公园	10.5	国家	129	4544	3000
188	旅顺口区(辽)	二〇三国家森林公园	4.11	国家	5.7	216	164
189	长海县(辽)	长山群岛国家海岛森林公园	69460.5	国家	3	130	130
190	普兰店区(辽)	老帽山自然风景旅游区	3	国家	4	400	—

林产品主产地及产量

PRINCIPAL PRODUCTION COUNTIES AND OUTPUT OF FOREST PRODUCTS

(续表)

序号	县(旗、市、区、局、场)	自然保护区、森林公园、风景名胜区等各类自然保护地(名称)	面积(万亩)	级别	实际接待人数(万人次)	旅游总收入(万元)	其中：门票收入(万元)
191	普兰店区(辽)	巍霸山森林景区	0.24	省	1	100	—
192	金普新区(辽)	大赫山国家森林公园大黑山片区	3.12	国家	20	300	300
193	千山区(辽)	对桩石村乾隆绿道	0.1	县	10	700	—
194	海城市(辽)	辽宁省白云山省级自然保护区	18	省	1	510	40
195	新宾满族自治县(辽)	猴石森林公园	3.6	国家	35	3500	2230
196	新宾满族自治县(辽)	和睦森林公园	2.3	国家	246	2940	1260
197	新宾满族自治县(辽)	岗山森林公园	3.1	国家	12.6	1610	850
198	溪湖区(辽)	森林公园	0.1	县	1.1	300	100
199	桓仁满族自治县(辽)	桓仁枫林谷森林公园	38745	省	10	650	470
200	东港市(辽)	大孤山风景名胜区	0.66	省	3.2	112	—
201	盖州市(辽)	赤山风景区	0.37	省	12	700	210
202	阜新蒙古族自治县(辽)	海棠山风景区	2.5	国家	8	230	220
203	辽阳县(辽)	辽阳大黑山自然保护区	2.98	县	1	5	—
204	辽阳县(辽)	核伏沟森林公园	3.37	省	4	60	50
205	辽阳县(辽)	辽阳柳壕河省级湿地公园	0.09	省	30	183	173
206	盘山县(辽)	盘锦森林公园	0.24	省	1.1	13.56	—
207	清河区(辽)	清河水库旅游区	8	县	45	11150	—
208	铁岭县(辽)	辽宁铁岭麒麟湖国家森林公园	9.57	国家	4	10	2
209	铁岭县(辽)	辽宁铁岭莲花湖国家湿地公园	1	国家	—	—	—
210	龙城区(辽)	朝阳鸟化石国家地质公园	0.09	国家	18	700	600
211	朝阳县(辽)	苏营子湿地公园	355	县	1	500	—
212	朝阳县(辽)	槐树洞风景区	5700	地	4	1500	400
213	朝阳县(辽)	柳城湿地公园	747.5	省	2	500	—
214	朝阳县(辽)	清风岭自然保护区	9611	省	8	4000	1200
215	朝阳县(辽)	努鲁尔虎山自然保护区	16705	国家	5	2000	500
216	建平县(辽)	天秀山森林公园	1.8	省	50	—	20
217	建平县(辽)	牛河梁红山文化遗址	7.5	省	50	—	30
218	喀喇沁左翼蒙古族自治县(辽)	辽宁省龙凤山森林公园	3	省	4	1200	20
219	喀喇沁左翼蒙古族自治县(辽)	辽宁省菱子山国家级自然保护区	16.7	国家	2	150	—
220	北票市(辽)	国家级大黑山森林公园	4.55	国家	5.5	2500	1000
221	凌源市(辽)	牛河梁省级森林公园	10	省	1.8	68	—
222	凌源市(辽)	青龙河自然保护区	100	国家	3.3	300	—
223	双阳区(吉)	神鹿峰旅游度假区	1.5	国家	135	68000	34000
224	九台区(吉)	碧水庄园	0.2	县	2.1	53.15	—
225	九台区(吉)	庙香山	0.35	县	19	1430	—
226	长春市净月经济开发区(吉)	长春净月潭旅游发展集团有限公司	9638	国家	116.17	8712	8712
227	公主岭市(吉)	大龙山森林康养基地	0.05	县	4000	12	8.4
228	吉林市市辖区(吉)	朱雀山国家森林公园	8.49	国家	12.82	353	353
229	龙潭区(吉)	吉林金珠花海森林康养基地	0.32	省	20	1800	180

(续表)

序号	县(旗、市、区、局、场)	自然保护区、森林公园、风景名胜区等各类自然保护地(名称)	面积(万亩)	级别	实际接待人数(万人次)	旅游总收入(万元)	其中:门票收入(万元)
230	蛟河市(吉)	吉林拉法山国家森林公园	51.59	国家	9.58	466	466
231	桦甸市(吉)	吉林肇大鸡山国家森林公园南楼山景区	6.17	国家	0.5	—	28
232	桦甸市(吉)	吉林省桦甸市名峰森林康养基地	0.1	县	11	1100	—
233	舒兰市(吉)	九龙山森林公园	0.18	国家	80	1500	
234	四平市市辖区(吉)	吉林半拉山国家森林公园	13.95	国家			
235	双辽市(吉)	吉林四平架树台湖国家湿地公园管理中心	3	国家	—		
236	双辽市(吉)	吉林双辽一马树省级森林公园	10.5	省	9	23	23
237	东丰县(吉)	吉林江城森林公园	1.02	省	0.8	95	15
238	东丰县(吉)	吉林东丰县南照山森林公园	1.06	省	55		
239	东辽县(吉)	吉林省鴜鹭湖生态旅游度假发展有限公司	0.73	省	0.14	6	4
240	东昌区(吉)	度假村	—	县	8500	141	
241	梅河口市(吉)	梅河口市鸡冠山林业发展有限公司	4.35	国家	20	1600	470
242	集安市(吉)	集安市五女峰国家森林公园	10.3	国家	11.3	1400	800
243	白山市市辖区(吉)	龙山湖森林公园	19.7	国家	10000	25	
244	白山市市辖区(吉)	吉林五间房省级森林公园	4.3	省	10000	8	
245	浑江区(吉)	青山湖	1.3	地	2	—	
246	长白朝鲜族自治县(吉)	十五道沟望天鹅景区	0.07	省	8.5	594	566
247	临江市(吉)	吉林临江国家森林公园	27	国家	15	200	30
248	临江市(吉)	吉林临江五道沟国家湿地公园	6.23	国家	6.5	—	
249	长白森林经营局(吉)	吉林长白泥粒河国家湿地公园	4.6	国家	1		
250	前郭尔罗斯蒙古族自治县(吉)	吉林查干湖国家级自然保护区	76	国家	211.3	185921	
251	白城市市辖区(吉)	查干浩特旅游度假区	1.89	国家	6.4	320	192
252	延吉市(吉)	延吉市帽儿山国家森林公园	1.65	国家	—		
253	图们市(吉)	图们市日光山森林公园	0.97	省	20		
254	敦化市(吉)	敦化市布库里山旅游度假区	0.1	地	0.01	1.5	
255	敦化市(吉)	敦化市月牙湾森林生态旅游区	0.2	地	3.5	100	
256	敦化市(吉)	敦化市寒葱岭枫叶谷	0.8	地	0.7	20	
257	龙井市(吉)	吉林天佛指山国家级保护区	115.98	国家	—		
258	和龙市(吉)	仙景台风景名胜区	4.8	国家	3.5	350	140
259	黄泥河林业局(吉)	老白山原始生态风景区	73.43	国家	12.5	2000	
260	八家子林业局(吉)	吉林八家子古洞河国家湿地公园	944.3	国家	3		
261	八家子林业局(吉)	吉林延边仙峰国家森林公园	1.91	国家	10		
262	汪清林业局(吉)	吉林兰家大峡谷国家森林公园有限公司	16.5	国家	1.3	11	11
263	天桥岭林业局(吉)	吉林汪清嘎呀河国家湿地公园	1.79	国家	—		
264	珲春林业局(吉)	吉林珲春东北虎豹国家级自然保护区	163.05	国家			
265	珲春林业局(吉)	图们江国家级森林公园	49.01	国家			

林产品主产地及产量
PRINCIPAL PRODUCTION COUNTIES AND OUTPUT OF FOREST PRODUCTS

(续表)

序号	县(旗、市、区、局、场)	自然保护区、森林公园、风景名胜区等各类自然保护地(名称)	面积(万亩)	级别	实际接待人数(万人次)	旅游总收入(万元)	其中:门票收入(万元)
266	呼兰区(黑)	黑龙江呼兰河口湿地公园	1.57	省	3	570	160
267	呼兰区(黑)	呼兰国家级森林公园	15	国家	1	100	—
268	方正县(黑)	双子山森林公园	3.3	国家	0.5	15	—
269	宾县(黑)	香炉山国家森林公园	5.88	国家	8.8	617	351.6
270	巴彦县(黑)	壹台山风景区	2.7	省	16.7	8213	668
271	通河县(黑)	铧子山森林公园	3.4	省	10	100	60
272	延寿县(黑)	长寿山森林公园	10	国家	—	—	—
273	阿城区(黑)	金龙山森林公园	4.95	国家	4.72	200.58	166.87
274	阿城区(黑)	吊水壶森林公园	3.63	国家	0.86	29	28
275	五常市(黑)	龙凤国家森林公园	33	国家	2	80	26
276	丹清河实验林场(黑)	丹清河国家森林公园	4.28	国家	2	350	150
277	铁锋区(黑)	扎龙国家级自然保护区	28	国家	28	4200	4200
278	碾子山区(黑)	蛇洞山省级森林公园	0.45	省	171	28100	
279	鸡冠区(黑)	动植物园	0.2	地	1.23	29	29
280	虎林市(黑)	东方红湿地景区	9.7	国家	—	—	—
281	虎林市(黑)	珍宝岛森林公园	20	国家			
282	虎林市(黑)	神顶峰森林公园	45	省	0.2	8	8
283	虎林市(黑)	乌苏里江国家级森林公园	39	国家	15	430	160
284	密山市(黑)	蜂蜜山国家级地质公园	1.6	国家	5000	155	10
285	密山市(黑)	铁西国家级森林公园	0.5	国家	3500	100	7
286	鹤岗市市辖区(黑)	鹤岗国家森林公园	8	国家	3.73	150	73
287	绥滨县(黑)	黑龙江绥滨月牙湖国家湿地公园	0.13	国家	0.03	100	1
288	集贤县(黑)	黑龙江省七星山国家森林公园	5	国家	0.04	1	1
289	宝清县(黑)	圣洁摇篮山滑雪场	0.23	县	10	1000	600
290	大同区(黑)	大庆市国家森林公园	8.2	国家	1.5	240	—
291	嘉荫县(黑)	茅兰沟国家级森林公园	53	国家	9.7	320	—
292	丰林县(黑)	五营国家森林公园	—	国家	6.4	297	178
293	大箐山县(黑)	黑龙江省碧水中华秋沙鸭国家级自然保护区	3.8	国家			
294	大箐山县(黑)	大箐山县森林公园	9.7	省	3	1500	150
295	金林区(黑)	金山国家森林公园	18.42	国家	37.45	1354	142
296	伊美区(黑)	回龙湾国家森林公园	9.49	国家	5	—	—
297	伊美区(黑)	兴安国家森林公园	6.77	国家	30	—	300
298	汤原县(黑)	汤原县大亮子河国家森林公园	10.76	国家	1.9	90	90
299	牡丹江市市本级(黑)	黑龙江牡丹峰国家森林公园	12	国家	5	87	45
300	东宁市(黑)	东北虎豹国家公园	417.4	国家	—	—	—
301	宁安市(黑)	宁安市火山口森林公园有限公司	13.4	国家	10	2000	500
302	五大连池市管委会(黑)	五大连池风景名胜区自然保护区		国家	98828	5024	1884
303	黑河市直属林场(黑)	爱辉森林公园	0.17	省	—	297	

（续表）

序号	县（旗、市、区、局、场）	自然保护区、森林公园、风景名胜区等各类自然保护地（名称）	面积（万亩）	级别	实际接待人数（万人次）	旅游总收入（万元）	其中：门票收入（万元）
304	庆安国有林场管理局（黑）	望龙山国家级森林公园	3.23	国家	—	—	—
305	绥芬河市（黑）	绥芬河国家森林公园	1.45	国家	0.25	1	1
306	江宁区（苏）	南京牛首山省级森林公园	0.77	省	138.71	11586.96	8140.22
307	江宁区（苏）	江苏江宁汤山方山国家地质公园	4.37	国家	200	6400	
308	江宁区（苏）	江宁方山省级森林公园	0.61	省	74	3702.57	
309	江宁区（苏）	大塘金省级森林公园	0.63	省	50	2000	1300
310	六合区（苏）	金牛湖风景区	0.8	省	66.2	1616.33	1142.9
311	六合区（苏）	六合池杉湖省级湿地公园	0.15	省	5	510	300
312	六合区（苏）	南京平山省级森林公园	1.6	省	31	548.83	241.93
313	溧水区（苏）	南京无想山国家森林公园	3.11	国家			
314	高淳区（苏）	江苏省游子山国家森林公园	2	国家	—		
315	惠山区（苏）	阳山省级森林公园	0.72	省	86.8	44268	
316	新吴区（苏）	大溪港湿地公园	0.32	省	50	40	
317	新吴区（苏）	梁鸿湿地公园	0.15	国家	10	400	300
318	滨湖区（苏）	江苏无锡长广溪湿地公园	0.5	国家	100		
319	滨湖区（苏）	江苏无锡惠山国家森林公园	0.97	国家			
320	滨湖区（苏）	江苏无锡蠡湖国家湿地公园	1.28	国家	726		
321	江阴市（苏）	江阴要塞森林公园	0.4	省	75		
322	贾汪区（苏）	大洞时森林公园	1.95	省	15	130	
323	丰县（苏）	丰县黄河故道大沙河国家湿地公园	5715	国家	42		
324	新沂市（苏）	新沂马陵山风景名胜区	4.33	国家	214.6	9960	1200
325	邳州市（苏）	邳州市邳州石省级地质公园	5.25	省	1.2	2	
326	邳州市（苏）	邳州古栗园省级森林公园	0.6	省	3.6	10	
327	邳州市（苏）	邳州市艾山风景名胜区	3.53	省	82.04	620.62	325.86
328	邳州市（苏）	邳州市银杏博览园	3	国家	127	130	—
329	溧阳市（苏）	溧阳天目湖国家森林公园	6.77	国家	817.44	205739.87	18056.33
330	金坛区（苏）	茅山旅游风景名胜区	18.6	省	568	162990	81998
331	吴中区（苏）	东吴国家森林公园	1.47	国家	27.67	1760.66	425.01
332	吴中区（苏）	太湖风景名胜区	66.41	国家	—	—	—
333	吴中区（苏）	江苏苏州太湖湖滨国家湿地公园	1.06	国家	18.5	177.11	111.55
334	吴中区（苏）	太湖三山岛国家湿地公园	1.13	国家	—		
335	吴中区（苏）	光福省级森林公园	2.5	省	16.47	4564.53	293.13
336	吴中区（苏）	西山国家森林公园	9	国家	350	19500	2500
337	吴中区（苏）	太湖东山省级森林公园	0.5	省	40	15690.3	564.22
338	吴中区（苏）	苏州太湖西山国家地质公园	5.97	国家			
339	常熟市（苏）	虞山森林公园	2.25	国家	38.86	31132.87	1165.87
340	常熟市（苏）	沙家浜国家湿地公园	0.6	国家	128.12	9359.36	3566.72
341	张家港市（苏）	江苏张家港暨阳湖省级湿地公园	0.26	省	114.6		
342	昆山市（苏）	昆山阳澄东湖省级湿地公园	0.36	省	0.6		

林产品主产地及产量

PRINCIPAL PRODUCTION COUNTIES AND OUTPUT OF FOREST PRODUCTS

(续表)

序号	县(旗、市、区、局、场)	自然保护区、森林公园、风景名胜区等各类自然保护地(名称)	面积(万亩)	级别	实际接待人数(万人次)	旅游总收入(万元)	其中：门票收入(万元)
343	昆山市(苏)	江苏昆山锦溪省级湿地公园	0.83	省	0.45	—	—
344	昆山市(苏)	江苏昆山天福国家湿地公园	1.19	国家	16.83	—	—
345	吴江区(苏)	同里国家湿地公园	1.46	国家	10	296	195
346	太仓市(苏)	江滩湿地公园	0.3	省	33.1	—	—
347	太仓市(苏)	金仓湖湿地公园	0.8	省	41.5	15	—
348	连云港市市辖区(苏)	云台山风景名胜区	25.1	国家	354.24	101190	19200
349	连云区(苏)	江苏云台山国家森林公园	3.07	国家	162.54	41521	20760
350	海州区(苏)	连云港市锦屏林场森林公园	1.9	省	157.26	33573	16786
351	赣榆区(苏)	赣榆区泊船山森林公园	0.6	地	26.37	4852	—
352	赣榆区(苏)	赣榆区大夹山森林公园	1.5	县	98	18032	—
353	赣榆区(苏)	赣榆区龙河林场森林公园	1.5	县	2	368	—
354	赣榆区(苏)	赣榆区吴山森林公园	2	县	20	3680	—
355	赣榆区(苏)	赣榆区海州湾森林公园	0.5	县	60	11040	—
356	赣榆区(苏)	赣榆区二龙山森林公园	2.4	县	20	3520	—
357	东海县(苏)	东海青松岭省级森林公园	2.14	省	11.78	2851.77	113.19
358	东海县(苏)	江苏东海西双湖国家湿地公园(试点)	1.08	国家	30	—	—
359	灌云县(苏)	大伊山省级森林公园	0.36	省	80	24320	—
360	灌云县(苏)	伊芦山市级森林公园	0.32	地	71.58	21760	5010
361	灌云县(苏)	潮河湾省级森林公园	0.4	省	70	2180	2100
362	灌南县(苏)	灌南县硕项湖省级森林公园	0.27	省	85.07	20137	—
363	清江浦区(苏)	江苏淮安古淮河湿地公园	36	国家	60	400	—
364	洪泽区(苏)	洪泽湖东部湿地省级自然保护区	81	省	60	10000	—
365	洪泽区(苏)	洪泽湖古堰省级森林公园	1.53	省	15	3000	—
366	盱眙县(苏)	第一山国家森林公园	2.1	国家	69.82	77.68	70.34
367	盱眙县(苏)	铁山寺国家森林公园	10.59	国家	14.95	558.48	307.03
368	金湖县(苏)	金湖县水上森林公园	2	县	31	15500	1500
369	亭湖区(苏)	江苏射阳海滨省级森林公园	2.9	省	3	—	—
370	盐都区(苏)	龙冈国家生态公园(试点)	0.6	国家	25	1000	—
371	盐都区(苏)	大纵湖国家湿地公园	1.59	国家	105	32000	4000
372	建湖县(苏)	九龙口国家湿地公园	1.17	国家	15.77	1714	392
373	东台市(苏)	东台黄海海滨国家森林公园	6.8	国家	120	21600	7200
374	大丰区(苏)	江苏大丰麋鹿国家级自然保护区	4	国家	48	890	560
375	广陵区(苏)	扬州凤凰岛国家湿地公园	0.34	县	45.35	608.36	257.93
376	邗江区(苏)	扬州瓜洲省级湿地公园	0.6	省	5.2	450	80
377	宝应县(苏)	射阳湖省级湿地公园	0.3	省	2	200	50
378	宝应县(苏)	扬州宝应湖国家湿地公园	0.57	国家	11	900	100
379	仪征市(苏)	仪征捺山省级地址公园	0.46	省	5	222	100
380	江都区(苏)	渌洋湖省级湿地公园	0.36	省	3	50	—
381	镇江市市辖区(苏)	圌山风景名胜区	1.5	地	80	700	—

（续表）

序号	县(旗、市、区、局、场)	自然保护区、森林公园、风景名胜区等各类自然保护地（名称）	面积（万亩）	级别	实际接待人数（万人次）	旅游总收入（万元）	其中：门票收入（万元）
382	润州区(苏)	南山风景名胜区	1	国家	5	300	200
383	句容市(苏)	镇江市黄岗寺森林公园	0.39	省	0.3	310	0.32
384	句容市(苏)	江苏茅山风景名胜区	2.73	省	440.53	25637.68	5742.78
385	句容市(苏)	江苏九龙山风景名胜区	3.27	省	210	—	
386	句容市(苏)	句容市宝华山国家森林公园	2.55	国家	81	820	640
387	兴化市(苏)	里下河国家湿地公园	0.15	国家	26	1260	1150
388	泰兴市(苏)	江苏泰兴国家古银杏公园	2.4	国家	30		
389	姜堰区(苏)	泰州溱湖省级风景名胜区	3.8	省	264	132518	
390	宿豫区(苏)	三台山国家森林公园	1.9	国家	225	38815	14860
391	沭阳县(苏)	江苏沭阳三河省级湿地公园	5000	省	2	—	
392	泗阳县(苏)	成子湖旅游度假区	1.52	县	181	116260	
393	泗洪县(苏)	江苏泗洪洪泽湖国家级湿地保护区	74	国家	712	68.5	2.3
394	建德市(浙)	新安江森林公园	5.34	省	102	12000	—
395	建德市(浙)	富春江森林公园	12.73	国家	280	31070	
396	龙湾区(浙)	瑶溪风景名胜区	2.13	省	30	10000	
397	龙湾区(浙)	天柱风景名胜区	2.08	省	10	5000	
398	平阳县(浙)	南麂自然保护区	30.16	国家	8.24	6594.4	450
399	苍南县(浙)	玉苍山国家森林公园	3.57	国家	24.5	3450	401.7
400	文成县(浙)	黄麂山森林公园	14.65	省	16.81	4894	—
401	文成县(浙)	金珠森林公园	2.5	省	16.88	4972	—
402	文成县(浙)	石垟林场森林公园	8.16	省	122.83	55251	1200
403	文成县(浙)	铜铃山森林公园	4.13	国家	86.09	21731	700
404	文成县(浙)	百丈漈—飞云湖风景名胜区	83.82	国家	265.1	122940	24750
405	文成县(浙)	飞云江湿地公园	0.38	省	76.8	8323	—
406	文成县(浙)	牛栏湾森林公园	1.29	省	10.53	2492	—
407	文成县(浙)	东方园森林公园	0.45	地	4.4	1007	
408	乐清市(浙)	雁荡山风景名胜区	67.5	国家	605.69	351704	
409	海盐县(浙)	南北湖风景名胜区	4.1	省	204	2042973	
410	平湖市(浙)	平湖市九龙山国家森林公园	0.63	国家	8.97	123.45	84.65
411	德清县(浙)	莫干山国家级风景名胜区	5.4	国家	139	93753	3700
412	德清县(浙)	下渚湖省级风景名胜区	5.47	省	31.9	1521	903
413	德清县(浙)	莫干山省级森林公园	0.63	省	1.55	7300	
414	德清县(浙)	德清下渚湖国家湿地公园	1.86	国家	—		
415	安吉县(浙)	浙江竹乡国家森林公园	1.9	国家			
416	安吉县(浙)	浙江安吉小鲵国家级自然保护区	0.18	国家			
417	武义县(浙)	牛头山国家森林公园	1.99	国家	27	2835	1200
418	武义县(浙)	大红岩国家风景名胜区	9.96	国家	3.6	298	298
419	义乌市(浙)	德胜岩森林公园	3.88	县	26	—	
420	义乌市(浙)	华溪森林公园	2.66	县	20.17	217.8	

林产品主产地及产量

PRINCIPAL PRODUCTION COUNTIES AND OUTPUT OF FOREST PRODUCTS

（续表）

序号	县（旗、市、区、局、场）	自然保护区、森林公园、风景名胜区等各类自然保护地（名称）	面积（万亩）	级别	实际接待人数（万人次）	旅游总收入（万元）	其中：门票收入（万元）
421	义乌市（浙）	望道森林公园	1.97	县	8	—	—
422	永康市（浙）	方岩自然保护区	—	国家	220	23451	13889
423	衢江区（浙）	紫薇山国家森林公园	8.25	国家	34.8	10520	1085
424	常山县（浙）	三衢石林	1.6	国家	3.2	2000	289
425	开化县（浙）	钱江源森林公园	6.7	国家	25.51	451.54	362.1
426	开化县（浙）	古田山自然保护区	12	国家	20.48	386.99	386.99
427	开化县（浙）	衢州开化根宫佛国文化旅游区	—	国家	181	8576.13	854.87
428	龙游县（浙）	浙江大竹海国家森林公园	46900	国家	95	1200	—
429	江山市（浙）	浮盖山省级地质公园	1.41	省	1.96	—	32.57
430	江山市（浙）	江郎山国家级风景名胜区	7.7	国家	74.29	—	1079.45
431	江山市（浙）	仙霞国家森林公园	5.17	国家	21.16	—	153.73
432	椒江区（浙）	大陈岛省级森林公园	10	省	13.7	10960	
433	仙居县（浙）	仙居国家森林公园	4.06	国家	466.2	123	
434	温岭市（浙）	方山-长屿硐天国家级风景名胜区	3.91	国家	69.53	1524.67	955.71
435	温岭市（浙）	江厦森林公园	2.8	省	10	30	
436	温岭市（浙）	大溪国家森林公园	5.06	国家	12	38	
437	青田县（浙）	青田县石门洞景区	3.84	国家	—	—	
438	缙云县（浙）	缙云县大洋山省级森林公园	7.36	省	2.5	80	
439	缙云县（浙）	缙云仙都风景名胜区	2.49	国家	189.15	6358.2	4316.3
440	缙云县（浙）	缙云括苍山省级森林公园	1.7	省	10	30	
441	云和县（浙）	浙江云和梯田国家湿地公园	3.53	国家	—	—	
442	庆元县（浙）	百山祖自然保护区	16.32	国家	4.32	950.4	130.5
443	庆元县（浙）	庆元国家级森林公园	3.7	国家	2.7		
444	景宁畲族自治县（浙）	畲乡草鱼塘国家森林公园	3.33	国家	28.7	153.7	
445	庐阳区（皖）	庐阳董铺国家湿地公园	7	国家	—		
446	肥西县（皖）	紫蓬山国家森林公园	3	国家	104	10400	
447	肥西县（皖）	官亭林海	2	国家	8	600	
448	庐江县（皖）	冶父山国家森林公园	1.2	国家	72.1	18820	1442
449	繁昌县（皖）	安徽马仁山国家森林公园	1.07	国家	31	4080	1560
450	南陵县（皖）	丫山省级森林公园	0.38	省	124.5	17847	9800
451	无为县（皖）	安徽天井山国家森林公园	1.8	国家	40	—	
452	龙子湖区（皖）	龙子湖风景区	6.62	国家	18.25		
453	禹会区（皖）	涂山风景区	0.75	省	300	5000	1500
454	怀远县（皖）	白乳泉省级风景名胜区	0.55	省	2	3160	
455	怀远县（皖）	安徽怀远滨淮湿地公园	0.64	省	1	1580	—
456	五河县（皖）	大巩山森林公园	1	省	12	11000	—
457	固镇县（皖）	樱花园	0.15	县	150	4200	100
458	固镇县（皖）	香雪园	0.1	县	70	1600	22
459	固镇县（皖）	玉鹏生态园	0.03	县	60	1500	30

(续表)

序号	县（旗、市、区、局、场）	自然保护区、森林公园、风景名胜区等各类自然保护地（名称）	面积（万亩）	级别	实际接待人数（万人次）	旅游总收入（万元）	其中：门票收入（万元）
460	大通区（皖）	上窑国家森林公园	1	国家	50	50	—
461	田家庵区（皖）	舜耕山森林公园	3.8	国家	2.3	168	—
462	谢家集区（皖）	卧龙山森林公园	1.15	省	0.2	150	—
463	八公山区（皖）	八公山风景名胜区	4.95	国家	16.3	365	365
464	凤台县（皖）	安徽省茅仙洞森林公园	1.32	省	5.1	360	153
465	毛集实验区（皖）	焦岗湖国家湿地公园	5.4	国家	133	5600	—
466	寿　县（皖）	八公山森林公园	1.75	国家	120	14300	5400
467	花山区（皖）	采石风景濮塘片区	2.7	国家	12.77	4419	—
468	雨山区（皖）	采石矶风景名胜区	0.8	国家	57.9	8110	2028
469	含山县（皖）	太湖山国家森林公园	3	国家	17	850	540
470	和　县（皖）	鸡笼山国家森林公园	6.75	国家	28.3	48500	—
471	濉溪县（皖）	柳孜运河遗址公园	0.2	县	50	200	—
472	枞阳县（皖）	浮山森林公园	2.87	国家	3.2	2600	400
473	宜秀区（皖）	灵山石树景区	0.5	国家	30	30	10
474	宜秀区（皖）	巨石山森林公园	1.2	省	200	300	100
475	宜秀区（皖）	大龙山国家森林公园	1.8	国家	50	50	50
476	怀宁县（皖）	独秀山公园	1	县	37	10970	—
477	潜山市（皖）	天柱山国家森林公园	30750	国家	960	91.06	—
478	太湖县（皖）	太湖九井溪	4.39	省	60.63	181	—
479	太湖县（皖）	花亭湖国家湿地公园	32.76	国家	635	11434	—
480	宿松县（皖）	石莲洞国家森林公园	2.2	国家	16.4	720	221.4
481	岳西县（皖）	明堂山景区	3.3	省	55	22310	1000
482	岳西县（皖）	岳西县彩虹瀑布	0.48	省	22	10250	2000
483	岳西县（皖）	妙道山国家森林公园	1.22	国家	1.3	400	—
484	岳西县（皖）	古井园自然保护区	3.5	国家	1	310	—
485	岳西县（皖）	青云峡风景区	1	省	8.1	3000	810
486	岳西县（皖）	鹞落坪国家自然保护区	18.45	国家	14.2	5000	—
487	岳西县（皖）	天峡景区	2.2	省	25	9200	1700
488	桐城市（皖）	安徽龙眠山森林公园	5.73	省	5	—	—
489	桐城市（皖）	嬉子湖国家湿地公园	7.83	国家	2	320	10
490	黄山区（皖）	安徽黄山太平湖风景名胜区	0.4	省	100	10000	300
491	黄山区（皖）	安徽黄山国家森林公园	0.17	国家	—	—	—
492	黄山区（皖）	黄山九龙峰自然保护区	0.4	省	0.2	—	—
493	黄山区（皖）	安徽太平湖湿地公园	0.15	国家	100	10000	300
494	黄山区（皖）	黄山风景区	6.5	国家	300	180249	—
495	徽州区（皖）	丰乐河景区	—	县	14	4200	—
496	徽州区（皖）	唐模景区	—	县	40	2400	—
497	徽州区（皖）	潜口民宅	—	县	45	3600	—
498	歙　县（皖）	徽州国家森林公园	7.99	国家	10	800	—

林产品主产地及产量

PRINCIPAL PRODUCTION COUNTIES AND OUTPUT OF FOREST PRODUCTS

(续表)

序号	县(旗、市、区、局、场)	自然保护区、森林公园、风景名胜区等各类自然保护地(名称)	面积(万亩)	级别	实际接待人数(万人次)	旅游总收入(万元)	其中：门票收入(万元)
499	休宁县(皖)	齐云山国家森林公园	9	国家	110.97	31320	2940.8
500	休宁县(皖)	休宁横江国家湿地公园	0.99	国家	—	—	—
501	黟县(皖)	塔川国家森林公园	3	国家	17	1840	360
502	黟县(皖)	五溪山省级自然保护区	6	省	2.45	60	60
503	祁门县(皖)	安徽牯牛降国家级自然保护区	5	国家	28	14560	2800
504	祁门县(皖)	祁门县柏溪燕山(九都山)森林公园	2.45	县	16	4480	
505	祁门县(皖)	黄山市祁门县牯牛降九龙池景区	1.5	县	24	12000	1440
506	滁州市市辖区(皖)	琅琊山森林公园	6.5	国家	50	6000	300
507	滁州市市辖区(皖)	老嘉山森林公园	5	国家	10	300	
508	南谯区(皖)	红琊山省级森林公园	0.57	省	2.1	24	
509	来安县(皖)	安徽省池杉湖国家湿地公园	0.22	国家	10	450	300
510	全椒县(皖)	神山国家森林公园	3.33	国家	3	5.5	5.5
511	全椒县(皖)	南屏山森林公园	0.1	省	30		
512	凤阳县(皖)	凤阳县韭山国家森林公园	8.35	国家	180	81000	2200
513	凤阳县(皖)	凤阳山省级风景名胜区	6.75	省	60		
514	颍东区(皖)	岳家湖	0.15	县	23000	4700	
515	颍泉区(皖)	阜阳生态园	0.01	县	330	32000	18000
516	临泉县(皖)	鹭鸟洲湿地公园	0.03	省	30	1000	
517	太和县(皖)	安徽省太和县沙颍河国家湿地公园	1	国家	5	2000	
518	阜南县(皖)	安徽阜南王家坝国家湿地公园	10.2	国家	200	42000	
519	颍上县(皖)	安徽迪沟国家湿地公园	4.63	国家	—	—	—
520	界首市(皖)	两湾湿地公园	0.76	国家	0.32		
521	埇桥区(皖)	宿州市五柳风景区	0.69	省	6	110	90
522	砀山县(皖)	黄河湿地自然保护区	3.27	省	110	33000	
523	萧县(皖)	皇藏峪国家森林公园	3.4	国家	66	3300	3300
524	金安区(皖)	安徽大别山(六安)国家地质公园(金安区)松寨岩风景区	0.85	国家	5	80	6
525	金安区(皖)	燕山省级森林公园	1.97	省	0.4	—	
526	金安区(皖)	安徽大别山(六安)国家地质公园(金安区)东石笋风景区	1.23	国家	6.9	250	40
527	金安区(皖)	大华山风景名胜区	2.7	省	0.8	43	24
528	金安区(皖)	安徽大别山(六安)国家地质公园(金安区)避王岩风景区	6.54	国家	20	532	160
529	裕安区(皖)	九公寨风景区	1.1	县	39.6	202	—
530	裕安区(皖)	龙井沟风景区	0.9	省	20.8	170	—
531	舒城县(皖)	万佛山自然保护区	3.5	省	22.2	1632	750
532	舒城县(皖)	万佛湖风景区	13.5	国家	119.85	11260.21	6035.66
533	金寨县(皖)	安徽天马国家级自然保护区	43.4	国家	140	32000	1900
534	东至县(皖)	东至县大历山风景名胜区	0.4	省	13.3	990	
535	东至县(皖)	安徽省天台山森林公园	2.9	省	3.9	—	

（续表）

序号	县（旗、市、区、局、场）	自然保护区、森林公园、风景名胜区等各类自然保护地（名称）	面积（万亩）	级别	实际接待人数（万人次）	旅游总收入（万元）	其中：门票收入（万元）
536	东至县（皖）	东至县马坑紫石塔自然保护区	21	省	4.5	286	—
537	东至县（皖）	安徽池州升金湖国家级自然保护区	27	国家	19.8	1420	—
538	东至县（皖）	东至县仙寓山南溪古寨风景区	17	省	5.5	310	—
539	石台县（皖）	牯牛降国家级自然保护区	5	国家	300	20000	—
540	宣州区（皖）	扬子鳄国家自然保护区	0.16	国家	9.1	217	217
541	宣州区（皖）	敬亭山国家森林公园	1.95	国家	347.57	458.29	229.22
542	郎溪县（皖）	观天下风景区	10	省	3.8	200	—
543	郎溪县（皖）	郎溪县高井庙森林公园	1.7	省	0.3	—	—
544	广德县（皖）	笄山竹海	0.83	省	1250	56000	—
545	广德县（皖）	横山森林公园	1.5	国家	725	266000	—
546	广德县（皖）	柏垫茅田风景区	0.69	省	310	6500	—
547	泾县（皖）	林业草原康养与休闲	—	县	1.08	1511	—
548	泾县（皖）	林业草原旅游	—	县	501.7	524917	—
549	绩溪县（皖）	安徽清凉峰国家级自然保护区	11.72	国家	—	—	—
550	绩溪县（皖）	障山省级森林公园	0.43	省	25	1050	520
551	旌德县（皖）	马家溪国家森林公园	3.22	国家	3.5	—	—
552	新建区（赣）	怪石岭	0.01	县	10	300	230
553	新建区（赣）	象山森林公园	0.2	省	10	220	170
554	进贤县（赣）	江西省香炉峰森林公园	0.99	省	0.1	—	—
555	进贤县（赣）	进贤磨盘洲省级湿地公园	0.07	省	5	3	—
556	进贤县（赣）	进贤青岚湖省级湿地公园	2.01	省	8	10	—
557	进贤县（赣）	南昌市大公岭森林公园	36	地	0.2	1	—
558	安源区（赣）	安源国家森林公园	7.78	国家	162	4471.9	—
559	安源区（赣）	凤龙省级森林公园	0.8	省	3	45.2	—
560	安源区（赣）	仙峰岩省级森林公园	0.62	省	7	83	35
561	安源区（赣）	小金山省级森林公园	0.66	省	2.1	71.4	—
562	湘东区（赣）	碧湖潭国家森林公园	10	国家	130	360	—
563	莲花县（赣）	江西莲江国家湿地公园	1.07	国家	15	2000	—
564	莲花县（赣）	莲花县棋盘山森林公园	3.31	县	5	500	—
565	莲花县（赣）	三尖峰森林公园	2.39	省	8	800	—
566	莲花县（赣）	莲花县玉壶山森林公园	0.59	省	6	600	—
567	莲花县（赣）	莲花县湖仙山森林公园	0.34	省	5	500	—
568	莲花县（赣）	江西萍乡高天岩省级自然保护区	7.67	省	10	1000	—
569	莲花县（赣）	江西萍乡寒山省级森林公园	2.21	省	8	800	—
570	上栗县（赣）	江西安源国家森林自然公园上栗片区	6.69	国家	—	—	—
571	上栗县（赣）	杨岐山风景名胜区	8.27	国家	65.87	6168.27	761.48
572	芦溪县（赣）	十八湾森林公园	2.34	省	2.3	72	—
573	芦溪县（赣）	银凤岭森林公园	1.09	省	0.9	0.8	—
574	萍乡市林业局武功山分局（赣）	萍乡武功山风景名胜区	20.94	国家	292.75	241900	13000

林产品主产地及产量

PRINCIPAL PRODUCTION COUNTIES AND OUTPUT OF FOREST PRODUCTS

(续表)

序号	县(旗、市、区、局、场)	自然保护区、森林公园、风景名胜区等各类自然保护地(名称)	面积(万亩)	级别	实际接待人数(万人次)	旅游总收入(万元)	其中:门票收入(万元)
575	濂溪区(赣)	马祖山国家森林公园	1	国家	1	—	—
576	濂溪区(赣)	天花井国家森林公园	1	国家	30	—	—
577	柴桑区(赣)	中华贤母园	0.12	省	80	50	—
578	武宁县(赣)	豫宁森林公园	0.18	省	9	—	—
579	武宁县(赣)	九岭山森林公园	1.9	国家	5.2	210	180
580	永修县(赣)	燕山龙源峡景区	2.5	县	5	2000	500
581	永修县(赣)	云居山省级自然保护区	4	省	7.5	2800	75
582	德安县(赣)	德安县九仙林省级森林公园	—	省	10	20	—
583	庐山市(赣)	三叠泉国家森林公园	2.48	国家	100	5000	—
584	彭泽县(赣)	江西彭泽国家森林公园	3.75	国家	20	3000	1000
585	彭泽县(赣)	桃红梅花鹿保护区	18	国家	10	—	—
586	彭泽县(赣)	彭泽绿发生态农业观光园	0.2	县	5	350	100
587	彭泽县(赣)	彭泽长江湿地公园	4.6	省	30	—	—
588	彭泽县(赣)	彭泽凤凰颈生态旅游区	0.3	县	2	60	40
589	彭泽县(赣)	彭泽县兆吉沟风景区	3	省	50	40	—
590	瑞昌市(赣)	青山森林公园	0.37	省	1.5	200	—
591	共青城市(赣)	共青城市富华山景区	0.05	省	10	700	—
592	共青城市(赣)	江西庐山高尔夫球会	0.2	省	20	8000	—
593	分宜县(赣)	分宜县大磜下省级森林公园	0.96	省	0.5	100	20
594	余江区(赣)	江西余江马岗岭省级森林公园	0.04	省	40	1000	—
595	余江区(赣)	江西白鸡峰省级森林公园	1	省	8	1000	—
596	贵溪市(赣)	阳际峰国家级自然保护区	16.5	国家	—	—	—
597	贵溪市(赣)	江西贵溪国家森林公园	4.5	国家	0.4	15	—
598	章贡区(赣)	通天岩风景名胜区	0.07	县	200	10000	700
599	章贡区(赣)	赣州市峰山森林公园	18.47	县	60	500	—
600	章贡区(赣)	赣州长龙动物园有限公司	0.03	县	50	2000	2000
601	章贡区(赣)	仙峰谷森林康养基地	0.22	县	10	600	—
602	赣县区(赣)	赣州天子峰森林康养基地	3	县	2	1000	120
603	赣县区(赣)	水鸡崇省级森林公园	11.5	省	1.9	590	39
604	赣县区(赣)	江西赣县大湖江国家湿地公园	9.44	国家	30	9000	—
605	信丰县(赣)	江西金盆山国家森林公园	8.97	国家	250	23130	—
606	信丰县(赣)	信丰金盆山省级自然保护区	5.65	省	180	20840	—
607	信丰县(赣)	信丰香山省级地质公园	5.79	省	30	19860	—
608	信丰县(赣)	江西信丰桃江省级湿地公园	0.69	省	280	17270	—
609	大余县(赣)	章水国家湿地公园	2.2	国家	—	—	—
610	大余县(赣)	梅关-丫山风景名胜区	9.15	省	130.59	7000	2400
611	大余县(赣)	梅关国家森林公园	8.44	国家	50	2000	1000
612	上犹县(赣)	五指峰国家森林公园	36.8	国家	9	1015	—
613	上犹县(赣)	双溪草山	3.9	县	2	230	—

(续表)

序号	县(旗、市、区、局、场)	自然保护区、森林公园、风景名胜区等各类自然保护地(名称)	面积(万亩)	级别	实际接待人数(万人次)	旅游总收入(万元)	其中：门票收入(万元)
614	上犹县(赣)	南湖湿地公园	752.77	县	13	1500	—
615	上犹县(赣)	阳明湖	34	地	30	2000	—
616	崇义县(赣)	崇义县阳明山森林公园	10.3	国家	24.54	19600	116.13
617	崇义县(赣)	崇义阳明湖国家湿地公园	3.2	国家	20	8000	—
618	崇义县(赣)	齐云山国家级自然保护区	25.7	国家	50	24500	—
619	崇义县(赣)	聂都风景名胜区	8.8	省	3	1800	—
620	安远县(赣)	三百山森林公园	4.2	国家	31	3456	2354
621	龙南县(赣)	江西虔心小镇生态农业责任有限公司	10	省	3.6	19468.5	1160
622	龙南县(赣)	武当山省级森林公园	0.8	省	41	2100	1900
623	龙南县(赣)	安基山省级森林公园	0.87	省	0.9	—	—
624	龙南县(赣)	九连山国家级森林公园	30.96	国家	0.9	—	—
625	龙南县(赣)	金鸡寨省级森林公园	0.13	省	1.3	—	—
626	定南县(赣)	江西明骏实业有限公司九曲旅游度假村	0.1	县	59.7	—	—
627	定南县(赣)	定南县桃花源文化旅游管理有限公司	0.2	县	66.8	—	—
628	定南县(赣)	定南神仙岭省级森林公园	1.3	省	33.6	—	—
629	全南县(赣)	江西桃江源自然保护区	17.34	省	1.5	—	—
630	全南县(赣)	梅子山森林公园	0.27	省	23.1	930.5	—
631	全南县(赣)	天龙山森林公园	4500	县	13.65	668.31	660.31
632	宁都县(赣)	翠微峰森林公园	11.79	国家	87.86	71000	—
633	于都县(赣)	于都县罗田岩省级森林公园	0.6	省	5	31	—
634	于都县(赣)	于都县屏山省级森林公园	6.79	省	12.2	865	255
635	会昌县(赣)	湘江源自然保护区	15.53	省	8	—	—
636	会昌县(赣)	会昌山森林公园	5.14	国家	10.5	—	—
637	会昌县(赣)	汉仙岩风景名胜区	11.25	国家	3.84	111	111
638	会昌县(赣)	湘江国家湿地公园	1.9	国家	10	—	—
639	会昌县(赣)	会昌县欢乐谷景区	0.32	省	15	600	300
640	寻乌县(赣)	江西东江源桠髻钵山省级森林公园	4.47	省	0.6	10.77	—
641	寻乌县(赣)	江西东江源仙人寨省级森林公园	0.93	省	0.9	19.27	—
642	寻乌县(赣)	江西黄畲山省级森林公园	0.9	省	0.2	4.51	—
643	寻乌县(赣)	寻乌阳天嶂县级自然保护区	0.95	县	0.3	5.78	—
644	寻乌县(赣)	寻乌项山甑县级自然保护区	1.8	县	1.6	41.63	—
645	寻乌县(赣)	寻乌东江源县级自然保护区	25.1	县	0.5	9.45	—
646	寻乌县(赣)	寻乌张天堂县级自然保护区	1.18	县	0.2	6.23	—
647	石城县(赣)	森林温泉小镇森林康养基地	0.23	省	8	1700	—
648	石城县(赣)	通天寨省级森林公园	3.17	省	236.35	2813.21	150
649	石城县(赣)	李腊石省级森林公园	0.17	省	15.63	—	—
650	石城县(赣)	江西赣江源国家级自然保护区	16.14	国家	1	40	40
651	石城县(赣)	西华山省级森林公园	0.26	省	8.55	—	—

林产品主产地及产量

PRINCIPAL PRODUCTION COUNTIES AND OUTPUT OF FOREST PRODUCTS

（续表）

序号	县(旗、市、区、局、场)	自然保护区、森林公园、风景名胜区等各类自然保护地（名称）	面积（万亩）	级别	实际接待人数（万人次）	旅游总收入（万元）	其中：门票收入（万元）
652	瑞金市(赣)	罗汉岩风景区	0.75	省	30.36	1830	920
653	瑞金市(赣)	江西绵江国家湿地公园	2.7	国家	8.6	—	—
654	瑞金市(赣)	江西赣江源国家级自然保护区	10.39	国家	11.6	—	—
655	南康区(赣)	江西南山省级森林公园	0.81	省	12	210	—
656	南康区(赣)	江西省大山脑省级森林公园	0.51	省	0.6	11	—
657	青原区(赣)	青原区螺滩自然保护地	1.99	省	0.1	—	—
658	青原区(赣)	青原山风景名胜保护区	2.91	国家	10	—	—
659	青原区(赣)	白云山省级森林公园	7.81	省	0.5	—	—
660	吉安县(赣)	吉州窑国家4A级景区	0.3	国家	6	10000	—
661	吉安县(赣)	庐陵文化广场	0.02	县	20	20000	—
662	峡江县(赣)	玉笥山风景区	—	省	82.1	21053	—
663	新干县(赣)	海木源风景区	1.2	省	2.5	300	25
664	永丰县(赣)	永丰县水浆自然保护区	3	省	30	102700	200
665	万安县(赣)	万安县国家森林公园	2.5	国家	45	30000	—
666	安福县(赣)	武功山、羊狮幕	—	国家	420	72980	36490
667	永新县(赣)	三湾国家森林公园	23	国家	56	16800	—
668	井冈山市(赣)	井冈山风景名胜区	49.95	国家	1037.5	774480	3658
669	宜春市明月山温泉风景名胜区(赣)	明月山温泉风景名胜区	41	国家	1219.39	71.31	6.03
670	奉新县(赣)	奉新县五梅山县级自然保护区	3.4	县	12	240	—
671	奉新县(赣)	奉新县九岭山县级自然保护区	7.09	县	26	650	—
672	奉新县(赣)	江西天工开物省级森林公园	0.1	省	12	240	—
673	奉新县(赣)	江西奉新潦河省级森林公园	0.67	省	25	870	—
674	奉新县(赣)	江西奉新华林省级森林公园	0.2	省	4	8	—
675	奉新县(赣)	百丈山—萝卜潭风景名胜区	23.25	省	36	740	—
676	奉新县(赣)	江西狮山省级森林公园	0.3	省	6	24	—
677	靖安县(赣)	三爪仑国家示范森林公园	17.76	国家	400	260000	—
678	靖安县(赣)	鹤坪省级森林公园	0.61	省	100	64000	—
679	靖安县(赣)	九岭山国家级自然保护区	17.31	国家	—	—	—
680	铜鼓县(赣)	天柱峰国家森林公园	31.1	国家	35.2	9982	2668
681	丰城市(赣)	江西株山省级森林公园	0.66	省	0.4	23.6	—
682	丰城市(赣)	江西罗山省级森林公园	0.92	省	0.45	50.6	—
683	丰城市(赣)	江西龙津湖省级森林公园	0.32	省	0.15	12.5	—
684	丰城市(赣)	玉龙河省级湿地公园	0.35	省	2.2	—	—
685	丰城市(赣)	药湖国家湿地公园	3.86	国家	0.6	—	—
686	樟树市(赣)	阁皂山国家森林公园	10.3	国家	84.7	1800	400
687	高安市(赣)	百峰岭	0.6	省	11	1050	660
688	黎川县(赣)	岩泉省级自然保护区	3.69	省	1	—	—
689	黎川县(赣)	岩泉国家自然保护区	7.27	国家	1	—	—

(续表)

序号	县(旗、市、区、局、场)	自然保护区、森林公园、风景名胜区等各类自然保护地(名称)	面积(万亩)	级别	实际接待人数(万人次)	旅游总收入(万元)	其中：门票收入(万元)
690	南丰县(赣)	江西南丰傩湖国家湿地公园	2.59	国家	0.12	—	—
691	南丰县(赣)	江西南丰车磨湖风景名胜区	7.2	省	11	—	—
692	南丰县(赣)	江西南丰琴湖省级湿地公园	0.29	省	15	—	—
693	南丰县(赣)	江西军峰山国家森林公园	1.82	国家	0.6	—	—
694	南丰县(赣)	江西南丰潭湖风景名胜区	6.66	国家	—	—	—
695	崇仁县(赣)	崇仁县汤溪温泉	—	县	148.98	41715	—
696	乐安县(赣)	江西老虎脑省级自然保护区	21.75	省	7.8	98	80
697	乐安县(赣)	江西九瀑峡旅游开发有限公司	1.79	省	12.2	970	650
698	宜黄县(赣)	卓望山森林公园	—	省	300	58.9	—
699	资溪县(赣)	江西省大觉山景区	30.6	国家	200	13300	12000
700	资溪县(赣)	野狼谷景区	0.2	省	3.1	264	97
701	广昌县(赣)	广昌县牛牯嵊县级自然保护区	1.39	县	5.2	—	—
702	广昌县(赣)	广昌县抚河源省级自然保护区	12.28	省	6.7	—	—
703	广昌县(赣)	广昌县森林公园	4.28	省	5.83	—	—
704	广昌县(赣)	广昌县抚河源国家级湿地公园	0.87	国家	2.8	—	—
705	广昌县(赣)	广昌县青龙湖-龙凤岩省级风景名胜区	17.17	省	4.4	—	—
706	广丰区(赣)	铜钹山森林公园	16.2	国家	275.13	144440	—
707	玉山县(赣)	江西玉山信江源省级自然保护区	6.8	省	20.68	12654	—
708	玉山县(赣)	怀玉山国家森林公园	5.03	国家	34.2	20624	—
709	玉山县(赣)	玉山冰江省级森林公园	0.08	省	12.6	7598	—
710	玉山县(赣)	江西三清山信江源国家湿地公园	1.58	国家	6	4023.6	—
711	铅山县(赣)	武夷山自然保护区	1.5	国家	0.7	8	—
712	铅山县(赣)	鹅湖国家森林公园	11.93	国家	20	1200	380
713	横峰县(赣)	江西岑山国家森林公园	1.43	国家	5	400	—
714	弋阳县(赣)	龟峰风景名胜区	12323	国家	139.02	6200.12	6200.12
715	余干县(赣)	余干自然保护区	52.5	县	60	6000	—
716	万年县(赣)	神龙源风景区	—	国家	195.5	243570	97762
717	德兴市(赣)	大茅山风景名胜区	8.25	省	15	1500	600
718	历城区(鲁)	山东省蟠龙山森林公园	0.81	省	3	—	—
719	长清区(鲁)	凤凰岭森林公园	1.2	地	1.8	—	—
720	长清区(鲁)	马山森林公园	0.5	地	1.4	—	—
721	长清区(鲁)	双泉庵森林公园	0.2	地	3.1	205	—
722	长清区(鲁)	莲台山森林公园	0.2	地	5	313	14
723	长清区(鲁)	大峰山森林公园	1.3	省	4	—	—
724	长清区(鲁)	卧龙峪森林公园	0.6	省	7.5	130	10
725	长清区(鲁)	五峰山森林公园	0.3	省	8	362	40
726	平阴县(鲁)	山东黄河玫瑰湖国培湿地公园	1.03	国家	—	—	—
727	黄岛区(鲁)	珠山国家森林公园	0.73	国家	25	260	260
728	黄岛区(鲁)	灵山湾国家森林公园	1.25	国家	55	945	945

林产品主产地及产量

PRINCIPAL PRODUCTION COUNTIES AND OUTPUT OF FOREST PRODUCTS

(续表)

序号	县(旗、市、区、局、场)	自然保护区、森林公园、风景名胜区等各类自然保护地(名称)	面积(万亩)	级别	实际接待人数(万人次)	旅游总收入(万元)	其中：门票收入(万元)
729	崂山区(鲁)	崂山国家森林公园	—	国家	153.66	14615	—
730	即墨区(鲁)	青岛市即墨区马山国家级自然保护区	1.16	国家	—	—	—
731	平度市(鲁)	三合山旅游开发有限公司	0.1	省	0.8	4	—
732	平度市(鲁)	青岛茶山风景区	1.5	国家	5.8	12000	—
733	平度市(鲁)	文王山风景区	0.5	国家	2.5	3500	—
734	莱西市(鲁)	莱西市南墅青山省级森林公园	2.2	省	0.5	—	—
735	淄川区(鲁)	峨庄古村落国家森林公园	10.2	国家	50	2900	627
736	淄川区(鲁)	淄川风景名胜区	19.31	省	6	240	240
737	张店区(鲁)	黑铁山风景名胜区	1.5	省	67	—	—
738	博山区(鲁)	山东博山国家级风景名胜区	12.94	国家	—	—	—
739	博山区(鲁)	山东博山五阳湖国家湿地公园	0.35	国家	—	—	—
740	博山区(鲁)	原山国家森林公园	2.56	国家	2.6	234	234
741	博山区(鲁)	鲁山国家森林公园	6.3	省	2.1	102	77
742	周村区(鲁)	幽雅岭森林公园	0.43	县	2	—	—
743	周村区(鲁)	文昌湖湿地公园	1.34	县	16	—	—
744	桓台县(鲁)	山东马踏湖国家湿地公园	8.85	国家	—	—	—
745	高青县(鲁)	天鹅湖国际温泉慢城	0.6	国家	65	48.45	—
746	沂源县(鲁)	猿人遗址溶洞群省级风景名胜区	2.42	省	3.54	161.86	161.86
747	沂源县(鲁)	沂源县鲁山森林公园	3.8	省	1.35	57.7	57.7
748	峄城区(鲁)	峄城古石榴国家森林公园	3.67	国家	120	7860	3500
749	台儿庄区(鲁)	台儿庄运河国家湿地公园	—	国家	29	13050	1432
750	山亭区(鲁)	抱犊崮国家森林公园	1.03	国家	10	400	200
751	滕州市(鲁)	滕州墨子国家森林公园	4.56	国家	17	1700	340
752	滕州市(鲁)	滕州滨湖国家湿地公园	1.14	国家	110	11000	550
753	广饶县(鲁)	孙武湖生态林场	2	县	8	1095	580
754	芝罘区(鲁)	烟台塔山旅游风景区有限公司	0.43	县	30	1300	500
755	莱山区(鲁)	烟台植物园	0.3	县	20	—	—
756	莱山区(鲁)	围子山保护区	3.7	省	5	—	—
757	龙口市(鲁)	南山森林公园	1.5	国家	32	3620	2540
758	招远市(鲁)	招远罗山国家级森林公园	1.5	省	3	85	85
759	栖霞市(鲁)	崮山自然保护区	2.75	地	1.2	110	46
760	寒亭区(鲁)	山东潍坊白浪河国家湿地公园	1.07	国家	2	—	—
761	寒亭区(鲁)	山东潍坊禹王国家湿地公园	1.1	国家	2	—	—
762	寒亭区(鲁)	潍坊寒亭浞河省级湿地公园	0.09	省	2	—	—
763	临朐县(鲁)	沂山风景名胜区	—	县	8.85	610	—
764	临朐县(鲁)	老龙湾风景名胜区	—	县	6.77	122	—
765	临朐县(鲁)	石门坊风景名胜区	—	县	15.2	581	—
766	昌乐县(鲁)	山东寿阳山国家森林公园	3	国家	1.5	—	—
767	昌乐县(鲁)	昌乐仙月湖湿地公园	1.5	省	1	100	—

(续表)

序号	县(旗、市、区、局、场)	自然保护区、森林公园、风景名胜区等各类自然保护地(名称)	面积(万亩)	级别	实际接待人数(万人次)	旅游总收入(万元)	其中:门票收入(万元)
768	青州市(鲁)	青州市仰天山国家级森林公园	3.7	国家	9.58	354.81	354.66
769	青州市(鲁)	青州市驼山省级森林公园	0.42	省	4	69.89	69.89
770	诸城市(鲁)	山东密州国家森林公园	3.84	国家	50	1075.7	—
771	寿光市(鲁)	寿光林发集团林海生态博览园	1.5	国家	13	1325	
772	安丘市(鲁)	摘药山市级森林公园	3	地	6.16	90	—
773	安丘市(鲁)	青云山市级森林公园	0.4	地	31	1710	400
774	安丘市(鲁)	留山古火山国家级森林公园	3.8	国家	29.5	3200	100
775	高密市(鲁)	五龙河湿地公园	—	省	20	100	100
776	鱼台县(鲁)	南四湖自然保护区	—	省	2	1400	
777	汶上县(鲁)	莲花湖省级湿地公园	1.44	省	6	420	300
778	梁山县(鲁)	水泊梁山风景名胜区	0.69	省	52.8	2450	2235
779	曲阜市(鲁)	尼山国家森林公园	0.98	国家	5	250	100
780	宁阳县(鲁)	蟠龙山国家森林公园	3.67	国家	11	150	
781	东平县(鲁)	东平县滨湖国家森林公园	1.93	国家	110	44000	
782	东平县(鲁)	东平县腊山国家森林公园	1.08	国家	43	16000	270
783	东平县(鲁)	东平县东平湖风景名胜区	40.35	省	340	90000	2300
784	新泰市(鲁)	泰安青云湖省级湿地公园	2.24	省	18	600	
785	新泰市(鲁)	泰安寺山省级地质公园	0.29	省	6	100	60
786	新泰市(鲁)	泰安新汶省级森林公园	1.77	省	22	4500	500
787	新泰市(鲁)	泰安太平山省级自然保护区	4.97	省	10	5000	
788	新泰市(鲁)	泰安青云山省级地质公园	0.16	省	12	1000	
789	肥城市(鲁)	肥城牛山国家森林公园	1.5	国家	0.8	20	20
790	肥城市(鲁)	泰山牡丹文化产业园	0.04	地	4	122	40
791	肥城市(鲁)	康王河湿地公园	1.5	国家	25	—	
792	肥城市(鲁)	云蒙山森林公园	0.1	地	0.1	10	3
793	泰安市泰山景区(鲁)	泰山风景名胜区管理委员会	18	国家	310.7	—	31400
794	岚山区(鲁)	日照蹬山省级森林公园	667.24	省	15.2	206	—
795	五莲县(鲁)	五莲县大青山风景区	3	省	52.5	82.43	12.67
796	五莲县(鲁)	五莲山旅游度假区	10.2	国家	34.8	1705.26	690.32
797	山海天旅游度假区(鲁)	驻龙山风景区	1.3	地	2.4	497	48
798	山海天旅游度假区(鲁)	森林公园	1.2	国家	125	1980	
799	日照国际海洋城(鲁)	河山风景区	0.73	省	2.5	20	66
800	莱城区(鲁)	莲花山省级森林公园	3.93	省	14.8	408	368
801	罗庄区(鲁)	临沂武河国家湿地公园	2	国家	20	400	
802	沂南县(鲁)	竹泉村	0.08	县	180	14700	8300
803	沂南县(鲁)	孟良崮国家森林公园	1.17	国家	0.8	16	16
804	沂南县(鲁)	马泉农业休闲园	0.8	县	31	1105	55
805	沂水县(鲁)	沂水沂河森林公园	0.4	地	50	500	
806	兰陵县(鲁)	文峰山省级地质公园	0.84	省	1.2	24	24

林产品主产地及产量

PRINCIPAL PRODUCTION COUNTIES AND OUTPUT OF FOREST PRODUCTS

(续表)

序号	县(旗、市、区、局、场)	自然保护区、森林公园、风景名胜区等各类自然保护地（名称）	面积（万亩）	级别	实际接待人数（万人次）	旅游总收入（万元）	其中：门票收入（万元）
807	平邑县(鲁)	蒙山龟蒙景区	6	省	23	2070	530
808	莒南县(鲁)	临沂骏业旅游开发有限公司	0.2	省	16.5	890	230
809	临沭县(鲁)	苍马山省级风景名胜区	—	省	970	80000	—
810	临沭县(鲁)	冠山风景区	—	省	830	7000	—
811	临邑县(鲁)	红坛寺森林公园	0.77	省	5	200	80
812	禹城市(鲁)	鳌龙湿地公园	0.15	省	10	—	—
813	禹城市(鲁)	徒骇河湿地公园	1.6	国家	50	—	—
814	东阿县(鲁)	东阿县国家黄河森林公园	3.67	国家	15	400	—
815	惠民县(鲁)	孙子故里森林公园	0.8	省	10	—	—
816	惠民县(鲁)	武圣园	0.05	国家	10	80	50
817	阳信县(鲁)	阳信县万亩梨园风景区	2	县	50	500	—
818	无棣县(鲁)	黄河岛国家湿地公园	1.05	国家	10.37	153.83	—
819	邹平市(鲁)	鹤伴山国家公园	0.72	国家	47	2680	2000
820	曹县(鲁)	黄河故道国家湿地公园	3	国家	12.6	—	—
821	东明县(鲁)	东明黄河国家湿地公园	0.48	省	3	124	124
822	惠济区(豫)	郑州黄河风景名胜区	3.2	地	56	2840	1200
823	荥阳市(豫)	郑州黄河湿地森林公园	21.18	省	55	760	—
824	荥阳市(豫)	桃花峪森林公园	2.05	省	32	1280	—
825	荥阳市(豫)	环翠峪森林公园	4	省	15.4	881.2	—
826	新密市(豫)	河南省神仙洞省级森林公园	4.65	省	304	6313	2000
827	新郑市(豫)	泰山旅游景区	0.08	省	1.2	7	5
828	新郑市(豫)	好想你红枣小镇	0.7	省	0.5	6	4
829	登封市(豫)	登封市大熊山摘星楼风景区	6	省	27.5	4400	82.5
830	登封市(豫)	河南嵩山国家森林公园	18.3	国家	548	38400	26000
831	龙亭区(豫)	万岁山	0.05	地	20	440	300
832	禹王台区(豫)	禹王台公园	0.04	国家	20000	90	—
833	兰考县(豫)	河南兰考省级森林公园	3.5	省	35	—	—
834	兰考县(豫)	开封柳园口省级湿地自然保护区	9.42	省	55	—	—
835	老城区(豫)	翠云峰森林公园	0.28	地	130	—	—
836	西工区(豫)	洛阳红山欢乐谷	0.15	县	56	230	—
837	孟津区(豫)	小浪底森林公园	0.5	省	35	200	30
838	新安县(豫)	河南黛眉山原始生态文化生态旅游开发有限公司	2.82	国家	60	10000	4000
839	新安县(豫)	新安天成旅游发展有限公司	6.3	国家	50	8704	3000
840	新安县(豫)	洛阳万山湖旅游有限公司	3	国家	76	15000	6000
841	栾川县(豫)	倒回沟省级森林公园	3.2	省	6	645	360
842	栾川县(豫)	龙峪湾国家级森林公园	5.9	国家	5	2640	480
843	栾川县(豫)	老君山景区(伏牛山国家级)	3.92	国家	200	37820	18645
844	嵩县(豫)	木札岭风景区	10.8	国家	30.3	16500	659.2

（续表）

序号	县（旗、市、区、局、场）	自然保护区、森林公园、风景名胜区等各类自然保护地（名称）	面积（万亩）	级别	实际接待人数（万人次）	旅游总收入（万元）	其中：门票收入（万元）
845	嵩 县（豫）	天池山风景区	11	国家	10.91	2299.79	47.51
846	嵩 县（豫）	白云山风景区	15	国家	36.2	9728	1338.7
847	汝阳县（豫）	龙隐景区	2.5	县	1	50	—
848	汝阳县（豫）	西泰山景区	2.34	省	5.5	266	—
849	汝阳县（豫）	大虎岭森林公园	5.96	国家	1.2	60	—
850	宜阳县（豫）	花果山国家森林公园	7.21	国家	35	860	120
851	伊川县（豫）	伊川龙凤山风景区	0.5	县	30	2500	
852	伊川县（豫）	伊川建业森林康养基地	0.7	县	40	2800	1000
853	伊川县（豫）	伊川鹤鸣峡旅游区	0.8	县	22	2000	1800
854	伊川县（豫）	伊川县荆山森林公园	0.5	省	38	430	
855	偃师区（豫）	河南省双龙山省级森林公园	1.5	省	2.2	200	
856	叶 县（豫）	望夫石山森林公园		省	40	1100	
857	鲁山县（豫）	尧山风景区	1.08	国家	170	55000	
858	郏 县（豫）	眼明泉森林公园	1.3	省	17.5	5.57	
859	舞钢市（豫）	祥龙谷风景区	0.66	国家	100	10000	4000
860	舞钢市（豫）	二郎山风景区	1.8	国家	120	13000	6000
861	舞钢市（豫）	灯台架风景区	8.4	国家	120	12000	5000
862	汝州市（豫）	汝州市九峰山国家森林公园	87000	国家	25.77	1062	—
863	龙安区（豫）	昆玉山景区	0.16	县	6	350	300
864	汤阴县（豫）	汤河国家湿地公园	1	国家	100000	6730	6730
865	内黄县（豫）	二帝陵森林公园	1	省	30	1500	630
866	林州市（豫）	蒿地掌森林公园	1.56	省	0.1	—	—
867	林州市（豫）	白泉森林公园	10.38	省	3.8	20	
868	林州市（豫）	五龙洞森林公园	3.79	国家	1	90	30
869	林州市（豫）	万宝山自然保护区	13	省	0.5	—	
870	林州市（豫）	柏尖山森林公园	0.3	地	70	110	
871	林州市（豫）	水河森林公园	2.4	地	0.5		
872	林州市（豫）	天平山森林公园	1.96	地	5	120	36
873	鹤壁市市辖区（豫）	大伾山、濠林山庄、河南省桃花深处休闲旅游有限公司	—	县	—	18700	
874	鹤壁市市辖区（豫）	枫岭省级森林公园	0.1	省	5.9	800	
875	鹤壁市市辖区（豫）	黄洞省级森林公园	11.25	省	35.85	3946	
876	山城区（豫）	枫岭省级森林公园	0.1	省	5.9	800	
877	淇 县（豫）	黄洞省级森林公园	11.25	省	35.85	3946	
878	淇 县（豫）	云梦山国家级森林公园	10.28	国家	45.58	9554	
879	凤泉区（豫）	新乡凤凰山省级森林公园	1.23	省	11.4	63	
880	原阳县（豫）	博浪沙省级森林公园	0.53	省	2	260	50
881	延津县（豫）	黄河故道森林公园	3.7	省	14.3	1501	429
882	封丘县（豫）	封丘县湿地自然保护区	21.4	国家	225	4500	4500

林产品主产地及产量

PRINCIPAL PRODUCTION COUNTIES AND OUTPUT OF FOREST PRODUCTS

(续表)

序号	县(旗、市、区、局、场)	自然保护区、森林公园、风景名胜区等各类自然保护地(名称)	面积(万亩)	级别	实际接待人数(万人次)	旅游总收入(万元)	其中：门票收入(万元)
883	卫辉市(豫)	河南省卫辉市龙卧岩森林公园	0.62	省	8.88	377.3	10.33
884	卫辉市(豫)	河南省跑马岭省级森林公园	1.2	省	12.86	474	144
885	辉县市(豫)	白云寺国家森林公园	3.8	国家	1.5	3	—
886	修武县(豫)	河南云台山国家森林公园	0.54	国家	60	1200	600
887	博爱县(豫)	青天河风景名胜区	15.9	国家	13	6500	1300
888	孟州市(豫)	孟州自然保护区	—	国家	16.3	2925	
889	华龙区(豫)	东北庄园区	0.2	县	30	2246	1826
890	南乐县(豫)	南乐县昌乐森林公园	0.32	省	30	3015	
891	南乐县(豫)	南乐县马颊河国家湿地公园	0.72	国家	35	3150	
892	范县(豫)	毛楼	0.15	省	32	3400	—
893	范县(豫)	板桥古镇	0.03	县	10	1000	
894	台前县(豫)	台前县福民乡村旅游专业合作社	0.02	省	0.2	20	
895	濮阳县(豫)	濮阳县张挥公园	0.1	省	7.5	765	
896	濮阳县(豫)	濮阳县黄河湿地省级自然保护区	1.08	国家	16	1648	
897	濮阳市高新区(豫)	濮上生态园区	0.46	地	36	2600	
898	襄城县(豫)	紫云山省级森林公园	2.4	省	8.7	261	
899	禹州市(豫)	大鸿寨森林公园	4.95	国家	65	17600	
900	长葛市(豫)	鑫亮源景区	0.1	县	10	1300	
901	召陵区(豫)	雪霁花海	0.62	县	628.49	6169	
902	临颍县(豫)	胡桥田园综合体	0.5	省	10	300	
903	三门峡市市辖区(豫)	亚武山国家森林公园	3.4	国家	0.5	10	2
904	湖滨区(豫)	河南黄河湿地国家级自然保护区湖滨区管理站	4.5	国家	210	0	0
905	渑池县(豫)	三门峡黄河丹峡有限公司	23	地	13524	2140	
906	卢氏县(豫)	玉皇山国家森林公园	4.47	国家	—	—	
907	义马市(豫)	省级森林公园	1.5	省	15	1000	
908	灵宝市(豫)	河南燕子山生态旅游开发有限责任公司	7.16	国家	2	80	20
909	灵宝市(豫)	灵宝市娘娘山旅游开发有限公司	6	国家	10	120	60
910	卧龙区(豫)	独山森林公园	0.6	省	8	80	40
911	方城县(豫)	方城县德云山植物园	0.2	县	4	500	
912	方城县(豫)	方城县国有大寺林场	0.05	省	200	55	—
913	方城县(豫)	方城县七峰山森林公园	7.65	省	11.5	3200	
914	方城县(豫)	方城县七十二潭	0.6	省	11	3000	—
915	西峡县(豫)	西峡寺山森林公园	8.4	国家	23.8	112	23.45
916	西峡县(豫)	老界岭风景区	23	国家	8	1113	354
917	西峡县(豫)	老君洞风景区	8.4	国家	10	1950	650
918	西峡县(豫)	龙潭沟风景区	1.1	省	4.8	780	264
919	镇平县(豫)	菩提寺森林公园	0.3	省	20	1000	600
920	内乡县(豫)	内乡县宝天曼自然保护区	14	国家	10	1000	600

(续表)

序号	县(旗、市、区、局、场)	自然保护区、森林公园、风景名胜区等各类自然保护地(名称)	面积(万亩)	级别	实际接待人数(万人次)	旅游总收入(万元)	其中：门票收入(万元)
921	内乡县(豫)	内乡县二龙山风景区	3	国家	10	3000	600
922	内乡县(豫)	内乡县云露山风景区	0.75	地	2	90	50
923	唐河县(豫)	唐河石柱山森林公园	2.2	省	16	1600	6
924	新野县(豫)	新野县白河滩湿地公园	0.2	县	25	4050	—
925	桐柏县(豫)	桐柏山淮源风景名胜区	108	国家	35	400	400
926	睢阳区(豫)	古城旅游区	1.89	县	10	2000	
927	宁陵县(豫)	河南省省级葛天森林公园	4.3	省	75.02	4300	
928	虞城县(豫)	河南虞城周商永湿地公园	0.4	国家	40	42	
929	永城市(豫)	芒砀山森林公园	0.71	地	96.8	12730	12730
930	浉河区(豫)	信阳市五曲峡省级森林公园	5	省	4	—	—
931	浉河区(豫)	信阳杨家寨省级森林公园	1.5	省	2		
932	平桥区(豫)	信阳震雷山省级森林公园	1.27	省	26		
933	平桥区(豫)	河南平桥两河口国家湿地公园	1.09	国家	38		
934	平桥区(豫)	河南天目山国家森林公园	7.27	国家	18		
935	光山县(豫)	河南光山龙山湖国家湿地公园	2.87	国家	57	3800	
936	光山县(豫)	河南大苏山国家森林公园	4.18	国家	28	5400	
937	新 县(豫)	金兰山、九龙潭、黄毛尖风景区	8	国家	100	300000	8000
938	商城县(豫)	黄柏山森林公园	9.2	国家	220	25000	1300
939	商城县(豫)	河南大别山自然保护区	15.7	国家	370	38900	2400
940	固始县(豫)	安山森林公园	1.36	省	8	200	
941	潢川县(豫)	潢川县连岗省级湿地公园	0.3	省	1.3	19	
942	潢川县(豫)	潢川县洪山寨省级森林公园	0.5	省	0.54	27	
943	息 县(豫)	濮公山地质公园	0.45	国家	5.6	—	
944	息 县(豫)	息州森林公园	0.17	国家	6		
945	息 县(豫)	息县刘邓大军渡淮纪念馆	0.01	国家	2		
946	息 县(豫)	息县龙湖公园	0.29	国家	9		
947	息 县(豫)	息县古赖国文化园	0.01	国家	1.8		
948	川汇区(豫)	周口森林公园	0.5	省	10	—	
949	西华县(豫)	黄桥万亩桃园观赏及休闲基地	1.2	县	10	450	200
950	商水县(豫)	陆捷园林	0.15	县	0.82	124	—
951	商水县(豫)	商水县枯河湿地公园	0.02	县	2.5	80	
952	商水县(豫)	商水县和畅生态园	0.07	县	0.55	40	
953	商水县(豫)	商水县银杏博览园	0.02	县	0.6	60	
954	商水县(豫)	指南针葡萄园	0.15	县	2.01	90	
955	商水县(豫)	商水县沙河观光区	1.1	县	50	1000	
956	商水县(豫)	商水县陈胜公园	0.05	县	1.5	160	
957	淮阳县(豫)	淮阳龙湖国家湿地公园	0.78	国家	3.5	—	
958	项城市(豫)	汾泉河湿地公园	0.2	国家	13	1314	
959	驿城区(豫)	金顶山省级风景区	1	省	265	21400	5776

林产品主产地及产量

PRINCIPAL PRODUCTION COUNTIES AND OUTPUT OF FOREST PRODUCTS

(续表)

序号	县(旗、市、区、局、场)	自然保护区、森林公园、风景名胜区等各类自然保护地(名称)	面积(万亩)	级别	实际接待人数(万人次)	旅游总收入(万元)	其中：门票收入(万元)
960	确山县(豫)	薄山森林公园	10	国家	15	2000	—
961	确山县(豫)	乐山森林公园	10	省	30	5300	—
962	泌阳县(豫)	铜山湖湿地公园	1.8	国家	25	56000	125
963	泌阳县(豫)	盘古山森林公园	2.56	省	10	15000	20
964	泌阳县(豫)	白云山森林公园	0.9	省	20	20000	110
965	泌阳县(豫)	五峰山森林公园	4.5	省	5	5000	
966	汝南县(豫)	汝南县宿鸭湖湿地自然保护区	25.05	省	1.2		
967	遂平县(豫)	嵖岈山风景区	0.22	国家	—		
968	济源市(豫)	太行山猕猴国家级自然保护区	38	国家	350	8800	500
969	松滋市(鄂)	洈水国家森林公园	42.9	国家	43.16	47270	—
970	雨花区(湘)	石燕湖省级森林公园	0.84	省	35.54	4917.32	4917.32
971	长沙县(湘)	北山森林公园	5.3	省	12	200	
972	长沙县(湘)	大山冲森林公园	0.63	省	18	220	
973	长沙县(湘)	松雅湖湿地公园	0.54	国家	200	2000	
974	长沙县(湘)	影珠山森林公园	3.6	省	36	410	
975	望城区(湘)	长沙黑麋峰国家森林公园	4.2	国家	1.2	68	14
976	望城区(湘)	湖南长沙千龙湖国家湿地公园	1.4	国家	1.52	43.8	
977	浏阳市(湘)	大围山国家森林公园	6.3	国家	86	20000	1300
978	荷塘区(湘)	仙庾岭风景名胜区、婆仙岭森林公园	—	省	4.39	3334	—
979	芦淞区(湘)	大京风景名胜区	4017	省	51	5.1	5.1
980	石峰区(湘)	石峰九郎山省级森林公园	1.4	省	1.64	18200	—
981	渌口区(湘)	凤凰山森林公园	2	县	5.8	1000	—
982	攸县(湘)	酒埠江国家森林公园	94563	国家	20	46000	8600
983	茶陵县(湘)	云阳山省级自然保护区	9.5	省	2.1	270	90
984	炎陵县(湘)	神农谷国家森林公园	35.7	国家	6.7	976.2	219.3
985	湘潭市市辖区(湘)	昭山森林公园	1.23	省	—	3.88	
986	湘潭县(湘)	齐白石森林公园	1.28	省	4.5	2300	
987	湘乡市(湘)	东台山国家森林公园	0.5	国家	32	56000	
988	韶山市(湘)	韶山市风景名胜区	10.56	国家	242.7	17.96	
989	南岳区(湘)	南岳衡山国家级风景名胜区	15.1	国家	1300	14000	9000
990	衡南县(湘)	岐山森林公园	—	国家	2	1000	
991	衡南县(湘)	江口鸟洲自然保护区	0.32	省	0.5	180	
992	衡山县(湘)	衡山紫金山国有林场	6.23	国家	7.1	1020	—
993	衡东县(湘)	天光山自然保护区	2.2	省	120	—	
994	衡东县(湘)	四方山森林公园	0.5	省	200	—	
995	祁东县(湘)	四明山国家森林公园	5.34	国家	8.7	1050	
996	耒阳市(湘)	蔡伦竹海	20	省	20	1500	500
997	耒阳市(湘)	耒水国家湿地公园	5.4	国家	15		
998	耒阳市(湘)	长坪红豆杉森林公园	5	省	7		

(续表)

序号	县（旗、市、区、局、场）	自然保护区、森林公园、风景名胜区等各类自然保护地（名称）	面积（万亩）	级别	实际接待人数（万人次）	旅游总收入（万元）	其中：门票收入（万元）
999	常宁市（湘）	湖南天堂山国家森林公园	23	国家	66.4	39765	631.6
1000	常宁市（湘）	湖南常宁大义山省级自然保护区	17	省	20.1	200	—
1001	常宁市（湘）	湖南常宁天湖国家湿地公园	1.34	国家	23.1	211	—
1002	常宁市（湘）	印山—天堂、山西江风景名胜区	19.7	省	36.1	—	1581
1003	岳阳楼区（湘）	岳阳楼区麻布山省级森林公园	0.82	省	4.1	410	
1004	云溪区（湘）	云溪清溪省级森林公园	2	省	10	200	
1005	云溪区（湘）	白泥湖国家湿地公园	3	国家	5	150	
1006	君山区（湘）	天井山森林公园	1.2	省	3.2	300	
1007	岳阳县（湘）	岳阳县大云山国家森林公园	1.7	国家	19	1100	240
1008	华容县（湘）	桃花山省级公园	5.29	省	6	—	
1009	湘阴县（湘）	横岭湖省级保护区、鹅形山省级森林公园、洋沙湖东湖国家湿地公园	—	国家	78.56	11.25	9.85
1010	平江县（湘）	平江连云山林场	5.24	省	10	1800	—
1011	平江县（湘）	平江县长寿秘境	0.1	县	40	2000	400
1012	平江县（湘）	平江县石牛寨地质公园	46.56	国家	80	22000	8000
1013	平江县（湘）	北罗霄国家森林公园	4.4	国家	2	450	160
1014	平江县（湘）	湖南幕阜山国家森林公园	1.6	国家	50	4500	1200
1015	汨罗市（湘）	八景洞森林公园	7.5	省	4.25	825	—
1016	汨罗市（湘）	玉池山风景名胜区	6.15	省	16.5	3250	—
1017	汨罗市（湘）	神鼎山森林公园	1.05	省	12.5	2750	—
1018	汨罗市（湘）	汨罗江湿地公园	7.25	国家	13	2250	—
1019	临湘市（湘）	五尖山国家森林公园	4.3	国家	35	300	—
1020	常德市市辖区（湘）	桃花源风景名胜区	23.7	国家	32.3	13200	2418
1021	鼎城区（湘）	湖南省常德花岩溪国家森林公园	6.17	国家	8	2900	200
1022	安乡县（湘）	黄山头国家森林公园	0.4	国家	23	351	—
1023	汉寿县（湘）	汉寿竹海国家森林公园	9.8	国家	75	30	
1024	澧县（湘）	澧县天供山森林公园	7.2	省	15	850	450
1025	澧县（湘）	澧县北民湖自然保护区	10.6	县	4	—	
1026	临澧县（湘）	临澧县太浮山风景名胜区	6.45	省	40	3520	
1027	临澧县（湘）	临澧县道水河国家湿地公园	1.42	国家	20	1600	
1028	桃源县（湘）	桃源沅水国家湿地公园	1.12	国家	4.2	—	
1029	桃源县（湘）	乌云界国家自然保护区	50.73	国家	38	59	26
1030	石门县（湘）	湖南壶瓶山自然保护区	100	国家	20	13000	
1031	石门县（湘）	湖南夹山国家森林公园	2.9	国家	270	62500	
1032	津市市（湘）	湖南嘉山国家森林公园	3.3	国家	30	2000	
1033	津市市（湘）	毛里湖国家湿地公园	9.35	国家	320	18000	
1034	资阳区（湘）	黄家湖国家湿地公园	2.3	国家	30	—	
1035	安化县（湘）	雪峰湖国家湿地公园	14.16	国家	4.2	6760	
1036	安化县（湘）	柘溪国家森林公园	12.87	国家	3.8	6267	

林产品主产地及产量

PRINCIPAL PRODUCTION COUNTIES AND OUTPUT OF FOREST PRODUCTS

(续表)

序号	县(旗、市、区、局、场)	自然保护区、森林公园、风景名胜区等各类自然保护地(名称)	面积(万亩)	级别	实际接待人数(万人次)	旅游总收入(万元)	其中：门票收入(万元)
1037	安化县(湘)	六步溪国家级自然保护区	21.36	国家	1.7	2613	—
1038	北湖区(湘)	仰天湖大草原景区	0.5	县	247	45230	19760
1039	苏仙区(湘)	西河湿地公园	0.5	国家	12	1500	
1040	苏仙区(湘)	狮子口自然保护区	7.6	省	12	2500	
1041	苏仙区(湘)	飞天山地质公园	7.9	国家	22	4500	850
1042	苏仙区(湘)	苏仙岭风景名胜区	0.5	省	16	1800	120
1043	苏仙区(湘)	五盖山森林公园	9.7	省	6	1200	60
1044	宜章县(湘)	莽山国家森林公园	30	国家	38.52	28446	16893
1045	汝城县(湘)	热水汤河风景名胜区	16.2	省	130	45500	25740
1046	汝城县(湘)	湖南九龙江国家森林公园	12.65	国家	82	36900	10906
1047	零陵区(湘)	潇水湿地公园	2.43	国家	1	—	
1048	冷水滩区(湘)	腾云岭国家森林公园	5.25	国家	3.8	190	
1049	祁阳县(湘)	太白峰国家森林公园	0.7	国家	1	50	
1050	东安县(湘)	东安县紫水国家湿地公园	—	国家	50		
1051	东安县(湘)	舜皇山国家森林公园	—	国家	40	6500	2000
1052	双牌县(湘)	阳明山风景区	19.25	国家	200	1500	750
1053	道县(湘)	月岩国家森林公园	5.9	国家	—		
1054	江永县(湘)	湖南江永源口自然保护区	8.29	省	75	31748	
1055	宁远县(湘)	九嶷山国家森林公园	30	国家	1110850	89136	59620
1056	蓝山县(湘)	云冰山风景区	10.5	省	40	5200	3200
1057	蓝山县(湘)	湘江源国家森林公园	10.5	国家	15	780	—
1058	蓝山县(湘)	白叠岭风景区	1.2	省	5.8	870	132
1059	新田县(湘)	湖南福音山国家森林公园	10	国家	99	35520	
1060	江华瑶族自治县(湘)	涔天河国家湿地公园	30	国家	5	3000	
1061	江华瑶族自治县(湘)	大龙山森林公园	11	省	1.2	600	
1062	金洞林场(湘)	湖南金洞猛江河湿地公园	2	国家	4	—	
1063	金洞林场(湘)	永州市金洞国家森林公园	3.75	国家	3		
1064	洪江区(湘)	湖南嵩云山国家森林公园	5.02	国家	32.8	127.78	
1065	鹤城区(湘)	河西湿地公园	0.05	县	15	2700	
1066	鹤城区(湘)	黄岩旅游区	5	县	40	20000	2200
1067	鹤城区(湘)	怀化中坡森林公园	2.05	国家	220	2200	
1068	鹤城区(湘)	怀化凉山森林公园	12.77	县	10	2000	
1069	鹤城区(湘)	河西湿地公园	0.05	县	15	2700	
1070	鹤城区(湘)	坨院农博园	2000	县	20	5600	1000
1071	鹤城区(湘)	山下花海	—	县	10	1700	
1072	鹤城区(湘)	叠翠兰亭温泉	0.1	县	15	4200	
1073	鹤城区(湘)	凉亭坳竹林湖乡村游	3	县	20	3400	
1074	中方县(湘)	中方县康龙自然保护区	10.6	省	2	200	
1075	沅陵县(湘)	沅陵国家森林公园	15.43	国家	13.6	100	—

(续表)

序号	县(旗、市、区、局、场)	自然保护区、森林公园、风景名胜区等各类自然保护地(名称)	面积(万亩)	级别	实际接待人数(万人次)	旅游总收入(万元)	其中：门票收入(万元)
1076	沅陵县(湘)	万羊山省级森林公园	3.83	省级	0.1	20	—
1077	沅陵县(湘)	借母溪自然保护区	19.5	国家	2.7	3580	—
1078	辰溪县(湘)	仙人界省级森林公园	2.68	省	1	20	—
1079	溆浦县(湘)	穿岩山国家森林自然公园	12.44	国家	40	3200	—
1080	溆浦县(湘)	思蒙国家湿地自然公园	1.53	国家	8.3	211	—
1081	会同县(湘)	鹰嘴界国家级自然保护区	23.85	国家	1.5	0	—
1082	会同县(湘)	高椅风景名胜区	15	省	134	52	—
1083	麻阳苗族自治县(湘)	文名山森林公园	1.02	县	43	—	—
1084	麻阳苗族自治县(湘)	西晃山林场	28	县	35	—	—
1085	新晃侗族自治县(湘)	新晃县黄家坡省级森林公园	0.8	省	2	—	—
1086	芷江侗族自治县(湘)	三道坑自然保护区	20.6	省	5	1080	—
1087	靖州苗族侗族自治县(湘)	排牙山国家森林公园	10.84	国家	3.2	2059	—
1088	靖州苗族侗族自治县(湘)	五龙潭湿地公园	1.29	国家	0.62	380	—
1089	通道侗族自治县(湘)	湖南通道侗寨风景自然公园	8.5	国家	26.8	16000	324
1090	通道侗族自治县(湘)	通道万佛山国家地质自然公园	10.4	国家	—	—	—
1091	洪江市(湘)	清江湖国家湿地公园	4	国家	14.69	448	—
1092	洪江市(湘)	雪峰山国家级森林公园	5.2	国家	17.8	78.6	60
1093	涟源市(湘)	涟源市龙山森林公园	13.93	国家	78	15800	—
1094	涟源市(湘)	涟源市包围山公园	0.36	省	9.6	278	—
1095	凤凰县(湘)	南华山国家森林公园	3.2	国家	18.82	1109.4	676.96
1096	花垣县(湘)	花垣古苗河国家湿地公园	1.46	国家	16	690	640
1097	古丈县(湘)	坐龙峡国家森林公园	3.56	国家	4.08	230.2	160.2
1098	古丈县(湘)	红石林国家地质公园	10.65	国家	68	1800	1200
1099	龙山县(湘)	太平山森林公园	2.73	省	11.9	165.6	82.5
1100	南沙区(粤)	广州市南沙湿地游览区	0.94	县	14.45	1050	421
1101	花都区(粤)	芙蓉嶂森林公园	17.4	县	949000	—	—
1102	增城区(粤)	大封门森林公园	4.2	地	15	424	250
1103	增城区(粤)	白水寨风景名胜区	29.2	省	60	2073	2073
1104	增城区(粤)	邓村森林公园	0.18	县	10	—	—
1105	增城区(粤)	二龙山森林公园	0.25	县	5	—	—
1106	增城区(粤)	白洞森林公园	0.7	县	0.5	—	—
1107	增城区(粤)	凤凰森林公园	1.1	县	0.5	—	—
1108	增城区(粤)	蕉石岭森林公园	0.45	县	18	—	—
1109	增城区(粤)	太子森林公园	0.89	省	10	—	—
1110	增城区(粤)	高滩森林公园	2.5	县	10	—	—
1111	增城区(粤)	兰溪森林公园	6.3	县	1.8	—	—
1112	增城区(粤)	南香山森林公园	1.58	县	28	—	—
1113	从化区(粤)	广东马骝山南药森林公园	0.4	省	5	500	100
1114	从化区(粤)	风云岭森林公园	0.6	县	300	—	—

林产品主产地及产量
PRINCIPAL PRODUCTION COUNTIES AND OUTPUT OF FOREST PRODUCTS

(续表)

序号	县(旗、市、区、局、场)	自然保护区、森林公园、风景名胜区等各类自然保护地(名称)	面积(万亩)	级别	实际接待人数(万人次)	旅游总收入(万元)	其中:门票收入(万元)
1115	武江区(粤)	芙蓉山国家矿山公园	3.25	国家	—	—	—
1116	曲江区(粤)	广东罗坑鳄蜥国家级自然保护区	28.22	国家	15	—	—
1117	曲江区(粤)	广东曲江沙溪省级自然保护区	14	省	8	—	—
1118	曲江区(粤)	广东小坑国家森林公园	25.05	国家	23	—	—
1119	始兴县(粤)	始兴县隘子镇清化山庄	2300	省	3.5	686	—
1120	始兴县(粤)	广东开心农业科技有限公司	0.35	省	12	1650	150
1121	仁化县(粤)	仁化县锦城森林公园	0.49	省	20	—	—
1122	仁化县(粤)	广东丹霞山自然保护区	42	国家	130.26	2690.96	2052.76
1123	乳源瑶族自治县(粤)	乳源瑶族自治县南方红豆杉县级自然保护区	30	县	13	—	—
1124	乳源瑶族自治县(粤)	乳源瑶族自治县南水湖湿地公园	9	国家	34	—	—
1125	乳源瑶族自治县(粤)	广东大峡谷旅游发展有限公司	3.5	省	23	6500	2100
1126	乳源瑶族自治县(粤)	乳源瑶族自治县泉水市级自然保护区	40	地	32	—	—
1127	新丰县(粤)	新丰县如耀美丽乡村旅游发展有限公司	0	县	3.8	185	—
1128	新丰县(粤)	新丰云髻山自然保护区	4.76	省	7.5	143.6	135
1129	新丰县(粤)	广东岭秀投资开发有限公司	0.2	县	2	205	40
1130	新丰县(粤)	新丰县杰荣樱花峪休闲农业有限公司	0.07	县	1.22	37.3	—
1131	新丰县(粤)	新丰鲁古河国家湿地公园管理处	0.7	国家	0.21	—	—
1132	新丰县(粤)	新丰县大丰观光休闲农场	0.06	县	1	100	—
1133	新丰县(粤)	新丰县雁塔山森林公园	0.01	县	0.58	—	—
1134	新丰县(粤)	新丰云天海温泉原始森林度假村	0.48	县	14.5	3782	—
1135	乐昌市(粤)	乐昌市金鸡岭风景区有限公司	0.06	省	2.1	51.1	51.1
1136	乐昌市(粤)	广东乐昌财岭头森林康养基地	0.36	省	3	530	—
1137	乐昌市(粤)	乐昌市九福园兰花公园森林康养基地	0.12	省	5	220	20
1138	乐昌市(粤)	古佛洞天森林康养基地	0.07	省	6.18	138	138
1139	乐昌市(粤)	梅花百臻森林康养基地	0.13	省	10	300	—
1140	乐昌市(粤)	乐昌后洞森林公园	0.92	省	0.3	3	3
1141	乐昌市(粤)	乐昌市珑王潭红研教育发展有限公司	0.38	县	3.6	140	79
1142	南雄市(粤)	韶关帽子峰省级森林公园	1.06	省	13.9	944.21	495.01
1143	南雄市(粤)	韶关南雄青嶂山县级森林公园	0.18	县	1.1	—	—
1144	南雄市(粤)	韶关南雄观音山市级森林公园	0.34	地	2.1	—	—
1145	南雄市(粤)	韶关南雄篛过县级森林公园	0.18	县	1.3	—	—
1146	南雄市(粤)	韶关南雄云峰山市级森林公园	0.64	地	0.36	—	—
1147	南雄市(粤)	韶关南雄香草世界县级森林公园	0.26	县	3.1	286	256
1148	南雄市(粤)	韶关南雄雄州县级森林公园	1.2	县	18.6	—	—
1149	南雄市(粤)	广东南雄恐龙化石群省级自然保护区	6.33	省	4	—	—
1150	南雄市(粤)	广东坪田古银杏森林公园	1.36	省	9.6	480	—
1151	南雄市(粤)	广东孔江国家湿地公园	2.5	国家	3	—	—
1152	南雄市(粤)	广东南雄杨梅县级湿地公园	1.04	县	5	—	—

(续表)

序号	县(旗、市、区、局、场)	自然保护区、森林公园、风景名胜区等各类自然保护地(名称)	面积(万亩)	级别	实际接待人数(万人次)	旅游总收入(万元)	其中:门票收入(万元)
1153	南雄市(粤)	韶关南雄苍石寨县级森林公园	1.74	县	2.1	—	—
1154	南雄市(粤)	韶关南雄泉水谷县级森林公园	0.7	县	13	950	950
1155	韶关市属总林场(粤)	韶关国家森林公园	2.37	国家	102	314	
1156	潮南区(粤)	广东大南山森林公园	—	省	20	1000	
1157	潮南区(粤)	汕头市翠湖保护区	—	地	30	1500	
1158	南澳县(粤)	南澳海岛国家森林公园	2.05	国家	18.34	81.02	81.02
1159	南海区(粤)	广东省西樵山国家森林公园	—	国家	640	1750	1280
1160	顺德区(粤)	翠湖森林公园	0.02	县	14	600	500
1161	三水区(粤)	三水森林公园	0.33	国家	17.54	292.08	120.81
1162	三水区(粤)	佛山三水九道山地方级森林自然公园	1.09	地	5.6	195.78	195.78
1163	三水区(粤)	佛山市三水南丹山地方级森林自然公园	3.2	县	27.14	2152.68	2152.68
1164	高明区(粤)	泰康山森林公园	0.38	县	28.71	420.65	300
1165	江海区(粤)	江门市白水带森林公园	0.15	地	60	40.21	34.37
1166	新会区(粤)	圭峰山国家森林公园	5.33	国家	120	917	0.6
1167	台山市(粤)	北峰山国家森林公园	1.74	国家	3	30	30
1168	鹤山市(粤)	广东大雁山森林公园	0.32	省	55	14.1	14.1
1169	恩平市(粤)	广东响水龙潭森林公园	1.06	省	13.2	—	
1170	恩平市(粤)	广东河排森林公园	4.5	省	1.2	—	
1171	恩平市(粤)	广东鳌峰山森林公园	0.55	省	109.5	—	
1172	遂溪县(粤)	螺岗岭森林公园	0.3	地	9	120	
1173	遂溪县(粤)	孔圣山森林公园	0.3	县	15	50	
1174	雷州市(粤)	湛江雷州海草市级自然保护区	5.45	地	9500		
1175	雷州市(粤)	湛江雷州鹰峰岭市级森林自然公园	0.13	地	500		
1176	雷州市(粤)	湛江雷州龙门市级湿地自然公园	1.62	地	1900		
1177	雷州市(粤)	湛江雷州栉江珧市级自然保护区	0.3	地	8200		
1178	雷州市(粤)	湛江雷州白水沟市级湿地自然公园	0.2	地	10000		
1179	雷州市(粤)	湛江雷州足荣市级森林自然公园	0.08	地	300		
1180	雷州市(粤)	广东雷州湾中华白海豚市级自然保护区	4.62	地	1000		
1181	电白区(粤)	茂名放鸡岛旅游开发有限公司	0.28	县	6	1600	1100
1182	高州市(粤)	高州市笔架山森林公园	1.27	县	50		
1183	高州市(粤)	高州水库湿地公园	7.54	县	50		
1184	高州市(粤)	高州市挂榜岭森林公园	0.17	县	50		
1185	化州市(粤)	化州市中火嶂森林公园	0.53	县	8.76	8520	
1186	化州市(粤)	化州市尖岗岭森林公园	0.47	县	17.53	17532	
1187	化州市(粤)	化州市橘州生态林公园	0.05	县	8.6	650	
1188	化州市(粤)	广东六王山森林公园	0.48	省	10	7	
1189	信宜市(粤)	信宜市太华山森林公园	250	县	6	180	85
1190	信宜市(粤)	信宜市扶曹水库森林公园	1180	县	1	—	—

林产品主产地及产量
PRINCIPAL PRODUCTION COUNTIES AND OUTPUT OF FOREST PRODUCTS

(续表)

序号	县(旗、市、区、局、场)	自然保护区、森林公园、风景名胜区等各类自然保护地（名称）	面积（万亩）	级别	实际接待人数（万人次）	旅游总收入（万元）	其中：门票收入（万元）
1191	信宜市(粤)	信宜市玉都森林公园	1117	县	30	—	—
1192	信宜市(粤)	信宜市大仁山旅游发展有限公司	300	县	8	250	70
1193	信宜市(粤)	信宜市梅江森林公园	343	县	25	—	—
1194	信宜市(粤)	信宜市龙须顶自然保护区	1330	县	—	—	—
1195	信宜市(粤)	信宜市天马山旅游发展有限公司	2375	县	10	250	130
1196	信宜市(粤)	信宜市龙岭森林公园	458	县	1	—	—
1197	信宜市(粤)	信宜市石根山风景旅游开发有限公司	107	县	10	250	150
1198	广宁县(粤)	广宁宝锭山风景区	0.05	县	0.51	39	8
1199	广宁县(粤)	广宁县竹海国家森林公园	8.13	国家	321.96	663.43	107.1
1200	德庆县(粤)	盘龙峡森林生态旅游公司	3	县	92.62	74340	26019
1201	高要区(粤)	高要金钟山森林公园	0.49	省	13	88	48
1202	肇庆市林业总场(粤)	广东羚羊峡古栈道森林公园	2.28	省	64.1	—	—
1203	肇庆市林业总场(粤)	肇庆市北岭山森林公园	2.03	地	25.3	—	—
1204	梅县区(粤)	雁南飞茶田景区	1	国家	28.4	3637	339
1205	梅县区(粤)	尖石笔自然保护区	0.1	地	0.5	—	—
1206	梅县区(粤)	雁鸣湖国家森林公园	7.3	国家	7.3	954	245
1207	梅县区(粤)	鹿湖山森林公园	0.4	县	1	—	—
1208	梅县区(粤)	王寿山自然保护区	1.1	地	0.1	—	—
1209	梅县区(粤)	南寿峰健康产业园	0.17	地	0.7	—	—
1210	五华县(粤)	五华县蒲里顶森林公园	1.63	县	380	—	—
1211	五华县(粤)	五华县益塘水库	2	县	30	100	10
1212	五华县(粤)	五华县新丰寨农业发展有限公司	0.11	县	10	60	15
1213	五华县(粤)	五华县双龙山旅游有限公司	0.89	县	10	30	10
1214	五华县(粤)	五华县天云岭森林公园	0.17	县	50	—	—
1215	五华县(粤)	广东五华七目嶂自然保护区	8.78	省	20	—	—
1216	五华县(粤)	五华县天堂山公园	6	县	10	—	—
1217	海丰县(粤)	海丰县莲花山度假村森林康养基地	0.23	省	28	1800	—
1218	源城区(粤)	广东省野趣沟旅游区有限公司	0.2	省	42	2730	2040
1219	紫金县(粤)	河源紫金九树南母寺森林公园	1.1	县	5	—	—
1220	紫金县(粤)	河源紫金鸡公嶂森林公园	0.2	县	8	—	—
1221	紫金县(粤)	河源紫金九和天字嶂森林公园	0.5	县	11	—	—
1222	紫金县(粤)	河源紫金黄塘锦口森林公园	0.6	县	3	—	—
1223	龙川县(粤)	霍山	1.57	国家	13.51	958	—
1224	龙川县(粤)	五色茶岭	0.3	国家	37	398	311
1225	龙川县(粤)	绿油花果树小镇		国家	33.2	914	—
1226	和平县(粤)	黄蜂斗水库县级湿地公园	0.04	县	0.8	1.8	—
1227	和平县(粤)	仙女石县级森林公园	1.86	县	7.3	3	—
1228	和平县(粤)	河源黄石坳省级自然保护区	12.1	省	4	2.5	—
1229	和平县(粤)	黎明市级自然保护区	109.89	地	6	0.15	—

(续表)

序号	县（旗、市、区、局、场）	自然保护区、森林公园、风景名胜区等各类自然保护地（名称）	面积（万亩）	级别	实际接待人数（万人次）	旅游总收入（万元）	其中：门票收入（万元）
1230	和平县(粤)	河明亮县级自然保护区	9.83	县	0.9	1.1	—
1231	和平县(粤)	下车县级自然保护区	12.61	县	0.9	1.8	—
1232	和平县(粤)	阳明县级自然保护区	10.79	县	2.2	3.8	—
1233	和平县(粤)	东山县级森林公园	0.88	县	12	7.5	
1234	和平县(粤)	翠山县级森林公园	2.85	县	5.8	3	
1235	和平县(粤)	罗营口县级湿地公园	0.53	县	2.9	1.7	
1236	和平县(粤)	桃园仙石县级森林公园	2.03	县	3.8	0.99	
1237	和平县(粤)	热水县级森林公园	2.21	县	2.8	1.35	
1238	和平县(粤)	将军山县级森林公园	0.87	县	3.7	1.5	
1239	东源县(粤)	广东康禾温泉国家森林公园	6.9	国家	—	—	
1240	东源县(粤)	广东东江国家湿地公园	776	国家	—	—	
1241	新丰江林管局(粤)	万绿湖旅游风景区	6.72	省	131.78	5657.61	3198.6
1242	阳春市(粤)	广东凌霄岩国家级地质公园	15.7	国家	50	10000	2000
1243	阳江林场(粤)	阳江东岸地方级森林自然公园	9561.45	省	1		
1244	阳江林场(粤)	阳江市罗琴山地方级森林自然公园	14280.45	省	0.8		
1245	阳山县(粤)	贤岭山风景区	—	省	360		
1246	阳山县(粤)	广东第一峰	20.7	省	155	7000	
1247	连山壮族瑶族自治县(粤)	连山福安县级森林公园	—	县	20		
1248	连南瑶族自治县(粤)	连南县大龙山市级自然保护区	0.09	县	1.07	477	
1249	连南瑶族自治县(粤)	连南县东山森林公园	0.03	县	2.8	300	
1250	连南瑶族自治县(粤)	广东连南万山朝王国家石漠公园	0.18	国家	13	4200	
1251	连南瑶族自治县(粤)	连南瑶排梯田国家湿地公园	0.04	国家	10	4000	
1252	连南瑶族自治县(粤)	连南板洞省级自然保护区	1.02	省	4.74	1650	
1253	连南瑶族自治县(粤)	连南大鲵省级自然保护区	1.02	省	0.15	100	
1254	连南瑶族自治县(粤)	连南县西北山森林公园	0.04	县	3.5	1400	
1255	清新区(粤)	广东太和洞森林公园	5.05	省	21	9600	330
1256	清新区(粤)	清远市清泉湾森林公园	0.41	地	14.5	3928	788.7
1257	清新区(粤)	广东笔架山森林公园	2.73	省	4	760	250
1258	英德市(粤)	亚婆田、白水寨生态旅游度假区	0.28	县	3.5	65	10
1259	英德市(粤)	世外桃源旅游公司	0.07	国家	79.22	9521.13	3100
1260	英德市(粤)	长湖国家森林公园	8.87	国家	—	—	
1261	英德市(粤)	风景名胜区	0.5	地	1	60	25
1262	英德市(粤)	九州驿站	—	省	30	147	2.5
1263	英德市(粤)	广东省石门台国家级自然保护区	10.3	国家			
1264	英德市(粤)	英德市国家森林公园	20	国家			
1265	英德市(粤)	石门台国家级自然保护区	4	国家			
1266	英德市(粤)	英德市国业旅游开发有限公司	0.5	县	60	18000	3900
1267	英德市(粤)	积庆里红茶谷	1	县	10	500	
1268	英德市(粤)	英德国家森林公园	12.76	国家			

林产品主产地及产量
PRINCIPAL PRODUCTION COUNTIES AND OUTPUT OF FOREST PRODUCTS

(续表)

序号	县(旗、市、区、局、场)	自然保护区、森林公园、风景名胜区等各类自然保护地（名称）	面积（万亩）	级别	实际接待人数（万人次）	旅游总收入（万元）	其中：门票收入（万元）
1269	连州市(粤)	广东南岭国家级自然保护区	7.3	国家	0.3	—	—
1270	连州市(粤)	广东田心省级自然保护区	17.9	省	0.09	—	—
1271	连州市(粤)	连州市巾峰山森林公园	0.31	县	7.5	—	—
1272	连州市(粤)	连州市福山森林公园	0.35	县	2.3	—	—
1273	连州市(粤)	广东天湖省级森林公园	16.43	省	2.5	—	—
1274	中山市(粤)	广东中山国家森林公园	1.64	国家	312	—	—
1275	湘桥区(粤)	广东紫莲山森林公园	0.8	省	49	8000	5000
1276	潮安区(粤)	广东潮安凤凰山省级自然保护区	0.43	省	1	—	—
1277	潮安区(粤)	潮州市金石宗山森林公园	0.3	地	36	—	—
1278	潮安区(粤)	潮州市潮安区凤翔峡森林公园	0.18	县	0.5	19.13	17.5
1279	潮安区(粤)	广东绿太阳景区	0.09	县	27	875.13	685.41
1280	饶平县(粤)	青岚地质公园	0.5	国家	15	1200	900
1281	揭东区(粤)	揭阳市市外桃园旅游度假区	0.8	县	17.5	1080	850
1282	揭东区(粤)	广东望天湖生态旅游度假区	0.5	国家	13.8	2000	450
1283	普宁市(粤)	普宁市善德梅海	1.26	县	5.4	124	9.4
1284	普宁市(粤)	莲花山公园	0.12	县	2	—	—
1285	普宁市(粤)	盘龙阁自然保护区	4.38	县	0.2	—	—
1286	普宁市(粤)	三坑水资源	5.7	县	1.8	—	—
1287	云城区(粤)	蟠龙洞风景名胜区	3.2	省	10	200	—
1288	新兴县(粤)	新兴县神仙谷森林公园	752.05	县	3.1	—	—
1289	新兴县(粤)	新兴县水源山森林公园	1251.37	县	1.3	—	—
1290	新兴县(粤)	新兴县金台山森林公园	1909.61	县	11.19	—	—
1291	新兴县(粤)	新兴县北峰山森林公园	5469.98	县	1.5	—	—
1292	新兴县(粤)	新兴县共成水库森林公园	568.09	县	1	—	—
1293	郁南县(粤)	广东郁南大河国家湿地公园	0.42	国家	1.5	—	—
1294	郁南县(粤)	九星湖省级湿地公园	0.04	省	13	—	—
1295	郁南县(粤)	大王山国家森林公园	1.8	国家	36.5	17	—
1296	云安区(粤)	云浮云安东山市级森林公园	0.71	地	40	20	—
1297	云安区(粤)	云浮云安凤凰山市级森林公园	0.22	地	20	18	—
1298	云安区(粤)	云浮云安东升县级森林公园	2.52	县	35	15	—
1299	云安区(粤)	云浮云安五爷山县级森林公园	2.44	县	38	26	—
1300	云安区(粤)	云浮云安大洞水库县级湿地公园	0.33	县	18	12	—
1301	云安区(粤)	云浮云安东风水库县级湿地公园	0.11	县	18	15	—
1302	云安区(粤)	云浮云安凌霄岩县级森林公园	0.81	县	30	20	—
1303	云安区(粤)	云浮大金山省级森林公园	4	省	60	40	—
1304	大云雾林场(粤)	云浮市将军顶森林公园	0.56	地	0.1	—	—
1305	同乐林场(粤)	云浮同乐森林公园	1	地	0.2	—	—
1306	武鸣区(桂)	花花大世界	0.3	地	25	1000	800
1307	隆安县(桂)	广西龙虎山风景区	0.6	国家	8.9	900	500

(续表)

序号	县(旗、市、区、局、场)	自然保护区、森林公园、风景名胜区等各类自然保护地(名称)	面积(万亩)	级别	实际接待人数(万人次)	旅游总收入(万元)	其中：门票收入(万元)
1308	马山县(桂)	广西弄拉自治区级自然保护区	12.7	省	42.93	2500	256
1309	融安县(桂)	广西红茶沟国家森林公园	2.84	国家	—	—	—
1310	融安县(桂)	广西融安石门自治区级地质公园	3.6	省	45.5	2067.7	1270
1311	龙胜各族自治县(桂)	龙胜温泉国家森林公园	2.71	国家	73	68620	
1312	龙胜各族自治县(桂)	龙胜龙脊梯田国家湿地公园	6.72	国家	214	201160	
1313	平乐县(桂)	广西狮子山国家森林公园	9.75	国家	—	—	
1314	万秀区(桂)	梧州市广信森林公园	1.6	地	500	500	
1315	万秀区(桂)	梧州市白云山风景名胜区	0.76	省	1350	5500	
1316	苍梧县(桂)	苍梧县飞龙湖国家森林公园	18	国家	12	105	
1317	藤 县(桂)	梧州市石表山休闲旅游风景区	2.4	省	16.4	732	435
1318	岑溪市(桂)	岑溪市石庙山	0.05	县	1.3	45.1	45.1
1319	岑溪市(桂)	岑溪市天龙顶山地公园	0.2	县	2.7	121.3	121.3
1320	岑溪市(桂)	岑溪市白霜涧	0.05	县	0.7	52.6	52.6
1321	防城区(桂)	广西防城金花茶国家级自然保护区	13.8	国家	7	420	—
1322	防城区(桂)	广西防城港十万大山国家级自然保护区	22	国家	17	1450	
1323	防城区(桂)	广西防城港北仑河口国家级自然保护区	0.3	国家	1.2	150	
1324	钦南区(桂)	那雾山森林公园	0.4	地	50	200	
1325	钦北区(桂)	广西钦州林湖自治区级森林公园	0.6	省	42	563	
1326	灵山县(桂)	六峰山风景名胜区	0.14	省	74.15	541	198
1327	浦北县(桂)	广西五皇山自治区森林公园	1.31	省	85	20183	2550
1328	博白县(桂)	博白县雷公岭森林公园	0.2	县	13	138	0
1329	博白县(桂)	博白县白鹤岛	0.06	县	5	25	0
1330	博白县(桂)	博白岭南西游记	0.18	县	11	42	0
1331	兴业县(桂)	兴业县鹿峰山风景区	—	县	97.26	—	3911.3
1332	北流市(桂)	玉林市大容山森林公园	7.2	国家	20.2	1820	805
1333	南丹县(桂)	广西南丹拉希国家湿地公园	0.84	国家			
1334	环江毛南族自治县(桂)	牛角寨森林生态园	1.5	县	5	600	60
1335	环江毛南族自治县(桂)	爱山森林公园	0.79	省	2		
1336	环江毛南族自治县(桂)	九万山自然保护区	7.53	国家	1		
1337	环江毛南族自治县(桂)	木论喀斯特自然保护区(古宾河漂流)	1.98	国家	2	300	30
1338	兴宾区(桂)	凤凰山森林公园		县	9	90	
1339	忻城县(桂)	广西乐滩国家湿地公园	1.88	国家	90	13017	
1340	金秀瑶族自治县(桂)	圣堂山景区	225000	国家	73.7	8155.2	1712.3
1341	江州区(桂)	广西崇左白头叶猴国家级自然保护区	29.38	国家	0.12	19	
1342	大新县(桂)	恩城自然保护区	38.72	国家	—	—	
1343	六万林场(桂)	广西六万大山森林公园	0.66	省	23	294	101.37
1344	派阳山林场(桂)	广西派阳山自治区级森林公园	—	省	6.2	240	23
1345	雅长林场(桂)	广西黄猄洞天坑国家森林公园	20.8	国家	—	—	

林产品主产地及产量

PRINCIPAL PRODUCTION COUNTIES AND OUTPUT OF FOREST PRODUCTS

(续表)

序号	县(旗、市、区、局、场)	自然保护区、森林公园、风景名胜区等各类自然保护地(名称)	面积(万亩)	级别	实际接待人数(万人次)	旅游总收入(万元)	其中:门票收入(万元)
1346	南宁市(桂)	良凤江国家森林公园	0.37	国家	16	778.66	162.72
1347	三门江林场(桂)	三门江国家森林公园	18.71	国家	20	1030	—
1348	钦廉林场(桂)	北部湾花卉小镇	0.12	省	40	140	133
1349	大桂山林场(桂)	广西大桂山国家森林公园	4.5	国家	3.14	219.8	141.3
1350	广西生态学院(桂)	君武森林公园	649.35	国家	20	120	80
1351	三亚市市辖区(琼)	海南南岛国家森林康养基地	0.49	国家	—	—	—
1352	三亚市市辖区(琼)	临春岭森林公园	0.28	地	50	10.3	—
1353	三亚市市辖区(琼)	三亚凤凰谷国家森林康养试点建设基地	0.48	国家	3.1	510	—
1354	三亚市市辖区(琼)	亚龙湾热带天堂森林旅游区	2.26	地	181.2	28898	9920.4
1355	儋州市(琼)	海南儋州莲花山省级地质公园	7.6	省	7.45	261.35	261.35
1356	儋州市(琼)	海南儋州石花水洞省级地质公园	0.3	省	14.32	766	632.6
1357	儋州市(琼)	海南兰洋温泉国家森林公园	8.86	国家	20.6	466.74	131.4
1358	乐东黎族自治县(琼)	海南热带雨林国家森林公园尖峰岭景区	101.7	国家	10.6	1384	473
1359	陵水黎族自治县(琼)	海南省吊罗山森林公园	31.35	省	0.1	—	—
1360	琼中黎族苗族自治县(琼)	黎母山国家森林公园	19.3	国家	15000	120	10
1361	琼中黎族苗族自治县(琼)	百花岭风景名胜区	3.75	省	32.84	1569.67	1001.02
1362	万州区(渝)	铁峰山国家森林公园	13.65	国家	7.5	200	
1363	永川区(渝)	茶山竹海国家森林公园	14.97	国家	45.33	—	
1364	永川区(渝)	长江上游珍稀特有鱼类国家级自然保护区	—	国家			
1365	永川区(渝)	重庆市桃花源森林公园	0.13	省	1	50	18
1366	永川区(渝)	重庆市石笋山森林公园	1	省	30	1000	300
1367	永川区(渝)	重庆市云龙山森林公园	0.9	省	0.5		
1368	綦江区(渝)	重庆綦江国家地质公园	15	国家	12.4	526.44	526.44
1369	綦江区(渝)	重庆綦江古剑山-清溪河风景名胜区	10.8	省	196.7	92000	
1370	荣昌区(渝)	重庆市岚峰森林公园	0.8	省	3	300	
1371	荣昌区(渝)	重庆濑溪河国家湿地公园	1.37	国家	50	5000	
1372	梁平区(渝)	百里竹海	35	省	167	71800	
1373	丰都县(渝)	丰都县南天湖市级自然保护区	27.2	省	4	713	632
1374	丰都县(渝)	重庆沐枫乡村旅游开发有限公司	0.42	县	15	100	0
1375	丰都县(渝)	丰都县九重天景区	1.8	县	30	1600	980
1376	丰都县(渝)	南天湖景区	2.39	县	200	22000	6000
1377	锦江区(川)	三圣花乡观光旅游区	1.5	国家	1045.53	107632	
1378	龙泉驿区(川)	龙泉湖省级自然保护区	0.43	省	25.3	13394.9	—
1379	龙泉驿区(川)	龙泉山城市森林公园	191.25	地	673.38	356465	
1380	青白江区(川)	青白江乡村旅游	5	县	3146000	25797	
1381	温江区(川)	幸福田园	0.14	县	15	230	
1382	金堂县(川)	云顶石城	0.12	县	104.5	2000	2000

(续表)

序号	县(旗、市、区、局、场)	自然保护区、森林公园、风景名胜区等各类自然保护地(名称)	面积(万亩)	级别	实际接待人数(万人次)	旅游总收入(万元)	其中：门票收入(万元)
1383	金堂县(川)	云顶山风景区	10.1	县	104.5	7000	—
1384	金堂县(川)	栖贤梨花沟风景区	0.75	县	7.8	2050	
1385	大邑县(川)	大熊猫国家公园	67.9	国家	151.76	117069	95388
1386	新津区(川)	花舞人间景区	0.3	国家	125	25500	8920
1387	新津区(川)	斑竹林景区	0.36	国家	105	25500	
1388	都江堰市(川)	四川省灵岩山森林公园	0.45	省	11.62	454158	
1389	都江堰市(川)	都江堰国家森林公园	44.3	国家	26.23	113539.5	
1390	都江堰市(川)	青城山风景名胜区	22.78	国家	528.2	36935	25641.44
1391	彭州市(川)	龙门山风景名胜区	30.45	地	56.3	13620	
1392	彭州市(川)	飞来峰自然保护区	0.12	县	4	100	80
1393	彭州市(川)	四川省白鹿森林公园	5.12	省	50	2026	
1394	彭州市(川)	九峰山风景名胜区	27	地	26	5320	
1395	邛崃市(川)	川西竹海峡谷自然景区	18	地	105	66363	8295
1396	崇州市(川)	竹艺村景区	0.3	国家	882	264752	
1397	崇州市(川)	鞍子河自然保护区	152	国家	156	16235	—
1398	天府新区(川)	龙泉山及周边旅游	—	县	740	99000	
1399	简阳市(川)	稻花香里	0.03	县	156	1688	
1400	简阳市(川)	鳌山公园	0.36	县	211	10550	
1401	简阳市(川)	悠然岛风景区	0.04	县	60	850	
1402	简阳市(川)	未来之星家庭农场	0.03	县	80	2110	
1403	简阳市(川)	东麓花溪	0.3	县	120	422	
1404	东部新区(川)	三岔湖风景区	18	县	160	4520	
1405	自流井区(川)	四川飞龙峡森林公园	3.27	省	20	800	200
1406	荣县(川)	四川省高石梯森林公园	179.23	省	4	85	—
1407	江阳区(川)	四川省泸州方山风景区	0.31	省	26	3630	306
1408	纳溪区(川)	天仙硐风景名胜区	5.48	省	43	2104	
1409	纳溪区(川)	泸州清溪谷文化旅游投资有限公司	0.4	国家	50	3100	
1410	龙马潭区(川)	九狮山风景区	1.65	省	2	1200	40
1411	泸　县(川)	玉蟾山风景名胜区	7.5	省	200	60900	4000
1412	泸　县(川)	玉龙湖风景名胜区	4.4	省	78	22000	2400
1413	合江县(川)	福宝国家森林公园	16.5	国家	65	58645	5512
1414	古蔺县(川)	太平渡四渡赤水纪念馆	0.5	国家	20	10000	
1415	古蔺县(川)	黄荆老林风景区	65	国家	60	108500	
1416	古蔺县(川)	古郎洞风景区	10	省	16	26000	
1417	古蔺县(川)	大黑洞风景区	20	国家	30	36000	
1418	旌阳区(川)	崴螺山森林公园	0.38	省	27.3	417.9	275.9
1419	中江县(川)	芍药谷景区、岩鹰山景区	1.1	县	160	36000	
1420	广汉市(川)	鸭子河湿地自然保护区	0.96	县	105	8400	
1421	绵竹市(川)	云湖国家森林公园	1.52	国家	—	—	

(续表)

序号	县(旗、市、区、局、场)	自然保护区、森林公园、风景名胜区等各类自然保护地(名称)	面积(万亩)	级别	实际接待人数(万人次)	旅游总收入(万元)	其中：门票收入(万元)
1422	绵竹市(川)	四川绵竹剑南春森林公园	0.21	省	2	350	—
1423	游仙区(川)	仙海水利风景区	1.5	国家	52	9840	—
1424	北川羌族自治县(川)	四川北川国家森林公园	4.5	国家	45	8426	3250
1425	江油市(川)	江油市观雾山森林公园	43.88	省	16	458	
1426	利州区(川)	天曌山风景区	2	国家	38.5	5650	1750
1427	利州区(川)	南河湿地公园	0.33	国家	3855		
1428	昭化区(川)	四川柏林湖国家湿地公园	0.58	国家	25	532	375
1429	昭化区(川)	四川省栖凤峡森林公园	1.3	省	48	1120	960
1430	朝天区(川)	四川水磨沟省级自然保护区	11	省	3	682	99
1431	朝天区(川)	四川嘉陵江源湿地市级自然保护区	10.27	地	—	—	—
1432	旺苍县(川)	米仓山大峡谷旅游景区	0.53	国家	3	43.6	41.3
1433	旺苍县(川)	旺苍大峡谷森林公园	3154.18	省	0.09	1.8	—
1434	旺苍县(川)	米仓山自然保护区	23400	国家	30	28000	185
1435	青川县(川)	唐家河自然保护区	60	国家	108.5	55079	3150
1436	剑阁县(川)	四川省翠云廊古柏自然保护区	2	省	8.4	26536	
1437	剑阁县(川)	剑门关国家森林公园	3	国家	423.35	63068	10560
1438	苍溪县(川)	四川九龙山自然保护区	12.07	省	4.38	0.17	
1439	苍溪县(川)	苍溪国家森林公园	4.35	国家	10.95	6556	
1440	苍溪县(川)	苍溪县梨仙湖湿地公园	0.86	省	3.19	1.16	
1441	船山区(川)	广渡寺风景区	0.02	省	36	3600	2300
1442	船山区(川)	灵泉寺风景区	0.01	省	36	3300	2200
1443	射洪市(川)	四川射洪涪江湿地自然保护区	6.16	地	35	—	
1444	射洪市(川)	平安风景名胜区	3.1	省	20	—	
1445	东兴区(川)	长坝山生态自然保护中心	0.17	省	476000	40500	
1446	威远县(川)	花朝门风景区	0.1	县	10	1500	
1447	威远县(川)	无花果博览园	0.3	县	50	18000	
1448	威远县(川)	佛尔岩	0.05	县	10	500	
1449	威远县(川)	石板河风景区	0.5	县	100	17000	8000
1450	威远县(川)	感恩寺	0.1	县	10	500	
1451	威远县(川)	凤凰古寨	0.2	县	5	200	
1452	威远县(川)	骑龙坳风景区	0.5	县	50	1500	
1453	威远县(川)	慈姑塘森林公园	0.5	县	30	1500	
1454	威远县(川)	康桥恬园风景区	0.3	县	10	1300	—
1455	威远县(川)	古佛顶风景区	0.2	县	10	1000	
1456	威远县(川)	船石湖风景区	6	县	20	2000	—
1457	资中县(川)	资中县白云山、重龙山风景名胜区	53	地	1	100	
1458	隆昌市(川)	尖山子森林公园	0.3	地	10	1000	
1459	隆昌市(川)	古宇湖国家级湿地公园	0.8	国家	50	14000	
1460	沐川县(川)	沐川森林公园	5.49	国家	34	5000	1000

（续表）

序号	县（旗、市、区、局、场）	自然保护区、森林公园、风景名胜区等各类自然保护地（名称）	面积（万亩）	级别	实际接待人数（万人次）	旅游总收入（万元）	其中：门票收入（万元）
1461	峨边彝族自治县（川）	五渡先锋新寨景区	0.9	国家	8.81	71.9	—
1462	峨边彝族自治县（川）	黑竹沟风景区	86.25	国家	64.36	5820.9	2474
1463	峨边彝族自治县（川）	哈曲解放彝家新寨	0.12	国家	6.26	50.5	
1464	峨边彝族自治县（川）	黑竹沟底底古彝寨	0.75	国家	8.13	139	
1465	高坪区（川）	凌云山森林公园	3000	国家	30	3000	
1466	仪陇县（川）	朱德故里琳琅山风景区	0.84	省	224	61705	
1467	西充县（川）	西充县青龙湖湿地公园	0.62	国家	2.05	338.8	
1468	西充县（川）	西充县百福寺森林公园	0.03	地	16.7	4554	
1469	阆中市（川）	锦屏山风景胜区	7.3	县	25	11676	1000
1470	阆中市（川）	四川阆中国家森林公园	3.5	国家	81	35730	—
1471	阆中市（川）	锦屏山风景名胜区	5.46	省	100	46704	3000
1472	阆中市（川）	四川构溪河湿地公园	4	国家	54	23820	—
1473	彭山区（川）	彭祖山风景名胜区	0.5	省	14.2	1141	113
1474	丹棱县（川）	九龙山森林公园	0.57	省	8	260	—
1475	青神县（川）	江湾神木园	0.01	省	16.8	512	
1476	青神县（川）	青神竹林湿地公园康养基地	0.2	省	29	524	
1477	青神县（川）	青神县中岩风景名胜康养基地	4	省	9.5	630	
1478	青神县（川）	国际竹艺城景区	0.42	国家	33.1	31620	
1479	翠屏区（川）	长江上游珍稀鱼类国家级自然保护区	2.48	国家	14.3	2430	
1480	叙州区（川）	森林公园	0.72	省	40.1	7619	200.5
1481	叙州区（川）	越溪河风景名胜区	18.33	省	3.64	728	
1482	南溪区（川）	四川省云台山森林公园	0.64	省	33	11873	
1483	江安县（川）	长江竹岛	0.08	国家	—	—	
1484	江安县（川）	夕佳山古民居	0.01	国家	—	—	
1485	长宁县（川）	佛来山风景区	14	国家	47.22	4722	
1486	长宁县（川）	泽鸿故居	2.3	县	1.01	37	
1487	长宁县（川）	七洞沟风景区	0.75	国家	19.22	656.32	76.25
1488	长宁县（川）	蜀南花海	0.6	国家	15.84	1528	598.25
1489	筠连县（川）	大雪山自然保护区	3.2	县	224	9800	
1490	兴文县（川）	兴文县水泸坝现代农业公园	0.55	国家	31.04	5873	
1491	兴文县（川）	兴文僰王山风景区	2.73	国家	50.39	25195	1373.87
1492	兴文县（川）	兴文石菊古地景区	0.3	国家	31.2	12012	235.75
1493	兴文县（川）	四川石海世界地质公园	23.45	国家	67.16	32236.8	5138.67
1494	兴文县（川）	僰人巨石阵景区	1.08	国家	59.31	15420.6	
1495	兴文县（川）	兴文县太安石林景区	1.2	国家	25.38	7106.4	
1496	屏山县（川）	老君山省级风景名胜区	1.72	省	7	3500	
1497	屏山县（川）	老君山国家级自然保护区	5.25	国家	5	2200	
1498	屏山县（川）	长江上游珍稀特有鱼类国家级自然保护区	0.5	国家	1.5	700	—

林产品主产地及产量

PRINCIPAL PRODUCTION COUNTIES AND OUTPUT OF FOREST PRODUCTS

(续表)

序号	县(旗、市、区、局、场)	自然保护区、森林公园、风景名胜区等各类自然保护地(名称)	面积(万亩)	级别	实际接待人数(万人次)	旅游总收入(万元)	其中:门票收入(万元)
1499	华蓥市(川)	华蓥山国家森林公园	17.4	国家	200	63800	15000
1500	通川区(川)	榭山庄园森林康养基地	0.1	省	3	500	—
1501	通川区(川)	四川省犀牛山森林公园	0.44	省	200	16000	—
1502	通川区(川)	千口岭森林公园	0.64	省	30	2400	—
1503	通川区(川)	达州凤凰山公园	0.3	县	40	4000	—
1504	通川区(川)	神剑旅游景区(4A)	0.13	国家	70	7000	—
1505	通川区(川)	磐石月湖旅游区	0.12	国家	80	8000	1600
1506	宣汉县(川)	百里峡自然保护区	39.66	国家	20.41	3020	—
1507	宣汉县(川)	四川宣汉国家森林公园	6.93	国家	19.5	402	—
1508	宣汉县(川)	笔架山风景区	0.8	地	28.35	1940	—
1509	大竹县(川)	五峰山国家级4A景区	2	国家	86	19500	2150
1510	渠县(川)	四川賨人谷国家森林公园	5.92	国家	30.2	5868	1254
1511	万源市(川)	四川省东林山森林公园	1.74	省	4.25	35	—
1512	万源市(川)	四川蜂桶山省级自然保护区	2.05	省	1.4	—	—
1513	万源市(川)	四川省黑宝山森林公园	3.98	省	5	40	—
1514	名山区(川)	蒙顶山	0.6	国家	270	75000	600
1515	荥经县(川)	龙苍沟国家森林公园	10	国家	30	20000	10000
1516	石棉县(川)	四川栗子坪国家级自然保护区	71.91	国家	45	20900	—
1517	石棉县(川)	四川贡嘎山国家级自然保护区	59.48	国家	60	100	—
1518	天全县(川)	二郎山国家森林公园	86.28	县	151.67	68528	—
1519	芦山县(川)	西岭国家森林公园	26.64	国家	—	—	—
1520	芦山县(川)	大熊猫栖息地世界遗产地芦山片区	130.5	国家	—	—	—
1521	芦山县(川)	大熊猫国家森林公园芦山片区	88.29	国家	—	—	—
1522	宝兴县(川)	蜂桶寨自然保护区	58.52	国家	3	2690	90
1523	宝兴县(川)	夹金山国家森林公园	132.5	国家	10.5	19575	1375
1524	巴州区(川)	天马山国家森林公园	1.86	国家	10.38	3432	66
1525	恩阳区(川)	巴中市恩阳区章怀山森林公园管理处	1.3	省	12	150	40
1526	通江县(川)	空山森林公园管理局	17.26	国家	15	600	—
1527	南江县(川)	南江县米仓山国家森林公园	60.23	国家	157.6	96666	13987
1528	平昌县(川)	平昌县镇龙山国家森林公园	3	国家	20	4000	—
1529	安岳县(川)	四川省千佛寨森林公园	0.07	省	510	1681.5	—
1530	理县(川)	理县毕棚沟自然风景区	51	省	98	4904	—
1531	九寨沟县(川)	九寨沟国家森林公园	55.5	国家	17.7	3972.44	246.81
1532	九寨沟县(川)	九寨沟自然保护区	964455	国家	222	237715	—
1533	九寨沟县(川)	白河保护区	243	国家	—	—	—
1534	小金县(川)	夹金山国家森林公园	35.23	国家	0.6	50	—
1535	小金县(川)	四姑娘山国家级风景名胜区	88.6	国家	64.07	51256	3965
1536	小金林业局(川)	四川省梦笔山森林公园	241.94	省	0.02	2.4	—
1537	丹巴县(川)	莫斯卡自然保护区	13700	省	3	700	—

(续表)

序号	县(旗、市、区、局、场)	自然保护区、森林公园、风景名胜区等各类自然保护地（名称）	面积（万亩）	级别	实际接待人数（万人次）	旅游总收入（万元）	其中：门票收入（万元）
1538	九龙县(川)	湾坝自然保护区	62.74	省	0.53	21.5	—
1539	九龙县(川)	贡嘎山风景名胜区	86.7	国家	2.4	92.5	—
1540	雅江县(川)	格西沟自然保护区	134.28	国家	3.8	1500	—
1541	道孚县(川)	墨石公园	0.75	国家	2.1	378	168
1542	甘孜县(川)	四川冷达沟县级自然保护区	110.2	县	1.2	1000	
1543	新龙县(川)	雄龙西乡自然保护区	170.54	省	0.1	100	
1544	新龙县(川)	拉日马省级湿地公园	0.1	省	0.1	100	
1545	德格县(川)	四川阿木拉自然保护区	18	县	0.35	340	18
1546	德格县(川)	四川新路海自然保护区	40.56	省	0.88	620	60
1547	德格县(川)	四川德格珠姆省级湿地公园	2.96	省	0.56	450	19
1548	德格县(川)	四川志巴沟自然保护区	13.98	县	0.35	340	12
1549	德格县(川)	四川德格玉隆省级湿地公园	15.02	省	0.48	420	17
1550	德格县(川)	四川多普沟自然保护区	33.15	地	0.53	470	30
1551	德格县(川)	四川阿须湿地自然保护区	2.6	县	0.35	340	12
1552	白玉县(川)	察青松多白唇鹿国家级自然保护区	212.97	国家	0.1	30	
1553	石渠县(川)	长沙贡玛湿地自然保护区	1004.7	国家	1.1	120	
1554	色达县(川)	泥拉坝自然保护区	91	县	0.8	3	
1555	理塘县(川)	海子山自然保护区	501.9	国家	3	15	11
1556	理塘县(川)	扎嘎神山	240	县	2	1.5	1
1557	理塘县(川)	格木自然保护区	1126.65	县	1	9	2
1558	巴塘县(川)	措普沟国家森林公园	86.8	国家	4000	38	—
1559	稻城县(川)	稻城亚丁风景区	162.6	国家	35.92	395000	39.5
1560	得荣县(川)	下拥自然保护区	35.54	省	0.03	5.8	
1561	道孚林业局(川)	四川鲜水河大峡谷国家森林公园	600	国家	0.2	40	
1562	白玉林业局(川)	四川沙鲁里山国家森林公园	50	国家	0.1	80	
1563	力邱河林业局(川)	四川荷花海国家森林公园	24.7	国家	2	100	
1564	盐源县(川)	四川泸沽湖自然保护区	25.3	地	8.19	9380	
1565	普格县(川)	螺髻九十九	0.3	国家	21.16	7893.8	5682
1566	普格县(川)	螺髻山风景旅游区	169.22	国家	20	4454.2	3421.3
1567	金阳县(川)	金阳县百草坡自然保护区	38.4	省	7.6	15964	
1568	冕宁县(川)	四川省灵山森林公园	7.09	省	35.12	5268	1106.28
1569	雷波县(川)	麻咪泽自然保护区	58.2	省	21	13800	—
1570	乌当区(黔)	乌当区羊昌花画小镇	1.5	地	67.9	61789	
1571	乌当区(黔)	乌当区香纸沟-盘龙山	10.44	地	67.56	61479.6	
1572	乌当区(黔)	乌当区渔洞峡	0.11	地	56.3	51233	
1573	白云区(黔)	贵阳长坡岭国家级森林公园	1.47	国家	13.2	52	52
1574	开阳县(黔)	贵阳市开阳县风景名胜区	12.04	省	16	1612	
1575	息烽县(黔)	息烽温泉省级森林公园	5.45	省	29.3	4522.94	
1576	息烽县(黔)	息烽风景名胜区	25.32	省	12	1925	—

林产品主产地及产量

PRINCIPAL PRODUCTION COUNTIES AND OUTPUT OF FOREST PRODUCTS

(续表)

序号	县(旗、市、区、局、场)	自然保护区、森林公园、风景名胜区等各类自然保护地(名称)	面积(万亩)	级别	实际接待人数(万人次)	旅游总收入(万元)	其中：门票收入(万元)
1577	观山湖区(黔)	贵阳百花湖风景名胜区	0.1	省	11.7	7954.7	48.1
1578	钟山区(黔)	凉都省级森林公园	3	省	72	3000	—
1579	钟山区(黔)	贵州水城国家杜鹃公园	1.3	国家	1.2	15	—
1580	钟山区(黔)	六盘水明湖国家湿地公园	0.3	国家	130	3960	
1581	六枝特区(黔)	贵州黄果树瀑布源国家级森林公园	8.72	国家	—	—	—
1582	六枝特区(黔)	贵州六盘水牂牁江国家湿地公园	5.27	国家			
1583	水城县(黔)	水城玉舍国家森林公园	1.39	国家	1094.1	838200	
1584	水城县(黔)	贵州六盘水乌蒙山国家地质公园	51.17	国家			
1585	水城县(黔)	贵州六盘水娘娘山国家湿地公园	4.02	国家			
1586	红花岗区(黔)	贵州大板水国家森林公园	4.7	国家			
1587	汇川区(黔)	遵义娄山风景名胜区	7	省	112.3	5458.7	
1588	桐梓县(黔)	黄莲柏箐自然保护区	34.5	地	1.8	20	
1589	绥阳县(黔)	绥阳县观音岩森林公园	0.02	县	5.86	263.4	30.87
1590	正安县(黔)	九道水国家森林公园	1.87	国家	15	350	230
1591	务川仡佬族苗族自治县(黔)	务川洪渡河湿地公园	3.26	国家	12	2500	
1592	凤冈县(黔)	万佛山自然保护区	12.62	县	12	1600	
1593	余庆县(黔)	余庆玉笏山省级森林公园	1.54	省	100	180	
1594	余庆县(黔)	贵州余庆飞龙湖国家湿地公园	4.11	国家	300	385	25
1595	余庆县(黔)	余庆老林河省级森林公园	2.88	省	60	—	—
1596	赤水市(黔)	燕子岩国家森林公园	16.3	国家	23.37	28045	1024
1597	赤水市(黔)	竹海国家森林公园	17.2	国家	47.42	56898	1138
1598	关岭布依族苗族自治县(黔)	花江大峡谷风景名胜区	24.9	省	50	200	20
1599	紫云苗族布依族自治县(黔)	紫云格凸河穿洞国家级风景名胜区	8.52	国家	31.68	595.45	150.29
1600	碧江区(黔)	天生桥景区	0.62	县	2.2	91.5	91.5
1601	碧江区(黔)	九龙洞风景名胜区	33	国家	3.7	229	168
1602	玉屏侗族自治县(黔)	玉屏北侗箫笛之乡风景名胜区	7.2	省	5.8	1740	580
1603	玉屏侗族自治县(黔)	玉屏侗族自治县南门坡省级森林公园	0.49	省	6.8	25	1.5
1604	思南县(黔)	思南乌江白鹭洲风景名胜区	12.9	省	50	7001	21
1605	思南县(黔)	思南万圣山省级森林公园	0.89	省	12	162	
1606	印江土家族苗族自治县(黔)	梵净山国家级自然保护区	20.78	国家	19	20100	3900
1607	德江县(黔)	德江大犀山森林公园	0.1	县	30	—	—
1608	德江县(黔)	人民公园	0.05	县	60	—	—
1609	德江县(黔)	德江白果坨湿地公园	2.48	国家	20	—	
1610	德江县(黔)	洋山河地质公园	0.8	县	30	—	
1611	沿河土家族自治县(黔)	贵州沿河乌江森林公园	4.21	省	57.54	36720	—
1612	沿河土家族自治县(黔)	沿河乌江国家级湿地公园	1.87	国家	172.62	110160	
1613	沿河土家族自治县(黔)	贵州麻阳河国家级自然保护区	46.67	国家	345.24	220320	
1614	万山区(黔)	铜仁市万山区垯扒洞湿地公园	0.72	国家	30	3000	
1615	万山区(黔)	铜仁市万山区朱砂古镇	1.2	国家	710	41000	16000

(续表)

序号	县(旗、市、区、局、场)	自然保护区、森林公园、风景名胜区等各类自然保护地(名称)	面积(万亩)	级别	实际接待人数(万人次)	旅游总收入(万元)	其中:门票收入(万元)
1616	兴义市(黔)	鲁布格风景名胜区	24.07	省	14.95	15697.5	—
1617	兴义市(黔)	泥凼石林风景名胜区	1.89	省	4.76	4998	
1618	兴义市(黔)	马岭河峡谷风景名胜区	67.5	国家	320.43	403758.58	6408.1
1619	兴义市(黔)	坡岗喀斯特植被州级保护区	7.54	地	14.65	15382.5	
1620	兴仁市(黔)	清水河自然保护区	3.84	省	8.75	700	
1621	兴仁市(黔)	放马坪风景名胜区	12.5	县	181	139500	
1622	普安县(黔)	普安茶文化生态旅游景区	1.5	国家	5.6	850	
1623	普安县(黔)	普白森林公园	1.69	省	2.59	690	
1624	普安县(黔)	普安森林公园	0.39	县	1.6	500	
1625	晴隆县(黔)	晴隆县二十四道拐	9.1	省	23.77	467.2	295.3
1626	晴隆县(黔)	阿妹戚拖小镇	1.2	省	17.99	260.7	
1627	贞丰县(黔)	北盘江国家湿地公园	6.19	国家	160	16100	
1628	贞丰县(黔)	三岔河风景区	5.73	省	450	27500	
1629	望谟县(黔)	望谟"贵州苏铁"自然保护区	5	省	0.3	5	
1630	望谟县(黔)	望谟县渡邑南亚热带沟谷雨季林自然保护区	10.8	省	0.2	5	
1631	册亨县(黔)	贵州册亨万重山省级森林公园	1.74	省	12	392	
1632	安龙县(黔)	仙鹤坪国家级森林公园	13.59	国家	2.5	75	
1633	七星关区(黔)	毕节国家森林公园	6.2	国家	40	200	
1634	大方县(黔)	九洞天景区	12	国家	19	0.2	
1635	大方县(黔)	贵州油杉河大峡谷国家森林公园	7.77	国家	50.6	46500	
1636	金沙县(黔)	贵州金沙冷水河国家森林公园	3.17	国家	2.5	80	
1637	金沙县(黔)	贵州金沙三丈水省级森林公园	8.72	省	2.65	235	
1638	纳雍县(黔)	纳雍县珙桐省级自然保护区	17.09	省	6	2000	
1639	纳雍县(黔)	纳雍县大坪箐湿地公园	1.6	国家	3	1000	
1640	纳雍县(黔)	纳雍县莲花山市级森林公园	0.73	地	0.48	5.6	
1641	威宁彝族回族苗族自治县(黔)	威宁草海国家级自然保护区	1.2	国家	100	10000	
1642	凯里市(黔)	罗汉山省级森林公园	0.12	省	8.2	168	
1643	凯里市(黔)	石仙山省级森林公园	0.94	省	1.2	10	
1644	三穗县(黔)	贵洞景区	0.8	县	40	1800	280
1645	镇远县(黔)	铁溪景区	—	国家	1.22	—	21.22
1646	镇远县(黔)	镇远县高过河	—	省	14.03	2099.02	247.31
1647	镇远县(黔)	镇远石屏山景点	—	国家	3.68		49.47
1648	镇远县(黔)	舞阳河景区	—	国家	5.53	407.32	80.18
1649	剑河县(黔)	贵州革东古生物化石自然保护区	4.8	省	1		
1650	剑河县(黔)	贵州仰阿莎国家公园	5.4	国家	0.5		
1651	台江县(黔)	南宫国家森林公园	10	国家	31	450	
1652	台江县(黔)	翁密河国家湿地公园	2	国家	200	300	
1653	黎平县(黔)	黎平侗乡风景名胜区	67.5	国家	195.79	61869.4	9789.5

PRINCIPAL PRODUCTION COUNTIES AND OUTPUT OF FOREST PRODUCTS

（续表）

序号	县（旗、市、区、局、场）	自然保护区、森林公园、风景名胜区等各类自然保护地（名称）	面积（万亩）	级别	实际接待人数（万人次）	旅游总收入（万元）	其中：门票收入（万元）
1654	黎平县（黔）	黎平国家森林公园	8.2	国家	83.91	26515.5	4195.5
1655	黎平县（黔）	黎平八舟河国家湿地公园	0.9	国家	167.82	53031.1	8391
1656	黎平县（黔）	黎平县太平山州级自然保护区	47.3	地	111.88	35354	5594
1657	从江县（黔）	岜沙、七星侗寨、加榜梯田	7.98	县	601.53	185192	128
1658	雷山县（黔）	雷公山国家自然保护区、雷山县雷公山国家森林公园、雷山县西江镇风景名胜区、雷山县大塘镇风景名胜区、雷山县郎德镇风景名胜区	80.4	国家	1.62	199668	—
1659	麻江县（黔）	药谷江村景区	0.3	国家	35	19600	—
1660	麻江县（黔）	麻江县蓝莓生态旅游景区	0.42	国家	44	28600	—
1661	麻江县（黔）	乌羊麻苗寨景区	0.04	国家	23	14950	—
1662	麻江县（黔）	夏同龢状元第景区	0.04	国家	32	17920	—
1663	麻江县（黔）	马鞍山生态体育公园	0.07	国家	46	25760	—
1664	丹寨县（黔）	龙泉山景区	0.36	省	4.59	82.91	74.1
1665	丹寨县（黔）	石桥古法造纸文化旅游景区	0.36	县	50.97	51015.48	—
1666	都匀市（黔）	都匀市斗篷山风景名胜区	266.8	国家	0.83	—	30.8
1667	荔波县（黔）	荔波小七孔景区、茂兰喀斯特自然保护区、水春河景区、兰鼎山森林公园	104.8	国家	1945.63	1596300	8985.46
1668	罗甸县（黔）	贵州罗甸蒙江国家湿地公园	10.97	国家	—	—	—
1669	长顺县（黔）	神泉谷景区	0.5	省	10	1710	312
1670	长顺县（黔）	白云山景区	0.3	县	2	0.5	—
1671	贵州省龙里林场（黔）	贵州龙架山国家森林公园	9.15	国家	15	232	89
1672	贵州省扎佐林场（黔）	贵州景阳省级森林公园	1.74	省	400000	10300	3843
1673	西山区（滇）	昆明市西山区棋盘山国家森林公园	1.63	国家	2.6	28.36	28.36
1674	西山区（滇）	昆明滇池国家级风景名胜区西山景区	8.27	国家	153	3629.64	1637.64
1675	宜良县（滇）	宜良县樱花谷森林庄园	0.21	地	1	350	30
1676	石林彝族自治县（滇）	石林风景区	0.15	国家	145.08	146400	18900
1677	石林彝族自治县（滇）	昆明杏林大观园	0.3	国家	60.38	2600	603
1678	石林彝族自治县（滇）	乃古石林风景区	0.21	国家	17.62	10154	—
1679	石林彝族自治县（滇）	圭山国家森林公园	4.8	国家	12	48	—
1680	石林彝族自治县（滇）	长湖景区	0.61	县	2.25	1295.94	—
1681	寻甸回族彝族自治县（滇）	寻甸县石板河风景区	0.12	县	1.8	810	108
1682	寻甸回族彝族自治县（滇）	寻甸县凤龙湾小镇	0.5	省	25	5000	750
1683	麒麟区（滇）	麒麟水乡	0.2	省	40	600	—
1684	麒麟区（滇）	金麟湾爱情小镇	0.1	省	130	11000	—
1685	麒麟区（滇）	克依黑风景区	0.7	省	50	3000	1000
1686	师宗县（滇）	师宗县翠云山县级自然保护区	0.16	县	9.5	190	190
1687	罗平县（滇）	九龙瀑布、多依河、地质公园、相石阶森林公园等	9.5	县	126.52	—	449.44
1688	沾益区（滇）	珠江源国家森林公园	1.87	国家	15	800	600

(续表)

序号	县(旗、市、区、局、场)	自然保护区、森林公园、风景名胜区等各类自然保护地(名称)	面积(万亩)	级别	实际接待人数(万人次)	旅游总收入(万元)	其中:门票收入(万元)
1689	宣威市(滇)	东山公园	0.1	县	50	400	400
1690	宣威市(滇)	泥珠河公园	0.2	县	52	520	520
1691	宣威市(滇)	万松居	0.3	县	65	650	650
1692	江川区(滇)	江川区北山寺森林公园	1.2	县	5.6	285	
1693	江川区(滇)	江川区星云湖国家湿地公园	56.84	国家	18	815	—
1694	通海县(滇)	秀山公园	0.15	县	45	—	
1695	易门县(滇)	云南龙泉国家森林公园	1.5	国家	25	2.2	
1696	峨山彝族自治县(滇)	峨山彝人谷万亩竹海生态旅游区	0.1	县	6.89	145	6.89
1697	新平彝族傣族自治县(滇)	云南磨盘山国家森林公园	11.02	国家	8.66		362.78
1698	新平彝族傣族自治县(滇)	县级自然保护区	24.11	县	11.51		207.45
1699	隆阳区(滇)	青华海国家湿地公园	0.25	国家	540		
1700	隆阳区(滇)	太保山省级森林公园	0.73	省	103		
1701	隆阳区(滇)	云南高黎贡山国家级自然保护区	58.54	国家	—		
1702	施甸县(滇)	善洲林场4A级景区	5.64	省	0.48	265	
1703	腾冲市(滇)	北海湿地自然保护区	2.44	省	0.3	90	24
1704	腾冲市(滇)	云峰山森林公园	2.1	县	0.8	240	40
1705	腾冲市(滇)	来凤山国家森林公园	0.33	国家	20	—	
1706	腾冲市(滇)	火山地质公园	0.08	县	0.6	60	18
1707	腾冲市(滇)	樱花谷森林公园	0.15	县	0.2	30	9
1708	腾冲市(滇)	高黎贡山国家级自然保护区	66.63	国家	0.2		
1709	腾冲市(滇)	江东古银杏村	5.31	县	1	100	30
1710	昌宁县(滇)	昌宁县澜沧江县级自然保护区	20.34	县	18.34	13231	
1711	彝良县(滇)	小草坝省级风景名胜区	24.45	省	15	1500	750
1712	威信县(滇)	天星国家森林公园	11	国家	12	1200	—
1713	古城区(滇)	丽江黑龙潭公园	0.03	省	2	400	400
1714	古城区(滇)	丽江观音峡景区	0.3	省	3	300	150
1715	玉龙纳西族自治县(滇)	老君山风景区	198.71	国家	2.71	887.63	
1716	玉龙纳西族自治县(滇)	玉龙雪山风景区	62.25	国家	245.59	16200	
1717	思茅区(滇)	太阳河森林公园	10.55	省	39.57	21367	2374
1718	澜沧拉祜族自治县(滇)	景迈自然保护区	2.8	省	19	5400	
1719	楚雄市(滇)	楚雄紫溪山国家森林公园	2.4	国家	18.66	247.25	152
1720	双柏县(滇)	哀牢山国家级自然保护区双柏片区	15.31	国家	—	—	
1721	南华县(滇)	云南哀牢山国家级自然保护区	26	国家	—		
1722	永仁县(滇)	方山省级风景名胜区	5.1	省	308.22	25686	78
1723	元谋县(滇)	元谋土林州级自然保护区	2.99	地	12.93	406.6	304.95
1724	武定县(滇)	狮子山风景名胜区	—	国家	14.6	1394	1069
1725	开远市(滇)	开远市南洞自然保护区	0.09	县	10.46	119.47	108.77
1726	屏边苗族自治县(滇)	屏边大围山风景旅游区	21	国家	3	287	258
1727	弥勒市(滇)	白龙洞风景名胜区	4.5	省	3.1	80.6	77.2

林产品主产地及产量

PRINCIPAL PRODUCTION COUNTIES AND OUTPUT OF FOREST PRODUCTS

(续表)

序号	县(旗、市、区、局、场)	自然保护区、森林公园、风景名胜区等各类自然保护地(名称)	面积(万亩)	级别	实际接待人数(万人次)	旅游总收入(万元)	其中:门票收入(万元)
1728	弥勒市(滇)	锦屏山森林公园	10	省	37.79	1056.8	713.97
1729	红河县(滇)	阿姆山自然保护区	22.13	省	56.28	5.05	5.05
1730	河口瑶族自治县(滇)	大围山国家级自然保护区	41.28	国家	—	—	—
1731	河口瑶族自治县(滇)	花鱼洞国家森林公园	4.71	国家			
1732	砚山县(滇)	砚山浴仙湖风景名胜区	16.35	省	15.25	403	105
1733	砚山县(滇)	云南砚山维摩国家石漠公园	2.65	国家			
1734	西畴县(滇)	西畴县小桥沟自然保护区	5.8	国家	—		
1735	丘北县(滇)	云南丘北普者黑省级自然保护区	17.78	省	975	173000	5552
1736	广南县(滇)	坝美景区	3.03	国家	11.2	8397.8	1889.82
1737	广南县(滇)	句町欢乐世界	0.09	国家	3.3	496	84.63
1738	广南县(滇)	八宝自然保护区	7.85	省	2.32	232	54.48
1739	广南县(滇)	侬人谷景区	2.67	国家	12.64	1895.9	650.25
1740	广南县(滇)	玄天幻境景区	1.91	国家	14.41	3601.8	166.67
1741	富宁县(滇)	富宁县鸟王山茶园风景区	1.68	国家	3.17	63	—
1742	景洪市(滇)	西双版纳野象谷景区有限公司	0.56	国家	111.52	4119.72	2370.48
1743	景洪市(滇)	西双版纳原始森林	2.7	国家	85.91	4522.72	1631.8
1744	勐海县(滇)	勐巴拉雨林小镇	0.03	县	126	2099	
1745	勐海县(滇)	大益庄园	0.35	地	8	403	
1746	勐海县(滇)	勐景来景区	0.26	地	5	256	—
1747	勐海县(滇)	独树成林景区	0.06	地	5	120	120
1748	勐腊县(滇)	南腊河康养度假营地	0.01	县	5.23	139.75	—
1749	勐腊县(滇)	勐仑雨林谷	0.13	国家	4.13	174.55	38.73
1750	勐腊县(滇)	勐远仙境景区	0.15	国家	3.27	373.77	134.46
1751	勐腊县(滇)	勐腊望天树风景区	1.3	国家	8.5	1089.47	370.73
1752	勐腊县(滇)	中国科学院西双版纳热带植物园	1.69	国家	65.08	7883.08	3979.7
1753	漾濞彝族自治县(滇)	石门关省级风景名胜区	0.8	省	21	1860	
1754	宾川县(滇)	鸡足山风景名胜区	4.23	国家	63.04	7044.37	2351.29
1755	弥渡县(滇)	东山国家森林公园	9.42	国家	—	2.23	2.31
1756	南涧彝族自治县(滇)	灵宝山森林公园	1.22	国家			
1757	巍山彝族回族自治县(滇)	巍宝山国家级森林公园	1.88	国家	2.65	142	118
1758	永平县(滇)	宝台山国家森林公园	1.57	国家	4.52	4.62	
1759	云龙县(滇)	云南云龙国家级森林公园	8.79	国家			
1760	云龙县(滇)	云龙县天池国家级自然保护区	21.71	国家	—		
1761	洱源县(滇)	西湖国家湿地公园	1	国家	4	170	75
1762	剑川县(滇)	石宝山风景区	2.1	地	5.4	519	196
1763	瑞丽市(滇)	瑞丽莫里热带雨林风景区	1.05	省	3	105	105
1764	芒市(滇)	瑞丽江-大盈江风景名胜区三仙洞片区	1.8	国家	1.1	28	28
1765	芒市(滇)	瑞丽江-大盈江风景名胜区仙佛洞片区	1	国家	3.12	157.8	98.5
1766	芒市(滇)	孔雀谷森林公园	1.5	省	4.16	221	70

（续表）

序号	县(旗、市、区、局、场)	自然保护区、森林公园、风景名胜区等各类自然保护地（名称）	面积（万亩）	级别	实际接待人数（万人次）	旅游总收入（万元）	其中：门票收入（万元）
1767	盈江县(滇)	云南盈江国家湿地公园	2.59	国家	6	124	124
1768	福贡县(滇)	高黎贡山国家级保护区福贡片区	425475	国家	40.1	9080	—
1769	贡山独龙族怒族自治县(滇)	独龙江高A级旅游景区	—	省	0.9	90	
1770	贡山独龙族怒族自治县(滇)	丙中洛全国旅游渡假区	—	省	18.06	18900	
1771	兰坪白族普米族自治县(滇)	兰坪县新生桥国家森林公园	3.92	国家	0.1	80	
1772	兰坪白族普米族自治县(滇)	云南兰坪箐花甸国家湿地公园	0.72	国家	0.8	2500	
1773	香格里拉市(滇)	石卡雪山风景名胜区	9.75	国家	2.53	204.1	177.92
1774	香格里拉市(滇)	虎跳峡风景名胜区	139.65	省	50.04	5025.83	3611.22
1775	香格里拉市(滇)	香格里拉大峡谷、巴拉格宗景区	40.5	国家	10.44	3546.59	1494.96
1776	香格里拉市(滇)	普达措国家森林公园	90.15	国家	50.1	6406.36	5780.4
1777	长安区(陕)	终南山国家森林公园	7.2	国家	10	100	80
1778	长安区(陕)	祥峪森林公园	2.87	地	17	250	230
1779	周至县(陕)	黑河国家森林公园	11.2	国家	8.5	180	60
1780	印台区(陕)	玉华宫森林公园	4.8	国家	4.9	1250	81.76
1781	汉台区(陕)	天台森林公园	2.62	国家	2	30	30
1782	汉台区(陕)	褒河森林公园	4.97	省	2	20	20
1783	南郑区(陕)	陕西龙头山森林公园	7.5	省	17	8500	1020
1784	南郑区(陕)	黎坪国家森林公园	14.1	国家	95	47500	5700
1785	城固县(陕)	南沙湖风景区	15.3	县	23	2300	92
1786	城固县(陕)	月亮湾度假村	1.2	县	43	4300	—
1787	洋县(陕)	陕西省长青国家自然保护区	44.86	国家	42.11	6523	2862
1788	洋县(陕)	陕西省朱鹮国家级自然保护区	56.25	国家	31.12	2334	36
1789	西乡县(陕)	午子山风景区	0.21	县	38	850	500
1790	西乡县(陕)	陕西米仓山自然保护区	51.3	国家	12	620	
1791	宁强县(陕)	青木川自然保护区	14.65	国家	—		
1792	宁强县(陕)	牢固关森林公园	1.62	省	67.66	16224	970
1793	略阳县(陕)	陕西省五龙洞国家森林公园	8.7	国家	3	600	91
1794	镇巴县(陕)	镇巴县草坝风景区	0.08	国家	1.3	285	—
1795	留坝县(陕)	陕西紫柏山国家级森林公园	6.99	国家	18	7113	750
1796	横山区(陕)	无定河湿地省级自然保护区	172200	省	3.5	—	—
1797	定边县(陕)	定边县马莲滩沙漠公园	4.1	国家	—		
1798	汉滨区(陕)	陕西瀛湖湿地省级自然保护区	8050	省	46.3	550	—
1799	石泉县(陕)	燕翔洞地质公园	11.7	省	25	—	—
1800	石泉县(陕)	鬼谷岭国家森林公园	7.7	国家	40	—	—
1801	石泉县(陕)	莲花古渡湿地公园	1.38	省	10	—	—
1802	石泉县(陕)	雁山瀑布	3.6	省	15	—	—
1803	石泉县(陕)	中坝大峡谷	3.6	省	12	—	—
1804	宁陕县(陕)	陕西省宁陕县上坝河森林公园	4526	国家	2.8	103	23
1805	紫阳县(陕)	陕西省擂鼓台森林公园	0.88	省	2.5	200	50

林产品主产地及产量

PRINCIPAL PRODUCTION COUNTIES AND OUTPUT OF FOREST PRODUCTS

(续表)

序号	县(旗、市、区、局、场)	自然保护区、森林公园、风景名胜区等各类自然保护地（名称）	面积（万亩）	级别	实际接待人数（万人次）	旅游总收入（万元）	其中：门票收入（万元）
1806	岚皋县(陕)	神河源	4.8	国家	4.1	820	340
1807	岚皋县(陕)	南宫山	4.65	国家	5	1000	406
1808	会宁县(甘)	会宁县铁木山自然保护区	0.74	省	200000	100000	20000
1809	肃南裕固族自治县(甘)	甘肃祁连山国家级自然保护区	1767.24	国家	247	20.9	10.4
1810	高台县(甘)	高台县野猪林沙漠休闲营	0.09	县	2.2	11	—
1811	高台县(甘)	高台县聚合力沙漠风情园	0.06	县	2.2	13	—
1812	高台县(甘)	华梦园小泉丹霞旅游风景区	0.01	县	0.75	15	—
1813	山丹县(甘)	焉支山景区	0.11	国家	7.2	380	180
1814	金塔县(甘)	金塔潮湖省级森林沙漠公园	8	省	34.2	9800	1612
1815	阿克塞哈萨克族自治县(甘)	阿克塞县国家沙漠公园	17.09	国家	0.32	10	—
1816	敦煌市(甘)	甘肃敦煌雅丹国家地质公园	59.76	国家	6.45	671.56	221.78
1817	敦煌市(甘)	鸣沙山月牙泉国家级风景名胜区	31.9	国家	187.86	21566.37	14390.09
1818	庆城县(甘)	周祖陵森林公园	0.92	国家	33.7	549.1	279.5
1819	正宁林业总场(甘)	调令关景区	13.95	省	1	—	—
1820	陇南市市辖区(甘)	甘肃官鹅沟国家森林公园	420	国家	12	6700	—
1821	临夏市(甘)	南龙山森林公园	0.5	省	5	68	—
1822	和政县(甘)	松鸣岩4A级旅游风景区	4.95	国家	6	300	45
1823	夏河县(甘)	曲奥乡桦林森林景区	0.6	县	3	150	—
1824	夏河县(甘)	达尔宗湖森林景区	0.5	县	2	55	50
1825	白龙江插岗梁省级自然保护区管护中心(甘)	沙滩国家森林公园	26.1	国家	0.02	16	—
1826	迭部生态建设管护中心(甘)	腊子口国家级森林公园	41.8	国家	0.2	10	—
1827	洮河生态建设管护中心(甘)	冶力关国家森林公园	119.1	国家	—	323.79	250.98
1828	观音林场(甘)	甘肃麦积国家森林公园曲溪景区	10.74	国家	0.23	15.66	4.58
1829	党川林场(甘)	麦积国家森林公园放马滩景区	—	省	0.9	124.18	23.18
1830	百花林场(甘)	小陇山国家森林公园百花景区	1.58	国家	—	—	—
1831	东岔林场(甘)	小陇山国家森林公园桃花沟景区	6.44	国家	1.1	70	30
1832	立远林场(甘)	小陇山国家森林公园金龙山景区	11.34	国家	0.75	1	0.05
1833	山门林场(甘)	三黄谷省级森林公园	5.35	省	0.2	1.5	—
1834	滩歌林场(甘)	甘肃省小陇山林业实验局卧牛山森林公园	11.17	省	2	50	5
1835	张家林场(甘)	甘肃省小陇山国家森林公园黑河景区	—	国家	0.05	1.9	—
1836	大通回族土族自治县(青)	青海大通北川河源区国家级自然保护区	161.81	国家	—	—	—
1837	大通回族土族自治县(青)	青海省大通县国家级森林公园	7.12	国家	8.94	176.6	146.6
1838	湟中县(青)	青海乡趣卡阳户外旅游度假景区管理有限公司	0.05	省	4.68	1058	262.5
1839	西宁市(青)	群加森林公园	11.21	国家	1.2	—	—
1840	西宁市(青)	大通国家森林公园	2.45	国家	4.34	78.89	78.89
1841	大通县(青)	东峡森林公园	2.99	省	16	200	200

(续表)

序号	县（旗、市、区、局、场）	自然保护区、森林公园、风景名胜区等各类自然保护地（名称）	面积（万亩）	级别	实际接待人数（万人次）	旅游总收入（万元）	其中：门票收入（万元）
1842	西宁市（青）	湟水森林公园	0.47	省	13.3	4.5	—
1843	湟中县（青）	上五庄森林公园	49.87	省	0.8	—	—
1844	平安区（青）	峡群林场	5.4	省	6.5	28.29	28.29
1845	互助土族自治县（青）	南门峡湿地公园	1.83	国家	—	—	—
1846	祁连县（青）	青海祁连黑河源国家湿地公园	95.93	国家	60	—	—
1847	祁连县（青）	青海黑河大峡谷省级森林公园	35.6	省	70	40000	758.1
1848	祁连县（青）	祁连山国家公园祁连片区	807.9	国家	60	—	—
1849	祁连县（青）	天境祁连省级风景名胜区	14.4	省	70	40000	758.1
1850	刚察县（青）	刚察县沙柳河国家湿地公园	5.46	国家	55	6325	—
1851	仙米森林公园（青）	仙米国家森林公园	60.15	国家	153	17593	765
1852	贵德县（青）	青海贵德黄河省级森林公园、青海贵德黄河清湿地公园、贵德黄河风景名胜区、青海贵德国家地质公园	—	省	56	1480	1300
1853	德令哈市（青）	青海省柴达木梭梭林国家级自然保护区德令哈分区	560	国家	—	—	—
1854	德令哈市（青）	祁连山国家公园德令哈片区	231	国家	—	—	—
1855	德令哈市（青）	可鲁克湖-托素湖省级自然保护区	22	省	12	213	109
1856	德令哈市（青）	尕海国家级湿地公园	65	国家	—	—	—
1857	乌兰县（青）	哈里哈图国家森林公园	7.75	国家	—	—	—
1858	青海省孟达自然保护区（青）	青海孟达国家级自然保护区	259.35	国家	8	360	360
1859	兴庆区（宁）	宁夏鸣翠湖国家湿地自然公园	0.88	国家	17.8	524	233.75
1860	兴庆区（宁）	宁夏黄沙古渡国家湿地自然公园	4.86	国家	16.47	509.97	98.99
1861	兴庆区（宁）	宁夏艾伊薰衣草文化旅游有限公司	1.17	省	8.04	189.1	139.3
1862	西夏区（宁）	西夏陵风景名胜区	8.7	国家	22	1800	1240
1863	永宁县（宁）	珍珠湖湿地公园	0.3	地	1.7	—	—
1864	永宁县（宁）	鹤泉湖湿地公园	0.23	国家	1.8	9	—
1865	平罗县（宁）	宁夏喇叭湖生态旅游开发有限公司	0.17	国家	5	540	270
1866	平罗县（宁）	宁夏蕾牧高科农业发展有限公司	0.05	国家	5	50	40
1867	平罗县（宁）	平罗县庙庙湖旅游开发有限公司	0.55	国家	11	60	50
1868	西吉县（宁）	火石寨国家地质（森林）公园	14.7	国家	3.2	300	120
1869	沙坡头区（宁）	沙坡头区旅游景区	0.42	省	9.93	414.44	119.84
1870	沙坡头区（宁）	香山湖湿地公园景区	0.85	国家	115.82	—	—
1871	沙坡头区（宁）	沙坡头旅游景区	19.5	国家	84.75	19876.5	3747.75
1872	沙坡头区（宁）	金沙海旅游区	1.16	国家	5.58	919	—
1873	米东区（新）	新疆乌鲁木齐天山国家森林公园	31.85	国家	9.8	—	—
1874	乌鲁木齐县（新）	新疆天山北坡头屯河国家湿地公园	42.71	国家	2.5	—	—
1875	乌鲁木齐县（新）	庙尔沟森林公园	1.7	省	—	—	—
1876	伊吾县（新）	新疆伊吾胡杨林国家沙漠公园	16.72	国家	2.2	250.56	36.58
1877	轮台县（新）	轮台县依明且克国家沙漠公园	2.96	国家	—	—	—
1878	轮台县（新）	巴州塔里木胡杨林风景名胜区	17.35	省	11.63	2910	468

林产品主产地及产量

PRINCIPAL PRODUCTION COUNTIES AND OUTPUT OF FOREST PRODUCTS

(续表)

序号	县（旗、市、区、局、场）	自然保护区、森林公园、风景名胜区等各类自然保护地（名称）	面积（万亩）	级别	实际接待人数（万人次）	旅游总收入（万元）	其中：门票收入（万元）
1879	疏勒县（新）	新疆疏勒香妃湖国家湿地公园	0.47	国家	8	380	—
1880	泽普县（新）	泽普县金湖杨国家森林公园	3	国家	33.8	4065.6	422
1881	岳普湖县（新）	岳普湖县达瓦昆沙漠公园	12.2	国家	36.5	10020	1825
1882	巴楚县（新）	巴楚县红海景区	12	国家	34	1700	1700
1883	塔城市（新）	新疆塔城五玄河国家湿地公园	3.89	国家	—		
1884	沙湾县（新）	鹿角湾森林公园	—	省	0.2		
1885	吉木萨尔林场（新）	新疆维吾尔自治区车师古道国家森林公园	150.18	国家	16		
1886	奇台林场（新）	新疆江布拉克国家森林公园	135.32	国家	27.2	2217.3	988.4
1887	呼图壁林场（新）	呼图壁南森林公园	16.57	省	0.3		
1888	沙湾林场（新）	新疆鹿角湾国家森林公园	52.6	国家	95	10000	1900
1889	乌苏林场（新）	乌苏佛山国家森林公园	76.31	国家	11	—	
1890	板房沟林场（新）	天山大峡谷国家级森林公园	127.1	国家	68		
1891	乌鲁木齐南山林场（新）	新疆天山北坡头屯河国家湿地公园	4.27	国家	—		
1892	湾沟林业局（吉林森工）	湾沟国家森林公园	8.6	国家	1.2	200	
1893	松江河林业有限公司（吉林森工）	松江河国家森林公园	9.02	国家	8.22	302.83	—
1894	松江河林业有限公司（吉林森工）	吉林头道松花江上游国家级自然保护区管理处	20	国家			
1895	露水河林业局（吉林森工）	露水河国家级森林公园	46.2	国家	1.98	371	50.31
1896	白石山林业局（吉林森工）	吉林白石山国家森林公园	13.97	国家	0.62	200	—
1897	大海林林业局（龙江森工）	国家森林公园雪乡景区	279	国家	4.56	1794	964
1898	黑龙江柴河林业局（龙江森工）	威虎山国家森林公园	622.13	国家	11.2	304.18	283.8
1899	东京城林业局（龙江森工）	镜泊湖国家森林公园	474.6	国家	0.6	172	
1900	海林林业局（龙江森工）	黑龙江省夹皮沟国家森林公园	195	国家			
1901	桦南林业局（龙江森工）	桦南百年蒸汽火车旅游区	0.04	国家	1.56	29	29
1902	桦南林业局（龙江森工）	黑龙江七星砬子东北虎国家级自然保护区	83.61	国家	—		
1903	双鸭山林业局（龙江森工）	黑龙江青山国家森林公园	42	国家	3	138	
1904	鹤北林业局（龙江森工）	黑龙江红松林国家森林公园	28.5	国家	2	15	—
1905	清河林业局（龙江森工）	黑龙江小兴安岭红松林国家森林公园	160.6	国家	0.18	5.4	1.7
1906	东方红林业局（龙江森工）	神顶峰森林公园	45	省	0.2	8	8
1907	东方红林业局（龙江森工）	珍宝岛森林公园	20	国家	—		
1908	东方红林业局（龙江森工）	东方红湿地景区	9.7	国家	—		
1909	山河屯林业局（龙江森工）	黑龙江大峡谷国家级自然保护区	374970	国家			
1910	山河屯林业局（龙江森工）	凤凰山国家森林公园	750000	国家	60000	914	914
1911	苇河林业局（龙江森工）	黑龙江省八里湾国家森林公园	61.5	国家			
1912	兴隆林业局（龙江森工）	黑龙江省兴隆森林旅游发展有限公司	5.79	省	0.8	58	58
1913	通北林业局（龙江森工）	通北林业局有限公司自然保护区	309800	县	16500	207	
1914	新林林业局（大兴安岭）	黑龙江新林奥库萨卡埃湿地公园	7.09	地	0.5	—	

(续表)

序号	县(旗、市、区、局、场)	自然保护区、森林公园、风景名胜区等各类自然保护地(名称)	面积(万亩)	级别	实际接待人数(万人次)	旅游总收入(万元)	其中:门票收入(万元)
1915	新林林业局(大兴安岭)	大乌苏彩虹桥	0.1	省	0.03	0.04	—
1916	新林林业局(大兴安岭)	大乌苏古树群	0.3	县	0.03		
1917	塔河林业局(大兴安岭)	黑龙江札林库尔国家森林公园	25657	国家	—		
1918	呼中林业局(大兴安岭)	石林景区	1	国家	—		
1919	十八站林业局(大兴安岭)	大兴安岭十八站古驿小镇	—	县	1	150	
1920	加格达奇林业局(大兴安岭)	百泉谷生态旅游风景区	45.28	国家	0.7	25.39	6.85
1921	第一师(新疆兵团)	新疆生产建设兵团阿拉尔睡胡杨国家沙漠公园	4.61	国家	15	100	50
1922	第一师(新疆兵团)	新疆生产建设兵团阿拉尔昆岗国家沙漠公园	2.07	国家	50	1000	300
1923	第六师(新疆兵团)	新疆生产建设兵团丰盛堡国家沙漠公园	1169.8	国家	3	50	
1924	第七师(新疆兵团)	胡杨河国家湿地公园(试点)	0.1	省	0.26	5.1	5.1
1925	第七师(新疆兵团)	金丝滩沙漠公园	0.06	国家	0.1	5	
1926	第十二师(新疆兵团)	头屯河谷森林公园	0.03	省	30	300	

表22 狩猎资源与利用

(续表)

序号	县(旗、市、区、局、场)	狩猎面积(万亩)	动物种类(选项)	计量单位	资源数量	狩猎收入(万元)	序号	县(旗、市、区、局、场)	狩猎面积(万亩)	动物种类(选项)	计量单位	资源数量	狩猎收入(万元)
1	阿城区(黑)	0.69	梅花鹿	头	600	108	22	鄱阳县(赣)	50	野猪	头	100	15
2	呼玛县(黑)	0.01	冷水鱼	条	2	2	23	淅川县(豫)	—	蝎子	只	183000	37
3	余杭区(浙)	—	麋鹿	只	22	22	24	淅川县(豫)	—	蜈蚣	只	132000	28
4	永康市(浙)	—	野猪	头	37	—	25	祁东县(湘)	10.6	野猪	头	2900	100
5	江山市(浙)	302.85	野猪	头	15	—	26	冷水滩区(湘)	—	兔	只	300	
6	桐城市(皖)	2	草兔	只	2000	0	27	江华瑶族自治县(湘)	10000	冷水鱼	条	300000	1000
7	南谯区(皖)	0.1	野猪	头	5	20	28	江华瑶族自治县(湘)	1000	林蛙	只	10000	50
8	南谯区(皖)	0.1	野鸡	只	60	10	29	北川羌族自治县(川)	0.1	野猪	头	50	0.06
9	石台县(皖)	180	野猪	头	200		30	德江县(黔)	2	红腹锦鸡	只	333	—
10	郎溪县(皖)	10	野猪	头	100		31	宁强县(陕)	230	野猪	头	117	
11	旌德县(皖)	—	野猪	只	7		32	镇巴县(陕)	320	野猪	头	380	60
12	浦城县(闽)	386.85	野猪	头	524	65.67	33	镇巴县(陕)	320	草兔	只	4500	45
13	彭泽县(赣)	15	野猪	只	50000		34	镇巴县(陕)	320	竹鼠	只	1150	12
14	彭泽县(赣)	15	山鸡	只	200000		35	镇巴县(陕)	320	雄鸡	只	1700	25
15	余江区(赣)	10	野猪	头	100	60	36	庆城县(甘)	0.01	山鸡	只	0.01	0.01
16	万载县(赣)	—	野猪	头	200		37	宁县(甘)	—	野鸡	只	3200	
17	高安市(赣)	26.7	野猪	头	5	—	38	宁县(甘)	—	兔	只	2000	
18	乐安县(赣)	2.17	菜蛇	条	500	30	39	露水河林业局(吉林森工)	46.2	梅花鹿	头	150	
19	乐安县(赣)	2.17	野猪	头	120	60							
20	资溪县(赣)	84.18	野猪	头	281								
21	弋阳县(赣)	—	野猪	头	1000								

表23 蜂产业及蜂产品生产情况 （续表）

序号	县（旗、市、区、局、场）	养蜂户数（户）	蜜蜂饲养（群）	蜂蜜原料产量（千克）	蜂蜜成品产量（千克）	序号	县（旗、市、区、局、场）	养蜂户数（户）	蜜蜂饲养（群）	蜂蜜原料产量（千克）	蜂蜜成品产量（千克）
1	西青区（津）	142	1020	200000	160000	42	抚松县（吉）	10	—	300	500000
2	平山县（冀）	525	3159	77200	—	43	长白朝鲜族自治县（吉）	142	7510	—	6800
3	大名县（冀）	100	1500	450	2220	44	长白森林经营局（吉）	19	3000	5000	3000
4	永年区（冀）	4	4	8000	—	45	洮南市（吉）	18		200000	
5	临城县（冀）	420	420	52500	—	46	图们市（吉）	6		2000	1000
6	广宗县（冀）	10	240	400	—	47	和龙市（吉）	330	20700	530000	
7	阜平县（冀）	230	230	—	1200000	48	汪清县（吉）	4		3255	
8	丰宁满族自治县（冀）	198	24800	260000	—	49	安图县（吉）	22	1000	—	2028000
9	宽城满族自治县（冀）	300	28000	65000	30000	50	黄泥河林业局（吉）	24			69000
10	围场满族蒙古族自治县（冀）	10	10	8000	17000	51	大石头林业局（吉）	25	2150	107500	
11	阳曲县（晋）	30	30	3750	3050	52	八家子林业局（吉）	34		85000	
12	灵丘县（晋）	13	13	350	—	53	汪清林业局（吉）	53	1300	80000	
13	沁水县（晋）	—	54000	1200000		54	大兴沟林业局（吉）	56		45300	
14	阳城县（晋）	618	—	461000		55	天桥岭林业局（吉）	120	5000		175000
15	陵川县（晋）	1000	7000	168000	168000	56	白河林业局（吉）	124		45000	45000
16	泽州县（晋）	758				57	珲春林业局（吉）	5			17960
17	闻喜县（晋）	23			5000	58	安图森林经营局（吉）	8			33300
18	忻府区（晋）				110250	59	上营森林经营局（吉）	60	4500	360000	415000
19	原平市（晋）	75	1500	105000	89250	60	依兰县（黑）	4	1	5500	5500
20	襄汾县（晋）	—			30000	61	方正县（黑）	80	987		
21	石楼县（晋）	230	7000		200000	62	宾县（黑）	24	1063	40195	
22	方山县（晋）	32		32000	19200	63	通河县（黑）	15	100000	4000000	4000000
23	清水河县（内蒙古）	8	—	16000	—	64	延寿县（黑）	980	49000	1900000	980000
24	宁城县（内蒙古）	160	3204	15000	—	65	阿城区（黑）	25	2800	400000	47000
25	乌审旗（内蒙古）	126	18000	1000	1000	66	五常市（黑）	150		4000	
26	新宾满族自治县（辽）	540	9970	52700	41500	67	山河实验林场（黑）	5	420	21000	
27	东港市（辽）	15	15	18000	—	68	丹清河实验林场（黑）	2	—	4000	
28	北票市（辽）	200	200	370000	—	69	梨树区（黑）	7	430	—	17200
29	凌源市（辽）	700	48000	36000000	2500000	70	鸡东县（黑）	236	8000		320000
30	船营区（吉）	6	12	90		71	虎林市（黑）	600	35000	2000000	100000
31	永吉县（吉）	32	—	20000		72	密山市（黑）	15		11250	
32	蛟河市（吉）	90	4377	—	31330	73	鹤岗市市辖区（黑）	93	6211	31000	
33	舒兰市（吉）	66	3767	121050		74	集贤县（黑）	16	610		18300
34	上营森林经营局（吉）	60	4500	360000	415000	75	宝清县（黑）	285	285	1530000	1200000
35	东丰县（吉）	80	100	30000	20000	76	饶河县（黑）	500	50000	2600000	
36	东辽县（吉）	15		4000	3000	77	嘉荫县（黑）	100		400000	800000
37	二道江区（吉）	—	132			78	丰林县（黑）	36		120000	240000
38	通化县（吉）	2		8600		79	大箐山县（黑）	99	5239		261950
39	辉南县（吉）	210			21034	80	汤旺县（黑）	147	1500	45000	2600
40	白山市市辖区（吉）	98	26	20000	6893	81	同江市（黑）	8		8000	
41	浑江区（吉）	5		13000	—	82	东宁市（黑）	12		66000	
						83	爱辉区（黑）	3	630	15000	—

(续表)

序号	县(旗、市、区、局、场)	养蜂户数(户)	蜜蜂饲养(群)	蜂蜜原料产量(千克)	蜂蜜成品产量(千克)
84	嫩江县(黑)	185	6909	151998	—
85	逊克县(黑)	23	—	210000	—
86	孙吴县(黑)	4	—	10750	—
87	北安市(黑)	4	4	5000	—
88	五大连池市管委会(黑)	3	—	820	—
89	明水县(黑)	5	—	1000	—
90	呼玛县(黑)	6	270	—	5750
91	吴中区(苏)	276	—	300000	—
92	洪泽区(苏)	4	70	1600	1200
93	广陵区(苏)	4	—	—	4000
94	京口区(苏)	120	13000	650000	550000
95	沭阳县(苏)	200	200	280000	—
96	龙湾区(浙)	1	—	8105	—
97	苍南县(浙)	751	10773	33320	9086
98	文成县(浙)	109	—	—	200000
99	嵊州市(浙)	595	22650	—	1612.15
100	义乌市(浙)	98	2800	—	112000
101	永康市(浙)	559	15000	—	781000
102	柯城区(浙)	281	12475	900000	—
103	常山县(浙)	28	26	18000	16800
104	开化县(浙)	4000	52000	400000	2000
105	江山市(浙)	2475	232000	18100000	—
106	缙云县(浙)	1467	39966	2432050	—
107	景宁畲族自治县(浙)	220	21300	105000	—
108	湾沚区(皖)	50	6000	60000	480000
109	禹会区(皖)	5	500	—	4500
110	五河县(皖)	21	21	20000	—
111	大通区(皖)	22	550	12000	6000
112	毛集实验区(皖)	2	50	—	—
113	寿县(皖)	14	—	420000	360000
114	花山区(皖)	1	—	10000	2500
115	怀宁县(皖)	8	1000	90000	—
116	潜山市(皖)	158	250	14951	—
117	宿松县(皖)	4	250	3564	3356
118	望江县(皖)	27	1500	—	—
119	岳西县(皖)	212	1240	7100	5700
120	桐城市(皖)	240	2500	1200000	1000000
121	歙县(皖)	695	4900	—	—
122	休宁县(皖)	41	1476	9942	—
123	祁门县(皖)	123	4572	44416	3664
124	南谯区(皖)	6	180	14600	11800
125	凤阳县(皖)	56	7100	300000	270000
126	颍州区(皖)	10	—	2130	1020
127	临泉县(皖)	120	658	9780	9121
128	界首市(皖)	40	1020	80060	59600
129	谯城区(皖)	40	—	15000	11000
130	东至县(皖)	50	—	5160	—
131	石台县(皖)	1383	—	—	80000
132	泾县(皖)	319	—	—	2700000
133	绩溪县(皖)	2300	96000	32500000	19200000
134	浮梁县(赣)	520	—	12000	—
135	湘东区(赣)	100	—	3200	—
136	莲花县(赣)	128	—	3000	—
137	芦溪县(赣)	162	—	6530	—
138	萍乡市林业局武功山分局(赣)	8	—	520	—
139	濂溪区(赣)	3	300	3000	—
140	武宁县(赣)	2460	—	400000	—
141	德安县(赣)	10	100	5000	4500
142	分宜县(赣)	90	—	600000	600000
143	余江区(赣)	90	—	13000	1300
144	赣县区(赣)	800	750	125000	110000
145	信丰县(赣)	260	20000	320000	—
146	大余县(赣)	839	16000	240000	210000
147	上犹县(赣)	3200	—	—	400000
148	崇义县(赣)	1075	8256	79000	—
149	安远县(赣)	1800	—	—	76800
150	龙南县(赣)	120	3600	195000	—
151	定南县(赣)	1856	—	74240	55680
152	全南县(赣)	20	—	34710	—
153	于都县(赣)	263	11192	78340	78340
154	兴国县(赣)	280	4223	—	—
155	寻乌县(赣)	2800	—	—	336000
156	石城县(赣)	200	20000	500000	480000
157	瑞金市(赣)	1076	—	—	5372
158	南康区(赣)	59	63	11000	8500
159	青原区(赣)	5	280	500	—
160	吉水县(赣)	2	—	8500	—
161	新干县(赣)	6	—	2000	—
162	永丰县(赣)	180	6000	110000	33000
163	万安县(赣)	20	100	50000	35000
164	宜春市明月山温泉风景名胜区(赣)	3	60	1800	—
165	万载县(赣)	306	15300	—	75000

(续表)

序号	县(旗、市、区、局、场)	养蜂户数(户)	蜜蜂饲养(群)	蜂蜜原料产量(千克)	蜂蜜成品产量(千克)
166	宜丰县(赣)	—	—	550000	539000
167	靖安县(赣)	300	—	—	6000
168	铜鼓县(赣)	130	27000	245000	—
169	南丰县(赣)	20	200	—	1500
170	乐安县(赣)	57	80	56000	51900
171	资溪县(赣)	—	500	5100	5100
172	广昌县(赣)	32	—	88000	48000
173	玉山县(赣)	1165	1950	38258	—
174	铅山县(赣)	260	—	—	490
175	弋阳县(赣)	39	—	39000	—
176	历城区(鲁)	146	9459	—	198923.5
177	平阴县(鲁)	38	1528	—	42750
178	章丘区(鲁)	290	—	297500	27400
179	黄岛区(鲁)	75	24000	50000	45000
180	崂山区(鲁)	23	4635	—	22049.4
181	城阳区(鲁)	5	1000	—	12500
182	平度市(鲁)	16	530	8525	15000
183	莱西市(鲁)	1	—	—	5000
184	淄川区(鲁)	10	300	2500	—
185	张店区(鲁)	3	—	5000	5000
186	博山区(鲁)	45	4200	63000	—
187	高青县(鲁)	26	1197	35550	—
188	沂源县(鲁)	169	720	71400	19200
189	莱阳市(鲁)	8	260	4000	3200
190	青州市(鲁)	560	38669	1933450	930000
191	汶上县(鲁)	28	—	30000	3000
192	曲阜市(鲁)	50	150	3000	2000
193	宁阳县(鲁)	36	—	—	32385
194	东平县(鲁)	50	50	9500	8000
195	新泰市(鲁)	170	—	—	4750
196	肥城市(鲁)	77	3200	384000	190000
197	泰安市高新区(鲁)	16	16	—	14500
198	徂汶景区(鲁)	36	36	40000	36000
199	费县(鲁)	174	22467	506401	506401
200	陵城区(鲁)	6	335	6850	4050
201	乐陵市(鲁)	60	580	1400	700
202	惠民县(鲁)	60	60	1330	1800
203	邹平市(鲁)	58	—	—	75000
204	曹县(鲁)	14	1763	—	—
205	新密市(豫)	260	—	45000	—
206	登封市(豫)	230	8400	450000	370000
207	尉氏县(豫)	460	51000	300	—
208	孟津区(豫)	1225	13230	165200	121200
209	汝阳县(豫)	1320	985	—	—
210	洛阳市伊洛工业园区(豫)	18	1437	20956	—
211	内黄县(豫)	260	10000	100000	800000
212	中站区(豫)	26	546	4000	15105
213	南乐县(豫)	32	1450	57200	—
214	义马市(豫)	2	—	—	3000
215	西峡县(豫)	4412	32000	480000	384000
216	内乡县(豫)	30	—	—	75000
217	淅川县(豫)	185	—	34720	—
218	社旗县(豫)	14	52	370	—
219	新野县(豫)	15	—	500	50
220	桐柏县(豫)	300	—	1000	3000
221	邓州市(豫)	140	7800	98000	—
222	平桥区(豫)	620	78000	190000	156500
223	商城县(豫)	107	—	14500	10010
224	淮滨县(豫)	35	750	—	—
225	雨花区(湘)	75	—	4500	4500
226	望城区(湘)	360	1800	115000	42000
227	浏阳市(湘)	1990	108600	2914000	2797500
228	渌口区(湘)	48	800	11000	10000
229	攸县(湘)	3600	—	80000	—
230	茶陵县(湘)	60	7000	24000	18000
231	湘潭县(湘)	162	—	9800	—
232	韶山市(湘)	300	—	21000	8000
233	衡东县(湘)	260	—	2000000	20000
234	祁东县(湘)	81	550	180000	70000
235	耒阳市(湘)	33	156	4500	—
236	常宁市(湘)	28	1000	—	10000
237	岳阳县(湘)	300	—	3000	—
238	平江县(湘)	800	36000	130000	130000
239	汨罗市(湘)	155	4650	—	26500
240	常德市市辖区(湘)	37	—	623	567
241	鼎城区(湘)	150	19800	926000	865000
242	安乡县(湘)	1100	8800	1130000	102000
243	澧县(湘)	981	110000	2800000	300000
244	桃源县(湘)	13	—	1300	670
245	石门县(湘)	20000	110000	1650000	—
246	安化县(湘)	1168	10968	57806	33648
247	北湖区(湘)	1240	9600	638200	548842
248	苏仙区(湘)	12	3500	15000	—

(续表)

序号	县(旗、市、区、局、场)	养蜂户数(户)	蜜蜂饲养(群)	蜂蜜原料产量(千克)	蜂蜜成品产量(千克)	序号	县(旗、市、区、局、场)	养蜂户数(户)	蜜蜂饲养(群)	蜂蜜原料产量(千克)	蜂蜜成品产量(千克)
249	汝城县(湘)	210	630	6400	—	290	阳西县(粤)	22	—	2600	2400
250	冷水滩区(湘)	6	6	620	300	291	连山壮族瑶族自治县(粤)	80	8500	52000	52000
251	祁阳县(湘)	150	150	20000	30000	292	清新区(粤)	50	—	3500	1460
252	东安县(湘)	60	—	2000	—	293	英德市(粤)	171	40	68173	59392
253	双牌县(湘)	25	—	1650	1200	294	潮安区(粤)	192	2810	59700	53000
254	江永县(湘)	90	1400	—	14000	295	普宁市(粤)	38	600	7280	—
255	蓝山县(湘)	128	348	3123	1879.2	296	新兴县(粤)	1106	40775	513765	—
256	江华瑶族自治县(湘)	2380	75000	750000	300000	297	郁南县(粤)	103	—	—	61000
257	金洞林场(湘)	36	1700	3200	1300	298	云安区(粤)	200	1150	57500	46000
258	鹤城区(湘)	20	10000	30000	20000	299	隆安县(桂)	110	16000	1500000	1300000
259	沅陵县(湘)	2858	—	71000	44000	300	平乐县(桂)	10	1100	50000	50000
260	辰溪县(湘)	22	1200	6000	—	301	万秀区(桂)	282	40411	18200000	18000000
261	会同县(湘)	50	—	7500	—	302	长洲区(桂)	60	—	—	32430
262	芷江侗族自治县(湘)	700	2670	37280	276	303	龙圩区(桂)	447	—	1053400	—
263	通道侗族自治县(湘)	7	2	150	150	304	苍梧县(桂)	1695	—	169000	—
264	洪江市(湘)	100	—	300000	—	305	蒙山县(桂)	3300	186000	2885000	2000000
265	保靖县(湘)	710	—	—	54835	306	岑溪市(桂)	200	42000	750000	—
266	龙山县(湘)	375	35000	25200	7800	307	合浦县(桂)	634	—	—	—
267	增城区(粤)	333	—	108480	97280	308	上思县(桂)	1200	20150	201500	—
268	从化区(粤)	300	—	—	230000	309	钦南区(桂)	500	15000	2500	2000
268	武江区(粤)	8	—	3000	2100	310	灵山县(桂)	1800	80000	800000	800000
269	始兴县(粤)	350	7200	78000	—	311	浦北县(桂)	1980	106200	2361000	—
270	仁化县(粤)	220	4500	94000	80000	312	平南县(桂)	50	—	50000	—
271	翁源县(粤)	20	—	10000	10000	313	北流市(桂)	206	12000	150000	135000
272	乐昌市(粤)	1100	35000	350000	—	314	隆林各族自治县(桂)	250	550	5050	—
273	韶关市属总林场(粤)	6	310	4500	—	315	八步区(桂)	600	21711	407087	325670
274	金湾区(粤)	73	—	—	15823	316	东兰县(桂)	210	200	3000	1500
275	潮南区(粤)	52	—	12000	—	317	都安瑶族自治县(桂)	208	5600	120000	25000
276	蓬江区(粤)	13	—	700	700	318	大新县(桂)	30	25	240	100
277	台山市(粤)	11	442	—	—	319	七坡林场(桂)	—	248	—	4942
278	雷州市(粤)	185	—	333000	—	320	博白林场(桂)	25	—	—	71145
279	高州市(粤)	515	200000	—	260050	321	黄冕林场(桂)	7	—	—	238.4
280	化州市(粤)	1061	—	—	58430	322	大桂山林场(桂)	30	—	—	500
281	信宜市(粤)	1500	—	600000	—	323	秀英区(琼)	173	3600	18000	32727
282	封开县(粤)	230	—	—	380000	324	三亚市市辖区(琼)	263	—	—	15000
283	高要区(粤)	150	15100	—	300000	325	儋州市(琼)	580	1100	—	—
284	龙门县(粤)	25100	140000	3000000	3000000	326	琼中黎族苗族自治县(琼)	4500	61000	—	915000
285	梅县区(粤)	2110	3842	406018	—	327	荣昌区(渝)	5800	78000	—	4200000
286	丰顺县(粤)	150	—	—	20	328	丰都县(渝)	4008	19548	57026	64957
287	五华县(粤)	300	—	30000	—	329	龙泉驿区(川)	69	2625	30300	—
288	和平县(粤)	570	—	804000	—	330	彭州市(川)	316	40000	710000	—
289	东源县(粤)	600	—	75500	75500	331	简阳市(川)	140	28000	1400000	1130000

林产品主产地及产量

PRINCIPAL PRODUCTION COUNTIES AND OUTPUT OF FOREST PRODUCTS

（续表）

序号	县（旗、市、区、局、场）	养蜂户数（户）	蜜蜂饲养（群）	蜂蜜原料产量（千克）	蜂蜜成品产量（千克）
332	古蔺县（川）	3120	12000	100000	—
333	绵竹市（川）	570	31500	—	235000
334	北川羌族自治县（川）	382	113400	56800	566900
335	剑阁县（川）	15	500	—	20000
336	西充县（川）	50	—	—	15000
337	阆中市（川）	83	200	2000	1000
338	仁寿县（川）	470	52000	4420	
339	翠屏区（川）	30	—	—	800
340	屏山县（川）	27	27	19000	2700
341	前锋区（川）	273	—	8500	
342	华蓥市（川）	240	4800	52000	30000
343	通川区（川）	100	—	1000	
344	宣汉县（川）	155	630	9950	
345	恩阳区（川）	30	50	1500	
346	南江县（川）	1024	—	—	26300
345	九寨沟县（川）	200	—	—	8000
346	丹巴林业局（川）	1	3	—	278
347	新龙林业局（川）	4	110	150	70
348	甘孜州林业工程处（川）	15	—	3200	—
349	美姑县（川）	20	60	1200	900
350	乌当区（黔）	20	1205	18000	
351	白云区（黔）	1	100	—	750
352	开阳县（黔）	94	4405	—	33038
353	息烽县（黔）	7	2500	125000	
354	观山湖区（黔）	7	720	2300	2300
355	六枝特区（黔）	106	5600	17000	12000
356	水城县（黔）	—	2030	8000	7600
357	汇川区（黔）	862	—	—	41400
358	桐梓县（黔）	850	—	160000	
359	正安县（黔）	8070	96000	2336500	
360	务川仡佬族苗族自治县（黔）	2313	17561	46250	46250
361	凤冈县（黔）	120	10500	39000	
362	湄潭县（黔）	410	8862	44460	—
363	仁怀市（黔）	200	18000	32000	25000
364	关岭布依族苗族自治县（黔）	4	5	30000	10000
365	紫云苗族布依族自治县（黔）	96	25000	37500	37500
366	碧江区（黔）	15	780	38000	38000
367	玉屏侗族自治县（黔）	9	632	6640	
368	思南县（黔）	435	8609	—	87010
369	印江土家族苗族自治县（黔）	370	—	—	68000
370	沿河土家族自治县（黔）	234	—	48500	
371	万山区（黔）	360	600	8000	—
372	兴义市（黔）	224	9826	122850	
373	兴仁市（黔）	1600	1550	—	16133
374	普安县（黔）	56	800	4000	
375	晴隆县（黔）	216	2800	7000	
376	贞丰县（黔）	500	—	25000	12500
377	望谟县（黔）	770	15000	90000	
378	册亨县（黔）	16	1350	—	3350
379	安龙县（黔）	300	—	12000	10000
380	七星关区（黔）	31	—	13000	12500
381	大方县（黔）	1067	16050	51710	
382	金沙县（黔）	125	4600	34500	24150
383	凯里市（黔）	154	—	11500	11000
384	黄平县（黔）	85	—	52157	
385	施秉县（黔）	158	—	97083	97083
386	三穗县（黔）	148	17258	51368	
387	镇远县（黔）	463	—	24.73	
388	锦屏县（黔）	162	14051	6685	
389	剑河县（黔）	2782	19002	15000	15000
390	台江县（黔）	112	22553	270000	70000
391	黎平县（黔）	185	—	125854	
392	榕江县（黔）	1685	14768	—	80264.4
393	从江县（黔）	51	5138	9829	
394	雷山县（黔）	371	13819	14391	14390.5
395	麻江县（黔）	134	—	31885	
396	丹寨县（黔）	3811	15944	23434	
397	都匀市（黔）	46	—	—	31500
398	瓮安县（黔）	35	2586	7200	7000
399	平塘县（黔）	7	362	3600	
400	长顺县（黔）	547	480	5334	1969
401	龙里县（黔）	800	—	5000	
402	西山区（滇）	—	—	2000	
403	富民县（滇）	500	—	15000	
404	宜良县（滇）	30	500	2500	
405	石林彝族自治县（滇）	25	750	37500	37500
406	寻甸回族彝族自治县（滇）	80	800	76000	68000
407	师宗县（滇）	160	—	4800	
408	罗平县（滇）	—	—	—	170000
409	江川区（滇）	35	51	11350	7563

(续表)

序号	县(旗、市、区、局、场)	养蜂户数(户)	蜜蜂饲养(群)	蜂蜜原料产量(千克)	蜂蜜成品产量(千克)
410	澄江市(滇)	89	5000	—	15000
411	华宁县(滇)	27	11000		27000
412	峨山彝族自治县(滇)	83	16100		
413	新平彝族傣族自治县(滇)	471	17349		1199925
414	隆阳区(滇)			3431	
415	施甸县(滇)	63	10555	27000	
416	腾冲市(滇)	8820	58760	184500	
417	龙陵县(滇)	6891	33166	265328	132664
418	昌宁县(滇)			257400	
419	彝良县(滇)	1250		62500	
420	威信县(滇)	1200	5000	25000	25000
421	玉龙纳西族自治县(滇)	4750	41900	230000	
422	永胜县(滇)	3040	26000	220000	110000
423	宁蒗彝族自治县(滇)	500	4000	8000	
424	景谷傣族彝族自治县(滇)			183000	
425	西盟佤族自治县(滇)		21336	144800	
426	云县(滇)	35	37331	397	
427	双江拉祜族佤族布朗族傣族自治县(滇)			19000	
428	沧源佤族自治县(滇)	2295	7361	7411	
429	楚雄市(滇)	25	630	19611	
430	双柏县(滇)	8600	14860	59450	
431	南华县(滇)	380	1420	2840	860
432	姚安县(滇)			11350	
433	元谋县(滇)	170	5100	61200	36000
434	武定县(滇)	1000	1000	8000	7670
435	禄丰县(滇)	1067	915	63050	
436	个旧市(滇)	1	500	4000	
437	开远市(滇)	600	3000		20000
438	西畴县(滇)			16200	
439	麻栗坡县(滇)	494	1975	9875	
440	马关县(滇)	200	3000		1800
441	丘北县(滇)	7	1000		
442	广南县(滇)	343	6800	40000	31000
443	景洪市(滇)	20000	100000	300000	
444	勐海县(滇)	9210	110967	461260	
445	勐腊县(滇)	2345	3250	153172	132689
446	漾濞彝族自治县(滇)	3500	—	69000	60000
447	永平县(滇)	300	3500	18000	15000
448	剑川县(滇)	509	13153	105713	
449	瑞丽市(滇)	113		85900	
450	梁河县(滇)	1200	12000	—	60000
451	盈江县(滇)	1600	8000	—	66400
452	泸水市(滇)	300	1000	30748	24598.4
453	贡山独龙族怒族自治县(滇)	1602	30100	45150	3500
454	兰坪白族普米族自治县(滇)	1780		132000	
455	阎良区(陕)				3000000
456	周至县(陕)	555	33326		6660
457	宜君县(陕)	20	100	3000	
458	永寿县(陕)	140		500000	
459	南郑区(陕)	1460		555000	355000
460	城固县(陕)	—	8327	37311	
461	洋县(陕)	1250	27890		22160
462	宁强县(陕)	3098		26550	
463	略阳县(陕)	3758	—		432164
464	镇巴县(陕)	2000	6200	62000	3120
465	留坝县(陕)	200		65000	
466	横山区(陕)	35	2000	25000	
467	石泉县(陕)	518	18200		
468	宁陕县(陕)	2162	32000		160000
469	紫阳县(陕)	80	—	40000	50000
470	岚皋县(陕)	6600	73000	585000	
471	镇坪县(陕)	1930	38000	271520	
472	旬阳县(陕)	1350	23080	254200	160000
473	宁县(甘)	60	1200		17000
474	正宁林业总场(甘)	49	509	5000	
475	临夏县(甘)	100	500	25000	
476	和政县(甘)	120	—		8500
477	龙门林场(甘)	4	4	130	130
478	太碌林场(甘)	2	—	165	165
479	麻沿林场(甘)	5	210		1050
480	江洛林场(甘)	1	35	195	
481	左家林场(甘)	—	—	88760	87750
482	西夏区(宁)	8	8	26000	26000
483	西吉县(宁)	150	3700	106458	152083
484	泾源县(宁)	1309	37000	300000	300000
485	彭阳县(宁)	2000	15000	400000	400000
486	岳普湖县(新)	65	19500	100500	
487	临江林业局(吉林森工)	12	—		16500
488	松江河林业有限公司(吉林森工)	7	235	9000	
489	露水河林业局(吉林森工)	110	8000	100000	

(续表)

序号	县(旗、市、区、局、场)	养蜂户数(户)	蜜蜂饲养(群)	蜂蜜原料产量(千克)	蜂蜜成品产量(千克)
490	东京城林业局(龙江森工)	68	—	—	245000
491	穆棱林业局(龙江森工)	283	25000	1125000	—
492	海林林业局(龙江森工)	44	2000	80000	—
493	林口林业局(龙江森工)	—	2352	—	97000
494	桦南林业局(龙江森工)	49	—	80000	—
495	双鸭山林业局(龙江森工)	91	—	179000	179000
496	鹤北林业局(龙江森工)	79	4437	196560	196560
497	清河林业局(龙江森工)	44	2290	270000	229500
498	东方红林业局(龙江森工)	189	15000	500000	450000
499	迎春林业局(龙江森工)	155	1600	100000	40000
500	绥棱林业局(龙江森工)	74	6041	—	181230
501	通北林业局(龙江森工)	18	1083	34000	—
502	松岭林业局(大兴安岭)	23	1885	36100	—
503	新林林业局(大兴安岭)	2	—	—	6700
504	呼中林业局(大兴安岭)	1	200	1500	1000
505	十八站林业局(大兴安岭)	15	—	27000	2300
506	韩家园林业局(大兴安岭)	13	—	30000	75
507	加格达奇林业局(大兴安岭)	12	1000	—	30000
508	第一师(新疆兵团)	61	1056	131000	5500
509	第四师(新疆兵团)	151	11887	527580	1561000
510	第六师(新疆兵团)	4	1300	9000	—
511	第七师(新疆兵团)	43	2400	263800	121420
512	第十二师(新疆兵团)	2	—	—	3200

林产品进出口

FOREIGN TRADE STATISTICS OF FOREST PRODUCTS

表1 原木出口量值表

国家/地区	出口数量（立方米）	出口金额（美元）
44034990 其他热带木原木		
合计	10653.00	3706181.00
越南	10653.00	3706181.00

表2 原木进口量值表

国家/地区	进口数量（立方米）	进口金额（美元）
44031100 用油漆、着色剂、杂酚油或其他防腐剂处理的针叶木原木		
合计	135860.00	28747241.00
中国台湾	8.00	4646.00
葡萄牙	34.00	17427.00
美国	57.00	66773.00
新西兰	135761.00	28658395.00
44031200 用油漆、着色剂、杂酚油或其他防腐剂处理的非针叶木原木		
合计	80.00	275553.00
泰国	0.00	181.00
越南	2.00	1272.00
德国	0.00	179.00
塞尔维亚	0.00	189.00
美国	78.00	273732.00
44032110 红松和樟子松原木，截面尺寸≥15cm		
合计	2118393.00	252689493.00
比利时	3619.00	670880.00
丹麦	8960.00	1386244.00
德国	47757.00	7884497.00
法国	4426.00	797300.00
西班牙	259.00	51342.00
波兰	276207.00	41002302.00
爱沙尼亚	7490.00	1047654.00
拉脱维亚	44090.00	6443492.00
立陶宛	19511.00	2866794.00
俄罗斯	1650310.00	181055436.00
斯洛文尼亚	594.00	105636.00
捷克	43522.00	7276558.00
斯洛伐克	11648.00	2101358.00
44032120 辐射松原木，截面尺寸≥15cm		
合计	19566134.00	3195505373.00
南非	1114.00	98630.00
巴西	12563.00	1789554.00
智利	181781.00	26487867.00

（续表）

国家/地区	进口数量（立方米）	进口金额（美元）
厄瓜多尔	458.00	62052.00
澳大利亚	52843.00	5885969.00
新西兰	19317375.00	3161181301.00
44032190 其他松木(松属)原木，截面尺寸≥15cm		
合计	5350405.00	730758302.00
日本	1744.00	241755.00
南非	218996.00	29148099.00
乌干达	24.00	4118.00
德国	52464.00	7228169.00
法国	1115.00	188239.00
意大利	0.00	1.00
波兰	2445.00	405823.00
爱沙尼亚	30.00	3366.00
拉脱维亚	304.00	42401.00
俄罗斯	58264.00	8245551.00
捷克	2136.00	322063.00
斯洛伐克	491.00	75153.00
阿根廷	292905.00	36971704.00
巴西	695529.00	90241949.00
厄瓜多尔	179.00	20915.00
墨西哥	58.00	11662.00
巴拿马	292.00	36919.00
乌拉圭	2004029.00	280484329.00
加拿大	9457.00	1853938.00
美国	1972134.00	269456183.00
澳大利亚	1024.00	93866.00
新西兰	36785.00	5682099.00
44032210 红松和樟子松原木，截面尺寸<15cm		
合计	31555.00	3800197.00
丹麦	80.00	8782.00
德国	28.00	3515.00
波兰	14307.00	1884662.00
爱沙尼亚	639.00	87115.00
拉脱维亚	5188.00	682929.00
立陶宛	380.00	46331.00
俄罗斯	10636.00	1028496.00
捷克	297.00	58367.00
44032220 辐射松原木，截面尺寸<15cm		
合计	221906.00	32774077.00
巴西	1395.00	178187.00
智利	509.00	66094.00
澳大利亚	3302.00	335823.00

（续表）

国家/地区	进口数量（立方米）	进口金额（美元）
新西兰	216700.00	32193973.00
44032290 其他松木(松属)原木，截面尺寸<15cm		
合计	223836.00	26360986.00
肯尼亚	0.00	18.00
南非	62006.00	7319760.00
德国	65.00	14282.00
俄罗斯	678.00	75492.00
阿根廷	1492.00	190621.00
巴西	120668.00	13976092.00
厄瓜多尔	71.00	7999.00
乌拉圭	2640.00	375772.00
加拿大	461.00	76783.00
美国	33263.00	3969605.00
澳大利亚	59.00	5918.00
新西兰	2433.00	348644.00
44032300 冷杉和云杉原木，截面尺寸≥15cm		
合计	16961564.00	2696912023.00
日本	3334.00	482801.00
韩国	14.00	5905.00
比利时	132341.00	21424336.00
丹麦	168164.00	28356181.00
德国	11439975.00	1780024587.00
法国	897230.00	145756836.00
意大利	17542.00	2181027.00
卢森堡	9728.00	1603902.00
奥地利	124.00	16080.00
匈牙利	5379.00	1030210.00
挪威	4331.00	692894.00
波兰	354250.00	60049922.00
罗马尼亚	899.00	153193.00
瑞典	24003.00	3695542.00
爱沙尼亚	24992.00	3485884.00
拉脱维亚	95005.00	15113444.00
立陶宛	88065.00	13398719.00
俄罗斯	875008.00	119485280.00
斯洛文尼亚	7931.00	1180831.00
捷克	1531471.00	250813955.00
斯洛伐克	656003.00	109980229.00
波黑	5783.00	1064692.00
加拿大	223939.00	45774487.00
美国	392220.00	90419019.00
新西兰	3833.00	722067.00

林产品进出口

FOREIGN TRADE STATISTICS OF FOREST PRODUCTS

(续表)

国家/地区	进口数量（立方米）	进口金额（美元）
44032400 冷杉和云杉原木，截面尺寸<15cm		
合计	576161.00	74467379.00
日本	2398.00	318110.00
丹麦	951.00	108781.00
德国	177990.00	25292940.00
法国	26357.00	3561884.00
匈牙利	51.00	7596.00
波兰	3702.00	517309.00
爱沙尼亚	8161.00	1017894.00
拉脱维亚	13293.00	1739352.00
立陶宛	5021.00	699070.00
俄罗斯	316581.00	37597611.00
捷克	6250.00	917340.00
斯洛伐克	7831.00	1035915.00
加拿大	4467.00	945119.00
美国	3006.00	690338.00
新西兰	102.00	18120.00
44034100 深红色红柳桉木、浅红色红柳桉木及巴栲红柳桉木原木		
合计	190.00	25657.00
巴西	190.00	25657.00
44034910 柚木原木		
合计	37843.00	18783273.00
缅甸	737.00	703361.00
印度尼西亚	378.00	194262.00
老挝	492.00	310626.00
马来西亚	8.00	12312.00
泰国	154.00	163303.00
贝宁	901.00	324300.00
喀麦隆	20.00	11353.00
加纳	59.00	22377.00
巴西	12541.00	6772300.00
哥伦比亚	131.00	71156.00
哥斯达黎加	3288.00	1979853.00
厄瓜多尔	3036.00	964124.00
危地马拉	627.00	269244.00
墨西哥	60.00	26560.00
尼加拉瓜	307.00	146606.00
巴拿马	1195.00	504165.00
委内瑞拉	13347.00	6105472.00
巴布亚新几内亚	47.00	16658.00
所罗门群岛	515.00	185241.00
44034920 奥克曼木（奥克榄）原木		
合计	397011.00	126548495.00

(续表)

国家/地区	进口数量（立方米）	进口金额（美元）
刚果(布)	295625.00	97844435.00
赤道几内亚	101257.00	28663325.00
加蓬	129.00	40735.00
44034940 山樟木(香木)原木		
合计	320.00	88619.00
马来西亚	286.00	74326.00
中国台湾	34.00	14293.00
44034950 印加木(波罗格)原木		
合计	250282.00	115667266.00
马来西亚	114.00	70647.00
巴布亚新几内亚	250168.00	115596619.00
44034960 大干巴豆木(门格里斯或康派斯)原木		
合计	593.00	89342.00
巴布亚新几内亚	593.00	89342.00
44034970 异翅香木原木		
合计	33261.00	6050561.00
巴布亚新几内亚	33261.00	6050561.00
44034980 热带红木原木		
合计	264047.00	243946004.00
柬埔寨	45.00	72532.00
印度	1006.00	4646522.00
印度尼西亚	1671.00	1553573.00
老挝	3733.00	6824629.00
新加坡	210.00	48365.00
泰国	24.00	31032.00
越南	60.00	152249.00
喀麦隆	40.00	28907.00
刚果(布)	9818.00	4174034.00
赤道几内亚	12.00	5868.00
冈比亚	18846.00	17121434.00
加纳	13676.00	10887096.00
马里	28620.00	28916282.00
莫桑比克	2127.00	1303821.00
尼日利亚	289.00	416945.00
塞拉利昂	160846.00	147251683.00
布基纳法索	1380.00	1151006.00
刚果(金)	15291.00	6227839.00
赞比亚	997.00	1197847.00
阿根廷	106.00	27874.00
哥斯达黎加	26.00	85280.00
墨西哥	1484.00	5245171.00
尼加拉瓜	1805.00	4661701.00
巴拿马	432.00	1187556.00

(续表)

国家/地区	进口数量（立方米）	进口金额（美元）
巴拉圭	60.00	40406.00
瓦努阿图	48.00	21438.00
巴布亚新几内亚	1395.00	664914.00
44034990 其他热带木原木		
合计	4475147.00	1253621771.00
缅甸	777.00	326268.00
柬埔寨	28944.00	13191207.00
印度尼西亚	776.00	1418187.00
老挝	7724.00	3166857.00
马来西亚	674.00	279901.00
尼泊尔	3.00	43697.00
菲律宾	50.00	5850.00
新加坡	3899.00	622571.00
泰国	1968.00	923388.00
越南	3030.00	954350.00
中国台湾	3805.00	1880632.00
安哥拉	10613.00	5024742.00
喀麦隆	461793.00	131935159.00
中非	94622.00	30567818.00
刚果(布)	236240.00	79060651.00
赤道几内亚	136116.00	54270592.00
加蓬	229.00	125315.00
冈比亚	102.00	52033.00
加纳	16931.00	6867919.00
几内亚	210.00	115756.00
肯尼亚	0.00	18.00
利比里亚	77225.00	19199519.00
马达加斯加	141.00	39684.00
莫桑比克	319516.00	160717421.00
尼日利亚	15536.00	8126131.00
塞拉利昂	20.00	17120.00
南非	342.00	80862.00
坦桑尼亚	8691.00	4995502.00
乌干达	0.00	1002.00
刚果(金)	182213.00	91914598.00
赞比亚	14290.00	12403164.00
阿根廷	5901.00	3220900.00
玻利维亚	24167.00	12498179.00
巴西	313.00	99904.00
哥伦比亚	19891.00	8068293.00
哥斯达黎加	1354.00	364591.00
厄瓜多尔	94864.00	20422253.00
危地马拉	2421.00	894773.00
圭亚那	38753.00	14538447.00

（续表）

国家/地区	进口数量（立方米）	进口金额（美元）
洪都拉斯	624.00	424812.00
墨西哥	15735.00	8997980.00
尼加拉瓜	726.00	745915.00
巴拿马	7072.00	3286200.00
巴拉圭	505.00	571344.00
秘鲁	5974.00	3292284.00
苏里南	140019.00	36907846.00
委内瑞拉	7157.00	2136771.00
澳大利亚	392.00	111966.00
新喀里多尼亚	65.00	3202545.00
瓦努阿图	76.00	616835.00
巴布亚新几内亚	1418887.00	291520551.00
所罗门群岛	1063771.00	213371468.00
44039100 栎木(橡木)原木		
合计	1350819.00	542236493.00
日本	230.00	124441.00
比利时	65694.00	23169559.00
丹麦	8706.00	3154186.00
英国	0.00	151.00
德国	75955.00	29348230.00
法国	425230.00	172667031.00
意大利	110.00	55146.00
卢森堡	951.00	402021.00
荷兰	1249.00	381972.00
西班牙	262.00	87130.00
奥地利	3498.00	1534263.00
保加利亚	8241.00	2682481.00
匈牙利	184.00	132770.00
波兰	14955.00	5252610.00
罗马尼亚	19243.00	6918538.00
瑞典	5108.00	1864113.00
瑞士	47.00	16276.00
立陶宛	340.00	64906.00
俄罗斯	208218.00	70141351.00
斯洛文尼亚	36665.00	14091144.00
克罗地亚	11520.00	5223105.00
捷克	13299.00	5221733.00
斯洛伐克	38468.00	13796111.00
波黑	15791.00	7062666.00
塞尔维亚	29913.00	14293335.00
墨西哥	39764.00	21042099.00
加拿大	1782.00	828635.00
美国	325396.00	142680490.00
44039300 水青冈木(山毛榉木)原木,截面尺寸≥15cm		

（续表）

国家/地区	进口数量（立方米）	进口金额（美元）
合计	710274.00	171657864.00
日本	23.00	9574.00
比利时	55727.00	13868550.00
丹麦	61907.00	15644889.00
德国	301988.00	76303454.00
法国	104333.00	25333899.00
卢森堡	8466.00	2160572.00
奥地利	1775.00	436782.00
波兰	43663.00	8549508.00
罗马尼亚	634.00	121260.00
瑞典	7740.00	1819921.00
瑞士	17979.00	4447050.00
斯洛文尼亚	29571.00	5980434.00
克罗地亚	1032.00	192183.00
捷克	25661.00	5652978.00
斯洛伐克	47103.00	10601143.00
波黑	1591.00	307609.00
塞尔维亚	1081.00	228058.00
44039400 水青冈木(山毛榉木)原木,截面尺寸<15cm		
合计	221.00	54418.00
法国	221.00	54418.00
44039500 桦木原木,截面尺寸≥15cm		
合计	1889476.00	259212822.00
日本	1.00	84.00
蒙古	243.00	29154.00
丹麦	25.00	5703.00
法国	307.00	57558.00
爱沙尼亚	11882.00	2033474.00
拉脱维亚	204351.00	40530410.00
立陶宛	2619.00	530654.00
俄罗斯	1669978.00	216010515.00
加拿大	67.00	14418.00
美国	3.00	852.00
44039600 桦木原木,截面尺寸<15cm		
合计	52347.00	6324126.00
爱沙尼亚	94.00	12078.00
拉脱维亚	7030.00	1197600.00
俄罗斯	45223.00	5114448.00
44039700 杨木原木		
合计	661923.00	66969856.00
日本	4.00	499.00
比利时	5024.00	809106.00
丹麦	519.00	74708.00

（续表）

国家/地区	进口数量（立方米）	进口金额（美元）
德国	461.00	68386.00
法国	12649.00	2010362.00
爱沙尼亚	11470.00	1590217.00
拉脱维亚	5428.00	683675.00
俄罗斯	605287.00	58726043.00
塞尔维亚	74.00	37590.00
阿根廷	50.00	6065.00
智利	522.00	63847.00
加拿大	1951.00	298164.00
美国	6575.00	945152.00
新西兰	11909.00	1656042.00
44039800 桉木原木		
合计	1553538.00	190901407.00
泰国	104.00	49214.00
越南	372.00	140962.00
南非	145568.00	17667643.00
葡萄牙	818.00	496282.00
西班牙	3765.00	2319962.00
巴西	1182071.00	136560678.00
智利	15391.00	2349188.00
乌拉圭	72247.00	13090720.00
澳大利亚	4799.00	782209.00
新西兰	98788.00	14248785.00
巴布亚新几内亚	1178.00	198309.00
所罗门群岛	28437.00	2997455.00
44039930 红木原木,但编码4403.4980所列热带红木除外		
合计	70555.00	124199754.00
缅甸	9218.00	12522266.00
柬埔寨	5770.00	8192316.00
印度	591.00	32161609.00
老挝	36056.00	47305036.00
泰国	13160.00	16990123.00
越南	5642.00	6953334.00
尼日利亚	56.00	44553.00
秘鲁	21.00	10267.00
瓦努阿图	41.00	20250.00
44039950 水曲柳原木		
合计	48368.00	15806597.00
俄罗斯	48368.00	15806597.00
44039960 北美硬阔叶木原木		
合计	637669.00	342248539.00
日本	22.00	7152.00
比利时	420.00	102191.00

(续表)

国家/地区	进口数量（立方米）	进口金额（美元）
丹麦	1479.00	350161.00
德国	383.00	95729.00
法国	1944.00	488519.00
匈牙利	741.00	505493.00
波兰	27.00	6249.00
斯洛伐克	66.00	17786.00
塞尔维亚	1248.00	386299.00
墨西哥	43487.00	29491492.00
尼加拉瓜	164.00	40664.00
加拿大	42105.00	19200501.00
美国	545583.00	291556303.00
44039980 其他温带非针叶木原木		
合计	71751.00	17934153.00
日本	541.00	649831.00
新加坡	9.00	2237.00
比利时	1308.00	322249.00
丹麦	2703.00	643457.00
德国	458.00	116807.00
法国	6858.00	1773273.00
意大利	961.00	430152.00
葡萄牙	22.00	16954.00
西班牙	42.00	16730.00
保加利亚	2889.00	811983.00
罗马尼亚	5603.00	974943.00
瑞士	516.00	136100.00
爱沙尼亚	4570.00	564894.00
拉脱维亚	4909.00	679605.00
俄罗斯	15165.00	3776315.00
斯洛文尼亚	1836.00	442954.00
克罗地亚	387.00	98159.00
斯洛伐克	531.00	129325.00
波黑	1618.00	546815.00
塞尔维亚	17720.00	4498239.00
阿根廷	91.00	32041.00
墨西哥	49.00	16253.00
尼加拉瓜	119.00	41083.00
秘鲁	783.00	518203.00
加拿大	73.00	27587.00
美国	1573.00	603132.00
巴布亚新几内亚	380.00	60556.00
所罗门群岛	37.00	4276.00
44039990 未列名非针叶木原木		
合计	1195083.00	211119560.00
印度	4.00	205997.00

(续表)

国家/地区	进口数量（立方米）	进口金额（美元）
印度尼西亚	2324.00	576283.00
日本	3789.00	828198.00
马来西亚	9.00	23054.00
新加坡	738.00	92271.00
泰国	234.00	125792.00
越南	234.00	25709.00
中国台湾	141.00	137156.00
安哥拉	123.00	51786.00
喀麦隆	591.00	155243.00
刚果（布）	570.00	155702.00
赤道几内亚	771.00	280561.00
加纳	63.00	31341.00
利比里亚	63.00	13222.00
马达加斯加	130.00	23270.00
摩洛哥	20.00	109540.00
莫桑比克	41535.00	19570194.00
尼日利亚	351.00	170526.00
南非	361.00	131027.00
坦桑尼亚	281.00	126450.00
刚果（金）	975.00	211306.00
赞比亚	78.00	38058.00
丹麦	1804.00	496465.00
德国	180.00	58411.00
法国	85.00	16702.00
意大利	1458.00	904288.00
希腊	10.00	15692.00
西班牙	1024.00	453953.00
罗马尼亚	183.00	63351.00
爱沙尼亚	607.00	71080.00
拉脱维亚	309.00	36768.00
波黑	80.00	42327.00
塞尔维亚	185.00	67468.00
阿根廷	556.00	235462.00
玻利维亚	753.00	351518.00
智利	705.00	117730.00
哥伦比亚	171.00	61032.00
哥斯达黎加	457.00	144058.00
厄瓜多尔	489.00	111651.00
危地马拉	37.00	17730.00
圭亚那	667.00	256225.00
墨西哥	734.00	358287.00
尼加拉瓜	88.00	43769.00
巴拿马	123.00	42011.00
巴拉圭	123.00	65805.00

(续表)

国家/地区	进口数量（立方米）	进口金额（美元）
秘鲁	732.00	447071.00
苏里南	1374.00	487682.00
乌拉圭	523.00	104985.00
委内瑞拉	695.00	264723.00
加拿大	135.00	38864.00
美国	225.00	78163.00
澳大利亚	42.00	7528.00
斐济	61.00	38550.00
瓦努阿图	166.00	1653195.00
新西兰	140.00	29643.00
巴布亚新几内亚	472852.00	78997046.00
所罗门群岛	653925.00	101857641.00

表3　锯材出口量值表

国家/地区	出口数量（立方米）	出口金额（美元）
44069100 已浸渍针叶木铁道及电车道枕木		
合计	731.00	348312.00
孟加拉国	168.00	39181.00
印度尼西亚	173.00	81747.00
伊拉克	12.00	6646.00
日本	59.00	21924.00
科威特	2.00	2974.00
老挝	11.00	8016.00
马来西亚	94.00	56607.00
巴基斯坦	28.00	5463.00
菲律宾	0.00	50.00
阿联酋	26.00	18720.00
越南	27.00	22008.00
乌兹别克斯坦	10.00	6450.00
安哥拉	67.00	38308.00
尼日利亚	7.00	4718.00
塞内加尔	14.00	6242.00
塞拉利昂	29.00	20105.00
古巴	4.00	9153.00
44069200 已浸渍非针叶木铁道及电车道枕木		
合计	30.00	25107.00
阿联酋	6.00	2960.00
中国台湾	10.00	5045.00
乌兹别克斯坦	4.00	12529.00
尼日尔	10.00	4573.00
44071110 红松和樟子松木材, 经纵锯、纵切、刨切或旋切, 厚>6mm		

国家/地区	出口数量（立方米）	出口金额（美元）
合计	23396.00	15615479.00
孟加拉国	460.00	45750.00
柬埔寨	148.00	35316.00
日本	21549.00	14888369.00
韩国	383.00	249312.00
泰国	487.00	164331.00
越南	335.00	219587.00
中国台湾	6.00	3406.00
美国	28.00	9408.00
44071120 辐射松木材，经纵锯、纵切、刨切或旋切，厚>6mm		
合计	23580.00	16019867.00
孟加拉国	132.00	12880.00
柬埔寨	139.00	72448.00
中国香港	195.00	47450.00
日本	19377.00	13391297.00
马来西亚	98.00	66629.00
马尔代夫	10.00	5538.00
巴基斯坦	320.00	120730.00
韩国	699.00	462700.00
越南	1178.00	891384.00
中国台湾	934.00	629944.00
几内亚	21.00	7104.00
毛里求斯	56.00	39364.00
英国	17.00	15639.00
瑞士	1.00	2029.00
美国	0.00	270.00
澳大利亚	403.00	254461.00
44071190 其他松木（松属）木材，经纵锯、纵切、刨切或旋切，厚>6mm		
合计	36784.00	3888519.00
孟加拉国	28352.00	373873.00
缅甸	2942.00	623915.00
柬埔寨	12.00	3195.00
印度	239.00	67280.00
日本	1592.00	993360.00
老挝	147.00	25674.00
马来西亚	256.00	134191.00
韩国	812.00	619304.00
泰国	81.00	29938.00
阿联酋	24.00	14306.00
越南	983.00	400971.00
中国台湾	880.00	232999.00
阿尔及利亚	2.00	6300.00
埃塞俄比亚	172.00	75011.00
几内亚	5.00	3546.00
尼日尔	150.00	51922.00
南非	1.00	958.00
加拿大	50.00	14850.00
美国	0.00	600.00
秘鲁	83.00	215752.00
基里巴斯	1.00	574.00
44071200 冷杉及云杉木材，经纵锯、纵切、刨切或旋切，厚>6mm		
合计	21471.00	13434183.00
孟加拉国	51.00	18902.00
文莱	39.00	15220.00
中国香港	551.00	159073.00
日本	14405.00	9786753.00
科威特	95.00	41436.00
中国澳门	8.00	974.00
韩国	441.00	264523.00
越南	332.00	263308.00
中国台湾	2641.00	1621557.00
加纳	200.00	89627.00
几内亚比绍	4.00	1787.00
乌干达	3.00	2601.00
加拿大	2646.00	1145231.00
大洋洲其他国家（地区）	55.00	23191.00
44071910 花旗松木材，经纵锯、纵切、刨切或旋切，厚>6mm		
合计	1208.00	624290.00
日本	196.00	222132.00
韩国	97.00	73399.00
中国台湾	915.00	328759.00
44071990 其他针叶木木材，经纵锯、纵切、刨切或旋切，厚>6mm		
合计	19276.00	14598070.00
孟加拉国	195.00	66408.00
柬埔寨	48.00	39395.00
中国香港	1545.00	407877.00
日本	10383.00	8907841.00
马来西亚	186.00	31839.00
菲律宾	53.00	20753.00
韩国	3716.00	3165011.00
泰国	108.00	104605.00
越南	925.00	514432.00
中国台湾	775.00	425300.00
哈萨克斯坦	8.00	2960.00
吉布提	19.00	3704.00
埃塞俄比亚	154.00	51793.00
科特迪瓦	131.00	57269.00
英国	2.00	2000.00
德国	262.00	515775.00
安提瓜和巴布达	10.00	2778.00
加拿大	468.00	175077.00
美国	12.00	8030.00
所罗门群岛	153.00	57810.00
汤加	103.00	28622.00
图瓦卢	20.00	8791.00
44072200 苏里南肉豆蔻木、细孔绿心樟及美洲轻木木材，经纵锯、纵切、刨切或旋切，厚>6mm		
合计	23.00	37580.00
日本	3.00	25280.00
越南	20.00	12300.00
44072500 深红色红柳桉木、浅红色红柳桉木及巴栲红柳桉木木材，经纵锯、纵切、刨切或旋切，厚>6mm		
合计	740.00	256247.00
中国香港	740.00	256247.00
44072600 经纵锯、纵切、刨切或旋切的白黄柳安木等木材，厚>6mm		
合计	30.00	10493.00
中国香港	27.00	9163.00
日本	3.00	1330.00
44072700 经纵锯、纵切、刨切或旋切的沙比利木材，厚>6mm		
合计	10.00	3168.00
马来西亚	10.00	3168.00
44072910 经纵锯、纵切、刨切或旋切的柚木木材，厚>6mm		
合计	1083.00	1370513.00
柬埔寨	359.00	241373.00
日本	15.00	48463.00
马来西亚	224.00	584404.00
阿曼	35.00	33250.00
新加坡	17.00	15770.00
韩国	11.00	14235.00
土耳其	405.00	415445.00
中国台湾	9.00	8861.00

林产品进出口

FOREIGN TRADE STATISTICS OF FOREST PRODUCTS

(续表)

国家/地区	出口数量 （立方米）	出口金额 （美元）
美国	8.00	8712.00
44072920 经纵锯、纵切、刨切或旋切非洲桃花心木木材,厚>6mm		
合计	224.00	231456.00
印度尼西亚	125.00	118870.00
韩国	50.00	72749.00
中国台湾	49.00	39837.00
44072930 波罗格木木材,经纵锯、纵切、刨切或旋切,厚>6mm		
合计	5.00	17104.00
老挝	5.00	17104.00
44072940 热带红木木材,经纵锯、纵切、刨切或旋切,厚>6mm		
合计	4.00	77473.00
韩国	4.00	77473.00
44072990 未列名热带木木材,经纵锯、纵切、刨切或旋切,厚>6mm		
合计	8877.00	4290433.00
柬埔寨	40.00	26758.00
中国香港	66.00	30592.00
印度尼西亚	146.00	269280.00
伊朗	195.00	88850.00
日本	531.00	360995.00
中国澳门	16.00	2453.00
新加坡	19.00	13621.00
韩国	1822.00	1135612.00
越南	5492.00	2091151.00
中国台湾	446.00	213912.00
意大利	83.00	39735.00
荷兰	19.00	15674.00
新西兰	2.00	1800.00
44079100 栎木（橡木）木材,经纵锯、纵切、刨切或旋切,厚>6mm		
合计	5439.00	7838222.00
柬埔寨	153.00	104924.00
中国香港	0.00	749.00
以色列	109.00	139423.00
日本	1956.00	2951504.00
马来西亚	28.00	26821.00
韩国	954.00	1558345.00
越南	126.00	257621.00
中国台湾	20.00	31830.00
比利时	58.00	63855.00
英国	21.00	32915.00

(续表)

国家/地区	出口数量 （立方米）	出口金额 （美元）
德国	1242.00	1525473.00
法国	237.00	343989.00
爱尔兰	70.00	109240.00
荷兰	465.00	691458.00
澳大利亚	0.00	75.00
44079200 水青冈木（山毛榉木）木材,经纵锯、纵切、刨切或旋切,厚>6mm		
合计	129.00	147870.00
以色列	6.00	8977.00
日本	5.00	10129.00
澳大利亚	118.00	128764.00
44079300 槭木（枫木）木材,经纵锯、纵切、刨切或旋切,厚>6mm		
合计	7600.00	6933676.00
印度尼西亚	1363.00	1528535.00
日本	153.00	117695.00
韩国	6065.00	5276366.00
越南	19.00	8480.00
加拿大	0.00	2600.00
44079400 樱桃木木材,经纵锯、纵切、刨切或旋切,厚>6mm		
合计	24.00	32404.00
日本	24.00	32404.00
44079500 白蜡木木材,经纵锯、纵切、刨切或旋切,厚>6mm		
合计	7753.00	9993700.00
柬埔寨	8.00	7708.00
日本	7256.00	9546036.00
韩国	450.00	420895.00
泰国	39.00	19061.00
44079600 桦木木材,经纵锯、纵切、刨切或旋切,厚>6mm		
合计	37712.00	25555069.00
柬埔寨	1464.00	1067685.00
日本	1575.00	899956.00
马来西亚	319.00	245209.00
韩国	674.00	597358.00
泰国	4294.00	3624844.00
阿联酋	30.00	110836.00
越南	28394.00	18256139.00
墨西哥	699.00	537827.00
美国	263.00	215215.00
44079700 杨木木材,经纵锯、纵切、刨切或旋切,厚>6mm		

(续表)

国家/地区	出口数量 （立方米）	出口金额 （美元）
合计	10912.00	7034885.00
柬埔寨	2.00	7098.00
印度尼西亚	49.00	35742.00
日本	123.00	46198.00
泰国	59.00	55900.00
越南	10679.00	6889947.00
44079910 红木木材,但编码4407.2940所列热带红木木材除外,经纵锯、纵切、刨切或旋切,厚>6mm		
合计	81.00	138289.00
印度尼西亚	1.00	5256.00
韩国	24.00	59393.00
越南	42.00	64531.00
中国台湾	14.00	9109.00
44079920 泡桐木木材,经纵锯、纵切、刨切或旋切,厚>6mm		
合计	63531.00	43770541.00
以色列	126.00	107656.00
日本	22660.00	16219185.00
马来西亚	1656.00	1104505.00
新加坡	17.00	11289.00
韩国	479.00	521479.00
泰国	79.00	49388.00
阿联酋	1.00	1680.00
越南	2504.00	1406396.00
中国台湾	202.00	156533.00
哈萨克斯坦	59.00	69673.00
加纳	25.00	5047.00
毛里求斯	4.00	5999.00
比利时	1059.00	507957.00
英国	189.00	211216.00
德国	4528.00	3213061.00
法国	304.00	149637.00
意大利	358.00	190105.00
荷兰	405.00	309080.00
葡萄牙	813.00	365501.00
西班牙	2857.00	1254962.00
波兰	25.00	10750.00
罗马尼亚	176.00	102452.00
白俄罗斯	190.00	113698.00
俄罗斯	82.00	56705.00
斯洛文尼亚	2576.00	1238745.00
克罗地亚	240.00	164442.00
捷克	1.00	1110.00

(续表)

国家/地区	出口数量（立方米）	出口金额（美元）
巴西	6.00	6068.00
哥斯达黎加	183.00	85580.00
危地马拉	285.00	186172.00
海地	90.00	61535.00
洪都拉斯	18.00	47652.00
尼加拉瓜	289.00	147419.00
加拿大	209.00	194279.00
美国	17248.00	12430297.00
澳大利亚	3576.00	3053742.00
新西兰	12.00	9546.00
44079930 经纵锯、纵切、刨切或旋切的北美硬阔叶木材,厚>6mm		
合计	6354.00	4900659.00
柬埔寨	199.00	252429.00
中国香港	11.00	16993.00
印度尼西亚	29.00	27560.00
以色列	7.00	8237.00
日本	517.00	910596.00
马来西亚	57.00	65060.00
韩国	606.00	601559.00
泰国	143.00	312744.00
越南	3265.00	1230733.00
中国台湾	0.00	96.00
比利时	4.00	3396.00
德国	720.00	704059.00
法国	34.00	30192.00
意大利	716.00	673305.00
斯洛文尼亚	18.00	42079.00
美国	28.00	21621.00
44079980 经纵锯、纵切、刨切或旋切其他温带非针叶木材,厚>6mm		
合计	3906.00	4652742.00
日本	3155.00	4000215.00
韩国	428.00	394225.00
中国台湾	50.00	71925.00
美国	273.00	186377.00
44079990 其他纵锯、纵切、刨切或旋切的非叶木木材,厚>6mm		
合计	6213.00	7321950.00
印度尼西亚	79.00	202126.00
伊朗	565.00	170532.00
日本	1905.00	2786055.00
巴基斯坦	0.00	3.00
菲律宾	65.00	28391.00

(续表)

国家/地区	出口数量（立方米）	出口金额（美元）
新加坡	50.00	53214.00
韩国	2632.00	3425917.00
泰国	136.00	180859.00
越南	218.00	244680.00
莫桑比克	28.00	10708.00
南苏丹	25.00	10328.00
美国	458.00	160630.00
澳大利亚	52.00	48507.00

表4 锯材进口量值表

国家/地区	进口数量（立方米）	进口金额（美元）
44071110 红松和樟子松木材,经纵锯、纵切、刨切或旋切,厚>6mm		
合计	7519279.00	1635760354.00
印度尼西亚	37.00	7453.00
日本	3982.00	424263.00
中国①	39.00	21477.00
德国	27178.00	6084440.00
法国	0.00	30.00
奥地利	1584.00	514182.00
芬兰	200690.00	51297030.00
挪威	26.00	5785.00
波兰	5024.00	876043.00
罗马尼亚	10881.00	2758261.00
瑞典	95374.00	28286104.00
瑞士	314.00	118275.00
爱沙尼亚	10691.00	2872745.00
拉脱维亚	24617.00	6342076.00
立陶宛	18724.00	4360993.00
白俄罗斯	369760.00	84659398.00
俄罗斯	5882709.00	1253758254.00
乌克兰	862364.00	192172870.00
捷克	2195.00	555494.00
巴西	2518.00	491993.00
智利	100.00	18521.00
加拿大	61.00	14569.00
美国	411.00	120098.00
44071120 辐射松木材,经纵锯、纵切、刨切或旋切,厚>6mm		
合计	855917.00	198068001.00
日本	0.00	4679.00
马来西亚	37.00	8429.00
越南	40.00	6042.00

(续表)

国家/地区	进口数量（立方米）	进口金额（美元）
中国	82.00	31688.00
坦桑尼亚	1848.00	277342.00
荷兰	349.00	696248.00
西班牙	5310.00	1541239.00
波兰	520.00	91873.00
阿根廷	3085.00	993041.00
巴西	15252.00	3764812.00
智利	467715.00	140114419.00
乌拉圭	231.00	70543.00
美国	79.00	19703.00
澳大利亚	210.00	69069.00
新西兰	361159.00	50378874.00
44071190 其他松木(松属)木材,经纵锯、纵切、刨切或旋切,厚>6mm		
合计	1226692.00	264635513.00
印度	0.00	248.00
印度尼西亚	551.00	152807.00
日本	543.00	73292.00
土耳其	221.00	64792.00
中国台湾	24.00	21168.00
坦桑尼亚	5828.00	626356.00
乌干达	1372.00	192951.00
英国	95.00	19484.00
德国	671.00	192884.00
法国	0.00	5083.00
荷兰	51.00	95636.00
奥地利	16.00	16768.00
芬兰	10738.00	3201033.00
罗马尼亚	287.00	97103.00
瑞典	18729.00	5970590.00
爱沙尼亚	736.00	186398.00
拉脱维亚	624.00	255529.00
立陶宛	1081.00	271354.00
白俄罗斯	2562.00	595041.00
俄罗斯	284896.00	63190398.00
乌克兰	11968.00	3196965.00
克罗地亚	61.00	17976.00
捷克	341.00	64846.00
阿根廷	82311.00	24191602.00
巴西	471052.00	76230723.00
乌拉圭	97952.00	28793540.00

① 中国数据不含中国香港、中国澳门和中国台湾。

FOREIGN TRADE STATISTICS OF FOREST PRODUCTS

(续表)

国家/地区	进口数量（立方米）	进口金额（美元）
委内瑞拉	4211.00	979184.00
加拿大	59342.00	20049184.00
美国	166021.00	33380880.00
澳大利亚	4042.00	2206642.00
新西兰	366.00	295056.00
44071200 冷杉及云杉木材，经纵锯、纵切、刨切或旋切，厚>6mm		
合计	7611439.00	1760690927.00
印度尼西亚	96.00	284192.00
日本	10121.00	1171463.00
韩国	614.00	398400.00
土耳其	282.00	97298.00
越南	2500.00	193511.00
中国	103.00	26905.00
中国台湾	79.00	57846.00
比利时	526.00	94952.00
丹麦	14465.00	4761210.00
德国	444240.00	105807800.00
法国	3049.00	640208.00
意大利	165.00	358082.00
西班牙	0.00	270.00
奥地利	79171.00	22495130.00
芬兰	444543.00	122543837.00
挪威	2463.00	623070.00
波兰	482.00	143102.00
罗马尼亚	89394.00	22176000.00
瑞典	280756.00	77060119.00
瑞士	1735.00	1300836.00
爱沙尼亚	34669.00	9183479.00
拉脱维亚	30310.00	7818027.00
立陶宛	3218.00	693027.00
白俄罗斯	87902.00	20175218.00
俄罗斯	5142181.00	1158435287.00
乌克兰	30486.00	7648813.00
斯洛文尼亚	1839.00	476675.00
克罗地亚	1591.00	717563.00
捷克	23220.00	5383703.00
斯洛伐克	5040.00	1060626.00
波黑	898.00	310489.00
加拿大	874801.00	188158202.00
美国	500.00	395587.00
44071910 花旗松木材，经纵锯、纵切、刨切或旋切，厚>6mm		
合计	120467.00	27552096.00

(续表)

国家/地区	进口数量（立方米）	进口金额（美元）
日本	8528.00	821526.00
中国台湾	56.00	5550.00
英国	80.00	16226.00
德国	620.00	128849.00
加拿大	108555.00	26003360.00
美国	1102.00	288068.00
新西兰	1526.00	288517.00
44071990 其他针叶木材，经纵锯、纵切、刨切或旋切，厚>6mm		
合计	2266198.00	450018799.00
印度尼西亚	2.00	5489.00
日本	37194.00	9827917.00
老挝	402.00	295568.00
马来西亚	2.00	952.00
韩国	34.00	15345.00
越南	1985.00	314848.00
中国	373.00	182871.00
中国台湾	112.00	25368.00
加纳	50.00	29730.00
科特迪瓦	43.00	26525.00
肯尼亚	0.00	4240.00
英国	0.00	8588.00
德国	1063.00	210057.00
西班牙	12.00	35546.00
芬兰	5370.00	1281898.00
瑞典	312.00	73609.00
俄罗斯	1622498.00	275409936.00
捷克	18.00	4738.00
阿根廷	99.00	30578.00
巴西	3613.00	829349.00
加拿大	569219.00	152709229.00
美国	22803.00	8300372.00
澳大利亚	994.00	396046.00
44072100 美洲桃花心木木材，经纵锯、纵切、刨切或旋切，厚>6mm		
合计	3271.00	1631679.00
印度尼西亚	3063.00	1479913.00
菲律宾	207.00	146246.00
斐济	1.00	5520.00
44072200 苏里南肉豆蔻木、细孔绿心樟及美洲轻木木材，经纵锯、纵切、刨切或旋切，厚>6mm		
合计	95592.00	59757083.00
印度尼西亚	3144.00	2260587.00

(续表)

国家/地区	进口数量（立方米）	进口金额（美元）
瑞士	4.00	14770.00
巴西	1930.00	702843.00
哥伦比亚	2660.00	1379900.00
哥斯达黎加	519.00	320408.00
厄瓜多尔	26952.00	21362211.00
秘鲁	1364.00	649486.00
巴布亚新几内亚	59019.00	33066878.00
44072500 深红色红柳桉木、浅红色红柳桉木及巴栲红柳桉木木材，经纵锯、纵切、刨切或旋切，厚>6mm		
合计	4498.00	1936291.00
印度	0.00	78.00
马来西亚	3955.00	1652218.00
越南	0.00	203.00
中国	0.00	75.00
坦桑尼亚	59.00	24389.00
乌拉圭	484.00	259328.00
44072600 经纵锯、纵切、刨切或旋切的白黄柳桉木等木材，厚>6mm		
合计	5200.00	1753336.00
中国香港	0.00	180.00
马来西亚	4923.00	1587874.00
新加坡	0.00	65.00
越南	79.00	33985.00
中国	0.00	95.00
中国台湾	38.00	27333.00
意大利	18.00	41474.00
乌拉圭	40.00	21590.00
澳大利亚	102.00	40740.00
44072700 经纵锯、纵切、刨切或旋切的沙比利木材，厚>6mm		
合计	64771.00	39803415.00
日本	1.00	70.00
新加坡	0.00	45.00
越南	38.00	9685.00
安哥拉	83.00	35735.00
喀麦隆	33396.00	19865732.00
中非	5820.00	4007426.00
刚果(布)	24967.00	15657847.00
赤道几内亚	5.00	2372.00
加蓬	427.00	209204.00
利比里亚	18.00	11725.00
意大利	16.00	3574.00
44072800 经纵锯、纵切、刨切或旋切的伊罗科木木材，厚>6mm		

(续表)

国家/地区	进口数量（立方米）	进口金额（美元）
合计	287.00	112072.00
加蓬	287.00	112072.00
44072910 经纵锯、纵切、刨切或旋切的柚木木材，厚>6mm		
合计	18833.00	11988499.00
缅甸	1335.00	1611160.00
印度	0.00	1198.00
印度尼西亚	1651.00	1290857.00
日本	1.00	672.00
老挝	10365.00	5337003.00
马来西亚	117.00	79644.00
泰国	9.00	5624.00
阿联酋	0.00	10.00
越南	96.00	68911.00
中国台湾	72.00	180236.00
东帝汶	211.00	126113.00
贝宁	221.00	153341.00
加纳	21.00	8355.00
南非	0.00	156.00
坦桑尼亚	243.00	78200.00
德国	0.00	69.00
巴西	2260.00	1781514.00
厄瓜多尔	70.00	49019.00
巴拿马	28.00	22467.00
苏里南	179.00	50165.00
特立尼达和多巴哥	28.00	63050.00
委内瑞拉	1926.00	1080735.00
44072920 经纵锯、纵切、刨切或旋切的非洲桃花心木木材，厚>6mm		
合计	7220.00	2564894.00
印度	0.00	167.00
中国台湾	211.00	442933.00
喀麦隆	323.00	181960.00
刚果（布）	660.00	367206.00
赤道几内亚	169.00	69152.00
加蓬	5192.00	1083383.00
刚果（金）	642.00	373165.00
葡萄牙	3.00	1166.00
西班牙	19.00	45325.00
斐济	1.00	437.00
44072930 波罗格木木材，经纵锯、纵切、刨切或旋切，厚>6mm		
合计	32516.00	27423988.00
印度尼西亚	28841.00	24392072.00

(续表)

国家/地区	进口数量（立方米）	进口金额（美元）
马来西亚	3184.00	2647326.00
瓦努阿图	13.00	9183.00
巴布亚新几内亚	23.00	12494.00
所罗门群岛	455.00	362913.00
44072940 热带红木木材，经纵锯、纵切、刨切或旋切，厚>6mm		
合计	59289.00	50011612.00
缅甸	217.00	318809.00
印度	11541.00	1442648.00
印度尼西亚	645.00	1054060.00
老挝	440.00	797447.00
马来西亚	92.00	46786.00
泰国	209.00	279960.00
越南	102.00	145332.00
中国台湾	0.00	285.00
喀麦隆	41.00	493456.00
刚果（布）	245.00	135976.00
加蓬	1414.00	746994.00
冈比亚	18669.00	17385041.00
加纳	14392.00	14538906.00
莫桑比克	914.00	671270.00
塞拉利昂	9890.00	11079080.00
坦桑尼亚	151.00	98851.00
刚果（金）	100.00	54069.00
西班牙	1.00	29386.00
玻利维亚	35.00	135435.00
巴西	4.00	3006.00
危地马拉	8.00	223464.00
尼加拉瓜	0.00	453.00
巴拿马	55.00	241316.00
加拿大	12.00	29400.00
澳大利亚	0.00	222.00
瓦努阿图	7.00	4001.00
所罗门群岛	105.00	55959.00
44072990 未列名热带木木材，经纵锯、纵切、刨切或旋切，厚>6mm		
合计	5572191.00	1586936760.00
缅甸	90387.00	23904152.00
柬埔寨	5108.00	1871677.00
印度	26.00	134707.00
印度尼西亚	48345.00	16806370.00
日本	24.00	67387.00
老挝	9473.00	4380257.00
马来西亚	120351.00	42058317.00

(续表)

国家/地区	进口数量（立方米）	进口金额（美元）
尼泊尔	2.00	6736.00
菲律宾	641424.00	56554790.00
斯里兰卡	6013.00	1303228.00
泰国	3765950.00	1010174858.00
越南	5593.00	2545637.00
中国台湾	705.00	631090.00
安哥拉	2257.00	1311369.00
贝宁	1958.00	1171145.00
喀麦隆	94930.00	50460646.00
中非	1273.00	587901.00
刚果（布）	34128.00	16062402.00
赤道几内亚	6821.00	4181691.00
加蓬	536032.00	226006026.00
加纳	8545.00	3122760.00
科特迪瓦	370.00	236788.00
利比里亚	254.00	101779.00
莫桑比克	27038.00	17385727.00
尼日利亚	635.00	399553.00
南非	2.00	36343.00
坦桑尼亚	5377.00	4133199.00
刚果（金）	665.00	257332.00
赞比亚	26506.00	16167465.00
法国	36.00	17343.00
意大利	410.00	350062.00
荷兰	88.00	190691.00
西班牙	75.00	176630.00
波兰	33.00	73170.00
罗马尼亚	164.00	72390.00
玻利维亚	29072.00	23849879.00
巴西	29773.00	16863152.00
智利	181.00	114508.00
哥伦比亚	1169.00	488826.00
哥斯达黎加	56.00	37440.00
厄瓜多尔	6300.00	2729149.00
尼加拉瓜	607.00	307533.00
巴拿马	16.00	15104.00
巴拉圭	1102.00	1306844.00
秘鲁	34019.00	24888679.00
苏里南	6377.00	2610889.00
委内瑞拉	10064.00	3550689.00
美国	154.00	131575.00
澳大利亚	212.00	197869.00
斐济	11520.00	6666673.00
瓦努阿图	10.00	3181.00

林产品进出口

FOREIGN TRADE STATISTICS OF FOREST PRODUCTS

(续表)

国家/地区	进口数量（立方米）	进口金额（美元）
巴布亚新几内亚	118.00	74705.00
所罗门群岛	443.00	158447.00
44079100 栎木(橡木)木材,经纵锯、纵切、刨切或旋切,厚>6mm		
合计	745726.00	500116674.00
日本	1125.00	1438718.00
马来西亚	4.00	8302.00
阿联酋	0.00	31.00
越南	215.00	72839.00
中国	0.00	36.00
中国台湾	0.00	254.00
南非	0.00	156.00
英国	1.00	1.00
德国	3475.00	2206908.00
法国	18619.00	13888114.00
意大利	195.00	155113.00
西班牙	0.00	60.00
奥地利	615.00	357892.00
保加利亚	102.00	72485.00
匈牙利	4054.00	2328348.00
罗马尼亚	2617.00	1320709.00
格鲁吉亚	14.00	2660.00
白俄罗斯	24.00	20418.00
俄罗斯	93740.00	44259541.00
乌克兰	2982.00	1238038.00
斯洛文尼亚	29.00	12925.00
克罗地亚	5513.00	3924040.00
捷克	246.00	138022.00
斯洛伐克	27.00	111947.00
波黑	349.00	246153.00
塞尔维亚	228.00	110348.00
智利	0.00	2247.00
秘鲁	59.00	73863.00
加拿大	32141.00	24406898.00
美国	579245.00	403622213.00
澳大利亚	77.00	71655.00
大洋洲其他国家(地区)	30.00	25740.00
44079200 水青冈木(山毛榉木)木材,经纵锯、纵切、刨切或旋切,厚>6mm		
合计	730597.00	335502834.00
日本	54.00	72172.00
土耳其	27.00	11162.00
阿联酋	0.00	73.00

(续表)

国家/地区	进口数量（立方米）	进口金额（美元）
丹麦	3136.00	1521636.00
德国	156163.00	71764960.00
法国	34269.00	15525543.00
意大利	11683.00	5597698.00
希腊	487.00	194990.00
奥地利	14775.00	6861411.00
匈牙利	6698.00	2815320.00
波兰	59071.00	23484590.00
罗马尼亚	235187.00	108518608.00
俄罗斯	74.00	33418.00
乌克兰	8832.00	3534104.00
斯洛文尼亚	1480.00	682347.00
克罗地亚	77604.00	36240943.00
捷克	118.00	64036.00
斯洛伐克	1848.00	912952.00
北马其顿	67.00	32724.00
波黑	48723.00	24209518.00
塞尔维亚	67385.00	32439059.00
黑山	2849.00	946808.00
美国	67.00	38762.00
44079300 槭木(枫木)木材,经纵锯、纵切、刨切或旋切,厚>6mm		
合计	63517.00	45776574.00
日本	28.00	97770.00
韩国	0.00	388.00
中国台湾	0.00	324.00
比利时	56.00	35145.00
德国	110.00	965289.00
意大利	3.00	25008.00
西班牙	2.00	16039.00
奥地利	409.00	227445.00
挪威	23.00	127102.00
波兰	4.00	135975.00
罗马尼亚	1413.00	1305729.00
瑞士	0.00	6768.00
俄罗斯	1738.00	448046.00
乌克兰	2336.00	1081794.00
克罗地亚	153.00	158863.00
塞尔维亚	30.00	12579.00
加拿大	22587.00	15015515.00
美国	34625.00	26116795.00
44079400 樱桃木木材,经纵锯、纵切、刨切或旋切,厚>6mm		
合计	147560.00	114216080.00

(续表)

国家/地区	进口数量（立方米）	进口金额（美元）
日本	4.00	4297.00
中国台湾	19.00	104715.00
赞比亚	266.00	203865.00
英国	0.00	1707.00
德国	67.00	31607.00
罗马尼亚	28.00	14098.00
克罗地亚	120.00	65556.00
加拿大	6852.00	4876058.00
美国	140204.00	108914177.00
44079500 白蜡木木材,经纵锯、纵切、刨切或旋切,厚>6mm		
合计	301155.00	158164890.00
日本	133.00	73737.00
马来西亚	24.00	11513.00
越南	45297.00	17523470.00
中国	0.00	17.00
中国台湾	2.00	5235.00
德国	2810.00	1284820.00
法国	4093.00	1826358.00
意大利	670.00	317205.00
卢森堡	60.00	25285.00
西班牙	0.00	64.00
奥地利	2165.00	1047975.00
匈牙利	348.00	177015.00
罗马尼亚	348.00	175331.00
爱沙尼亚	5.00	12666.00
俄罗斯	87984.00	38355566.00
乌克兰	7880.00	2630943.00
克罗地亚	3222.00	1520418.00
捷克	30.00	15616.00
波黑	3474.00	1587483.00
塞尔维亚	4090.00	1507086.00
加拿大	18899.00	12557444.00
美国	119621.00	77509643.00
44079600 桦木木材,经纵锯、纵切、刨切或旋切,厚>6mm		
合计	641034.00	133169639.00
日本	54.00	331066.00
马来西亚	0.00	17.00
肯尼亚	0.00	18.00
西班牙	0.00	7.00
芬兰	2030.00	959827.00
波兰	446.00	133852.00
瑞典	78.00	28086.00

（续表）

国家/地区	进口数量（立方米）	进口金额（美元）
爱沙尼亚	12065.00	5868305.00
拉脱维亚	15864.00	5648121.00
立陶宛	321.00	130682.00
白俄罗斯	1267.00	401015.00
俄罗斯	607106.00	118857773.00
乌克兰	1121.00	252884.00
克罗地亚	95.00	45059.00
加拿大	86.00	26271.00
美国	501.00	486656.00
44079700 杨木木材，经纵锯、纵切、刨切或旋切，厚>6mm		
合计	84828.00	13828103.00
日本	7.00	13286.00
越南	70.00	98.00
中国台湾	1.00	4654.00
希腊	285.00	105696.00
罗马尼亚	68.00	53418.00
瑞士	4.00	9314.00
爱沙尼亚	1107.00	528846.00
拉脱维亚	810.00	254140.00
立陶宛	105.00	24098.00
白俄罗斯	5608.00	1376457.00
俄罗斯	72917.00	10120854.00
乌克兰	1897.00	265308.00
克罗地亚	454.00	164418.00
塞尔维亚	73.00	27925.00
加拿大	1294.00	797760.00
美国	128.00	81831.00
44079910 红木木材，但编码 4407.2940 所列热带红木木材除外，经纵锯、纵切、刨切或旋切，厚>6mm		
合计	47527.00	67253084.00
缅甸	1404.00	2117030.00
柬埔寨	94.00	133892.00
印度尼西亚	46.00	38961.00
老挝	38222.00	55575482.00
泰国	4578.00	6678712.00
越南	823.00	1161504.00
喀麦隆	27.00	132943.00
玻利维亚	165.00	135326.00
巴布亚新几内亚	591.00	410007.00
所罗门群岛	1577.00	869227.00
44079920 泡桐木木材，经纵锯、纵切、刨切或旋切，厚>6mm		

（续表）

国家/地区	进口数量（立方米）	进口金额（美元）
合计	0.00	25.00
中国	0.00	25.00
44079930 经纵锯、纵切、刨切或旋切的北美硬阔叶木材，厚>6mm		
合计	263166.00	249547771.00
日本	187.00	116924.00
越南	662.00	294596.00
中国台湾	0.00	2240.00
比利时	0.00	12.00
意大利	32.00	40734.00
匈牙利	31.00	30164.00
罗马尼亚	544.00	235554.00
拉脱维亚	18.00	3515.00
白俄罗斯	40.00	15139.00
俄罗斯	152.00	68867.00
克罗地亚	60.00	25839.00
捷克	24.00	15168.00
玻利维亚	5.00	26880.00
墨西哥	33.00	75796.00
加拿大	5793.00	7972283.00
美国	255585.00	240624060.00
44079980 经纵锯、纵切、刨切或旋切其他温带非针叶木木材，厚>6mm		
合计	290219.00	87998333.00
印度尼西亚	91.00	232825.00
日本	360.00	249991.00
沙特阿拉伯	0.00	38.00
新加坡	0.00	13.00
韩国	1.00	15727.00
中国台湾	201.00	155382.00
德国	333.00	268157.00
法国	313.00	183651.00
意大利	773.00	723410.00
西班牙	10.00	58072.00
奥地利	60.00	43292.00
罗马尼亚	1385.00	535219.00
瑞典	30.00	16162.00
拉脱维亚	843.00	152068.00
白俄罗斯	1117.00	224583.00
俄罗斯	270919.00	79673230.00
乌克兰	1388.00	298347.00
克罗地亚	951.00	408295.00
阿根廷	316.00	79482.00
巴西	5518.00	1342568.00

（续表）

国家/地区	进口数量（立方米）	进口金额（美元）
乌拉圭	3947.00	2328626.00
加拿大	46.00	13015.00
美国	1453.00	858055.00
澳大利亚	164.00	138125.00
44079990 其他纵锯切、刨切或旋切的非叶木木材，厚>6mm		
合计	62895.00	29761389.00
缅甸	42.00	7807.00
柬埔寨	1790.00	426361.00
印度	136.00	68398.00
印度尼西亚	282.00	194977.00
日本	509.00	677858.00
老挝	229.00	81263.00
马来西亚	3073.00	1653096.00
菲律宾	2361.00	186301.00
泰国	1878.00	701579.00
土耳其	2.00	5649.00
越南	4547.00	1516355.00
中国	0.00	51.00
中国台湾	502.00	310841.00
安哥拉	792.00	142560.00
喀麦隆	3.00	5713.00
刚果（布）	138.00	49343.00
加蓬	1715.00	761520.00
加纳	26.00	8472.00
莫桑比克	2795.00	1481277.00
尼日利亚	23.00	10106.00
南非	185.00	109000.00
坦桑尼亚	48.00	2448.00
乌干达	20.00	6006.00
赞比亚	14.00	6411.00
德国	453.00	331003.00
法国	45.00	32661.00
意大利	1325.00	1471704.00
西班牙	35.00	39483.00
奥地利	449.00	325883.00
匈牙利	600.00	375534.00
波兰	89.00	54410.00
罗马尼亚	1443.00	672857.00
瑞士	3.00	7175.00
拉脱维亚	202.00	36388.00
立陶宛	173.00	72808.00
格鲁吉亚	3.00	1012.00
白俄罗斯	55.00	12903.00

FOREIGN TRADE STATISTICS OF FOREST PRODUCTS

(续表)

国家/地区	进口数量（立方米）	进口金额（美元）
俄罗斯	4115.00	1066729.00
乌克兰	650.00	405564.00
斯洛文尼亚	29.00	11046.00
克罗地亚	3025.00	1422430.00
阿根廷	87.00	26753.00
玻利维亚	2235.00	1755424.00
巴西	6604.00	1986470.00
智利	703.00	257965.00
哥伦比亚	23.00	14950.00
厄瓜多尔	72.00	56368.00
危地马拉	18.00	10553.00
尼加拉瓜	20.00	14192.00
巴拿马	0.00	130.00
巴拉圭	98.00	79629.00
秘鲁	60.00	36282.00
乌拉圭	12074.00	6590079.00
委内瑞拉	1565.00	484426.00
加拿大	267.00	170405.00
美国	47.00	97032.00
澳大利亚	4732.00	3236843.00
斐济	472.00	186688.00
所罗门群岛	14.00	4218.00

表5 人造板出口量值表

国家/地区	出口数量（千克）	出口金额（美元）
44081011 用胶合板等制的针叶木饰面用单板，厚≤6mm		
合计	50970.00	57338.00
印度尼西亚	400.00	1800.00
斯里兰卡	23890.00	24035.00
越南	23660.00	19423.00
摩洛哥	3020.00	12080.00
44081019 其他针叶木饰面用单板，厚≤6mm		
合计	1789261.00	4900288.00
柬埔寨	16000.00	99200.00
印度	194500.00	565380.00
日本	27450.00	25697.00
马来西亚	12150.00	11069.00
巴基斯坦	8039.00	51829.00
菲律宾	69000.00	449880.00
韩国	117500.00	127335.00
越南	1259201.00	3394868.00

(续表)

国家/地区	出口数量（千克）	出口金额（美元）
中国台湾	2280.00	1834.00
莫桑比克	4420.00	2811.00
英国	26.00	262.00
瑞典	6160.00	42296.00
格鲁吉亚	393.00	3752.00
智利	1.00	2.00
墨西哥	50871.00	107250.00
澳大利亚	21270.00	16823.00
44081020 针叶木制胶合板用单板，厚≤6mm		
合计	2630871.00	5654363.00
缅甸	60000.00	46400.00
柬埔寨	39555.00	143298.00
印度尼西亚	23280.00	23317.00
老挝	250800.00	140633.00
马尔代夫	25260.00	14932.00
越南	2222956.00	5282155.00
赞比亚	9020.00	3628.00
44081090 其他针叶木木材，经纵锯、刨切或旋切，厚≤6mm		
合计	239204.00	1258405.00
印度尼西亚	7605.00	32171.00
日本	83969.00	388146.00
新加坡	471.00	4023.00
韩国	2839.00	13520.00
越南	8960.00	26880.00
中国台湾	22936.00	98905.00
英国	2826.00	12665.00
德国	19268.00	93144.00
捷克	10865.00	74230.00
墨西哥	73034.00	460882.00
特立尼达和多巴哥	5650.00	44070.00
美国	781.00	9769.00
44083111 用胶合板等制饰面用单板，红柳桉木制，厚≤6mm		
合计	44060.00	861202.00
缅甸	19200.00	10276.00
比利时	4300.00	3105.00
美国	20560.00	847821.00
44083119 其他饰面用单板，红柳桉木制，厚≤6mm		
合计	28039.00	103443.00
菲律宾	27907.00	99000.00
新加坡	108.00	2684.00
英国	24.00	1759.00

(续表)

国家/地区	出口数量（千克）	出口金额（美元）
44083120 制胶合板用单板，红柳桉木制，厚≤6mm		
合计	167720.00	104591.00
缅甸	112600.00	34391.00
菲律宾	29120.00	36400.00
中国台湾	26000.00	33800.00
44083190 其他纵锯、纵切、刨切或旋切的红柳桉木木材，厚≤6mm		
合计	224200.00	687417.00
印度尼西亚	224200.00	687417.00
44083911 用胶合板等多层板制的饰面用单板，其他热带木制，厚≤6mm		
合计	1749315.00	7590087.00
巴林	726.00	4316.00
孟加拉国	52218.00	195608.00
印度	176607.00	617803.00
印度尼西亚	7179.00	52262.00
以色列	22070.00	73111.00
日本	1010.00	7516.00
马来西亚	40166.00	197538.00
巴基斯坦	16690.00	84035.00
菲律宾	1404.00	9740.00
卡塔尔	11817.00	265725.00
沙特阿拉伯	3405.00	20338.00
新加坡	247.00	1459.00
韩国	21331.00	32842.00
泰国	13462.00	109347.00
阿联酋	48058.00	176467.00
越南	81156.00	381664.00
中国台湾	312071.00	1788271.00
哈萨克斯坦	13758.00	76619.00
贝宁	18000.00	12642.00
埃及	235738.00	803549.00
尼日利亚	7460.00	46406.00
南非	6472.00	24711.00
多哥	3500.00	2000.00
突尼斯	900.00	5373.00
英国	16089.00	73827.00
意大利	214994.00	529490.00
荷兰	6912.00	29160.00
葡萄牙	17500.00	108582.00
西班牙	39505.00	196562.00
波兰	21407.00	128676.00
俄罗斯	137120.00	662468.00

(续表)

国家/地区	出口数量（千克）	出口金额（美元）
乌克兰	1030.00	7099.00
斯洛文尼亚	45960.00	129359.00
阿根廷	18245.00	108224.00
巴西	7858.00	37167.00
哥伦比亚	23670.00	42833.00
多米尼加	55515.00	192723.00
厄瓜多尔	2187.00	11178.00
秘鲁	12077.00	71316.00
萨尔瓦多	560.00	4160.00
加拿大	22345.00	161872.00
美国	1826.00	25154.00
澳大利亚	9070.00	80895.00
44083919 其他饰面用单板，其他热带木制，厚≤6mm		
合计	7984317.00	22984699.00
孟加拉国	45500.00	41298.00
缅甸	133420.00	102423.00
印度	1592077.00	910473.00
印度尼西亚	17489.00	242893.00
日本	4185.00	46103.00
马来西亚	990762.00	1058750.00
巴基斯坦	732620.00	690081.00
菲律宾	76590.00	286911.00
新加坡	407.00	12246.00
韩国	34467.00	73362.00
泰国	10300.00	25091.00
阿联酋	6483.00	176506.00
越南	4226032.00	18290107.00
中国台湾	92153.00	746950.00
摩洛哥	1600.00	1459.00
英国	540.00	5368.00
意大利	4310.00	126942.00
荷兰	852.00	8315.00
西班牙	6500.00	34944.00
爱沙尼亚	3040.00	47120.00
澳大利亚	4990.00	57357.00
44083920 制胶合板用单板，其他热带木制，厚≤6mm		
合计	5079780.00	3215092.00
印度	3446000.00	1276347.00
印度尼西亚	23890.00	60157.00
马来西亚	14800.00	11100.00
菲律宾	570540.00	605473.00
越南	36450.00	7533.00

(续表)

国家/地区	出口数量（千克）	出口金额（美元）
中国台湾	851540.00	950909.00
墨西哥	136560.00	303573.00
44083990 其他经纵锯、刨切或旋切的木材，其他热带木制，厚≤6mm		
合计	8498.00	166876.00
印度	65.00	2604.00
印度尼西亚	7369.00	145212.00
韩国	160.00	1126.00
中国台湾	886.00	17916.00
澳大利亚	18.00	18.00
44089011 用胶合板等多层板制的其他木制饰面用单板，厚≤6mm		
合计	4841385.00	19292956.00
巴林	18492.00	106374.00
柬埔寨	1079507.00	6342818.00
印度	110337.00	501029.00
印度尼西亚	51611.00	313695.00
日本	13902.00	180759.00
约旦	8394.00	38488.00
马来西亚	26984.00	46413.00
马尔代夫	22999.00	6497.00
阿曼	1100.00	9739.00
巴基斯坦	21110.00	95583.00
菲律宾	21844.00	196871.00
卡塔尔	172.00	6369.00
新加坡	12999.00	93431.00
韩国	96944.00	416141.00
斯里兰卡	27000.00	43400.00
泰国	12389.00	93785.00
土耳其	42723.00	171835.00
阿联酋	129197.00	738906.00
越南	428371.00	1642518.00
中国台湾	82517.00	427193.00
科摩罗	35228.00	32208.00
埃及	1352897.00	1043380.00
埃塞俄比亚	11435.00	47730.00
摩洛哥	49990.00	58561.00
尼日利亚	133325.00	191440.00
南非	2793.00	23979.00
坦桑尼亚	20040.00	24151.00
赞比亚	11500.00	6469.00
马约特	13140.00	21400.00
英国	79855.00	610066.00
德国	1080.00	9683.00

(续表)

国家/地区	出口数量（千克）	出口金额（美元）
意大利	73624.00	533892.00
葡萄牙	37036.00	176515.00
西班牙	20133.00	112716.00
阿尔巴尼亚	10161.00	42023.00
波兰	22298.00	172964.00
立陶宛	7256.00	48310.00
俄罗斯	202511.00	1170775.00
斯洛文尼亚	719.00	3564.00
塞尔维亚	5073.00	24719.00
阿根廷	13569.00	78081.00
巴西	88735.00	442150.00
智利	19935.00	113069.00
哥伦比亚	68206.00	441802.00
厄瓜多尔	5892.00	31725.00
墨西哥	43750.00	246920.00
巴拿马	960.00	6970.00
秘鲁	52698.00	251104.00
加拿大	2134.00	16131.00
美国	235798.00	1738136.00
澳大利亚	11022.00	100479.00
44089012 温带非针叶木制饰面用单板，厚≤6mm		
合计	29120046.00	135814335.00
柬埔寨	1915427.00	4729692.00
印度	46380.00	144308.00
印度尼西亚	2154403.00	6319559.00
伊朗	12958.00	73476.00
日本	2171173.00	4062431.00
马来西亚	1380309.00	3621311.00
菲律宾	2466.00	18891.00
新加坡	361.00	19887.00
韩国	416630.00	1899646.00
泰国	632405.00	2517308.00
阿联酋	1557.00	24802.00
越南	20020145.00	110196256.00
中国台湾	130764.00	876945.00
英国	18529.00	183625.00
德国	10680.00	80540.00
意大利	114.00	1580.00
奥地利	111548.00	395318.00
波兰	3750.00	21065.00
爱沙尼亚	28895.00	383880.00
俄罗斯	2085.00	9250.00
阿根廷	8740.00	44035.00

(续表)

国家/地区	出口数量（千克）	出口金额（美元）
墨西哥	28986.00	80988.00
加拿大	5.00	10.00
美国	21636.00	107842.00
澳大利亚	80.00	1606.00
新西兰	20.00	84.00
44089013 竹制饰面用单板,厚≤6mm		
合计	160735.00	303715.00
柬埔寨	155780.00	260196.00
以色列	1610.00	15069.00
新加坡	35.00	54.00
泰国	460.00	5507.00
越南	2100.00	16516.00
荷兰	750.00	6373.00
44089019 其他木制饰面用单板,厚≤6mm		
合计	190641210.00	413095141.00
巴林	16373.00	66562.00
孟加拉国	1150684.00	2202712.00
缅甸	850836.00	2396750.00
柬埔寨	18511319.00	64983272.00
塞浦路斯	12997.00	80082.00
朝鲜	900.00	7650.00
中国香港	96638.00	362879.00
印度	44448839.00	58615704.00
印度尼西亚	11797586.00	31234583.00
伊朗	131713.00	385894.00
伊拉克	7563.00	27745.00
以色列	103647.00	239978.00
日本	603536.00	2494627.00
马来西亚	11812585.00	25339192.00
马尔代夫	150.00	215.00
尼泊尔	1503460.00	1904557.00
巴基斯坦	798297.00	643926.00
菲律宾	9216704.00	7504649.00
卡塔尔	20701.00	125039.00
沙特阿拉伯	32551.00	260943.00
新加坡	140338.00	1720576.00
韩国	15236714.00	20826940.00
斯里兰卡	816470.00	978403.00
泰国	4045492.00	12429031.00
土耳其	25261.00	81413.00
阿联酋	608515.00	1805570.00
越南	45134776.00	124551468.00
中国台湾	7999516.00	17592855.00
乌兹别克斯坦	18690.00	54387.00
安哥拉	51808.00	159735.00
吉布提	10500.00	39000.00
埃及	4423095.00	9011274.00
科特迪瓦	20780.00	38810.00
肯尼亚	37080.00	25661.00
摩洛哥	289245.00	610742.00
尼日利亚	181500.00	204198.00
南非	106420.00	441200.00
坦桑尼亚	40578.00	75934.00
乌干达	7900.00	23061.00
比利时	52000.00	61585.00
英国	43866.00	350171.00
德国	14893.00	79001.00
法国	4542.00	42880.00
意大利	804346.00	1804076.00
荷兰	50415.00	445433.00
希腊	29966.00	251261.00
葡萄牙	94917.00	760093.00
西班牙	7362503.00	13291273.00
阿尔巴尼亚	30378.00	143447.00
波兰	38806.00	204743.00
罗马尼亚	926.00	1242.00
爱沙尼亚	7800.00	74060.00
立陶宛	5650.00	54283.00
白俄罗斯	10989.00	77860.00
俄罗斯	192605.00	1217059.00
乌克兰	272.00	1570.00
斯洛文尼亚	25819.00	173291.00
波黑	30.00	3136.00
巴西	38195.00	142632.00
智利	201000.00	330120.00
哥伦比亚	75491.00	271098.00
多米尼加	15920.00	54084.00
厄瓜多尔	6630.00	11299.00
危地马拉	9610.00	69720.00
牙买加	10.00	660.00
墨西哥	505825.00	1523424.00
秘鲁	23196.00	157537.00
委内瑞拉	13100.00	46118.00
加拿大	260734.00	284585.00
美国	173542.00	1043294.00
澳大利亚	184739.00	390540.00
斐济	26500.00	67200.00
新西兰	7788.00	106644.00
巴布亚新几内亚	16450.00	12505.00
44089021 温带非针叶木制胶合板用单板,厚≤6mm		
合计	12608168.00	20614510.00
孟加拉国	468433.00	1155502.00
柬埔寨	2116970.00	1408523.00
印度	351740.00	472848.00
印度尼西亚	2171993.00	3653643.00
马来西亚	226500.00	513015.00
菲律宾	98040.00	42420.00
韩国	60700.00	121162.00
泰国	1494.00	3646.00
越南	5734014.00	11690089.00
中国台湾	169802.00	233669.00
摩洛哥	71300.00	51896.00
意大利	1700.00	7581.00
西班牙	184412.00	76211.00
智利	28570.00	77897.00
洪都拉斯	922500.00	1106408.00
44089029 其他木制胶合板用单板,厚≤6mm		
合计	151460338.00	115328183.00
巴林	14943.00	31985.00
孟加拉国	219870.00	326432.00
缅甸	92500.00	91452.00
柬埔寨	70840305.00	33452784.00
印度	8012485.00	11359387.00
印度尼西亚	383246.00	259670.00
以色列	28000.00	44688.00
日本	42692.00	86165.00
马来西亚	2041410.00	3802408.00
尼泊尔	296100.00	353144.00
巴基斯坦	861290.00	612969.00
菲律宾	9762850.00	9030658.00
新加坡	930.00	7375.00
韩国	6993104.00	7448192.00
斯里兰卡	88500.00	154846.00
泰国	832345.00	659601.00
越南	14514120.00	27811755.00
中国台湾	34920959.00	17358441.00
埃及	1078660.00	1509943.00
肯尼亚	24500.00	75821.00
马拉维	22500.00	39900.00
摩洛哥	115720.00	341023.00

(续表)

国家/地区	出口数量（千克）	出口金额（美元）
坦桑尼亚	22500.00	39900.00
爱尔兰	7800.00	16199.00
阿尔巴尼亚	23010.00	27600.00
哥伦比亚	33850.00	39005.00
墨西哥	145376.00	281340.00
美国	40773.00	65500.00
44089091 温带非针叶木制经纵切、刨切、旋切的木材，厚≤6mm		
合计	17771759.00	38246338.00
孟加拉国	27820.00	33128.00
缅甸	263240.00	451728.00
柬埔寨	216768.00	206817.00
朝鲜	231362.00	443373.00
印度	134952.00	285606.00
印度尼西亚	3326048.00	6214761.00
伊朗	586869.00	1156035.00
日本	734081.00	1458142.00
马来西亚	607310.00	2054519.00
巴基斯坦	667221.00	1298271.00
沙特阿拉伯	305.00	1550.00
韩国	276394.00	1373552.00
泰国	1939600.00	4259784.00
土耳其	1005448.00	2240706.00
阿联酋	49824.00	240352.00
越南	3999558.00	7395669.00
中国台湾	216560.00	532792.00
尼日利亚	33200.00	20300.00
丹麦	36.00	189.00
英国	2568.00	5222.00
德国	530468.00	1603625.00
葡萄牙	658.00	4477.00
西班牙	1390.00	679.00
奥地利	23687.00	64172.00
保加利亚	24929.00	56835.00
斯洛文尼亚	150020.00	337576.00
克罗地亚	11430.00	28991.00
捷克	173016.00	513009.00
阿根廷	10444.00	62800.00
多米尼加	4419.00	7954.00
墨西哥	1800633.00	4346595.00
秘鲁	26465.00	61430.00
委内瑞拉	33816.00	84002.00
美国	661220.00	1401697.00

(续表)

国家/地区	出口数量（千克）	出口金额（美元）
44089099 未列名木制经纵锯、刨切或旋切的木材，厚≤6mm		
合计	4431568.00	11001436.00
缅甸	25370.00	48026.00
中国香港	1615.00	7997.00
印度	338930.00	413617.00
印度尼西亚	23540.00	42148.00
日本	1227526.00	3888468.00
巴基斯坦	152113.00	459514.00
韩国	4200.00	22830.00
泰国	32075.00	68619.00
土耳其	366991.00	899207.00
阿联酋	180709.00	393924.00
越南	1624342.00	3188015.00
中国台湾	23400.00	54200.00
英国	41953.00	180453.00
德国	19900.00	95321.00
奥地利	506.00	10164.00
瑞士	396.00	2463.00
捷克	270631.00	1004406.00
阿根廷	22366.00	94588.00
智利	800.00	2365.00
墨西哥	126.00	382.00
美国	59669.00	112442.00
澳大利亚	14410.00	12287.00
44101100 木制碎料板		
合计	250929041.00	103859995.00
巴林	932763.00	384521.00
孟加拉国	842552.00	417206.00
缅甸	330438.00	170794.00
柬埔寨	1693216.00	1315967.00
中国香港	1271755.00	944084.00
印度	729201.00	348709.00
印度尼西亚	17696179.00	6387316.00
伊朗	10680.00	3090.00
伊拉克	209586.00	113590.00
以色列	8327.00	13119.00
日本	1994642.00	2411099.00
约旦	683468.00	295193.00
科威特	140140.00	103722.00
老挝	7350.00	3675.00
黎巴嫩	76625.00	47869.00
马来西亚	9650430.00	3586757.00
马尔代夫	13165.00	12769.00

(续表)

国家/地区	出口数量（千克）	出口金额（美元）
蒙古	10205300.00	1267851.00
阿曼	1491701.00	737867.00
巴基斯坦	96031.00	161447.00
菲律宾	6611428.00	3419722.00
卡塔尔	2769170.00	1017970.00
沙特阿拉伯	13716388.00	5404923.00
新加坡	978564.00	511669.00
韩国	19639324.00	10257082.00
斯里兰卡	371527.00	136618.00
泰国	1213183.00	780013.00
土耳其	19320.00	6793.00
阿联酋	15894151.00	6044600.00
越南	40955657.00	11777555.00
中国台湾	38561016.00	14752261.00
哈萨克斯坦	24836.00	7286.00
塔吉克斯坦	690.00	13887.00
土库曼斯坦	9450.00	4264.00
阿尔及利亚	446432.00	139943.00
安哥拉	1218415.00	498089.00
贝宁	27345.00	13459.00
博茨瓦纳	650.00	1311.00
刚果(布)	1820.00	4423.00
吉布提	359310.00	439219.00
埃及	686738.00	320056.00
埃塞俄比亚	22580.00	41201.00
冈比亚	49500.00	34636.00
加纳	1006155.00	336711.00
几内亚	340.00	532.00
科特迪瓦	51340.00	23625.00
肯尼亚	2871140.00	974777.00
马达加斯加	142942.00	47751.00
马拉维	33000.00	9770.00
毛里塔尼亚	19800.00	45000.00
毛里求斯	101257.00	43177.00
莫桑比克	30180.00	13286.00
尼日利亚	15453506.00	6302138.00
留尼汪	128753.00	81447.00
塞内加尔	123911.00	211671.00
塞拉利昂	36520.00	7850.00
索马里	1734.00	1258.00
南非	694279.00	286055.00
坦桑尼亚	222410.00	134857.00
多哥	23230.00	11334.00
布基纳法索	13468.00	10556.00

林产品进出口

FOREIGN TRADE STATISTICS OF FOREST PRODUCTS

(续表)

国家/地区	出口数量(千克)	出口金额(美元)
刚果(金)	8965.00	13566.00
津巴布韦	94814.00	35031.00
马约特	221760.00	118553.00
比利时	11330.00	35693.00
丹麦	11200.00	33376.00
英国	2009230.00	780691.00
德国	102540.00	160500.00
法国	11170.00	15735.00
意大利	75407.00	111259.00
荷兰	21191.00	34059.00
希腊	2985.00	7642.00
葡萄牙	60092.00	42426.00
西班牙	23082.00	84549.00
奥地利	39440.00	21464.00
保加利亚	6000.00	9225.00
芬兰	3400.00	5766.00
挪威	147142.00	187693.00
波兰	60007.00	96628.00
瑞典	63003.00	96425.00
瑞士	91364.00	129354.00
立陶宛	47029.00	79441.00
俄罗斯	239009.00	567417.00
乌克兰	2010.00	3114.00
斯洛文尼亚	96.00	118.00
克罗地亚	21.00	24.00
捷克	42612.00	67430.00
安提瓜和巴布达	206.00	4598.00
玻利维亚	78789.00	390375.00
巴西	250.00	120.00
智利	9231070.00	3702376.00
哥伦比亚	4642479.00	1783187.00
哥斯达黎加	482748.00	251325.00
古巴	27360.00	13800.00
多米尼加	225588.00	102678.00
厄瓜多尔	81600.00	38002.00
危地马拉	1699459.00	761517.00
圭亚那	55000.00	20662.00
洪都拉斯	2053.00	7100.00
墨西哥	9023420.00	3134012.00
尼加拉瓜	105140.00	43837.00
巴拿马	26223.00	14215.00
秘鲁	1358739.00	452534.00
波多黎各	55360.00	18832.00
圣卢西亚	17580.00	7259.00

(续表)

国家/地区	出口数量(千克)	出口金额(美元)
萨尔瓦多	100000.00	34031.00
苏里南	49400.00	17145.00
特立尼达和多巴哥	3070.00	2021.00
乌拉圭	580.00	2610.00
委内瑞拉	14100.00	7726.00
加拿大	1467224.00	999244.00
美国	2808778.00	3814691.00
澳大利亚	2422501.00	2070227.00
斐济	410568.00	172360.00
新喀里多尼亚	29600.00	13209.00
新西兰	402519.00	288051.00
巴布亚新几内亚	14730.00	7964.00
法属波利尼西亚	83000.00	51688.00
44101200 木制定向刨花板(OSB)		
合计	272526192.00	134637869.00
巴林	22350.00	178800.00
孟加拉国	135970.00	31433.00
缅甸	236089.00	1428867.00
柬埔寨	30369.00	293053.00
塞浦路斯	62.00	300.00
中国香港	122896.00	99203.00
印度	98170.00	56282.00
印度尼西亚	36868.00	19551.00
伊朗	334540.00	204750.00
伊拉克	995542.00	571670.00
以色列	522.00	5206.00
日本	3807421.00	2544308.00
约旦	25500.00	13729.00
科威特	306.00	3057.00
老挝	33413.00	30196.00
黎巴嫩	866.00	1842.00
马来西亚	430112.00	435115.00
马尔代夫	28000.00	19786.00
蒙古	42758106.00	6549008.00
巴基斯坦	24155.00	20172.00
菲律宾	159757.00	419195.00
卡塔尔	265.00	2645.00
沙特阿拉伯	1125615.00	538565.00
新加坡	22717.00	151941.00
韩国	23912558.00	11864520.00
斯里兰卡	27768.00	14124.00
泰国	2629499.00	2631500.00
土耳其	28260.00	19586.00
阿联酋	322810.00	165850.00

(续表)

国家/地区	出口数量(千克)	出口金额(美元)
越南	6704919.00	3492614.00
中国台湾	5812313.00	3061739.00
哈萨克斯坦	163560.00	95641.00
土库曼斯坦	51040.00	21230.00
阿尔及利亚	126025.00	58711.00
安哥拉	534628.00	224534.00
贝宁	14685.00	79235.00
佛得角	22700.00	5682.00
中非	6170.00	4958.00
吉布提	7510.00	6008.00
埃及	80.00	806.00
加纳	221400.00	106323.00
几内亚	16124.00	69966.00
肯尼亚	121840.00	58466.00
马达加斯加	5350.00	300.00
摩洛哥	132.00	1322.00
尼日利亚	41280.00	11241.00
留尼汪	206282.00	124373.00
塞内加尔	21960.00	111080.00
南非	218725.00	372450.00
突尼斯	20300.00	13878.00
刚果(金)	32362.00	22905.00
比利时	3011459.00	2046642.00
丹麦	5581.00	11584.00
英国	33594488.00	21440061.00
德国	166990.00	152846.00
法国	2739985.00	1858734.00
爱尔兰	54000.00	26697.00
意大利	6883070.00	4569845.00
荷兰	91780.00	126959.00
葡萄牙	287317.00	168679.00
西班牙	1033772.00	693786.00
阿尔巴尼亚	27700.00	12903.00
保加利亚	706500.00	307244.00
匈牙利	17500.00	6152.00
马耳他	55000.00	24461.00
挪威	36641.00	29353.00
波兰	1081469.00	730101.00
罗马尼亚	206500.00	142507.00
瑞典	1193390.00	741428.00
瑞士	46000.00	37808.00
格鲁吉亚	720.00	2082.00
亚美尼亚	14300.00	7340.00
俄罗斯	1912215.00	922124.00

国家/地区	出口数量（千克）	出口金额（美元）	国家/地区	出口数量（千克）	出口金额（美元）	国家/地区	出口数量（千克）	出口金额（美元）
乌克兰	27000.00	13137.00	尼泊尔	2240.00	13440.00	比利时	12400.00	97442.00
克罗地亚	41.00	402.00	阿曼	214878.00	1404101.00	丹麦	19761.00	41340.00
斯洛伐克	1500.00	980.00	巴基斯坦	493440.00	364934.00	英国	456527.00	2942872.00
黑山	15630.00	8245.00	菲律宾	1402296.00	6256448.00	德国	90050.00	531095.00
阿根廷	80100.00	53479.00	卡塔尔	399658.00	754865.00	法国	15405.00	56297.00
巴巴多斯	449153.00	27004.00	沙特阿拉伯	643697.00	4837800.00	爱尔兰	4680.00	3804.00
智利	68744263.00	35099368.00	新加坡	406284.00	2354337.00	意大利	5933.00	5918.00
哥伦比亚	1615552.00	930928.00	韩国	1436360.00	1699604.00	荷兰	58214.00	322441.00
哥斯达黎加	304440.00	149376.00	斯里兰卡	108140.00	59075.00	希腊	84262.00	738356.00
多米尼加	298540.00	157650.00	泰国	671338.00	2685977.00	葡萄牙	14750.00	118000.00
危地马拉	1179583.00	567803.00	土耳其	124430.00	747987.00	西班牙	63757.00	147231.00
海地	27680.00	11905.00	阿联酋	327657.00	2059354.00	保加利亚	200.00	200.00
洪都拉斯	191580.00	81793.00	也门	53415.00	263455.00	匈牙利	36.00	47.00
墨西哥	19571106.00	8042120.00	越南	5623558.00	26808296.00	马耳他	44982.00	359856.00
巴拿马	194766.00	89084.00	中国台湾	7707517.00	4563300.00	挪威	7308.00	16344.00
秘鲁	13086143.00	6694320.00	哈萨克斯坦	84231.00	54040.00	波兰	36688.00	131920.00
波多黎各	27730.00	10817.00	乌兹别克斯坦	4750.00	2400.00	罗马尼亚	3124.00	81536.00
萨尔瓦多	103500.00	56507.00	安哥拉	82443.00	576789.00	瑞典	261844.00	588449.00
加拿大	5156443.00	2598718.00	博茨瓦纳	270571.00	1955917.00	瑞士	2.00	44.00
美国	16116653.00	9144688.00	喀麦隆	25317.00	83978.00	俄罗斯	214729.00	74572.00
澳大利亚	267966.00	247004.00	中非	1425.00	1428.00	斯洛文尼亚	96387.00	302374.00
新西兰	181755.00	306675.00	吉布提	196635.00	1146368.00	克罗地亚	85.00	535.00
巴布亚新几内亚	14100.00	7264.00	埃及	154172.00	215873.00	阿鲁巴	4953.00	59436.00
马绍尔群岛	4700.00	21550.00	埃塞俄比亚	72265.00	245860.00	巴西	17195.00	136180.00
44101900 其他木制类似板（例如，华夫板）			冈比亚	12666.00	7093.00	智利	207267.00	738646.00
合计	36579172.00	126297121.00	加纳	208135.00	1321691.00	多米尼加	25628.00	203073.00
巴林	148510.00	85456.00	科特迪瓦	56874.00	124867.00	危地马拉	36941.00	13000.00
孟加拉国	106480.00	397882.00	肯尼亚	323815.00	475899.00	洪都拉斯	29092.00	27354.00
文莱	52190.00	78660.00	马达加斯加	130568.00	650310.00	牙买加	1250.00	1302.00
缅甸	130071.00	897848.00	马里	2751.00	24538.00	墨西哥	96219.00	700858.00
柬埔寨	2687701.00	5499737.00	毛里塔尼亚	48706.00	208936.00	尼加拉瓜	131784.00	188500.00
中国香港	159154.00	608289.00	毛里求斯	4000.00	4000.00	巴拿马	183986.00	1311372.00
印度	400408.00	3015754.00	摩洛哥	50370.00	397850.00	秘鲁	123238.00	68438.00
印度尼西亚	360814.00	2246539.00	莫桑比克	87460.00	479387.00	萨尔瓦多	34100.00	16043.00
伊朗	21341.00	85042.00	尼日尔	25174.00	26799.00	苏里南	4710.00	11511.00
伊拉克	882046.00	5389063.00	尼日利亚	643641.00	782523.00	乌拉圭	960.00	768.00
以色列	290181.00	2173655.00	卢旺达	5600.00	7874.00	委内瑞拉	35430.00	308217.00
日本	274367.00	1710983.00	塞内加尔	107508.00	232192.00	加拿大	195895.00	1234054.00
约旦	944938.00	5123250.00	索马里	173294.00	1157347.00	美国	819931.00	3504377.00
科威特	125142.00	492506.00	南非	895757.00	4462568.00	澳大利亚	1355813.00	5881724.00
老挝	380.00	448.00	苏丹	37874.00	23249.00	斐济	311550.00	132106.00
马来西亚	1223873.00	6576369.00	坦桑尼亚	37668.00	287840.00	新喀里多尼亚	22715.00	199892.00
马尔代夫	105011.00	164150.00	刚果(金)	69641.00	264635.00	新西兰	59870.00	125308.00
蒙古	10000.00	928.00	津巴布韦	7900.00	18700.00	所罗门群岛	30645.00	213240.00

林产品进出口

FOREIGN TRADE STATISTICS OF FOREST PRODUCTS

（续表）

国家/地区	出口数量（千克）	出口金额（美元）
基里巴斯	150.00	566.00
44109011 麦稻秸秆制碎料板		
合计	642336.00	668934.00
孟加拉国	1800.00	3109.00
中国香港	650.00	3938.00
日本	155233.00	373233.00
新加坡	62628.00	77103.00
泰国	57289.00	42424.00
中国台湾	415.00	2857.00
比利时	24712.00	11112.00
德国	23179.00	10758.00
荷兰	134704.00	60906.00
美国	181726.00	83494.00
44109019 其他木质材料制碎料板		
合计	1287551.00	733953.00
日本	16041.00	43734.00
菲律宾	187300.00	60606.00
泰国	51811.00	15461.00
阿联酋	10624.00	20277.00
越南	225000.00	126949.00
英国	203500.00	173910.00
墨西哥	43971.00	23594.00
萨尔瓦多	544250.00	262114.00
美国	1137.00	723.00
澳大利亚	3917.00	6585.00
44109090 其他木质材料制定向刨花板（OSB）及类似板（例如,华夫板）		
合计	12078142.00	61221810.00
孟加拉国	41951.00	330048.00
缅甸	92788.00	643455.00
柬埔寨	211210.00	1607620.00
印度	219783.00	1699104.00
印度尼西亚	71097.00	728601.00
伊拉克	213398.00	1756785.00
以色列	47384.00	379072.00
日本	76997.00	628313.00
约旦	79952.00	719568.00
科威特	24830.00	198640.00
中国澳门	5890.00	13710.00
马来西亚	229269.00	1812485.00
马尔代夫	12690.00	98982.00
阿曼	76126.00	556718.00
菲律宾	236981.00	1757309.00
卡塔尔	57498.00	459984.00

（续表）

国家/地区	出口数量（千克）	出口金额（美元）
沙特阿拉伯	296646.00	2424038.00
新加坡	283475.00	1851447.00
韩国	45321.00	26720.00
斯里兰卡	16155.00	129240.00
泰国	9960.00	79680.00
土耳其	20100.00	140700.00
阿联酋	105469.00	825620.00
也门	36982.00	292267.00
越南	2407597.00	18532169.00
中国台湾	3739226.00	5962330.00
博茨瓦纳	55035.00	440280.00
喀麦隆	25361.00	196546.00
吉布提	93350.00	746800.00
加纳	48200.00	385600.00
科特迪瓦	28692.00	69416.00
马达加斯加	59964.00	374712.00
尼日利亚	19080.00	148824.00
索马里	150089.00	1198187.00
南非	376036.00	2868751.00
苏丹	34609.00	276872.00
多哥	17500.00	87500.00
丹麦	344230.00	500442.00
英国	36582.00	283500.00
德国	14937.00	197652.00
荷兰	36.00	400.00
希腊	45402.00	363216.00
西班牙	231111.00	1763145.00
阿尔巴尼亚	2218.00	17744.00
俄罗斯	2010.00	32160.00
克罗地亚	13320.00	106560.00
伯利兹	24300.00	194400.00
智利	5.00	4.00
多米尼加	147834.00	1131615.00
厄瓜多尔	12480.00	99840.00
牙买加	24910.00	192020.00
墨西哥	27180.00	198414.00
秘鲁	685.00	4110.00
委内瑞拉	12600.00	49770.00
加拿大	82080.00	668392.00
美国	1062052.00	1763583.00
澳大利亚	380689.00	2836959.00
斐济	22092.00	174677.00
新西兰	12350.00	96330.00
帕劳	12348.00	98784.00

（续表）

国家/地区	出口数量（千克）	出口金额（美元）
44111211 未机械加工中密度板,密度>0.8g/cucm,厚≤5mm		
合计	20687818.00	9225436.00
文莱	8400.00	9637.00
缅甸	397125.00	412356.00
柬埔寨	154230.00	467878.00
朝鲜	14000.00	5283.00
中国香港	5796.00	5291.00
印度	96094.00	51053.00
印度尼西亚	309722.00	107206.00
日本	1038925.00	809681.00
约旦	16886.00	10215.00
马来西亚	242184.00	261781.00
蒙古	3037614.00	375319.00
菲律宾	4032.00	2733.00
卡塔尔	15287.00	79522.00
沙特阿拉伯	482195.00	242100.00
新加坡	21642.00	11949.00
韩国	239814.00	332945.00
泰国	1669358.00	853020.00
阿联酋	225160.00	72211.00
越南	2062294.00	997351.00
中国台湾	5236647.00	2038351.00
土库曼斯坦	54258.00	49707.00
阿尔及利亚	29750.00	9067.00
安哥拉	91114.00	45269.00
吉布提	7483.00	4250.00
加纳	16400.00	5400.00
马达加斯加	47262.00	19799.00
莫桑比克	81122.00	43834.00
尼日利亚	616.00	778.00
南非	12558.00	8353.00
苏丹	3334010.00	1058924.00
多哥	3000.00	2508.00
刚果(金)	440.00	792.00
英国	17200.00	7900.00
意大利	15859.00	9194.00
希腊	783.00	960.00
匈牙利	550.00	250.00
波兰	1900.00	3182.00
立陶宛	26190.00	9118.00
俄罗斯	184333.00	95119.00
乌克兰	92229.00	34614.00
斯洛文尼亚	187.00	82.00

— 531 —

国家/地区	出口数量（千克）	出口金额（美元）	国家/地区	出口数量（千克）	出口金额（美元）	国家/地区	出口数量（千克）	出口金额（美元）
巴西	80.00	5.00	沙特阿拉伯	1327372.00	869098.00	乌干达	2200.00	3797.00
智利	83160.00	33387.00	新加坡	96534.00	194152.00	刚果（金）	1404.00	2535.00
哥伦比亚	165437.00	75746.00	韩国	2363543.00	1992483.00	赞比亚	81630.00	68677.00
古巴	25020.00	10980.00	斯里兰卡	70386.00	33810.00	津巴布韦	28400.00	33660.00
多米尼加	1660.00	996.00	泰国	709842.00	525673.00	英国	156335.00	128514.00
危地马拉	49200.00	17550.00	土耳其	337131.00	315453.00	德国	50895.00	42577.00
圭亚那	23680.00	15345.00	阿联酋	1513286.00	596940.00	法国	84638.00	91184.00
洪都拉斯	405178.00	119847.00	也门	81600.00	30356.00	意大利	33727.00	28464.00
牙买加	200.00	41.00	越南	3447542.00	1671331.00	荷兰	13607.00	21009.00
墨西哥	361778.00	209696.00	中国台湾	3454935.00	3017757.00	希腊	1200.00	936.00
巴拿马	56000.00	29814.00	塔吉克斯坦	41820.00	13748.00	西班牙	78567.00	106971.00
苏里南	10500.00	47800.00	土库曼斯坦	4875.00	2820.00	匈牙利	4500.00	40000.00
委内瑞拉	27000.00	15770.00	阿尔及利亚	635680.00	483609.00	冰岛	11.00	819.00
加拿大	24718.00	10619.00	安哥拉	3566.00	2071.00	挪威	6450.00	3024.00
美国	104418.00	54642.00	贝宁	184500.00	57175.00	波兰	4.00	177.00
澳大利亚	2220.00	2220.00	博茨瓦纳	21420.00	72000.00	罗马尼亚	22.00	308.00
新西兰	1055.00	4930.00	布隆迪	17625.00	71251.00	瑞典	11869.00	40686.00
所罗门群岛	50965.00	20141.00	刚果（布）	850.00	655.00	瑞士	15928.00	25639.00
汤加	900.00	925.00	吉布提	322970.00	256248.00	立陶宛	317.00	2500.00
44111219 经机械加工中密度板，密度>0.8g/cucm，厚≤5mm			埃及	4668649.00	2373805.00	格鲁吉亚	61996.00	178080.00
			赤道几内亚	200.00	300.00	俄罗斯	34861.00	25382.00
合计	108746364.00	65605862.00	埃塞俄比亚	18180.00	19752.00	乌克兰	51936.00	30787.00
阿富汗	189741.00	108570.00	冈比亚	1255000.00	597741.00	斯洛文尼亚	431.00	443.00
巴林	78.00	1800.00	加纳	340040.00	317700.00	克罗地亚	5400.00	7863.00
孟加拉国	447633.00	506455.00	肯尼亚	4259999.00	2666074.00	捷克	4310.00	6103.00
柬埔寨	245342.00	586973.00	利比里亚	77780.00	41492.00	伯利兹	13100.00	14273.00
朝鲜	2009451.00	703685.00	利比亚	45926.00	26770.00	巴西	61569.00	38188.00
中国香港	171510.00	155515.00	马达加斯加	58398.00	25789.00	智利	1767170.00	1288089.00
印度	2595070.00	1549972.00	马拉维	35900.00	28074.00	哥伦比亚	635052.00	456136.00
印度尼西亚	475791.00	270357.00	毛里求斯	17460.00	14250.00	哥斯达黎加	644225.00	606414.00
伊朗	4232808.00	1187375.00	摩洛哥	179200.00	130415.00	古巴	54840.00	22229.00
伊拉克	3962669.00	2934577.00	莫桑比克	72300.00	44395.00	多米尼加	1631553.00	825944.00
以色列	344526.00	294542.00	纳米比亚	960.00	979.00	危地马拉	80438.00	42077.00
日本	2530886.00	3980575.00	尼日利亚	32013882.00	16445785.00	牙买加	103040.00	60661.00
约旦	232267.00	209975.00	留尼汪	10.00	454.00	墨西哥	14737007.00	6376218.00
科威特	242480.00	103985.00	卢旺达	230400.00	272421.00	尼加拉瓜	4560.00	2610.00
黎巴嫩	122745.00	48808.00	塞内加尔	119323.00	352294.00	巴拿马	97940.00	57319.00
马来西亚	750734.00	511798.00	塞拉利昂	92380.00	59020.00	秘鲁	1573236.00	769696.00
蒙古	751844.00	88849.00	索马里	54198.00	21394.00	萨尔瓦多	11225.00	9450.00
尼泊尔	18500.00	8393.00	南非	1448422.00	924771.00	苏里南	52280.00	140633.00
阿曼	348606.00	156765.00	苏丹	1109626.00	559440.00	特立尼达和多巴哥	109080.00	98384.00
巴基斯坦	2231215.00	1452450.00	坦桑尼亚	1044239.00	811003.00	委内瑞拉	65300.00	36356.00
菲律宾	160329.00	262500.00	多哥	350.00	2400.00	加拿大	1157111.00	911745.00
卡塔尔	140850.00	131643.00	突尼斯	11387.00	12441.00	美国	1102995.00	1611940.00

林产品进出口
FOREIGN TRADE STATISTICS OF FOREST PRODUCTS

(续表)

国家/地区	出口数量（千克）	出口金额（美元）
澳大利亚	48562.00	93851.00
斐济	23100.00	14478.00
瓦努阿图	4230.00	4230.00
所罗门群岛	17000.00	8175.00
基里巴斯	26352.00	15480.00
44111221 辐射松制的中密度板,0.5g/cucm<密度≤0.8g/cucu,厚≤5mm		
合计	660221.00	305229.00
日本	66478.00	79651.00
马来西亚	31053.00	41856.00
埃及	562000.00	183091.00
埃塞俄比亚	690.00	631.00
44111229 其他中密度板 0.5g/cucm<密度≤0.8g/cucu,厚≤5mm		
合计	163781971.00	86689005.00
巴林	5156.00	3357.00
孟加拉国	4821161.00	1629054.00
缅甸	233020.00	163394.00
柬埔寨	583187.00	908306.00
朝鲜	1760.00	825.00
中国香港	358799.00	784596.00
印度	2219831.00	1407706.00
印度尼西亚	1235258.00	1170579.00
伊拉克	2861688.00	1288079.00
以色列	4035.00	11702.00
日本	80949.00	170369.00
约旦	3017034.00	1450559.00
科威特	1298521.00	905944.00
老挝	720.00	360.00
黎巴嫩	114200.00	52566.00
中国澳门	450.00	174.00
马来西亚	485058.00	505219.00
马尔代夫	1000.00	1157.00
蒙古	2380.00	1386.00
尼泊尔	173500.00	114991.00
阿曼	376084.00	124433.00
巴基斯坦	395720.00	323324.00
菲律宾	3118662.00	5963956.00
卡塔尔	451878.00	258555.00
沙特阿拉伯	995629.00	498330.00
新加坡	26132.00	51165.00
韩国	505387.00	771996.00
斯里兰卡	1169191.00	528877.00
叙利亚	146.00	1806.00

(续表)

国家/地区	出口数量（千克）	出口金额（美元）
泰国	1149391.00	992981.00
阿联酋	1101596.00	567534.00
也门	61870.00	26671.00
越南	22749999.00	7809871.00
中国台湾	502683.00	835219.00
哈萨克斯坦	51600.00	15124.00
土库曼斯坦	59303.00	23265.00
阿尔及利亚	17833816.00	6252960.00
安哥拉	64312.00	34553.00
喀麦隆	19385.00	18623.00
吉布提	949149.00	460766.00
埃及	13084481.00	6040595.00
赤道几内亚	28000.00	44000.00
埃塞俄比亚	93400.00	68371.00
冈比亚	471700.00	259280.00
加纳	466660.00	238438.00
肯尼亚	575278.00	405797.00
利比里亚	543950.00	310265.00
利比亚	19000.00	16589.00
马达加斯加	49773.00	20995.00
马拉维	26700.00	21863.00
毛里求斯	23884.00	14403.00
摩洛哥	43925.00	35725.00
莫桑比克	556695.00	186805.00
尼日利亚	25516789.00	19405561.00
塞内加尔	47.00	5.00
塞拉利昂	93735.00	68031.00
索马里	121325.00	58768.00
南非	1111723.00	583447.00
苏丹	339672.00	134310.00
坦桑尼亚	72118.00	83966.00
乌干达	92840.00	57609.00
刚果（金）	28204.00	16820.00
比利时	181062.00	71863.00
英国	343753.00	425925.00
法国	6084.00	11122.00
爱尔兰	203183.00	107142.00
意大利	27475.00	9242.00
荷兰	6549.00	9320.00
希腊	858.00	926.00
西班牙	54768.00	26911.00
阿尔巴尼亚	97300.00	32644.00
挪威	16520.00	29909.00
波兰	30.00	100.00

(续表)

国家/地区	出口数量（千克）	出口金额（美元）
瑞士	501.00	748.00
格鲁吉亚	21305.00	18915.00
阿塞拜疆	21000.00	14280.00
俄罗斯	234229.00	113003.00
斯洛文尼亚	9557.00	4432.00
克罗地亚	245.00	1260.00
智利	3705541.00	1748750.00
哥伦比亚	378555.00	308622.00
哥斯达黎加	162012.00	59610.00
古巴	10800.00	11155.00
多米尼加	904033.00	506922.00
厄瓜多尔	10800.00	4344.00
危地马拉	687775.00	378105.00
圭亚那	3797.00	2621.00
洪都拉斯	835703.00	361382.00
墨西哥	35548384.00	14492498.00
尼加拉瓜	97130.00	40830.00
巴拿马	40282.00	107393.00
秘鲁	5749010.00	2125957.00
萨尔瓦多	115608.00	71318.00
苏里南	56000.00	86592.00
特立尼达和多巴哥	7400.00	8775.00
乌拉圭	33.00	49.00
委内瑞拉	214940.00	122493.00
加拿大	193082.00	184101.00
美国	55938.00	213734.00
澳大利亚	1080335.00	678041.00
斐济	17500.00	6783.00
瓦努阿图	11900.00	6877.00
新西兰	14265.00	12009.00
巴布亚新几内亚	19200.00	6669.00
所罗门群岛	197340.00	63008.00
汤加	650.00	650.00
44111291 未加工中密度板,密度≤0.5g/cucm,厚≤5mm		
合计	235627.00	766278.00
柬埔寨	12720.00	99216.00
中国澳门	2967.00	1128.00
马来西亚	23095.00	159356.00
菲律宾	53591.00	438998.00
尼日利亚	3150.00	14805.00

国家/地区	出口数量（千克）	出口金额（美元）
俄罗斯	9604.00	16248.00
秘鲁	130500.00	36527.00
44111299 加工中密度板，密度≤0.5g/cucm，厚≤5mm		
合计	17764532.00	39489811.00
柬埔寨	368398.00	855830.00
中国香港	667104.00	559590.00
印度	22607.00	380241.00
印度尼西亚	165755.00	2358155.00
伊拉克	158.00	640.00
以色列	280.00	13720.00
日本	9040.00	27138.00
约旦	6000.00	3432.00
科威特	185000.00	86571.00
马来西亚	345007.00	2111939.00
马尔代夫	6002.00	4930.00
尼泊尔	18200.00	11252.00
阿曼	2250.00	15750.00
巴基斯坦	151400.00	144025.00
菲律宾	2946361.00	6300290.00
卡塔尔	2360.00	1579.00
沙特阿拉伯	13850.00	18830.00
新加坡	21006.00	294030.00
斯里兰卡	48930.00	40655.00
泰国	45280.00	82868.00
土耳其	14800.00	5978.00
阿联酋	64600.00	433225.00
越南	2322807.00	12646290.00
中国台湾	192592.00	1775946.00
阿尔及利亚	4300.00	15050.00
安哥拉	65043.00	30324.00
贝宁	204570.00	121980.00
博茨瓦纳	1600.00	1236.00
布隆迪	2680.00	2808.00
刚果（布）	60500.00	37287.00
吉布提	69017.00	55239.00
加纳	5290.00	5981.00
肯尼亚	1335353.00	2719507.00
马达加斯加	16257.00	9805.00
莫桑比克	58730.00	21861.00
尼日利亚	4178000.00	4600468.00
塞内加尔	43500.00	29787.00
塞拉利昂	19200.00	9804.00
南非	104.00	1500.00
多哥	223000.00	131114.00
突尼斯	13450.00	4357.00
刚果（金）	20000.00	11759.00
津巴布韦	12660.00	17395.00
德国	33226.00	52560.00
波兰	11773.00	200006.00
俄罗斯	5465.00	1467.00
克罗地亚	73810.00	107789.00
巴西	37.00	123.00
智利	168000.00	137368.00
哥斯达黎加	192150.00	150447.00
厄瓜多尔	3130.00	6052.00
危地马拉	94200.00	70256.00
洪都拉斯	10770.00	4591.00
牙买加	1619.00	1429.00
墨西哥	1653084.00	1394018.00
尼加拉瓜	33720.00	14092.00
巴拿马	28300.00	9240.00
巴拉圭	970.00	1047.00
萨尔瓦多	41850.00	29065.00
加拿大	178500.00	188740.00
美国	733329.00	784475.00
澳大利亚	514713.00	305787.00
斐济	145.00	84.00
瓦努阿图	5100.00	2022.00
巴布亚新几内亚	4000.00	22092.00
所罗门群岛	20000.00	5952.00
汤加	3600.00	943.00
44111311 未加工中密度板，密度>0.8g/cucm，5mm<厚≤9mm		
合计	5561534.00	2288846.00
柬埔寨	18995.00	8042.00
中国香港	3750.00	4100.00
印度尼西亚	53819.00	20949.00
老挝	1050.00	447.00
马来西亚	206602.00	109171.00
蒙古	251650.00	32751.00
阿曼	17000.00	2550.00
卡塔尔	18960.00	7441.00
新加坡	5069.00	2027.00
泰国	311251.00	152882.00
越南	349534.00	147429.00
乌兹别克斯坦	221665.00	129599.00
吉布提	6211.00	2060.00
肯尼亚	5700.00	1650.00
南非	518000.00	202356.00
丹麦	6660.00	38533.00
英国	74255.00	71344.00
德国	301352.00	124323.00
法国	1642.00	4315.00
荷兰	1963249.00	832979.00
乌克兰	183557.00	71038.00
斯洛文尼亚	48138.00	16929.00
洪都拉斯	924908.00	260609.00
加拿大	46861.00	31650.00
美国	19300.00	12005.00
澳大利亚	2356.00	1667.00
44111319 加工中密度板，密度>0.8g/cucm，5mm<厚≤9mm		
合计	224069450.00	147514611.00
阿富汗	234194.00	169114.00
巴林	267610.00	161896.00
孟加拉国	200128.00	118797.00
文莱	252960.00	122143.00
缅甸	166325.00	100262.00
柬埔寨	269725.00	150676.00
朝鲜	14997.00	4759.00
中国香港	14596.00	23823.00
印度	15650565.00	9751247.00
印度尼西亚	1643284.00	1029413.00
伊朗	114595.00	69154.00
伊拉克	466754.00	298645.00
以色列	25261.00	15225.00
日本	371078.00	532160.00
约旦	52000.00	31987.00
科威特	2525638.00	1720088.00
黎巴嫩	190643.00	106064.00
马来西亚	2396469.00	1865439.00
马尔代夫	20000.00	13356.00
蒙古	1273750.00	239141.00
尼泊尔	3640552.00	2325504.00
阿曼	697426.00	341478.00
巴基斯坦	4802116.00	2638692.00
菲律宾	3769011.00	2495785.00
卡塔尔	466236.00	291599.00
沙特阿拉伯	20322140.00	12107155.00
新加坡	10843.00	19386.00
韩国	7443330.00	5307275.00

国家/地区	出口数量（千克）	出口金额（美元）
斯里兰卡	346338.00	213332.00
泰国	2453681.00	1541219.00
土耳其	93525.00	69615.00
阿联酋	2818527.00	1768860.00
也门	30900.00	15718.00
越南	1963071.00	1013309.00
中国台湾	2750559.00	2258922.00
哈萨克斯坦	277691.00	187458.00
吉尔吉斯斯坦	48348.00	30519.00
塔吉克斯坦	277534.00	238902.00
土库曼斯坦	92816.00	53226.00
乌兹别克斯坦	6597119.00	4255752.00
阿尔及利亚	44943.00	25482.00
吉布提	19800.00	9191.00
埃及	280764.00	144977.00
埃塞俄比亚	70980.00	38817.00
加纳	63786.00	106872.00
科特迪瓦	2604.00	3095.00
肯尼亚	265892.00	174472.00
利比亚	21008.00	12481.00
马达加斯加	135429.00	133973.00
毛里求斯	216950.00	137876.00
尼日利亚	713566.00	531626.00
留尼汪	12402.00	9738.00
卢旺达	816.00	1521.00
塞内加尔	15457.00	10030.00
塞舌尔	16371.00	10384.00
塞拉利昂	2600.00	1757.00
索马里	6300.00	2071.00
南非	5244610.00	2763144.00
坦桑尼亚	285860.00	145323.00
津巴布韦	57979.00	46516.00
比利时	340.00	94.00
英国	1708553.00	1043018.00
德国	25482.00	101616.00
法国	72930.00	52294.00
爱尔兰	154885.00	112670.00
意大利	126490.00	80225.00
荷兰	134959.00	110129.00
葡萄牙	73149.00	42912.00
西班牙	229814.00	175340.00
阿尔巴尼亚	189956.00	109245.00
保加利亚	41050.00	20070.00
芬兰	18898.00	11156.00
匈牙利	20597.00	8038.00
挪威	81120.00	57153.00
波兰	26149.00	23193.00
罗马尼亚	408000.00	235126.00
立陶宛	73908.00	47662.00
格鲁吉亚	906746.00	480571.00
亚美尼亚	686473.00	333404.00
阿塞拜疆	87407.00	60060.00
白俄罗斯	60463.00	39486.00
摩尔多瓦	82137.00	54041.00
俄罗斯	16960707.00	10545742.00
乌克兰	2841534.00	1644025.00
克罗地亚	49900.00	26791.00
北马其顿	87150.00	55083.00
波黑	119077.00	94641.00
阿根廷	1710721.00	1120321.00
巴哈马	12078.00	7603.00
巴巴多斯	3500.00	2571.00
玻利维亚	2051329.00	1329983.00
巴西	34020.00	25707.00
智利	37111178.00	22461864.00
哥伦比亚	9886408.00	6001534.00
古巴	467443.00	230799.00
多米尼加	579740.00	378142.00
厄瓜多尔	6514565.00	3836005.00
危地马拉	47095.00	22588.00
圭亚那	141980.00	98391.00
牙买加	20722.00	13978.00
墨西哥	2622967.00	1400074.00
巴拿马	5550.00	4020.00
秘鲁	2922357.00	1908069.00
苏里南	3000.00	1788.00
特立尼达和多巴哥	101794.00	68273.00
乌拉圭	727713.00	436063.00
委内瑞拉	102000.00	68475.00
加拿大	2865236.00	2224577.00
美国	24989371.00	22775390.00
澳大利亚	12702993.00	9063238.00
新喀里多尼亚	18533.00	12613.00
新西兰	570876.00	413428.00
汤加	8400.00	4965.00
法属波利尼西亚	49555.00	33926.00

44111321 辐射松制的中密度板，5mm＜厚≤9mm

国家/地区	出口数量（千克）	出口金额（美元）
合计	817548.00	3159304.00
日本	811958.00	3153735.00
安哥拉	5590.00	5569.00

44111329 其他中密度板，0.5g＜密度≤0.8g，5mm＜厚≤9mm

国家/地区	出口数量（千克）	出口金额（美元）
合计	127762115.00	55349750.00
阿富汗	123074.00	85052.00
巴林	359724.00	193371.00
孟加拉国	83912.00	39461.00
缅甸	107455.00	55807.00
柬埔寨	349654.00	674030.00
朝鲜	15000.00	10172.00
中国香港	57839.00	56999.00
印度	25292.00	15798.00
印度尼西亚	711266.00	279804.00
伊朗	1082370.00	294777.00
伊拉克	5728626.00	2212475.00
以色列	16564.00	10772.00
日本	357231.00	941361.00
约旦	2724610.00	1260691.00
科威特	280102.00	144388.00
黎巴嫩	875.00	715.00
中国澳门	180.00	139.00
马来西亚	233559.00	141913.00
马尔代夫	1333.00	2504.00
蒙古	93200.00	33678.00
尼泊尔	13004.00	10341.00
阿曼	255485.00	108630.00
巴基斯坦	574002.00	300515.00
菲律宾	242476.00	179782.00
卡塔尔	680904.00	266923.00
沙特阿拉伯	3339039.00	1358259.00
新加坡	4.00	3.00
韩国	321341.00	135336.00
斯里兰卡	1180329.00	548993.00
叙利亚	9082.00	18953.00
泰国	249286.00	275735.00
阿联酋	8578776.00	3170648.00
也门	191007.00	72473.00
越南	21382162.00	6370895.00
中国台湾	238984.00	120422.00
哈萨克斯坦	409434.00	212018.00
塔吉克斯坦	565538.00	268731.00
土库曼斯坦	58358.00	21363.00

(续表)

国家/地区	出口数量（千克）	出口金额（美元）
乌兹别克斯坦	19274182.00	10327652.00
阿尔及利亚	10308481.00	3701020.00
安哥拉	36547.00	12444.00
贝宁	336945.00	173789.00
吉布提	1010322.00	537769.00
埃及	11646955.00	4649554.00
埃塞俄比亚	121921.00	71296.00
加纳	353370.00	166136.00
几内亚	42350.00	31003.00
肯尼亚	320038.00	153723.00
马达加斯加	4567.00	2621.00
毛里求斯	4849.00	2345.00
摩洛哥	320.00	1003.00
莫桑比克	7.00	2.00
尼日利亚	1627209.00	834027.00
留尼汪	28801.00	8640.00
塞内加尔	2850.00	1520.00
塞舌尔	5300.00	2586.00
索马里	146170.00	68840.00
南非	171870.00	88614.00
苏丹	1203586.00	437428.00
坦桑尼亚	324656.00	187751.00
多哥	55630.00	37442.00
突尼斯	14.00	23.00
比利时	368048.00	130894.00
英国	2450297.00	999245.00
法国	73113.00	31789.00
爱尔兰	5430.00	8587.00
荷兰	1210.00	751.00
希腊	2849.00	16787.00
西班牙	27500.00	10080.00
阿尔巴尼亚	7.00	17.00
保加利亚	10191.00	36008.00
波兰	32995.00	24197.00
格鲁吉亚	52539.00	27606.00
亚美尼亚	708630.00	344989.00
摩尔多瓦	7742.00	8537.00
俄罗斯	1336306.00	542843.00
乌克兰	210082.00	81763.00
阿根廷	101435.00	55366.00
玻利维亚	24329.00	12489.00
巴西	53720.00	28440.00
智利	2712574.00	1239518.00
哥伦比亚	388018.00	214274.00

(续表)

国家/地区	出口数量（千克）	出口金额（美元）
多米尼克	24068.00	20240.00
哥斯达黎加	253291.00	94376.00
古巴	45942.00	30193.00
多米尼加	2771223.00	1344900.00
厄瓜多尔	110758.00	59096.00
瓜德罗普	718.00	395.00
危地马拉	605472.00	293087.00
圭亚那	11094.00	12251.00
洪都拉斯	648328.00	249286.00
牙买加	42280.00	31066.00
墨西哥	14267597.00	4904044.00
尼加拉瓜	177533.00	82187.00
巴拿马	54468.00	143865.00
秘鲁	697249.00	263146.00
圣卢西亚	2083.00	1225.00
萨尔瓦多	178634.00	88454.00
特立尼达和多巴哥	122300.00	81113.00
委内瑞拉	83800.00	32426.00
加拿大	321499.00	208878.00
美国	725369.00	1952645.00
澳大利亚	348950.00	232142.00
新西兰	34427.00	19400.00
44111391 未加工中密度板，密度≤0.5g/cucm，5mm<厚≤9mm		
合计	293047.00	194639.00
柬埔寨	12650.00	98670.00
蒙古	5600.00	858.00
韩国	267300.00	90654.00
秘鲁	7497.00	4457.00
44111399 加工中密度板，密度≤0.5g/cucm，5mm<厚≤9mm		
合计	3050016.00	4641164.00
柬埔寨	26247.00	172619.00
中国香港	67038.00	125661.00
印度	11270.00	145775.00
以色列	130.00	740.00
约旦	17000.00	8186.00
科威特	103214.00	75325.00
马来西亚	59963.00	257348.00
阿曼	5197.00	187611.00
菲律宾	72200.00	415959.00
卡塔尔	6440.00	2070.00
沙特阿拉伯	10191.00	152856.00
韩国	24997.00	209914.00

(续表)

国家/地区	出口数量（千克）	出口金额（美元）
斯里兰卡	9610.00	8029.00
泰国	463400.00	523381.00
阿联酋	52950.00	421518.00
也门	8592.00	3534.00
越南	476920.00	205889.00
中国台湾	13665.00	13529.00
土库曼斯坦	71700.00	26067.00
安哥拉	81160.00	33775.00
贝宁	25350.00	18053.00
刚果(布)	20000.00	10074.00
吉布提	188951.00	130246.00
埃及	27800.00	36846.00
加蓬	19800.00	9871.00
加纳	19660.00	49739.00
肯尼亚	232355.00	173841.00
马达加斯加	12800.00	4996.00
塞内加尔	60000.00	32136.00
南非	25175.00	97089.00
坦桑尼亚	92257.00	55725.00
多哥	360000.00	193872.00
英国	1582.00	9224.00
荷兰	24.00	228.00
西班牙	24552.00	58979.00
匈牙利	306.00	1543.00
冰岛	12.00	285.00
波兰	194912.00	377103.00
罗马尼亚	88.00	1232.00
乌克兰	59.00	729.00
斯洛文尼亚	30.00	1584.00
捷克	52.00	986.00
智利	58819.00	32565.00
洪都拉斯	10070.00	3556.00
牙买加	2889.00	1822.00
萨尔瓦多	1720.00	2920.00
特立尼达和多巴哥	15995.00	23113.00
加拿大	6080.00	137981.00
美国	49254.00	126486.00
澳大利亚	17540.00	58554.00
44111411 未加工中密度板，密度>0.8g/cucm，厚>9mm		
合计	9303283.00	4502074.00
巴林	1730.00	13321.00
柬埔寨	116847.00	46305.00
中国香港	44.00	83.00

林产品进出口

FOREIGN TRADE STATISTICS OF FOREST PRODUCTS

(续表)

国家/地区	出口数量(千克)	出口金额(美元)
印度尼西亚	1003231.00	543563.00
以色列	2197.00	1966.00
科威特	133.00	824.00
马来西亚	2200.00	807.00
蒙古	1697290.00	203295.00
菲律宾	27900.00	99965.00
沙特阿拉伯	3645.00	24458.00
新加坡	93771.00	109817.00
泰国	2173132.00	1222572.00
越南	3487896.00	966189.00
乌兹别克斯坦	1800.00	2214.00
吉布提	2543.00	630.00
加纳	1420.00	994.00
塞内加尔	1850.00	962.00
坦桑尼亚	1350.00	972.00
刚果(金)	23640.00	12904.00
英国	78308.00	87339.00
德国	1487.00	685.00
爱尔兰	6173.00	21605.00
意大利	150.00	195.00
荷兰	172.00	128.00
西班牙	18112.00	96843.00
波兰	140785.00	258288.00
克罗地亚	960.00	816.00
智利	12793.00	24944.00
危地马拉	13091.00	44397.00
墨西哥	2023.00	580.00
苏里南	17500.00	50250.00
加拿大	4622.00	17145.00
美国	309596.00	399927.00
澳大利亚	45822.00	52993.00
新西兰	9070.00	194098.00

44111419 加工中密度板,密度>0.8g/cucm,厚>9mm

国家/地区	出口数量(千克)	出口金额(美元)
合计	309924348.00	225215142.00
阿富汗	1135766.00	780452.00
巴林	45326.00	47457.00
孟加拉国	20678.00	33023.00
文莱	41791.00	49206.00
缅甸	2325585.00	1639593.00
柬埔寨	314345.00	253191.00
塞浦路斯	18253.00	42153.00
朝鲜	115350.00	90164.00
中国香港	4702.00	20612.00

(续表)

国家/地区	出口数量(千克)	出口金额(美元)
印度	4222274.00	3455683.00
印度尼西亚	108696.00	307714.00
伊朗	514388.00	298140.00
伊拉克	349118.00	280835.00
以色列	148069.00	219799.00
日本	27347.00	253098.00
约旦	67997.00	49113.00
科威特	44905.00	72266.00
黎巴嫩	33700.00	31698.00
马来西亚	520467.00	939567.00
马尔代夫	4396.00	4772.00
蒙古	2054510.00	531097.00
尼泊尔	886316.00	596829.00
阿曼	6600.00	64020.00
巴基斯坦	653480.00	426855.00
菲律宾	411872.00	469338.00
卡塔尔	519159.00	362598.00
沙特阿拉伯	3415843.00	2732709.00
新加坡	243999.00	475007.00
韩国	322771.00	379503.00
斯里兰卡	54654.00	251680.00
泰国	1496814.00	926840.00
土耳其	255989.00	202598.00
阿联酋	1067893.00	778503.00
也门	189304.00	94905.00
越南	6408043.00	4001124.00
中国台湾	558268.00	559808.00
哈萨克斯坦	2797547.00	1567466.00
塔吉克斯坦	1473304.00	1151703.00
乌兹别克斯坦	7775855.00	4775221.00
阿尔及利亚	100.00	200.00
安哥拉	7176.00	7917.00
博茨瓦纳	3113.00	2397.00
科摩罗	3500.00	22507.00
刚果(布)	6280.00	8224.00
吉布提	124180.00	84540.00
埃及	504535.00	359265.00
赤道几内亚	5211.00	7069.00
埃塞俄比亚	116282.00	78205.00
加蓬	49569.00	54019.00
加纳	108080.00	528180.00
几内亚比绍	1879.00	4782.00
科特迪瓦	3837.00	4397.00
肯尼亚	322746.00	339905.00

(续表)

国家/地区	出口数量(千克)	出口金额(美元)
马达加斯加	45589.00	33743.00
毛里塔尼亚	469.00	522.00
毛里求斯	47772.00	32151.00
摩洛哥	27408.00	16615.00
莫桑比克	46.00	69.00
纳米比亚	7100.00	13068.00
尼日尔	7805.00	18031.00
尼日利亚	48625.00	68259.00
索马里	719.00	812.00
南非	1129144.00	1073254.00
坦桑尼亚	27679.00	158683.00
津巴布韦	6722.00	14190.00
比利时	290730.00	217068.00
丹麦	360.00	384.00
英国	9902451.00	8412529.00
德国	1778.00	3224.00
法国	293895.00	783380.00
爱尔兰	8590255.00	5283381.00
意大利	1652.00	2705.00
荷兰	30467.00	95582.00
希腊	124344.00	89779.00
葡萄牙	22150.00	18047.00
西班牙	402315.00	432477.00
阿尔巴尼亚	71590.00	48267.00
保加利亚	78624.00	87018.00
挪威	37600.00	22652.00
波兰	3217.00	1232.00
罗马尼亚	6222230.00	3890382.00
瑞典	7440.00	20528.00
立陶宛	63695.00	37853.00
格鲁吉亚	855130.00	410212.00
亚美尼亚	718968.00	351983.00
阿塞拜疆	116450.00	82460.00
白俄罗斯	41674.00	23306.00
摩尔多瓦	966115.00	555732.00
俄罗斯	51171908.00	27544382.00
乌克兰	1780436.00	984367.00
克罗地亚	165017.00	110361.00
北马其顿	215484.00	136734.00
波黑	175540.00	155351.00
塞尔维亚	332601.00	205463.00
黑山	553.00	2102.00
阿根廷	133772.00	105065.00
巴哈马	3762.00	2179.00

（续表）

国家/地区	出口数量（千克）	出口金额（美元）
玻利维亚	377833.00	263184.00
巴西	682.00	11037.00
智利	3359689.00	2667653.00
哥伦比亚	477810.00	443273.00
哥斯达黎加	652.00	788.00
多米尼加	78470.00	101936.00
厄瓜多尔	1647988.00	1298324.00
危地马拉	1804.00	9327.00
圭亚那	9560.00	12552.00
海地	7720.00	58363.00
洪都拉斯	448.00	806.00
牙买加	1574.00	1910.00
墨西哥	3200364.00	1594498.00
尼加拉瓜	75932.00	349646.00
巴拿马	34834.00	17669.00
秘鲁	490972.00	401510.00
特立尼达和多巴哥	57695.00	48108.00
乌拉圭	137762.00	139633.00
委内瑞拉	45348.00	34924.00
加拿大	62827482.00	43062673.00
美国	79494194.00	69125643.00
澳大利亚	28655197.00	21220409.00
新喀里多尼亚	11921.00	9976.00
瓦努阿图	169.00	195.00
新西兰	2770973.00	2024921.00
巴布亚新几内亚	68882.00	45620.00
萨摩亚	5250.00	7035.00
44111421 辐射松制成的中密度板,厚>9mm		
合计	2970730.00	11251767.00
日本	2527754.00	5844145.00
马来西亚	22508.00	6782.00
新加坡	2145.00	5707.00
越南	233520.00	933424.00
中国台湾	42190.00	27212.00
丹麦	12628.00	29260.00
加拿大	129985.00	4405237.00
44111429 其他中密度板 0.5g/cucm＜密度≤0.8g/cucm,厚>9mm		
合计	1042697609.00	410745411.00
阿富汗	42342.00	27085.00
巴林	302060.00	139163.00
孟加拉国	896105.00	668159.00
缅甸	752918.00	494107.00
柬埔寨	8871060.00	6200454.00

（续表）

国家/地区	出口数量（千克）	出口金额（美元）
塞浦路斯	15885.00	24426.00
朝鲜	388520.00	131399.00
中国香港	116856.00	440516.00
印度	1794719.00	2050654.00
印度尼西亚	2078959.00	1050089.00
伊朗	454068.00	156203.00
伊拉克	17547488.00	6676696.00
以色列	1159417.00	643102.00
日本	7975197.00	8120239.00
约旦	52011232.00	19441011.00
科威特	4721224.00	2533041.00
老挝	54230.00	22879.00
黎巴嫩	1124942.00	530621.00
中国澳门	524.00	5907.00
马来西亚	4284316.00	4026684.00
马尔代夫	49460.00	33856.00
蒙古	2120186.00	595374.00
尼泊尔	29357.00	21778.00
阿曼	21118959.00	7699188.00
巴基斯坦	1154586.00	956038.00
巴勒斯坦	28510.00	20570.00
菲律宾	4000202.00	2366076.00
卡塔尔	6644186.00	2622098.00
沙特阿拉伯	126317274.00	41974204.00
新加坡	208679.00	958952.00
韩国	2948491.00	1273975.00
斯里兰卡	3411824.00	1487785.00
叙利亚	339950.00	225944.00
泰国	2851041.00	2600803.00
阿联酋	93393795.00	33173521.00
也门	1886408.00	926069.00
越南	185411810.00	51860570.00
中国台湾	691341.00	415464.00
东帝汶	30.00	24.00
哈萨克斯坦	956161.00	564251.00
吉尔吉斯斯坦	1766665.00	1088992.00
塔吉克斯坦	521665.00	194736.00
土库曼斯坦	27100.00	10800.00
乌兹别克斯坦	9466396.00	5254236.00
阿尔及利亚	12282183.00	4217932.00
安哥拉	1398807.00	691072.00
贝宁	13449.00	6453.00
博茨瓦纳	5000.00	14750.00
喀麦隆	8498.00	16161.00

（续表）

国家/地区	出口数量（千克）	出口金额（美元）
佛得角	840.00	941.00
刚果(布)	20050.00	10296.00
吉布提	4560127.00	2299192.00
埃及	37624465.00	12855526.00
赤道几内亚	23026.00	15209.00
埃塞俄比亚	1062442.00	655743.00
加纳	7403819.00	3374879.00
几内亚	207753.00	86967.00
科特迪瓦	115066.00	59182.00
肯尼亚	4893511.00	2080843.00
利比亚	184984.00	98228.00
马达加斯加	765392.00	372860.00
马拉维	12000.00	6127.00
毛里塔尼亚	150345.00	62089.00
毛里求斯	2214773.00	898494.00
摩洛哥	609476.00	214385.00
莫桑比克	293126.00	200595.00
尼日尔	7950.00	8244.00
尼日利亚	139799217.00	57756390.00
留尼汪	128619.00	46237.00
卢旺达	128890.00	72109.00
塞内加尔	729782.00	516731.00
塞舌尔	12700.00	6160.00
塞拉利昂	92312.00	45581.00
索马里	5528681.00	1998986.00
南非	1714129.00	1682343.00
苏丹	16810590.00	5678811.00
坦桑尼亚	2197192.00	1142460.00
多哥	6201.00	5481.00
突尼斯	169334.00	126172.00
乌干达	364250.00	158621.00
刚果(金)	61088.00	153578.00
赞比亚	24770.00	11686.00
津巴布韦	31120.00	22098.00
马约特	55360.00	32034.00
南苏丹	41124.00	22743.00
比利时	1326764.00	902668.00
丹麦	70553.00	243162.00
英国	11705460.00	5657810.00
德国	74613.00	86729.00
法国	167433.00	119333.00
爱尔兰	16101.00	12783.00
意大利	223620.00	328124.00
荷兰	183374.00	183577.00

(续表)

国家/地区	出口数量（千克）	出口金额（美元）
希腊	346912.00	491997.00
葡萄牙	61893.00	138063.00
西班牙	1221864.00	787560.00
阿尔巴尼亚	89762.00	58050.00
奥地利	1102.00	9980.00
保加利亚	33744.00	41442.00
马耳他	25750.00	10345.00
挪威	104385.00	129620.00
波兰	339019.00	540125.00
罗马尼亚	111762.00	65580.00
瑞典	697.00	3515.00
瑞士	16400.00	6480.00
格鲁吉亚	950029.00	557201.00
亚美尼亚	755820.00	350070.00
阿塞拜疆	4421.00	17117.00
白俄罗斯	1258.00	3560.00
摩尔多瓦	16611.00	11435.00
俄罗斯	3488345.00	2210628.00
乌克兰	2738592.00	1138281.00
斯洛文尼亚	19887.00	46480.00
克罗地亚	38112.00	35105.00
捷克	24302.00	30957.00
斯洛伐克	7650.00	7308.00
塞尔维亚	1836.00	14320.00
阿根廷	157080.00	93932.00
巴巴多斯	84800.00	31207.00
伯利兹	871.00	970.00
玻利维亚	60786.00	46789.00
巴西	28553.00	72677.00
智利	5026463.00	2425509.00
哥伦比亚	1349409.00	1080293.00
多米尼克	60171.00	34110.00
哥斯达黎加	1678049.00	667008.00
古巴	1283796.00	555851.00
多米尼加	10573842.00	4733527.00
厄瓜多尔	246329.00	217587.00
格林纳达	28000.00	8949.00
瓜德罗普	16971.00	8377.00
危地马拉	4049964.00	2174919.00
圭亚那	506489.00	544174.00
洪都拉斯	521446.00	173542.00
牙买加	321363.00	399895.00
墨西哥	144971606.00	50378957.00
尼加拉瓜	555368.00	277725.00

(续表)

国家/地区	出口数量（千克）	出口金额（美元）
巴拿马	392546.00	507340.00
巴拉圭	15700.00	30760.00
秘鲁	5279379.00	2327369.00
波多黎各	137503.00	58448.00
圣卢西亚	121371.00	74417.00
萨尔瓦多	781612.00	357235.00
苏里南	1389498.00	707648.00
特立尼达和多巴哥	1704314.00	881738.00
乌拉圭	27616.00	9760.00
委内瑞拉	1042402.00	684989.00
加拿大	3010827.00	2570800.00
美国	17020602.00	11956869.00
澳大利亚	2838078.00	3539910.00
斐济	428335.00	252657.00
新喀里多尼亚	33990.00	16828.00
瓦努阿图	48673.00	82901.00
新西兰	690314.00	704183.00
巴布亚新几内亚	285216.00	341065.00
所罗门群岛	45340.00	26582.00
汤加	16000.00	7944.00
萨摩亚	23.00	46.00
密克罗尼西亚联邦	9964.00	8340.00
法属波利尼西亚	300.00	51.00
44111491 未加工中密度板，密度≤0.5g/cucm，厚>9mm		
合计	677364.00	884081.00
孟加拉国	8127.00	6900.00
缅甸	19000.00	5956.00
朝鲜	5000.00	6184.00
卡塔尔	173600.00	63509.00
韩国	243000.00	82683.00
越南	184163.00	438947.00
肯尼亚	15974.00	148312.00
危地马拉	24200.00	6890.00
美国	4300.00	124700.00
44111499 未加工中密度板，密度≤0.5g/cucm，厚>9mm		
合计	75071223.00	35378802.00
巴林	75.00	613.00
孟加拉国	580360.00	226746.00
缅甸	57176.00	20553.00
柬埔寨	710527.00	526565.00
中国香港	81882.00	166148.00
印度	75217.00	283540.00

(续表)

国家/地区	出口数量（千克）	出口金额（美元）
伊朗	37767399.00	9761853.00
伊拉克	58225.00	120153.00
日本	152410.00	805712.00
约旦	142840.00	72706.00
科威特	751327.00	362975.00
老挝	350.00	2010.00
黎巴嫩	5110.00	76139.00
中国澳门	10049.00	24732.00
马来西亚	68290.00	431214.00
马尔代夫	121476.00	119463.00
蒙古	1390.00	5226.00
阿曼	75620.00	160895.00
巴基斯坦	106242.00	418511.00
菲律宾	955352.00	2913673.00
卡塔尔	22922.00	204904.00
沙特阿拉伯	29755.00	61446.00
新加坡	45974.00	191328.00
韩国	142076.00	290287.00
斯里兰卡	87240.00	45880.00
泰国	443269.00	651959.00
土耳其	45.00	2956.00
阿联酋	11830261.00	3714139.00
也门	12355.00	14980.00
越南	490486.00	267061.00
中国台湾	19919.00	92210.00
乌兹别克斯坦	53200.00	14588.00
阿尔及利亚	78810.00	42189.00
安哥拉	292220.00	123333.00
贝宁	30000.00	15151.00
布隆迪	76720.00	40091.00
喀麦隆	12498.00	99984.00
刚果（布）	1900.00	2673.00
吉布提	407580.00	276125.00
埃塞俄比亚	108000.00	75135.00
加纳	702193.00	340045.00
几内亚	6000.00	3914.00
肯尼亚	3054737.00	962567.00
马达加斯加	39630.00	27995.00
毛里塔尼亚	1850.00	579.00
毛里求斯	207185.00	235981.00
尼日利亚	8676200.00	4600116.00
留尼汪	6612.00	28073.00
索马里	33000.00	12003.00
南非	65427.00	192189.00

(续表)

国家/地区	出口数量（千克）	出口金额（美元）
坦桑尼亚	127357.00	158957.00
乌干达	134000.00	65981.00
津巴布韦	33850.00	18332.00
比利时	232066.00	142080.00
丹麦	1000.00	4130.00
英国	37411.00	60135.00
德国	1569.00	7845.00
法国	23969.00	27413.00
爱尔兰	81047.00	61371.00
意大利	60406.00	66579.00
荷兰	35937.00	252393.00
希腊	798.00	900.00
西班牙	29651.00	37301.00
芬兰	1832.00	5308.00
匈牙利	1146.00	428.00
挪威	1400.00	1600.00
波兰	4729.00	6425.00
瑞典	3.00	13.00
瑞士	754.00	7434.00
立陶宛	6.00	11.00
白俄罗斯	780.00	936.00
俄罗斯	17962.00	98959.00
北马其顿	131.00	4216.00
智利	29980.00	41192.00
哥伦比亚	3192523.00	1050646.00
哥斯达黎加	587.00	880.00
古巴	375712.00	163768.00
多米尼加	27465.00	14645.00
危地马拉	2753.00	3013.00
洪都拉斯	82760.00	58307.00
牙买加	17397.00	19693.00
墨西哥	9938.00	44721.00
巴拿马	28300.00	12398.00
秘鲁	19000.00	11277.00
萨尔瓦多	1850.00	1480.00
特立尼达和多巴哥	64635.00	40298.00
委内瑞拉	17707.00	97311.00
加拿大	379839.00	225378.00
美国	836194.00	2026445.00
澳大利亚	427362.00	1370891.00
斐济	5800.00	4401.00
新西兰	18536.00	22811.00
巴布亚新几内亚	5700.00	11192.00
44119210 未加工木纤维板，密度>0.8g/cucm		
合计	2952661.00	1138131.00
缅甸	20500.00	13112.00
伊朗	2629274.00	741314.00
马来西亚	85092.00	59873.00
韩国	170970.00	112593.00
越南	2000.00	2533.00
加纳	2446.00	9085.00
尼日利亚	21323.00	149261.00
澳大利亚	21056.00	50360.00
44119290 加工木纤维板，密度>0.8g/cucm		
合计	141537389.00	94267298.00
巴林	22552.00	15975.00
孟加拉国	44289.00	32311.00
文莱	57450.00	48142.00
缅甸	530226.00	316004.00
柬埔寨	18500.00	16137.00
塞浦路斯	40223.00	26025.00
朝鲜	187178.00	236000.00
中国香港	42615.00	64265.00
印度	1409691.00	1093927.00
印度尼西亚	193336.00	246968.00
伊朗	38207.00	27599.00
伊拉克	593.00	1597.00
以色列	26350.00	15986.00
日本	286528.00	232826.00
约旦	630.00	567.00
科威特	12690.00	13936.00
老挝	9670.00	4702.00
黎巴嫩	103876.00	67300.00
中国澳门	129383.00	202082.00
马来西亚	799669.00	701627.00
马尔代夫	34612.00	24697.00
蒙古	17414267.00	3109867.00
尼泊尔	179606.00	138275.00
阿曼	22300.00	153870.00
巴基斯坦	274629.00	126819.00
菲律宾	541603.00	468326.00
卡塔尔	347675.00	474458.00
沙特阿拉伯	1515019.00	1116501.00
新加坡	7676.00	6111.00
韩国	994580.00	755017.00
斯里兰卡	18000.00	11202.00
泰国	838315.00	675382.00
土耳其	1044676.00	705988.00
阿联酋	86875.00	61294.00
越南	2686652.00	2465678.00
中国台湾	1005358.00	666377.00
塔吉克斯坦	57285.00	29466.00
乌兹别克斯坦	447437.00	239491.00
安哥拉	1666.00	1694.00
佛得角	19400.00	9037.00
刚果(布)	20442.00	14376.00
吉布提	22827.00	169969.00
赤道几内亚	16065.00	10711.00
几内亚	51870.00	27274.00
肯尼亚	202889.00	147787.00
摩洛哥	1052.00	2400.00
莫桑比克	74457.00	31191.00
尼日利亚	8491277.00	3727801.00
留尼汪	23351.00	58144.00
塞内加尔	30566.00	21914.00
索马里	31551.00	26087.00
南非	2775867.00	2120982.00
苏丹	4563080.00	1889727.00
多哥	3188.00	2714.00
布基纳法索	18770.00	12356.00
比利时	1891.00	19870.00
英国	3227825.00	2287042.00
德国	112315.00	79165.00
法国	14504.00	15312.00
爱尔兰	1744054.00	1127287.00
意大利	37320.00	43714.00
荷兰	776.00	6739.00
奥地利	12687.00	15569.00
保加利亚	18049.00	22122.00
芬兰	190.00	143.00
波兰	230074.00	143964.00
瑞典	800.00	280.00
爱沙尼亚	18940.00	23630.00
亚美尼亚	587797.00	253989.00
阿塞拜疆	306308.00	214454.00
俄罗斯	1930800.00	1330382.00
乌克兰	18000.00	11949.00
斯洛文尼亚	123330.00	120488.00
阿根廷	39924.00	30984.00
玻利维亚	619264.00	503552.00
巴西	302967.00	205027.00

FOREIGN TRADE STATISTICS OF FOREST PRODUCTS

(续表)

国家/地区	出口数量（千克）	出口金额（美元）
智利	7472869.00	5807301.00
哥伦比亚	1943022.00	1471648.00
多米尼加	3200.00	3273.00
厄瓜多尔	513243.00	354126.00
危地马拉	227294.00	217283.00
牙买加	4300.00	2004.00
墨西哥	1305426.00	782444.00
巴拿马	79550.00	30080.00
秘鲁	266002.00	219377.00
加拿大	27130309.00	16171803.00
美国	32177681.00	30077113.00
澳大利亚	12713839.00	9409877.00
瓦努阿图	18080.00	7676.00
新西兰	494790.00	355354.00
巴布亚新几内亚	21430.00	35318.00
44119310 辐射松制的纤维板，0.5g<密度≤0.9g		
合计	2580.00	25284.00
越南	2580.00	25284.00
44119390 木纤维板，0.5g/cucm<密度≤0.10g/cucm		
合计	1839159.00	1468409.00
柬埔寨	2875.00	6586.00
印度尼西亚	16605.00	8905.00
马来西亚	450.00	2610.00
菲律宾	22441.00	342926.00
新加坡	24730.00	148380.00
泰国	6720.00	6720.00
越南	165737.00	89652.00
中国台湾	216.00	216.00
加纳	72000.00	22356.00
肯尼亚	23590.00	82565.00
尼日利亚	1346800.00	617811.00
英国	1143.00	1863.00
荷兰	4501.00	30478.00
多米尼加	98013.00	41513.00
加拿大	4901.00	22283.00
美国	19263.00	27278.00
新西兰	374.00	240.00
巴布亚新几内亚	28800.00	16027.00
44119410 木纤维板，0.35g/cucm<密度≤0.5g/cucm		
合计	1296565.00	1782512.00
伊朗	24980.00	8487.00
日本	408044.00	1077837.00
斯里兰卡	15640.00	199722.00
尼日利亚	782404.00	464994.00
美国	85.00	272.00
澳大利亚	65412.00	31200.00
44119421 未加工木纤维板，密度≤0.35g/cucm		
合计	900.00	2859.00
柬埔寨	900.00	2859.00
44119429 加工木纤维板，密度≤0.35g/cucm		
合计	80833.00	556382.00
孟加拉国	4780.00	9159.00
缅甸	400.00	392.00
中国香港	480.00	495.00
印度	3974.00	20002.00
日本	7643.00	170272.00
约旦	11069.00	69735.00
马来西亚	4444.00	25739.00
菲律宾	180.00	450.00
新加坡	328.00	3400.00
泰国	5143.00	85212.00
阿联酋	11526.00	7191.00
中国台湾	7028.00	32410.00
肯尼亚	2320.00	23370.00
爱尔兰	3011.00	15060.00
智利	444.00	769.00
牙买加	400.00	320.00
巴拿马	2200.00	2935.00
加拿大	2800.00	3850.00
美国	4283.00	79577.00
澳大利亚	65.00	374.00
新西兰	8315.00	5670.00
44121019 其他仅由薄板制的竹胶合板，每层厚≤6mm		
合计	13870965.00	15741554.00
孟加拉国	126800.00	93464.00
不丹	1596.00	961.00
文莱	30.00	38.00
缅甸	21426.00	17647.00
柬埔寨	56757.00	129080.00
朝鲜	10450.00	11210.00
中国香港	74064.00	132362.00
印度	9800.00	17057.00
印度尼西亚	28874.00	75642.00
伊朗	13500.00	10879.00
伊拉克	20120.00	9519.00
以色列	37363.00	179362.00
日本	265685.00	344787.00
中国澳门	61585.00	148856.00
马来西亚	58379.00	440755.00
马尔代夫	70933.00	81598.00
阿曼	10300.00	6800.00
巴基斯坦	18623.00	4810.00
菲律宾	189955.00	288281.00
沙特阿拉伯	480.00	8246.00
新加坡	23578.00	20529.00
韩国	387201.00	437846.00
斯里兰卡	150700.00	136571.00
泰国	1117410.00	792455.00
阿联酋	33082.00	18048.00
越南	46858.00	42338.00
中国台湾	2143160.00	1850627.00
安哥拉	432539.00	259728.00
贝宁	21370.00	19680.00
博茨瓦纳	73630.00	76492.00
布隆迪	26800.00	20573.00
喀麦隆	23000.00	22428.00
科摩罗	43380.00	25928.00
刚果（布）	30000.00	18584.00
吉布提	63210.00	55756.00
埃及	305668.00	180744.00
赤道几内亚	10680.00	8772.00
埃塞俄比亚	226080.00	218987.00
加纳	389309.00	320297.00
几内亚	823778.00	600274.00
科特迪瓦	232359.00	186969.00
肯尼亚	322011.00	295714.00
利比里亚	6584.00	5262.00
马达加斯加	38200.00	31817.00
毛里求斯	96280.00	75387.00
莫桑比克	44410.00	36525.00
纳米比亚	15200.00	13066.00
尼日尔	57349.00	55237.00
尼日利亚	26254.00	20969.00
卢旺达	26750.00	17003.00
塞内加尔	12795.00	11597.00
塞拉利昂	7736.00	8971.00
南非	22470.00	15824.00
坦桑尼亚	343712.00	287380.00

(续表)

国家/地区	出口数量（千克）	出口金额（美元）
多哥	77143.00	72424.00
乌干达	67355.00	52086.00
布基纳法索	101264.00	87269.00
刚果（金）	685632.00	608644.00
赞比亚	11250.00	13463.00
津巴布韦	13000.00	10260.00
比利时	8300.00	21172.00
丹麦	7000.00	6750.00
英国	5666.00	11847.00
德国	10344.00	74195.00
意大利	720.00	1560.00
荷兰	226880.00	319329.00
希腊	729.00	911.00
西班牙	16606.00	30191.00
保加利亚	3300.00	2850.00
波兰	35800.00	30223.00
罗马尼亚	60951.00	68752.00
瑞士	256.00	455.00
俄罗斯	46773.00	43003.00
乌克兰	936.00	1890.00
塞尔维亚	77490.00	51114.00
安提瓜和巴布达	60600.00	47920.00
巴西	40889.00	169338.00
智利	2943.00	6081.00
哥伦比亚	67006.00	108181.00
哥斯达黎加	47400.00	32931.00
法属圭亚那	6500.00	4750.00
海地	4500.00	3750.00
牙买加	227693.00	175037.00
墨西哥	262628.00	200520.00
巴拿马	2300.00	96600.00
秘鲁	6612.00	17132.00
萨尔瓦多	4120.00	2443.00
加拿大	23360.00	16300.00
美国	2738315.00	4627810.00
澳大利亚	86657.00	359702.00
新西兰	114914.00	160537.00
巴布亚新几内亚	5160.00	4212.00
萨摩亚	10450.00	9100.00
基里巴斯	260.00	290.00
马绍尔群岛	1000.00	800.00
44121020 其他薄板制竹胶板、单板饰面板及类似的多层板		
合计	3905979.00	3807398.00

(续表)

国家/地区	出口数量（千克）	出口金额（美元）
马来西亚	3885654.00	3763117.00
韩国	16500.00	40374.00
津巴布韦	3825.00	3907.00
44121091 其他竹制胶合板、单板饰面板及类似的多层板,至少有一层是热带木		
合计	7625.00	5216.00
澳大利亚	7625.00	5216.00
44121092 其他竹胶合板类似多层板,至少含有一层木碎料板		
合计	134543.00	406785.00
中国香港	828.00	2457.00
印度	146.00	403.00
日本	238.00	654.00
泰国	146.00	403.00
阿联酋	896.00	2264.00
突尼斯	146.00	403.00
荷兰	9760.00	29533.00
玻利维亚	161.00	461.00
美国	120616.00	365773.00
澳大利亚	1606.00	4434.00
44121099 其他竹制胶合板、单板饰面板及类似的多层板		
合计	35566496.00	56431371.00
孟加拉国	73600.00	46575.00
柬埔寨	480.00	299.00
中国香港	124.00	236.00
印度	2940.00	9932.00
印度尼西亚	111105.00	88154.00
伊朗	5910.00	12000.00
以色列	61010.00	117051.00
日本	1326267.00	2517622.00
马来西亚	5490348.00	5589157.00
马尔代夫	6610.00	186666.00
阿曼	11594.00	18223.00
巴基斯坦	308.00	308.00
菲律宾	8127.00	20020.00
沙特阿拉伯	316.00	362.00
新加坡	975.00	1505.00
韩国	1893332.00	1685459.00
斯里兰卡	317400.00	277462.00
泰国	31424.00	125437.00
土耳其	53957.00	67944.00
阿联酋	19165.00	55943.00

(续表)

国家/地区	出口数量（千克）	出口金额（美元）
越南	71876.00	122236.00
中国台湾	78687.00	116126.00
哈萨克斯坦	46728.00	36742.00
刚果（布）	17000.00	16998.00
肯尼亚	2656.00	4850.00
马达加斯加	25616.00	25898.00
毛里求斯	117400.00	128838.00
莫桑比克	27976.00	19353.00
尼日利亚	3900.00	840.00
南非	200234.00	250520.00
坦桑尼亚	39497.00	29622.00
乌干达	32000.00	18140.00
布基纳法索	4800.00	4188.00
刚果（金）	31945.00	27168.00
赞比亚	14600.00	11700.00
比利时	568058.00	1100887.00
丹麦	206369.00	481828.00
英国	431254.00	962835.00
德国	297061.00	654909.00
法国	862680.00	1557729.00
爱尔兰	17005.00	45990.00
意大利	413780.00	755070.00
卢森堡	379.00	2648.00
荷兰	1902959.00	4336721.00
希腊	14088.00	27495.00
葡萄牙	37296.00	152601.00
西班牙	172096.00	282513.00
奥地利	990.00	7508.00
匈牙利	11940.00	93932.00
挪威	23052.00	45821.00
波兰	73856.00	165235.00
瑞典	260.00	528.00
瑞士	110025.00	293761.00
爱沙尼亚	42988.00	103871.00
俄罗斯	154.00	266.00
斯洛文尼亚	158.00	340.00
阿根廷	320.00	600.00
巴西	27279.00	90314.00
智利	134794.00	230148.00
哥伦比亚	144234.00	386159.00
厄瓜多尔	3813.00	5700.00
危地马拉	9806.00	35835.00

林产品进出口

FOREIGN TRADE STATISTICS OF FOREST PRODUCTS

(续表)

国家/地区	出口数量（千克）	出口金额（美元）
洪都拉斯	2760.00	27921.00
牙买加	3276.00	5242.00
墨西哥	210887.00	467459.00
巴拿马	6825.00	27289.00
秘鲁	146540.00	121051.00
乌拉圭	425.00	772.00
加拿大	1173630.00	1916880.00
美国	17807109.00	28965690.00
澳大利亚	441832.00	1047058.00
新喀里多尼亚	6552.00	11710.00
新西兰	129041.00	374540.00
萨摩亚	350.00	9460.00
法属波利尼西亚	668.00	1481.00

44123100 仅由薄木板制的其他胶合板（竹制的除外），每层厚≤6mm，至少有一表层是热带木

国家/地区	出口数量（千克）	出口金额（美元）
合计	364520616.00	289757582.00
巴林	594000.00	362796.00
孟加拉国	257543.00	271173.00
缅甸	1073719.00	493938.00
柬埔寨	129204.00	236305.00
中国香港	4226409.00	3279527.00
印度	701673.00	860128.00
印度尼西亚	3500270.00	5137482.00
伊朗	1854.00	9370.00
伊拉克	7001885.00	7246640.00
以色列	24730573.00	20365517.00
日本	7809427.00	5266189.00
约旦	1875148.00	1663568.00
老挝	223880.00	111521.00
黎巴嫩	661856.00	536629.00
中国澳门	6899331.00	3071032.00
马来西亚	5739246.00	9507122.00
马尔代夫	116577.00	94812.00
尼泊尔	28000.00	37310.00
阿曼	725400.00	455250.00
巴基斯坦	236886.00	193148.00
菲律宾	37686986.00	30398000.00
卡塔尔	950742.00	733170.00
沙特阿拉伯	6566031.00	4407141.00
新加坡	10241153.00	7196408.00
韩国	20788041.00	14915485.00
斯里兰卡	266755.00	343590.00
泰国	2550817.00	2206448.00

(续表)

国家/地区	出口数量（千克）	出口金额（美元）
土耳其	82920.00	65188.00
阿联酋	23402779.00	14788647.00
越南	4676322.00	3629954.00
中国台湾	29609415.00	19354992.00
哈萨克斯坦	53360.00	19237.00
阿尔及利亚	721641.00	513033.00
安哥拉	9000.00	11149.00
贝宁	278000.00	179831.00
布隆迪	11064.00	159321.00
科摩罗	355480.00	238364.00
吉布提	48960.00	53924.00
埃及	3067860.00	2399926.00
冈比亚	168380.00	97763.00
加纳	15820.00	45858.00
几内亚	80740.00	58642.00
科特迪瓦	80380.00	48507.00
肯尼亚	2076276.00	1697063.00
利比亚	3898649.00	3202454.00
马达加斯加	5670.00	7535.00
毛里塔尼亚	84000.00	76574.00
毛里求斯	89107.00	63898.00
摩洛哥	31640.00	35179.00
莫桑比克	192500.00	145935.00
尼日利亚	26223229.00	21057050.00
留尼汪	919860.00	556761.00
塞内加尔	60100.00	62724.00
塞舌尔	94720.00	65843.00
塞拉利昂	82860.00	56216.00
索马里	284720.00	190594.00
南非	552010.00	576200.00
坦桑尼亚	965489.00	832124.00
多哥	54000.00	45099.00
马约特	78640.00	51684.00
比利时	5796192.00	4630582.00
丹麦	43290.00	136523.00
英国	50061734.00	40958644.00
德国	572851.00	410740.00
法国	6746371.00	5368442.00
爱尔兰	78220.00	74532.00
意大利	904884.00	942639.00
荷兰	2764835.00	2083586.00
希腊	958170.00	736381.00
西班牙	779015.00	487655.00
阿尔巴尼亚	193480.00	139464.00

(续表)

国家/地区	出口数量（千克）	出口金额（美元）
奥地利	24700.00	36502.00
保加利亚	74800.00	61372.00
匈牙利	7300.00	3597.00
马耳他	110000.00	81228.00
波兰	135983.00	89901.00
罗马尼亚	18475.00	13556.00
瑞典	854840.00	617472.00
格鲁吉亚	81000.00	39700.00
阿塞拜疆	16500.00	43869.00
俄罗斯	119780.00	427445.00
安提瓜和巴布达	82240.00	58238.00
阿鲁巴	70443.00	51018.00
智利	2033680.00	1072341.00
哥伦比亚	3695747.00	3560143.00
多米尼克	34360.00	24622.00
哥斯达黎加	3095178.00	2236584.00
古巴	179780.00	113903.00
多米尼加	2151234.00	1325956.00
厄瓜多尔	1705.00	1384.00
法属圭亚那	56280.00	31977.00
危地马拉	3814907.00	3007003.00
海地	386950.00	281263.00
洪都拉斯	501049.00	396528.00
牙买加	1608112.00	1280255.00
墨西哥	18404532.00	15024856.00
尼加拉瓜	694600.00	715639.00
巴拿马	1608940.00	1005223.00
秘鲁	4213825.00	3321121.00
圣卢西亚	55600.00	42058.00
萨尔瓦多	910155.00	786309.00
苏里南	314040.00	236046.00
特克斯和凯科斯群岛	55280.00	40723.00
乌拉圭	20830.00	15216.00
委内瑞拉	190320.00	154820.00
加拿大	1572405.00	2420005.00
美国	781456.00	1341805.00
澳大利亚	1094439.00	1567919.00
斐济	72420.00	55191.00
新喀里多尼亚	1450.00	1125.00
新西兰	2489839.00	2383183.00
巴布亚新几内亚	38720.00	27484.00
帕劳	8683.00	6846.00

（续表）

国家/地区	出口数量（千克）	出口金额（美元）
44123300 仅由薄木板制的其他胶合板（竹制的除外），每层厚≤6mm，至少有一表层是下列非针叶木：桤木、白蜡木、水青冈木（山毛榉木）、桦木、樱桃木、栗木、榆木、桉木、山核桃木、七叶树、椴木、槭木（枫木）、栎木（橡木）、悬铃木、杨木、刺槐木、鹅掌楸或核桃木		
合计	4640731728.00	3607562453.00
阿富汗	110000.00	76362.00
巴林	12542364.00	7181680.00
孟加拉国	6821305.00	4971211.00
文莱	458250.00	355260.00
缅甸	6314950.00	5681315.00
柬埔寨	42101518.00	29992967.00
塞浦路斯	711434.00	541057.00
朝鲜	921742.00	905937.00
中国香港	5759791.00	5574808.00
印度	31884664.00	32386686.00
印度尼西亚	28471739.00	27870636.00
伊朗	2877940.00	1264168.00
伊拉克	109823758.00	83083689.00
以色列	156323309.00	131176909.00
日本	344990179.00	292698087.00
约旦	21487001.00	16782249.00
科威特	66039569.00	42245360.00
老挝	2689717.00	1833632.00
黎巴嫩	2602005.00	1574829.00
中国澳门	260.00	84.00
马来西亚	125178159.00	90817290.00
马尔代夫	7060278.00	6289406.00
蒙古	15274486.00	4470664.00
尼泊尔	256700.00	318359.00
阿曼	48502742.00	29717793.00
巴基斯坦	9954618.00	6775161.00
菲律宾	477976907.00	400832550.00
卡塔尔	98896885.00	48373197.00
沙特阿拉伯	188518390.00	121932679.00
新加坡	42281478.00	26934679.00
韩国	62286960.00	51482708.00
斯里兰卡	6467745.00	4563173.00
叙利亚	54050.00	38842.00
泰国	157188209.00	95684000.00
土耳其	732617.00	712301.00
阿联酋	241873311.00	147501278.00
也门	72940.00	62544.00
越南	254341545.00	207009225.00

（续表）

国家/地区	出口数量（千克）	出口金额（美元）
中国台湾	20280943.00	16765348.00
东帝汶	3531879.00	1910614.00
哈萨克斯坦	4708189.00	2393762.00
吉尔吉斯斯坦	228520.00	133132.00
塔吉克斯坦	1916446.00	1161641.00
土库曼斯坦	1325800.00	638315.00
乌兹别克斯坦	3971647.00	2578184.00
阿尔及利亚	39166488.00	23560193.00
安哥拉	3718601.00	2407918.00
贝宁	832727.00	618433.00
博茨瓦纳	207070.00	158989.00
喀麦隆	556977.00	492595.00
佛得角	181388.00	118816.00
中非	22660.00	6669.00
科摩罗	1210013.00	917896.00
刚果（布）	119620.00	68314.00
吉布提	3325476.00	2412377.00
埃及	60766711.00	38230386.00
赤道几内亚	709060.00	471792.00
埃塞俄比亚	964749.00	1073019.00
加蓬	4100.00	5695.00
冈比亚	3203862.00	1959970.00
加纳	37577323.00	24998386.00
几内亚	1838259.00	1237126.00
几内亚比绍	56000.00	36180.00
科特迪瓦	3514079.00	2733612.00
肯尼亚	3337878.00	2539229.00
利比里亚	3978373.00	2863810.00
利比亚	6099377.00	4239268.00
马达加斯加	2325778.00	1433570.00
马拉维	410890.00	278154.00
马里	55620.00	48544.00
毛里塔尼亚	1482578.00	892174.00
毛里求斯	19570191.00	15040137.00
摩洛哥	11312431.00	9883332.00
莫桑比克	4611658.00	3225922.00
纳米比亚	143248.00	110547.00
尼日利亚	157740993.00	128005651.00
留尼汪	3190350.00	2030282.00
卢旺达	263320.00	271817.00
圣多美和普林西比	82700.00	53698.00
塞内加尔	15492738.00	12647719.00
塞舌尔	911960.00	669177.00
塞拉利昂	2062943.00	1416910.00

（续表）

国家/地区	出口数量（千克）	出口金额（美元）
索马里	19469036.00	15582508.00
南非	8141058.00	6751663.00
苏丹	7674912.00	5309699.00
坦桑尼亚	2933646.00	2275830.00
多哥	2369590.00	2027052.00
突尼斯	46020.00	107705.00
乌干达	283768.00	191649.00
布基纳法索	27515.00	25061.00
刚果（金）	1535865.00	1318869.00
赞比亚	75870.00	45718.00
津巴布韦	91248.00	83631.00
马约特	1606488.00	1151433.00
南苏丹	126538.00	90500.00
比利时	202931190.00	155251222.00
丹麦	5191725.00	3532151.00
英国	342234934.00	275884736.00
德国	62772411.00	48990024.00
法国	36366257.00	26509870.00
爱尔兰	18955783.00	12189672.00
意大利	12151629.00	21790381.00
荷兰	9356040.00	10613411.00
希腊	2970430.00	1910376.00
葡萄牙	4950179.00	3069864.00
西班牙	5095538.00	5826584.00
阿尔巴尼亚	1733778.00	1415344.00
奥地利	5798.00	13823.00
保加利亚	44162595.00	20469711.00
芬兰	514820.00	398742.00
马耳他	1948820.00	1353755.00
挪威	7721577.00	5864544.00
波兰	79830484.00	46078407.00
罗马尼亚	18845918.00	11086849.00
圣马力诺	525639.00	1841448.00
瑞典	10743413.00	9497114.00
瑞士	270886.00	738904.00
爱沙尼亚	1003100.00	681272.00
拉脱维亚	157200.00	77729.00
立陶宛	472051.00	285516.00
格鲁吉亚	11928472.00	6845400.00
亚美尼亚	182055.00	128119.00
阿塞拜疆	78025.00	69132.00
白俄罗斯	270.00	543.00
俄罗斯	16455781.00	9429342.00
乌克兰	6500276.00	3631513.00

(续表)

国家/地区	出口数量（千克）	出口金额（美元）
斯洛文尼亚	868885.00	1496043.00
克罗地亚	801730.00	479351.00
捷克	78800.00	95433.00
斯洛伐克	30000.00	31701.00
北马其顿	252980.00	159938.00
波黑	26400.00	19860.00
塞尔维亚	364115.00	207038.00
黑山	168010.00	71753.00
安提瓜和巴布达	462610.00	364359.00
阿根廷	223366.00	379413.00
阿鲁巴	386941.00	288170.00
巴哈马	219820.00	137531.00
巴巴多斯	229702.00	160408.00
伯利兹	398912.00	327985.00
玻利维亚	30030.00	31741.00
巴西	156195.00	345166.00
开曼群岛	396120.00	323973.00
智利	57878584.00	40159295.00
哥伦比亚	5487879.00	4811330.00
多米尼克	211370.00	129818.00
哥斯达黎加	3690869.00	3105829.00
古巴	1122629.00	769282.00
多米尼加	4765955.00	3452808.00
厄瓜多尔	26550.00	17640.00
法属圭亚那	191140.00	154991.00
格林纳达	2000.00	2200.00
瓜德罗普	543850.00	363442.00
危地马拉	12805892.00	10073463.00
圭亚那	987635.00	756341.00
海地	8994132.00	7610377.00
洪都拉斯	3687391.00	3757427.00
牙买加	4080252.00	3165282.00
马提尼克	855400.00	734991.00
墨西哥	159172162.00	136848711.00
尼加拉瓜	6219902.00	5033323.00
巴拿马	11983997.00	6796481.00
巴拉圭	2850.00	1890.00
秘鲁	66255216.00	40400354.00
波多黎各	1347030.00	1115879.00
圣卢西亚	407172.00	337190.00
圣文森特和格林纳丁斯	56000.00	38019.00
萨尔瓦多	4133227.00	3088592.00
苏里南	1886267.00	1215712.00
特立尼达和多巴哥	1531227.00	1005903.00
特克斯和凯科斯群岛	255000.00	214214.00
乌拉圭	810350.00	540019.00
委内瑞拉	360720.00	295076.00
英属维尔京群岛	15900.00	10703.00
加拿大	112675631.00	116537387.00
美国	72999714.00	95134571.00
澳大利亚	104962421.00	126633950.00
库克群岛	25840.00	22895.00
斐济	1327415.00	1007782.00
新喀里多尼亚	946860.00	592290.00
瓦努阿图	719120.00	527115.00
新西兰	18309896.00	17964475.00
巴布亚新几内亚	2142945.00	1695631.00
所罗门群岛	502010.00	357096.00
汤加	260440.00	185519.00
萨摩亚	833160.00	663730.00
图瓦卢	24100.00	18053.00
密克罗尼西亚联邦	162400.00	138486.00
马绍尔群岛	39400.00	27786.00
帕劳	208521.00	256233.00
法属波利尼西亚	2285008.00	1876876.00
瓦利斯和浮图纳	29195.00	26843.00
大洋洲其他国家（地区）	114732.00	80396.00

44123410 仅由薄木板制的其他胶合板（竹制的除外），每层厚≤6mm，至少有一表层是温带非针叶木（子目4412.33的非针叶木除外）

国家/地区	出口数量（千克）	出口金额（美元）
合计	59560176.00	67481772.00
巴林	34000.00	33455.00
孟加拉国	79000.00	31559.00
缅甸	16490.00	11378.00
柬埔寨	386593.00	523873.00
塞浦路斯	66032.00	212734.00
中国香港	438633.00	1063250.00
印度	6554.00	21008.00
伊朗	129200.00	56500.00
以色列	2738097.00	2435015.00
日本	24502103.00	18852336.00
科威特	14000.00	12500.00
马来西亚	4285444.00	3783476.00
阿曼	191900.00	168522.00
巴基斯坦	3320.00	6419.00
菲律宾	414714.00	374662.00
卡塔尔	42150.00	33647.00
沙特阿拉伯	175480.00	124824.00
新加坡	258446.00	206365.00
韩国	2585738.00	2112250.00
斯里兰卡	52000.00	45006.00
泰国	1366656.00	997070.00
阿联酋	565809.00	732648.00
越南	103238.00	138932.00
中国台湾	794956.00	1930069.00
科摩罗	228700.00	176245.00
冈比亚	27500.00	12960.00
加纳	4625.00	3075.00
几内亚	1138959.00	730649.00
马达加斯加	163200.00	103993.00
马里	83400.00	52807.00
毛里求斯	1800.00	1602.00
索马里	27500.00	27360.00
南非	48800.00	32259.00
马约特	333600.00	226892.00
比利时	161432.00	218288.00
英国	8081722.00	14166045.00
德国	7053.00	15617.00
法国	568682.00	701829.00
爱尔兰	40300.00	106000.00
意大利	135500.00	309360.00
荷兰	90800.00	146786.00
西班牙	64080.00	98393.00
保加利亚	11800.00	9114.00
马耳他	27500.00	30500.00
波兰	38700.00	51612.00
俄罗斯	27500.00	10134.00
巴西	9098.00	53760.00
智利	728960.00	593792.00
哥伦比亚	24300.00	31217.00
古巴	152000.00	144063.00
瓜德罗普	83400.00	52770.00
危地马拉	90446.00	73372.00
牙买加	99000.00	113448.00
马提尼克	27800.00	18506.00
墨西哥	1435572.00	1312439.00
巴拿马	11300.00	30072.00
秘鲁	65080.00	43450.00
萨尔瓦多	11420.00	8303.00

(续表)

国家/地区	出口数量（千克）	出口金额（美元）
苏里南	27000.00	54320.00
特立尼达和多巴哥	137300.00	117615.00
加拿大	1488447.00	2784973.00
美国	14340.00	16566.00
澳大利亚	4186331.00	10534121.00
斐济	149800.00	114834.00
新西兰	220826.00	209647.00
巴布亚新几内亚	150.00	1852.00
所罗门群岛	33900.00	33634.00
44123490 仅由薄木板制的其他胶合板（竹制的除外），每层厚≤6mm，至少有一表层是上述子目未列名非针叶木		
合计	40212998.00	22035578.00
塞浦路斯	3800.00	13375.00
中国香港	38771268.00	20872142.00
印度尼西亚	15012.00	93353.00
日本	44764.00	87427.00
菲律宾	9132.00	10045.00
新加坡	1800.00	9055.00
韩国	6158.00	23896.00
斯里兰卡	3700.00	6180.00
泰国	584889.00	353356.00
越南	201490.00	116696.00
中国台湾	442205.00	245534.00
英国	1275.00	1535.00
加拿大	14000.00	15080.00
美国	51655.00	39908.00
澳大利亚	61350.00	147496.00
汤加	500.00	500.00
44123900 仅由薄木板制的其他胶合板，每层厚≤6mm，上下表层均为针叶木		
合计	623123557.00	469310648.00
巴林	1930800.00	1615558.00
孟加拉国	2450992.00	1420732.00
缅甸	3828590.00	1884081.00
柬埔寨	745244.00	535476.00
塞浦路斯	53280.00	33693.00
中国香港	30663515.00	21496042.00
印度	218003.00	544749.00
印度尼西亚	6055406.00	5673172.00
伊拉克	471099.00	1163231.00
以色列	1591131.00	937430.00
日本	11700394.00	9276657.00
约旦	444800.00	329237.00
科威特	1800.00	5150.00
老挝	210070.00	99397.00
马来西亚	668699.00	943743.00
马尔代夫	478693.00	447624.00
蒙古	51570.00	26428.00
尼泊尔	6294.00	6695.00
阿曼	27500.00	18772.00
巴基斯坦	135000.00	86455.00
菲律宾	1224133.00	1102489.00
卡塔尔	750100.00	519420.00
新加坡	1024945.00	1011339.00
韩国	19167937.00	14276048.00
斯里兰卡	21652.00	41858.00
泰国	6031889.00	5063878.00
阿联酋	5538350.00	3506090.00
越南	12529229.00	11401128.00
中国台湾	160965289.00	98462271.00
哈萨克斯坦	2240.00	49280.00
乌兹别克斯坦	918065.00	708134.00
安哥拉	352340.00	175268.00
博茨瓦纳	32220.00	18115.00
中非	1140.00	1481.00
乍得	104800.00	66633.00
吉布提	83100.00	169833.00
埃及	1199152.00	895170.00
埃塞俄比亚	25952.00	43389.00
加蓬	21560.00	14340.00
加纳	92660.00	187588.00
几内亚	515220.00	1417620.00
科特迪瓦	128972.00	94222.00
肯尼亚	6271.00	10817.00
马拉维	35827.00	23504.00
马里	9393.00	8173.00
毛里塔尼亚	26425.00	13930.00
毛里求斯	687561.00	703490.00
摩洛哥	415.00	511.00
莫桑比克	74963.00	84594.00
尼日利亚	2627777.00	1526555.00
塞内加尔	44785.00	40770.00
塞舌尔	4500.00	8550.00
塞拉利昂	2800.00	4456.00
南非	636021.00	481061.00
坦桑尼亚	71586.00	59226.00
乌干达	3825.00	4896.00
刚果（金）	116633.00	81314.00
赞比亚	89800.00	54620.00
南苏丹	25200.00	15480.00
比利时	11193443.00	9348581.00
丹麦	273250.00	223327.00
英国	42036449.00	30391062.00
德国	4240752.00	2980224.00
法国	1549209.00	1142536.00
爱尔兰	138120.00	86781.00
意大利	2765937.00	2590109.00
荷兰	395371.00	332932.00
希腊	10150.00	7301.00
西班牙	23029.00	33305.00
奥地利	1767.00	8654.00
挪威	545750.00	520017.00
波兰	264225.00	183669.00
罗马尼亚	19250.00	22198.00
白俄罗斯	403782.00	352686.00
俄罗斯	1341882.00	857352.00
乌克兰	27000.00	17422.00
克罗地亚	16800.00	9567.00
塞尔维亚	528979.00	860498.00
安提瓜和巴布达	27500.00	27959.00
阿鲁巴	80100.00	54995.00
巴哈马	55280.00	33492.00
开曼群岛	291500.00	202710.00
智利	15319739.00	11649142.00
哥伦比亚	833820.00	638801.00
多米尼克	7600.00	4955.00
哥斯达黎加	26500.00	17370.00
多米尼加	26500.00	17461.00
法属圭亚那	6950.00	129270.00
危地马拉	27000.00	21375.00
海地	18600.00	13900.00
洪都拉斯	332900.00	258181.00
牙买加	422998.00	351461.00
墨西哥	20157800.00	13377849.00
巴拿马	26500.00	16406.00
秘鲁	4024710.00	2601645.00
萨尔瓦多	331940.00	235362.00
苏里南	27499.00	23594.00
特立尼达和多巴哥	55280.00	26663.00
乌拉圭	36180.00	24227.00
委内瑞拉	988.00	839.00

林产品进出口

FOREIGN TRADE STATISTICS OF FOREST PRODUCTS

(续表)

国家/地区	出口数量（千克）	出口金额（美元）
加拿大	6061353.00	5220419.00
美国	175873895.00	145502796.00
澳大利亚	45650065.00	41239839.00
斐济	10080.00	177408.00
新喀里多尼亚	7150.00	8180.00
新西兰	10123675.00	8158608.00
巴布亚新几内亚	348270.00	279905.00
所罗门群岛	60905.00	35401.00
密克罗尼西亚联邦	43208.00	34518.00
马绍尔群岛	9600.00	6400.00
大洋洲其他国家（地区）	94720.00	59433.00
44129410 其他木块芯胶合板等至少有一表层是非针叶木		
合计	197085390.00	459326932.00
文莱	770.00	1598.00
缅甸	3371979.00	3342750.00
柬埔寨	4968.00	3626.00
塞浦路斯	45239.00	121397.00
朝鲜	157370.00	106886.00
中国香港	7363115.00	6292087.00
印度	91341.00	229603.00
伊拉克	751430.00	602009.00
以色列	1535850.00	4246721.00
日本	3669962.00	6193484.00
约旦	6100094.00	5620355.00
科威特	21700.00	10265.00
老挝	8320.00	5356.00
黎巴嫩	73915.00	120536.00
马来西亚	1526200.00	3862286.00
马尔代夫	806973.00	814620.00
蒙古	202120.00	20897.00
巴基斯坦	748.00	2603.00
菲律宾	255071.00	656791.00
卡塔尔	36922.00	46463.00
沙特阿拉伯	184032.00	200893.00
新加坡	763455.00	535821.00
韩国	2539855.00	1925734.00
泰国	52899.00	39145.00
土耳其	9842.00	28355.00
阿联酋	2891514.00	3837560.00
越南	189023.00	68226.00
中国台湾	296146.00	462635.00
阿尔及利亚	1283926.00	1031557.00

(续表)

国家/地区	出口数量（千克）	出口金额（美元）
安哥拉	35350.00	42164.00
喀麦隆	75210.00	34704.00
科摩罗	1655.00	1067.00
刚果(布)	10400.00	14443.00
吉布提	98320.00	96853.00
埃及	572846.00	290095.00
埃塞俄比亚	74789.00	239182.00
加纳	185394.00	220664.00
肯尼亚	16840.00	55082.00
利比亚	114027.00	92438.00
马拉维	283404.00	171116.00
马里	2000.00	1794.00
毛里求斯	49648.00	49116.00
摩洛哥	762500.00	696997.00
莫桑比克	5100.00	6567.00
尼日利亚	10000.00	9025.00
塞舌尔	15200.00	22576.00
南非	1352468.00	4348686.00
坦桑尼亚	1675.00	2289.00
刚果(金)	27600.00	32400.00
赞比亚	255.00	734.00
津巴布韦	21500.00	20030.00
比利时	33485922.00	94980662.00
丹麦	1208023.00	3889093.00
英国	6639293.00	18854970.00
德国	39579889.00	114912869.00
法国	3410751.00	10355503.00
意大利	9782335.00	29609234.00
荷兰	9652468.00	27888417.00
希腊	20059.00	81138.00
葡萄牙	537047.00	1536074.00
西班牙	1304290.00	3959253.00
阿尔巴尼亚	11000.00	17962.00
奥地利	581366.00	2094609.00
冰岛	65219.00	197392.00
马耳他	25641.00	67469.00
挪威	339823.00	957751.00
波兰	147317.00	476434.00
罗马尼亚	8500.00	23587.00
瑞典	1373621.00	3640723.00
瑞士	877888.00	2553248.00
爱沙尼亚	316958.00	988242.00
立陶宛	26600.00	27900.00
俄罗斯	23493.00	79885.00

(续表)

国家/地区	出口数量（千克）	出口金额（美元）
斯洛文尼亚	2316020.00	6848691.00
克罗地亚	177284.00	375949.00
捷克	4903.00	15634.00
阿根廷	272480.00	721542.00
巴西	146782.00	548099.00
智利	435459.00	1267330.00
哥伦比亚	4621.00	14366.00
哥斯达黎加	554152.00	404236.00
危地马拉	33020.00	75888.00
圭亚那	154300.00	161277.00
墨西哥	2749638.00	4390063.00
乌拉圭	54242.00	174140.00
圣其茨和尼维斯	17400.00	7347.00
加拿大	11724169.00	36600877.00
美国	25190486.00	25015610.00
澳大利亚	5489371.00	17413470.00
新西兰	379521.00	1215025.00
巴布亚新几内亚	5279.00	4787.00
萨摩亚	7800.00	1905.00
44129491 其他木块芯胶合板、侧板条芯胶合板及板条芯胶合板，至少有一层是热带木		
合计	10530.00	17434.00
博茨瓦纳	6350.00	10434.00
智利	4180.00	7000.00
44129492 其他木块芯胶合板、侧板条芯胶合板及板条芯胶合板，至少有一层是木碎料板		
合计	2199478.00	1957995.00
印度尼西亚	7600.00	12335.00
巴基斯坦	2356.00	21204.00
菲律宾	81562.00	62510.00
美国	2107960.00	1861946.00
44129499 其他木块芯胶合板、侧板条芯胶合板及板条芯胶合板		
合计	4562568.00	7484961.00
柬埔寨	99028.00	377685.00
印度	10520.00	103622.00
伊拉克	16462.00	5653.00
以色列	252600.00	345283.00
日本	3018.00	6277.00
科威特	2700.00	21600.00
沙特阿拉伯	1150.00	3200.00
阿联酋	692350.00	526229.00
越南	275.00	413.00
中国台湾	539202.00	646780.00

(续表)

国家/地区	出口数量（千克）	出口金额（美元）
乌兹别克斯坦	7680.00	1734.00
安哥拉	25500.00	17999.00
刚果（布）	8700.00	7136.00
冈比亚	27640.00	18098.00
加纳	30095.00	20609.00
肯尼亚	72100.00	45745.00
纳米比亚	28498.00	28498.00
尼日尔	27.00	60.00
尼日利亚	8000.00	5274.00
南非	15096.00	10165.00
多哥	700.00	1422.00
刚果（金）	26500.00	25771.00
比利时	130777.00	281298.00
德国	1392125.00	2339216.00
法国	236996.00	364952.00
意大利	476834.00	1056237.00
荷兰	1349.00	3149.00
葡萄牙	108540.00	280236.00
西班牙	87733.00	134325.00
奥地利	4443.00	14122.00
挪威	30631.00	84378.00
拉脱维亚	45.00	252.00
阿根廷	19210.00	53535.00
哥伦比亚	51060.00	59360.00
墨西哥	29500.00	149950.00
加拿大	84707.00	362101.00
美国	1647.00	9213.00
澳大利亚	580.00	3708.00
新西兰	38550.00	69676.00
44129910 其他胶合板等至少有一表层是非针叶木		
合计	455160642.00	878565075.00
阿富汗	28000.00	23654.00
巴林	144300.00	63109.00
孟加拉	59786.00	83619.00
缅甸	866051.00	489887.00
柬埔寨	673553.00	1003028.00
塞浦路斯	6922.00	31376.00
朝鲜	794540.00	520807.00
中国香港	16085846.00	21953880.00
印度	1210249.00	3808404.00
印度尼西亚	845668.00	1987074.00
伊朗	22051.00	66155.00
伊拉克	6458069.00	3784260.00
以色列	2077831.00	5199689.00
日本	12505923.00	37566260.00
约旦	35637097.00	14548943.00
科威特	4935.00	16781.00
老挝	55360.00	34003.00
黎巴嫩	1798838.00	822172.00
中国澳门	280994.00	534676.00
马来西亚	14669959.00	38200951.00
马尔代夫	121804.00	385827.00
蒙古	373068.00	746193.00
阿曼	42075.00	25381.00
巴基斯坦	196040.00	267346.00
菲律宾	1729001.00	3971350.00
卡塔尔	359563.00	815755.00
沙特阿拉伯	196943.00	307839.00
新加坡	1882249.00	5212903.00
韩国	18229072.00	37329333.00
斯里兰卡	39440.00	183364.00
泰国	23434098.00	64305135.00
土耳其	94830.00	220069.00
阿联酋	2753129.00	3317273.00
越南	13422644.00	11177768.00
中国台湾	855086.00	1737850.00
哈萨克斯坦	10004.00	6624.00
土库曼斯坦	16950.00	9861.00
乌兹别克斯坦	412518.00	214078.00
阿尔及利亚	10339627.00	4818307.00
贝宁	186000.00	128200.00
喀麦隆	153095.00	132369.00
佛得角	13000.00	4865.00
乍得	164380.00	116282.00
刚果（布）	12290.00	13433.00
吉布提	788757.00	455391.00
埃及	14881902.00	5722924.00
赤道几内亚	259063.00	152213.00
埃塞俄比亚	63635.00	149976.00
冈比亚	286600.00	129328.00
加纳	1679154.00	908237.00
几内亚比绍	2200.00	2694.00
科特迪瓦	27500.00	24003.00
肯尼亚	634815.00	376736.00
利比里亚	27500.00	14251.00
利比亚	58800.00	44496.00
马达加斯加	169804.00	77400.00
马拉维	2400.00	1300.00
马里	25500.00	17115.00
毛里求斯	530310.00	554963.00
莫桑比克	161550.00	158025.00
尼日利亚	1287833.00	990302.00
塞内加尔	30086.00	23608.00
塞拉利昂	70200.00	32078.00
索马里	2034.00	6944.00
南非	642307.00	1941286.00
苏丹	33249.00	20960.00
坦桑尼亚	155644.00	106420.00
布基纳法索	12440.00	27201.00
津巴布韦	19177.00	43706.00
比利时	8027834.00	21461140.00
丹麦	641913.00	1739604.00
英国	25100860.00	54032041.00
德国	9454693.00	28270766.00
法国	4494709.00	8875944.00
爱尔兰	1694661.00	4037575.00
意大利	5896767.00	17736770.00
荷兰	5429753.00	14923116.00
希腊	82500.00	248777.00
葡萄牙	469649.00	1106013.00
西班牙	1804334.00	4846127.00
阿尔巴尼亚	11360.00	31028.00
奥地利	1300.00	5861.00
保加利亚	28004.00	64705.00
芬兰	114170.00	453006.00
匈牙利	500.00	601.00
马耳他	29872.00	62941.00
挪威	76190.00	276742.00
波兰	117149.00	299753.00
罗马尼亚	12690.00	42703.00
瑞典	50391.00	143892.00
瑞士	8250.00	58649.00
爱沙尼亚	104503.00	197966.00
立陶宛	1.00	1.00
格鲁吉亚	223640.00	148858.00
亚美尼亚	50400.00	33890.00
阿塞拜疆	32050.00	56831.00
白俄罗斯	6200.00	10643.00
俄罗斯	861550.00	2773987.00
斯洛文尼亚	548984.00	1511083.00
克罗地亚	1480.00	4050.00

林产品进出口

FOREIGN TRADE STATISTICS OF FOREST PRODUCTS

(续表)

国家/地区	出口数量（千克）	出口金额（美元）
捷克	1350.00	3003.00
斯洛伐克	1020.00	2300.00
北马其顿	32110.00	47991.00
安提瓜和巴布达	714.00	16795.00
阿根廷	307010.00	911454.00
巴哈马	60.00	800.00
玻利维亚	92701.00	124031.00
巴西	201750.00	667683.00
智利	1543506.00	3383625.00
哥伦比亚	66716.00	209088.00
哥斯达黎加	1431369.00	905632.00
多米尼加	259739.00	293050.00
厄瓜多尔	36751.00	93927.00
危地马拉	498412.00	1112523.00
牙买加	63440.00	66572.00
墨西哥	6057862.00	10017455.00
巴拿马	416500.00	351021.00
巴拉圭	113500.00	242278.00
秘鲁	270741.00	626467.00
萨尔瓦多	65560.00	65443.00
苏里南	262200.00	140453.00
乌拉圭	54500.00	134130.00
圣其茨和尼维斯	900.00	1350.00
加拿大	84029476.00	167067702.00
美国	80734370.00	193906169.00
百慕大	5430.00	20571.00
澳大利亚	19888953.00	51449515.00
斐济	4723.00	5452.00
新喀里多尼亚	417000.00	266937.00
新西兰	1788375.00	4770725.00
巴布亚新几内亚	21078.00	35675.00
汤加	1131.00	2505.00
44129991 其他胶合板、单板饰面板及类似的多层板,至少有一层是热带木		
合计	800.00	526.00
布基纳法索	800.00	526.00
44129992 其他胶合板等至少有一表层是木碎料板		
合计	4112092.00	2743309.00
缅甸	8845.00	64223.00
柬埔寨	8084.00	27680.00
中国香港	635.00	260.00
印度尼西亚	20700.00	40937.00
日本	9835.00	19668.00

(续表)

国家/地区	出口数量（千克）	出口金额（美元）
中国澳门	3990513.00	2142264.00
菲律宾	1928.00	115294.00
斯里兰卡	5500.00	129800.00
津巴布韦	37300.00	54732.00
多米尼加	3020.00	15704.00
美国	22372.00	130683.00
巴布亚新几内亚	3360.00	2064.00
44129999 未列名胶合板、单板饰面板及类似的多层板		
合计	9353386.00	13162175.00
巴林	27072.00	18661.00
缅甸	38395.00	141052.00
柬埔寨	9100.00	100137.00
中国香港	42340.00	80211.00
印度	2300.00	34270.00
印度尼西亚	3372.00	22826.00
日本	73777.00	156462.00
老挝	35990.00	26091.00
中国澳门	329528.00	52301.00
马来西亚	42447.00	211994.00
巴基斯坦	98787.00	36732.00
菲律宾	42402.00	335008.00
卡塔尔	101200.00	67505.00
沙特阿拉伯	700525.00	467448.00
新加坡	88443.00	66438.00
韩国	490286.00	458001.00
泰国	71079.00	795208.00
阿联酋	281680.00	159592.00
越南	217393.00	946665.00
中国台湾	83023.00	67800.00
哈萨克斯坦	2240.00	3104.00
阿尔及利亚	311318.00	119174.00
安哥拉	10240.00	55685.00
博茨瓦纳	900.00	833.00
埃及	127990.00	90672.00
几内亚	480.00	720.00
肯尼亚	97500.00	49520.00
塞内加尔	27500.00	39148.00
南非	9670.00	79294.00
坦桑尼亚	144350.00	92761.00
英国	74957.00	100814.00
德国	1856489.00	3060709.00
法国	699700.00	1010755.00
意大利	127001.00	150082.00

(续表)

国家/地区	出口数量（千克）	出口金额（美元）
荷兰	370600.00	551092.00
西班牙	72760.00	119541.00
挪威	498500.00	462030.00
波兰	567300.00	748388.00
阿塞拜疆	3710.00	2349.00
乌克兰	155.00	1953.00
斯洛伐克	41542.00	35769.00
巴巴多斯	17525.00	17445.00
智利	14455.00	29214.00
厄瓜多尔	41336.00	576871.00
特立尼达和多巴哥	4300.00	2740.00
委内瑞拉	3770.00	30914.00
加拿大	48.00	60.00
美国	27688.00	30197.00
澳大利亚	1341780.00	1350505.00
新西兰	67847.00	96993.00
所罗门群岛	3396.00	3444.00
汤加	6000.00	4697.00
萨摩亚	1200.00	300.00

表6 人造板进口量值表

国家/地区	进口数量（千克）	进口金额（美元）
44081011 用胶合板等制的针叶木饰面用单板,厚≤6mm		
合计	280.00	3911.00
日本	48.00	1504.00
意大利	225.00	2201.00
智利	7.00	194.00
44081019 其他针叶木饰面用单板,厚≤6mm		
合计	1553068.00	2849832.00
日本	3536.00	27448.00
韩国	378.00	1045.00
越南	11126.00	20894.00
中国台湾	175788.00	1023038.00
德国	7374.00	49018.00
意大利	2.00	29.00
西班牙	10335.00	118283.00
奥地利	24728.00	184554.00
瑞士	566.00	4512.00
俄罗斯	1254454.00	521182.00
加拿大	52978.00	755231.00
美国	11803.00	144580.00

国家/地区	进口数量（千克）	进口金额（美元）
44081020 针叶木制胶合板用单板,厚≤6mm		
合计	179275467.00	30386317.00
日本	3197.00	6422.00
越南	120986764.00	14849836.00
马达加斯加	2304000.00	299205.00
德国	2411.00	5600.00
俄罗斯	55879477.00	15192129.00
智利	97112.00	30120.00
美国	2506.00	3005.00
44081090 其他针叶木木材,经纵锯、刨切或旋切,厚≤6mm		
合计	9371111.00	5085415.00
印度	390.00	1053.00
印度尼西亚	49763.00	313533.00
日本	7100.00	2077.00
韩国	256.00	4248.00
越南	125580.00	6907.00
中国台湾	8.00	112.00
德国	9133.00	148755.00
意大利	8487.00	45036.00
西班牙	3854.00	70939.00
奥地利	7432.00	61108.00
罗马尼亚	11624.00	32732.00
瑞士	2470.00	126138.00
俄罗斯	9105537.00	3791588.00
智利	9360.00	2143.00
加拿大	23008.00	280518.00
美国	2986.00	195020.00
新西兰	4123.00	3387.00
44083111 用胶合板等制饰面单板,红柳桉木制,厚≤6mm		
合计	21432.00	9745.00
乌拉圭	21430.00	9471.00
美国	2.00	274.00
44083119 其他饰面用单板,红柳桉木制,厚≤6mm		
合计	1650390.00	652835.00
印度尼西亚	14400.00	27763.00
马来西亚	1511510.00	611072.00
坦桑尼亚	124480.00	14000.00
44083120 制胶合板用单板,红柳桉木制,厚≤6mm		
合计	67121.00	222217.00
印度尼西亚	63483.00	214915.00
马来西亚	3638.00	7302.00
44083190 其他纵锯、纵切、刨切或旋切的红柳桉木木材,厚≤6mm		
合计	123366.00	23175.00
印度	20.00	237.00
日本	1.00	19.00
坦桑尼亚	123345.00	22919.00
44083911 用胶合板等多层板制成的饰面用单板,其他热带木制,厚≤6mm		
合计	89299.00	63234.00
斯里兰卡	84000.00	7758.00
越南	1.00	47.00
中国台湾	4600.00	32528.00
埃及	16.00	282.00
意大利	682.00	22521.00
44083919 其他饰面用单板,其他热带木制,厚≤6mm		
合计	130682692.00	34274783.00
缅甸	13598440.00	3197863.00
印度	410996.00	4639730.00
印度尼西亚	32540.00	262124.00
日本	9475.00	634807.00
马来西亚	186260.00	65877.00
新加坡	280.00	1474.00
斯里兰卡	107380.00	16851.00
泰国	15036092.00	1396021.00
土耳其	17577.00	95624.00
越南	82828860.00	6303778.00
中国台湾	37480.00	304487.00
喀麦隆	2279949.00	1814499.00
刚果(布)	131250.00	66589.00
赤道几内亚	3089434.00	2182287.00
加蓬	12049143.00	6809014.00
加纳	255173.00	769072.00
乌干达	270600.00	89587.00
英国	130.00	6574.00
德国	824.00	106770.00
意大利	167129.00	4661820.00
葡萄牙	23883.00	152025.00
西班牙	16555.00	82507.00
斯洛文尼亚	480.00	4092.00
捷克	3528.00	12462.00
玻利维亚	38575.00	427942.00
巴西	83435.00	99998.00
加拿大	6180.00	52500.00
美国	14.00	524.00
澳大利亚	1030.00	17367.00
44083920 制胶合板用单板,其他热带木制,厚≤6mm		
合计	1726939329.00	169686604.00
缅甸	92686480.00	9980679.00
柬埔寨	17018789.00	1448737.00
印度尼西亚	1972819.00	288491.00
老挝	2063900.00	195672.00
马来西亚	20588195.00	3874609.00
菲律宾	65280.00	22041.00
斯里兰卡	6960906.00	562118.00
泰国	167503957.00	17135234.00
越南	1305703401.00	108435419.00
喀麦隆	12528678.00	9629843.00
刚果(布)	395890.00	322693.00
赤道几内亚	70983.00	54412.00
埃塞俄比亚	80400.00	13399.00
加蓬	15431758.00	9365832.00
坦桑尼亚	60691753.00	6313727.00
乌干达	21359435.00	1720985.00
意大利	2017.00	49301.00
巴西	585800.00	91449.00
巴布亚新几内亚	1228888.00	181963.00
44083990 其他经纵锯、刨切或旋切的木材,其他热带木制,厚≤6mm		
合计	73195904.00	7730555.00
缅甸	3114140.00	301524.00
印度尼西亚	351520.00	427628.00
日本	35.00	660.00
菲律宾	221260.00	44803.00
韩国	1.00	33.00
斯里兰卡	812000.00	75204.00
泰国	3494700.00	288129.00
阿联酋	5.00	625.00
越南	64149897.00	4596254.00
中国台湾	23154.00	157055.00
喀麦隆	945959.00	1451003.00
马达加斯加	368.00	38716.00
乌干达	51050.00	13058.00
西班牙	30108.00	207055.00
厄瓜多尔	1.00	56.00
美国	1706.00	128752.00

国家/地区	进口数量（千克）	进口金额（美元）
44089011 用胶合板等多层板制的其他木制饰面用单板，厚≤6mm		
合计	130047.00	477114.00
中国香港	1.00	14.00
印度尼西亚	142.00	1642.00
以色列	25100.00	24815.00
日本	0.00	34.00
韩国	1.00	111.00
土耳其	2.00	169.00
中国	0.00	40.00
中国台湾	2368.00	11907.00
德国	12.00	14.00
法国	0.00	32.00
意大利	7619.00	395554.00
荷兰	0.00	10.00
西班牙	1.00	214.00
罗马尼亚	42000.00	25208.00
克罗地亚	0.00	10.00
阿根廷	0.00	80.00
巴西	52801.00	17209.00
44089012 温带非针叶木制饰面用单板，厚≤6mm		
合计	18254635.00	31339987.00
日本	3003.00	338807.00
韩国	24157.00	677460.00
土耳其	86215.00	491592.00
越南	826945.00	1563293.00
中国台湾	211701.00	2163187.00
坦桑尼亚	2131202.00	238140.00
比利时	4.00	247.00
英国	2636.00	21840.00
德国	76218.00	2393665.00
法国	3203.00	92617.00
意大利	49133.00	2266882.00
荷兰	20129.00	31768.00
葡萄牙	27.00	1654.00
西班牙	113407.00	646729.00
奥地利	360.00	25513.00
芬兰	78150.00	267621.00
波兰	6105.00	1057945.00
罗马尼亚	36630.00	4429913.00
爱沙尼亚	4374.00	35717.00
俄罗斯	11793154.00	8219174.00
乌克兰	2071215.00	2080584.00
斯洛文尼亚	39528.00	334024.00
克罗地亚	160.00	16771.00
捷克	147959.00	2498967.00
塞尔维亚	4149.00	4271.00
加拿大	22934.00	58328.00
美国	501917.00	1379957.00
澳大利亚	20.00	3321.00
44089013 竹制饰面用单板，厚≤6mm		
合计	41.00	2618.00
日本	36.00	2416.00
中国	0.00	29.00
美国	5.00	173.00
44089019 其他木制饰面用单板，厚≤6mm		
合计	17608197.00	25119501.00
巴林	0.00	47.00
孟加拉国	0.00	26.00
缅甸	7400.00	797.00
印度	2470.00	29812.00
印度尼西亚	8157.00	14758.00
日本	3621.00	226270.00
老挝	190400.00	41089.00
马来西亚	4620.00	2889.00
沙特阿拉伯	2.00	168.00
新加坡	2.00	105.00
韩国	31601.00	283891.00
斯里兰卡	127440.00	13435.00
土耳其	1490.00	31240.00
阿联酋	1.00	286.00
越南	3935620.00	6491649.00
中国	39551.00	102866.00
中国台湾	147261.00	383247.00
加蓬	458680.00	239769.00
加纳	38292.00	120533.00
比利时	625.00	35837.00
英国	0.00	335.00
德国	174255.00	2003676.00
法国	30551.00	237931.00
意大利	131907.00	2118793.00
葡萄牙	682645.00	1470303.00
西班牙	482674.00	2352543.00
奥地利	749.00	22838.00
芬兰	2660.00	112690.00
罗马尼亚	20800.00	38263.00
瑞士	395.00	19056.00
爱沙尼亚	340970.00	286511.00
俄罗斯	8012714.00	2863351.00
乌克兰	960891.00	1114732.00
斯洛文尼亚	7972.00	76420.00
克罗地亚	14023.00	16215.00
捷克	1315.00	46836.00
塞尔维亚	457300.00	623336.00
巴西	14440.00	50770.00
秘鲁	1.00	110.00
加拿大	6681.00	9727.00
美国	1266278.00	3629494.00
澳大利亚	1743.00	6857.00
44089021 温带非针叶木制胶合板用单板，厚≤6mm		
合计	99692177.00	33523865.00
泰国	1.00	42.00
土耳其	167515.00	266826.00
越南	21427020.00	1887063.00
加蓬	38578.00	22416.00
坦桑尼亚	2286446.00	275403.00
芬兰	157805.00	109838.00
爱沙尼亚	3844039.00	2319955.00
拉脱维亚	35330.00	86791.00
白俄罗斯	32508.00	18425.00
俄罗斯	69620799.00	26042680.00
乌克兰	1562830.00	1939268.00
智利	225445.00	46696.00
美国	293861.00	508462.00
44089029 其他木制胶合板用单板，厚≤6mm		
合计	289632061.00	28603585.00
印度尼西亚	47832.00	9350.00
日本	306.00	289.00
菲律宾	105133.00	9962.00
土耳其	3249.00	2820.00
越南	268174823.00	24949590.00
喀麦隆	40984.00	38620.00
埃塞俄比亚	56200.00	12241.00
加蓬	16482.00	11203.00
加纳	23301.00	17658.00
乌干达	258500.00	30392.00
津巴布韦	515904.00	140517.00
德国	10695.00	6951.00
意大利	2809.00	22630.00

（续表）

国家/地区	进口数量（千克）	进口金额（美元）
葡萄牙	5461.00	5090.00
拉脱维亚	25.00	260.00
俄罗斯	98482.00	30042.00
巴西	20251500.00	3303554.00
乌拉圭	20360.00	10018.00
美国	15.00	2398.00
44089091 温带非针叶木制经纵切、刨切或旋切的木材，厚≤6mm		
合计	44859508.00	10101821.00
印度	21.00	267.00
印度尼西亚	23.00	196.00
日本	227.00	1666.00
越南	24601191.00	2143053.00
中国	1.00	35.00
德国	22.00	588.00
西班牙	2018.00	37604.00
瑞士	118.00	988.00
俄罗斯	20030082.00	7403174.00
乌克兰	22450.00	8667.00
秘鲁	1.00	66.00
美国	203308.00	504336.00
澳大利亚	1.00	51.00
所罗门群岛	45.00	1130.00
44089099 未列名木制经纵锯、刨切或旋切的木材，厚≤6mm		
合计	5185228.00	1396768.00
日本	2856.00	16643.00
韩国	5391.00	414735.00
中国	25786.00	50394.00
比利时	64.00	7422.00
德国	8949.00	156494.00
意大利	2.00	256.00
瑞士	5.00	513.00
俄罗斯	5058000.00	699077.00
乌克兰	55676.00	19633.00
塞尔维亚	28380.00	30141.00
美国	0.00	77.00
新西兰	119.00	1383.00
44091010 任一边、端或面制成连续形状针叶木地板条		
合计	9202.00	150588.00
日本	318.00	4500.00
丹麦	1.00	70.00
英国	180.00	1566.00
德国	3516.00	104410.00
法国	3.00	145.00
意大利	95.00	1789.00
奥地利	2423.00	15434.00
美国	2666.00	22674.00
44091090 其他任一边、端或面制成连续形状针叶木木材		
合计	3727860.00	1300108.00
日本	4069.00	23443.00
马来西亚	550.00	7722.00
丹麦	35.00	615.00
西班牙	2.00	75.00
芬兰	65307.00	127349.00
挪威	56.00	626.00
瑞典	46620.00	296906.00
爱沙尼亚	91534.00	279776.00
俄罗斯	3454967.00	522569.00
加拿大	24000.00	20082.00
澳大利亚	13.00	499.00
新西兰	40707.00	20446.00
44092110 任何一边、端或面制成连续形状的竹地板条块		
合计	260.00	5549.00
以色列	0.00	20.00
日本	3.00	33.00
卡塔尔	1.00	18.00
土耳其	5.00	83.00
中国	200.00	3454.00
英国	2.00	94.00
德国	28.00	488.00
意大利	5.00	123.00
荷兰	2.00	70.00
西班牙	0.00	173.00
美国	14.00	993.00
44092190 其他任何一边、端或面制成连续形状的竹材		
合计	29.00	354.00
印度尼西亚	28.00	272.00
巴基斯坦	0.00	44.00
瑞典	1.00	38.00
44092210 热带木制的地板条（块），任何一边、端或面制成连续形状		
合计	17108242.00	35805373.00
缅甸	16433099.00	35074614.00
印度尼西亚	318842.00	415333.00
泰国	1071.00	1498.00
越南	347648.00	282132.00
中国台湾	1194.00	7026.00
比利时	56.00	498.00
意大利	6327.00	24214.00
卢森堡	5.00	58.00
44092290 热带木制的任何一边、端或面制成连续形状的其他木材		
合计	186237214.00	198268346.00
缅甸	108790.00	41681.00
印度	57678.00	578509.00
印度尼西亚	182120834.00	194244317.00
老挝	26400.00	33424.00
马来西亚	21552.00	37177.00
泰国	52276.00	101285.00
越南	1261002.00	1438131.00
冈比亚	2012091.00	1442549.00
加纳	18600.00	22375.00
莫桑比克	527113.00	267113.00
赞比亚	2340.00	1123.00
爱沙尼亚	9842.00	45123.00
巴西	17756.00	10364.00
澳大利亚	940.00	5175.00
44092910 其他任一边、端或面成连续形状的非针叶木地板条		
合计	7088819.00	18690723.00
缅甸	6211206.00	13695728.00
柬埔寨	1505.00	2542.00
印度尼西亚	24355.00	20766.00
日本	74191.00	151055.00
马来西亚	19690.00	101704.00
菲律宾	0.00	20.00
新加坡	1.00	101.00
韩国	4.00	32.00
泰国	14314.00	112218.00
越南	6397.00	26223.00
中国	636.00	2561.00
中国台湾	9116.00	42902.00
比利时	1041.00	30947.00
丹麦	4933.00	56001.00
英国	189.00	4424.00
德国	9487.00	149016.00
法国	10495.00	100258.00

国家/地区	进口数量（千克）	进口金额（美元）	国家/地区	进口数量（千克）	进口金额（美元）	国家/地区	进口数量（千克）	进口金额（美元）
意大利	225330.00	2719327.00	印度	11.00	195.00	国别（地区）不详	1.00	60.00
荷兰	858.00	7772.00	印度尼西亚	2052287.00	811415.00	44101200 木制定向刨花板（OSB）		
葡萄牙	12899.00	38708.00	日本	2447886.00	1289829.00	合计	182022272.00	86480585.00
西班牙	2356.00	26590.00	科威特	1.00	27.00	日本	493789.00	400794.00
奥地利	39792.00	143036.00	马来西亚	32266564.00	8667768.00	马来西亚	5456608.00	1811637.00
匈牙利	91191.00	337060.00	巴基斯坦	1.00	50.00	沙特阿拉伯	7.00	159.00
挪威	4126.00	15810.00	菲律宾	1.00	33.00	新加坡	18.00	117.00
波兰	12030.00	57214.00	韩国	1334.00	2623.00	韩国	30.00	569.00
瑞典	1.00	175.00	泰国	196665995.00	54425340.00	泰国	17210151.00	5211206.00
立陶宛	1592.00	21943.00	土耳其	7413728.00	3579491.00	阿联酋	0.00	21.00
格鲁吉亚	1.00	89.00	阿联酋	10.00	131.00	越南	11.00	400.00
巴西	0.00	33.00	越南	11193798.00	3653030.00	中国	4.00	71.00
墨西哥	1.00	145.00	中国	2196.00	3415.00	中国台湾	119991.00	490088.00
巴拉圭	78840.00	221071.00	中国台湾	407916.00	42620.00	比利时	180.00	1315.00
加拿大	9.00	730.00	比利时	269618.00	97239.00	英国	11.00	160.00
美国	232231.00	604324.00	丹麦	88.00	2399.00	德国	23148089.00	12969001.00
澳大利亚	2.00	65.00	英国	229918.00	143137.00	意大利	1460030.00	1239824.00
44092990 其他任一边、端或面成连续形状的非针叶木木材			德国	31783507.00	18896028.00	希腊	0.00	60.00
合计	5089172.00	3870267.00	法国	2366647.00	1862848.00	葡萄牙	1.00	19.00
印度	5011.00	4526.00	意大利	16224144.00	14983297.00	西班牙	48.00	308.00
印度尼西亚	142115.00	126633.00	荷兰	13236.00	199271.00	奥地利	164681.00	115824.00
日本	543.00	12953.00	葡萄牙	942917.00	415862.00	匈牙利	3.00	95.00
老挝	294150.00	365636.00	西班牙	10715995.00	6537564.00	罗马尼亚	13085748.00	6137873.00
马来西亚	20547.00	109125.00	奥地利	8757673.00	7984969.00	俄罗斯	63136065.00	28721197.00
韩国	13.00	4047.00	芬兰	2739.00	2336.00	巴西	22292531.00	10709287.00
泰国	57060.00	102357.00	挪威	10.00	191.00	加拿大	35454021.00	18649963.00
越南	125927.00	97767.00	波兰	143393.00	79207.00	美国	255.00	20574.00
中国台湾	310.00	5073.00	罗马尼亚	84683592.00	43560356.00	澳大利亚	0.00	23.00
安哥拉	86040.00	48514.00	瑞典	44.00	188.00	44101900 其他木制类似板（例如，华夫板）		
加纳	524900.00	498071.00	瑞士	4482185.00	3255920.00	合计	78235103.00	46759187.00
比利时	9789.00	32761.00	拉脱维亚	1006318.00	449192.00	柬埔寨	2.00	15.00
丹麦	300.00	4311.00	立陶宛	4808.00	16736.00	印度	8.00	62.00
德国	18199.00	92234.00	格鲁吉亚	12.00	358.00	印度尼西亚	1.00	155.00
意大利	27509.00	632370.00	白俄罗斯	1.00	31.00	日本	10054.00	53540.00
波兰	51519.00	317249.00	俄罗斯	1077653.00	353431.00	马来西亚	536068.00	139287.00
爱沙尼亚	46753.00	217754.00	捷克	37412.00	16985.00	菲律宾	0.00	32.00
俄罗斯	3536813.00	918262.00	阿根廷	115817.00	39784.00	沙特阿拉伯	1.00	108.00
斯洛伐克	33626.00	62667.00	巴西	59598412.00	18351656.00	新加坡	5.00	61.00
墨西哥	194.00	1540.00	哥斯达黎加	0.00	85.00	韩国	2.00	33.00
加拿大	86163.00	161050.00	墨西哥	33.00	862.00	泰国	9364460.00	2437649.00
美国	21691.00	55367.00	加拿大	2.00	15.00	土耳其	2.00	71.00
44101100 木制碎料板			美国	11796.00	100375.00	阿联酋	0.00	169.00
			澳大利亚	97.00	21247.00	越南	130.00	1182.00
合计	474919808.00	189847850.00	新西兰	12.00	254.00	中国	6.00	303.00

(续表)

国家/地区	进口数量（千克）	进口金额（美元）
中国台湾	797.00	3975.00
比利时	169117.00	119712.00
英国	0.00	61.00
德国	2226101.00	1272580.00
法国	74391.00	94284.00
爱尔兰	0.00	64.00
意大利	3233375.00	3047825.00
荷兰	2.00	40.00
西班牙	1623448.00	955790.00
奥地利	9295012.00	7698167.00
匈牙利	75.00	276.00
波兰	38.00	349.00
罗马尼亚	49541935.00	30334385.00
俄罗斯	2026071.00	512270.00
捷克	6.00	18.00
巴西	130518.00	76811.00
厄瓜多尔	1.00	118.00
加拿大	2517.00	502.00
美国	892.00	8491.00
澳大利亚	68.00	678.00
斐济	0.00	124.00
中国	55.00	150.00
44109019 其他木质材料制碎料板		
合计	52.00	559.00
德国	48.00	513.00
美国	4.00	46.00
44109090 其他木质材料制定向刨花板（OSB）及类似板（例如，华夫板）		
合计	960.00	8222.00
日本	630.00	1161.00
科威特	7.00	686.00
中国	100.00	150.00
德国	0.00	86.00
意大利	165.00	5739.00
美国	58.00	400.00
44111211 未机械加工的中密度板，密度>0.8g/cucm，厚≤5mm		
合计	4699593.00	2085718.00
柬埔寨	1.00	66.00
印度	42.00	681.00
印度尼西亚	873419.00	439496.00
日本	7496.00	1878.00
马来西亚	711665.00	308019.00
沙特阿拉伯	8.00	235.00
韩国	688797.00	341697.00
叙利亚	6.00	20.00
泰国	133631.00	33853.00
阿联酋	0.00	10.00
越南	1092249.00	387584.00
中国	1.00	200.00
索马里	0.00	85.00
英国	1.00	109.00
德国	124.00	890.00
法国	131.00	6932.00
意大利	10.00	47.00
西班牙	25.00	341.00
巴西	104.00	808.00
美国	7245.00	12779.00
澳大利亚	31736.00	13930.00
新西兰	1152902.00	536058.00
44111219 经机械加工的中密度板，密度>0.8g/cucm，厚≤5mm		
合计	2239157.00	1807585.00
阿富汗	1.00	26.00
柬埔寨	0.00	127.00
印度尼西亚	1311378.00	415821.00
日本	93.00	1391.00
马来西亚	56169.00	23819.00
韩国	6815.00	28827.00
泰国	153540.00	131073.00
阿联酋	0.00	1.00
越南	0.00	32.00
中国	2.00	298.00
中国台湾	114928.00	226426.00
英国	2.00	344.00
德国	73889.00	76530.00
法国	10.00	253.00
意大利	13.00	197.00
西班牙	18.00	531.00
奥地利	1.00	100.00
波兰	426270.00	781859.00
罗马尼亚	1.00	75.00
瑞士	282.00	3923.00
白俄罗斯	18.00	347.00
俄罗斯	1.00	10.00
阿根廷	8.00	235.00
墨西哥	1.00	45.00
美国	795.00	5619.00
澳大利亚	94922.00	109676.00
44111221 辐射松制的中密度板，0.5g/cucm<密度≤0.8g/cucu，厚≤5mm		
合计	6284737.00	3300362.00
印度尼西亚	231530.00	138918.00
日本	1610.00	1093.00
马来西亚	16790.00	6452.00
中国台湾	1.00	181.00
英国	6.00	824.00
澳大利亚	88709.00	37094.00
新西兰	5946091.00	3115800.00
44111229 其他中密度板，0.5g/cucm<密度≤0.8g/cucu，厚≤5mm		
合计	3072192.00	2201203.00
印度尼西亚	234130.00	82135.00
日本	84.00	975.00
约旦	4.00	53.00
科威特	0.00	14.00
马来西亚	33263.00	31273.00
卡塔尔	1.00	15.00
新加坡	1.00	99.00
韩国	30.00	381.00
泰国	455835.00	144419.00
土耳其	19.00	262.00
越南	5444.00	2245.00
中国	1.00	57.00
埃及	1.00	142.00
德国	23127.00	39588.00
法国	120.00	4381.00
爱尔兰	0.00	0.00
意大利	97486.00	459236.00
荷兰	11.00	186.00
西班牙	2.00	11.00
墨西哥	1.00	98.00
美国	69654.00	397682.00
澳大利亚	17419.00	64989.00
新西兰	1978869.00	9728.00
44111291 未加工中密度板，密度≤0.5g/cucm，厚≤5mm		
合计	2.00	95.00
日本	2.00	34.00
韩国	0.00	61.00
44111299 加工中密度板，密度≤0.5g/cucm，厚≤5mm		

林产品进出口

FOREIGN TRADE STATISTICS OF FOREST PRODUCTS

(续表)

国家/地区	进口数量（千克）	进口金额（美元）
合计	16013.00	5355.00
日本	13608.00	24468.00
科威特	0.00	19.00
沙特阿拉伯	1.00	86.00
新加坡	1.00	77.00
韩国	1.00	43.00
土耳其	115.00	837.00
越南	1.00	45.00
中国	1.00	6.00
埃及	0.00	78.00
埃塞俄比亚	0.00	35.00
德国	110.00	451.00
意大利	106.00	2299.00
西班牙	2043.00	4683.00
奥地利	23.00	452.00
墨西哥	3.00	116.00
澳大利亚	0.00	1.00
44111311 未加工中密度板，密度>0.8g/cucm，5mm<厚≤9mm		
合计	574763.00	24929.00
马来西亚	212210.00	9118.00
沙特阿拉伯	3.00	131.00
越南	155088.00	54975.00
意大利	0.00	19.00
葡萄牙	9142.00	12253.00
加拿大	8.00	227.00
美国	3.00	211.00
新西兰	198309.00	91275.00
44111319 加工中密度板，密度>0.8g/cucm，5mm<厚≤9mm		
合计	38500846.00	42464569.00
印度	9.00	184.00
印度尼西亚	416.00	124.00
黎巴嫩	2.00	164.00
马来西亚	657159.00	271116.00
巴基斯坦	12.00	96.00
沙特阿拉伯	8.00	374.00
韩国	737.00	1683.00
土耳其	53.00	312.00
阿联酋	0.00	31.00
越南	15.00	9.00
中国	55.00	724.00
中国台湾	900.00	5631.00
比利时	11261035.00	165894.00

(续表)

国家/地区	进口数量（千克）	进口金额（美元）
德国	19617843.00	1892363.00
法国	151890.00	18411.00
意大利	58.00	14.00
葡萄牙	55828.00	173979.00
西班牙	547418.00	78854.00
奥地利	865139.00	8778.00
挪威	676.00	1842.00
波兰	2768638.00	257789.00
瑞典	25372.00	6163.00
瑞士	2161133.00	1988746.00
白俄罗斯	85374.00	8752.00
俄罗斯	301064.00	534185.00
哥伦比亚	1.00	28.00
厄瓜多尔	1.00	69.00
加拿大	9.00	35.00
美国	1.00	16.00
44111321 辐射松制的中密度板，5mm<厚≤9mm		
合计	4516364.00	2113142.00
日本	195.00	1059.00
韩国	260853.00	286068.00
澳大利亚	157999.00	58320.00
新西兰	4097317.00	1767695.00
44111329 其他中密度板，0.5g<密度≤0.8g，5mm<厚≤9mm		
合计	2342503.00	1533343.00
中国香港	1.00	33.00
印度	8.00	86.00
印度尼西亚	908456.00	646143.00
日本	56433.00	41773.00
马来西亚	13695.00	7136.00
卡塔尔	0.00	68.00
沙特阿拉伯	1.00	99.00
韩国	472482.00	2326.00
泰国	54.00	24.00
土耳其	51116.00	43633.00
阿联酋	2.00	58.00
中国	52.00	113.00
乌兹别克斯坦	10.00	374.00
比利时	244.00	3811.00
德国	7932.00	18392.00
法国	0.00	9.00
意大利	200.00	3184.00
希腊	422.00	69.00

(续表)

国家/地区	进口数量（千克）	进口金额（美元）
西班牙	8217.00	4798.00
瑞士	0.00	87.00
白俄罗斯	2088.00	62.00
牙买加	1.00	65.00
墨西哥	1.00	79.00
美国	14.00	187.00
澳大利亚	109045.00	72528.00
新西兰	712029.00	488136.00
44111399 加工中密度板，密度≤0.5g/cucm，5mm<厚≤9mm		
合计	3738.00	17823.00
印度	221.00	4.00
日本	1.00	18.00
韩国	49.00	113.00
阿联酋	4.00	585.00
中国	0.00	42.00
比利时	174.00	1111.00
德国	3168.00	13274.00
意大利	8.00	29.00
西班牙	31.00	229.00
美国	78.00	1722.00
澳大利亚	0.00	28.00
新西兰	4.00	92.00
44111411 未加工中密度板，密度>0.8g/cucm，厚>9mm		
合计	195636.00	391184.00
日本	1.00	13.00
科威特	0.00	215.00
马来西亚	68.00	269.00
阿曼	0.00	65.00
土耳其	29.00	37.00
越南	100.00	1917.00
中国	1.00	14.00
德国	57121.00	16485.00
意大利	1146.00	134456.00
西班牙	49.00	237.00
俄罗斯	137114.00	88741.00
美国	7.00	325.00
44111419 加工中密度板，密度>0.8g/cucm，厚>9mm		
合计	18358916.00	22473293.00
印度	1190.00	375.00
印度尼西亚	10.00	87.00
日本	4639.00	3421.00

(续表)

国家/地区	进口数量（千克）	进口金额（美元）
马来西亚	6.00	277.00
新加坡	1.00	4.00
韩国	13.00	26.00
泰国	26.00	146.00
越南	1926.00	18742.00
中国	102.00	2693.00
中国台湾	0.00	16.00
乌兹别克斯坦	5.00	164.00
南非	2.00	492.00
比利时	1643156.00	31637.00
英国	1811.00	13344.00
德国	9201575.00	1369654.00
法国	224720.00	393599.00
爱尔兰	16.00	288.00
意大利	83737.00	13583.00
葡萄牙	24869.00	6365.00
西班牙	1087320.00	1786691.00
奥地利	299190.00	272347.00
挪威	3285.00	9949.00
波兰	17015.00	23244.00
瑞典	301.00	4255.00
瑞士	5688505.00	6722.00
白俄罗斯	51420.00	3729.00
俄罗斯	22964.00	18351.00
加拿大	7.00	537.00
美国	405.00	5598.00
澳大利亚	699.00	1497.00
新西兰	1.00	99.00
44111421 辐射松制的中密度板,厚>9mm		
合计	6502451.00	29931.00
日本	20.00	116.00
马来西亚	6.00	7.00
菲律宾	0.00	114.00
韩国	65879.00	6861.00
英国	28.00	744.00
葡萄牙	13539.00	15811.00
瑞典	11.00	376.00
智利	259080.00	117897.00
澳大利亚	315794.00	14619.00
新西兰	5848094.00	2565556.00
44111429 其他中密度板,0.5g/cucm<密度≤0.8g/cucm,厚>9mm		
合计	21150626.00	21988489.00
巴林	2.00	185.00

(续表)

国家/地区	进口数量（千克）	进口金额（美元）
柬埔寨	0.00	8.00
中国香港	3413.00	2251.00
印度	16.00	623.00
印度尼西亚	199684.00	187763.00
日本	1197879.00	93416.00
约旦	55.00	422.00
科威特	6.00	297.00
马来西亚	1665903.00	17121.00
阿曼	0.00	5.00
菲律宾	13.00	295.00
卡塔尔	1.00	56.00
沙特阿拉伯	29.00	1536.00
新加坡	2.00	55.00
韩国	8.00	114.00
泰国	1869473.00	84414.00
土耳其	73638.00	68362.00
阿联酋	17.00	435.00
越南	59927.00	21136.00
中国	398.00	647.00
中国台湾	166365.00	57972.00
埃及	1.00	56.00
肯尼亚	1.00	6.00
摩洛哥	0.00	65.00
尼日利亚	4.00	19.00
比利时	283688.00	449332.00
丹麦	2.00	82.00
英国	28.00	1253.00
德国	2537350.00	343736.00
法国	14872.00	233.00
意大利	828967.00	162372.00
荷兰	2564.00	31924.00
葡萄牙	62.00	1568.00
西班牙	8656377.00	11927248.00
奥地利	10204.00	36177.00
罗马尼亚	3100370.00	148523.00
瑞典	911.00	33839.00
瑞士	25.00	221.00
格鲁吉亚	135.00	1524.00
白俄罗斯	8501.00	2875.00
俄罗斯	10.00	146.00
克罗地亚	0.00	64.00
塞尔维亚	19.00	5531.00
巴西	3.00	18.00
智利	1.00	197.00

(续表)

国家/地区	进口数量（千克）	进口金额（美元）
多米尼加	1.00	1.00
牙买加	1.00	16.00
墨西哥	1.00	92.00
委内瑞拉	0.00	67.00
加拿大	8.00	453.00
美国	22208.00	57515.00
澳大利亚	95455.00	42383.00
新西兰	352000.00	153617.00
国别(地区)不详	28.00	569.00
44111491 未加工中密度板,密度≤0.5g/cucm,厚>9mm		
合计	125.00	88.00
厄瓜多尔	0.00	65.00
美国	0.00	2.00
新西兰	125.00	3.00
44111499 未加工中密度板,密度≤0.5g/cucm,厚>9mm		
合计	1857475.00	1288461.00
巴林	1.00	65.00
中国香港	0.00	1.00
印度	1.00	43.00
日本	78.00	132.00
马来西亚	247478.00	11333.00
阿曼	1.00	42.00
巴基斯坦	15.00	167.00
沙特阿拉伯	3.00	186.00
韩国	542.00	1113.00
泰国	930140.00	41366.00
土耳其	66640.00	61971.00
阿联酋	1.00	31.00
越南	71.00	77.00
中国	3.00	411.00
比利时	71772.00	22652.00
英国	0.00	24.00
德国	81778.00	295314.00
法国	137.00	357.00
爱尔兰	0.00	26.00
意大利	7930.00	4919.00
荷兰	4.00	136.00
希腊	30.00	375.00
西班牙	443876.00	611123.00
奥地利	52.00	34.00
芬兰	220.00	4391.00
瑞典	370.00	83.00

(续表)

国家/地区	进口数量(千克)	进口金额(美元)
瑞士	0.00	1.00
俄罗斯	0.00	175.00
乌克兰	0.00	171.00
墨西哥	0.00	27.00
美国	116.00	141.00
澳大利亚	6216.00	13648.00
44119210 未加工木纤维板,密度>0.8g/cucm		
合计	282631.00	152129.00
泰国	239040.00	12416.00
埃塞俄比亚	40000.00	5867.00
法国	1.00	8.00
意大利	3586.00	21634.00
俄罗斯	4.00	388.00
44119290 加工木纤维板,密度>0.8g/cucm		
合计	22840301.00	22285981.00
印度尼西亚	12724.00	382.00
以色列	3378.00	36.00
马来西亚	16359.00	1349.00
泰国	10824070.00	4279931.00
阿联酋	0.00	13.00
中国	83.00	2154.00
中国台湾	171555.00	276451.00
比利时	179516.00	237897.00
德国	8259798.00	958572.00
法国	47964.00	72941.00
意大利	19662.00	45847.00
荷兰	2041905.00	5518715.00
葡萄牙	48971.00	124799.00
西班牙	206095.00	37196.00
奥地利	343415.00	85574.00
波兰	156805.00	166543.00
瑞典	4877.00	13163.00
瑞士	17096.00	63628.00
白俄罗斯	3051.00	989.00
哥伦比亚	11.00	157.00
加拿大	10.00	199.00
美国	392584.00	68877.00
澳大利亚	90372.00	93779.00
44119310 辐射松制的纤维板,0.5g<密度≤0.9g		
合计	670892.00	4324.00
日本	48.00	215.00
新西兰	670844.00	431825.00

(续表)

国家/地区	进口数量(千克)	进口金额(美元)
44119390 木纤维板,0.5g/cucm<密度≤0.10g/cucm		
合计	8078094.00	4757.00
日本	12.00	66.00
马来西亚	14.00	19.00
卡塔尔	0.00	33.00
阿联酋	2.00	222.00
德国	435674.00	48469.00
葡萄牙	27076.00	169.00
爱沙尼亚	8.00	233.00
智利	1689302.00	771225.00
美国	92.00	3784.00
澳大利亚	5904398.00	286639.00
新西兰	21516.00	142.00
44119410 木纤维板,0.35g/cucm<密度≤0.5g/cucm		
合计	22426.00	12781.00
中国香港	160.00	884.00
菲律宾	0.00	2.00
韩国	3.00	97.00
越南	6.00	83.00
比利时	27.00	284.00
德国	4505.00	1998.00
法国	635.00	8877.00
爱沙尼亚	17090.00	1726.00
44119421 未加工木纤维板,密度≤0.35g/cucm		
合计	13647.00	181.00
日本	5934.00	5354.00
波兰	7713.00	12746.00
44119429 加工木纤维板,密度≤0.35g/cucm		
合计	383480.00	393259.00
印度	183049.00	116487.00
日本	150187.00	179432.00
马来西亚	0.00	3.00
阿联酋	0.00	31.00
越南	748.00	48.00
英国	0.00	33.00
意大利	63.00	76.00
瑞典	6.00	37.00
瑞士	38.00	547.00
美国	49389.00	95514.00
澳大利亚	0.00	34.00
44121011 仅由薄板制的竹胶合板,每层厚≤6mm,至少有一表层是热带木		

(续表)

国家/地区	进口数量(千克)	进口金额(美元)
合计	8.00	175.00
印度	8.00	175.00
44121019 其他仅由薄板制的竹胶合板,每层厚≤6mm		
合计	162007.00	41721.00
印度尼西亚	567.00	446.00
日本	279.00	18.00
越南	66000.00	42887.00
中国	3.00	417.00
中国台湾	18457.00	17653.00
尼日利亚	1.00	13.00
德国	8103.00	54636.00
意大利	45860.00	167825.00
芬兰	540.00	1161.00
波兰	18446.00	11562.00
罗马尼亚	0.00	117.00
拉脱维亚	11.00	49.00
美国	3740.00	3138.00
44121099 其他竹制胶合板、单板饰面板及类似的多层板		
合计	162.00	2388.00
柬埔寨	12.00	361.00
韩国	1.00	51.00
越南	0.00	73.00
中国	60.00	335.00
意大利	9.00	127.00
罗马尼亚	70.00	136.00
美国	10.00	135.00
44123100 仅由薄木板制的其他胶合板(竹制的除外),每层厚≤6mm,至少有一表层是热带木		
合计	16783385.00	1748872.00
印度	536.00	289.00
印度尼西亚	8732225.00	683366.00
日本	920349.00	2234339.00
马来西亚	6673533.00	6111275.00
菲律宾	1.00	59.00
泰国	2495.00	1675.00
越南	102868.00	3333.00
中国	17.00	597.00
中国台湾	320836.00	217773.00
塞舌尔	1.00	132.00
英国	15.00	33.00
意大利	251.00	3134.00

国家/地区	进口数量（千克）	进口金额（美元）
俄罗斯	1.00	19.00
塞尔维亚	30098.00	8845.00
加拿大	116.00	2389.00
美国	36.00	1839.00
澳大利亚	6.00	35.00
新西兰	1.00	5.00
44123300 仅由薄木板制的其他胶合板（竹制的除外），每层厚≤6mm，至少有一表层是下列非针叶木：桤木、白蜡木、水青冈木（山毛榉木）、桦木、樱桃木、栗木、榆木、桉木、山核桃、七叶树、椴木、槭木（枫木）、栎木（橡木）、悬铃木、杨木、刺槐木、鹅掌楸或核桃木		
合计	59343623.00	75197336.00
柬埔寨	2878.00	854.00
印度	1.00	93.00
印度尼西亚	331832.00	173592.00
日本	2082837.00	1883668.00
约旦	6.00	67.00
马来西亚	17326.00	11837.00
菲律宾	19620.00	16463.00
沙特阿拉伯	15.00	472.00
新加坡	10201.00	12743.00
韩国	4.00	12.00
泰国	607202.00	2193.00
阿联酋	2.00	158.00
越南	52498.00	46177.00
中国	4736.00	15911.00
中国台湾	3128960.00	17978428.00
毛里求斯	0.00	47.00
津巴布韦	1.00	43.00
丹麦	16019.00	6962.00
英国	13.00	732.00
德国	297520.00	148668.00
法国	2565.00	18494.00
意大利	642652.00	2131643.00
葡萄牙	9900.00	31363.00
西班牙	27792.00	52899.00
奥地利	7283.00	123369.00
芬兰	1335442.00	2376535.00
匈牙利	15976.00	67865.00
挪威	25395.00	9486.00
波兰	52662.00	162815.00
瑞典	8843.00	6335.00
瑞士	10.00	878.00
爱沙尼亚	593281.00	945414.00
拉脱维亚	1014379.00	1211787.00
立陶宛	6184.00	518.00
白俄罗斯	56440.00	28927.00
俄罗斯	48875536.00	457846.00
乌克兰	54753.00	75616.00
斯洛伐克	3056.00	663.00
北马其顿	0.00	41.00
巴西	7.00	553.00
智利	2.00	195.00
加拿大	233.00	199.00
美国	39514.00	51647.00
澳大利亚	46.00	862.00
新西兰	1.00	68.00
44123410 仅由薄木板制的其他胶合板（竹制的除外），每层厚≤6mm，至少有一表层是温带非针叶木（子目4412.33的非针叶木除外）		
合计	1165009.00	392275.00
柬埔寨	50.00	57.00
以色列	1.00	62.00
日本	909315.00	2337879.00
马来西亚	30.00	391.00
泰国	12.00	243.00
越南	0.00	44.00
中国台湾	68562.00	467929.00
德国	17660.00	4883.00
意大利	481.00	1973.00
芬兰	48242.00	98966.00
爱沙尼亚	44395.00	65388.00
俄罗斯	76260.00	6163.00
澳大利亚	1.00	144.00
44123490 仅由薄木板制的其他胶合板（竹制的除外），每层厚≤6mm，至少有一表层是上述子目未列名的非针叶木		
合计	3687457.00	4258648.00
柬埔寨	179.00	612.00
印度尼西亚	179818.00	11854.00
日本	42260.00	43585.00
马来西亚	1304169.00	698325.00
泰国	476.00	4472.00
越南	306464.00	159574.00
中国	6.00	213.00
中国台湾	86.00	1796.00
加蓬	1030550.00	5268.00
德国	96461.00	42785.00
意大利	71890.00	2235.00
葡萄牙	13352.00	52111.00
西班牙	311098.00	1716828.00
瑞士	74.00	134.00
俄罗斯	330549.00	32886.00
美国	25.00	16.00
44123900 仅由薄木板制的其他胶合板，每层厚≤6mm，上下表层均为针叶木		
合计	3896063.00	3757617.00
柬埔寨	16.00	274.00
印度	14.00	158.00
印度尼西亚	1496447.00	1374577.00
日本	1107611.00	93839.00
科威特	1.00	79.00
黎巴嫩	6.00	116.00
马来西亚	338593.00	262396.00
菲律宾	5.00	178.00
韩国	1262.00	1813.00
阿联酋	0.00	19.00
中国	19498.00	2553.00
中国台湾	31514.00	6216.00
英国	17762.00	144511.00
德国	1.00	42.00
法国	420.00	25.00
意大利	790.00	2446.00
芬兰	215489.00	284972.00
波兰	23600.00	42666.00
爱沙尼亚	44236.00	6759.00
白俄罗斯	596.00	483.00
俄罗斯	303211.00	28949.00
巴西	27400.00	75.00
加拿大	267552.00	24978.00
美国	28.00	76.00
澳大利亚	11.00	456.00
44129410 其他木块芯胶合板等至少有一表层是非针叶木		
合计	2541494.00	147517.00
柬埔寨	40.00	648.00
中国香港	0.00	15.00
印度尼西亚	41121.00	5139.00
以色列	0.00	35.00
老挝	19500.00	21814.00
马来西亚	79929.00	62886.00
菲律宾	1.00	25.00
韩国	12.00	178.00

(续表)

国家/地区	进口数量（千克）	进口金额（美元）
泰国	3120.00	14726.00
越南	53600.00	547.00
中国	99261.00	19791.00
中国台湾	9063.00	17532.00
比利时	39985.00	131159.00
英国	4.00	73.00
德国	22583.00	16778.00
法国	21.00	196.00
意大利	205185.00	1994891.00
荷兰	15649.00	6841.00
葡萄牙	740.00	7159.00
奥地利	1114796.00	5622449.00
波兰	231737.00	886376.00
罗马尼亚	424834.00	627891.00
瑞士	2.00	34.00
爱沙尼亚	98454.00	416925.00
立陶宛	16224.00	8113.00
白俄罗斯	62.00	126.00
乌克兰	40823.00	164773.00
克罗地亚	24680.00	1882.00
加拿大	19.00	842.00
美国	45.00	1195.00
澳大利亚	4.00	89.00
44129491 其他木块芯胶合板、侧板条芯胶合板及板条芯胶合板，至少有一层是热带木		
合计	5845.00	362.00
柬埔寨	3.00	65.00
印度尼西亚	5842.00	2997.00
44129492 其他木块芯胶合板、侧板条芯胶合板及板条芯胶合板，至少有一层是木碎料板		
合计	15818.00	9776.00
印度尼西亚	14053.00	871.00
日本	5.00	183.00
马来西亚	1635.00	928.00
意大利	125.00	594.00
44129499 其他木块芯胶合板、侧板条芯胶合板及板条芯胶合板		
合计	27235.00	75689.00
印度尼西亚	25600.00	31614.00
以色列	0.00	52.00
比利时	17.00	142.00
意大利	1576.00	4345.00
波兰	40.00	411.00
俄罗斯	2.00	65.00

(续表)

国家/地区	进口数量（千克）	进口金额（美元）
44129910 其他胶合板等至少有一表层是非针叶木		
合计	10195141.00	3711684.00
孟加拉国	0.00	44.00
柬埔寨	4703.00	24818.00
印度	15.00	373.00
印度尼西亚	270688.00	22999.00
以色列	5.00	284.00
日本	2200072.00	569298.00
黎巴嫩	1.00	72.00
马来西亚	1067133.00	4111.00
菲律宾	0.00	73.00
卡塔尔	3.00	77.00
沙特阿拉伯	2.00	76.00
新加坡	15.00	178.00
韩国	4.00	23.00
泰国	1561.00	6311.00
土耳其	1.00	123.00
阿联酋	1.00	143.00
越南	1791.00	23832.00
中国	83359.00	175132.00
中国台湾	2778.00	1198.00
南非	0.00	41.00
比利时	1981064.00	6533693.00
英国	118.00	8786.00
德国	714994.00	3223995.00
法国	57443.00	26116.00
意大利	466893.00	3947351.00
荷兰	7305.00	34489.00
希腊	1.00	56.00
西班牙	14.00	813.00
奥地利	1090936.00	5936229.00
保加利亚	20.00	259.00
芬兰	14673.00	1531.00
匈牙利	63475.00	22856.00
波兰	7514.00	3954.00
罗马尼亚	1586188.00	3888978.00
瑞典	351666.00	29442.00
瑞士	7.00	33.00
爱沙尼亚	1122.00	44.00
立陶宛	2878.00	13773.00
白俄罗斯	29.00	53.00
俄罗斯	200582.00	43439.00
捷克	19.00	155.00

(续表)

国家/地区	进口数量（千克）	进口金额（美元）
哥伦比亚	4.00	324.00
墨西哥	29.00	125.00
加拿大	523.00	986.00
美国	12040.00	65465.00
澳大利亚	3459.00	9189.00
新西兰	1.00	58.00
国别（地区）不详	12.00	166.00
44129991 其他胶合板、单板饰面板及类似的多层板，至少有一层是热带木		
合计	3406.00	13543.00
印度	58.00	1678.00
中国	3348.00	11865.00
44129992 其他胶合板等至少有一表层是木碎料板		
合计	4.00	33.00
中国	0.00	51.00
瑞典	2.00	12.00
美国	2.00	15.00
44129999 未列名胶合板、单板饰面板及类似的多层板		
合计	1069555.00	836751.00
印度尼西亚	313430.00	543626.00
日本	696950.00	147765.00
新加坡	2.00	128.00
中国	9678.00	243.00
中国台湾	26.00	64.00
英国	6.00	169.00
德国	6309.00	55748.00
罗马尼亚	19496.00	62126.00
俄罗斯	2.00	2.00
智利	23652.00	24629.00
加拿大	4.00	253.00

表7 木质家具出口量值表

国家/地区	出口数量（件）	出口金额（美元）
94016110 皮革或再生皮革面的带软垫的木框架坐具		
合计	10191888.00	2522559630.00
阿富汗	13.00	5690.00
巴林	1722.00	945358.00
孟加拉国	926.00	409867.00
文莱	2371.00	764569.00
缅甸	3527.00	282193.00

(续表)

国家/地区	出口数量（件）	出口金额（美元）	国家/地区	出口数量（件）	出口金额（美元）	国家/地区	出口数量（件）	出口金额（美元）
柬埔寨	3327.00	1127321.00	中非	3.00	5556.00	南苏丹	20.00	4419.00
塞浦路斯	1413.00	185542.00	乍得	289.00	67480.00	比利时	130143.00	10686472.00
朝鲜	15.00	6897.00	科摩罗	57.00	47132.00	丹麦	72046.00	6554724.00
中国香港	151474.00	49185939.00	刚果（布）	3033.00	739182.00	英国	763119.00	223259678.00
印度	54586.00	15353079.00	吉布提	263.00	80870.00	德国	140549.00	24927400.00
印度尼西亚	49964.00	11659336.00	埃及	1148.00	414947.00	法国	260784.00	59635127.00
伊朗	145.00	54212.00	赤道几内亚	81.00	32709.00	爱尔兰	62043.00	14618030.00
伊拉克	5847.00	1194783.00	埃塞俄比亚	388.00	131677.00	意大利	39534.00	4579305.00
以色列	22561.00	5501901.00	加蓬	1221.00	298664.00	荷兰	155948.00	28878425.00
日本	534532.00	82566952.00	冈比亚	382.00	143551.00	希腊	5826.00	672899.00
约旦	1643.00	241182.00	加纳	7068.00	2057992.00	葡萄牙	8271.00	1067167.00
科威特	4689.00	1136224.00	几内亚	878.00	164627.00	西班牙	72387.00	10870652.00
老挝	1565.00	441162.00	几内亚比绍	3.00	1311.00	阿尔巴尼亚	439.00	159598.00
黎巴嫩	671.00	217316.00	科特迪瓦	10040.00	3069371.00	奥地利	2324.00	734374.00
中国澳门	7374.00	1788793.00	肯尼亚	9092.00	4559119.00	保加利亚	2199.00	311941.00
马来西亚	48196.00	11172528.00	利比里亚	93.00	23584.00	芬兰	11440.00	2776227.00
马尔代夫	149.00	87310.00	利比亚	1044.00	41582.00	匈牙利	98.00	45170.00
蒙古	1264.00	433441.00	马达加斯加	374.00	77947.00	冰岛	1817.00	630747.00
尼泊尔	78.00	21681.00	马拉维	33.00	9138.00	马耳他	1431.00	72096.00
阿曼	2501.00	817482.00	马里	647.00	160001.00	挪威	2829.00	719617.00
巴基斯坦	1885.00	732964.00	毛里塔尼亚	332.00	18512.00	波兰	44294.00	3474417.00
菲律宾	28640.00	6813350.00	毛里求斯	4469.00	1799557.00	罗马尼亚	7007.00	3043068.00
卡塔尔	5437.00	1856207.00	摩洛哥	940.00	106091.00	瑞典	16775.00	3715865.00
沙特阿拉伯	33534.00	10696537.00	莫桑比克	3543.00	1989700.00	瑞士	1866.00	438782.00
新加坡	39774.00	18035308.00	纳米比亚	264.00	99262.00	爱沙尼亚	815.00	103177.00
韩国	712819.00	183214847.00	尼日尔	167.00	49292.00	拉脱维亚	2828.00	226506.00
斯里兰卡	22.00	4590.00	尼日利亚	1357.00	412890.00	立陶宛	728.00	234318.00
泰国	97965.00	11829019.00	留尼汪	4069.00	1849076.00	格鲁吉亚	218.00	84804.00
土耳其	420.00	133028.00	卢旺达	60.00	38100.00	亚美尼亚	43.00	5893.00
阿联酋	39851.00	11080961.00	塞内加尔	6186.00	1854385.00	阿塞拜疆	133.00	25188.00
也门	12.00	6983.00	塞舌尔	12.00	11762.00	白俄罗斯	4149.00	136434.00
越南	15011.00	5240534.00	塞拉利昂	62.00	196160.00	俄罗斯	36934.00	1993891.00
中国台湾	92238.00	22627160.00	索马里	282.00	281436.00	乌克兰	1830.00	244196.00
东帝汶	20.00	5382.00	南非	83002.00	29447262.00	斯洛文尼亚	3196.00	745694.00
哈萨克斯坦	1272.00	73363.00	苏丹	2.00	176.00	克罗地亚	3482.00	573182.00
吉尔吉斯斯坦	67.00	10062.00	坦桑尼亚	5101.00	1472590.00	捷克	141.00	42001.00
塔吉克斯坦	38.00	5465.00	多哥	1905.00	608587.00	斯洛伐克	4495.00	275894.00
乌兹别克斯坦	1415.00	560731.00	突尼斯	381.00	138323.00	北马其顿	65.00	16770.00
阿尔及利亚	412.00	171216.00	乌干达	718.00	241911.00	塞尔维亚	539.00	97766.00
安哥拉	2987.00	1108905.00	布基纳法索	881.00	287449.00	安提瓜和巴布达	9.00	8584.00
贝宁	382.00	62404.00	刚果（金）	3720.00	1284792.00	阿根廷	32428.00	1493580.00
博茨瓦纳	908.00	12229.00	赞比亚	1226.00	385518.00	阿鲁巴	134.00	34379.00
喀麦隆	1453.00	436886.00	津巴布韦	620.00	255363.00	巴巴多斯	115.00	24422.00
佛得角	909.00	617198.00	马约特	2.00	732.00	玻利维亚	701.00	229563.00

林产品进出口

FOREIGN TRADE STATISTICS OF FOREST PRODUCTS

(续表)

国家/地区	出口数量（件）	出口金额（美元）
巴西	112642.00	3133422.00
开曼群岛	16.00	3936.00
智利	84609.00	14051303.00
哥伦比亚	11734.00	1998416.00
多米尼克	12.00	475.00
哥斯达黎加	10567.00	3872985.00
古巴	35.00	27752.00
多米尼加	6295.00	1604838.00
厄瓜多尔	5600.00	1793176.00
法属圭亚那	325.00	244401.00
格林纳达	84.00	22560.00
瓜德罗普	1250.00	730632.00
危地马拉	18407.00	2589023.00
圭亚那	154.00	58102.00
海地	198.00	63195.00
洪都拉斯	3460.00	744227.00
牙买加	644.00	378968.00
马提尼克	1047.00	540658.00
墨西哥	77351.00	16813532.00
尼加拉瓜	1049.00	279832.00
巴拿马	4081.00	1414795.00
巴拉圭	114.00	46364.00
秘鲁	20404.00	3948377.00
波多黎各	21163.00	7817372.00
萨尔瓦多	8347.00	2422780.00
苏里南	183.00	47274.00
特立尼达和多巴哥	353.00	219315.00
乌拉圭	7477.00	2175141.00
委内瑞拉	5947.00	2585005.00
加拿大	414871.00	105420568.00
美国	4713051.00	229903126.00
百慕大	54.00	16914.00
澳大利亚	540656.00	166035811.00
斐济	1634.00	1084078.00
新喀里多尼亚	485.00	179713.00
瓦努阿图	10.00	2920.00
新西兰	87046.00	25530333.00
巴布亚新几内亚	534.00	270225.00
所罗门群岛	10.00	3611.00
汤加	9.00	3242.00
基里巴斯	2.00	56.00
马绍尔群岛	97.00	41539.00
帕劳	4.00	613.00
法属波利尼西亚	191.00	65248.00

(续表)

国家/地区	出口数量（件）	出口金额（美元）
大洋洲其他国家（地区）	52.00	9882.00
94016190 其他带软垫的木框架坐具		
合计	34303189.00	762091784.00
巴林	4930.00	267477.00
孟加拉国	536.00	26183.00
文莱	2954.00	167611.00
缅甸	6947.00	312960.00
柬埔寨	13452.00	1573586.00
塞浦路斯	8737.00	168527.00
中国香港	213412.00	6007595.00
印度	222215.00	10719848.00
印度尼西亚	248430.00	6041770.00
伊朗	12218.00	205531.00
伊拉克	69008.00	5175324.00
以色列	202833.00	3372528.00
日本	1890203.00	43120399.00
约旦	16108.00	1303574.00
科威特	38323.00	1425377.00
老挝	3141.00	149187.00
黎巴嫩	4654.00	223347.00
中国澳门	18000.00	394532.00
马来西亚	646805.00	19946180.00
马尔代夫	3456.00	259416.00
蒙古	8761.00	97944.00
尼泊尔	2490.00	102422.00
阿曼	20712.00	1094274.00
巴基斯坦	19857.00	252634.00
巴勒斯坦	36.00	5400.00
菲律宾	369820.00	28480728.00
卡塔尔	11270.00	408395.00
沙特阿拉伯	341427.00	15335735.00
新加坡	119394.00	8491814.00
韩国	1150027.00	41304547.00
斯里兰卡	10938.00	366830.00
泰国	584960.00	11004633.00
土耳其	20250.00	481326.00
阿联酋	228857.00	6561548.00
也门	6103.00	173678.00
越南	489175.00	6602411.00
中国台湾	351717.00	19039050.00
东帝汶	282.00	6283.00
哈萨克斯坦	32937.00	288852.00
吉尔吉斯斯坦	159.00	4452.00

(续表)

国家/地区	出口数量（件）	出口金额（美元）
塔吉克斯坦	540.00	19485.00
乌兹别克斯坦	6790.00	155730.00
阿尔及利亚	21439.00	459855.00
安哥拉	31214.00	589207.00
贝宁	1105.00	87430.00
博茨瓦纳	4148.00	109760.00
喀麦隆	8591.00	984111.00
佛得角	290.00	2043.00
中非	4.00	911.00
乍得	610.00	122256.00
刚果(布)	1415.00	54626.00
吉布提	6758.00	1088644.00
埃及	17776.00	2289821.00
赤道几内亚	142.00	16853.00
埃塞俄比亚	2465.00	168000.00
加蓬	1137.00	50838.00
冈比亚	819.00	64692.00
加纳	55022.00	3428104.00
几内亚	847.00	26933.00
几内亚比绍	24.00	600.00
科特迪瓦	24700.00	1168907.00
肯尼亚	22676.00	888409.00
利比里亚	100.00	2967.00
利比亚	7801.00	79052.00
马达加斯加	6670.00	76190.00
马拉维	87.00	8832.00
马里	428.00	30282.00
毛里塔尼亚	1440.00	42792.00
毛里求斯	9022.00	134984.00
摩洛哥	41206.00	533082.00
莫桑比克	21461.00	1167756.00
纳米比亚	2656.00	122557.00
尼日利亚	74150.00	1916424.00
留尼汪	20682.00	319732.00
卢旺达	52.00	31044.00
塞内加尔	3869.00	261374.00
塞舌尔	12.00	10776.00
塞拉利昂	166.00	996.00
索马里	5469.00	669820.00
南非	334105.00	6316925.00
苏丹	1708.00	23486.00
坦桑尼亚	36079.00	2466069.00
多哥	2154.00	46100.00
突尼斯	33.00	6342.00

（续表）

国家/地区	出口数量（件）	出口金额（美元）
乌干达	572.00	72796.00
刚果（金）	6644.00	485295.00
赞比亚	386.00	26109.00
津巴布韦	74.00	15486.00
莱索托	2194.00	20732.00
斯威士兰	30.00	646.00
马约特	1088.00	10483.00
南苏丹	25.00	512.00
比利时	827492.00	13557181.00
丹麦	214028.00	7358706.00
英国	1467394.00	29676699.00
德国	2759967.00	48537088.00
法国	1627182.00	24357069.00
爱尔兰	36076.00	901321.00
意大利	742300.00	10949712.00
荷兰	907803.00	18737366.00
希腊	120052.00	1729975.00
葡萄牙	59840.00	803928.00
西班牙	1298671.00	24226189.00
阿尔巴尼亚	1602.00	45078.00
奥地利	50388.00	762125.00
保加利亚	84317.00	3319623.00
芬兰	89773.00	980704.00
匈牙利	17925.00	406748.00
冰岛	4.00	105.00
马耳他	2401.00	39616.00
挪威	21731.00	675134.00
波兰	1203316.00	18649806.00
罗马尼亚	160528.00	3176175.00
瑞典	608017.00	12549090.00
瑞士	1546.00	55963.00
爱沙尼亚	8071.00	122748.00
拉脱维亚	27502.00	335266.00
立陶宛	23733.00	677520.00
格鲁吉亚	7659.00	140427.00
亚美尼亚	3652.00	44933.00
白俄罗斯	42587.00	382349.00
摩尔多瓦	880.00	8201.00
俄罗斯	1020674.00	12474368.00
乌克兰	108553.00	1072047.00
斯洛文尼亚	83247.00	742349.00
克罗地亚	22715.00	532169.00
捷克	48344.00	709124.00
斯洛伐克	23900.00	409216.00

（续表）

国家/地区	出口数量（件）	出口金额（美元）
北马其顿	1.00	27.00
波黑	296.00	2308.00
塞尔维亚	1901.00	121001.00
黑山	930.00	6090.00
安提瓜和巴布达	47.00	5184.00
阿根廷	166999.00	1770900.00
巴哈马	6.00	1020.00
巴巴多斯	316.00	5026.00
玻利维亚	655.00	6565.00
巴西	830668.00	6374464.00
开曼群岛	526.00	24115.00
智利	728578.00	9404319.00
哥伦比亚	205269.00	2436970.00
多米尼克	504.00	30276.00
哥斯达黎加	44280.00	565133.00
古巴	932.00	9318.00
多米尼加	11859.00	252494.00
厄瓜多尔	61670.00	812595.00
法属圭亚那	636.00	4659.00
格林纳达	10.00	930.00
瓜德罗普	3351.00	64718.00
危地马拉	22648.00	301091.00
圭亚那	1784.00	160520.00
海地	218.00	9120.00
洪都拉斯	22039.00	225235.00
牙买加	826.00	107441.00
马提尼克	386.00	4834.00
墨西哥	741345.00	9061827.00
尼加拉瓜	732.00	7503.00
巴拿马	92685.00	1230622.00
巴拉圭	9134.00	218683.00
秘鲁	154316.00	1327136.00
波多黎各	16228.00	407958.00
萨尔瓦多	22937.00	406145.00
苏里南	44.00	7043.00
特立尼达和多巴哥	409.00	75516.00
乌拉圭	40556.00	623763.00
委内瑞拉	25494.00	448675.00
加拿大	689898.00	16020554.00
美国	6866213.00	157145379.00
百慕大	6.00	239.00
澳大利亚	1447855.00	40126740.00
斐济	3855.00	55831.00
新喀里多尼亚	1690.00	32252.00

（续表）

国家/地区	出口数量（件）	出口金额（美元）
新西兰	169050.00	5246645.00
巴布亚新几内亚	3225.00	77631.00
所罗门群岛	277.00	6804.00
汤加	13.00	130.00
萨摩亚	56.00	12562.00
基里巴斯	79.00	5523.00
法属波利尼西亚	1412.00	52938.00
瓦利斯和浮图纳	66.00	450.00
94016900 其他木框架坐具		
合计	31703570.00	550079814.00
美国	6043364.00	121102258.00
德国	2636453.00	40834054.00
日本	1736335.00	33589550.00
澳大利亚	1312591.00	30043308.00
韩国	1044886.00	28227067.00
英国	1473049.00	24427787.00
法国	1542058.00	20654875.00
西班牙	1520474.00	20475301.00
中国台湾	345501.00	17137063.00
荷兰	1004416.00	16292835.00
波兰	1176127.00	15776034.00
马来西亚	365098.00	11179897.00
巴西	1322352.00	10896871.00
加拿大	634408.00	10560812.00
俄罗斯	891763.00	10150197.00
菲律宾	240489.00	9765262.00
意大利	772982.00	9308132.00
瑞典	519527.00	9130510.00
比利时	578054.00	8847834.00
沙特阿拉伯	302662.00	7305310.00
新加坡	154912.00	6767162.00
中国香港	301441.00	6654879.00
泰国	429995.00	6652738.00
墨西哥	545767.00	5048588.00
丹麦	167395.00	4371041.00
伊拉克	87673.00	3980920.00
智利	325738.00	3693048.00
印度	191077.00	3421074.00
南非	282924.00	3409931.00
以色列	223535.00	3220123.00
印度尼西亚	211448.00	2983692.00
阿联酋	175333.00	2947378.00
新西兰	116045.00	2686105.00
阿根廷	282260.00	2368818.00

林产品进出口

FOREIGN TRADE STATISTICS OF FOREST PRODUCTS

（续表）

国家/地区	出口数量（件）	出口金额（美元）
越南	356812.00	2303493.00
罗马尼亚	116994.00	1966364.00
保加利亚	73631.00	1816351.00
希腊	134800.00	1625789.00
加纳	81126.00	1550851.00
哥伦比亚	159606.00	1486999.00
秘鲁	131970.00	1208299.00
坦桑尼亚	14952.00	1187893.00
葡萄牙	78533.00	909235.00
乌克兰	101125.00	893720.00
芬兰	78240.00	819126.00
乌拉圭	53461.00	793446.00
奥地利	106319.00	774575.00
肯尼亚	25123.00	745287.00
捷克	45115.00	710543.00
阿尔及利亚	166910.00	706690.00
爱尔兰	42574.00	702095.00
柬埔寨	7826.00	587019.00
厄瓜多尔	50340.00	558627.00
土耳其	14734.00	551956.00
尼日利亚	42254.00	551236.00
哥斯达黎加	41089.00	543329.00
缅甸	14096.00	536761.00
中国澳门	16683.00	470983.00
挪威	14631.00	465457.00
匈牙利	13068.00	461159.00
巴基斯坦	11719.00	412980.00
拉脱维亚	38521.00	412770.00
斯洛文尼亚	44864.00	396382.00
莫桑比克	27676.00	396247.00
摩洛哥	40625.00	386808.00
多米尼加	23464.00	379217.00
巴拿马	48347.00	372684.00
留尼汪	26515.00	372218.00
科威特	12049.00	364653.00
波多黎各	10810.00	338238.00
克罗地亚	51615.00	318546.00
立陶宛	28000.00	306148.00
哈萨克斯坦	32008.00	300002.00
危地马拉	19935.00	270902.00
苏丹	11314.00	263000.00
也门	9565.00	258991.00
白俄罗斯	35412.00	255192.00
阿曼	18700.00	234180.00

（续表）

国家/地区	出口数量（件）	出口金额（美元）
埃塞俄比亚	8398.00	224045.00
卡塔尔	3752.00	214663.00
吉布提	2674.00	204363.00
斯洛伐克	14615.00	199013.00
格鲁吉亚	7554.00	196899.00
津巴布韦	1002.00	194781.00
安哥拉	17504.00	186622.00
委内瑞拉	16699.00	173176.00
萨尔瓦多	16451.00	172141.00
爱沙尼亚	15236.00	169155.00
斐济	6479.00	166266.00
巴林	5243.00	160548.00
牙买加	4106.00	158976.00
毛里求斯	9695.00	157643.00
科特迪瓦	10624.00	155666.00
乌兹别克斯坦	6331.00	152194.00
塞拉利昂	1551.00	141170.00
塞浦路斯	11240.00	139992.00
马尔代夫	1438.00	134876.00
巴拉圭	10137.00	105694.00
瑞士	4159.00	94400.00
文莱	1991.00	93343.00
约旦	4974.00	77204.00
马耳他	2293.00	73116.00
塞尔维亚	3492.00	70300.00
尼泊尔	1636.00	67159.00
洪都拉斯	7972.00	65922.00
亚美尼亚	6205.00	63375.00
几内亚	685.00	62823.00
马达加斯加	4333.00	53717.00
喀麦隆	1685.00	48212.00
特立尼达和多巴哥	3987.00	48053.00
新喀里多尼亚	2403.00	45463.00
朝鲜	831.00	43715.00
瓜德罗普	2510.00	43419.00
海地	1349.00	43056.00
阿尔巴尼亚	3887.00	39197.00
加蓬	982.00	36974.00
中非	360.00	36761.00
刚果（金）	2665.00	36535.00
利比亚	4748.00	34171.00
斯里兰卡	2693.00	30995.00
冈比亚	242.00	29876.00
索马里	428.00	29348.00

（续表）

国家/地区	出口数量（件）	出口金额（美元）
埃及	1602.00	27402.00
蒙古	5454.00	27343.00
摩尔多瓦	1767.00	23972.00
纳米比亚	335.00	21769.00
黎巴嫩	1986.00	20899.00
塞内加尔	2351.00	19939.00
阿鲁巴	690.00	17955.00
瓦努阿图	130.00	16960.00
博茨瓦纳	1361.00	16936.00
巴布亚新几内亚	851.00	16449.00
法属波利尼西亚	1671.00	16069.00
尼日尔	189.00	15198.00
阿塞拜疆	1693.00	14435.00
老挝	320.00	13927.00
乌干达	386.00	13259.00
佛得角	101.00	13070.00
黑山	1820.00	12963.00
伊朗	2484.00	12860.00
法属圭亚那	1065.00	12360.00
孟加拉国	284.00	12189.00
尼加拉瓜	521.00	11934.00
马约特	268.00	11374.00
赞比亚	629.00	10857.00
马拉维	318.00	10449.00
刚果（布）	645.00	10099.00
安提瓜和巴布达	386.00	8196.00
多哥	196.00	8008.00
土库曼斯坦	368.00	7820.00
圣其茨和尼维斯	180.00	7731.00
利比里亚	219.00	7594.00
吉尔吉斯斯坦	323.00	7136.00
塞舌尔	377.00	6443.00
巴巴多斯	660.00	6331.00
塔吉克斯坦	8.00	6249.00
布基纳法索	760.00	6080.00
毛里塔尼亚	200.00	5000.00
突尼斯	115.00	4830.00
卢森堡	70.00	4764.00
开曼群岛	228.00	4680.00
贝宁	132.00	4322.00
东帝汶	72.00	4206.00
马提尼克	392.00	4012.00
圭亚那	260.00	3310.00
伯利兹	358.00	2844.00

(续表)

国家/地区	出口数量（件）	出口金额（美元）
南苏丹	130.00	2512.00
圣卢西亚	80.00	2360.00
乍得	27.00	2196.00
苏里南	194.00	2088.00
卢旺达	18.00	1797.00
冰岛	35.00	1575.00
萨摩亚	99.00	1509.00
特克斯和凯科斯群岛	50.00	939.00
马里	34.00	892.00
赤道几内亚	62.00	593.00
大洋洲其他国家（地区）	17.00	272.00
玻利维亚	2.00	244.00
格林纳达	20.00	200.00
科摩罗	20.00	198.00
北马其顿	30.00	162.00
多米尼克	4.00	124.00
英属维尔京群岛	1.00	18.00
94033000 办公室用木家具		
合计	26995626.00	1141047383.00
美国	12555615.00	529426287.00
日本	2633483.00	106678364.00
韩国	1529031.00	41613299.00
沙特阿拉伯	349873.00	40609392.00
英国	2105913.00	36756412.00
澳大利亚	954115.00	36265526.00
中国香港	252838.00	32864291.00
加拿大	665944.00	29750683.00
菲律宾	294340.00	18816996.00
阿联酋	175567.00	16544577.00
南非	98400.00	16135434.00
荷兰	692510.00	15913779.00
新加坡	90890.00	12980679.00
印度尼西亚	321917.00	12102919.00
德国	335485.00	10075352.00
泰国	184637.00	9344589.00
印度	121789.00	8514057.00
伊拉克	47419.00	8430687.00
马来西亚	135179.00	7940723.00
中国台湾	193665.00	7784620.00
法国	579376.00	7591338.00
墨西哥	195253.00	7328443.00
比利时	130432.00	5981918.00
科威特	40367.00	5384766.00
卡塔尔	42767.00	4892635.00
阿曼	21135.00	4626682.00
加纳	255433.00	4369055.00
智利	104023.00	4028988.00
越南	26696.00	3694998.00
新西兰	96229.00	3669909.00
波兰	263849.00	3664799.00
肯尼亚	22016.00	3378954.00
坦桑尼亚	25475.00	3351914.00
以色列	108572.00	3150050.00
西班牙	87639.00	3133582.00
科特迪瓦	26544.00	2965058.00
丹麦	141472.00	2484128.00
阿尔及利亚	31125.00	2379311.00
尼日利亚	19373.00	2324063.00
希腊	46744.00	2307270.00
摩洛哥	18778.00	2203335.00
也门	12545.00	2122022.00
吉布提	10249.00	2026146.00
俄罗斯	37667.00	1781022.00
柬埔寨	8354.00	1701936.00
巴拿马	52401.00	1664977.00
缅甸	16894.00	1640493.00
塞内加尔	15258.00	1629748.00
哥斯达黎加	31916.00	1558764.00
意大利	52560.00	1554068.00
巴林	11399.00	1475817.00
索马里	7678.00	1410057.00
哥伦比亚	33476.00	1379962.00
刚果(金)	11044.00	1378250.00
莫桑比克	9398.00	1360980.00
波多黎各	32057.00	1352538.00
多米尼加	43893.00	1307340.00
萨尔瓦多	18153.00	1212369.00
喀麦隆	10433.00	1181493.00
瑞典	54286.00	1078163.00
秘鲁	42248.00	1050915.00
乌兹别克斯坦	4617.00	1012667.00
马尔代夫	7921.00	965554.00
罗马尼亚	28913.00	924332.00
危地马拉	14424.00	878572.00
巴基斯坦	4700.00	860637.00
牙买加	14195.00	838062.00
捷克	20880.00	773894.00
孟加拉国	6187.00	755454.00
刚果(布)	6363.00	743897.00
安哥拉	4799.00	731121.00
巴布亚新几内亚	3334.00	715458.00
马达加斯加	5934.00	707048.00
几内亚	4076.00	698593.00
博茨瓦纳	4220.00	674681.00
中国澳门	8276.00	658612.00
佛得角	5938.00	650878.00
加蓬	6336.00	615433.00
爱尔兰	39116.00	605829.00
利比亚	3985.00	529770.00
蒙古	15248.00	526368.00
斯里兰卡	1716.00	517224.00
苏丹	2546.00	499934.00
毛里求斯	4131.00	496881.00
特立尼达和多巴哥	7535.00	450220.00
巴西	11094.00	441387.00
赞比亚	3723.00	440494.00
乌干达	2644.00	382322.00
马拉维	3714.00	373601.00
毛里塔尼亚	3041.00	364353.00
贝宁	2919.00	361975.00
约旦	2230.00	352558.00
冈比亚	2219.00	342748.00
洪都拉斯	4623.00	318454.00
利比里亚	2749.00	317661.00
挪威	4622.00	302699.00
克罗地亚	39918.00	300592.00
突尼斯	3780.00	298996.00
保加利亚	14081.00	292717.00
埃塞俄比亚	1736.00	289731.00
葡萄牙	14393.00	288025.00
乌克兰	9395.00	275844.00
拉脱维亚	5854.00	259839.00
乌拉圭	2699.00	259530.00
多哥	2753.00	257882.00
塞浦路斯	1809.00	248520.00
厄瓜多尔	9160.00	241628.00
阿根廷	5409.00	227814.00
埃及	1522.00	219140.00
奥地利	15272.00	216306.00
津巴布韦	1825.00	200933.00

林产品进出口

FOREIGN TRADE STATISTICS OF FOREST PRODUCTS

(续表)

国家/地区	出口数量（件）	出口金额（美元）
委内瑞拉	2481.00	196206.00
哈萨克斯坦	1264.00	192867.00
阿富汗	918.00	186091.00
海地	1105.00	181212.00
苏里南	933.00	165222.00
芬兰	4757.00	161648.00
纳米比亚	873.00	154068.00
圣卢西亚	663.00	152754.00
文莱	2136.00	148633.00
土耳其	6149.00	141109.00
新喀里多尼亚	1962.00	137821.00
瓦努阿图	742.00	135201.00
尼泊尔	243.00	134339.00
赤道几内亚	1716.00	134064.00
格鲁吉亚	986.00	129622.00
斯洛文尼亚	2624.00	124423.00
留尼汪	2545.00	120834.00
尼加拉瓜	1317.00	118313.00
马里	1108.00	115170.00
马耳他	1101.00	113381.00
朝鲜	972.00	111815.00
巴巴多斯	6084.00	109578.00
黎巴嫩	332.00	101402.00
布基纳法索	1204.00	93206.00
阿塞拜疆	16.00	88592.00
斐济	734.00	87437.00
卢森堡	13.00	80910.00
乍得	928.00	80772.00
匈牙利	1615.00	77981.00
尼日尔	575.00	73187.00
马约特	697.00	73145.00
塞尔维亚	938.00	69379.00
巴拉圭	896.00	67088.00
瑞士	1642.00	65408.00
巴哈马	36.00	64131.00
老挝	392.00	59458.00
东帝汶	284.00	56060.00
摩纳哥	818.00	54632.00
塔吉克斯坦	568.00	52767.00
萨摩亚	142.00	45717.00
古巴	429.00	45579.00
大洋洲其他国家（地区）	241.00	45129.00
亚美尼亚	1336.00	42392.00

(续表)

国家/地区	出口数量（件）	出口金额（美元）
立陶宛	1668.00	34720.00
英属维尔京群岛	92.00	32379.00
塞拉利昂	147.00	30584.00
巴勒斯坦	313.00	29178.00
布隆迪	162.00	27387.00
卢旺达	147.00	26890.00
马提尼克	229.00	23295.00
阿鲁巴	142.00	22202.00
所罗门群岛	136.00	18674.00
圭亚那	76.00	17570.00
安提瓜和巴布达	52.00	15859.00
塞舌尔	168.00	15179.00
中非	62.00	14621.00
吉尔吉斯斯坦	54.00	14398.00
南苏丹	115.00	12507.00
阿尔巴尼亚	1087.00	11893.00
格林纳达	73.00	10758.00
白俄罗斯	620.00	9713.00
帕劳	40.00	8775.00
斯洛伐克	315.00	8335.00
爱沙尼亚	270.00	6843.00
汤加	24.00	6630.00
玻利维亚	507.00	6423.00
基里巴斯	8.00	4255.00
科摩罗	21.00	3716.00
莱索托	9.00	2891.00
瓜德罗普	13.00	2185.00
厄立特里亚	29.00	1798.00
密克罗尼西亚联邦	30.00	1650.00
特克斯和凯科斯群岛	28.00	1439.00
瓦利斯和浮图纳	55.00	990.00
伯利兹	6.00	418.00
土库曼斯坦	7.00	305.00
多米尼克	1.00	270.00
法属圭亚那	14.00	120.00
94034000 厨房用木家具		
合计	20825939.00	931348198.00
巴林	4037.00	281844.00
孟加拉国	2292.00	83080.00
文莱	547.00	273687.00
缅甸	2143.00	388940.00
柬埔寨	7996.00	2410182.00
塞浦路斯	23.00	32845.00

(续表)

国家/地区	出口数量（件）	出口金额（美元）
中国香港	126252.00	10526392.00
印度	20156.00	1082395.00
印度尼西亚	1931463.00	27205641.00
伊朗	222.00	17657.00
伊拉克	15243.00	365821.00
以色列	82537.00	3069181.00
日本	424622.00	25243532.00
约旦	1437.00	52379.00
科威特	4098.00	419350.00
老挝	1146.00	220350.00
黎巴嫩	516.00	37540.00
中国澳门	1120.00	129637.00
马来西亚	4423867.00	258328256.00
马尔代夫	13260.00	1266019.00
蒙古	12234.00	340797.00
尼泊尔	1706.00	78600.00
阿曼	10104.00	1170036.00
巴基斯坦	288.00	73548.00
菲律宾	1344565.00	18047265.00
卡塔尔	7405.00	1060785.00
沙特阿拉伯	127052.00	5185838.00
新加坡	125917.00	9201359.00
韩国	110002.00	8379056.00
斯里兰卡	1430.00	936669.00
泰国	128769.00	7911226.00
土耳其	2.00	268.00
阿联酋	40312.00	3046299.00
也门	335.00	53942.00
越南	28071.00	1917593.00
中国台湾	371454.00	22685201.00
东帝汶	62.00	137516.00
哈萨克斯坦	455.00	240128.00
吉尔吉斯斯坦	2.00	120.00
乌兹别克斯坦	1109.00	27095.00
阿尔及利亚	1069.00	84348.00
安哥拉	4609.00	1508172.00
贝宁	115.00	22292.00
博茨瓦纳	2111.00	255904.00
喀麦隆	516.00	104188.00
佛得角	88.00	107281.00
中非	12.00	500.00
乍得	1.00	1120.00
刚果（布）	678.00	244421.00
吉布提	750.00	256251.00

(续表)

国家/地区	出口数量（件）	出口金额（美元）
埃及	216.00	17174.00
埃塞俄比亚	2796.00	170435.00
冈比亚	3452.00	243827.00
加纳	2219.00	521733.00
几内亚	227.00	96229.00
科特迪瓦	327.00	161375.00
肯尼亚	7482.00	1789209.00
利比里亚	2.00	106.00
利比亚	125.00	31250.00
马达加斯加	2.00	40325.00
马拉维	71.00	13199.00
马里	10.00	460.00
毛里塔尼亚	61.00	6658.00
毛里求斯	2583.00	217006.00
摩洛哥	173.00	37177.00
莫桑比克	1715.00	229987.00
纳米比亚	1139.00	133016.00
尼日尔	64.00	5846.00
尼日利亚	4876.00	749280.00
留尼汪	2284.00	589511.00
塞内加尔	1376.00	226552.00
塞舌尔	86.00	122717.00
塞拉利昂	124.00	37083.00
索马里	279.00	83976.00
南非	33096.00	5926086.00
苏丹	34.00	8453.00
坦桑尼亚	21331.00	3111094.00
多哥	532.00	58675.00
突尼斯	207.00	30210.00
乌干达	128.00	48736.00
刚果（金）	444.00	258994.00
赞比亚	117.00	67915.00
津巴布韦	740.00	166756.00
南苏丹	150.00	8296.00
比利时	94667.00	4188427.00
丹麦	99626.00	10754785.00
英国	301517.00	38651092.00
德国	443046.00	26970693.00
法国	99193.00	4562984.00
爱尔兰	3037.00	728583.00
意大利	122227.00	1939530.00
荷兰	273700.00	7130573.00
希腊	6783.00	259137.00
葡萄牙	1271.00	129777.00
西班牙	130117.00	6909701.00
奥地利	569.00	14060.00
保加利亚	22189.00	1937324.00
芬兰	544.00	95764.00
匈牙利	1945.00	41130.00
冰岛	186.00	28558.00
马耳他	22.00	31064.00
挪威	46111.00	3497345.00
波兰	48472.00	3611067.00
罗马尼亚	195.00	92661.00
瑞典	92501.00	4031469.00
瑞士	18.00	4389.00
爱沙尼亚	716.00	85532.00
拉脱维亚	2386.00	175911.00
立陶宛	926.00	92411.00
格鲁吉亚	420.00	40991.00
亚美尼亚	40.00	22685.00
阿塞拜疆	45.00	3600.00
白俄罗斯	411.00	71008.00
俄罗斯	1702.00	125719.00
乌克兰	1136.00	81833.00
斯洛文尼亚	7609.00	197894.00
克罗地亚	5113.00	200586.00
捷克	2031.00	60468.00
斯洛伐克	2991.00	90231.00
黑山	4.00	26200.00
安提瓜和巴布达	3574.00	472075.00
阿根廷	2228.00	193550.00
阿鲁巴	335.00	161162.00
巴哈马	14203.00	889644.00
巴巴多斯	1361.00	697520.00
伯利兹	367.00	28873.00
玻利维亚	1308.00	79227.00
巴西	1971.00	50691.00
开曼群岛	5922.00	789773.00
智利	31623.00	1959111.00
哥伦比亚	13343.00	360068.00
哥斯达黎加	154867.00	13245921.00
古巴	80.00	2584.00
多米尼加	15307.00	712831.00
厄瓜多尔	6404.00	43347.00
格林纳达	184.00	153926.00
瓜德罗普	462.00	100022.00
危地马拉	2634.00	85551.00
圭亚那	19134.00	389308.00
海地	732.00	44925.00
洪都拉斯	104.00	101495.00
牙买加	43608.00	2266159.00
墨西哥	17355.00	820427.00
尼加拉瓜	370.00	17235.00
巴拿马	11111.00	711779.00
巴拉圭	1.00	48.00
秘鲁	2074.00	112307.00
波多黎各	611.00	48595.00
圣卢西亚	72.00	12798.00
圣文森特和格林纳丁斯	2.00	5276.00
萨尔瓦多	3187.00	125005.00
苏里南	11.00	6665.00
特立尼达和多巴哥	874.00	311114.00
特克斯和凯科斯群岛	1.00	9924.00
乌拉圭	4239.00	208775.00
委内瑞拉	5687.00	466267.00
英属维尔京群岛	17.00	50474.00
圣其茨和尼维斯	22.00	25051.00
加拿大	952066.00	50097266.00
美国	5271825.00	206948300.00
澳大利亚	2553484.00	90255093.00
斐济	109.00	203545.00
新喀里多尼亚	607.00	73507.00
瓦努阿图	1.00	3937.00
新西兰	393121.00	10842431.00
巴布亚新几内亚	2718.00	496792.00
所罗门群岛	394.00	13606.00
汤加	9.00	1766.00
基里巴斯	12.00	3397.00
密克罗尼西亚联邦	1.00	450.00
法属波利尼西亚	71.00	28067.00
大洋洲其他国家（地区）	2.00	13464.00
94035010 卧室用红木家具		
合计	3017.00	76223.00
以色列	1.00	364.00
日本	893.00	65544.00
中国澳门	11.00	496.00
巴基斯坦	105.00	1000.00

林产品进出口
FOREIGN TRADE STATISTICS OF FOREST PRODUCTS

(续表)

国家/地区	出口数量（件）	出口金额（美元）
哈萨克斯坦	1.00	775.00
加拿大	2.00	2450.00
美国	2002.00	5094.00
澳大利亚	2.00	500.00
94035091 卧室用天然漆（大漆）漆木家具		
合计	1553.00	268897.00
中国香港	11.00	167433.00
日本	10.00	3833.00
马来西亚	126.00	24453.00
韩国	8.00	1533.00
阿联酋	4.00	3236.00
索马里	170.00	2078.00
英国	1.00	1250.00
爱尔兰	976.00	47824.00
智利	105.00	7045.00
加拿大	23.00	4030.00
澳大利亚	2.00	800.00
巴布亚新几内亚	117.00	5382.00
94035099 其他卧室用木家具		
合计	35806947.00	2924148454.00
阿富汗	523.00	96227.00
巴林	14222.00	2387869.00
孟加拉国	2208.00	391942.00
文莱	4160.00	815132.00
缅甸	28534.00	3424782.00
柬埔寨	27005.00	6794355.00
塞浦路斯	8199.00	924876.00
朝鲜	30.00	12622.00
中国香港	713261.00	188904662.00
印度	214749.00	20223097.00
印度尼西亚	554257.00	16734359.00
伊朗	1358.00	282218.00
伊拉克	93093.00	9395071.00
以色列	314580.00	22894439.00
日本	3116782.00	283833132.00
约旦	3340.00	987276.00
科威特	80470.00	14261680.00
老挝	13409.00	1566435.00
黎巴嫩	809.00	146827.00
中国澳门	25666.00	5271084.00
马来西亚	456776.00	29371551.00
马尔代夫	35126.00	3932592.00
蒙古	63974.00	2322877.00

(续表)

国家/地区	出口数量（件）	出口金额（美元）
尼泊尔	6493.00	796642.00
阿曼	134918.00	18834510.00
巴基斯坦	22942.00	2372401.00
菲律宾	231367.00	26599021.00
卡塔尔	98060.00	16789904.00
沙特阿拉伯	1005826.00	132284013.00
新加坡	145579.00	19681446.00
韩国	1718513.00	243180534.00
斯里兰卡	1233.00	560483.00
泰国	410220.00	30812020.00
土耳其	1763.00	163437.00
阿联酋	532021.00	73051783.00
也门	23094.00	3178158.00
越南	114528.00	18148477.00
中国台湾	729492.00	34334677.00
东帝汶	1431.00	170510.00
哈萨克斯坦	6911.00	1019967.00
吉尔吉斯斯坦	398.00	55751.00
塔吉克斯坦	696.00	283976.00
乌兹别克斯坦	23646.00	3314955.00
阿尔及利亚	5380.00	1138232.00
安哥拉	22903.00	3078177.00
贝宁	5060.00	512507.00
博茨瓦纳	15236.00	1527706.00
布隆迪	70.00	38224.00
喀麦隆	4566.00	794057.00
佛得角	538.00	98528.00
中非	3.00	3388.00
乍得	316.00	121075.00
科摩罗	114.00	77166.00
刚果（布）	2745.00	372819.00
吉布提	8951.00	2153334.00
埃及	2173.00	454805.00
赤道几内亚	84.00	5739.00
埃塞俄比亚	1677.00	320815.00
加蓬	1146.00	376335.00
冈比亚	4644.00	1115340.00
加纳	22258.00	3016442.00
几内亚	4544.00	811741.00
几内亚比绍	32.00	11756.00
科特迪瓦	16592.00	2062886.00
肯尼亚	44582.00	4853051.00
利比里亚	755.00	139360.00
利比亚	2010.00	230966.00

(续表)

国家/地区	出口数量（件）	出口金额（美元）
马达加斯加	571.00	129052.00
马拉维	69.00	9289.00
马里	939.00	175983.00
毛里塔尼亚	5337.00	906764.00
毛里求斯	6012.00	842079.00
摩洛哥	7102.00	1087687.00
莫桑比克	8982.00	1645727.00
纳米比亚	6682.00	733852.00
尼日尔	402.00	77893.00
尼日利亚	10257.00	1675925.00
留尼汪	8970.00	677154.00
卢旺达	138.00	42133.00
塞内加尔	13985.00	1900231.00
塞舌尔	171.00	142132.00
塞拉利昂	231.00	44284.00
索马里	43837.00	6981629.00
南非	155172.00	29751130.00
苏丹	906.00	240342.00
坦桑尼亚	38536.00	3466723.00
多哥	4573.00	620694.00
突尼斯	163.00	5324.00
乌干达	2059.00	279844.00
布基纳法索	76.00	17480.00
刚果（金）	10752.00	1826283.00
赞比亚	1264.00	157511.00
津巴布韦	497.00	71571.00
莱索托	835.00	232725.00
马约特	346.00	78331.00
南苏丹	387.00	38627.00
比利时	422947.00	34615953.00
丹麦	353090.00	12485195.00
英国	3643251.00	320720465.00
德国	1275009.00	82495542.00
法国	1160257.00	72056198.00
爱尔兰	74299.00	7066499.00
意大利	431877.00	41223657.00
荷兰	1006731.00	46468957.00
希腊	64534.00	6066296.00
葡萄牙	19099.00	1811680.00
西班牙	266538.00	13876493.00
阿尔巴尼亚	2509.00	228058.00
奥地利	13516.00	818281.00
保加利亚	34667.00	2308722.00
芬兰	6197.00	430453.00

(续表)

国家/地区	出口数量（件）	出口金额（美元）
匈牙利	4403.00	390529.00
冰岛	9373.00	781368.00
马耳他	1594.00	211837.00
挪威	51426.00	960103.00
波兰	332349.00	20910374.00
罗马尼亚	16744.00	3344980.00
瑞典	175754.00	9965594.00
瑞士	15647.00	994745.00
爱沙尼亚	1746.00	204470.00
拉脱维亚	4120.00	319385.00
立陶宛	4516.00	514150.00
格鲁吉亚	5897.00	1015939.00
亚美尼亚	4529.00	375452.00
阿塞拜疆	3236.00	396210.00
白俄罗斯	13916.00	2852834.00
摩尔多瓦	376.00	45167.00
俄罗斯	68034.00	9561542.00
乌克兰	7954.00	1127989.00
斯洛文尼亚	4632.00	684483.00
克罗地亚	6326.00	416940.00
捷克	22642.00	693851.00
斯洛伐克	11425.00	885871.00
塞尔维亚	567.00	28843.00
黑山	760.00	15300.00
安提瓜和巴布达	114.00	27472.00
阿根廷	2607.00	194980.00
阿鲁巴	399.00	89115.00
巴哈马	75.00	51603.00
巴巴多斯	2066.00	169459.00
伯利兹	334.00	49533.00
玻利维亚	1880.00	170512.00
巴西	2056.00	82929.00
开曼群岛	583.00	175356.00
智利	225985.00	11319202.00
哥伦比亚	10481.00	622927.00
多米尼克	373.00	5312.00
哥斯达黎加	7849.00	631388.00
古巴	1032.00	48260.00
多米尼加	24643.00	3762723.00
厄瓜多尔	1579.00	279700.00
法属圭亚那	2150.00	208693.00
格林纳达	84.00	7344.00
瓜德罗普	1008.00	54931.00
危地马拉	5477.00	745719.00

(续表)

国家/地区	出口数量（件）	出口金额（美元）
圭亚那	2140.00	396668.00
海地	3459.00	522984.00
洪都拉斯	3108.00	152470.00
牙买加	13648.00	2077657.00
马提尼克	1463.00	66012.00
墨西哥	2242277.00	13233317.00
尼加拉瓜	193.00	31657.00
巴拿马	39352.00	4009451.00
巴拉圭	12.00	2310.00
秘鲁	21469.00	820207.00
波多黎各	10909.00	1338398.00
圣卢西亚	234.00	30397.00
圣马丁岛	1.00	30.00
圣文森特和格林纳丁斯	85.00	16253.00
萨尔瓦多	2467.00	242370.00
苏里南	755.00	158159.00
特立尼达和多巴哥	5178.00	779385.00
特克斯和凯科斯群岛	8.00	14197.00
乌拉圭	9553.00	704646.00
委内瑞拉	5195.00	890798.00
圣其茨和尼维斯	117.00	25333.00
加拿大	705619.00	75000218.00
美国	8214384.00	518896425.00
澳大利亚	2876739.00	241116806.00
库克群岛	30.00	283.00
斐济	1661.00	345722.00
新喀里多尼亚	2600.00	484690.00
瓦努阿图	124.00	1899.00
新西兰	324805.00	25740097.00
巴布亚新几内亚	6218.00	854138.00
所罗门群岛	320.00	6146.00
汤加	54.00	6380.00
萨摩亚	370.00	30168.00
基里巴斯	29.00	3597.00
法属波利尼西亚	1489.00	277591.00
瓦利斯和浮图纳	79.00	848.00
大洋洲其他国家（地区）	249.00	22566.00

94036010 其他红木家具

(续表)

国家/地区	出口数量（件）	出口金额（美元）
合计	5096.00	619126.00
印度尼西亚	14.00	1.00
日本	4730.00	518714.00
中国澳门	263.00	8613.00
马来西亚	9.00	331.00
韩国	17.00	4167.00
中国台湾	48.00	64866.00
哈萨克斯坦	1.00	8.00
爱尔兰	1.00	115.00
俄罗斯	1.00	191.00
哥伦比亚	2.00	1146.00
美国	10.00	6889.00

94036091 其他天然漆（大漆）漆木家具

国家/地区	出口数量（件）	出口金额（美元）
合计	24698.00	1223669.00
巴林	78.00	4070.00
缅甸	30.00	2559.00
印度	252.00	13787.00
日本	150.00	8804.00
科威特	254.00	17060.00
老挝	5.00	264.00
马来西亚	31.00	19308.00
阿曼	113.00	8020.00
卡塔尔	250.00	17809.00
沙特阿拉伯	1141.00	75009.00
新加坡	435.00	13471.00
韩国	2072.00	9211.00
泰国	4.00	3539.00
阿联酋	1123.00	91546.00
越南	10.00	6990.00
中国台湾	4.00	1776.00
塔吉克斯坦	2.00	187.00
安哥拉	3.00	1239.00
几内亚比绍	18.00	7400.00
南非	5016.00	16071.00
刚果（金）	26.00	1846.00
英国	8.00	2532.00
法国	8998.00	679810.00
波兰	16.00	4320.00
智利	57.00	1943.00
牙买加	6.00	1709.00
秘鲁	3000.00	19707.00
加拿大	7.00	2265.00
美国	1415.00	180800.00
澳大利亚	4.00	556.00

(续表)

国家/地区	出口数量（件）	出口金额（美元）
新西兰	170.00	10061.00
94036099 未列名木家具		
合计	238411623.00	9795759286.00
阿富汗	421.00	26159.00
巴林	108488.00	7943824.00
孟加拉国	16171.00	1201563.00
不丹	94.00	118401.00
文莱	22873.00	3098526.00
缅甸	49737.00	3991846.00
柬埔寨	62793.00	15233582.00
塞浦路斯	32291.00	1582781.00
朝鲜	100.00	12000.00
中国香港	2735405.00	556436061.00
印度	1212059.00	86903554.00
印度尼西亚	4013967.00	94520544.00
伊朗	15912.00	1672804.00
伊拉克	643935.00	90715205.00
以色列	1143660.00	44652080.00
日本	17577508.00	477367964.00
约旦	49351.00	3994413.00
科威特	392444.00	45798178.00
老挝	5663.00	967213.00
黎巴嫩	16014.00	975550.00
中国澳门	228567.00	32102481.00
马来西亚	5291426.00	217096132.00
马尔代夫	26527.00	4655139.00
蒙古	27124.00	2156904.00
尼泊尔	15198.00	1037715.00
阿曼	236365.00	26930746.00
巴基斯坦	21298.00	2726900.00
巴勒斯坦	1569.00	174544.00
菲律宾	4019940.00	209256449.00
卡塔尔	190866.00	29578226.00
沙特阿拉伯	3377464.00	289690623.00
新加坡	969799.00	98182606.00
韩国	6185056.00	279171435.00
斯里兰卡	24665.00	2827902.00
叙利亚	62.00	911.00
泰国	4917896.00	213528853.00
土耳其	32402.00	1221788.00
阿联酋	1596036.00	124368045.00
也门	61838.00	10861755.00
越南	404606.00	38282313.00
中国台湾	2484334.00	132371143.00
东帝汶	4999.00	542247.00
哈萨克斯坦	26324.00	3529265.00
吉尔吉斯斯坦	1282.00	137617.00
塔吉克斯坦	1642.00	602886.00
土库曼斯坦	15845.00	428091.00
乌兹别克斯坦	25887.00	4949979.00
阿尔及利亚	51158.00	4433529.00
安哥拉	93673.00	7892100.00
贝宁	7478.00	1440735.00
博茨瓦纳	56925.00	6485648.00
喀麦隆	81223.00	6533961.00
佛得角	3366.00	213086.00
中非	137.00	17887.00
乍得	630.00	96993.00
科摩罗	502.00	121435.00
刚果（布）	8624.00	1315903.00
吉布提	82964.00	18639215.00
埃及	42403.00	3912255.00
赤道几内亚	1793.00	268012.00
埃塞俄比亚	11113.00	1331450.00
加蓬	9997.00	1060774.00
冈比亚	11659.00	2769602.00
加纳	295881.00	38448447.00
几内亚	10736.00	1010765.00
几内亚比绍	216.00	10072.00
科特迪瓦	106677.00	8903584.00
肯尼亚	187469.00	17972175.00
利比里亚	4785.00	696766.00
利比亚	68060.00	3053239.00
马达加斯加	34796.00	1593385.00
马拉维	346.00	91452.00
马里	2618.00	494149.00
毛里塔尼亚	11332.00	2229844.00
毛里求斯	21741.00	2286429.00
摩洛哥	127805.00	6948341.00
莫桑比克	81750.00	10863637.00
纳米比亚	32668.00	2976463.00
尼日尔	86.00	7276.00
尼日利亚	159235.00	22290839.00
留尼汪	51164.00	2275606.00
卢旺达	127.00	36179.00
塞内加尔	51419.00	6458639.00
塞舌尔	1119.00	187287.00
塞拉利昂	1785.00	86784.00
索马里	67416.00	16868551.00
南非	1600923.00	202397244.00
苏丹	10563.00	1726191.00
坦桑尼亚	230729.00	28394999.00
多哥	39643.00	2541912.00
突尼斯	843.00	75492.00
乌干达	1733.00	290612.00
布基纳法索	1439.00	220634.00
刚果（金）	22416.00	3240504.00
赞比亚	10771.00	1619595.00
津巴布韦	2214.00	736677.00
莱索托	1385.00	239194.00
马约特	4355.00	463491.00
南苏丹	2.00	341.00
比利时	3637082.00	132878475.00
丹麦	2144516.00	66490859.00
英国	18552986.00	588889160.00
德国	13471258.00	351260434.00
法国	11429327.00	281597661.00
爱尔兰	532494.00	15118600.00
意大利	3360558.00	76817560.00
卢森堡	505.00	35986.00
荷兰	10355349.00	232790149.00
希腊	616153.00	18753999.00
葡萄牙	315981.00	7332925.00
西班牙	4096732.00	113132210.00
阿尔巴尼亚	18025.00	1144391.00
奥地利	121477.00	4111557.00
保加利亚	374306.00	9157789.00
芬兰	130819.00	4599180.00
匈牙利	97024.00	3518274.00
冰岛	3097.00	407562.00
列支敦士登	351.00	47025.00
马耳他	19984.00	2032665.00
挪威	494840.00	25277639.00
波兰	3015821.00	82527715.00
罗马尼亚	308327.00	13863000.00
圣马力诺	1.00	120.00
瑞典	1732147.00	58313552.00
瑞士	69300.00	3865595.00
爱沙尼亚	33093.00	971110.00

（续表）

国家/地区	出口数量（件）	出口金额（美元）
拉脱维亚	83256.00	2040805.00
立陶宛	51235.00	1433187.00
格鲁吉亚	22373.00	1730570.00
亚美尼亚	6459.00	1006619.00
阿塞拜疆	6536.00	561687.00
白俄罗斯	48758.00	2847686.00
摩尔多瓦	5930.00	178818.00
俄罗斯	1581470.00	37965121.00
乌克兰	178867.00	9715448.00
斯洛文尼亚	997493.00	11929020.00
克罗地亚	156703.00	6543342.00
捷克	277196.00	7420777.00
斯洛伐克	141355.00	3471312.00
北马其顿	925.00	80175.00
波黑	493.00	22286.00
塞尔维亚	11599.00	524503.00
黑山	2082.00	157111.00
安提瓜和巴布达	608.00	79811.00
阿根廷	104158.00	3286641.00
阿鲁巴	1728.00	274864.00
巴哈马	1134.00	419358.00
巴巴多斯	5124.00	198102.00
伯利兹	1236.00	61964.00
玻利维亚	6948.00	143485.00
巴西	563841.00	8059531.00
开曼群岛	1713.00	576384.00
智利	3176421.00	87150110.00
哥伦比亚	426856.00	11231346.00
多米尼克	301.00	3121.00
哥斯达黎加	178609.00	4476433.00
古巴	1530.00	52896.00
多米尼加	189215.00	15158666.00
厄瓜多尔	93697.00	3272973.00
法属圭亚那	5933.00	262229.00
格林纳达	793.00	77606.00
瓜德罗普	10695.00	515638.00
危地马拉	139948.00	4107197.00
圭亚那	8224.00	1314950.00
海地	9596.00	614342.00
洪都拉斯	49854.00	1994894.00
牙买加	54151.00	3910511.00
马提尼克	5591.00	209130.00
墨西哥	2235004.00	54781596.00

（续表）

国家/地区	出口数量（件）	出口金额（美元）
尼加拉瓜	17125.00	385077.00
巴拿马	363007.00	15672008.00
巴拉圭	6004.00	412565.00
秘鲁	709623.00	14832175.00
波多黎各	162549.00	6470220.00
圣卢西亚	826.00	33422.00
圣马丁岛	484.00	7634.00
圣文森特和格林纳丁斯	358.00	11914.00
萨尔瓦多	99346.00	2151480.00
苏里南	1599.00	151381.00
特立尼达和多巴哥	23280.00	1552696.00
特克斯和凯科斯群岛	4.00	4872.00
乌拉圭	92224.00	4186933.00
委内瑞拉	37243.00	3650086.00
英属维尔京群岛	675.00	27670.00
圣其茨和尼维斯	1193.00	117508.00
加拿大	6637741.00	326800866.00
美国	70408019.00	2803608382.00
百慕大	3.00	183.00
澳大利亚	10305947.00	538630984.00
库克群岛	240.00	1493.00
斐济	9360.00	523726.00
瑙鲁	77.00	2505.00
新喀里多尼亚	12598.00	1035494.00
瓦努阿图	736.00	63818.00
新西兰	1709833.00	79601724.00
巴布亚新几内亚	27256.00	1934059.00
所罗门群岛	1222.00	211010.00
汤加	29.00	1886.00
萨摩亚	1943.00	179952.00
基里巴斯	82.00	13080.00
马绍尔群岛	4.00	2399.00
帕劳	14.00	5628.00
法属波利尼西亚	4939.00	611780.00
瓦利斯和浮图纳	477.00	19598.00
大洋洲其他国家（地区）	577.00	151318.00

表8 木质家具进口量值表

国家/地区	进口数量（件）	进口金额（美元）
94016110 皮革或再生皮革面的带软垫的木框架坐具		
合计	179003.00	149584812.00
柬埔寨	1.00	537.00
中国香港	37.00	227.00
印度	130.00	81321.00
印度尼西亚	46118.00	3895168.00
日本	4867.00	124372.00
中国澳门	1.00	695.00
马来西亚	11245.00	848877.00
菲律宾	17.00	11811.00
新加坡	2.00	919.00
韩国	1119.00	27759.00
泰国	14362.00	4736728.00
土耳其	16.00	8559.00
阿联酋	6.00	22316.00
越南	8781.00	2973421.00
中国	1249.00	17344.00
中国台湾	1325.00	1798.00
埃塞俄比亚	37.00	24.00
比利时	336.00	11974.00
丹麦	1461.00	158361.00
英国	108.00	125359.00
德国	3191.00	466662.00
法国	941.00	2671766.00
意大利	66096.00	113924161.00
荷兰	586.00	37672.00
葡萄牙	70.00	11222.00
西班牙	124.00	17286.00
奥地利	273.00	2983.00
芬兰	1.00	134.00
挪威	11409.00	633226.00
波兰	153.00	163666.00
罗马尼亚	688.00	3329.00
瑞典	258.00	123799.00
瑞士	212.00	7965.00
拉脱维亚	944.00	1423.00
立陶宛	116.00	8394.00
斯洛文尼亚	71.00	377.00
捷克	138.00	26579.00
斯洛伐克	46.00	93221.00
波黑	630.00	239382.00
塞尔维亚	148.00	4969.00
巴西	15.00	12264.00

林产品进出口

FOREIGN TRADE STATISTICS OF FOREST PRODUCTS

(续表)

国家/地区	进口数量（件）	进口金额（美元）
墨西哥	1108.00	228379.00
加拿大	31.00	6524.00
美国	516.00	979769.00
澳大利亚	17.00	3815.00
新西兰	3.00	79.00
94016190 其他带软垫的木框架坐具		
合计	352212.00	1286863.00
缅甸	3.00	8564.00
柬埔寨	11.00	3781.00
中国香港	35.00	5727.00
印度	902.00	12.00
印度尼西亚	5404.00	98888.00
以色列	1.00	12.00
日本	14584.00	1146756.00
马来西亚	46362.00	141772.00
巴基斯坦	2.00	3757.00
菲律宾	325.00	49429.00
新加坡	100.00	1445.00
韩国	341.00	27249.00
泰国	157454.00	11686799.00
土耳其	244.00	61534.00
阿联酋	23.00	352.00
越南	44626.00	4551578.00
中国	4315.00	1113363.00
中国台湾	1035.00	33759.00
埃及	54.00	287.00
摩洛哥	100.00	5.00
比利时	932.00	364816.00
丹麦	1751.00	842698.00
英国	997.00	65735.00
德国	1226.00	1131454.00
法国	3165.00	6456536.00
意大利	33512.00	6294221.00
卢森堡	10.00	1873.00
荷兰	689.00	356333.00
葡萄牙	272.00	4593.00
西班牙	1927.00	1124477.00
奥地利	53.00	21946.00
芬兰	5.00	4958.00
匈牙利	16.00	48165.00
挪威	20.00	15775.00
波兰	361.00	3925.00
罗马尼亚	24593.00	718932.00
圣马力诺	13.00	7852.00

(续表)

国家/地区	进口数量（件）	进口金额（美元）
瑞典	146.00	35994.00
瑞士	22.00	16355.00
爱沙尼亚	6.00	1513.00
拉脱维亚	475.00	123771.00
立陶宛	610.00	74822.00
俄罗斯	1.00	127.00
乌克兰	3.00	675.00
斯洛文尼亚	10.00	14826.00
克罗地亚	3.00	2524.00
捷克	524.00	86922.00
斯洛伐克	35.00	5126.00
北马其顿	2.00	382.00
波黑	77.00	4288.00
塞尔维亚	23.00	5661.00
巴西	22.00	6816.00
危地马拉	2.00	5599.00
墨西哥	3515.00	333187.00
加拿大	113.00	2967.00
美国	1021.00	1146586.00
澳大利亚	48.00	3528.00
新西兰	91.00	49486.00
94016900 其他木框架坐具		
合计	1046056.00	5663219.00
缅甸	685.00	29529.00
柬埔寨	2.00	8.00
中国香港	28.00	19489.00
印度	3592.00	32716.00
印度尼西亚	52344.00	2146235.00
日本	2672.00	95224.00
老挝	76696.00	554497.00
马来西亚	114458.00	2382857.00
蒙古	24.00	517.00
尼泊尔	88.00	2964.00
巴基斯坦	3.00	157.00
菲律宾	99.00	14818.00
新加坡	18.00	5266.00
韩国	155.00	42111.00
泰国	64950.00	1928669.00
土耳其	4.00	281.00
阿联酋	4.00	216.00
越南	391372.00	22874732.00
中国	9296.00	97648.00
中国台湾	961.00	871.00
贝宁	78.00	2.00

(续表)

国家/地区	进口数量（件）	进口金额（美元）
喀麦隆	10.00	225.00
埃塞俄比亚	54.00	372.00
肯尼亚	29.00	1354.00
马里	271.00	2955.00
摩洛哥	117.00	21856.00
尼日利亚	3.00	596.00
塞内加尔	15.00	11943.00
南非	15.00	1456.00
赞比亚	28.00	5324.00
比利时	660.00	178853.00
丹麦	3618.00	1234457.00
英国	2603.00	448842.00
德国	648.00	29115.00
法国	1539.00	46693.00
意大利	6414.00	354385.00
荷兰	1667.00	32468.00
葡萄牙	92.00	33199.00
西班牙	345.00	14756.00
奥地利	209.00	15691.00
保加利亚	9421.00	247932.00
芬兰	2453.00	755854.00
匈牙利	7.00	2969.00
冰岛	1.00	1335.00
挪威	1.00	4228.00
波兰	44025.00	1721378.00
罗马尼亚	154745.00	4277537.00
瑞典	588.00	39535.00
瑞士	55.00	16561.00
拉脱维亚	2142.00	342585.00
立陶宛	11882.00	568578.00
俄罗斯	46.00	1226.00
乌克兰	6.00	5837.00
斯洛文尼亚	73032.00	2868311.00
克罗地亚	3.00	124.00
捷克	8435.00	85748.00
波黑	1982.00	14814.00
塞尔维亚	354.00	7624.00
巴西	85.00	74213.00
厄瓜多尔	1.00	152.00
洪都拉斯	115.00	18887.00
墨西哥	2.00	185.00
秘鲁	2.00	718.00
加拿大	124.00	7217.00
美国	625.00	254353.00

(续表)

国家/地区	进口数量（件）	进口金额（美元）
澳大利亚	21.00	3365.00
新西兰	16.00	788.00
国别(地区)不详	21.00	862.00
94033000 办公室用木家具		
合计	169773.00	1811762.00
缅甸	4.00	5987.00
中国香港	1520.00	18146.00
印度	5.00	1894.00
印度尼西亚	125.00	3577.00
日本	2680.00	439374.00
老挝	49.00	2161.00
马来西亚	1539.00	68486.00
菲律宾	13.00	3815.00
沙特阿拉伯	1.00	1511.00
新加坡	3.00	3316.00
韩国	129.00	1367.00
泰国	9.00	325.00
土耳其	16.00	395.00
越南	3827.00	818152.00
中国	1226.00	149.00
中国台湾	318.00	11451.00
摩洛哥	7.00	161.00
南非	1.00	235.00
比利时	24.00	19956.00
丹麦	249.00	52564.00
英国	511.00	1578379.00
德国	902.00	823191.00
法国	110.00	244478.00
爱尔兰	2.00	1628.00
意大利	8626.00	1978582.00
荷兰	31.00	37947.00
葡萄牙	7499.00	265137.00
西班牙	122.00	127635.00
奥地利	32.00	89118.00
芬兰	22.00	16439.00
波兰	92154.00	68643.00
瑞典	251.00	1479.00
瑞士	76.00	17724.00
拉脱维亚	12.00	6748.00
立陶宛	32027.00	1753772.00
斯洛文尼亚	2.00	2598.00
克罗地亚	2.00	225.00
捷克	10548.00	887875.00
斯洛伐克	4414.00	5922.00

(续表)

国家/地区	进口数量（件）	进口金额（美元）
波黑	2.00	157.00
古巴	1.00	472.00
墨西哥	6.00	3729.00
加拿大	3.00	8378.00
美国	644.00	651796.00
澳大利亚	28.00	66412.00
新西兰	1.00	1941.00
94034000 厨房用木家具		
合计	1294094.00	17137477.00
缅甸	33.00	2454.00
柬埔寨	7.00	42.00
中国香港	1.00	322.00
印度	153.00	1944.00
印度尼西亚	202.00	42199.00
日本	2955.00	1353145.00
老挝	1457.00	28699.00
马来西亚	782.00	58316.00
蒙古	6.00	31.00
尼泊尔	4.00	498.00
菲律宾	14.00	6193.00
韩国	1303.00	24684.00
泰国	1.00	151.00
越南	10683.00	85439.00
中国	368.00	28888.00
中国台湾	162.00	141779.00
比利时	111.00	98676.00
丹麦	6.00	2286.00
英国	446.00	62227.00
德国	1158703.00	125928551.00
法国	31.00	21161.00
意大利	83902.00	38365961.00
荷兰	56.00	2213.00
葡萄牙	2632.00	88717.00
西班牙	18.00	344344.00
奥地利	362.00	265917.00
芬兰	8.00	22396.00
波兰	5937.00	231311.00
罗马尼亚	9900.00	1749281.00
圣马力诺	8769.00	865883.00
瑞典	1.00	5884.00
瑞士	2.00	386.00
拉脱维亚	3.00	75285.00
俄罗斯	10.00	177.00
斯洛文尼亚	1908.00	76578.00

(续表)

国家/地区	进口数量（件）	进口金额（美元）
波黑	3088.00	9566.00
加拿大	6.00	29952.00
美国	63.00	2612.00
澳大利亚	1.00	1882.00
94035010 卧室用红木家具		
合计	48249.00	1354331.00
缅甸	46.00	28827.00
印度尼西亚	8.00	2253.00
老挝	6618.00	1191582.00
泰国	22.00	7822.00
越南	41533.00	1182159.00
中国	1.00	218.00
中国台湾	15.00	1257.00
比利时	6.00	2213.00
94035091 卧室用天然漆（大漆）漆木家具		
合计	19.00	32683.00
日本	2.00	42.00
阿曼	1.00	3848.00
中国	1.00	85.00
意大利	2.00	2327.00
加拿大	4.00	3387.00
美国	9.00	4994.00
94035099 其他卧室用木家具		
合计	387283.00	14785871.00
缅甸	54.00	33873.00
中国香港	5.00	3478.00
印度	409.00	422.00
印度尼西亚	9630.00	2523737.00
以色列	1.00	189.00
日本	483.00	235192.00
老挝	2.00	246.00
马来西亚	30693.00	5331711.00
蒙古	19.00	133.00
尼泊尔	21.00	157.00
阿曼	2.00	14.00
菲律宾	727.00	254329.00
沙特阿拉伯	1.00	252.00
新加坡	1.00	197.00
韩国	1181.00	249534.00
泰国	11759.00	153536.00
土耳其	131.00	46481.00
越南	30965.00	4375537.00
中国	8809.00	8293.00

（续表）

国家/地区	进口数量（件）	进口金额（美元）
中国台湾	1882.00	1135.00
马里	8.00	371.00
摩洛哥	2.00	1659.00
南非	1.00	265.00
赞比亚	113.00	5437.00
比利时	736.00	313713.00
丹麦	5594.00	1991549.00
英国	541.00	286984.00
德国	1535.00	225534.00
法国	457.00	1238593.00
意大利	53120.00	915224.00
荷兰	40.00	3117.00
希腊	38.00	5118.00
葡萄牙	138.00	256832.00
西班牙	237.00	21558.00
奥地利	237.00	21199.00
芬兰	17.00	8538.00
匈牙利	25.00	1183.00
挪威	2.00	1218.00
波兰	144081.00	13178631.00
罗马尼亚	28922.00	2499792.00
圣马力诺	1166.00	274849.00
瑞典	4362.00	7846339.00
瑞士	3.00	1679.00
拉脱维亚	4915.00	41828.00
立陶宛	28049.00	3664215.00
白俄罗斯	10728.00	249134.00
俄罗斯	1984.00	411771.00
斯洛文尼亚	27.00	1696.00
克罗地亚	1.00	15.00
捷克	2.00	1865.00
斯洛伐克	1601.00	194633.00
波黑	36.00	37235.00
塞尔维亚	34.00	1272.00
巴西	1162.00	21246.00
哥伦比亚	1.00	226.00
洪都拉斯	8.00	349.00
墨西哥	125.00	163128.00
加拿大	77.00	14983.00
美国	364.00	47226.00
澳大利亚	17.00	2391.00
新西兰	2.00	187.00
94036010 其他红木家具		
合计	168858.00	27381639.00

（续表）

国家/地区	进口数量（件）	进口金额（美元）
缅甸	715.00	12615.00
印度	1.00	947.00
印度尼西亚	2110.00	451888.00
日本	675.00	14112.00
老挝	28965.00	2942482.00
泰国	1.00	72.00
越南	136359.00	23826968.00
中国	31.00	1996.00
意大利	1.00	419.00
94036091 其他天然漆（大漆）漆木家具		
合计	361.00	96317.00
日本	337.00	1911.00
中国	6.00	1193.00
德国	4.00	4586.00
意大利	8.00	53552.00
荷兰	3.00	2772.00
葡萄牙	1.00	223.00
美国	2.00	22.00
94036099 未列名木家具		
合计	3319701.00	39148.00
阿富汗	1.00	61.00
缅甸	288.00	1287.00
柬埔寨	10.00	5972.00
塞浦路斯	1.00	2694.00
中国香港	108.00	7777.00
印度	8989.00	719151.00
印度尼西亚	214761.00	787113.00
伊朗	27.00	342.00
日本	32030.00	415545.00
科威特	1.00	2613.00
老挝	1515.00	85217.00
黎巴嫩	1.00	995.00
马来西亚	114376.00	9472569.00
蒙古	20.00	2241.00
尼泊尔	205.00	9998.00
阿曼	2.00	51.00
巴基斯坦	8.00	3591.00
菲律宾	594.00	269768.00
新加坡	68.00	3892.00
韩国	43633.00	2751686.00
斯里兰卡	1.00	662.00
泰国	201238.00	8633354.00
土耳其	201.00	6936.00

（续表）

国家/地区	进口数量（件）	进口金额（美元）
阿联酋	3.00	514.00
越南	359970.00	2156743.00
中国	18380.00	222228.00
中国台湾	9609.00	235421.00
贝宁	8.00	263.00
喀麦隆	8.00	36.00
埃及	43.00	3759.00
埃塞俄比亚	37.00	11.00
加蓬	1127.00	17458.00
肯尼亚	3.00	24.00
摩洛哥	692.00	1181.00
南非	36.00	611.00
赞比亚	4.00	44.00
比利时	1763.00	74672.00
丹麦	9207.00	2893754.00
英国	2132.00	77627.00
德国	95010.00	189918.00
法国	4310.00	8739825.00
意大利	313519.00	1281152.00
卢森堡	5.00	174.00
荷兰	1184.00	89294.00
葡萄牙	5136.00	16667.00
西班牙	1401.00	14424.00
奥地利	938.00	725288.00
保加利亚	22985.00	292121.00
芬兰	76.00	62955.00
匈牙利	20919.00	1194766.00
挪威	9619.00	836779.00
波兰	1096599.00	29684314.00
罗马尼亚	12156.00	165699.00
圣马力诺	1030.00	8127.00
瑞典	1334.00	34366.00
瑞士	209.00	17557.00
爱沙尼亚	11.00	24628.00
拉脱维亚	22986.00	88349.00
立陶宛	350558.00	2694815.00
格鲁吉亚	1.00	1.00
白俄罗斯	10305.00	561112.00
俄罗斯	16394.00	1725574.00
乌克兰	55.00	1655.00
斯洛文尼亚	7457.00	72375.00
克罗地亚	6.00	3269.00
捷克	50259.00	351119.00
斯洛伐克	193384.00	117629.00

(续表)

国家/地区	进口数量（件）	进口金额（美元）
波黑	54355.00	1774619.00
塞尔维亚	1139.00	67725.00
巴西	3193.00	296263.00
洪都拉斯	23.00	11889.00
墨西哥	6.00	147.00
秘鲁	1.00	359.00
加拿大	271.00	266886.00
美国	1284.00	1917828.00
澳大利亚	101.00	3949.00
新西兰	370.00	97153.00
国别(地区)不详	12.00	382.00

表9 木制品出口量值表

国家/地区	出口数量（千克）	出口金额（美元）
44091010 任一边、端或面制成连续形状的针叶木地板条		
合计	2611762.00	4124111.00
缅甸	43800.00	23637.00
柬埔寨	22584.00	43743.00
日本	637362.00	113689.00
巴基斯坦	2160.00	23.00
菲律宾	19446.00	3519.00
新加坡	1730.00	4286.00
韩国	1274932.00	172596.00
泰国	6310.00	537.00
土耳其	5619.00	11912.00
阿联酋	5400.00	6475.00
越南	122319.00	21787.00
中国台湾	34732.00	294948.00
布隆迪	3710.00	5471.00
埃塞俄比亚	3500.00	53.00
突尼斯	392.00	3562.00
比利时	2427.00	7555.00
法国	196.00	196.00
意大利	38500.00	314.00
荷兰	250.00	21.00
希腊	78.00	44.00
保加利亚	1464.00	4392.00
俄罗斯	10016.00	15788.00
乌克兰	371.00	146.00
智利	6864.00	13236.00
英属维尔京群岛	4700.00	181.00
加拿大	44420.00	69983.00

(续表)

国家/地区	出口数量（千克）	出口金额（美元）
美国	240570.00	29663.00
澳大利亚	77910.00	12612.00
44091090 其他任一边、端或面制成连续形状的针叶木木材		
合计	7341322.00	1453361.00
柬埔寨	120900.00	197251.00
中国香港	93723.00	229349.00
以色列	1080.00	1845.00
日本	5043325.00	961447.00
科威特	72248.00	15585.00
菲律宾	115191.00	831439.00
韩国	319630.00	569657.00
阿联酋	3196.00	6125.00
越南	677183.00	812896.00
中国台湾	619959.00	984716.00
哈萨克斯坦	25385.00	235461.00
肯尼亚	400.00	461.00
马里	420.00	624.00
比利时	1118.00	3485.00
英国	65256.00	219312.00
法国	1224.00	4486.00
爱尔兰	21650.00	36893.00
挪威	1000.00	356.00
罗马尼亚	723.00	1863.00
瑞典	7179.00	3988.00
阿塞拜疆	1896.00	12757.00
乌克兰	980.00	98.00
波多黎各	230.00	8.00
加拿大	1760.00	4329.00
美国	114457.00	3887.00
澳大利亚	22750.00	164488.00
瓦努阿图	500.00	265.00
新西兰	7769.00	2319.00
帕劳	190.00	142.00
44092210 热带木制的地板条(块)，任何一边、端或面制成连续形状		
合计	3388300.00	6182632.00
中国香港	16707.00	9584.00
印度	45890.00	5823.00
日本	165229.00	257665.00
中国澳门	336665.00	356482.00
马尔代夫	58.00	116.00
巴基斯坦	78196.00	144894.00
阿联酋	3230.00	3136.00

(续表)

国家/地区	出口数量（千克）	出口金额（美元）
英国	124425.00	213277.00
爱尔兰	18200.00	662.00
阿塞拜疆	148220.00	21598.00
加拿大	64502.00	141469.00
美国	2386978.00	4641619.00
44092290 热带木制的任何一边、端或面制成连续形状的其他木材		
合计	150.00	781.00
巴布亚新几内亚	150.00	781.00
44092910 其他任一边、端或面成连续状的非针叶木地板条		
合计	63338292.00	112384873.00
巴林	553.00	719.00
孟加拉国	4325.00	12975.00
文莱	2850.00	7898.00
缅甸	43335.00	174517.00
柬埔寨	741703.00	97415.00
朝鲜	5500.00	773.00
中国香港	149894.00	329356.00
印度	230076.00	549822.00
伊拉克	27982.00	69955.00
以色列	14325.00	6989.00
日本	19191617.00	39191796.00
科威特	450.00	135.00
中国澳门	23408.00	1743.00
马来西亚	1327062.00	253155.00
蒙古	8000.00	216.00
尼泊尔	15000.00	23784.00
阿曼	4386.00	78948.00
巴基斯坦	3250.00	6477.00
菲律宾	450010.00	782268.00
卡塔尔	24962.00	86234.00
沙特阿拉伯	960.00	26.00
新加坡	519690.00	1249286.00
韩国	8516047.00	12945714.00
斯里兰卡	94355.00	278867.00
泰国	248649.00	326826.00
阿联酋	67255.00	141111.00
越南	1218266.00	796276.00
中国台湾	124322.00	18523.00
东帝汶	468.00	983.00
哈萨克斯坦	1351.00	1933.00
吉尔吉斯斯坦	144.00	135.00
阿尔及利亚	3400.00	12.00

林产品进出口

FOREIGN TRADE STATISTICS OF FOREST PRODUCTS

（续表）

国家/地区	出口数量（千克）	出口金额（美元）
安哥拉	6600.00	594.00
吉布提	5990.00	18545.00
埃及	12200.00	26559.00
埃塞俄比亚	550.00	569.00
加蓬	1450.00	6667.00
冈比亚	1100.00	2346.00
肯尼亚	26700.00	8321.00
莫桑比克	126709.00	454332.00
尼日尔	3783.00	9988.00
卢旺达	28942.00	4858.00
南非	324325.00	1358736.00
坦桑尼亚	11530.00	4323.00
刚果（金）	21415.00	5292.00
赞比亚	1745.00	11736.00
比利时	291190.00	66371.00
丹麦	1600.00	2874.00
英国	5144054.00	8148817.00
德国	3855.00	4845.00
法国	295233.00	513111.00
爱尔兰	44700.00	1431.00
意大利	416448.00	77375.00
荷兰	653286.00	1275524.00
葡萄牙	200.00	5.00
西班牙	15585.00	33157.00
奥地利	1680.00	49.00
保加利亚	19640.00	4447.00
波兰	4130.00	4751.00
罗马尼亚	14057.00	3927.00
立陶宛	620.00	6.00
俄罗斯	125667.00	22638.00
斯洛文尼亚	46820.00	122188.00
克罗地亚	50400.00	6682.00
捷克	3665.00	651.00
智利	2651.00	25844.00
加拿大	1581778.00	2558373.00
美国	18270776.00	2986166.00
澳大利亚	2664783.00	4732192.00
斐济	23500.00	114731.00
瓦努阿图	1071.00	1939.00
新西兰	22656.00	62444.00
巴布亚新几内亚	1613.00	4635.00
44092990 其他任一边、端或面制成连续形状的非针叶木木材		
合计	2648966.00	626696.00

（续表）

国家/地区	出口数量（千克）	出口金额（美元）
巴林	400.00	4.00
缅甸	26087.00	76956.00
柬埔寨	100366.00	294197.00
中国香港	213681.00	3835.00
印度	247029.00	55628.00
印度尼西亚	661.00	4244.00
伊拉克	165273.00	41416.00
以色列	3194.00	3524.00
日本	186075.00	492318.00
马来西亚	7904.00	63183.00
巴基斯坦	3500.00	2887.00
菲律宾	62930.00	398557.00
沙特阿拉伯	4706.00	2845.00
新加坡	28277.00	113976.00
韩国	252119.00	314321.00
泰国	107189.00	1821.00
土耳其	5324.00	727.00
阿联酋	7267.00	17449.00
越南	665631.00	198433.00
中国台湾	6250.00	1562.00
哈萨克斯坦	3877.00	32954.00
乌兹别克斯坦	734.00	2643.00
贝宁	12446.00	4816.00
吉布提	12805.00	48157.00
加纳	46113.00	3345.00
肯尼亚	330.00	111.00
马达加斯加	1589.00	181.00
尼日利亚	990.00	98.00
塞内加尔	1790.00	179.00
多哥	1158.00	926.00
英国	12890.00	72265.00
德国	3007.00	19963.00
荷兰	17082.00	43567.00
西班牙	8588.00	19866.00
瑞典	3630.00	13484.00
瑞士	109.00	152.00
亚美尼亚	98.00	117.00
智利	3317.00	358.00
波多黎各	1100.00	5224.00
加拿大	37384.00	15667.00
美国	256563.00	599114.00
澳大利亚	129092.00	419529.00
新西兰	99.00	16.00
巴布亚新几内亚	312.00	296.00

（续表）

国家/地区	出口数量（千克）	出口金额（美元）
44140010 辐射松制的画框、相框、镜框及类似品		
合计	4.00	215.00
德国	1.00	53.00
加拿大	3.00	93.00
44140090 其他木制的画框、相框、镜框及类似品		
合计	188728054.00	491899862.00
巴林	12797.00	29138.00
孟加拉国	6399.00	8595.00
文莱	8118.00	24868.00
缅甸	261839.00	1184886.00
柬埔寨	4283739.00	6610766.00
塞浦路斯	7932.00	25160.00
中国香港	202248.00	1050064.00
印度	115037.00	252851.00
印度尼西亚	88936.00	299892.00
伊朗	14754.00	16392.00
伊拉克	246245.00	818256.00
以色列	588394.00	1804034.00
日本	5888826.00	22627370.00
约旦	12454.00	34908.00
科威特	43771.00	98728.00
黎巴嫩	6384.00	27811.00
中国澳门	11951.00	21769.00
马来西亚	2726077.00	7494853.00
马尔代夫	5548.00	34051.00
蒙古	17040.00	18758.00
尼泊尔	920.00	552.00
阿曼	34228.00	113725.00
巴基斯坦	8165.00	18457.00
巴勒斯坦	177.00	205.00
菲律宾	414307.00	2272566.00
卡塔尔	44189.00	203246.00
沙特阿拉伯	414567.00	2176163.00
新加坡	157372.00	785038.00
韩国	1171459.00	3485087.00
斯里兰卡	4081.00	5682.00
泰国	392840.00	1442621.00
土耳其	139319.00	399629.00
阿联酋	346217.00	1344499.00
也门	15955.00	18805.00
越南	763319.00	1885193.00
中国台湾	254305.00	928265.00

(续表)

国家/地区	出口数量（千克）	出口金额（美元）
东帝汶	2990.00	4465.00
哈萨克斯坦	23625.00	73893.00
土库曼斯坦	4769.00	13924.00
乌兹别克斯坦	13814.00	45338.00
阿尔及利亚	22762.00	61515.00
安哥拉	13998.00	47535.00
贝宁	7052.00	15631.00
博茨瓦纳	2466.00	18380.00
喀麦隆	17568.00	18825.00
佛得角	1953.00	2702.00
乍得	14.00	126.00
刚果（布）	532.00	1136.00
吉布提	724242.00	2836652.00
埃及	50104.00	160919.00
赤道几内亚	1053.00	895.00
埃塞俄比亚	258917.00	751472.00
加蓬	670.00	985.00
冈比亚	280.00	322.00
加纳	22448.00	41034.00
几内亚	3155.00	3838.00
几内亚比绍	480.00	576.00
科特迪瓦	23178.00	127572.00
肯尼亚	34278.00	58313.00
利比里亚	858.00	1672.00
利比亚	13931.00	38988.00
马达加斯加	1517.00	3988.00
马里	7.00	11.00
毛里塔尼亚	80.00	89.00
毛里求斯	22172.00	55949.00
摩洛哥	12818.00	36836.00
莫桑比克	22432.00	91061.00
纳米比亚	932.00	559.00
尼日利亚	289358.00	656759.00
留尼汪	11186.00	73269.00
塞内加尔	7225.00	11903.00
塞拉利昂	3036.00	13336.00
索马里	1629.00	1815.00
南非	510924.00	1260461.00
苏丹	3587.00	7059.00
坦桑尼亚	63092.00	240243.00
多哥	20841.00	55870.00
突尼斯	1867.00	1997.00
乌干达	613.00	1088.00
刚果（金）	7058.00	25665.00

(续表)

国家/地区	出口数量（千克）	出口金额（美元）
赞比亚	4301.00	4459.00
津巴布韦	2118.00	2324.00
比利时	2752391.00	6488820.00
丹麦	1440716.00	3531869.00
英国	15870347.00	36750802.00
德国	7321627.00	18205562.00
法国	5314578.00	12295616.00
爱尔兰	660974.00	1674552.00
意大利	2118579.00	7893473.00
荷兰	10388631.00	22630638.00
希腊	648483.00	1284408.00
葡萄牙	404580.00	1191578.00
西班牙	4200986.00	10520650.00
阿尔巴尼亚	16305.00	28722.00
奥地利	23718.00	84151.00
保加利亚	288135.00	495345.00
芬兰	137556.00	389667.00
匈牙利	70665.00	217351.00
冰岛	1300.00	6451.00
马耳他	16354.00	26213.00
挪威	278588.00	612332.00
波兰	2382030.00	5655213.00
罗马尼亚	69802.00	184278.00
瑞典	2524479.00	8505667.00
瑞士	14447.00	102559.00
爱沙尼亚	674622.00	1471583.00
拉脱维亚	51155.00	123317.00
立陶宛	19246.00	50562.00
格鲁吉亚	7065.00	12362.00
阿塞拜疆	1603.00	1992.00
白俄罗斯	149292.00	517124.00
摩尔多瓦	913.00	967.00
俄罗斯	1306110.00	2246257.00
乌克兰	66683.00	255830.00
斯洛文尼亚	727869.00	1640373.00
克罗地亚	50933.00	159757.00
捷克	67978.00	175712.00
斯洛伐克	122945.00	282169.00
北马其顿	1888.00	5698.00
波黑	936.00	6247.00
塞尔维亚	9750.00	35781.00
黑山	527.00	895.00
安提瓜和巴布达	78.00	84.00
阿根廷	276409.00	674314.00

(续表)

国家/地区	出口数量（千克）	出口金额（美元）
巴哈马	795.00	910.00
巴巴多斯	1266.00	6770.00
伯利兹	10605.00	47723.00
玻利维亚	16002.00	43782.00
巴西	544882.00	2291149.00
智利	2964725.00	7892423.00
哥伦比亚	223388.00	541197.00
哥斯达黎加	142541.00	343006.00
多米尼加	417015.00	982651.00
厄瓜多尔	105016.00	272726.00
法属圭亚那	16.00	60.00
格林纳达	40.00	197.00
瓜德罗普	3039.00	3645.00
危地马拉	114741.00	394682.00
圭亚那	20927.00	30599.00
海地	1714.00	3209.00
洪都拉斯	14143.00	77825.00
牙买加	13625.00	22116.00
马提尼克	341.00	557.00
墨西哥	1020324.00	3377478.00
尼加拉瓜	89679.00	212794.00
巴拿马	207302.00	642016.00
巴拉圭	2704.00	9101.00
秘鲁	213864.00	591952.00
波多黎各	21235.00	71862.00
圣文森特和格林纳丁斯	97.00	130.00
萨尔瓦多	156968.00	289099.00
苏里南	81.00	342.00
特立尼达和多巴哥	2676.00	8532.00
乌拉圭	61173.00	177478.00
委内瑞拉	908.00	4766.00
加拿大	4345060.00	12902277.00
美国	84918124.00	226134752.00
澳大利亚	9811489.00	19739904.00
斐济	19936.00	50066.00
新喀里多尼亚	473.00	5254.00
瓦努阿图	14.00	74.00
新西兰	1834696.00	3841737.00
巴布亚新几内亚	2010.00	4080.00
汤加	563.00	600.00
萨摩亚	150.00	480.00
基里巴斯	89.00	445.00
法属波利尼西亚	282.00	7695.00

林产品进出口

FOREIGN TRADE STATISTICS OF FOREST PRODUCTS

（续表）

国家/地区	出口数量（千克）	出口金额（美元）
瓦利斯和浮图纳	224.00	448.00
44151000 木制箱、盒、桶及类似的包装容器；电缆卷筒		
合计	22289744.00	46978176.00
巴林	66065.00	85227.00
缅甸	52600.00	51996.00
柬埔寨	297911.00	266969.00
塞浦路斯	34.00	3009.00
中国香港	1882595.00	2308715.00
印度	58328.00	62489.00
印度尼西亚	1691504.00	1667203.00
伊朗	765.00	3347.00
伊拉克	1582.00	1773.00
以色列	121337.00	235522.00
日本	4237892.00	5274043.00
约旦	376.00	301.00
科威特	6022.00	62329.00
黎巴嫩	69.00	478.00
中国澳门	17604.00	43739.00
马来西亚	376961.00	572304.00
阿曼	9337.00	24828.00
巴基斯坦	837.00	3000.00
菲律宾	4833.00	109286.00
卡塔尔	10462.00	253505.00
沙特阿拉伯	7330.00	47350.00
新加坡	238228.00	568604.00
韩国	2572480.00	3153577.00
斯里兰卡	81653.00	159391.00
泰国	764905.00	1103187.00
土耳其	59.00	227.00
阿联酋	210764.00	335023.00
越南	771928.00	2758986.00
中国台湾	732844.00	1437714.00
哈萨克斯坦	1746.00	68537.00
塔吉克斯坦	150.00	154.00
安哥拉	16271.00	55235.00
埃及	494.00	1539.00
科特迪瓦	32.00	128.00
肯尼亚	746.00	917.00
利比亚	34.00	78.00
毛里求斯	180.00	1103.00
摩洛哥	84710.00	123465.00
尼日利亚	6489.00	67581.00
留尼汪	30.00	120.00

（续表）

国家/地区	出口数量（千克）	出口金额（美元）
索马里	299.00	315.00
南非	6797.00	19582.00
坦桑尼亚	666.00	1882.00
比利时	115345.00	1241187.00
丹麦	4961.00	23376.00
英国	182568.00	1716215.00
德国	454223.00	3377611.00
法国	102882.00	509352.00
爱尔兰	20086.00	45157.00
意大利	217691.00	641970.00
荷兰	264054.00	1713189.00
希腊	11026.00	32783.00
葡萄牙	23994.00	70162.00
西班牙	370376.00	1083562.00
奥地利	1897.00	16495.00
保加利亚	2128.00	8418.00
芬兰	6092.00	20487.00
匈牙利	726.00	7786.00
挪威	328.00	4759.00
波兰	16023.00	89749.00
罗马尼亚	1535.00	9584.00
瑞典	21449.00	80936.00
瑞士	38913.00	364074.00
爱沙尼亚	22700.00	22140.00
拉脱维亚	2.00	5.00
白俄罗斯	66.00	75.00
俄罗斯	12726.00	240561.00
乌克兰	1044.00	2631.00
捷克	27389.00	36893.00
斯洛伐克	81.00	649.00
阿根廷	430.00	1320.00
玻利维亚	1133.00	3367.00
巴西	9063.00	39388.00
智利	14536.00	192261.00
哥伦比亚	604.00	691.00
哥斯达黎加	5122.00	10716.00
厄瓜多尔	1517.00	4850.00
法属圭亚那	6.00	24.00
瓜德罗普	51.00	192.00
马提尼克	26.00	96.00
墨西哥	4794.00	16399.00
巴拿马	439.00	5372.00
秘鲁	3683.00	8463.00
波多黎各	32979.00	83116.00

（续表）

国家/地区	出口数量（千克）	出口金额（美元）
萨尔瓦多	2730.00	5712.00
特立尼达和多巴哥	50.00	200.00
乌拉圭	14.00	95.00
加拿大	41340.00	228303.00
美国	3896226.00	10697558.00
澳大利亚	1931706.00	3242722.00
斐济	34840.00	53478.00
新喀里多尼亚	32.00	128.00
新西兰	52121.00	88969.00
法属波利尼西亚	48.00	192.00
44152010 辐射松制托板箱形托盘及其他装载板托盘护框		
合计	369072.00	485831.00
日本	16432.00	37518.00
韩国	235960.00	325000.00
越南	63826.00	89985.00
中国台湾	16800.00	10802.00
几内亚	35254.00	19726.00
德国	800.00	2800.00
44160090 木制大桶、琵琶桶、盆等木制箍桶及其零件		
合计	1147771.00	8155254.00
柬埔寨	1867.00	129181.00
中国香港	71908.00	397192.00
印度	238.00	167.00
伊朗	54.00	189.00
伊拉克	142.00	185.00
以色列	9116.00	484.00
日本	212106.00	73485.00
约旦	47.00	376.00
科威特	1327.00	2878.00
老挝	2.00	19.00
黎巴嫩	15.00	115.00
中国澳门	1609.00	1288.00
马来西亚	2610.00	459.00
尼泊尔	6.00	48.00
阿曼	11.00	17.00
菲律宾	5105.00	39387.00
卡塔尔	1164.00	2569.00
沙特阿拉伯	27799.00	368473.00
新加坡	7566.00	218429.00
韩国	8599.00	53624.00
斯里兰卡	2.00	19.00
泰国	1257.00	3988.00

（续表）

国家/地区	出口数量（千克）	出口金额（美元）
土耳其	3632.00	3332.00
阿联酋	10875.00	166655.00
越南	6697.00	21386.00
中国台湾	5094.00	13863.00
阿尔及利亚	790.00	793.00
埃及	91.00	119.00
摩洛哥	10052.00	21456.00
南非	1370.00	434.00
比利时	17575.00	116339.00
丹麦	1030.00	39696.00
英国	69285.00	33251.00
德国	78635.00	735926.00
法国	39896.00	125493.00
意大利	4376.00	3537.00
荷兰	41241.00	225.00
希腊	1258.00	3271.00
西班牙	3299.00	2862.00
阿尔巴尼亚	278.00	151.00
奥地利	103.00	824.00
保加利亚	1140.00	9125.00
芬兰	27607.00	25854.00
匈牙利	1801.00	1873.00
挪威	410.00	6378.00
波兰	2937.00	668.00
罗马尼亚	315.00	2124.00
瑞士	195.00	1565.00
白俄罗斯	609.00	1448.00
俄罗斯	263.00	1641.00
乌克兰	307.00	1753.00
克罗地亚	138.00	27.00
捷克	1053.00	714.00
安提瓜和巴布达	35.00	8.00
巴西	237.00	675.00
智利	23757.00	325266.00
多米尼加	3.00	2.00
危地马拉	18.00	15.00
墨西哥	892.00	2152.00
秘鲁	226.00	1148.00
萨尔瓦多	5.00	37.00
乌拉圭	2628.00	266.00
加拿大	11492.00	3194.00
美国	398047.00	3385631.00
澳大利亚	10969.00	142352.00
瓦努阿图	370.00	14.00

（续表）

国家/地区	出口数量（千克）	出口金额（美元）
新西兰	14190.00	4669.00
44170010 辐射松制工具等；扫帚及刷子；鞋靴楦及楦头		
合计	83196.00	49739.00
日本	83196.00	49739.00
44170090 木制工具等；扫帚及刷子等；木鞋靴楦及楦头		
合计	44292438.00	239227993.00
巴林	34953.00	419521.00
孟加拉国	140055.00	561766.00
文莱	2009.00	2081.00
柬埔寨	90986.00	650628.00
塞浦路斯	5078.00	6464.00
中国香港	146393.00	523368.00
印度	1101973.00	7727397.00
印度尼西亚	1163973.00	3618531.00
伊朗	72138.00	439917.00
伊拉克	4371398.00	25645839.00
以色列	344206.00	2193691.00
日本	549479.00	1686301.00
约旦	507899.00	3135829.00
科威特	58169.00	286278.00
老挝	110.00	291.00
黎巴嫩	85487.00	217844.00
中国澳门	7132.00	6387.00
马来西亚	3215672.00	11187662.00
马尔代夫	3654.00	46656.00
尼泊尔	31950.00	97533.00
阿曼	70115.00	330837.00
巴基斯坦	444984.00	2473877.00
菲律宾	427224.00	2271318.00
卡塔尔	83839.00	479297.00
沙特阿拉伯	2224587.00	10670673.00
新加坡	447623.00	4816188.00
韩国	2941504.00	15849878.00
斯里兰卡	1267573.00	8357008.00
泰国	189038.00	662427.00
土耳其	516746.00	3729141.00
阿联酋	1483063.00	8092781.00
也门	153448.00	852225.00
越南	268682.00	1099491.00
中国台湾	395258.00	1490010.00
东帝汶	29289.00	169056.00
哈萨克斯坦	1179.00	2470.00

（续表）

国家/地区	出口数量（千克）	出口金额（美元）
土库曼斯坦	2173.00	11821.00
乌兹别克斯坦	6000.00	14350.00
阿尔及利亚	22541.00	34362.00
安哥拉	78848.00	310149.00
贝宁	14635.00	47311.00
博茨瓦纳	4839.00	6091.00
喀麦隆	11733.00	65584.00
中非	600.00	61.00
乍得	459.00	2265.00
科摩罗	1890.00	1641.00
刚果（布）	9853.00	20748.00
吉布提	29532.00	141134.00
埃及	2578431.00	15349111.00
赤道几内亚	14856.00	15401.00
埃塞俄比亚	29595.00	34349.00
加蓬	11533.00	51239.00
冈比亚	11873.00	15804.00
加纳	435873.00	643012.00
几内亚	30450.00	51742.00
几内亚比绍	1068.00	1290.00
科特迪瓦	116422.00	269042.00
肯尼亚	278473.00	1333584.00
利比里亚	35786.00	67208.00
利比亚	363465.00	2510289.00
马达加斯加	118226.00	206909.00
马拉维	140.00	152.00
毛里塔尼亚	65996.00	133073.00
毛里求斯	56487.00	348483.00
摩洛哥	19283.00	112552.00
莫桑比克	45543.00	88928.00
纳米比亚	10071.00	29782.00
尼日利亚	626887.00	3160771.00
留尼汪	5609.00	6033.00
卢旺达	97.00	214.00
圣多美和普林西比	190.00	247.00
塞内加尔	168095.00	690356.00
塞舌尔	3575.00	3706.00
塞拉利昂	11299.00	27078.00
索马里	129660.00	542530.00
南非	1995378.00	11526734.00
苏丹	177139.00	89656.00
坦桑尼亚	161141.00	595589.00
多哥	17425.00	28207.00
突尼斯	373552.00	2692767.00

（续表）

国家/地区	出口数量（千克）	出口金额（美元）
乌干达	5640.00	4800.00
布基纳法索	200.00	109.00
刚果(金)	86173.00	253242.00
赞比亚	4102.00	4028.00
津巴布韦	9255.00	51946.00
马约特	1080.00	520.00
南苏丹	550.00	592.00
比利时	58759.00	269579.00
丹麦	1955.00	5413.00
英国	373855.00	3196572.00
德国	108047.00	524932.00
法国	55935.00	294279.00
爱尔兰	6026.00	18054.00
意大利	491096.00	1575511.00
荷兰	108252.00	890424.00
希腊	139727.00	910467.00
葡萄牙	111806.00	812847.00
西班牙	214492.00	1455344.00
阿尔巴尼亚	172053.00	92428.00
奥地利	88.00	1140.00
保加利亚	33118.00	32188.00
芬兰	321.00	1238.00
匈牙利	21982.00	107861.00
马耳他	72694.00	597710.00
挪威	180.00	1480.00
波兰	156541.00	1271333.00
罗马尼亚	494536.00	3235058.00
瑞典	3203.00	28772.00
瑞士	575.00	6897.00
爱沙尼亚	2700.00	6012.00
格鲁吉亚	14711.00	54319.00
阿塞拜疆	7458.00	8839.00
白俄罗斯	37666.00	52987.00
俄罗斯	263332.00	796069.00
乌克兰	79052.00	508927.00
克罗地亚	9575.00	35416.00
捷克	522.00	4854.00
北马其顿	20424.00	10480.00
塞尔维亚	1431.00	1558.00
阿根廷	237005.00	1819986.00
巴巴多斯	1268.00	1395.00
伯利兹	810.00	891.00
玻利维亚	53571.00	17504.00
巴西	2308.00	5804.00

（续表）

国家/地区	出口数量（千克）	出口金额（美元）
智利	1885218.00	10540315.00
哥伦比亚	647469.00	4026328.00
哥斯达黎加	495962.00	438639.00
多米尼加	926394.00	6764757.00
厄瓜多尔	28561.00	202959.00
法属圭亚那	10955.00	17176.00
格林纳达	1612.00	984.00
危地马拉	1041373.00	7244336.00
圭亚那	40485.00	233244.00
海地	28068.00	159066.00
牙买加	75669.00	161306.00
马提尼克	196.00	298.00
墨西哥	733669.00	3357083.00
尼加拉瓜	16014.00	9708.00
巴拿马	632278.00	4872599.00
巴拉圭	14150.00	4245.00
秘鲁	1197573.00	8468962.00
波多黎各	102356.00	323070.00
圣马丁岛	724.00	757.00
圣文森特和格林纳丁斯	5345.00	14776.00
萨尔瓦多	1027296.00	7431583.00
苏里南	4045.00	2685.00
特立尼达和多巴哥	21527.00	34522.00
乌拉圭	22034.00	27882.00
委内瑞拉	14612.00	152466.00
加拿大	33805.00	293565.00
美国	722232.00	3664941.00
澳大利亚	91836.00	613452.00
斐济	1184.00	1381.00
新喀里多尼亚	949.00	2802.00
瓦努阿图	5497.00	7475.00
新西兰	31350.00	77489.00
巴布亚新几内亚	8872.00	13322.00
所罗门群岛	616.00	1073.00
汤加	1315.00	1906.00
萨摩亚	195.00	231.00
图瓦卢	70.00	53.00
密克罗尼西亚联邦	200.00	320.00
法属波利尼西亚	3071.00	8416.00
44181010 辐射松制窗法兰西式(落地)窗及其框架		
合计	412316.00	1185461.00
日本	760.00	4107.00

（续表）

国家/地区	出口数量（千克）	出口金额（美元）
英国	61827.00	631508.00
智利	25572.00	30686.00
加拿大	136129.00	168730.00
美国	75948.00	207630.00
澳大利亚	112080.00	142800.00
44181090 木制窗、法兰西式(落地)窗及其木制框架		
合计	45788357.00	223407168.00
文莱	1466.00	7763.00
缅甸	1772.00	30388.00
塞浦路斯	3406.00	17684.00
中国香港	54726.00	389731.00
印度尼西亚	9600.00	86283.00
以色列	8356.00	55572.00
日本	4747289.00	10149474.00
中国澳门	1782.00	494.00
马来西亚	15922.00	32931.00
马尔代夫	2027.00	34719.00
蒙古	14550.00	71988.00
菲律宾	6020.00	30385.00
卡塔尔	2355.00	25025.00
沙特阿拉伯	3618.00	32496.00
新加坡	4274.00	50846.00
韩国	113582.00	734581.00
斯里兰卡	448.00	2240.00
泰国	36544.00	227801.00
阿联酋	80719.00	801268.00
越南	127592.00	777724.00
中国台湾	206262.00	1551579.00
东帝汶	809.00	14193.00
哈萨克斯坦	144.00	387.00
塔吉克斯坦	27845.00	147761.00
阿尔及利亚	1.00	15.00
肯尼亚	10455.00	169824.00
马达加斯加	500.00	2500.00
毛里求斯	679.00	6773.00
莫桑比克	1829.00	10792.00
尼日利亚	107112.00	485549.00
南非	115778.00	485307.00
比利时	25900.00	49392.00
丹麦	8862.00	86496.00
英国	11978580.00	71403845.00
德国	3613222.00	6754899.00
法国	505440.00	1134539.00

（续表）

国家/地区	出口数量（千克）	出口金额（美元）	国家/地区	出口数量（千克）	出口金额（美元）	国家/地区	出口数量（千克）	出口金额（美元）
爱尔兰	82533.00	537062.00	中国澳门	3649057.00	7807834.00	几内亚比绍	6100.00	29719.00
意大利	290000.00	504731.00	马来西亚	2032784.00	7522870.00	科特迪瓦	61416.00	135135.00
荷兰	1071812.00	8374374.00	马尔代夫	665582.00	1728389.00	肯尼亚	694183.00	1800297.00
希腊	3194.00	18646.00	蒙古	1855234.00	2139783.00	利比里亚	248.00	2728.00
葡萄牙	6846.00	28072.00	尼泊尔	13549.00	72835.00	利比亚	352921.00	464055.00
西班牙	3798.00	10860.00	阿曼	1104266.00	1901239.00	马达加斯加	108892.00	172232.00
保加利亚	120.00	1518.00	巴基斯坦	638089.00	1528226.00	马拉维	11088.00	38348.00
匈牙利	328.00	4784.00	菲律宾	4695941.00	11838833.00	马里	102230.00	430834.00
挪威	105200.00	114772.00	卡塔尔	5995391.00	12467435.00	毛里塔尼亚	280809.00	533572.00
波兰	655467.00	2017991.00	沙特阿拉伯	2588414.00	6638546.00	毛里求斯	28347.00	94189.00
瑞典	99.00	352.00	新加坡	5319498.00	12681692.00	摩洛哥	16582.00	49000.00
白俄罗斯	106.00	525.00	韩国	1808108.00	3621207.00	莫桑比克	77242.00	380728.00
捷克	24443.00	33714.00	斯里兰卡	586592.00	2465368.00	尼日尔	336.00	1322.00
阿根廷	3261.00	10026.00	泰国	3960249.00	8638211.00	尼日利亚	4163032.00	6033309.00
巴西	6929.00	34091.00	土耳其	182650.00	185786.00	留尼汪	3822.00	3681.00
开曼群岛	150.00	3600.00	阿联酋	3438456.00	6141362.00	卢旺达	13400.00	18443.00
智利	62343.00	233987.00	也门	46682.00	130791.00	塞内加尔	307854.00	838847.00
哥伦比亚	8967.00	42584.00	越南	3162166.00	11716792.00	塞舌尔	8940.00	25468.00
墨西哥	46.00	482.00	中国台湾	742205.00	1037426.00	塞拉利昂	16946.00	119600.00
巴拿马	8207.00	67160.00	东帝汶	18510.00	109406.00	索马里	106825.00	136407.00
苏里南	2408.00	5944.00	哈萨克斯坦	27205.00	89409.00	南非	1056896.00	1200045.00
加拿大	105279.00	640438.00	吉尔吉斯斯坦	1235.00	2719.00	苏丹	37472.00	90446.00
美国	16829281.00	79354681.00	塔吉克斯坦	15413.00	116322.00	坦桑尼亚	558297.00	1018794.00
澳大利亚	4380896.00	33018561.00	土库曼斯坦	131459.00	187785.00	多哥	32679.00	162283.00
新西兰	297178.00	2484969.00	乌兹别克斯坦	14043.00	40971.00	突尼斯	75310.00	238072.00
44182000 木制门及其框架和门槛			阿尔及利亚	548521.00	899047.00	乌干达	24196.00	71540.00
合计	335369879.00	725534914.00	安哥拉	810802.00	1386173.00	布基纳法索	58998.00	117357.00
巴林	83033.00	137359.00	贝宁	105115.00	148252.00	刚果(金)	101087.00	414450.00
孟加拉国	54765.00	346159.00	博茨瓦纳	4867.00	14324.00	赞比亚	61550.00	369065.00
文莱	1672.00	13325.00	布隆迪	948.00	4262.00	津巴布韦	121977.00	306763.00
缅甸	319663.00	834215.00	喀麦隆	15729.00	137330.00	马约特	3965.00	23295.00
柬埔寨	1976868.00	5694735.00	佛得角	33120.00	94021.00	南苏丹	9640.00	9035.00
塞浦路斯	1103.00	2093.00	中非	11760.00	30408.00	比利时	1300856.00	2623381.00
中国香港	37956546.00	110918679.00	乍得	24288.00	82470.00	丹麦	820.00	4121.00
印度	761053.00	3124538.00	科摩罗	20794.00	470756.00	英国	37464345.00	67947042.00
印度尼西亚	2860962.00	6763975.00	刚果(布)	152949.00	996578.00	德国	472848.00	1173467.00
伊朗	428513.00	536741.00	吉布提	259040.00	1457314.00	法国	2239834.00	6929766.00
伊拉克	3734636.00	5172272.00	埃及	3514985.00	3782663.00	爱尔兰	7822319.00	12554166.00
以色列	818596.00	1386503.00	赤道几内亚	4860.00	21693.00	意大利	36429.00	212681.00
日本	28994937.00	87981463.00	埃塞俄比亚	190744.00	696337.00	荷兰	1029936.00	2032614.00
约旦	148027.00	351710.00	加蓬	43939.00	123667.00	希腊	471543.00	564666.00
科威特	1285879.00	1876622.00	冈比亚	380359.00	611655.00	葡萄牙	28214.00	67316.00
老挝	214817.00	490791.00	加纳	1260950.00	2138201.00	西班牙	33859.00	287094.00
黎巴嫩	49197.00	116379.00	几内亚	81990.00	409461.00	阿尔巴尼亚	2733415.00	2946722.00

(续表)

国家/地区	出口数量（千克）	出口金额（美元）
奥地利	200.00	2483.00
保加利亚	6383774.00	6097524.00
芬兰	20043.00	43680.00
匈牙利	53531.00	90335.00
冰岛	320.00	1094.00
马耳他	166730.00	338057.00
挪威	2668.00	35181.00
波兰	2940.00	9460.00
罗马尼亚	18753062.00	21687121.00
瑞典	49806.00	147298.00
瑞士	0.00	0.00
立陶宛	25620.00	31246.00
格鲁吉亚	1827965.00	1889369.00
亚美尼亚	633044.00	700274.00
阿塞拜疆	895.00	5210.00
白俄罗斯	3022.00	19698.00
摩尔多瓦	246500.00	260769.00
俄罗斯	35402.00	164694.00
乌克兰	289370.00	176345.00
克罗地亚	1093.00	1266.00
斯洛伐克	3391.00	10435.00
北马其顿	44556.00	41004.00
塞尔维亚	492720.00	582737.00
黑山	89123.00	111742.00
安提瓜和巴布达	18597.00	93122.00
阿根廷	303915.00	423538.00
阿鲁巴	52751.00	175003.00
巴哈马	35310.00	147269.00
巴巴多斯	34485.00	67145.00
玻利维亚	96570.00	132083.00
巴西	84388.00	123785.00
开曼群岛	28888.00	184942.00
智利	379763.00	1043192.00
哥伦比亚	15290.00	47826.00
多米尼克	6584.00	19231.00
哥斯达黎加	315997.00	227092.00
古巴	80790.00	149444.00
多米尼加	1111191.00	2718026.00
厄瓜多尔	63102.00	134230.00
法属圭亚那	394.00	2280.00
格林纳达	11225.00	67085.00
危地马拉	54407.00	83954.00
圭亚那	36252.00	267720.00
海地	49370.00	115097.00

(续表)

国家/地区	出口数量（千克）	出口金额（美元）
洪都拉斯	21809.00	43617.00
牙买加	933127.00	2620572.00
马提尼克	352.00	341.00
墨西哥	541407.00	954316.00
尼加拉瓜	47572.00	305829.00
巴拿马	517563.00	1268393.00
巴拉圭	54014.00	68583.00
秘鲁	328491.00	440753.00
波多黎各	6868.00	20690.00
圣卢西亚	570.00	2298.00
圣文森特和格林纳丁斯	7230.00	31846.00
萨尔瓦多	25500.00	43627.00
苏里南	123908.00	211923.00
特立尼达和多巴哥	214091.00	693915.00
乌拉圭	903472.00	1547445.00
委内瑞拉	465287.00	749323.00
英属维尔京群岛	4265.00	12430.00
圣其茨和尼维斯	6500.00	12796.00
荷属安地列斯	135.00	347.00
加拿大	24713098.00	47196885.00
美国	75400384.00	156765932.00
澳大利亚	6414284.00	19189049.00
斐济	62607.00	246741.00
瑙鲁	5440.00	41616.00
新喀里多尼亚	14145.00	25050.00
瓦努阿图	8409.00	10111.00
新西兰	176385.00	548397.00
巴布亚新几内亚	261482.00	531994.00
所罗门群岛	59217.00	151261.00
汤加	9285.00	28504.00
萨摩亚	82124.00	215398.00
基里巴斯	868.00	9738.00
密克罗尼西亚联邦	8917.00	19860.00
马绍尔群岛	22016.00	29210.00
帕劳	6080.00	19953.00
法属波利尼西亚	11600.00	41600.00
大洋洲其他国家（地区）	19830.00	29982.00
44184000 木制水泥构件的模板		
合计	26525300.00	20508069.00
孟加拉国	1047660.00	841382.00
缅甸	19625.00	13972.00
柬埔寨	85041.00	88384.00

(续表)

国家/地区	出口数量（千克）	出口金额（美元）
朝鲜	18000.00	12000.00
中国香港	6785570.00	3650622.00
印度尼西亚	364986.00	231537.00
伊朗	44470.00	30834.00
伊拉克	19745.00	15318.00
日本	19950.00	5174.00
老挝	88900.00	36605.00
中国澳门	5203242.00	2557634.00
马来西亚	426866.00	383163.00
马尔代夫	7600.00	6513.00
蒙古	90990.00	31315.00
尼泊尔	134340.00	109602.00
巴基斯坦	116363.00	100317.00
菲律宾	139450.00	432272.00
新加坡	317254.00	413232.00
韩国	460390.00	347307.00
斯里兰卡	2500.00	4765.00
泰国	82500.00	47179.00
阿联酋	78735.00	73747.00
越南	122704.00	637781.00
中国台湾	416170.00	540864.00
东帝汶	2800.00	2627.00
哈萨克斯坦	98960.00	150830.00
塔吉克斯坦	475017.00	376160.00
乌兹别克斯坦	205265.00	169085.00
安哥拉	87920.00	55200.00
贝宁	243656.00	176525.00
博茨瓦纳	71648.00	46258.00
喀麦隆	171100.00	128534.00
佛得角	44103.00	62413.00
中非	16200.00	12165.00
科摩罗	20835.00	10836.00
刚果(布)	9350.00	4680.00
吉布提	158910.00	173076.00
埃及	1140010.00	950000.00
赤道几内亚	38500.00	31860.00
埃塞俄比亚	350205.00	258441.00
冈比亚	36200.00	29133.00
加纳	350850.00	323400.00
几内亚	57522.00	41063.00
几内亚比绍	2145.00	1661.00
科特迪瓦	206465.00	179125.00
肯尼亚	26380.00	20626.00
马达加斯加	11000.00	5852.00

（续表）

国家/地区	出口数量（千克）	出口金额（美元）
马里	25940.00	18027.00
毛里塔尼亚	235272.00	318899.00
毛里求斯	9860.00	16987.00
莫桑比克	24256.00	34949.00
尼日尔	67600.00	35750.00
尼日利亚	149216.00	234644.00
塞内加尔	28715.00	18153.00
南非	17000.00	59500.00
坦桑尼亚	104000.00	65738.00
多哥	39600.00	14296.00
乌干达	8400.00	5394.00
布基纳法索	5915.00	5195.00
刚果（金）	724950.00	577079.00
赞比亚	11650.00	32620.00
津巴布韦	164463.00	102905.00
莱索托	236500.00	189083.00
白俄罗斯	213630.00	147715.00
俄罗斯	537445.00	711258.00
塞尔维亚	174155.00	122907.00
安提瓜和巴布达	9900.00	8056.00
巴哈马	1120.00	1860.00
玻利维亚	33000.00	34935.00
巴西	498.00	498.00
智利	96.00	201.00
多米尼克	67108.00	27326.00
洪都拉斯	25680.00	17875.00
牙买加	81700.00	52752.00
特立尼达和多巴哥	25300.00	28690.00
圣其茨和尼维斯	24875.00	21937.00
加拿大	67320.00	105200.00
美国	399930.00	804451.00
澳大利亚	2594818.00	2476759.00
斐济	8720.00	16231.00
瓦努阿图	25515.00	15952.00
新西兰	6199.00	9964.00
巴布亚新几内亚	257912.00	165648.00
所罗门群岛	125610.00	115381.00
汤加	62800.00	65725.00
图瓦卢	10540.00	6460.00
44185000 木瓦及木制盖屋板		
合计	25552232.00	28994898.00
巴林	5710.00	26028.00
缅甸	400.00	464.00

（续表）

国家/地区	出口数量（千克）	出口金额（美元）
柬埔寨	778006.00	707414.00
中国香港	29255.00	54069.00
日本	548935.00	555093.00
菲律宾	6930.00	9295.00
新加坡	4580.00	37346.00
韩国	677090.00	1247878.00
泰国	132919.00	349985.00
越南	72872.00	112284.00
中国台湾	1376643.00	889926.00
莫桑比克	9089.00	73428.00
比利时	43.00	537.00
德国	12239.00	18315.00
乌克兰	336.00	5800.00
加拿大	289251.00	433185.00
美国	21157366.00	23859468.00
澳大利亚	450568.00	614383.00
44186000 木制柱及梁		
合计	53554828.00	58770319.00
缅甸	374023.00	103180.00
柬埔寨	23177.00	209945.00
中国香港	1489148.00	1180781.00
印度尼西亚	1090.00	3270.00
伊朗	25910.00	33373.00
伊拉克	16184.00	15312.00
日本	25966422.00	27626620.00
科威特	14500.00	19864.00
老挝	2000.00	320.00
中国澳门	4131042.00	2159358.00
马尔代夫	45365.00	34968.00
菲律宾	596905.00	798133.00
卡塔尔	959.00	6280.00
新加坡	80146.00	103561.00
韩国	204487.00	279651.00
泰国	249.00	493.00
阿联酋	23659.00	86061.00
越南	6420.00	15067.00
中国台湾	12233026.00	7039891.00
贝宁	8225.00	6034.00
加纳	88547.00	133645.00
几内亚	17200.00	21030.00
科特迪瓦	28167.00	36179.00
肯尼亚	2400.00	4194.00
毛里求斯	17400.00	26100.00

（续表）

国家/地区	出口数量（千克）	出口金额（美元）
莫桑比克	82875.00	131538.00
尼日利亚	381100.00	601723.00
坦桑尼亚	11620.00	17472.00
多哥	3000.00	846.00
刚果（金）	3998.00	2660.00
比利时	3488.00	7050.00
丹麦	4600.00	22528.00
英国	86.00	484.00
德国	18806.00	29333.00
荷兰	1060.00	1658.00
保加利亚	7750.00	10820.00
波兰	90.00	90.00
白俄罗斯	64733.00	84239.00
俄罗斯	56544.00	106167.00
斯洛伐克	9575.00	14789.00
安提瓜和巴布达	10000.00	43552.00
阿根廷	55190.00	83110.00
智利	1736.00	7638.00
墨西哥	30880.00	46577.00
特立尼达和多巴哥	1790.00	2137.00
乌拉圭	30860.00	54302.00
加拿大	357748.00	1058588.00
美国	1614736.00	3655319.00
澳大利亚	5352926.00	12702611.00
新西兰	52986.00	141778.00
44187400 其他马赛克地板用已装拼的木地板		
合计	2086235.00	4958683.00
中国香港	42619.00	83300.00
印度尼西亚	69175.00	132316.00
日本	55495.00	171205.00
马来西亚	55969.00	245254.00
菲律宾	4084.00	7217.00
新加坡	53327.00	102272.00
韩国	780504.00	1554296.00
泰国	16144.00	31130.00
中国台湾	157129.00	305977.00
英国	7425.00	24803.00
德国	31252.00	89559.00
法国	13721.00	45368.00
意大利	15741.00	55647.00
西班牙	10989.00	38857.00
加拿大	12920.00	45904.00
美国	673647.00	1857694.00

林产品进出口

FOREIGN TRADE STATISTICS OF FOREST PRODUCTS

(续表)

国家/地区	出口数量（千克）	出口金额（美元）
澳大利亚	86094.00	167884.00
44187500 其他多层已装拼的木地板		
合计	2016220.00	7361339.00
中国香港	982879.00	22664.00
印度	24425.00	12155.00
以色列	13506.00	48894.00
日本	6000.00	26721.00
老挝	1575.00	273.00
中国澳门	403855.00	485881.00
马尔代夫	3479.00	535.00
巴基斯坦	14.00	7.00
菲律宾	9139.00	86639.00
卡塔尔	8050.00	49141.00
新加坡	6423.00	44793.00
韩国	5564.00	36227.00
泰国	22586.00	23262.00
阿联酋	1400.00	765.00
中国台湾	442.00	232.00
东帝汶	6100.00	732.00
安哥拉	612.00	3746.00
摩洛哥	8232.00	12.00
尼日利亚	2835.00	59535.00
塞拉利昂	338.00	199.00
南非	7170.00	178376.00
坦桑尼亚	213.00	562.00
比利时	24545.00	1276.00
英国	16600.00	19588.00
法国	14408.00	37648.00
希腊	9500.00	24.00
葡萄牙	850.00	32.00
白俄罗斯	2995.00	1552.00
加拿大	133591.00	810304.00
美国	282548.00	2207533.00
澳大利亚	14950.00	262500.00
新西兰	1396.00	32342.00
44187900 其他已装拼木地板		
合计	5211089.00	17109905.00
阿富汗	62.00	78.00
文莱	1640.00	102500.00
柬埔寨	9768.00	135082.00
朝鲜	146892.00	78511.00
中国香港	1442064.00	3784658.00
印度	27265.00	386737.00
印度尼西亚	2279.00	12325.00
伊拉克	2231.00	2444.00
日本	176210.00	544617.00
中国澳门	201275.00	104560.00
马来西亚	49479.00	295343.00
马尔代夫	365.00	3139.00
尼泊尔	8201.00	41906.00
阿曼	6900.00	178865.00
菲律宾	41228.00	451149.00
卡塔尔	3015.00	189945.00
沙特阿拉伯	8455.00	26093.00
新加坡	46486.00	619994.00
韩国	29275.00	65170.00
泰国	130432.00	760695.00
土耳其	936.00	955.00
阿联酋	6469.00	14810.00
越南	11299.00	31924.00
中国台湾	89917.00	910787.00
东帝汶	1420.00	1183.00
哈萨克斯坦	3480.00	15660.00
塔吉克斯坦	4320.00	2314.00
乌兹别克斯坦	26.00	29.00
安哥拉	3336.00	4413.00
博茨瓦纳	370.00	1036.00
吉布提	1601.00	2119.00
加蓬	851.00	936.00
加纳	13630.00	38095.00
几内亚	6613.00	33065.00
肯尼亚	906.00	973.00
塞内加尔	1000.00	980.00
南非	259.00	828.00
多哥	351.00	526.00
比利时	10794.00	38185.00
丹麦	1226.00	4261.00
英国	63210.00	487188.00
德国	44755.00	388550.00
法国	1080.00	9202.00
意大利	339.00	1224.00
希腊	148.00	296.00
葡萄牙	46.00	60.00
西班牙	126969.00	183662.00
马耳他	2400.00	96.00
格鲁吉亚	979.00	965.00
俄罗斯	1590.00	76479.00
乌克兰	40846.00	396164.00
巴哈马	7707.00	146433.00
智利	93965.00	22876.00
哥伦比亚	1626.00	1929.00
多米尼加	949.00	2467.00
危地马拉	5000.00	37622.00
巴拿马	5605.00	140125.00
加拿大	22527.00	268424.00
美国	2098065.00	3928147.00
澳大利亚	185387.00	1806874.00
新西兰	7481.00	102893.00
巴布亚新几内亚	8089.00	6635.00
44189900 未列名建筑用木工制品		
合计	130208524.00	276585076.00
巴林	28.00	207.00
孟加拉国	154544.00	452602.00
缅甸	105244.00	306139.00
柬埔寨	93424.00	923064.00
塞浦路斯	11967.00	41443.00
中国香港	22695536.00	28446153.00
印度	1328865.00	5167918.00
印度尼西亚	89789.00	799419.00
伊朗	14811.00	17943.00
伊拉克	347853.00	886203.00
以色列	62249.00	237531.00
日本	15080181.00	33260166.00
约旦	1942.00	11919.00
科威特	9399.00	131071.00
老挝	18621.00	28908.00
中国澳门	2557024.00	7241390.00
马来西亚	3045597.00	7081791.00
马尔代夫	12272.00	21031.00
蒙古	3536670.00	592756.00
尼泊尔	18715.00	66839.00
阿曼	83044.00	167269.00
巴基斯坦	177153.00	572944.00
菲律宾	11085265.00	17406833.00
卡塔尔	212516.00	470684.00
沙特阿拉伯	262311.00	1920598.00
新加坡	415365.00	3548937.00
韩国	3355161.00	6569130.00
斯里兰卡	57081.00	211387.00
泰国	186630.00	1044329.00
土耳其	21685.00	129134.00

(续表)

国家/地区	出口数量（千克）	出口金额（美元）
阿联酋	201109.00	1067463.00
也门	503.00	1765.00
越南	1782210.00	4925734.00
中国台湾	709946.00	1951490.00
哈萨克斯坦	8836.00	28987.00
塔吉克斯坦	9400.00	7693.00
乌兹别克斯坦	36116.00	107969.00
阿尔及利亚	127107.00	72790.00
安哥拉	8382.00	43113.00
布隆迪	79.00	804.00
喀麦隆	21441.00	320348.00
中非	6770.00	7429.00
科摩罗	760.00	8693.00
刚果(布)	19658.00	22120.00
吉布提	63358.00	145077.00
埃及	5625.00	17923.00
赤道几内亚	5964.00	17530.00
埃塞俄比亚	37082.00	398333.00
冈比亚	520.00	5978.00
加纳	6941.00	43429.00
几内亚	26768.00	20843.00
几内亚比绍	200.00	272.00
科特迪瓦	920.00	970.00
肯尼亚	27593.00	370753.00
马里	65.00	539.00
毛里塔尼亚	17253.00	39462.00
毛里求斯	1037.00	9015.00
摩洛哥	56.00	414.00
莫桑比克	20679.00	73139.00
尼日利亚	15272.00	57648.00
留尼汪	935.00	982.00
塞内加尔	3200.00	2622.00
塞拉利昂	750.00	315.00
索马里	12200.00	98452.00
南非	103420.00	564496.00
坦桑尼亚	3886.00	163927.00
多哥	11591.00	27137.00
突尼斯	1432.00	6663.00
乌干达	10510.00	12617.00
刚果(金)	9010.00	13577.00
赞比亚	189.00	3582.00
津巴布韦	104098.00	1971935.00
比利时	449014.00	1079952.00
丹麦	263.00	1995.00
英国	3596236.00	11076710.00
德国	363030.00	1059401.00
法国	347589.00	914898.00
爱尔兰	1910442.00	1918021.00
意大利	705355.00	1240453.00
荷兰	1774963.00	3203092.00
希腊	24631.00	175595.00
葡萄牙	1243.00	1918.00
西班牙	76917.00	374489.00
保加利亚	972.00	7677.00
冰岛	1429.00	8135.00
马耳他	6410.00	25717.00
挪威	2263.00	10915.00
波兰	26341.00	111529.00
瑞典	6901.00	55422.00
瑞士	10894.00	76805.00
格鲁吉亚	1601.00	22339.00
白俄罗斯	3341.00	16061.00
俄罗斯	80662.00	449975.00
乌克兰	8239.00	90620.00
斯洛文尼亚	16852.00	86681.00
克罗地亚	17524.00	85462.00
斯洛伐克	104.00	618.00
塞尔维亚	12926.00	64538.00
阿根廷	48188.00	271850.00
巴哈马	975.00	69150.00
巴西	9837.00	55700.00
智利	58292.00	292114.00
哥伦比亚	42458.00	187655.00
哥斯达黎加	3093.00	9088.00
多米尼加	58038.00	327280.00
厄瓜多尔	1007.00	996.00
牙买加	9358.00	176401.00
墨西哥	9129.00	58639.00
尼加拉瓜	25100.00	169667.00
巴拿马	3966.00	10371.00
巴拉圭	31.00	212.00
秘鲁	14418.00	21697.00
乌拉圭	14.00	98.00
委内瑞拉	12880.00	56640.00
英属维尔京群岛	1440.00	2000.00
加拿大	4950437.00	7435125.00
美国	24381567.00	57634512.00
百慕大	230.00	1830.00
澳大利亚	20702370.00	51405844.00
斐济	1915.00	14664.00
新西兰	1927911.00	5739546.00
巴布亚新几内亚	35868.00	94874.00
基里巴斯	47.00	339.00
44199010 木制一次性筷子		
合计	49978402.00	62671747.00
孟加拉国	668.00	812.00
缅甸	160.00	197.00
柬埔寨	1555.00	22284.00
中国香港	1216.00	2886.00
印度	1218.00	1292.00
印度尼西亚	209160.00	443419.00
伊拉克	50.00	97.00
日本	31070857.00	43182929.00
科威特	1714.00	2247.00
中国澳门	530.00	341.00
马来西亚	16291.00	5627.00
菲律宾	6110.00	9495.00
卡塔尔	3.00	18.00
沙特阿拉伯	71.00	77.00
新加坡	8645.00	153.00
韩国	14864391.00	12943581.00
斯里兰卡	69.00	92.00
泰国	14555.00	93685.00
阿联酋	2027.00	2764.00
中国台湾	348972.00	339656.00
东帝汶	18.00	29.00
毛里求斯	1775.00	329.00
莫桑比克	120.00	24.00
留尼汪	593.00	72.00
刚果(金)	556.00	71.00
比利时	560.00	51.00
丹麦	3450.00	4464.00
英国	35728.00	6219.00
德国	159812.00	122586.00
法国	115201.00	122775.00
意大利	24293.00	154746.00
荷兰	18503.00	36295.00
希腊	301.00	749.00
葡萄牙	3650.00	84.00
西班牙	72648.00	117429.00
匈牙利	825.00	99.00
波兰	10910.00	242.00

林产品进出口

FOREIGN TRADE STATISTICS OF FOREST PRODUCTS

(续表)

国家/地区	出口数量（千克）	出口金额（美元）
瑞典	93930.00	2477.00
瑞士	1330.00	15955.00
阿塞拜疆	100.00	2.00
阿根廷	120.00	2.00
巴西	18037.00	14288.00
智利	784498.00	1384562.00
多米尼加	13125.00	1399.00
厄瓜多尔	980.00	756.00
墨西哥	241958.00	226622.00
波多黎各	117.00	127.00
乌拉圭	10480.00	224.00
委内瑞拉	24858.00	21116.00
加拿大	64253.00	166769.00
美国	1395971.00	1952512.00
澳大利亚	213770.00	385694.00
新西兰	117646.00	148615.00
所罗门群岛	24.00	228.00
44199090 未列名木制餐具及厨房用具		
合计	97923521.00	521917658.00
阿富汗	747.00	848.00
巴林	15482.00	84134.00
孟加拉国	51583.00	121601.00
不丹	11.00	51.00
文莱	8128.00	44847.00
缅甸	15.00	35.00
柬埔寨	1079.00	4532.00
塞浦路斯	29017.00	190483.00
中国香港	740584.00	2807506.00
印度	3756455.00	9917013.00
印度尼西亚	166623.00	1005561.00
伊朗	41740.00	181350.00
伊拉克	278742.00	783258.00
以色列	1035237.00	4877263.00
日本	4088395.00	34634451.00
约旦	131563.00	792925.00
科威特	312934.00	1995646.00
黎巴嫩	11051.00	23687.00
中国澳门	52533.00	52280.00
马来西亚	522198.00	2983963.00
马尔代夫	3272.00	7892.00
蒙古	1258.00	5158.00
尼泊尔	4278.00	11838.00
阿曼	33550.00	97192.00
巴基斯坦	38853.00	111385.00

(续表)

国家/地区	出口数量（千克）	出口金额（美元）
巴勒斯坦	490.00	600.00
菲律宾	400172.00	1731582.00
卡塔尔	151311.00	633383.00
沙特阿拉伯	1954660.00	10708378.00
新加坡	152792.00	1355415.00
韩国	1338087.00	10882214.00
斯里兰卡	15313.00	43286.00
泰国	228023.00	1566589.00
土耳其	337174.00	1357586.00
阿联酋	765775.00	3180733.00
也门	9918.00	16213.00
越南	136153.00	1098939.00
中国台湾	286475.00	2106517.00
东帝汶	464.00	1112.00
哈萨克斯坦	26025.00	100387.00
吉尔吉斯斯坦	445.00	890.00
土库曼斯坦	87.00	240.00
乌兹别克斯坦	62464.00	133714.00
阿尔及利亚	401200.00	1121927.00
安哥拉	4764.00	12900.00
贝宁	1091.00	7190.00
博茨瓦纳	2976.00	7475.00
喀麦隆	914.00	2735.00
佛得角	608.00	1096.00
乍得	2.00	24.00
刚果（布）	209.00	450.00
吉布提	379.00	961.00
埃及	117654.00	239962.00
赤道几内亚	985.00	1150.00
埃塞俄比亚	852.00	1319.00
加蓬	2228.00	3752.00
冈比亚	18.00	37.00
加纳	31201.00	83675.00
几内亚	209.00	616.00
科特迪瓦	6397.00	17164.00
肯尼亚	17129.00	37236.00
利比里亚	105.00	204.00
利比亚	208778.00	522632.00
马达加斯加	703.00	1377.00
毛里塔尼亚	9078.00	12726.00
毛里求斯	59031.00	228400.00
摩洛哥	99340.00	325826.00
莫桑比克	11246.00	52242.00
纳米比亚	57.00	172.00

(续表)

国家/地区	出口数量（千克）	出口金额（美元）
尼日尔	239.00	792.00
尼日利亚	10376.00	16251.00
留尼汪	78759.00	349383.00
卢旺达	990.00	1719.00
塞内加尔	21814.00	120003.00
塞舌尔	1618.00	2235.00
塞拉利昂	162.00	748.00
索马里	738.00	5018.00
南非	308493.00	1295900.00
苏丹	1185.00	1877.00
坦桑尼亚	5860.00	10110.00
多哥	229.00	669.00
突尼斯	32287.00	94426.00
刚果（金）	2430.00	6523.00
赞比亚	363.00	477.00
马约特	17704.00	99094.00
比利时	1783255.00	10443052.00
丹麦	1030722.00	6442459.00
英国	7899979.00	36725696.00
德国	7087943.00	39916453.00
法国	3896617.00	18791337.00
爱尔兰	398212.00	2123525.00
意大利	2174879.00	10752789.00
荷兰	7807716.00	39280307.00
希腊	871164.00	4500709.00
葡萄牙	302025.00	2254130.00
西班牙	1891944.00	10268135.00
阿尔巴尼亚	25435.00	48681.00
奥地利	80118.00	412672.00
保加利亚	101996.00	397682.00
芬兰	185436.00	1749913.00
匈牙利	71131.00	267504.00
马耳他	21052.00	191616.00
挪威	515377.00	3222313.00
波兰	987553.00	4663506.00
罗马尼亚	464246.00	1932401.00
瑞典	1149370.00	6287873.00
瑞士	109181.00	728677.00
爱沙尼亚	24672.00	121842.00
拉脱维亚	8756.00	74660.00
立陶宛	115553.00	489095.00
格鲁吉亚	9136.00	18791.00
亚美尼亚	1501.00	6911.00
阿塞拜疆	12010.00	22390.00

（续表）

国家/地区	出口数量（千克）	出口金额（美元）
白俄罗斯	81577.00	327810.00
摩尔多瓦	25.00	68.00
俄罗斯	1247360.00	4461660.00
乌克兰	83618.00	310597.00
斯洛文尼亚	244848.00	840539.00
克罗地亚	88198.00	375314.00
捷克	240344.00	1215111.00
斯洛伐克	14450.00	97817.00
北马其顿	1696.00	2753.00
波黑	16.00	80.00
塞尔维亚	26519.00	124690.00
黑山	2084.00	3876.00
阿根廷	102721.00	400116.00
阿鲁巴	67957.00	337429.00
巴巴多斯	120.00	350.00
伯利兹	505.00	1756.00
巴西	1015911.00	4482768.00
智利	1129382.00	5251698.00
哥伦比亚	171542.00	787621.00
哥斯达黎加	20676.00	70058.00
多米尼加	47243.00	176481.00
厄瓜多尔	17362.00	80617.00
法属圭亚那	957.00	2086.00
格林纳达	2392.00	10245.00
瓜德罗普	1483.00	2063.00
危地马拉	21723.00	92276.00
圭亚那	118.00	290.00
洪都拉斯	9101.00	26855.00
牙买加	1033.00	1952.00
马提尼克	381.00	1050.00
墨西哥	417473.00	2619584.00
尼加拉瓜	407.00	965.00
巴拿马	118698.00	489331.00
巴拉圭	2165.00	15600.00
秘鲁	77405.00	351798.00
波多黎各	63336.00	203786.00
圣马丁岛	174.00	182.00
圣文森特和格林纳丁斯	161.00	407.00
萨尔瓦多	16697.00	62668.00
特立尼达和多巴哥	5047.00	10518.00
乌拉圭	99951.00	424854.00
委内瑞拉	8917.00	49463.00
加拿大	2821148.00	14512274.00

（续表）

国家/地区	出口数量（千克）	出口金额（美元）
美国	23940383.00	142072742.00
澳大利亚	7218292.00	35354054.00
斐济	4876.00	7441.00
新喀里多尼亚	29144.00	105913.00
瓦努阿图	9719.00	59537.00
新西兰	742157.00	3530404.00
诺福克岛	3210.00	12802.00
巴布亚新几内亚	3054.00	8444.00
汤加	141.00	185.00
密克罗尼西亚联邦	134.00	624.00
法属波利尼西亚	20895.00	61489.00
瓦利斯和浮图纳	59.00	298.00
44201011 木刻		
合计	63591.00	1497567.00
中国香港	80.00	11.00
印度尼西亚	1790.00	537.00
日本	10323.00	925465.00
黎巴嫩	496.00	4271.00
马来西亚	410.00	153.00
菲律宾	80.00	16.00
韩国	2.00	45.00
阿联酋	1900.00	2.00
中国台湾	22978.00	263456.00
摩洛哥	134.00	1765.00
英国	13063.00	167692.00
德国	489.00	7691.00
法国	550.00	4.00
西班牙	902.00	2542.00
波兰	245.00	4918.00
塞尔维亚	25.00	1398.00
巴拿马	677.00	811.00
加拿大	12.00	5.00
美国	8092.00	65156.00
澳大利亚	578.00	3543.00
新西兰	765.00	1475.00
44201020 木扇		
合计	130762.00	1260907.00
文莱	19.00	3.00
中国香港	25.00	11162.00
印度	452.00	893.00
伊朗	57.00	59.00
以色列	436.00	962.00
日本	2611.00	9541.00
马来西亚	506.00	968.00

（续表）

国家/地区	出口数量（千克）	出口金额（美元）
沙特阿拉伯	783.00	163.00
新加坡	17.00	8282.00
韩国	45.00	122.00
土耳其	73.00	146.00
越南	840.00	941.00
中国台湾	18.00	673.00
埃及	180.00	918.00
加纳	712.00	854.00
科特迪瓦	200.00	25.00
留尼汪	13.00	32.00
坦桑尼亚	110.00	363.00
突尼斯	349.00	571.00
比利时	39.00	518.00
丹麦	4839.00	11178.00
英国	3893.00	4476.00
德国	1292.00	1325.00
法国	8361.00	8353.00
意大利	2277.00	1419.00
荷兰	514.00	274.00
希腊	7913.00	52912.00
葡萄牙	367.00	1115.00
西班牙	39153.00	53191.00
奥地利	1238.00	2777.00
匈牙利	435.00	75.00
马耳他	120.00	57.00
波兰	164.00	328.00
瑞士	312.00	572.00
白俄罗斯	77.00	462.00
俄罗斯	53.00	9.00
乌克兰	155.00	221.00
斯洛文尼亚	450.00	742.00
阿根廷	107.00	2278.00
巴西	25980.00	2163.00
智利	581.00	2124.00
厄瓜多尔	142.00	54.00
墨西哥	4586.00	9834.00
巴拿马	430.00	795.00
秘鲁	30.00	694.00
加拿大	3459.00	64334.00
美国	16106.00	14341.00
澳大利亚	243.00	3728.00
44201090 其他木制小雕像及装饰品		
合计	190797383.00	113999662.00
阿富汗	147.00	264.00

林产品进出口

FOREIGN TRADE STATISTICS OF FOREST PRODUCTS

(续表)

国家/地区	出口数量（千克）	出口金额（美元）	国家/地区	出口数量（千克）	出口金额（美元）	国家/地区	出口数量（千克）	出口金额（美元）
巴林	9183.00	16512.00	埃及	54410.00	155299.00	瑞典	548444.00	4152198.00
孟加拉国	20645.00	26617.00	赤道几内亚	196.00	119.00	瑞士	165607.00	127174.00
文莱	800.00	2851.00	埃塞俄比亚	930.00	998.00	爱沙尼亚	2139.00	2933.00
缅甸	48.00	7731.00	加蓬	1317.00	4675.00	拉脱维亚	9184.00	43889.00
柬埔寨	93822.00	1345479.00	加纳	86369.00	64465.00	立陶宛	11321.00	3621.00
塞浦路斯	761.00	416.00	科特迪瓦	7583.00	27493.00	格鲁吉亚	2598.00	5428.00
中国香港	271738.00	84355.00	肯尼亚	36625.00	16124.00	亚美尼亚	99.00	217.00
印度	378521.00	1545632.00	利比里亚	799.00	799.00	阿塞拜疆	2298.00	5522.00
印度尼西亚	150609.00	134472.00	利比亚	79350.00	174385.00	白俄罗斯	36331.00	22321.00
伊朗	13301.00	116397.00	马达加斯加	94.00	846.00	摩尔多瓦	8788.00	54523.00
伊拉克	115487.00	43523.00	毛里塔尼亚	9307.00	53685.00	俄罗斯	886833.00	461942.00
以色列	683948.00	5244594.00	毛里求斯	9682.00	46911.00	乌克兰	31925.00	28713.00
日本	1910994.00	23578568.00	摩洛哥	80190.00	572754.00	斯洛文尼亚	240640.00	1438684.00
约旦	49640.00	599524.00	莫桑比克	4002.00	218.00	克罗地亚	37139.00	271996.00
科威特	97220.00	115771.00	尼日利亚	27607.00	99923.00	捷克	145612.00	15414.00
黎巴嫩	5772.00	27333.00	留尼汪	3733.00	2515.00	斯洛伐克	59336.00	5216.00
中国澳门	6905.00	21754.00	塞内加尔	7014.00	8733.00	北马其顿	1735.00	5223.00
马来西亚	1322088.00	26527821.00	南非	395015.00	194462.00	波黑	174.00	585.00
马尔代夫	1990.00	2676.00	苏丹	68.00	754.00	塞尔维亚	14638.00	62559.00
尼泊尔	7354.00	44655.00	坦桑尼亚	11288.00	27866.00	黑山	688.00	3578.00
阿曼	13038.00	38742.00	多哥	2729.00	2716.00	阿根廷	25791.00	146968.00
巴基斯坦	15133.00	26564.00	突尼斯	3342.00	11314.00	巴哈马	4.00	17.00
菲律宾	511271.00	11646529.00	刚果（金）	765.00	1479.00	巴巴多斯	1584.00	567.00
卡塔尔	60353.00	318638.00	赞比亚	1267.00	1198.00	伯利兹	1340.00	1383.00
沙特阿拉伯	612242.00	3698614.00	比利时	1481471.00	1128615.00	玻利维亚	86.00	1123.00
新加坡	224933.00	157525.00	丹麦	960381.00	6879217.00	巴西	968810.00	7274223.00
韩国	449603.00	365138.00	英国	5707611.00	32316645.00	智利	519995.00	22867.00
斯里兰卡	78867.00	316152.00	德国	10187566.00	6499326.00	哥伦比亚	87736.00	422772.00
泰国	389488.00	35814.00	法国	3241077.00	2185124.00	哥斯达黎加	36293.00	3359.00
土耳其	115270.00	586572.00	爱尔兰	279061.00	138457.00	库腊索岛	608.00	4147.00
阿联酋	538674.00	4421392.00	意大利	2357296.00	2714258.00	多米尼加	124856.00	742515.00
也门	15072.00	174198.00	荷兰	10538716.00	792777.00	厄瓜多尔	14997.00	55338.00
越南	164674.00	145127.00	希腊	543867.00	383795.00	法属圭亚那	927.00	2184.00
中国台湾	2189197.00	1877369.00	葡萄牙	142419.00	763936.00	格林纳达	893.00	998.00
哈萨克斯坦	6953.00	12892.00	西班牙	1628017.00	119696.00	瓜德罗普	1132.00	8161.00
土库曼斯坦	70.00	21.00	阿尔巴尼亚	822.00	1466.00	危地马拉	11644.00	8651.00
乌兹别克斯坦	902.00	1333.00	奥地利	127064.00	1327.00	圭亚那	12492.00	52199.00
阿尔及利亚	195978.00	499583.00	保加利亚	146561.00	142777.00	海地	670.00	938.00
安哥拉	38754.00	49665.00	芬兰	51666.00	562251.00	洪都拉斯	11375.00	2386.00
贝宁	9000.00	675.00	匈牙利	160148.00	1885585.00	牙买加	1772.00	6458.00
博茨瓦纳	507.00	557.00	马耳他	6875.00	19283.00	马提尼克	559.00	3716.00
喀麦隆	777.00	131.00	挪威	122638.00	947997.00	墨西哥	451465.00	2985593.00
刚果（布）	885.00	885.00	波兰	1117269.00	942724.00	尼加拉瓜	303.00	862.00
吉布提	7631.00	21313.00	罗马尼亚	138035.00	115458.00	巴拿马	162635.00	821315.00

(续表)

国家/地区	出口数量（千克）	出口金额（美元）
巴拉圭	131.00	227.00
秘鲁	230116.00	154684.00
波多黎各	213072.00	138732.00
萨尔瓦多	193785.00	625798.00
特立尼达和多巴哥	5515.00	21584.00
乌拉圭	29751.00	129596.00
委内瑞拉	16285.00	126741.00
加拿大	4696849.00	28697248.00
美国	127978339.00	635473791.00
澳大利亚	2073061.00	16342964.00
斐济	531.00	7.00
新喀里多尼亚	489.00	389.00
瓦努阿图	900.00	9.00
新西兰	171157.00	1279723.00
汤加	1182.00	129.00
法属波利尼西亚	237.00	1314.00
44209010 镶嵌木		
合计	38093.00	97583.00
泰国	16.00	3.00
土耳其	7000.00	16.00
越南	30337.00	74856.00
加拿大	58.00	1128.00
美国	682.00	5299.00
44209090 珠宝或刀具木盒及类似品		
合计	99210174.00	602696749.00
巴林	33854.00	302783.00
孟加拉国	15097.00	43614.00
不丹	2.00	26.00
文莱	1873.00	11895.00
缅甸	228.00	606.00
柬埔寨	7455.00	35048.00
塞浦路斯	4615.00	46589.00
中国香港	846666.00	7990673.00
印度	108796.00	608888.00
印度尼西亚	804039.00	1643416.00
伊朗	22171.00	174410.00
伊拉克	70716.00	396003.00
以色列	649854.00	3487560.00
日本	6000042.00	39689926.00
约旦	24724.00	120038.00
科威特	269979.00	1852125.00
老挝	2.00	26.00
黎巴嫩	9865.00	58286.00
中国澳门	28246.00	72684.00

(续表)

国家/地区	出口数量（千克）	出口金额（美元）
马来西亚	436508.00	2896353.00
马尔代夫	4390.00	74117.00
蒙古	331.00	947.00
尼泊尔	9371.00	110900.00
阿曼	70093.00	2800168.00
巴基斯坦	13693.00	27904.00
巴勒斯坦	22.00	62.00
菲律宾	359310.00	1583245.00
卡塔尔	156654.00	1835829.00
沙特阿拉伯	1260638.00	11946114.00
新加坡	350858.00	6416119.00
韩国	2251296.00	13558279.00
斯里兰卡	8791.00	241150.00
泰国	342810.00	2418143.00
土耳其	47153.00	309630.00
阿联酋	1003988.00	8591397.00
也门	20627.00	83034.00
越南	473162.00	3406441.00
中国台湾	641187.00	3579814.00
哈萨克斯坦	9463.00	301284.00
吉尔吉斯斯坦	1750.00	82080.00
乌兹别克斯坦	14462.00	144506.00
阿尔及利亚	23616.00	77897.00
安哥拉	14201.00	57654.00
贝宁	320.00	632.00
博茨瓦纳	28.00	75.00
喀麦隆	58.00	208.00
吉布提	14171.00	86864.00
埃及	69460.00	448249.00
加纳	2635.00	4465.00
几内亚	6912.00	149230.00
科特迪瓦	11317.00	67224.00
肯尼亚	1806.00	18894.00
利比亚	22870.00	75474.00
马达加斯加	139.00	494.00
马里	433.00	660.00
毛里塔尼亚	1741.00	2187.00
毛里求斯	6469.00	18091.00
摩洛哥	38320.00	231924.00
莫桑比克	362.00	1316.00
尼日利亚	19866.00	73264.00
留尼汪	58600.00	46761.00
卢旺达	311.00	622.00
塞内加尔	1113.00	4105.00

(续表)

国家/地区	出口数量（千克）	出口金额（美元）
南非	150646.00	1632412.00
苏丹	48.00	79.00
坦桑尼亚	3543.00	9351.00
多哥	1005.00	1124.00
突尼斯	2513.00	11142.00
刚果(金)	1195.00	6145.00
赞比亚	240.00	243.00
津巴布韦	257.00	615.00
马约特	732.00	879.00
比利时	1374558.00	9883529.00
丹麦	496827.00	2479229.00
英国	7524110.00	49155038.00
德国	6011436.00	31831375.00
法国	4051856.00	18589102.00
爱尔兰	449721.00	4693117.00
意大利	1547840.00	9522364.00
卢森堡	17.00	429.00
荷兰	5400634.00	25576972.00
希腊	404142.00	2225572.00
葡萄牙	159788.00	863919.00
西班牙	2498655.00	13690568.00
阿尔巴尼亚	359.00	5158.00
安道尔	7.00	215.00
奥地利	153983.00	1555050.00
保加利亚	102387.00	242970.00
芬兰	131679.00	669082.00
匈牙利	82099.00	287395.00
列支敦士登	174.00	3834.00
马耳他	3437.00	56287.00
挪威	139090.00	577894.00
波兰	1267144.00	6586246.00
罗马尼亚	58218.00	485939.00
瑞典	431391.00	2154803.00
瑞士	516343.00	5793358.00
爱沙尼亚	5297.00	24857.00
拉脱维亚	14244.00	47702.00
立陶宛	21767.00	117336.00
格鲁吉亚	11208.00	306455.00
亚美尼亚	83.00	3938.00
阿塞拜疆	1855.00	3842.00
白俄罗斯	26346.00	83592.00
摩尔多瓦	12.00	77.00
俄罗斯	629796.00	3175866.00
乌克兰	134370.00	394349.00

林产品进出口

FOREIGN TRADE STATISTICS OF FOREST PRODUCTS

(续表)

国家/地区	出口数量（千克）	出口金额（美元）
斯洛文尼亚	251265.00	943791.00
克罗地亚	17703.00	42908.00
捷克	57092.00	362907.00
斯洛伐克	42730.00	149477.00
北马其顿	154.00	1591.00
波黑	46.00	1592.00
塞尔维亚	13706.00	66563.00
黑山	1037.00	3275.00
阿根廷	66767.00	227730.00
阿鲁巴	189.00	3302.00
巴巴多斯	300.00	840.00
玻利维亚	35076.00	49803.00
巴西	299495.00	1678020.00
智利	624107.00	2954170.00
哥伦比亚	104906.00	325012.00
多米尼克	1100.00	1280.00
哥斯达黎加	9909.00	31797.00
古巴	93775.00	1197746.00
多米尼加	188361.00	2364882.00
厄瓜多尔	43058.00	88471.00
法属圭亚那	157.00	423.00
瓜德罗普	17698.00	22295.00
危地马拉	26557.00	62081.00
海地	2250.00	9000.00
洪都拉斯	79605.00	807983.00
牙买加	4505.00	28939.00
马提尼克	18077.00	14698.00
墨西哥	3595686.00	5274994.00
尼加拉瓜	55627.00	969873.00
巴拿马	128647.00	1078186.00
巴拉圭	90.00	1107.00
秘鲁	168258.00	421909.00
波多黎各	38923.00	459306.00
萨尔瓦多	34155.00	107982.00
苏里南	37.00	116.00
特立尼达和多巴哥	2240.00	7242.00
乌拉圭	44772.00	147242.00
委内瑞拉	2441.00	12055.00
加拿大	2573833.00	15391182.00
美国	36599877.00	237900567.00
澳大利亚	3058365.00	16156710.00
斐济	242.00	879.00
新喀里多尼亚	1455.00	4983.00
新西兰	422910.00	2261262.00

(续表)

国家/地区	出口数量（千克）	出口金额（美元）
法属波利尼西亚	1962.00	1831.00
瓦利斯和浮图纳	448.00	896.00
44211000 木制衣架		
合计	53004112.00	209945049.00
阿富汗	131.00	139.00
巴林	7515.00	32862.00
孟加拉国	7411.00	26271.00
文莱	658.00	1896.00
缅甸	80.00	80.00
柬埔寨	11681.00	39474.00
塞浦路斯	6359.00	37374.00
中国香港	437987.00	2204862.00
印度	335272.00	3366258.00
印度尼西亚	224504.00	989663.00
伊朗	7650.00	9002.00
伊拉克	18165.00	61289.00
以色列	130230.00	534730.00
日本	2548663.00	11758545.00
约旦	2868.00	11836.00
科威特	44585.00	136432.00
黎巴嫩	3660.00	9502.00
中国澳门	16969.00	22766.00
马来西亚	261196.00	1679527.00
马尔代夫	6213.00	38730.00
蒙古	72.00	177.00
尼泊尔	4153.00	12120.00
阿曼	11963.00	46974.00
巴基斯坦	69887.00	258745.00
菲律宾	152714.00	884568.00
卡塔尔	32309.00	152675.00
沙特阿拉伯	186027.00	1093742.00
新加坡	75648.00	482046.00
韩国	2029624.00	8549880.00
斯里兰卡	4058.00	18031.00
泰国	251507.00	1746163.00
土耳其	16062.00	73562.00
阿联酋	460504.00	2401658.00
也门	197.00	406.00
越南	323368.00	1989898.00
中国台湾	228346.00	1350453.00
东帝汶	980.00	980.00
哈萨克斯坦	14859.00	66165.00
吉尔吉斯斯坦	290.00	435.00
塔吉克斯坦	435.00	7830.00

(续表)

国家/地区	出口数量（千克）	出口金额（美元）
土库曼斯坦	672.00	3897.00
乌兹别克斯坦	2721.00	9816.00
阿尔及利亚	17104.00	64066.00
安哥拉	1151.00	1456.00
贝宁	2681.00	2635.00
喀麦隆	160.00	1103.00
刚果(布)	409.00	1187.00
吉布提	2628.00	2704.00
埃及	18629.00	348868.00
赤道几内亚	41.00	49.00
埃塞俄比亚	679.00	4327.00
加纳	8507.00	18445.00
几内亚	750.00	920.00
科特迪瓦	4716.00	8866.00
肯尼亚	888.00	14353.00
利比里亚	316.00	403.00
利比亚	21666.00	66157.00
马达加斯加	180.00	450.00
毛里塔尼亚	413.00	530.00
毛里求斯	3642.00	9950.00
摩洛哥	23449.00	60343.00
莫桑比克	1138.00	2773.00
尼日利亚	11139.00	19949.00
留尼汪	10046.00	49708.00
塞内加尔	4737.00	11668.00
南非	76630.00	280483.00
苏丹	601.00	841.00
坦桑尼亚	6138.00	12584.00
多哥	584.00	2104.00
突尼斯	882.00	1517.00
乌干达	43.00	1055.00
刚果(金)	3590.00	106544.00
马约特	123.00	317.00
比利时	1353270.00	4698880.00
丹麦	674548.00	3509323.00
英国	3358503.00	12355802.00
德国	3654572.00	12424864.00
法国	3180763.00	10155332.00
爱尔兰	158019.00	427401.00
意大利	978170.00	5665273.00
荷兰	3206503.00	10464671.00
希腊	237536.00	1032254.00
葡萄牙	290522.00	731856.00
西班牙	3031938.00	9882906.00

— 589 —

（续表）

国家/地区	出口数量（千克）	出口金额（美元）
阿尔巴尼亚	10709.00	28629.00
奥地利	150149.00	559005.00
保加利亚	252735.00	616406.00
芬兰	113876.00	396245.00
匈牙利	33446.00	97597.00
冰岛	1761.00	7165.00
马耳他	24965.00	56874.00
挪威	70388.00	252718.00
波兰	1448403.00	4057616.00
罗马尼亚	92572.00	304841.00
瑞典	1968060.00	6730277.00
瑞士	109574.00	402763.00
爱沙尼亚	17233.00	65746.00
拉脱维亚	25392.00	68483.00
立陶宛	44033.00	155927.00
格鲁吉亚	3828.00	11770.00
阿塞拜疆	3360.00	8092.00
白俄罗斯	33396.00	132676.00
摩尔多瓦	130.00	584.00
俄罗斯	2867151.00	9688978.00
乌克兰	306640.00	1001950.00
斯洛文尼亚	281733.00	840597.00
克罗地亚	52772.00	153410.00
捷克	36513.00	151297.00
斯洛伐克	8274.00	16188.00
北马其顿	668.00	2829.00
塞尔维亚	4931.00	16875.00
黑山	4740.00	15770.00
阿根廷	436099.00	1674044.00
阿鲁巴	110.00	2013.00
伯利兹	153.00	667.00
巴西	1083261.00	5153344.00
智利	407979.00	1106548.00
哥伦比亚	357353.00	1191031.00
哥斯达黎加	55593.00	180822.00
多米尼加	16240.00	50497.00
厄瓜多尔	9597.00	23171.00
法属圭亚那	43.00	201.00
瓜德罗普	621.00	4259.00
危地马拉	23133.00	381396.00
圭亚那	160.00	210.00
洪都拉斯	6420.00	17460.00
牙买加	4066.00	20711.00
马提尼克	1344.00	6798.00

（续表）

国家/地区	出口数量（千克）	出口金额（美元）
墨西哥	429422.00	2045524.00
尼加拉瓜	893.00	980.00
巴拿马	47648.00	494172.00
巴拉圭	994.00	2094.00
秘鲁	384994.00	920453.00
波多黎各	2726.00	8892.00
圣卢西亚	90.00	500.00
萨尔瓦多	4394.00	33921.00
特立尼达和多巴哥	46.00	61.00
乌拉圭	46417.00	204700.00
委内瑞拉	4723.00	29808.00
加拿大	949378.00	4346051.00
美国	10302226.00	46212953.00
澳大利亚	1825879.00	5979835.00
斐济	396.00	594.00
新西兰	345165.00	1441347.00
巴布亚新几内亚	2595.00	7530.00
法属波利尼西亚	325.00	4778.00

44219910 其他木制圆签、圆棒、冰果棒、压舌片及类似一次性制品

国家/地区	出口数量（千克）	出口金额（美元）
合计	70287006.00	155356607.00
巴林	18750.00	27245.00
孟加拉国	593449.00	894312.00
文莱	611.00	1060.00
缅甸	177603.00	189295.00
柬埔寨	55.00	72.00
塞浦路斯	3485.00	12339.00
中国香港	393692.00	538375.00
印度	5953052.00	7475588.00
印度尼西亚	3749605.00	7428687.00
伊朗	154657.00	202150.00
伊拉克	442145.00	755068.00
以色列	297296.00	481107.00
日本	9147349.00	24048697.00
约旦	365932.00	751887.00
科威特	47723.00	130891.00
黎巴嫩	289969.00	415018.00
中国澳门	652.00	1274.00
马来西亚	644802.00	1779185.00
马尔代夫	537.00	1629.00
蒙古	29798.00	47136.00
尼泊尔	12381.00	43591.00
阿曼	78245.00	80356.00
巴基斯坦	1273965.00	3226618.00

（续表）

国家/地区	出口数量（千克）	出口金额（美元）
菲律宾	388969.00	1154604.00
卡塔尔	31776.00	42853.00
沙特阿拉伯	1428884.00	3108733.00
新加坡	45609.00	96067.00
韩国	4157267.00	7774365.00
斯里兰卡	270176.00	367939.00
叙利亚	25000.00	22495.00
泰国	2046489.00	5704812.00
土耳其	835006.00	2134750.00
阿联酋	572974.00	1354906.00
也门	885380.00	1222544.00
越南	133531.00	334891.00
中国台湾	405038.00	660950.00
东帝汶	470.00	735.00
哈萨克斯坦	209789.00	238920.00
吉尔吉斯斯坦	104375.00	82592.00
塔吉克斯坦	41160.00	16099.00
土库曼斯坦	21441.00	41501.00
乌兹别克斯坦	83879.00	118941.00
阿尔及利亚	284183.00	348740.00
安哥拉	17186.00	211808.00
贝宁	520.00	1100.00
博茨瓦纳	762.00	1861.00
布隆迪	696.00	1616.00
喀麦隆	3361.00	11369.00
佛得角	640.00	755.00
埃及	2457794.00	3491361.00
埃塞俄比亚	1327.00	1565.00
加蓬	130.00	250.00
冈比亚	659.00	686.00
加纳	54760.00	150888.00
几内亚	2158.00	2336.00
科特迪瓦	6875.00	9539.00
肯尼亚	60011.00	93717.00
利比里亚	1428.00	1639.00
利比亚	373444.00	798455.00
马达加斯加	3664.00	10679.00
马拉维	666.00	1223.00
马里	1182.00	2260.00
毛里求斯	8884.00	25800.00
摩洛哥	284095.00	439162.00
莫桑比克	1176.00	2349.00
纳米比亚	1326.00	2573.00
尼日利亚	10623.00	15358.00

林产品进出口

FOREIGN TRADE STATISTICS OF FOREST PRODUCTS

(续表)

国家/地区	出口数量（千克）	出口金额（美元）
留尼汪	492.00	1338.00
卢旺达	2814.00	7582.00
塞内加尔	1633.00	7141.00
塞拉利昂	2120.00	1680.00
索马里	50185.00	111261.00
南非	475413.00	892840.00
苏丹	948.00	1320.00
坦桑尼亚	50935.00	55103.00
多哥	491.00	511.00
突尼斯	230106.00	641720.00
乌干达	642.00	2811.00
布基纳法索	30.00	594.00
刚果（金）	13035.00	62188.00
赞比亚	495.00	1800.00
津巴布韦	960.00	1702.00
厄立特里亚	780.00	1770.00
马约特	58.00	236.00
比利时	310331.00	825690.00
丹麦	78740.00	204121.00
英国	1252987.00	3396413.00
德国	1337108.00	3946745.00
法国	499700.00	1488758.00
爱尔兰	47707.00	90785.00
意大利	2255405.00	5544618.00
荷兰	1693269.00	5511159.00
希腊	342356.00	1096013.00
葡萄牙	351058.00	756960.00
西班牙	1678772.00	4300493.00
阿尔巴尼亚	14054.00	61256.00
奥地利	20569.00	135265.00
保加利亚	164278.00	440548.00
芬兰	7217.00	64202.00
匈牙利	27459.00	45923.00
马耳他	7879.00	13584.00
挪威	12880.00	27764.00
波兰	371521.00	795635.00
罗马尼亚	271505.00	705141.00
瑞典	179049.00	597508.00
瑞士	40371.00	131613.00
爱沙尼亚	26657.00	76774.00
拉脱维亚	11240.00	19250.00
立陶宛	26402.00	59214.00
格鲁吉亚	16746.00	33443.00
亚美尼亚	984.00	2933.00

(续表)

国家/地区	出口数量（千克）	出口金额（美元）
阿塞拜疆	5449.00	13496.00
白俄罗斯	38853.00	238787.00
摩尔多瓦	235.00	593.00
俄罗斯	348552.00	972525.00
乌克兰	169613.00	583558.00
斯洛文尼亚	27642.00	85457.00
克罗地亚	227798.00	619518.00
捷克	36015.00	70025.00
斯洛伐克	14150.00	16997.00
波黑	8.00	33.00
塞尔维亚	32644.00	58682.00
阿根廷	464310.00	835629.00
巴巴多斯	4160.00	7791.00
伯利兹	165.00	957.00
玻利维亚	6065.00	15170.00
巴西	1236385.00	2446434.00
智利	327802.00	1005813.00
哥伦比亚	732070.00	2015855.00
哥斯达黎加	117596.00	176669.00
多米尼加	206551.00	241425.00
厄瓜多尔	43551.00	93598.00
格林纳达	357.00	450.00
危地马拉	290181.00	613470.00
圭亚那	160.00	876.00
洪都拉斯	30747.00	25915.00
牙买加	570.00	1311.00
马提尼克	233.00	402.00
墨西哥	1082842.00	2337907.00
尼加拉瓜	56872.00	45398.00
巴拿马	48057.00	92773.00
巴拉圭	2318.00	7555.00
秘鲁	354146.00	558822.00
波多黎各	2974.00	5735.00
圣卢西亚	48.00	67.00
圣马丁岛	62.00	78.00
圣文森特和格林纳丁斯	150.00	527.00
萨尔瓦多	89967.00	219809.00
特立尼达和多巴哥	2201.00	6503.00
乌拉圭	15503.00	28628.00
委内瑞拉	32598.00	51537.00
加拿大	1065243.00	2313518.00
美国	11320955.00	25860753.00
澳大利亚	820112.00	2124947.00

(续表)

国家/地区	出口数量（千克）	出口金额（美元）
斐济	31536.00	57752.00
新喀里多尼亚	849.00	1499.00
新西兰	169293.00	689663.00
巴布亚新几内亚	6509.00	7783.00
法属波利尼西亚	5012.00	3146.00
44219990 未列名木制品		
合计	1335394881.00	3295256128.00
阿富汗	257.00	281.00
巴林	80345.00	397500.00
孟加拉国	946269.00	1275322.00
文莱	51779.00	163835.00
缅甸	250283.00	418220.00
柬埔寨	11127167.00	20155099.00
塞浦路斯	24088.00	82086.00
朝鲜	17970.00	35956.00
中国香港	26471345.00	59375317.00
印度	3369837.00	12007559.00
印度尼西亚	4683879.00	12859782.00
伊朗	642898.00	1143680.00
伊拉克	4370707.00	15288787.00
以色列	1585636.00	6189633.00
日本	94603000.00	285997161.00
约旦	262367.00	1552533.00
科威特	329246.00	1642963.00
老挝	61519.00	162893.00
黎巴嫩	13932.00	37010.00
中国澳门	8538490.00	7076729.00
马来西亚	37656363.00	81508816.00
马尔代夫	39548.00	117907.00
蒙古	38132.00	137970.00
尼泊尔	3994.00	8095.00
阿曼	277273.00	974907.00
巴基斯坦	282388.00	1576290.00
巴勒斯坦	540.00	806.00
菲律宾	4936768.00	13821602.00
卡塔尔	210306.00	1519188.00
沙特阿拉伯	2526563.00	14279050.00
新加坡	936856.00	7042816.00
韩国	62640006.00	149377001.00
斯里兰卡	1459439.00	8079942.00
叙利亚	3150.00	11025.00
泰国	5727063.00	20294255.00
土耳其	931163.00	5433144.00
阿联酋	3121731.00	13187534.00

(续表)

国家/地区	出口数量（千克）	出口金额（美元）
也门	161309.00	1073236.00
越南	50342408.00	99817591.00
中国	0.00	0.00
中国台湾	16168676.00	58017540.00
东帝汶	42166.00	466340.00
哈萨克斯坦	40290.00	206239.00
吉尔吉斯斯坦	3620.00	6747.00
塔吉克斯坦	902.00	1404.00
土库曼斯坦	1358.00	1735.00
乌兹别克斯坦	151650.00	424955.00
阿尔及利亚	238902.00	981605.00
安哥拉	177473.00	943440.00
贝宁	93116.00	156694.00
博茨瓦纳	140702.00	541414.00
喀麦隆	7380.00	22060.00
中非	500.00	4333.00
乍得	155.00	260.00
科摩罗	9567.00	254374.00
刚果（布）	22840.00	40418.00
吉布提	179828.00	1230580.00
埃及	1482167.00	3366544.00
赤道几内亚	61849.00	115906.00
埃塞俄比亚	69955.00	288489.00
加蓬	11855.00	14695.00
冈比亚	13413.00	80231.00
加纳	315750.00	1090948.00
几内亚	2164.00	4058.00
科特迪瓦	119852.00	603198.00
肯尼亚	424768.00	2541900.00
利比里亚	1825.00	4608.00
利比亚	212763.00	1331902.00
马达加斯加	31420.00	132577.00
马拉维	57714.00	225467.00
马里	2757.00	7692.00
毛里塔尼亚	12110.00	73423.00
毛里求斯	91146.00	381910.00
摩洛哥	89814.00	501815.00
莫桑比克	93431.00	379566.00
尼日尔	1331.00	1444.00
尼日利亚	690681.00	2134915.00
留尼汪	153285.00	332010.00
塞内加尔	36963.00	140399.00
塞拉利昂	2014.00	25229.00
索马里	155952.00	379454.00

(续表)

国家/地区	出口数量（千克）	出口金额（美元）
南非	5340960.00	20857686.00
苏丹	3200.00	3615.00
坦桑尼亚	64729.00	191735.00
多哥	44532.00	49481.00
突尼斯	216351.00	1075217.00
乌干达	16070.00	104532.00
刚果（金）	118460.00	460833.00
赞比亚	23043.00	77535.00
津巴布韦	26191.00	33770.00
南苏丹	56.00	777.00
比利时	11566555.00	30598489.00
丹麦	1504119.00	7337133.00
英国	48287973.00	160435306.00
德国	55762350.00	167298920.00
法国	24610602.00	66335028.00
爱尔兰	1374256.00	4949569.00
意大利	12404367.00	47055779.00
卢森堡	223.00	7161.00
荷兰	40146419.00	123749037.00
希腊	793677.00	3335526.00
葡萄牙	844561.00	3460797.00
西班牙	8216319.00	27669345.00
阿尔巴尼亚	13593.00	68084.00
安道尔	10.00	160.00
奥地利	279373.00	1280306.00
保加利亚	153791.00	818420.00
芬兰	521042.00	1789594.00
匈牙利	404617.00	1363176.00
冰岛	4063.00	31002.00
列支敦士登	5221.00	37419.00
马耳他	244095.00	1492504.00
摩纳哥	25.00	1490.00
挪威	601431.00	2502037.00
波兰	7039624.00	24613572.00
罗马尼亚	2304024.00	9640301.00
瑞典	3111272.00	11683482.00
瑞士	1227269.00	6623763.00
爱沙尼亚	56483.00	332107.00
拉脱维亚	63739.00	185679.00
立陶宛	271028.00	677579.00
格鲁吉亚	9729.00	45946.00
亚美尼亚	217.00	2479.00
阿塞拜疆	11098.00	21210.00
白俄罗斯	84568.00	327744.00

(续表)

国家/地区	出口数量（千克）	出口金额（美元）
摩尔多瓦	3486.00	17375.00
俄罗斯	2769352.00	11998210.00
乌克兰	177813.00	1120792.00
斯洛文尼亚	1796512.00	6750432.00
克罗地亚	514011.00	1239038.00
捷克	1526467.00	4258554.00
斯洛伐克	113108.00	448141.00
北马其顿	1477.00	8189.00
波黑	9177.00	18448.00
梵蒂冈	14976.00	16286.00
塞尔维亚	79276.00	343478.00
黑山	2330.00	9102.00
安提瓜和巴布达	362.00	10261.00
阿根廷	2552820.00	4228191.00
阿鲁巴	20882.00	152811.00
巴哈马	7360.00	60867.00
巴巴多斯	36840.00	150060.00
伯利兹	1676.00	3824.00
玻利维亚	12786.00	26930.00
巴西	818370.00	3573010.00
开曼群岛	95.00	2525.00
智利	3486927.00	14375204.00
哥伦比亚	706666.00	3868895.00
多米尼克	1045.00	2751.00
哥斯达黎加	202730.00	708474.00
古巴	1440.00	1728.00
多米尼加	718676.00	3786586.00
厄瓜多尔	150884.00	408081.00
法属圭亚那	6582.00	8156.00
格林纳达	6766.00	33476.00
瓜德罗普	23823.00	162616.00
危地马拉	1902009.00	9466547.00
圭亚那	31330.00	139205.00
海地	116996.00	244662.00
洪都拉斯	353569.00	878658.00
牙买加	145705.00	400986.00
马提尼克	9957.00	100919.00
墨西哥	7646360.00	18036377.00
尼加拉瓜	188915.00	292025.00
巴拿马	372442.00	1070031.00
巴拉圭	8105.00	63408.00
秘鲁	2229408.00	10816433.00
波多黎各	442356.00	1527320.00
圣卢西亚	14301.00	48561.00

（续表）

国家/地区	出口数量（千克）	出口金额（美元）
圣马丁岛	487.00	506.00
圣文森特和格林纳丁斯	782.00	1305.00
萨尔瓦多	2075913.00	4097552.00
苏里南	442.00	1258.00
特立尼达和多巴哥	37561.00	141320.00
特克斯和凯科斯群岛	24.00	1177.00
乌拉圭	114075.00	398523.00
委内瑞拉	18563.00	71736.00
英属维尔京群岛	58.00	4542.00
圣其茨和尼维斯	29.00	1330.00
加拿大	79267378.00	144739551.00
美国	554625780.00	1203951129.00
百慕大	41.00	1735.00
澳大利亚	83036143.00	170627876.00
斐济	1078.00	2692.00
新喀里多尼亚	26055.00	101114.00
瓦努阿图	6453.00	18813.00
新西兰	8949868.00	19411876.00
诺福克岛	170.00	882.00
巴布亚新几内亚	56198.00	234851.00
所罗门群岛	17304.00	177886.00
汤加	1838.00	16522.00
萨摩亚	2074.00	1403.00
基里巴斯	19.00	58.00
密克罗尼西亚联邦	469.00	1861.00
马绍尔群岛	1224.00	9864.00
法属波利尼西亚	17244.00	153779.00

表10 木制品进口量值表

国家/地区	进口数量（千克）	进口金额（美元）
44091010 任一边、端或面制成连续形状的针叶木地板条		
合计	9202	150588
日本	318	45
丹麦	1	7
英国	180	1566
德国	3516	1441
法国	3	145
意大利	95	1789
奥地利	2423	15434

（续表）

国家/地区	进口数量（千克）	进口金额（美元）
美国	2666	22674
44091090 其他任一边、端或面制成连续形状的针叶木木材		
合计	3727860	1318
日本	4069	23443
马来西亚	550	7722
丹麦	35	615
西班牙	2	75
芬兰	65307	127349
挪威	56	626
瑞典	46620	29696
爱沙尼亚	91534	279776
俄罗斯	3454967	522569
加拿大	24000	282
澳大利亚	13	499
新西兰	40707	2446
44092210 热带木制的地板条（块），任何一边、端或面制成连续形状		
合计	17108242	3585373
缅甸	16433099	3574614
印度尼西亚	318842	415333
泰国	1071	1498
越南	347648	282132
中国台湾	1194	726
比利时	56	498
意大利	6327	24214
卢森堡	5	58
44092290 热带木制的任何一边、端或面制成连续形状的其他木材		
合计	186237214	198268346
缅甸	108790	41681
印度	57678	578509
印度尼西亚	182120834	194244317
老挝	26400	33424
马来西亚	21552	37177
泰国	52276	101285
越南	1261002	1438131
冈比亚	2012091	1442549
加纳	18600	22375
莫桑比克	527113	267113
赞比亚	2340	1123
爱沙尼亚	9842	45123
巴西	17756	10364
澳大利亚	940	5175

（续表）

国家/地区	进口数量（千克）	进口金额（美元）
44092910 其他任一边、端或面制成连续状的非针叶木地板条		
合计	7088819	18690723
缅甸	6211206	13695728
柬埔寨	1505	2542
印度	0	29
印度尼西亚	24355	2766
以色列	0	14
日本	74191	15155
马来西亚	19690	1174
菲律宾	0	2
新加坡	1	11
韩国	4	32
泰国	14314	112218
越南	6397	26223
中国	636	2561
中国台湾	9116	4292
比利时	1041	3947
丹麦	4933	561
英国	189	4424
德国	9487	14916
法国	10495	1258
意大利	225330	2719327
荷兰	858	7772
葡萄牙	12899	3878
西班牙	2356	2659
奥地利	39792	14336
匈牙利	91191	3376
挪威	4126	1581
波兰	12030	57214
瑞典	1	175
立陶宛	1592	21943
格鲁吉亚	1	89
巴西	0	33
墨西哥	1	145
巴拉圭	78840	22171
加拿大	9	73
美国	232231	64324
澳大利亚	2	65
44092990 其他任一边、端或面制成连续形状的非针叶木木材		
合计	5089172	387267
印度	5011	4526
印度尼西亚	142115	126633

国家/地区	进口数量（千克）	进口金额（美元）
日本	543	12953
老挝	294150	365636
马来西亚	20547	19125
韩国	13	447
泰国	57060	12357
越南	125927	97767
中国台湾	310	573
安哥拉	86040	48514
加纳	524900	49871
比利时	9789	32761
丹麦	300	4311
德国	18199	92234
意大利	27509	63237
波兰	51519	317249
爱沙尼亚	46753	217754
俄罗斯	3536813	918262
斯洛伐克	33626	62667
墨西哥	194	154
加拿大	86163	1615
美国	21691	55367
44140010 辐射松制的画框、相框、镜框及类似品		
合计	136	4240
日本	18	6
中国	1	94
法国	48	356
瑞典	57	2176
加拿大	7	895
美国	0	4
澳大利亚	5	115
44140090 其他木制的画框、相框、镜框及类似品		
合计	286994	2218487
孟加拉国	4	198
中国香港	128	9595
印度	10707	93429
印度尼西亚	1511	27249
伊朗	36	233
日本	49236	24986
约旦	0	4
老挝	170	12
马来西亚	1	43
菲律宾	372	9636
新加坡	1	37
韩国	1005	288
泰国	733	9129
土耳其	152	1414
阿联酋	1	51
越南	935	25129
中国	5398	93519
中国台湾	42	184
埃及	1	6
毛里求斯	8	185
比利时	137	3267
丹麦	27	826
英国	1201	417
德国	321	3571
法国	1831	161742
意大利	1545	137838
卢森堡	75	183
荷兰	0	25
西班牙	370	2813
芬兰	1	135
挪威	4	46
波兰	202378	841941
瑞典	140	3142
瑞士	416	2477
拉脱维亚	1051	299
俄罗斯	283	52
乌克兰	84	1162
捷克	1	81
波黑	2	182
多米尼加	1	149
加拿大	245	89
美国	6429	274878
澳大利亚	1	44
新西兰	10	442
44151000 木制箱、盒、桶及类似的包装容器；电缆卷筒		
合计	3774532	12589071
印度	7708	28165
伊朗	42	198
以色列	55	2287
日本	97801	141982
马来西亚	153	3758
沙特阿拉伯	1	85
新加坡	685	3511
韩国	2752	15752
泰国	64	3648
阿联酋	93	23
越南	1944	779
中国	2751315	9229647
中国台湾	45203	29999
摩洛哥	6	4
比利时	63	3656
丹麦	6225	16139
英国	1187	8124
德国	18217	15247
法国	31948	374
爱尔兰	781	534
意大利	4001	4257
荷兰	24286	7986
葡萄牙	3	42
西班牙	246196	113137
奥地利	1449	33272
保加利亚	1	169
挪威	11	684
波兰	434	8484
瑞典	1300	13777
瑞士	5626	4529
爱沙尼亚	20	191
拉脱维亚	19621	5558
立陶宛	30	82
俄罗斯	1110	4
斯洛文尼亚	34	212
捷克	40	259
巴西	436941	1111498
智利	19	46
厄瓜多尔	12	16
墨西哥	371	1992
美国	8554	17242
澳大利亚	58226	39583
国别(地区)不详	4	376
44152010 辐射松制托板箱形托盘及其他装载板托盘护框		
合计	50105	93227
日本	21	340
中国	38772	44562
德国	6250	7923
法国	3000	35364
拉脱维亚	1262	239
澳大利亚	800	2999

(续表)

国家/地区	进口数量（千克）	进口金额（美元）
44160090 木制大桶、琵琶桶、盆等木制箍桶及其零件		
合计	5759749	32294524
印度	1446	5638
印度尼西亚	111	1972
日本	336	1883
泰国	3842	18579
中国	145	87
中国台湾	8	17
南非	784	1488
比利时	100	589
丹麦	1	88
英国	52	3828
德国	545	6721
法国	1032630	14916398
意大利	8160	152817
葡萄牙	15675	92735
西班牙	812129	584643
瑞典	42	3
瑞士	2148	53197
塞尔维亚	6635	56571
智利	3572	31856
墨西哥	15010	17572
美国	3766708	915844
澳大利亚	89670	1926958
44170090 木制工具等；扫帚及刷子等；木鞋靴楦及楦头		
合计	121325	1450274
印度	1	25
印度尼西亚	79267	8541
日本	20420	118916
马来西亚	2	231
泰国	4	625
越南	2054	2472
中国	539	25231
中国台湾	5768	2196
加纳	0	39
南非	1	18
英国	507	13335
德国	492	11691
法国	98	547
意大利	693	49668
荷兰	195	249
奥地利	6	117

(续表)

国家/地区	进口数量（千克）	进口金额（美元）
瑞典	1	74
瑞士	39	75
克罗地亚	174	21999
阿根廷	1890	6669
巴西	4068	18357
墨西哥	0	6
美国	5105	7595
澳大利亚	1	4
44181010 辐射松制窗法兰西式（落地）窗及其框架		
合计	1183	8265
日本	1111	7314
瑞典	72	876
新西兰	0	75
44181090 木制窗、法兰西式（落地）窗及其木制框架		
合计	202900	154591
印度	2292	8114
日本	641	2728
韩国	0	24
中国	1518	15231
中国台湾	89	795
丹麦	101599	485878
英国	31	423
德国	37863	46728
法国	1400	11
意大利	1115	37194
奥地利	570	994
芬兰	1080	17772
匈牙利	21721	1546
挪威	25531	271
波兰	5682	55592
瑞典	41	4229
美国	1727	77442
44182000 木制门及其框架和门槛		
合计	291153	852178
印度	2263	9227
印度尼西亚	4836	6586
日本	12151	167145
老挝	815	2923
马来西亚	431	1849
新加坡	619	979
韩国	167	133
泰国	7600	21237

(续表)

国家/地区	进口数量（千克）	进口金额（美元）
阿联酋	29	271
越南	12	68
中国	2632	13577
中国台湾	645	2135
贝宁	7469	362
马里	965	156
比利时	61	499
英国	153	2142
德国	62115	4376431
法国	200	5639
意大利	109660	234139
荷兰	543	4579
西班牙	21736	393971
奥地利	1660	71798
芬兰	196	122
挪威	6772	7144
瑞典	35753	172569
瑞士	10240	3481
立陶宛	102	1552
塞尔维亚	4	73
智利	13	441
加拿大	463	4496
美国	848	1731
44184000 木制水泥构件的模板		
合计	1218948	2132248
法国	52	156
奥地利	1024069	1617917
芬兰	400	12869
波兰	23153	76281
拉脱维亚	73483	19244
斯洛伐克	97791	233377
44185000 木瓦及木制盖屋板		
合计	1456	122754
意大利	1456	122754
44186000 木制柱及梁		
合计	1974203	1816606
缅甸	240	956
印度	8390	25185
日本	760467	162166
韩国	216	328
泰国	3329	7744
越南	5610	5626
中国	1808	2673

(续表)

国家/地区	进口数量(千克)	进口金额(美元)
比利时	13	84
英国	400	987
法国	120637	195694
意大利	3067	113274
荷兰	280	7
西班牙	1371	2137
奥地利	10167	1647
芬兰	541927	669383
瑞士	370703	49288
俄罗斯	145310	7762
加拿大	268	282
44187400 其他马赛克地板用已装拼的木地板		
合计	1439144	3044539
越南	1398090	2485498
德国	535	6534
意大利	40519	55257
44187500 其他多层已装拼的木地板		
合计	13038595	60546091
柬埔寨	381	4188
印度	0	67
印度尼西亚	736278	3117975
日本	204597	56373
马来西亚	125520	491179
菲律宾	1	92
泰国	52760	598757
土耳其	86319	43229
越南	4	173
中国	7698	13474
中国台湾	83	1742
比利时	10282	87912
丹麦	2	26
英国	66	2851
德国	1429756	9284546
法国	50903	943529
意大利	787392	63766
荷兰	24688	28626
葡萄牙	341520	13942
西班牙	549911	22865
奥地利	1003928	5961779
芬兰	91045	76776
匈牙利	705115	2463779
波兰	2398676	87132
瑞典	291801	74763

(续表)

国家/地区	进口数量(千克)	进口金额(美元)
瑞士	38279	228256
爱沙尼亚	823899	3829848
立陶宛	972558	4595988
白俄罗斯	277008	12813
俄罗斯	265796	935336
乌克兰	115607	463299
斯洛文尼亚	20	91
克罗地亚	1621805	4977526
巴西	3510	14244
墨西哥	4	155
加拿大	2203	25866
美国	19168	123489
澳大利亚	12	29
44187900 其他已装拼木地板		
合计	477513	1653921
柬埔寨	69	1656
印度	1	4
印度尼西亚	114572	12753
日本	51	196
马来西亚	23410	33697
越南	8580	15866
中国	1316	4651
中国台湾	834	1217
比利时	3580	19395
丹麦	2704	3956
德国	70378	89213
法国	1820	32282
意大利	29069	34868
西班牙	48865	632
奥地利	131454	469496
芬兰	161	67
瑞典	4	24
爱沙尼亚	20052	88774
克罗地亚	2500	13783
巴西	18090	38419
哥斯达黎加	2	29
美国	1	97
44189900 未列名建筑用木工制品		
合计	6608434	15200688
缅甸	736180	296879
中国香港	0	22
印度	900	27
印度尼西亚	765197	71882

(续表)

国家/地区	进口数量(千克)	进口金额(美元)
日本	1109544	74375
马来西亚	55777	45949
菲律宾	3279	255
新加坡	9	148
韩国	804	4636
泰国	45	119
越南	1172747	97844
中国	2432	6789
中国台湾	7101	4554
比利时	563	8676
英国	9	348
德国	1395440	3131233
法国	7431	553466
意大利	116190	1147984
荷兰	40092	6234
西班牙	680	541
奥地利	1115183	3898543
瑞典	782	7679
瑞士	4946	17881
立陶宛	10	154
白俄罗斯	842	6541
俄罗斯	61738	42722
墨西哥	3	136
加拿大	953	3575
美国	9465	264925
澳大利亚	92	859
新西兰	0	79
44199010 木制一次性筷子		
合计	18391512	7379161
印度	48	1185
日本	19	16
蒙古	76230	6867
韩国	109	365
泰国	6	338
中国	1663	5914
白俄罗斯	81900	28663
俄罗斯	18231507	7272562
美国	30	521
44199090 未列名木制餐具及厨房用具		
合计	18704233	18251724
孟加拉国	2	97
缅甸	7003	6853
中国香港	73	5668

(续表)

国家/地区	进口数量（千克）	进口金额（美元）
印度	11961	7338
印度尼西亚	228708	29742
伊朗	0	1
以色列	73	1821
日本	105685	1883295
科威特	0	1
老挝	5252586	2299219
中国澳门	1	68
马来西亚	148	1811
巴基斯坦	7339	14397
菲律宾	2581	29628
新加坡	0	1
韩国	851	8589
泰国	780032	2664581
土耳其	538	881
阿联酋	1	48
越南	8119101	318486
中国	33371	461233
中国台湾	6591	62376
喀麦隆	20774	13934
埃及	1	32
加纳	75	3
突尼斯	187	357
津巴布韦	27	6
比利时	15	773
丹麦	202	6711
英国	179	3851
德国	2998	71549
法国	279	8666
意大利	8019	213292
荷兰	69	493
希腊	15	3973
葡萄牙	159	2833
西班牙	1279	7212
阿尔巴尼亚	23	2375
奥地利	210	824
芬兰	136	11294
匈牙利	0	27
挪威	1	51
波兰	520	16353
罗马尼亚	237629	773743
瑞典	8935	234298
瑞士	661	3962
爱沙尼亚	6	661

(续表)

国家/地区	进口数量（千克）	进口金额（美元）
白俄罗斯	2	138
俄罗斯	1603032	127792
乌克兰	2194063	354955
斯洛文尼亚	1129	76629
克罗地亚	6	185
捷克	889	28841
波黑	10	752
阿根廷	0	25
巴西	89	51
智利	39	65
哥伦比亚	0	49
墨西哥	8	21
加拿大	17	598
美国	49592	892485
澳大利亚	16308	25777
新西兰	5	75
国别（地区）不详	0	375
44201011 木刻		
合计	811454	1419671
缅甸	1196	4114
印度	330	28
印度尼西亚	5608	38124
日本	105606	144358
老挝	1037	54
沙特阿拉伯	1	143
新加坡	40	2
泰国	4310	6227
越南	690744	185345
中国	130	8357
中国台湾	30	227
马里	4	75
比利时	212	942
丹麦	1	3
英国	102	737
德国	100	8369
意大利	131	11685
荷兰	12	4853
西班牙	29	232
波兰	305	2784
俄罗斯	1365	66845
美国	161	7691
44201020 木扇		
合计	157	55894
日本	0	14

(续表)

国家/地区	进口数量（千克）	进口金额（美元）
巴基斯坦	0	13
韩国	55	176
中国	34	348
中国台湾	8	134
意大利	0	434
荷兰	1	156
西班牙	59	51487
44201090 其他木制小雕像及装饰品		
合计	1524856	9412166
孟加拉国	0	125
缅甸	16389	14854
柬埔寨	253	35
中国香港	2218	168526
印度	51465	112787
印度尼西亚	63553	47422
伊朗	1	24
以色列	892	11788
日本	306074	112416
科威特	2	62
老挝	4789	21522
马来西亚	96	541
尼泊尔	81370	332456
巴基斯坦	62811	445
菲律宾	531	8935
新加坡	424	477
韩国	574	21786
斯里兰卡	540	9566
叙利亚	269	497
泰国	296108	954591
土耳其	262	762
阿联酋	0	82
越南	542995	11636
中国	10423	25791
中国台湾	7870	52897
乌兹别克斯坦	2	195
贝宁	2224	498
喀麦隆	33	3886
刚果（布）	1	136
埃塞俄比亚	240	1895
加蓬	10	868
科特迪瓦	1455	136
肯尼亚	289	7144
马里	2230	42
摩洛哥	758	3655

(续表)

国家/地区	进口数量（千克）	进口金额（美元）
尼日利亚	3	35
南非	4301	1423
坦桑尼亚	5720	12226
突尼斯	5	97
刚果(金)	12	1122
津巴布韦	8	21
比利时	2771	22611
丹麦	1051	33431
英国	1633	58341
德国	5954	218689
法国	9518	27915
意大利	9591	2768921
荷兰	2506	21575
希腊	0	72
葡萄牙	157	22121
西班牙	14331	52677
奥地利	1637	323
保加利亚	0	1
芬兰	37	1567
匈牙利	2	2
冰岛	0	223
波兰	947	57597
罗马尼亚	30	872
瑞典	368	14934
瑞士	227	15323
白俄罗斯	7	574
俄罗斯	310	36534
乌克兰	5	237
斯洛文尼亚	41	1946
捷克	84	523
波黑	2	121
玻利维亚	1	16
巴西	148	18999
智利	73	583
厄瓜多尔	98	2236
墨西哥	7	66
秘鲁	58	1233
加拿大	104	7695
美国	5878	14117
澳大利亚	28	975
新西兰	29	984
基里巴斯	4	199
国别(地区)不详	19	95

(续表)

国家/地区	进口数量（千克）	进口金额（美元）
44209010 镶嵌木		
合计	1098	14268
印度尼西亚	891	8578
比利时	43	98
英国	6	45
芬兰	158	435
44209090 珠宝或刀具木盒及类似品		
合计	1696420	20503755
中国香港	784	1648
印度	13045	168992
印度尼西亚	923	351372
伊朗	52	711
以色列	1	75
日本	14482	393997
约旦	5	92
科威特	1	78
老挝	56285	18355
马来西亚	32	586
蒙古	243	26
尼泊尔	3334	13599
巴基斯坦	12234	22585
菲律宾	126	7295
沙特阿拉伯	1	61
新加坡	81	4485
韩国	3608	12898
泰国	191320	2621394
土耳其	18	1927
阿联酋	5459	28265
越南	832430	242772
中国	104563	323577
中国台湾	9536	14843
乌兹别克斯坦	1	4
埃塞俄比亚	45	55
毛里求斯	217	6298
摩洛哥	1531	5918
比利时	75	2716
丹麦	160	218
英国	6752	239827
德国	14781	191779
法国	20297	2582116
意大利	39893	3313899
荷兰	460	6797
葡萄牙	65	6414

(续表)

国家/地区	进口数量（千克）	进口金额（美元）
西班牙	5372	246528
奥地利	1125	53594
保加利亚	72	827
芬兰	1	4
匈牙利	0	43
波兰	214190	996546
瑞典	23	288
瑞士	88055	962324
拉脱维亚	11	664
白俄罗斯	152	11
俄罗斯	18	1381
乌克兰	41	1599
斯洛文尼亚	20	573
捷克	248	14529
波黑	6	3
塞尔维亚	11	529
伯利兹	1	192
哥伦比亚	1	5
古巴	75	1911
墨西哥	52592	34622
秘鲁	6	227
加拿大	680	12887
美国	855	32462
澳大利亚	12	1638
新西兰	12	297
国别(地区)不详	1	112
44211000 木制衣架		
合计	59274	1931282
中国香港	25	92
印度	2	128
印度尼西亚	4	38
日本	957	4612
韩国	1	183
泰国	799	2181
土耳其	167	8719
阿联酋	2	16
越南	109	689
中国	32864	48211
中国台湾	82	869
加蓬	99	42
摩洛哥	20	13
比利时	809	4234
丹麦	31	254

(续表)

国家/地区	进口数量（千克）	进口金额（美元）
英国	117	182
德国	377	5127
法国	1311	138743
意大利	13744	99767
荷兰	22	21
西班牙	22	121
波兰	187	15681
瑞典	56	56
瑞士	1	42
俄罗斯	0	3
斯洛文尼亚	41	496
克罗地亚	1408	18282
塞尔维亚	5924	19867
墨西哥	0	9
美国	93	5529
澳大利亚	0	12
44219910 其他木制圆签、圆棒、冰果棒、压舌片及类似一次性制品		
合计	41513245	28050484
印度	0	5
伊朗	9	432
日本	340	637
科威特	2	55
巴基斯坦	10	159
土耳其	1	3
阿联酋	15	243
中国	40052	12145
埃及	3	46
英国	0	32
德国	6	31
法国	14020	56274
意大利	13	397
荷兰	0	139
希腊	0	26
西班牙	4	158
挪威	0	27
瑞典	1	173
俄罗斯	41458754	27888451
阿根廷	0	27
智利	6	135
厄瓜多尔	1	12
美国	4	319
澳大利亚	4	198

(续表)

国家/地区	进口数量（千克）	进口金额（美元）
44219990 未列名木制品		
合计	435409013	427898754
巴林	0	5
孟加拉国	2	854
缅甸	2455141	133337
柬埔寨	43	124
中国香港	2877	8983
印度	59031	2234244
印度尼西亚	397362513	262365473
伊朗	14	128
以色列	0	14
日本	162070	823711
老挝	3784	6552
黎巴嫩	1	27
马来西亚	419666	312563
尼泊尔	1273	8554
阿曼	1	142
巴基斯坦	15992	13998
菲律宾	502696	26898
卡塔尔	2	659
沙特阿拉伯	5	69
新加坡	593	5231
韩国	369759	3234611
斯里兰卡	80480	35774
泰国	864586	975644
土耳其	2793	7747
阿联酋	55	215
越南	1709938	19362
中国	375943	4165863
中国台湾	23772	17168
哈萨克斯坦	1	172
阿尔及利亚	5442	52877
加蓬	190510	121716
加纳	33505	377252
科特迪瓦	2	8
毛里求斯	3065	227496
摩洛哥	118	13388
塞内加尔	1	4
南非	8	44
坦桑尼亚	2	1
突尼斯	0	33
赞比亚	1	55
比利时	120	5523

(续表)

国家/地区	进口数量（千克）	进口金额（美元）
丹麦	3246	12623
英国	8980	454837
德国	749204	39766
法国	257349	1498691
爱尔兰	96	2251
意大利	190023	644841
荷兰	51003	181689
希腊	160	1379
葡萄牙	4286	99635
西班牙	7585	22153
奥地利	1973	25581
保加利亚	67	989
芬兰	126	2146
匈牙利	793170	937942
挪威	101	8386
波兰	1231534	4795663
罗马尼亚	77657	29889
瑞典	1095	37442
瑞士	5269	719853
爱沙尼亚	352	18568
拉脱维亚	4386801	5822179
立陶宛	1718	34476
白俄罗斯	1649	661
俄罗斯	141236	5473
乌克兰	1117	14226
斯洛文尼亚	6293	4896
捷克	101	969
斯洛伐克	44	724
波黑	70196	363988
塞尔维亚	16607	236442
阿根廷	3	126
巴西	210238	78776
哥伦比亚	21112	46782
哥斯达黎加	8083	1898
厄瓜多尔	20043022	1166816
墨西哥	3701	28453
巴拉圭	456	12831
秘鲁	60960	4161
加拿大	1050	28175
美国	292996	253552
澳大利亚	19123	4657
新西兰	38142	21794
巴布亚新几内亚	2055266	11657
国别(地区)不详	18	313

表11 木片出口量值表

国家/地区	出口数量（千克）	出口金额（美元）
44012100 针叶木的木片或木粒		
合计	514703	331446
日本	486682	29365
沙特阿拉伯	2480	132
泰国	12	5
中国台湾	25000	25
英国	10	6
德国	10	6
秘鲁	127	127
美国	382	11179
44012200 非针叶木的木片或木粒		
合计	148039	291653
中国香港	2	46
以色列	228	144
新加坡	1701	297
韩国	1400	2958
越南	19165	97135
中国台湾	8723	7217
英国	38	132
德国	276	474
法国	7	1855
意大利	73525	47371
克罗地亚	198	1821
巴拿马	180	16
加拿大	32	11
美国	42437	12129
澳大利亚	25	96
新西兰	102	656

表12 木片进口量值表

国家/地区	进口数量（千克）	进口金额（美元）
44012100 针叶木的木片或木粒		
合计	827861576	162146783
印度尼西亚	89863	9824
日本	1	11
韩国	5818	379
中国	1	224
中国台湾	1500	1254
英国	40	7664
德国	710253	489221
荷兰	16896	6179
西班牙	1689	1978
罗马尼亚	10980	12268
瑞典	38	751
俄罗斯	393440	23622
巴西	40	98
智利	54	1757
加拿大	21443974	4665178
美国	274024518	5312685
澳大利亚	340977271	694956
斐济	169556400	3862764
新西兰	20628800	3413963
44012200 非针叶木的木片或木粒		
合计	14791843160	2597595825
印度尼西亚	246042659	4717776
日本	1475	3823
马来西亚	303779660	48314275
尼泊尔	3	29
菲律宾	4	59
韩国	9300	79
泰国	682349549	1165169
越南	8882336500	135846122
南非	397405289	83588141
英国	0	65
德国	53786	27716
法国	168630	89534
意大利	200	3421
西班牙	12919	69242
罗马尼亚	11080	6942
爱沙尼亚	308037	23825
巴西	694260573	1435729
智利	863670251	1942383
乌拉圭	197102330	48131221
委内瑞拉	11	1
加拿大	60	95
美国	192395	376382
澳大利亚	2524138449	55654646

表13 木炭出口量值表

国家/地区	出口数量（千克）	出口金额（美元）
44029000 其他木炭（包括果壳炭及果核炭），不论是否结块		
合计	58696713	110566963
阿富汗	4810	13184
巴林	59359	305667
孟加拉国	3000	2550
缅甸	527935	417033
柬埔寨	7267	8945
塞浦路斯	1986	6396
中国香港	94411	118126
印度	1661267	4974243
印度尼西亚	497714	1170095
伊朗	262424	950042
伊拉克	327010	993181
以色列	1703485	5265835
日本	24163142	23351092
约旦	85327	309160
科威特	509543	1584654
黎巴嫩	8280	36847
中国澳门	368673	395829
马来西亚	598949	1520779
马尔代夫	16220	9245
尼泊尔	15895	45747
阿曼	522285	1664872
巴基斯坦	232583	521438
巴勒斯坦	44979	202924
菲律宾	188242	800141
卡塔尔	182001	621048
沙特阿拉伯	5192826	12683370
新加坡	43417	98955
韩国	2979152	1620712
斯里兰卡	5190	4046
泰国	24321	76282
土耳其	67843	47604
阿联酋	2127916	7911153
也门	218271	797782
越南	153245	514840
中国台湾	40475	28282
东帝汶	4734	16849
土库曼斯坦	4000	13877
乌兹别克斯坦	9002	35661
阿尔及利亚	747398	1871142
安哥拉	50	25
贝宁	229680	724014
喀麦隆	15969	56783
吉布提	3000	3279
埃及	294497	1091061

(续表)

国家/地区	出口数量（千克）	出口金额（美元）
加蓬	908	3254
冈比亚	153	164
加纳	39038	124163
几内亚	1639	7947
科特迪瓦	274711	1293347
肯尼亚	68549	237318
利比里亚	6456	27357
利比亚	807934	2900851
马里	22720	39168
毛里塔尼亚	117151	412575
摩洛哥	583890	1568825
莫桑比克	8743	46980
纳米比亚	660	3703
尼日利亚	1472401	4701951
留尼汪	6969	14614
塞内加尔	109065	381436
塞拉利昂	402	1736
南非	5412186	12677525
苏丹	14069	54778
坦桑尼亚	28240	50238
多哥	119016	408995
突尼斯	241626	970133
乌干达	739	3466
津巴布韦	7187	11640
比利时	845433	911119
英国	397548	986111
德国	184621	873657
法国	33937	293334
意大利	40191	220822
荷兰	215040	503750
希腊	606761	2551280
葡萄牙	342	1041
西班牙	176845	644995
芬兰	3440	3440
匈牙利	2059	12384
波兰	10330	87804
罗马尼亚	26732	110640
瑞典	147	661
立陶宛	0	4
格鲁吉亚	862	4525
亚美尼亚	513	2068
白俄罗斯	23855	67427
俄罗斯	165345	771462
乌克兰	19928	47781

(续表)

国家/地区	出口数量（千克）	出口金额（美元）
北马其顿	6000	7380
阿根廷	15180	36390
巴西	25796	18401
智利	39179	167478
哥伦比亚	41449	89901
多米尼加	135378	175627
厄瓜多尔	2400	4406
危地马拉	145	902
墨西哥	19842	70875
巴拿马	47906	16219
秘鲁	772	1994
圣文森特和格林纳丁斯	951	1997
苏里南	75	116
乌拉圭	4659	13314
加拿大	368715	475909
美国	1424000	1703740
澳大利亚	118537	249628
斐济	9781	45615
新喀里多尼亚	205	839
新西兰	89589	564973

表14 木炭进口量值表

国家/地区	进口数量（千克）	进口金额（美元）
44029000 其他木炭（包括果壳炭及果核炭），不论是否结块		
合计	261350098.00	8763526.00
孟加拉国	6231521.00	323375.00
缅甸	11370393.00	244617.00
柬埔寨	43400.00	7378.00
印度	293002.00	23513.00
印度尼西亚	22928190.00	8322613.00
日本	20674.00	116654.00
老挝	38281782.00	962484.00
马来西亚	8759495.00	2887519.00
菲律宾	53871560.00	33195.00
韩国	20591.00	3918.00
斯里兰卡	78290.00	39598.00
泰国	9664575.00	4796871.00
越南	96440281.00	1953176.00
中国	44129.00	2261.00
中国台湾	510.00	255.00

(续表)

国家/地区	进口数量（千克）	进口金额（美元）
贝宁	2402270.00	57732.00
加纳	3293990.00	746344.00
科特迪瓦	234480.00	66271.00
纳米比亚	20500.00	3125.00
尼日利亚	2662441.00	42546.00
英国	110.00	1.00
德国	9720.00	31541.00
法国	516.00	158.00
西班牙	25168.00	6417.00
波兰	62560.00	5534.00
俄罗斯	4568868.00	868255.00
美国	21082.00	2756.00

表15 木浆出口量值表

国家/地区	出口数量（千克）	出口金额（美元）
47010000 机械木浆		
合计	231504.00	574997.00
印度	75750.00	27165.00
伊朗	2372.00	31.00
马来西亚	25445.00	9999.00
莫桑比克	56863.00	116847.00
坦桑尼亚	56834.00	16646.00
刚果（金）	14200.00	71.00
墨西哥	40.00	255.00
47020000 化学木浆、溶解级		
合计	4175100.00	2939161.00
印度尼西亚	3945908.00	2643759.00
韩国	193221.00	263492.00
越南	29560.00	22784.00
中国台湾	4000.00	484.00
比利时	261.00	493.00
法国	2150.00	112.00
47031100 未漂白的针叶木烧碱木浆或硫酸盐木浆		
合计	10588472.00	8333445.00
缅甸	220800.00	172267.00
柬埔寨	148119.00	12431.00
中国香港	4750.00	8887.00
印度	255179.00	15264.00
马来西亚	24000.00	84.00
韩国	3834014.00	274716.00
泰国	2027309.00	148757.00

（续表）

国家/地区	出口数量（千克）	出口金额（美元）
越南	2849303.00	21837.00
中国台湾	23542.00	27426.00
喀麦隆	54562.00	59814.00
莫桑比克	3552.00	1552.00
尼日利亚	306000.00	277236.00
坦桑尼亚	337842.00	373597.00
瑞士	499500.00	86671.00
47032100 半漂白或漂白的针叶木烧碱木浆或硫酸盐木浆		
合计	41331311.00	4476578.00
孟加拉国	2350686.00	3713493.00
缅甸	9407.00	9783.00
柬埔寨	51765.00	61819.00
朝鲜	445793.00	481769.00
中国香港	8170.00	1598.00
印度	1969339.00	1947677.00
印度尼西亚	1847438.00	236744.00
伊朗	10528614.00	1545415.00
伊拉克	34713.00	72674.00
日本	738915.00	884623.00
约旦	17291.00	13832.00
马来西亚	3272317.00	453894.00
蒙古	571818.00	597129.00
尼泊尔	22992.00	24831.00
巴基斯坦	400466.00	333541.00
菲律宾	209273.00	41643.00
新加坡	212123.00	11177.00
韩国	1144809.00	1161314.00
斯里兰卡	793020.00	722555.00
泰国	1026576.00	13841.00
土耳其	100823.00	1224.00
阿联酋	2103049.00	2441259.00
越南	247946.00	223538.00
中国台湾	1601098.00	1216547.00
土库曼斯坦	28869.00	23244.00
乌兹别克斯坦	2344880.00	2216921.00
喀麦隆	66771.00	91984.00
吉布提	96181.00	76945.00
埃塞俄比亚	367917.00	343352.00
加纳	82869.00	469176.00
几内亚	34972.00	47212.00
肯尼亚	2124789.00	257334.00
马达加斯加	50978.00	53527.00
马拉维	11274.00	92.00

（续表）

国家/地区	出口数量（千克）	出口金额（美元）
莫桑比克	530422.00	596323.00
尼日利亚	2043341.00	1599921.00
卢旺达	33863.00	2195.00
南非	89706.00	69954.00
苏丹	36282.00	3638.00
坦桑尼亚	1225771.00	1495388.00
刚果(金)	96063.00	64352.00
赞比亚	52119.00	55767.00
德国	485.00	121.00
瑞士	63.00	45.00
俄罗斯	154217.00	161935.00
多米尼加	47958.00	9595.00
委内瑞拉	114915.00	148.00
澳大利亚	1988165.00	235787.00
47032900 半漂白或漂白非针叶木烧碱木浆或硫酸盐木浆		
合计	12922402.00	839388.00
朝鲜	90000.00	657.00
伊朗	3973673.00	3362891.00
日本	51695.00	4162.00
马来西亚	404381.00	28719.00
阿曼	1000000.00	65.00
新加坡	480.00	1581.00
韩国	1232224.00	6126.00
泰国	5556208.00	2796885.00
越南	611541.00	276844.00
奥地利	2200.00	165.00
47042100 半漂白或漂白的针叶木亚硫酸盐木浆		
合计	463420.00	466274.00
朝鲜	463420.00	466274.00
47042900 半漂白或漂白的非针叶木亚硫酸盐木浆		
合计	12000.00	162.00
印度尼西亚	12000.00	162.00
47050000 用机械与化学联合制浆法制得的木浆		
合计	7130796.00	4744128.00
印度尼西亚	6700872.00	425479.00
韩国	401964.00	276351.00
越南	25110.00	199875.00
喀麦隆	2850.00	13823.00
47062000 从回收(废碎)纸或纸板提取的纤维浆		

（续表）

国家/地区	出口数量（千克）	出口金额（美元）
合计	621210.00	588319.00
中国香港	50927.00	449.00
印度	19200.00	49152.00
日本	225200.00	17526.00
马来西亚	16000.00	14718.00
菲律宾	25225.00	17299.00
越南	34348.00	2771.00
中国台湾	5280.00	99792.00
塔吉克斯坦	220000.00	133856.00
莫桑比克	24880.00	342.00
美国	150.00	144.00
47069100 其他纤维状纤维素机械浆		
合计	431433.00	581896.00
中国香港	10230.00	11174.00
印度尼西亚	23700.00	4337.00
日本	48603.00	19883.00
土耳其	16000.00	1967.00
越南	288060.00	22194.00
立陶宛	450.00	1855.00
危地马拉	17550.00	3537.00
墨西哥	26840.00	2338.00
47069200 其他纤维状纤维素化学浆		
合计	2575033.00	2489868.00
缅甸	86400.00	77299.00
日本	674900.00	759367.00
马来西亚	26400.00	33317.00
韩国	5100.00	36.00
泰国	5044.00	6574.00
越南	1017599.00	737885.00
中国台湾	13000.00	1948.00
埃及	16100.00	169.00
南非	48000.00	5349.00
德国	470950.00	544843.00
意大利	200.00	98.00
波兰	2000.00	246.00
乌克兰	2000.00	227.00
厄瓜多尔	23000.00	27.00
墨西哥	106920.00	16543.00
加拿大	1000.00	184.00
美国	66420.00	7151.00
澳大利亚	10000.00	12.00
47072000 回收(废碎)漂白化学木浆制未经本体染色纸		
合计	1110280.00	49847.00

林产品进出口
FOREIGN TRADE STATISTICS OF FOREST PRODUCTS

(续表)

国家/地区	出口数量（千克）	出口金额（美元）
朝鲜	1110280.00	49847.00
47079000 回收(废碎)的其他纸及纸板,包括未分选的		
合计	24928.00	9971.00
加拿大	24928.00	9971.00
48010010 成卷的新闻纸		
合计	3135659.00	6425211.00
孟加拉国	8505.00	9355.00
文莱	14000.00	1817.00
缅甸	110824.00	367325.00
柬埔寨	435325.00	1745877.00
朝鲜	1359792.00	918991.00
中国香港	307577.00	248467.00
印度	1983.00	3729.00
印度尼西亚	36958.00	34664.00
日本	3793.00	9278.00
约旦	12928.00	26896.00
科威特	89033.00	396279.00
老挝	439.00	14.00
马来西亚	16113.00	133827.00
蒙古	1200.00	1298.00
菲律宾	8456.00	16791.00
沙特阿拉伯	6170.00	5441.00
新加坡	11438.00	23865.00
斯里兰卡	456.00	1544.00
泰国	46750.00	362976.00
阿联酋	32195.00	48598.00
越南	170497.00	276564.00
中国台湾	147031.00	187313.00
埃及	3935.00	1491.00
埃塞俄比亚	10226.00	144.00
马达加斯加	13475.00	248297.00
毛里求斯	18200.00	91.00
南非	26138.00	15954.00
英国	128.00	236.00
德国	38276.00	232119.00
爱尔兰	36.00	36.00
西班牙	4.00	6.00
匈牙利	1440.00	1919.00
波兰	466.00	1152.00
俄罗斯	10314.00	14396.00
乌克兰	1680.00	3533.00
塞尔维亚	1609.00	3562.00
阿根廷	1480.00	518.00

(续表)

国家/地区	出口数量（千克）	出口金额（美元）
智利	54.00	11.00
哥伦比亚	27692.00	66966.00
多米尼加	3680.00	3592.00
厄瓜多尔	2802.00	6.00
墨西哥	3934.00	1972.00
尼加拉瓜	540.00	1275.00
秘鲁	1387.00	3194.00
乌拉圭	1800.00	485.00
加拿大	4080.00	258.00
美国	122070.00	31368.00
澳大利亚	1184.00	118.00
新西兰	17566.00	24758.00
48010090 成张的新闻纸		
合计	2924258.00	1878128.00
孟加拉国	10080.00	391.00
缅甸	70718.00	33418.00
柬埔寨	903727.00	7618743.00
中国香港	384073.00	421568.00
印度尼西亚	486542.00	48495.00
伊朗	22606.00	168867.00
以色列	116.00	1663.00
日本	3677.00	72217.00
马来西亚	18362.00	23967.00
菲律宾	562877.00	1427342.00
新加坡	21058.00	178324.00
泰国	2000.00	1284.00
土耳其	1.00	49.00
越南	70496.00	596341.00
中国台湾	1.00	31.00
埃塞俄比亚	730.00	849.00
南非	750.00	574.00
英国	7.00	17.00
德国	20200.00	1434.00
法国	0.00	59.00
卢森堡	3.00	12914.00
荷兰	14.00	319.00
加拿大	330.00	7.00
美国	60531.00	388839.00
澳大利亚	284424.00	163797.00
新西兰	935.00	137.00
48021090 其他手工制纸及纸板		
合计	1278519.00	848621.00
缅甸	790.00	1933.00
柬埔寨	56256.00	135243.00

(续表)

国家/地区	出口数量（千克）	出口金额（美元）
中国香港	172.00	169.00
印度尼西亚	646.00	14.00
伊朗	2.00	1.00
伊拉克	71.00	625.00
以色列	16.00	22.00
日本	279792.00	254548.00
科威特	1659.00	12942.00
黎巴嫩	3857.00	13499.00
马来西亚	16.00	27.00
巴基斯坦	1280.00	25.00
菲律宾	26.00	23.00
新加坡	2963.00	2857.00
韩国	181933.00	1295474.00
泰国	52.00	346.00
土耳其	7.00	53.00
阿联酋	2548.00	2692.00
越南	375471.00	3235.00
中国台湾	20403.00	64393.00
哈萨克斯坦	10000.00	3.00
吉尔吉斯斯坦	1400.00	14.00
乍得	9300.00	24636.00
马达加斯加	46815.00	52449.00
南非	1988.00	17274.00
乌干达	1350.00	486.00
英国	5292.00	2229.00
德国	3326.00	22513.00
法国	11.00	3535.00
荷兰	25.00	2667.00
波兰	4657.00	8178.00
罗马尼亚	6788.00	2947.00
俄罗斯	4834.00	29283.00
塞尔维亚	1.00	18.00
哥斯达黎加	150.00	364.00
古巴	5000.00	3.00
多米尼加	4806.00	18172.00
圭亚那	586.00	4261.00
加拿大	142.00	2977.00
美国	243434.00	681112.00
澳大利亚	654.00	411.00

表16　木浆进口量值表

国家/地区	进口数量（千克）	进口金额（美元）
47010000 机械木浆		

（续表）

国家/地区	进口数量（千克）	进口金额（美元）
合计	15915700.00	8685374.00
印度	2.00	81.00
马来西亚	20.00	22.00
中国台湾	0.00	35.00
德国	2457884.00	1784424.00
法国	1301709.00	9594.00
挪威	2560857.00	92832.00
罗马尼亚	200.00	1474.00
瑞典	1048879.00	478725.00
俄罗斯	496750.00	2614.00
克罗地亚	2358641.00	97392.00
智利	2026336.00	726397.00
美国	1012372.00	1379899.00
新西兰	2652050.00	1246735.00
47020000 化学木浆、溶解级		
合计	3453311871.00	3262188852.00
印度尼西亚	1097359185.00	125757.00
日本	87935400.00	8245871.00
老挝	250236000.00	251758439.00
泰国	80143625.00	74617118.00
南非	201158714.00	17637285.00
法国	2199236.00	3336536.00
荷兰	51120.00	26646.00
葡萄牙	92729141.00	8235895.00
奥地利	79925792.00	7111197.00
芬兰	267106767.00	24566625.00
挪威	19117088.00	2237165.00
瑞典	120126081.00	113527386.00
捷克	157737942.00	1447197.00
巴西	419111380.00	43994727.00
智利	256554744.00	22311399.00
加拿大	89698635.00	76445944.00
美国	232121021.00	277929.00
47031100 未漂白的针叶木烧碱木浆或硫酸盐木浆		
合计	1058781675.00	728861159.00
日本	54265348.00	34611.00
法国	100016875.00	7244388.00
西班牙	1041189.00	6569.00
奥地利	6461430.00	3543264.00
芬兰	65277678.00	42692327.00
瑞典	15773395.00	1152266.00
俄罗斯	194950916.00	1242957.00
智利	249681854.00	17942128.00
加拿大	159003480.00	115816911.00
美国	124450663.00	8364658.00
澳大利亚	985977.00	52848.00
新西兰	86872870.00	5976549.00
47032100 半漂白或漂白的针叶木烧碱木浆或硫酸盐木浆		
合计	8424417461.00	66994883.00
日本	26040246.00	1947256.00
韩国	9925.00	6112.00
德国	91646894.00	68427975.00
法国	4942526.00	3213762.00
奥地利	4683415.00	2734625.00
芬兰	1594866295.00	127627442.00
挪威	209158.00	153944.00
瑞典	349869728.00	263233588.00
立陶宛	5380628.00	4484331.00
白俄罗斯	94690113.00	6913812.00
俄罗斯	1015467044.00	7946884.00
捷克	11563615.00	7852265.00
阿根廷	90592110.00	69278862.00
巴西	71621768.00	59918569.00
智利	1174406471.00	932628594.00
墨西哥	600.00	42.00
乌拉圭	4494462.00	2976825.00
加拿大	2302427053.00	1883591391.00
美国	1504181776.00	1185861749.00
新西兰	77323634.00	6111413.00
47032900 半漂白或漂白非针叶木烧碱木浆或硫酸盐木浆		
合计	12599268495.00	7421437224.00
印度尼西亚	3498979365.00	267881927.00
日本	80874824.00	48416187.00
老挝	21564560.00	12567411.00
新加坡	261154.00	159781.00
韩国	27945244.00	1612977.00
泰国	42515108.00	244163.00
越南	7402373.00	4423218.00
中国	242176.00	156295.00
中国台湾	28709090.00	1713213.00
南非	4708055.00	2193858.00
德国	38400.00	92194.00
法国	104191538.00	6455139.00
葡萄牙	33093526.00	19529543.00
西班牙	178157.00	123838.00
芬兰	93603269.00	57429615.00
瑞典	7708167.00	4868222.00
爱沙尼亚	34430.00	11568.00
俄罗斯	124766830.00	75649552.00
巴西	6621216776.00	388422878.00
智利	814545595.00	476642218.00
乌拉圭	889564490.00	5429721.00
加拿大	166356633.00	93245994.00
美国	30768735.00	1298999.00
47041100 未漂白的针叶木亚硫酸盐木浆		
合计	9392880.00	5728162.00
日本	116704.00	162963.00
俄罗斯	9276176.00	5565199.00
47041900 未漂白的非针叶木亚硫酸盐木浆		
合计	26103.00	473.00
德国	26100.00	39664.00
挪威	3.00	49.00
47042100 半漂白或漂白的针叶木亚硫酸盐木浆		
合计	2858690.00	195546.00
法国	793689.00	745375.00
俄罗斯	965057.00	518682.00
美国	1099944.00	69989.00
47042900 半漂白或漂白的非针叶木亚硫酸盐木浆		
合计	4366928.00	6679395.00
韩国	6720.00	1957.00
比利时	3000.00	6541.00
德国	4335164.00	665237.00
美国	22044.00	4856.00
47050000 用机械与化学联合制浆法制得的木浆		
合计	1619302458.00	812889194.00
日本	41260.00	14484.00
泰国	37758.00	188698.00
中国台湾	654.00	2413.00
比利时	45600.00	1728.00
德国	1067224.00	985978.00
意大利	2792998.00	1328966.00
荷兰	964938.00	511416.00
西班牙	6614323.00	318216.00
芬兰	37751558.00	2275553.00

国家/地区	进口数量（千克）	进口金额（美元）
挪威	33365267.00	16799846.00
瑞典	56813881.00	27772523.00
爱沙尼亚	14047858.00	638512.00
俄罗斯	12591824.00	5948653.00
加拿大	1266404715.00	637513546.00
美国	4646493.00	2213511.00
新西兰	182116107.00	89749191.00
47062000 从回收（废碎）纸或纸板提取的纤维浆		
合计	2443050558.00	13532142.00
中国香港	1487996.00	4672.00
印度	23970357.00	963548.00
印度尼西亚	257722099.00	122673976.00
日本	1158765.00	6816.00
科威特	223830.00	7968.00
老挝	38426000.00	14591527.00
马来西亚	509683494.00	29241585.00
菲律宾	9134364.00	118387.00
韩国	1843565.00	353839.00
泰国	1056857731.00	466966515.00
越南	76563927.00	32959221.00
中国台湾	214515718.00	51126792.00
南非	3356200.00	119777.00
苏丹	240040.00	5572.00
德国	3901890.00	274963.00
法国	55.00	3.00
意大利	1626630.00	587341.00
荷兰	68600.00	27734.00
瑞典	74.00	447.00
俄罗斯	847880.00	31293.00
捷克	1704000.00	121243.00
加拿大	211824.00	99855.00
美国	239505519.00	119237181.00
47069100 其他纤维状纤维素机械浆		
合计	92269.00	224389.00
中国香港	64309.00	186379.00
日本	1310.00	18587.00
中国	1940.00	5.00
乌兹别克斯坦	5000.00	652.00
德国	20.00	86.00
美国	19690.00	12767.00
47069200 其他纤维状纤维素化学浆		
合计	24090881.00	45791213.00
日本	6488.00	4284.00

国家/地区	进口数量（千克）	进口金额（美元）
马来西亚	14.00	1.00
菲律宾	1950625.00	1243194.00
泰国	12862214.00	11123376.00
阿联酋	1127900.00	63177.00
法国	937021.00	3151533.00
西班牙	4649526.00	1939792.00
俄罗斯	2336299.00	149821.00
哥伦比亚	161921.00	9898.00
墨西哥	729.00	597.00
美国	58144.00	51928.00
47069300 其他用机械和化学联合法制得的纤维状纤维素浆		
合计	219318.00	813496.00
日本	260.00	183.00
老挝	89640.00	224772.00
马来西亚	900.00	27.00
菲律宾	108750.00	52275.00
德国	19350.00	59235.00
加拿大	91.00	279.00
美国	327.00	2587.00
48010010 成卷的新闻纸		
合计	707862939.00	359388396.00
印度尼西亚	92166.00	45848.00
日本	2679532.00	1244714.00
马来西亚	2233280.00	133439.00
韩国	31914287.00	18794587.00
泰国	963235.00	578455.00
比利时	38561269.00	18222649.00
英国	8079633.00	3512653.00
德国	3436166.00	2154634.00
法国	13052804.00	566642.00
荷兰	5789347.00	3461473.00
西班牙	10542282.00	5187481.00
奥地利	2955823.00	1479348.00
芬兰	2099949.00	116983.00
挪威	53196727.00	22297149.00
波兰	203911.00	15328.00
瑞典	43421624.00	276835.00
瑞士	4655505.00	27613.00
白俄罗斯	196168.00	127.00
俄罗斯	335694996.00	187394.00
斯洛文尼亚	2072982.00	818339.00
巴西	2977084.00	184667.00
智利	5106510.00	1761667.00

国家/地区	进口数量（千克）	进口金额（美元）
加拿大	131616651.00	6444485.00
美国	4006754.00	19668.00
澳大利亚	1162875.00	453742.00
新西兰	1151379.00	3957.00
48010090 成张的新闻纸		
合计	60529.00	33442.00
柬埔寨	1.00	72.00
印度尼西亚	45631.00	2594.00
中国	20.00	97.00
俄罗斯	14877.00	8179.00
48021010 宣纸		
合计	55059.00	166322.00
缅甸	15.00	556.00
日本	47314.00	13592.00
中国	445.00	17236.00
中国台湾	7021.00	12513.00
法国	94.00	1537.00
美国	170.00	3888.00
48021090 其他手工制纸及纸板		
合计	630414.00	644681.00
中国香港	27.00	81.00
印度	524639.00	284789.00
印度尼西亚	370.00	237.00
日本	11585.00	1765.00
老挝	2400.00	1671.00
尼泊尔	59266.00	169936.00
泰国	22815.00	54833.00
中国	15.00	64.00
丹麦	721.00	16641.00
英国	55.00	486.00
意大利	8358.00	8514.00
美国	163.00	364.00

表17 竹藤出口量值表

国家/地区	出口数量（千克）	出口金额（美元）
44021000 竹炭，不论是否结块		
合计	25959970.00	64274646.00
阿富汗	9488.00	9488.00
巴林	11629.00	8244.00
缅甸	3350.00	1517.00
中国香港	79390.00	314411.00
印度	490597.00	807559.00
印度尼西亚	66068.00	254652.00

（续表）

国家/地区	出口数量（千克）	出口金额（美元）
伊朗	5043347.00	5495382.00
伊拉克	1118479.00	3184667.00
以色列	45838.00	52682.00
日本	4098802.00	12140046.00
约旦	30019.00	32450.00
科威特	773822.00	2411988.00
黎巴嫩	7932.00	62821.00
中国澳门	42321.00	25207.00
马来西亚	220221.00	698775.00
蒙古	3390.00	522.00
尼泊尔	11180.00	22204.00
阿曼	569653.00	2205879.00
巴基斯坦	385125.00	1908763.00
菲律宾	1403.00	3444.00
卡塔尔	111874.00	412341.00
沙特阿拉伯	4385081.00	14381667.00
新加坡	85832.00	297215.00
韩国	3391705.00	6287500.00
泰国	27796.00	32615.00
土耳其	24975.00	17292.00
阿联酋	1485287.00	3832182.00
也门	61984.00	253179.00
越南	18176.00	117087.00
中国台湾	239577.00	361868.00
阿尔及利亚	176397.00	298395.00
贝宁	164866.00	929704.00
埃及	26145.00	11491.00
加纳	19348.00	156560.00
肯尼亚	13000.00	49400.00
利比亚	48687.00	129248.00
毛里塔尼亚	9688.00	49152.00
尼日利亚	156284.00	587439.00
南非	286030.00	936912.00
坦桑尼亚	15.00	125.00
突尼斯	27888.00	27156.00
比利时	204119.00	332941.00
丹麦	20.00	1180.00
英国	167995.00	660376.00
德国	187256.00	436002.00
法国	14370.00	97681.00
爱尔兰	1265.00	4313.00
意大利	52660.00	87759.00
荷兰	42225.00	199267.00
西班牙	12416.00	35785.00
奥地利	0.00	0.00
匈牙利	72.00	800.00
波兰	2133.00	37954.00
瑞典	78069.00	108239.00
爱沙尼亚	100.00	2395.00
拉脱维亚	2500.00	5796.00
立陶宛	0.00	17.00
俄罗斯	167.00	6531.00
乌克兰	20800.00	48108.00
克罗地亚	52.00	309.00
捷克	430.00	1585.00
阿根廷	6350.00	22225.00
巴西	22560.00	99940.00
多米尼加	263203.00	429551.00
墨西哥	7611.00	52556.00
巴拿马	445.00	1013.00
特立尼达和多巴哥	10387.00	14137.00
加拿大	237374.00	487019.00
美国	576724.00	1894225.00
澳大利亚	188714.00	195344.00
新西兰	81998.00	185000.00
萨摩亚	4776.00	16488.00
基里巴斯	490.00	881.00
44089013 竹制饰面用单板，厚≤6mm		
合计	160735.00	303715.00
柬埔寨	155780.00	260196.00
以色列	1610.00	15069.00
新加坡	35.00	54.00
泰国	460.00	5507.00
越南	2100.00	16516.00
荷兰	750.00	6373.00
44092110 任何一边、端或面制成连续形状的竹地板条块		
合计	68190533.00	106282640.00
巴林	2585.00	5014.00
文莱	13654.00	20636.00
柬埔寨	44964.00	98145.00
中国香港	198711.00	991399.00
印度	413479.00	589229.00
印度尼西亚	197696.00	259902.00
伊朗	15500.00	29707.00
伊拉克	10626.00	19068.00
以色列	2627596.00	4033751.00
日本	3288233.00	7121007.00
约旦	44028.00	64000.00
科威特	11000.00	12502.00
老挝	6100.00	8762.00
黎巴嫩	24368.00	27900.00
中国澳门	8353.00	8140.00
马来西亚	73727.00	113499.00
马尔代夫	11154.00	13649.00
尼泊尔	5300.00	4577.00
阿曼	10483.00	16615.00
巴基斯坦	86546.00	134599.00
巴勒斯坦	870.00	980.00
菲律宾	701859.00	1238123.00
卡塔尔	165384.00	246578.00
沙特阿拉伯	7100.00	56429.00
新加坡	143906.00	343659.00
韩国	1924224.00	2202196.00
斯里兰卡	46806.00	67936.00
泰国	204621.00	341115.00
土耳其	42552.00	67391.00
阿联酋	47162.00	80865.00
越南	856586.00	1207210.00
中国台湾	161978.00	290186.00
土库曼斯坦	12947.00	19085.00
阿尔及利亚	35280.00	63215.00
吉布提	16820.00	35322.00
埃及	125612.00	151706.00
埃塞俄比亚	133906.00	225796.00
科特迪瓦	20721.00	31052.00
肯尼亚	100594.00	216806.00
马达加斯加	28980.00	79677.00
毛里求斯	19241.00	40315.00
摩洛哥	130023.00	237205.00
纳米比亚	28442.00	40907.00
留尼汪	95711.00	157120.00
南非	301002.00	390768.00
乌干达	3460.00	4231.00
比利时	2435778.00	3647986.00
丹麦	1666359.00	2532028.00
英国	2030595.00	3149936.00
德国	4851820.00	6887153.00
法国	2154101.00	3518511.00
意大利	1192741.00	1870282.00
荷兰	3792258.00	6670375.00
希腊	17886.00	37304.00

(续表)

国家/地区	出口数量（千克）	出口金额（美元）
葡萄牙	589242.00	765297.00
西班牙	1015990.00	1591956.00
奥地利	82969.00	113903.00
保加利亚	37200.00	44369.00
芬兰	5400.00	7400.00
匈牙利	36710.00	63601.00
冰岛	21371.00	33381.00
马耳他	31100.00	41524.00
挪威	19615.00	56571.00
波兰	751296.00	1023180.00
罗马尼亚	70519.00	91663.00
瑞典	90929.00	112056.00
瑞士	840.00	1182.00
立陶宛	137937.00	197248.00
格鲁吉亚	15642.00	48225.00
阿塞拜疆	930691.00	1342787.00
白俄罗斯	1066.00	1253.00
俄罗斯	145205.00	199174.00
乌克兰	4050.00	36969.00
斯洛文尼亚	151199.00	217168.00
克罗地亚	98660.00	179734.00
斯洛伐克	2235.00	2556.00
塞尔维亚	153388.00	188516.00
黑山	53539.00	77895.00
阿根廷	22481.00	25854.00
巴哈马	4097.00	6596.00
玻利维亚	21000.00	29594.00
巴西	228571.00	687380.00
开曼群岛	2173.00	39114.00
智利	14843.00	33435.00
哥伦比亚	24094.00	30367.00
哥斯达黎加	72776.00	91103.00
多米尼加	1468.00	2808.00
厄瓜多尔	730602.00	963130.00
法属圭亚那	24025.00	57796.00
格林纳达	540.00	1759.00
危地马拉	2352.00	3781.00
圭亚那	94675.00	170492.00
墨西哥	512574.00	773397.00
秘鲁	1235419.00	1779001.00
萨尔瓦多	1627.00	3048.00
特克斯和凯科斯群岛	3270.00	16702.00
乌拉圭	41590.00	69232.00
加拿大	136140.00	259660.00
美国	27431302.00	41122607.00
澳大利亚	2016139.00	3148369.00
斐济	15561.00	20597.00
新喀里多尼亚	14927.00	22668.00
新西兰	458020.00	703993.00
法属波利尼西亚	42046.00	61000.00

44092190 其他任何一边、端或面制成连续形状的竹材

国家/地区	出口数量（千克）	出口金额（美元）
合计	1989679.00	6650007.00
印度	14706.00	199266.00
印度尼西亚	405.00	1656.00
伊朗	12104.00	20232.00
日本	13318.00	61098.00
韩国	12740.00	6790.00
越南	1072416.00	3026404.00
中国台湾	18831.00	54262.00
比利时	9424.00	33881.00
丹麦	2000.00	3813.00
德国	19924.00	126038.00
法国	4170.00	15339.00
意大利	10460.00	27272.00
荷兰	206864.00	337800.00
波兰	369725.00	2021416.00
罗马尼亚	20519.00	110857.00
瑞士	1030.00	5050.00
俄罗斯	11243.00	71400.00
巴西	4176.00	24165.00
智利	2303.00	13490.00
乌拉圭	7089.00	19254.00
加拿大	12980.00	31207.00
美国	103784.00	308224.00
澳大利亚	59468.00	131093.00

44121019 其他仅由薄板制成的竹胶合板，每层厚≤6mm

国家/地区	出口数量（千克）	出口金额（美元）
合计	13870965.00	15741554.00
孟加拉国	126800.00	93464.00
不丹	1596.00	961.00
文莱	30.00	38.00
缅甸	21426.00	17647.00
柬埔寨	56757.00	129080.00
朝鲜	10450.00	11210.00
中国香港	74064.00	132362.00
印度	9800.00	17057.00
印度尼西亚	28874.00	75642.00
伊朗	13500.00	10879.00
伊拉克	20120.00	9519.00
以色列	37363.00	179362.00
日本	265685.00	344787.00
中国澳门	61585.00	148856.00
马来西亚	58379.00	440755.00
马尔代夫	70933.00	81598.00
阿曼	10300.00	6800.00
巴基斯坦	18623.00	4810.00
菲律宾	189955.00	288281.00
沙特阿拉伯	480.00	8246.00
新加坡	23578.00	20529.00
韩国	387201.00	437846.00
斯里兰卡	150700.00	136571.00
泰国	1117410.00	792455.00
阿联酋	33082.00	18048.00
越南	46858.00	42338.00
中国台湾	2143160.00	1850627.00
安哥拉	432539.00	259728.00
贝宁	21370.00	19680.00
博茨瓦纳	73630.00	76492.00
布隆迪	26800.00	20573.00
喀麦隆	23000.00	22428.00
科摩罗	43380.00	25928.00
刚果（布）	30000.00	18584.00
吉布提	63210.00	55756.00
埃及	305668.00	180744.00
赤道几内亚	10680.00	8772.00
埃塞俄比亚	226080.00	218987.00
加纳	389309.00	320297.00
几内亚	823778.00	600274.00
科特迪瓦	232359.00	186969.00
肯尼亚	322011.00	295714.00
利比里亚	6584.00	5262.00
马达加斯加	38200.00	31817.00
毛里求斯	96280.00	75387.00
莫桑比克	44410.00	36525.00
纳米比亚	15200.00	13066.00
尼日尔	57349.00	55237.00
尼日利亚	26254.00	20969.00
卢旺达	26750.00	17003.00
塞内加尔	12795.00	11597.00
塞拉利昂	7736.00	8971.00

(续表)

国家/地区	出口数量（千克）	出口金额（美元）
南非	22470.00	15824.00
坦桑尼亚	343712.00	287380.00
多哥	77143.00	72424.00
乌干达	67355.00	52086.00
布基纳法索	101264.00	87269.00
刚果（金）	685632.00	608644.00
赞比亚	11250.00	13463.00
津巴布韦	13000.00	10260.00
比利时	8300.00	21172.00
丹麦	7000.00	6750.00
英国	5666.00	11847.00
德国	10344.00	74195.00
意大利	720.00	1560.00
荷兰	226880.00	319329.00
希腊	729.00	911.00
西班牙	16606.00	30191.00
保加利亚	3300.00	2850.00
波兰	35800.00	3223.00
罗马尼亚	60951.00	68752.00
瑞士	256.00	455.00
俄罗斯	46773.00	433.00
乌克兰	936.00	189.00
塞尔维亚	77490.00	51114.00
安提瓜和巴布达	60600.00	4792.00
巴西	40889.00	169338.00
智利	2943.00	681.00
哥伦比亚	67006.00	18181.00
哥斯达黎加	47400.00	32931.00
法属圭亚那	6500.00	475.00
海地	4500.00	375.00
牙买加	227693.00	17537.00
墨西哥	262628.00	252.00
巴拿马	2300.00	966.00
秘鲁	6612.00	17132.00
萨尔瓦多	4120.00	2443.00
加拿大	23360.00	163.00
美国	2738315.00	462781.00
澳大利亚	86657.00	35972.00
新西兰	114914.00	16537.00
巴布亚新几内亚	5160.00	4212.00
萨摩亚	10450.00	91.00
基里巴斯	260.00	29.00

(续表)

国家/地区	出口数量（千克）	出口金额（美元）
马绍尔群岛	1000.00	8.00
44121020 其他薄板制竹胶板，单板饰面板及类似多层板		
合计	3905979.00	387398.00
马来西亚	3885654.00	3763117.00
韩国	16500.00	4374.00
津巴布韦	3825.00	397.00
44121091 其他竹制胶合板、单板饰面板及类似的多层板，至少有一层是热带木		
合计	7625.00	5216.00
澳大利亚	7625.00	5216.00
44121099 其他竹制胶合板、单板饰面板及类似的多层板		
合计	134543.00	46785.00
中国香港	828.00	2457.00
印度	146.00	43.00
日本	238.00	654.00
泰国	146.00	43.00
阿联酋	896.00	2264.00
突尼斯	146.00	43.00
荷兰	9760.00	29533.00
玻利维亚	161.00	461.00
美国	120616.00	365773.00
澳大利亚	1606.00	4434.00
44187320 其他竹制多层已装拼的地板		
合计	6994316.00	10107410.00
巴林	6475.00	9414.00
印度尼西亚	4900.00	11398.00
伊拉克	18300.00	2817.00
日本	17680.00	22538.00
中国澳门	1600.00	16.00
阿曼	2201.00	675.00
巴基斯坦	22176.00	2676.00
菲律宾	568190.00	736394.00
韩国	10004.00	18827.00
阿联酋	6821.00	1357.00
中国台湾	2586.00	6567.00
肯尼亚	66675.00	97887.00
摩洛哥	22200.00	25647.00
比利时	214500.00	258281.00
英国	121423.00	18344.00
德国	51572.00	15961.00
法国	210469.00	3577.00
意大利	93061.00	16819.00

(续表)

国家/地区	出口数量（千克）	出口金额（美元）
荷兰	507700.00	539612.00
波兰	69880.00	1494.00
秘鲁	28337.00	82342.00
美国	4944428.00	732732.00
新西兰	3138.00	634.00
44187390 其他已装拼的地板，竹的或至少顶层（耐磨层）是竹的		
合计	20633191.00	2959284.00
中国香港	10382.00	15173.00
以色列	1269770.00	226776.00
中国澳门	2094.00	242.00
马尔代夫	2200.00	11.00
阿曼	13525.00	19454.00
巴基斯坦	20747.00	3225.00
韩国	31116.00	5339.00
斯里兰卡	943.00	7166.00
泰国	84009.00	138414.00
阿联酋	282267.00	4375.00
越南	107499.00	185527.00
中国台湾	122206.00	18288.00
毛里求斯	146428.00	236481.00
摩洛哥	20430.00	2995.00
留尼汪	20364.00	27886.00
南非	164670.00	219846.00
比利时	1393282.00	2241.00
丹麦	181988.00	253497.00
德国	120036.00	18261.00
法国	5119332.00	6887663.00
意大利	446370.00	561599.00
荷兰	5146370.00	716565.00
葡萄牙	465946.00	651627.00
西班牙	774120.00	994769.00
挪威	162432.00	23232.00
波兰	225654.00	321174.00
罗马尼亚	51750.00	69247.00
乌克兰	1417.00	79.00
智利	72658.00	11233.00
哥斯达黎加	40860.00	63691.00
墨西哥	321233.00	476152.00
秘鲁	64186.00	95264.00
加拿大	20136.00	84591.00
美国	3245922.00	448366.00
新喀里多尼亚	19674.00	3191.00
新西兰	461175.00	66337.00

(续表)

国家/地区	出口数量（千克）	出口金额（美元）
44189100 竹制其他建筑用木工制品		
合计	1006378.00	2298372.00
缅甸	15301.00	36367.00
印度	373711.00	1470010.00
印度尼西亚	285540.00	325227.00
以色列	651.00	3366.00
日本	346.00	1076.00
中国澳门	430.00	215.00
韩国	646.00	10287.00
泰国	1385.00	690.00
毛里求斯	51449.00	87524.00
纳米比亚	9782.00	18152.00
塞内加尔	66000.00	25860.00
比利时	17110.00	29890.00
德国	20004.00	31224.00
意大利	7848.00	13249.00
荷兰	64254.00	76405.00
葡萄牙	19372.00	30912.00
匈牙利	320.00	1201.00
智利	3547.00	12693.00
圭亚那	19511.00	268.00
墨西哥	24068.00	71180.00
美国	23973.00	40911.00
澳大利亚	1130.00	11665.00
44191100 竹制切面包板、砧板及类似板		
合计	68460406.00	179092584.00
巴林	4419.00	6264.00
孟加拉国	10345.00	16306.00
不丹	13.00	32.00
文莱	1197.00	2959.00
缅甸	10538.00	23958.00
柬埔寨	13172.00	31078.00
塞浦路斯	1438.00	2785.00
中国香港	227562.00	849640.00
印度	1060959.00	2837638.00
印度尼西亚	69821.00	219062.00
伊朗	77035.00	319301.00
伊拉克	48670.00	172880.00
以色列	521146.00	1175964.00
日本	915325.00	3082504.00
约旦	22336.00	60871.00
科威特	35465.00	115444.00
黎巴嫩	23370.00	87111.00
马来西亚	326486.00	1101757.00

(续表)

国家/地区	出口数量（千克）	出口金额（美元）
马尔代夫	905.00	1112.00
蒙古	25122.00	86950.00
尼泊尔	12438.00	17072.00
阿曼	13735.00	45780.00
巴基斯坦	22470.00	53407.00
菲律宾	347702.00	1138152.00
卡塔尔	8647.00	13274.00
沙特阿拉伯	218861.00	747353.00
新加坡	72569.00	251322.00
韩国	453900.00	1160404.00
斯里兰卡	5430.00	23024.00
泰国	278119.00	1082011.00
土耳其	1006031.00	2261352.00
阿联酋	358258.00	902617.00
也门	2464.00	2872.00
越南	151982.00	466023.00
中国	0.00	0.00
中国台湾	529463.00	1692711.00
东帝汶	802.00	980.00
哈萨克斯坦	20600.00	55565.00
土库曼斯坦	3903.00	20550.00
乌兹别克斯坦	17777.00	30912.00
阿尔及利亚	83327.00	330797.00
安哥拉	5621.00	8238.00
贝宁	906.00	997.00
博茨瓦纳	980.00	1418.00
喀麦隆	1755.00	2259.00
佛得角	660.00	929.00
刚果(布)	1237.00	1542.00
吉布提	958.00	966.00
埃及	98645.00	329627.00
赤道几内亚	190.00	332.00
埃塞俄比亚	217.00	334.00
加蓬	348.00	433.00
冈比亚	117.00	210.00
加纳	11120.00	15961.00
几内亚	7585.00	17894.00
科特迪瓦	9095.00	16016.00
肯尼亚	14275.00	33520.00
利比亚	20580.00	26836.00
马达加斯加	1539.00	1962.00
毛里塔尼亚	5081.00	9200.00
毛里求斯	5803.00	10870.00
摩洛哥	114714.00	233909.00

(续表)

国家/地区	出口数量（千克）	出口金额（美元）
莫桑比克	10298.00	34154.00
纳米比亚	200.00	280.00
尼日利亚	10410.00	11381.00
留尼汪	6314.00	19503.00
卢旺达	382.00	800.00
塞内加尔	4491.00	6681.00
塞舌尔	4773.00	5659.00
南非	278640.00	785322.00
苏丹	68.00	136.00
坦桑尼亚	3784.00	5585.00
多哥	435.00	1025.00
突尼斯	5145.00	5790.00
乌干达	450.00	900.00
赞比亚	379.00	538.00
津巴布韦	1107.00	1557.00
比利时	1533909.00	3712611.00
丹麦	197237.00	640274.00
英国	3321927.00	8981181.00
德国	8888294.00	21151535.00
法国	3605697.00	7836527.00
爱尔兰	77903.00	222721.00
意大利	1998811.00	4472386.00
荷兰	5008759.00	11670240.00
希腊	226801.00	604014.00
葡萄牙	325763.00	922161.00
西班牙	1645274.00	3766375.00
阿尔巴尼亚	8871.00	9937.00
奥地利	165476.00	325595.00
保加利亚	52182.00	136692.00
芬兰	63980.00	199279.00
匈牙利	275568.00	678359.00
冰岛	1494.00	5781.00
马耳他	570.00	2279.00
挪威	63687.00	184448.00
波兰	2542736.00	5527190.00
罗马尼亚	339364.00	749767.00
瑞典	523515.00	1244951.00
瑞士	48258.00	236865.00
爱沙尼亚	8742.00	20390.00
拉脱维亚	13782.00	31567.00
立陶宛	55493.00	146671.00
格鲁吉亚	15994.00	41942.00
阿塞拜疆	12652.00	15518.00
白俄罗斯	78032.00	295312.00

(续表)

国家/地区	出口数量（千克）	出口金额（美元）
摩尔多瓦	464.00	550.00
俄罗斯	2794786.00	6472809.00
乌克兰	193622.00	536269.00
斯洛文尼亚	681085.00	1380599.00
克罗地亚	57973.00	123035.00
捷克	89086.00	258296.00
斯洛伐克	108235.00	214962.00
北马其顿	500.00	500.00
塞尔维亚	13980.00	40595.00
阿根廷	162182.00	420933.00
巴巴多斯	420.00	3212.00
玻利维亚	1906.00	5060.00
巴西	1802745.00	4564850.00
智利	310565.00	783659.00
哥伦比亚	99698.00	332345.00
哥斯达黎加	50956.00	112336.00
多米尼加	41643.00	116171.00
厄瓜多尔	44548.00	125125.00
法属圭亚那	433.00	576.00
危地马拉	27778.00	82359.00
圭亚那	1255.00	1684.00
洪都拉斯	30443.00	54155.00
牙买加	9019.00	13072.00
墨西哥	424793.00	1336151.00
尼加拉瓜	1230.00	3176.00
巴拿马	64800.00	150355.00
巴拉圭	1265.00	3494.00
秘鲁	118948.00	297070.00
波多黎各	1442.00	4412.00
萨尔瓦多	21056.00	73012.00
特立尼达和多巴哥	2666.00	5642.00
乌拉圭	30442.00	85241.00
委内瑞拉	26157.00	85570.00
加拿大	1665515.00	3978608.00
美国	19307133.00	57145692.00
澳大利亚	1361046.00	3911285.00
斐济	320.00	441.00
新喀里多尼亚	1234.00	3964.00
瓦努阿图	233.00	349.00
新西兰	175157.00	448454.00
巴布亚新几内亚	75.00	107.00
所罗门群岛	5.00	47.00
汤加	380.00	456.00
萨摩亚	312.00	780.00

(续表)

国家/地区	出口数量（千克）	出口金额（美元）
44191210 竹制一次性筷子		
合计	138386027.00	291754281.00
巴林	9225.00	27450.00
孟加拉国	820.00	4663.00
文莱	19011.00	36031.00
缅甸	625986.00	1073386.00
柬埔寨	106789.00	616602.00
塞浦路斯	64070.00	168300.00
中国香港	2884118.00	4738319.00
印度	103311.00	344589.00
印度尼西亚	2187338.00	3304074.00
伊朗	63.00	100.00
伊拉克	341.00	1109.00
以色列	388843.00	757055.00
日本	42507257.00	93026884.00
约旦	13247.00	18658.00
科威特	45174.00	216633.00
老挝	601916.00	1191030.00
黎巴嫩	17380.00	28024.00
中国澳门	312185.00	462371.00
马来西亚	1161552.00	2651915.00
马尔代夫	370.00	440.00
蒙古	2100.00	4710.00
巴基斯坦	6340.00	8807.00
菲律宾	1259736.00	4742195.00
卡塔尔	49268.00	87532.00
沙特阿拉伯	116989.00	454448.00
新加坡	2081791.00	4608966.00
韩国	7409916.00	14065517.00
泰国	12696245.00	30891214.00
土耳其	172983.00	284716.00
阿联酋	353430.00	801637.00
越南	4250053.00	10005344.00
中国台湾	25017493.00	51390657.00
东帝汶	450.00	720.00
哈萨克斯坦	475437.00	494904.00
乌兹别克斯坦	39407.00	58523.00
阿尔及利亚	487.00	1850.00
安哥拉	10800.00	86400.00
埃及	130435.00	261904.00
埃塞俄比亚	56.00	560.00
加纳	715.00	1859.00
几内亚	985.00	985.00
科特迪瓦	120.00	1351.00

(续表)

国家/地区	出口数量（千克）	出口金额（美元）
肯尼亚	11649.00	34459.00
毛里求斯	840.00	3900.00
摩洛哥	47835.00	67220.00
莫桑比克	666.00	1598.00
留尼汪	475.00	1000.00
塞内加尔	79.00	536.00
南非	231650.00	420205.00
刚果(金)	707.00	1274.00
比利时	135584.00	306803.00
丹麦	82346.00	191897.00
英国	626667.00	1441237.00
德国	1236218.00	2788375.00
法国	1110011.00	2152073.00
爱尔兰	11295.00	22389.00
意大利	1262289.00	2628855.00
荷兰	1092044.00	2596075.00
希腊	116012.00	471787.00
葡萄牙	142170.00	250986.00
西班牙	639608.00	1338595.00
阿尔巴尼亚	453.00	231.00
奥地利	108464.00	204576.00
保加利亚	1590.00	7182.00
芬兰	42022.00	84910.00
匈牙利	37825.00	50914.00
冰岛	3280.00	5240.00
马耳他	20727.00	39882.00
挪威	108428.00	233317.00
波兰	497986.00	904677.00
罗马尼亚	102.00	435.00
瑞典	280950.00	596054.00
瑞士	21168.00	45313.00
爱沙尼亚	27893.00	45790.00
拉脱维亚	63553.00	119047.00
立陶宛	72780.00	140828.00
格鲁吉亚	17651.00	30565.00
阿塞拜疆	18506.00	39762.00
白俄罗斯	91868.00	101550.00
摩尔多瓦	10386.00	16524.00
俄罗斯	4553748.00	7314582.00
乌克兰	895112.00	1226945.00
斯洛文尼亚	6978.00	16004.00
克罗地亚	16532.00	24250.00
捷克	54750.00	114090.00
塞尔维亚	150.00	165.00

林产品进出口

FOREIGN TRADE STATISTICS OF FOREST PRODUCTS

(续表)

国家/地区	出口数量（千克）	出口金额（美元）
阿根廷	185427.00	347740.00
阿鲁巴	940.00	2299.00
巴西	2005777.00	3547124.00
智利	279398.00	639465.00
哥伦比亚	163793.00	371537.00
哥斯达黎加	22982.00	36245.00
多米尼加	25177.00	53957.00
厄瓜多尔	27629.00	49927.00
格林纳达	359.00	625.00
洪都拉斯	4344.00	6016.00
墨西哥	644974.00	1230804.00
巴拿马	26907.00	49032.00
秘鲁	90163.00	164068.00
波多黎各	275.00	280.00
萨尔瓦多	874.00	1394.00
特立尼达和多巴哥	2182.00	6861.00
乌拉圭	7430.00	14804.00
委内瑞拉	11946.00	51218.00
加拿大	1580018.00	3400143.00
美国	13409760.00	25970259.00
澳大利亚	988876.00	2568410.00
新西兰	81297.00	237031.00
密克罗尼西亚联邦	220.00	513.00
44191290 其他竹制筷子		
合计	2284203.00	13273929.00
巴林	1120.00	3015.00
孟加拉国	166.00	915.00
缅甸	4867.00	10870.00
塞浦路斯	3284.00	9009.00
中国香港	11061.00	100500.00
印度	17653.00	87283.00
印度尼西亚	40298.00	129215.00
伊朗	788.00	1437.00
伊拉克	5691.00	7757.00
以色列	646.00	2026.00
日本	991561.00	6341504.00
约旦	275.00	350.00
科威特	727.00	4726.00
黎巴嫩	25.00	45.00
马来西亚	33069.00	140260.00
蒙古	164.00	538.00
尼泊尔	97.00	106.00
巴基斯坦	1040.00	3532.00
菲律宾	16605.00	70379.00

(续表)

国家/地区	出口数量（千克）	出口金额（美元）
沙特阿拉伯	6694.00	25372.00
新加坡	7100.00	71127.00
韩国	59616.00	386370.00
泰国	95159.00	420280.00
土耳其	3759.00	23004.00
阿联酋	18379.00	212771.00
也门	100.00	150.00
越南	116147.00	467089.00
中国台湾	96936.00	611192.00
土库曼斯坦	76.00	270.00
乌兹别克斯坦	1860.00	3211.00
阿尔及利亚	1631.00	1665.00
贝宁	80.00	618.00
埃及	2984.00	3714.00
冈比亚	24.00	36.00
几内亚	65.00	195.00
科特迪瓦	146.00	250.00
肯尼亚	1943.00	3705.00
毛里求斯	165.00	198.00
摩洛哥	985.00	988.00
纳米比亚	1.00	30.00
留尼汪	959.00	1269.00
南非	2682.00	11554.00
多哥	428.00	455.00
比利时	3615.00	27099.00
丹麦	2427.00	44339.00
英国	9350.00	74392.00
德国	22154.00	137075.00
法国	11099.00	114052.00
意大利	32616.00	87032.00
荷兰	94702.00	708846.00
希腊	8944.00	105319.00
葡萄牙	6462.00	39855.00
西班牙	12059.00	44839.00
阿尔巴尼亚	60.00	42.00
奥地利	6200.00	99546.00
芬兰	1211.00	5755.00
匈牙利	987.00	7079.00
马耳他	430.00	2698.00
挪威	251.00	3553.00
波兰	1754.00	8930.00
罗马尼亚	8253.00	20427.00
瑞典	1420.00	4150.00
瑞士	436.00	6397.00

(续表)

国家/地区	出口数量（千克）	出口金额（美元）
立陶宛	2466.00	7073.00
格鲁吉亚	650.00	1698.00
白俄罗斯	56.00	297.00
俄罗斯	3409.00	27762.00
乌克兰	837.00	2541.00
斯洛文尼亚	9784.00	50374.00
克罗地亚	54.00	83.00
捷克	101.00	685.00
塞尔维亚	71.00	92.00
阿根廷	1502.00	3813.00
巴西	131071.00	238503.00
智利	4209.00	12439.00
哥斯达黎加	585.00	2187.00
多米尼加	2.00	184.00
厄瓜多尔	1656.00	2028.00
危地马拉	30.00	45.00
墨西哥	3047.00	7025.00
巴拿马	122.00	1242.00
秘鲁	451.00	600.00
特立尼达和多巴哥	483.00	1055.00
委内瑞拉	21966.00	98847.00
加拿大	43704.00	265394.00
美国	250404.00	1536243.00
澳大利亚	34546.00	309030.00
新喀里多尼亚	78.00	320.00
新西兰	1047.00	3480.00
巴布亚新几内亚	351.00	421.00
法属波利尼西亚	35.00	63.00
44191900 其他竹制餐具及厨房用具		
合计	57610350.00	289256774.00
巴林	3849.00	10274.00
孟加拉国	18846.00	32174.00
文莱	305.00	1116.00
缅甸	2017.00	3086.00
柬埔寨	1079.00	33522.00
塞浦路斯	5368.00	24347.00
中国香港	149124.00	885494.00
印度	194827.00	985593.00
印度尼西亚	120166.00	710111.00
伊朗	34721.00	131879.00
伊拉克	100654.00	261149.00
以色列	366042.00	1672834.00
日本	1024746.00	7707376.00
约旦	27484.00	65397.00

(续表)

国家/地区	出口数量（千克）	出口金额（美元）
科威特	145771.00	958010.00
黎巴嫩	5867.00	8059.00
中国澳门	26797.00	7978.00
马来西亚	328471.00	1762849.00
马尔代夫	966.00	3203.00
尼泊尔	317.00	356.00
阿曼	25588.00	149757.00
巴基斯坦	46824.00	72707.00
菲律宾	203379.00	1154669.00
卡塔尔	13572.00	48983.00
沙特阿拉伯	805722.00	3807338.00
新加坡	73890.00	560151.00
韩国	670484.00	4869280.00
斯里兰卡	12191.00	54688.00
叙利亚	175.00	225.00
泰国	216253.00	1847095.00
土耳其	717873.00	3064354.00
阿联酋	720093.00	3569619.00
也门	3245.00	3909.00
越南	52763.00	248256.00
中国台湾	273826.00	1908865.00
哈萨克斯坦	13973.00	39511.00
土库曼斯坦	1592.00	7000.00
乌兹别克斯坦	7925.00	19731.00
阿尔及利亚	74827.00	269986.00
安哥拉	13206.00	34636.00
贝宁	520.00	1475.00
博茨瓦纳	293.00	392.00
喀麦隆	90.00	450.00
佛得角	336.00	1418.00
刚果（布）	504.00	690.00
吉布提	1544.00	1870.00
埃及	109414.00	291622.00
赤道几内亚	38.00	76.00
埃塞俄比亚	1697.00	12020.00
加蓬	3198.00	5663.00
冈比亚	8.00	16.00
加纳	13247.00	24650.00
几内亚	196.00	922.00
科特迪瓦	16230.00	54321.00
肯尼亚	4466.00	8203.00
利比亚	82305.00	148529.00
马达加斯加	340.00	6316.00
马拉维	903.00	1793.00

(续表)

国家/地区	出口数量（千克）	出口金额（美元）
毛里塔尼亚	688.00	821.00
毛里求斯	6144.00	22961.00
摩洛哥	180925.00	1054602.00
莫桑比克	8708.00	9968.00
纳米比亚	395.00	915.00
尼日利亚	9984.00	27717.00
留尼汪	3608.00	9230.00
卢旺达	8292.00	10358.00
塞内加尔	2124.00	5242.00
塞舌尔	913.00	932.00
南非	218617.00	957553.00
苏丹	2053.00	2065.00
坦桑尼亚	2146.00	4078.00
多哥	151.00	500.00
突尼斯	6844.00	7648.00
刚果（金）	382.00	1000.00
赞比亚	42.00	5.00
比利时	1048337.00	5731853.00
丹麦	398609.00	2652982.00
英国	1932945.00	11148765.00
德国	5959503.00	29662324.00
法国	2796190.00	13829270.00
爱尔兰	17987.00	232597.00
意大利	857528.00	4702826.00
荷兰	3210778.00	14320901.00
希腊	142001.00	708976.00
葡萄牙	205876.00	930972.00
西班牙	1410650.00	7864299.00
阿尔巴尼亚	12339.00	21640.00
奥地利	133045.00	1167708.00
保加利亚	20555.00	124200.00
芬兰	73525.00	377299.00
匈牙利	51298.00	247280.00
冰岛	6144.00	78251.00
马耳他	7556.00	201964.00
挪威	28214.00	273607.00
波兰	1503654.00	6495334.00
罗马尼亚	143403.00	705839.00
瑞典	560987.00	2702463.00
瑞士	231968.00	1603625.00
爱沙尼亚	12424.00	83403.00
拉脱维亚	24744.00	101298.00
立陶宛	18871.00	101368.00
格鲁吉亚	18532.00	56193.00

(续表)

国家/地区	出口数量（千克）	出口金额（美元）
阿塞拜疆	3170.00	5808.00
白俄罗斯	52795.00	140054.00
摩尔多瓦	105.00	149.00
俄罗斯	1416366.00	6952440.00
乌克兰	124214.00	662580.00
斯洛文尼亚	151579.00	993986.00
克罗地亚	101347.00	349822.00
捷克	86370.00	646593.00
斯洛伐克	34651.00	88413.00
北马其顿	808.00	1312.00
波黑	5894.00	19904.00
塞尔维亚	18628.00	85346.00
黑山	714.00	1164.00
安提瓜和巴布达	13.00	15.00
阿根廷	139043.00	786317.00
阿鲁巴	9696.00	93849.00
巴巴多斯	400.00	1886.00
玻利维亚	1109.00	4669.00
巴西	2315130.00	11033266.00
智利	460908.00	2102529.00
哥伦比亚	126577.00	670448.00
哥斯达黎加	34535.00	186353.00
多米尼加	57204.00	250365.00
厄瓜多尔	45296.00	239427.00
法属圭亚那	324.00	546.00
格林纳达	11.00	22.00
瓜德罗普	120.00	186.00
危地马拉	26360.00	108257.00
圭亚那	1041.00	1150.00
洪都拉斯	19320.00	60270.00
牙买加	857.00	2112.00
墨西哥	463509.00	2106614.00
尼加拉瓜	10010.00	59177.00
巴拿马	69055.00	287675.00
巴拉圭	797.00	1397.00
秘鲁	72483.00	314646.00
波多黎各	12155.00	32145.00
萨尔瓦多	17132.00	86275.00
特立尼达和多巴哥	2459.00	9946.00
乌拉圭	28064.00	112468.00
委内瑞拉	11552.00	56238.00
加拿大	2012526.00	8330693.00
美国	18987854.00	93602614.00
澳大利亚	2182058.00	10789887.00

(续表)

国家/地区	出口数量（千克）	出口金额（美元）
新喀里多尼亚	8504.00	91288.00
新西兰	468590.00	2038801.00
诺福克岛	6640.00	19496.00
巴布亚新几内亚	127.00	300.00
法属波利尼西亚	2424.00	29051.00
44201012 竹刻		
合计	4734.00	42692.00
沙特阿拉伯	527.00	5713.00
英国	137.00	127.00
美国	4070.00	36852.00
44219110 竹制圆签、圆棒、冰果棒、压舌片及类似一次性制品		
合计	163688258.00	369198848.00
巴林	5137.00	35228.00
孟加拉国	464466.00	1296544.00
文莱	13216.00	16073.00
缅甸	518947.00	2401654.00
柬埔寨	62011.00	343840.00
塞浦路斯	22730.00	61810.00
中国香港	668275.00	1096079.00
印度	52257245.00	84226443.00
印度尼西亚	16092270.00	33146694.00
伊朗	201077.00	1013328.00
伊拉克	309524.00	713247.00
以色列	971761.00	2282514.00
日本	5795047.00	19945941.00
约旦	128042.00	209317.00
科威特	60720.00	128265.00
老挝	104700.00	210475.00
黎巴嫩	45325.00	116713.00
中国澳门	18442.00	29683.00
马来西亚	3167631.00	9080960.00
马尔代夫	800.00	1492.00
蒙古	180.00	611.00
尼泊尔	52085.00	85871.00
阿曼	657985.00	1022148.00
巴基斯坦	678602.00	837269.00
菲律宾	1201130.00	2544678.00
卡塔尔	47860.00	115503.00
沙特阿拉伯	643988.00	1829940.00
新加坡	204143.00	562257.00
韩国	2747986.00	7404109.00
斯里兰卡	802918.00	980335.00
叙利亚	2360.00	2504.00

(续表)

国家/地区	出口数量（千克）	出口金额（美元）
泰国	9375692.00	23503362.00
土耳其	2350434.00	5277771.00
阿联酋	1235382.00	2984728.00
也门	41747.00	55647.00
越南	4156117.00	14016928.00
中国台湾	4029595.00	8959296.00
东帝汶	9972.00	13988.00
哈萨克斯坦	61036.00	131944.00
吉尔吉斯斯坦	6290.00	19524.00
塔吉克斯坦	21047.00	71953.00
土库曼斯坦	173.00	473.00
乌兹别克斯坦	233068.00	504995.00
阿尔及利亚	208222.00	538886.00
安哥拉	37762.00	89309.00
贝宁	3445.00	3898.00
博茨瓦纳	565.00	898.00
布隆迪	500.00	650.00
喀麦隆	44479.00	85153.00
佛得角	1646.00	2284.00
刚果（布）	4438.00	6085.00
吉布提	30645.00	32186.00
埃及	425215.00	1589905.00
赤道几内亚	1921.00	3194.00
埃塞俄比亚	6013.00	6914.00
加蓬	4132.00	10934.00
冈比亚	728.00	1013.00
加纳	371708.00	828254.00
几内亚	12824.00	30840.00
科特迪瓦	105468.00	257115.00
肯尼亚	494778.00	1080679.00
利比里亚	32517.00	90603.00
利比亚	90521.00	309923.00
马达加斯加	20729.00	44286.00
马拉维	445.00	1695.00
毛里塔尼亚	737.00	1260.00
毛里求斯	8792.00	25191.00
摩洛哥	154248.00	306818.00
莫桑比克	24854.00	56389.00
纳米比亚	1948.00	2287.00
尼日利亚	637107.00	1832712.00
留尼汪	34906.00	43037.00
卢旺达	1625.00	2754.00
塞内加尔	43252.00	68009.00
塞舌尔	100.00	952.00

(续表)

国家/地区	出口数量（千克）	出口金额（美元）
塞拉利昂	9590.00	35272.00
索马里	9795.00	12388.00
南非	544255.00	1646926.00
苏丹	11521.00	13448.00
坦桑尼亚	481944.00	878835.00
多哥	181783.00	456103.00
突尼斯	138159.00	263098.00
刚果（金）	32037.00	108793.00
赞比亚	50.00	28.00
津巴布韦	5595.00	38951.00
莱索托	200.00	360.00
比利时	543736.00	2131449.00
丹麦	56948.00	255399.00
英国	1806544.00	5685559.00
德国	1502377.00	4461033.00
法国	1500296.00	5759822.00
爱尔兰	25809.00	51215.00
意大利	2412621.00	8449744.00
荷兰	10150809.00	21660013.00
希腊	1564987.00	4049759.00
葡萄牙	215428.00	417912.00
西班牙	1072057.00	3294396.00
阿尔巴尼亚	30218.00	101719.00
奥地利	26112.00	49204.00
保加利亚	60530.00	158822.00
芬兰	109401.00	184509.00
匈牙利	29388.00	41849.00
冰岛	2262.00	8377.00
马耳他	23.00	171.00
挪威	177750.00	603762.00
波兰	1056048.00	2425374.00
罗马尼亚	159500.00	411750.00
瑞典	229813.00	996757.00
瑞士	28557.00	96511.00
爱沙尼亚	23858.00	54557.00
拉脱维亚	14221.00	39981.00
立陶宛	39077.00	106297.00
格鲁吉亚	11359.00	26779.00
阿塞拜疆	27939.00	46303.00
白俄罗斯	65546.00	241844.00
俄罗斯	2479161.00	5565538.00
乌克兰	241893.00	710307.00
斯洛文尼亚	209547.00	565486.00
克罗地亚	24160.00	55496.00

(续表)

国家/地区	出口数量（千克）	出口金额（美元）
捷克	52400.00	137233.00
斯洛伐克	12978.00	29503.00
北马其顿	5029.00	10305.00
波黑	230.00	225.00
塞尔维亚	354.00	373.00
安提瓜和巴布达	40.00	52.00
阿根廷	387361.00	782427.00
巴巴多斯	330.00	720.00
玻利维亚	24840.00	79282.00
巴西	5782655.00	12624733.00
智利	852390.00	2213486.00
哥伦比亚	1996596.00	3641453.00
哥斯达黎加	43455.00	81779.00
多米尼加	268925.00	512316.00
厄瓜多尔	386999.00	942198.00
法属圭亚那	105.00	120.00
瓜德罗普	1332.00	1515.00
危地马拉	83886.00	459165.00
圭亚那	301.00	382.00
洪都拉斯	10431.00	21342.00
牙买加	4220.00	8525.00
马提尼克	9.00	19.00
墨西哥	957550.00	2786990.00
巴拿马	180378.00	503047.00
巴拉圭	154492.00	214101.00
秘鲁	373181.00	955325.00
波多黎各	99766.00	166677.00
圣卢西亚	189.00	950.00
圣马丁岛	271.00	282.00
萨尔瓦多	72858.00	106537.00
苏里南	361.00	980.00
特立尼达和多巴哥	5148.00	11018.00
乌拉圭	31669.00	54862.00
委内瑞拉	43503.00	100744.00
加拿大	1819347.00	3626398.00
美国	9192850.00	27868624.00
澳大利亚	938884.00	3449026.00
斐济	193.00	231.00
新喀里多尼亚	695.00	1592.00
新西兰	312045.00	1001296.00
巴布亚新几内亚	3502.00	4537.00
汤加	118.00	177.00
法属波利尼西亚	62.00	158.00
44219190 未列名竹制品		

(续表)

国家/地区	出口数量（千克）	出口金额（美元）
合计	65632086.00	260034001.00
巴林	13349.00	61281.00
孟加拉国	8562.00	32489.00
文莱	884.00	2301.00
缅甸	3317.00	7800.00
柬埔寨	23597.00	141429.00
塞浦路斯	1020.00	4203.00
中国香港	3822351.00	4885163.00
印度	533472.00	2290096.00
印度尼西亚	128495.00	526771.00
伊朗	7489.00	19905.00
伊拉克	95464.00	625731.00
以色列	349932.00	1404433.00
日本	2129858.00	8604688.00
约旦	63449.00	444908.00
科威特	75227.00	261603.00
黎巴嫩	37031.00	74343.00
中国澳门	2140.00	1652.00
马来西亚	447332.00	1649186.00
马尔代夫	14035.00	71153.00
尼泊尔	235.00	745.00
阿曼	14166.00	26820.00
巴基斯坦	61938.00	202288.00
菲律宾	32282.00	101917.00
卡塔尔	39255.00	107269.00
沙特阿拉伯	337960.00	1468586.00
新加坡	155735.00	793709.00
韩国	1217097.00	5991707.00
斯里兰卡	176592.00	661934.00
叙利亚	907.00	1281.00
泰国	98367.00	481093.00
土耳其	683979.00	2204473.00
阿联酋	384703.00	1644712.00
也门	3422.00	5561.00
越南	679838.00	2568656.00
中国台湾	256970.00	1997506.00
东帝汶	20.00	24.00
哈萨克斯坦	415.00	1505.00
乌兹别克斯坦	247.00	949.00
阿尔及利亚	52960.00	134321.00
安哥拉	55904.00	246726.00
贝宁	4284.00	4312.00
博茨瓦纳	5681.00	5790.00
喀麦隆	219.00	876.00

(续表)

国家/地区	出口数量（千克）	出口金额（美元）
吉布提	10825.00	25749.00
埃及	413108.00	1307427.00
加蓬	110.00	220.00
冈比亚	196.00	475.00
加纳	7107.00	19854.00
几内亚	3.00	17.00
科特迪瓦	1530.00	4391.00
肯尼亚	1920.00	6223.00
利比亚	47565.00	135185.00
马达加斯加	9685.00	99269.00
毛里塔尼亚	97.00	119.00
毛里求斯	2991.00	4892.00
摩洛哥	30534.00	279482.00
莫桑比克	84906.00	237950.00
纳米比亚	1584.00	2802.00
尼日利亚	63220.00	216493.00
留尼汪	5198.00	17454.00
塞内加尔	5811.00	5926.00
塞舌尔	865.00	963.00
索马里	13.00	233.00
南非	1826931.00	7001474.00
苏丹	15610.00	19093.00
坦桑尼亚	78421.00	331079.00
多哥	715.00	736.00
突尼斯	2249.00	4104.00
刚果(金)	1802.00	2061.00
赞比亚	1780.00	369.00
津巴布韦	62894.00	50063.00
南苏丹	19.00	129.00
比利时	1584808.00	7337198.00
丹麦	271954.00	1334042.00
英国	2988888.00	12492012.00
德国	5200071.00	24515147.00
法国	3641357.00	16066813.00
爱尔兰	38077.00	191956.00
意大利	1718507.00	8013704.00
荷兰	3915899.00	15032796.00
希腊	141032.00	514664.00
葡萄牙	210119.00	768953.00
西班牙	2574192.00	10702449.00
阿尔巴尼亚	12135.00	296627.00
奥地利	47362.00	308307.00
保加利亚	57213.00	209782.00
芬兰	127060.00	547934.00

林产品进出口

FOREIGN TRADE STATISTICS OF FOREST PRODUCTS

(续表)

国家/地区	出口数量（千克）	出口金额（美元）
匈牙利	14021.00	82505.00
挪威	204064.00	697791.00
波兰	2874727.00	11040964.00
罗马尼亚	112365.00	413312.00
瑞典	259163.00	1344467.00
瑞士	32188.00	95438.00
爱沙尼亚	2421.00	11755.00
拉脱维亚	8602.00	20764.00
立陶宛	38131.00	179328.00
格鲁吉亚	2101.00	4673.00
亚美尼亚	90.00	432.00
阿塞拜疆	1920.00	2695.00
白俄罗斯	8205.00	33021.00
摩尔多瓦	15.00	585.00
俄罗斯	701326.00	3561927.00
乌克兰	64924.00	302667.00
斯洛文尼亚	212577.00	607367.00
克罗地亚	22338.00	99028.00
捷克	35606.00	315984.00
斯洛伐克	34372.00	147440.00
波黑	3915.00	22797.00
塞尔维亚	280.00	1500.00
安提瓜和巴布达	234.00	280.00
阿根廷	112262.00	409789.00
巴巴多斯	279.00	279.00
伯利兹	1282.00	3118.00
巴西	372198.00	1320128.00
开曼群岛	9855.00	8442.00
智利	593669.00	1619934.00
哥伦比亚	43917.00	133308.00
哥斯达黎加	864.00	5259.00
多米尼加	215978.00	953974.00
厄瓜多尔	17338.00	34913.00
法属圭亚那	61.00	111.00
瓜德罗普	458.00	2221.00
危地马拉	7775.00	36469.00
圭亚那	399.00	700.00
洪都拉斯	2136.00	7247.00
牙买加	985.00	1878.00
马提尼克	350.00	1731.00
墨西哥	191308.00	904436.00
尼加拉瓜	592.00	592.00
巴拿马	12266.00	39114.00
巴拉圭	1412.00	10292.00

(续表)

国家/地区	出口数量（千克）	出口金额（美元）
秘鲁	324430.00	1176267.00
波多黎各	1079.00	1837.00
萨尔瓦多	23938.00	63734.00
苏里南	215.00	500.00
特立尼达和多巴哥	5400.00	8390.00
乌拉圭	7039.00	42622.00
委内瑞拉	10860.00	29271.00
加拿大	1066793.00	4961401.00
美国	16777298.00	59333645.00
澳大利亚	3383452.00	19003362.00
斐济	184.00	494.00
新喀里多尼亚	23693.00	19083.00
瓦努阿图	1124.00	1915.00
新西兰	549710.00	3007093.00
巴布亚新几内亚	10624.00	15410.00
法属波利尼西亚	735.00	19811.00
46012100 竹制的席子、席料及帘子		
合计	31275195.00	102205632.00
孟加拉国	1716.00	4156.00
文莱	1601.00	2050.00
缅甸	622.00	723.00
中国香港	45402.00	68203.00
印度	23335.00	61434.00
印度尼西亚	102985.00	168982.00
伊朗	830.00	13194.00
伊拉克	27099.00	73478.00
以色列	759234.00	877737.00
日本	2226870.00	7242875.00
约旦	1085.00	3740.00
黎巴嫩	469.00	975.00
中国澳门	2082.00	3358.00
马来西亚	476045.00	1338248.00
阿曼	733.00	1999.00
巴基斯坦	28465.00	62388.00
菲律宾	22165.00	237207.00
卡塔尔	2189.00	5737.00
沙特阿拉伯	32440.00	78627.00
新加坡	16230.00	47623.00
韩国	823569.00	2507564.00
斯里兰卡	15710.00	46299.00
泰国	103102.00	462281.00
土耳其	195240.00	655972.00
阿联酋	29569.00	150950.00
越南	10326653.00	34572761.00

(续表)

国家/地区	出口数量（千克）	出口金额（美元）
中国台湾	1584494.00	5046426.00
乌兹别克斯坦	5848.00	9302.00
阿尔及利亚	5391.00	12827.00
布隆迪	317.00	1919.00
埃及	14197.00	34809.00
赤道几内亚	56.00	145.00
几内亚	1357.00	5231.00
几内亚比绍	22.00	138.00
科特迪瓦	418.00	638.00
肯尼亚	1641.00	11691.00
利比里亚	140.00	168.00
毛里塔尼亚	96.00	290.00
毛里求斯	24669.00	77577.00
莫桑比克	675.00	1193.00
留尼汪	22593.00	103803.00
南非	80900.00	213356.00
突尼斯	2059.00	3834.00
刚果(金)	1085.00	3697.00
比利时	150537.00	476541.00
丹麦	211151.00	701882.00
英国	232601.00	648269.00
德国	965031.00	3202277.00
法国	882836.00	2231980.00
意大利	2116905.00	5278239.00
荷兰	967375.00	3144590.00
希腊	191928.00	433014.00
葡萄牙	19422.00	82401.00
西班牙	1304045.00	3767978.00
奥地利	19500.00	64365.00
保加利亚	7475.00	15026.00
芬兰	38536.00	127092.00
匈牙利	98651.00	254431.00
马耳他	5913.00	17761.00
波兰	195680.00	515042.00
罗马尼亚	28787.00	78413.00
瑞典	116894.00	395447.00
瑞士	7869.00	52262.00
拉脱维亚	35030.00	76201.00
立陶宛	40979.00	60774.00
白俄罗斯	5340.00	17396.00
俄罗斯	144993.00	358219.00
乌克兰	163622.00	347536.00
克罗地亚	111103.00	515782.00
捷克	47025.00	122437.00

（续表）

国家/地区	出口数量（千克）	出口金额（美元）
北马其顿	12711.00	30422.00
塞尔维亚	122.00	881.00
阿根廷	11184.00	26338.00
巴巴多斯	962.00	3006.00
巴西	28650.00	79378.00
智利	311980.00	843983.00
哥伦比亚	79498.00	215295.00
哥斯达黎加	7810.00	41524.00
多米尼加	1515.00	4871.00
厄瓜多尔	628.00	2063.00
法属圭亚那	33.00	91.00
瓜德罗普	322.00	420.00
危地马拉	16603.00	46527.00
圭亚那	808.00	975.00
墨西哥	605615.00	2335594.00
巴拿马	45664.00	128645.00
巴拉圭	12901.00	36084.00
秘鲁	47093.00	121023.00
波多黎各	32127.00	51355.00
萨尔瓦多	8911.00	27994.00
苏里南	1320.00	4233.00
特立尼达和多巴哥	1301.00	4041.00
乌拉圭	6554.00	15555.00
加拿大	374515.00	2180949.00
美国	4053359.00	17999533.00
澳大利亚	462506.00	706502.00
新喀里多尼亚	2437.00	7588.00
新西兰	20115.00	67530.00
巴布亚新几内亚	90.00	180.00
法属波利尼西亚	7235.00	22092.00
46012200 藤制的席子、席料及帘子		
合计	164159.00	879436.00
中国香港	8210.00	53316.00
印度	4246.00	18298.00
以色列	282.00	851.00
日本	191.00	3337.00
中国澳门	25.00	64.00
马来西亚	2.00	165.00
尼泊尔	4900.00	49000.00
菲律宾	771.00	1542.00
土耳其	125.00	460.00
阿联酋	10.00	34.00
越南	92457.00	312763.00
中国台湾	14229.00	55568.00

（续表）

国家/地区	出口数量（千克）	出口金额（美元）
丹麦	749.00	22440.00
英国	368.00	11040.00
德国	674.00	19555.00
法国	297.00	8910.00
意大利	6105.00	57573.00
荷兰	5480.00	4070.00
希腊	543.00	16275.00
西班牙	1851.00	55515.00
保加利亚	400.00	1000.00
巴西	2106.00	63180.00
智利	265.00	7950.00
美国	19400.00	102802.00
澳大利亚	16.00	18.00
新西兰	457.00	13710.00
46012911 灯芯草属材料制成的席子、席料及帘子		
合计	15090509.00	62636156.00
巴林	98.00	1103.00
缅甸	14004.00	85893.00
塞浦路斯	7314.00	18684.00
中国香港	1391.00	9357.00
印度	240.00	320.00
印度尼西亚	2603.00	11873.00
以色列	2419.00	25200.00
日本	14615184.00	60984840.00
科威特	366.00	3447.00
中国澳门	6.00	3.00
马来西亚	11482.00	34627.00
阿曼	197.00	2046.00
卡塔尔	361.00	3883.00
沙特阿拉伯	1063.00	11944.00
新加坡	6657.00	17656.00
韩国	4701.00	48151.00
泰国	1440.00	4620.00
阿联酋	3114.00	25074.00
越南	1317.00	9159.00
中国台湾	95175.00	376731.00
留尼汪	24.00	78.00
塞拉利昂	875.00	977.00
丹麦	3941.00	15036.00
英国	60963.00	259745.00
德国	8243.00	19906.00
法国	10380.00	40587.00
意大利	7829.00	25265.00

（续表）

国家/地区	出口数量（千克）	出口金额（美元）
荷兰	18943.00	67461.00
希腊	114788.00	253124.00
西班牙	6302.00	25412.00
挪威	2.00	8.00
波兰	228.00	570.00
罗马尼亚	550.00	1791.00
俄罗斯	41877.00	106663.00
乌克兰	531.00	2121.00
斯洛文尼亚	2024.00	3956.00
克罗地亚	13708.00	28884.00
巴西	1899.00	8347.00
智利	2999.00	2824.00
法属圭亚那	8.00	19.00
瓜德罗普	192.00	492.00
马提尼克	100.00	255.00
墨西哥	905.00	4260.00
秘鲁	1393.00	3663.00
加拿大	3241.00	10031.00
美国	19332.00	79072.00
澳大利亚	100.00	998.00
46012919 其他草制的席子、席料及帘子		
合计	6334985.00	15352805.00
巴林	3.00	3.00
孟加拉国	76.00	731.00
文莱	2850.00	9000.00
缅甸	13300.00	69160.00
中国香港	5211.00	3325.00
印度尼西亚	178.00	216.00
伊拉克	468.00	1066.00
以色列	4838.00	13683.00
日本	1809114.00	2048899.00
约旦	463.00	1141.00
科威特	762.00	40203.00
中国澳门	42.00	157.00
马来西亚	68009.00	125148.00
阿曼	712.00	1181.00
菲律宾	1754.00	1833.00
卡塔尔	170.00	220.00
沙特阿拉伯	8551.00	32171.00
新加坡	3856.00	8419.00
泰国	8235.00	73714.00
土耳其	10502.00	23498.00
阿联酋	4214.00	9875.00
越南	139909.00	210240.00

FOREIGN TRADE STATISTICS OF FOREST PRODUCTS

(续表)

国家/地区	出口数量（千克）	出口金额（美元）
中国台湾	25443.00	149414.00
赤道几内亚	61.00	122.00
加纳	14359.00	95305.00
毛里求斯	342.00	680.00
摩洛哥	8887.00	22264.00
莫桑比克	38.00	57.00
纳米比亚	104.00	188.00
留尼汪	50.00	265.00
南非	29252.00	65061.00
比利时	349413.00	848976.00
丹麦	514.00	5200.00
英国	118559.00	314387.00
德国	33202.00	90720.00
法国	547199.00	1426053.00
意大利	28826.00	101421.00
荷兰	679801.00	1866324.00
希腊	37241.00	97503.00
葡萄牙	896.00	3670.00
西班牙	81037.00	278710.00
保加利亚	782.00	2401.00
芬兰	1596.00	9900.00
匈牙利	1480.00	1051.00
波兰	5637.00	32640.00
罗马尼亚	2884.00	11619.00
瑞典	9121.00	41861.00
拉脱维亚	1134.00	5081.00
格鲁吉亚	449.00	1113.00
白俄罗斯	1049.00	11100.00
俄罗斯	126282.00	461122.00
乌克兰	1968.00	7397.00
斯洛文尼亚	2403.00	6502.00
克罗地亚	1033.00	1224.00
北马其顿	387.00	833.00
阿根廷	8525.00	24026.00
巴西	38443.00	159878.00
智利	11787.00	66880.00
哥伦比亚	423.00	1720.00
哥斯达黎加	13283.00	40241.00
法属圭亚那	18.00	79.00
瓜德罗普	492.00	1580.00
危地马拉	1699.00	7770.00
马提尼克	151.00	680.00
墨西哥	1357.00	9575.00
尼加拉瓜	230.00	1062.00

(续表)

国家/地区	出口数量（千克）	出口金额（美元）
巴拿马	711.00	2190.00
巴拉圭	1900.00	22800.00
秘鲁	2548.00	11850.00
萨尔瓦多	1891.00	5500.00
乌拉圭	1270.00	4342.00
委内瑞拉	1131.00	3490.00
加拿大	31924.00	93480.00
美国	1986993.00	6143369.00
澳大利亚	29612.00	99972.00
斐济	160.00	198.00
新喀里多尼亚	81.00	569.00
新西兰	4876.00	16211.00
汤加	630.00	700.00
萨摩亚	171.00	410.00
法属波利尼西亚	33.00	186.00
46012921 苇帘		
合计	30729452.00	40187164.00
以色列	153219.00	221002.00
日本	10223085.00	14155971.00
科威特	444.00	6295.00
中国澳门	128.00	22.00
马来西亚	8422.00	11479.00
新加坡	2620.00	4231.00
韩国	798082.00	1059060.00
泰国	15844.00	27054.00
阿联酋	320.00	6280.00
中国台湾	3400.00	3792.00
留尼汪	290.00	239.00
南非	5230.00	7606.00
比利时	878438.00	1024261.00
丹麦	8498.00	14732.00
英国	965589.00	1057805.00
德国	873841.00	1276088.00
法国	1544383.00	1852055.00
意大利	2493063.00	2985577.00
荷兰	4081890.00	5814387.00
希腊	315832.00	425148.00
西班牙	1731933.00	3700629.00
奥地利	681930.00	578563.00
保加利亚	26440.00	27538.00
芬兰	5350.00	6637.00
匈牙利	30570.00	28650.00
马耳他	970.00	1750.00
波兰	110558.00	121656.00

(续表)

国家/地区	出口数量（千克）	出口金额（美元）
瑞典	14379.00	14922.00
瑞士	40038.00	40030.00
爱沙尼亚	22010.00	25234.00
拉脱维亚	15430.00	24277.00
俄罗斯	18880.00	18880.00
斯洛文尼亚	72550.00	93421.00
克罗地亚	131894.00	142686.00
捷克	22455.00	35241.00
黑山	5560.00	7700.00
巴西	11433.00	16089.00
智利	192290.00	237289.00
哥伦比亚	22704.00	31947.00
哥斯达黎加	60960.00	66402.00
法属圭亚那	1025.00	929.00
瓜德罗普	685.00	530.00
马提尼克	480.00	371.00
墨西哥	44582.00	59253.00
秘鲁	11850.00	15965.00
波多黎各	24670.00	34413.00
乌拉圭	14970.00	19650.00
加拿大	46511.00	46081.00
美国	4641510.00	4388924.00
澳大利亚	348240.00	444451.00
新喀里多尼亚	1131.00	1212.00
法属波利尼西亚	2846.00	2760.00
46012929 芦苇制成的席子、席料		
合计	1689777.00	4322246.00
以色列	58165.00	298541.00
马来西亚	64610.00	1908067.00
沙特阿拉伯	194.00	558.00
泰国	27413.00	1302522.00
丹麦	8125.00	8250.00
德国	121670.00	81741.00
荷兰	1390030.00	667200.00
瑞典	15989.00	36107.00
巴西	1534.00	5669.00
美国	2047.00	13591.00
46012990 其他植物材料制成的席子、席料及帘子		
合计	13370083.00	53241588.00
中国香港	1644.00	7122.00
印度	136249.00	1525655.00
印度尼西亚	691.00	7985.00
伊拉克	14233.00	58232.00

（续表）

国家/地区	出口数量（千克）	出口金额（美元）
以色列	27750.00	30525.00
日本	15098.00	62332.00
马来西亚	82.00	430.00
阿曼	308.00	470.00
巴基斯坦	7658.00	116296.00
沙特阿拉伯	10015.00	50355.00
新加坡	388.00	3368.00
韩国	13548.00	30865.00
泰国	317.00	1675.00
土耳其	11120.00	45352.00
阿联酋	6303.00	42250.00
中国台湾	25063.00	147555.00
留尼汪	723.00	1134.00
塞拉利昂	556.00	3300.00
南非	14160.00	17212.00
苏丹	800.00	1600.00
比利时	1003266.00	1568298.00
丹麦	7353.00	24792.00
英国	566396.00	1347803.00
德国	583448.00	952239.00
法国	1279457.00	2278847.00
爱尔兰	28069.00	126223.00
意大利	72401.00	271296.00
荷兰	1054150.00	2806222.00
希腊	193564.00	561257.00
西班牙	6071475.00	17066243.00
奥地利	21956.00	28458.00
芬兰	2305.00	9711.00
挪威	129684.00	211930.00
波兰	191728.00	365500.00
瑞典	35850.00	71119.00
爱沙尼亚	10000.00	9900.00
拉脱维亚	15296.00	35287.00
立陶宛	8580.00	12756.00
俄罗斯	22726.00	72604.00
斯洛文尼亚	19749.00	40796.00
克罗地亚	5291.00	23411.00
捷克	79.00	213.00
多米尼加	523.00	3498.00
法属圭亚那	798.00	1241.00
瓜德罗普	264.00	343.00
马提尼克	196.00	266.00
墨西哥	346648.00	4386045.00
秘鲁	7752.00	19034.00

（续表）

国家/地区	出口数量（千克）	出口金额（美元）
乌拉圭	1125.00	5001.00
加拿大	26308.00	82307.00
美国	1084156.00	18234584.00
澳大利亚	203703.00	323852.00
新喀里多尼亚	1215.00	1943.00
新西兰	82885.00	134568.00
法属波利尼西亚	4981.00	10288.00
46019210 竹制的缏条及类似产品，不论是否缝合成宽条		
合计	423240.00	1050982.00
塞浦路斯	297.00	246.00
伊拉克	240.00	528.00
日本	46661.00	157573.00
马来西亚	4350.00	51300.00
新加坡	4240.00	14018.00
韩国	59584.00	208897.00
中国台湾	110202.00	276941.00
埃及	12160.00	10325.00
比利时	5660.00	9533.00
德国	35.00	1225.00
法国	4230.00	3291.00
意大利	47105.00	45878.00
荷兰	12148.00	69985.00
西班牙	101453.00	155244.00
罗马尼亚	864.00	2112.00
加拿大	58.00	560.00
美国	12378.00	33526.00
澳大利亚	1575.00	9800.00
46019290 竹制其他平行连结或编结的产品		
合计	14297595.00	40835928.00
巴林	7711.00	16387.00
文莱	6500.00	5700.00
缅甸	3462.00	2778.00
塞浦路斯	204.00	211.00
中国香港	33186.00	98816.00
印度	37843.00	167940.00
以色列	402070.00	1136883.00
日本	369195.00	2119749.00
科威特	6228.00	26609.00
中国澳门	210.00	210.00
马来西亚	17896.00	77835.00
马尔代夫	10.00	175.00
尼泊尔	204.00	614.00
菲律宾	1518.00	4500.00

（续表）

国家/地区	出口数量（千克）	出口金额（美元）
卡塔尔	5800.00	22040.00
沙特阿拉伯	25587.00	105361.00
新加坡	14881.00	70504.00
韩国	99117.00	301164.00
泰国	2116.00	11024.00
土耳其	22842.00	62675.00
阿联酋	16605.00	41847.00
越南	280005.00	1890362.00
中国台湾	61919.00	248146.00
乌兹别克斯坦	483.00	3404.00
埃及	29297.00	134832.00
科特迪瓦	49.00	270.00
毛里求斯	10263.00	13611.00
摩洛哥	12533.00	133835.00
留尼汪	31176.00	14380.00
南非	68528.00	333573.00
比利时	661477.00	1600859.00
丹麦	10593.00	28713.00
英国	1895586.00	3807957.00
德国	802995.00	1873259.00
法国	710064.00	1758070.00
爱尔兰	1225.00	6013.00
意大利	1555385.00	3552613.00
荷兰	2967584.00	9942483.00
希腊	561909.00	1318134.00
葡萄牙	30192.00	120896.00
西班牙	590079.00	1329087.00
奥地利	110411.00	287313.00
保加利亚	2417.00	6429.00
匈牙利	463.00	1879.00
挪威	1416.00	20000.00
波兰	614295.00	1999249.00
罗马尼亚	17407.00	53535.00
瑞典	26655.00	87133.00
瑞士	3078.00	15840.00
爱沙尼亚	17537.00	48840.00
拉脱维亚	44093.00	88148.00
立陶宛	14225.00	67212.00
格鲁吉亚	27.00	247.00
白俄罗斯	2760.00	10272.00
俄罗斯	132366.00	548235.00
乌克兰	14038.00	69408.00
斯洛文尼亚	81738.00	166941.00
克罗地亚	371.00	1177.00

(续表)

国家/地区	出口数量（千克）	出口金额（美元）
斯洛伐克	111.00	724.00
阿根廷	1050.00	3175.00
巴西	123760.00	389249.00
智利	12372.00	74225.00
哥伦比亚	9948.00	87993.00
多米尼加	249.00	800.00
厄瓜多尔	2079.00	30645.00
危地马拉	5501.00	20199.00
墨西哥	118582.00	336291.00
巴拿马	1917.00	9247.00
秘鲁	8948.00	31028.00
萨尔瓦多	71030.00	158376.00
特立尼达和多巴哥	437.00	1482.00
乌拉圭	5809.00	16752.00
加拿大	194576.00	576863.00
美国	805042.00	2513519.00
澳大利亚	267960.00	457086.00
新喀里多尼亚	24394.00	51125.00
新西兰	205599.00	220539.00
瓦利斯和浮图纳	407.00	1233.00
46019310 藤制的缏条及类似产品，不论是否缝合成宽条		
合计	142294.00	3083023.00
中国香港	75.00	206.00
印度	578.00	2300.00
日本	865.00	21173.00
马来西亚	2.00	2.00
菲律宾	1380.00	22770.00
卡塔尔	34.00	238.00
沙特阿拉伯	296.00	2516.00
新加坡	320.00	4032.00
韩国	1354.00	76231.00
泰国	456.00	3747.00
阿联酋	223.00	799.00
越南	2416.00	65921.00
中国台湾	84.00	1893.00
南非	859.00	16458.00
比利时	870.00	7812.00
英国	52222.00	1114291.00
德国	13882.00	468191.00
法国	7758.00	84578.00
爱尔兰	383.00	10265.00
意大利	25702.00	573079.00
荷兰	753.00	44456.00

(续表)

国家/地区	出口数量（千克）	出口金额（美元）
葡萄牙	924.00	7503.00
西班牙	5553.00	114335.00
波兰	2998.00	37078.00
俄罗斯	52.00	1715.00
乌克兰	1745.00	20102.00
巴西	1843.00	80051.00
哥伦比亚	10185.00	136290.00
加拿大	30.00	560.00
美国	3567.00	39259.00
澳大利亚	4885.00	125172.00
46019390 藤制其他平行连结或编结的产品		
合计	407633.00	4832028.00
中国香港	3140.00	17966.00
印度	11186.00	134697.00
以色列	810.00	7723.00
日本	31661.00	788679.00
菲律宾	8032.00	14436.00
沙特阿拉伯	331.00	111.00
新加坡	7424.00	15961.00
韩国	11733.00	23824.00
泰国	1856.00	21917.00
土耳其	12962.00	187191.00
阿联酋	16.00	92.00
越南	215.00	8176.00
中国台湾	2279.00	2427.00
毛里求斯	2040.00	5624.00
南非	400.00	15296.00
英国	9539.00	126342.00
德国	26675.00	176938.00
法国	4133.00	2826.00
爱尔兰	60.00	47.00
意大利	22218.00	219414.00
荷兰	25299.00	53786.00
希腊	496.00	841.00
西班牙	40417.00	538292.00
匈牙利	962.00	283.00
波兰	47.00	375.00
罗马尼亚	5.00	217.00
瑞典	1599.00	18494.00
拉脱维亚	47.00	73.00
俄罗斯	1859.00	31179.00
捷克	54.00	423.00
阿根廷	34384.00	3493.00
巴西	3296.00	3362.00

(续表)

国家/地区	出口数量（千克）	出口金额（美元）
智利	774.00	6292.00
哥伦比亚	1098.00	4941.00
多米尼加	1179.00	774.00
危地马拉	182.00	34.00
美国	124026.00	63775.00
澳大利亚	13988.00	419682.00
新西兰	1211.00	19725.00
46019411 稻草制的缏条（绳）		
合计	3360327.00	3389090.00
以色列	169.00	226.00
日本	3330214.00	3244073.00
约旦	61.00	396.00
中国澳门	240.00	30.00
卡塔尔	244.00	275.00
沙特阿拉伯	1967.00	2859.00
阿联酋	17.00	96.00
阿尔及利亚	2015.00	9309.00
利比亚	342.00	981.00
南非	137.00	172.00
英国	22887.00	120892.00
德国	290.00	4582.00
巴西	446.00	3425.00
多米尼加	495.00	700.00
乌拉圭	418.00	689.00
加拿大	385.00	385.00
46019419 稻草制其他平行连结或编结的产品		
合计	16976.00	156053.00
以色列	195.00	546.00
沙特阿拉伯	2162.00	852.00
中国台湾	11567.00	122612.00
阿尔及利亚	845.00	853.00
比利时	502.00	95.00
英国	1324.00	12973.00
意大利	11.00	525.00
葡萄牙	105.00	492.00
保加利亚	90.00	422.00
加拿大	63.00	342.00
美国	112.00	312.00
46019491 未列名植物编结材料编成的缏条及类似产品		
合计	103450.00	1132205.00
孟加拉国	9770.00	28287.00
柬埔寨	12570.00	18143.00

(续表)

国家/地区	出口数量（千克）	出口金额（美元）
中国香港	3024.00	6664.00
以色列	1495.00	14097.00
日本	2504.00	14356.00
新加坡	3550.00	60350.00
韩国	572.00	20592.00
土耳其	6500.00	216300.00
丹麦	5515.00	13787.00
英国	21455.00	49188.00
德国	634.00	12949.00
法国	1610.00	6440.00
意大利	7208.00	231118.00
荷兰	1110.00	31742.00
西班牙	3736.00	128156.00
拉脱维亚	464.00	1710.00
秘鲁	256.00	12784.00
美国	18843.00	258957.00
澳大利亚	2184.00	5460.00
新西兰	450.00	1125.00
46019499 未列名植物编结材料制其他平行连结或编结品		
合计	8994277.00	43129459.00
柬埔寨	4417.00	784977.00
中国香港	47830.00	522317.00
印度	44590.00	12582.00
印度尼西亚	457.00	35646.00
伊拉克	4675.00	32669.00
以色列	211507.00	976165.00
日本	488003.00	3497738.00
约旦	607.00	88.00
科威特	36000.00	1525.00
老挝	700.00	2294.00
马来西亚	3642.00	311.00
巴基斯坦	2077.00	1859.00
菲律宾	2945.00	6555.00
卡塔尔	127.00	537.00
沙特阿拉伯	2377.00	17839.00
韩国	10497.00	3111.00
泰国	830.00	14.00
土耳其	3559.00	23826.00
阿联酋	2050.00	24287.00
越南	15792.00	41455.00
中国台湾	9099.00	11819.00
乌兹别克斯坦	17830.00	263.00
莫桑比克	1212.00	2424.00

(续表)

国家/地区	出口数量（千克）	出口金额（美元）
尼日尔	1885.00	2783.00
南非	8.00	81.00
比利时	1397048.00	4965812.00
丹麦	277.00	5821.00
英国	182192.00	1264948.00
德国	104144.00	531784.00
法国	1373721.00	4892575.00
爱尔兰	4889.00	32753.00
意大利	167281.00	792523.00
荷兰	866720.00	3197283.00
希腊	14518.00	291182.00
西班牙	2947781.00	11279611.00
奥地利	14617.00	65971.00
保加利亚	273.00	8.00
芬兰	4796.00	35116.00
挪威	3129.00	29615.00
波兰	8566.00	72517.00
罗马尼亚	5170.00	3948.00
瑞典	243111.00	521199.00
瑞士	12226.00	29587.00
拉脱维亚	8951.00	41142.00
白俄罗斯	2803.00	18885.00
俄罗斯	5100.00	29358.00
乌克兰	1719.00	3698.00
斯洛文尼亚	32803.00	13479.00
斯洛伐克	3993.00	6397.00
塞尔维亚	201.00	237.00
阿根廷	25.00	125.00
巴巴多斯	480.00	931.00
巴西	1258.00	8377.00
智利	2218.00	16759.00
哥伦比亚	1130.00	12355.00
哥斯达黎加	76.00	494.00
多米尼加	4743.00	22528.00
厄瓜多尔	488.00	3941.00
洪都拉斯	606.00	97.00
牙买加	690.00	4528.00
墨西哥	26991.00	278336.00
巴拿马	364.00	192.00
秘鲁	613.00	4328.00
波多黎各	12.00	126.00
乌拉圭	320.00	3787.00
加拿大	8249.00	52728.00
美国	198337.00	15575.00

(续表)

国家/地区	出口数量（千克）	出口金额（美元）
澳大利亚	203411.00	647393.00
新喀里多尼亚	14269.00	5716.00
新西兰	211252.00	422712.00
46021100 竹制篮筐及其他编结品		
合计	37881214.00	169980080.00
巴林	8026.00	27547.00
孟加拉国	2511.00	3661.00
文莱	264.00	1232.00
柬埔寨	13500.00	47250.00
塞浦路斯	2358.00	11888.00
中国香港	395881.00	2216267.00
印度	47789.00	207110.00
印度尼西亚	101990.00	482920.00
伊朗	871.00	1668.00
伊拉克	8846.00	23082.00
以色列	6152927.00	17377613.00
日本	962439.00	7656608.00
约旦	13188.00	36658.00
科威特	67705.00	339451.00
老挝	30.00	385.00
黎巴嫩	591.00	860.00
中国澳门	94381.00	93362.00
马来西亚	98623.00	456238.00
马尔代夫	76.00	1281.00
蒙古	45.00	283.00
尼泊尔	730.00	888.00
阿曼	9437.00	29164.00
巴基斯坦	3612.00	3944.00
菲律宾	24142.00	105601.00
卡塔尔	11648.00	86968.00
沙特阿拉伯	159207.00	444497.00
新加坡	70344.00	1909257.00
韩国	1009542.00	3756545.00
斯里兰卡	43.00	766.00
泰国	32703.00	222421.00
土耳其	528494.00	1641995.00
阿联酋	285088.00	969444.00
也门	389.00	393.00
越南	167092.00	1086710.00
中国台湾	1774741.00	3923033.00
哈萨克斯坦	14048.00	27163.00
塔吉克斯坦	12105.00	23034.00
土库曼斯坦	150.00	780.00
乌兹别克斯坦	93879.00	105775.00

林产品进出口
FOREIGN TRADE STATISTICS OF FOREST PRODUCTS

(续表)

国家/地区	出口数量（千克）	出口金额（美元）
阿尔及利亚	13416.00	38199.00
贝宁	40.00	1364.00
佛得角	30.00	150.00
吉布提	539.00	600.00
埃及	14250.00	30962.00
埃塞俄比亚	255.00	399.00
加纳	1176.00	1963.00
肯尼亚	1617.00	1319.00
利比亚	8347.00	12993.00
毛里求斯	7398.00	17227.00
摩洛哥	16494.00	57029.00
莫桑比克	52.00	618.00
尼日利亚	1547.00	8596.00
留尼汪	1647.00	10457.00
塞内加尔	529.00	1484.00
塞舌尔	321.00	852.00
南非	208923.00	708980.00
苏丹	26100.00	69383.00
突尼斯	1924.00	5224.00
刚果(金)	470.00	2630.00
津巴布韦	50.00	160.00
比利时	640847.00	2113074.00
丹麦	230050.00	1478051.00
英国	1774641.00	8077523.00
德国	1422569.00	6541242.00
法国	2777283.00	9086003.00
爱尔兰	27071.00	114337.00
意大利	2844097.00	9332032.00
荷兰	2547737.00	8583413.00
希腊	582628.00	1824024.00
葡萄牙	50867.00	166351.00
西班牙	706883.00	2816342.00
阿尔巴尼亚	2191.00	3462.00
奥地利	43308.00	226348.00
保加利亚	4516.00	25480.00
芬兰	26367.00	182328.00
匈牙利	344300.00	1026276.00
冰岛	162.00	4467.00
挪威	89329.00	452098.00
波兰	2081635.00	6745372.00
罗马尼亚	54777.00	412236.00
瑞典	243064.00	887601.00
瑞士	27852.00	164174.00
爱沙尼亚	7500.00	25775.00

(续表)

国家/地区	出口数量（千克）	出口金额（美元）
拉脱维亚	3609.00	9051.00
立陶宛	16748.00	82939.00
格鲁吉亚	685.00	1652.00
亚美尼亚	2940.00	9756.00
白俄罗斯	1946.00	10102.00
俄罗斯	274782.00	1761475.00
乌克兰	7062.00	38179.00
斯洛文尼亚	31179.00	85597.00
克罗地亚	17280.00	91136.00
捷克	107803.00	281379.00
斯洛伐克	4050.00	12840.00
塞尔维亚	3995.00	20375.00
阿根廷	58143.00	255071.00
阿鲁巴	217.00	398.00
巴西	272592.00	1263466.00
智利	172237.00	974716.00
哥伦比亚	40951.00	210345.00
哥斯达黎加	8575.00	49900.00
多米尼加	855.00	3229.00
厄瓜多尔	1066.00	1963.00
瓜德罗普	614.00	1105.00
危地马拉	1272.00	5696.00
圭亚那	916.00	11418.00
洪都拉斯	5453.00	8486.00
牙买加	470.00	2409.00
马提尼克	188.00	706.00
墨西哥	120262.00	569046.00
巴拿马	29556.00	295764.00
秘鲁	26582.00	99794.00
波多黎各	10252.00	74842.00
萨尔瓦多	10678.00	94194.00
特立尼达和多巴哥	888.00	2829.00
乌拉圭	12741.00	42730.00
委内瑞拉	132.00	198.00
加拿大	621557.00	4975570.00
美国	5361870.00	46236612.00
澳大利亚	1538789.00	7247851.00
斐济	790.00	3583.00
新喀里多尼亚	2606.00	17449.00
新西兰	93247.00	476506.00
法属波利尼西亚	11274.00	66879.00
瓦利斯和富图纳	128.00	504.00
46021200 藤制篮筐及其他编结品		
合计	9238413.00	82838103.00

(续表)

国家/地区	出口数量（千克）	出口金额（美元）
巴林	924.00	2419.00
中国香港	48934.00	922486.00
印度	8117.00	81325.00
印度尼西亚	1759.00	16215.00
伊朗	5218.00	20058.00
伊拉克	14540.00	44283.00
以色列	28176.00	189486.00
日本	251450.00	4090038.00
约旦	4192.00	18098.00
科威特	14449.00	124441.00
黎巴嫩	108.00	180.00
中国澳门	4200.00	4014.00
马来西亚	23448.00	209690.00
蒙古	510.00	8700.00
阿曼	2522.00	5205.00
巴基斯坦	1272.00	1133.00
巴勒斯坦	1616.00	19234.00
菲律宾	16242.00	207627.00
卡塔尔	1333.00	23848.00
沙特阿拉伯	73244.00	360307.00
新加坡	5480.00	236452.00
韩国	60216.00	991247.00
泰国	7986.00	84426.00
土耳其	70515.00	1007819.00
阿联酋	35895.00	310034.00
越南	4716.00	140161.00
中国台湾	9058.00	76602.00
哈萨克斯坦	1449.00	2466.00
吉尔吉斯斯坦	785.00	1101.00
乌兹别克斯坦	2801.00	3181.00
阿尔及利亚	6617.00	12103.00
安哥拉	221.00	918.00
埃及	4950.00	8187.00
加蓬	1285.00	3160.00
加纳	90.00	180.00
科特迪瓦	130.00	230.00
肯尼亚	509.00	748.00
利比里亚	16.00	200.00
利比亚	807.00	1168.00
马达加斯加	2.00	24.00
毛里塔尼亚	60.00	180.00
莫桑比克	6.00	156.00
尼日利亚	75.00	250.00
留尼汪	2466.00	11282.00

(续表)

国家/地区	出口数量（千克）	出口金额（美元）
南非	9484.00	80816.00
坦桑尼亚	1032.00	971.00
突尼斯	697.00	820.00
赞比亚	146.00	149.00
比利时	72570.00	640642.00
丹麦	63049.00	910111.00
英国	2589324.00	11009580.00
德国	681498.00	6698734.00
法国	86469.00	974096.00
爱尔兰	106360.00	602654.00
意大利	97597.00	1267765.00
荷兰	1153947.00	9070695.00
希腊	21097.00	305845.00
葡萄牙	10693.00	205155.00
西班牙	187088.00	3691541.00
阿尔巴尼亚	187.00	990.00
奥地利	21462.00	245495.00
保加利亚	18646.00	163814.00
芬兰	14788.00	168100.00
匈牙利	11453.00	183294.00
挪威	47501.00	373143.00
波兰	74436.00	600939.00
罗马尼亚	10472.00	162462.00
瑞典	49838.00	425168.00
瑞士	6569.00	75906.00
拉脱维亚	1567.00	11919.00
立陶宛	1757.00	9251.00
白俄罗斯	1060.00	5312.00
俄罗斯	81588.00	501031.00
乌克兰	1851.00	9626.00
斯洛文尼亚	49118.00	360507.00
克罗地亚	935.00	6936.00
捷克	7109.00	64935.00
斯洛伐克	18190.00	183299.00
阿根廷	4453.00	27491.00
巴哈马	861.00	964.00
伯利兹	51.00	1350.00
玻利维亚	40.00	555.00
巴西	41381.00	408938.00
智利	15712.00	72586.00
哥伦比亚	9808.00	108925.00
哥斯达黎加	1787.00	11196.00
多米尼加	2299.00	5706.00
厄瓜多尔	2360.00	5329.00

(续表)

国家/地区	出口数量（千克）	出口金额（美元）
法属圭亚那	97.00	171.00
瓜德罗普	847.00	4230.00
危地马拉	368.00	4799.00
洪都拉斯	173.00	692.00
马提尼克	1008.00	5079.00
墨西哥	3273.00	33561.00
巴拿马	10815.00	100462.00
巴拉圭	522.00	1562.00
秘鲁	333.00	1520.00
波多黎各	11441.00	210782.00
萨尔瓦多	7115.00	22217.00
特立尼达和多巴哥	2237.00	7529.00
乌拉圭	206.00	5271.00
加拿大	204492.00	2006399.00
美国	2322463.00	28116065.00
澳大利亚	352233.00	3065821.00
新喀里多尼亚	24.00	371.00
新西兰	24044.00	355695.00
法属波利尼西亚	3.00	74.00
46021910 草制篮筐及其他编结品		
合计	36671067.00	357791103.00
巴林	3507.00	15317.00
孟加拉国	3151.00	145464.00
柬埔寨	350.00	2163.00
塞浦路斯	3920.00	43247.00
中国香港	37439.00	848307.00
印度	20298.00	400481.00
印度尼西亚	7082.00	124243.00
伊朗	9414.00	201989.00
伊拉克	24441.00	96951.00
以色列	370030.00	2196244.00
日本	2136230.00	15669785.00
约旦	20621.00	178265.00
科威特	82331.00	611364.00
黎巴嫩	296.00	1261.00
中国澳门	1071.00	1605.00
马来西亚	91079.00	920493.00
马尔代夫	73.00	2230.00
阿曼	3616.00	6223.00
巴基斯坦	1164.00	2687.00
巴勒斯坦	1275.00	10200.00
菲律宾	24371.00	752835.00
卡塔尔	20493.00	92129.00
沙特阿拉伯	456464.00	3838769.00

(续表)

国家/地区	出口数量（千克）	出口金额（美元）
新加坡	21827.00	242680.00
韩国	888765.00	18159324.00
斯里兰卡	866.00	37083.00
泰国	113733.00	1557665.00
土耳其	344045.00	3002927.00
阿联酋	119197.00	870794.00
越南	14089.00	45316.00
中国台湾	46336.00	367522.00
阿尔及利亚	29826.00	11175.00
乍得	100.00	237.00
埃及	5857.00	83128.00
加纳	121.00	516.00
科特迪瓦	626.00	1769.00
肯尼亚	171.00	74.00
利比里亚	380.00	494.00
利比亚	10695.00	16918.00
马达加斯加	1306.00	162.00
毛里求斯	1752.00	4456.00
摩洛哥	1182.00	1794.00
莫桑比克	385.00	2236.00
尼日利亚	20.00	27.00
留尼汪	2547.00	11712.00
塞内加尔	1805.00	75151.00
塞拉利昂	34.00	382.00
南非	140895.00	1554.00
坦桑尼亚	543.00	58.00
突尼斯	1088.00	379.00
赞比亚	270.00	675.00
比利时	702555.00	445429.00
丹麦	575970.00	597587.00
英国	2959298.00	2311384.00
德国	2018138.00	1782698.00
法国	1409984.00	1149211.00
爱尔兰	63739.00	58948.00
意大利	328345.00	3763284.00
荷兰	5258651.00	5285988.00
希腊	111697.00	124575.00
葡萄牙	132242.00	89672.00
西班牙	928889.00	9226622.00
阿尔巴尼亚	127.00	423.00
奥地利	8618.00	15584.00
保加利亚	106497.00	969351.00
芬兰	130881.00	989113.00
匈牙利	196046.00	951226.00

林产品进出口

FOREIGN TRADE STATISTICS OF FOREST PRODUCTS

(续表)

国家/地区	出口数量（千克）	出口金额（美元）
挪威	101055.00	86192.00
波兰	1259796.00	125667.00
罗马尼亚	8423.00	59578.00
瑞典	398703.00	327733.00
瑞士	36696.00	321285.00
爱沙尼亚	369.00	7566.00
拉脱维亚	63.00	519.00
立陶宛	5930.00	67158.00
格鲁吉亚	657.00	97.00
阿塞拜疆	629.00	3373.00
白俄罗斯	2088.00	9419.00
摩尔多瓦	4140.00	2398.00
俄罗斯	86826.00	458275.00
乌克兰	1809.00	13776.00
斯洛文尼亚	118154.00	592713.00
克罗地亚	11095.00	87795.00
捷克	24142.00	21248.00
斯洛伐克	34798.00	38874.00
北马其顿	1245.00	493.00
阿根廷	74805.00	381715.00
阿鲁巴	331.00	424.00
巴巴多斯	1750.00	5299.00
巴西	294806.00	1996383.00
智利	217534.00	3369359.00
哥伦比亚	17350.00	118163.00
哥斯达黎加	36163.00	224728.00
多米尼加	2540.00	12797.00
厄瓜多尔	2452.00	1573.00
法属圭亚那	203.00	935.00
瓜德罗普	920.00	486.00
危地马拉	1225.00	6214.00
洪都拉斯	2266.00	22382.00
牙买加	1263.00	2873.00
马提尼克	845.00	432.00
墨西哥	141558.00	972255.00
巴拿马	27331.00	192812.00
巴拉圭	4304.00	25924.00
秘鲁	27370.00	22913.00
波多黎各	9870.00	125434.00
萨尔瓦多	5560.00	34576.00
特立尼达和多巴哥	798.00	4265.00
乌拉圭	95479.00	62547.00
委内瑞拉	235.00	738.00
加拿大	932208.00	8132514.00

(续表)

国家/地区	出口数量（千克）	出口金额（美元）
美国	11704469.00	129149538.00
澳大利亚	831762.00	7988768.00
新喀里多尼亚	435.00	365.00
新西兰	139446.00	149756.00
巴布亚新几内亚	241.00	88.00
法属波利尼西亚	76.00	479.00
46021930 柳条制篮筐及其他编结品		
合计	58097962.00	580694660.00
巴林	11315.00	49988.00
孟加拉国	1490.00	9217.00
文莱	1468.00	36424.00
柬埔寨	944.00	12105.00
塞浦路斯	10005.00	107292.00
中国香港	47036.00	788614.00
印度	250828.00	3371596.00
印度尼西亚	5106.00	37744.00
伊朗	7357.00	197097.00
伊拉克	9477.00	175640.00
以色列	437903.00	4114878.00
日本	921435.00	8886753.00
约旦	363.00	960.00
科威特	159011.00	1723571.00
中国澳门	8.00	3.00
马来西亚	119754.00	1458531.00
阿曼	3975.00	17232.00
巴基斯坦	7709.00	34751.00
菲律宾	26904.00	395648.00
卡塔尔	54444.00	663192.00
沙特阿拉伯	261892.00	2547041.00
新加坡	85823.00	1125773.00
韩国	630449.00	10293630.00
泰国	722479.00	10949968.00
土耳其	203277.00	1296472.00
阿联酋	449704.00	5607121.00
越南	9596.00	82418.00
中国台湾	52998.00	558126.00
哈萨克斯坦	79047.00	387581.00
土库曼斯坦	5221.00	25097.00
乌兹别克斯坦	13330.00	22100.00
阿尔及利亚	13713.00	111056.00
安哥拉	1741.00	14513.00
贝宁	181.00	1050.00
喀麦隆	1338.00	6900.00
刚果(布)	362.00	1950.00

(续表)

国家/地区	出口数量（千克）	出口金额（美元）
埃及	25262.00	143741.00
加蓬	458.00	2190.00
加纳	9248.00	35205.00
科特迪瓦	1204.00	6200.00
肯尼亚	4486.00	56637.00
利比里亚	109.00	540.00
毛里塔尼亚	360.00	750.00
毛里求斯	1050.00	9212.00
摩洛哥	24487.00	130211.00
莫桑比克	1253.00	37536.00
留尼汪	7999.00	47664.00
塞内加尔	1086.00	5400.00
塞舌尔	1374.00	15217.00
南非	231459.00	2127125.00
坦桑尼亚	300.00	1476.00
突尼斯	620.00	3867.00
赞比亚	186.00	840.00
比利时	952034.00	10659834.00
丹麦	562251.00	6943789.00
英国	11309645.00	111335689.00
德国	4385887.00	43488641.00
法国	2148357.00	18775704.00
爱尔兰	424064.00	4090010.00
意大利	1900187.00	17477396.00
荷兰	5240106.00	55164501.00
希腊	576962.00	5015071.00
葡萄牙	26031.00	299403.00
西班牙	2085212.00	17421929.00
阿尔巴尼亚	100.00	250.00
奥地利	105864.00	225185.00
保加利亚	65050.00	888457.00
芬兰	184030.00	1830617.00
匈牙利	112517.00	1478890.00
冰岛	656.00	5195.00
马耳他	9217.00	84058.00
挪威	241234.00	1913583.00
波兰	1944044.00	22463610.00
罗马尼亚	55568.00	612396.00
瑞典	591023.00	6874862.00
瑞士	87307.00	936428.00
爱沙尼亚	4565.00	68769.00
拉脱维亚	19711.00	127930.00
立陶宛	106634.00	757571.00
格鲁吉亚	1420.00	8303.00

（续表）

国家/地区	出口数量（千克）	出口金额（美元）
阿塞拜疆	9333.00	33982.00
白俄罗斯	12597.00	93202.00
俄罗斯	798312.00	10742689.00
乌克兰	22758.00	298157.00
斯洛文尼亚	95888.00	650588.00
克罗地亚	67800.00	523262.00
捷克	149977.00	1644929.00
斯洛伐克	206498.00	2086587.00
北马其顿	1072.00	3993.00
塞尔维亚	1920.00	16121.00
黑山	10990.00	189811.00
阿根廷	78582.00	413238.00
巴巴多斯	200.00	2172.00
玻利维亚	802.00	4946.00
巴西	192218.00	1837406.00
智利	37285.00	323949.00
哥伦比亚	32194.00	167569.00
哥斯达黎加	64011.00	966917.00
多米尼加	31937.00	365638.00
厄瓜多尔	15689.00	212047.00
法属圭亚那	24.00	63.00
格林纳达	93.00	1041.00
瓜德罗普	315.00	668.00
危地马拉	2458.00	19920.00
圭亚那	1296.00	4487.00
海地	2670.00	21868.00
洪都拉斯	965.00	1434.00
马提尼克	158.00	334.00
墨西哥	173231.00	1456899.00
巴拿马	48195.00	539818.00
巴拉圭	2407.00	14781.00
秘鲁	46194.00	438281.00
波多黎各	19648.00	260598.00
萨尔瓦多	19128.00	114947.00
特立尼达和多巴哥	1471.00	7635.00
乌拉圭	35394.00	409741.00
加拿大	1481317.00	13318380.00
美国	14947734.00	146234759.00
澳大利亚	1279723.00	9481554.00
斐济	1797.00	10224.00
新喀里多尼亚	608.00	748.00
新西兰	144536.00	1094951.00
汤加	217.00	332.00
法属波利尼西亚	20.00	80.00

（续表）

国家/地区	出口数量（千克）	出口金额（美元）
46021990 其他植物材料制篮筐等编结品；丝瓜络制品		
合计	14820215.00	154215963.00
巴林	4580.00	17579.00
孟加拉国	2127.00	199895.00
柬埔寨	580.00	4758.00
塞浦路斯	2890.00	52030.00
中国香港	43295.00	792082.00
印度	3900.00	36772.00
印度尼西亚	5604.00	36496.00
伊拉克	1158.00	1990.00
以色列	88971.00	838371.00
日本	569531.00	5027270.00
约旦	131.00	1082.00
科威特	38502.00	346191.00
黎巴嫩	548.00	4380.00
中国澳门	5.00	4409.00
马来西亚	44625.00	680003.00
马尔代夫	36.00	548.00
阿曼	761.00	8124.00
菲律宾	6524.00	167638.00
卡塔尔	2545.00	108329.00
沙特阿拉伯	130217.00	1084332.00
新加坡	61506.00	2384682.00
韩国	97011.00	1757368.00
泰国	144200.00	2666922.00
土耳其	98939.00	887762.00
阿联酋	126528.00	615813.00
越南	2346.00	33853.00
中国台湾	11486.00	136454.00
哈萨克斯坦	7495.00	21721.00
乌兹别克斯坦	683.00	963.00
阿尔及利亚	4180.00	185.00
埃及	1126.00	1814.00
加纳	1440.00	8746.00
科特迪瓦	2066.00	12913.00
肯尼亚	78.00	1238.00
利比亚	10497.00	117467.00
马达加斯加	4.00	6.00
毛里求斯	150.00	485.00
摩洛哥	245.00	471.00
留尼汪	554.00	2547.00
塞内加尔	249.00	776.00
南非	119617.00	142124.00

（续表）

国家/地区	出口数量（千克）	出口金额（美元）
刚果(金)	156.00	312.00
比利时	152030.00	1315559.00
丹麦	183816.00	2978724.00
英国	995042.00	1233335.00
德国	836949.00	7553.00
法国	593277.00	4994965.00
爱尔兰	45327.00	788966.00
意大利	238006.00	2285817.00
荷兰	1433751.00	11682792.00
希腊	72211.00	11573.00
葡萄牙	16512.00	115724.00
西班牙	160906.00	182897.00
奥地利	5498.00	5256.00
保加利亚	52518.00	183684.00
芬兰	56255.00	431817.00
匈牙利	10147.00	78797.00
挪威	33618.00	32489.00
波兰	479417.00	494797.00
罗马尼亚	26061.00	122698.00
瑞典	146052.00	1392992.00
瑞士	12597.00	14214.00
拉脱维亚	5333.00	47842.00
立陶宛	2239.00	14399.00
白俄罗斯	2410.00	14347.00
俄罗斯	75589.00	886993.00
乌克兰	819.00	15264.00
斯洛文尼亚	60237.00	469700.00
克罗地亚	2122.00	6567.00
捷克	11559.00	100479.00
斯洛伐克	1000.00	3250.00
阿根廷	24742.00	124935.00
巴巴多斯	398.00	2468.00
巴西	53792.00	227502.00
智利	42686.00	546975.00
哥伦比亚	25226.00	122854.00
哥斯达黎加	34442.00	182657.00
多米尼加	125.00	825.00
厄瓜多尔	4304.00	46662.00
法属圭亚那	165.00	483.00
瓜德罗普	336.00	1399.00
危地马拉	308.00	368.00
洪都拉斯	980.00	5214.00
牙买加	6648.00	191721.00
马提尼克	385.00	1700.00

林产品进出口
FOREIGN TRADE STATISTICS OF FOREST PRODUCTS

(续表)

国家/地区	出口数量（千克）	出口金额（美元）
墨西哥	48595.00	938968.00
巴拿马	8110.00	74136.00
巴拉圭	321.00	1579.00
秘鲁	110.00	990.00
波多黎各	3496.00	19853.00
萨尔瓦多	33163.00	632599.00
特立尼达和多巴哥	533.00	2199.00
乌拉圭	12289.00	149232.00
委内瑞拉	9347.00	150955.00
加拿大	388600.00	5475213.00
美国	6138902.00	65727737.00
澳大利亚	550350.00	2629790.00
斐济	255.00	3298.00
新喀里多尼亚	44.00	85.00
新西兰	83096.00	403770.00
萨摩亚	59.00	283.00
法属波利尼西亚	24.00	426.00
47063000 其他纤维状纤维素竹浆		
合计	6909874.00	6505408.00
印度	69091.00	77483.00
日本	688300.00	695865.00
马来西亚	38100.00	43336.00
沙特阿拉伯	20000.00	18800.00
韩国	4000.00	5337.00
泰国	94000.00	77739.00
土耳其	79600.00	68651.00
越南	1379100.00	1326235.00
中国台湾	37100.00	56271.00
南非	12000.00	13958.00
比利时	360000.00	371759.00
英国	40000.00	36000.00
德国	1198850.00	1040151.00
法国	158149.00	181681.00
意大利	753680.00	677379.00
乌克兰	2000.00	2243.00
墨西哥	24000.00	28211.00
加拿大	5904.00	6187.00
美国	56000.00	85224.00
澳大利亚	1890000.00	1692898.00
48236100 竹浆纸或纸板制成的盘、碟、盆、杯及类似品		
合计	5546158.00	32737440.00
巴林	4.00	1.00
孟加拉国	15123.00	250478.00

(续表)

国家/地区	出口数量（千克）	出口金额（美元）
缅甸	1008.00	2104.00
柬埔寨	0.00	21.00
塞浦路斯	19.00	258.00
中国香港	34872.00	140864.00
印度	56216.00	709771.00
印度尼西亚	24558.00	369293.00
伊拉克	13328.00	70905.00
以色列	25296.00	230049.00
日本	67809.00	1043457.00
科威特	1.00	44.00
老挝	10.00	15.00
黎巴嫩	170.00	570.00
中国澳门	1584.00	3348.00
马来西亚	327684.00	4328947.00
马尔代夫	70.00	357.00
蒙古	1380.00	150.00
尼泊尔	1000.00	3095.00
阿曼	1355.00	4710.00
巴基斯坦	18973.00	258581.00
菲律宾	328208.00	3010863.00
卡塔尔	426.00	4721.00
沙特阿拉伯	79398.00	208080.00
新加坡	201517.00	1696817.00
韩国	22808.00	471960.00
斯里兰卡	4650.00	73935.00
泰国	199464.00	3245311.00
土耳其	3062.00	15876.00
阿联酋	37788.00	547242.00
越南	52845.00	545102.00
中国台湾	84026.00	644704.00
哈萨克斯坦	11760.00	41890.00
吉尔吉斯斯坦	1855.00	10134.00
塔吉克斯坦	740.00	3700.00
阿尔及利亚	40.00	2052.00
安哥拉	48.00	385.00
喀麦隆	460.00	1058.00
佛得角	4440.00	70596.00
刚果(布)	1720.00	7396.00
埃及	2260.00	11300.00
埃塞俄比亚	8.00	46.00
冈比亚	13014.00	88265.00
加纳	190891.00	1071390.00
肯尼亚	13286.00	225058.00
利比亚	10750.00	141435.00

(续表)

国家/地区	出口数量（千克）	出口金额（美元）
毛里求斯	5394.00	79054.00
摩洛哥	0.00	2.00
莫桑比克	1147.00	70858.00
尼日利亚	10493.00	143140.00
留尼汪	2035.00	16206.00
塞内加尔	6440.00	82600.00
南非	7268.00	93100.00
坦桑尼亚	8535.00	88140.00
多哥	6592.00	98880.00
刚果(金)	2600.00	37980.00
津巴布韦	1400.00	350.00
比利时	1447.00	11940.00
丹麦	27254.00	118470.00
英国	56002.00	423656.00
德国	7581.00	54349.00
法国	7096.00	127880.00
爱尔兰	3.00	139.00
意大利	26920.00	106789.00
荷兰	18305.00	54483.00
希腊	820.00	12006.00
西班牙	9317.00	38605.00
奥地利	4403.00	61100.00
匈牙利	445.00	8636.00
挪威	2596.00	12008.00
波兰	4131.00	42094.00
瑞典	16859.00	105006.00
瑞士	19099.00	77596.00
俄罗斯	11975.00	61040.00
乌克兰	0.00	3.00
斯洛文尼亚	581.00	1452.00
捷克	1185.00	3042.00
斯洛伐克	71.00	3700.00
阿根廷	6105.00	32016.00
巴西	530.00	12146.00
智利	47793.00	227481.00
哥伦比亚	20535.00	171806.00
厄瓜多尔	3539.00	12553.00
牙买加	93013.00	403834.00
墨西哥	24879.00	138874.00
巴拿马	3700.00	10386.00
秘鲁	26337.00	79320.00
萨尔瓦多	116.00	677.00
苏里南	421.00	28200.00
特立尼达和多巴哥	473.00	2867.00

（续表）

国家/地区	出口数量（千克）	出口金额（美元）
委内瑞拉	510.00	2521.00
拉丁美洲其他国家（地区）	40.00	126.00
加拿大	264700.00	1043968.00
美国	2626350.00	6772449.00
澳大利亚	191295.00	1470773.00
瓦努阿图	22.00	137.00
新西兰	84680.00	324688.00
巴布亚新几内亚	6869.00	100714.00
所罗门群岛	14344.00	219140.00
萨摩亚	80.00	1600.00
密克罗尼西亚联邦	5525.00	87847.00
法属波利尼西亚	384.00	2679.00
94015200 竹制的坐具		
合计	1690281.00	23481225.00
巴林	48.00	430.00
缅甸	894.00	60792.00
塞浦路斯	502.00	6990.00
中国香港	647.00	20930.00
印度	1204.00	35049.00
印度尼西亚	952.00	28654.00
伊拉克	12.00	114.00
以色列	12197.00	192451.00
日本	59449.00	1244285.00
约旦	30.00	110.00
科威特	652.00	7411.00
中国澳门	50.00	709.00
马来西亚	6098.00	111946.00
马尔代夫	4.00	255.00
阿曼	166.00	867.00
巴基斯坦	76.00	372.00
菲律宾	344.00	8142.00
卡塔尔	53.00	384.00
沙特阿拉伯	2410.00	41937.00
新加坡	805.00	13010.00
韩国	24458.00	421318.00
泰国	14678.00	281980.00
阿联酋	4829.00	135186.00
中国台湾	4754.00	129114.00
阿尔及利亚	1700.00	33884.00
埃及	156.00	1199.00
几内亚	10.00	235.00
科特迪瓦	96.00	307.00
利比亚	92.00	788.00

（续表）

国家/地区	出口数量（千克）	出口金额（美元）
毛里塔尼亚	4.00	49.00
留尼汪	380.00	3021.00
塞舌尔	47.00	705.00
南非	1181.00	15995.00
比利时	37630.00	383917.00
丹麦	29306.00	1217710.00
英国	42476.00	551508.00
德国	167462.00	3031169.00
法国	84644.00	874340.00
爱尔兰	140.00	4208.00
意大利	29938.00	519274.00
荷兰	55536.00	743111.00
希腊	671.00	5085.00
葡萄牙	2826.00	35163.00
西班牙	52989.00	637258.00
奥地利	3722.00	45949.00
保加利亚	16200.00	167059.00
芬兰	5200.00	34118.00
匈牙利	206.00	4943.00
挪威	4028.00	79443.00
波兰	55567.00	618468.00
罗马尼亚	5072.00	238571.00
瑞典	28399.00	287912.00
瑞士	301.00	7745.00
拉脱维亚	1815.00	19103.00
格鲁吉亚	319.00	17490.00
俄罗斯	47769.00	470412.00
斯洛文尼亚	788.00	13878.00
克罗地亚	450.00	8347.00
捷克	1420.00	29306.00
北马其顿	24.00	144.00
巴巴多斯	15.00	75.00
巴西	3060.00	34621.00
智利	3185.00	35209.00
哥伦比亚	176.00	1947.00
厄瓜多尔	12.00	121.00
危地马拉	748.00	8228.00
墨西哥	2192.00	30500.00
巴拿马	680.00	7737.00
巴拉圭	8.00	106.00
秘鲁	1499.00	16564.00
特立尼达和多巴哥	66.00	333.00
乌拉圭	180.00	1530.00
加拿大	22831.00	395456.00

（续表）

国家/地区	出口数量（千克）	出口金额（美元）
美国	749332.00	9117353.00
澳大利亚	80610.00	879055.00
新西兰	11811.00	108140.00
94015300 藤制的坐具		
合计	79925.00	3774400.00
巴林	203.00	25432.00
孟加拉国	2510.00	10154.00
柬埔寨	6.00	210.00
塞浦路斯	1.00	78.00
中国香港	216.00	8033.00
印度	28.00	432.00
伊拉克	6.00	330.00
以色列	411.00	29952.00
日本	71.00	24333.00
约旦	14.00	490.00
科威特	88.00	15637.00
中国澳门	193.00	8409.00
马来西亚	347.00	14093.00
巴基斯坦	10.00	4202.00
菲律宾	137.00	5068.00
卡塔尔	51.00	969.00
沙特阿拉伯	105.00	3940.00
新加坡	157.00	3148.00
韩国	2254.00	123470.00
泰国	227.00	7931.00
土耳其	1.00	483.00
阿联酋	531.00	35208.00
中国台湾	358.00	28618.00
哈萨克斯坦	1.00	3.00
乌兹别克斯坦	1.00	3.00
安哥拉	399.00	2113.00
埃及	40.00	612.00
几内亚	16.00	2378.00
莫桑比克	72.00	2467.00
尼日利亚	16.00	35.00
留尼汪	40.00	68.00
塞舌尔	7.00	1883.00
南非	3.00	297.00
坦桑尼亚	3.00	44.00
刚果（金）	60.00	3549.00
比利时	400.00	948.00
丹麦	590.00	115.00
英国	990.00	87916.00
德国	1362.00	27274.00

林产品进出口
FOREIGN TRADE STATISTICS OF FOREST PRODUCTS

（续表）

国家/地区	出口数量（千克）	出口金额（美元）
法国	15.00	431.00
荷兰	2076.00	111.00
希腊	231.00	868.00
葡萄牙	2.00	13.00
西班牙	27529.00	979214.00
保加利亚	113.00	13541.00
芬兰	130.00	325.00
挪威	180.00	19428.00
波兰	12.00	125.00
罗马尼亚	66.00	895.00
瑞典	2.00	2.00
白俄罗斯	36.00	199.00
俄罗斯	48.00	759.00
克罗地亚	108.00	6584.00
阿根廷	24.00	3792.00
巴巴多斯	1.00	45.00
巴西	12.00	1199.00
开曼群岛	54.00	4114.00
智利	319.00	13528.00
哥伦比亚	12.00	2665.00
哥斯达黎加	35.00	248.00
厄瓜多尔	20.00	31.00
瓜德罗普	26.00	442.00
牙买加	8.00	28.00
马提尼克	36.00	612.00
秘鲁	4.00	32.00
波多黎各	2.00	47.00
乌拉圭	31.00	29672.00
加拿大	7641.00	4676.00
美国	21703.00	372486.00
澳大利亚	6496.00	61883.00
新西兰	1028.00	328691.00
94015900 柳条及其他类似材料制成的坐具		
合计	86797.00	10996851.00
以色列	2863.00	357763.00
科威特	280.00	61800.00
马来西亚	7783.00	608926.00
卡塔尔	442.00	49946.00
沙特阿拉伯	900.00	160152.00
韩国	1.00	733.00
泰国	26.00	3176.00
中国台湾	150.00	17550.00
莫桑比克	42.00	615.00
留尼汪	287.00	46494.00

（续表）

国家/地区	出口数量（千克）	出口金额（美元）
南非	1628.00	72032.00
比利时	1584.00	317060.00
英国	19688.00	2063803.00
德国	1526.00	279747.00
法国	3114.00	419503.00
爱尔兰	2901.00	675578.00
意大利	3580.00	363735.00
荷兰	6769.00	1360738.00
希腊	645.00	6068.00
葡萄牙	280.00	49000.00
西班牙	1196.00	173946.00
芬兰	406.00	68972.00
挪威	675.00	108295.00
波兰	9575.00	1204414.00
罗马尼亚	1672.00	217768.00
瑞典	3675.00	227470.00
瑞士	346.00	82410.00
爱沙尼亚	950.00	184490.00
拉脱维亚	676.00	98116.00
立陶宛	1360.00	158525.00
俄罗斯	176.00	23232.00
斯洛文尼亚	1316.00	183964.00
克罗地亚	1901.00	293255.00
黑山	1387.00	158371.00
阿根廷	80.00	400.00
智利	153.00	40851.00
哥伦比亚	139.00	23352.00
加拿大	606.00	97186.00
美国	5236.00	696340.00
澳大利亚	783.00	41075.00
94038200 竹制家具		
合计	11775733.00	179558711.00
巴林	299.00	3260.00
孟加拉国	316.00	3486.00
缅甸	5.00	1960.00
柬埔寨	66.00	219.00
塞浦路斯	539.00	7761.00
中国香港	13796.00	464509.00
印度	16027.00	245887.00
印度尼西亚	20881.00	358575.00
伊朗	59.00	2478.00
伊拉克	1330.00	37230.00
以色列	91789.00	1727566.00
日本	420502.00	7811928.00

（续表）

国家/地区	出口数量（千克）	出口金额（美元）
约旦	2227.00	42501.00
科威特	11245.00	249560.00
黎巴嫩	12.00	216.00
中国澳门	182.00	2199.00
马来西亚	48737.00	985020.00
马尔代夫	121.00	1283.00
尼泊尔	13.00	464.00
阿曼	592.00	4181.00
巴基斯坦	2148.00	20712.00
菲律宾	34296.00	686569.00
卡塔尔	489.00	16096.00
沙特阿拉伯	78417.00	1327515.00
新加坡	9137.00	188654.00
韩国	505033.00	8557954.00
斯里兰卡	132.00	1088.00
泰国	254591.00	3738215.00
土耳其	16854.00	262668.00
阿联酋	91168.00	1363863.00
也门	177.00	1146.00
越南	6681.00	139574.00
中国台湾	103589.00	2452557.00
东帝汶	21.00	546.00
哈萨克斯坦	259.00	750.00
阿尔及利亚	2189.00	57530.00
安哥拉	20.00	310.00
贝宁	50.00	617.00
博茨瓦纳	160.00	800.00
喀麦隆	60.00	780.00
佛得角	120.00	800.00
埃及	1455.00	11455.00
加纳	880.00	5801.00
几内亚	21.00	245.00
科特迪瓦	612.00	7711.00
利比里亚	20.00	259.00
利比亚	304.00	4175.00
毛里塔尼亚	41.00	832.00
毛里求斯	407.00	9514.00
摩洛哥	1966.00	21229.00
莫桑比克	10.00	100.00
尼日利亚	514.00	4132.00
留尼汪	8452.00	84187.00
塞内加尔	581.00	6586.00
塞舌尔	76.00	768.00
南非	29494.00	618899.00

(续表)

国家/地区	出口数量（千克）	出口金额（美元）
坦桑尼亚	141.00	8796.00
多哥	46.00	651.00
突尼斯	266.00	3186.00
马约特	10.00	460.00
比利时	213036.00	3682453.00
丹麦	167406.00	4331581.00
英国	487544.00	7417570.00
德国	1484959.00	22076595.00
法国	585820.00	7186201.00
爱尔兰	18808.00	150537.00
意大利	254030.00	4113003.00
荷兰	756154.00	8486649.00
希腊	12667.00	134649.00
葡萄牙	32226.00	373397.00
西班牙	270537.00	4036460.00
阿尔巴尼亚	2231.00	19475.00
奥地利	14329.00	402572.00
保加利亚	22220.00	374663.00
芬兰	11708.00	136176.00
匈牙利	460.00	2896.00
马耳他	1944.00	12373.00
挪威	11810.00	142137.00
波兰	214862.00	3012559.00
罗马尼亚	26152.00	404911.00
瑞典	97208.00	1761509.00
瑞士	4685.00	131757.00
爱沙尼亚	4.00	76.00
拉脱维亚	12692.00	202103.00
立陶宛	1614.00	16021.00
格鲁吉亚	396.00	2968.00
阿塞拜疆	240.00	1584.00
白俄罗斯	4009.00	26399.00
俄罗斯	96157.00	1287886.00
乌克兰	3928.00	56159.00
斯洛文尼亚	43875.00	213379.00
克罗地亚	2584.00	33185.00
捷克	38280.00	547243.00
斯洛伐克	1594.00	17892.00
北马其顿	162.00	1312.00
塞尔维亚	956.00	6420.00
黑山	10.00	200.00
阿根廷	15462.00	155525.00
巴巴多斯	158.00	3190.00
巴西	44200.00	482252.00

(续表)

国家/地区	出口数量（千克）	出口金额（美元）
智利	72696.00	961320.00
哥伦比亚	8841.00	94315.00
多米尼克	34.00	344.00
哥斯达黎加	5316.00	75394.00
多米尼加	1990.00	69304.00
厄瓜多尔	879.00	6230.00
瓜德罗普	1118.00	42901.00
危地马拉	1395.00	22805.00
圭亚那	60.00	495.00
洪都拉斯	540.00	1402.00
马提尼克	1223.00	31038.00
墨西哥	46635.00	503082.00
巴拿马	7758.00	81037.00
秘鲁	12306.00	147499.00
波多黎各	986.00	13580.00
萨尔瓦多	145.00	1948.00
苏里南	22.00	660.00
特立尼达和多巴哥	50.00	862.00
乌拉圭	7431.00	77169.00
委内瑞拉	1272.00	13852.00
加拿大	205993.00	2635155.00
美国	3639787.00	58501711.00
澳大利亚	895674.00	11586594.00
新喀里多尼亚	16.00	1352.00
新西兰	126541.00	1679803.00
巴布亚新几内亚	5.00	50.00
法属波利尼西亚	278.00	6879.00
94038300 藤制家具		
合计	126095.00	3553456.00
巴林	7.00	141.00
文莱	150.00	810.00
缅甸	40.00	3222.00
柬埔寨	30.00	3420.00
中国香港	301.00	4541.00
印度	2.00	150.00
印度尼西亚	60.00	622.00
伊朗	16.00	868.00
以色列	2448.00	54207.00
日本	3612.00	50632.00
约旦	65.00	1040.00
中国澳门	1.00	100.00
马来西亚	245.00	3677.00
阿曼	1.00	415.00
巴基斯坦	1.00	50.00

(续表)

国家/地区	出口数量（千克）	出口金额（美元）
菲律宾	55.00	855.00
沙特阿拉伯	97.00	1474.00
新加坡	490.00	7637.00
韩国	5097.00	80884.00
泰国	501.00	34350.00
土耳其	364.00	5501.00
阿联酋	177.00	5047.00
中国台湾	678.00	9020.00
乌兹别克斯坦	10.00	400.00
安哥拉	28.00	2244.00
埃及	8.00	120.00
几内亚	8.00	938.00
南非	346.00	12049.00
坦桑尼亚	4.00	300.00
刚果(金)	15.00	3549.00
比利时	856.00	15613.00
丹麦	1911.00	44091.00
英国	429.00	16225.00
德国	5348.00	79002.00
法国	3216.00	77713.00
意大利	876.00	16934.00
荷兰	11491.00	175462.00
希腊	390.00	8275.00
葡萄牙	180.00	4446.00
西班牙	7178.00	733903.00
保加利亚	2.00	30.00
芬兰	7032.00	52093.00
挪威	500.00	11450.00
波兰	22.00	497.00
瑞典	4.00	85.00
立陶宛	50.00	1725.00
白俄罗斯	5.00	1061.00
俄罗斯	10.00	208.00
巴巴多斯	60.00	900.00
厄瓜多尔	10.00	85.00
巴拿马	221.00	2880.00
特立尼达和多巴哥	12.00	108.00
乌拉圭	281.00	29182.00
委内瑞拉	60.00	5428.00
加拿大	362.00	4047.00
美国	47237.00	452895.00
澳大利亚	21956.00	1293214.00
新西兰	1539.00	237641.00
94038910 柳条及类似材料制家具		

(续表)

国家/地区	出口数量（千克）	出口金额（美元）
合计	129790.00	3625769.00
伊拉克	84.00	3016.00
以色列	15440.00	595368.00
日本	3840.00	52192.00
科威特	700.00	7558.00
马来西亚	364.00	120120.00
阿曼	72.00	936.00
沙特阿拉伯	1191.00	170358.00
泰国	250.00	18500.00
阿联酋	895.00	53728.00
科特迪瓦	1.00	200.00
南非	2288.00	18715.00
比利时	12005.00	67617.00
英国	28421.00	395602.00
德国	11043.00	295357.00
法国	4129.00	60279.00
意大利	17663.00	416430.00
荷兰	1376.00	23970.00
希腊	357.00	20787.00
葡萄牙	1.00	16.00
西班牙	270.00	3405.00
芬兰	930.00	18600.00
波兰	2500.00	19875.00
拉脱维亚	80.00	300.00
斯洛文尼亚	2002.00	10358.00
塞尔维亚	5048.00	201920.00
巴西	800.00	4240.00
巴拿马	1840.00	101450.00
巴拉圭	10.00	150.00
秘鲁	4.00	98.00
加拿大	8.00	600.00
美国	15667.00	938089.00
澳大利亚	511.00	5935.00

表18 竹藤进口量值表

国家/地区	进口数量（千克）	进口金额（美元）
44021000 竹炭,不论是否结块		
合计	152968.00	881177.00
印度尼西亚	134592.00	2249.00
日本	20.00	1336.00
韩国	2615.00	7667.00
中国台湾	15741.00	77721.00
奥地利	0.00	24.00

(续表)

国家/地区	进口数量（千克）	进口金额（美元）
44089013 竹制饰面用单板,厚≤6mm		
合计	41.00	2618.00
日本	36.00	2416.00
美国	5.00	173.00
44092110 任何一边、端或面制成连续形状的竹地板条块		
合计	260.00	5549.00
以色列	0.00	2.00
日本	3.00	33.00
卡塔尔	1.00	18.00
土耳其	5.00	83.00
中国	200.00	3454.00
英国	2.00	94.00
德国	28.00	488.00
意大利	5.00	123.00
荷兰	2.00	7.00
西班牙	0.00	173.00
美国	14.00	993.00
44092190 其他任何一边、端或面制成连续形状的竹材		
合计	29.00	354.00
印度尼西亚	28.00	272.00
巴基斯坦	0.00	44.00
瑞典	1.00	38.00
44121019 其他仅由薄板制的竹胶合板,每层厚≤6mm		
合计	162007.00	417201.00
印度尼西亚	567.00	446.00
日本	279.00	180.00
越南	66.00	42887.00
中国	3.00	417.00
中国台湾	18457.00	17653.00
尼日利亚	1.00	130.00
德国	813.00	54636.00
意大利	4586.00	167825.00
芬兰	54.00	1161.00
波兰	18446.00	101562.00
拉脱维亚	11.00	49.00
美国	374.00	30138.00
44121099 其他竹制胶合板、单板饰面板及类似的多层板		
合计	162.00	2388.00
柬埔寨	12.00	361.00
韩国	1.00	51.00
中国	6.00	335.00

(续表)

国家/地区	进口数量（千克）	进口金额（美元）
意大利	9.00	127.00
罗马尼亚	7.00	1306.00
美国	1.00	135.00
44187320 其他竹制多层已装拼的地板		
合计	490.00	8173.00
柬埔寨	351.00	4822.00
中国	139.00	3351.00
44191100 竹制切面包板、砧板及类似板		
合计	37107.00	134952.00
印度	5.00	96.00
日本	339.00	6541.00
越南	33310.00	8725.00
中国	1968.00	27188.00
英国	7.00	1522.00
德国	47.00	574.00
法国	1.00	212.00
意大利	0.00	32.00
西班牙	2.00	47.00
芬兰	1336.00	9369.00
波兰	5.00	184.00
瑞士	0.00	61.00
巴西	2.00	61.00
加拿大	8.00	78.00
美国	77.00	1962.00
44191210 竹制一次性筷子		
合计	553.00	2636.00
日本	3.00	217.00
中国	547.00	2178.00
德国	3.00	169.00
奥地利	0.00	31.00
美国	0.00	41.00
44191290 其他竹制筷子		
合计	12308.00	599896.00
日本	9734.00	231871.00
中国	683.00	24693.00
中国台湾	1888.00	342471.00
荷兰	0.00	11.00
美国	3.00	85.00
44191900 其他竹制餐具及厨房用具		
合计	154348.00	922214.00
缅甸	3.00	516.00
柬埔寨	1.00	67.00
日本	273.00	1656.00

(续表)

国家/地区	进口数量（千克）	进口金额（美元）
菲律宾	6.00	343.00
新加坡	5.00	58.00
韩国	7.00	696.00
泰国	94.00	493.00
越南	151020.00	844228.00
中国	1869.00	33421.00
中国台湾	581.00	822.00
丹麦	0.00	11.00
英国	7.00	362.00
德国	22.00	68.00
法国	87.00	4645.00
意大利	167.00	34.00
西班牙	28.00	832.00
芬兰	0.00	23.00
波兰	1.00	11.00
捷克	17.00	129.00
墨西哥	6.00	178.00
加拿大	1.00	65.00
美国	136.00	598.00
澳大利亚	15.00	295.00
新西兰	2.00	11.00
44201012 竹刻		
合计	557.00	7963.00
印度尼西亚	323.00	1500.00
日本	234.00	6463.00
44219110 竹制圆签、圆棒、冰果棒、压舌片及类似一次性制品		
合计	3884.00	30790.00
孟加拉国	0.00	6.00
印度	1.00	77.00
日本	30.00	178.00
沙特阿拉伯	1.00	26.00
韩国	0.00	1.00
泰国	359.00	3914.00
越南	4.00	13.00
中国	3480.00	25175.00
比利时	0.00	5.00
德国	3.00	484.00
西班牙	6.00	911.00
44219190 未列名竹制品		
合计	24466.00	5249.00
中国香港	1.00	38.00
印度	0.00	17.00
日本	2569.00	85316.00

(续表)

国家/地区	进口数量（千克）	进口金额（美元）
斯里兰卡	352.00	1133.00
泰国	340.00	3363.00
土耳其	105.00	3581.00
越南	583.00	9568.00
中国	18805.00	34881.00
中国台湾	100.00	14853.00
比利时	1.00	6.00
丹麦	0.00	6.00
英国	3.00	186.00
德国	205.00	1342.00
法国	0.00	65.00
意大利	967.00	4891.00
荷兰	18.00	67.00
西班牙	4.00	159.00
波兰	2.00	129.00
瑞典	90.00	1368.00
墨西哥	200.00	3631.00
加拿大	53.00	2841.00
美国	68.00	2328.00
46012100 竹制的席子、席料及帘子		
合计	5091.00	37043.00
日本	553.00	5161.00
越南	4152.00	29135.00
中国	370.00	2473.00
中国台湾	2.00	9.00
南非	0.00	68.00
美国	14.00	116.00
46012200 藤制的席子、席料及帘子		
合计	26214.00	214.00
中国香港	2.00	24.00
印度尼西亚	26034.00	19633.00
菲律宾	1.00	55.00
越南	177.00	392.00
46012911 灯芯草属材料制的席子、席料及帘子		
合计	18143.00	86589.00
印度	2.00	13.00
日本	4660.00	61866.00
越南	13475.00	23344.00
中国	4.00	115.00
中国台湾	0.00	189.00
意大利	2.00	162.00
46012919 其他草制的席子、席料及帘子		
合计	409977.00	69391.00

(续表)

国家/地区	进口数量（千克）	进口金额（美元）
孟加拉国	0.00	6.00
日本	33.00	1269.00
菲律宾	959.00	743.00
越南	379348.00	66388.00
肯尼亚	3.00	39.00
马达加斯加	29504.00	77335.00
摩洛哥	130.00	651.00
46012921 苇帘		
合计	14.00	434.00
日本	0.00	1.00
中国	14.00	433.00
46012990 其他植物材料制的席子、席料及帘子		
合计	15415.00	167982.00
孟加拉国	1010.00	6485.00
印度	1485.00	786.00
日本	62.00	3773.00
越南	6918.00	46757.00
中国	710.00	3828.00
中国台湾	5195.00	98952.00
肯尼亚	3.00	35.00
美国	30.00	291.00
基里巴斯	2.00	55.00
46019290 竹制其他平行连结或编结的产品		
合计	1371.00	21834.00
印度	153.00	6.00
日本	190.00	2457.00
尼泊尔	222.00	666.00
韩国	2.00	11.00
越南	475.00	456.00
中国	91.00	51.00
中国台湾	5.00	192.00
德国	33.00	214.00
法国	1.00	32.00
意大利	197.00	2637.00
立陶宛	0.00	8.00
美国	2.00	29.00
46019310 藤制的缏条及类似产品，不论是否缝合成宽条		
合计	373.00	332.00
印度尼西亚	372.00	298.00
科威特	1.00	34.00
46019390 藤制其他平行连结或编结的产品		
合计	414.00	14667.00

FOREIGN TRADE STATISTICS OF FOREST PRODUCTS

（续表）

国家/地区	进口数量（千克）	进口金额（美元）
印度尼西亚	80.00	1549.00
马来西亚	22.00	216.00
菲律宾	31.00	1569.00
越南	33.00	249.00
中国	172.00	522.00
意大利	60.00	217.00
美国	16.00	3718.00
澳大利亚	0.00	57.00
46019419 稻草制其他平行连结或编结的产品		
合计	820.00	71862.00
孟加拉国	88.00	749.00
印度	239.00	16362.00
印度尼西亚	0.00	7.00
日本	4.00	17.00
越南	1.00	15.00
马达加斯加	2.00	196.00
意大利	485.00	53332.00
厄瓜多尔	1.00	221.00
46019491 未列名植物编结材料编成的缏条及类似产品		
合计	1347173.00	1486366.00
越南	1347166.00	1486158.00
中国	6.00	106.00
马达加斯加	1.00	102.00
46019499 未列名植物编结材料制其他平行连结或编结品		
合计	11666.00	77304.00
孟加拉国	353.00	4052.00
印度	22.00	618.00
印度尼西亚	38.00	1385.00
菲律宾	293.00	393.00
泰国	91.00	32.00
越南	93.00	1653.00
中国	22.00	242.00
肯尼亚	5.00	11.00
马达加斯加	9827.00	24464.00
意大利	22.00	2929.00
西班牙	900.00	38438.00
46021100 竹制篮筐及其他编结品		
合计	254407.00	1569981.00
孟加拉国	10.00	181.00
印度	123.00	2452.00
印度尼西亚	4855.00	57866.00
日本	1880.00	1422.00
马来西亚	0.00	9.00
尼泊尔	152.00	186.00
菲律宾	3.00	269.00
韩国	178.00	6768.00
泰国	9630.00	7647.00
阿联酋	2.00	95.00
越南	236557.00	1222948.00
中国	718.00	9561.00
中国台湾	0.00	61.00
加纳	5.00	273.00
马达加斯加	0.00	91.00
摩洛哥	1.00	119.00
比利时	158.00	735.00
丹麦	0.00	45.00
英国	2.00	19.00
德国	1.00	8.00
法国	24.00	14.00
意大利	21.00	73687.00
希腊	13.00	776.00
西班牙	15.00	1134.00
波兰	12.00	726.00
瑞典	3.00	82.00
智利	0.00	9.00
美国	43.00	296.00
澳大利亚	1.00	162.00
46021200 藤制篮筐及其他编结品		
合计	119391.00	1629933.00
孟加拉国	406.00	5282.00
缅甸	4320.00	74947.00
印度	20.00	615.00
印度尼西亚	40410.00	483163.00
伊朗	72.00	27.00
日本	71.00	1765.00
菲律宾	136.00	1866.00
新加坡	2.00	72.00
韩国	3.00	763.00
泰国	1159.00	728.00
越南	70709.00	71416.00
中国	802.00	48195.00
肯尼亚	5.00	224.00
比利时	73.00	133.00
丹麦	21.00	654.00
英国	63.00	12749.00
法国	64.00	4346.00
意大利	963.00	263417.00
荷兰	1.00	37.00
波兰	1.00	23.00
瑞典	4.00	5.00
瑞士	12.00	861.00
斯洛伐克	17.00	413.00
哥伦比亚	35.00	1959.00
美国	21.00	2238.00
澳大利亚	1.00	77.00
46021910 草制篮筐及其他编结品		
合计	259253.00	3856803.00
孟加拉国	2743.00	3515.00
柬埔寨	1.00	145.00
印度	645.00	51353.00
印度尼西亚	3667.00	2567.00
日本	23.00	4822.00
尼泊尔	17.00	6.00
巴基斯坦	1855.00	558.00
菲律宾	23.00	5876.00
泰国	2067.00	3312.00
越南	214843.00	1566567.00
中国	5841.00	128315.00
贝宁	338.00	2624.00
加纳	644.00	87321.00
肯尼亚	33.00	276.00
马达加斯加	17988.00	97891.00
摩洛哥	4669.00	886.00
津巴布韦	502.00	28455.00
英国	8.00	424.00
德国	2.00	78.00
法国	57.00	12254.00
意大利	1694.00	1177121.00
葡萄牙	15.00	2454.00
西班牙	1384.00	481531.00
匈牙利	14.00	5324.00
摩纳哥	106.00	2766.00
瑞士	1.00	94.00
哥伦比亚	50.00	8942.00
厄瓜多尔	0.00	12.00
墨西哥	0.00	5.00
美国	17.00	18416.00
巴布亚新几内亚	6.00	119.00
46021930 柳条制篮筐及其他编结品		
合计	1115.00	977456.00

（续表）

国家/地区	进口数量（千克）	进口金额（美元）
印度尼西亚	7.00	177.00
日本	11.00	465.00
越南	1.00	29.00
中国	297.00	58111.00
突尼斯	23.00	417.00
英国	206.00	453.00
法国	467.00	83914.00
意大利	69.00	58968.00
荷兰	1.00	214.00
西班牙	2.00	148.00
波兰	5.00	2471.00
斯洛伐克	2.00	589.00
哥伦比亚	22.00	764.00
澳大利亚	2.00	93.00
46021990 其他植物材料制篮筐等编结品；丝瓜络制品		
合计	147561.00	4498979.00
孟加拉国	3299.00	2381.00
柬埔寨	78.00	1228.00
中国香港	17.00	4174.00
印度	16176.00	13248.00
印度尼西亚	6379.00	5759.00
日本	12.00	1634.00
菲律宾	14720.00	126129.00
韩国	29.00	42.00
斯里兰卡	11.00	1.00
泰国	3667.00	59297.00
越南	59794.00	397391.00
中国	341.00	9946.00
中国台湾	0.00	34.00
埃及	32148.00	49714.00
埃塞俄比亚	50.00	225.00
加纳	450.00	2183.00
肯尼亚	76.00	2123.00
马达加斯加	1106.00	144124.00
摩洛哥	3731.00	39434.00
南非	30.00	699.00
突尼斯	809.00	11319.00
津巴布韦	173.00	398.00
英国	1.00	17.00
法国	7.00	188.00
意大利	462.00	595374.00
荷兰	4.00	3692.00
西班牙	3931.00	2768896.00
哥伦比亚	46.00	1369.00

（续表）

国家/地区	进口数量（千克）	进口金额（美元）
厄瓜多尔	1.00	185.00
美国	3.00	122.00
澳大利亚	1.00	131.00
基里巴斯	9.00	356.00
47063000 其他纤维状纤维素竹浆		
合计	4423.00	21206.00
韩国	600.00	853.00
比利时	3680.00	12583.00
美国	143.00	12.00
48236100 竹浆纸或纸板制的盘、碟、盆、杯及类似品		
合计	2147.00	18994.00
日本	0.00	34.00
韩国	1367.00	3843.00
中国	189.00	4888.00
中国台湾	555.00	931.00
英国	0.00	13.00
德国	0.00	7.00
美国	36.00	782.00
94015200 竹制的坐具		
合计	14262.00	290902.00
印度	70.00	868.00
印度尼西亚	2.00	879.00
日本	3.00	8848.00
越南	14055.00	256968.00
中国	117.00	16227.00
英国	1.00	18.00
意大利	14.00	6932.00
94015300 藤制的坐具		
合计	32627.00	155979.00
印度	4.00	418.00
印度尼西亚	30942.00	1261869.00
日本	1.00	34.00
菲律宾	1279.00	16389.00
越南	3.00	589.00
中国	31.00	1715.00
中国台湾	2.00	77.00
南非	12.00	696.00
丹麦	89.00	16425.00
德国	4.00	629.00
法国	30.00	12427.00
意大利	181.00	81287.00
荷兰	2.00	145.00
西班牙	34.00	5916.00

（续表）

国家/地区	进口数量（千克）	进口金额（美元）
波兰	1.00	3944.00
瑞典	1.00	3.00
捷克	1.00	897.00
美国	10.00	3456.00
94015900 柳条及其他类似材料制的坐具		
合计	235.00	7132.00
越南	188.00	188.00
中国	3.00	4367.00
法国	20.00	8629.00
意大利	22.00	52935.00
西班牙	1.00	2897.00
瑞士	1.00	324.00
94038200 竹制家具		
合计	5167.00	186409.00
印度尼西亚	3106.00	77798.00
日本	14.00	633.00
韩国	1.00	15.00
泰国	1254.00	697.00
越南	3.00	4468.00
中国	774.00	826.00
丹麦	1.00	21.00
德国	2.00	1134.00
法国	7.00	4338.00
意大利	4.00	8419.00
西班牙	1.00	4.00
94038300 藤制家具		
合计	27379.00	619472.00
印度尼西亚	23592.00	51356.00
菲律宾	55.00	5534.00
泰国	2180.00	11986.00
越南	1489.00	27359.00
中国	15.00	211.00
比利时	1.00	11.00
丹麦	33.00	615.00
法国	5.00	171.00
意大利	2.00	459.00
西班牙	6.00	748.00
美国	1.00	39.00
94038910 柳条及类似材料制家具		
合计	7.00	7672.00
尼泊尔	2.00	12.00
泰国	4.00	7392.00
荷兰	1	16